PFERDEGESUNDHEITSBUCH

Dieses Buch ist als Ergänzung zur tiermedizinischen Behandlung konzipiert. Es ist kein Ersatz für die fachliche Beratung und Behandlung durch einen Tierarzt. Bei allen Anzeichen, die den Leserinnen und Lesern auffallen, muss zunächst eine tierärztliche Diagnose erfolgen. Die darauffolgende Behandlung kann durch die in diesem Buch beschriebenen Methoden und Vorschläge unterstützt werden. Jedoch übernehmen weder die Autorin noch der Verlag oder die Vertreiber dieses Buches die Verantwortung für die praktische Anwendung der in diesem Buch enthaltenen Informationen oder Methoden.

Dr. med. vet. Beatrice Dülffer-Schneitzer

PFERDE GESUNDHEITSBUCH

Einzigartige Kombination aus Schulmedizin und alternativen Heilmethoden

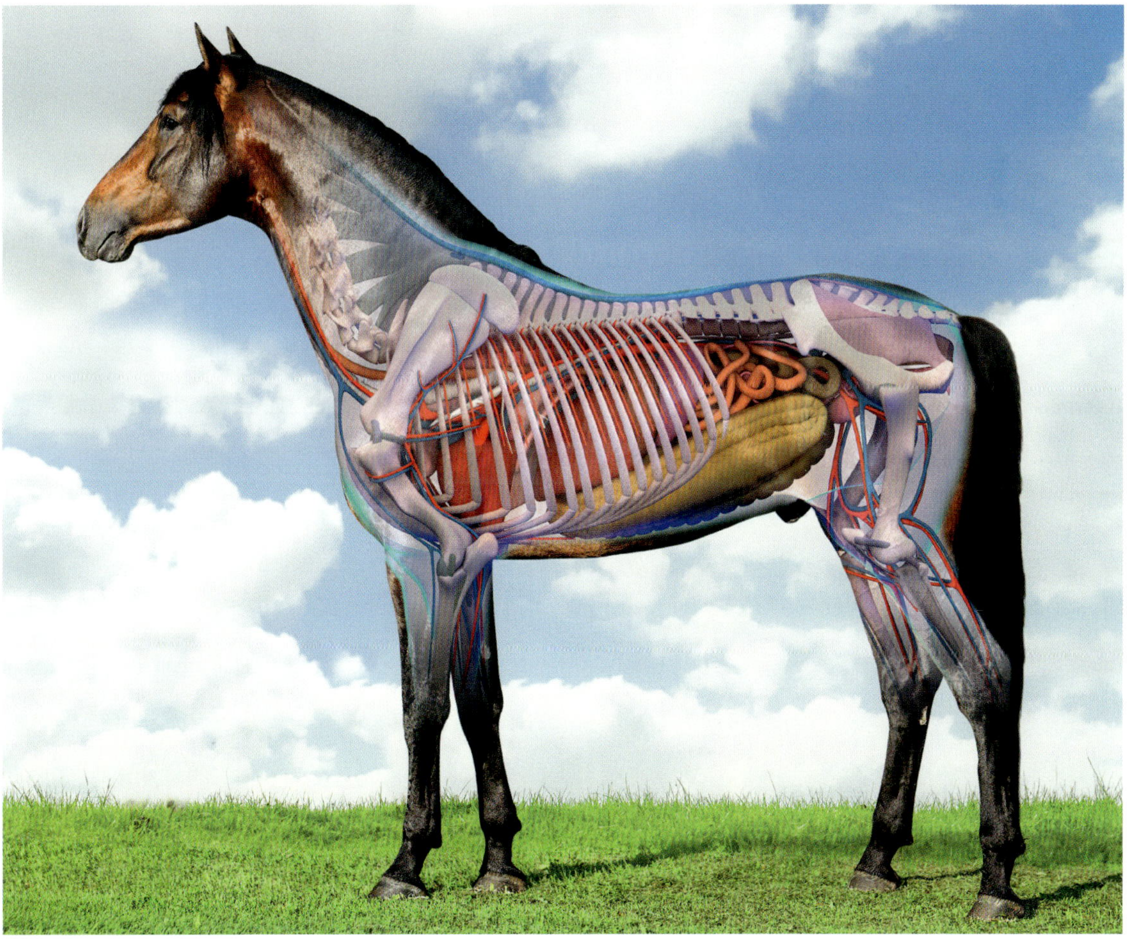

FNverlag
der Deutschen
Reiterlichen Vereinigung GmbH
Warendorf

Bibliografische Information der Deutschen Nationalbibliothek
Die Deutsche Nationalbibliothek verzeichnet diese Publikation in der Deutschen Nationalbibliografie; detaillierte bibliografische Daten sind im Internet über http://dnb.dnb.de abrufbar.

5. Auflage 2024

Fachlektorat:
1. bis 4. Auflage:
Dr. med. vet. Michael Düe, Warendorf
ab 4. Auflage:
Dr. med. vet. Henrike Luise Lagershausen, Leiterin der FN-Abteilung Veterinärmedizin, Warendorf

Lektorat:
Dr. Carla Mattis, FN*verlag,* Warendorf

Korrektorat:
Petra Zwerenz, Reutlingen

Gesamtgestaltung:
Ute Schmoll, Captain Pixel, Bad Schwalbach

Druck und Verarbeitung:
Bitter & Loose GmbH, Greven

FSC www.fsc.org MIX Papier | Fördert gute Waldnutzung FSC® C150163

ISBN 978-3-88542-718-6

Wir bedanken uns herzlichst bei folgenden Tierärzten:
Dr. J. Martens und TA T. Roewer, Pferdeklinik Bockhorn, 23826 Bark-Bockhorn, die die Entstehung einiger Fotos möglich gemacht haben und
Dr. M. Kuhn, Tierklinik Wahlstedt GmbH, 23812 Wahlstedt, für das freundliche Zur-Verfügung-Stellen der Fotos und Röntgenbilder, Seite 296 (2), 346, 354, 423

Fotonachweis

Titelfoto:
Christiane Slawik, Würzburg
Grafik des Titelfotos AdobeStock

Fotonachweis Inhalt:
Peter Prohn, Barmstedt sowie
W. Arnold, Leissingen: Seite 61 re.
Dr. med. vet. Beatrice Dülffer-Schneitzer, Steinbach (Ts.): Seiten 20, 64, 152, 154, 155 o., 160 u., 297, 392, 394, 450 li.
Dr. med. vet. Helmut Ende, Isernhagen: Seite 344, entnommen aus Deutsche Reiterliche Vereinigung e.V. (FN) (Hrsg.): FN-Praxishandbuch für Pferdehalter. Warendorf 2018, Seite 60
FN-Archiv: Seiten 5, 444 (Fotograf Holger Schupp, Aachen), 165 re.
Das Fotostudio, Oberursel: Seiten 12, 501 und Buchrückseite
Dr. H. Gewecke, Laubach: Seite 295
Jost Jahn, Uelzen: Seite 201, entnommen aus Deutsche Reiterliche Vereinigung e.V. (FN) (Hrsg.): FN-Praxishandbuch für Pferdehalter. Warendorf 2018, Seite 61
Ute Schmoll, Bad Schwalbach: Seiten 79 li., 84 re., 86 o. re., 87 o. m., u. m. (2), 119 u., 120 u., 135, 141 re., 170, 176, 209, 235, 260, 279, 358
Wulf-Christian Schmoll, Bad Schwalbach: Seiten 26, 43, 88, 97, 117 (2), 121, 124 (2), 126, 160 o., 174, 188, 214, 350, 464
Christiane Slawik, Würzburg: Seiten 167, 207, 345, 351
Frank Sorge, Berlin: Seite 452
Tierklinik Wahlstedt AG, Wahlstedt: Seiten 296 (2), 346, 354, 364, 423
www.pxhere.com: Seiten 14/15, 45, 46, 49, 50/51, 60, 61 li., 62, 63 li., 81 re., 83 (2), 84 li., 85, 86 o. li. und m., u. (5), 87 o. li./re., u. li./re. (4), 129, 130, 137, 138/139, 140, 232, 304, 327, 402
www.shutterstock.com: Seiten 68 re., 73 re.
Fotos zur Giftpflanzenauswahl unter dem QR-Code Seite 49: Peter Prohn, Barmstedt (Eiche, Pfaffenhütchen, Sadebaum, Ackerbohne, Nachtschatten, Engelstrompete, Rizinus, Tollkirsche, Schwarzes Bilsenkraut, Jakobskreuzkraut, Hundszunge)
Institut für Veterinärpharmakologie und -toxikologie, Zürich, Schweiz: „Giftpflanzen-Datenbank für Veterinärmedizin", Marianne Furler, 1999 (Ackerbohne, Rizinus)
Alle weiteren Fotos von www.pxhere.com

Videoaufnahmen:
Wulf-Christian Schmoll, Bad Schwalbach sowie
Jonas Cedrik Schneitzer/Dr. med. vet. Beatrice Dülffer-Schneitzer, Steinbach/Ts., Seiten 154 re., 155 und 450
Gesamtbearbeitung:
Wulf-Christian Schmoll, Bad Schwalbach
Gesprochen von: Ute Schmoll, Bad Schwalbach

Illustrationen und Zeichnungen:
Dr. med. vet. Beatrice Dülffer-Schneitzer, Steinbach/Ts.

Vorwort

Die Naturheilkunde erfreut sich immer größerer und erfolgversprechender Beliebtheit. Es ist keinesfalls nur ein Modetrend, wenn wir als Pferdebesitzer, Reiter, Fahrer oder Betreuer uns auf bewährte Heilmethoden besinnen. Vielmehr haben wir erkannt, dass sich die Naturheilkunde natürlicher Heilkräfte bedient, auf die wir vertrauen dürfen.

Durch dieses Buch wird dem Wunsch vieler entsprochen, präventiv oder auch therapiebegleitend etwas für die Gesundheit der Pferde tun zu wollen. Zum Verantwortungsbewusstsein gegenüber dem Pferd gehört auch, dass die alternativen Heilmethoden jedoch nie die tierärztliche Diagnose und eine eventuell notwendige Behandlung durch den Tierarzt gänzlich ersetzen sollten.

Dieses Buch ist ein Lehrbuch und ein Nachschlagewerk zugleich. Es werden aus schulmedizinischer Sicht, aber durchaus für jedermann verständlich, verschiedene Krankheiten oder Befindlichkeitsstörungen erklärt. Dazu gibt es Informationen über verschiedene naturheilkundliche Behandlungsmöglichkeiten. Unterstützt wird beides durch eine aussagekräftige Bebilderung.

Von Vorteil ist, dass verschiedene Behandlungsmöglichkeiten miteinander kombiniert werden können bzw. sich sinnvoll ergänzen. Selbstverständlich sind auch von der Alternativmedizin keine Wunder zu erwarten, dennoch kann sie einen großen Beitrag zur Gesundheit und zum Wohlbefinden unserer Pferde leisten. Die alternativen Heilmethoden vermögen neben dem liebevollen, aber konsequenten Umgang und einer artgerechten Haltung die Beziehung und das Vertrauen zwischen Mensch und Tier zu fördern. Dazu brauchen die Pferde natürlich auch ein Trainingsprogramm, das ihren physischen und psychischen Bedürfnissen nachkommt. Gute Vorsorge und ein abwechslungsreiches, auf das Pferd abgestimmtes Bewegungsprogramm sollten zusammenwirken. Denn nur der Körper eines gesunden, ausgeglichenen und gymnastizierten Pferdes ist in der Lage, wirklich gute Leistungen zu erbringen.

Da es trotz guter Vorsorge und Fürsorge immer mal zu Verletzungen oder Krankheiten kommen kann, bleiben die „Erste Hilfe" und die Verbandslehre in diesem Buch nicht unberücksichtigt. Diese Themen werden mittels aussagekräftiger sowie verständlicher Erklärungen für die Praxis, d.h. auch für den Laien, transparent gemacht.

Besondere Anerkennung verdient aber das letzte Kapitel dieses Buches, das sich sachlich, aber nicht gefühllos mit dem Tod des Pferdes befasst. Diesem Thema darf sich kein Pferdebesitzer verschließen, da er zu jeder Zeit mit dem „Abschied" von seinem Pferd konfrontiert werden kann und deshalb darauf vorbereitet sein sollte.

Ich wünsche Ihnen gesunde Pferde und viel und lange Freude an Ihren Pferden.

Ingrid Klimke

Ihre
Ingrid Klimke

Einleitung zur fünften überarbeiteten Auflage

Dieses Buch soll also nicht zur Selbstbehandlung von Krankheiten anregen. Es ist vielmehr für all diejenigen geschrieben, die regelmäßig mit Pferden umgehen, sei es beruflich oder in ihrer Freizeit, und die im Falle einer Erkrankung mehr machen möchten, als nur der tierärztlichen Behandlung zuzusehen.

Pferde sind unsere Freunde und Partner in der Freizeit und im Sport. Wir als ihre Halter und Verantwortlichen stehen vor der Aufgabe, ihnen ein möglichst artgemäßes Leben zu bieten, sowohl was die Haltung als auch was die Bewegung angeht. Ihr Wohlbefinden und ihre Gesundheit sollten an erster Stelle stehen. Ein aufmerksamer Beobachter wird an seinem Pferd bereits frühe Anzeichen des Unwohlseins oder einer Krankheit feststellen können. In diesem Fall sind zunächst eine Untersuchung und die Erstellung einer Diagnose durch den Tierarzt selbstverständlich. In meiner langjährigen Erfahrung als Reiterin und als Tierärztin habe ich leider jedoch nur allzu oft Pferde leiden sehen, weil ihre Besitzer in guter Absicht zweifelhafte Tipps an ihnen ausprobierten, anstatt rechtzeitig einen Tierarzt zu rufen. Oder wie oft kam es zu Rückfällen, weil es den Reitern an Geduld fehlte.

Dieses in drei Teile gegliederte Buch hilft Ihnen dabei, die Gesundheit Ihres Pferdes zu erhalten oder die tierärztliche Therapie aktiv zu begleiten. Denn in der heutigen Zeit suchen immer mehr Menschen nach Ergänzungen und Alternativen zur Schulmedizin. Ähnlich wie in der Humanmedizin, so nehmen auch in der Tiermedizin sanfte Heilmethoden einen immer größeren Stellenwert ein.

Seit dem Erscheinen der letzten, 4. Auflage im Jahr 2019 sind nun wieder einige Jahre verstrichen. Jahre, in denen die Forschung zu einigen neuen Erkenntnissen gekommen ist. In dieser 5. Auflage sind verschiedene Erkrankungen wie beispielsweise die Myopathien, speziell PSSM 2/MIM oder Herpes mit der Equinen Herpes Myeloencephalopathie (EHM) nach den neuesten Erkenntnissen aktualisiert worden.

Der **Teil A** des Buches widmet sich ausschließlich der Vorsorge im Stall und auf der Weide. Dies betrifft den Bereich Gesundheitsvorsorge beim Pferd sowie den Umgang mit dem erkrankten Pferd und das umfangreiche Thema der Giftpflanzen.

Die Vorstellung bewährter alternativer Heilmethoden, deren Möglichkeiten und Hintergrundgedanken erfolgt in **Teil B**. In diesem Teil werden vier wichtige Alternativen, die Therapie mit Heilkräutern, Akupressur, Tuina-Anmo-Behandlung und Bachblüten-Essenzen erklärt. Zum besseren Verständnis gibt es Videosequenzen, die Ihnen Griffe und Techniken praxisnah darstellen.

Der **Teil C** umfasst zahlreiche Erkrankungen der Pferde, aufgeteilt nach Organbereichen, und deren Vorsorge. Hier finden Sie praktische Anwendungstipps der natürlichen Heilmethoden sowie wertvolle Hausmittel und praktische Fütterungsvorschläge, die die Genesungszeit Ihres Pferdes verkürzen können. Sie erhalten darüber hinaus Erklärungen zu einzelnen Krankheiten, die Ihnen u.a. deutlich machen, wie wichtig die klinische Untersuchung und die Behandlung durch den Tierarzt für die Gesundung Ihres Pferdes ist.

Außerdem habe ich mich in Teil C dieses Buches dem schwierigen, aber nachgefragten Thema rund um die Verbandstechnik gewidmet und hoffe durch die genauen Beschreibungen, die aussagekräftige Bebilderung und nicht zuletzt durch Videosequenzen eine praktikable Hilfestellung leisten zu können. Denn auch ein richtig angelegter Verband kann schwere Verletzungsfolgen verhindern, Schmerzen lindern bzw. zu einer Verkürzung der Genesungszeit beitragen. Im Kapitel „Erste Hilfe" finden Sie alle wichtigen Informationen darüber, wie Sie mit einer Notfallsituation umgehen müssen. Es zeigt Ihnen, wie Sie Ihrem Pferd helfen können, bis der Tierarzt eintrifft.

Ein weiteres Thema in Teil C ist der Umgang mit dem Pferd in verschiedenen Lebenslagen. Hier erhalten Sie wichtige Informationen zur Haltung, Versorgung und Fütterung eines Jungpferdes, eines Turnierpferdes und eines alten Pferdes.

Zu guter Letzt finden Sie im Teil C ein Kapitel, das dem schwierigen Thema des Abschieds von Ihrem Pferd gewidmet ist. Mit sachlichen Informationen über zwei mögliche Tötungsarten sowie dem Abwägen von Pro und Contra möchte ich Pferdehaltern den Weg dahin und die Entscheidung etwas erleichtern.

Ich hoffe, mit diesem Buch einen kleinen Beitrag zu einem gesunden und langen Leben Ihres Pferdes leisten zu können.

Dr. med. vet. Beatrice Dülffer-Schneitzer
September 2024

P.S.: Falls Sie etwas mehr von mir lesen, lernen oder hören möchten, können Sie dies gerne in meinem neuen Pferdepodcast: **Doc Beatrice – Pferdegesundheit im Fokus!**
und auf meiner Homepage **www.friscavor.com** tun. Hier finden Sie auch meine Erste-Hilfe-Tasche für Pferde.

Teil A

Vorsorge

- Wie halte ich mein Pferd gesund? Praktische Vorsorgetipps
- Vorsicht Giftpflanzen!

Das Zusammenleben zwischen Mensch und Pferd sollte von gegenseitiger Achtung geprägt sein.

Dazu gehört, das Pferd als Lauftier mit bestimmten Bedürfnissen in Bezug auf Haltung, Fütterung und Bewegung zu akzeptieren. Das beugt zahlreichen gesundheitlichen Problemen und Erkrankungen vor. Je mehr das Leben der Pferde ihrem natürlichen Leben ähnelt, desto weniger werden die Pferde krank. Dabei sollten Sie jedoch nicht vergessen, um ein rundum gesundes Pferd zu haben, muss sich das Pferd auch wohlfühlen. Freie, selbstbestimmte Bewegung mit ausreichendem Kontakt zu anderen Pferden ist eine wichtige Komponente.
Nur ein zufriedenes Pferd ist auch gesund.

Zur Gesunderhaltung des Pferdes tragen wesentlich die Vorsorgemaßnahmen bei. In welchen Abständen regelmäßige Impfungen, Wurmuntersuchungen, Zahn- und Hufkontrollen durchzuführen sind und was Sie sonst noch für die Gesundheit Ihres Pferdes tun können, erfahren Sie in den entsprechenden Kapiteln des Teils A.

Dieser erste Teil soll Ihnen einige vorbeugende Basisinformationen vermitteln. Dazu gehört der Inhalt der Stallapotheke, um Ihrem Pferd im Notfall, aber auch im Krankheits- oder Vergiftungsfall schnell und wirksam helfen zu können.
Darüber hinaus lernen Sie den Gesundheitszustand Ihres Pferdes einzuschätzen, die sogenannten PAT-Werte sowie den Flüssigkeitsverlust des Pferdes festzustellen.

Sie erfahren, welche Gefahrenquellen es in der Umgebung Ihres Pferdes geben könnte. Eine große Gefahrenquelle stellen die Giftpflanzen dar. Über einen QR-Code (s. Seite 49 rechts) erhalten Sie auf über 23 Seiten genaue Informationen über das Aussehen, die Blühzeit, die Giftigkeit, die giftige Dosis und die Vergiftungssymptome jeder aufgeführten Pflanze. Dazu gibt es Tipps zur Ersten Hilfe im Fall einer Vergiftung.

Wie halte ich mein Pferd gesund? Praktische Vorsorgetipps

1. Die Stallapotheke

Eine Stallapotheke ist ein unentbehrliches, wichtiges Utensil in jedem Stall, gleich welcher Größe. Es ist empfehlenswert, die Apotheke in einem verschließbaren Schrank oder einer verschließbaren Kiste unerreichbar für kleine Kinder und Tiere aufzubewahren. Der Schrank sollte leicht zugänglich im Stall oder in der Sattelkammer aufgehängt werden. Dies ist nicht nur praktisch, es schützt die Medikamente auch vor Staub und feuchtem Klima.

Wichtig ist jedoch, die Stallapotheke in regelmäßigen Abständen, ein-, besser zweimal im Jahr zu durchforsten und alte, verbrauchte oder abgelaufene Medikamente auszusortieren.

In nahezu jedem Pferdestall sammeln sich im Laufe der Zeit Medikamente an, die unsortiert, teilweise ohne Deckel verstaubt herumstehen. Eine solche Vorgehensweise bzw. Nachlässigkeit ist gefährlich. Zum einen kann jeder das Medikament erreichen, auch Menschen, insbesondere Kinder, die mit dem Medikament nicht umgehen können. Zum anderen wird im Laufe der Zeit häufig die Beschriftung unleserlich und das Verfallsdatum unkenntlich. Die meisten Medikamente verlieren ihre Wirksamkeit, wenn ein gewisses Verfallsdatum überschritten ist. Manche werden durch den Zerfall, die unsaubere Lagerung und die Vermischung mit Staub sogar gesundheitsschädlich. Deshalb gehören Medikamente an einen sauberen, geschützten Ort.

Bewahren Sie also die Reste spezieller Medikamente, die Sie nicht mehr weiter benutzen können, im Anschluss an eine Behandlung nur noch kurz auf. Erweist sich Ihr Pferd als gesund, können Sie kleinere Reste bei der nächsten Apotheke entsorgen. Für eine erneute Erkrankung, die vielleicht erst in ferner Zukunft eintritt, reichen die Reste in der Regel ohnehin nicht aus. Sind noch größere Mengen übrig, können Sie Ihren Tierarzt darauf ansprechen. Dies gilt natürlich nicht für all die Medikamente, die sich normalerweise in einer Stallapotheke befinden oder diese sinnvoll ergänzen. Aber verwenden Sie niemals abgelaufene oder alte Medikamente ohne Bezeichnung.

Reservieren Sie im Medikamentenschrank ein Fach für aktuell verordnete Medikamente, sodass diese jederzeit erreichbar sind. Es sollte auch das Original des jeweiligen Pferdepasses dazugelegt werden, damit der Tierarzt die dort eingetragenen Impfungen und bereits verabreichten Medikamente nachlesen kann.

Seit Juli 2000 müssen nutztierhaltende Betriebe, das heißt auch alle Pferdehalter oder der Stallbesitzer für alle Pferde gemeinsam, ein sogenanntes Behandlungs- oder Bestandsbuch (Bestandsbuchregister) führen, in das jegliche medikamentöse Behandlung vom Tierarzt unverzüglich eingetragen wird.[1] Darunter fallen auch die homöopathischen Medikamente bis zu einer gewissen Verdünnung (D6).[2]

So kann Ihr Tierarzt bei Bedarf jederzeit nachsehen, welche Behandlungen in den letzten 5 Jahren an Ihrem Pferd bereits durchgeführt wurden.

Von der Führung eines solchen Bestandsbuches werden Sie nur dann befreit, wenn Sie in Ihrem Equidenpass Ihr Pferd unter dem Status „Nichtschlachttier" haben eintragen lassen.

Einen Behandlungsplan können Sie in Klarsichtfolie verpackt an die Tür des Schränkchens oder an die Boxentür des zu behandelnden Pferdes hängen. Hierher gehören auch die wichtigsten Telefonnummern: die Nummer des Tierarztes, seines Stellvertreters, des Schmieds, der nächstgelegenen Tierklinik und des Tierbesitzers sowie die Nummer der Giftnotzentrale. Im Notfall ist meist keine Zeit für eine lange Suchaktion. Bei der Bestückung der Stallapotheke ist Ihnen Ihr Tierarzt gerne behilflich.

1 Gemäß Verordnung über Nachweispflichten der Tierhalter für Arzneimittel, die zur Verwendung bei Tieren bestimmt sind. Das Bestandsbuch betrifft ausschließlich Pferde, die der Gewinnung von Lebensmitteln dienen und zum Zweck des menschlichen Verzehrs geschlachtet werden (sollen).

2 Bei der Potenz D 6 bedeutet das D, dass bei jedem Schritt eine zehnfache Verdünnung erreicht wird. Die Zahl hinter D gibt die Anzahl der Schritte/Verdünnungen an: 1 zu 10^6 = 1 Teil Ursubstanz zu einer Millionen Teile Lösungsmittel.

A

Ebenso wie im heimischen Stall ist es auch wichtig, bei längeren Ausritten oder Wanderritten eine kleine Apothekentasche mit geeigneten Materialien für Notfälle mit sich zu führen.
Im Folgenden nun ein Vorschlag für die heimische Stallapotheke sowie für eine Notfallapotheke für unterwegs.

1.1 Der Inhalt der Stallapotheke

Medikamente:

(bitte in Abstimmung mit Ihrem Tierarzt)

- Tierkohle in ausreichender Menge bei Vergiftungen und Durchfall
- Stullmisan gegen Durchfall
- Fenchelfrüchte zur Verdauungsförderung
- Physillium = Flohsamen oder Flohsamenschalen für Verdauungsprobleme, helfen bei Durchfall, Verstopfung und als Vorbeugung für Sandkoliken
- Eichenrinde zur Behandlung von Durchfall oder Hautentzündungen
- Desinfektionsmittel wie Jodtinktur (Betaisodona-Lösung) verdünnbar und Jodsalbe bei Wunden
- Rivanol für Angussverbände
- evtl. Kamillosan bzw.
  - Kamillenblüten zum Bereiten von Tee bei Entzündungen der Schleimhäute von Atemtrakt und Verdauungstrakt oder speziell der Maulhöhle (nicht für die Augen geeignet!)
  - Kamillentee auch zum Spülen von Wunden und bei Entzündung der Haut
- Salbeiblätter zur Fertigung eines Tees bei Schleimhautreizungen oder einer Spülung
- Lebertransalbe mit und ohne Zink für Hautprobleme
- Panthenolsalbe als eine Heilsalbe, die nicht blutende oberfächliche Wunden rasch schließt
- Heilsalbe mit Ringelblumen und Vitamin E für alle Hautprobleme
- Arnika C30 innerlich, nach Verletzungen, Überanstrengungen, Schock oder Unfall, hilft gut gegen Schmerzen und Blutergüsse
  - Arnikatinktur äußerlich anzuwenden, bei Blutergüssen, Bissen, Prellungen, Verletzungen oder Entzündungen, wenn die Haut intakt ist
- ob wärmende und kühlende Salben bitte mit dem Tierarzt absprechen
- Cool-Pack und Quark im Kühlfach
- schleimlösende Mittel gegen Husten und zum Inhalieren wie Eukalyptusöl, Spitzwegerichsirup, Thymianöl oder -kraut, Kamillenblüten. (Bei fertigen Mischungen darauf achten, dass kein Menthol enthalten ist, viele Pferde mögen das nicht!)
- Augentrostlösung für Augenwaschungen, gibt es in kleinen Portionen steril abgepackt
- zwei kleine Fläschchen mit steriler Kochsalzlösung (Apotheke)
- Rescue-/Notfalltropfen und -salbe *(s. Seite 128)*
- Obstessig (Apfelessig) für Fliegenabwehrmittel und zur Unterstützung der Pferdegesundheit bei verschiedenen Erkrankungen
- Fliegenabwehrmittel *(selbst angemischt – s. Seite 35 – oder fertig kaufen)*

Bitte den Pferdepass sowie das Behandlungsbuch für Notfälle parat haben bzw. eine Kopie hinterlegen (Nachweis von Tetanus-, Influenza- und anderen Impfungen).

Instrumente und Gerätschaften:

- Stift mit leicht abgerundeter Spitze oder ein dünner Akupressurstab zur Stimulation des Punktes LG 26 zwischen den Nüstern bei Atemnot
- rostfreie, gebogene Verbandsschere mit stumpfem Ende, um Verbände aufzuschneiden
- gute Schere mit stumpfen Enden, ein Schergerät oder ein alter Elektrorasierer, um die Haare im Umkreis einer Verletzung zu kürzen bzw. abzurasieren
  - gute Haushaltsschere, um Kompressen und Tücher zurechtzuschneiden
- Fieberthermometer mit Band und Wäscheklammer zur sicheren Befestigung
- Hufkratzer
- Taschenmesser mit Pinzette oder eine Pinzette zur Entfernung von kleinen Fremdkörpern
- zwei Hufmesser, Hufzange, Hufraspel
- Nasenbremse, für den Bedarfsfall
- Einwegspritzen ohne Nadel, um flüssige Medikamente ins Maul einzugeben (2 ml, 5 ml, 10 ml, 20 ml) oder Spülungen durchzuführen
- Einwegspritzen 50 ml und Plastikflasche zur Eingabe von Tee
- Einmalhandschuhe
- Zeckenzange

Verbandsmaterial:

- 1 Päckchen sterile Gaze-Kompressen, 10 x 10 cm, für verschiedene Anwendungen, bei denen nichts fusseln darf (zum Beispiel am Auge oder bei offenen Wunden)
- einfaches weißes Laken, heiß gebügelt und möglichst eingeschweißt, zum keimarmen Abdecken größerer Wunden
- ca. 6 bis 8 Mullbinden ohne feste Kante, vor allem 10 cm, aber auch 8 und 12 cm breit zum Fixieren von Kompressen oder Tüchern bei Wickeln
- eine breite Rolle Verbandwatte (40 cm breit), saugend, zum Polstern von Verbänden sowie für Angussverbände
- 1 bis 2 kleine Rollen Verbandwatte (10 cm), saugend und wasserundurchlässig für Verbände mit Frischpflanzen
- 4 bis 6 elastische Binden, am besten selbstklebende Binden, ca. 10 cm breit
- 1 m- bis 2 m-Schlauchbinden, 10 cm breit, nicht einschnürend
- Jutesack, sauberes Sackleinen, 30 x 50 cm, oder eine feste Jutetasche als oberste Schutzschicht für einen Hufverband
- 2 Rollen Gewebe-Klebeband (Leuko- oder Hansaplast o. Ä.), 2 cm und 5 cm breit

1.2 Mobile Notfallapotheke

Die mobile Notfallapotheke ist für Wanderritte oder längere Ausritte gedacht und beinhaltet ein kleines Notfallset. Natürlich möchte man sich bei einem Ausritt nicht unnötig belasten, aber es verschafft Ihnen mehr Ruhe und Gelassenheit, für einen eventuellen Notfall gerüstet zu sein. Daher empfehlen wir hier ein kleines Päckchen, das, einmal zurecht gemacht, einige Wochen hält. Allerdings sollte der Inhalt mehrmals im Jahr überprüft und erneuert werden. Am besten eignet sich eine Satteltasche als Unterbringung für die mobile Apotheke. Diese verbleibt auch bei Unfällen fest am Sattel. Haben Sie keine Satteltasche zur Verfügung, so empfiehlt sich, die Sachen in eine eng am Körper liegende Tasche zu packen.

Die Stall- und Notfallapotheke

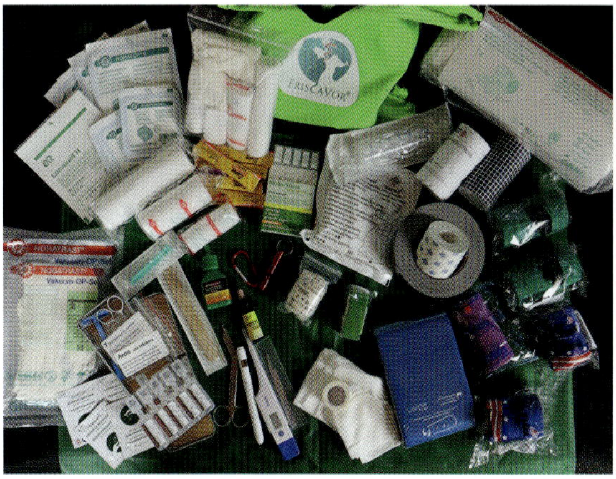

Die Erste-Hilfe-Tasche für Pferde von FriscaVor.com (siehe vorn im Umschlag) enthält alles, was im Notfall gebraucht wird.

Folgendes sollte Ihre mobile Notfallapotheke enthalten:

- ein weißes Laken (halbiert, wegen des Platzes), heiß gebügelt (dadurch wird es zwar nicht steril, aber keimarm) und möglichst eingeschweißt, zum Abdecken größerer Wunden bzw. bei Hitzschlag
- ein Stück sauberes Sackleinen oder eine feste Jutetasche für evtentuelle Hufverbände
- eine kleine Flasche bereits vorgemischte Jodlösung (Betaisodona-Lösung) zum Desinfizieren von Verletzungen
- ein kleines Fläschchen sterile Kochsalzlösung oder Augentrostlösung zum Auswaschen des Auges (Fremdkörper, Insektenstich)
- Rescue-/Notfalltropfen
- 10 sterile Gazetupfer (gibt es als 10er oder 2-mal 5er-Pack in Apotheken)
- je 3 Mull- und elastische Binden, möglichst auch selbstklebend: Bei einer starken arteriellen Blutung kann man damit das Bein abbinden (Tupfer unterlegen) oder Verletzungen versorgen sowie Kompressen fixieren
- 1 kleine Rolle Verbandwatte zum Polstern der anzulegenden Verbände
- 1 kleine Rolle Gewebe-Klebeband für die Verbände
- 1 kleine Schere mit abgerundeten Spitzen
- Hufkratzer, Hufmesser und Taschenmesser mit Pinzette
- 1 Kältepack, aktiviert sich durch Öffnen der Packung; bei Sehnenüberbeanspruchung oder -problemen mit einer elastischen Binde anwendbar

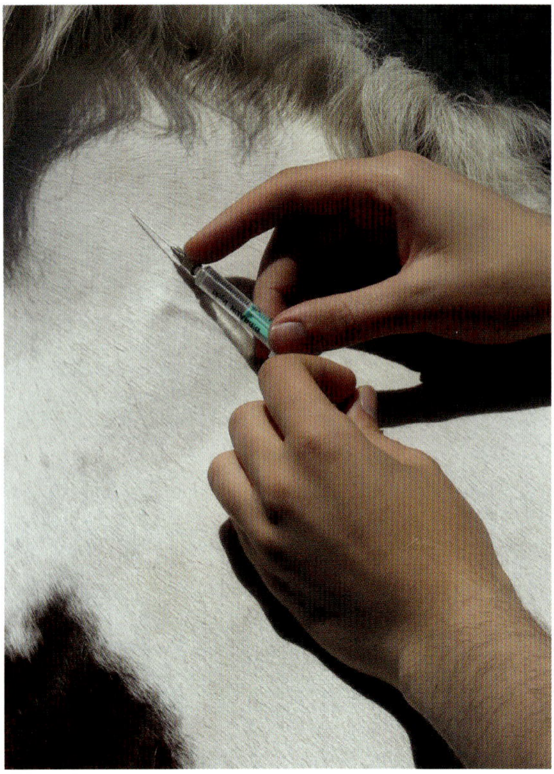

2. Impfungen

Eine Schutzimpfung ist das Einbringen von Impfstoff in einen Organismus mit dem Ziel, dass der Organismus Abwehrstoffe gegen diesen Impfstoff bildet und so gegen bestimmte Krankheiten geschützt ist. Ein Impfstoff oder auch Vakzine ist eine Lösung, die entweder lebende, tote oder unschädlich (attenuierte) gemachte Erreger enthält. Alternativ werden auch Antigenextrakte oder unschädlich gemachte Giftstoffe der Keime zum Impfen genutzt und über eine Spritze (in die Haut bzw. den Muskel oder unter die Haut), durch Einatmen oder durch Schlucken (Futter oder Trinkwasser) verabreicht.

2.1 Arten der Immunität

Der Schutz vor einer Erkrankung (Immunität) kann grundsätzlich auf zwei verschiedene Arten erworben werden, passiv oder aktiv.

Eine **aktive Immunität** kann auf natürlichem oder auf künstlichem Wege erreicht werden. Der natürliche Weg ist eine Infektion des Pferdes mit einem Krankheitserreger. Dabei setzt sich die Abwehr im Körper des Pferdes mit dem Erreger auseinander und produziert schließlich Antikörper, die den Krankheitskeim im weiteren Verlauf besiegen. Zunächst gehen sie wie ein Schlüssel im Schloss eine feste Bindung zum Antigen des Erregers ein. Dieser Komplex wird dann von speziellen Fresszellen des Körpers entsorgt und somit vernichtet. Einige Zellen der Körperabwehr merken sich dabei den Erreger. Bei einer erneuten Infektion können sie ohne Zeitverzug die Bildung von Antikörpern veranlassen, die den Erreger dann sofort vernichten, ohne dass ein Krankheitsanzeichen auftritt.

Da dieser Weg bei manchen Infektionskrankheiten zu gefährlich oder gar tödlich ist, nutzt man denselben Weg künstlich über die Gabe eines Impfstoffs. In diesem Impfstoff befinden sich unschädliche Teile des Erregers oder der Erreger selbst. Wird dieser Impfstoff in den Körper eines gesunden Pferdes gebracht, so bilden sich spezifische Antikörper, die den Körper für eine gewisse Zeit vor dieser Erkrankung schützen.

Auch eine **passive Immunität** kann natürlich oder künstlich erzeugt werden. Auf natürlichem Wege entsteht dieser Schutz bei Fohlen, wenn sie im Mutterleib über die Gebärmutter einige Antikörper der immunen Mutter in sich aufnehmen. Zudem bekommen sie über die Kolostralmilch (die erste Milch nach ihrer Geburt) in den ersten 24 Stunden den Großteil der schützenden Antikörper. Die Fohlen sind dann durch die Antikörper der Mutter in ihrem Blut gegen bestimmte Krankheiten geschützt. Sie selbst bilden dabei keine eigenen Antikörper. Dies ist der Grund, warum Fohlen in den ersten Lebensmonaten keinen Schutz von außen benötigen.

Ein solcher passiver Schutz kann jedoch auch künstlich erzeugt werden, wenn keine Zeit mehr für eine länger dauernde aktive Immunisierung bleibt. Dabei bekommt das Pferd Immunseren und Antikörper, die ein anderer Organismus gebildet hat. Dies schützt es kurzzeitig vor dem Erreger, es bildet jedoch selbst keine Antikörper. Diese passiv aufgenommenen Schutzstoffe sind jedoch für den Körper des Pferdes fremd und werden daher relativ schnell abgebaut.

Bei einer Simultanimpfung werden diese beiden Mechanismen, die aktive und passive Immunisierung, miteinander verbunden. Beide Wirkstoffe werden zur gleichen Zeit in den Pferdekörper gebracht, jedoch an verschiedenen Stellen. So wird ein sofortiger Schutz des Pferdes erreicht und daneben auch ein länger andauernder Schutz durch die Bildung eigener Antikörper.

2.2 Wie wird geimpft?

Über die Art der durchzuführenden Impfung entscheidet grundsätzlich Ihr Tierarzt. In der Regel hält er sich aber an die Vorgaben der Hersteller des Impfstoffs. Vor einer Impfung wird er Ihr Pferd gründlich untersuchen.

Um einen wirksamen Impfschutz zu erzielen, muss zunächst eine Grundimmunisierung (Basisimmunisierung) erfolgen. Diese setzt sich aus zwei bis drei, manchmal auch vier Impfungen nach festgelegten Zeitabständen zusammen. Bei einem Fohlen beginnt die Grundimmunisierung ab dem 6. Lebensmonat. Danach ist für eine gewisse Zeit, meist für 6 bis 12 Monate, ein Schutz aufgebaut, der dann in regelmäßigen Abständen immer wieder erneuert werden muss. Man nennt dies eine Wiederholungsimpfung. Wird eine solche Impfung versäumt, muss das Pferd in bestimmten Fällen noch einmal die komplette Grundimmunisierung bekommen.

Bei der Impfung sind einige Dinge zu beachten:

- Es sollten keine kranken oder körperlich erschöpften Tiere geimpft werden.
- Die Pferde sollten weitgehend parasitenfrei, d.h. entwurmt sein, damit der Körper eine Impfung verkraftet und entsprechend darauf reagieren kann.
- Nach der Impfung benötigt Ihr Pferd einige Tage nur leichte Bewegung, um dem Körper Zeit zu geben, auf die Impfung zu reagieren.
- Wichtig ist die Einhaltung angemessener Zeitintervalle.

2.3 Gegen welche Krankheiten wird geimpft?

In Deutschland wird gegen verschiedene Erkrankungen geimpft. Nähere Informationen zu den Erkrankungen und deren Behandlungen lesen Sie in Teil C *ab Seite 382*.

Wichtig! Wer mit seinem Pferd ins Ausland reist, muss sich zuvor über die dort herrschenden Impfbestimmungen informieren und entsprechend darauf reagieren.

Tetanus

Tetanus ist eine bakterielle Infektion, die über Wunden in den Körper eindringt. Die Gifte des Tetanusbakteriums führen zu Entzündungen der Rückenmarksnerven mit extremen Krämpfen der gesamten Muskulatur. Für mehr als die Hälfte aller Fälle ist diese Krankheit tödlich. Bereits kleinste, kaum sichtbare Wunden reichen als Eintrittspforte aus. Bei ungeschützten Pferden kann eine schnelle Gabe von Antitoxin (Immunserum) lebensrettend sein. Bei verletzten ungeschützten Tieren sollte eine Simultanimpfung vorgenommen werden. So entwickelt das Immunsystem der Tiere seinen eigenen Schutz, währenddessen sind sie bereits durch das Immunserum geschützt. Der Tetanusschutz sollte jedoch als Mindestschutz bei allen Pferden vorhanden sein. *Weiteres lesen Sie auf Seite 391 ff.*

Tetanus wird alleine oder in Kombination geimpft.

Für die Grundimmunisierung wird folgender Zeitrahmen empfohlen:

- Die 1. Impfung kann ab dem 6. Lebensmonat gegeben werden,
- die 2. Impfung 4 bis 6 Wochen nach der 1. Impfung
- und die 3. Impfung nach weiteren 12 bis 14 Monaten.
- Die Impfung wird alle 2 bis 3 Jahre - je nach verwendetem Impfstoff - wiederholt.

Bei neugeborenen Fohlen von nicht geimpften Stuten oder Stuten mit unbekanntem Impfstatus kann ein Hyperimmunserum oder ein Schnelltest zur Bestimmung des Antikörpertiters gute Dienste leisten.

Influenza

Die Influenza ist eine höchst ansteckende Virus-Erkrankung des oberen Atmungstraktes. Sie kann in einem ganzen Pferdebestand grassieren. Neben starkem Husten, hohem Fieber, Nasenausfluss und geschwollenen Lymphknoten sind die Patienten allgemein sehr schlapp. Unbehandelt kann es zu schwerwiegenden Folgen kommen, wie chronischem Husten, Dämpfigkeit oder Allergien. Diese Erkrankung kann jedoch behandelt und geheilt werden *(mehr dazu auf Seite 391 f.)*.

A

Die Influenza-Impfung ist in Deutschland eine gängige Impfung. Die durch die Impfung erzeugte Immunität schützt laut Herstellerangaben nur 1 Jahr vor erneuter Infektion gegen einen im Impfstoff enthaltenen oder nahe verwandten Virus. Die StIKo Vet[3] empfiehlt ein halbjährliches Impfintervall, die Deutsche Reiterliche Vereinigung e.V. (FN) schreibt es für Turnierpferde vor. Es werden also nicht alle Virusvarianten abgedeckt. Die Weltorganisation für Tiergesundheit gibt Empfehlungen bezüglich der Impfantigene heraus, die die aktuell im Feld nachgewiesenen Virusstämme repräsentieren. Es gibt zumindest einen Impfstoff, der gegen zwei der geforderten Virusstämme wirkt. Sprechen Sie bitte Ihren Tierarzt darauf an.

Die Grundimmunisierung umfasst drei Impfungen:

- Die 1. Impfung sollte nicht vor dem 6., besser erst ab dem 8. Lebensmonat erfolgen,
- die 2. Impfung 6 bis 10 Wochen nach der 1. Impfung und
- die 3. Impfung etwa 5 bis 6 Monate danach.
- Wiederholung alle 6 Monate

Hat die Mutter nicht alle erforderlichen Impfungen bekommen, kann unter Umständen bereits mit 3 bis 4 Monaten geimpft werden. Das sollte der behandelnde Tierarzt beurteilen.
Sind die Pferde nur einem geringen Ansteckungsrisiko ausgesetzt, kann auch eine jährliche Wiederholungsimpfung reichen.

Equine Herpesvirus-Infektion mit Typ 1 + 4

Von neun bekannten sind fünf Herpesviren wichtig beim Pferd. Das Herpesvirus verursacht je nach Art des Virus unterschiedliche Leiden. Hauptsächlich sind dies das Verfohlen ohne Vorwarnung (Herpesvirus Typ 1 (EHV-1)), die Equine Herpesvirus Myeloencephalopathie (EHM) und die Rhinopneumonitis (EHV-4). Letztere verläuft mit hohem Fieber und Husten und ähnlichen Anzeichen wie eine Influenza-Infektion *(s. Seiten 276 f. und 395 f.)*. Auf dem Markt gibt es einen Inaktivats-Impfstoff (EHV-1 und -4) sowie einen Lebendimpfstoff (EHV-1). Die Herpesimpfstoffe helfen nicht nur dem Einzeltier, vielmehr soll durch eine konsequente Impfung des gesamten Pferdebestandes eine Reduzierung der zirkulierenden Herpesviren insgesamt erreicht werden.

Die Grundimmunisierung umfasst bei der Herpes-Impfung drei Impfungen:

- Die 1. Impfung wird ab dem 4. bis 5. Monat (bei nicht geimpfter Mutter) und ab dem 6. Lebensmonat (bei geimpfter Mutter) durchgeführt,
- die 2. Impfung nach 6 bis 10 Wochen und
- die 3. Impfung nach 6 Monaten.
- Wiederholung alle 6 Monate

Grundsätzlich darf diese Impfung gemeinsam mit der Influenza-Impfung verabreicht werden, sie müssen aber in unterschiedliche Körperregionen gegeben werden. Da jedoch die gleichzeitige Impfung bei Pferden Nebenwirkungen auslösen kann, sollen die beiden Impfungen zeitlich versetzt gegeben werden.

Die folgenden Impfungen gehören nicht zu den Standard-Impfungen in Deutschland:

Druse

Die Druse ist eine hochansteckende bakterielle Infektion. Sie wird über Tröpfchen-Infektion (Schnauben, Husten) direkt oder durch indirekten Kontakt übertragen. Deutliche Anzeichen sind die geschwollenen Lymphknoten, die später abszedieren, Schluck- und Atembeschwerden, hohes Fieber und Nasenausfluss. Eine Druse kann gefährliche Folgen haben. *Lesen Sie auch Seite 269 ff.*
Die Druse-Impfung ist keine gängige Impfung. Die kommerziell hergestellte Impfung sollte ausschließlich als Notfallmaßnahme bei akut infektionsgefährdeten Pferden dienen. Zur Vorbeugung ist diese Impfung nicht geeignet, sie bietet nur unzureichenden Impfschutz und ist wegen möglicher Nebenwirkungen auch nicht ganz ungefährlich. Der Tierarzt wird Sie entsprechend beraten.

Equine Virale Arteritis (EVA)/Pferdestaupe

Diese Erkrankung wird durch ein weltweit vorkommendes Virus ausgelöst. Wichtig für die Verbreitung des Virus sind persistent infizierte Hengste, die nach der Infektion zum Virusreservoir werden und über lange Zeit das Virus mit ihrem Sperma auf empfängliche Stuten übertragen. Die dann tragenden, seronegativen Stuten können im 3. bis 10. Trächtigkeitsmonat

3 StIKo Vet. = Ständige Impfkommission der Veterinäre: Leitlinie zur Impfung von Pferden. Stand 01.02.2019.

verfohlen. Grund dafür ist das infizierte Ungeborene. Nicht nur Pferde, auch andere Einhufer sind empfänglich, sie machen eine akute Infektion durch, die Viren vermehren sich in Zellen des Atemtrakts, des Verdauungstrakts sowie des Geschlechtsapparates. Nach der akuten Infektion mit starkem Flüssigkeitsverlust, Fieber und Ödemen wird das Virus über die Sekrete von Nüstern, Augen, Speichel und Kot ausgeschieden.

Die Grundimmunisierung gegen EVA umfasst zwei Impfungen:

- Die 1. Impfung im Alter von 9 Monaten,
- eine 2. Impfung 3 bis 6 Wochen später.
- Wiederholung alle 6 Monate

Dabei kann die Impfung die Erkrankung verhindern, nicht aber die Infektion und die Virusausscheidung bei den geimpften Pferden. Die Erkrankung ist meldepflichtig. *Lesen Sie Weiteres zu EVA auf Seite 398.*

Equine Rotavirus-Infektion

Dies ist eine spezifische Durchfallerkrankung insbesondere neugeborener Fohlen, bei welcher der Auslöser, das Equine Rotavirus, über verunreinigtes Futter übertragen wird. Die Erkrankung tritt nur in den ersten Lebensmonaten auf und ist die häufigste Ursache für viral bedingte Durchfallerkrankungen bei Fohlen. Infizierte Tiere scheiden große Virusmengen aus und die Viren können in der Umgebung einige Monate lang überleben. Die Viren werden über verunreinigte Nahrung bzw. über die Zitzen der Stuten aufgenommen. Häufig entwickeln sich daraus bakterielle Sekundärinfektionen. Die Fohlen verlieren sehr viel Flüssigkeit und weisen schnell einen sehr schlechten Allgemeinzustand auf. Innerhalb kürzester Zeit sind viele Tiere betroffen, deshalb sind große Gestüte besonders gefährdet.

Die Hygiene ist im Abfohlbereich sowie im Bereich der Neugeborenen extrem wichtig! Der Mist sollte keinesfalls zum Düngen verwendet werden.

Statt Grundimmunisation gibt es seit 2012 in Deutschland bei dieser Erkrankung die Impfung der Mutterstute mit inaktivierter Rotavirus-Vakzine:

- Die 1. Impfung erfolgt im 8. Trächtigkeitsmonat,
- de 2. Impfung bekommen die Stuten im 9. und
- die 3. Impfung im 10. Monat der Trächtigkeit.

Bei Aufnahme der ersten Muttermilch, des Kolostrums, nehmen die Fohlen diese mütterlichen Antikörper mit auf und sind so passiv gegen Rotaviren geschützt. Voraussetzung ist natürlich die ausreichende Aufnahme an Kolostrum.

Hautpilz – Trichophytie, Mikrosporie

Einer Hautpilzerkrankung liegt zum größten Teil eine Infektion mit einer Hautpilzgattung, dem Trichophyton, zugrunde, seltener ist es eine Infektion mit der anderen Pilzgattung, dem Mikrosporum. Die Übertragung erfolgt in der Regel durch direkten oder indirekten Kontakt.

Der Hautpilz ruft großflächige Hautveränderungen hervor, daneben auch nässende, aufplatzende Schwellungen. Es kommt häufig zu bakteriellen Folgeinfektionen *(s. Seite 187)*. Es gibt zwei Impfungen gegen Hautpilz, eine inaktivierte, die Teile mehrerer Hautpilzarten von Trichophyton und Mikrosporum umfasst, sowie eine Lebendvakzine mit *Trichophyton equinum*. Dabei wirkt der Impfstoff nicht nach dem bekannten Prinzip mit der Bildung von Antikörpern. Vielmehr wird das Immunsystem stimuliert, um sich besser gegen den Pilz wehren zu können.

Die Immunisierung erfolgt zweimal im Abstand von zwei Wochen und wird sowohl zur Vorbeugung als auch zur Behandlung eingesetzt. Wenn nötig können weitere Impfungen im 2-wöchigen Abstand folgen.

Die beste Vorbeugung gegen Hautpilz ist allerdings immer noch die Optimierung der Haltungsbedingungen. Wenn diese und die Hygiene nicht verbessert werden, so hilft auch die Hautpilzimpfung nichts.

Lyme-Borreliose

Auslöser dieser Erkrankung ist ein Bakterium mit Namen *Borrelia burgdorferi sensu lato*. Das Bakterium wird durch Zecken übertragen. Da die Bakterien zunächst vom Darm in die Speicheldrüsen wandern müssen, geht man davon aus, dass die Bakterien erst 18 bis 24 Stunden nach dem Biss der Zecke übertragen werden.[4]

Eine Impfung verhindert dies, da beim Biss der Zecke, von der die Antikörper aufgenommen werden, die sich gegen ein Oberflächenantigen der Bakterien richten. Nach Bindung des Antikörpers an das Oberflächen-

4 Selbitz, H.-J.; Valentin-Weigand, P.: Bakterielle Erkrankungen. Aus Brehm, W. et al. (Hrsg.) Enke Verlag 2017, 1118-1129.

antigen der Bakterien können sich die Bakterien nicht mehr bewegen und auch nicht mehr aus dem Darm in die Speicheldrüse der Zecke wandern, um ins Blut der Pferde abgegeben zu werden. Sie verbleiben in der Zecke.

Werden die Bakterien nicht bekämpft, so kommt es meist zu einer chronisch latenten Form der Borreliose mit unterschiedlichen Symptomen im Bereich des Bewegungsapparates, Verdauungstraktes, verschiedener Organe wie zum Beispiel der Haut oder der Augen. Das Immunsystem ist meist beeinträchtigt, was zu höherer Infektanfälligkeit und Allergiebereitschaft führt. *Lesen Sie mehr dazu auf Seite 383 ff.*

Die Grundimmunisierung gegen Borreliose umfasst drei Impfungen:

- Die 1. Impfung kann ab dem 12. Lebensmonat gegeben werden.
- Die 2. Impfung erfolgt 2 bis 3 Wochen später und
- die 3. Impfung nochmals 6 Monate später.
- Die 4. Impfung erfolgt ein Jahr nach der ersten Impfung.

Die Wiederholungsimpfungen sollten dann jährlich, immer vor dem Höhepunkt der Zeckenaktivität - derzeit im März/April - erfolgen.

Bitte beobachten Sie, ob dies aufgrund des immer früher einsetzenden Frühsommers so bleibt. Treten die Zecken aufgrund veränderter äußerlicher Bedingungen früher auf, muss auch der Impftermin nach vorn verlegt werden. Eine belastbare Immunität besteht etwa einen Monat nach der zweiten Impfung.

Diese Empfehlung der Ständigen Impfkommission enthält eine Immunisierung mehr als vom Hersteller angegeben, da in mehreren Studien gezeigt wurde, dass ohne diese zusätzliche Immunisierung oft im Laufe des ersten Impfjahres kein ausreichender Impfschutz besteht.

Pferde, die bereits infiziert sind, können von der Impfung nicht mehr profitieren. Sie könnte nur noch weitere Infektionen mit zusätzlichen Erregern verhindern. Es wird davon abgeraten, infizierte Pferde zu impfen. Pferde, die Zeckenkontakt hatten, sollten vor der Impfung einen Antikörpernachweis erbringen, dass sie noch nicht infiziert wurden.

Sommerekzem

Das Sommerekzem ist eine teils massive allergische Hauterkrankung, die hauptsächlich während der Sommermonate auftritt. Neben anderen Faktoren besteht die Hauptursache in einer allergischen Reaktion auf den Stich der Gnitzen *(Culicoides)* und anderer Insekten. Im Zuge der Hautentzündung entstehen an Mähnenkamm, Schweifansatz, Rücken und Bauch kleine Knoten, die stark jucken. Sehr bald ist das Fell abgeschubbert, das Langhaar gebrochen und es entstehen nässende Wunden, die sich leicht infizieren können. *Siehe auch Seite 190 ff.*

Durch die Impfung von Sommerekzemern im zeitigen Frühjahr mit dem Hautpilzimpfstoff Insol® Dermatophyton (ID) konnten bei an Sommerekzem erkrankten Pferden gute Erfolge verzeichnet werden. Dies gilt umso mehr bei Tieren, die erst kürzlich erkrankten, also maximal im zweiten Jahr Anzeichen des Sommerekzems zeigten. Verabreicht man die Impfung frühzeitig, sollen sich nach Herstellerangaben bei über 50 % der behandelten Pferde die Symptome des Ekzems stark vermindern oder ganz ausbleiben.

Der Impfstoff sollte vor Beginn der Mückensaison 2- bis 3-mal verabreicht werden:

- Die 1. Impfung kann ab einem Alter von mindestens 5 Monaten im Februar gegeben werden, ausgeschlossen sind trächtige Stuten oder erkrankte Tiere;
- die 2. Impfung erfolgt 14 Tage später und die
- 3. Impfung weitere 14 Tage später, etwa im März.

Der Impfschutz besteht ab etwa 5 Wochen nach der ersten Impfung und hält mindestens 9 Monate. Er sollte nicht in Kombination mit anderen Impfstoffen gegeben werden und es sollte 14 Tage vor und nach der Behandlung mit ID keine andere Impfung stattfinden. Es kann jedoch bei keinem der geimpften Pferde auf die *auf Seite 192 f.* genannten Prophylaxemaßnahmen verzichtet werden.

Bei Bedarf kann die Impfung im Sommer wiederholt werden. Aus Kostengründen sollte versucht werden, die Diagnose Sommerekzem mit einem der beiden Tests zu sichern. Dies sind zum einen der Bluttest FIT – Funktioneller Invitro-Test - zum anderen CAST, der Cellular Antigen Stimulation Test. Keine dieser Tests hat eine 100%ige diagnostische Sicherheit. Eine Allergie bleibt nach wie vor die klinische Diagnose.

Tollwut

Tollwut ist eine Virus-Infektion, die in Deutschland derzeit nicht mehr vorkommt. Der Hauptüberträger ist der Fuchs, der das Virus über seinen Speichel (Biss) weitergibt. Die Tollwut kann als stille oder rasende Wut verlaufen. Es kommt zu Krämpfen und Lähmungen. Eine Behandlung der Tollwut wird nicht durchgeführt, erkrankte Pferde werden getötet *(s. Seite 394)*. Die Erkrankung ist anzeigepflichtig.

Nach der Leitlinie zur Impfung von Pferden Stand 01.02.2019 (Ständige Impfkomission Veterinär = StIKo Vet) ist eine Tollwutimpfung nicht mehr nötig. „Deutschland ist seit 2008 frei von terrestrischer Tollwut. Da außerdem weder eine Weiterverbreitung von Pferd zu Pferd noch von Pferd zu anderen Tieren möglich ist, genügt es, nur gefährdete Tiere zu impfen (z.B. Pferde bei Reisen in Länder, in denen noch Tollwut vorkommt) und auf eine Populationsimpfung zu verzichten."

Dies ist der Grund dafür, dass die Tollwutimpfung nur noch eingeschränkt durchgeführt wird. Bitte informieren Sie sich frühzeitig über die Bestimmungen. In bestimmten Regionen Deutschlands kann der Tollwutschutz eventuell sinnvoll sein.

Nach einer Grundimmunisierung erfolgt alle 3 Jahre eine Wiederholungsimpfung.

West-Nil-Virusinfektion oder -erkrankung

Bei dieser Erkrankung kommt es zur Entzündung des Gehirns und Rückenmarks. Es treten Ataxien, Lähmungen eines Hinterbeins oder der ganzen Hinterhand und Festliegen auf. Allerdings verlaufen die meisten Infektionen ohne Anzeichen nach außen hin ab. Der Verursacher dieser Erkrankung ist das West-Nil-Virus (WNV). Es ist weltweit verbreitet mit Ausnahme des nördlichen Teils Eurasiens. Vor allem ist es in den USA im Süden wie im Norden und Europa (Österreich und Südfrankreich) und meist endemisch aufgetreten, also gehäuft, aber auf bestimmte Regionen begrenzt. In Australien wurde ein dem WNV eng verwandter Virus identifiziert. Verschiedene Singvogelarten, auch krähenartige, scheinen die eigentlichen Wirte des Virus zu sein. Von ihnen aus wird das Virus dann auf die empfindlichsten Säuger, Menschen und Pferde, durch Stechmücken übertragen. Eine direkte Übertragung von Pferd auf Pferd bzw. auf den Menschen ist nicht möglich und auch die direkte Übertragung vom Vogel auf den Säuger scheint nicht möglich zu sein. Die Erkrankung ist **anzeigepflichtig**. *Lesen Sie mehr zum West-Nil-Fieber auf Seite 390 f.* Zum ersten Mal ist es im September 2018 auch in Deutschland nachgewiesen worden, man fand es bei neun Vögeln, verteilt über den ganzen Osten Deutschlands, und zwei Pferden. Die STIKo rät zu einer **Impfung** in den betroffenen Gebieten noch **vor der nächsten Mückensaison**. Die Gebiete sind die Bundesländer Bayern, Mecklenburg-Vorpommern und Sachsen-Anhalt.[5] Wichtig sei jedoch zukünftig eine flächendeckende Impfung in Deutschland, aber eine Impfpflicht wird vorerst als nicht sinnvoll erachtet.

Die Immunität nach einer Impfung hält ein Jahr und es gibt drei Impfstoffe zur Auswahl. Allerdings sind nur zwei davon Vektorimpfstoffe mit Markereigenschaften, die eine Unterscheidung zwischen geimpften und infizierten Tieren möglich machen.[6] Jedoch ist bislang noch kein kommerzieller Test erhältlich. Die Impfstoffe schützen nicht vor der Infektion, aber sie verhindern die Symptome, verkürzen die Streuung des Virus im Körper und verringern die Virusausscheidung. Sie verhindern mit Sicherheit die schwere neurologische Form der Erkrankung, d.h. es treten also keine Entzündungen von Gehirn und Rückenmark und keine Lähmungen auf.

Die Grundimmunisierung der West-Nil-Viruserkrankung erfolgt in zwei Schritten:

- Die 1. Impfung wird im Alter von (5 bis) 6 Monaten gegeben,
- die 2. Impfung 3 bis 6 Wochen später.
- Die Wiederholungsimpfung erfolgt 1 Jahr später.

Standard-Impfprogramm

Während die Impfungen gegen Tetanus, Influenza, Herpes Typ 1+ 4 zum Standard-Impfprogramm gehören, gibt es derzeit in Deutschland gegen einige gefährliche Erkrankungen wie Borna oder Botulismus *(s. Seiten 382 f. und 388 ff.)* leider noch keine Impfung.

5 Warner, K.: West-Nil-Virus auf dem Vormarsch – Auch in Deutschland angekommen. VetImpulse, 27. Jahrgang, Ausgabe 22, 15. November 2018, Seite 10.

6 Der Vektorimpfstoff ist eine neue Form des Impfstoffs mit der Möglichkeit, ihn zu markieren, um so die Antikörper, die gegen ihn gebildet werden, zu erkennen und von denen zu unterscheiden, die durch eine natürliche Infektion entstanden sind. Zukünftig wird es sicherlich dafür einen Schnelltest geben.

A

Die Impfung gegen Druse, Equine Rotavirus-Infektion, Equine Virale Arteritis (EVA), Borreliose, Tollwut, Hautpilz, also Trichophytie oder Mikrosporie, sind nicht üblich und werden nur unter besonderen Umständen empfohlen.

Jeder Pferdehalter sollte sich überlegen, was sein Pferd an Impfungen benötigt und ein offenes Gespräch mit seinem Tierarzt dazu führen. Ein robustes Freizeitpferd beispielsweise, das wenig Kontakt zu fremden Pferden hat, ist unter Umständen mit einer Tetanusimpfung und einer jährlichen Influenza-Impfung gut abgedeckt.

Turnier- oder Sportpferde bzw. Pferde, die außerhalb des Heimatstalls viel mit fremden Pferden in Kontakt kommen, benötigen hingegen mehr Schutz. In Deutschland besteht eine Influenza-Impfpflicht für Turnierpferde. Besteht kein umfassender Impfschutz, so werden die Pferde für Turniere nicht zugelassen. Dies gilt auch für allergische Pferde und Pferde, die wegen chronischer Bronchitis oder anderer Erkrankungen nicht geimpft werden sollen. Um auf einem Turnier starten zu können, müssen mindestens die ersten zwei Impfungen und/oder die Wiederholungsimpfungen korrekt erfolgt sein. Die letzte Impfung muss mindestens 2 Wochen vor dem Turnierstart durchgeführt worden sein, sofern es sich um eine Grundimmunisierung handelt. Ansonsten muss die letzte Wiederholungsimpfung mindestens sieben Tage vor dem Start erfolgt sein und darf nicht länger als 6 Monate (+21 Tage) zurückliegen. Schutz gegen Tetanus wird vorausgesetzt. Der Turniertierarzt vor Ort kontrolliert die im Equidenpass eingetragenen Impfungen. Pferde mit ungenügendem Infektionsschutz müssen die Veranstaltung sofort verlassen.

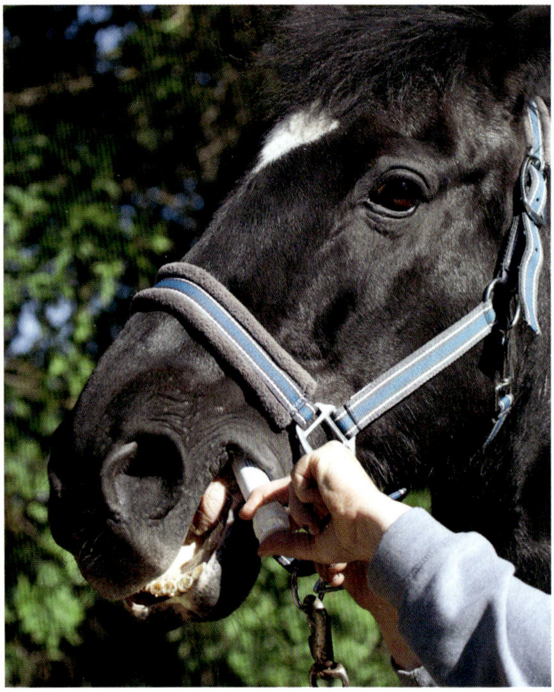

Lassen Sie mindestens viermal im Jahr den Kot beim Tierarzt oder in einem Labor auf Würmer untersuchen und verabreichen Sie zweimal jährlich eine Wurmkur.

3. Wurmkuren

Würmer sind ganz natürliche Begleiter unserer Haustiere. Das können wir Menschen leider nicht völlig unterbinden. Und das sollten wir auch nicht, denn der Kontakt mit den Würmern sorgt bei einigen Wurmspezies für eine gewisse Immunität der erwachsenen Pferde. Wichtig ist jedoch, dass die „Untermieter" ein gewisses Maß nicht überschreiten. Denn durch übermäßigen Befall an Endoparasiten wird das Pferd stark geschwächt, magert ab und wird leicht krank.

3.1 Allgemeines zur Wurmkur

Sie als Pferdebesitzer oder Reiter können jedoch einiges dafür tun, dass es erst gar nicht zu einem übermäßigen Befall mit Würmern kommt.
In Teil C dieses Buches, *Seite 339 ff.*, finden Sie nähere Informationen zu den Endoparasiten, Sie erfahren, welche es gibt und wie sie sich entwickeln. Dort werden auch einige wichtige Vorsorgemaßnahmen genannt.

Die wichtigsten Vorsichtsmaßnahmen sind konsequente Stall- und Weidehygiene:

- regelmäßiges, gründliches Absammeln der Pferdeäppel von der Weide, möglichst alle 2 Tage.
  - ➤ Vorteil: keine Zeit zum Ausschlüpfen und Verteilen von Strongyliden-Larven
- den Pferdemist nicht auf den Weiden verteilen
- Weiderotation mit Rindern
- nicht zu viele Pferde auf einer Weide, 1 ha/Pferd
- 1-mal jährlich gründliche Desinfektion des Stalles mit einem geeigneten Desinfektionsmittel
- keine Matrazenbildung, kein Tiefstall
- nicht direkt vom Boden aus füttern
- Futter hygienisch einwandfrei und nagerunzugänglich aufbewahren
- nach Wurmkurgabe Pferde 3 Tage auf der Weide lassen, täglich mehrmaliges Absammeln des Kots
- danach Weidewechsel, auch zur Regeneration der alten Weide
- Separierung der Neuzugänge von den anderen Pferden (mit Sichtkontakt), bis zur Klärung der parasitären Situation
  - ➤ Empfehlung: aufgrund der psychischen Belastung eines Umzugs oder Besitzerwechsels Wurmkurgabe vor dem belastenden Ereignis
  - ➤ dann keine Notwendigkeit zur Isolation

Diese Hygienemaßnahmen sind sehr wichtig, um die Wurmbelastung zu reduzieren. Leider reichen diese Maßnahmen nicht ganz aus, die Pferde infizieren sich trotzdem noch mit Wurmeiern. Doch im Gegensatz zu früher, wo jeder erst einmal eine Wurmkur verabreicht hat und die Hygienemaßnahmen weitgehend unwichtig waren, steht die Hygiene nun an erster Stelle und erst danach, wenn das nicht reicht, kommt die Wurmbehandlung ins Spiel.

Die Stall- und Weidehygiene ist in den letzten Jahren immer wichtiger geworden, da man erkannt hat, dass der extreme Einsatz von Wurmmitteln früherer Jahre Folgen hatte.

Immer mehr Würmer sind in den letzten Jahren resistent gegen bestimmte Wurmmittel geworden. Resistenz oder „gegen etwas resistent sein" bedeutet hier, dass die Würmer im Inneren der Pferde nicht mehr von der Wurmkur abgetötet werden. Trotz der vielen verschiedenen Wurmpräparate auf dem Markt gibt es nur 3 Wirkstoffgruppen, die Anwendung finden. Die Resistenz betrifft insbesondere die Gruppe der Benzimidozole und Pyrantel.

3.2 Überblick über die Wirkstoffgruppen und einige Wurmkuren

Wirkstoffgruppe	Wirksam gegen	Wirkstoff	Wurmkur (®)
1. Benzimidazole	• *kleine und große Strongyliden (Blutwürmer)/* (nur ausgewachsene/adulte Würmer im Darm) Resistenzen bei kleinen Strongyliden • *Spulwürmer* • *Pfriemenschwänze*	Fenbendazol	Panacur
		Febantel	Rintal
		Mebendazol	Telmin
		Oxibendazol	Equitac
2. Pyrimidine/ Pyrantel	• *kleine Strongyliden* (einzelne Resistenzen nachgewiesen) • *große und kleine Strongyliden* (nur adulte Würmer im Darm) • *Spulwürmer* (nur adulte Würmer im Darm) • *Bandwürmer* (doppelte Dosis) • *Pfriemenschwänze*	Pyrantel	Banminth Hippoparex
		Pyrantelpalmoat	Jernadex Strongid P Verminal P
Praziquantel	• *Bandwürmer*	Praziquantel	Droncit NoroPraz

<table>
<tr><td rowspan="6">3. makrozyklische Lactone (maLac) oder in Kombination</td><td rowspan="3"><ul><li>kleine und große Strongyliden (adult u. L4)</li><li>Zwergfadenwurm</li><li>Gasterophylus-(Magendassel-) Larven, alle Stadien</li><li>Spulwürmer (teils weniger wirksam, Resistenzen), Ivermectin wirkt teilweise gegen Larve 3 und 4 (bei Lungenproblemen); Moxidectin wirkt besser, ist aber erst ab 4 Monaten zugelassen</li><li>Pfriemenschwänze</li><li>Mikrofilarien, Habronema (adulte) und Lungenwurm</li></ul></td><td rowspan="2">Ivermectin</td><td>Ivomec P
Eraquell
Diapec P
Eraquell Tabs 800 kg
Furexel</td></tr>
<tr><td>Noromectin
Eqvalan
Hippomec</td></tr>
<tr><td>Moxidectin</td><td>Equest</td></tr>
<tr><td rowspan="3">Wirksamkeit siehe Einzelstoffe
plus Bandwürmer</td><td>Moxidectin + Praziquantel</td><td>Equest Pramox</td></tr>
<tr><td rowspan="2">Ivermectin + Praziquantel</td><td>Noromectin Praziquantel Duo
Furexel Combi</td></tr>
<tr><td>Equimax
Eqvalan Duo oder
Equimax Tabs 800 kg</td></tr>
<tr><td colspan="4">Die Wirkung einer Entwurmung sollte immer durch eine Kotkontolle nach 14 (-21) Tagen überprüft werden. Hier ist die Anzahl der Wurmeier pro Gramm Kot wichtig und die Ei-Anzahl nach der Behandlung verglichen mit der davor, genannt Eizahl-Reduktions-Test (EZRT). Auswahl der Wurmmittel bei kleinen und großen Strongyliden: Benzimidazole (1.) werden eingesetzt, wenn dagegen keine Resistenz vorliegt. Sind Resistenzen bekannt, verwenden Sie Pyrantel (2.). Wenn 2. unwirksam ist, wird 3. eingesetzt, erst Ivermectin, dann Moxidectin.</td></tr>
</table>

Bei den kleinen Strongyliden gibt es mittlerweile ein Problem, die meisten sind resistent gegen Benzimidazole (mit Ausnahme des Oxibendazols) und Pyrantel, zunehmend auch gegen Ivermectin und selten sogar gegen Moxidectin, beide zählen zu den makrozyklischen Lactonen *(siehe Tabelle)*.[7] Da bleibt zur Behandlung nicht mehr viel übrig.

Ivermectin und Moxidectin gehören zu den wenigen Wurmmitteln, die noch am ehesten bei den verschiedenen Würmern wirksam sind. Das macht deutlich, wie wichtig es heute ist, die Effektivität der Wurmbehandlung zu überprüfen.

Was tun?

Da die regelmäßige und häufige Gabe der Wurmmittel zu den genannten Resistenzen führt, muss hier ein Umdenken stattfinden. Hinzu kommt, dass man früher davon überzeugt war, dass alle Pferde im gesamten Bestand mehr oder weniger gleich viele Parasiten haben, doch man weiß heute, dass dies nicht so ist. Es ist eher ein kleiner Prozentsatz, weniger als die Hälfte der Pferde beherbergen das Gros der Parasiten. Das bedeutet, wir müssen individuell schauen. Dazu eignet sich eine **selektive Entwurmung**.

Um selektiv oder auch individuell zu werden, brauchen wir die **Kotuntersuchung**. Sie hat enorm an Bedeutung gewonnen und sich zum koproskopischen Monitoring oder auch Parasiten-Monitoring ausgeweitet. Das ist letzten Endes das Gleiche wie die selektive Entwurmung, nur dass hier die Betonung bei den Parasiten liegt. Es bedeutet, dass Sie den Parasitenbefall Ihres Pferdes über mehrere Kotuntersuchungen im Jahr überwachen.

Jeder Betrieb sollte über seine parasitäre Situation bzw. die der jeweiligen Pferdegruppe Bescheid wissen. Dafür sind regelmäßige Kotuntersuchungen wichtig. Durch eine Kotuntersuchung können Sie einerseits den Parasitenbefall des Tieres wie auch die Wirksamkeit der Wurmkur im Körper Ihres Pferdes nachweisen.

3.3 Kotprobe richtig nehmen

Dafür müssen Sie frische Pferdeäpfel von 3 aufeinanderfolgenden Tagen sammeln. Meist reicht eine Probe von insgesamt 50 g, vielleicht so 3 bis 4 Pferdeäpfel, die Sie mit einem Einmalhandschuh aufheben und durch Umstülpen des Handschuhs in eine Gefriertüte einpacken, beschriften und an Ihren Tierarzt weitergeben. Sie können die Proben aber auch direkt an ein Labor einsenden, dann aber bitte auch die Wochentage beachten. Sinnvoll ist es, dass Sie am Wochende

7 Vgl. Gerber, V. et al.: Krankheiten des Verdauungstrakts, des Bauchfells, der Leber und der Bauchspeicheldrüse. Aus Gerber, V. und Straub, R. (Hrsg.), Haupt Verlag (utb) 2016,177-258.

oder zu Wochenbeginn mit dem Sammeln anfangen. Dann kommt Ihre Probe im Labor so an, dass sie gleich angesetzt werden kann. Lagern Sie die Proben bei ca. 10 bis 12 °C im Kühlschrank. Versenden Sie die Proben mit einem Kühlakku. Bei Verdacht auf einen Bandwurm- oder Leberegelbefall sammeln Sie lieber einen Tag länger.

Die Untersuchungen können Sie auf der Basis von Einzeltierkotproben-Untersuchungen machen oder bei Pferdegruppen über Sammelkotproben-Untersuchungen.[8] Bei großen Betrieben sammeln Sie Kotproben von jeweils 3 bis 5 Pferden an drei aufeinanderfolgenden Tagen ein und lassen diese vom Tierarzt oder einem Labor untersuchen und die Wurmeier auszählen. Das ist dann deutlich günstiger. Geben Sie immer an, welche Wurmmittel in den letzten 12 Monaten verwendet wurden.

3.4 Wie führen Sie eine Wurmkur durch und wie oft?

Die Wurmkur, die Sie für Ihr Pferd benötigen, bekommen Sie bei Ihrem Tierarzt. Er wird Ihnen das richtige Medikament nennen bzw. aushändigen.

Wurmkuren für Pferde gibt es in Form von Pasten, Gel, Granulat, Pulver oder großen Tabletten. Die Pasten befinden sich in einem Applikator, auf dem sich das Gewicht des Pferdes genau einstellen lässt. Hier ist besonders wichtig, dass Sie die nötige Menge geben und nicht unterdosieren! Einige Pasten reichen nur bis zu 600 kg Körpergewicht (KGW), normal große Warmblüter wiegen aber meistens über 600 kg. Allerdings gibt es einige Wurmmittel auf dem Markt, die bis zu 700 kg KGW reichen. Reicht eine Paste nicht, kaufen Sie noch eine zweite Paste. Achten Sie deshalb darauf, für wie viel Kilogramm die Paste reicht. Geben Sie Ihrem Pferd zu wenig, reicht das Medikament nicht aus, um die Würmer abzutöten. Unter Umständen machen Sie damit die Würmer resistent. Deshalb rechnen Sie bitte nicht zu knapp. Fragen Sie ggegebenenfalls Ihren Tierarzt, wie hoch er das Gewicht Ihres Pferdes einschätzt.

Alle Wurmkuren sollten möglichst auf nüchternen Magen oder zwischen den Mahlzeiten verabreicht werden, da sonst die Gefahr einer Kolik besteht. Ziehen Sie Ihrem Pferd ein Halfter über und führen Sie den Applikator gezielt und entschlossen in das Pferdemaul

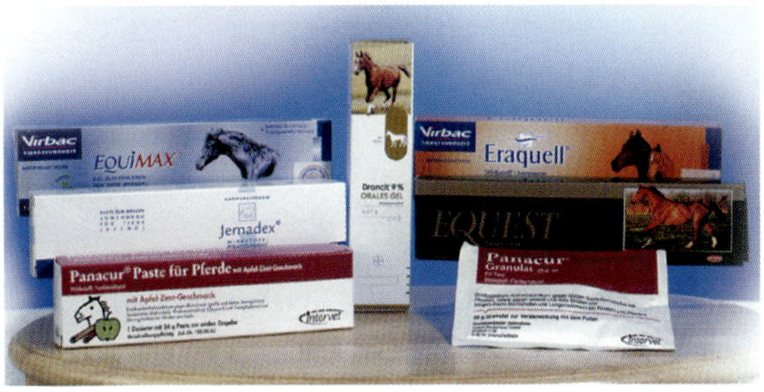

Das Präparat, das für eine Wurmkur verwendet wird, ist abhängig von den zu bekämpfenden Parasiten. Sie bekommen die Wurmkur bei Ihrem Tierarzt. Hier nur eine kleine Auswahl aus einer Vielzahl bewährter Präparate.

ein. Wenn Ihr Pferd Wurmkuren ablehnt, sollte es diese erst im letzten Moment zu Gesicht bekommen. Wichtig ist, die Wurmpaste auf den hinteren Teil der Zunge, hinter den Zungengrund, zu verbringen und den Kopf des Pferdes etwas anzuheben, damit das Pferd den Wirkstoff nicht wieder ausspucken kann. Wurmkuren in Pulver- oder Pelletform können unter das Futter gemischt werden, wobei Sie zur Geschmacksverbesserung einen Esslöffel Honig oder auch Apfelmus mit unter das Futter mischen können. Achten Sie aber darauf, dass Ihr Pferd auch die gesamte Dosis des Präparats frisst.

Statt der früher üblichen vier Wurmkuren im Jahr werden für erwachsene Pferde jetzt nur noch zwei feste Wurmkuren im Jahr empfohlen. Die eine Wurmbehandlung sollte 1 bis 2 Monate nach Weideauftrieb gegen Strongylidenbefall sein. In Gebieten ohne Resistenzprobleme kann dafür die Substanzgruppe der Benzimidazole (Mebendazol oder Fenbendazol) Anwendung finden, sind jedoch Resistenzen gegen diese Stoffgruppe aufgetreten, eignen sich die makrozyklischen Lactone (Ivermectin oder Moxidectin).

Eine zweite Entwurmung wird dann erst am Ende der Weidezeit im November/Dezember mit *maLacs* (Ivermectin oder Moxidectin) nötig. Neben den Lungen- und Darmparasiten erfassen sie auch die Magenparasiten wie die Dasselfliegenlarven.

Es ist sinnvoll, bis zum Ende der Dasselflugzeit zu warten, wenn keine gelben Eier mehr an den Beinen der Pferde zu finden sind und die Larven der Dasselfliege im Magen angekommen sind. Wenn möglich sollten die Eier jedoch von dem Fell in der Zeit entfernt werden, sodass die Pferde möglichst wenig aufnehmen.

8 Vgl. von Samson-Himmelstjerna, G.: Parasitosen. Aus Brehm et al. (Hrsg.), Enke Verlag 2017; 1129-1135.

Allerdings sind nicht in allen Regionen Dasselfliegen vorhanden.
Wählen Sie je nach vorhandenen Resistenzen ein Wurmmittel aus, Ihr Tierarzt wird Ihnen dabei helfen. Waren im Kot entsprechende Bandwurmglieder nachweisbar, kann auch ein Mittel gegen Bandwürmer kombiniert werden. Bei starker Bandwurmlast kann die Behandlung schon im August erfolgen, es gibt ein Kombinationspräparat von Praziquantel mit Ivermectin oder Moxidectin *(maLacs, s. Tabelle Seite 27/28)*.

3.5 Selektive Entwurmung – verschiedene Anwendungen und Wurmpläne

Jede der Anwendungen hat auch ihre Schwächen, deshalb gibt es verschiedene Durchführungsempfehlungen. Gerber et al. empfehlen die selektive Entwurmung in Kombination mit einer festen Entwurmung gegen den Strongylidenbefall. Hier werden gesunde, erwachsene Pferde nur einmal im Jahr, und zwar im Herbst, entwurmt. Darüber hinaus, also für die zweite, sonst empfohlene Wurmbehandlung, soll ein Schwellenwert gelten. Sollte bei der Kotuntersuchung festgestellt werden, dass die Tiere mehr als 200 Strongylideneier pro Gramm Kot haben, müssen die Pferde entwurmt werden. Im Anschluss an die Behandlung sollte eine Wirksamkeitskontrolle durchgeführt werden.[9] Von Samson-Himmelsjerna dagegen empfiehlt gegen Strongylidenbefall eine zweifache Entwurmung im Jahr für alle Altersgruppen.[10]

Wurmplan für erwachsene Pferde:

- **1. Wurmkur** 1 bis 2 Monate nach Weideauftrieb ➤ Juni/Juli
- Kotmonitoring, Einzel- oder Sammelkotprobe ➤ August/September
- **2. Wurmbehandlung** im Winter, im November/Dezember gegen Strongyliden, Magendasseln und eventuell Bandwürmer mit Kotuntersuchung auf Bandwürmer
- **Kotmonitoring auf Strongyliden** ➤ Februar/März
  Wenn nötig: eine Wurmkur gegen Bandwürmer nach dem Aufstallen, nur bei Nachweis von Bandwurmeiern.

Eine **tragende Stute** folgt dem normalen Wurmplan für erwachsene Pferde. Allerdings nicht in den ersten drei Trächtigkeitsmonaten, da hier die Gefahr einer Fruchtresorption zu groß ist. Um die Gefahr einer Wurminfektion des Fohlens mit Larven des Zwergfadenwurms über die Muttermilch zu reduzieren, sollten tragende Stuten in den letzten 2 Wochen vor oder 1 bis 2 Tage nach der Geburt nochmals entwurmt werden. Die für Pferde zugelassenen Wurmkuren haben alle eine gute Verträglichkeit und dürfen zumeist auch bei tragenden und säugenden Stuten eingesetzt werden. Dennoch sollten einer trächtigen Stute nur Medikamente gegeben werden, wenn dieses absolut notwendig ist. Die infektiösen Larven des Zwergfadenwurms finden sich jedoch meist erst am vierten Tag in der Milch. Wenn die Wurmkur, vorzugsweise mit maLacs, also am ersten oder zweiten Tag nach dem Abfohlen gegeben wird, wird die Lavenausscheidung unterbunden.
Bei **Fohlen und Jährlingen** sieht es dagegen anders aus: Für **Fohlen** werden Wurmkuren in kürzeren Abständen empfohlen. Durch die zusätzliche Entwurmung der Mutterstute kann eine frühzeitige Infektion des Fohlens mit Würmern über die Muttermilch oder den mütterlichen Kot verhindert werden.

Wurmplan für Fohlen:

- Die **1. Wurmkur** bekommt das Fohlen im Alter von 4 Wochen oder bei nachgewiesenem Befall schon in der 3. Lebenswoche.
- Die **2. Wurmkur** erfolgt 2 bis 3 Monate später im 4. Monat.
- Die **3. Wurmkur** erfolgt mit 6 Monaten.
- Die **4. Wurmkur** wird mit 8 bis 9 Monaten verabreicht.
- Die **5. Wurmkur** wird mit 11 bis 12 Monaten gegeben.

Informationen über Endoparasiten und weitere Vorbeugemaßnahmen finden Sie auf Seite 339 ff. Bei der Auswahl des Medikamentes wird Ihnen Ihr Tierarzt helfen. Jedoch sollten Sie darauf achten, nicht jedes Jahr dieselben Mittel zu verwenden, da sich sonst zu leicht resistente Wurmstämme bilden.

9 Gerber, V. et al.: Krankheiten des Verdauungstrakts, des Bauchfells, der Leber und der Bauchspeicheldrüse. Aus Gerber, V.; Straub. R. (Hrsg.), Haupt Verlag (utb) 2016, 177-259.
10 Vgl. v. Samson-Himmelstjerna, G.: Parasitosen. Aus Brehm et al. (Hrsg.), Enke Verlag 2017, Seiten 129-1135.

Für **Jährlinge und Jungpferde bis zum Alter von 4 Jahren** werden die folgenden Wurmkuren empfohlen:[11]
Die erste Entwurmung sollte etwa 1 bis 2 Monate nach Weidebeginn mit *maLacs* beginnen, da diese den Vorteil haben, dass sie die Ei-Ausscheidung kleiner Strongyliden bei Fohlen und Jährlingen für mindestens 6 Wochen unterdrücken und zudem auch frühe Pferdespulwurm-Larvenstadien erfassen. So wird die erste, in der Weidephase erworbene Wurmpopulation bekämpft und bei gründlicher Weidehygiene die Kontamination der Weide während der nächsten Wochen verhindert.

Wurmplan für Jährlinge und junge Pferde bis 4 Jahren:[12]

Die **1. Wurmkur**erfolgt 1 bis 2 Monate nach Weidebeginn im Juni/Juli.
Die **2. Wurmkur** wird im August/September gegeben, falls Würmer vorhanden sind mit Benzimidazolen oder Pyrantel, damit sich weniger Resistenzen gegen maLacs bilden können.
Die **3. Wurmkur** ist am Ende der Weidezeit anzusetzen, also November/Dezember. Beim Nachweis von Bandwurminfektionen setzen Sie ein Kombinationspräparat von Praziquantel mit Ivermectin oder Moxidectin ein, damit werden auch Dasselfliegenlarven mit erfasst.
Die **4. Wurmkur** ist für den Februar/März vorgesehen, falls eine Infektion mit Spulwürmern und/oder Strongyliden nachweisbar ist.
Vor und nach jeder Wurmkur erfolgt ein **Parasiten-Monitoring**, außer bei der ersten Wurmkurgabe.

3.6 Unterstützende Heilmittel

Heilmittel zur Unterstützung eignen sich für wurmgeplagte Pferde wie auch für Pferde mit wenigen Würmern. Wurmfreie Pferde gibt es nicht und es wäre auch für das Immunsystem nicht gesund.
Heilkräuter können eine Wurmbehandlung unterstützen und auch Pferde dabei unterstützen, sich gegen die Plagegeister zu wehren. Aber wenn ein Pferd mehr als 200 Parasiteneier in 1 g seines Kotes hat, dann können die „Wurmkräuter" alleine nur wenig ausrichten.
Es gibt Heilkräuter, die wurmtreibend wirken und die den Würmern ihr neues Zuhause vermiesen können. Besonders, wenn sie mehrmals im Jahr verteilt gegeben werden, können sie helfen, den Wurmbesatz im Darm der Pferde im normalen Maß zu halten. Aber auf keinen Fall können Wurmkräuter eine notwendige Wurmkur ersetzen.
Die Heilkräuter stärken den Darm und die Verdauung und regen das Immunsystem an, sodass das Pferd wesentlich besser gegen einen Wurmbefall geschützt ist. Gut geeignet sind Heilkräuter mit Scharf-, Bitter- und Gerbstoffen und/oder ätherischen Ölen. Heilkräuter, die einen oder mehrere dieser Inhaltsstoffe besitzen, sind geeignet. Zum Beispiel sind hier Meerrettich, Ingwer, Walnussblätter sowie Beifuss, Hagebutten mit Kernen, Wermut und Thymian zu nennen. Daneben helfen auch Kamille, Kokosraspel, Kürbiskerne, Knoblauch und Goldrute.
Zusätzlich können Sie mit Akupressur 2-mal täglich die Abwehr stärken, geeignete Punkte sind Di 4, Lu 7 (leitet den Wind aus und stärkt die Abwehr), Gb 20 (stärkt die Abwehr und stillt Juckreiz), Ni 3, Di 11 und Ma 36 (stärken die Abwehrkräfte) und MP 6 (stärkt die Mitte) *(s. Seite 88 ff.)* Dazu geben Sie über einige Wochen hinweg die Bachblüten Crab Apple, Larch, Pine, Clematis und Centaury. Crab Apple und Centaury helfen gegen die Wurmbelastung und auch Propolis kann dies tatkräftig unterstützen *(s. Seite 130 ff.)*.

11/12 Vgl. von Samson-Himmelstjerna, G.: Parasitosen. Aus Brehm et al. (Hrsg.), Enke Verlag 2017, Seiten 1129-1135.

Akupressur zur Stärkung der Abwehr

Eine Außenbox, selbst wenn sie noch mit Stroh eingestreut ist, trägt entscheidend zur Verminderung der Staubbelastung bei. Sie sollte aber immer in Abwesenheit des Pferdes eingestreut werden.

4. Tipps zur Vorbeugung im Stall und auf der Weide

Das vorliegende Kapitel liefert Ihnen wertvolle Tipps im Hinblick auf die Krankheits- und Verletzungsvorsorge sowie Vorbeugung von Gefahrenquellen in Stall und Weide. *Informationen auch zur Fütterung finden Sie in Teil C des Buches ab Seite 138.*[13]

4.1 Einige Informationen und Tipps zur Haltung von Pferden

Pferde können in Gruppen oder einzeln gehalten werden, in einem offenen oder geschlossenen Stall, in Boxen- oder Auslaufhaltung. Eine geeignete Haltungsform für Pferde ist unter bestimmten Voraussetzungen bei der richtigen Gruppenzusammensetzung die Auslaufhaltung. Hier können sich die Tiere frei bewegen.
Insbesondere für Sport- und Turnierpferde ist die **Einzelhaltung/Boxenhaltung** noch die gängige Haltungsform. Einer Box sollte idealerweise ein Paddock oder eine Freilauffläche angegliedert sein. Trotz der Bewegung durch den Reiter ist auch bei Boxenpferden täglich für freie Bewegungsmöglichkeiten und freie soziale Kontaktaufnahme auf einer Koppel oder einem Auslauf zu sorgen.

Haltungsfehler spielen bei vielen Erkrankungen der Pferde eine wichtige Rolle.
Besonders das Stallklima hat einen wesentlichen Einfluss auf die Gesundheit Ihres Pferdes. Ist es zu feucht, so begünstigt dies die Vermehrung der Parasiten, Krankheitserreger und des Schimmels. Ist es zu trocken, bildet sich mehr Staub und gefährdet die Atemwege der Pferde.
Ein Pferd braucht eine helle, geräumige Box mit viel Licht und frischer, nicht zu trockener Luft, aber ohne Zugluft. Es sollte sich wohlfühlen.
Die Box Ihres Pferdes muss täglich gesäubert werden, da Ammoniak die Schleimhäute des Atemtrakts, des Verdauungstrakts und die Augen reizt. Sauberkeit ist besonders wichtig, wenn Ihr Pferd in die Box einzieht. Dann sollten Sie die gesamte Box, nicht nur den Bo-

13 Wichtige Grundlagen zur Haltung und Zucht finden Sie in den Richtlinien Reiten und Fahren, Band 4 „Grundwissen zur Haltung, Fütterung, Gesundheit und Zucht". Deutsche Reiterliche Vereinigung e.V. (FN) (Hrsg.), FNverlag 2017.

den, auch Wände und Decke abbürsten, von Spinnweben befreien, sauber abkehren und desinfizieren. Auch das Fenster sollte nicht vergessen werden. So kann sich Ihr Pferd nicht mit Parasiten infizieren.

Eine Unterbringung in einem Tiefstall mit feuchter Strohmatratze, wie es früher üblich war, kann zu Strahlfäule am Huf und Mauke an der Fesselbeuge führen.

Starke Staubentwicklung erschwert das Atmen der Pferde und reizt ebenso wie das Ammoniak der Ausscheidungen die Atemwege. Viele Pferde vertragen den feinen Staub nicht, der beim Aufschütteln des Heus oder beim Fegen der Stallgasse entsteht. Sie reagieren mit Allergien und Atemwegserkrankungen. Übermäßige Staubentwicklung können Sie vermeiden, indem Sie weder einstreuen noch Heu aufschütteln, wenn Pferde im Stall stehen. Vor dem Fegen sollte die Stallgasse angefeuchtet werden und zum Putzen und Pflegen der Pferde sollten separate Plätze, möglichst überdacht, zur Verfügung stehen. Zudem ist es sehr vorteilhaft, wenn der Abwurf von Heu und Stroh nicht im Stall bzw. nicht in Anwesenheit der Pferde oder zumindest in geschlossenen Abwurfschächten stattfindet.

Hoch angebrachte Heuraufen und Futtertröge sind heute nicht mehr üblich. Da Pferde normalerweise vom Boden grasen, ist ein zu hoch angebrachter Futtertrog unphysiologisch. Heu kann sehr gut vom Boden aus oder mit niedrig hängenden Heunetzen gefüttert werden, sofern nicht die Gefahr besteht, in den Netzen hängen zu bleiben. Bei einer hoch hängenden Heuraufe steht ein Pferd nicht nur unphysiologisch, also unnormal mit hochgerecktem Hals da, es bekommt auch Unreinheiten des Heus wie Staub, Allergene oder Schimmelsporen in die Nase und den Atemapparat.

Um eine zusätzliche Staubentwicklung zu vermeiden, ist es ratsam, das Heu zu bedampfen und das Kraftfutter vor dem Verfüttern anzufeuchten, insbesondere wenn Ihr Pferd unter Atemwegsproblemen leidet. Verwenden Sie nur qualitativ hochwertiges Heu und Futter.

Leidet ein Pferd unter einer Atemwegserkrankung, akut oder chronisch, ist jegliche Staubentwicklung kontraproduktiv. Je nach Schwere der Erkrankung oder Stauballergie ist in manchen Fällen eine Umstellung in eine Außenbox anzuraten. Da bekommt Ihr Pferd viel Licht und frische Luft. Zudem ist es den Tag über damit beschäftigt hinauszusehen. Wenn es zusätzlich

Die üblichen Futtermittel sind Raufutter in Form von Heu und Stroh, Kraftfutter wie Hafer, Gerste oder Mais sowie Obst und Gemüse. Achten Sie auf staub- und schimmelpilzfreie, gute Qualität der Futtermittel.

noch eine Freilauffläche vor der Box hat, so ist dies umso besser für das Pferd. Obwohl diese Fläche oft nur die gleiche Größe wie die Box hat, so ist das Pferd doch gerne draußen und erlebt Wind und Wetter und kann die Umgebung beobachten. Zudem kann es sozialen Kontakt mit seinem Nachbarn aufnehmen. Das tut jedem Pferd gut und stärkt seine Immunabwehr. Darüber hinaus reagieren diese Pferde weniger schreckhaft, sie sind eher an laute Geräusche durch Maschinen und anderes in ihrem Umfeld gewöhnt und sind deshalb ausgeglichener.

Neben regelmäßiger, dem Ausbildungs- und Konditionsstand angepasster Bewegung sollten Sie Ihrem Pferd täglich den Aufenthalt mindestens auf einem Auslauf, besser noch auf einer Weide ermöglichen. Dies tut allen Organen Ihres Pferdes gut, stärkt seine Infektabwehr und macht es deutlich ausgeglichener und resistenter gegen Stress.

4.2 Gefahrenquellen an Stall und Weide erkennen

Überall in der gesamten Umgebung Ihres Pferdes gibt es verschiedene Gefahrenquellen, die Sie erkennen und beseitigen sollten. Nur so können Sie unnötige Verletzungen und Unfälle Ihres Pferdes vermeiden. Versetzen Sie sich in die Lage Ihres Pferdes und gehen Sie den gesamten Bereich, den Ihr Pferd erreichen kann, ab.

- Kontrollieren Sie die Gitterabtrennungen. Sind alle Stäbe fest, stimmt der Abstand zwischen den Stäben, sodass kein Huf dazwischengeraten kann? Der Abstand sollte höchstens 5 cm betragen, bei Fohlen 2 cm.
- Ist das Holz der Boxenwände trittsicher oder ist vielleicht ein Brett locker? Welches Holz ist es? Da die Pferde daran knabbern, sollte es selbstverständlich kein giftiges Holz (z.B. Robinie mit Rinde und Kambium) sein.
- Umfahren Sie mit der Hand die Krippe und Tränke, um scharfe Kanten oder Befestigungen aufzuspüren.
- Wie ist der Bodenbelag der Box? Ist er trittsicher, sind keine Löcher im Beton?
- Ist das Fenster gesichert, stehen dort Ecken oder Kanten hervor?
- Kontrollieren Sie die Türriegel und Boxenverriegelung auf scharfe Kanten und Funktionalität. Sie sollten leicht schließbar sein.
- Stimmt die Drehrichtung der Boxentür (besser sind Schiebetüren)?
- Kontrollieren Sie die Wände des Stalls, der Box und der Stallgasse auf scharfe Kanten, vorstehende Nägel, Metall- oder Holzstücke.
- Wie ist der Bodenbelag der Stallgasse? Ist er trittsicher und unversehrt?
- Stallgeräte wie Mist- und Heugabeln sowie Besen, Schaufel und Schubkarre dürfen nie im Stall herumstehen. Sie sollten in einer Kammer oder an speziellen Aufhängungen an geeigneten Stellen hängen.
- Verlaufen alle elektrischen Leitungen und Wasserrohre gut geschützt und gesichert oder können die Pferde sie beknabbern?
- Liegen Chemikalien oder deren Behältnisse offen herum? Oder Medikamente, die vielleicht sogar für Pferde gut zu erreichen sind?
- Ist das Futter nager- und pferdesicher gelagert, die Futterkammer gut verschlossen?
- Ist ein ruhiger, ausreichend großer Platz vorhanden, an dem der Hufschmied und/oder der Tierarzt in Ruhe arbeiten können?
- Für den Notfall sollten sich Feuerlöscher in erreichbarer Nähe finden.
- Sind landwirtschaftliche Geräte sicher vor den Pferden untergebracht?
- Gibt es lose Holzstapel oder Gerümpel, das bei leichter Berührung ins Rutschen kommen könnte – im Stall, auf dem Hof oder der Weide?
- Wie ist die Koppel eingezäunt? Am besten ist ein gut sichtbarer Holzzaun, der von den Pferden auch ernst genommen wird. Ein Holzzaun mit breiter Weidezaunlitze ist auch in Ordnung.
- Der Zaun sollte nicht aus giftigem Holz (z.B. Robinie mit Rinde und Kambium) bestehen, denn gelangweilte Pferde knabbern gerne an Holz.
- Ist ein Drahtzaun auf der Koppel nicht zu vermeiden, sichern Sie diese mit einem Elektrozaun/einer Weidezaunlitze in sicherem Abstand ab, mindestens einen halben Meter.
- Schafdraht ist ausgesprochen gefährlich und sollte keine Verwendung finden!
- Stacheldraht auf der Koppel ist hoch gefährlich und bei Pferden verboten, seine Verwendung ist ein Verstoß gegen das Tierschutzgesetz!
- Achten Sie darauf, dass ein Unterstand/Wetterschutz und eine Tränke auf der Koppel zur Verfügung stehen.
- Achten Sie darauf, dass sich auf der Koppel, aber auch am Stall und der Reitbahn keine giftigen Pflanzen in erreichbarer Nähe der Pferde befinden.

4.3 Insektenschutz

Auf der Weide, aber auch bei längeren Ausritten benötigt Ihr Pferd in den Hauptflugzeiten ausreichenden Schutz vor Insekten.

Bremsen und Stechfliegen belästigen die Pferde durch das Blutsaugen. Häufig entstehen störende Quaddeln und Schwellungen. Stall- und Weidefliegen ärgern die Pferde nicht weniger, obgleich sie nur lecken.

Praktischen Schutz vor derartigen Plagen bieten Fliegendecken, Augen- und Ohrenschutz sowie Kopfbedeckungen unterschiedlichster Art.

Chemischen Schutz bekommt man in Form von bereits vorgemischten Fliegenmitteln. Aber Sie können auch selbst gut wirksame Fliegenschutzmittel herstellen. Oft mögen solche Insekten den Duft bestimmter Heilpflanzen nicht, sodass sie sich damit gezielt vertreiben lassen. Insbesondere die ätherischen Öle von Nelken, Lavendel, Salbei, Anis, Eukalyptus, Basilikum, Zedernholz, Zitrone und Teebaum haben diese Eigenschaften und sind ein hervorragender **natürlicher Fliegenschutz**.

Die ätherischen Öle dürfen keinesfalls unverdünnt mit der Pferdehaut in Berührung kommen. Mischen Sie etwa 40 Tropfen der Öle mit ¼ l Pflanzenöl (Oliven- oder Sonnenblumenöl) oder bestimmte Mengen der Öle mit Wasser (siehe folgende Rezepte).
Der Duft von Knoblauch wirkt ausgesprochen abschreckend auf Insekten. Geben Sie zu jedem Rezept 2 gepresste Knoblauchzehen, einige Tropfen Knoblauchöl oder etwas Knoblauchfrischsaft aus dem Reformhaus dazu.

Fliegenschutzmittel 1

Je 5 ml von Zitronenöl, Nelkenöl, Teebaumöl, Lavendelöl, Basilikumöl, Eukalyptusöl, Zedernholzöl

Dazu geben Sie 50 bis 60 ml Lysolecithin[14], 200 ml Apfelessig und füllen alles auf 2 l Wasser auf. Vor Gebrauch schütteln.

Fliegenschutzmittel 2

Je 2 ml von Zimtöl, Zitronenöl, Nelkenöl, Lavendelöl, Salbeiöl, Melissenöl

500 ml Apfelessig

Mit 1,5 l Olivenöl oder einem anderen Pflanzenöl mischen. Vor Gebrauch schütteln.

Beide Mischungen lassen sich gut mithilfe eines Schwamms auf das Fell auftragen.
Leidet Ihr Pferd unter Allergien gegen das eine oder andere Öl, so lassen Sie diesen Bestandteil in Ihrem Fliegenschutzmittel einfach weg. Sie können leicht Abhilfe schaffen, indem Sie etwas Öl auf die Fliegendecke aufbringen oder sich kleine Läppchen (oder auch Kompressen) zurechtschneiden und die Öle darauf träufeln, die Ihr Pferd nicht auf der Haut verträgt. Die Läppchen lassen sich leicht an Sattel oder Zaumzeug befestigen.
Ist Ihr Pferd sehr hautempfindlich, können Sie ihm alternativ Apfelessigwasser (1 Teil Apfelessig auf 3 Teile Wasser) mit einigen Spritzern Knoblauchfrischsaft (Knoblauchöl, Granulat, Pulver oder einige gepresste Zehen Knoblauch) mit einem Schwamm auf das Fell auftragen. Meist schreckt dies lästige Insekten schon ausreichend ab.

14 Lysolecithin ist ein Lecithin, welches als leichter, pflegender Emulgator dient. Er hilft das Öl mit dem Wasser zu vermischen. Geben Sie 3 % in die Lösung.

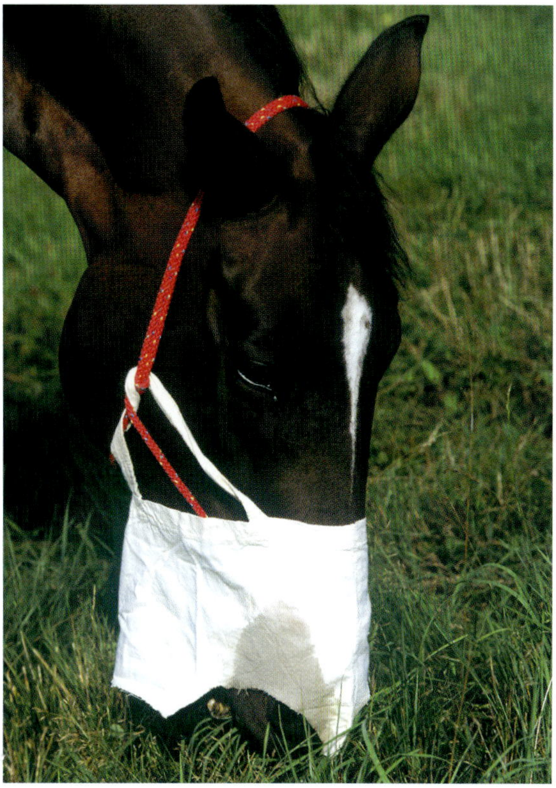

Aus einer alten Jutetasche lässt sich leicht ein einfacher Sonnenschutz herstellen.

Mit derselben Mischung können Sie die Fliegen auch aus dem Stall vertreiben. Waschen Sie damit die Tröge, Wände und Boxen großzügig ab.

4.4 Sonnenschutz

Starke Sonneneinstrahlung kann an dünn oder weiß behaarten Fellbereichen zu Hautverbrennungen (Sonnenbrand) führen. Empfindliche Pferde wie Schimmel oder Pferde mit großen und/oder zahlreichen weißen Abzeichen sollten in Zeiten starker Sonneneinstrahlung nicht der Sonne ausgesetzt werden. Dies können Sie durch Aufstallen oder ausreichenden Sonnenschutz erreichen.
Neben Unterständen, die die Pferde selbstständig nutzen können, sollten Sie empfindliche Stellen um Maul und Nüstern durch Stoff oder das großzügige Auftragen von Heilerde oder Penatencreme schützen. *Lesen Sie Näheres dazu auf Seite 196 ff.*
Aus alten Schirmmützen, Hosenteilen oder Jutetaschen lässt sich leicht ein Sonnenschutz basteln. Lassen Sie Ihrer Fantasie freien Lauf.

5. Allgemeines zu kranken Pferden

Keiner kennt Ihr Pferd besser als Sie. Deshalb werden Sie auch zuerst merken, wenn etwas mit Ihrem Pferd nicht stimmt. Ihnen fallen vielleicht nur Kleinigkeiten auf wie stumpfes, glanzloses Fell, Ihr Pferd schwitzt schneller, hat Nasenausfluss, frisst nicht mehr richtig oder wirkt, als täte ihm etwas weh. Auch eine Veränderung im Verhalten Ihres Pferdes lässt Sie sicherlich aufmerksam werden. Nicht alles sind Unarten des Pferdes, vielleicht hat es auch Schmerzen. Kontrollieren Sie anhand von einfach nachprüfbaren Werten, ob Ihr Pferd tatsächlich eine Krankheit auszubrüten scheint. Machen Sie die tägliche Untersuchung des kompletten Körpers Ihres Pferdes zum Bestandteil Ihrer Putzroutine. Wenn Ihnen jedoch eines oder mehrere der genannten Anzeichen auffallen, so sollten Sie Ihr Pferd auch bei normalen Werten weiter beobachten und es gegebenenfalls Ihrem Tierarzt vorstellen.

Bitte denken Sie daran, bei einem kranken Pferd die Kraftfuttergabe an die eingeschränkte Bewegung anzupassen bzw. zu reduzieren.

5.1 Der Tierarzt und seine Rolle

Für all die kleinen und großen Sorgen in Bezug auf die Gesundheit Ihres Pferdes brauchen Sie einen festen Tierarzt.

Immer wieder jemand anderen zu rufen, ist keine gute Lösung. Sie kennen die immer neuen Tierärzte nicht oder nur vom Hörensagen und können sie nicht einschätzen. Aber auch der Tierarzt seinerseits kennt natürlich weder das Pferd noch seine Vorgeschichte.

Suchen Sie sich einen Arzt Ihres Vertrauens, der das Pferd insgesamt behandelt, nicht nur die Erkrankung. Schön wäre es, wenn dieser Tierarzt nicht nur für die Schulmedizin, sondern auch für alternative, ganzheitliche Heilmethoden offen wäre. Weitere Gesichtspunkte bei der Auswahl Ihres Tierarztes ist die räumliche Nähe. Ihr Tierarzt sollte nicht mehr als etwa 30 km von Ihrem Stall entfernt seine Praxis haben. Er sollte bereit sein, zu jeder Zeit zu Ihrem Pferd zu kommen oder einen gut organisierten Notdienst anbieten. Auch sollte er ausreichend Erfahrung im Umgang und der Behandlung von Pferden haben. Eine Fachausbildung wäre wünschenswert, ist aber nicht zwingend erforderlich. Eines der wichtigsten Kriterien bei der Auswahl ist darüber hinaus, dass der Tierarzt nicht nur Fachwissen besitzt, sondern auch ganz speziell mit Ihrem Pferd gut umgehen kann. Manchmal kann der Tierarzt noch so gut sein, aber er und das Pferd oder auch Sie kommen nicht miteinander zurecht, dann sollte man sich im gegenseitigen Einvernehmen trennen.

Ein Tierarzt kennt sich aus in Bezug auf Ursachen, Erscheinungsform sowie Auswirkungen und Folgen einer Erkrankung. Er wird einen detaillierten Vorbericht, eine Anamnese, von Ihnen erfragen. Durch Ansehen (Inspektion), Abtasten (Palpation), Abklopfen (Perkussion) und Untersuchen (z.B. Abhören (Auskultation), Beugeprobe u.a.) wird er Fakten für seine Diagnose sammeln und diese dann durch spezielle Untersuchungen untermauern. Die Erkrankung und ihre Auswirkung genau zu erkennen, ist die Grundlage für eine erfolgreiche Behandlung. Bei dieser Behandlung können Sie Ihren Tierarzt auf vielfältige Weise unterstützen.

Aufgrund seiner Erfahrung kann Ihnen der Tierarzt einiges über den Krankheitsverlauf und die Aussicht auf Heilung sagen, er stellt eine Prognose.

Neben der Therapie kennt sich Ihr Tierarzt aber auch in der Vorsorge, der Vorbeugung von Krankheiten gut aus. Er kann Ihnen wertvolle Tipps geben, wie Sie Unfällen und Krankheiten sinnvoll vorbeugen können.

5.2 Woran erkennen Sie ein krankes Pferd?

Nehmen Sie sich während Ihrer täglichen Routine etwas Zeit und betrachten Sie Ihr Pferd in aller Ruhe. Um nichts zu übersehen, können Sie nach einer bestimmten Reihenfolge vorgehen. Die meisten Betrachter beginnen am Kopf und enden an den Beinen. Wo Sie beginnen, ist jedoch nicht wichtig, Sie dürfen nur nichts auslassen. Da dies in der Box nicht gut möglich ist, holen Sie das Pferd dafür heraus und binden es auf ebenem und festem Untergrund an.

Sehen Sie sich nun Ihr Pferd auf allgemeine Krankheitssymptome hin an:

- Betrachtet Ihr Pferd aufmerksam seine Umgebung oder kommt es Ihnen auffallend ruhig oder ängstlich vor?
- Sind seine Augen klar, hat Ihr Pferd keinen Tränenfluss, keine Rötung oder Schwellung?
- Sind die Nüstern trocken, ist kein Nasenausfluss vorhanden?

- Atmet Ihr Pferd normal ruhig oder weitet es die Nüstern stark beim Atmen (bekommt es schlecht Luft)?
- Wie ist die Kopfhaltung, ist sie aufrecht und gerade?
- Ist das Fell Ihres Pferdes glatt und glänzend?
- Frisst und säuft Ihr Pferd normal?
- Klappt der Kot- und der Harnabsatz?
- Zeigt es irgendwo Verletzungen oder Schwellungen? Achten Sie dabei auch besonders auf die Sattellage.
- Wenn Sie Schwellungen feststellen, sind diese weich oder hart? Warm oder kühl? Sind sie schmerzhaft? Sind sie verschieblich?
- Wie trägt Ihr Pferd den Schweif, eher natürlich oder eher eingeklemmt?
- Sind um den After Spuren von Durchfall feststellbar?
- Belastet Ihr Pferd alle vier Gliedmaßen gleichmäßig?
- Fühlen Sie die Körperoberflächentemperatur über den gesamten Pferdekörper. Die Beine sind in der Regel etwas kühler als der Rumpf. Gibt es an Ihrem Pferd Stellen, die wärmer sind als andere?
- Kontrollieren Sie die Beine auf beiden Seiten und vergleichen Sie diese: Haben sie die gleiche Temperatur oder ist ein Bein wärmer oder kühler als das andere?
- Das Gleiche machen Sie mit den beiden Seiten des Pferdes, sind sie gleich warm?
- Sehen Sie sich den Gang Ihres Pferdes genau an, während Sie es aus dem Stall führen. Hebt es die Beine richtig, gibt es Anzeichen für Lahmheiten? Lassen Sie gegebenenfalls einen Stallkollegen das Pferd vortraben.

Die PAT-Werte

Sollte bei diesen Untersuchungen etwas auffallen, so prüfen Sie die PAT-Werte: Puls, Atmung, Temperatur. Lassen Sie am besten zur Abklärung den Tierarzt kommen.

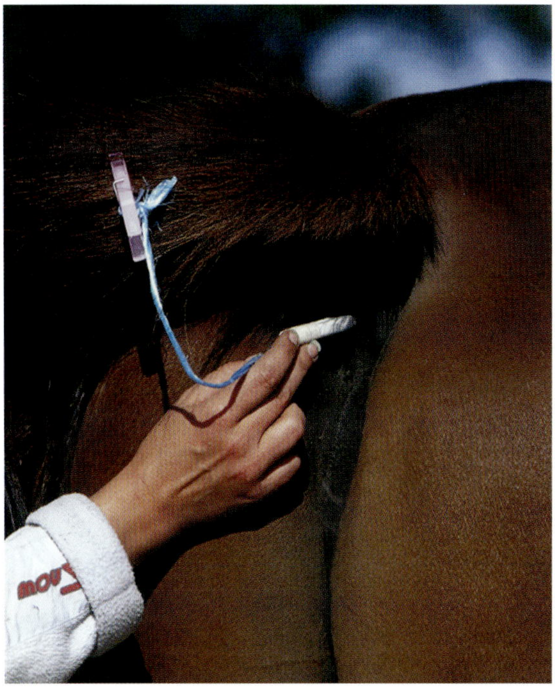

Messen der Körpertemperatur

Körpertemperatur

Die Körpertemperatur Ihres Pferdes wird im After gemessen. Sie sollten immer ein bruchsicheres Digital-Thermometer in Ihrer Stallapotheke haben, um jederzeit die Temperatur nachprüfen zu können. Stellen Sie sich neben Ihr angebundenes Pferd und führen Sie das Thermometer in den After Ihres Pferdes. Dabei müssen Sie es gut festhalten! Pferde sind in der Lage, durch Anspannen der Bauchmuskulatur einen Sog zu erzeugen, sodass ein nicht festgehaltenes Thermometer schnell im Darm verschwindet.

Sinnvoll ist es, zusätzlich dieses Thermometer mit einer festen Kordel an einer Wäscheklammer zu befestigen und diese am Schweifhaar festzuklemmen. So kann, insbesondere bei unruhigen Pferden, eigentlich nichts passieren.

Körpertemperatur beim ausgewachsenen Pferd im Ruhezustand:

- 37,5 °C bis 38,0 °C (38,1 °C) .... normal
- 38,2 °C bis 39 °C .... erhöht, beobachten
- 39,1 °C bis 40 °C .... Fieber, Tierarzt rufen
- ab 40,1 °C .... gefährliches Fieber, Tierarzt muss sofort kommen. Sofort mit kühlenden Beinwickeln beginnen *(s. Seite 158 f.)*!

Körpertemperatur beim Fohlen bis 6 Monate im Ruhezustand:

- 37,5 °C bis 38,5 °C.. normal

A

Da die Temperaturen der einzelnen Pferde, ähnlich wie beim Menschen auch, im gesunden Zustand um mehr als ein Grad voneinander abweichen können, wäre es sehr wichtig, die normale, gesunde Körpertemperatur Ihres Pferdes zu kennen. Dabei sollten auch die Tagesschwankungen bedacht werden. Manchmal kann bereits eine Temperatur von 38,2 °C bei Ihrem Pferd Fieber statt erhöhte Temperatur bedeuten.

Puls und Atmung

Den Herzschlag eines Pferdes können Sie über die Pulsschläge pro Minute ermitteln. Beim Pferd wird der Puls am Unterkiefer gemessen. Fahren Sie mit einem Finger an der großen Rundung des Unterkiefers entlang nach vorn. Auf Höhe der hinteren Backenzähne schlägt sich eine Arterie unten um den Unterkieferast, die als kleine Erhebung fühlbar ist. Legen Sie den Finger ohne Druck darauf und zählen die Schläge 15 (30) Sekunden lang. Das Ergebnis multiplizieren Sie mit 4 (2). Noch besser lässt sich der Puls hinter und etwas unter dem seitlichen Augenwinkel fühlen.
Auch die Qualität des Pulses ist wichtig. Ein schwacher, kaum fühlbarer Puls deutet auf einen schwachen, erschöpften Zustand des Pferdes. Ein harter, schneller Puls in Ruhe kann auf eine Erregung oder Überforderung des Pferdes hinweisen. Normalerweise ist das Blutgefäß prall gefüllt und der Puls ruhig und gleichmäßig kräftig. Achten Sie auch darauf, ob der Puls regelmäßig oder unregelmäßig ist.
Danach stellen Sie die Atemfrequenz fest: Blicken Sie auf die Flanke Ihres Pferdes und sehen dort die Atembewegungen. Alternativ könnten Sie die Nüstern beobachten oder beide Hände locker um die Nüstern legen und mit den Handinnenflächen den Atem erspüren. Auch hier zählen Sie mit.

Folgende Werte sind normal:

Pulswerte in Ruhe:

- 28 bis 40 Schläge pro Minute beim erwachsenen Pferd
- 70 bis 80 Schläge pro Minute beim Fohlen
- 120 bis 150 Schläge pro Minute kurz nach der Geburt, ab dem 2. Lebenstag wieder absinkend auf 70 bis 80
- Bei Belastung: bis zu 220 Schläge pro Minute

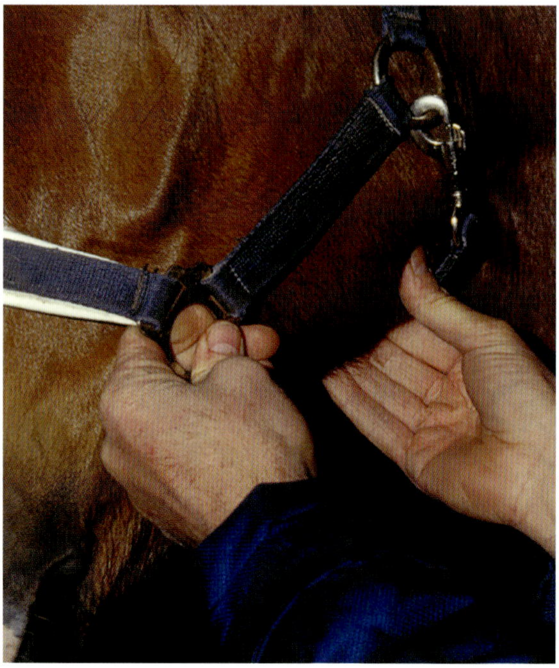

Sie fühlen den Puls am Unterkiefer Ihres Pferdes. Allerdings lässt sich der Puls auch sehr gut direkt hinter dem äußeren Augenwinkel fühlen.

Atemwerte in Ruhe:

- 8 bis 16 Atemzüge pro Minute beim erwachsenen Pferd
- 24 bis 30 Atemzüge pro Minute beim Fohlen
- 70 Atemzüge pro Minute beim Neugeborenem (erste Minuten)
- Bei Belastung: 80 bis 100 pro Minute

Durchblutung des Pferdes (Blutdruck)

Die Durchblutung ist ein Hinweis auf die Kreislaufsituation Ihres Pferdes. Sie erkennen sie an seiner unpigmentierten Schleimhaut oder dem Zahnfleisch, das einen rosigen Eindruck machen sollte. Überprüfen Sie die Durchblutung, indem Sie mit der Daumenkuppe (Vorsicht, nicht mit dem Fingernagel!) etwa 5 Sekunden lang fest auf das Zahnfleisch drücken. So drücken Sie das Blut aus diesem kleinen Bereich. Lassen Sie nun den Druck nach und beobachten Sie, in welcher Zeit sich das Zahnfleisch wieder mit Blut füllt, also rosig wird. Ein gesunder Kreislauf schafft dies in 2 Sekunden.

Überprüfung des Flüssigkeitsgehaltes im Pferdekörper/Austrocknung

Überprüfung des Wassergehaltes

Der Flüssigkeitsgehalt ist gerade bei den älteren Tieren und Pferden, die mit dem Eimer getränkt werden, ein ganz wichtiges Kriterium, das täglich überprüft werden sollte. Zur Überprüfung des Wassergehaltes schieben Sie an einer geeigneten Stelle wie etwa der Halsseite die Haut zu einer Falte (etwa 3 bis 4 cm hoch) zusammen. Es sollte eine Stelle sein, an der Fell und Haut stramm anliegen. Diese Hautfalte halten Sie sanft einige Sekunden fest. Ist der Wasserhaushalt in Ordnung, so verstreicht diese Falte sofort. Hat das Pferd Probleme im Wasserhaushalt, so bleibt die Falte für einige Zeit bestehen.

Können Sie Anzeichen einer Erkrankung bei Ihrem Pferd feststellen, so rufen Sie den Tierarzt. Ist Ihr Pferd wirklich krank, so gibt es für Sie einige Möglichkeiten, Ihrem Pferd beim Gesundwerden zu helfen. Was Sie genau tun können, finden Sie im speziellen Teil dieses Buches unter den Pferdekrankheiten.

Liegt ein akutes Problem oder sogar eine Notfallsituation vor, lesen Sie auf Seite 140 ff., was Sie tun müssen.

5.3 Tipps zur Eingabe von Medikamenten

Wenn ein Pferd krank ist, benötigt es meistens verschiedene Medikamente, um wieder gesund zu werden. Viele dieser Medikamente werden dem Pferd vom Tierarzt über eine oder mehrere Spritzen verabreicht. Häufig muss das Pferd jedoch noch weitere Medikamente bekommen, die Sie Ihrem Pferd eingeben müssen. Einige Pferde nehmen Medikamente, egal wie sie schmecken, sehr gerne. Meist hört man, dass die Pferde ihre Medizin absolut nicht nehmen. Manche scheinen sogar in der Lage zu sein, Pulver aus dem Futter herauszupusten. Meist ist das ganze Futter aufgefressen, aber die Medizin liegt noch im Trog.

Pulver, Brei und Tabletten

Tabletten lassen sich so zerdrücken, dass sie Pulver ergeben.

- Lösen Sie das Pulver in Wasser auf und spritzen es mithilfe einer Einwegspritze ins Maul.
- Mischen Sie das Pulver oder den Brei mit einer kleinen Portion des Futters, das Ihr Pferd besonders

Wird ein Medikament mit Früchtemus gemischt, so wird es von Pferden problemlos genommen. Hier wird eine Wurmkur mit Apfelmus vermischt, im linken Schälchen befindet sich Bananenmus.

  mag. Das könnte Apfelmus, eine zerdrückte Banane, Mash oder Kleiebrei sein.
- Halbieren Sie eine Banane oder einen Apfel der Länge nach und höhlen Sie diese etwas aus. Dann füllen Sie das Pulver hinein, vermischen es mit dem ausgelösten Mark und verfüttern es.
- Mischen Sie die Medizin unter eine Handvoll Pellets und weichen dieses am Abend vorher gemeinsam in etwas Wasser ein.
- Mischen Sie das Pulver unter das Fressen und geben Sie 2 EL Honig, Melasse oder Pflanzenöl dazu. All diese Mittel überdecken den Geschmack und mischen das Futter besser.
- Falls es dennoch große Probleme geben sollte, können Sie bei Ihrem Tierarzt noch einmal anfragen. Einige der Medikamente gibt es auch in anderer Form, etwa als Saft oder Gel.

Saft

Im Prinzip gehen Sie beim Saft ganz ähnlich vor wie bei den Tabletten bzw. dem Pulver auch.

- Mischen Sie den Saft direkt ins Futter.
- Sie können jedoch auch z.B. etwas Melasse oder Honig mit ins Futter mischen.
- Sie können mit einer größeren Einwegspritze ohne Nadel den Saft direkt in das Maul verabreichen.

In einem Apfel oder einer Banane lassen sich Medikamente gut verstecken.

Tropfen

Handelt es sich um homöopathische Tropfen oder Bachblüten, sollten diese nur mit wenig Flüssigkeit vermischt und über die Maulschleimhaut aufgenommen werden. Handelt es sich um schulmedizinische Tropfen, die im Magen oder Darm aufgenommen werden, so können sie bedenkenlos mit etwas Futter vermischt werden. Beachten Sie die Vorgaben des Herstellers.

- Tropfen können mit etwas Apfelsaft oder Wasser z.B. in einem Eierbecher vermischt und in einer kleinen Einmalspritze direkt in das Maul eingegeben werden.
- Die Tropfen werden auf einem harten Brötchen oder anderen Leckereien gerne genommen.
- Tropfen können auch in kleinen Portionen des Lieblingsfutters (Kraftfutter, Mash, Kleiebrei, Apfelmus ...) versteckt werden.

Globuli

Im Gegensatz zu den anderen Darreichungsformen sind die Globuli so konzipiert, dass sie über die Maulschleimhaut aufgenommen werden. Deshalb dürfen sie nicht mit Krippenfutter vermischt werden.

- Sie können die Globuli in wenig (0,5 bis 2 ml) Wasser auflösen und mit einer kleinen Einwegspritze Ihrem Pferd in die Backentasche spritzen.
- Daneben können Sie auch ein Stückchen Obst nehmen und die Globuli da hineindrücken (homöopathische Globuli sollten nur mit sauberen, seifenfreien Fingern angefasst werden, da die Globuli ja nur mit der Substanz eingesprüht worden sind oder beträufelt werden) oder versuchen Sie, die süßlichen Globuli aus der sauberen Hand lecken zu lassen.

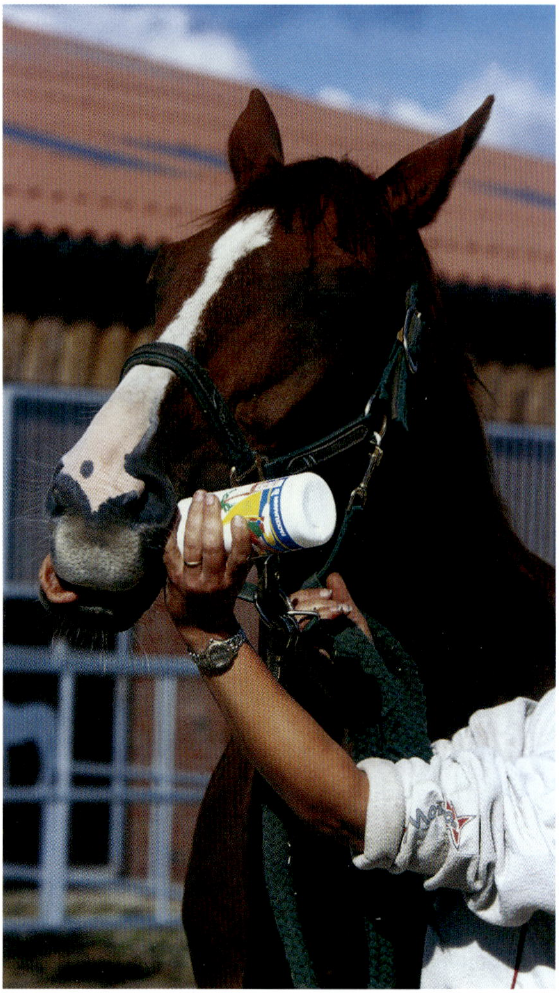

Tee-Eingabe mittels einer Plastiktrinkflasche

Kräuter

Die meisten Heilkräuter werden von Pferden in jeder Form problemlos gefressen.

- Sie können die Kräuter trocken über das Futter geben oder hineinmischen.
- Daneben gibt es die Möglichkeit, die Kräuter mit heißem Wasser aufzugießen. Dabei kann das Pferd gleich einige ätherische Dämpfe mit inhalieren. Dann müssen Sie jedoch aufpassen, dass das Pferd die Kräuter nicht in zu heißem Zustand frisst und sich verbrennt.
- Ein aus den Kräutern zubereiteter Tee wird von den meisten Pferden gerne genommen. Er kann über das Futter verabreicht oder statt Trinkwasser gegeben oder auch in kleine Plastikflaschen abgefüllt dem Pferd direkt ins Maul gegeben werden.

5.4 Tipps und Tricks gegen Langeweile

Einige Erkrankungen führen dazu, dass die Patienten über einen längeren Zeitraum als üblich in ihrer Box bleiben müssen. Zwar gibt es nur wenige Erkrankungen, wie z.B. ein Knochenbruch, die absolute Boxenruhe fordern, aber die ausschließliche Aufenthaltszeit in der Box ist größer. Das kann binnen kurzer Zeit dazu führen, dass den Pferden langweilig wird und sie sich einige Unarten angewöhnen. Das muss nicht sein. Sie können Ihren Patienten auf die verschiedenste Weise beschäftigen.

Gehen Sie mit Ihrem Pferd viel spazieren. Sie können mit Ihrem Pferd auf dem Hofgelände umhergehen. Es darf ausgiebig an den landwirtschaftlichen Geräten schnuppern, den Hänger-Parkplatz besuchen und vieles andere tun, wofür sonst selten Zeit ist.

Nehmen Sie sich Zeit und probieren Sie mit Ihrem Pferd vielleicht verschiedene Bodenbeläge aus. Beschäftigen Sie sich mit Ihrem Pferd. Falls es zu übermütig wird, denken Sie an die Fütterung. Reduzieren Sie bei kranken Pferden das Kraftfutter drastisch. Falls Ihr Pferd dann Theater macht, wenn es als einziges kein Kraftfutter bekommt, können Sie dieses durch zuckerarme, eingeweichte Trockenschnitzel ersetzen.

Machen Sie mit Ihrem Pferd etwas „Bodenarbeit", lassen Sie es über Dinge laufen, die für das Pferd fremd sind. Sie können eine Art kleinen Parcours im Hof Ihres Stalls auf den Boden legen, einen kleinen Weg bauen, auf dem Ihr Pferd gehen muss. Bringen Sie Ihrem Pferd mal einen Pezzie-Ball mit. Sie werden sehen, dass Ihr Pferd sehr interessiert daran ist. Vielleicht fängt es sogleich an, „Fußball" damit zu spielen.

Darf Ihr Pferd gar nicht die Box verlassen, müssen Sie etwas in der Box unternehmen, damit ihm nicht zu langweilig wird. Putzen Sie Ihr Pferd gründlich und nutzen Sie die Gelegenheit für eine ausgiebige Massage. Streichen Sie in Ruhe und mit Muße die Muskeln aus, machen Sie etwas Tuina-Behandlung. Vielleicht möchten Sie einen „Kleinen Energiekreislauf" ziehen *(s. Seite 124)*? Informationen dazu finden Sie in *Teil B, im Kapitel „Akupressur", Seite 88 ff.* Es wird ihm sehr gut tun und es ausgesprochen beruhigen.

Probieren Sie bei einem unruhigen Pferd durchaus mal eine entspannende Lavendelölmassage aus. Dafür nehmen Sie 2 Tropfen reines Lavendelöl in beide Handflächen und verteilen diese. Dann massieren Sie mit beiden Händen Ihrem Pferd um Nüstern und Maul herum und dann sanft den ganzen Kopf. Wenn sich

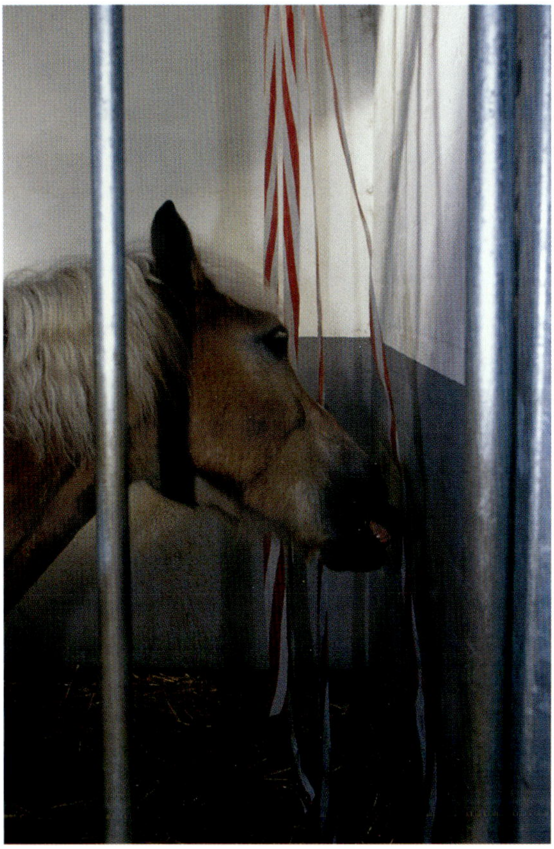

Aufgehängte Bänder vertreiben die Langeweile.

Ihr Pferd gerne an den Ohren anfassen lässt, lassen Sie die Lavendelmassage des Gesichts in eine sanfte Ohrmassage übergehen. Streichen Sie dabei die Ohren sanft nach oben aus und kneten Sie sanft die Ohrspitzen. Bei der Ohrmassage sollten Sie vor der Pferdebrust stehen und von unten an die Ohren greifen.

Vielleicht leisten Sie Ihrem Pferd in seiner Box mal Gesellschaft? Wenn der Magen-Darm-Trakt in Ordnung ist, darf Ihr Pferd ruhig einige Birken- oder Obstzweige zum Knabbern bekommen. Hier eignen sich auch dicke Äste oder Baumstammstücke, die beknabbert werden können. Achten Sie darauf, dass die Rinde nicht zu leicht abgeht. Das ist das Interessanteste. Ihr Pferd sollte allerdings maximal ein halbes bis ein Kilo davon fressen. Die Rinde und das Holz enthalten unverdauliche Holzstoffe, die sonst eine Verstopfungskolik auslösen könnten. Geeignet sind Obstbaumsorten, besonders Mirabellenholz wird gerne angenommen. Aber auch Birke oder Buche sowie Haselnuss sind gut geeignet! Das Holz muss in der Box befestigt werden,

Beschäftigung und gute Laune hilft dem Patienten, schneller wieder gesund zu werden.

damit es beim Wälzen nicht im Weg liegt oder sich das Pferd beim Drauftreten verletzt.

Daneben können Sie Ihrem Pferd einige Bänder zur Beschäftigung in die Box hängen. Vielen Pferden macht es Freude, mit dem Kopf in den Bändern herumzuspielen, und Sie können etwas vorlesen oder sprechen. Die gleichmäßige Stimme ihrer Bezugsperson beruhigt viele Pferde, ja schläfert sie sogar ein wenig ein.

Ein großes älteres Heunetz, voll mit zerknülltem, weißem Papier macht gelangweilte Pferde munter und neugierig. Pferde lieben es, mit der Nase in raschelndem Papier zu stöbern. Vielleicht könnten Sie das zerknüllte Papier auch in eine der großen schwarzen Trinktonnen hineingeben. Es macht nichts, wenn Ihr Pferd das eine oder andere Stückchen Papier frisst. Vorausgesetzt, es hat einen gesunden Magen-Darm-Trakt und das Papier ist unbedruckt!

Ein weiteres gutes Beschäftigungsmittel sind größere Holzklötze, die Sie ebenfalls in der Box oder beweglich an den Stallwänden aufhängen können. Vielleicht hätte Ihr Pferd auch Freude an einem oder zwei Besenköpfen, die man an die Wand schrauben könnte. Daran kann es sich nach Herzenslust schubbern.

Geben Sie Ihrem kranken Pferd doch einfach mal einen sogenannten Softball. Das ist ein Ball mit einem Griff daran. Er ist extra für Pferde gemacht und Sie bekommen ihn in Fachgeschäften und Fachversandhäusern. Man sollte einen solchen Ball aufhängen. Es gibt mittlerweise sogar duftende Bälle, um das Interesse zu fesseln.

Es gibt Heilpflanzen, die die Nerven derjenigen Patienten beruhigen, die dauerhaft in ihrer Box stehen müssen. Dabei können Baldrian (Vorsicht! Steht für Turnierpferde auf der Liste der verbotenen Substanzen! Nicht bei Pferden anwenden, die auf Turnieren oder in Wettbewerben starten!), Kamille, Hopfen, Melisse, Helmkraut, Rosmarin und Lavendel sehr nützlich sein, da sie die Nerven beruhigen und Ihr Pferd etwas zur Ruhe bringen. Das ist insbesondere wichtig, wenn Ihr Pferd nach absoluter Boxenruhe langsam wieder mit der Arbeit beginnen darf. Es soll sich ja dann nicht vor lauter Aufregung noch einmal eine Verletzung zuziehen. Und auch Ihre Sicherheit ist wichtig. Auch auf dem Markt gibt es zahlreiche freiverkäufliche Produkte, die u.a. auf Magnesium, Vitamin B und Tryptophan basieren und zum Teil durch Heilkräuter ergänzt werden.

Literaturempfehlungen aus dem FNverlag:

Wertvolle Tipps erhalten Sie in den Büchern:

Link, Karin: Pferde putzen – Gesundheitlicher Nutzen. Massieren – Mobilisieren – Verbinden. Warendorf: FNverlag 2024

Böhmke, Waltraud: Die Grundschule des Pferdes. Vom Fohlen zum Reitpferd. Vom Boden bis in den Sattel. FNverlag 2018.

Schneiden Sie niemals Tasthaare am Maul oder an den Augen Ihres Pferdes ab! Gleiches gilt für die Innenbehaarung der Ohrmuschel!

6. Allgemeines zur Pflege des Pferdes

Ein in einer Einzelbox gehaltenes Pferd ist nicht in der Lage, sich in dem Maße selbst zu pflegen, wie es die Pferde in der freien Wildbahn tun können. Wildpferde haben vielfältige Möglichkeiten, sich auf bestimmten Böden zu wälzen oder sich an Ästen bzw. Baumstämmen zu scheuern. Durch ihren engen Sozialkontakt kommen noch das gegenseitige Fellkraulen und Beknabbern hinzu. All dies fällt bei den in Boxenhaltung lebenden Pferden heutzutage weitgehend weg oder ist nur sehr eingeschränkt möglich. Deshalb müssen Sie diese Pflegeaufgabe übernehmen. Dabei sollten Sie sich bewusst sein, dass dies auch dazu beiträgt, Krankheiten und Verletzungen zu verhindern.

Bei der täglichen Pflege Ihres Pferdes haben Sie die Gelegenheit, Ihr Pferd komplett von oben bis unten auf Verletzungen oder Krankheitsanzeichen hin zu untersuchen. Putzen und bürsten Sie Ihr Pferd seinen Bedürfnissen entsprechend. Ein in einer Einzelbox stehendes Pferd stellt andere Anforderungen an das Putzen als ein robust gehaltenes Pferd, dessen wetterfeste Schutzschicht nicht zerstört werden sollte.

Halten Sie die Hufe sauber und die Fesseln trocken. Die Pflege muss der Hornqualität des Hufes angepasst werden. Vor und nach jeder Arbeit sollten Sie die Sohle und die Strahlfurchen säubern, eventuell eingetretene Steinchen entfernen und auf Verletzungen kontrollieren.

Circa alle 6 Wochen sollte ein Hufschmied bei unbeschlagenen Hufen den Abrieb und die Stellung kontrollieren und bei beschlagenen Hufen die Eisen umlegen oder erneuern.

Näheres zum Thema Hufe lesen Sie auf Seite 452 ff.

Entfernen der Tasthaare

Im Zuge der täglichen Pflege sind manche Reiter der Ansicht, die Tasthaare (Vibrissen) um Augen, Nüstern und Maul der Pferde entfernen zu müssen. Auch die Haare in der Ohrmuschel werden als störend empfunden und ausgeschnitten. **Beides ist nach § 6 des Tierschutzgesetzes verboten!**

Ein solches Vorgehen stellt eine unzumutbare Qual der Pferde dar. Die Tasthaare oder auch Sinushaare unserer Haustiere, nicht nur die der Pferde, sind ein wertvolles Organ. Sie besitzen erheblich mehr Nervenenden als andere Haare und ersetzen in bestimmten Bereichen quasi die Augen des Pferdes. Die Tasthaare sind in der Lage, das Futter zu prüfen, das ein Pferd mit den Augen nicht mehr sehen kann. Es ist davon auszugehen, dass sie auch dazu dienen, Abstände zu messen. Ein Pferd ohne Tasthaare um sein Maul ist nicht in der Lage, den nötigen Abstand zum Trog oder dergleichen einzuschätzen. Es wird des Öfteren schmerzhaft anstoßen. Das Entfernen der Tasthaare führt also letztlich sogar zu einer Verhaltensänderung der Pferde, die dadurch unsicher oder sogar ängstlich werden.

Die starke Ohrbehaarung dagegen dient als Schutz des Tieres. Sie verhindert bzw. erschwert nachhaltig das Eindringen von Insekten, Schmutz oder Fremdkörpern in den Gehörgang.

Scheren

Soll ein Pferd auch im Winter regelmäßig gearbeitet werden, kann es Probleme mit dem Winterfell geben.

Beispiel: der Hunter- oder Jagdschnitt

Beispiel: die Decken-Schur

Wenn die Pferde kein dickes Fell und kaum Probleme mit dem Nachschwitzen haben, ist das Scheren nicht nötig. Anders bei vielen Pferden, die über ein dichtes und/oder langes Winterfell verfügen. Ihre Reiter lassen sie in der Regel dann im Anschluss an das intensive Training noch eine Weile Schritt mit Abschwitzdecke gehen, reiben danach das Pferd trocken, legen nochmals eine Abschwitzdecke auf oder nutzen eine Rotlichtanlage oder ein Solarium zum Trocknen des Fells.[15] Möglicherweise schwitzen ihre Pferde auch danach noch. Dies stellt ein Risiko für die Gesundheit des Pferdes dar. In diesem Fall sollte überlegt werden, das Pferd zu scheren und es so vor dem starken Nachschwitzen und Auskühlen und letztlich vor Erkältungskrankheiten und Atemwegserkrankungen zu schützen. Wird das Pferd nicht so intensiv gearbeitet, kann auch das vorsorgliche Eindecken ab dem Spätsommer/frühen Herbst die Bildung des Winterfells minimieren. Bei vielen Robustponys klappt dies jedoch meist nicht, da sie mit der Decke einfach schwitzen, aber trotzdem ein dickes Teddyfell bekommen.

Möchte man sein Pferd scheren, braucht man eine gute Schermaschiene. Gewöhnen Sie Ihr Pferd zunächst an die Schermaschine bzw. an das Scheren, manche Pferde sind ruhiger, wenn Musik das Schergeräusch übertönt. Gewöhnen Sie es an das Geräusch,

15 Ein Solarium ist nicht immer geeignet, um trocken zu werden. Wenn das Pferd nachschwitzt, gehen oder reiten Sie lieber länger im entspannten Schritt mit einer Abschwitzdecke. Im Stall sollte die Abschwitzdecke abgenommen werden, wenn das Pferd trocken ist.

indem Sie das Gerät mehrere Male in der Nähe Ihres Pferdes anstellen. Im besten Fall hat es schon die eine oder andere Schur bei anderen Pferden mitbekommen und stört sich nicht mehr an dem Geräusch. Macht Ihr Pferd jedoch Schwierigkeiten, sollten Sie überlegen, Ihr Pferd beim ersten Mal sedieren zu lassen. Suchen Sie sich einen ruhigen, ungestörten Platz zum Scheren. Sicherheitshalber flechten Sie die Mähne ein und bandagieren Sie den Schweif, um nicht ungewollt Langhaare abzuschneiden.

Sind Sie noch Anfänger im Umgang mit der Schermaschine, so ist es einfacher, sich den ausgewählten Schnitt mit Kreide auf das Fell zu malen. Vielleicht gibt es bei Ihnen im Stall einen Reiter, der schon seit Jahren schert und dem Sie erst einmal beim Scheren zusehen oder von dem sie es sich zeigen lassen können? Das Pferd muss absolut sauber und trocken sein, damit die Schermaschine einwandfrei arbeiten kann.

Geschoren wird immer gegen den Strich, mit flach gehaltener Maschine und streifenweise überlappend. Alle 10 bis 30 Minuten müssen die Scherblätter und die Maschine geölt werden. Lassen Sie die Schermaschine nicht zu heiß laufen. Zwischendurch immer wieder etwas abkühlen lassen und dabei mit einem Pinsel festsitzende Haare aus der Maschine pinseln. Ein Akku erleichtert die Arbeit sehr.

Das Schermuster selbst ist abhängig vom Einsatz des Pferdes. Hier stelle ich Ihnen drei der gängigen Schermuster vor. Sportpferde, die ganzjährig trainiert werden und auf Turniere gehen, bekommen einen **Sport- oder Vollschnitt**. Hierbei wird das ganze Fell geschoren, nur am Schweifansatz und entlang der Sattellage bleibt ein kleiner Streifen stehen. Die Pferde werden sowohl im Stall eingedeckt und gehen ebenfalls wärmer eingedeckt auf die Weide oder den Paddock. Sie benötigen also warme Decken als Ersatz für ihr Winterfell.

Freizeitpferde schwitzen besonders am Hals, am Bauch und an der Hinterhand. Hier eignet sich ein **Streifenschnitt oder der Deckenschnitt**. Beim **Deckenschnitt** werden der Hals und ein Streifen am Bauch bis hin zu den Hinterbeinen geschoren. So sind die Nieren gut geschützt, die Sattellage gut gepolstert und die Haare an den Beinen und am Kopf bleiben erhalten. Die Ecken werden abgerundet.

Ein **Streifenschnitt** ist dem ganz ähnlich, nur dass die Muskeln am Oberhals nicht geschoren werden und deshalb warm bleiben, wie eine Decke mit Hals-

Teilgeschorenes Pferd

teil. Dabei können Sie den Streifenschnitt auch etwas geringer ausfallen lassen, zum Beispiel indem Sie die Flanken erst mal nicht scheren. Schwitzt Ihr Pferd dann trotzdem noch an dieser Stelle, können Sie den Streifen über den Oberschenkel bis hinten hin scheren. Bei beiden Schnitten, dem Streifen- wie auch dem Deckenschnitt, ist das Pferd gegen die Kälte auf der Weide noch gut geschützt. Friert Ihr Pferd damit, können Sie ihm auf der Weide eine nicht zu dicke Decke auflegen.

Nach dem Scheren bürsten Sie es mit einer weichen Bürste über, decken es ein und führen es ein Stück spazieren, damit es wieder entspannt. Erst dann sollten Sie es zurück in die Box stellen. Sedierte Pferde müssen zunächst angebunden bleiben und unter Aufsicht richtig wach werden, bevor sie danach in den Stall dürfen.

Verschiedene Schermuster

A

Vorsicht Giftpflanzen

1. Welche Pflanzen sind für Pferde giftig?

Pferde sind von Natur aus neugierig und verbringen einen Großteil ihres Tages mit Fressen. Doch leider ist nicht alles, was in Wald und Flur oder auf den Weiden wächst, für unsere Pferde genießbar. Im Zuge ihrer Domestizierung haben die meisten Hauspferde den natürlichen Instinkt, der sie vor dem Fressen von Giftpflanzen schützt, verloren. Sie können auch nicht mehr, wie die frei lebenden Pferde, innerhalb der Herde von den älteren Tieren lernen, was genießbar ist oder nicht. Also ist es umso wichtiger für alle, die mit Pferden umgehen, giftige Pflanzen zu erkennen, bei Ausritten bzw. Fahrten ins Gelände aufzupassen und die Weiden regelmäßig nach Giftpflanzen abzusuchen. Eine Vergiftung durch Pflanzen löst beim Pferd leichte bis schwere gesundheitliche Schäden aus, kann mitunter sogar den Tod der Pferde zur Folge haben. Oftmals ist es nach einer Vergiftung bereits zu spät zum Handeln. Der Tierarzt kann dann nur noch die Symptome bekämpfen. Deshalb sollten alle, die mit Pferden umgehen, die Gefährlichkeit der Pflanzen abschätzen können.

Dieses Kapitel soll Pferdebesitzern, Züchtern, Reitern, Fahrern und Pferdepflegern dabei eine Hilfe sein. Es zeigt und erklärt unter dem QR-Code *auf Seite 49* eine Auswahl von Pflanzen in verschiedenen Giftigkeitsgraden.

2. Vorbeugung

Für die Gesunderhaltung unserer Pferde ist eine weitgehend natürliche Haltung mit ausreichend Bewegung und frischer Luft wichtig. Hierzu gehört selbstverständlich auch der Weidegang. Die langsame, über den Tag verteilte Aufnahme der Nahrung in Verbindung mit ruhiger Bewegung sorgt für eine gute Verdauung bei den Tieren. Wichtig ist hierbei, dass an Weiden, aber ebenso an Stallungen und Reitplätzen keine giftigen Hecken, Bäume oder Sträucher gepflanzt werden.

Damit keine Langeweile oder unbedachte Neugier bei den Pferden auftritt, sollte die Weide ein ausgewogenes Angebot an Futtergräsern und Kräutern zum Fressen bieten, notfalls muss Raufutter zugefüttert werden. Vor allem hungrige Pferde gehen auf abgefressenen Weiden auch an die grünen, meist weniger gut schmeckenden Giftpflanzen, die sie sonst stehen lassen würden (z.B. Hahnenfuß oder Jakobskreuzkraut).

Manche Pferde fressen beim Ausritt oder Spaziergang gierig an allem Grünen, was sie erwischen können. Hier muss der Reiter besonders aufpassen oder – noch besser – das Pferd langsam an eine Weide gewöhnen.

Viele Pflanzen behalten ihre giftige Wirkung unverändert in getrocknetem (Heu) oder gärendem (Silage)

Zustand und bei längerer Lagerung auch im Winterheu bei. Also nicht nur draußen aufpassen. Sollte ein Pferd giftige Pflanzen gefressen haben, so sind es verschiedene Faktoren, die den Verlauf der Vergiftung beeinflussen. Neben individuellen Empfindlichkeiten gegenüber bestimmten Stoffen reagieren manche Pferde mit Durchfall und scheiden so das Gift schnell wieder aus. Unruhige Pferde, die sich viel bewegen, beschleunigen die Verteilung des Giftes im Körper. Die Konstitution eines Pferdes, also der Gesundheits- und Ernährungszustand, ist bei einer Vergiftung von entscheidender Bedeutung. Der Körper eines schlecht genährten oder empfindlichen Pferdes hat der Vergiftung wenig entgegenzusetzen.

Merke! Giftpflanzen immer mit kompletten Wurzelballen und vollständig entfernen! Lassen Sie entfernte Giftpflanzen niemals in der Nähe der Weide liegen, sondern entsorgen Sie sie! Einige samentragende Giftpflanzen entwickeln auch dann noch Samen und geben ihn an die Umgebung ab. Entsorgen Sie die Pflanzen über den Bio- oder Hausmüll oder verbrennen Sie sie. Bis zur Abholung/Entsorgung sollten sie in fest verschlossenen Säcken oder Behältern gelagert werden.

Vorsicht! Das Spritzen mit Unkrautvernichtungsmitteln kann dazu führen, dass der unangenehme Geschmack überdeckt wird und die Pferde Giftpflanzen dann sogar eher fressen.

3. Anzeichen einer Vergiftung

In Abhängigkeit davon, um welches Gift es sich handelt, können die ersten Anzeichen für eine Vergiftung zu sehr unterschiedlicher Zeit auftreten. Zwischen wenigen Minuten und einigen Monaten ist alles möglich. Die Anzeichen variieren, je nachdem, wo das Gift wirkt. Es kann im Körper oder auch lokal wirken, was zu Veränderungen an Nase und Maul führt. Der häufigste Angriffsort ist das Verdauungssystem, der Stoffwechsel oder das Nervensystem. Bei Unruhe, Schweißausbrüchen oder Störungen des Bewegungsablaufes (Taumeln, Schwanken oder Lähmungen), zu hoher (>44) oder zu niedriger (<28) Herzfrequenz sowie Verstopfung, Durchfall oder krampfartigen Kolikanfällen sollte an eine Vergiftung gedacht werden. Ohne Zeit zu verlieren, muss sofort ein Tierarzt hinzugezogen werden. Vergiftete Pferde sind oft leicht erregbar und reagieren daher stark auf äußere Reize wie Geräusche oder Licht. Meist sind ihre Pupillen verändert.

Für den Tierarzt ist wichtig zu wissen:

- **Welche Pflanzen wurden gefressen und wie viel?**
- **Welche Teile der Pflanzen hat das Pferd gefressen?**
- **Unbedingt einen Zweig zur Bestimmung durch den Tierarzt mitnehmen und gut aufbewahren!**
- **Wann hat das Pferd das Gift gefressen?**
- **Welche Anzeichen zeigt das Pferd und wie geht es ihm jetzt?**
- **Informationen über das Pferd, wie Alter, Gewicht, Allgemeinzustand, war es krank oder ist es abgemagert, sind für den Tierarzt sehr wichtig!**

4. Was können Sie tun, bis der Tierarzt kommt?

Es ist von großem Vorteil und für eine schnelle Neutralisation des Giftes sogar entscheidend, eine Probe der gefressenen Pflanze von der Koppel oder dem Ausritt mitzunehmen. So kann der Tierarzt später seine Behandlung genau auf den Giftstoff abstimmen.

Stellen Sie sicher, dass das Pferd keine weiteren Gifte fressen kann, am besten bringen Sie es auf schnellstem Wege in eine ruhige, kühle Box. Jedoch sollte ein vergiftetes Pferd sich nicht viel bewegen, da sich dadurch das Gift schneller im Körper verteilt. Bei einem Ausritt reiten Sie also nicht nach Hause, sondern rufen ihren Tierarzt an.

Nach einer Vergiftung darf Ihr Pferd auf keinen Fall mehr etwas fressen, aber es sollte viel trinken, um das Gift möglichst schnell durch den Verdauungstrakt zu schleusen. Nimmt es das Wasser nicht von sich aus an, so kann man mit etwas Traubenzucker nachhelfen. Oft nehmen solche Pferde lieber warmen Tee, der ebenfalls mit Traubenzucker oder Honig gesüßt werden kann. Gut geeignete Teesorten sind Kamille, Salbei, Anis, Fenchel oder grüner Tee. Sie tun dem Magen-Darm-Trakt gut. Die weitere Vorgehensweise muss auf die Symptome ausgerichtet werden. Bei Pferden mit unsicherem Gang, Taumeln oder Lähmung sollte die Box geräumig und mit gut gepolsterter Unterlage sowie gepolsterten Boxenwänden (z.B. mit Decken o.Ä.) ausgestattet sein, damit sie sich bei einem Sturz nicht verletzen.

Daneben muss ein Auto mit Pferdeanhänger und einem ruhigen Fahrer bereitstehen, um das Pferd bei Bedarf direkt in eine Tierklinik zu fahren.

Bei Vergiftungen ist schnelle Hilfe vonnöten. Bis der Tierarzt eintrifft, können Sie bereits **Erste Hilfe** leisten:

- Geben Sie dem Pferd so viel Tierkohle ein wie möglich. Lösen Sie dazu die Kohle in Wasser auf und bieten Sie diese über das Trinkwasser an.
  - Ein ca. 600 kg schweres Pferd darf etwa 300 g Kohle in etwa 3 bis 4 l Wasser gelöst bekommen.
  - Zudem können Sie versuchen, die in Wasser gelöste Kohle mittels einer großen Spritze seitlich in das Pferdemaul einzugeben. Wenn Ihr Pferd sich weigert, warten Sie auf den Tierarzt. Bitte nie den Kopf des Pferdes nach oben halten oder drücken, es könnte sich leicht verschlucken. Die Tierkohle bindet das Gift, sodass weniger vom Körper selbst aufgenommen wird.
- Bei Giftpflanzen, die die Schleimhaut stark reizen oder verletzen könnten, spülen Sie zunächst die geröteten Stellen an der Nase und im Maul mit Wasser. Bitte nicht den Pferdekopf nach oben drücken, sondern das Wasser herauslaufen lassen. Decken Sie offene Stellen oder Blasen mit sterilen Kompressen ab.
- Füttern Sie Ihrem Pferd Haferschleim in kleinen Portionen. Der Schleim umhüllt die Pflanzenteile, separiert sie so etwas vom Körper und beruhigt die Schleimhäute.
- Beruhigen Sie das Pferd durch
  - ruhiges Sprechen und die Gabe von 10 Rescue-/Notfalltropfen auf die Maulschleimhaut, alle 20 Minuten, bis der Tierarzt kommt.
  - Massieren Sie leicht den Kopf mit 3 bis 4 Tropfen Lavendelöl, die Sie in der Handflächen verteilen.
  - Bereiten Sie einen beruhigenden Tee zu aus gleichen Teilen Melisse, Hopfen, Kamille, Baldrianwurzel und Lavendelblüten. Nehmen Sie ca. 35 g der Mischung, überbrühen Sie diese mit ½ l heißem Wasser, lassen Sie sie 10 Minuten ziehen und geben Sie sie lauwarm dem Pferd zur Beruhigung.
- Bei anderen Giftpflanzen kann die Gabe von Natriumsulfat (auch bekannt als Glaubersalz; 1g/kg KGW des Pferdes) dabei helfen, das Gift schnellstmöglich aus dem Körper zu entfernen. Glaubersalz ist ein mildes Abführmittel und sollte nur nach vorheriger Rücksprache mit dem Tierarzt eingegeben werden. Ansonsten bitte keinerlei Medikamente oder Salben verabreichen, auch wenn Sie es noch so gut meinen.

5. Unbekannte Giftpflanze

Sie wissen nicht, welche Pflanze Ihr Pferd gefressen haben könnte? Oberstes Gebot: Bewahren Sie Ruhe, keine Panik. Die Behandlung bleibt zunächst in allen Fällen die gleiche wie oben beschrieben. Auch der Tierarzt wird zunächst erst einmal nach den Anzeichen behandeln.

Zunächst geht es für ihn insbesondere darum, das Gift schnellstmöglich aus dem Pferdekörper zu entfernen.

Das Wichtigste ist jedoch: Seien Sie immer aufmerksam! Wenn Sie die Giftpflanzen in Ihrer und der Umgebung der Pferdeweiden kennen, sind Sie im Notfall einen Schritt voraus. Und denken Sie daran, falls Ihr Pferd in einem unbeobachteten Moment versehentlich an einer Ihnen unbekannten Pflanze herumknabbert, stecken Sie zur Sicherheit einen Zweig ein. Es könnte sich im Falle einer Vergiftung als hilfreich erweisen.

6. Die Giftpflanzen

Viele Pflanzen bilden zum eigenen Schutz Abwehrstoffe, die für Mensch und Tier giftig sind. Die wichtigsten Giftstoffgruppen sind unter anderem Alkaloide, die blausäureähnlichen Glycoside (verwandeln sich zu Blausäure), die Proteaseinhibitoren (hemmen Verdauungsenzyme) und andere toxische Proteine (hemmen Enzyme), die Phytoalexine mit den Furocumarinen (machen die Haut hochsensibel für Licht) und verschiedenenen Terpenen (schädigen Haut und Schleimhäute), Herzglykosiden (verändern die Herztätigkeit) und Saponiden (schädigen die Zellmembran). Die Pflanzen enthalten in der Regel nicht nur einen dieser Stoffe, sondern eine ganze Reihe unterschiedlicher Giftstoffe, die sich bei jeder Pflanze anders zusammensetzen. Die giftigen Substanzen können in der gesamten Pflanze oder lediglich in Teilen stecken. Manche Substanzen sind nur zu bestimmten Jahreszeiten in schädlichen Mengen vorhanden.

Unter den beiden QR-Codes finden Sie zum einen eine Pflanzenbestimmungs-App, die Ihnen beim Erkennen von Pflanzen helfen kann, zum anderen eine Auswahl an in unseren Breiten vorkommenden Giftpflanzen. Zu jeder dieser Giftpflanzen erhalten Sie Auskunft über Gefährlichkeit, Standort, Aussehen, Vergiftungssymptomen und Erste-Hilfe-Maßnahmen. Darüber hinaus können Ihnen die Zeichnungen der Blattformen und Blattstände ebenfalls bei der Pflanzenbestimmung hilfreich sein.

Pflanzenbestimmungs-App für Android

Pflanzenbestimmungs-App für Apple

Roter Fingerhut

Weitere Informationen zu Giftpflanzen

Das unter diesem QR-Code hinterlegte PDF zeigt und beschreibt Ihnen auf 23 Seiten ausführlich die in unseren Regionen häufig vorkommenden Giftpflanzen. Sie finden hier Informationen zur Gefährlichkeit der jeweiligen Pflanze, zum Standort und zur Verbreitung. Sie erfahren, welche Teile der Pflanze giftig sind, wie die Gifte wirken und welche Dosis bereits bedenklich ist. Die Auflistung der Anzeichen, die auf eine Vergiftung mit der entsprechenden Pflanze hinweisen, kann Ihnen helfen, gezielt Erste-Hilfe-Maßnahmen einzuleiten bis Ihr Tierarzt eintrifft.

Giftpflanzenauswahl

Weiterführende Literatur zum Thema „Giftpflanzen": Dülffer-Schneitzer, Dr. med. vet. Beatrice: Notfall-Ratgeber Giftpflanzen für Pferde. FN*verlag* 2018. E-Book

Teil B

Vorstellung natürlicher alternativer Heilmethoden zur Vorsorge und Behandlung

- Therapie mit Heilpflanzen, Phytotherapie
- Therapie mit Akupressur
- Tuina-Anmo-Therapie
- Therapie mit Bachblüten-Essenzen

Die natürlichen Heilmethoden orientieren sich bei der Erkennung und Therapie von Krankheiten an den natürlichen Lebensvorgängen. Ihre Heilmaßnahmen arbeiten mit den natürlichen Fähigkeiten des Organismus zur Regulation, Regeneration, Anpassung und Selbstheilung. Der kranke Körper wird dazu aktiviert bzw. darin unterstützt, sich selbst zu heilen.

Die hier vorgestellten Möglichkeiten der natürlichen Therapie sind nur eine kleine Auswahl dessen, was es alles gibt. Sie sind als zusätzliche Unterstützung der Behandlung von Erkrankungen zu verstehen. Alle Erkrankungen müssen zuvor von einem Tierarzt abgeklärt und behandelt werden. Mithilfe dieser natürlichen Methoden können Sie aber die tierärztliche Behandlung positiv unterstützen.

Findet die eine oder andere Methode Ihr Interesse, so gibt es zahlreiche Bücher und Artikel zu den jeweiligen Themen, über die Sie sich weiter informieren können. Eine kleine Auswahl davon finden Sie im Anhang dieses Buches aufgelistet.

Vorsicht! Nahrungsergänzungs- bzw. Zusatzfuttermittel tierischen Ursprungs wie Gelatine, Haifischknorpel, Extrakte aus Schalentieren u.a. sowie zahlreiche Heilpflanzen dürfen nur an Pferde verabreicht werden, die laut Equidenpass nicht als Schlachttier eingetragen sind.

Merke: Die alternativen Heilmethoden sollen und wollen die Schulmedizin nicht ersetzen, sondern sie ergänzen! Einer eigenen Behandlung mit einer dieser Methoden muss immer eine tierärztliche Untersuchung und Behandlung vorausgehen! Ausnahmen davon sind offensichtlich leichte Probleme der Haut, des Verdauungs- und Atmungstraktes sowie oberflächliche Verletzungen. Es gilt jedoch die folgende Regel: Wenn die Probleme nicht binnen weniger Tage wieder behoben sind, ist das Pferd unverzüglich einem Tierarzt vorzustellen.

Therapie mit Heilpflanzen, Phytotherapie

Der Umgang mit Heilpflanzen ist eine der ältesten Therapieformen überhaupt. Schon die Menschen der Steinzeit wussten um die heilende Wirkung bestimmter Pflanzen Die Phytotherapie entwickelte sich auf der ganzen Welt. In der Human- wie auch der Tiermedizin werden Heilpflanzen mit Erfolg eingesetzt. Viele Medikamente verdanken ihre Wirkstoffe den Heilpflanzen. Die Kräuterheilkunde orientiert sich direkt an der zu heilenden Krankheit, behandelt jedoch den ganzen Pferdekörper. Das heißt, Heilkräuter wirken dabei ganzheitlich, nicht nur auf das erkrankte Organ. Dies kommt insbesondere bei dem vorbeugenden Schutz vor Krankheiten zum Tragen. Es ist effektiver, während des feuchtkalten Winters vorsorglich Heilkräuter zu verfüttern, als eine Erkältungskrankheit dann mit Kräutern und Medikamenten wieder aufwendig heilen zu müssen.

Einige wenige geringgradige Probleme der Haut oder des Verdauungstraktes sowie Schwächezustände nach Erkrankungen können Sie mit Heilkräutern eigenständig beheben. In den meisten Fällen aber werden Sie Kräuter einsetzen, um die schulmedizinische Therapie wirkungsvoll zu unterstützen. Insbesondere bei langwierigen Krankheiten ist der Einsatz von Heilkräutern sehr effektiv. Die Therapie mit Heilkräutern ist auch bei anderen Erkrankungen sehr wirkungsvoll. Dafür müssen Sie aber einen geeigneten Fachmann – Tierarzt oder Phytotherapeut – hinzuziehen, der die Heilkräuter für Ihr Pferd nach folgenden Fakten kombiniert: Zuerst nimmt er ein bis drei Basis- oder Hauptheilkräuter, sie bestimmen die Hauptwirkung einer Rezeptur. Dann stellt er noch weitere Kräuter zusammen, die die Hauptkräuter unterstützen, deren Nebenwirkungen mindern, sie besser verträglich machen und/oder ihren Geschmack verbessern.

1. Wie wirken Heilkräuter?

Heilkräuter enthalten verschiedene **Inhaltsstoffe**. Dies sind Stoffe, die die Pflanze während ihres Wachstums in sich gebildet oder aufgenommen und gespeichert hat. Nicht alle Inhaltsstoffe führen zu der medizinisch wichtigen Wirkung der Pflanze. Dabei hat eine Heilpflanze immer mehrere Auswirkungen. Die Inhaltsstoffe unterteilen sich in die **Wirkstoffe** sowie Begleit- oder **Ballaststoffe**. Die Wirkstoffe sind Substanzen, die im Allgemeinen für den medizinischen Erfolg einer Heilpflanze verantwortlich gemacht werden. Die Begleitstoffe scheinen zunächst nichts mit der arzneilichen Wirkung zu tun zu haben. Dennoch zeigt der isolierte Hauptwirkstoff allein oft eine etwas andere Wirkung als die gesamte Heilpflanze. Die Begleitstoffe scheinen also an der Gesamtwirkung der Kräuter wesentlich beteiligt zu sein. Oft ist es erst das Zusammenspiel aller Inhaltsstoffe, das der Heilpflanze ihre spezifische Wirksamkeit verleiht.[1]

Die Wirkstoffe einer Heilpflanze sind nicht in jeder Pflanze gleich verteilt. Mal sind sie mehr in Blättern und Blüten, mal mehr in Samen und/oder Wurzeln enthalten. Zudem ist der Wirkstoffgehalt abhängig von Standort, Wetter, Vegetationszeitpunkt der Pflanze und der Ernte.

Zu den Wirkstoffen der Heilpflanzen zählen auch wichtige **Nährstoffe** wie Vitamine, Mineralien und Spurenelemente, die die Pflanze für sich eingelagert hat. Sie sind für zahlreiche Vorgänge und Grundsubstanzen im Körper von Pferden notwendig. Bei einigen wenigen Heilpflanzen sind sie der Hauptwirkstoff, z.B. bei Hagebutten oder Blasentang. Die meisten anderen Wirkstoffe hat die Pflanze zu ihrem Schutz gebildet und/oder eingelagert.

Kieselsäure nehmen einige Pflanzen aus dem Boden auf und lagern sie in ihrer Zellsubstanz. Kieselsäure ist wichtig für das Bindegewebe, das Haarkleid und die Hufe Ihres Pferdes.

Die **Bitterstoffe** sind eine weitere wichtige Wirkstoffgruppe. Sie werden normalerweise nicht gerne gefressen und schützen deshalb die Pflanze vor dem Verzehrtwerden. Über ihre Bitterkeit im Maul regen sie das Nervensystem zur Bildung von Verdauungssäften wie Speichel, Magen- und Darmsaft, Galle

1 Vgl. Pahlow, M.: Das große Buch der Heilpflanzen. Bechtermünz Verlag 2001.

und die Sekrete der Bauchspeicheldrüse an und steigern den Appetit. Dazu verbessern sie die Verdauung, die Nährstoffe werden schneller aufgenommen, die Darmbewegung verstärkt und die Darmentleerung beschleunigt. Durch die bessere Aufnahme der Nährstoffe gibt es weniger Blähungen, Gärungen und Fäulnisprozesse. Sie kräftigen den Körper, regen den Allgemeinstoffwechsel an, optimieren den pH-Wert im Dünndarm und unterstützen die Blutbildung und das Immunsystem. Bei schlechten Fressern oder schwachen Pferden nach langwierigen Erkrankungen, bei Verdauungsstörungen oder fehlendem Appetit werden sie erfolgreich eingesetzt.

Ätherische Öle sind in der Pflanzenwelt häufig vertreten. Es sind leicht flüchtige Stoffe, die sich in Wasser kaum, wohl aber in Fett lösen. Sie sind für den Duft der Heilpflanze verantwortlich. Ätherische Öle dringen durch ihre Fettlöslichkeit leicht in die Haut ein. Sind die ätherischen Öle in ausreichender Menge in einer Pflanze vorhanden, können sie als isolierter Wirkstoff genutzt werden. Sie können in geringem Maß verfüttert, inhaliert oder äußerlich angewendet werden. Äußerlich angewendet wirken sie durchblutungsfördernd und schmerzstillend. Die verschiedensten Heilkräuter enthalten ätherische Öle in größerer Menge, sie wirken entzündungshemmend, wobei sie auch einen hautreizenden Effekt haben, harntreibend oder krampflösend sind. Viele erleichtern das Abhusten und wirken gegen Krankheitskeime. Meist stärken sie Magen, Darm und Leber, wirken verdauungsfördernd, beruhigen den Magen und regen den Appetit an. Eingesetzt werden sie bei Problemen des Atemtraktes, der Blase wie auch des Magen-Darm-Traktes.

Flavonoide sind in fast jedem Gemüse und Obst enthalten. Die Stoffe haben meist sehr unterschiedliche Eigenschaften. Sie können das Herz beleben wie beim Weißdorn, harntreibend sein wie Birkenblätter und Brennnesseln, sie können durchblutungsförnd wie der Ginkgo sein und noch vieles mehr. Gemeinsam ist ihnen, dass sie einen positiven Einfluss auf Herz, Kreislauf und Blutgefäße haben und den Zellstoffwechsel unterstützen. Dazu wirken sie harntreibend und krampflösend im Verdauungstrakt. Es wurden unter anderem entzündungs- und keimhemmende Eigenschaften nachgewiesen. Zudem sind sie in der Lage freie Radikale abzufangen, bevor sie Gewebe schädigen können. Das nennt man antioxidative Wirkung. Flavonoide stimulieren das Entgiftungssystem der Leber und die Gallesekretion.

Die Wirkstoffgruppe der **Gerbstoffe** wirkt desinfizierend. Gerbstoffe schützen die Pflanze vor Fäulnis und Verderb und befinden sich vor allem in der Rinde und den Wurzeln. Sie binden die Eiweißstoffe der Haut und Schleimhaut, vernetzen sie und machen sie so unlösbar. Dadurch sind die Eiweißstoffe für Bakterien, die sich auf der verletzten Haut oder Schleimhaut ansiedeln, nicht mehr zu benutzen. Ihnen fehlt der Nährboden und somit die Lebensgrundlage. Zudem besitzen die Gerbstoffe eine zusammenziehende Wirkung und reduzieren die Sekretion von Körperflüssigkeiten. All das lässt sie zu einem wirkungsvollen Mittel gegen Durchfälle werden. Äußerlich werden sie bei schlecht heilenden Wunden, Geschwüren und Ekzemen angewandt.

Die Wirkstoffgruppe der **Saponine** gehört zu den Glykosiden. In Verbindung mit Wasser schäumen sie auf und sind in der Lage Öl in Wasser zu vermischen. Die oberflächenaktive Eigenschaft nutzt man beim Pferdehusten, denn Saponine können festsitzenden Schleim lösen und verflüssigen. So kann er vom Pferdekörper leichter nach draußen abtransportiert und abgehustet werden. Daneben wirken Saponine blutreinigend und harn- bzw. flüssigkeitstreibend. Einige Heilkräuter mit Saponinen können sogar Ödeme (wie z.B. durch Flüssigkeitseinlagerungen im Gewebe verursachte angelaufene Beine) ausschwemmen.

Die **Scharfstoffe** wirken stark reizend und werden deshalb meist äußerlich eingesetzt. Sie verbessern die örtliche Durchblutung und reaktivieren chronische Entzündungen.

Schleimstoffe nennt man kohlehydrathaltige Stoffe, die in Wasser aufquellen und eine zähflüssige, fadenziehende Lösung bilden. Sie wirken reizlindernd, da sie sich wie ein schützender Film auf Schleimhäute legen und diese vor reizenden Stoffen schützen. Sie beruhigen auch bereits gereizte Schleimhäute und sind so bei entzündlichen Problemen des Atem- und Verdauungstrakts gut wirksam. Sie werden bei Entzündungen und sogar bei Geschwüren der Magenwand eingesetzt, da sie Magensäure und Giftstoffe binden und ausscheiden. Sie binden im Darm Abfallstoffe und Toxine genauso wie Nährstoffe. Deshalb sollten sie nicht zu lange gegeben werden. Dies gilt übrigens auch für Medikamente, deshalb nie gleichzeitig Schleimstoffe und Medikamente verabreichen!

Schleimstoffe können leichte Verstopfungen lösen, da sie den Darminhalt auflockern. Beispiele für schleimhaltige Kräuter sind Eibisch, Isländisch Moos, Malve und Lein.

Eine andere wichtige Wirkstoffgruppe ist die der Glykoside. Sie umfasst jedoch eine solch große Spannweite von Stoffen mit einer außerordentlich großen Wirkungsbreite, dass eine Aufzählung an dieser Stelle zu weit führen würde. Streng genommen zählen auch Saponine, Flavonoide und Bitterstoffe zu dieser Gruppe. Daneben gibt es noch Alkaloide, Harze, Enzyme und andere Wirkstoffe in Heilpflanzen.

Einige wichtige Heilkräuter und Apfelessig für den Atemapparat der Pferde (von oben im Uhrzeigersinn): Apfelessig, Knoblauch, Brennnessel, Anis, Süßholz, Salbei, Thymian und Huflattich (Mitte)

2. Wie können Heilkräuter eingesetzt werden?

Weitgehend natürlich gehaltene Pferde besitzen meist noch einen guten Instinkt für die Kräuter, die sie benötigen. Da jedoch Kräuterwiesen eher selten geworden sind, müssen Sie die richtigen Heilkräuter für Ihr Pferd auswählen.

Wenn ein Pferd allerdings das eine oder andere Kraut partout nicht mag, so zwingen Sie es nicht dazu, es zu fressen. Suchen Sie für Ihr Pferd nach einer Alternative, vielleicht mag es das jeweilige Heilkraut lieber in einer anderen Zubereitung. Prüfen Sie immer mal wieder, ob die Abneigung noch besteht, denn Pferde wissen im Krankheitsfall häufig recht gut, was sie brauchen und akzeptieren dann auch einen Geschmack, den sie sonst ablehnen. Ein gutes Beispiel dafür ist der sehr eigenwillig schmeckende Knoblauch. Es gibt immer wieder staunende Besitzer, die sich darüber wundern, dass ihr Knoblauch verabscheuendes Pferd während einer Erkrankung plötzlich Knoblauch frisst. Ähnlich verhält es sich mit Apfelessig. Pferde, die sich sonst wegdrehen, wenn man sie am Apfelessig riechen lässt, wollen plötzlich an der Flasche „nuckeln". Verweigert Ihr Pferd nach einiger Zeit die Einnahme einer Kräutermischung, so braucht es diese vermutlich nicht mehr.

Kräuter frisch oder getrocknet

Heilkräuter können sowohl frisch als auch getrocknet angewendet werden. Zur inneren Behandlung können sie dem Pferd zerkleinert direkt oder in seinem Futter untergemischt verabreicht werden. Generell werden die meisten Kräuter von den Pferden gerne gefressen. Manche Pflanzen (Klette, Brennnessel oder Beinwell) müssen jedoch im frischen Zustand erst zerquetscht oder angewelkt werden, da sie in ihrer normalen Erscheinungsform unangenehm stechen oder brennen. Um die Wirkstoffe der Kräuter besser verfügbar zu machen, können die Kräuter vor dem Verfüttern kurz mit heißem Wasser überbrüht und dann unter das Futter gemischt werden. Eine weitere Möglichkeit wäre, die Kräuter auch in Mash mitzukochen.

Kräutermischungen

Die Mischung verschiedener Heilkräuter ist meist wirksamer und verträglicher als die Gabe eines einzelnen Krautes in hoher Dosierung. Die richtige Kombination von Heilpflanzen steigert deren Wirkung oft beträchtlich.

Merke: Es sollten nicht mehr als maximal 8 Kräuter zusammengemischt werden. Sind es mehr, so ist der einzelne Wirkstoff in so geringer Menge vorhanden, dass er keinen Heilerfolg mehr erzielt.

Mischen Sie die Kräuter nach ihrer Wirkung so zusammen, wie sie Ihr Pferd benötigt. Sie können sich die einzelnen Bestandteile der Mischung selbst besorgen, beispielsweise in Gewürz- und Teehäusern frisch getrocknet, oder sich die Mischung in der Apotheke zubereiten lassen. In Kräutereien bekommen Sie die Heilkräuter frisch angezüchtet, aber auch getrocknet und geschnitten.

Zahlreiche Onlinehändler bieten fertig vorproduzierte Kräuterzusammenstellungen für alle möglichen Probleme Ihres Pferdes an. Wenn diese Kräuter frisch und qualitativ hochwertig sind und zum großen Teil mit den in Teil C genannten Heilkräutern übereinstimmen, dann ist nichts dagegen einzuwenden, sich diese Fertigmischungen zu kaufen.

Ein Sonnenbrand, leichte Ekzeme oder oberflächliche Hautwunden lassen sich auch mit dem Auflegen von frischen Kräutern direkt behandeln.

Vorsicht! Auf frische Wunden, die nicht oberflächlich sind, darf nichts, auch keine Heilkräuter, aufgebracht werden, bevor der Tierarzt sie gesehen und behandelt hat. Jegliche Vorbehandlung könnte die Wunde und die Wundränder so verändern, dass sie später nicht mehr zusammengefügt werden können.

Tees oder Aufgüsse

Der Körper braucht einige Zeit, bis er die Heilkräuter aufgenommen, verdaut und die Wirkstoffe verstoffwechselt hat. Dazu muss der Wirkstoff im Körper über einen längeren Zeitraum eine bestimmte Konzentration erreichen, um die gewünschte Wirkung zu erzielen. Das kann schon bis zu drei Wochen dauern.

Wird eine schnellere Wirkung der Heilkräuter erwünscht, so ist die Zubereitung eines Tees sinnvoll. Das Überbrühen der Kräuter mit kochendem Wasser und das anschließende Ziehen des Tees sorgen dafür, dass sich die Inhaltsstoffe der Kräuter weitgehend vollständig lösen. Die Wirkstoffe werden bei einem Tee bereits in der Maulschleimhaut aufgenommen, da die Kräuter nicht erst noch verdaut werden müssen. Deshalb ist es besser, den Tee – eventuell mit Honig, Traubenzucker oder Süßholz gesüßt – statt Trinkwasser zu verabreichen. Nimmt Ihr Pferd dies nicht an, so kann der Tee auch über eine Einwegspritze oder eine kleine Plastikflasche eingegeben oder unter das Futter gemischt werden.

Für die Zubereitung des Tees geben Sie 2 bis 3 gehäufte TL getrocknete oder eine Handvoll frische Kräuter in eine Kanne und übergießen diese mit ¼ l kochendem Wasser. Die Mischung lassen Sie 10 bis 15 Minuten lang ziehen. Diese Menge reicht für einen Tag. Dabei können Sie die ausgelaugten Kräuter mitfüttern. Bereiten Sie mehr Tee zu, können Sie den Tee in eine gut verschließbare Flasche füllen. Im Kühlschrank hält der Tee etwa eine Woche. Diesen Tee oder auch Aufguss (es ist das Gleiche) können Sie auch äußerlich für Umschläge oder Waschungen verwenden. Allerdings müssen dann die Kräuter abgeseiht werden. Teils können Sie auch fertige Beuteltees miteinander kombinieren. **Achten Sie dann darauf, möglichst frische Tees zu verwenden, da unter der Lagerung meist die Inhaltsstoffe leiden.** Unverpackte Teebeutel aus dem Lebensmittelhandel eignen sich nicht.

Seltener werden die Inhaltsstoffe über eine Abkochung extrahiert. Meist sind es Wurzeln, die dafür in Wasser eine Zeit lang gekocht werden. Andere Heilkräuter wie Malven und Eibisch sind so empfindlich, dass sie beim Überbrühen mit kochendem Wasser zerstört würden. Hier muss ein Kaltauszug gemacht werden. Übergießen Sie die Blüten mit kaltem Wasser und lassen Sie sie für gut 8 Stunden lang stehen. Danach können sie angewendet werden.

Umschläge (Kompressen)

Mithilfe von Umschlägen können Sie die Wirkstoffe der Kräuter effektiv auf die Haut bringen. Sie nehmen etwas Verbandsmull, Gazekompressen oder ein sauberes Baumwolltuch und legen es in heißen Tee. Hat sich das Tuch oder der Verbandmull vollgesogen, nehmen Sie es wieder heraus, drücken es leicht aus und legen es, angenehm warm, auf die zu behandelnde Stelle. Das Ganze fixieren Sie mit einer elastischen Binde.

Einige Umschläge werden erneuert, sobald sie abkühlen, andere erst, wenn sie getrocknet sind. Letztere können jedoch auch erneut mit Tee benetzt werden.

Bei juckenden Hautausschlägen kann man auf die gleiche Weise kühlende Umschläge machen. Zum Beispiel mit Schwarzem Tee, 10 Beutel auf einen Liter kochendes Wasser und 10 Minuten ziehen lassen. Dann abkühlen lassen und mithilfe einiger Eiswürfel kalt abkühlen. Dann ein Tuch (z.B. Geschirrtuch) hineinlegen und ausdrücken. Anschließend auf das betroffene Hautareal legen und wenn möglich mit einer Binde fixieren.

Tinkturen, Salben, Öle

Tinkturen sind Pflanzenauszüge, die mit hochprozentigem Alkohol hergestellt werden. Sie bekommen sie in der Apotheke. Sie können sparsam innerlich oder verdünnt äußerlich angewandt werden.

Salben sind nur für die äußere Anwendung gedacht. Im Handel gibt es viele wirksame Salben mit Pflanzenzusätzen. Öle von Pflanzen wie Knoblauch, Beinwell oder Johanniskraut sind in vielen Heilsalben enthalten.

Die fettlöslichen Inhaltsstoffe, insbesondere die ätherischen Öle der Pflanzen, können nur über Öle gewonnen werden. Diese Öle finden meist ausschließlich äußerlich Verwendung. Sie eignen sich zum Inhalieren, für Waschungen, Umschläge oder mit einem Pflanzenöl verdünnt zum Massieren. Beispielsweise arbeiten Aromatherapeuten mit ätherischen Ölen.

Packungen

Packungen dienen dazu, nicht nur den Aufguss an die Haut zu bringen, sondern die gesamte Heilpflanze. Die Kräuter können frisch oder getrocknet eingesetzt werden. Frische Kräuter werden zerquetscht auf eine Kompresse gestrichen und auf das erkrankte oder verletzte Hautareal gelegt. Darüber machen Sie eine Lage mit der wasserundurchlässigen Verbandswatte. Das Ganze wird mit einer elastischen Binde befestigt. Getrocknete Kräuter werden auf einer Baumwollkompresse mit kochendem Wasser überbrüht, um die Inhaltsstoffe freizusetzen. Legen Sie die Kompresse handwarm auf die zu behandelnde Stelle und fixieren Sie sie.

Alternativ können Sie die Kräuter auch auf eine Trägersubstanz mit einem hohen Gehalt an Schleimstoffen wie gemahlene Eibischwurzel oder aufgekochte Leinsaat aufbringen. Vermischen Sie beides mit etwas heißem Wasser. Der so entstandene Brei lässt sich gut auf die Haut aufbringen, er passt sich seiner Unterlage genau an. Verwenden Sie ihn möglichst warm, kühlt die Packung ab, so sollte sie erneuert werden. Je nach Lage kann die Packung auch mit einer Schlauchbinde fixiert werden. Packungen lassen sich mit gutem Erfolg bei Schwellungen, Entzündungen und Abszessen einsetzen.

3. Kaufen, eigener Anbau oder sammeln?

Sie können Heilkräuter auf verschiedene Arten beziehen. Die einfachste Methode ist sicherlich, das bereits fertig zubereitete Heilkraut in einer Apotheke, einem Reformhaus oder im Kräuter-/Gewürzhaus als lose, getrocknete Ware (auch über das Internet) zu kaufen. In der Apotheke werden die Heilkräuter gemäß den Richtlinien des Deutschen Arzneimittelbuches (DAB) geprüft. Diese Prüfung beinhaltet die Identität der Pflanze, die Wirkstoffe und anderen Inhaltsstoffe, eventuelle Rückstände (Pestizide oder Schwermetalle), den Wirksamkeitsnachweis, die Dosierung und Aufbewahrung. Die Kräuter gibt es getrocknet, als Tinktur bzw. als Öl oder als Presssaft zu kaufen.

Im Reformhaus bekommen Sie die Kräuter aus biologischem Anbau. Dort werden die Heilkräuter mit natürlicher Düngung und ohne Chemie oder künstliche Schädlingsbekämpfung angebaut. Es werden regelmäßig Bodenproben zur Kontrolle entnommen. Im Reformhaus bekommen Sie die Heilkräuter getrocknet oder als Frischsaft. Manche Betriebe, meist Kräutereien genannt, die Heilkräuter biologisch anbauen, verkaufen auch direkt die Samen, Jungpflanzen oder frische, ausgewachsene Heilkräuter.

Daneben gibt es Tee-, Gewürz- und Kräuterversandhäuser, die Heilkräuter in Arzneibuchqualität führen. Auch vorgefertigte Kräutermischungen für verschiedene Gesundheitsprobleme der Pferde gibt es zu kaufen.

Selbst sammeln

Neben dem Kauf von Heilkräutern in unterschiedlicher Zubereitung können Sie Heilkräuter auch selbst anbauen oder sammeln. Um Heilkräuter sammeln zu können, sollten Sie die Pflanzen, die Sie sammeln wollen, genau kennen. Im Zweifelsfall verzichten Sie lieber, zu leicht könnten Sie versehentlich giftige Pflanzen einsammeln *(s. QR-Code „Giftpflanzen" auf Seite 49 rechts)*. Außerdem dürfen Sie Pflanzen, die unter Naturschutz stehen, natürlich nicht pflücken!

Naturschutzgebiete sind ebenfalls tabu! Eine Liste geschützter Pflanzen finden Sie bei Naturschutzorganisationen und im Internet. Sind sie doch einmal unsicher, ob es sich tatsächlich um die gewünschte Pflanze handelt, fragen Sie einen Botaniker, Apotheker oder einen Gärtner aus einem Apothekergarten. Solche Gärten gibt es in fast jeder größeren Stadt, dort können Sie sich auch die Pflanzen selbst nochmals ansehen *(s. QR-Codes Seite 49 links)*. Ernten Sie nur an Plätzen, die chemisch unbelastet sind, also ohne Düngung oder Schädlingsbekämpfung, ohne die Nähe zu Autobahnen oder Industrieanlagen. Versuchen Sie also eher an Waldrändern, trockenen Hängen und auf unbelasteten Wiesen zu sammeln und meiden Sie dabei die Nähe von belasteten Äckern oder Müllhalden. Oft sind es die „Unkräuter", die mit wirksamen Inhaltsstoffen ausgestattet sind. Schauen Sie auch ruhig mal auf gepflegten Spielplätzen nach. Haben Sie eine schöne bewachsene Stelle gefunden, dann „räubern" Sie diese bitte nicht leer. Sammeln Sie mit Maß und Verstand und schonen Sie die Natur. Sammeln Sie höchstens ein Drittel, sodass die Pflanze noch gut samen und weiterwachsen kann. Pflücken Sie saubere Pflanzenteile von kräftigen, gesunden Pflanzen, ohne Schimmel oder Fäulnis. Einfacher ist es, die Heilkräuter, die Sie häufiger benötigen, im Garten oder in großen Kübeln auf dem Balkon oder am Stall selbst anzubauen.

Ernten

Für jede Pflanze gibt es eine bestimmte Erntezeit, in der sie einen guten Wirkstoffgehalt hat. Diese finden Sie in den Sammelkalendern oder bei den Pflanzenbeschreibungen. Sie sollten nur bei Trockenheit von trockenen Pflanzen sammeln.

Ernten Sie die **Blätter**, wenn sie noch jung, aber schon voll entfaltet sind, die **Blüten**, wenn sie gerade frisch erblüht sind, und **Früchte** und **Samen**, wenn sie komplett ausgebildet sind. **Ganze Kräuter** sammeln Sie am besten zu Beginn der Blütezeit und **Wurzeln** graben Sie aus, wenn sie voll entwickelt sind. Wurzeln und **Rinde** also am ehesten zwischen Herbst und Frühjahr. Transportieren Sie die Kräuter nie in Plastiktüten, immer nur Körbe, Papiertüten oder Jutetaschen verwenden.

Sie können die Heilkräuter nach dem Ernten frisch oder konserviert, d.h. getrocknet, verwenden. Frische Pflanzen können direkt verfüttert oder für Tees oder Aufgüsse oder Packungen verwendet werden. Verarbeiten Sie frische Pflanzen direkt. Um die gesammelten Pflanzen haltbar zu machen, trocknen Sie die Kräuter an einem luftigen, schattigen Platz. Die Sonne ist für die Trocknung nicht geeignet, da die Kräuter sonst schnell ihre ätherischen Öle verlieren würden. Blätter und Blüten werden nicht gewaschen. Breiten Sie die Einzelteile auf einem Sieb oder auf Holzlatten in dünner Schicht aus und lassen Sie sie trocknen. Ganze Kräuter trocknen am besten hängend. Wurzeln werden abgebürstet und gewaschen, zum Trocknen halbiert oder in dünne Scheiben geschnitten.

Gesammelte und getrocknete Kräuter bewahren Sie lichtgeschützt, kühl und trocken auf. Gut eignen sich fest verschließbare Glasbehälter oder Dosen. Eine undurchsichtige, möglichst doppelwandige Papiertüte oder ein kleiner fest schließender Eimer sind ebenfalls geeignet. Obwohl sich viele Heilkräuter getrocknet lange halten können, sollten Sie diese nur maximal ein Jahr verwenden und dann durch frische ersetzen. Kontrollieren Sie die Kräuter regelmäßig auf ungewöhnliche Gerüche, Pilz- oder Schimmelbefall.

B

Kräuterweide

Vielleicht haben Sie auch die Möglichkeit, einige Heilkräuter auf der Weide direkt anzupflanzen und damit eine Kräuterweide zu schaffen. Die heutigen Pferdeweiden sind oft entweder völlig überweidet mit zahlreichen Geilstellen oder als ehemalige Rinderweiden mit schnellwüchsigen, düngefreundlichen Grassorten bewachsen. Diese haben einen hohen Zuckeranteil, aber nur einen geringen Rohfaseranteil. Meist werden die Pferde durch solche Gräser unzureichend versorgt, sie legen an Fett zu, werden aber durch den mangelnden Rohfaseranteil nicht wirklich satt. So muss meist noch Rohfaser (Heu und Stroh) zugefüttert werden.
Alternativ könnte aber eine gezielte Nachsaat pferdefreundlicher Gräser und Kräuter die Weide entscheidend verbessern. Die Pferde suchen sich dann die Heilkräuter selbst und fressen sie. Insbesondere Kamille, Schafgarbe, Spitzwegerich, Klebkraut, Quecke, Pfefferminze, Löwenzahn, Melisse und wilde Malve eignen sich gut dafür. Allerdings sollten Sie bei Melisse, Pfefferminze und Schafgarbe aufpassen, da sie sich stark ausbreiten. Diese Pflanzen sollten Sie abgrenzen und regelmäßig zurückschneiden. Da Sie dabei die jeweiligen Bedürfnisse der Pflanzen berücksichtigen müssen, sollten Sie sich fachmännische Beratung dazuholen und sich eine Saatkräutermischung zusammenstellen lassen. Die Weide muss im Anschluss an die Nachsaat pfleglich behandelt werden. Dazu gehört, dass der Pferdekot regelmäßig abgesammelt, die Weide nicht übermäßig beweidet wird. Kurzer Verbiss ist zu vermeiden.

4. Wie dosieren Sie die Heilkräuter?

Heilkräuter wirken grundsätzlich nicht so schnell wie Medikamente. Sie brauchen meistens Zeit, um vom Organismus aufgenommen und verarbeitet zu werden. Oft zeigt sich eine Wirkung erst nach einigen Wochen. Die Wirkstoffe in den Heilkräutern haben eine bei Weitem nicht so konzentrierte Form wie die eines Medikamentes. Dies hat jedoch den Vorteil, dass die hier empfohlenen Heilkräuter nicht aufs Gramm exakt dosiert werden müssen. Es ist nicht gesundheitsschädigend, wenn die Dosierung um einige Gramm mehr oder weniger verändert wird. Die angegebenen Dosierungen beziehen sich jedoch darauf, dass die jeweilige Pflanze allein zur Behandlung genutzt wird.

Pferde nehmen Heilkräuter auch gerne als Tee unter das Futter gemischt oder anstatt Trinkwasser (hier Salbei-Kamillen-Tee). Die Kräuter können auch verfüttert werden.

Allgemein kann man sagen, dass ein Pony mit einem Stockmaß von 120 cm bis zu 143 cm etwa 20 bis 30 g Heilkräuter bekommt, während ein Großpferd mit einem durchschnittlichen Stockmaß von 160 bis 170 cm etwa 30 bis 60 g des Heilkrautes bzw. der Mischung erhält.
Wenden Sie die Heilkräuter am besten in Kuren über einen gewissen Zeitraum an. Meist reichen etwa 4 bis 6 Wochen bis maximal 3 Monate Anwendungszeit. Es gibt jedoch einige wenige Kräuter, die vorbeugend über längere Zeit gegeben werden können. **Ansonsten sind Heilkräuter nicht für die Daueranwendung geeignet.**
Wirken die Kräuter nicht, so muss eventuell die Mischung verändert werden. Bitte sprechen Sie auch mit Ihrem Tierarzt, ob dem Verfüttern von den von Ihnen ausgewählten Heilkräutern aus gesundheitlicher Sicht des Pferdes etwas entgegensteht.

5. Eine Heilkräuterauswahl von A wie Anis bis W wie Wermut

Natürlich können an dieser Stelle nicht all die vielen verschiedenen Heilkräuter aufgelistet werden, die es (in Deutschland) gibt. Ich möchte mich hier auf die Heilkräuter beschränken, die erfahrungsgemäß am häufigsten bei Erkrankungen der Pferde zum Einsatz kommen.

Anis (Pimpinella anisum)

Wissenswertes: Anis kommt ursprünglich aus Ägypten und wird heute überall in den wärmeren Klimazonen angebaut. Die Samen werden als Gewürz vielseitig genutzt. Dabei wird die einjährige Pflanze im Spätsommer komplett ausgerissen und der Samen herausgedroschen.
Anis besitzt eine große Menge ätherisches Öl und riecht deshalb angenehm aromatisch.

Heilwirkung: Die Wirkung von Anis ist vielfältig. Der gesamte Magen-Darm-Trakt der Pferde spricht auf Anis an. Die Muskulatur entspannt sich, Krämpfe lösen sich, Gasansammlungen werden weitertransportiert oder lösen sich auf. Auch die Produktion der Verdauungssäfte normalisiert sich wieder. Aber Anis wirkt auch im Atemtrakt. Das ätherische Öl im Anis verflüssigt festsitzenden Schleim, löst Bronchialkrämpfe und regt die Bronchialdrüsen zu vermehrter Sekretion an, sodass der Schleim verflüssigt und leichter abtransportiert wird. Zudem hat Anis einen positiven Einfluss auf die Rosse der Stuten sowie auf die Milchmenge. Äußerlich wirkt Anisöl gegen Hautparasiten und Insekten. Innerlich wirkt das Öl der Früchte gegen Bakterien, Viren und Pilze.

Inhaltsstoffe sind vor allem Öle: ätherisches Öl, vor allem Anethol und fettes Öl, das reich an Palmitin-, Petrosilin-, Öl- und Linolensäure ist. Hinzu kommen Flavonoide, verschiedene Terpene und Phenolcarbonsäuren.

> **Vorsicht! Da Anis in den Hormonhaushalt der Stuten eingreifen kann, ist er nicht für tragende Stuten geeignet.**

Dosierung: Pferde fressen Anis meist gerne, sodass Sie die Samen, täglich etwa eine Handvoll (10 bis 25 g), einfach über das Futter streuen können. Sie können den Samen zur Vor- und Nachsorge von Kolikern ebenso gut verwenden wie vorsorglich den Winter über, um Pferdehusten vorzubeugen.

Arnika (Arnica montana)

Wissenswertes: Arnika ist eine ausdauernde, seltene Pflanze mit horizontalem Wurzelstock. Sie gedeiht auf kargen Böden in höheren Lagen und steht unter Naturschutz. Im Spätsommer werden die Blüten, die ein vielfältiges Wirkstoffspektrum haben, geerntet.

Heilwirkung: Das ätherische Öl von Arnika hat desinfizierende, entzündungshemmende und wundheilungsfördernde Eigenschaften. Daneben hat Arnika noch zahlreiche andere Wirkstoffe, die auf Herz und Kreislauf wirken sowie das Immunsystem stärken. Genutzt wird Arnika jedoch meist äußerlich, innerlich nur als homöopathisches Mittel. Bei Zerrungen, Quetschungen, Sehnen- und Muskelproblemen sind Umschläge mit Arnikatinktur oder Salben mit Arnika sehr wirkungsvoll. Der Schmerz wird rasch gedämpft. Nach langen Distanzritten oder sportlichen Veranstaltungen gönnen Sie den Beinen Ihres Pferdes ein Eimerbad mit Arnika. Mischen Sie dafür Arnika zu gleichen Teilen mit Hammamelis, der Zaubernuss, jeweils 5 ml pro 2 bis 3 l Wasser und benässen Sie die überanstrengten Muskeln und Beine großzügig mit einem Schwamm. Arnika besitzt mehr als **150 Inhaltsstoffe**, in den Blüten finden sich neben ätherischen Ölen Karotinoide, Flavonoide, Bitterstoffe, Arnicin und Gerbstoffe.

Vorsicht! Arnika ist äußerlich überall da, wo die Haut unversehrt ist, gut einsetzbar. In offenen Wunden hat Arnika jedoch nichts verloren, da es stark reizen und Allergien auslösen kann!

Dosierung: Arnika bekommen Sie als Blüten, Tinktur, in Salben und Cremes sowie als homöopathische Aufbereitung zur inneren Anwendung. Nach Verletzungen, Entzündungen, Schock oder Unfällen wirkt Arnika sehr gut innerlich wie äußerlich. Innerlich als Arnika C 30. Der Patient bekommt 2-mal im Abstand von 15 Minuten eine Dosis à 5 Globuli hintereinander, jeweils 2 Zweiergaben, morgens und abends eine, 1 bis 3 Tage lang.

Artischocke (Cynara scolymus)

Wissenswertes: Die Artischocke wird als leckeres Gemüse in der ganzen Welt angebaut. Die Pflanze erinnert an eine Distel. Gegessen werden die Blütenhüllblätter und der Blütenboden. Als Heilkraut werden die Laubblätter genutzt, sie sollten kurz nach dem Aufblühen der Blüte im Spätsommer gesammelt werden. Sie haben einen schwach aromatisch und leicht beißenden Geruch, ihr Geschmack ist sehr bitter und leicht salzig.

Die Blätter haben u.a. folgende Inhaltsstoffe: Sesquiterpenlacton-Bitterstoffe, Flavonoide, Enzyme, Kaffeesäurederivate, Gerbsäure und Inulin.

Heilwirkung: Artischocken fördern die Arbeit der Leber und Galle, sie senken den Cholesterinspiegel und sind hilfreich beim Abnehmen. Ihre Bitterstoffe wirken anregend auf den Magen-Darm-Trakt, verdauungsfördernd, gallefördernd und appetitanregend. Daneben wirken sie stark auf die Leber: leberschützend, -stärkend und -regenerierend sowie entzündungshemmend, blutzuckersenkend, stark antioxidativ und krampflösend. Die Durchblutung der Leber wird gesteigert und Energiespeicher werden mobilisiert.

Dosierung: Sie können frische oder getrocknete Blätter verwenden, Tinktur oder Presssaft einsetzen. Frische Blätter bekommen Sie aber nur beim Selbstanbau oder in den Anbaugebieten. Deshalb ist es einfacher, getrocknete Blätter, 20 bis 30 g pro Pferd, oder Extrakte einzusetzen.

Augentrost (Euphrasia officinalis)

Wissenswertes: Die Blütezeit des Augentrosts ist Spätsommer bis Herbst. Er ist weit verbreitet und wächst auf Wiesen, in Heiden, an Wegrändern, trockenen Abhängen und in lichten Wäldern in ganz Europa, besonders in Mittel- und Süddeutschland. Zur Blütezeit wird das komplette Kraut geerntet und in Bündeln getrocknet.

Heilwirkung: Augentrost wirkt beinahe sofort schmerzlindernd und beruhigend. Er hilft äußerlich bei Entzündungen aller Schleimhäute, besonders in Hals, Rachen und Atemwegen sowie bei allen Problemen rund ums Auge. Dazu zählen alle Arten von Entzündungen, Reizungen durch Schimmelpilze, Parasiten, Fremdkörper, dazu bei vermehrtem Tränenfluss und Juckreiz. Innerlich zur Kräftigung bei Tieren, die häufig an Husten oder Erkältungen leiden, zur Appetitanregung und bei leichten Magenbeschwerden. Seine Inhaltsstoffe sind u.a. ätherische Öle, Flavonoide, Gerb- und Bitterstoffe.

B

Dosierung: Ein Augentrost-Tee kann auf zwei Arten zubereitet werden. Man gebe 1 bis 2 TL des geschnittenen Krautes mit ¼ l kaltem Wasser in einen Topf, koche es auf und lasse es 2 Minuten ziehen. Alternativ können Sie 30 g des Krautes auch mit ½ l kochendem Wasser übergießen und 10 Minuten ziehen lassen oder aber fertigen Tee verwenden. Beide Teezubereitungen werden danach gründlich abgeseiht und noch einmal durch ein Filterpapier gegeben. Verwenden Sie eine Mullkompresse und waschen Sie mit dem Tee gründlich das Auge aus. Lassen Sie die feuchte Kompresse noch einige Zeit auf dem Auge liegen. Zur innerlichen Behandlung füttern Sie Ihrem Pferd bei Atemwegsproblemen oder Entzündungen der oberen Luftwege 20 bis 30 g des getrockneten Krautes täglich. Getrocknetes Kraut, -Tee oder Augentrost-Lösungen bekommen Sie in der Apotheke.

Baldrian (Valeriana officinalis)

Wissenswertes: Baldrian ist seit Langem als Heilmittel bekannt. Er findet als Beruhigungsmittel und als Geschmacksverstärker Anwendung. Er ist sowohl in wilder Form als auch im Anbau in Europa und Asien weit verbreitet. Er wächst an feuchten bis trockenen Standorten in Wäldern, Gräben und Gebüsch. Seine Blütezeit ist Juni bis August. Seine Wurzeln werden im September ausgegraben, gewaschen und enthaart. Beim Trocknen entwickeln sie einen eigentümlichen Geruch, der Katzen stark anzieht.

Heilwirkung: Baldrian wirkt beruhigend, ohne die Pferde dabei benommen zu machen. Auch ihre Leistungsfähigkeit wird nicht eingeschränkt. Er beruhigt selektiv auch Herz und Verdauungstrakt und lindert Krämpfe und Gasansammlungen. Pferden, die zu nervösen Magen-Darm-Problemen oder Krampfkoliken neigen, sollte Baldrian verabreicht werden. Zusätzlich bindet er überschüssige Magensäure. Er wirkt entspannend, konzentrationsfördernd, löst Krämpfe und entspannt Muskeln. Aber Vorsicht! Baldrian ist Bestandteil der ADMR-Liste *(s. Seite 87)* für verbotene Substanzen, er darf also bei Turnierstarts oder anderen Wettbewerben in keinem Fall zur Beruhigung eingesetzt werden. Gut zu verwenden ist er zur Beruhigung von Pferden, die aufgrund von Erkrankungen oder Verletzungen völlige Boxenruhe verordnet bekommen haben. Auch bei Angst und Unruhe vor Tierarzt- oder Schmiedbesuchen wirkt er gut. Daneben wird er eingesetzt bei Verspannungen, Rückenschmerzen, Erschöpfung, zur Erholung sowie bei nervösen Beschwerden des Magen-Darm-Trakts, des Herzens oder der Blase.

Baldrian enthält ätherische Öle, Bitterstoffe, Gerbstoffe, Harz und Alkaloide.

Dosierung: Baldrian wird nach seiner Wirkung dosiert. In der Regel erhalten erwachsene Pferde etwa 15 g (25 bis 50 g)der pulverisierten Wurzel unter ihr Futter gemischt.[2] Gut geeignet ist eine Mischung aus Baldrianwurzel und Melissenblättern, die Sie 1:1 mischen. Überbrühen Sie 2 TL dieser Mischung mit ¼ l kochendem Wasser und lassen Sie sie 15 Minuten ziehen. Sie kann warm mit dem Futter vermischt oder statt Trinkwasser gereicht werden. Dabei können Sie den Geruch mit etwas Apfelessig überdecken. Baldrian wird auch als Tinktur angeboten. Um ein Pferd während einer Rehabilitationsmaßnahme zu beruhigen, eignet sich eine Dosierung von 6 bis 10 ml, die Sie evtl. verdünnt über eine Spritze ins Maul verabreichen können. Baldrian ist nicht zur dauerhaften Verabreichung geeignet. Verspannte Muskulatur kann durch eine Massage mit Baldrian-Öl wieder gelockert werden.

2 Vgl. Brendieck-Worm, C. et al.: Heilende Kräuter für Tiere. Haupt Verlag 2015.

Beinwell (Symphytum officinale)

Wissenswertes: Beinwell finden Sie überall in Europa und Amerika auf nassen Wiesen, an Bachufern und in Gräben. Er blüht von Mai bis September. Im Frühjahr oder Herbst werden die saftigen, außen schwarzen und innen weißen Wurzelstöcke und Blätter gesammelt. Seine Hauptwirkstoffe sind Allantoin, Alkaloide, Stärke, Schleimstoffe, ätherisches Öl, Flavonoide, Vitamin B12 und Gerbstoffe.

Heilwirkung: Beinwell hat viele positive Eigenschaften und wirkt von innen wie von außen. Er wirkt entzündungshemmend, zusammenziehend und erweichend, aber auch reizmildernd und hustenstillend. Seine enorme Fähigkeit zur Heilung von Knochen, Knorpel, Haut und Bindegewebe wird bei Knochenbrüchen, Verstauchungen, Sehnenschäden, Hauterkrankungen und Verbrennungen genutzt. Der Wirkstoff Allantoin wie auch die Gerbstoffe fördern die Heilung von schlecht heilenden oder infizierten Wunden. Allantoin wirkt antibiotisch und regt die Zellproduktion, die Kallusbildung bei Knochen und die Narbenbildung an. Bei tiefen Wunden ist jedoch Vorsicht geboten, durch die zellfördernde Wirkung könnte sich die Wunde zu schnell schließen. Beinwell lässt sich gut bei Magengeschwüren und Entzündungen des Magen-Darm-Traktes und des Atemtraktes einsetzen. Er sollte jedoch nicht längere Zeit innerlich verabreicht werden.

Äußerlich wird Beinwell eingesetzt bei Knochenerkrankungen, -brüchen, stumpfen Verletzungen des Bewegungsapparates wie Prellungen und Verstauchungen, Gelenks- und Muskelschmerzen, bei Arthritis und Arthrose, rheumatischen Erkrankungen, heftigen Blutergüssen und Operationsnarben, die schlecht heilen und wuchern.

Vorsicht! Tragende Stuten sollten keinen Beinwell bekommen.
Vorsicht! Beinwell nur auf die geschlossene Haut auftragen. Für offene Wunden ist er nicht geeignet!

Dosierung: Geben Sie Ihrem Pferd täglich eine Handvoll frische oder 30 g getrocknete Blätter ins Futter. Da die frischen Blätter unangenehm behaart sind, sollten sie angewelkt oder zerquetscht sein. Innerliche Anwendung nur kurzzeitig. Zur äußerlichen Anwendung lassen sich die frischen zerquetschten Blätter auch als Umschlag anwenden. Die Umschläge sollten spätestens nach 8 Stunden gewechselt werden. Zur Anwendung kann auch ein Umschlag aus Beinwellwurzelpulver kommen, der ist bei allen Pferden erlaubt.

Birkenblätter (Betulae folium)

Wissenswertes: Birkenblätter werden bereits sehr lange als Heilmittel eingesetzt. Es können Blätter von Hänge- und Moorbirke verwendet werden. Die Blätter und Blattknospen werden von Mai bis Juni gesammelt und getrocknet. Auch Birkensaft oder Birkenblättertee finden Verwendung.

B

Heilwirkung: Birkenblättertee eignet sich hervorragend zur Wasserausscheidung. Ohne die Nieren zu reizen, erhöht er die Harnmenge und spült die Blase gut durch. Wasseransammlungen im Körper der Pferde werden ausgeschwemmt und das Blut gereinigt, was insbesondere älteren und geschwächten Pferden zugutekommt. Außerdem hat die Birke entzündungshemmende Eigenschaften und wirkt stoffwechselanregend, galletreibend und schmerzstillend. So wird der Körper von Abfallstoffen gereinigt.
Dosierung: Sie können Ihrem Pferd täglich 40 bis 50 g Blätter (50 Blätter pro 500 kg KGW) unter das Futter mischen oder einen Birkenblättertee zubereiten. Dafür überbrühen Sie 2 gehäufte TL Birkenblätter mit ¼ l kochendem Wasser. Seihen Sie nach 10 Minuten die Blätter ab und geben Sie täglich etwa ½ l Tee lauwarm über das Futter. Wichtige **Inhaltsstoffe** der Birke sind ätherische Öle, davon ¼ Betulol, Gerb- und Bitterstoffe, Saponine, viel Vitamin C, Harz, Triterpensaponine und Flavone.

Blasentang (Fucus vesiculosus)

Wissenswertes: Beim Blasentang handelt es sich um den Gemeinen Seetang, der in allen kalten Meeren der nördlichen gemäßigten Breiten zu finden ist. Sie können jedoch ebenso den Knotentang einsetzen, beides sind Braunalgen.
Seine **Hauptwirkstoffe** sind ausgewogene Mengen an Spurenelementen wie Eisen, Selen, Kupfer, Jod, Schwefel, Magnesium, Zink sowie die Vitamine D, E, C, B1 und B2. Dazu kommen Beta-Carotin (Provitamin A), Niacin und viele verschiedene Aminosäuren sowie Schleimstoffe und antibiotisch wirkende Polyphenole.

Vorsicht! Zu viel Jod ist ungesund. Erfragen Sie den Jodgehalt pro Gramm Blasentang oder Braunalge. Der Bedarf liegt bei 1 bis 2 mg Jod pro Tag für ein erwachsenes Pferd (0,2 mg/kg Trockensubstanz), kurzzeitig sind im Bedarfsfall und in Absprache mit dem Tierarzt Gaben von 4 bis 6 mg Jod pro Tag möglich.

Heilwirkung: Blasentang ist eine wertvolle Mineralstoffquelle. Dazu wirkt er entzündungshemmend und dämpft Gelenkschmerzen. Blasentang wird heute nicht mehr so viel verwendet wie früher. Seealgen/Braunalgen finden sich aber in einigen Ergänzungsfuttermitteln.
Dosierung: Füttern Sie Ihrem Pferd täglich 15 bis 30 g.

Bockshornkleesamen (Trigonella foenum-graecum)

Wissenswertes: Der Bockshornklee ist eine alte Heil- und Kulturpflanze der südlichen Länder. Heutzutage wird sie in vielen Ländern kultiviert. Verwendung finden die reifen Samen der Pflanze.
Heilwirkung: Innerlich wirken die Samen auf den Magen-Darm-Trakt, sie regen die Magensekretion sowie die Sekretion der Galle und der Darmdrüsen an und helfen so bei Verdauungsproblemen. Daneben regen die Samen den Appetit, den Harn- und Milchfluss an, wirken entzündungshemmend, eine cholesterinspiegelsenkende Wirkung wird vermutet. Äußerlich aufgetragen regen die Samen das Haarwachstum an, wirken entzündungshemmend, reizlindernd und Ödeme austreibend, sowie auch gegen Viren, Bakterien und Pilze. Bei Pferden werden sie meist bei Bronchitis und Kehlkopfentzündung eingesetzt. Die Samen enthalten folgende **Inhaltsstoffe:** ca. 45 % Schleimstoffe, Steroidsaponine, etwas ätherisches Öl, Flavonoide, Sterole, 27 % Protein und bis 10 % fettes Öl.[3]
Dosierung: Geben Sie Ihrem Pferd 10 bis 30 g[4] bis 50 g[5] der Samen.

Borretsch (Borago officinalis)

Wissenswertes: Es ist ein beliebtes Kraut, das ursprünglich aus Südeuropa stammt. Als Küchenkraut und für Salate wird er besonders in Frankreich und Spanien kultiviert und wächst in ganz Europa. Seine Blühzeit mit blauen bis violetten sternförmigen Blüten reicht von Mai/Juni bis September. Aufgrund seines Geruchs wird er als Gurkenkraut bezeichnet.

Heilwirkung: Borretsch wirkt blutreinigend, harntreibend und stärkt das Herz. Er verbessert das Allgemeinbefinden und kann zur Stärkung vor anstrengenden Ritten oder Turnieren gut eingesetzt werden.

Seine **Inhaltsstoffe** sind ätherische Öle, Harz, Gerbstoffe, Kieselsäure, Kaliumnitrat, Schleimstoffe, Saponin, Vitamin C und E. Außerdem enthält Borretsch Pyrrolizidinalkaloide, die möglicherweise bei langfristigem, höherem Konsum leberschädigend wirken können. Sicherheitshalber sollte Borretsch deshalb immer nur kurz, einige Tage, angewendet werden. Das Borretschöl enthält diese Alkaloide nicht.

Vorsicht! Mit tragenden Stuten gibt es keine Erfahrungen; nicht an lebensmittelliefernde Tieren füttern!

Dosierung: Geben Sie Ihrem Pferd 30 g Blätter täglich.

Brennnessel (Urtica dioica)

Wissenswertes: Die Brennnessel wächst an Wegrändern, auf Wiesen, an Schuttplätzen und überall da, wo durch Überweidung oder Verschmutzung weniger robuste Pflanzen nicht mehr wachsen. Es gibt mehrere Brennnesselarten, die am meisten verbreitete ist jedoch die Große Brennnessel. Ernten Sie das gesamte Kraut am besten zur Blütezeit in den Monaten Mai bis November.

Heilwirkung: Brennnessel hat vielfältig einsetzbare Heilwirkungen. Sie **enthält** viele Vitamine, darunter A, B und C, K, Kieselsäure, Eiweiß, Rohfaser, Gerbstoffe, Flavonoide und Mineralien. Sie reinigt das Blut und verbessert die Durchblutung, was bei Pferden, die zu Hufrehe, Rheuma oder Sommerekzem neigen, besonders wichtig ist. Sie wirkt harntreibend, zusammenziehend und blutstillend und blutbildend, da sie viel Eisen enthält. Brennnessel stärkt das Allgemeinbefinden und regt den Kreislauf und den Stoffwechsel an und unterstützt die Ausscheidung der Stoffwechsel-Abfallstoffe. Brennnessel sollte also in keiner Frühjahrskur und in keiner stärkenden Kräutermischung für ältere Pferde fehlen. Brennnessel stärkt Körper und Immunsystem sowie die Leberfunktion. Die Gerbstoffe können bei Verdauungsproblemen und Durchfällen helfen. Bei Schwäche der Harnorgane fördert sie die Harnproduktion und wirkt entzündungshemmend. Außerdem hilft die Pflanze bei der Milchbildung der Stute.

Vorsicht! Manche Pferde reagieren allergisch auf Brennnessel und zeigen Quaddelbildung auf der Haut. Setzen Sie einfach die Brennnessel ab, die Allergie vergeht meist rasch und problemlos von allein.

3/5 Vgl. Reichling, J. et al.: Heilpflanzenkunde für die Veterinärpraxis. Springer-Verlag 2008.

4 Vgl. Brendieck-Worm, C. et al.: Heilende Kräuter für Tiere. Haupt Verlag 2015.

Dosierung: Pferde bekommen 30 bis 50 g getrocknete Blätter täglich in ihr Futter. Sie können das Kraut auch einfach abmähen und liegen lassen. Die Pferde suchen es dann selbst. Einen Tee bereiten Sie aus 20 g Brennesselblättern zu, die mit 1 l kochendem Wasser überbrüht werden. Lassen Sie den Tee 10 Minuten ziehen und verfüttern Sie ihn mit den Kräutern. In kleineren Kuren mit 2 bis 3 Wochen Pause dazwischen kann Brennnessel das ganze Jahr über gegeben werden. Neben den Blättern eignen sich auch besonders die Samen zur Verfütterung. Er enthält viele Vitamine und wertvolle Inhaltsstoffe. Füttern Sie ihn besonders an ältere Tiere. Sie bemerken schnell eine deutliche Zunahme von Vitalität, Kraft und schöneres Fell. Geben Sie zweimal täglich einen Esslöffel voll ins Futter.

Brombeere, Rubus fruticosus

Wissenswertes: Brombeersträucher wachsen überall in Mitteleuropa, sie finden sich an Waldrändern, vielen Hecken und in Gärten. Sie blühen von Mai bis in den Herbst. Wilde Sträucher gibt es an sonnigen Abhängen bzw. steinigen Hängen.

Die Blätter **enthalten** Gerbstoffe, Pflanzensäuren, Vitamin C, Flavonoide und anderes.

Heilwirkung: Die Gerbstoffe der Blätter helfen bei Problemen des Magen-Darm-Trakts, speziell bei akuten Durchfallerkrankungen. Heiltees wirken durch den Gerbstoffgehalt zusammenziehend, blutstillend und entzündungshemmend. Daneben sind sie wirksam gegen Bakterien und Viren.

Dosierung: Sie können Brombeerblätter frisch (eine Handvoll täglich) oder getrocknet (20 bis 30 g täglich), aber auch als Tee geben. Für einen Magentee mischen Sie die Brombeerblätter zu gleichen Teilen mit Kamille und Pfefferminze und überbrühen 2 TL davon mit ¼ l kochendem Wasser. Nach 10 Minuten abseihen oder die Kräuter mit verfüttern. Sie können auch 20 g der Früchte auf 500 ml Wasser für einen Tee verwenden. Brombeerblätter eignen sich für die Frühjahrskur und können vorbeugend auch langfristig verfüttert werden.

> **Vorsicht! Nicht an lebensmittelliefernde Tiere verfüttern, bei tragenden Tieren ist Vorsicht geboten, da es hierzu keine Studien gibt.**

Buchweizen (Fagopyrum esculentum)

Wissenswertes: Buchweizen wird in Europa seit dem Mittelalter kultiviert. Die Früchte des Buchweizens enthalten viele B-Vitamine, Pflanzeneiweiß und haben einen hohen Mineralstoffgehalt. Sie werden zu Buchweizenmehl und anderen Buchweizenprodukten vermahlen. Das Kraut wird zur Blütezeit, Juni bis September, gesammelt, es enthält Rutin und viele wertvolle Flavonoide, Gerbstoffe und andere **Wirkstoffe**. Für die Pferde wird das getrocknete Buchweizenkraut verwendet.

Heilwirkung: Das Buchweizenkraut erweitert Blutgefäße und kräftigt und repariert die kleinen Blutgefäße. Es wird zur Funktionserhaltung des Blutgefäßsystems verwendet. Das Flavonoid Rutin stärkt die Blutgefäße und macht sie elastischer. Dazu stillt das Kraut den Juckreiz. Bei Pferden wird Buchweizen bei allen Durchblutungsstörungen eingesetzt, besonders bei Hufrollenerkrankung, Gelenksentzündungen, Hufrehe und vielem mehr. Ältere Pferde sollten immer mal wieder eine 3 bis 4 Wochen dauernde Kur mit Buchweizen, Weißdorn und Brennnessel zur Förderung der Durchblutung und Stärkung machen.

Dosierung: Füttern Sie Ihrem Pferd täglich etwa 20 bis 30 g des Krautes.

Eibisch (Althaea officinalis)

Wissenswertes: Eibisch wächst auf feuchten, salzhaltigen Böden oder feuchten Wiesen und ist in Deutschland inzwischen selten geworden. Eibisch ist eine geschützte Pflanze, die nicht gesammelt werden darf. Sie können das Malvengewächs im eigenen Garten anbauen, wo er einen feuchten, gehaltvollen Boden benötigt. Die Blätter werden im Sommer nach der Blüte (Juni bis August) gepflückt, die Wurzeln im Spätherbst geerntet.

Wurzeln wie Blätter **enthalten** viele Schleimstoffe, aber auch Vitamin C, Mineralstoffe, Stärke, Gerbstoffe und Pektine.

Heilwirkung: Die Schleimstoffe des Eibischs wirken reizlindernd und entzündungshemmend. Sie schützen lädierte Schleimhäute durch die Bildung eines dünnen Schleimfilms, dies beruhigt die Schleimhaut des Atem- und des Verdauungstraktes bei Reizhusten, Kehlkopfreizung, Magengeschwüren und Magen-, Darmentzündungen, Durchfällen oder Blasenentzündungen. Eibisch hilft bei Entzündungen und bakteriellen Infekten, er fördert die Abwehr. Die Wurzeln und

Blätter des Eibischs wirken daneben noch harntreibend und erweichend. Das Kraut kann in geringem Maße Schleim lösen, wird dennoch eher bei trockenem, quälendem Husten eingesetzt. Als Umschlag hilft Eibisch äußerlich Entzündungen und Hauterkrankungen zu lindern.

Dosierung: Sie können etwa 15 g pulverisierten Eibisch, 20 g Wurzeln oder 40 bis 50 g des Krautes ins tägliche Futter geben. Außerdem können Sie aus den Eibischblättern, -wurzeln und -blüten einen Tee zubereiten. Da die Schleimstoffe gegen Hitze empfindlich sind, machen Sie hier einen Kaltauszug. 1 bis 2 EL des Eibischwurzelpulvers, der Blätter oder Blüten werden mit etwa 300 ml kaltem Wasser angesetzt und mindestens 8 Stunden ausgezogen. Geben Sie ihn über das Futter, ohne abzuseihen, oder seihen Sie die noch festen Bestandteile ab und verwenden Sie den Tee leicht angewärmt als Spülung bei Schleimhautreizungen im Maul und Rachen. Er darf geschluckt werden.

Fenchel (Foeniculum vulgare)

Wissenswertes: Fenchel ist eine der ältesten Gewürz- und Heilpflanzen. In Europa wächst er des Öfteren in Gärten als Zierpflanze. Fenchel ist eine 2 m hohe, ein- bis mehrjährige Pflanze mit fleischiger Wurzel. Alle Pflanzenteile riechen angenehm aromatisch. Die gelben Blüten blühen von Juli bis September. Genutzt werden die Samen der Doldenfrüchte, die von August bis Oktober geerntet werden. Die in Deutschland verwendeten Samen stammen hauptsächlich aus südeuropäischen Kulturen. Die wichtigsten **Inhaltsstoffe** des Fenchels sind neben dem stark duftenden ätherischen Öl (aus Fenchon und Anethol bestehend) Flavonoide, fettes Öl, Kumarin, Phenolcarbonsäure, antioxidativ wirkende Verbindungen, organische Säuren, Eiweiße Vitamine, Mineralsalze und Zucker.

Heilwirkung: Fenchel wird sowohl für den Atemtrakt als auch den Magen-Darm-Trakt genutzt. Seine beruhigende, auswurffördernde und krampflösende Wirkung ist seit alters her bekannt und wird auch vorbeugend bei Pferden eingesetzt, die zu nervösen Koliken neigen. Das ätherische Öl des Fenchels wirkt magenstärkend, appetitanregend und ausgesprochen gut gegen Blähungen. Fenchel kann auch äußerlich am Auge (in Kombination mit Augentrost) oder an der Haut eingesetzt werden. Daneben erhöht Fenchel die Milchsekretion.

Vorsicht! Fenchel kann in großen Mengen verfüttert Wehen auslösen.

Dosierung: Sie können die 10 bis 25 g zerstoßenen Samen unter das Futter mischen, aber ein Tee eignet sich wesentlich besser zur Verabreichung. Fenchel lässt sich hervorragend mit anderen Kräutern kombinieren. Für einen reinen Fencheltee überbrühen Sie 1 gehäuften TL zerstoßene Samen mit ¼ l kochendem Wasser und lassen das Ganze 10 Minuten ziehen. Verwenden Sie den Tee zum Schleimlösen, dürfen Sie ihn leicht süßen (Honig, Traubenzucker, brauner Rohrzucker), wird er jedoch für Probleme des Magen-Darm-Traktes verwendet, sollte er ungesüßt bleiben. Dafür eignet sich besonders die bei vielen Pferden sehr beliebte Kombination aus Fenchel und Anis. Falls Ihr Pferd Fenchel oder Fencheltee trotz seines süßlichen Geschmacks nicht mag, probieren Sie Fenchelhonig aus! Geben Sie 1 EL täglich ins Futter.

B

Frauenmantel (Alchemilla vulgaris)

Wissenswertes: Frauenmantel ist in nahezu ganz Europa verbreitet und wächst an Weg- und Waldrändern, auf Wiesen, Weiden und in Gärten. Frauenmantel erblüht von Mai bis August. Verwendung findet das gesamte Kraut, das in Bündeln getrocknet wird. Die für die Heilwirkung verantwortlichen **Hauptinhaltsstoffe** sind Gerbstoffe, Bitterstoffe, Saponine, Flavonoide, organische Säuren und etwas ätherisches Öl.
Heilwirkung: Frauenmantel reinigt das Blut, er wirkt zusammenziehend und entzündungshemmend. Dazu beruhigt das Heilkraut und entkrampft, was besonders bei Magen-Darm-Störungen zum Tragen kommt. Bei leichten Durchfällen reguliert Frauenmantel die Magen-Darm-Funktion. Er wird gerne in die Frühjahrskur mit eingemischt. Äußerlich hilft Frauenmantel bei schlecht heilenden Wunden und Ekzemen. In der Pferdemedizin wird er zur Geburtserleichterung genutzt.

> **Vorsicht!** Frauenmantel darf nicht in den frühen Trächtigkeitswochen gegeben werden.

Dosierung: Geben Sie entweder die frischen oder getrockneten Blätter über das tägliche Futter. Alternativ eignet sich ein Frauenmanteltee (2 TL zerkleinertes Kraut mit ¼ l kochendem Wasser überbrühen und 10 Minuten ziehen lassen). Die Pferde bekommen täglich ¼ l Tee in das Kraftfutter gemischt. Dieser Tee wird auch äußerlich für Umschläge oder Waschungen angewandt.

Gänsefingerkraut (Potentilla anserina)

Wissenswertes: Das Gänsefingerkraut wächst in gemäßigten Zonen an feuchten Stellen, an Wegrändern, in Gräben, auf begrasten Waldlichtungen und auf Wiesen. Gänsefingerkraut besitzt folgende **Inhaltsstoffe:** ein hoher Gehalt an Gerbstoffen, Flavonoide, Phenolcarbonsäuren, Phytosterole, Cumarine und spasmolytisch wirksame Verbindungen und Vitamine.
Heilwirkung: Gänsefingerkraut ist ein wirksames Mittel gegen Krämpfe. Durch die Gerbstoffe wirken die Blätter adstringierend, also zusammenziehend, dies wird bei Durchfallerkrankungen genutzt. Daneben noch bei leichten Entzündungen der Schleimhaut im Mund- und Rachenbereich. Gänsefingerkraut kann innerlich und äußerlich angewendet werden.
Dosierung: Die Pflanze wird meist als Tee eingesetzt, kann aber auch als Tinktur oder Extrakt genutzt

werden. Verwenden Sie für den Tee 2 TL mit fein geschnittenem Kraut und überbrühen es mit etwa 250 ml heißem Wasser, nach etwa 8 Minuten des Ziehens, kann es abgeseiht, abgekühlt und dem Pferd gegeben werden. Sie können die Kräuter mit ins Futter geben. Wollen Sie eine Spülung machen, lassen Sie den Tee länger als 10 Minuten ziehen. Sie können die Frischpflanze oder 20 bis 40 g des getrockneten Krautes verwenden.

Grüner Tee (Thea sinensis)

Wissenswertes: Der Teestrauch ist in China eine alte Kulturpflanze und wird dort wie auch in Indien und Sri Lanka angebaut. Das Produkt ist der allgemein bekannte Schwarze Tee. Ersetzt man hingegen die Fermentation durch Wasserdampf und Druck, so erhält man Grünen Tee. Beim Grünen Tee sind viele wichtige Inhaltstoffe noch erhalten, die bei der Fermentation zerstört werden. Die **Hauptinhaltsstoffe** des Grünen Tees sind Thein (Teein = Teeform des Koffeins), Theobromin, Theophyllin, Gerbstoffe, Flavonoide, Aromastoffe u.a.m. Grüner Tee enthält darüber hinaus noch Vitamine (A, B, C, E), Aminosäuren, Proteine, Fruchtsäuren und Spurenelemente.

Heilwirkung: Grüner Tee fördert die körpereigene Abwehr und baut geschwächte Pferde auf. Besonders älteren Pferden tut eine längere Kur mit Grünem Tee gut. Daneben ist Grüner Tee antibiotisch wirksam, entzündungshemmend und kapillarabdichtend. Seine Bitterstoffe fördern den Appetit und die Bildung von Verdauungssäften, seine Gerbstoffe wirken zusammenziehend und gegen Durchfall.

Äußerlich eingesetzt hilft er bei trockener, gereizter und/oder empfindlicher Haut.

> **Vorsicht! Nicht bei Pferden anwenden, die unter Herzerkrankungen oder Magengeschwüren leiden.**

Dosierung: Geben Sie den Tee über das Futter oder statt des Trinkwassers. Zwei Beutel Grünen Tee in ¼ l kochendem Wasser 2 Minuten ziehen lassen. Die Menge deckt den Tagesbedarf Ihres Pferdes. Für die äußere Anwendung nehmen Sie die doppelte Menge Teebeutel und lassen diese etwa 10 Minuten lang ziehen.

Hagebutte, Heckenrose (Rosa canida)

Wissenswertes: Hagebutten sind die Früchte der Heckenrose. Diese wächst an Hecken, Waldrändern, in alten Kräutergärten, Gebüschen und an Heidehängen. Die Blüten der Heckenrose blühen im Juni und sind hellrosarot. Die Früchte werden im Herbst eingesammelt, aufgeschnitten, entkernt und getrocknet. Hagebutten **enthalten** viel Vitamin C sowie Vitamine A, B1 und B2, K, P, Niazin, Riboflavin, Mineralstoffe, Fruchtsäuren, Flavonoide, Gerbstoffe und Zucker.

Heilwirkung: Diese vielen wichtigen Nährstoffe machen die Hagebutte zu einer wertvollen Nahrungsergänzung, insbesondere in Zeiten mit verminderter Körperabwehr. Sie helfen bei Fieber, allgemeiner Schwäche und schlecht heilenden Wunden. Bei langfristiger Fütterung helfen Hagebutten mit ihrem Vitamin C, den Flavonoiden sowie der geringen Menge Biotin bei Hufproblemen und verbessern die Qualität des Haarkleides und des Hufhorns. Sie schützen vor Hufrehe und steigern die Abwehr. Hagebutten ergänzen die Frühjahrskur mit Vitaminen und gutem Geschmack.

Dosierung: Sie können eine Handvoll frische oder 30 bis 40 g getrocknete Hagebutten das ganze Jahr über an Ihr Pferd verfüttern. Andere Autoren sprechen sogar von 100 g Hagebutten pro 500 kg KGW. Auch als Tee sind Hagebutten sehr beliebt. Der Tee schmeckt gut und die Vitamine bleiben stabil enthalten.

Himbeere (Rubus idaeus)

Wissenswertes: Die Himbeere gibt es überall in Europa. Sie wächst wild auf sonnigen Waldlichtungen, an Waldrändern und Böschungen sowie auf Halden. Himbeersträucher sind jedoch auch beliebte Nutzpflanzen und in vielen Gärten zu finden. Die Früchte sind bei Mensch und Tier sehr beliebt, aber auch die Blätter sind gut zu verwenden.

Ihre **Hauptwirkstoffe** sind die Gerbstoffe, die Früchte enthalten Gerbstoffe, Flavonoide, Alkaloid Fragrin, Aromastoffe, Zucker, Fruchtsäuren, Vitamin E, Vitamine der C- und B-Gruppe sowie Provitamin A und viele Mineralstoffe (Kalium, Phosphor, Kalzium, Eisen, Magnesium, Mangan).

Heilwirkung: Himbeerblätter wirken erfrischend, blutreinigend und appetitanregend. Die Gerbstoffe wirken zusammenziehend und schmerzlindernd, was den Pferden insbesondere bei Entzündungen und Geschwüren der Maulschleimhaut zugute kommt. Überdies helfen die Gerbstoffe auch gut gegen Durchfall. Besonders älteren Pferden tun regelmäßige Gaben von Himbeerblättern und -früchten wohl. Sie erfrischen, reinigen das Blut und lindern die Schmerzen bei Gelenkproblemen. Darüber hinaus wirken Himbeerblätter wehenverstärkend und unterstützen den natürlichen Gebärvorgang sowie den Abgang der Nachgeburt.

Vorsicht! **Himbeerblätter haben Einfluss auf den weiblichen Geschlechtsapparat. Die Blätter können, in kleinen Dosen verabreicht, Ihre Stute während der Trächtigkeit gut unterstützen. Sprechen Sie jedoch vor Beginn der Fütterung mit Ihrem Tierarzt.**

Dosierung: Füttern Sie täglich eine Handvoll frische oder 30 bis 40 g getrocknete Himbeerblätter. Ein Tee schmeckt Mensch wie Pferd gut. Himbeere lässt sich mit anderen Kräutern kombinieren und eignet sich sehr gut für Frühjahrskuren.

Huflattich (Tussilago farfara)

Wissenswertes: Huflattich ist eine weitverbreitete Pflanze. Sie wächst auf wenig kultiviertem Land, an Acker- und Wegrändern, Steingärten und Böschungen. Huflattich ist ein Frühblüher. Verwendet werden die Blätter des Huflattichs, man sammelt sie von Mai bis Juni. Sie **enthalten** unter anderem Schleimstoffe, Gerb- und Bitterstoffe, Saponine, Iridoidglykoside, Phenolcarbonsäure, Flavonoide, Inulin, Gallussäure sowie Mineralstoffe (Kalium, Kalzium, Natrium, Magnesium).

Heilwirkung: Huflattichblätter wirken blutreinigend, schweißtreibend, reizlindernd und beruhigen angegriffene Schleimhäute. Ihr besonderes Einsatzgebiet sind Atemwegserkrankungen. Sie lindern Reizhusten, fördern aber auch den Schleimauswurf.

Vorsicht! **Huflattich sollte nicht über einen längeren Zeitraum verwendet werden. Da Huflattich bei Schwangeren und stillenden Frauen nicht angewendet werden darf, sollte auch bei der trächtigen Stute darauf verzichtet werden.**

Dosierung: Füttern Sie 20 bis 40 g getrocknete Huflattichblätter im Kraftfutter oder als Bestandteil einer Hustenmischung. Für einen Tee überbrühen Sie 2 TL getrocknete Blätter mit gut ⅛ l kochendem Wasser und lassen den Tee 5 Minuten ziehen. Diese Menge verfüttern Sie über einen Tag. Huflattich ist ein Akutmittel, er lässt sich hervorragend in Kräuterkuren über 2 bis 3 (längstens 5) Wochen einsetzen.

Ingwer (Zingiber officinale)

Wissenswertes: Die Gewürzpflanze Ingwer wächst in den Tropen und Subtropen, wird aber auch in Afrika, China und Indien angebaut. Neben ihrer Funktion als Gewürz wird sie in China schon lange als Heilpflanze eingesetzt. Verwendung finden die

Wurzeln, die erst im Herbst geerntet werden. Die **Bestandteile** des Ingwers sind vor allem ätherisches Öl, Harzsäuren, neutrales Harz, Gingerol und Shogaol, harzartige, scharfe Stoffe. Ingwer zählt derzeit noch nicht zu den Dopingmitteln.

Heilwirkung: Ingwer wirkt dosierungsabhängig. In kleineren Dosen verbessert er Kreislauf, Durchblutung und Stoffwechsel und erhöht damit auch die Leistungsfähigkeit. Er wird auch bei älteren Pferden eingesetzt. Er verdünnt das Blut, weitet die Blutgefäße und wirkt so Thrombosen entgegen. Daneben fördert er die Verdauung und hemmt Blähungen. In höheren Dosen wirkt Ingwer entzündungshemmend und schmerzlindernd, weshalb er bei Gelenksentzündungen und Arthrosen verabreicht wird. Die Heilwirkung des Ingwers ist von seinem Gehalt an Scharfstoffen (Gingerolen) abhängig, die normalerweise zu 1 bis 3 % enthalten sind. Insbesondere der Ingwer aus Afrika (Tansania und Nigeria) scheint am meisten Scharfstoffe zu enthalten (2,5 %).

Vorsicht! Ingwer sollte nie trocken verfüttert, sondern mit anderem Futter gemischt werden. Ingwer darf nie in die Nase kommen, er reizt stark und kann Nasenbluten auslösen.
Ingwer kann die Haut reizen. Durch seine Scharfstoffe ist er für Pferde mit Magenentzündung oder Magengeschwüren nicht geeignet. Vorsicht bei trächtigen Stuten, sprechen Sie zuerst mit dem Tierarzt drüber, es gibt noch zu wenig Erfahrungsberichte.

Dosierung: Ingwer kann frisch in einer Menge von etwa 30 bis 35 g bei einem ausgewachsenen Pferd gegeben werden. Gemahlen oder getrocknet wird eine Dosierung von 5 bis 10 g empfohlen. Beginnen Sie langsam mit einer Menge von 1 g und erhöhen Sie die Menge langsam (2 g-Schritte). Nach Beendigung der Therapie ebenfalls wieder langsam absetzen (ausschleichen). Durch seine starken ätherischen Öle und Scharfstoffe riecht Ingwer stark. Einige Pferde stört dies. Abhilfe schafft das Vermengen mit Öl und eingeweichten Heucobs, püriertem Obst oder Obstdicksaft.

Isländisch Moos (Cetraria islandica)

Wissenswertes: Isländisch Moos zählt nicht zu den Moosen, sondern zu den Flechten. Die Bodenflechte wächst in Island und weiten Teilen Mittel- und Nordeuropas, Nordamerikas und Nordasiens in lichten Wäldern und Mooren. Die Flechten werden von Mai bis September gesammelt, wenn sie trocken sind. Die Flechte ist geschützt und darf nicht gesammelt werden.

Die Pflanze **enthält** bis zu 70 % Schleimstoffe, dazu kommen bittere Flechtensäuren, Bitterstoffe, Jod, Enzyme und Vitamine.

Heilwirkung: Die Schleimstoffe wirken stark reizlindernd. Sie hüllen gereizte und lädierte Schleimhäute des Atem- und Verdauungstrakts ein und beruhigen sie. Die Bitterstoffe tonisieren und regen die Verdauung an, andere Inhaltsstoffe wirken antibiotisch und krampflösend. Isländisch Moos trägt zur Kräftigung schwacher oder kranker Pferde bei. Es fördert die Magensaftproduktion und regt den Appetit an.

Dosierung: Füttern Sie Isländisch Moos als Bestandteil einer Kräutermischung. Geben Sie dabei etwa 30 bis 40 g auf 500 g Kräutermischung und als Einzelkraut können Sie täglich 50 bis 100 g der Mischung füttern.

Kamille (Matricaria recutita)

Wissenswertes: Die Kamille ist eine seit vielen Tausend Jahren geschätzte Heilpflanze. Sie stellt keine großen Ansprüche und wächst in ganz Europa auf Äckern, Wiesen, Schuttplätzen, an Wegrändern, Böschungen und Getreidefeldern. Sie blüht von Mai bis Juni. Verwendung finden vornehmlich die Blütenköpfchen. Der wichtigste **Bestandteil** der aromatisch duftenden Blüte ist das blaufarbene ätherische Öl, das sich aus verschiedenen Bausteinen zusammensetzt. Daneben enthalten die Blüten noch Flavonoide, Gerbstoffe, Phenolcarbonsäure, Schleimstoffe, Kumarine und mineralische Bestandteile.

Heilwirkung: Kamille besitzt vielfältige Wirkungen: beruhigend, krampflindernd, entzündungshemmend, gefäßerweiternd und antiseptisch. Kamille fördert die Verdauung, lindert Reizungen und ist bestens für alle Magen-Darm-Probleme geeignet. Füttern Sie sie vorbeugend bei Pferden, die zu Krampfkoliken neigen. All die genannten Eigenschaften machen die Kamille auch zu einem nicht minder guten Mittel für Atemwegsprobleme. Die Schleimstoffe beruhigen die Schleimhäute und Inhalationen mit Kamille lösen auch hartnäckige Verschleimungen der Bronchien. Äußerlich wird Kamille bei Wunden aller Art sowie Entzündungen eingesetzt. Als Teeaufguss eignet sich Kamille, besonders in Verbindung mit Salbei und Himbeerblättern, zur Behandlung von Entzündungen, Geschwüren der Maulschleimhaut und des Zahnfleischs.

Vorsicht! Kamille galt lange Zeit als optimales Mittel für Augenspülungen. Dies trifft nicht zu, da Kamille das Auge reizt. Besser geeignet für jegliche Behandlung am Auge ist der Augentrost!

Dosierung: Geben Sie täglich 25 bis 50 g getrocknete Kamillenblüten über das Futter. Wenn Sie diese zuvor kurz mit heißem Wasser übergießen, entfalten sich die Inhaltsstoffe besser. Sie können auch einen Tee aus den Blüten bereiten oder die Blüten zum Inhalieren nutzen. Der Aufguss (Tee) kann innerlich wie äußerlich verwendet werden. Überbrühen Sie 2 bis 3 TL Kamillenblüten mit ¼ l kochendem Wasser und lassen Sie sie 10 Minuten lang ziehen. Für die innerliche Verwendung können die Blüten mitverfüttert werden. Wird der Tee für die Atemwege genutzt, so können Sie ihn leicht mit etwas Honig süßen, wird er für den Verdauungstrakt genutzt, sollten Sie ihn pur verabreichen. Für die äußerliche Verwendung werden die Blüten abgeseiht.
Daneben können Sie in Apotheke und Reformhaus noch Kamillenextrakt, Kamillenbad oder Kamillenöl bekommen. Diese sind nur zur äußerlichen Anwendung! Ein Foto dieser Pflanze finden Sie unter Melisse in diesem Kapitel.

Kapuzinerkresse (Tropaeolum maius)

Wissenswertes: Kapuzinerkresse wächst den Boden bedeckend oder am Zaun rankend in vielen Nutz- und Ziergärten. Gesammelt werden Blätter und Blüten in der Blütezeit von Mai bis September. Beides wird auch zu schmackhaften Speisen oder einem blutreinigenden Salat verarbeitet. Die wichtigsten Inhaltsstoffe sind ätherische Öle (Kresseöl, Benzylsenföl), Enzyme, Schwefel, Jod, Vitamin C, Myrosid.

Heilwirkung: Die ätherischen Öle wirken antibiotisch und pilzabwehrend (Sprosspilze) und deshalb gut bei Erkältungskrankheiten, Bronchitiden sowie Entzündungen der Nieren- und Harnwege. Kapuzinerkresse steigert die körperliche Abwehr und wirkt blutreinigend. Die Blätter wurden schon in Peru äußerlich bei infizierten Wunden verwendet.
Dosierung: Die saftige Pflanze wird meist nur frisch verwendet, nicht für Tees. Füttern Sie täglich eine Handvoll frischer Blätter oder geben Sie 1 EL Frischsaft ins Futter.

Klebkraut (Galium aparine)

Wissenswertes: Klebkraut ist in Europa weit verbreitet. Er ist jedoch nicht zu verwechseln mit dem Echten Labkraut, Galium verum. Er wächst üppig in feuchten Wäldern und Gebüschen sowie auf Äckern und an Zäunen. Blütezeit ist Mai bis Oktober. Seine stacheligen, runden Früchte bleiben oftmals an Kleidung und im Tierfell haften. Das gesamte Kraut (Blätter und Stängel) wird möglichst vor der Blütezeit gesammelt und in Bündeln getrocknet.
Die wichtigsten Inhaltsstoffe sind Kieselsäure, etwas ätherisches Öl, Glykoside, Gerbstoffe, organische Säuren und Flavonoide.
Heilwirkung: Klebkraut ist eine blutreinigende Pflanze. Sie wirkt harntreibend und belebt das Lymphsystem. Zwei Eigenschaften, die es zu einem guten Heilkraut gegen Schwellungen, angelaufene Beine und Wasseransammlungen im Gewebe macht. Daneben hat Klebkraut zusammenziehende und abführende Funktion. Aufgrund seines Kieselsäuregehaltes ist es gut für Haut, Haarkleid und Hufe. Dazu belebt es das Pferd. Klebkraut wird frisch wie getrocknet gerne von

Pferden gefressen. Eine Mischung aus Klebkraut und Ringelblumen zu gleichen Teilen eignet sich insbesondere gut für ältere Pferde, die immer mal wieder Probleme mit ihrem Lymphsystem haben, insbesondere mit Schwellungen an Beinen, Unterbauch und Brust. Auch Pferden, die unter Hufrehe leiden, tut dieses Kraut gut.

Vorsicht! Wenn Ihr Pferd häufig unter angelaufenen Beinen oder Wasseransammlungen in Geweben leidet, sollten Sie Ihren Tierarzt nach der Ursache forschen lassen. Es könnte sich eine schwerwiegende Erkrankung (Sehnenschaden oder Herz-Kreislauf-Probleme) dahinter verbergen.

Dosierung: Die Pflanze wird frisch und getrocknet verwendet. Auf der Weide darf Ihr Pferd es nach Belieben fressen, gefüttert bekommt es vom frischen Kraut täglich bis zu drei Handvoll. Getrocknet bekommt es die übliche Dosis von etwa 30 g.

Klette (Arctium lappa)

Wissenswertes: Die Klette wächst an Straßen, Wald- und Wegrändern, Schuttplätzen, Mauern und auf Ödland. Sie ist eine Futterpflanze für Schmetterlinge und Raupen. Blüht Juni/Juli in runden, behaarten Blüten, die oft an Kleidungsstücken hängen bleiben. Ihre **Hauptwirkstoffe** sind u.a. Schleimstoffe, Inulin, Polyacetylene, ätherisches Öl, Gerbstoffe, Bitterstoffe, antibiotisch und fungizid (pilztötend) wirkende Stoffe.

Heilwirkung: Klette wirkt blutreinigend und regt die Verdauung an. Sie hilft bei Hauterkrankungen (Sommerekzem, Mauke u.a.) und Arthrose, da sie Entzündungen hemmen kann. Klettenwurzelöl regt das Haarwachstum an.

Dosierung: Mischen Sie 10 g der Wurzel täglich ins Futter. Innerlich in einer Kräutermischung oder als Tee, äußerlich als Aufguss oder Waschung, das Öl als Salbenzusatz. Im Herbst wird die Wurzel ausgegraben, geteilt und an der Luft getrocknet. Lichtgeschützt ist sie bis zu einem Jahr zu verwenden.

Knoblauch (Allium sativum)

Wissenswertes: Knoblauch wird bereits seit gut 5000 Jahren als Heilmittel verwendet. Knoblauch ist eine auf der ganzen Welt verbreitete Kulturpflanze und wächst in fast jedem Kräutergarten. Seine Knollen werden von September bis Oktober eingesammelt, wenn die überirdischen Pflanzenanteile anfangen zu welken. Knoblauch wird auch in der Pferdewelt eingesetzt, er ist in einigen Ergänzungsfuttermitteln enthalten.

Seine **Hauptwirkstoffe** sind das antibiotisch wirksame Allicin, Vitamin A und B1, C, Nicotinsäureamid, schwefelhaltige Substanzen, die Aminosäure Alliin, L-Methionin, L-Cystein, Fructane, Steroide, wasserdampfflüchtiges Lauchöl, Cholin, Mineralstoffe, einige Hormone, Fermente, Jod und andere.

Heilwirkung: Knoblauch hat vielfältige Eigenschaften. Er wirkt antibiotisch und bekämpft wirksam alle Arten von Keimen und Würmern. Innerlich wie äußerlich angewandt schreckt er Insekten ab. Knoblauch eignet sich ebenfalls hervorragend zur Behandlung von Atemwegserkrankungen, da er nicht nur keimtötend wirkt, sondern auch hartnäckige Verschleimungen löst. Sein Schwefelgehalt wirkt zudem blutreinigend. Knoblauch sorgt darüber hinaus für gute Verdauung. Insbesondere nach längerer Gabe von Antibiotika bringt er den Darm wieder in Ordnung. Knoblauch hat eine hervorragende Verträglichkeit, wirkt appetitanregend, unterstützt die Darmflora und die Entgiftung. Da Knoblauch aber auch Senföle enthält, sollten Pferde mit Magenentzündung und Magengeschwüren sicherheitshalber darauf verzichten.

Vorsicht! Bei säugenden Stuten füttern Sie weniger Knoblauch, da sonst etwas von dem Knoblauchgeschmack in die Milch übergeht. Manche Fohlen mögen das nicht. Einfach ausprobieren. Knoblauch soll in großen Mengen (mehr als 25 % Knollen im Futter) klinische Anzeichen einer hämolytischen Anämie verursachen. Vorsicht auch bei Pferden mit Magenentzündungen und -geschwüren.

Dosierung: Mischen Sie 4 bis 6 Zehen (10 bis 20 g ohne Schale) am Tag unter das Futter. Wer den Geruch nicht mag, kann Knoblauch auch in Pulverform benutzen. Sie können den Knoblauch über einen längeren Zeitraum zufüttern.

Lavendel (Lavandula angustifolia)

Wissenswertes: Lavendel ist eine weitverbreitete Kulturpflanze. In Südfrankreich wird er in weiten Feldern angebaut. In Deutschland findet man ihn in vielen Gärten. Der Lavendel blüht von Juli bis August. Zur Verwendung kommen die Lavendelblüten, die im Sommer, kurz bevor sie sich öffnen, gesammelt werden. Neben dem ätherischen Öl **enthält** Lavendel noch Cumarine, Sterole, Penylcarbonsäure, Flavonoide, Bitter- und Gerbstoffe.

Heilwirkung: Lavendel hat eine entspannende, krampflösende Wirkung. Zudem regt er den Kreislauf an und wirkt dank seines Gerbstoffgehaltes gegen Durchfälle. Sein ätherisches Öl tötet Krankheitskeime ab, vertreibt Insekten und wird bei Wunden, Verbrennungen, Narbengewebe und Insektenstichen eingesetzt. Nervöse Pferde lassen sich mit einigen Tropfen Lavendelöl, die um die Nüstern und Maul herum einmassiert werden, gut beruhigen.

Dosierung: Zur Verwendung kommt das Lavendelöl nur äußerlich, es sollte nur in kleinen Mengen unverdünnt benutzt werden. Ansonsten verdünnen Sie, wie gehabt, 40 Tropfen Lavendelöl mit 200 ml Oliven- oder Sonnenblumenöl. Innerlich können Sie Lavendel in einer Teemischung verabreichen oder für einen Tee 2 TL zeriebene Lavendelblüten mit ¼ l kochendem Wasser überbrühen. Lassen Sie diesen Tee abgedeckt 10 Minuten ziehen, dann bitte durch Klopfen auf den Deckel das Kondenswasser in den Tee zurückführen. Den Tee kühl über das Futter geben. Die durchschnittliche Tagesdosis von Lavendelblüten liegt bei 25 bis 50 g.

Löwenzahn (Taraxacum officinale)

Wissenswertes: Löwenzahn findet sich auf vielen Wiesen, Weiden, an Wegrändern, in Garten- und Parkanlagen. Er ist äußerst anpassungsfähig. Die gesamte Pflanze führt milchig-weißen Pflanzensaft. Seine Blütezeit erstreckt sich von März/April über den ganzen Sommer. Sammeln Sie die Pflanze im Frühling. Genutzt werden Blätter und die Wurzel. Löwenzahn **enthält** neben dem Milchsaft unter anderem viele Vitamine (A, B, C und D), Bitterstoffe, Triterpene, Karotinoide, Inulin, Cholin, Kumarin, Saponine, Flavone, Flavonoide, Gerbstoffe, Mineralien (viel Kalzium, Eisen, Kalium und Magnesium), Spurenelemente, Schleimstoffe und Fructose. Pferde fressen Löwenzahn ausgesprochen gerne.

Heilwirkung: Löwenzahn stärkt durch seine vielen wertvollen Inhaltsstoffe das Allgemeinbefinden geschwächter Pferde, reinigt das Blut und regt Leber wie auch Nieren zu verbesserter Funktion an. Daneben hat Löwenzahn auch einen Einfluss auf das Bindegewebe und verbessert dessen Durchblutung. Deshalb wird Löwenzahn bei akuter und chronischer Gelenksentzündung sowie Hufrehe verabreicht. Der aufgeträufelte Pflanzensaft des Löwenzahns wirkt gegen Warzen.

Dosierung: Sie können Löwenzahn frisch oder getrocknet mit Wurzel über einen längeren Zeitraum verfüttern. Die durchschnittliche Richtmenge liegt dabei bei 10 bis 15 g Wurzel und 15 bis 25 g Blätter. Daneben eignet sich auch ein Teeaufguss oder Frischsaft. Für den Tee geben Sie 1 EL von Kraut und Wurzel in ¼ l kaltes Wasser und lassen es die Nacht

über einwirken. Diese Menge geben Sie pro Tag. Pferde mit Neigung zu Haut- und Gelenkproblemen oder Hufrehe erhalten eine tägliche Futterzulage von Löwenzahn.

Mädesüß (Filipendula ulmari)

Wissenswertes: Mädesüß ist in moorigen, feuchten Wiesen sowie Gräben und Bachufern zu finden. Juni bis August blüht die Heilpflanze. Gesammelt werden die Blüten durch Trocknung des gesamten Krautes. Die getrockneten Blüten fallen bei der Trocknung ab. Neben Schleimstoffen, Flavonoiden, Gerbstoffen und ätherischem Öl ist der wichtigste **Wirkstoff** die Salicylsäureverbindung. Lesen Sie Näheres dazu unter Weißweide *(Seite 84 f.)*. Dieser Wirkstoff ist auch in dem Medikament Aspirin enthalten.

Heilwirkung: Mädesüß wirkt stark schmerzstillend, fiebersenkend und entzündungshemmend. Dazu hat die Pflanze zusammenziehende, harntreibende und krampflösende Eigenschaften. Sie hilft bei Magen-Darm-Störungen, Magengeschwüren sowie bei Durchfall und Krämpfen, aber auch bei allgemeinen Schmerzen wie Rheuma- oder Arthritisschmerzen. Dazu stärkt Mädesüß die Herzfunktion und wirkt gefäßerweiternd. All dies macht sie zur optimalen Heilpflanze für zahlreiche Altersbeschwerden bei den Pferden und für den Verdauungstrakt. In Kräuterkuren zum Frühjahr wird ihre blutreinigende Eigenschaft geschätzt.

Dosierung: Schneiden Sie zwei Handvoll des frischen oder nehmen Sie 20 g des getrockneten Krautes und mischen Sie es unter das Futter. Ein Pferd darf 3 bis 4 g pro 100 kg KGW bekommen. Mädesüß wird auch als Teeansatz verabreicht (2 TL der Krautes mit ¼ l kochendem Wasser überbrühen und 10 Minuten ziehen lassen). Sie lässt sich hervorragend mit anderen Kräutern mischen.

Malve, wilde Malve (Malva silvestris)

Wissenswertes: Diese Heilpflanze ist in Europa weit verbreitet. Sie wächst an Wegrändern, Zäunen, Hecken, Gebüschen und in Gärten. Aus einer spiraligen Wurzel entspringen mehrere rauhaarige Stängel. Die rosavioletten Blüten erscheinen von Juni bis Oktober und werden in dieser Zeit geerntet. Die Blätter kön-

nen von Mitte Juni bis September gesammelt werden. Blätter und Blüten **enthalten** viel Schleimstoffe, Gerbstoffe, Flavonoidsulfate in den Blättern und Anthocyane in den Blüten sowie ätherisches Öl. Sie sollten an einem luftigen, dunklen Ort getrocknet werden.
Heilwirkung: Die wilde Malve wirkt reizlindernd und einhüllend. Sie hilft bei allen Entzündungen der Schleimhäute. Meist wird sie bei Atemwegserkrankungen, Durchfällen und Krampfkoliken gegeben. Aufgrund des Schleimgehaltes und der entzündungslindernden Eigenschaft kann die Malve auch äußerlich bei Entzündungen oder Wunden angewendet werden.
Dosierung: Als Hustentee werden 2 TL der Malve mit ¼ l lauwarmem Wasser übergossen und 5 bis 10 Stunden unter gelegentlichem Rühren ziehen gelassen. Das Kraut kann mitgefüttert werden. Die durchschnittliche Tagesdosis liegt zwischen 20 und 50 g. Für Blüten liegt sie bei 50 bis 100 g.[6] Wenn die Malve in einer Mischung verabreicht wird, kann der Tee auch kurz aufgekocht werden.

Mariendistel (Silybum marianum)

Wissenswertes: Die Mariendistel ist eine der größten und schönsten Disteln bei uns und heute sehr selten geworden. Sie steht unter Naturschutz. Verschiedentlich wird sie in Gärten und Kulturen gezogen. Genutzt werden die Samen, die gründlich getrocknet werden. **Inhaltsstoffe** sind der Wirkstoffkomplex Silymarin, quasi ein Gemisch aus leberschützenden Substanzen, ätherischen Ölen, Eiweiß, Schleimstoffen, Bitterstoffen, Harzen, Histamin, Polyinen, Tyamin und Flavonoiden.
Heilwirkung: Die Mariendistel hat eine starke Leberschutzwirkung (durch das Silymarin) und die Fähigkeit, die Leber bei ihrer Zellregeneration zu unterstützen. Sie sorgt für eine vermehrte Galleproduktion und schützt die Leber vor Schädigungen durch Gifte, Verwurmung oder Medikamente. Die Leberschutzwirkung ist auch der Grund, dass Mariendistel in den meisten Frühjahrskuren der Pferde enthalten ist.
Dosierung: Pferde sollten nicht mehr als 15 g Samen ins Futter bekommen. Wenn möglich sollten die Samen in einer Getreidemühle vorher zerkleinert werden. Auch für die Zubereitung als Tee eignet sich der Samen gut (2 TL Samen auf ¼ l kochendem Wasser und 15 bis 20 Minuten ziehen lassen). Die durchschnittliche Tagesdosis beträgt 55 bis 70 g pro 500 kg Körpergewicht.

Meerrettich (Armoracia rusticana)

Wissenswertes: Wild wächst der Meerrettich in Osteuropa, Großbritannien und den USA. In Europa wird er überall angebaut, er ist sehr beliebt als Gewürz, Gemüse und Fleischbeilage. Von Pferden werden Wurzeln und Blätter gerne gefressen. Er **enthält** unter anderem antibakteriell wirkende Senföle, Vitamin C und Kaliumsalze.
Heilwirkung: Meerrettich wirkt gegen Bakterien, Viren und Pilze. Er fördert die Gallesekretion und wirkt leicht abführend, wurmabtreibend und anregend. Daneben fördert er innerlich wie äußerlich die Durchblutung. Durch die scharfen Senföle ist der Meerrettich nicht zur innerlichen Einnahme bei Magen-Darm-Problemen, -entzündungen oder bei Geschwüren im Bereich von Magen und Darm geeignet.
Dosierung: Meerrettich kann frisch (kleine Wurzel) oder getrocknet (3 bis 5 g) ins Futter gegeben werden. Die tägliche Tagesdosis beträgt 90 g frischer Meerrettich pro 500 kg Körpergewicht. Als Breiumschlag reiben Sie frischen Meerrettich und geben ihn messerrückendick auf eine große Kompresse, die Sie mit einer Bandage für 10 Minuten am Bein fixieren. Dieser Umschlag eignet sich auch bei Zahnschmerzen. Ist Ihr Pferd sehr hautempfindlich, empfiehlt sich ein Umschlag mit einem Meerrettich-Aufguss.

6 Vgl. Brendieck-Worm, C. et al.: Heilende Kräuter für Tiere. Haupt Verlag 2015.

Melisse (links), Kamille (Mitte) und Thymian (rechts)

Melisse (Melissa officinalis)

Wissenswertes: Melisse stammt ursprünglich aus dem östlichen Mittelmeer und wird in unseren Breitengraden als Kulturpflanze angebaut. Melisse ist in vielen Gärten zu finden Die Melissenblätter werden vor der Blütezeit geerntet. In der Blütezeit (Juni bis August) verlieren die Blätter ihren angenehmen Zitronenduft und -geschmack.

Neben dem Melissenöl sind die wichtigsten **Inhaltsstoffe** Gerb- und Rosmarinsäure, Harz, Schleim, Glykoside, Saponin, Thymol, Mineralstoffe und Bitterstoffe sowie geringe Mengen Flavonoide.

Heilwirkung: Melisse wirkt sehr beruhigend auf nervöse, ängstliche Pferde, aber auch bei nervösen Magen-Darm-Problemen. Melisse wirkt antibiotisch und krampflösend. Dabei wirkt Melisse nicht nur gegen Bakterien, sondern auch antiviral und gegen Pilze. Zur Beruhigung aufgeregter oder übernervöser Pferde kann Melisse gut mit Kamille und Baldrian kombiniert werden.

Dabei ist jedoch zu beachten, dass Baldrian in der **ADMR-Liste** *(s. Seite 87)* für verbotene Substanzen aufgeführt ist und bei Turnierstarts nicht eingesetzt werden darf! Bei Magen-Darm-Problemen hat sich eine Kombination mit Pfefferminze und Kamille bewährt. Neben der beruhigenden und spasmolytischen Wirkung besitzt Melisse noch antioxidative Wirkung.

Dosierung: Füttern Sie eine Handvoll frische oder 30 bis 50 g getrocknete Melisse. Für einen Tee kombinieren Sie je 10 g der oben genannten Kräuter und überbrühen 2 TL davon mit ¼ l kochendem Wasser. Lassen Sie das Ganze 10 Minuten ziehen und verfüttern Sie die Kräuter mit. Das dürfen Sie Ihrem Pferd zweimal täglich geben. Äußerlich angewandt hilft die antibiotische Eigenschaft der Melisse bei Sonnenbrand, Hauterkrankungen oder Ekzemen. Machen Sie dafür einen Teeaufguss aus je 10 g Melisse, Ringelblume, Spitzwegerich und Schafgarbe. Zur Behandlung eines Sonnenbrandes nehmen Sie einige frische Blätter Melisse und Pfefferminze, verdrehen sie miteinander, bis der Pflanzensaft austritt und legen den Brei auf die verbrannte Hautstelle.

Mönchspfeffer (Vitex agnus castus)

Wissenswertes: Der Mönchspfeffer wächst im nördlichen Mittelmeerraum. Schon früh wurde er zu Heilzwecken eingesetzt. Zur Verwendung kommen Samen und Früchte.

Heilwirkung: Mönchspfeffer kann bei Hormonstörungen normalisierend in den Hormonhaushalt eingreifen. Dies hilft häufig bei Stuten, die Probleme mit der Rosse haben. Zeigen Stute, Hengst oder Wallach Verhaltensauffälligkeiten, die auf hormonelle Störungen zurückzuführen sind, lohnt sich ein Versuch mit Mönchspfeffer, bevor man zu stärkeren Mitteln greift. Auch bei dem Cushing Syndrom kann Mönchspfeffer regulierend auf die Hirnanhangsdrüse wirken. Sprechen Sie mit Ihrem Tierarzt darüber.

> **Vorsicht! Mönchspfeffer sollte wegen seiner Wirkung auf den Hormonhaushalt nicht bei trächtigen Stuten angewendet werden.**

Dosierung: Mönchspfeffer sollte nur über einen Zeitraum von maximal 8 Wochen gegeben werden, meist reichen 4 bis 6 Wochen aus. Geben Sie täglich 15 g Mönchspfeffer ins Futter.

Oregano (Origanum vulgare)

Wissenswertes: Origanum stammt aus dem Mittelmeerraum. Er wächst jedoch in ganz Mitteleuropa an warmen Stellen, Südhängen, Böschungen, südlichen Waldrändern und mageren Wiesen. Oregano wird in jedem Gewürzgarten angepflanzt. Das ganze Kraut wird zur Blütezeit gesammelt und im luftigen Schat-

ten getrocknet. Oregano **beinhaltet** viele ätherische Öle, Gerbstoffe und Bitterstoffe.
Heilwirkung: Oregano ist ein ausgezeichnetes Mittel bei Erkrankungen des Magen-Darm-Traktes. Er wirkt desinfizierend, antiparasitär, antibakteriell und schmerzlindernd. Er aktiviert die Produktion der Verdauungssäfte. Seine Gerbstoffe wirken gut gegen Durchfälle. Auch bei Husten, Asthma und chronischer Bronchitis wirkt Oregano.
Dosierung: Oregano kann getrocknet oder auch frisch in einer Kräutermischung mitgefüttert werden. Als Teezubereitung wird er von den Pferden gerne genommen. Dafür überbrühen Sie 2 TL des geschnittenen Krautes mit ¼ l kochendem Wasser und lassen es 10 Minuten ziehen. Wird der Tee als Hustentee verwendet, können Sie ihn mit Honig süßen, ist er für den Magen-Darm-Trakt, so wird er ungesüßt verfüttert.

Petersilie (Petroselinum crispum)

Wissenswertes: Die Petersilie wird schon seit dem Altertum als Gewürzpflanze verwendet. Im Mittelmeerraum wächst sie wild, als Kulturpflanze ist sie überall auf der Welt zu finden. Inzwischen ist sie aus unserem Speiseplan kaum noch wegzudenken. Verwendung finden Blätter, Samen und Wurzeln.
Petersilie enthält viele wertvolle **Inhaltsstoffe**. Dazu gehören viele Vitamine, z.B. Vitamin A und C, Mineralstoffe wie Eisen, Kupfer, Phosphor, Calcium und Mangan, ätherische Öle, Kieselsäure und Alkaloide.
Heilwirkung: Petersilie entgiftet den Körper und reinigt das Blut. Durch ihren hohen Eisengehalt unterstützt sie die Blutbildung. Gerne wird sie zur Stärkung der Abwehr angewendet. Petersilie wirkt stark harntreibend und fördert so die Durchspülung der Nieren und des Harnapparates, sie ist gut bei Harnwegsinfekten. Dazu regt sie Appetit und Verdauung an.

> **Vorsicht! Petersilie sollte nicht an tragende Stuten verfüttert werden. Da sie die Wehentätigkeit anregt, könnte die Stute verfohlen.**

Dosierung: Sie sollten am besten frische Petersilie verfüttern, von der Ihr Pferd drei Handvoll bekommen darf. Sie können aus der frischen oder getrockneten Petersilie einen Tee zubereiten, den Sie Ihrem Pferd geben. Übergießen einen Bund Petersilie mit 1 l siedenden Wasser, lassen Sie den Tee 10 Minuten lang ziehen. Getrocknet geben Sie ca. 30 g in das Futter.

Pfefferminze (Mentha piperita)

Wissenswertes: Es gibt verschiedene Arten von Minze, die sich in Form und Farbe der Blätter unterscheiden und die alle die gleichen Wirkstoffe enthalten. In Kulturen und Gärten wird die Pfefferminze durch Ausläufer gezogen und alle 2 Jahre umgesetzt. Gesammelt werden die Blätter, die als **Hauptwirkstoffe** ätherisches Öl (hauptsächlich Menthol), Enzyme, Flavonoide, Kalium, Calcium und B-Vitamine, Gerb- und Bitterstoffe enthalten.
Heilwirkung: Pfefferminze beruhigt und entspannt den Magen-Darm-Trakt und reguliert die Verdauung. Sie bekämpft Übelkeit, Magenschmerz, Blähungen und Krämpfe. Futter wird mit der Zugabe von Minze besser verdaut. Pfefferminze eignet sich ebenfalls zur Vorbeugung bei kolikanfälligen Pferden. Sie regt die Leber zu vermehrter Gallensaftproduktion an und hemmt Entzündungen. Auch bei Magengeschwüren ist Pfefferminze einsetzbar. Das Menthol des ätherischen Öls wirkt gegen Bakterien und Pilze und löst Verschleimungen der Atemwege. Äußerlich angewendet kann die Minze die Behandlung von Hautpilz gut unterstützen. Zudem kühlt und beruhigt sie Hautentzündungen und Sonnenbrand.

> **Vorsicht! Füttern Sie Pfefferminze nicht auf Dauer. Eine Anwendung sollte nicht länger als 12 Wochen dauern.**

Dosierung: Füttern Sie ein bis zwei Handvoll frische oder 25 bis 50 g getrocknete Pfefferminzblätter. Pferde fressen Minze gerne. Gut geeignet ist auch die Zubereitung eines Pfefferminztees. Äußerlich eignet sich neben dem Tee insbesondere Pfefferminz-Tinktur, die Sie für Waschungen und Umschläge 1:4 mit Wasser vermischen. Pfefferminzöl können Sie für Massagen bei Muskel- und Sehnenzerrung verwenden. Dafür verdünnen Sie das Öl mit Olivenöl (40 Tropfen auf 200 ml Olivenöl).
Bei Sonnenbrand nehmen Sie einige Blätter Pfefferminze und Melisse, verdrehen sie, bis Saft austritt und

legen den Blätterbrei dann auf entzündete und verbrannte Hautareale.

Quecke (Agropyron repens)

Wissenswertes: Quecke ist ein hartnäckiges Gras, das überall auf der Welt heimisch ist. Es wächst auf Wiesen, Weiden, an Wegrändern, Böschungen und Gräben. Graben Sie im zeitigen Frühjahr die Wurzelstöcke aus und trocknen diese sauber an der Luft. Das Gras kann auch als Ganzes frisch verfüttert werden, die süßen Blätter werden gerne gefressen. Quecke **enthält** viel Kohlenhydrate, Zucker, Schleimstoffe, Mineralsalze (besonders Kalium), Saponine, Kieselsäure und Eisen, organische Säuren und Vitamine.

Heilwirkung: An den Inhaltsstoffen ist schon der Wert der Quecke als Futterergänzung zu erkennen, Quecke ist besonders bei Mineralstoff- und Vitaminmangel zu empfehlen. Daneben eignet sie sich besonders zur Blutreinigung, Entschlackung und Entwässerung sowie bei Hauterkrankungen. Quecke wirkt harntreibend, keimtötend und lindert durch ihre Schleimstoffe Reizungen der Schleimhäute. Sie hilft bei Problemen der Harn- und Verdauungswege. Ihr Gehalt an Kieselsäure, Vitaminen und Eisen fördert Haar- und Hornwachstum. Die Quecke ist also ein wichtiges Heilkraut für eine regelmäßige Kräuterkur bei Pferden.

Dosierung: Die meisten Weidetiere nehmen Quecke besonders im Frühjahr auf. Lassen Sie Ihr Pferd so viel Quecke aufnehmen, wie es möchte. Alternativ können Sie Quecke auch getrocknet verfüttern. Dann geben Sie mehrere Handvoll getrocknete Blätter zum Futter. Die getrockneten Wurzeln können Sie in einer Dosierung von 20 bis 30 g für eine Frühjahrskur oder bei Entzündung der Harnwege verwenden.

Ringelblume (Calendula officinalis)

Wissenswertes: Ringelblumen sind als Zier- und Kulturpflanze weit verbreitet. Blühzeit ist Juni bis Oktober. Bei sehr trockenem Wetter werden die aufgeblühten Blüten gesammelt und an einem luftigen Ort schnell getrocknet. Dabei sollte die Blütenfarbe erhalten bleiben. Genutzt werden die Blütenblätter oder die ganze Blüte. Die wichtigsten **Inhaltsstoffe** sind ätherische Öle, Calendula-Sapogenin, Vitamin A, Saponine, Glykoside, Triterpene, Saponine, Bitterstoffe, Schleimstoffe, Carotinoide, Xantophylle, organische Säuren, Flavonoide und Fermente.

Heilwirkung: Die Ringelblume eignet sich insbesondere zur äußeren Anwendung bei Wunden, Prellungen, Verbrennungen, Geschwüren und zur Behandlung von Hauterkrankungen. Das ätherische Öl wirkt entzündungshemmend an allen Schleimhäuten, besonders Maul und Auge, sowie gegen Keime und Pilze. Diese Eigenschaften werden auch bei Magenproblemen (Geschwüren, Entzündungen) sowie Harnwegsinfekten genutzt.

Dosierung: Füttern Sie eine Handvoll frische oder 30 g getrocknete Ringelblumen, Sie können auch einen Ringelblumentee kochen und mitfüttern (1 bis 2 TL Blüten auf 150 ml kochendes Wasser und 10 Minuten ziehen lassen). Den Tee können Sie auch äußerlich in Form von Umschlägen nutzen. Zur äußerlichen Anwendung eignen sich jedoch auch fertige Salben, speziell eine Heilsalbe mit Ringelblumen und Vitamin E, die Ihnen gegebenenfalls Ihre Apotheke anrühren wird. Ringelblumen-Tinktur und -salbe sollten in keiner Stallapotheke fehlen. Sie kann vielseitig für Wunden und Hautprobleme in Waschungen und bei Umschlägen mit Wasser verdünnt eingesetzt werden.

Rosmarin (Rosmarinus officinali)

Wissenswertes: Rosmarin ist ein Strauch, der wild an trockenen Hängen der Mittelmeerländer wächst und in der ganzen Welt als Gewürz- und Heilpflanze kultiviert wird. In Europa wird der Rosmarin im Gewürzgarten gezogen. Die Blüten sind in der Zeit von März bis Mai zu finden. Die Blätter werden vor der Blütezeit schnell und unter 35 °C getrocknet.
Der aromatische Duft des Rosmarins verrät seinen **Wirkstoff**, ätherische Öle (Cineöl und Kampfer). Daneben enthalten die Blätter noch Harze, Gerbstoffe, Zimtsäurederivate, Rosmarinsäure, Steroide, Bitterstoffe, Flavonoide, Pflanzensäuren und wenig Saponine.
Heilwirkung: Rosmarin stärkt den Kreislauf, reinigt das Blut und wirkt entzündungshemmend und keimtötend (gegen Bakterien und Pilze). Rosmarin beruhigt das Verdauungssystem, löst Krämpfe und kann Blähungen beseitigen. Die Flavonoide stärken das Gefäßsystem. Rosmarin kräftigt die Pferde und wirkt anregend.
Dosierung: Geben Sie Ihrem Pferd täglich eine Handvoll frische oder etwa 15 g getrocknete Blätter ins Futter. Für eine Magen-Darm-Behandlung eignet sich ein Tee in Kombination mit Kamille und Fenchel besonders gut. Geben Sie 1 TL Rosmarin und Kamille mit ½ TL Fenchel in einen Topf, überbrühen Sie das Ganze mit gut ¼ l kochendem Wasser und lassen Sie es 15 Minuten ziehen. Verabreichen Sie Ihrem Pferd 1 bis 2 Tassen Tee täglich. Die äußerliche Massage mit Rosmarinöl belebt und entspannt die Muskulatur und wirkt beruhigend. 6 bis 10 % ätherisches Rosmarinöl in halbfesten und flüssigen Zubereitungen zum Einreiben, für ein Teilbad 100 g Rosmarinblätter auf 20 l Wasser.

> **Vorsicht! Nicht an tragende Stuten verfüttern! Passen Sie auch bei Turnierpferden auf, denn die Inhaltsstoffe vom Rosmarin fallen unter die ADMR-Liste** ***(s. Seite 87)*****. Denken Sie daran, dass die Pferde äußerlich aufgetragenes Rosmarinöl ablecken könnten.**

Salbei (Salvia officinalis)

Wissenswertes: Salbei ist als Kulturpflanze auf der ganzen Welt zu finden und wird in den meisten Gärten als Gewürz angepflanzt. Zur Verwendung kommen die Blätter, die den ganzen Sommer über – möglichst jedoch vor der Blütezeit – gesammelt und im Schatten getrocknet werden können. Sie **enthalten** ätherisches Öl, Bitterstoffe, Triterpene, Steroide, Eisen, Zink, Karotinoide, Saponine, Gerbstoffe, Flavonoide.
Heilwirkung: Das ätherische Öl des Salbeis besitzt desinfizierende, krampflösende Wirkung. Zudem wirkt Salbei entzündungshemmend und wird bei Verletzungen an und im Maul oder entzündetem Zahnfleisch angewandt. Er beeinflusst Magen und Darm günstig, löst Blähungen und die zusammenziehende Wirkung der Gerbstoffe wirkt Durchfällen entgegen.

> **Vorsicht! Nicht für tragende Stuten geeignet. Salbei wirkt wehenfördernd. Salbei sollte nicht über einen längeren Zeitraum verfüttert werden.**

Dosierung: Sie können täglich eine Handvoll frische oder etwa 25 bis 60 g getrocknete Blätter unter das Futter mischen. Besonders gut eignet sich jedoch die Zubereitung eines Tees, den Sie innerlich wie äußerlich verwenden können. Bewährt hat sich dabei eine Kombination zu gleichen Teilen mit Kamillenblüten. Für den Tee zur Spülung geben Sie 2 bis 3 TL der Blätter oder der Mischung auf ¼ l kochendes Wasser, 15 Minuten ziehen lassen, ein Heiltee zieht nur 6 Minuten. Bei Entzündungen können Sie den Tee in eine große Einmalspritze füllen und so das Maul ausspülen. Der Tee darf auch getrunken werden. Salbei findet sich in vielen fertigen Hustenmischungen, Heilsalben und Tinkturen.

Schafgarbe (Achillea millefolium)

Wissenswertes: Die Schafgarbe ist in ganz Europa so verbreitet, dass Sie sie auf fast jeder Wiese oder Weide finden können. Sie gedeiht auf vielen Böden, an Wegrändern, Böschungen und in Gärten. Die Blüte blüht von Juni bis Oktober. Angewandt wird das Kraut, das trotz seines etwas bitteren Geschmacks

von Pferden gerne gefressen wird. Es wird während der Blütezeit eine Handbreit über dem Boden abgeschnitten und in Bündeln zum Trocknen aufgehängt. Der **Hauptwirkstoff** der Pflanze ist ätherisches Öl, weitere Wirkstoffe sind Harze, Bitterstoffe, Gerbstoffe, organische Säuren, Flavonoide und Mineralsalze (Kalium) und antibiotische Substanzen.

Heilwirkung: Das ätherische Öl der Schafgarbe wirkt entzündungshemmend, desinfizierend, zusammenziehend und innerlich wie äußerlich blutstillend. Durch diese Eigenschaften kann Schafgarbe als Erste-Hilfe-Maßnahme bei kleineren Wunden oder bei Blutungen angewendet werden. Es ist möglich, Umschläge mit dem Aufguss der Heilpflanze zu machen oder im Notfall auch einige Blätter direkt aufzulegen. Des Weiteren eignet sich Scharfgabe durch die Bitterstoffe und das ätherische Öl als Appetitanreger bei schwachen, kränklichen Pferden sowie bei Magen-Darm-Problemen. So kann es bei Magengeschwüren und Durchfällen ebenfalls hilfreich sein. Ein weiteres Anwendungsgebiet ergibt sich durch den hohen Kaliumgehalt, der die Nieren anregt. Deshalb eignet sich Schafgarbe gut für Frühjahrskuren.

Dosierung: Füttern Sie täglich etwa 10 bis 25 g des getrockneten Krautes oder bereiten Sie einen Tee (2 bis 3 TL des Krautes auf ¼ l kochendes Wasser, 15 Minuten ziehen lassen) zu. Den Tee können Sie innerlich (2 Tassen täglich) oder äußerlich einsetzen. Das Schafgarbenöl können Sie mit Pflanzenöl verdünnt ebenfalls äußerlich nutzen.

Sonnenhut (Echinacea angustifolia, E. purpurea)

Wissenswertes: Die Heilpflanze stammt aus dem Norden der USA und wurde vor etwa 300 Jahren als Kulturpflanze nach Europa eingeführt. Die Pflanze blüht den ganzen Sommer durch und wächst in den Gärten als Zierpflanze. Es finden hauptsächlich die Wurzeln, aber auch das Kraut Verwendung. Wurzeln werden kurz vor dem Winter gesammelt, das Kraut während der Blüte. Die **Inhaltsstoffe** der Wurzel sind neben Echinacin und Echinacosid (bakterienwirksames Glykosid) noch Harze, Alkamide, Heteropolysaccharide, Kaffeesäurederivate, Echinolon, Echinacosid, Polysaccharide, Vitamin C, ätherisches Öl, Flavonoide, Bitterstoffe und Zucker.

Heilwirkung: Der Sonnenhut ist für seine immunstärkende Wirkung bekannt. Zusätzlich bekämpft das Kraut Bakterien, hemmt Entzündungen und unterstützt die Wundheilung. Sonnenhut wird innerlich wie äußerlich verwendet.

Dosierung: Zur innerlichen Anwendung geben Sie etwa 20 g der geschnittenen Wurzel ins Futter. Meist wird Sonnenhut entweder in Tropfenform oder als Saft ins Futter oder auf getrocknetes Brot geträufelt. Äußerlich kann Sonnenhut als Salbe oder Presssaft aufgetragen werden. Die durchschnittliche Tagesdosis beträgt 30 bis 40 ml pro 500 kg Körpergewicht.

Spitzwegerich (Plantago lanceolata)

Wissenswertes: Spitzwegerich ist eine ausdauernde Pflanze. Blühzeit ist Mai bis September. Die **Hauptwirkstoffe** sind Schleimstoffe, Kieselsäure, Mineralstoffe, Vitamine sowie Gerb- und Bitterstoffe.

Heilwirkung: Spitzwegerich ist für Pferde sehr bekömmlich, er reinigt das Blut und ist ein ausgezeichnetes Hustenmittel. Seine Schleimstoffe beruhigen die gereizte Schleimhaut und er hat eine leicht antibiotische Wirkung. Spitzwegerich enthält etliche gesunde

B

Inhaltstoffe, die das Allgemeinbefinden der Pferde stärken. Die Gerbstoffe und Bitterstoffe haben eine zusammenziehende Wirkung auf die Schleimhaut. Spitzwegerich ist für viele Magen-Darm-Erkrankungen geeignet, er wirkt entzündungshemmend und hilft bei Durchfallerkrankungen. Äußerlich angewandt (evtl. in Verbindung mit Kamillentee) eignet er sich hervorragend zur Behandlung schlecht heilender Wunden, Hautentzündungen und Sonnenbrand.
Dosierung: Die durchschnittliche Tagesdosis beträgt 15 bis 30 g Spitzwegerich. 1 bis 2 EL Spitzwegerich-Frischsaft, zuckerfreier Sirup oder als Teeaufguss. Für einen Tee lassen Sie 1 bis 2 TL Blätter in ¼ l kochendem Wasser 15 Minuten lang ziehen. Den fertigen Tee können Sie mit etwas Honig süßen. Auf frische, oberflächliche Wunden und Hautentzündungen (Sonnenbrand oder Insektenstiche) können Sie einfach einige abgewaschene Blätter legen, die Sie verdrehen, bis der Saft austritt. Genauso geeignet ist ein Umschlag aus dem frischen Spitzwegerichsaft in etwas Kamillentee gelöst.

Süßholz (Glycyrrhiza glabra)

Wissenswertes: Süßholz blüht von Juni bis August. Süßholz gibt es in Südfrankreich, Spanien, Italien, Asien und Russland. Aus dem Saft der Wurzeln wird durch Kochen und Eindicken ein Saft gewonnen – das Rohmaterial für Lakritze.
Inhaltsstoffe sind u.a. Bitterstoffe und Flavonoide.
Heilwirkung: Süßholz verflüssigt den Schleim und beruhigt die gereizte Schleimhaut. Zudem regt es die Bronchialdrüsen an und lindert den Hustenreiz. Süßholz wirkt entzündungshemmend, entwässernd und keimreduzierend. Durch seine reizlindernde Wirkung wird der Saft der Süßholzpflanze gerne bei Magenentzündungen und Magengeschwüren eingesetzt. Bei der Gabe von Süßholz ist zu berücksichtigen, dass es in größeren Mengen abführend wirkt. Süßholz hat auch einen hormonellen Einfluss. Deshalb sollte es trächtigen Stuten nicht verabreicht werden.
Dosierung: In einer Hustenmischung mit anderen Kräutern sollte nicht mehr als 10 bis 25 g täglich gefüttert werden. Für den Magen hat sich ein Tee aus einer Mischung von je 10 g Süßholz, Kamille und Salbei sowie je 5 g Melisse und Fenchel bewährt. 1 bis 2 EL dieser Mischung mit ¼ l kochendem Wasser überbrühen und 10 Minuten ziehen lassen.

Vorsicht! Süßholz sollte nicht länger als maximal 4 Wochen angewendet werden, da es Flüssigkeitseinlagerungen im Gewebe auslösen kann. Nicht an Pferde mit Herzerkrankungen, Lebererkrankungen oder schweren Nierenschäden verfüttern. Tragende Stuten sollten ebenso kein Süßholz bekommen.

Teufelskralle (Harpogophytum procumbens)

Wissenswertes: Teufelskralle ist eine südafrikanische Pflanze, deren Wurzeln in der Regenzeit gesammelt werden. Es werden nur die Sekundärwurzeln, die Speicherwurzeln, geerntet, sodass die Pflanze und ihre Hauptwurzel erhalten bleibt. Ihr Name stammt von den verholzten Früchten der Pflanze, die sich wie Haken an Lebewesen und Gegenständen festhaken, um sich so verteilen zu lassen. Ihr **Hauptwirkstoff** ist das Harpagosid, einer der Bitterstoffe, daneben sind Flavonoide, Phenolglykoside und reichlich Kohlenhydrate enthalten.
Heilwirkung: Die Extrakte aus der Wurzel der Teufelskralle wirken stark entzündungshemmend und schmerzlindernd. Sie werden bei Gelenksentzündungen, Arthrose und anderen degenerativen Gelenkerkrankungen eingesetzt. Diese Wirkung tritt jedoch erst nach einer längeren Verfütterungsdauer von etwa 3 Wochen ein. Teufelskralle eignet sich also nicht für die akute Schmerzbehandlung. Daneben fördert Teufelskralle die Verdauung.

Vorsicht! Nicht für tragende Stuten oder Pferde mit Magen- oder Darmgeschwüren geeignet. Vor einem Turnierstart bestehen 4 Tage Karenzzeit (Wartezeit).

Dosierung: Zu Beginn der Behandlung sollte Teufelskralle in höherer Dosis von 20 g gegeben werden. Diese Dosis kann je nach Stärke der Probleme nach einigen Wochen bis maximal 8 Wochen auf 15 g heruntergesetzt werden. Teufelkralle kann in mehreren Kuren übers Jahr verteilt gegeben werden. Ein fertiges Ergänzungsfutter, über das ständig Teufelskralle in der gleichen Konzentration aufgenommen wird, ist nicht geeignet.

Thymian (Thymus vulgari)

Wissenswertes: Thymian blüht von Juni bis September. Die Pflanze riecht stark aromatisch und wächst in Europa, Mittelmeerländern, Nord- und Zentralasien. Sie wird auch als Gewürz im heimischen Garten angepflanzt. Schon im alten Ägypten diente Thymian zum Einbalsamieren.
Heilwirkung: Thymian wirkt desinfizierend, zusammenziehend, er löst zähen Schleim und Krämpfe. Seine Bakterien, Viren und Pilze abtötenden und schleimlösenden Eigenschaften führen dazu, dass er bei Entzündungen der Schleimhäute, der Atem- und Verdauungswege eingesetzt wird. Die ätherischen Öle regen die Magensaft- und Gallensekretion und den Appetit an. Thymian löst Blähungen und hilft den Pferden bei Gaskoliken. Äußerlich angewendet lindert er Entzündungen und Hautprobleme. Seine desinfizierende Wirkung hilft bei schlecht heilenden oder eitrigen Wunden.
Seine wertvollen **Inhaltsstoffe** sind vor allem die ätherischen Öle, Gerbstoffe, Bitterstoffe, Saponine, Flavonoide, Vitamin C und viel Eisen.

Vorsicht! Thymian sorgfältig dosieren. Nicht an Pferde mit Herz-, Nieren- oder Lebererkrankungen, nicht ohne Absprache mit dem Tierarzt oder an tragende Stuten verfüttern.

Dosierung: Täglich 25 g des getrockneten Krautes oder eine Handvoll frische Blättchen unter das Futter mischen. Sie können auch einen Tee zubereiten, die meisten Pferde trinken ihn sehr gerne (2 TL Thymian auf ½ l kochendes Wasser, 10 Minuten ziehen lassen).

Vogelmiere (Stellaria media)

Wissenswertes: Die Vogelmiere kommt in Mittel- und Nordeuropa vor – in Gärten, auf Äckern, an Wegrändern, auf Schuttplätzen und in Wäldern. Vogelmiere ist gleichzeitig Wildgemüse und Heilkraut.
Die wichtigsten **Inhaltsstoffe** sind Triterpensaponine, Cumarine, Flavonoide, Phytosterole, Schleimstoffe, Carotinoide, Gamma-Linolensäure, Vitamine A, B und C. Dazu viel Kalium, Calcium, Eisen, Kieselsäure, Magnesium, Selen. Blätter, Blüten, Samen und Triebe können ganzjährig gesammelt und geerntet werden.
Heilwirkung: Das Heilkraut wirkt adstringierend, anregend, blutbildend, blutreinigend, entzündungshemmend, harntreibend, kräftigend, löst Krämpfe, wirkt schmerz- und hustenstillend sowie schleimlösend. Es kann zur Anregung des Stoffwechsels und des Verdauungssystems genutzt werden. Das Heilkraut eignet sich also innerlich bei Husten, Bronchitis, Lungenentzündung, Nierenschwäche, Blähungen und Verstopfungen und Gelenkentzündungen. Gute Erfolge zeigen sich in Kombination mit Spitzwegerich. Äußerlich kann es bei Hauterkrankungen, schlecht heilenden Wunden, Augenentzündungen, Ekzemen, Hautentzündungen, Juckreiz, Geschwüren und Quetschungen helfen. Vogelmiere kann innerlich in Form von frischem oder getrocknetem Kraut sowie Presssaft und äußerlich als Tee mit Umschlägen oder als Salbe oder Creme eingesetzt werden.
Dosierung: Zur Anwendung als Tee übergießen Sie 2 TL des frischen oder getrockneten Krauts mit 250 ml kochendem Wasser, 5 bis 10 Minuten ziehen und etwas abkühlen lassen. Sie können dem Pferd ca. 30 bis 40 g frische oder 25 bis 50 g getrocknete Pflanze geben.

Weißdorn (Crataegus)

Wissenswertes: Weißdorn ist eine der bekanntesten Heilpflanzen und in Europa und den USA verbreitet. Man findet sie als lichte Gebüsche, Hecken, an sonnigen Hängen und in Laubwäldern. Es gibt verschiedene Weißdorn-Arten. Blütezeit ist Mai bis Juni. Während der Blütezeit werden die Blätter und Blüten gesammelt und getrocknet, ebenso die Früchte. Sie **enthalten** Vitamin C, Flavonoide, Saponine, Gerbstoffe, Histamin, Crataegussäure, Kalium, Natrium, Calcium und andere Stoffe. Wichtige **Inhaltsstoffe** sind die Oligomeren Procyanidine, sie haben eine herzschützende Eigenschaft.

Heilwirkung: Weißdorn wirkt auf das Herz-Kreislauf-System. Er stärkt das Herz, senkt den Blutdruck, erweitert die Blutgefäße so und fördert die Durchblutung. Die letzte Eigenschaft wird häufig genutzt, um die Durchblutung erkrankter Körperteile, speziell der Hufe, zu fördern. Weißdorn ist ein wertvolles Heilkraut für ältere Pferde, die es über einen längeren Zeitraum, mindestens 6 Wochen, erhalten sollten.

Dosierung: Füttern Sie täglich eine Handvoll frische Weißdornblätter oder etwa 10 g Beeren. Auch als Tee wird Weißdorn gerne von den Pferden getrunken. Dafür werden 2 TL Weißdornblätter mit ¼ l kochendem Wasser überbrüht und 20 Minuten ausgezogen. Geben Sie Ihrem Pferd zweimal ¼ l Tee täglich, mit etwas Honig gesüßt.

Weißdorn können Sie als Kraut, Tee oder alkoholischen Auszug (Tinktur) erhalten. Von Ihrem Tierarzt bekommen Sie ein Crataegus-Präparat zur Unterstützung der Herz- und Kreislauffunktion.

Weißweide (Salix alba)

Wissenswertes: Die Weißweide ist in Mittel- und Südeuropa heimisch. Man kann sie auch an feuchten Standorten finden. Zur Verwendung kommen die Blätter und die Rinde. Zum Sammeln eignen sich am besten Frühling bis Frühsommer, da sich da die Rinde leichter von den Ästen lösen lässt.

Der **Hauptwirkstoff** der Weide sind Salicin und andere Salicylalkoholglykoside. Das Salicin wird im Darm zu Salicylsäure umgewandelt. Auch Mädesüß enthält diesen Wirkstoff. Daneben besitzt die Weide noch Glykoside, Flavonoide und Gerbstoffe. In früheren Zeiten hatte die Weide große Bedeutung als Fieber- und Rheumamittel, daneben bei Gicht und Gelenkentzündungen. Heute wird die Salicylsäure jedoch synthetisch hergestellt (Aspirin), sodass die Weißweide langsam in Vergessenheit gerät.

Heilwirkung: Weidenrinde senkt das Fieber, wirkt schmerzstillend, entzündungshemmend, zusammenziehend, schweißtreibend und entwässert den Pferdekörper. Die schmerzstillende Wirkung hilft bei Koliken und Neuralgien. Die Pferde fressen das Laub und die Rinde gerne. Die Rinde wird von 2- bis 4-jährigen Zweigen geschnitten und getrocknet. Die Inhaltsstoffe können den Magen belasten. Bei magenempfindlichen und magenkranken Pferden sollten Sie lieber verzichten.

Dosierung: Füttern Sie im Bedarfsfall täglich 2 bis 3 Handvoll Weidenblätter oder 30 bis 55 g Rinde bei einem Pferd mit 500 kg KGW. Für einen Weidenrindentee wird 1 TL fein geschnittene Weidenrinde mit ¼ l kaltem Wasser angesetzt, langsam aufgekocht und dann von der Platte genommen. Nach 5 Minuten muss die Mischung abgeseiht werden. Von dem Tee bekommt Ihr Pferd etwa 125 ml (⅛ l) bis 150 ml am Tag.

Vorsicht! Dieses Heilkraut ist nicht für eine längere Anwendung bestimmt, sondern nur für einen Zeitraum von etwa 1 bis 2 Wochen.

(Laut Medikationskontrollbestimmungen ist Salicylsäure eine Grenzwertsubstanz. In bestimmten, niedrigen Konzentrationen wird diese Subtanz toleriert, da sie auch in Futterpflanzen (Luzerne-Heu) enthalten ist.)

Wermut, Echter (Artemisia absinthium)

Wissenswertes: Wermut wird auch gerne als Absinth, Bitterer Beifuß, Eltzkraut, Heilbitter, Magenkraut, Wiegenkraut, Wurmkraut und Wurmtod genannt. Es ist eine sehr alte Heilpflanze. Er galt als das Mittel nach dem Besäufnis, ein Bittermittel bei Beschwerden im Magen-Darm-Trakt. Wermut ist ein Korbblütler, der in den trockeneren Gebieten in Europa und Asien wächst. Man findet ihn in den Gärten, wild an Zäunen, Schuttplätzen und Wegrändern. In der Blütezeit, Juni bis September, werden die oberen zarten Triebe geerntet. Mit stark aromatischem Geruch und ebensolchem Geschmack mit einer ausgeprägt bitteren Note ist Wermut eines unserer wichtigsten Bitterkräuter und wird als Zutat vieler Aperitifs und Kräuterweine eingesetzt. Seine **Hauptinhaltsstoffe** sind u.a. ätherisches Öl, Bitterstoffe sowie Flavonoide, Ascorbinsäure (Vitamin C), dazu Kaffeesäure und andere Phenolcarbonsäuren.

Heilwirkung: Für Tiere und Mensch ist er das Bitterkraut für den Verdauungstrakt, Wermut wirkt blutreinigend und regt die Blutbildung an. Beim Verdauungstrakt wirkt er gegen Blähungen, Magenschwäche, Nierenschwäche sowie galletreibend, dazu zentral tonisierend und damit gegen allgemeine Schwäche. Er stärkt den Kreislauf und wirkt gegen Würmer und Parasiten. Er wirkt hilfreich bei Leber- und Galleproblemen. Das ß-Thujon wirkt antimikrobiell.

**Vorsicht! Bitte keinesfalls das ätherische Öl von Wermut verwenden! Es ist leicht giftig!
Wenden Sie Wermut nicht bei magenempfindlichen Pferden, Pferden mit Magengeschwüren oder -entzündungen an.
Da Wermut Wehen auslösen kann, ist er auch nicht für tragende Stuten geeignet.**

Dosierung: Wermut kann als Tee oder Tinktur angewendet werden, eine Kur sollte aber nicht länger als 3 Wochen dauern. Übergießen Sie 2 gehäufte TL Wermutkraut mit ¼ l heißem Wasser und lassen ihn 10 Miuten lang ziehen und abkühlen.

Melisse

Kamille

Holunder

Wichtig! Bei Pferden mit bekannten Allergien oder bestimmten bekannten Krankheiten (z.B. an Magen, Leber, Nieren oder Herz) sollten Sie Heilkräuter nur sehr vorsichtig und erst nach Rücksprache mit dem Tierarzt einsetzen.

Eventuell lieber auf alternative Therapieformen wie Akupunktur (-pressur), Moxibustion, Laserakupunktur, Homöopathie, Schüßler Salze, Bachblüten oder Physiotherapie zurückgreifen.

Vorsicht! Die Anwendung von Heilpflanzen bei Pferden, die **im Equidenpass den Status des Schlachttieres** eingetragen haben, wird vom Gesetzgeber stark eingeschränkt. Man geht davon aus, dass Pflanzenstoffe oder Heilpflanzen und deren Zubereitungen, die systemisch auf den ganzen Körper wirken, grundsätzlich Rückstände in Lebensmitteln bilden können. Deshalb gibt es für die Anwendung von Medikamenten wie auch von Heilkräutern strenge Vorschriften. Sie werden stark eingeschränkt und müssen dokumentiert werden.

Die Bestimmungen dazu können sich im Laufe der Zeit ändern. Derzeit dürfen nur ausgesprochen wenige Heilkräuter in Konzentration der Urtinktur und verdünnt gegeben werden. Homöopathisch sind viele Heilkräuter erlaubt.

Äußerlich angewendet werden dürfen zurzeit Arnika, Aloe vera, Beinwellwurzel, Ringelblume, Purpursonnenhut, Perubalsam und Lavendelöl.

Pfefferminze

Rosmarin

Petersilie

Brennnesselkraut

Anis

Fenchel

Ohne Einschränkung dürfen Melisse, Ginseng, Kamille, Holunderblüten, Brennnesselkraut, Anis-, Fenchel- und Pfefferminzöl, Rosmarinblätter und -öl, Petersilie, Salbei, Schafgarbe und Thymianöl beim Lebensmittel liefernden Schlachttier verwendet werden.

In Hinblick auf die **Anti-Doping-Medikamentenkontroll-Regeln (ADMR)** der Deutschen Reiterlichen Vereinigung e.V. (FN) gilt: Alles, was im Körper des Pferdes zum Zeitpunkt des Wettkampfes/Turniers wirkt, ist verboten. Dies gilt auch für jegliche Inhaltsstoffe von Heilpflanzen! Nur einige Heilpflanzen sind ausdrücklich in der ADMR-Liste genannt. Die meisten sind nicht aufgeführt, aber dennoch verboten. Generell gilt eine Karenzzeit von 48 Stunden, für Teufelskralle sogar von 4 Tagen. In Futtermitteln ist ein Gehalt an Heilkräutern in Form des entsprechenden ätherischen Öls als Hauptzusatz bis zu 0,5 % ADMR-konform. Kann kein ätherisches Öl als Basissubstanz identifiziert werden, dann gilt 0,5 %, also 0,5 g Heilkraut auf 100 g Futtermittel, als erlaubt. Bei mehreren Heilkräutern liegt die Grenze aller Kräuter zusammen bei 3 %.

Salbei

Schafgarbe

Thymian

B

Therapie mit Akupressur

Die folgenden Informationen über die Akupressur, ihre Anwendung und Hintergründe können Ihnen nur einen kleinen Einblick gewähren. Dies gilt insbesondere für die chinesische Diagnosestellung und die Behandlung über die fünf Elemente. Wenn jedoch Ihr Interesse für diese Behandlungsmethode geweckt werden konnte, so können Sie sich über die im Anhang genannten Fachbücher weiter informieren.

Grundsätzlich muss zum besseren Verständnis zunächst erklärt werden, dass der chinesische Heilansatz ein völlig anderer ist als in der westlichen Welt. Die westliche Medizin ist ganz auf die Anzeichen, Krankheiten, deren Verursacher und Bekämpfung ausgerichtet. Es wird immer genauer mithilfe der Technik in den Geweben nach dem Verursacher im erkrankten Organ gesucht und therapiert.

Es sollte jedoch besser das ganze Pferd mitsamt seinen Lebensumständen betrachtet werden, da diese wie auch die Psyche des Pferdes einen großen Einfluss auf seine Gesundheit haben. Leider wird das oft vergessen. Meist wird das kranke Organ therapiert und das Pferd gilt als gesund, obwohl es unter Umständen noch immer überlastet bzw. falsch gehalten wird. Wie lange wird es dauern, bis das Tier wieder krank ist?

Die Traditionelle Chinesische Medizin (TCM) dagegen hat einen ganz anderen Heilansatz. Sie will den Erkrankungen vorbeugen und Körper und Geist gesund erhalten. Die innere Harmonie von Körper und Geist hat Priorität.

Die chinesischen Ärzte in früheren Zeiten wurden von den Menschen für ihre Gesundheit bezahlt. Wurden die Patienten krank, konnten sie kein Geld verdienen und der Arzt wurde nicht mehr bezahlt.

1. Entstehung der Akupressur

Die Heilmassage von Körperpunkten, die Akupressur, ist eine der ältesten Therapieformen der Traditionellen Chinesischen Medizin (TCM). Schon früh erkannte man die heilenden Fähigkeiten dieser mit den (eigenen) Händen durchgeführten Therapieform. Instinktiv versuchen schon Kinder ihre Schmerzen durch Drücken oder Reiben zu lindern. Auch bei Tieren ist es üblich, die schmerzenden Stellen an Zäunen, Steinen oder Bäumen zu reiben. Die Menschen lernten schon vor vielen Tausend Jahren, dass sich durch den sanften Druck der Finger nicht nur Schmerzen lindern, sondern auch gesundheitliche Probleme bessern ließen. Nicht nur im alten China, auch in Europa war diese Therapiemethode bekannt, ging aber in den nachfolgenden Jahrtausenden verloren. Diese Methode wandten die Menschen aber nicht nur bei sich selbst an, sondern sehr früh auch schon bei ihren Haustieren. Mit zunehmender Erfahrung wurden immer mehr Körperpunkte erkannt, deren Bearbeitung heilende Prozesse im Körper auslösten. Im Laufe der Jahrhunderte wurden spezielle Punktmuster zur Behandlung bestimmter Erkrankungen entwickelt. Zur Reizung der speziellen Körperpunkte setzte man neben den Händen in zunehmendem Maße auch angespitzte Hölzer, Steine und Tierknochen ein. Aus der Stimulation mit spitzen Gegenständen entwickelte sich später die **Akupunktur**. Hierbei setzten die Heiler mit Akupunkturnadeln tiefere Hautreize in die Körperpunkte.

Die behandelten Körperpunkte sind bei beiden Therapieformen, Akupressur und Akupunktur, die gleichen und werden Akupunkturpunkte oder auch Akupressurpunkte genannt. Während die Akupunktur bereits im frühen China schon in den fachkundigen Händen von Heilern lag, blieb die Akupressur eine Volksmedizin, die jeder durchführen konnte. **Die theoretischen Grundlagen von Akupressur und Akupunktur sind die gleichen.** In der chinesischen Medizin wird größter Wert auf die Harmonisierung und Stärkung des Körpers gelegt, sodass dieser sich selbst heilen kann.

Der Vorteil einer **Akupressurbehandlung** ist, dass sie völlig nebenwirkungsfrei und mit keinerlei Risiken behaftet ist, wenn sie richtig angewendet wird. Falsch angewendet können unerwünschte Reaktionen hervorgerufen werden, jedoch sind diese nicht

Statt Nadeln kann auch gebündeltes Laserlicht zur Reizung der Punkte verwendet werden.

dauerhaft schädigend für Ihr Pferd. Die Behandlung ist schmerzfrei und meistens sogar sehr angenehm für die Tiere. Sie kann zu jeder Tageszeit eingesetzt werden und es werden zu ihrer Anwendung keine medizinischen Vorkenntnisse benötigt. Sie sollten sich lediglich mit den Grundlagen der Akupressur vertraut machen und den Typ Ihres Pferdes einordnen. Ein paar Vorkenntnisse zum körperlichen Aufbau Ihres Pferdes sind jedoch hilfreich. Der Vorteil dieser Heilmethode ist, dass sie ganzheitlich physische und psychische Probleme gemeinsam behandeln kann.

Neben der Stimulation der Punkte mit dem Fingerdruck (Akupressur) und der Nadel (Akupunktur) gibt es noch andere Möglichkeiten. Man kann einen Low-Level-Laser einsetzen, ebenfalls eine absolut schmerzfreie Methode wie auch die Moxibustion. Die Erwärmung durch Moxibustion kann sowohl ohne Nadel wie auch mit Nadel durchgeführt werden.

Ein Akupunktur-/Akupressurpunkt kann zudem mittels Elektrostimulation gereizt werden. Auch hier kann die Stimulation an gesetzte Akupunkturnadeln angeschlossen werden oder ohne Nadeln, nur mit Elektroden, durchgeführt werden. Dies sind alles Möglichkeiten einen Akupunkturpunkt zu reizen; informieren Sie sich bei Interesse darüber genauer in der entsprechenden Fachliteratur. Wir bleiben hier bei der Therapiemethode der Akupressur sowie im Anschluss auch bei der Tuina-Anmo-Therapie.

B

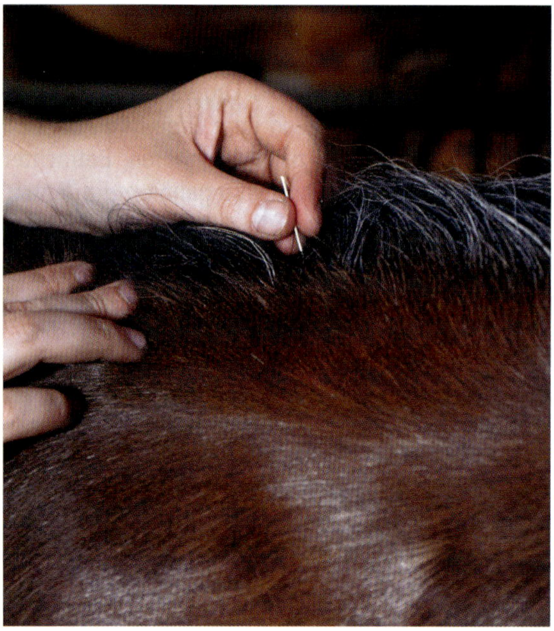

Bei einer Krankheit des Yang-Fülle-Typs muss die Fülle oder Hitze abgeleitet werden.

uns Anzeichen oder Imbalancen näher betrachten und schon mal grob Yin oder Yang zuordnen. Innerhalb dieser Leitkriterien gehören Innen im Sinne von chronisch, Leere und Kälte zum Yin und Außen im Sinne von akut, Fülle und Hitze zum Yang. Zunächst wird geprüft, ob sich eine Krankheit oder ein Anzeichen Yin oder Yang zuordnen lässt. Dann schaut man, ob Anzeichen für Kälte vorliegen, z.B. dass das Pferd die Wärme sucht und lieber im Stall bleibt oder kalte Beine hat bzw. im Winter schnell Nüsternausfluss bekommt. Oder aber Ihr Pferd liebt das Kühle, es ist gern bei herbstlichen Temperaturen draußen, liebt den Wind und ist auch im Winter gerne auf der Koppel. Lehnt es eher die Hitze ab, ist ihm schnell zu warm und falls es mal Nasenausfluss hat, ist dieser eher gelblicher und weniger flüssig? Das deutet alles auf eine Hitze hin.

Bei einem **Leere-Typ** ist die Widerstandsfähigkeit des Körpers herabgesetzt. Meist liegt dabei eine Unterfunktion oder eine Einschränkung von Körperfunktionen zugrunde. Es sind chronische Erkrankungen mit schwachen körperlichen Anzeichen. Die energetische Situation des Tieres ist schon geschwächt, es kann nicht mit starken Anzeichen reagieren. Oft sind die vitalen Substanzen wie Qi, Xue und Körperflüssigkeiten schon erschöpft.

Bei einer Erkrankung des **Fülle-Typs** sind die Krankheitsursachen von außen so stark, dass der Körper trotz guter Widerstandskraft krank wird. Es sind akute Krankheiten mit heftigen Anzeichen, weil die energetische Situation nicht geschwächt ist. So kann der Körper heftig reagieren. Die Stimme ist noch laut und kräftig, die Erkrankung erst kurz. In der Akupunktur werden beide Krankheitsbilder unterschiedlich, in sedierender (beruhigender) oder tonisierender (anregender) Technik genadelt.

Ein Überwiegen von Yin führt zum **Kälte-Syndrom**, das als Fülle- oder Leere-Typ existiert, im Allgemeinen aber meist als Leere-Typ auftritt.

Ein Überwiegen von Yang führt zum **Hitze-Syndrom**, das ebenfalls als Fülle- oder Leere-Typ existent ist, in der Regel aber als Fülle-Typ auftritt.

Die Behandlungen zielen darauf ab, das Gleichgewicht zwischen Yin und Yang sowie den anderen Prinzipien wiederherzustellen. Bei einer Leere sollte Energie zugeführt und tonisiert werden, während bei einer Fülle die Energie beruhigt (sediert) werden muss oder um- bzw. ausgeleitet wird. Bei Kälte muss gewärmt, Yang zugeführt und/oder die Kälte ausgeleitet werden, bei Hitze muss gekühlt, Yin zugeführt und/oder die Hitze ausgeleitet werden. Dies kann ein Therapeut mit den Nadeln und unterstützender Akupressur machen, aber auch mit Heilkräutern oder bestimmten Nahrungsmitteln.

3.1.4 Krankheiten des Yang-Typs

Bei Krankheiten des Yang-Fülle-Typs liegt das Krankheitsgeschehen meist außen, es hängt mit Hitze (trockene Zunge, eventuell rissig, rote Schleimhaut, gelblicher Zungenbelag, gelber Nasenausfluss, schwitzen, gute Durchblutung), einer Fülle (Unruhe, Tatendrang, aber berührungsempfindlich, viel Energie) und/oder einer Körper- oder Organ-Überfunktion zusammen und ist ein akutes, eher kurzes Geschehen. Entzündungen zählen zu diesem Typ. Oft wirken die Patienten unruhig. Die krankheitsverursachenden Faktoren sind dann oft größer als die Widerstandskraft des Patienten. Ein Beispiel dafür wäre eine Phlegmone, eine akute Arthritis, eine Hufrehe oder eine akute Infektion mit hohem Fieber. Behandlungsziel ist hierbei, das Übermaß an Yang zu verringern. Hier wird therapeutisch die Hitze gekühlt und ausgeleitet, das stagnierende Lungen-Qi bewegt, die Fülle durch Öffnung der Oberfläche und Ausleitung der Giftstoffe

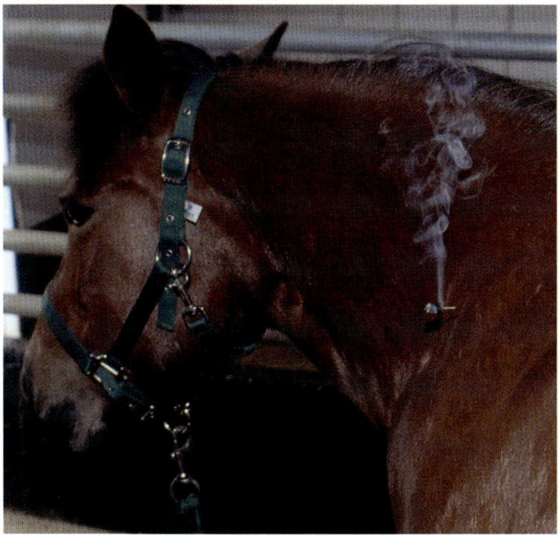

Bei einer Krankheit des Yin-Leere-Typs herrscht Mangel an Energie. Diese kann über Akupunktur, insbesondere in Kombination mit Moxibustion wieder zugeführt werden.

gemildert. Sollte eine Überfunktion vorliegen, muss diese gedämpft werden. Dies wird durch Akupunktur und Akupressur erreicht.

3.1.5 Krankheiten des Yin-Typs

Eine Krankheit des Yin-Leere-Typs liegt im Inneren und dauert lange an. Dabei führt das Überwiegen des Yins zu einer Leere (Antriebsschwäche, Lustlosigkeit, schnelle Erschöpfung, langsame Bewegungen) und/ oder einer Körper- oder Organ-Unterfunktion sowie Kälte (blasse Schleimhäute, schlechte Durchblutung, Frösteln, Wärme tut gut). Chronische Erkrankungen zählen dazu, zudem liegt höchstens niedriges Fieber vor, meist gar keines. Die Widerstandfähigkeit des Patienten ist stark herabgesetzt, die krankheitsverursachenden Faktoren sind meist schon nicht mehr so wichtig. Typisches Beispiel für eine solche Erkrankung ist ein chronischer Pferdehusten. Der ursächliche Auslöser des akuten Pferdehustens ist bereits bekämpft, nur der Körper ist noch zu schwach. Bei der Behandlung dieses Typs muss dem Körper Energie zugeführt werden. Dies kann nur über Akupunktur erreicht werden, Akupressur kann zwar unterstützen, ist allein aber oft nicht ausreichend. Insbesondere bei einer Akupunktur in Kombination mit Moxibustion, der Verbrennung spezieller chinesischer Kräuter, die eine bestimmte Wärme erzeugen und diese über die Akupunkturnadel ins Körperinnere weiterleiten, wird dem Körper die nötige Energie geliefert. Dies ist auch ohne Nadeln möglich, indem man eine Stange mit gepresstem Moxakraut über dem Akupressurpunkt erwärmt.

Eine Grundlage der chinesischen Denkweise ist der Glaube, dass sich alles verändert. Nichts steht still. So ist das auch bei den Erkrankungen. Oft gehen die Erkrankungen ineinander über, wechseln sich ab. Eine Erkrankung des Yang-Typs geht in eine des Yin-Typs über und diese wechselt wieder zum Yang-Typ. Am Beispiel einer Gelenkentzündung lässt sich dies gut erklären. Eine akute Gelenkentzündung mit Schwellung und vermehrter Wärme gilt als Yang-Erkrankung, dann wandelt sie sich in eine Yin-Erkrankung. Das Gelenk schwillt ab, ist nicht mehr warm, die Entzündung wird chronisch; eine Arthrose entsteht. Wenn sich nun das Gelenk infiziert, kommt es zur Sepsis. Es ist wieder ein akutes Geschehen, eindeutig ein Yang-Typ. Ein Kollaps wäre dann wieder dem Yin-Typ zuzuordnen. Dabei darf nicht vergessen werden, dass bei jeder Erkrankung das Yin oder das Yang nur überwiegt, das andere ist nach wie vor immer vorhanden. Denn ein Patient, bei dem es nur Yin oder nur Yang gibt, ist nicht lebensfähig.

Merke: Ein gesunder Körper enthält in ausgewogenem Maße Yin und Yang. Überwiegt das Yin oder das Yang stark, bedeutet dies, dass der Körper krank ist. Um ihn zu heilen, muss das natürliche Gleichgewicht wiederhergestellt werden.

3.1.6 Krank machende Auslöser

Pferde können nach der chinesischen Vorstellung nicht nur durch Imbalancen krank werden, sondern auch durch pathogene Faktoren von außen. Imbalancen können verschiedenste Ursachen haben wie Bewegungsmangel, schlechte Haltung, unausgewogene Ernährung, Überanstrengung, Fehlbelastung, Verletzungen, Vergiftungen oder Parasiten, Infektionen. Dabei werden Bakterien und andere Keime als Hitzetoxine klassifiziert.

Wir unterscheiden darüber hinaus äußere und innere krankmachende Faktoren.

Äußere pathogene Faktoren werden durch klimatische Faktoren ausgelöst: Wind, Hitze, Kälte, Trockenheit, Feuchtigkeit, Feuer. Meist nimmt der Wind den einen oder anderen pathogenen Faktor mit, da er leicht in ein Tier oder einen Mensch eindringen kann. Diese pathogenen Faktoren können den Körper angreifen. Bei gutem Abwehr-Qi ist der Körper aber geschützt. Es passiert nichts. Liegen aber Einschränkungen vor, wie bestehende Imbalancen, hält das Abwehr-Qi nicht stand, und so können diese pathogenen Faktoren sich hier festsetzen und auch wandeln (z.B.: Kälte wird zu Hitze). Sie können bis zu den inneren Organen vordringen und chronische Krankheiten auslösen.

Innere pathogene Faktoren sind ein Übermaß an Emotionen:

- Zorn greift die Leber an und lässt innere Hitze entstehen und das Qi *(s. unten)* ansteigen.
- Freude und Übererregung drücken auf das Herz und bremsen das Qi.
- Sorge leert das Qi und wirkt auf Lunge und Milz.
- Traurigkeit wirkt auf die Lunge, beeinträchtigt ihre Funktion und zersetzt das Qi.
- Grübeln und zu viel Nachdenklichkeit wirken auf die Milz und auch auf die Lunge, beide verknoten Qi.
- Angst wirkt auf die Niere und lässt das Qi absteigen.
- Schock beeinträchtigt Niere und Herz und zerstreut das Qi.[7]

Behandlung: Akupunkturpunkte können die Folgen solcher krankheitsauslösender Einflüsse oder Faktoren unschädlich machen, was man westlich als entzündungshemmend, schmerzlindernd oder die Abwehr stimulierend bezeichnen würde. Bei den Chinesen nennt man das „Kälte ausleiten", „Hitze klären", „Wind vertreiben" und „Schmerz ausleiten".

3.2 Qi, das Blut (Xue) und weitere wichtige Begriffe

Qi ist die Energie, die uns am Leben erhält und uns erlaubt, unzählige Aktivitäten auszuführen. Es ist eine Energie, die durch ein Zusammenwirken von Schwingungen, Strahlen und Materie entsteht. Qi ist nicht immer gleich, es kann sich ausdehnen oder verdichten, bis es statisch wird. Jedes Organ hat sein eigenes Qi. Es durchfließt unseren Körper unmerklich in festgelegten Bahnen, den Leitbahnen oder auch Meridianen.

Je nach Aktivität durchfließt das Qi kurzzeitig bestimmte Bereiche des Körpers stärker als andere. Um alle Bereiche und Organe des Körpers mit der nötigen Energie zu versorgen, muss Qi harmonisch durch den ganzen Körper fließen können. Ein Lebewesen wird bereits mit einer Grundmenge an Qi geboren. Dies ist sein angeborenes, von den Eltern ererbtes Qi, es befindet sich hauptsächlich in den Nieren. In der Lunge kommt das erworbene Qi zusammen. Es ist das Atmungs-Qi, das ein Pferd einatmet, und das Qi, das es über die Nahrung aufnimmt. Beide Arten wandelt der Körper zum Sammel-Qi um, das in der Hauptsache Lunge und Herz versorgt und deren Funktionen unterstützt. Das angeborene Qi wird in das Sammel-Qi aufgenommen und daraus entstehen zum einen das Qi, das im Inneren des Körpers zirkuliert, und zum anderen das Abwehr-Qi (Wei-Qi). Das zirkulierende Qi, auch Nähr-Qi genannt, versorgt den Körper und die Organe, Muskeln, Sehnen, Haut usw. mit Energie und Feuchtigkeit. Das Abwehr-Qi (Wei-Qi) dagegen zirkuliert direkt unter der äußeren Hülle zwischen Muskeln und Haut, es wärmt und schützt. Es kontrolliert die Poren und schützt den Körper gegen äußere, krankmachende Faktoren. Das Abwehr-Qi kommt den westlichen Vorstellungen für die Immunabwehr am nächsten. Auch regelmäßige Ruhezeiten und Phasen der freien Bewegung beeinflussen das Qi positiv. Das Qi kann so frei und gut fließen.

3.2.1 Krankhafte Störungen des Qi-Flusses

Dieser harmonische Fluss kann durch drei mögliche Ursachen gestört werden:

Qi-Defizit: Nach chronischen Erkrankungen und mangelhafter oder unzureichender Ernährung und Bewegung. Dies kann das zirkulierende, aber auch das Qi eines bestimmten Organs betreffen.

Qi-Blockade: Durch eine Blockade in einem Organ oder Meridian kann das Qi nicht mehr weiter zirkulieren. Es ist gestaut und kann so Schmerzen bereiten. Pferde sind Lauftiere, die viel Bewegung brauchen, sie leiden schnell an Störungen des Qi-Flusses, wenn sie sich längere Zeit nicht bewegen dürfen. Selbst wenn sie krank sind, sollten sie zumindest spazieren gehen dürfen.

7 *Vgl. Müller, M.: Checkliste Akupunktur Kleintiere. Sonntag Verlag 2011.*

Qi-Fließrichtung: Durch krank machende Einflüsse kann sich die Fließrichtung des Qi umkehren. Normalerweise fließt das Qi von Milz und Lunge nach oben; bei der Lunge zur Versorgung des Abwehr-Qi und zur Haut. Das Qi von Magen, Lunge und Herz fließt nach unten und das Qi der Leber kann in alle Richtungen fließen. Ändert sich die Fließrichtung entgegen der physiologischen, so kommt es zu Störungen. Das in entgegengesetzter Richtung fließende Qi wird als rebellierendes Qi bezeichnet. Fließt beispielsweise das Qi des Magens nicht hinab, sondern nach oben, so kommt es häufig zu einer Kolik. Steigt das Milz-Qi ab statt auf, so reagieren die Pferde darauf mit Durchfall und Verdauungsproblemen.
All diese Störungen bewirken, dass der Körper krank wird. Dabei sind die körperlichen und seelischen Bereiche untrennbar miteinander verbunden. Angst kann Bewegungsstörungen auslösen und Schmerzen am Bewegungsapparat können zu negativen Empfindungen führen. Erkrankungen der Leber machen sich oft in Launenhaftigkeit und kaum zu unterdrückendem Zorn der Pferde deutlich. Anders herum kann sich ständige Übellaunigkeit und Ungehaltensein der Pferde negativ auf die Leber auswirken.

3.2.2 Xue und weitere wichtige Begriffe der Akupressur

Die drei Substanzen, das **Qi**, das **Xue** und die **Jin Ye** werden als vitale Substanzen des Körpers bezeichnet. Sie können alle drei stagnieren, also nicht mehr ordentlich fließen oder in Fülle oder Leere geraten. Qi und das Xue, das Blut, haben nach dem chinesischen Verständnis ein enges Verhältnis zueinander. Dabei ist der Begriff Blut nicht exakt, denn es ist nur teilweise mit dem Blut nach westlichen Vorstellungen zu vergleichen. Xue fließt sowohl in den Blutgefäßen als auch in den Leitbahnen. Es zirkuliert ständig, befeuchtet und kühlt die Organe und den Körper. Das Xue fließt gemeinsam mit dem Qi durch die Meridiane. Beide sind für die energetische Ernährung des Körpers zuständig. Xue entsteht im Herzen. Das Xue hat mit vielen Organen zu tun. Die Leber speichert Xue und garantiert den glatten, reibungslosen Blutfluss. Nachts und in Ruhe kehrt Xue in die Leber zurück zum Regenerieren. Die Ruhe ist wichtig. Bei Bewegung fließt Xue durch die Gefäße, um Muskeln und Sehnen zu ernähren.
Das Herz regiert Xue und die Blutgefäße. Die Milz bereitet und gewinnt das Qi als Basis für Xue.
Wie das Blut, so gehören auch die Körperflüssigkeiten, genannt Jin Ye zum Yin. Dies sind Lymphe, Magensaft, Urin, Speichel, Schweiß, Tränen-, Gelenkflüssigkeiten, Flüssigkeiten des Zentralen Nervensystems (ZNS) und anderes. Sie umspülen jede Zelle des Körpers. Die Körperflüssigkeiten werden aus der Nahrung gewonnen, in der Milz umgewandelt und weitergegeben und die Verteilung erfolgt über den Dreifachen Erwärmer (= 3-Erwärmer).

3.2.3 Der Dreifach-Erwärmer

Der **Dreifach-Erwärmer** (3-Erwärmer) hat im westlichen Sinn keine organische Entsprechung, am ehesten könnte man ihn westlich als Gesamtheit der großen Körperhöhlen sehen. Das bedeutet Brust-, Bauch- und Beckenhöhle. Chinesisch gesehen ist er das größte Organ, das alle inneren Organe enthält. Er hat drei Bereiche. Der obere/vordere 3-Erwärmer geht vom Kopf bis zum Zwerchfell, der mittlere 3-Erwärmer reicht weiter bis zum Becken und der untere 3-Erwärmer versorgt das hintere Drittel des Tierkörpers. Der obere 3-Erwärmer enthält die Organe Lunge, Herz und Perikard, der mittlere entspricht der Bauchhöhle und enthält die Mitte, die den chinesischen Therapeuten so wichtig ist. Hier hinein gehören die Organe des Verdauungssystems, Milz, Magen, Leber und Gallenblase.[8] Im unteren 3-Erwärmer befinden sich die Nieren und die Blase. Manche Autoren sehen den 3-Erwärmer als eine Art inneren Korridor, durch den das Qi und die Körperflüssigkeiten leicht von unten nach oben und umgekehrt gelangen können.

3.3 Das Meridiansystem

Das Meridiansystem ist ein wichtiger Aspekt der chinesischen Medizin und die Grundlage der Akupunktur und Akupressur. Die Meridiane stellen ein System von Haupt- und Nebenleitbahnen dar, in denen die Lebensenergie Qi fließt und in die einzelnen Körperregionen getragen wird. Die Meridiane sind im Inneren mit den Organen verbunden und zur Körperoberfläche hin sind sie über die Akupunkturpunkte

8 Erklärung: Ein Pferd besitzt zwar auch in der TCM keine Gallenblase, aber einen Meridian (Leitbahn), der für die Funktion des Organs steht.

B

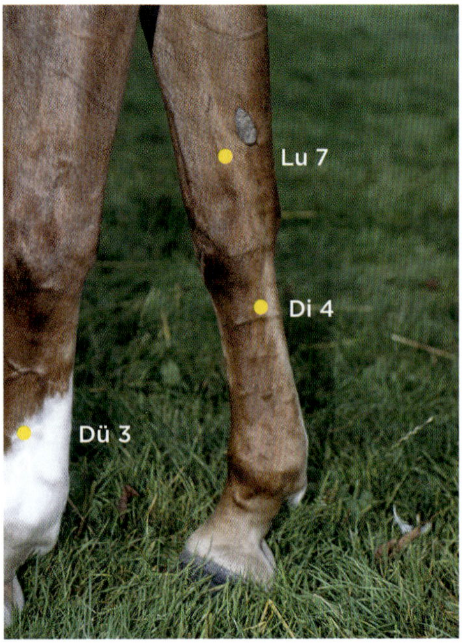

Die wichtigsten Akupressurpunkte am Vorderbein sind Dü 3, Di 4 und Lu 7.

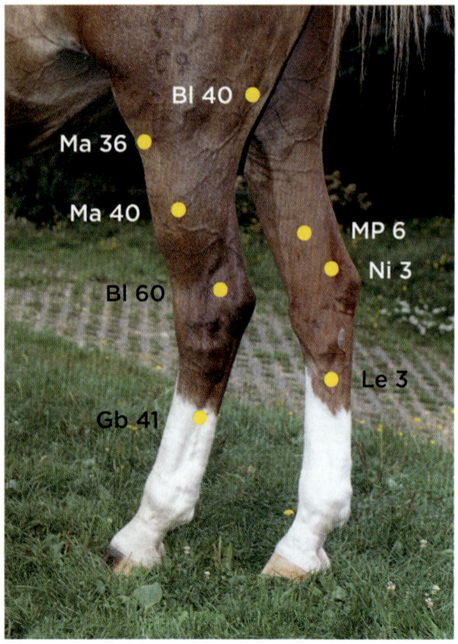

Die wichtigsten Akupressurpunkte am Hinterbein sind Ni 3, Le 3 und MP 6 am Innenbein und Bl 40, Ma 36, Ma 40, Bl 60 und Gb 41 am Außenbein.

verbunden. Es sind die Punkte, über die Sie Zugang zum Qi und Blut haben und in den Fluss eingreifen können.

Im Pferdekörper wie im menschlichen Körper kontrolliert, reguliert und heilt das System der Meridiane. Entsteht ein Ungleichgewicht oder eine Blockade im Energiefluss, so kann dies der Körper eine Zeit lang ausgleichen und in Ordnung bringen. Bleibt die Störung jedoch, so entwickelt sich eine Krankheit. Diese kann durch einen Therapeuten geheilt werden, wenn alle Blockaden beseitigt und der Energiefluss wieder normalisiert werden. Durch die Akupressur nehmen Sie Einfluss auf das Meridiansystem Ihres Pferdes.

Wenn Sie sich über die Hintergründe der Akupressur, die in diesem Kapitel vorgestellt werden, weiterreichend informieren, lernen Sie die Akupressur und auch die Akupunktur besser zu verstehen. **Sie brauchen diese Kenntnisse nicht zwangsläufig für die Durchführung der Akupressur, aber Sie lernen zu verstehen, welche Fehlbalancen nach chinesischer Auffassung im Pferdekörper vorkommen können.** Sie werden dann besser verstehen, warum Sie welche Punkte drücken müssen.

Die Hauptmeridiane und der Umlauf der Energie

Es gibt auf jeder Körperseite **12 Hauptmeridiane**. Neben ihrem Verlauf an der Körperoberfläche haben sie Verbindung zu einem inneren Organ, nach dem sie meist verkürzt benannt sind. Sie teilen sich auf in 6 Yin-Meridiane an den Innenseiten der Beine und 6 Yang-Meridiane an den Außenseiten der Beine und über dem Rücken. Der grundsätzliche Verlauf des Qi in den 12 Haupmeridianen ist der Folgende: Ein Yin-Meridian, der Lungen-Meridian, startet von der Vorderbrust des Pferdes aus und dies symmetrisch auf beiden Seiten des Körpers gleichzeitig. Der Meridian zieht auf der Innenseite des Vorderbeins bis zum Huf hinunter, hier verbindet er sich mit seinem Yang-Meridian (Dickdarm), welcher vom Huf am Außenbein entlang hoch über Schulter und Hals bis zum Kopf zieht, genauer neben die Nüstern. Hier erfolgt der Übergang in einen weiteren Yang-Meridian. Dieser zieht vom Kopf über den Hals zur Hinterhand und dort an der Außenseite abwärts zum Huf. Hier erfolgt der Übergang zu seinem Yin-Partnermeridian, der wieder über den Innenbereich der Hinterhand nach oben und dann nach vorn bis zur seitlichen Brustwand reicht. Dies nennt man einen Energieumlauf.

Der zweite Energieumlauf startet wieder an der Brust hinunter zum Vorderhuf, dann folgt der Übergang in den nächsten Meridian, welcher hinauf zum Kopf zieht.

Der dritte Meridian beginnt am Kopf und zieht den Rücken entlang zum Hinterhuf und wieder zurück zur Brust.

Insgesamt gibt es drei Energieumläufe mit je vier Meridianen pro Tag. Das Qi durchfließt in einem Zeitraum von 24 Stunden alle 12 Meridiane in der dargestellten Reihenfolge vom Lungen-Meridian bis zum letzten Meridian des 3. Umlaufs, dem Leber-Meridian. Dann startet alles wieder erneut beim Lungen-Meridian.

Die außerordentlichen Meridiane

Neben diesen Hauptmeridianen gibt es **acht außerordentliche Meridiane** und viele Nebengefäße. Die außerordentlichen Meridiane dienen als Ausgleichsreservoir. Haben die 12 Hauptmeridiane zu viel Energie, so geben sie diese an die außerordentlichen Leitbahnen ab. Fehlt den Hauptleitbahnen Qi, dann bekommen sie es von den außerordentlichen Meridianen wieder zurück. Von den acht außerordentlichen Meridianen sind drei für die Akupressur von Bedeutung. Das ist zum einen der DU-Meridian oder auch **Lenkergefäß** (DU bedeutet Lenken), er steuert die Yang-Meridiane. Der andere wichtige Meridian ist der REN-Meridian, auch als **Konzeptionsgefäß** (REN bedeutet Verantwortung) bezeichnet, das für die Yin-Meridiane verantwortlich ist. Zusammen bilden sie den kleinen Ernergiekreislauf. Häufig werden sie auch zu den Hauptmeridianen gezählt und man spricht deshalb von 14. Der dritte wichtige Meridian ist der DAI-Meridian oder das **Gürtelgefäß**. Er verbindet alle Meridiane miteinander. Zudem macht er bei Pferden oft Probleme, wenn er prall gefüllt und blockiert ist. Den Verlauf all dieser Meridiane sehen Sie auf den folgenden Seiten. Zum besseren Auffinden der Punkte betrachten Sie die Tafel im Anhang dieses Buches. Sie können die Punkte am Skelett sowie der Körperoberfläche des Pferdes betrachten. Im Anschluss werden die Meridiane und die jeweiligen Organe kurz erklärt. Dazu möchte ich sagen, dass zwar die Organnamen mit der westlichen Nomenklatur übereinstimmen, aber die Aufgabe der Organe im chinesischen Verständnis oft eine völlig andere als im Westen ist. Während die Aufgabe der Organe westlich gesehen ganz eng mit ihrer Anatomie zusammenhängt, haben sie im östlichen Gedanken weit gefasste Einflussbereiche und Aufgaben. Sie „öffnen sich" in ein Sinnesorgan. Hier haben Organe Verbindungen zu Körpergewebe wie beispielsweise die Milz, die für die Muskulatur sorgt, oder die Nieren, die für die Knochen sorgen. Die Milz öffnet sich in den Mund oder die Leber öffnet sich in das Auge. Hier wird der enge Zusammenhang verdeutlicht. Wenn die Leber „hochkocht" – sie hat oft ein Hitzeproblem – sind beim Pferd meist auch die Augen entzündet.

Im Folgenden werden die Meridiane mit ihrem Verlauf und ihren Funktionen sowie wichtige Punkte erklärt. Um diese auf dem Pferdekörper zu finden, benötigen wir ein Maß. In der Akupressur und Akupunktur wird dafür das **Cun** (sprich: Zün) verwendet. Ein Cun ist eine chinesische Maßeinheit, um Entfernungen am Körper abzumessen. Es handelt sich dabei um ein individuelles Maß, die Breite des Daumenendglieds. Mithilfe des Cun lassen sich Akupunkturpunkte auf den Meridianen genau lokalisieren und beschreiben. Natürlich steht uns bei den Tieren kein Daumen zur Verfügung. Deshalb wird beim Pferd die Breite der 16. Rippe auf Höhe des Hüfthöckers verwendet. Beim Warmblut entspricht dies etwa 2,5 bis 3 cm.

3.3.1 Lungen-Meridian (Vorderbein Tai Yin), Lu 5, Lu 7, Lu 9

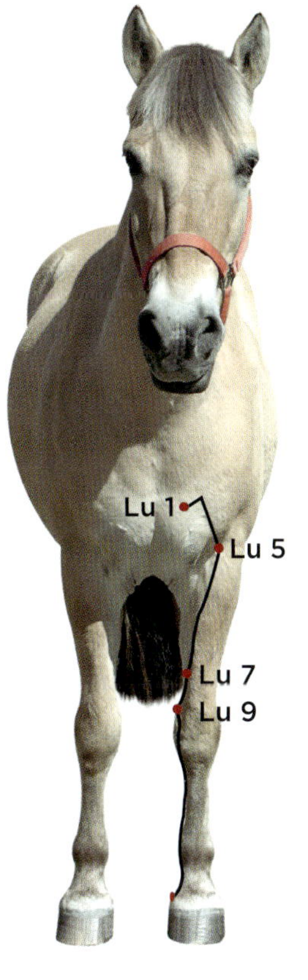

Verlauf: Der Meridian beginnt in der Lunge. Er tritt im vorderen Drittel der Brustwand an die Oberfläche und verläuft, am Vorderbein innen (medial) entlangziehend, bis vor den inneren Ballen.

Funktion: Die Lunge ist das Organ, das neben dem Verdauungsorgan die Hauptenergie liefert. Sie steht mit dem Dickdarm in Verbindung. Ihre Aufgabe ist die Kontrolle der Atmung und die Beherrschung der Qi-Bildung. Die Lunge nimmt sauberes Qi auf und atmet verbrauchtes Qi aus, sie beherrscht also die Lebensfunktion des ganzen Körpers. In der Lunge verbindet sich das Atem-Qi mit dem Nahrungs-Qi. Über Zwischenstationen werden hier das Haupt-Qi und das Abwehr-Qi gebildet. Von der Lunge aus tritt das Qi seinen Weg durch die Meridiane und Organe an. Die Lunge reguliert den Wasserhaushalt und das Schwitzen. Sie schließt die Poren und leitet Flüssigkeit runter zu den Nieren. Sie versorgt die Körperoberfläche und die Haut mit Nahrungsessenzen (ein Zeichen ist glänzendes, fülliges Fell) und Feuchtigkeit. Sie sorgt für das Abwehr-Qi, das zwischen Haut und Muskulatur fließt. Der Meridian öffnet sich über die Nase, eine ungehinderte Atmung und ein guter Geruchssinn setzen eine gut funktionierende Lunge voraus. Emotionaler Einfluss ist die Trauer. Störungen des Meridians machen sich als Husten, Atemprobleme und Erkältungen sowie als trockene Haut und stumpfes Fell bemerkbar.

Punkte und Wirkung: Der Punkt **Lu 7** hilft der Lunge, das Lungen-Qi zu verteilen. Er stärkt die Abwehrkräfte und das Immunsystem, öffnet die Nase und hilft bei Allergien. Er löst Feuchtigkeit und Schleim, zerstreut Wind-Kälte und Wind-Hitze. Dazu ist er ein einflussreicher Punkt für Kehle, Brust und Lunge und hilft bei Asthma und Husten mit Schleimbildung. **Lu 5** reinigt, befeuchtet und tonisiert die Lunge, er eliminiert Schleim und Lungen-Hitze, entspannt die Muskeln, reguliert die Wasserpassagen, ist gut geeignet gegen chronische Bronchitis, infektiöse Erkrankungen der oberen Luftwege und hilft der Blase. **Lu 9** ist der Tonisierungspunkt der Lunge, er beseitigt Schleim, beendet Husten und fördert das Absteigen des Lungen-Qi. Er stärkt das Lungen-Qi und -Yin, klärt Lungen- und Leber-Hitze und befeuchtet Trockenheit. Besonders gut wirkt er bei Leere-Problemen und chronischen Erkrankungen.

Lage: Lu 5 finden Sie nahezu mittig in der Ellenbogenbeuge. Streichen Sie mit der Hand über den dicken Muskel an der Vorderbrust hinunter zur Vorderseite des beginnenden Beins. **Lu 7** liegt innen am Vorderbein, eine Handbreit über dem Vorderfußwurzelgelenk auf Höhe der unteren Kante der Kastanie. **Lu 9** liegt ca. 2 Cun unterhalb von Lu 7, an der inneren Seite des Vorderfußwurzelgelenks, direkt über und vor dem Erbsenbein, siehe Zeichnung.

3.3.2 Dickdarm-Meridian (Vorderbein Yang Ming), Di 4, 10, 11 und 16

Verlauf: Er hat seinen Ursprung innen (medial) am Vorderhuf über dem Kronsaum und zieht am Bein entlang hoch. Sich vorn um das Vorderfußwurzelgelenk schlagend, wechselt er in Höhe von Di 4 nach außen. Hier zieht er hoch über das Ellenbogengelenk bis hoch an Hals und Kehlkopf, seitlich des Unterkiefers bis zur Nüster. Die Verbindung zum Dickdarm zweigt vor der Schulter ab. Der Dickdarm-Meridian hat 20 Punkte zum Stimulieren.

Funktion: Der Dickdarm absorbiert die Flüssigkeit und scheidet alles nicht Verwertbare aus. Sein Meridian ist mit der Lunge verknüpft. Er bekommt die unreinen festen und flüssigen Abfälle von Magen und Lunge und trennt nochmals zwischen Reinem und nicht Nutzbarem. Er scheidet dann das nicht Nutzbare mit dem Kot aus. Lunge und Dickdarm sind besonders empfindlich gegen den äußeren pathogenen Faktor Trockenheit, das bedeutet, dass der Darm empfindlich auf trockene Umgebung reagiert und das Pferd dann leichter Verstopfung bekommt. Die Lunge ist die meiste Zeit damit beschäftigt, die inneren Gegebenheiten mit den äußeren Einflüssen zu harmonisieren.

Störungen können sich durch Verdauungsprobleme, also Verstopfung und Durchfall, und Hauterkrankungen bemerkbar machen. Entlang des Verlaufs können lokale Probleme wie Lahmheiten der Vorderhand und Schulter sowie Entzündungen im Oberkiefer- und Nasenbereich auftreten.

Punkte und Wirkung: Di 4 ist ein stark schmerzlindernder Punkt, der daneben noch starke Wirkung auf den Kopfbereich hat, z.B. bei Nebenhöhlenentzündungen und Atemwegserkrankungen. Er öffnet die Nase und hilft dem Körper gegen äußere, krankheitsfördernde Einflüsse, die beispielweise Erkältungskrankheiten auslösen. Di 4 steigert also die Abwehr und wirkt gegen Schleim. Hitze, Wind und Kälte, auch in Kombination, leitet er aus und ist somit auch gut geeignet, um Entzündungen entgegenzuwirken. Er wirkt harmonisierend und unterstützt die Lunge bei ihrer Funktion (Dickdarm-Verbindung zur Lunge). Di 4 ist also ein ausgesprochen vielseitiger Punkt, der überall gerne eingesetzt wird. Ein guter Punkt bei Koliken, da er spasmolytisch/krampflösend wirksam ist. Di 4 ist ein Meisterpunkt für den oberen Kopf- und Halsbereich, dies bedeutet, dass es ein besonders wirksamer Punkt ist, der bei Problemen in diesem Bereich immer in die Behandlung einbezogen werden sollte.

Der Punkt **Di 10** entstaut die Leitbahn, hilft als Fernpunkt bei Zahnschmerzen, Kieferschwellung, in Kombination mit Ma 36 bei allgemeiner Schwäche und, immer noch als Fernpunkt, bei Verdauungsstörungen wie Kolik, Durchfall, Verstopfung. Lokal wirkt er bei Vorhandschwäche und -lähmung.

Di 11 ist ebenso wie Di 4 ein schmerzlindernder Punkt, der auch Hitze ausleiten kann. Er wird lokal bei Schmerzen im Ellenbogen sowie bei Bewegungsstörungen der oberen Vorhand eingesetzt. Daneben kann er helfen, Verdauungsprobleme zu regulieren. Der Punkt hilft bei Bauchschmerzen und Durchfall. Zudem ist er ein schleimlösender Punkt, der bei feucht klingendem Husten eingesetzt wird. Auch er ist ein Meisterpunkt für Kopf und Hals. Er eignet sich für alle äußeren Erkrankungen und alle inneren Hitze-Erkrankungen.

Der Punkt **Di 16** wird hauptsächlich lokal eingesetzt, er löst Verspannungen im Hals- und Schulterbereich. Daneben kann er das Lungen-Qi senken und Stauungen im Dickdarm-Meridian lösen. Er hat einen schmerzlindernden Einfluss auf die Gelenke und wird zur Nachsorge nach Operationen in diesem Gebiet eingesetzt. Dieser Punkt muss etwas länger, etwa 2 Minuten, akupressiert werden.[9]

Lage: Di 4 liegt innen am Vorderbein, unterhalb des Fußwurzelgelenks, in einer Vertiefung am oberen Ende des innenseitigen Griffelbeins. **Di 10** findet sich 2 Cun unterhalb von Di 11 und ca. 0,5 Cun nach vorn zwischen zwei länglichen, entlang der Außenseite des Beins verlaufenden Muskeln. **Di 11** findet sich direkt vor dem Ellenbogengelenk, außen am Bein, am Ende der Falte, die entsteht, wenn das Vorderbein angehoben und angewinkelt wird. **Di 16** liegt vor dem Schulterblatt, 3 Cun über dem Schultergelenk, direkt unter dem Übergang vom 6./7. Halswirbel.

3.3.3 Magen-Meridian (Hinterbein Yang Ming), Ma 2 bis 8, 25, 36 und 40 bis 43

Verlauf: Der Meridian entspringt in der Mitte unterhalb des Auges und verläuft über Ober- und Unterkiefer des Gesichts an Hals, Schulter und Unterbauch entlang zur Leiste. Danach verläuft er weiter über den vorderen seitlichen Bereich von Oberschenkel und Knie hinunter bis zum Huf. Über eine innere Verbindung bekommt der Meridian Kontakt zum Magen. Der Magen-Meridian hat insgesamt 45 Punkte.

Funktion: Die Hauptaufgabe des Magens ist die Aufnahme und Zerspaltung von Nahrung, er kontrolliert das Fermentieren und Reifen der Nahrung. Sein Meridian ist mit der Milz verbunden. Beide Organe ergänzen einander. Der Magen kontrolliert das absteigende Qi. Alles nicht Resorbierte gibt er nach unten zum Dünndarm weiter. Ein Mangel der Organenergie führt zu Verdauungsproblemen. Störungen im Verlauf des Meridians können sich in vielfältigen Problemen im Gesicht (Auge und Zähne) und Lahmheiten der Hinterhand äußern.

9 Vgl. Gösmeier, I.: Akupressur für Pferde. Kosmos Verlag 1999.

3.3.7 Blasen-Meridian (Hinterbein Tai Yang), Bl 10, Bl 16, Bl 40, Bl 46, 50, Bl 60 und Shu-Punkte

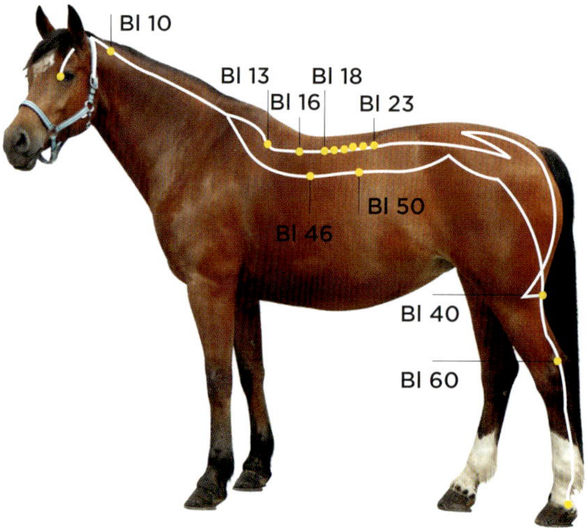

Verlauf: Der Blasenmeridian entspringt unter dem inneren Augenwinkel und zieht von dort über die Stirn innen am Ohr vorbei, über das Genick seitlich des Halses hinunter zum Schulterblatt. Davor spaltet er sich in zwei Teile. Der innere Anteil zieht eine knappe Handbreit parallel neben Mittellinie der Wirbelsäule entlang bis zur Kruppe. Der äußere Ast verläuft parallel dazu eine knappe Handbreit bzw. 6 Cun tiefer, etwa 2 Handbreit unterhalb der Dornfortsätze der Wirbelsäule. Beide treffen in der Kniekehle, am Ende des Oberschenkels, wieder zusammen. Danach zieht der Meridian hinten außen am Bein entlang und endet über der Krone des Hinterbeins. Innere Verbindungen bestehen zur Blase und Niere.

Funktion: Die Blase speichert den Harn und scheidet ihn aus. Sie arbeitet eng mit der Niere zusammen und benötigt für ihre Funktion das Qi der Niere. Die Blase ist empfindlich gegen äußere Nässe-Einflüsse. Störungen des Meridians zeigen sich häufig in Entzündungen der Nasenschleimhaut, Nasenbluten und Genickproblemen. Weite Teile des Meridians verlaufen auf Genick, Hals, Rücken, Kruppe und Hinterhand der Pferde. Werden hier Störungen ausgelöst, machen sie sich gleich schmerzhaft in der Muskulatur von Rücken, Hals und Kruppe bemerkbar.

Auf dem inneren Ast des Blasenmeridians, der beiderseits parallel der Wirbelsäule auf dem Rücken verläuft, liegen die Shu-Punkte, welche auch als Zustimmungspunkte bezeichnet werden. Jeder dieser Punkte hat einen Bezug zu einem der zwölf Organe. Laut Überlieferung bringen sie das Qi direkt zum inneren Organ. Diese Shu-Punkte werden sowohl in der Diagnostik wie auch in der Therapie genutzt. Wenn eine erhöhte Empfindlichkeit hier spürbar ist, so liegt eine Funktionsstörung im korrespondierenden Organ oder Meridian vor. Dann werden weitere Punkte kontrolliert.

Punkte und Wirkung: Einer der wichtigsten Punkte dieses Meridians ist der Punkt **Bl 10**. Ebenso wie Di 4 und Gb 20 ist er stark schmerzlindernd und wird lokal bei Genickschmerzen, aber auch bei Erkältungen eingesetzt. Bl 10 wirkt beruhigend und kann die Konzentration fördern. Er eliminiert Hitze und Wind und macht das Bindegewebe locker. Bei Genicksteifigkeit sowie Steifigkeit in Schulter und Rücken eingesetzt. Daneben löst er Stauungen des Blasenmeridians und kann so bei Schmerzen in der tiefen Rückenmuskulatur helfen.

Bl 16 gehört nicht zu den Shu-Punkten. Er reguliert das Herz und kräftigt das Blut. Er ist ein guter Punkt für alle Nacken- und Rückenprobleme, bei Steifheit des Widerrists, Haarausfall, Juckreiz, Schmerzen in Bauch und Brust, Zwerchfellkrämpfen und Asthma.

Auch **Bl 40** wirkt analgetisch, kühlt Hitze und Blut. Er ist der Meisterpunkt für den hinteren Rücken und die Hüfte, wird jedoch oft lokal bei Bein- bzw. Knieschmerzen eingesetzt. Bl 40 ist ein wichtiger Antihistaminpunkt, zudem klärt er die Haut und hilft bei Hauterkrankungen. Speziell bei allergischen Hautproblemen wie dem Sommerekzem ist er gut einsetzbar.

Bl 46 sitzt auf dem äußeren Blasenmeridian und steht mit Bl 17, dem Meisterpunkt des Blutes, in Verbindung. Er senkt rebellisches Qi (Richtungswechsel Qi) und harmonisiert Magen und Milz, hilft bei Futteranschoppung, Magenentzündung und Husten.

Bl 50 harmonisiert den Magen und regt die Verdauung an. Er hilft bei Magenentzündung, bei Magen-Darm-Entzündungen, Verdauungsstörungen, Obstipation, also Verstopfung, und Kolik. Er hat Verbindung mit Bl 21, dem Zustimmungspunkt des Magens.

Der Punkt **Bl 60** ist ein vielfältig einsetzbarer Punkt. Er vertreibt Wind, klärt Hitze und ist ein wirksamer Schmerzpunkt, der Meisterpunkt gegen Schmerzen.

Neben Rückenschmerzen, besonders bei chronischen, und Gelenkschmerzen ist er auch bei allen anderen Schmerzproblemen gut einsetzbar. Daneben stärkt er als Fernpunkt das Genick, den Hals und den Rücken. Er löst den Stau im Blasenmeridian und lockert die Sehnen. Bl 60 kann bei Entzündungen helfen und das Blut in Schwung bringen.

Lage: Der Punkt **Bl 10** finden Sie seitlich am Hals auf dem Atlasflügel (1. Halswirbel). Dieser befindet sich etwa eine schmale Handbreit unter dem Mähnenkamm am Kopfansatz. **Bl 16** findet sich 3 Cun unterhalb des Dornfortsatzes des 10. Brustwirbelkörpers. **Bl 40** finden Sie am unteren Ende des Oberschenkels in der Kniekehle. Bl 46 liegt seitlich von Bl 17, ca. 6 Cun von der Rückenlinie entfernt. **Bl 50** findet sich auf dem äußeren Blasenmeridian, hinter der letzten Rippe seitlich von Bl 21. **Bl 60** liegt außen am Hinterbein, quasi auf der anderen Seite von Ni 3, am Sprunggelenk zwischen dem oberen Teil des Fersenhöckers und dem Unterschenkel.

Die Shu-Punkte:

Bl 13 Lunge	Bl 14 Perikard
Bl 15 Herz	Bl 18 Leber
Bl 19 Gallenblase	Bl 20 Milz
Bl 21 Magen	Bl 22 Dreifach-Erwärmer
Bl 23 Niere	Bl 25 Dickdarm
Bl 27 Dünndarm	Bl 28 Blase

Die Shu-Punkte

Auf dem geteilten Blasenmeridian, links und rechts der Wirbelsäule, liegen spezielle Punkte, die je einem Organ bzw. einem Meridian zuzuordnen sind. Von hier aus strömt Qi in das entsprechende Organ ein. Sie werden Shu-Punkte genannt. Liegt in den Organen eine Störung vor, so ist der zuständige Shu-Punkt druckempfindlich. Die Punkte werden in der Akupunktur und Akupressur zur Diagnostik und zur Behandlung genutzt. Die **12 Shu-Punkte** liegen auf dem inneren Verlauf des Blasenmeridians.

Der erste, der **Bl 13** Lungen-Shu-Punkt ist der Zustimmungspunkt für den Lungenmeridian und liegt direkt im 8. Rippenzwischenraum hinter dem Schulterblatt. Die anderen folgen (s. Aufzählung). Reagiert er druckempfindlich, könnte das Pferd unter Vorderbeinlahmheit leiden oder unter einem Problem der

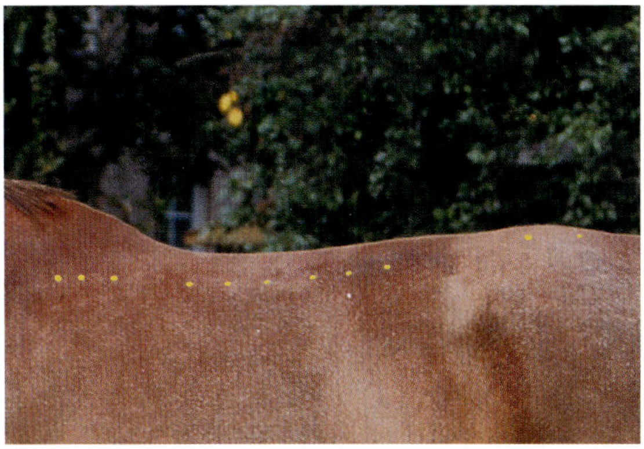

Die Shu-Punkte liegen auf dem Blasen-Meridian auf dem Pferderücken. Sie dienen der Diagnostik und der Behandlung.

oberen Atemwege. Drücken Sie ihn bei Husten, Bronchitis und allen Problemen des Atemtrakts.

Bl 18 ist ein wichtiger Shu-Punkt, er ist mit der Leber verbunden. Reagiert er auf Druck, kann das an Problemen der Hinterhand liegen oder daran, dass das Qi stagniert und nicht mehr frei fließen kann. Zudem können auch Sehnenprobleme vorliegen.

Die Shu-Punkte **Bl 19 bis Bl 21** sind ebenfalls wichtig. Während sich der letzte Punkt an der letzten Rippe anschließt, können Sie für die anderen einfach die Zwieschenwirbelräume rückwärts zählen. Diese Punkte sind alle für Organe zuständig, die Aufgaben im Bereich der Verwertung und Verdauung der Nahrung haben. Außerdem sind sie für lokale Probleme im Meridianverlauf und Probleme im Verdauungstrakt zuständig, von Problemen bei der Darmentleerung oder Verdauung, Gasbildung im Magen-Darm-Bereich bis zu Milzproblemen, Kolik und Durchfall. Bl 21 harmonisiert und reguliert Magen und Mitte. Er hilft bei akuter und chronischer Gastritis/Magenentzündung. Falls Sie sich dafür interessieren, finden Sie Näheres darüber in Fachbüchern zu diesem Thema. In einem Akupressurkurs können Sie lernen, mit den Shu-Punkten umzugehen.

3.3.8 Nieren-Meridian (Hinterbein Shao Yin), Ni 3, Ni 6, Ni 7, Ni 27

Verlauf: Der Meridian geht vom hinteren Huf aus und verläuft innen entlang der oberflächlichen Beugesehne bis zum Sprunggelenk. Hier zieht er an der hinteren Innenfläche des Unterschenkels nach oben über die Innenseite des Oberschenkels und verläuft

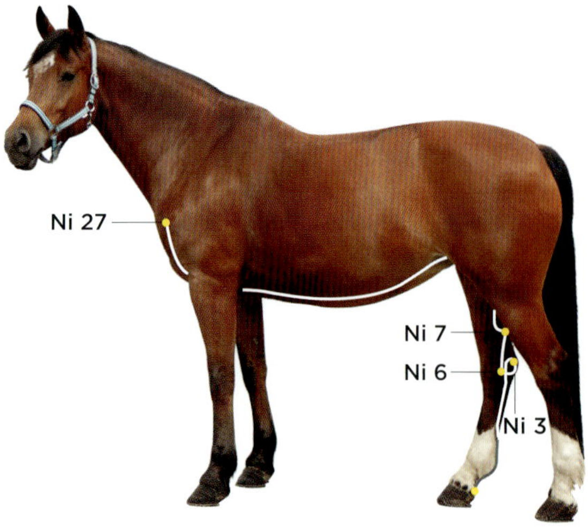

seitlich der unteren Mittellinie zur Brust, wo er schließlich zwischen Brustbein und erster Rippe bei Punkt Ni 27 endet.

Funktion: In der chinesischen Denkweise haben die Nieren ähnlich der westlichen Auffassung die Aufgabe des Ausscheidungsorgans. Daneben speichern sie jedoch die angeborene, von den Eltern vererbte Lebensenergie und steuern die Entwicklung und das Wachstum des Fohlens zum erwachsenen Pferd und die Fortpflanzung. Sie sind also die Grundlage aller Lebensvorgänge. Sie nehmen das Lungen-Qi entgegen und versorgen den Körper mit Wärme. Die Nieren öffnen sich in die Ohren. Der Nierenmeridian steht mit der Blase in Verbindung. Nach chinesischem Denken wird der Niere emotionale Aktivität in Form von Angst und Schrecken zugeordnet, die die Niere verletzen können. Andererseits äußert sich eine Störung des Meridians auch in übermäßiger Ängstlichkeit der Pferde.

Gemäß seinen vielen Funktionen können sich Störungen bzw. Blockaden des Nieren-Meridians durch Probleme in der Entwicklung und Fortpflanzung äußern. Ist das Nieren-Qi schwach, kann die Niere das Qi der Lunge nicht annehmen, so kommt es zu Auswirkungen in der Lunge. Die Folgen sind Pferdehusten, der oft chronisch ist, und Atemprobleme. Auch lokale Probleme entlang des Meridianverlaufs sind häufig.

Punkte und Wirkung: Die Nierenenergie und der Fluss des Nieren-Qi kann durch Akupressur des Punktes **Ni 3** gestärkt werden. Da die Nieren auch für die Fortpflanzung zuständig sind, ist der Punkt hilfreich bei Problemen des Geschlechtsapparates. Wird das Nieren-Qi durch diesen Punkt gestärkt, so wird dabei auch das Selbstvertrauen der Pferde gestärkt. Entsprechend dem Meridianverlauf lindert Ni 3 Schmerzen im Knie- und hinteren Rückenbereich. Auch bei chronischem Pferdehusten kann der Punkt hilfreich sein.

Ni 6 ist der beste Punkt, um das Nieren-Yin zu nähren und anzureichern. Weiterhin nährt der Punkt die Nieren und kühlt Blut. Der Punkt hilft bei gynäkologischen Störungen, chronischen Augenstörungen und Hauterkrankungen.

Ni 7 tonisiert das Nieren-Yang, mobilisiert Feuchtigkeit und leitet sie aus und reguliert das Schwitzen. In Kombination mit Di 4 regt der Punkt die Schweißbildung an, in Kombination mit He 6 stoppt Ni 7 übermäßiges Schwitzen.

Der Punkt **Ni 27** ist ein besonders hilfreicher Punkt bei Atemwegserkrankungen, er hilft bei Husten, Asthma und Brustschmerzen. Er löst Schleim auf und unterdrückt falsch herum strömendes Qi.

Lage: Der Punkt **Ni 3** finden Sie am inneren Hinterbein zwischen Fersenhöcker und Unterschenkel. **Ni 6** befindet sich am inneren Hinterbein unter dem inneren Knöchel des Unterschenkelknochens. Den Punkt **Ni 7** finden Sie 2 bis 3 Querfinger breit oberhalb von Ni 3, zwischen dem oberen Bereich des Fersenhöckers und dem Unterschenkel, gegenüber von Bl 60. **Ni 27** befindet sich an der Vorderbrust des Pferdes zwischen dem Brustbein und der ersten Rippe.

3.3.9 Perikard-Meridian (Vorderbein Jue Yin), Pc 6

Verlauf: Der Meridian entspringt im Herzbeutel (Perikard) und gelangt im vorderen Drittel, an der Innenseite des Ellenbogengelenks, an die Oberfläche. Dann zieht er an der Innenseite des Vorderbeins entlang abwärts, bis er am Ballenkissen endet.

Funktion: Der Herzbeutel ist nach chinesischer Auffassung der Beschützer des Herzens. Er gilt nicht als eigenständiges Organ, sondern als zum Herzen gehörig. Der Herzbeutel nimmt teil an den Aufgaben des Herzens und unterstützt dessen Funktionen. Sein Meridian ist mit dem 3-Erwärmer verbunden.

Störungen des Herzens werden meist indirekt über Punkte des Perikard-Meridians behandelt. Insbesondere das krankhafte Nachschwitzen nach Belastungen lässt sich über diesen Meridian gut behandeln. Blockaden dieses Meridians äußern sich entsprechend dem Verlauf in Lahmheiten der Vorhand.

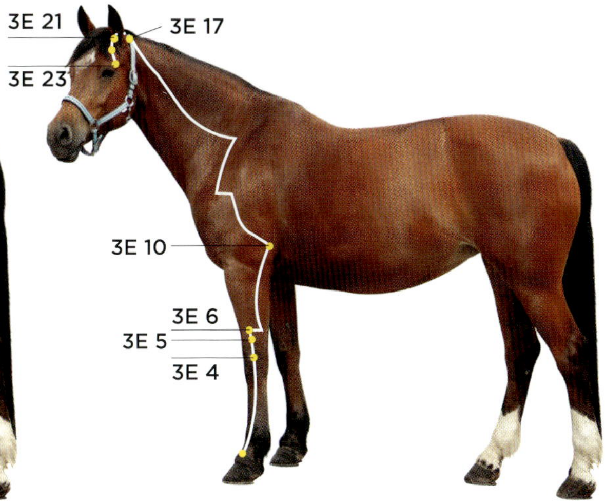

Punkte und Wirkung: Pc 6 ist der Meisterpunkt für Brust und Herz, ein guter Punkt zur Beruhigung von Herz und Geist. Er reguliert Qi und Xue sowie das Leber-Qi.

Lage: Pc 6 findet sich etwa 2 Querfinger über dem Vorderfußwurzelgelenk vor der Kastanie.

3.3.10 Dreifach-Erwärmer-Meridian/ 3-Erwärmer-Meridian (Vorderbein Shao Yang), 3E 4 bis 6, 3E 10, 3E 17, 21 bis 23

Verlauf: Der Ursprung dieses Meridians liegt außen am Kronsaum des Vorderhufs. Von dort zieht er das Bein hinauf, mit einem kleinen Schlenker über die Vorderseite des Vorderwurzelgelenks. Der Meridian überquert Ellenbogen- und Schultergelenk, um über Hals und Genick die Ohrbasis zu erreichen. Hier zieht er innen vorbei über die Schläfen und endet am äußeren Augenwinkel.

Funktion: Die chinesische Medizin unterteilt den Rumpf in drei Bereiche, die jeweils die Funktionen einiger Organe umfassen. Der vordere Bereich bzw. Erwärmer entspricht in etwa der Brusthöhle und fasst die Funktionen von Lunge und Herz zusammen. Der mittlere Bereich bzw. Erwärmer entspricht in etwa der vorderen Bauchhälfte und repräsentiert Milz- und Magenfunktionen. Der letzte, der hintere Erwärmer entspricht der hinteren Bauchhälfte mit Niere und Blase sowie Dick- und Dünndarm. Der 3-Erwärmer sorgt für die richtige Betriebstemperatur der Organe in den drei Bereichen. Die richtige Betriebstemperatur im Körper ist sehr wichtig, damit alle Organe gut arbeiten können. Der Meridian hat eine übergeordnete regulierende Funktion auf Qi, Xue und die Körperflüssigkeiten.

Punkte und Wirkung: Der Punkt **3E 4** entspannt das Bindegewebe, klärt Hitze, reguliert den Magen, fördert den Flüssigkeitstransport, unterstützt das Ursprungs-Qi und beseitigt Leitbahnverstopfung. Der Punkt reguliert und tonisiert den Magen, besonders mit Ma 42.[15] Dazu tonisiert und stärkt der 3E 4 müde Patienten.

3E 5 ist der wichtigste Punkt des Meridians, er befreit die Körperoberfläche (z.B. von den pathogenen Faktoren), klärt Wind und Hitze und bändigt das Leber-Yang. Dieser Punkt hilft auch bei Entzündungen der Ohren und Augen sowie Fieber und Schmerzen bei Infektionen. Er ist der optimale Punkt für alle schmerzhaften einschnürenden Syndrome, die durch Wind verursacht werden.

Der Punkt **3E 6** reguliert das Qi in den 3-Erwärmern, er klärt Hitze, vertreibt Wind, reguliert das Qi, beseitigt stagnierendes Leber-Qi und Dickdarmverstopfung. Er hilft bei Juckreiz, Nesselsucht und allgemein Hauterkrankungen.

3E 10 ist ein Punkt, der Stauungen löst, das Bindegewebe entspannt, das Nahrungs-Qi und Abwehr-Qi reguliert und Feuchte und Schleim ausleitet, sowie bei Druse, Lymphknotenschwellung und lokalen Schmerzen an Ellenbogen und Schulter.

Die Punkte **3E 17, 21, 22 und 3E 23** eignen sich als lokale Augen- bzw. Ohrpunkte. Während 3E 17 gut gegen Zahnschmerzen ist, klärt 3E 23 die Augen und

15 *Guray, J.-I.; van den Bosch, E.: Praxis der Pferdeakupunktur. Sonntag Verlag 2012.*

werden. Stressbedingte Anspannung und Unruhe kann Le 3 wieder harmonisieren. Starke Emotionen haben häufig Einfluss auf den Verdauungsapparat. Le 3 beruhigt Krämpfe des Verdauungstraktes, da der Punkt indirekt die für die Verdauung zuständigen Organe stärkt. Als Fernpunkt kann er die Behandlung von Bindehautentzündungen unterstützen. Er beruhigt den Geist, bändigt das Leber-Yang und vertreibt inneren Wind und ist bei allen Leber-Fülle-Zuständen einzusetzen.

Der Punkt **Le 4** fördert ebenso den regelmäßigen Fluss des Leber-Qi wie auch Le 5 und Le 6. Wie Le 6, so löst auch Le 4 Meridian-Verstopfungen und bringt das Qi wieder in Gang. Lokal eignet er sich bei allen Sprunggelenkserkrankungen und als Fernpunkt bei allen Erkrankungen des Urogenitalbereichs.

Le 5 beseitigt Feuchte-Hitze und die Folgen einer Leber-Qi-Stagnation. Er hilft bei erschwerter Harnblasenentleerung und wenn kein Harn mehr abgesetzt wird (Harnretention). Le 6 hilft bei Bauchschmerzen und Durchfall.

Le 8 unterstützt die Blase und leitet Feuchtigkeit aus dem unteren 3-Erwärmer aus. Er wird bei Feuchte-Hitze und -Kälte eingesetzt, nährt das Leber-Blut und hilft bei erschwerter Harnblasenentleerung.

Le 13 hat großen Einfluss auf das Qi, er harmonisiert das Qi allgemein und stärkt speziell das Qi aller Bauchorgane, er bewegt das Qi aufwärts zur Lunge und abwärts zu den Nieren, daneben harmonisiert er die Leber und besonders die Milz.

Lage: Der Punkt **Le 3** sitzt am inneren Hinterbein eine gute Handbreit unterhalb des Sprunggelenks; ca. halbe Höhe des Röhrbeins, unterhalb und vor der Kastanie. **Le 2** sitzt kurz unter dem Fesselgelenk ziemlich weit vorn an der Fesselgelenksfalte. **Le 4** finden Sie auf der Innenseite des Beins nahe der Sprunggelenksbeuge am oberen Bereich der kleinen Knochen des Sprunggelenks, etwa auf Höhe der Kastanie bzw. knapp darüber. **Le 5** und **Le 6** liegen auf der Innenseite des Beins, am vorderen Rand, nahe des Unterschenkelknochens, Le 5 im unteren Drittel des Knochens, Le 6 im oberen Drittel des Knochens *(s. Zeichnung Seite 109)*. **Le 8** findet man innen neben dem Kniegelenk, hinter dem dickeren Anfangsbereich des Oberschenkelknochens. **Le 13** ist an der seitlichen Bauchwand, genauer am untersten Rand der vorletzten Rippe, zu finden, auf Höhe des Übergangs von Rippe zu Rippenknorpel.

3.3.13 Lenkergefäß Du Mai, Konzeptionsgefäß Ren Mai und Gürtelgefäß Dai Mai

Verlauf: Das **Lenkergefäß** entspringt unter dem Schweif über dem After und zieht über Unter- und Oberseite des Schweifs entlang der Mittellinie des Pferdes über Wirbelsäule und Kopf, bis sie zwischen den Nüstern einmündet. Dieses Gefäß reguliert sämtliche Yang-Energie des Körpers. Zusammen mit dem Konzeptionsgefäß bildet es den kleinen Kreislauf.

Punkte und Wirkung: Die in der Akupressur angewandten Punkte sind Yintang, ein Extrapunkt, der auf dem Lenkergefäß liegt, und Renzhong (LG 26). Beide werden im Yin-Yang-Ausgleich verwendet. Daneben gibt es noch den LG 20, einen ebenfalls beruhigenden Punkt auf dem Kopf des Pferdes. Der Punkt Dü 3 entstaut das Lenkergefäß. Weitere wichtige Punkte des Meridians sind die folgenden: LG 1, der erste Punkt, LG 14, LG 16 und LG 20.

LG 1 reguliert das Lenker- und Konzeptionsgefäß, klärt Feuchte-Hitze und beruhigt den Geist. Er eignet sich gegen Durchfall, Störungen im Bereich des Urogenitaltraktes und bei Schmerzen im hinteren Bereich des Rückens. Sie finden den Punkt direkt in einer kleinen Einbuchtung zwischen dem Anus und der unteren Seite der Schweifwurzel.

Du 20 findet sich an der höchsten Stelle des Kopfes, der Punkt stärkt das Yang und fördert die Milzfunktion, er beruhigt und hilft bei Augen- und Ohrenproblemen sowie zur Immunstimulanz.

Das **Konzeptionsgefäß** entspringt unterhalb des Afters und zieht entlang der bauchseitigen Mittellinie bis zur Mitte der Unterlippe. Das Konzeptionsgefäß (Ren Mai) reguliert die Yin-Energien des Körpers. Für die Akupressur findet der Punkt Chengjiang (KG 24), ebenfalls Teil des Yin-Yang-Ausgleichs, Anwendung. Daneben gibt es aber auch noch viele andere Punkte entlang der Bauchnaht, die in der Akupressur genutzt werden.

Der Punkt **Lu 7** entstaut das Konzeptionsgefäß. Ein wichtiger Punkt ist der **KG 4**. Er ist der Meisterpunkt der Sexualität, hilfreich bei der Geburtshilfe und deshalb **nicht bei tragenden Tieren einzusetzen**. Er unterstützt die Blase, stärkt das Yang und tonisiert die Nieren. Er hilft gegen Durchfall und kann bei Schwäche und Harnwegserkrankungen eingesetzt werden. Der Punkt findet sich 3 Cun hinter dem Nabel.

KG 5 hilft bei Darmentzündung, Durchfall, Harnwegserkrankungen und gynäkologischen Störungen.

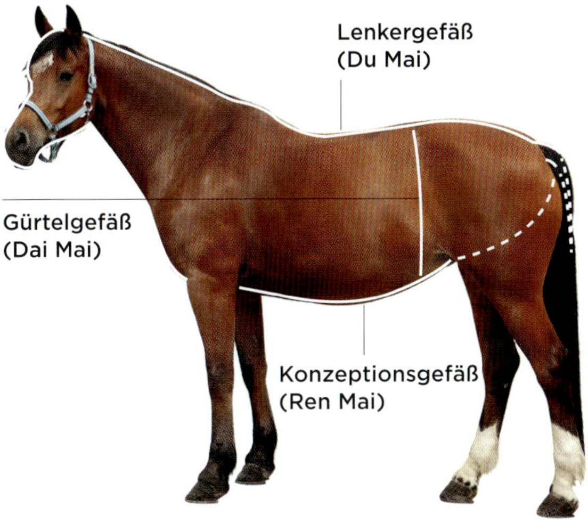

Er befindet sich 2 Cun hinter dem Nabel. Auf dem Nabel findet sich der Punkt KG 8, er darf nur mit Moxa, Laser oder sanfter Akupression stimuliert werden, er hilft bei starker Schwäche, Energielosigkeit und Darmentzündung. KG 17 und KG 14 sind beruhigende Punkte bei Ängstlichkeit. KG 17 öffnet den Brustkorb, stärkt die Lunge und das Herz. KG 12 ist ein einflussreicher Punkt für alle Yang-Krankheiten, er unterstützt die Magenfunktion, fördert die Milzfunktion, vertreibt und transformiert Feuchtigkeit. Eingesetzt bei Durchfall, Entzündung von Magen und Darm und Kolik. KG 14 hilft bei Störungen des Verdauungstrakts, beruhigt das Herz, stärkt den Brustkorb und unterstützt die Magenfunktion mit dem Abstieg des Qi. Sie finden all diese Punkte auf der Mittellinie, auf der Bauchnaht vor dem Nabel. KG 12 befindet sich 4 Cun vor dem Nabel auf der halben Strecke zwischen dem Nabel und dem Ende des Brustbeins. KG 14 finden Sie 6 Cun vor dem Nabel kopfwärts und direkt hinter bzw. am Ende des Brustbeins. Den Punkt KG 17 finden Sie auf der Höhe der beiden Ellenbogenhöcker.

KG 20 ordnet das Qi und wird eingesetzt bei akuter Bronchitis und bei Entzündungen des Kehlkopfs und Rachens. Der Punkt befindet sich auf der Mittellinie auf der Höhe des 1. Rippenzwischenraums. KG 22 ist ein Punkt, der das Absteigen des Lungen-Qi stimuliert und rebellierendes Qi senkt und bei Atemwegserkrankungen, Asthma und Rachenentzündung eingesetzt wird. Er findet sich auf der Mittellinie in einer Delle oberhalb des Brustbeins.

Das Gürtelgefäß umschließt den Rumpf in Höhe der Flanken vor den Hüfthöckern. Dieser Meridian verbindet die Vorhand mit der Hinterhand. Ist er gestaut, kann das Pferd nicht durchlässig sein. Dann ist der Punkt Gb 26 druckempfindlich. Der Punkt Gb 41 entstaut das Gürtelgefäß.

4. Die 5 Elemente/ Wandlungsphasen

Die Philosophie der fünf Elemente oder auch Wandlungsphasen entstand etwa zur gleichen Zeit wie die von Yin und Yang. Sie bildeten mit den vitalen Substanzen und 8 Leitkriterien *(s. Seite 91 f.)* die Grundlage der TCM. Auch diese Philosophie entsprang dem Wunsch, die Natur verstehen und logisch einordnen zu wollen. Sie ist im ständigen Wandel, dem sich die Lebewesen anpassen müssen. Durch ihre Beobachtungsgabe schafften es die Chinesen bald, Querverbindungen zwischen physikalischen Begebenheiten der Umwelt und der Funktionsweise des Körpers zu finden. Die Mediziner entdeckten Parallelen zwischen den Kräften der Natur und inneren Organsystemen. Die Ärzte der damaligen Zeit waren in der Lage, aus diesen Beobachtungen und Vergleichen ein System der Gesundheitsvorsorge und Behandlung zu entwickeln. Es ist ein komplexes System der Kontrollmechanismen und Balancen, das sich an 5 Elementen orientiert. Für deren Benennung orientierten sie sich an der Natur: Feuer, Erde, Metall, Wasser und Holz. Hiermit sind jedoch nicht wirklich die Naturelemente gemeint, sondern es sind Symbole für Wandlungen und Übergänge. In den fünf Elementen werden natürliche Rhythmen wie Tageszeiten, Jahreszeiten, Wetterphänomene, Lebenszeiten und körperliche Kreisläufe in eine vielschichtige Ordnung gebracht, die aber dynamisch ist. Denn es gibt keinen Stillstand, alles ist ständig im Wandel. Und so werden die Elemente nicht als statische Gestalten gesehen, sondern als Phasen, die ständigen Wandlungen unterworfen sind. Die chinesische Diagnostik und Therapie wäre ohne dieses System kaum vorstellbar.

Zu diesen 5 Elementen gehören die inneren Organe des Körpers sowie ein pathogener Faktor, gegen den die Organe empfindlich sind, aber auch ein Körpergewebe, ein Geruch, ein Geschmack, eine Farbe, die Sinnesorgane sowie ein Sinn, eine Richtung und vieles mehr.

Für die Ernährung und die Phytotherapie nach TCM ist wichtig: Zu jedem der Elemente gehört ein Geruch, ein Geschmack und eine Richtung.

- **Der Erde wird die Verdauung zugeordnet: Zu ihr gehören der Magen und die Milz.**
- **Dem Metall wird die Atmung zugeteilt: Die Organsysteme des Metalls sind die Lunge und der Dickdarm.**
- **Die Elemente des Wassers sind die Blase und die Nieren, ihnen wird die Klärung und Harnausscheidung zugeordnet.**
- **Dem Holz, das noch biegsam und bearbeitungsfähig, aber doch auch eine Stütze ist, werden die Leber und die Gallenblase *(s. Seite 108 f.)* zusortiert. Hier hinein fällt die Verarbeitung und Entsorgung von Giften.**
- **Das Feuer ist ein sehr wichtiges Element, dem Herz und Perikard sowie der 3-Erwärmer und der Dünndarm zugerechnet werden. Hier hinein zählt der Kreislauf des Blutes und mit ihm die energetische Ernährung.**

Die fünf Elemente stehen in enger Beziehung zueinander, sie beeinflussen und kontrollieren sich gegenseitig. Das vorangehende Element gibt Energie an das nächstfolgende weiter, dies ist der Unterstützungszyklus. Daneben gibt es aber auch einen Kontrollzyklus, denn jedes der Elemente wird kontrolliert und kontrolliert seinerseits wieder ein Element. Das Feuer kontrolliert das Metall, während das Metall seinerseits das Holz kontrolliert, das Holz wiederum kontrolliert die Erde. Auf die dazugehörigen Organe bezogen bedeutet das: Die Milz (Erde) unterstützt die Lunge (Metall) und kontrolliert die Niere (Wasser), die Niere wird von der Lunge unterstützt und kontrolliert das Herz (Feuer), während das Herz (Feuer) die Lunge (Metall) kontrolliert und von der Leber (Holz) unterstützt wird. Dabei unterstützt das Herz die Milz (Erde).

In der praktischen Umsetzung bedeutet das z.B. bei einem Pferdehusten: Das Pferd zeigt einen trockenen Husten. Dazu zeigen sich die Zunge trocken, das Maul trocken, die Pferdeäpfel trocken. Durch den Husten möchte man die Lunge behandeln. Doch das reicht nicht, denn die Niere hat das eigentliche Problem. Sie ist zu schwach, die Energie der Lunge entgegenzunehmen, was die Lunge beeinträchtigt (Förderungszyklus). Und die Niere ist zu schwach, das Herz (Feuer und Kontrollzyklus) unter Kontrolle zu halten, das Feuer zu kühlen. Deshalb lodert das Feuer hoch und trocknet die Körpersäfte. Die Niere ist zu schwach, um den Wasserhaushalt aufrechtzuerhalten. Aus diesem Grund muss man hier die Niere stärken. Dann kann sie ihre Aufgaben wieder erfüllen. Die 5 Elemente helfen dem Therapeuten, die richtigen Punkte für die Behandlung auszuwählen.

Fördernder oder Unterstützungszyklus (blaue Pfeile) und Kontrollzyklus innen (orangefarbene Pfeile)

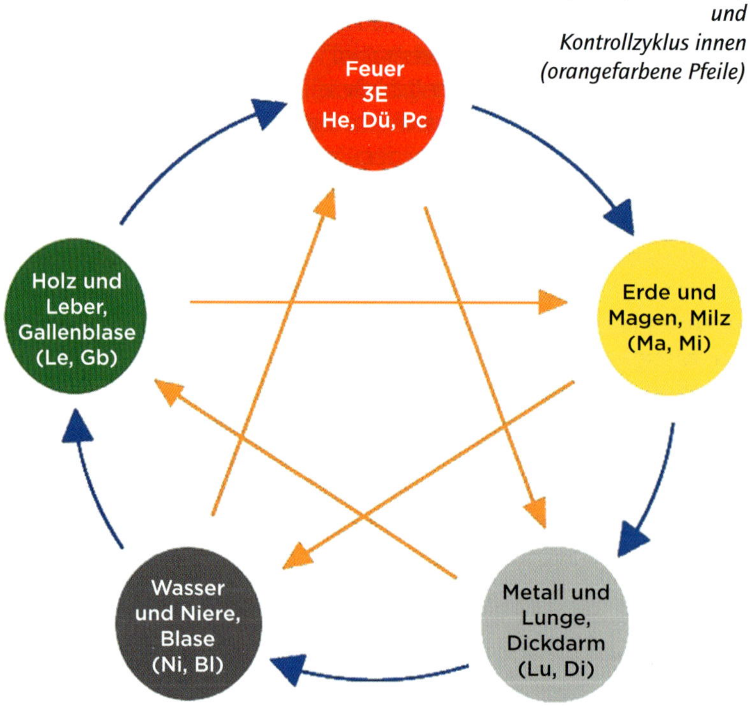

5. Pferdetypen in der Akupressur

Entsprechend den fünf Elementen ist es möglich, für jedes Element bzw. deren zugeordnete Organe jeweils einen Pferdetyp zuzuordnen. Diese Einteilung gilt nicht nur für die Pferde, sondern auch für Hunde, Katzen und sogar für Menschen. Im Folgenden finden Sie eine kurze Vorstellung der jeweiligen Typen mit ihren Eigenschaften. Es ist durchaus möglich, dass ein Pferd die Merkmale von zwei oder mehr Typen in sich vereint. Es gibt natürlich auch Abweichungen vom hier genannten „Idealtyp". Aber die Zuordnung Ihres Pferdes zu einem der Grundpferdetypen kann Ihnen auch wertvolle Informationen über seine Schwachstellen und deren gesundheitliche Auswirkungen liefern. In der Akupressur werden fünf Typen von Pferden unterschieden und entsprechend ihrer psychischen und physischen Eigenschaften den chinesischen Organen zugeordnet. So werden unterschieden:

1. Der Gan- oder auch Lebertyp
2. Der Shen- oder auch Nierentyp
3. Der Pi- oder auch Milztyp
4. Der Fei- oder Lungentyp
5. Der Xin- oder Herztyp

5.1 Der Gan- oder Lebertyp

Das unter Einfluss der Leber stehende Pferd ist sehr dominant. Meist macht es sich innerhalb einer Herde schnell zum Leittier und weiß sich durchzusetzen. Es mag aber ganz gern auch mal allein sein. Dabei ist das Pferd ehrgeizig, arbeitseifrig und mutig. Alles andere als ängstlich, kann es schnell ärgerlich werden. So manche Reiter haben es nicht sehr leicht, sich einem Gan-Typ gegenüber durchzusetzen. Die Pferde nutzen jeden Fehler sofort aus. Zeigen die Reiter das nötige Durchsetzungsvermögen und die nötige Konsequenz, so haben sie ein leistungsbereites und leistungsstarkes Pferd, mit dem sie viel erreichen können.

Äußeres: Der Gan-Typ ist ein kraftvolles, ausdauerndes, muskulöses und athletisches Tier. Es ist schlank mit starken Knochen und Sehnen. Es wirkt energiegeladen und hat häufig ein ausgeprägtes Kinn und ausgeprägte Ganaschen. Das Maul des Gan-Typs sieht oft angespannt aus, die Lippen zusammengepresst. Seine Zunge ist fest. Er lässt sie sich nur ungern aus dem Maul ziehen. Die Schleimhäute sind rot, die Haut ist empfindlich.

Der Punkt Le 3 kann ihm helfen, sich zu harmonisieren.

Anfälligkeit: Nach chinesischem Verständnis neigt dieser Typ durch seinen ständigen Ärger zu Muskelverspannungen und ist, besonders im Frühling, anfällig für Wind-Krankheiten, insbesondere Hautkrankheiten und virale Atemwegsinfekte. Nach den 5 Elementen gehören die Organe Leber und Gallenblase zum Element Holz. Dazu gehören auch die Sehnen und das Hufhorn. Gan-Typen neigen zu brüchigem, anfälligem Hufhorn. Man sagt im Chinesischen „Die Leber öffnet sich in die Augen". Gan-Typen neigen zu Bindehautentzündungen und tränenden Augen.

5.2 Der Shen- oder Nierentyp

Ein Pferd im Shen-Typ ist eifrig und lernbereit. Wenn es sich überfordert fühlt, kann ihm leicht etwas durcheinandergeraten. Im Grunde ist es ein ängstliches Pferd, das den reiterlichen Rückhalt braucht. Alles Neue wird mit großen Augen und weit aufgerissenen Nüstern und aufgeregtem Schnauben empfangen. Es läuft wie auf „Zehenspitzen" daran vorbei, immer bereit wegzurennen. Hat es die Situation gemeistert, sollte es ausgiebig gelobt werden. Das stärkt sein etwas unterentwickeltes Selbstbewusstsein. Das Shen-Pferd ist beharrlich, treu und arbeitet gerne allein. Es ordnet sich gerne unter. Ein ruhiges Führungspferd macht ihm Mut. Shen-Pferde finden in der Herde ihren Platz durch Unterordnung, werden aber leicht geärgert, manchmal sogar gequält. Shen-Typen sind sehr menschenbezogen und begrüßen ihre Reiter laut, wenn sie ihnen vertrauen.

Äußeres: Man erkennt diesen Pferdetyp auch an seiner oft kleinen und kurzen Maulspalte. Er besitzt einen schmalen, langen Kopf und ein feines Gesicht. Seine Zunge ist klein und fest, ein Shen-Pferd gibt sie ungern her.[19] Vom Körperbau her sind sie eher schlank mit langen Fesseln und muskulös mit schwachem Puls.

19 Vgl. Gösmeier, I.: Akupressur für Pferde. Kosmos Verlag 1999.

B

körperlichen Problemen. Jeder Akupressurpunkt hat mehrere Wirkungen. So kommt es, dass einige Akupressurpunkte immer wieder zu finden sind.
Diese Wahl ist nicht ganz einfach und setzt einiges Wissen voraus. Ziel ist es, so wenige Punkte wie möglich, aber so viele Punkte wie nötig zu akupressieren. Unabhängig von der Augenakupressur, dem Yin-Yang-Ausgleich oder dem Kleinen Energiekreislauf sollten es jedoch möglichst nicht mehr als 5 verschiedene Punkte sein, die Sie akupressieren. Aber machen Sie sich keine Sorgen. Wenn Sie von den in Teil C genannten Punkten die für Ihren Fall nötigen Punkte wählen, machen Sie nichts verkehrt. Es gibt bestimmte Punkte, sogenannte Meisterpunkte, die für bestimmte Anzeichen immer auszuwählen sind. Natürlich sollte niemand versuchen, ein Pferd mit Yang-Fülle zu moxen *(Seite 93)* oder ihm anders Energie zuzuführen. Das könnte unangenehm werden, denn das Pferd wird sich das nicht gefallen lassen. Ebenso sollte man unter allen Umständen vermeiden, einem Pferd mit Yin-Leere Energie abzuziehen.
Vielleicht hat bereits ein Akupunkteur Ihr Pferd behandelt. Das vereinfacht die Sache, denn dann wissen Sie ja bereits, welche Punkte wirken.
Ansonsten wählen Sie die Punkte entsprechend den Problemen Ihres Pferdes aus. Hat es mehr Schmerzen oder weniger Schmerzen? Muss es beruhigt werden? Ist es ängstlich und muss aufgebaut werden? Grundsätzlich setzt sich die Behandlung aus Nahpunkten, die sich im Bereich der Störung befinden, und Fernpunkten, die von der Störung entfernt liegen, und bei Bedarf psychischen Punkten zusammen. Bei der Behandlung werden meist Nahpunkte mit einem oder mehreren Fernpunkten kombiniert. Hinzu kommen die Punkte gemäß der fünf Wandlungsphasen und die Punktauswahl, die Sie für die Organe treffen. Dabei benötigen Sie jedoch Unterstützung von einem Fachmann. Wenn ein Akupunkteur behandelt hat, können Sie die entsprechenden Punkte weiterbehandeln. Oder Sie können die schulmedizinische Behandlung begleiten und zumindest nach den folgenden Umständen entscheiden. Handelt es sich um ein Leere- oder Fülle-Problem, liegt Hitze oder Kälte vor *(s. Seite 92 f.)*. Ist das bestehende Problem eher dem dynamischen, aktiven, unruhigen Yang zuzuordnen, bei dem das Pferd nicht so gerne berührt werden mag, oder dem ruhigen, in sich ruhenden, leeren, chronischen Yin? Hier mag das Pferd, berührt und gedrückt zu werden. Dann können Sie das Yang oder Yin stärken, Sie können entsprechende Punkte gegen die Leere und Kälte akupressieren.

6.3 Technik der Akupressur

Üben Sie den Druck immer mit den Fingerbeeren, nicht mit den Fingernägeln aus. Dafür bieten sich Zeige- oder Mittelfinger an. Soll stärkerer Druck ausgeübt werden, eignet sich der Daumen. Nehmen Sie nach Möglichkeit immer denselben Finger, um Ihre Fingerfertigkeit zu verbessern. Halten Sie dabei den Finger gestreckt, nicht überstreckt oder gebeugt. Bei empfindlichen Pferden können Sie stattdessen mehrere Finger oder sogar den Handteller oder -ballen nehmen. Kreise werden immer im Uhrzeigersinn ausgeführt. Es empfiehlt sich mit dem Yin-Yang-Ausgleich *(s. Seite 118 f.)*, der Augenakupressur *(s. Seite 119 f.)* oder mit dem Ziehen des Kleinen Energiekreislaufs *(s. Seite 124)* zu beginnen. Achten Sie dabei immer auf Ihr Pferd, eine Akupressur darf ihm nie unangenehm werden.
In der Akupressur gibt es verschiedene Techniken. Für Sie sind jedoch nur drei Techniken wichtig. Ausgleichend, Yang abführend (Yin-zuführend) bei einem Fülle-Zustand oder Yang zuführend bei einem Leere-Zustand.
Bei jeglichem Druck, den Sie anwenden, sollte es so sein, dass Ihnen das Tier nicht ausweicht.

6.4 Yang-zuführend oder Yang-ableitend akupressieren

Den **Fülle-Zustand** (Yang) erkennen Sie an einem Übermaß an Qi, Verspannung, Atembeschwerden, Bauchschmerz, Unruhe, Überaktivität, Überfunktion eines Organs. Ihr Pferd bevorzugt kühle Orte. Der Akupressurpunkt ist oft schmerzhaft und fühlt sich gespannt an. Das Pferd reagiert empfindlich. Hier müssen Sie Yang-ableitend akupressieren.
Reiben Sie den Punkt mit stärkerem Druck im Meridianverlauf oder massieren Sie in kleinen Kreisen im Uhrzeigersinn. Wichtig ist es, stärkeren Druck auszuüben, der lange gehalten wird. Dies wirkt beruhigend und sollte mindestens 2 Minuten lang durchgehalten werden.
Beim **Leere-Zustand** (Yin) herrscht ein Mangel an Qi. Das Pferd wirkt schwach, kraft- und antriebslos, ermüdet schnell und hat wenig Appetit. Es braucht

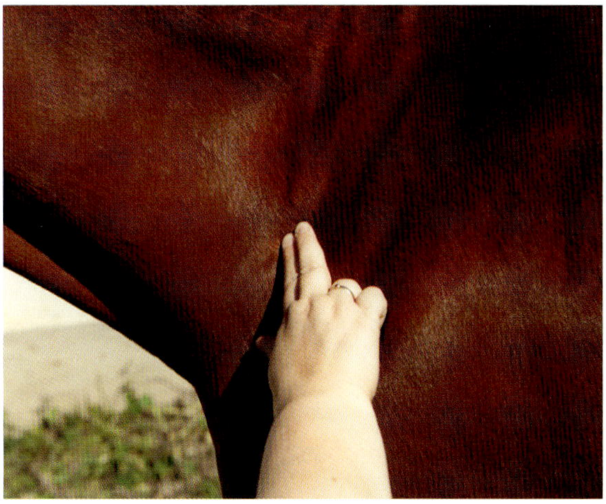

Akupressur des Punktes Di 16: setzen Sie mindestens zwei Finger oder den Daumen ein.

Der Punkt Yintang wird harmonisierend akupressiert.

meist Wärme und Zuwendung. Oft besteht Unterfunktion eines Organs. Der Akupressurpunkt ist nicht schmerzhaft und eher weich. Hier sollte mit etwas weniger Druck, für die Dauer von 30 Sekunden, sanft akupressiert werden. Sie können entweder Ihre Finger sanft im Uhrzeigersinn kreisen lassen oder im Meridianverlauf sanft ausstreichen. Diese Technik belebt das Pferd und mobilisiert Energien. Eine leichte Druckvibration tonisiert ebenfalls. Dabei drücken Sie sanft und lassen Ihren Finger statt der Kreise leicht vibrieren.

6.5 Ausgleichend akupressieren

Wollen Sie den Pferdekörper harmonisieren, also weder beruhigen noch anregen, so beginnen Sie mit sanftem Druck und erhöhen ihn langsam. Beobachten Sie dabei Ihr Pferd und bleiben mit dem Druck in einem ihm angenehmen Bereich. Diesen angenehmen Druck halten Sie etwa 1 Minute lang durch. Das Pferd soll sich dabei entspannen. Der Yin-Yang-Ausgleich und die Augenakupressur werden beide auf diese Weise durchgeführt. Um die Meridiane auszugleichen, streichen Sie sie im Meridianverlauf ebenfalls erst sanft, dann fester werdend aus.

6.6 Dauer und Akupressurzeitraum

Die Akupressur dauert pro Akupressurpunkt zwischen 30 Sekunden und 2 Minuten. Das ist abhängig von der Akupressurtechnik und der Reaktion des Pferdes. Sie können die Akupressur auf einer oder auch auf beiden Seiten durchführen. Bei Pferden reicht es, wenn nur auf einer Seite stimuliert wird. Wirkungsvoller ist, wenn beide Seiten akupressiert werden.

Die Häufigkeit der Akupressur ist abhängig von dem, was Sie damit erreichen wollen.

- Akupressieren Sie vorbeugend wie beispielsweise vor einem großen Ereignis, einem Turnier oder Ähnlichem, dann beginnen Sie 3 Tage davor. Akupressieren Sie 1- bis 2-mal täglich.
- Die Gesundheitsvorsorge, also zur Steigerung der körpereigenen Abwehr, müssen Sie 1- bis 2-mal am Tag akupressieren.
- Wollen Sie Ihr Pferd nach einer schweren Erkrankung wieder aufbauen, so akupressieren Sie einmal täglich über mindestens 2 Wochen.
- Akute Erkrankungen werden in der Regel zweimal täglich über einen Zeitraum von mindestens 2 Wochen angewendet.
- Chronische oder lang andauernde Erkrankungen müssen über einen Zeitraum von etwa 5 Wochen 1- bis 2-mal wöchentlich akupressiert werden. Dann sollten Sie dem Körper 2 Wochen Ruhe gönnen und beginnen einen neuen Zyklus.

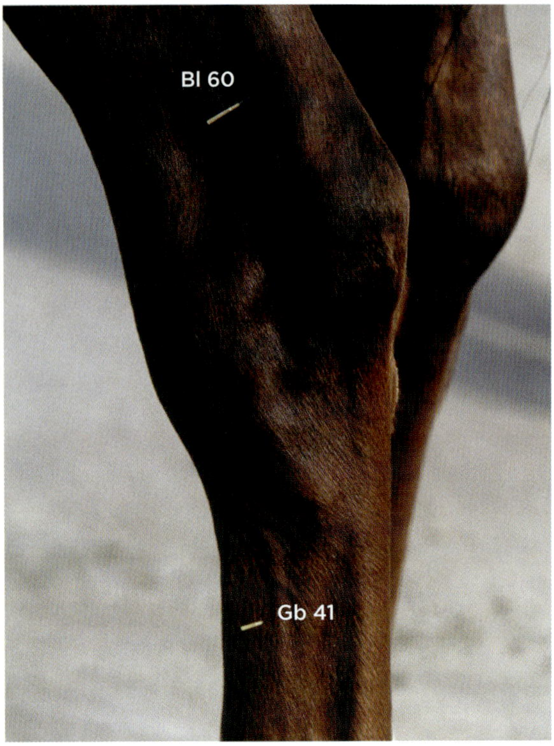

Gb 41 entstaut das Gürtelgefäß, Bl 60 ist ein wichtiger Schmerzpunkt. Beide sprechen gut auf Akupressur an.

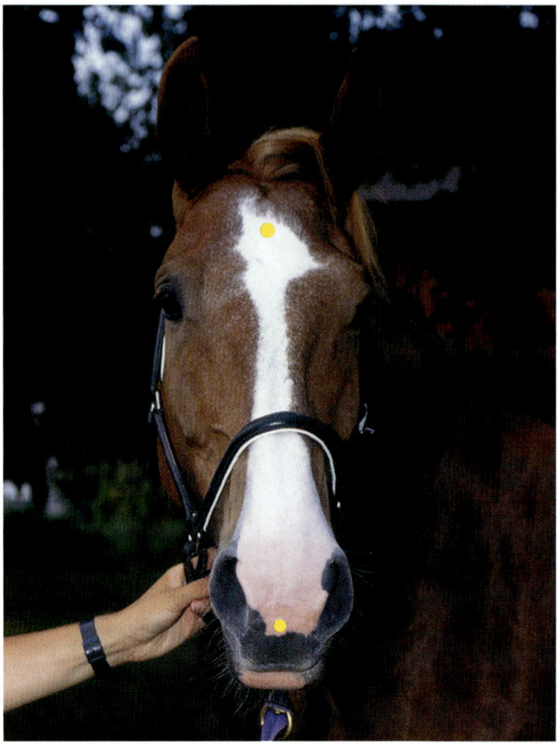

Yintang (Stirnmitte) und Renzhong (Nüsternmitte) wirken beruhigend.

Chronische Erkrankungen sprechen besser auf eine Akupressur an, wenn sie zuvor akupunktiert wurden. Sprechen Sie die Punktauswahl dann mit Ihrem Akupunkteur ab. Einen Yin-Yang-Ausgleich zur Harmonisierung des Körpers und/oder eine Augenakupressur sollten Sie grundsätzlich durchführen. Wenn Ihr Pferd im Beckenbereich empfindlich erscheint, prüfen Sie, ob das Gürtelgefäß blockiert ist, und öffnen es gegebenenfalls über den Punkt Gb 41. Sie prüfen, ob das Gürtelgefäß gestaut ist, indem Sie am Meridian drücken. Dies geht am besten an Punkt Gb 26 vor dem Hüfthöcker, hier verläuft das Gürtelgefäß.

7. Punkte für den harmonischen Ausgleich und zur Beruhigung

Es gibt Punkte, die auch ohne besondere Problemstellung angewandt werden können. Sie unterstützen das Pferd und harmonisieren seinen Körper. Dazu zählen im Folgenden der Yin-Yang-Ausgleich, die Augenakupressur und der Kleine Energiekreislauf. Alle diese Behandlungen tun Ihrem Pferd sehr wohl und entspannen es. Wenn ein ungewohntes Ereignis bevorsteht, können Sie Ihr Pferd auf diese Weise vorbereiten. Sie können diese Techniken vor und nach Transporten oder dem Training, aber natürlich auch in besonders belastenden Situationen anwenden.

7.1 Der Yin-Yang-Ausgleich

Ein Yin-Yang-Ausgleich kann auch ohne besondere Problemstellung hilfreich sein. Bei einer akuten Infektion aber ist die Harmonisierung des gesamten Pferdekörpers besonders wichtig, da die Natur diesen Zustand stets anstrebt. Ihr Pferd sollte hierfür keine Energien verschwenden, die es für die Abwehr von Viren und Bakterien besser nutzen könnte. Bereiten Sie sich mental darauf vor und entspannen Sie sich, jetzt ist nur Ihr Pferd wichtig. Wärmen Sie sich die Hände. Der Yin-Yang-Ausgleich besteht aus den folgenden drei Punkten:

- **Yintang**
  Yintang ist ein Extrapunkt auf dem Lenkergefäß. Er liegt in der Mitte der Stirn. Es ist ein schmerz-

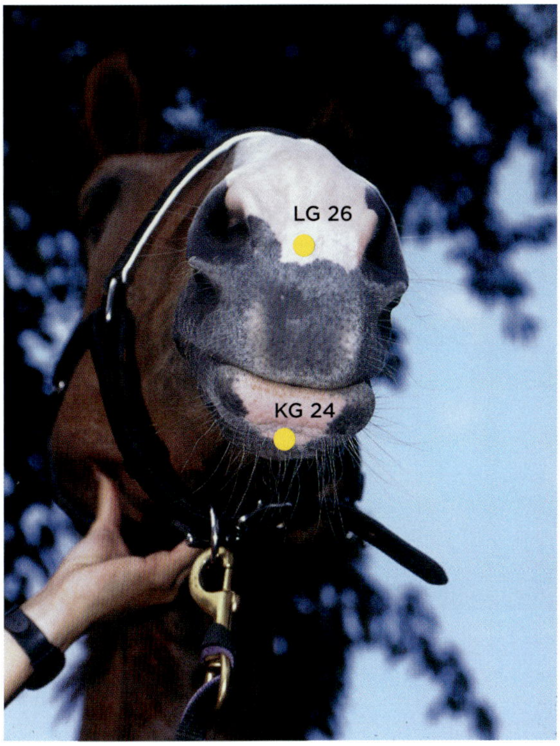

Chengjiang (Unterlippe) wirkt auch gegen Zahnschmerzen.

wirksamer Punkt, der den Geist beruhigt und auf ängstliche Pferde beruhigend wirkt.

- **Renzhong**
  Der Punkt Renzhong liegt ebenfalls auf dem Lenkergefäß. Es ist der Punkt LG 26 und befindet sich zwischen den Nustern. Eine Massage dieses Punktes wirkt beruhigend, es werden im Pferd beruhigende Stoffe ausgeschüttet. Zudem ist der Punkt zur Schockbehandlung geeignet.
- **Chengjiang**
  Chengjiang liegt auf dem Konzeptionsgefäß, es ist der Punkt KG 24. Er befindet sich auf der Mitte der Unterlippe, am Übergang der behaarten zur unbehaarten Haut. Auch er hat beruhigende Wirkung und harmonisiert geistige Störungen.

Bei dem Yin-Yang-Ausgleich werden diese drei Punkte hintereinander akupressiert. Beginnen Sie mit Renzhong (30 Sekunden), fahren Sie fort mit Yintang (60 Sekunden) und akupressieren Sie zuletzt Chengjiang (30 Sekunden). Sie können den Ausgleich jederzeit ausführen, am Ende oder auch am Anfang einer Akupressurbehandlung. Er hilft Ihrem Pferd in besonders belastenden Situationen, dient aber auch einfach zum Beruhigen und Aufbauen Ihres Pferdes. Falls Sie sehr nervös sind, können Sie ihn auch mal an sich selbst ausprobieren.

7.2 Die Augenakupressur

Die Augenakupressur hat eine außerordentlich beruhigende und stärkende Wirkung. Um das Auge herum beginnen bzw. enden viele Meridiane. Eine Akupressur kann Störungen dieser Meridiane positiv beeinflussen.

Augenakupressur

Legen Sie Ihrem Pferd die hohle Hand über das Auge und massieren Sie mit den Fingern im Uhrzeigersinn rund um die knöcherne Kante ums Auge. Beginnen Sie auf Höhe des inneren Augenwinkels. Sie können die Massage auch mit dem Zeigefinger ausführen. Hier ziehen zu Beginn und am Ende ihres Verlaufs alle Meridiane vorbei, die Sie mit der Massage positiv beeinflussen können. Führen Sie die Augenakupressur mindestens 30 Sekunden auf jeder Seite durch.

Als wichtige Punkte der Augenakupressur sollen hier Bl 1, Bl 2, Gb 1 und Ma 1 genannt werden.

Bl 1 liegt am inneren Augenwinkel. Der Punkt harmonisiert den Blasen-Meridian und wird häufig bei Rü-

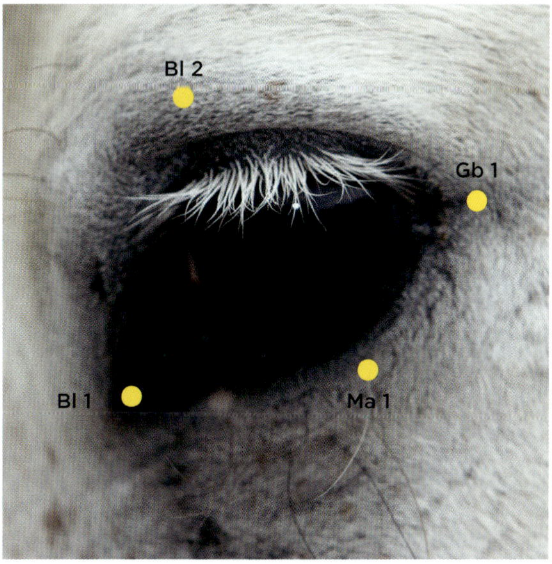

Um das Auge herum beginnen und enden viele Meridiane, die Sie bei einer Augenakupressur alle stimulieren.

B

ckenproblemen sowie Rötungen und Schwellungen der Augen eingesetzt. Daneben lindert er den Juckreiz, was insbesondere bei Bindehautentzündungen nützlich ist.
Bl 2 findet sich oberhalb des oberen Augenlids. Er hilft bei Tränenfluss, Schmerzen der Augen und Kopfschmerz (ein wirksamer Punkt auch beim Menschen).
Gb 1 befindet sich am äußeren Augenwinkel und wird bei Augenrötungen, tränenden Augen und Kopfschmerzen eingesetzt.
Ma 1 liegt auf dem unteren Augenlid, mittig unter der Pupille und hilft bei allen Augenerkrankungen, z.B. auch bei Bindehautentzündungen.

8. Schockpunkte

Es gibt in der Akupressur einige Notfallpunkte. Ein besonders wirksamer Notfallpunkt ist der Ohrspitzenpunkt Er-jian. Er hilft gegen Schock, Kollaps, Kolikanfälle und Hitzschlag. Er liegt ganz oben an der Spitze der Ohrmuschel.
Für eine Akupressur dieses Punktes legen Sie den Daumen in die Ohrmuschel, die Außenseite liegt in Ihrem Handteller. Dann streichen Sie mit der ganzen Hand kräftig die Ohrmuschel von der Basis zur Spitze hin aus.

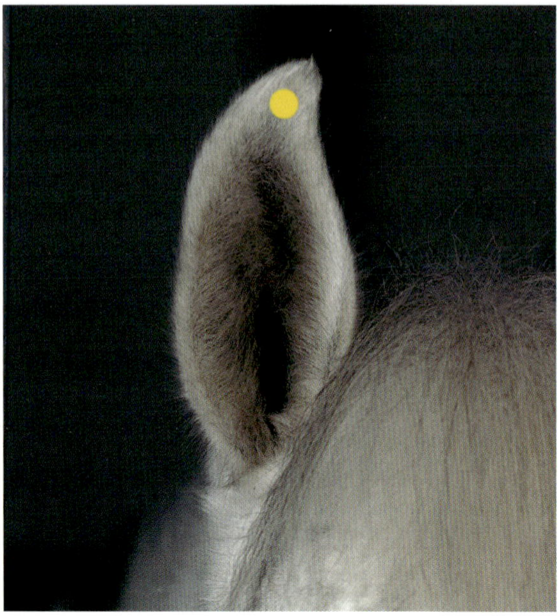

Der Akupressurpunkt Er-jian liegt auf der Ohrspitze.

Aber auch der Punkt LG 26 Renzhong ist gegen Schock und Kreislaufkollaps geeignet.
Darüber hinaus gibt es noch einen weiteren Schockpunkt, den Wei-jian, den Sie gut einsetzen können, wenn sich Ihr Pferd ungern am Kopf anfassen lässt. Er befindet sich an der Schweifrübe.

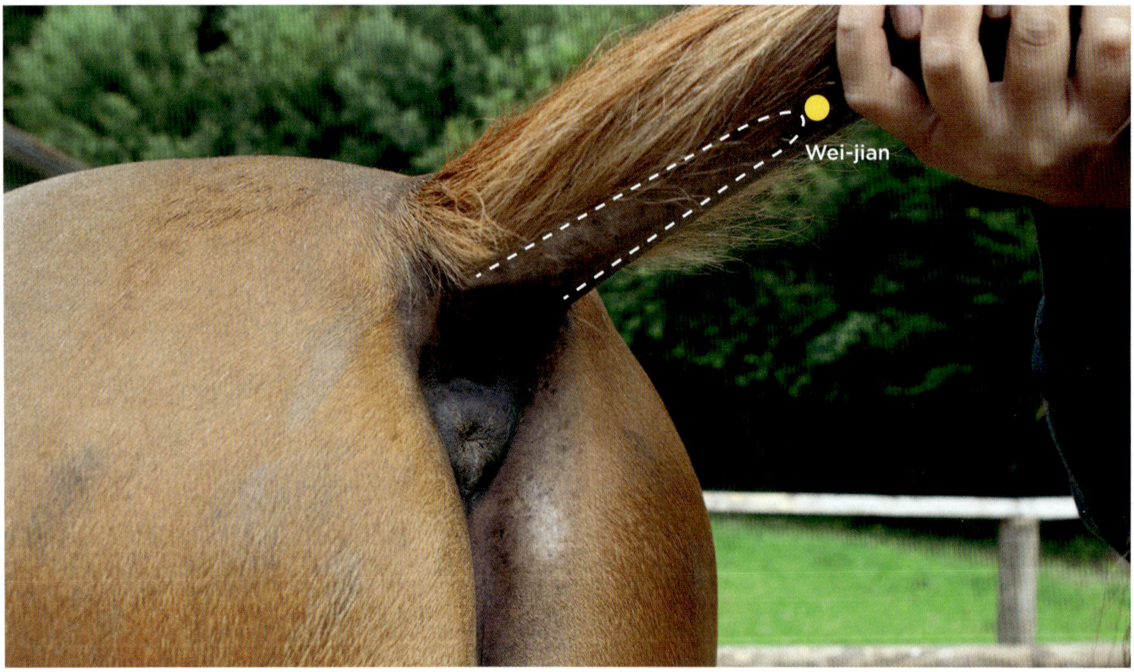

Tuina-Anmo-Therapie

Lassen Sie sich Zeit für die Tuina-Anwendung. Die Tuina-Anmo-Therapie zeichnet sich durch ihre unmittelbare Effizienz aus.

Die Tuina-Anmo ist die chinesische Massage, eine der ältesten komplexen manuellen Therapien und wichtiger Bestandteil der Traditionellen Chinesischen Medizin.

Zu den Verfahren der Tuina-Anmo-Therapie gehören differenzierte Grifftechniken (mit Fingerkuppen, Handballen, Handflächen oder Ellenbogen sowie aktive und passive Bewegungen). Sie wird großflächig angewandt und wirkt sowohl direkt (lokal) als auch indirekt (reflektorisch). Es wird gestrichen, geknetet, im Kreis massiert, gedrückt, geschoben, gewischt, gekniffen, gerollt und mehr. Einige der Grifftechniken stelle ich Ihnen anschließend vor. Ich kann Sie hier natürlich nur in geringem Umfang mit der Tuina bekannt machen und auch nur einen Ausschnitt an Grifftechniken zeigen. Wundern Sie sich nicht, auch die Grifftechniken der Akupressur finden in der Tuina-Anmo Anwendung. Eine umfassende Tuina-Therapie benötigt eine ordentliche chinesische Diagnose und wird normalerweise von einem ausgebildeten Therapeuten angewendet, der ein Behandlungsprotokoll erstellt. Da die Tuina-Handgriffe nicht so schwer zu erlernen sind, führen viele Besitzer die Massage mit einigen dieser Griffe zu Hause fort, ganz ähnlich wie das auch in der Akupressur üblich ist. Es gibt einige gute und sinnvolle Tuina-Übungen, die Sie gut anwenden können. Sei es zum Beruhigen, zur Stimulierung des Immunsystems, zum Nehmen der Ängste oder zur Anregung bzw. Beruhigung von Organen. Die Tuina hängt eng mit der Akupressur zusammen, sie stimuliert Akupunkturpunkte wie auch Meridiane und nimmt darüber Einfluss auf die inneren Organe. In einigen Fällen ist es praktischer für Sie, mit einer kleinen Tuina-Massage gleich mehrere nebeneinander liegende Punkte zu stimulieren, als jeden einzelnen dieser Punkte zu akupressieren.

Ihre Wirkung beruht auf einer Öffnung blockierter Leitbahnen und der Normalisierung der Zirkulation. Auch die Eingeweidefunktion wird normalisiert, der Blut- und Qi-Kreislauf wird angeregt mit dem Ziel, das gestörte Gleichgewicht von Yin und Yang wiederherzustellen. Verklebungen und Verengungen können gelöst werden. Es kommt zur Normalisierung des Muskeltonus und das Immunsystem wird stimuliert.

Besonders geeignet ist die Tuina bei Störungen des Bewegungsapparats, Blockaden der Meridiane und zur Schmerzbekämpfung. Denn wo Schmerz ist, da ist der freie Fluss von Qi und Xue blockiert, sagen die Chinesen.

> **Vorsicht! Wann Sie die Tuina nicht anwenden dürfen,** ***lesen Sie im Kapitel „Therapie mit Akupressur" auf Seite 90.***

1. Anwendung der Tuina

Suchen Sie zur Anwendung der Akupressur und Tuina eine ruhige Umgebung, einen Ort, an dem Sie nicht gestört werden, Ihre innere Ruhe finden und Ihr Pferd entspannen kann. Tragen Sie keinen Schmuck an den Händen und arbeiten Sie nur mit kurzen Fingernägeln. Es dürfen keine Öle angewendet werden. Vor Beginn konzentrieren Sie sich zunächst auf sich selbst, schieben alle anderen Gedanken zur Seite. Sie müssen sich auf das Hier und Jetzt konzentrieren. Spüren Sie, wie die Energie, wie die Kraft zu Ihren Fingern strömt. Wärmen Sie Ihre Hände an und arbeiten Sie nur auf der warmen Pferdehaut. Kühle Bereiche wärmen Sie mit sanften Streichungen auf. Wenden Sie nur die angemessene Kraft an, bei akuten Beschwerden sind Sie sanft, bei chronischen Beschwerden etwas kräftiger. Die Anwendungen dürfen Ihrem Pferd keinesfalls unangenehm sein. Deshalb immer beide Hände ans Pferd und beobachten Sie Ihr Pferd während der Anwendung. So können Sie eine Abwehr frühzeitig bemerken. Arbeiten Sie möglichst nicht gegen den Haarstrich und führen Sie Ihre Bewegungen fließend, gleitend aus.
Auch zu dieser Anwendung gibt es in Teil C des Buches entsprechende Anwendungsempfehlungen und Abbildungen sowie Videos zum Ansehen.

2. Wichtige Tuina-Griffe

Die grundsätzlichen Greiftechniken werden den Physiotherapeuten, Masseuren und Osteopathen im Großen und Ganzen durchaus bekannt vorkommen, denn die Griffe der manuellen Therapien in Ost und West ähneln sich sehr. Allerdings sind die Hintergründe völlig anders. Wenn Sie einen der Griffe anwenden möchten, können Sie die Finger verwenden, die Fingerknöchel, den Daumenballen, den kleinen Ballen, die Handwurzel, die flache Hand oder auch den Ellenbogen. Es kommt ganz darauf an wie groß oder mächtig der Muskel ist bzw. wo der Akupressurpunkt am Pferdekörper liegt.

Wichtige Tuina-Griffe

Gruppe	Name	Anwendung und Wirkung
Reibung/Spannung Mo Ca Fă	Mo Fă	• sanftes Reiben und Streichen mit harmonisierender Wirkung • Mo erwärmt die Meridiane, vertreibt Kälte, reguliert das Fließen des Qi und des Blutes, löst Krämpfe und Schmerzen, baut lokale Schwellungen ab und reguliert die Funktion des Nervensystems
	Tui Fă	• Schieben, als langen Strich oder zwischendurch immer wieder absetzen • belebt die Meridiane, fördert das Fließen des Qi und des Blutes, löst Krämpfe und Schmerzen, vertreibt Wind, Kälte und Hitze, unterstützt die Verteilungsfunktion der Lungen und reguliert die Verdauung
	Ca Fă	• gerades Reiben, kurze oder lange Stücke, aber auch am Rücken in kurzen Strichen vor und zurück, rechts und links gegeneinander. • wärmt, wirkt harmonisierend, tonisierend und löst Krämpfe sowie Blockaden des Qi
	Moo Fă	• das Gesicht und die Stirn des Pferdes sanft mit beiden Händen auseinander wischen und den Ohrgrund sanft massieren • beruhigt die Stimmung, schärft den Geist und unterstützt die Augen

Zusammendrücken/ (Aus)Pressen Ji Ya Fă	An Fă	• drücken, pressen, mit den Fingern, Knöcheln oder mit dem Ellenbogen • regt den Fluss des Qi und des Blutes an, löst Blockaden der Meridiane, hilft bei Krämpfen und Schmerzen
	Nie Fă	• Kneifen mit beiden Händen, mit Daumen, Zeige- und Mittelfinger zusammen oder einen Muskel umgreifen mit beiden Händen nebeneinander und zusammenpressen • stärkt, belebt das Blut und das Qi
	Na Fă	• Greifen, z.B. einen Muskel umgreifen und lockern, aber auch ziehen und kneifen • eine wärmende Methode, da sie Wind und Kälte vertreibt, belebt die Zirkulation, entspannt die Sehnen
Beben/Erzittern Zhen Dong Fă	Dou Fă und Zhen Fă	• Schütteln, Zittern, Vibrieren (mit beiden Händen, meist Handinnenfläche oder auch mit den Fingern) • entspannt die Muskeln und Sehnen und weitet die Gelenkzwischenräume, hilft bei Krämpfen und Versteifungen und verbessert die Beweglichkeit von Gelenken
Schwingen/ Kreisen Bai Dong Fă	Yi Zhi Chan	• mit den Fingerspitzen drücken und kreisen oder auch vibrierendes Drücken • gleicht Yin & Yang aus, aktiviert den Fluss von Qi und Blut • Meridianblockaden werden gelöst, hilft bei Krämpfen und Schmerzen
	Rou Fă	• rotierendes Kneten, mit 3 bis 4 Fingern kreisen oder mit dem Handballen oder mit der Daumeninnenseite durchgeführt • Rou erwärmt die Meridiane, tonisiert die Organe, lindert Schmerzen, vertreibt Kälte, unterstützt das Fließen von Qi und des Blutes
	Gun Fă	• über die Handkante abrollen bis zum Zeigefinger • aktiviert die Meridiane, wärmt, vertreibt Kälte, regt die Zirkulation des Qi und des Blutes an, bei Schwellungen
Beklopfen/ Abklopfen Kou Ji Fă	Ji Fă	• Schlagen mit hohlen Handinnenflächen, Faustrücken, Faustunterseiten • bei Schmerzen, Taubheitsgefühl und Muskelermüdung • regt die Meridiane und Muskeln an und aktiviert das Fließen von Qi und dem Blut
	Pai Fă	• Klopfen, Klatschen, auch Kneten mit den Handflächen, Fingern • regt die Meridiane, Muskeln, Nerven und geistigen Aktivitäten an, stabilisiert Knochen • Pai aktiviert das Fließen von Qi und Blut, löst Blutstauungen und Stagnationen des Qi

3. Tuina-Übungen zum Beruhigen und Stärken des Pferdes

Die Tuina-Anwendungen unterscheiden sich gar nicht so sehr von den westlichen Massagen. Der große Unterschied ist, dass alle Anwendungen hier auf Meridianen und Akupunkturpunkten passieren. Stimuliert man dabei einen einzelnen Akupunkturpunkt, so ist es Akupressur. Das gehört einfach zusammen. Die Tuina-Anmo-Therapie zeichnet sich durch ihre direkte Wirkung aus. Ihre Wirkung beruht auf einer Öffnung blockierter Leitbahnen und der Anregung der Blut- und Qi-Zirkulation. Auch die Organfunktionen und der Muskeltonus werden normalisiert, das Immunsystem stimuliert. Besonders geeignet ist die Massage bei Störungen des Bewegungsapparats, Blockaden der Meridiane und zur Schmerzbekämpfung.

Hier stelle ich Ihnen den **Kleinen Energiekreislauf** sowie die **Yin- und Yang-Stärkung der Beine** vor. Weitere Übungen finden Sie in Teil C dieses Buches.

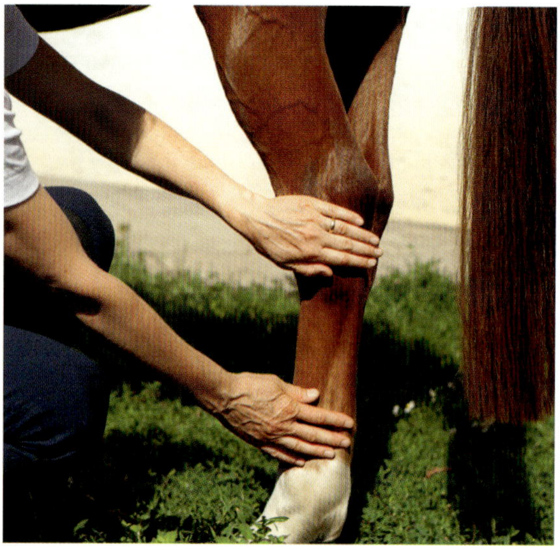

Es sollten immer beide Hände am Pferd liegen.

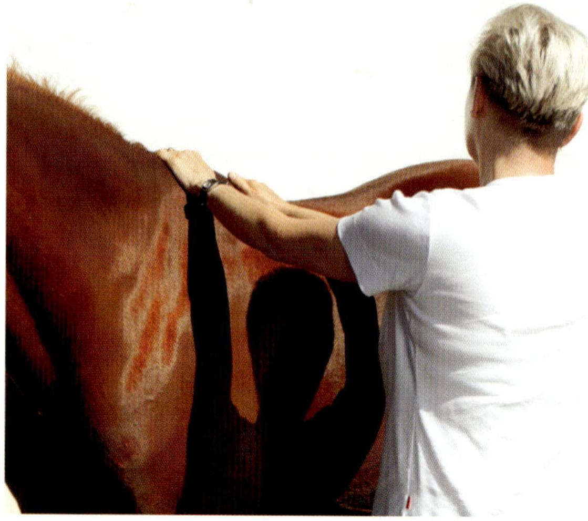

Achten Sie immer auf den Meridianverlauf.

3.1 Ziehen des Kleinen Energiekreislaufs

Neben dem Großen Energieumlauf oder -kreislauf mit den 12 Hauptmeridianen gibt es noch einen Kleinen Energiekreislauf, der vom Lenkergefäß und Konzeptionsgefäß gebildet wird. Diese beiden Meridiane sind die wichtigsten Energiebahnen, da sie mit allen anderen Meridianen zusammentreffen. Mit dem kleinen Kreislauf können Sie kleine Energieungleichgewichte und allgemeine Schwäche beseitigen. Er hilft den Pferden in Stresssituationen und bei chronischen Schmerzen.

Dafür lockern Sie sich, so wie Sie es auch vor jeder Akupressurbehandlung, jedem Yin-Yang-Ausgleich tun. Wie Sie bereits erfahren haben, beginnen die beiden Gefäße oberhalb und unterhalb des Anus und führen jeweils entlang der Mittellinie bis zur Pferdenase *(s. Zeichnung Seite 111)*.

Beginnen Sie an der Pferdenase zwischen den Nüstern und streichen Sie mit beiden Händen entlang des Lenkergefäßes. Auf der linken Pferdeseite stehend wird die rechte Hand zuerst aufs Genick des Pferdes gelegt und verharrt dort. Dann gleitet die linke Hand von der Pferdenase sanft aufwärts und streicht über die Mitte des Kopfes bis zum Genick des Pferdes. Die rechte Hand wird auf den Widerrist gelegt und wieder folgt die linke Hand vom Genick über den Mähnenkamm zum Widerrist. Dann rutscht die rechte Hand erneut ein Stück weiter bis hin zum Schweif. Die Energie gleitet zwischen beiden Händen wie zwischen Polen hin und her. Deshalb wird die linke Hand zur rechten gezogen. Dann geht es auf dem Konzeptionsgefäß *(s. Zeichnung Seite 111)* weiter. Wenn das Pferd sich ungern zwischen die Hinterbeine und an Schlauch bzw. Euter fassen lässt, greifen Sie davor und streichen weiter entlang der Mittellinie bis zur Unterlippe.[21] Bei der nächsten Runde wird Ihr Pferd ruhiger sein und sich eher dort anfassen lassen. Wenn Sie das Gefühl haben, an bestimmten Stellen öfter entlangstreichen oder verweilen zu müssen, dann machen Sie das. Ziehen Sie 3- bis 5-mal den Kleinen Kreislauf.

Der Kleine Energiekreislauf

3.2 Yin- und Yang-Stärkung der Beine[22]

Mit dieser Massage werden die Yin- und Yang-Energien aktiviert. Dies unterstützt die Behandlung von Bewegungsproblemen und Überlastung. Auch hilft es nach langen Ritten sowie nach Bissen und Tritten, Schlägen oder stumpfen Verletzungen.

Für die Yin-Stärkung werden die Innenseiten und für die Yang-Stärkung die Außenseiten der Hinterbeine massiert. Dies bitte mehrmals hintereinander. Auch hier gilt, immer beide Hände ans Pferd. An den

21/22 Vgl. Salomon, W.: Die energetische Behandlung des Pferdes. Sonntag Verlag 2002.

Yin- und Yang-Stärkung der Beine

Vorderbeinen werden die Rückseiten der Beine mehrmals hinunter massiert bis zum Fesselkopf. Danach wird die Vorderseite der Vorderbeine ebenfalls mehrmals nach oben gestrichen und geknetet.

3.3 Ting-Punkt-Behandlung

Die Ting-Punkte befinden sich alle im Bereich der Hufe und zwar knapp über dem Kronsaum in einer Vertiefung. Hier starten und enden die 12 Hauptmeridiane. Die Punkte haben zum Teil wichtige Notfallfunktion, so bei Ni 1, MP 1, Di 1, He 9, Lu 11 und Pc 9. Es sind hilfreiche Punkte bei Kollaps, Hitzschlag oder Bewusstseinstörungen bei hohem Fieber. Alle Punkte wirken lokal bei den verschiedenen Huferkrankungen, viele wirken schmerzlindernd, andere beruhigen ihn wie Gb 44, Ma 45, Le 1 und Ni 1. Sie haben aber auch eine Fernwirkung. Dazu regt eine Massage in diesem Bereich das Hornwachstum an.

Stimulieren Sie die Punkte nacheinander über insgesamt 3 bis 4 Minuten pro Huf bei Huferkrankungen drückend-kreisend (Rou An Fǎ). Das regt auch das Qi an, schneller von einem Meridian in den nächsten zu gelangen.

Es gibt an jedem Huf jeweils zwei Punkte innen, zwei außen, einen hinten zwischen den Ballen und einen vorn, einen Fingerbreit seitlich/lateral der Mittellinie. Die anderen Punkte finden sich jeweils vor und hinter einer gedachten Mittellinie *(s. Zeichnung unten)*. Vorn am Innenhuf finden sich Di und Lu, hinten innen Le und MP. An der Außenseite des Vorderhufs sitzen die Punkte Dü und He, am Hinterhuf sind es Bl und Gb. 3E 1 liegt vorn etwa einen Fingerbreit seitlich einer gedachten Mittellinie über dem Kronsaum des Vorderhufs und Ma 45 an der gleichen Stelle am Hinterhuf *(s. Zeichnung unten)*. Zwischen den Ballen liegen vorn Pc 9 und hinten Ni 1.

Die Ting-Punkte

Skizzenhafte Darstellung der Anfangs- und Endpunkte über dem Kronsaum: Darunter sind wichtige Notfallpunkte und viele hilfreiche Punkte für die Beinerkrankungen. Die Punkte am Hinterbein sind in blau markiert, die des Vorderbeins in grün.

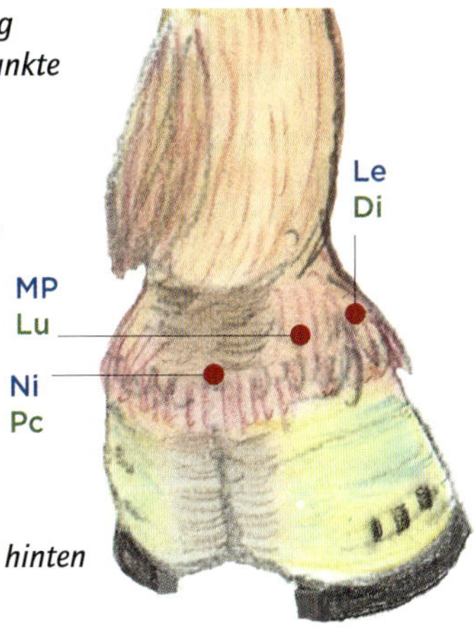

Innenseite und hinten

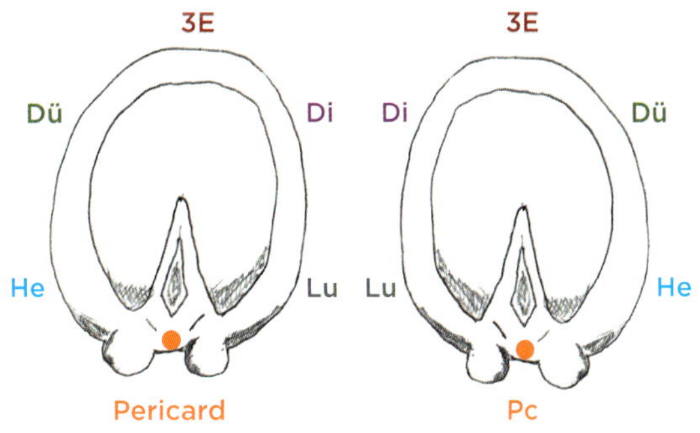

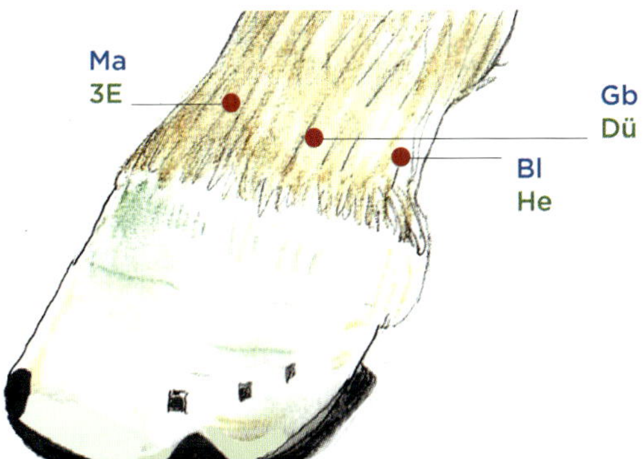

Außenseite und vorn

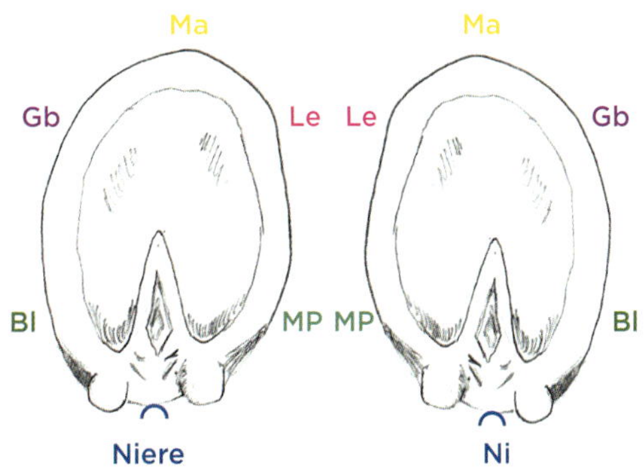

Therapie mit Bachblüten-Essenzen

Rescue, die Bachblüten-Notfalltropfen

Die Bachblüten-Therapie ist eine feinstoffliche Therapie. Es handelt sich hierbei keineswegs um Blumen, die an einem Bach wachsen und die als Heilmittel verfüttert werden müssen. Die Bachblüten-Therapie ist nach ihrem Erfinder Dr. Edward Bach (1886 bis 1936) benannt und besteht aus Blütenessenzen von 38 wild wachsenden Pflanzen sowie einer Kombination von fünf Blütenessenzen in Form der Notfalltropfen (Rescue) zur Sofortmaßnahme. Zusammen ergeben sie die 39 Blütenessenzen, die Ihnen im Folgenden vorgestellt werden. All dies kann Ihnen jedoch nur einen ersten Eindruck dieser Therapie verschaffen und versuchen, Ihr Interesse dafür zu erwecken.

Merke: **Die Therapie mit Bachblüten kann und soll nicht den Tierarztbesuch ersetzen, sie ist eine begleitende Therapie, die mit anderen Therapien gut kombiniert werden kann.**

1. Hintergrundgedanke dieser Therapieform

Der Begründer der Bachblüten-Therapie Dr. E. Bach war ein Verfechter der ganzheitlichen Medizin. Die Medizin sollte sich nicht nur mit dem Körper befassen, sondern Körper und Geist in Einklang bringen. Bach sah Krankheiten als Ausdruck oder Warnzeichen einer kranken Seele an.

Ihm fiel auf, dass Krankheiten meist mit bestimmten Gemütszuständen einhergehen. Negative Gedanken, Schock, Angespanntheit oder Stress haben einen direkten Einfluss auf die körperlichen Vorgänge. Bach gelangte zu der Erkenntnis, dass der Mensch oder das Tier behandelt werden muss, nicht seine Krankheit. Ist die Seele des Menschen/Tieres gesund, so ist die Krankheit überflüssig, sie verschwindet. Meistens verändert sich das Gemüt bereits vor den ersten Krankheitsanzeichen. Bach fand heraus, dass bestimmte Blüten heilende Energien an den

Körper abgeben und so negative Gemütszustände ausgleichen können. Dabei war es Bach wichtig, dass es sich um nicht giftige Pflanzen handeln solle. Diese Energien oder auch Schwingungen lassen sich über das Sonnenlicht oder durch Abkochung gewinnen und in reinem Quellwasser einfangen. Dabei enthalten Bachblüten keine nachweisbaren heilenden Bestandteile. Bach selbst hat ihre Wirkung mit der aufheiternden Wirkung eines Sonnenstrahls oder der Wirkung einer schönen Musik oder einer wunderbaren Erfahrung verglichen. Wir kennen das von uns selbst, wem tut es nicht gut, wenn nach einem düsteren, stürmischen und verregneten Tag die Sonne hinter den Wolken hervorkommt und der Himmel plötzlich tiefblau erstrahlt?

Und doch ist es mehr, denn der Energiezufluss, der durch die Gabe von Bachblüten erreicht wird, ist durchaus messbar. Die Bachblüten-Therapie ist eine sanfte Medizin ohne giftige Substanzen, ohne Nebenwirkungen. Sie könnten sie sogar einem Menschen- oder Tierbaby geben. Sie lässt sich hervorragend mit anderen Behandlungsmethoden kombinieren, ohne diese zu beeinflussen.

Natürlich kann und soll sie nicht als alleinige Behandlung von Akuterkrankungen eingesetzt werden. Gerade bei sensiblen, feinfühligen Tieren jedoch kann sie die Behandlung unterstützen und das seelische Gleichgewicht herstellen. Die Bachblüten regen den Körper an, sich selbst zu helfen. Pferde sprechen sehr gut auf diese Behandlung an.

Interessanterweise benötigen in vielen Fällen Reiter bzw. Halter und Pferd die gleiche Blüte. Denn oft entsteht durch die enge Beziehung zwischen Pferd und Reiter eine große Übereinstimmung. Es schadet also nichts, wenn Sie selbst einmal überlegen, welche Blüte Ihnen guttun würde. Probieren Sie es einfach an sich aus.

Für Ihr Pferd suchen Sie sich zunächst die Blüte aus, die am besten zu ihm passt, und kombinieren sie mit den Blüten, die bei den jeweiligen Erkrankungen stehen. Wenn es nicht klappt, lassen Sie sich von einem Therapeuten, der Bachblüten einsetzt, beraten.

Die Utensilien zur Herstellung einer Einnahmemischung

2. Herstellung der Einnahmemischung in Flasche oder Spritze

Tropffläschchen: Die gewählten Blütenessenzen sowie ein kleines Tropffläschchen mit Pipette zum Anmischen der eigentlichen Einnahmemischung bekommen Sie in der Apotheke oder im Internet. Die Blütenessenzen aus der Apotheke dienen als Vorratsflasche, auch „stock bottle" genannt, und sie enthalten Bachblüten-Essenzen in konzentrierter Form. Zur Einnahme sollten sie verdünnt werden. Dafür benötigen Sie das Pipettenfläschchen. Solche Fläschchen gibt es in verschiedenen Größen, geeignet sind je nach Eingabedauer 10 ml-, 20 ml- oder 50 ml-Fläschchen. Für die Zubereitung einer fertigen Einnahmemischung geben Sie von jeder ausgesuchten Blüte 2 Tropfen zu je 10 ml bzw. 10 Tropfen zu je 50 ml kohlensäurearmes Mineral- oder gutes Leitungswasser in das Fläschchen. Die Rescue-/Notfalltropfen, werden doppelt so hoch dosiert (4 Tropfen auf 10 ml bzw. 20 Tropfen auf 50 ml). Bereiten Sie mehr als 10 ml zu, so ersetzen Sie etwa ein Drittel des Wassers durch Apfelessig. Das konserviert die Lösung. Auch ohne den Essigzusatz hält die Einnahmemischung drei Wochen im Kühlschrank. Verwenden Sie möglichst wenige Blüten nebeneinander. Aus dieser Pipettenflasche, welche die Einnahmemischung enthält, bekommt Ihr Pferd, wenn es ausgewachsen ist, 10 Tropfen 3- bis 4-mal täglich, falls dies möglich ist.

Spritze: Statt des Pipettenfläschchens können Sie auch Spritzen mit 10 ml und 20 ml Fassungsvermögen aus der Apotheke holen. Sie können dort sogar kleine Verschlüsse für die Spritzen bekommen. Auch mit einer Spritze lassen sich die Tropfen zum Einnehmen gut dosieren. Messen Sie die nötige Mineralwassermenge mit der Spritze ab und füllen sie diese in ein Schnapsglas. Dann geben Sie von der ausgewählten Essenz 2 oder 4 Tropfen hinzu und ziehen das Ganze wieder mit der Spritze auf.

3. Rescue-/Notfalltropfen

Die Notfalltropfen - auch Rescue genannt - sind eine bereits fertige Kombination von 5 Blütenessenzen. Dabei handelt es sich um

1. **Clematis** (drohende Bewusstlosigkeit, gegen geistige Abwesenheit)
2. **Cherry Plum** (Angstblüte, nach seelischen oder körperlichen Schmerzen)
3. **Impatiens** (bei großer innerer Anspannung, starken Schmerzen)
4. **Rock Rose** (Bewusstlosigkeit, akute Panik, nach Unfällen)
5. **Star of Bethlehem** (gegen Schockzustand)

Rescue gibt es auch als fertige Salbe, mit und ohne den Zusatz von Crab Apple, in der Apotheke. Wie aus der Zusammenstellung der Blüten bereits zu ersehen ist, ist Rescue für alle Notfälle gedacht. Bei Unfällen, Schockzuständen und -erlebnissen, schweren Geburten, starken, plötzlichen Schmerzen oder großen Ängsten eignen sie sich ebenso wie bei einem Trauerfall, Stallwechsel, nach Operationen und Verletzungen. In extremen Fällen kann Rescue sogar schon nach einer einmaligen Gabe helfen. Dabei ist Rescue als erste Hilfe gedacht, nicht als Dauertherapie. In diesen Notfällen verwenden Sie Rescue direkt aus der Stockbottel. Bei einer Einnahmemischung wird die doppelte Tropfenmenge verwendet. Mischen Sie also 4 Tropfen auf 10 ml gutes Leitungswasser.

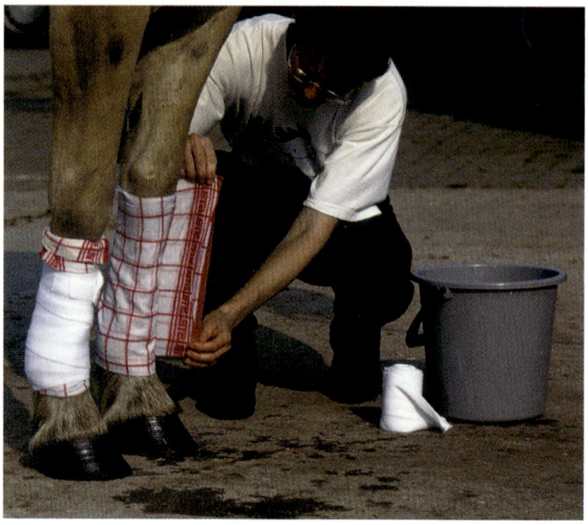

Bachblüten können bei Waschungen und Umschlägen dem Wasser beigegeben werden.

4. Herstellung einer Bachblüten-Mischung zum äußerlichen Auftragen

Umschläge und Wickel

Bachblüten können nicht nur innerlich, sondern auch äußerlich angewendet werden. Dafür mischt man 6 Tropfen der Blütenessenz in einen halben Liter Leitungswasser. Die Anwendung bietet sich in Form einer Waschung bei Hautekzemen an oder als Angussverband bei Entzündungen, Prellungen, Stauchungen und Schwellungen, hier besonders gut in Kombination mit 4 Tropfen Arnikatinktur. Sehr gut eignen sich **Heilerde-Umschläge** in Kombination mit Bachblüten-Essenzen. Dafür werden 4 EL Heilerde mit etwas Wasser zu einem Brei verrührt. Hierzu mischen Sie 4 Tropfen Crab Apple und streichen das Ganze auf eine Kompresse, diese wird auf das Pferdebein gelegt und mit einer selbstklebenden Binde fixiert. Nach 2 bis 3 Stunden wird sie wieder entfernt. Das hilft bei Prellungen, Zerrungen, geschlossenen Entzündungen und Hämatomen, also Blutergüssen nach Tritten, Bissen oder anderen Verletzungen. Noch besser heilt es, wenn Sie auch hier noch einige Tropfen Arnikatinktur mit untermischen.

Salben und Cremes

Eine Blütenessenz kann in jede unparfümierte Salbengrundlage hineingearbeitet werden. Rescue ist in der Apotheke als Salbe erhältlich.
Als Einsatzgebiet für die Bachblüten-Salben eignen sich Hauterkrankungen oder Insektenstiche. Daneben können auch Lotionen problemlos hergestellt werden, indem man 4 Tropfen der Blütenessenz in 10 g Lotion oder Salbe mischt. Leere Salbendöschen bekommen Sie in der Apotheke, in der Drogerie und im Internet. Sehr gut eignen sich hier auch Kombinationen mit Heilkräutern, -extrakten oder Tinkturen.

Eine gute **Creme gegen Sommerekzem** ist die folgende Rezeptur:

- 100 ml kalt gepresstes Olivenöl, Bio-Qualität
- 20 Tropfen Lavendelöl
- 15 Tropfen Ringelblumen-Tinktur oder eine Handvoll getrockneter Ringelblumenblüten
- 10 Tropfen Crab Apple
- 10 Tropfen Beech
- 25 g Bienenwachs
- 25 g Shea- oder Kakaobutter

Das Olivenöl, Bienenwachs und die Sheabutter in einem Gefäß im Wasserbad bis zu 70 °C erwärmen. Falls Sie getrocknete Blüten verwenden, geben Sie diese nun dazu und lassen Sie sie bei kleiner Hitze 20 Minuten lang ausziehen. Das Gebräu färbt sich dabei etwas gelblich. Danach die getrockneten Blüten durch ein Baumwolltuch abseihen. Dann abkühlen lassen.
Verwenden Sie Ringelblumen-Tinktur, müssen Sie die erwärmte Masse gleich abschütten und abkühlen lassen. Aber Vorsicht! Wenn es abgekühlt ist und bevor es fest wird, müssen die Tropfen der Blütenessenzen, des Lavendels und der Ringelblumen-Tinktur untergerührt werden.
Geben Sie das Gemisch dann in eine Salbendose, die Sie entsprechend beschriften. Die Creme hält ein Jahr.

Rezeptur der Creme gegen Sommerekzem

5. Tropfenmenge und Einnahmedauer

Geben Sie Ihrem Pferd 3- bis 4-mal täglich 10 Tropfen von der Einnahmemischung. Ponys und Kleinpferde bekommen je nach Größe bzw. Gewicht 5 bis 8 Tropfen, Fohlen 3 bis 5 Tropfen je Gabe. Am besten verabreichen Sie die Tropfen morgens, mittags, nachmittags und abends. Viermal täglich eine Gabe wäre optimal. Falls dies aus logistischen Gründen nicht möglich ist, sollten Sie zumindest zweimal täglich, wenn Sie kommen und bevor Sie gehen, je eine Gabe verabreichen. Bitten Sie den Stallbesitzer oder Futtermeister darum, die Tropfen für Sie mitzufüttern. Wenn sie bereits fertig gemischt sind, wird er Ihnen sicherlich den Gefallen tun. Geben Sie die Tropfen auf ein getrocknetes Brötchen, ein Stück Würfelzucker oder ein Stück Apfel. Wenn Ihr Pferd Kräutertee mag, darf es die Tropfen auch darin bekommen. Sie können die nötige Tropfenmenge auch über die Tränke aus Kunststoff verabreichen.
Ein neugeborenes Fohlen bekommt 3 bis 4 Tropfen pro Gabe und möglichst 3 bis 4 Gaben am Tag. Nach einer schweren Geburt sollten Sie zu jeder Blütenmischung auch Rescue-/Notfalltropfen kombinieren, das Sie direkt aus der Stockbottel dosieren können. Bei Saugfohlen hat es sich bewährt, die Tropfen direkt auf die Zitze des sauberen Euters der Stute aufzubringen. So nimmt das Fohlen die Essenzen direkt beim Saugen mit auf.

Machen Sie sich keine Sorgen, falls Sie Ihrem Pferd versehentlich zu viele Tropfen verabreichen. Das ist nicht schädlich, es hilft Ihrem Pferd aber auch nicht.
Die Anwendungsdauer kann recht unterschiedlich sein. Akute Probleme wie leichte Verhaltensstörungen, Infektionskrankheiten, eine lange Hängerfahrt, Turniervorbereitungen, Umzug oder Verlust, Unfallfolgen oder akute Krankheitsgeschehen benötigen eine Behandlung von 1 oder 2 Tagen bis zu 2, manchmal auch 3 Wochen. Dazu gehört auch die vorbeugende Behandlung des Pferdes.
Bei einer chronischen Erkrankung, einer Verhaltensstörung die länger besteht, muss länger behandelt werden. In der Regel dauert die Therapie hier zwischen 3 Wochen und einigen Monaten. Bewahren Sie dabei die fertige Einnahmemischung im Kühlschrank auf.
Zeigen die Tropfen keinerlei Wirkung, so haben Sie vermutlich die falschen Blüten gewählt. Keine Angst, sie schaden nicht, können aber auch keine Veränderung bewirken, da „ihr Behandlungsbereich" ja in Ordnung ist.
Sie sollten jedoch immer daran denken, dass eine Bachblüten-Therapie alleine meist nicht ausreichend ist, wenn nicht auch die Haltung, Fütterung und Bewegung des Pferdes optimiert werden.

Beech (Buche) bringt dem Pferd Toleranz und Sanftmut und wird auch gerne bei Allergien eingesetzt.

6. Die 39 Bachblüten von A wie Agrimony bis W wie Willow

Zu jeder der 39 Bachblüten gibt es charakteristische Auffälligkeiten oder Verhaltensweisen, die den jeweiligen Gemütszustand des Tieres beschreiben, hier nur in aller Kürze. Danach werden die jeweiligen Blüten ausgewählt.

1. Agrimony, Gemeiner Odermenning (innere Qualen)

Die Pferde scheinen gesellig und gut gelaunt. Tatsächlich aber leiden sie unter großer innerer Unruhe, wollen beschäftigt werden und gehen Konflikten aus dem Weg. Sie neigen dazu, sich zu überfordern. Die Pferde sind ruhe- und rastlos, laufen in der Box und auf der Weide hin und her. Agrimony bringt Pferd und Reiter Ruhe und inneren Frieden.

2. Aspen, Espe (unbestimmte Ängste)

Die Pferde sind meist sehr sensibel. Sie leiden unter Ängsten, die nicht erklärbar sind, schwitzen leicht, wirken gehetzt und schreckhaft. Sie scheinen sich grundlos zu verkrampfen. Oft ist es nur an ihrem Zittern und Schwitzen beim Reiten zu sehen. Aspen ist eine der 5 Angstblüten, sie schenkt Vertrauen und Zuversicht. Sinnvoll ist die Kombination mit Larch zur Stärkung ihres Selbstbewusstseins.

3. Beech, Buche (Intoleranz)

Die Pferde sind reizbar, dickköpfig und haben einen starken Willen. Sie lassen sich nur schwer in eine Herde eingliedern und reagieren fremden Pferden gegenüber aggressiv. Sie nutzen jeden Fehler aus, um ihre Position zu verbessern. Beim Fressen sind sie wählerisch und verweigern Futter schnell aus Protest. Beech bringt dem Pferd Toleranz und Sanftmut. Beech wird auch gerne bei Allergien eingesetzt.

4. Centaury, Tausendgüldenkraut (zu gutmütig, Willenschwäche)

Freundliche, sanfte Pferde, die sich fügern und leicht unterordnen. Bei Menschen sind es beliebte Anfängerpferde. Aber es sind Pferde, die in einer Herde schnell unterdrückt oder gar gequält werden, was sie natürlich sehr stresst. Die Pferde sind kraftlos, oft krank und bekommen leicht Parasiten. Die Blüte kräftigt und hilft ihnen sich durchzusetzen.

5. Cerato, Bleiwurz (Unsicherheit)

Die Pferde zeigen wenig eigenen Willen oder Selbstbewusstsein, sie fühlen sich unsicher. Sie schließen sich anderen Pferden oder Menschen eng an und wollen ständig Lob und Bestätigung. In einer Herde ist das Pferd immer rangniedrig, unsicher, aber zufrieden. Das Pferd löst sich nicht gern aus der Herde. Cerato schenkt Selbstvertrauen.

6. Cherry Plum, Kirsch-Pflaume (überängstlich, unterdrückte Angst)

Nach seelischem Druck oder starken körperlichen Schmerzen, Unfällen oder Misshandlungen. Die Pferde wirken nervös, angespannt und kraftlos oder traurig. Ein etwas starrer Blick ist typisch, ebenso wie die innere Anspannung, die sich auch mal entladen kann. Oft zeigen sie stereotype Verhaltensstörungen wie Koppen oder Weben. Cherry Plum ist eine der 5 Angstblüten. Die Blüte bringt Ruhe und innere Gelassenheit. Die Pferde werden stabiler.

7. Chestnut Bud, Rosskastanienknospen (Lernschwäche, gleiche Fehler)

Für Träumer, die leicht abgelenkt sind. Für Pferde, die sich mit dem Lernen schwertun und nicht aus ihren Fehlern lernen. Durch ihre Leichtsinnigkeit neigen sie zu Verletzungen und wiederkehrenden Erkrankungen. Es sind meist freundliche, leicht tollpatschige Tiere, die gerne beschäftigt werden. Die Blüte schärft die Selbstwahrnehmung.

8. Chicory, Zichorie oder Wegwarte (Kontrolle haben, übertrieben fordernd)

Die Pferde wollen im Mittelpunkt stehen, sind selbstbewusst, setzen ihren Willen taktisch durch, ob in der Herde oder beim Menschen. Sie fordern Zuwendung und Aufmerksamkeit, sonst reagieren sie empfindlich und beleidigt. Es sind intelligente, schnell eifersüchtige Tiere mit zu stark ausgeprägtem Schutztrieb, der sie überfürsorglich macht. Hier kann der Einsatz der Bachblüte Chicory hilfreich sein.

9. Clematis, Gemeine Waldrebe (Tagträumer)

Ruhige Pferde, die sich nicht mehr als nötig anstrengen wollen, träge und schläfrig sind. Diese Pferde lernen langsam, sind verträumt beim Arbeiten und stolpern deshalb häufiger. Sie separieren sich oft von der Herde und dösen. Oft eignen sie sich besser zum Kuscheln und Pflegen als zum Reiten. Clematis weckt die Lebensfreude, lässt die Pferde wacher werden.

10. Crab Apple, Holzapfel (Reinigungsblüte)

Pferde, die auf Sauberkeit bedacht sind, nicht gerne in Pfützen treten. Sie arbeiten und lernen gerne. Es sind aber auch infektionsanfällige Pferde und Pferde, die zu Hautkrankheiten neigen. Sie scheuern sich gerne, lieben es, geputzt zu werden, und mögen es sauber. Eine Essenz bei Parasitenbefall oder um den Körper nach einer Wurmkur oder Antibiotikatherapie wieder in Schwung zu bringen. Crab Apple reinigt den Körper, entgiftet und entschlackt ihn.

11. Elm, Ulme (Überforderung, zeitweise psychische Erschöpfung)

Leistungsstarke Pferde zeigen plötzlich Schwächen, wirken überfordert, müde und erschöpft. Eigentlich sind es stabile, starke Pferde, Sportler, die freundlich sind und zugänglich. Man sollte sie nicht überfordern und ihre Leistung würdigen. Elm hilft beim Überwinden der Erschöpfung und Überforderung.

12. Gentian, Bitterer Enzian (nicht an sich glauben, Pessimist)

Ein Pferd, das Gentian braucht, lässt sich leicht entmutigen, es hat kein Vertrauen zu sich oder zu anderen. Meist sind es sensible, übervorsichtige und misstrauische Pferde. Meist ging dem eine schlechte Erfahrung oder Erkrankung voraus, die nun übertragen wird. Gibt zu früh auf. Gentian hilft, die Dinge in einem positiveren Licht zu sehen. Das Pferd entwickelt Vertrauen und Mut.

13. Gorse, Stechginster (hoffnungslos)

Pferde, die Gorse brauchen, haben viel durchgemacht. Meist sind es langwierige, schwere Krankheiten, nicht artgerechte Haltung oder schwerwiegende psychische Probleme. Oft verweigern sie das Futter, sie wollen nicht mehr und resignieren. Das Tier ist kaum zu motivieren, es mag nicht aus dem Stall oder von der Weide. Häufig koppen oder weben sie. Im Gegensatz zu Sweet Chestnut lassen sie sich aber durch liebevolle Zuwendung wieder hochreißen. Gorse (evtl. zusammen mit Gentian) hilft diesen Pferden, wieder Freude am Leben zu finden.

B

14. Heather, Heidekraut (Respektlosigkeit, Distanzlosigkeitz)

Die Pferde dieser Blüte können schlecht allein sein, wollen immer im Mittelpunkt stehen. In Gesellschaft können sie brav und zuverlässig sein. Aber sie sind übermäßig anhänglich, kleben, sind aufdringlich. Sie kennen dabei kein Maß, sie zupfen und knuffen, wühlen in Taschen, suchen Körperkontakt. Sie sind distanzlos. Bekommen sie nicht die gewünschte Aufmerksamkeit, werden sie krank. Heather öffnet zunächst und unterstützt dann die (Um-)Erziehung der Pferde.

15. Holly, Stechpalme (Wut)

Aggressive, eifersüchtige Pferde, die sich sowohl Artgenossen als auch Menschen gegenüber unfreundlich, manchmal sogar angriffslustig verhalten. Sie zeigen gezielte Aggressionen, sind leicht reizbar und futterneidisch, beißen um sich und buckeln. Trotzdem kann man mit den intelligenten, angriffslustigen Pferden gut arbeiten, wenn man ihnen volle Aufmerksamkeit schenkt. Die Blüte Holly hilft dabei, innerlich ruhiger und friedvoller zu werden.

16. Honeysuckle, Geißblatt (mit Veränderungen nicht zurechtkommen)

Die Pferde trauern um Vergangenes. Sie wirken ruhig und abwesend. Sie trauern vielleicht einem Freund nach oder einem abgesetzten Fohlen. Tiere, die nach einem Besitzerwechsel nichts mehr fressen wollen. Sie setzen sich von der Herde ab, haben am Arbeiten keinen Spaß mehr, fressen kaum noch. Honeysuckle hilft dabei, Veränderungen zu akzeptieren und wieder Lebensfreude zu wecken.

17. Hornbeam, Hainbuche (Erschöpfung, Lustlosigkeit)

Die Pferde dieser Blüte erscheinen müde, unkonzentriert. Zuvor waren sie willig und eifrig, lassen sich dann aber nur noch mit Mühe motivieren. Sie wirken erschöpft und haben keinen Elan. Man traut ihnen kaum die Bewältigung einer Trainingsstunde zu, doch meist schaffen sie die eigentlichen Anforderungen problemlos. Sie sind also in der Hauptsache mental erschöpft, weniger körperlich. Das zeigt auch ein Weidegang, sie erscheinen erstaunlich munter. Dennoch macht ihnen die mentale Erschöpfung wirklich zu schaffen. Hornbeam verleiht den Pferden Schwung und Auftrieb, es geht freudig in den Tag und an die Arbeit.

18. Impatiens, Springkraut (Ungeduld)

Die Pferde dieser Blüte sind hektisch und unruhig. Sie sind nervös, ungeduldig und temperamentvoll. Beim Putzen können sie kaum Ruhe halten, sie sind leicht aufzuregen, aber auch schnell frustriert, wenn alles nicht schnell genug geht. Oft ergreifen sie dann Eigeninitiative, ohne abzuwarten. Ihre Geduld reicht z.B. nicht für eine längere Dressuraufgabe. Durch ihre innere Anspannung neigen sie zu überschießenden Reaktionen. Die Essenz verstärkt die Wirkung anderer Blüten. Impatiens gewährt den Pferden mehr innere Ruhe und Geduld.

19. Larch, Lärche (Unsicherheit, fehlendes Selbstvertrauen)

Larch-Pferde sind Pferde, die sich nicht behaupten können, sich unterlegen fühlen und freiwillig unterordnen. Sie haben von Natur aus wenig Selbstbewusstsein. Die Pferde sind unsicher, geben schnell auf und brauchen viel Lob und Zuwendung. Sie gehen allen Auseinandersetzungen und auch fremden Tieren aus dem Weg. Larch stabilisiert, es hilft dem Pferd Selbstvertrauen aufzubauen. Larch ist gut zur Steigerung der Abwehr einsetzbar.

20. Mimulus, Gefleckte Gauklerblume (Ängstlichkeit, unterdrückte Ängste)

Die Pferde sind schreckhaft und ängstlich. Sie haben aber eine genaue Vorstellung, wovor sie sich fürchten. Das kann der Schmied sein oder die Spritze des Tierarztes, eine Wurmkur oder Hunde, aber auch ein ruhig dastehender Hänger oder eine wehende Plane. Die Pferde bauen sich schnell auf mit ängstlich aufgerissenen Augen, laut schnaubend. Hier hilft Mimulus mit den Ängsten umzugehen, es fördert den Mut und die „kleine" Tapferkeit. Mimulus ist eine der 5 Angstblüten.

21. Mustard, Ackersenf (Traurigkeit, Depression)

Eigentlich unkomplizierte Pferde werden ohne erkennbaren Grund plötzlich traurig. Sie haben keinen rechten Spaß mehr, isolieren sich von der Herde. Manche sind auch zeitweise gedrückter Stimmung, fressen wenig und ziehen sich zurück. Kurze Zeit später sind sie dann wieder wie früher. Mustard richtet diese Pferde wieder auf und gibt ihnen die Freude am Leben zurück.

22. Oak, Eiche (Erschöpfung durch Übereifer)

Pflichtbewusste, starke Pferde, die ganz bei der Sache sind und sich Mühe geben, die an sie gestellten Anforderungen zu erfüllen. Sie sind sehr eifrig, haben einen starken Lebenswillen. Leider übertreiben sie manchmal und verausgaben sich. Erschöpft kämpfen sie sich durch alle Widerstände und überwinden sich, um die gestellte Aufgabe zu schaffen. Die Pferde sind stark und gehen mit dem Kopf durch die Wand. Sie machen mehr, als ihnen körperlich guttut. Oak lässt sie entspannen, sodass ihr Körper wieder neue Kraft sammeln kann.

23. Olive (körperliche Erschöpfung)

Olive-Pferde sind körperlich und geistig erschöpft. Sie wirken kraftlos und müde. Jede Anstrengung ist zu viel. Diese Erschöpfung kann von einer Anstrengung oder einer Krankheit herrühren. Meist hat der Reiter schon länger übersehen, dass das Pferd dringend ruhebedürfig ist. Das Tier ist so fertig, dass es selbst auf der Weide nur mit hängendem Kopf steht, statt zu grasen. Olive hilft dem Pferd, sich zu regenerieren und neue Kraft zu schöpfen.

24. Pine, Schottische Föhre (schlechtes Gewissen)

Unsichere, unterwürfige Pferde, die beständig schuldbewusst erscheinen, brauchen diese Blüte. Meist lassen sie sich von anderen Herdenmitgliedern unterdrücken und sind übervorsichtig. Sie arbeiten gerne, aber bei Fehlern, auch wenn sie vom Reiter herrühren, verlieren sie ihre Sicherheit. Die Essenz Pine gibt den Pferden mehr Selbstsicherheit und Selbstvertrauen.

25. Red Chestnut, Rote Kastanie (übertriebene Besorgnis)

Pferde, die eine zu starke Bindung an andere Pferde oder Menschen haben, die die Herde nicht verlassen wollen. Leitpferde, die übertrieben besorgt ihre Herde separieren oder Stuten, die Fohlen an nichts und zu niemandem lassen. Die Pferde kleben meist stark an anderen. Red Chestnut verhilft den Pferden zu mehr Gelassenheit. Auch diese Blüte gehört zu den 5 Angstblüten.

26. Rock Rose, Gemeines Sonnenröschen (Panik)

Pferde, die diese Blüte benötigen, geraten plötzlich in Panik und gehen durch. Sie schwitzen und regen sich auf, können bocken, ausschlagen und sind kaum zu beruhigen. Das kann sogar in der eigenen Box sein oder unter dem Reiter, auf einem Turnier oder auf dem Hänger. Das ist unvorhersehbar. Auch um ihre Bezugspersonen oder andere Pferde sorgen sich die sensiblen Tiere übertrieben. Viele reagieren mit Durchfall. Rock Rose eignet sich nach Unfällen oder lebensbedrohlichen Situationen. Sie ist eine der 5 Angstblüten und Bestandteil der Notfalltropfen. Rock Rose beruhigt das Pferd, macht es innerlich sicherer.

27. Rock Water, Quellwasser (Gewohnheit, starres Verhalten)

Pferde, die diese Blüte benötigen, scheinen sehr gehorsam und eifrig zu sein. Sie bewältigen an sie gestellte Aufgaben gut und sehr korrekt. Sie sind Gewohnheitstiere und mögen keine neuen Situationen oder fremden Orte. Im Alter neigen sie zum Starrsinn. Die Pferde wirken manchmal etwas steif, neigen zu Verspannungen und Gelenkerkrankungen. Rock Water ist die einzige nicht pflanzliche Essenz, sie stammt von einer heilenden Quelle. Rock Water bringt inneren Frieden und hilft dem Pferd, das Leben zu genießen.

28. Scleranthus, Einjähriger Knäuel (Unentschlossenheit)

Alle Pferde, die in ihren Launen schwanken, in ihren Stimmungen sehr wechselhaft sind, brauchen Scleranthus. Sie wirken unausgeglichen, unsicher und können sich schlecht konzentrieren. Auffällig sind extreme Wechsel im Verhalten wie beispielsweise beim Futter. Mal sind sie total heiß auf das Futter und mal fressen sie gar nichts. Die Blüte verleiht ihnen Entschlusskraft und hilft, ausgeglichener zu werden.

29. Star of Bethlehem, Doldiger Milchstern (Schockerlebnisse)

Nach einem unverarbeiteten seelischen oder körperlichen Schock, nach einem Trauma oder einer Verletzung. Es sind traurige, manchmal apathische Tiere, die Schockerlebnisse hatten. Die Blüte hilft den Pferden, die Schockfolgen zu bearbeiten, zu überwinden. Sie löst innere Blockaden.

30. Sweet Chestnut, Edelkastanie (Resignation)

Die Sweet Chestnut-Pferde haben wenig Lebensenergie, sie wirken stumpf und haben kaum Appetit. Sie scheinen alles aufgegeben zu haben. Tiere aus schlechten Haltungsbedingungen, die kaum Bewegungsmöglichkeiten und oft auch keine Bezugsperson haben. Oft leiden sie unter schweren chronischen Erkrankungen oder haben kräftezehrende Erkrankungen oder Misshandlungen hinter sich. Sie sind so gut wie nicht motivierbar. Die Blütenessenz schenkt den Pferden wieder Lebenskraft.

31. Vervain, Eisenkraut (übermäßig begeisterungsfähig, Anführer)

Die Pferde zeigen ihren eigenen Willen deutlich und setzen sich anderen gegenüber durch. In einer Herde sind sie die Anführer. Sie sind sehr leistungsbereit, leistungsstark und selbstbewusst. Meist sind sie kaum fähig zu entspannen. Sie neigen zu Übereifer, Rastlosigkeit und schlafen wenig. Dazu wollen sie ihre Bezugsperson oder andere Pferde ständig mitreißen. Vervain verhilft zu mehr Gelassenheit und zur Entspannung.

32. Vine, Weinrebe (Dominanz, Tyrann)

Vine-Pferde sind Anführer innerhalb einer Herde. Sie wollen nicht lernen oder sich unterordnen. Sie sind dominant, selbstsicher und überlegen. Alphatiere, die gerne herausfordern und sich nur sehr schwer ausbilden lassen. Das gilt auch für den Reiter, mit dem es des Öfteren einen kleinen Machtkampf gibt. Oft genug haben dann in dieser Beziehung die Pferde die Oberhand. Vine verhilft ihnen dazu, andere Lebewesen zu tolerieren und respektieren.

33. Walnut, Walnuss (tiefgreifende Veränderung, labil)

Pferde, die in einer Umbruchsituation leben, brauchen Walnut. Wenn sich alles um sie herum, aber auch in ihnen selbst verändert. Beispiele dafür sind das Zahnen, Kastration, Hormonumstellungen, Veränderung der Lebensumstände wie Besitzerwechsel, Unreitbarkeit oder vom aktiven Turnierpferd zum Rentnerdasein, aber auch Geburt oder Tod. Die Blüte ist eine Blüte für den Neuanfang, sie nimmt dem Tier die Angst vor Veränderungen, gibt Sicherheit in neuen Situationen und neuen Schwung.

34. Water Violet, Sumpfwasserfeder (Stolz)

Meist sind es stolze Pferde (Einzelgänger), die sich von der Herde absondern. Es sind dominante Persönlichkeiten, die sich selbst genug sind. Sie sind ruhig, zurückgezogen und suchen kaum Kontakt. Water Violet unterstützt das Pferd darin, Nähe zuzulassen und besser mit anderen umzugehen.

35. White Chestnut, Rosskastanienblüten (unkonzentriert, abgelenkt)

Unaufmerksame, abgelenkte Pferde, die nicht wirklich entspannen können. Sie scheinen trotzdem innerlich angespannt, deshalb vermutlich auch häufig Pferde mit stereotypen Verhaltensweisen wie Koppen, Weben oder Barrenwetzen. Es sind Pferde, die eigentlich schnell verstehen, sich aber leicht ablenken lassen. Sie lassen sich nur ungern tadeln und können nachtragend sein. Meist wirken sie, als seien sie geistig in einer anderen Welt. White Chestnut verhilft zu innerer Ruhe und Klarheit.

36. Wild Oat, Wald-Trespe (Unzufriedenheit)

Das Pferd ist begabt und lernfähig, erst ist es an neuen Aufgaben sehr interessiert, aber dann auch schnell gelangweilt. Man hat den Eindruck, es engagiert sich nicht wirklich. Es bleibt nicht konzentriert an der Aufgabe dran und lässt sich leicht ablenken. Dem Pferd fehlt die Ausdauer. Es ist meist unzufrieden, launisch und wechselhaft, neigt zu Ersatzhandlungen, Zerstörungswut, Aggressivität, auch gegen sich selbst. Sie sollten nach den Ursachen suchen. Wild Oat hilft dabei, den richtigen Weg zu finden.

37. Wild Rose, Heckenrose (Gleichgültigkeit)

Es sind Pferde, die keinen rechten Lebenswillen mehr zeigen. Typisch ist der stumpfe Blick, das stumpfe Fell, und sie fressen schlecht. Sie sind teilnahmslos, apathisch und haben sich offensichtlich selbst aufgegeben. Sie geben sich keine Mühe, mit dem Reiter zu arbeiten. Stehen nahezu unbeweglich im Stall und machen nicht einmal Anstalten zu fressen oder zu saufen. Ursachen können eine chronische Erkrankung oder Resignation infolge schlechter Haltungsbedingungen oder Misshandlungen sein. Manchmal benötigen sehr alte und sehr kranke Tiere diese Blüte. Wild Rose verhilft zu neuer Lebensfreude.

38. Willow, Weide (Mutlosigkeit, Unsicherheit, Verzweiflung)

Das Pferd ist unverträglich, mürrisch und fühlt sich mutlos, aber auch übellaunig. Schnell fühlt es sich angegriffen und ist beleidigt. Pferde mit sehr schlechten Erfahrungen, Tiere, die misshandelt und vernachlässigt wurden und jetzt keinen mehr an sich lassen wollen. Auf artgerechte Haltung achten. Willow hilft, den inneren Frieden mit Mensch und Tier zu erlangen.

39. Rescue Remedy, Kombination aus 5 Blütenessenzen

Notfalltropfen, Beschreibung *siehe Seite 166*.

Willow (Weide) hilft, den inneren Frieden mit Mensch und Tier zu erlangen.

6.1 Bachblüten für Verhaltensauffälligkeiten

Es kommt Ihnen sicherlich anfangs sehr verwirrend vor, es sind schließlich viele Blütenessenzen. Aber in den einzelnen Krankheitskapiteln sind bereits Vorschläge für Bachblüten mit enthalten. Wenn Sie die zweite Blüte nach den typischen Eigenschaften Ihres Pferdes auswählen, wird Ihnen das weiterhelfen. Weiterführende Literatur finden Sie im Anhang dieses Buches.

Dennoch möchte ich Ihnen hier einige bewährte Rezepte für seelische Probleme vorstellen.

6.1.1 Bachblüten-Essenzen gegen Nervosität und Unruhe

- **Agrimony** ist geeignet bei innerer Unruhe, Bewegungsdrang, Nervosität.
- **Aspen** ist nötig bei nervöser Ängstlichkeit.
- **Crab Apple** wird angewandt bei Unruhe wegen übertriebenem Sauberkeitsbedürfnisses (z.B. saufen die Pferde nicht überall, urinieren oder misten nicht überall ab), sie scheuern sich ständig und überall (Bäume, Zaunpfosten, Boxenwand).
- **Impatiens** ist für Tiere geeignet, die hektisch, nervös, schnell gereizt sind. Überaktive Pferde werden schnell unruhig und nervös, wenn sie im Bewegungsdrang eingeschränkt werden.
- **Scleranthus** hilft Pferden, die hektisch, nervös und unausgeglichen sind, weil ihnen die innere Balance fehlt.
- **Vervain** kann willensstarken Anführern helfen, wenn sie hyperaktiv und unruhig sind, keine Ruhe finden.

6.1.2 Bachblüten-Essenzen bei Konzentrationsschwierigkeiten

- **Centaury** verwenden Sie, wenn ein sehr rangniedriges Pferd auch in der Reitbahn seine Konzentration vermehrt auf ranghöhere Pferde richtet, weniger auf seinen Reiter.
- **Centaury und Olive** werden bei Überforderung angewandt.
- **Cerato** setzen Sie ein, wenn Ihr Pferd unsicher und deshalb unkonzentriert ist.
- **Chestnut Bud** eignet sich besonders bei jungen Pferden.
- **Chestnut Bud** eignet sich, wenn sie immer wieder die gleichen Fehler machen.

- **Clematis** ist geeignet, wenn sich Ihr Pferd gar nicht für die Lektionen interessiert, sondern teilnahmlos und abwesend ist.
- **Elm** wird angewandt, wenn Ihr sonst leistungsstarkes Pferd im Moment einfach zu erschöpft ist, um sich zu konzentrieren.
- **Hornbeam** ist geeignet, wenn Ihr Pferd erschöpft scheint, aber bei neuen Aufgaben wieder ganz bei der Sache ist.
- **Scleranthus** geben Sie, wenn Ihr Pferd raschen Stimmungsschwankungen unterworfen ist und es sich deshalb nicht länger auf etwas konzentrieren kann.
- **White Chestnut** braucht Ihr Pferd, wenn es eine schnelle Auffassungsgabe hat, es aber im Grunde die gestellte Aufgabe nicht interessiert.
- **Wild Oat** ist nötig, wenn Ihr Pferd extrem ehrgeizig und interessiert, dann aber schnell gelangweilt, unterfordert und deshalb unkonzentriert ist.

6.1.3 Blütenessenzen für aggressive Pferde

- **Beech** ist für Pferde, die andere Artgenossen ablehnen und sie ohne Vorwarnung angreifen, intolerant sind und aggressive Protestreaktionen zeigen, wie beispielsweise aggressiv mit den Zähnen am Gitter auf- und abwetzen, ohne besonderen Grund mit angelegten Ohren Artgenossen drohen, attackieren oder beißen.
- **Cherry Plum** bekommen Pferde, die aus einem plötzlichen Gefühlsausbruch heraus aggressiv werden.
- **Holly** ist geeignet, wenn sich die Aggression des Pferdes gezielt gegen ein bestimmtes Tier oder einen Menschen richtet.
- **Impatiens** bekommen Pferde, deren Ungeduld in Aggression umschlägt.
- **Rock Rose** haben Tiere nötig, wenn sich zunächst Angst bis hin zur Panik steigert und dann in Aggression umschlägt.
- **Vine** ist eine Blüte für dominante Pferde, sie werden aggressiv, um ihre Dominanzansprüche durchzusetzen.
- **Water Violet** ist die Blüte für selbstbewusste Einzelgänger, die eigentlich ruhig und zurückhaltend sind, jedoch schnell aggressiv reagieren, wenn ihnen andere Tiere zu nahe kommen.

6.1.4 Blüten für gestörtes Sozialverhalten

- **Centaury** ist ratsam, wenn Ihr Pferd so stark auf eine Bezugsperson bezogen ist, dass es nicht mit anderen Pferden beschäftigen kann.
- **Chicory** geben Sie ihm, wenn sich Ihr Pferd immer in den Vordergrund spielt und sehr schnell eifersüchtig wird.
- **Pine** setzen Sie ein, wenn Ihr Pferd sich sofort anderen unterwirft und sich schnell „verkriecht".
- **Pine** verwenden Sie ebenfalls, wenn sich Ihr Pferd zu viel von anderen Pferden gefallen lässt.
- **Scleranthus** ist die richtige Wahl, wenn Ihr Pferd launenhaft und schwierig ist.
- **Vervain** eignet sich, wenn sich der gesamte Tagesablauf nach Ihrem Pferd richten muss oder Ihr Pferd ständig gereizt und launisch ist.

6.1.5 Gebrauch der Bachblüten bei Angst

- **Aspen** kann einem Tier helfen, das allgemein ängstlich wirkt, sich leicht erschreckt.
- **Aspen** bekommt ein schreckhaftes, unsicheres Pferd, welches unbestimmbare Ängste quälen, das vielleicht sogar zittert.
- **Centaury:** Ihr Pferd kann kaum allein sein, es mag sich nicht von Ihnen oder seiner Herde trennen. Hat es also Trennungsangst, so lohnt sich der Versuch mit dieser Blütenessenz.
- **Cherry Plum** braucht das Pferd, wenn eine Situation das „Faß zum Überlaufen" bringt. Ihr sonst so ruhiges Tier reagiert übermäßig aus Angst, ja, es geht sogar auf andere los.
- **Cherry Plum** und **Scleranthus** braucht ein sonst sehr ruhiges Tier, das plötzlich zum Angstbeißer wird.
- **Mimulus** braucht Ihr Pferd, wenn es vor bestimmten Dingen oder auch Situationen Angst hat, wie dem Alleinsein, einer wehenden Plane, dem Tierarzt oder Hufschmied.
- **Pine:** Zuckt Ihr Tier bei jedem Geräusch zusammen oder hat es ständig Angst, etwas falsch zu machen, braucht es diese Essenz.
- **Red Chestnut** kann auch helfen, wenn Ihnen an Ihrem Pferd ein übermäßiger, nicht angebrachter Beschützertrieb auffällt, wenn es überfürsorglich ist.
- Bei Panik und Schrecken, plötzlicher Notlage, Gefahr, Schock, sehr großer Angst, die sich in Panik steigert, hilft **Rock Rose**. Typisch ist, dass Ihr

Pferd stocksteif, mit weit aufgerissenen Augen dasteht.

- **Rock Rose** ist angezeigt, wenn aller Lebenswille des Tieres durch die Angst erstickt zu sein scheint.
- **Rock Rose** und liebevolle Betreuung können auch helfen, wenn die Angst bereits in Hoffnungslosigkeit übergegangen ist.
- **Scleranthus** braucht ein Tier, dem die innere Balance fehlt.
- **Sweet Chestnut** kann helfen, wenn Ihr Pferd an ständiger Angst leidet und viel durchlitten hat.

6.1.6 Blütenessenzen zur Entgiftung und Entschlackung im Frühjahr, zur Abwehrsteigerung und Kräftigung im Herbst

Entgiftung/Entschlackung, z.B als Frühjahrskur:

- Agrimony
- Chicory
- Clematis
- Crab Apple
- Elm
- Gentian
- Hornbeam
- Impatiens
- Larch

Bei Erschöpfung – die Kraftblüten

- **Elm** – bei vorrübergehender Erschöpfung bei sonst normal kräftigen Tieren
- **Gorse** – bei Resignation, Selbstaufgabe und Kraftlosigkeit
- **Hornbeam** – bei geistiger/mentaler Erschöpfung; Tiere, die träge, müde sind und keine Lust mehr haben, bei Neuem aber erwachen
- **Oak** – bei Erschöpfung durch übertriebenes Pflichtgefühl
- **Olive** – bei totaler, tief greifender mentaler und körperlicher Erschöpfung
- **Vervain** – zur Stärkung nach Koliken und Krämpfen

Verbesserung des Immunsystems:

- Centaury
- Clematis
- Crab Apple
- Hornbeam
- Larch
- Olive
- Wild Rose

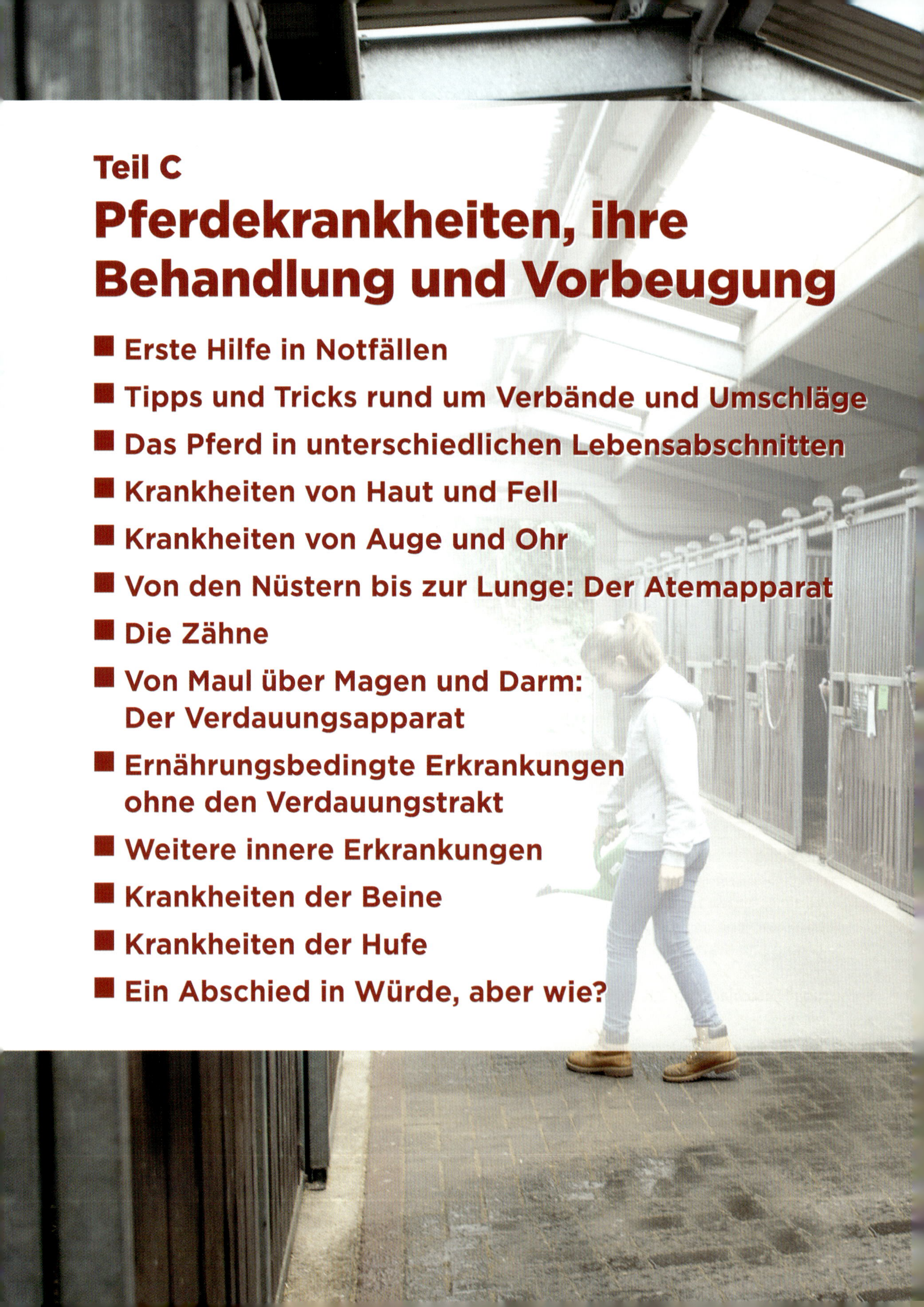

Teil C

Pferdekrankheiten, ihre Behandlung und Vorbeugung

- Erste Hilfe in Notfällen
- Tipps und Tricks rund um Verbände und Umschläge
- Das Pferd in unterschiedlichen Lebensabschnitten
- Krankheiten von Haut und Fell
- Krankheiten von Auge und Ohr
- Von den Nüstern bis zur Lunge: Der Atemapparat
- Die Zähne
- Von Maul über Magen und Darm: Der Verdauungsapparat
- Ernährungsbedingte Erkrankungen ohne den Verdauungstrakt
- Weitere innere Erkrankungen
- Krankheiten der Beine
- Krankheiten der Hufe
- Ein Abschied in Würde, aber wie?

Erste Hilfe in Notfällen

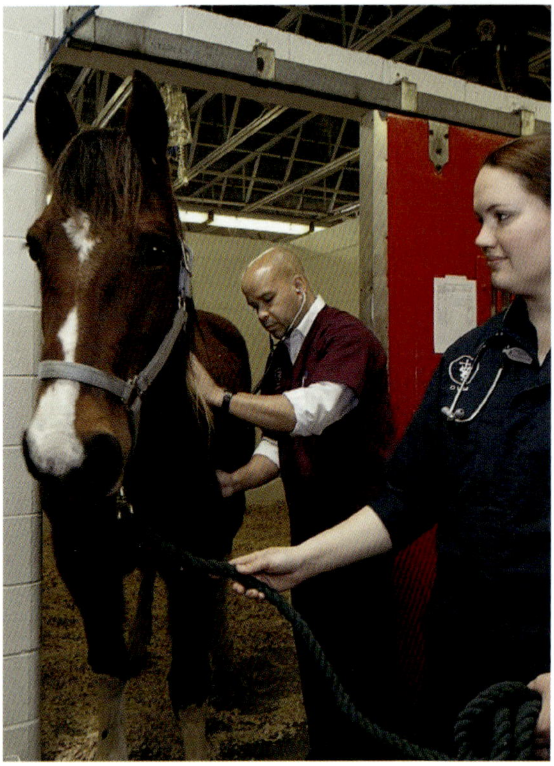

Es gibt verschiedene Notfallsituationen, bei denen Ihr Pferd sofortiger Hilfe bedarf. Dies kann sowohl im Stall als auch auf Ausritten, auf dem Reitplatz oder in der Reithalle passieren. Beispiele dafür sind ein Verkehrsunfall, eine Verletzung mit schwächerer oder stärkerer Blutung, Kreuzverschlag oder eine Vergiftung. Darum sollten Sie, zumindest bei einigen Vorfällen, Ihrem Pferd erste Hilfe leisten können. In wenigen Fällen reicht dies aus. In den meisten Fällen jedoch dient die erste Hilfe dazu, die Zeit bis zum Eintreffen eines Tierarztes zu überbrücken. So kann beispielsweise ein Druckverband bzw. das Abbinden eines verletzten Beines eine starke Blutung unter Kontrolle halten, bis die Wunde vom Tierarzt versorgt werden kann. Das kann Leben retten.

Für verschiedene Maßnahmen der ersten Hilfe benötigen Sie einige Utensilien, die in einer gut sortierten Stallapotheke leicht zu finden sind. Im ersten Kapitel finden Sie Vorschläge für eine Stall- sowie eine mobile Notfallapotheke, die zum Mitnehmen in einer Satteltasche, einer Hüfttasche oder einem kleinen Rucksack Platz findet. Es sollte unbedingt auch ein Handy dazugehören.

Führen Sie sorgfältig Buch über Impfungen, Wurmkuren, Behandlungen und Allergien Ihres Pferdes. Im Notfall kann jede Information lebensrettend sein. Lassen Sie Ihr Pferd während eines Notfalls nicht allein. Steht Ihnen kein Handy zu Verfügung, so bitten Sie eine Hilfsperson, den Tierarzt zu rufen.

Ihr Tierarzt muss im Notfall Folgendes wissen:
Sprechen Sie ruhig und deutlich. Machen Sie kurze, klare Angaben über

- Name des Anrufers und des Pferdebesitzers
- Angabe des Standortes
- Name des Pferdes mit kurzer Erklärung wichtiger Informationen (z.B. Rasse, Alter, Fohlen bei Fuß)
- Anzeichen der Erkrankung und Ausmaß oder
- Art und Ausmaß der Verletzungen
- Welche Erste Hilfe wurde geleistet?
- Sind noch andere Pferde verletzt oder krank?
- Verhalten des Pferdes (Ist es panisch, werden weitere Helfer benötigt?)
- Angabe der Nummer, unter der Sie zu erreichen sind

Ihr Tierarzt wird Ihnen sagen, wie Sie sich verhalten sollen.

Legen Sie dem Pferd bis zum Eintreffen des Tierarztes ein Halfter auf und bringen Sie es in die Box. Zur Untersuchung sind ein heller, gut zugänglicher Ort und eine Waschgelegenheit von Vorteil.

Die Stall- und Notfallapotheke

Informationen für den Tierarzt im Notfall

an dem es später auch vom Tierarzt behandelt werden kann. Dabei beruhigen Sie Ihr Pferd wie auf *Seite 141 f.* beschrieben. Bis zum Eintreffen des Tierarztes nicht desinfizieren, da die Wunde sonst unter Umständen nicht mehr genäht werden kann. Auch Wundsalben oder Wundsprays verändern die Wunde und insbesondere die Wundränder. Tiefe Wunden sind für Sie tabu, solange der Tierarzt noch nicht da war. Decken Sie die Wunde mit sterilen Kompressen und selbstklebenden Bandagen ohne weitere Behandlung ab. Bei stärkeren Blutungen machen Sie einen Druckverband. Großflächige Wunden decken Sie mit einem sterilen Tuch *(s. „Mobile Notfallapotheke", Seite 19)* ab.

Stichwunde

Anzeichen: Meist handelt es sich um kleine, eher unscheinbare Wunden. Manchmal bluten sie, in der Regel kaum. Meist ist das umliegende Gewebe geschwollen. Häufig finden sich diese Verletzungen an den Beinen, speziell im Fesselbereich. Die Verletzungen sind gefährlich, da sie oft tief sind, aber durch die geringe Blutung leicht übersehen werden. Eventuell steckt noch ein Fremdkörper, z.B. ein Holzstück, in der Wunde.

Ursache: Stichverletzungen von unterschiedlicher Schwere können durch Fremdkörper wie Holzstücke oder -splitter, Dornen, Draht oder Nägel entstehen. Auch ein versehentlicher Stich mit der Mistgabel kann eine solche Wunde hervorrufen. Manchmal kann der Stichkanal klein und versteckt liegen, dann wird er häufig übersehen und bildet eine Eintrittspforte für Bakterien. Eine Infektion endet häufig mit einer Phlegmone, einem Einschuss.

Behandlung: Verbinden Sie die Stichwunde steril und vergessen Sie dabei nicht, die Fesselbeuge zu polstern. Auch hier gilt: keine Desinfektion und keine Salben, bevor der Tierarzt da war. Befindet sich noch ein Fremdkörper in der Wunde, so warten Sie, bis der Tierarzt ihn entfernt. Nur er kann die genaue Tiefe feststellen und prüfen, ob tiefer liegende Gewebe wie Sehnen oder Gelenke verletzt wurden oder ob der Fremdkörper ein Blutgefäß verschließt.

Fremdkörperverletzung

Anzeichen: Eine größere Verletzung, bei der ein Fremdkörper noch in der Wunde steckt, ist nicht zu übersehen. Die Blutungen können unterschiedlich stark sein.

Ursache: Oft handelt es sich um Unfälle, bei denen sich das Pferd z.B. einen Ast oder Ähnliches in den Körper gerammt hat. Da dies eine lebensbedrohliche Situation darstellt, ist hier höchste Eile angesagt.

Behandlung: Lassen Sie den Fremdkörper im Körper des Pferdes stecken. Er darf keinesfalls herausgezogen werden, dies könnte tödliche Blutungen verursachen. Außerdem muss der Tierarzt Richtung und Tiefe sehen, damit keine Bruchstücke im Körper des Pferdes verbleiben. Alle Bruchstücke und Schmutzpartikel sind potenzielle Infektionsherde und müssen vollständig entfernt werden. Lassen Sie Ihren Tierarzt unverzüglich kommen oder bringen Sie das Pferd mit einem Transporter in die nächste Tierklinik. Dabei sollten Sie die Wunde um den Fremdkörper mit einem Verband abdecken, mit Verbandswatte polstern und den Fremdköper mit einem Gewebeklebeband vor dem Verrutschen bzw. vor tieferem Eindringen sichern. Wenn er aus dem Pferd ragt, umwickeln Sie ihn mit vielen Lagen selbstklebendem Verband und einigen Lagen Klebeband. So kann er nicht tiefer rutschen. Gegebenenfalls den Gegenstand mit Unterstützung der Feuerwehr an der herausragenden Stelle kürzen lassen. Dabei ist dieser gut festzuhalten, damit nicht noch mehr Gewebe kaputt geht.

Vorbeugung! Schalten Sie jegliche Gefahrenquelle für Verletzungen aus. Versetzen Sie sich in die Lage der Pferde und kontrollieren die gesamte Umgebung, Box, Ställe, Auslauf auf eventuell vorstehende Kanten, Nägel, unsichere Stapel, rutschige Böden oder Ähnliches. Lose Holzstapel, Gerümpel oder ungesicherte landwirtschaftliche Geräte haben in der Nähe von Pferden nichts zu suchen. Sie sollten immer daran denken, dass Pferde Fluchttiere und außerdem sehr neugierig sind!

C

2.3 Erste Hilfe bei Blutungen

Eine Blutung ist ein absoluter Notfall, der einer tierärztlichen Behandlung bedarf. Starke Blutungen müssen jedoch sofort gestillt werden, da das Pferd sonst verbluten könnte.

Anzeichen: Fließt oder tropft dunkelrotes Blut kontinuierlich aus der Wunde, so wurde eine Vene verletzt. Solche Blutungen können gefährlich aussehen, aber es besteht keine Verblutungsgefahr. Spritzt jedoch hellrotes Blut pulsierend aus der Wunde, ist eine Arterie verletzt. Bewahren Sie dennoch Ruhe, ein ausgewachsenes Pferd verträgt gefahrlos acht Liter Blutverlust, ein Pony vier Liter. Sie müssen jedoch sofort etwas unternehmen. Unterhalb des Vorderfußwurzel- bzw. Sprunggelenks sind die Blutgefäße allerdings kleiner, es besteht deshalb hier eine eher geringere Gefahr.

Behandlung: Rufen Sie sich rasch eine Hilfsperson. Wenn möglich, fangen Sie das Blut in einem Eimer auf, sodass Ihr Tierarzt später den ungefähren Blutverlust ermitteln kann. Dies nur, falls Sie genug Hilfspersonen haben und es gefahrlos möglich ist. Eine zweite Person sollte das Pferd halten und beruhigen. Sie selbst versuchen in dieser Zeit, die Blutung durch einen Druckverband zu stoppen. Bei starken Blutungen binden Sie zuvor den Körperteil über der Wunde ab, damit Sie besser arbeiten können. Dann machen Sie einen Druckverband, *wie auf Seite 158 beschrieben*. Immer Material nehmen, das sich nicht vollsaugen kann. Danach öffnen Sie den Stau wieder. Oft reicht dieser Druck aus, um die Blutung zu stoppen. Wenn nicht, versuchen Sie weitere Lagen mit mehr Druck darüber zu binden.

Reicht dies alles nicht, so muss das Bein dauerhaft abgebunden werden. Lassen Sie den Druckverband dran, nicht abmachen. Da im ungünstigen Fall bei einem Ausritt weder Staubinden noch Fahrradschläuche zur Verfügung stehen, können Sie Ihren Gürtel, ein Seil oder ein breites, doppelt gelegtes Tuch *(s. „Mobile Notfallapotheke", Seite 19)* verwenden. Auch Damenstrumpfhosen oder Hosenträger sind geeignete Hilfsmittel. Binden Sie etwa eine Handbreit herzwärts über der Verletzung das Körperteil ab. Zur Druckverstärkung nehmen Sie einen Stock und drehen damit den Gürtel zusammen. Mithilfe einer Binde oder eines Stoffstreifens (Schal o. Ä.) kann der Stock am Körper befestigt werden. An Körperstellen, wo kein Druckverband angelegt werden kann, versuchen Sie die Blutung durch Druck mittels eines sauberen, fest gebundenen Tuches zu stoppen. Notfalls die Blutgefäße mit der Hand abdrücken, bis der Tierarzt eintrifft.

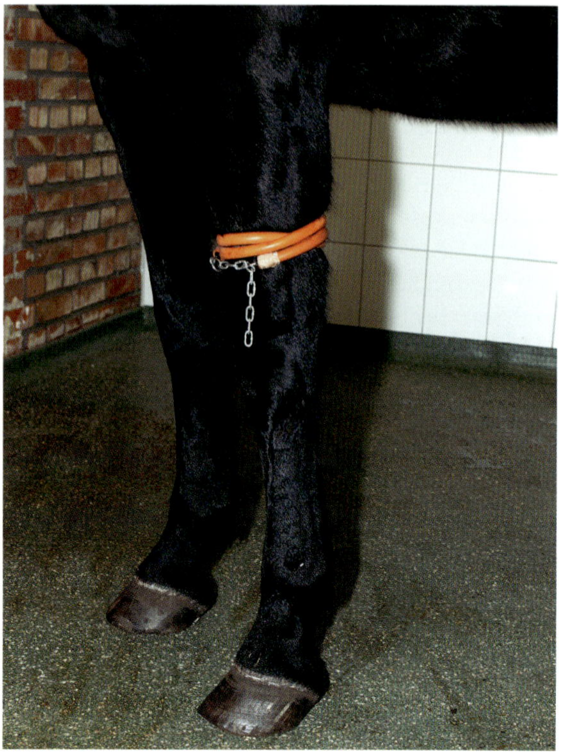

Das Abbinden des Beins ist nur bei arterieller oder sehr starker Blutung angezeigt, wenn der Druckverband keine Wirkung zeigt.

Wichtig! Das Abbinden eines Beines sollte nur im äußersten Notfall erfolgen, denn es ist nicht ungefährlich! Wird das Bein zu lange abgebunden, geht das Körpergewebe im unteren Bereich kaputt und das Pferd verliert sein Bein! Immer mindestens eine Handbreit über der Verletzung abbinden! Niemals an der Verletzung selbst abbinden! Beachten Sie beim Abbinden die Zeit! Länger als 10 Minuten sollte das Bein nicht abgebunden werden. Dann die Binde für 2 bis 3 Minuten öffnen, vielleicht reicht auch der Druckverband jetzt aus! Ist die Blutung nicht gestoppt, erneut abbinden.

3. Verschiedene Notfallsituationen

Im Anschluss lesen Sie, wie Sie in einer Vielzahl von Notsituationen reagieren. All diese Hilfemaßnahmen sind dazu da, Ihrem Pferd über die Zeit hinwegzuhelfen, die Ihr Tierarzt benötigt, um zu Ihnen zu kommen. Weitere Behandlungsmöglichkeiten und wie Sie die tierärztliche Behandlung unterstützen können, finden Sie ebenfalls in diesem Teil des Buches. Verletzte Bereiche werden dabei ausgelassen.

3.1 Erschöpfung

Anzeichen: Das Pferd reagiert träger als gewohnt, schwankt, wird zunehmend schwächer oder sogar apathisch, verweigert das Weiterlaufen oder legt sich im Extremfall nieder.

Ursache: Durch reiterliche Überforderung, Überschätzen der Kondition des Pferdes oder hohe Leistungsanforderung bei großer Hitze, nach zehrenden Krankheiten oder Festliegen kann es zu Erschöpfungserscheinungen beim Pferd kommen.

Behandlung: Brechen Sie den Ritt sofort ab. Im leichtesten Fall führen Sie nach einer längeren (mind. 30 Minuten) Ruhepause im Schatten Ihr Pferd nach Hause. In schwereren Fällen lassen Sie es mit dem Transporter abholen. Aber auch dann benötigt Ihr Pferd zuvor eine Ruhepause! Während dieser Ruhepause können Sie etwas für Ihr Pferd tun. Befindet sich Wasser in der Nähe, animieren Sie das Pferd zum Trinken und begießen seine Beine mit kaltem Wasser. Alternativ stellen Sie es mit den Beinen in einen Bach oder, falls das nicht möglich ist, wickeln Sie ihm feuchte Tücher um die Beine. Das regt den Kreislauf an. Bei starker Erschöpfung lassen Sie den Tierarzt vor Ort kommen. Liegende Pferde ruhen lassen, nicht auftreiben.

3.2 Feststecken im Gelände, Hindernis oder Graben

Anzeichen: Das Pferd steckt fest und kann sich nicht aus eigener Kraft befreien.

Ursache: Nach einem missglückten Sprung oder durch Unachtsamkeit kann ein Pferd in einen Graben oder Tümpel rutschen bzw. in Eis oder eine Schneewehe einbrechen und feststecken.

Behandlung: Versuchen Sie nicht, das Pferd allein herauszuziehen. Das ist zu gefährlich, denn ein Pferd kann leicht in Panik geraten und wild um sich schlagen. Bleiben Sie ruhig, beruhigen Sie das Pferd und holen Sie Hilfe (andere Reiter, Feuerwehr). Besser: Schicken Sie jemanden, um Hilfe zu holen. Ist genügend Platz vorhanden und Ihr Pferd ruhig, nehmen Sie den Sattel ab. Begeben Sie sich jedoch nicht selbst in Gefahr. Versuchen Sie das Gelände oder die Schneewehe nach vorn zu erweitern oder aufzufüllen, sodass das Pferd von alleine herauskommt. Regt sich das Pferd sehr auf, sollte vor jedem Befreiungsversuch ein Tierarzt dem Pferd ein Medikament zur Stärkung des Kreislaufs geben. Als Aufstehhilfe eignen sich breite Gurte, keine einschneidenden Seile. Falls jedoch nichts anderes da ist, können Sie die Seile mit Decken polstern. Die Gurte um Brust und Bauch des Pferdes legen und langsam und gleichmäßig ziehen. Muss eine Hebemaschine eingesetzt werden, sollte das Pferd zuvor tierärztlich untersucht und medikamentös ruhiggestellt werden. Nach längerem Festliegen müssen eventuell vorhandene Quetschwunden und Druckstellen behandelt werden.

Um das Pferd aus seiner misslichen Lage zu befreien, ist die Feuerwehr qualifiziert, sie haben in der Regel die richtigen Gerätschaften da.

3.3 Hitzschlag

Anzeichen: Die Pferde haben stark erhöhte Temperatur (bis 42 °C). Dabei sind auch Puls und Atmung erhöht. Das Pferd zeigt einen unsicheren Gang. Die Pferde schwitzen stark, reagieren kaum und sind ängstlich.

Ursache: Bei Pferden, die in feucht-heißem Wetter zu wenig Wasser zu sich nehmen, kann es zu einer Überhitzung des Körpers kommen. Es entsteht ein Wärmestau, den der Körper nicht mehr alleine regulieren kann. Besonders nach Anstrengung (z.B. lange Ausritte, Distanzritte), durch schattenlose Koppeln, überhitzte Ställe, Hänger und Stallzelte ohne ausreichende Frischluftzufuhr und Wasser kommt es zu einem Wärmestau. Dabei versackt das Blut in den weit gestellten Gefäßen der Körperhülle, der Kreislauf kollabiert und es besteht Schockgefahr.

Behandlung: Bringen Sie das Pferd in den Schatten. Ist ein Bach vorhanden, stellen Sie es hinein. Bis der Tierarzt kommt, kühlen Sie Ihr Pferd. Legen Sie ihm feuchte, kühle Tücher zuerst um Kopf (im Genick, zwischen den Ohren und über die obere Halspartie) und Hals, dann auf den Körper. Damit ziehen sich

C

die Blutgefäße zusammen und bringen das Blut wieder zu den Orten, wo es dringend benötigt wird. Liegende Pferde lassen Sie in Ruhe. Wenn das Pferd wieder auf Sie reagiert, geben Sie ihm lauwarmes Wasser in Maßen. Setzen Sie die im Teil B beschriebenen Schockpunkte ein. Dazu kneifen Sie fest den Schweifspitzenpunkt sowie den Punkt Pc 6 und Pc 9 *(s. Seiten 106 f. und 125)*.

3.4 Abgerissenes Hufeisen

Anzeichen: Das Pferd geht plötzlich klamm oder lahmt.

Ursache: Bei schlechten Bodenverhältnissen sowie durch Hängenbleiben oder Greifen kann sich ein Hufeisen lockern oder ganz abreißen. Vorstehende Nägel sind dabei eine Gefahr für die Haut und die Huflederhaut. Durch die offenen Nagelkanäle kommt es leicht zu bakteriellen Infektionen.

Behandlung: Entfernen Sie das Eisen vollständig mit Nägeln und achten darauf, dass kein Nagel im Huf verbleibt. Ist ein Eisen nur verbogen oder leicht gelockert, sollte das Pferd auf schnellstem Wege nach Hause geführt werden. Achten Sie jedoch darauf, dass alle Nägel in ihrer ursprünglichen Position sind und kein Nagel in den Huf eindringt. Bei stärkeren Verletzungen (Blutungen, Hornausbruch) organisieren Sie einen Abholtransport. Schützen Sie den Huf vor weiterer Verschmutzung. Decken Sie die Wunde mit einem sterilen Tupfer ab und machen aus einer starken Jutetasche und Klebeband einen einfachen Hufverband. Bei Verletzungen muss Ihr Tierarzt kommen, ansonsten reicht es, den Schmied zu holen.

Merke: Überprüfen Sie vor jedem Ausritt alle Hufeisen! Ist ein Eisen locker oder der Huf stark ausgewachsen, gehen Sie kein Risiko ein. Verzichten Sie auf den Ausritt!

3.5 Insektenstiche

Anzeichen: Vereinzelt oder zu mehreren finden sich juckende Knötchen, Bläschen oder Quaddeln am Körper des Pferdes verteilt. Das Pferd ist unruhig und scheuert sich heftig. Teils sieht man größere Schwellungen und Rötungen, Schorf kann aufgekratzte Insektenstiche bedecken. Bei massenhaften Stichen können die Pferde sogar Kreislaufprobleme bekommen.

Ursache: Stiche von verschiedenen Insekten können zu solchen Erscheinungsbildern führen. In insektenreichen Gegenden sollten Sie nach Möglichkeit nur in den frühen Morgen- oder späten Abendstunden ausreiten und die Pferde nachts auf die Weide stellen. Vergessen Sie nicht, ausreichenden Insektenschutz aufzubringen. Neben fertigen Mitteln eignen sich auch selbst zubereitete Mischungen. *Beispiele dafür finden Sie in Teil A, Seite 35.* Halten Sie alle Insektenmittel fern von Augen und Schleimhäuten. Je nach Größe, Lage und Hautreaktion können Insektenstiche für Pferde sehr unangenehm sein. Dies gilt besonders für die Kopf- und Genitalregion.

Behandlung: Insektenstiche rund um das Auge sollten sofort mittels feuchter, mit Augentrost- oder Kochsalzlösung getränkter Kompressen gekühlt werden. Jucken die Stiche am Auge stark, ist es wichtig, das Pferd unter Kontrolle zu halten, sonst kann es zu schweren Verletzungen bis zur Erblindung kommen. Eventuell einen gut sitzenden Kopfverband anlegen oder das Pferdekopftuch *(s. Seite 160)* mit gepolstertem Augenverband anlegen. Sollte die Schwellung nicht wieder zurückgehen, muss ein Tierarzt hinzugezogen werden.

Bei vereinzelten Stichen (nicht am Auge bzw. nicht in Augennähe), auch bei Stichen von Bienen und Wespen, hilft es, rohe Zwiebelscheiben aufzulegen und mit selbstklebendem Verband zu fixieren oder frischen Zwiebelsaft einzumassieren. Zwiebeln enthalten Stoffe, die das Jucken und weiteres Anschwellen verhindern. Zerquetschte Blätter von Pfefferminze und Melisse wirken kühlend, alternativ können Sie auch eine kühlende Salbe auftragen. Eine Heilsalbe mit Ringelblume und Vitamin E bringt rasche Heilung. Wenn ein Pferd nach Insektenstichen matt und apathisch wirkt, schlecht Luft bekommt oder die Schwellungen und Knötchen sich über weite Teile des Körpers ausbreiten, sollten Sie sofort tierärztlichen Rat einholen. Denn manche Pferde reagieren allergisch auf Insektenstiche. Bringen Sie Ihr Pferd in den Schatten und legen Sie ein feuchtes Tuch auf, bis der Tierarzt kommt. Achten Sie auf die PAT-Werte *(s. Seite 37 f.)*. Bekommt ein Pferd schlecht Luft, sind möglicherweise Stiche im inneren Halsbereich oder Kehlkopf die Ursache. Sofort Tierarzt rufen und gut kühlen.

3.6 Verbrennung

Anzeichen: Nach einem Stall- oder anderen Brand zeigen die Pferde versenkte Bereiche im Fell und gerötete oder offene Hautflächen. Bei starker Hitzeeinwirkung bilden sich flüssigkeitsgefüllte Blasen, die leicht aufgehen können. Sie sind sehr schmerzhaft. Im späteren Verlauf können sich ganze Haut- und Fellpartien ablösen.

Ursache: Die häufigste Ursache für Verbrennungen ist ein Stallbrand. Starke Verbrennungen sind lebensgefährlich, die Atmung wird beeinträchtigt und es entstehen Giftstoffe. Der Kreislauf wird stark belastet. Die Heilung erfordert langwierige Behandlungsmaßnahmen.

Behandlung: Bis der Tierarzt eintrifft, decken Sie die verbrannten Areale mit sauberen, sterilen Tüchern ab. Diese müssen feucht sein, um nicht mit der verbrannten Haut zu verkleben. Halten Sie die Tücher feucht. Da die Gefahr einer Infektion besonders hoch ist, benutzen Sie bitte sterile Kochsalzlösung oder kochen das Wasser zuvor ab. Kleinere Brandwunden decken Sie locker mit einem sterilen Verband ab. Auch diese müssen feucht gehalten werden.

3.7 Verletzungen auf der Weide

Weideverletzungen können offen oder geschlossen sein. Offene Verletzungen reichen von leichten Schürfwunden über Bissverletzungen bis hin zu Draht- oder Fremdkörperverletzungen. Geschlossene Verletzungen finden sich meist in Form von weichen oder harten Beulen und Schwellungen, die durch Blutergüsse, Entzündungen oder Prellungen entstanden sind.

Anzeichen: Das Pferd hat Verletzungen an der Hautoberfläche, Schürf- oder Schnittwunden, Beulen, Schwellungen oder es treten Lahmheiten auf. Bei Bissverletzungen sind manchmal nur kleine, oberflächliche Verletzungen zu sehen. Meist entsteht durch die Quetschwirkung der Pferdezähne aber ein Bluterguss in der Tiefe.

Ursache: Weideverletzungen können durch vielerlei Arten entstehen, Rangordnungskämpfe zwischen Pferden, Bisse oder Tritte sind nicht selten.

Behandlung: Bei der Behandlung kleinerer und größerer Hautverletzungen verfahren Sie wie beschrieben *(s. Seite 143 ff.)*. Beulen, Schwellungen und Knubbel sollten schnellstmöglich gekühlt werden. Dabei ist die Kühlung durch kaltes Wasser der durch Eis vorzuziehen. Gut eignen sich Umschläge und Wickel mit kaltem Wasser, dem Sie etwas Arnika- und Beinwelltinktur beigeben. Ein harter, kalter Wasserstrahl ist ungeeignet. Bei Blutergüssen sollten Sie immer nur kurze Kühlperioden von 10 Minuten machen, etwa dreimal pro Stunde. Der Tierarzt muss dann untersuchen, ob die tiefer liegenden Gewebe wie Muskeln, Bänder, Sehnen, Knochen und Gelenke verletzt worden sind oder nicht.

3.7.1 Verletzungen durch Weidezäune

Die bevorzugten Materialien zur Einzäunung von Pferdeweiden und Paddocks sind Holz-, Kunststoffpfosten in Kombination mit Bändern aus Förderbandgummi und Elektrobändern und -seilen (Weidezaunlitzen). Trotz aller Sorgfalt kann es zu Verletzungen durch den Bruch von Kunststoff und Holz, aber ebenso durch die weitverbreiteten Weidezaunlitzen und -seile kommen. Letztere sind Kunststoffbänder mit eingeflochtenen Edelstahldrähten, die mithilfe von Isolatoren an Pfosten befestigt werden.

Anzeichen: Der untere Bereich der Beine ist prädestiniert für Verletzungen mit Litze, Draht oder Elektroseil, die Sie leicht an der gebogenen Schnittwunde erkennen. Wobei das Elektroseil meist oberflächlicher bleibt, während die Drähte und Litzen tiefer schneiden.

Ursache: Leicht kann ein Pferd auf der Weide in den Draht oder die Litze geraten. Oft ist die Anbringung an den Pfählen mangelhaft oder sie sind nicht ordentlich gespannt. Draht, Kunststoff und Litze können Sehnen, Nerven und Blutgefäße durchschneiden oder so stark abschnüren, dass das Gewebe abstirbt.

Behandlung: Hat sich das Pferd so im Draht verfangen, dass es festliegt, muss es zunächst beruhigt werden. Geben Sie ihm Rescue-/Notfalltropfen und reden Sie mit ihm. Sonst zieht es sich den Draht noch fester um Beine oder Rumpf. Legen Sie ihm notfalls eine Decke oder Jacke über den Kopf.

Eine Hilfsperson kann mit einer Drahtschere die Hauptdrähte kappen. Gehen Sie und auch die helfenden Personen aber auf keinen Fall selbst ein Risiko ein. Achten Sie unbedingt auf Sicherheit. Notfalls beruhigen Sie Ihr Pferd und lassen es vom Tierarzt in eine kurze Narkose legen, damit der Draht gefahr-

C

los entfernt werden kann. Manchmal kann auch die Feuerwehr hilfreich sein. Sitzt der Draht zu fest in oder um die Wunde, überlassen Sie die Entfernung besser dem Tierarzt. Decken Sie die Wunde steril ab. Hat sich das Pferd bereits vom Draht/der Litze befreit, suchen Sie das Pferd nach weiteren Wunden ab. Danach versorgen Sie die Wunde wie zuvor beschrieben.
Insbesondere die alleinige Einzäunung mit Schafdraht kann schlimme und schmerzhafte Risswunden verursachen, von der Verwendung dieses Drahts ist deshalb ebenso abzusehen wie auch von Stacheldraht, der für die Einzäunung von Pferdeweiden tierschutzwidrig ist.

3.8 Weitere Notfallsituationen

Diese finden Sie ausführlich unter folgenden Erkrankungen:

- **Augenverletzungen**
  - Augenlidverletzungen: *Seite 227*
  - Fremdkörper: *Seite 222 ff.*
  - Hornhautverletzungen: *Seite 225 f.*
- **Zum Thema Hufe**
  - Eingetretener Stein: *Seite 476*
  - Nageltritt: *Seite 477 ff.*
  - Kronentritt: *Seite 476 f.*
  - Akute Hufrehe: *Seite 484 ff.*
- **Knochenbruch:** *Seite 418 ff.*
- **Kolik:** *Seite 328 ff.*
- **Kreuzverschlag:** *Seite 360 f.*

4. Erste Hilfe bei Vergiftungen

Vergiftungen sind gesundheitliche Störungen, die durch Aufnahme schädlicher Substanzen entstehen. Diese können pflanzlicher, chemischer und biologischer Natur sein. Sie gelangen mit der Nahrung, mit der Atemluft oder durch die Haut in den Körper.

4.1 Vergiftungen durch Pflanzen

Jedes Pferd reagiert anders auf das aufgenommene Pflanzengift. Manche Pflanzengifte wirken schnell, andere wirken zeitlich verzögert. Je nach Pflanzengift ist der Verdauungstrakt, der Stoffwechsel, die Haut oder das Nervensystem betroffen.
Anzeichen: Anzeichen dafür sind Schweißausbruch, Unruhe, Bewegungsstörungen (Taumeln, Schwanken, Lähmungen, Festliegen), schneller oder langsamer Herzschlag, Durchfall oder Verstopfung, starke Kolik etc.
Ursache: verschiedene Giftpflanzen, die die Pferde an den verschiedensten Orten aufnehmen können (*„Vorsicht Giftpflanzen", s. Seite 46 ff.).*

4.2 Chemische Vergiftungen

Anzeichen: In der Regel sind chemische Vergiftungen chronisch. Die schädliche Substanz (z.B. Holzschutzmittel) wird meist über längere Zeit hinweg kontinuierlich in kleineren Mengen aufgenommen. Daher sind die Anzeichen abhängig von der Art und Menge des aufgenommenen Giftes. Manche Gifte wirken sich auf die Lunge aus (Atemprobleme, Allergien u.a.), manche auf den Verdauungstrakt (Koliken, Durchfälle, Speicheln u.a.) und andere auf das Nervensystem (Muskelzuckungen, Krämpfe, Zittern, Pupillenveränderung, Taumeln, Lähmungen). Bei unerklärlicher Abmagerung des Pferdes sollten Sie aufmerksam werden. Finden Sie nichts in Stall und Weide, sollten Sie die Umgebung auf chemische Niederschläge kontrollieren (Nähe zu chemischen Werken).
Ursache: Im Stall und auf der Weide können sich Pferde mit Holzschutzmitteln, Industriemitteln, Pestiziden und Nagergiften vergiften.

Merke: **Heben Sie die Packungszettel von allen auf Weide und im Stall eingesetzten chemischen Mitteln, aber auch von Medikamenten auf. So können Sie im Notfall den Tierarzt schnell informieren. Alle Reste chemischer und medikamentöser Mittel müssen unzugänglich für Kinder und Tiere aufbewahrt werden.**

4.3 Schimmelpilzvergiftungen

Anzeichen: Verdauungsbeschwerden, Koliken, Allergien und Atembeschwerden sind häufige Symptome.
Ursache: Pferde nehmen Schimmelpilze hauptsächlich mit der Nahrung auf. Ein Wassergehalt im Heu von 15% und mehr führt häufig zur Schimmelpilzbildung. Untersuchen Sie sämtliche Futtermittel vor der Fütterung auf Pilzbefall. Pilzbefall ist oft an

einer schwarzen Verfärbung zu erkennen. Schimmelpilzbefall hat einen typischen modrigen, muffigen Geruch. Allerdings sind nicht alle Schimmelpilzarten gleich, manche sind auch geruchlos.

4.4 Therapie bei Vergiftungen

- Bringen Sie Ihr Pferd in eine ruhige, gut gepolsterte Box, in der es sich nicht verletzen kann.
- Verhindern Sie jede weitere Futteraufnahme Ihres Pferdes.
- Rufen Sie schnellstens Ihren Tierarzt.
- Stellen Sie eine Probe dessen sicher, was Ihr Pferd gefressen haben könnte.
- Bieten Sie Ihrem Pferd Wasser, besser Kamillentee an.
- Geben Sie Ihrem Pferd vorsorglich **Tierkohle**, am besten in Wasser gelöst, da diese die Giftstoffe im Magen bindet, sodass weniger vom Körper selbst aufgenommen werden kann.
  - ➤ Ein Pferd darf 1 bis 3 g Kohle/100 kg Gewicht in einer 20 bis 30%igen wässrigen Lösung bekommen.
    - Die Gabe erfolgt über eine Plastikflasche oder Spritze. Im (Internet-) Handel werden Eingabespritzen zur oralen Gabe angeboten. Dafür mischen Sie 1 Teil Kohle zu 4 Teilen Wasser. In rund 400 ml Wasser werden 100 g Kohle gelöst (20%ige Verdünnung) und dem Pferd dann eingeflößt.
    - Ein erwachsenes Warmblut von ca. 550 kg Körpergewicht darf 825 g bis über 1,6 kg Kohle zu sich nehmen, Sie müssen sich also über die Menge keine Sorgen machen.
    - Der Tierarzt kann die Lösung auch direkt über Nasenschlundsonde in den Magen verabreichen.
- Weitere Hilfsmaßnahmen sprechen Sie bitte telefonisch mit Ihrem Tierarzt ab!
- Bei Giftpflanzen oder ätzenden chemischen Mitteln, die die Schleimhaut stark reizen oder verletzen könnten, spülen Sie zunächst die geröteten Stellen mit Wasser. Auch dabei gilt, nicht den Pferdekopf nach oben drücken. Das Wasser darf nicht geschluckt werden.
- Wenn Ihr Pferd Giftpflanzen gefressen hat, die die Schleimhaut angreifen, füttern Sie es mit auf mehrere Portionen verteiltem Haferschleim. Der Schleim umhüllt die Pflanzenteile und separiert sie so etwas vom Körper. Zudem gleicht der Schleim auf der Schleimhaut entstandene Schäden aus.
- Decken Sie offene Stellen oder Blasen mit sterilen Kompressen ab.
- Bei anderen Giftpflanzen kann die Gabe von Natriumsulfat (auch bekannt als Glaubersalz; 1g/kg KGW des Pferdes) dabei helfen, das Gift schnellstmöglich aus dem Körper zu entfernen. Glaubersalz ist ein mildes Abführmittel und sollte nur nach vorheriger Rücksprache mit dem Tierarzt eingegeben werden.

Verabreichen Sie ansonsten bitte keinerlei Medikamente oder Salben!

C

Tipps und Tricks rund um Verbände und Umschläge

Pferde verletzen sich relativ oft, insbesondere die Beine sind häufig betroffen. Auch kleine Wunden können sich leicht infizieren und sollten deshalb abgedeckt werden. Es ist also empfehlenswert für alle, die mit Pferden umgehen, sich im Anlegen von Verbänden auszukennen. Da es nicht ganz einfach ist, einen Verband anzulegen, der sich weder verschiebt noch verrutscht, sollten Sie das sachgemäße Anlegen ausreichend üben. Es ist gefährlich, im Notfall zum ersten Mal mit Verbandsmaterial umzugehen. Lassen Sie sich von Ihrem Tierarzt zeigen, wie Sie einen Verband korrekt anlegen, oder nehmen Sie an einem Verbandsseminar teil.

Verbände erfüllen verschiedene Aufgaben. **Schutzverbände** bedecken erkrankte oder verletzte Körperstellen, um sie vor Keimen zu schützen oder Medikamenten eine längere Einwirkung zu ermöglichen. **Stützverbände** stellen einen beweglichen Teil des Körpers, meist ein Gelenk, ruhig. So bekommt der Körper Zeit, den Defekt auszuheilen. **Therapeutische Verbände** werden eingesetzt, um Medikamente oder heilsame Temperaturen über eine längere Zeit im erkrankten Gebiet zu halten.

Beim Anlegen eines Verbandes müssen Sie immer auf eine ausreichende Polsterung aller vorstehenden Bereiche achten. Polstern Sie lieber eine Lage zu viel aus, als dass hinterher Druckstellen entstehen, die teilweise großen Schaden anrichten können.

1. Verbandsmaterial

1. Lage: Wundauflage

Bei offenen Wunden muss die erste Lage eine saubere Abdeckung der Wundfläche sein. Dazu gibt es in kleinen Einheiten steril verpackte Wundauflagen, z.B. Kompressen. Im Gegensatz zu Watte verkleben und fusseln die aus Gaze bestehenden Kompressen in der Wunde nicht. Bei frischen Wunden werden die Kompressen mit einem milden Desinfektionsmittel (verdünnter Betaisodona-Lösung) getränkt. Aus der Humanmedizin gibt es in der Apotheke bereits fertig imprägnierte Kompressen. Kompressen in einer Größe von 10 x 10 cm eignen sich am besten. Ist keine sterile Kompresse vorhanden, so können Sie auch einige übereinander gefaltete Lagen sterile Gazebinde verwenden.

2. Lage: Polstermaterial

Als Polstermaterial eignet sich in erster Linie Watte, mit Gaze ummantelte Watte oder Zellstoff. Die Polsterung schützt das erkrankte Gebiet oder vorstehende Körperteile vor zu starkem Druck der äußeren Binde. Wichtig ist, dass das Material in ausreichender Menge unterlegt wird. Die Polsterung sollte oberhalb und unterhalb des Verbandes etwa 2 cm weit überstehen, damit Sie sicher sein können, dass der Verband gleichmäßig fest ist und nichts abschnürt. Für Beinverbände sollten Sie breite (30 bis 40 cm) und kurze (10 cm) Watterollen in der Stallapotheke bereithalten.
Wenn Sie keine Watte zur Verfügung haben, so können Sie zur Not auch ein sauberes flauschiges Handtuch oder saubere Bandagenunterlagen verwenden.

3. Lage: Verband, Binden

Über die Polsterung werden nun elastische Binden, Schlauchverbände oder selbsthaftende Binden fest gewickelt. Diese gewährleisten einen guten Halt. Die Verwendung von Gazebinden erfordert ein wenig Übung und Geschick.
Bitte verwenden Sie keine Wollbandagen oder Billigware. Die Binden sollten etwa 10 cm breit sein. Am besten sind sowohl elastische Binden als auch selbsthaftende. Letztere eignen sich am besten für Verbände an den Beinen.

4. Lage: Gewebeklebeband

Ein flexibles Gewebeklebeband kann den Verband nach außen hin festigen. Beim Hufverband schützt es als äußerste Schicht den Verband vor Nässe. Zur kurzzeitigen Fixierung von Kompressen, als zeitweise Wundabdeckung oder am Auge eignen sich kurze Streifen des Klebebands ebenfalls. Eine gute Stallapotheke sollte ein 5 cm und 2 cm breites Gewebeklebeband enthalten. Für den Hufverband eignet sich bitumengetränktes[1] Klebeband, aber es ist auch Panzerklebeband oder Silberband für das Pferd geeignet. Notfalls können auch mehrere Lagen normales, 5 cm breites Pflasterklebeband verwendet werden, es ist jedoch nicht wasserfest.
Bei den dauerhaften Verbänden nach Knochenbrüchen wird die äußere Lage mit Gipsbinden, Kunstharzbinden, Cast o. Ä. versteift.

2. Die einzelnen Verbände

Meistens sind es die Gliedmaßen, an die Verbände angelegt werden müssen. Wenn das Pferd Schmerzen hat, müssen Sie mit Abwehrreaktionen rechnen. Lassen Sie sich das Pferd von einer Hilfsperson halten, die nie frontal vor dem Pferd stehen darf, sondern immer daneben. Ist das Pferd sehr unruhig, so kann diese Hilfsperson oder eine dritte das gesunde Bein der Gegenseite aufhalten.

2.1 Hufverband

Materialien:

- Kompressen
- 1 großes Stück Verbandswatte, doppelt gelegt, oder mehrere Lagen Zellstoff
- 1 etwa 5 bis 10 cm hoher Streifen Verbandswatte, doppelt gelegt als Polster der Fesselbeuge
- 1 Stück Verbandsschlauch, ca. 60 cm lang
- 2 elastische, selbsthaftende Binden
- Sackleinen oder der Stoff einer festen Jutetasche
- Pflasterklebeband und Gewebeklebeband (bitumengetränkt oder 5 cm breit)

Ist das Medikament an Ort und Stelle und die Wunde mit einer Kompresse abgedeckt, so muss der

1 Der Bitumen (eine wasserundurchlässige Substanz aus dem Baugewerbe) im Klebeband lässt keine Feuchtigkeit durch und führt zu einer Verstärkung des Klebebandes.

C

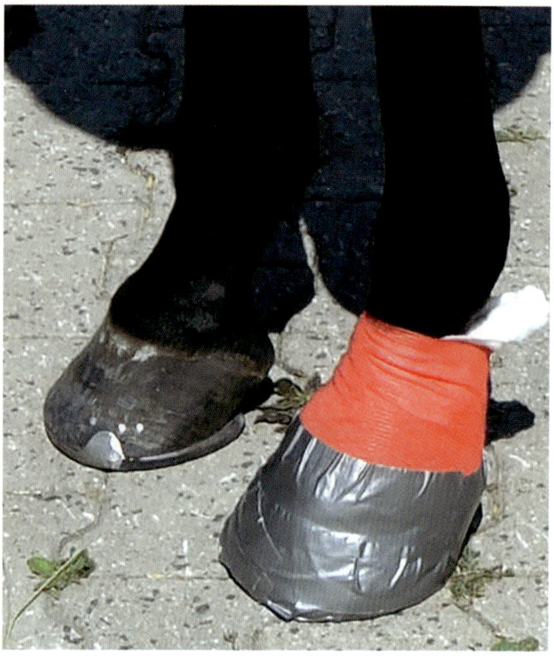

Ein fertiger Hufverband sollte so fest sitzen, dass er sich nicht über Nacht löst.

Huf zunächst gepolstert werden. Nehmen Sie das bereitgelegte große Stück Verbandswatte und legen es auf die Hufsohle. Legen Sie das kleinere Stück Verbandswatte in die Fesselbeuge und klappen Sie dann die äußeren Ränder der großen Watte nach oben um den Huf. Die große Verbandswatte müsste bis zur Fessel reichen. Prüfen Sie nun, ob wirklich alle Stellen des Hufes gut ausgepolstert sind. Nehmen Sie lieber mehr Watte als zu wenig. Sie können diese Watte mit etwas Klebeband fixieren. Über die Watte können Sie einen langen Schlauchverband bis zur Hälfte ziehen, dann verdrehen Sie das untere, noch freie Schlauchende und ziehen dieses ebenfalls über den Huf. So ist die Watte fixiert. Etwas einfacher geht es, wenn Sie den Schlauchverband zuvor schon doppelt gelegt und daraus in der beschriebenen Weise eine Art Socke gemacht haben. Ein Schlauchverband ist praktisch und auch gut geeignet, um ein an Mauke erkranktes Bein vor der Einstreu zu schützen. Man kann ihn gut beim Hufverband einsetzen, muss aber nicht. Um die Watte oder den Schlauchverband wickeln Sie nun die erste Binde. Ohne Verwendung eines Schlauchverbandes beginnen Sie einige Lagen in Längsrichtung über und unter Huf und Fesselgelenk zu legen. Diese befestigen Sie durch einfaches Umwickeln des Beines. Dabei muss die Verbandswatte oben überstehen, sonst schnürt der Verband ab. Falls nicht an einer bestimmten Stelle ein bestimmter Druck ausgeübt werden muss, wickeln Sie nun in festen Achtertouren den Huf von der Spitze her ein. Ziehen Sie die Binden dabei richtig fest. Formen Sie quasi mit dem Verband die Form des Hufes nach. Nun können Sie zum Schutz noch eine Lage selbstklebenden Verband darüber wickeln. Tun Sie dies in gleicher Weise wie mit der elastischen Binde. Sie schützt etwas gegen Feuchtigkeit und macht den Hufverband fester. Befestigen Sie diesen Verband mit breitem Pflasterklebeband. In breiten Streifen über den Huf kleben Sie dann das wasserfeste Gewebeklebeband. So ist der Huf gut geschützt. Alternativ kann die erste Verbandsschicht, sobald sie fertig gewickelt und mit etwas Klebeband befestigt ist, zum besseren Schutz mit einer Röhre aus Sackleinen oder fester Jute umgeben werden. Lassen Sie diese zunächst unten über den Huf stehen und schlagen Sie sie dann unter der Hufsohle um. Dies befestigen Sie mit Gewebeklebeband fest um Bein und Huf.

Wird der Hufverband starker Feuchtigkeit ausgesetzt, so können Sie die gesamte Sohlenfläche des fertigen Verbandes über der Jute bzw. dem Pflasterklebeband mit dem bitumenhaltigen Gewebeklebeband versehen. Nach außen hin kann der Verband statt durch Jute, Sackleinen oder Klebeband auch durch einen Hufschuh geschützt werden.

Hufverband

Ein **Angussverband** muss die Flüssigkeit für längere Zeit am Huf halten, deshalb wird meist empfohlen, unter die äußerste Verbandsschicht eine Plastikfolie o.Ä. zu legen oder einen Plastikschuh zu verwenden. Bei einer solchen Plastikschicht ist jedoch Vorsicht anzuraten, insbesondere, wenn es sich um einen Plastikschuh handelt. Ist der Verband dann so dicht, dass das Pferdebein stundenlang quasi in der Angussflüssigkeit steht, so kann sehr schnell die Pferdehaut an Krone und Fessel darunter leiden. In den meisten Fällen reicht es völlig aus, eine zusätzliche Schicht Verbandswatte um den Huf zu legen. Diese Verbandwatte saugt so viel Flüssigkeit auf, dass diese für längere Zeit am Huf einwirken kann.

Es gibt verschiedene Gewebeklebebänder, die sich für Angussverbände eignen. Medizinisches Panzer- und Silberklebeband ist wasserfest und auch das weiße, sehr fest klebende Band gibt es wasserfest.

Der Verband muss mehrmals täglich angegossen werden.

Ein schneller, provisorischer Angussverband ließ sich früher mithilfe einer Babywindel, einer Jutetasche, selbstklebendem Verband und etwas Gewebeklebeband rasch herstellen. Heutige Babywindeln haben eine Füllung, die Flüssigkeit in Gel umwandelt. Für einen Angussverband sind sie nicht zu gebrauchen.

2.2 Beinverband

Materialien:

- Kompressen
- 1 Rolle Verbandwatte oder Zellstoff
- einige etwa 10 cm hohe Streifen Verbandswatte, doppelt gelegt als Polster unter bzw. über den Gelenken
- 2 bis 3 elastische, selbsthaftende Binden
- Gewebeklebeband

Der Verband variiert, je nachdem welcher Teil des Beines verbunden werden muss. Alles, was den Bereich unterhalb des Fesselgelenks betrifft, wird mit einem nötigenfalls höher gewickelten Hufverband abgedeckt. Das Fesselgelenk kann nach ausreichender Polsterung unter und über dem Gelenk einzeln verbunden werden *(s. Seite 156 f.)*. Soll das Fesselgelenk jedoch ruhig gestellt werden, so muss das darunter und das darüber liegende Gelenk mit in den Verband einbezogen werden. Sie müssen in dem Fall einen tiefen Beinverband bis über das Krongelenk anlegen.

Das Wickeln von Achtertouren muss etwas geübt werden, damit der Verband in allen Teilen gleichmäßig fest sitzt und die einzelnen Windungen nicht auseinanderrutschen.

Tiefer Beinverband

Angussverband, tiefer Beinverband

Ist eine Wunde vorhanden **(Schutzverband)**, so decken Sie diese mit sterilen Kompressen ab. Danach polstern Sie alle vorstehenden Knochenteile, das heißt, Sie wickeln Streifen mit Verbandswatte über und unter die unter dem Verband liegenden Gelenke. Sie können die Polster mit Gewebeklebeband sichern.

Anschließend umwickeln Sie das Bein mit reichlich Verbandswatte oder Zellstoff. Auch hier gilt: Lieber etwas zu viel als zu wenig. Diese Verbandswatte

Das Bein muss gut gepolstert werden, damit keine Druckstellen entstehen können.

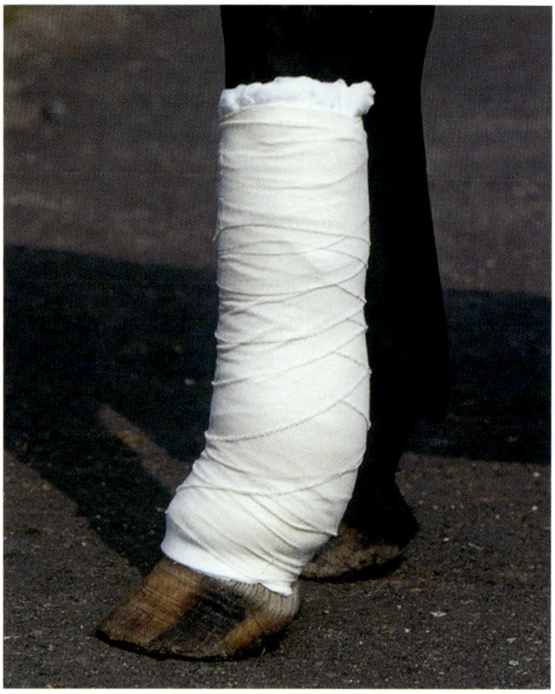

Ein tiefer Beinverband wird als Stütze für einen höheren Verband angelegt oder bei Problemen im unteren Zehenbereich eingesetzt. Je nach Höhe der Erkrankung muss er dann bis über den Huf gewickelt werden.

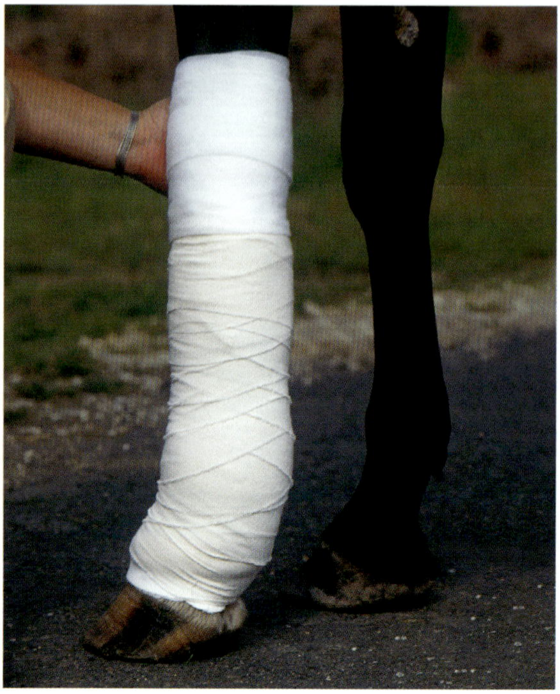

Zuerst wird mit Verbandswatte gepolstert, dann wieder mit elastischen Binden umwickelt.

umwickeln Sie mit elastischen oder selbstklebenden Binden. Soll der Verband die Bewegungsmöglichkeit stark einschränken, so können Sie über die Verbandwatte noch eine Lage Zellstoff wickeln. Dies erhöht die Stabilität beträchtlich.

Beginnen Sie mit einem **stützenden Verband** in überlappenden Windungen in der Mitte. Wickeln Sie in Achtertouren nach unten, gegenläufig nach oben und wieder nach unten. Machen Sie dies so lange, bis der Verband stabil ist. Bei einem **Angussverband** werden die elastischen Binden auf der Verbandswatte in spiraligen Windungen auf und ab gewickelt.

Achten Sie darauf, dass sowohl oben als auch unten die Watte 1 bis 2 Fingerbreit herausschaut. So stellen Sie sicher, dass der Verband keine Druckstellen erzeugt oder abschnürt. Befestigen Sie die Enden der Binde mit Gewebeklebeband. Am Ende sollte das Bein gleichmäßig und möglichst gerade aussehen.

Stützverband

Hoher Beinverband

Verbände im oberen Beinbereich werden auf die gleiche Weise angelegt. Um einen Verband des Vorderfußwurzel- oder Sprunggelenks gegen Abrutschen zu sichern, legen Sie zunächst einen tiefen Verband zum Abstützen an. Denken Sie dabei daran, wieder alle vorstehenden Knochenteile gut abzupolstern. Umwickeln Sie dann in bekannter Weise das Bein oberhalb mit Verbandwatte und anschließend mit elastischen oder selbsthaftenden Binden.

Gelenkverbände

Verbände um das Fesselgelenk, Sprung- oder Vorderfußwurzelgelenk sind die häufigsten Gelenkverbände. Auch hier sind die Gelenke und Knochenvorsprünge wie das Fersenbein besonders gut abzupolstern. Dann fixieren Sie die Verbandswatte in Achtertouren, die sich in der Beuge kreuzen, aber den Gelenk-

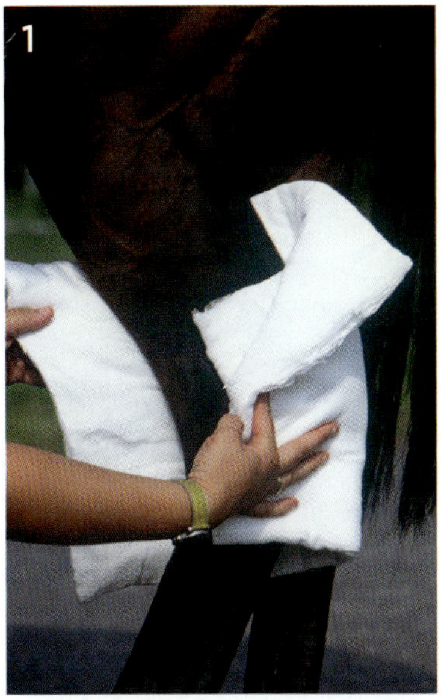

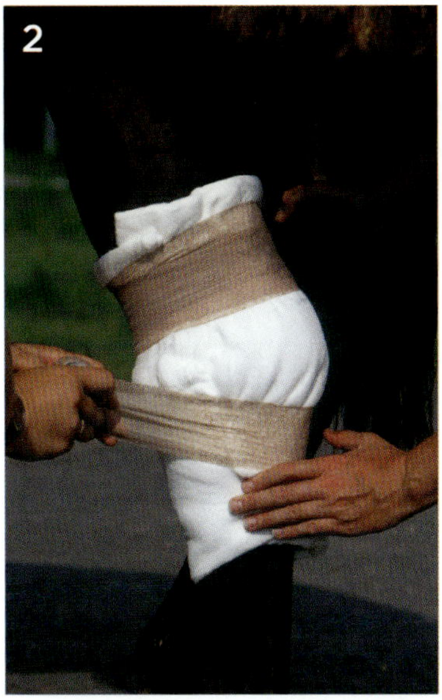

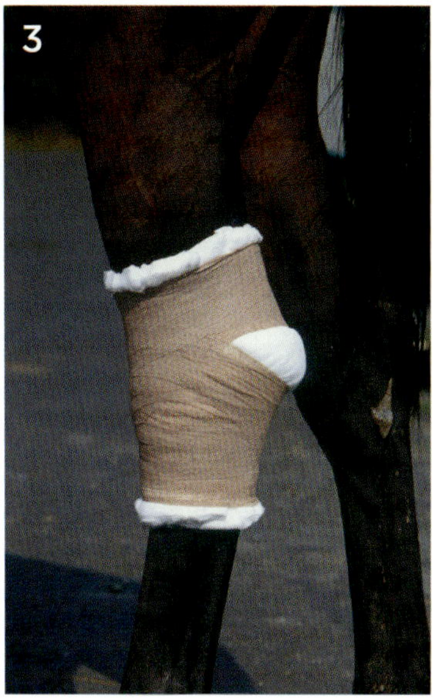

Anlegen eines Gelenkverbandes:
1. *Die Watte wird am Sprunggelenk gehalten.*
2. *Der Verband wird mit selbstklebender Binde in Hautfarbe verklebt.*
3. *Der Verband ist fertig verklebt. Kreuzen Sie die Bahnen des Verbandes auf der Beugeseite des Gelenks. Lassen Sie dem Sprunggelenk hinten etwas Bewegungsfreiheit.*

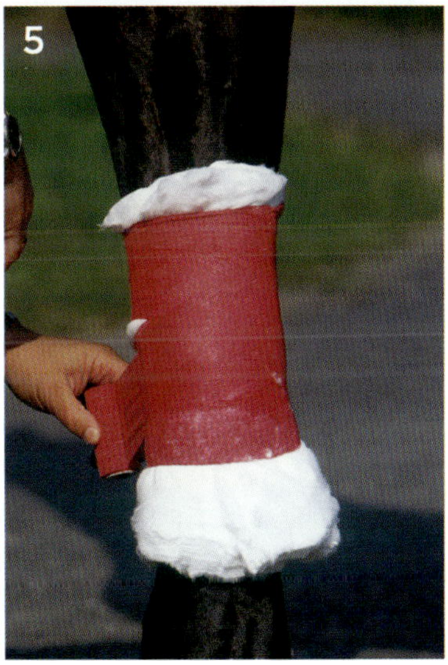

Bilderserie 4 bis 5:
Eine gute Unterpolsterung ist wichtig. Die Verbandsbahnen kreuzen sich auf der Beugeseite.

rücken frei lassen. So behindert der Verband das Gelenk nicht zu stark in seiner Bewegung.
Ein Verband kann auch vorbeugend zum **Schutz der großen Gelenke** angelegt werden. Dies gilt insbesondere für Pferde, die Probleme mit dem Aufstehen und Hinlegen haben. Die Schwierigkeiten können im Alter des Pferdes oder aber in einer Verletzung, Krankheit oder Schwäche des Pferdes begründet sein. Wird der Schutz nur während der Nacht benötigt, so eignen sich Transportgamaschen. Liegt jedoch eine Arthrose oder eine Verletzung eines Vorderfußwurzel- oder Sprunggelenks vor, so sollte ein Verband angelegt werden (zum Angießen oder als Schutz der aufgebrachten Medikamente). Wird der Verband für lange Zeit benötigt oder darf das Pferd damit auf die Weide, so kann es manchmal recht umständlich sein, einen tiefen Abstützverband unter den Sprunggelenkverband zu machen. Hält ein reiner Gelenkverband mit gewickelten Achtertouren nicht, so kann eine alte Kniebandage aus dem menschlichen Gesundheits- und Sportprogramm Abhilfe schaffen. Schneiden Sie ein Loch an die Stellen in der Bandage, unter der Knochenvorsprünge liegen und ziehen Sie diese über ein Polster aus Verbandswatte. Die Bandage verrutscht auch bei Feuchtigkeit nicht.

2.3 Druckverband

Druckverband am Bein

Bei starker Blutung ist es wichtig, schnell zu reagieren. Nehmen Sie Kompressen und Polstermaterial und umwickeln Sie das Bein damit schnell und fest. Darüber wickeln Sie fest eine elastische oder selbsthaftende Binde. Blutet der Verband durch, entfernen Sie ihn nicht! Legen Sie einen zweiten Verband über den ersten. Je nach Größe der Verletzung legen Sie ein bis zwei gerollte Mullbinden als effektives Druckmittel in Höhe der Wunde auf diesen Verband und wickeln fest mehrere elastische Binden darüber. Oft reicht dieser Druck aus, um die Blutung zu stoppen. Gelingt dies nicht, versuchen Sie eine weitere Lage mit mehr Druck darüber zu binden. Notfalls können Sie mit der Hand weiteren Druck ausüben, bis der Tierarzt eintrifft.

Ist auch diese Maßnahme nicht ausreichend, müssen Sie das Bein abbinden. *Lesen Sie dazu im Kapitel „Erste Hilfe in Notfällen", Seite 146.*

Druckverband am Bauch

Bei starken Blutungen im Bereich des Bauchs und Unterbauchs wird ein Bauch-Druckverband eingesetzt. Mit 2 Rollen Verbandmull (Verbandwatte mit Gaze umhüllt) und einer breiten Rolle Gewebeklebeband können Sie rasch einen solchen Verband herstellen. Lassen Sie von einem Helfer ein sauberes, keimarmes Tuch auf die blutende Wunde drücken. Darüber wickeln Sie den Verbandmull um Bauch und Rücken des Pferdes, sodass dieser rundherum gepolstert ist. Dann befestigen Sie diese Polsterung mit 2 breiten (mind. 5 cm) Streifen Gewebeklebeband, sodass Anfang und Ende überlappen.

Reicht dies als Druck nicht aus, falten Sie ein halbes Bettlaken zur gewünschten Größe zusammen – es sollten mehrere Lagen sein, um wirklich Druck ausüben zu können – und befestigen es auf dem Polster über der Wunde. Mit diesem zusammengelegten Tuch wird der Druck auf die gesamte Fläche der Wunde verteilt. Mit einem rundherum geschnürten Gewebeklebeband können Sie nun den nötigen Druck erzeugen, um die Blutung zu stoppen. Die Polsterung verhindert ein Einschneiden des Klebebandes.

2.4 Tipps für spezielle Verbände

Jeder dieser bisher genannten Verbände kann auch für therapeutische Zwecke eingesetzt werden. Durch kleine Ergänzungen können aus diesen Verbänden kühlende oder wärmende Verbände gemacht werden. Solche der Behandlung dienende Verbände dürfen nicht länger als 1 bis maximal 1½ Tage am Bein verbleiben, da sie sonst die Pferdehaut schädigen.

2.4.1 Kühlende Verbände

- Die einfachste Variante eines kühlenden Verbandes ist ein **kalter Beinwickel**. Dabei werden einfache Küchenhandtücher in kaltem Wasser getränkt und um die Beine des Pferdes gewickelt. Diese werden mit einer elastischen Binde fixiert und nach 1 bis 2 Stunden erneuert. Beinwickel werden häufig bei Fieber oder Entzündungen eingesetzt.
- Zur Kühlung kann ein ganz normaler Stützverband zu einem **Angussverband** umfunktioniert werden. Die einfachste Variante ist, den Verband mit kühlendem Wasser anzugießen. Meist erhält das Wasser zusätzlich entzündungshemmende

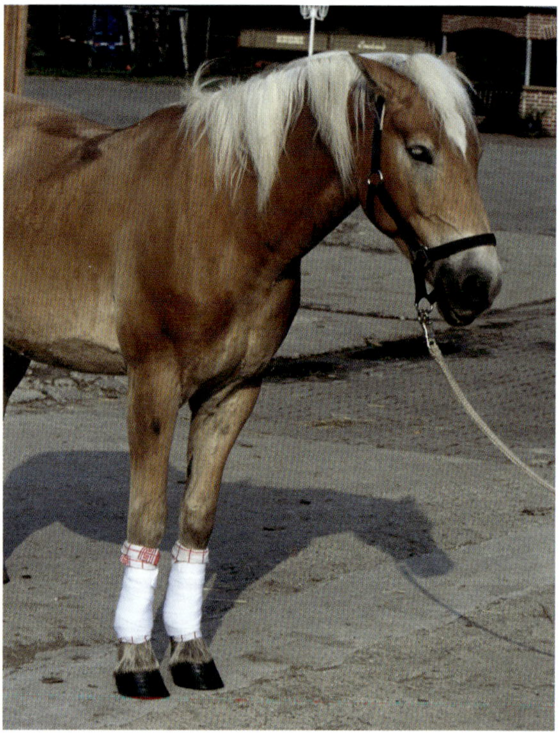

Beinwickel kühlen angenehm.

Für einen Quarkumschlag werden etwa 500 bis 700 g Magerquark benötigt.

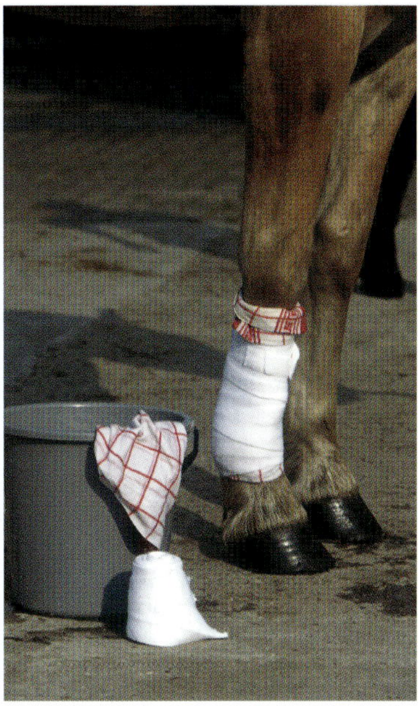

Warme Wickel regen die Durchblutung an.

Weißkohlblätter regen die Durchblutung an und lindern Entzündungsvorgänge.

Zusätze. Angussverbände werden gerne bei Entzündungen eingesetzt.

- Daneben werden auch Umschläge mit **essigsaurer Tonerde** und verschiedenen Heilkräutern zur Kühlung oder Entzündungshemmung eingesetzt.
- **Kühlende Packungen** aus Schlamm oder Quark benötigen keine Abdeckung.

2.4.2 Durchblutungsfördernde Verbände

Die Durchblutung eines erkrankten Gebietes ist wichtig für den Abtransport von Abfall- oder Giftstoffen und für die bessere Regeneration des Gewebes. Sie kann durch verschiedene Maßnahmen gefördert werden.

- Ein Stützverband, der zu einem **Angussverband** umfunktioniert und mit warmem Wasser getränkt wird, fördert die Durchblutung ebenso wie ein warmer Beinwickel. Die Durchblutung wird in besonderem Maße durch einen mehrfachen Temperaturwechsel (Wechselbäder) angeregt. Gießen Sie die betroffene Stelle abwechselnd warm und kalt an.
- Der **Prießnitz**-Verband sorgt durch eine wasserfeste Schicht um den Verband dafür, dass sich der darunter liegende nasskalte Verband sehr schnell reflektorisch erwärmt. Die erzeugte Wärme sollte jedoch zwischendurch immer wieder kontrolliert werden. Einen Prießnitz-Verband oder auch Schwitzverband können Sie an den Beinen ebenso wie am Rumpf anlegen.
- Ein Verband mit feuchten **Weißkohlblättern** erwärmt sich ebenfalls und zieht die Entzündung aus dem Bein. Nehmen Sie dafür große, platt gewalzte Weißkohlblätter, die Sie mit einer elastischen Binde um das Pferdebein befestigen. Dieser Verband wird gerne bei Sehnenentzündung oder Gelenkentzündungen verwendet.

2.5 Tipps für Verbände an anderen Körperteilen

Verbände an anderen Körperteilen als den Beinen anzubringen, ist nicht ganz so einfach. Einige Tipps können Ihnen dabei helfen.

2.5.1 Kopfverband

- Einen Kopfverband können Sie leicht mithilfe eines breiten Rechtecks Verbandsmull (mit Gaze überzogene Verbandswatte) und 2 elastischen Binden selbst herstellen. Schneiden Sie in Augenhöhe zwei Löcher hinein und legen Sie den Verbandsmull über das Gesicht Ihres Pferdes. Diesen befestigen Sie mit elastischen Binden über dem Nasenrücken, der Stirn und dem Genick Ihres Pferdes.

- Einfacher machen Sie es sich, wenn Sie aus einem alten Betttuch ein spezielles Verbandstuch (Pferdekopftuch) für den Kopf Ihres Pferdes nähen. Das Schnittmuster dafür sehen Sie auf der Zeichnung. Dafür brauchen Sie keine großen Nähkünste. Damit es nicht ausfranst, können Sie die offenen Ränder mit Baumwollfalzband einfassen. Je nach Verwendungszweck schneiden Sie Löcher für beide Ohren sowie ein oder beide Augen aus.

Das Pferdekopftuch eignet sich für die verschiedensten Umschläge und Verbände im Kopfbereich.

Schnittmuster für das Pferdekopftuch

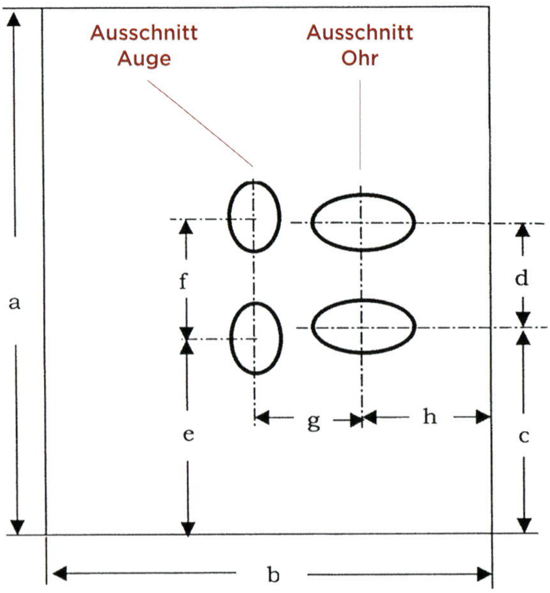

	Kleinpferd	Großpferd
a	110	110
b	75	95
c	40	40
d	30	30
e	39	39

	Kleinpferd	Großpferd
f	110	110
g	75	95
h	40	40
Auge	30	30
Ohr	39	39

Größe in cm

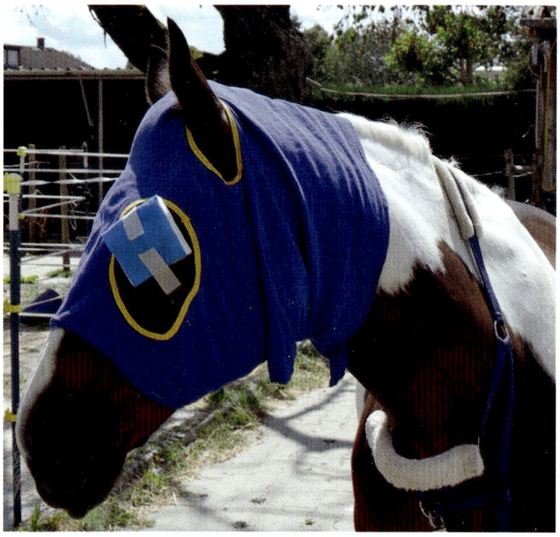

Das Pferdekopftuch ist vielseitig einsetzbar. Benötigt Ihr Pferd für eine längere Zeit einen Augenverband, kann eine Klappe aus Stoff fest an das Tuch angenäht werden.

Bei einer Kopfverletzung ziehen Sie das Tuch einfach über die Kompressen und eine eventuelle Polsterung. Bei einer Augenverletzung können Sie damit einen Verband fixieren. Die Augenlöcher des Tuchs können auch nachträglich mittels eines Stücks Stoff verschlossen werden.

Das Tuch ist auch geeignet, wenn Ihr Pferd an Druse oder Kehlkopferkrankungen leidet. Mit dem Tuch lassen sich wärmende Umschläge wie ein Kartoffelumschlag gut fixieren.

Daneben eignet sich dieses spezielle Tuch dafür, jedwede Umschläge im Kopfbereich zu fixieren, bei Zahnschmerzen ebenso wie bei Problemen mit der Ohrspeicheldrüse oder den Nebenhöhlen.

2.5.2 Verband am Hals

Dieses spezielle Tuch (Pferdehalstuch) können Sie, ebenso wie das Pferdekopftuch, selbst aus einem alten Bettlaken herstellen. Sie können es dem Patienten als Schutz für Verbände oder Heilkräuter-Umschläge im Bereich von Hals und Rücken anlegen. Die Seite mit der schlitzförmigen Öffnung ist die zum Kopf gehörende. Am besten sollte sie etwas verstärkt werden. Ziehen Sie die Öffnung über die Ohren und ein Halfter darüber, so ist das Tuch nach oben hin gegen Rutschen gut gesichert. Zum Binden lassen Sie einfach Bänder am Tuch stehen oder nehmen Sie Gewebeklebeband. Dann ist das Tuch für die Hälse verschieden großer Pferde geeignet (aber vor einem Wechsel immer waschen).

Schnittmuster für das Pferdehalstuch

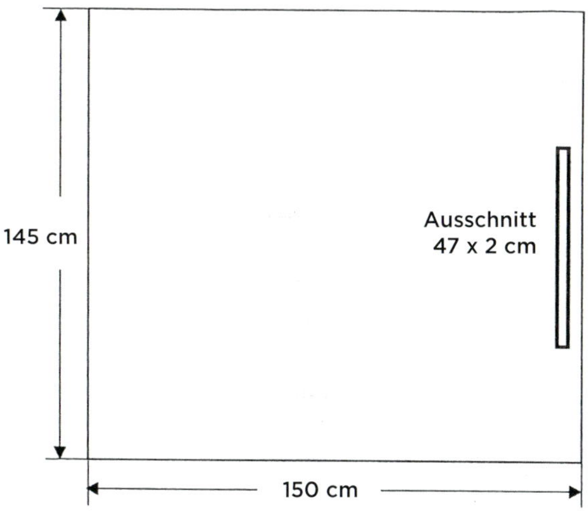

2.5.3 Verbände des Rumpfes

Verbände für den Pferdekörper sind nicht einfach zu befestigen. Am besten eignet sich eine doppelt gelegte elastische Binde als Band zum Spannen bzw. Befestigen. Die Dehnbarkeit der elastischen Binde gewährt einen gewissen Spielraum.

- Ein **Rücken-Kruppen-Verband** lässt sich einfach mittels eines Bettlakens herstellen. Sie können jedoch auch den Schnitt des oben genannten Pferdehalstuchs verwenden. Dieses Tuch lässt sich

Verwendung des Pferdekopftuchs als Drusetuch

herumgedreht gut verwenden, wobei der Schlitz am Schweif fixiert wird. Auch ist es besser, den Einschnitt durch Baumwolllitze zu verstärken. So kann das Tuch beispielsweise wärmende Umschläge bei Muskelverspannungen oder Kreuzverschlag fixieren.
- Falls Ihr Pferd regelmäßig **wärmende Umschläge** benötigt, können Sie auch hier mit etwas Geschick Abhilfe schaffen. Ein Pferd, das zu Muskelproblemen neigt, sollte beispielsweise regelmäßig vor Beginn der Arbeit seine Muskeln anwärmen. Dies können Sie durch ein Pferdesolarium erreichen, sofern es das in Ihrem Stall gibt. Ansonsten müssen Sie Ihrem Pferd wärmende Umschläge machen. Dazu ein kleiner Tipp: Sie erleichtern sich die Arbeit, wenn Sie unter die Pferdedecke in Höhe der benötigten Wärme ein Stück Stoff als Tasche einnähen. Sie können dann an kalten, feuchten Tagen dort ein Wärmepad hineinschieben. Natürlich lassen sich solche Taschen auch an mehreren Stellen anbringen.
- Ein **warmer Bauchwickel**, wie er gerne bei Erkrankungen, die mit starken Bauchschmerzen einhergehen, verwendet wird, ist leicht anzulegen. Verwenden Sie dafür 2 zusammengenähte große Duschhandtücher. Diese tauchen Sie in warmes Wasser und wickeln sie um den Rumpf des Pferdes. Darüber legen Sie eine warme Pferdedecke, die Sie mittels Deckengurt befestigen. Die Wärme des Handtuchs beruhigt die spastische Magen-Darm-Muskulatur und lindert so die Schmerzen.

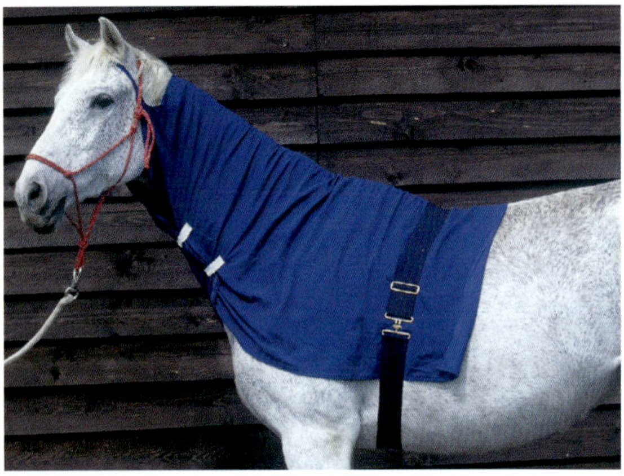

Das Pferdehalstuch als Nesselfiebertuch: Der Einschnitt kommt über die Ohren auf die Stirn.

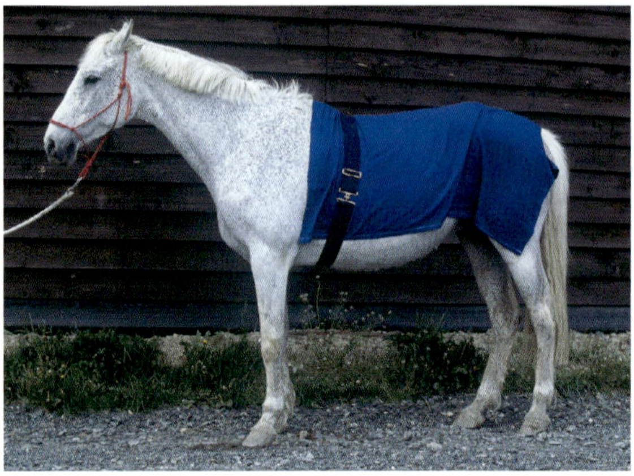

Das Pferdehalstuch kann gedreht werden.

- Wenn Sie nur einmalig oder über **große Bereiche einen Wärmeeffekt** erreichen wollen (Kreuzverschlag), eignen sich wärmende Umschläge bzw. ein oder mehrere im Ofen gewärmte Dinkelkissen. Stecken Sie diese in einen alten Kopfbezug und fixieren Sie sie mittels der oben genannten Binden und Gewebeklebeband.
- Ein **Bauchverband** ohne Druck lässt sich aus einem halben Betttuch problemlos herstellen. Auch er kann mittels elastischer Binden fixiert werden. Bei Bauchverletzungen können Sie das Tuch zuvor in eine milde Desinfektionslösung tauchen.
- Der **Prießnitz-Verband** ist ein weiterer spezieller Verband, der auch am Rumpf des Pferdes genutzt werden kann. Es handelt sich um eine Schwitzpackung, die bei infektiösen Atemwegserkrankungen ihre Anwendung findet. Dabei wird ein mit kaltem Wasser getränktes Tuch (Wolldecke) als unterste Schicht dem Pferd fest um die Brust und das Genick gewickelt. Die 2. Schicht ist eine wasserfeste Plastikschicht (falls Sie keine so große Plastikplane finden, können Sie auch 2 Mülltüten aufschneiden und miteinander verkleben). Darüber legen Sie eine trockene Wolldecke. Nach etwa 2 Stunden entfernen Sie die gesamte Packung wieder und reiben das verschwitzte Fell trocken. Obwohl bei dem Umschlag kaltes Wasser verwendet wird, erwärmt er sich reflektorisch in kürzester Zeit sehr stark. Er entwickelt eine Hitze, die Sie sich zuvor wahrscheinlich nicht vorstellen konnten. Die Pferde entspannen sich dabei ausgesprochen gut. Der Umschlag eignet sich insbesondere bei Infekten wie der akuten Bronchitis oder der Lungenentzündung.

Ein Prießnitzverband löst hartnäckige Verschleimung.

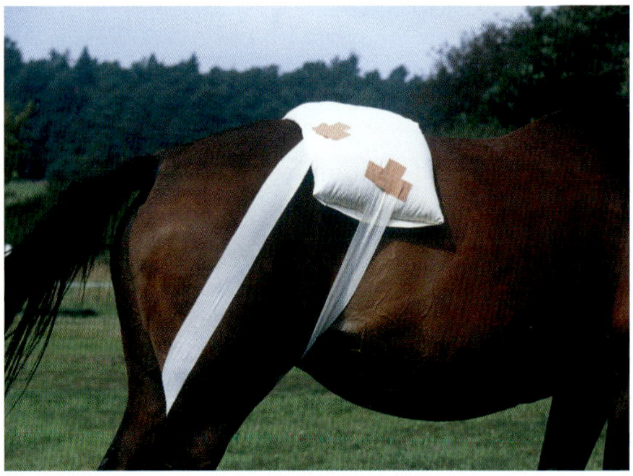

Ein Dinkelkissen kann im Ofen erwärmt werden.

Das Pferd in unterschiedlichen Lebensabschnitten

Sie haben das Glück, regelmäßig mit Pferden umzugehen. Dabei hat jedes Pferdealter seine speziellen Bedürfnisse, die im Bezug auf die Pferdegesundheit wichtig und beachtenswert sind. Im Folgenden erhalten Sie einen kleinen Einblick in die unterschiedlichen Bedürfnisse und wie Sie mithilfe alternativer, ganzheitlicher Heilmethoden die Vorsorge des jeweiligen Lebensalters positiv beeinflussen können.
Auch in besonderen Situationen, wie einem Turnier, können Sie Ihr Pferd unterstützen. *Wie diese Methoden ausgeführt werden, lesen Sie im Teil B Vorstellung natürlicher, alternativer Heilmethoden zur Vorsorge und Behandlung nach.* Dort werden Ihnen die Therapie mit Heilkräutern, Bachblüten, Akupressur und die Tuina-Anmo näher erklärt.
Manchmal wird ein Pferd jedoch trotz guter Versorgung, Haltung, Fütterung und trotz aller Vorsorge krank. *In Teil A, S. 36 ff. finden Sie allgemeine Hinweise über den Umgang mit einem kranken Pferd.* Sie erfahren, wie Sie ein krankes Pferd erkennen können und welche Werte ein gesundes Pferd aufweist.

Korrektur einer Fehlstellung bei einem Fohlen durch speziellen Beschlag

1. Das junge Pferd

Ein Jungpferd gilt vom Zeitpunkt des Absetzens an bis zum Alter von drei Jahren als Heranwachsender. Es ist in einem Alter, wo das Pferd sich als eigenständige Persönlichkeit begreift und sich in der freien Wildbahn seinen Rang erobert. Es lernt mit anderen Herdenmitgliedern, in diesem Fall dem Menschen, umzugehen und ist interessiert an seiner Umwelt.

1.1 Haltung und Umgang

Es gehört ein großes Maß an Fachwissen dazu, ein Jungpferd aufzuziehen und es schließlich zum Reitpferd auszubilden. Einem jungen Pferd darf es nicht an sozialen Kontakten fehlen, es muss lernen, mit seinen Artgenossen umzugehen. Je nach Alter des Jungpferdes ist die beste Haltungsform die Weidehaltung in einer Herde gleichgeschlechtlicher Altersgenossen, wo sie viel Bewegung bekommen und lernen, sich gegen andere zu behaupten. Zumindest sollte es wenigstens ein, zwei Altersgenossen haben, mit denen es zusammen aufwächst.
Doch immer häufiger kaufen sich unerfahrene Reiter ohne ausreichendes Fachwissen ein Jungpferd. Oft aus Kostengründen oder aus Faszination am Jungtier. Durch Einzelhaltung, den mangelhaften sozialen Kontakt und die unzureichende Bewegung wird dann der Grundstein zu seelischen und körperlichen Störungen gelegt. So zeigen sich unter Umständen bestimmte Verhaltensweisen, psychische Probleme, Überängstlichkeit oder Aggressivität. Es gibt die Möglichkeit, diese seelischen Störungen mit Bachblüten zu beeinflussen. *Die entsprechende Blüte finden Sie in Teil B, S. 130 ff. „Therapie mit Bachblüten".*
Körperliche Probleme werden meist zuerst in Fehlstellungen der Gliedmaßen oder im Knochenaufbau deutlich. Diese sollten so früh wie möglich korrigiert werden.
Informieren Sie sich deshalb vor dem Kauf eines Jungpferdes umfassend. Oft gibt es die Möglichkeit, das Pferd in einer mehr oder weniger nahe gelegenen Jungpferdeherde mit unterzubringen.

Die Übungen dürfen jedoch nicht zu lange ausgedehnt werden, Ihr Pferd kann sich nur wenige Minuten am Stück konzentrieren. Machen Sie keinen Zwang aus den Übungen!
Longieren von Jungpferden ist umstritten. Beim Jungpferd sind die Knochen und Bänder noch weich und nicht stabil. Einseitige (bevorzugt Longieren auf einer Hand) oder zu viel Arbeit können überlasten und Gelenkchips oder andere Schäden hervorrufen.
Mit etwa 3 Jahren können Sie Ihr Pferd an das Longieren und den Sattel gewöhnen. Es darf Sie nun auch schon längere Strecken als Handpferd begleiten. Das Anreiten beginnt je nach Rasse in unterschiedlichem Lebensalter.

Literaturempfehlung: Böhmke, Waltraud: Die Grundschule des Pferdes. Vom Fohlen zum Reitpferd. Vom Boden bis in den Sattel. FN*verlag* 2018.

C

2. Das alte Pferd

Ein älteres Pferd, etwa 18 Jahre und älter, stellt andere Ansprüche an seinen Besitzer. Das heißt jedoch nicht, dass man es in „Rente" schicken muss. Ein vormals aktives Reitpferd könnte eine solche Veränderung kaum verstehen und würde beginnen zu trauern. Auch mit älteren Pferden kann die Partnerschaft noch viel Freude bereiten. Die erfahrenen Pferde sind gute Lehrmeister für junge Zwei- und Vierbeiner.
Jedoch bringt das Alter typische Veränderungen mit sich, auf die Sie sich einstellen sollten. Grundsätzlich bedeutet Altern des Körpers das Nachlassen und Abbauen von Fähigkeiten, Funktionen und Körpergewebe. Es ist keine Krankheit, sondern ein ganz normaler Vorgang.

2.1 Körperliche Veränderungen im Alter

Der Körper des Pferdes verändert sich mit dem Alter auf verschiedene Art und Weise. Natürlich sind Veränderungen auch abhängig vom jeweiligen Individuum und der Pferderasse. Araber beispielsweise altern weniger sichtbar.
Nach außen hin meist gut und leicht zu erkennen sind die Veränderungen an **Haut und Fell**. Da sich die Pigmentbildung verändert, sind im Deckhaar immer mehr weiße Stichelhaare zu finden. Besonders im Gesicht fallen graue Haare um Maul, Nase und über den Augen auf. Die Konturen der Abzeichen verändern sich etwas. Das gesamte Fell der Pferde wird ungleichmäßiger, oft länger und teilweise zotteliger. Oft ist es zudem noch stumpf, verliert an Glanz. Der **Fellwechsel** kann sich verzögern oder sogar ganz ausbleiben. Die Pferde frieren mehr in Abhängigkeit von der Qualität ihres Fells. Die Haut der alten Pferde verliert an Elastizität, sie wird schlaffer. Durch Umbauprozesse im Kollagen und Elastan verlieren diese ehemals sehr dehnbaren Gewebe ihre Spannkraft. Das führt zu einem Senkrücken mit deutlichem Widerrist und zu weichen Fesseln. Auch die **Zellen** altern, sie können sich nicht mehr so teilen, hinzu kommt die Ablagerung von Abfallprodukten des Stoffwechsels, da auch die „Müllabfuhr" – Leber und Nieren – nicht mehr so gut arbeitet wie früher.[2]
Wunden heilen schlechter ab. Das **Fett** in der Unterhaut verschwindet zunehmend, sodass das Pferd nicht nur im Gesicht knochiger aussieht, seine Konturen werden schärfer. Über den Augen bilden sich die typischen Gruben, ebenso oberhalb der Maulwinkel (Stressdreieck). Das liegt nicht nur am verringerten Fettgehalt, auch der Wassergehalt des Gewebes schwindet. Die **Sinne** lassen nach, die Pferde sehen und hören schlechter. Die **Augen** erscheinen trübe. Die Linsen der Augen können sich schlechter anpassen. Die Tiere leiden vermehrt unter dem Grauen Star, der zur Linsentrübung führt, und dem Grünen Star, mit erhöhtem Augeninnendruck und schlechterer Durchblutung. Insbesondere nach periodischen Augenentzündungen können die Spätfolgen zu einem deutlich geschwächten Sehvermögen oder sogar zur Erblindung führen. Blinde Pferde kommen allerdings oft gut zurecht. Man ist sich deshalb nicht sicher, ob das vermehrte Stolpern älterer Pferde vom schwächeren Sehen, den weicheren Bändern oder den schwächeren Beinen kommt. In den **Gelenken** zeigen sich mehr und mehr Ver-

2 Die genannten Symptome können ebenfalls bei jüngeren Pferden mit Cushing-Syndrom festgestellt werden.

Der Körper eines älteren Pferdes verändert sich.

schleißerscheinungen, viele ältere Pferde leiden unter Arthrosen, Schale und/oder Spat. Die **Knochen** entkalken mehr und mehr und sind nun wesentlich bruchgefährdeter als früher. Die **Muskeln** bilden sich zurück, Muskelzellen werden abgebaut und die Pferde verlieren an Gewicht. Auch die Wärmeregulierung funktioniert nicht mehr so gut wie früher, daher frösteln oder schwitzen ältere Pferde schneller. So gut wie alle **Organe** sind im Alter weniger belastbar, weil sie in der Regel schlechter durchblutet werden, langsam werden sie umgebaut. Elastisches Bindegewebe geht zurück und auch Organgewebe wird abgebaut, viele Organe werden kleiner.

Die **Bänder** werden schlaffer, die Fesseln duchtrittiger. Der **Rücken** kann durchhängen und der Widerrist tritt deutlicher hervor. Das schwächere Bindegewebe macht sich auch in der **Harnblase** bemerkbar, die an Spannkraft verliert und sich nicht mehr vollständig entleert. Im Restharn können sich Bakterien vermehren und zu Blasenentzündung führen. Zudem könnten sich hier eher Blasensteine bilden.

Das **Herz-Kreislauf-System** arbeitet bei älteren Pferden nicht so effektiv wie bei jüngeren. Sie schwitzen leichter und werden schneller müde und kurzatmiger oder müssen verschnaufen. Ihre Durchblutung und damit die Sauerstoffversorgung des gesamten Körpers werden schlechter. Die Leistungsstärke geht zurück. **All das sind wichtige Argumente dafür, ältere Pferde regelmäßig zu bewegen, damit ihre Muskeln stark und die Bänder geschmeidig bleiben.** Durch regelmäßige Bewegung verbessert sich auch die Durchblutung.

Das Altern hat ebenfalls Einfluss auf das **Immunsystem**. Der Körper kann sich nicht mehr so gut gegen Krankheitserreger wehren, wird häufiger krank. Dagegen hilft Bewegung an der frischen Luft. Zusätzlich können Sie bei Ihrem Pferd das Abwehrsystem mit den Bachblüten-Essenzen Larch und Crab Apple, mit Akupressur an den Punkten Di 4 und Di 11 und Phytotherapie mit Sonnenhut, Ringelblumen, Kapuzinerkresse und grünem Tee anregen. Kuren, die im Frühjahr und Herbst das Blut reinigen und den Stoffwechsel anregen sowie die Leber und Nieren unterstützen, können sehr hilfreich sein *(s. Seite 168)*.

2.2 Alte Pferde – manchmal stur, schlechte Fresser und Trinker

Die Veränderungen des Alters machen sich natürlich auch im gesamten Verdauungskanal bemerkbar. Auch am Maul sind sie zu sehen, die Unterlippe wird schlaffer, sodass die Zangen zu sehen sind. Durch den Rückgang des Zahnfleischs wirken die Zangen ab dem 15. Lebensjahr manchmal größer als sie sind. Später allerdings nutzen sich die Zähne immer mehr ab, manchmal bleiben nur noch Stummel übrig. Ältere Pferde mögen es, den ganzen Tag an ihrer Nahrung zu kauen. Viele kleine Mahlzeiten am Tag tun ihnen jetzt wohler, statt wenige große einzunehmen. Die Pferde können so besser verdauen. Wenn Ihr Pferd Schwierigkeiten mit langfaserigem Heu hat, sollten Sie auf Heucobs umsteigen. Dabei empfiehlt es sich, diese – ebenso wie das Kraftfutter – zuvor in Wasser einzuweichen, da die Pferde auf diese Weise zusätzlich etwas Wasser aufnehmen. Auch feuchtes Futter wie Mash, eingeweichte zuckerfreie Rübenschnitzel oder Möhren helfen dabei. Im Futter sollte kaum Zucker enthalten sein, da ältere Pferde diesen schlechter abbauen können.

Versuchen Sie Ihr Pferd mithilfe von Kräutertees sowie zellulose- und pektinreichen Futtermitteln zum vermehrten Trinken anzuregen. Geben Sie einen Löffel Honig mit hinein. Bei kaltem Wetter fördert leicht angewärmtes Wasser die Wasseraufnahme. Regelmäßige Gaben von Futterhefe und Malz regen die zelluloseverdauenden Bakterien der Darmflora an. 1 bis 2 Becher Joghurt mit etwas Honig darin nehmen die meisten Pferde gerne an. Joghurt und Lebendhefe erhalten die Darmflora gesund, die ein älteres Pferd so nötig braucht. Dazu geben Sie täglich einen Schuss Apfelessig in das Futter. Gerade bei älteren Pferden mit Gelenkproblemen ist er ein nützlicher Helfer. Er reinigt das Blut und enthält zahlreiche basische Mineralstoffe.

Zum Frühjahr hin, spätestens bei Einsetzen des Fellwechsels, gönnen Sie Ihrem Pferd eine blutreinigende **Frühjahrskur** mit je 100 g Brennnessel, Ringelblume, Klebkraut, Klette, Mädesüß, Löwenzahn, Hagebutten, Himbeerblättern, Buchweizenkraut, Birkenblättern und Schafgarbe. Davon füttern Sie täglich 60 g sowie 4 bis 5 gequetschte Zehen Knoblauch (oder als Pulver, Granulat oder Saft). Die Kur sollte mindestens 3 Wochen und längstens 6 Wochen dauern. Feuchter Flohsamen, beim Großpferd 80 bis 100 Gramm beziehungsweise 50 Gramm für Ponys, in beiden Kuren stärkt, hilft bei der Darmsanierung und beugt Koliken vor.

Für die **Herbstkur** verwenden Sie Heilkräuter, die älteren Pferden guttun. Dies sind im Besonderen die Mariendistelfrüchte als Fertigpräparat, die die Leber unterstützen, dazu Holunderblüten, Kapuzinerkresse- und Brunnenkressekraut, sie regen das Immunsystem an und werden frisch gefüttert. Dazu gehört auch Sonnenhut, die Pflanze wird jedoch als Tinktur oder Wurzelpulver gegeben. Getrocknet werden je 80 g Brennnessel, Löwenzahn, Birkenblätter sowie Bockshornkleesamen, Heidelbeeren, Anis- und Fenchelfrüchte. Samen und Früchte werden pulverisiert, die Kräuter klein geschnitten. Davon geben Sie 70 g über den Tag verteilt ins Futter. Die Mischung regt den Appetit an und unterstützt den Verdauungstrakt und die Gelenke, verbessert die Durchblutung.

Für eine **Kur** zur Unterstützung der **Leber** geben Sie Mariendistelfrüchte, Artischocke, Klettenwurzel, Brennnessel, Löwenzahnblätter und -wurzeln. Dazu können Sie gut kurweise über 4 Wochen die Bachblüten-Essenzen Chicory, Crab Apple, Impatiens, Olive und Chestnut Bud kombinieren.

Eine **Kur** zur Unterstützung der **Nieren** sollte Petersilie, Brennnessel, Hauhechel, Bärentraubenblätterkraut, Birkenblätter und Goldrute enthalten. Unterstützen Sie die Wirkung durch eine vierwöchige Gabe der **Bachblüten-Essenzen** Gorse, Crab Apple, Olive, Walnut und Hornbeam.

Informationen über Bachblüten finden Sie in Teil B dieses Buches.

2.3 Fütterung der älteren Pferde

Die Ernährung eines älteren Pferdes sollte sich an seinem Ernährungszustand orientieren. Gesunde alte Pferde bekommen im Grunde das Gleiche wie gesunde jüngere Pferde. Mindestens 70% des Futters sollte aus Rau- bzw. Grobfutter bestehen. Wichtig ist, dass sie weder stark abnehmen noch zunehmen. Nehmen sie deutlich zu, kann dies die Bewegung, das Hinlegen und Aufstehen erheblich erschweren. Die Gelenke, die nicht selten von Arthrose beim alten Pferd betroffen sind, schmerzen vermehrt.

Zu dünne Pferde erkranken leichter, ihre Abwehr ist meistens geschwächt. Schauen Sie sich die Bestimmung des **Body Condition Score (BCS)** auf *Seite*

Mash stärkt ältere Pferde, insbesondere wenn die Zähne nicht mehr so gut sind. Sie können dem Mash verschiedene Zusätze beifügen. Neben Heilkräutern eignen sich Honig, Apfelessig, Obst und Gemüse.

346 ff. an. Er hilft Ihnen zu bestimmen, welchen Ernährungszustand Ihr Pferd tatsächlich hat.

Den Großteil, wenn nicht sogar all ihre Energie sollten sie aus dem Grobfutter erhalten, also aus Heu/Heulage und dem Gras ihrer Weide. Auch qualitativ hochwertig Grassilage mit etwa 30% TS (Trockensubstanz)[3] kann ggf. verfüttert werden. Stroh im Grobfutter ist ungeeignet aufgrund der schlechten Verdaulichkeit. Für die meisten älteren Pferde reicht das Grobfutter auch für leichte Arbeit aus. Dafür bekommt ein 600 kg schweres Pferd mit intakten Backenzähnen etwa 12 kg Heu vom mittleren 1. Schnitt. Das entspricht 2 kg Heu pro 100 kg Pferd, keinesfalls unter 1,75 kg/100 kg KGW füttern. Dann muss mit Kraftfutter ergänzt werden. Das gilt auch für Pferde, die schwerfuttrig sind oder noch eine Stunde oder mehr am Tag bewegt werden. Die Qualität des gesamten Futters sollte einwandfrei und schmackhaft sein. Es können Walzhafer, thermisch aufgeschlossene Getreide wie Gerste oder Mais gefüttert werden. Pro Mahlzeit maximal 0,3 kg pro 100 kg KGW, am besten teilt man das Krippenfutter in 3 bis 4 Mahlzeiten auf. Für das Krippenfutter gibt es auch für Senioren geeignete kommerzielle Mischfuttermittel. Falls das Pferd an Atemwegsproblemen leidet, sollte das Heu am besten bedampft werden. So verliert es kaum Energie, es wird sauber und angenehm weich. Alternativ kann auch Heulage für einen Teil des Heus eingesetzt werden. Hat das Pferd Zahnprobleme, werden ersatzweise faserreiche Futtermittel wie (eingeweichte) Heucobs, eingeweichte Trockenschnitzel und Kleie gefüttert. Dazu kann das Krippenfutter mit heißem Wasser oder heißem Kräutertee zu einem Brei verrührt werden.

Eventuell ist eine Erhöhung der Proteinmenge nötig. Wichtig ist, hochwertige Proteine einzusetzen, wie z.B. junges Grünfutter, früh geerntete Grassilagen, Sojaextraktions- und Leinschrot. Das Soja- und Leinschrot wird nur in kleinen Mengen von 20 bis 50 g pro Pferd gefüttert.

Bei der Zufütterung der **Mineralien** ist ein Zuviel an Calcium zu vermeiden, das gilt auch für calciumhaltige Einzel- und Mischfuttermittel. Bei einem Calciumüberschuss besteht die Gefahr von Blasensteinen. Das Ca:P-Verhältnis sollte bei ausreichenden Gesamtmengen unbedingt zwischen 1,5:1 und 2,5:1 bleiben.[4] Von Zink und Selen sowie Vitamin

3 Trockensubstanz hilft den Feuchtigkeitsgehalt neutral auszudrücken. TS = 100 – Feuchtigkeit. Am Beispiel oben könnte man auch sagen Grassilage mit 70% Feuchtigkeit.

4 Die Rechnung ist ganz einfach: angenommen man hat 18 g Ca und 12 g P, ist das Verhältnis = 1,5 also ist das Ca : P-Verhältnis 1,5 : 1.

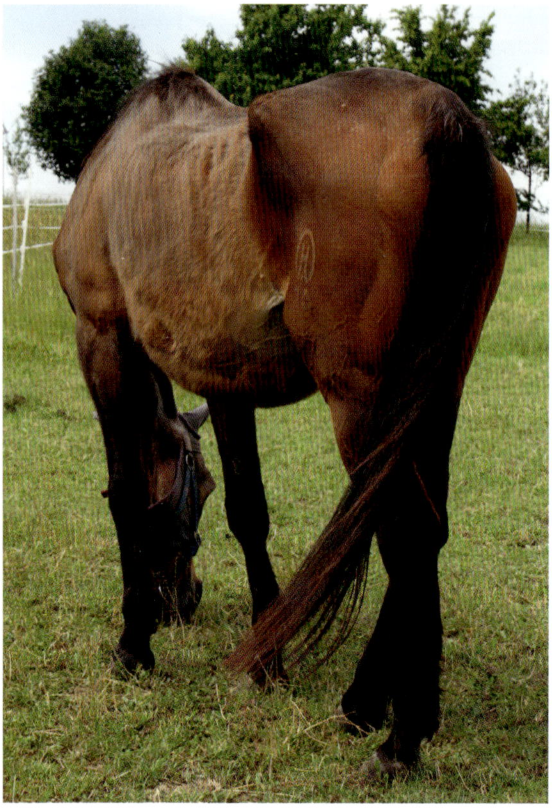

Häufig verletzen sich ältere Pferde beim Hinlegen oder Aufstehen. Suchen Sie nach Ursachen dafür, z.B. zu kleiner Schlafplatz, zu wenig Einstreu, Stress in der Gruppenhaltung u.a.m.

A und E erhält das alte Pferd das Doppelte des Erhaltungsbedarfs[5]. Dazu bekommt es Bierhefe, 50 g/100 kg KGW, sodass es genug Vitamin B hat und bei Infektionen auch das Vitamin C in einer Menge von 4 bis 5 g/100 kg KGW. Ein altes Pferd kann Vitamine weniger gut speichern.

Viele der älteren Pferde fressen schlecht. Regen Sie den Appetit mit bitteren Heilkräutern, Obst und Möhren, Malz, Honig und Mash an.

Mash ist eine schmackhafte, leicht verdauliche Futtermischung, die Sie Ihrem Pferd noch handwarm verfüttern können. Das Grundrezept für ältere Pferde wird folgendermaßen hergestellt: Pro Pferd werden 100 g Leinsamen, am besten blausäurearm wie der gelbe, 10 Minuten lang in 1 bis 2 l Wasser gekocht. Dadurch wird das Enzym zur Freisetzung des Blausäureanteils zerstört und die Schleimstoffe werden freigesetzt. In den letzten 5 Minuten gibt man etwa 1 bis 2 Handvoll aus einer Mischung von 250 g Brennnessel, 100 g Borretsch-Tee, 200 g Buchweizen, 250 g Thymian, 150 g geriebene Bockshornkleesamen, 200 g Mistelkraut-Tee (oder Tropfen), 100 g Weißdorn-Tee (oder Tropfen) in den Topf, dazu ¼ l Grünen Tee. Der Leinsamen wird danach mit etwa 300 g Quetschhafer und einem Pfund Haferkleie vermengt. Mit etwas Wasser und Apfelessig gut durchmischen. Zusätzlich fügen Sie 2 EL Honig und etwas Salz ohne Jod hinzu. Statt der Kräuter können Sie auch klein geschnittenes Obst oder Möhren mit in das Mash geben. **Brennnessel** und **grüner Tee** kräftigen das alte Pferd, **Buchweizen** fördert die Durchblutung und ist gut bei Hufrehe oder Gelenkerkrankungen wie der Hufrollenerkrankung. **Weißdorn** stärkt den Kreislauf und hilft ebenfalls bei Hufrollenproblemen und Hufrehe. **Borretsch** reinigt das Blut, stärkt das Herz und verbessert das Allgemeinbefinden. **Thymian** regt den Appetit an und **Mistel** ist ein besonderes Stärkungsmittel für Herz und Kreislauf. Neben all diesen Heilkräutern ist auch **Ingwer** ein Mittel, das sich speziell für ältere Pferde eignet. Er wirkt jedoch dosisabhängig. Zur Verbesserung der Durchblutung, des Kreislaufs, Stoffwechsels und der Vitalität kann er in einer Dosierung von 7,5 g bis 8 g getrocknet täglich verfüttert werden. In dieser Dosierung wirkt er sich zwar positiv auf das Bewegungssystem aus, kann aber noch keine schmerz- und entzündungslindernde Wirkung entfalten. Dafür kann er jedoch auch während eines längeren Zeitraums verfüttert werden.

Sehr wohltuend sind **Kräuterkuren** für ältere Pferde im Frühjahr und Herbst. Hat Ihr Pferd spezielle Probleme, z.B. mit dem Verdauungs- oder dem Atemtrakt, dann finden Sie eine entsprechende Auflistung der Heilkräuter, die Sie dann alternativ verfüttern können, *ab Seite 60 ff.* Möhren enthalten viel Carotin. Dieses Provitamin A wird im Körper mit Öl zu Vitamin A umgebaut. Füttern Sie deshalb 1 bis 2 kg Möhren täglich. Sie können Sie unter Umständen gerieben mit 1 bis 2 EL Leinöl oder anderem Pflanzenöl füttern.

5 Erklärung: „Der Erhaltungsbedarf steht hierbei für die Bedürfnisse eines Organismus, seine Lebensfunktion, seine Körpertemperatur und sein Körpergewicht aufrechtzuerhalten." (Richtlinien Band 4: „Grundwissen zur Haltung, Fütterung, Gesundheit und Zucht", FNverlag, 18. Auflage 2017, S. 113).

Regelmäßige Gaben von **Bier-** und **Lebendhefe** und **Malz** regen die zelluloseverdauenden Bakterien der Darmflora an. Ein, zwei Becher Joghurt mit etwas Honig darin nehmen die meisten Pferde gerne an. Joghurt erhält die Darmflora gesund, die ein älteres Pferd so nötig braucht.

2.4 Fit im Alter

2.4.1 Bewegung

Machen Sie nicht den Fehler, Ihr Pferd zu sehr schonen zu wollen. Manchmal bewegen sich Pferde nicht mehr so gerne, weil es Ihnen einfach etwas schwerer fällt. Dies ist besonders nach Zwangspausen wie zum Beispiel nach einer Erkrankung der Fall. Doch dann ist es umso wichtiger, nicht nachzulassen und die Kondition langsam wieder aufzubauen. Regelmäßige Bewegung im Rahmen der Möglichkeiten Ihres Pferdes erhalten Muskeln, Sehnen, Bänder und Gelenke geschmeidig und in Form und damit weniger verletzungsanfällig. Trainierte Pferde sind widerstandsfähiger und beweglicher, was ihnen das Leben ausgesprochen erleichtert. Da sich ältere Pferde freiwillig oft weniger bewegen und ihre Hufe, die altersbedingt sowieso schon schlechter durchblutet sind, trocken und spröde werden, ist Bewegung für sie besonders wichtig. Nur in der Bewegung funktioniert der Hufmechanismus gut und kann so den Huf ordentlich durchbluten und nähren!

Für die meisten Pferde ist die Arbeit mit den Menschen für Physis und Psyche extrem wichtig, auch wenn das vielleicht nicht mehr jeden Tag möglich ist.

Wärmen Sie Ihr Pferd vor dem Arbeiten gut auf, dies sollten Sie mit einer längeren Schrittphase vor dem Arbeiten erreichen und – falls zur Verfügung – mithilfe eines Pferdesolariums, das insbesondere die Muskulatur und Bänder des Rückens anwärmt. Sie können Ihr Pferd auch mit einer Massage vorwärmen. Beides ersetzt jedoch keineswegs die längere Schrittphase zu Beginn der Arbeit!

Achten Sie beim Bewegen auf die Reaktionen Ihres Pferdes. Erspüren Sie, was Ihrem Pferd unangenehm ist oder es schmerzt. Versuchen Sie, die Vorhand so weit wie möglich zu entlasten. Bodenarbeit kann eine interessante Abwechslung für Ihr Pferd sein, um fit zu bleiben. Wenn die Wendungen auf dem Platz oder in der Halle Probleme bereiten, ist das Gelände eine gute Alternative. Hier können Sie Ihr Pferd ebenso gymnastizieren. Wichtig ist, die Vorhand nicht zu sehr zu belasten. Wenn Ihr Pferd mal einen schlechten Tag hat, kann die Bewegung durchaus reduziert werden. Etwas Bewegung ist aber immer wichtig, da sie für weniger Gelenkschmerz sorgt und das Herz-Kreislauf-System anregt. Daneben können Sie Ihrem älteren Pferd, ähnlich wie einem Jungpferd, etwas zum Spielen in die Box geben. Inaktivität kann für alte Tiere sehr schädlich sein, deshalb sollte der täglichen Weidehaltung in Gesellschaft oder sogar der Offenstallhaltung mit Weidegang gegenüber der Boxenhaltung der Vorzug gegeben werden.

2.4.2 Tuina und Akupressur, Bachblüten

Massieren und dehnen Sie Ihr Pferd regelmäßig. Dafür eignet sich die **Tuina**, die chinesische Massage hervorragend. *Eine Vorstellung der Griffe und Vorgehensweise finden Sie ab Seite 121.*

Massiert wird meist entlang der Meridiane oder über bestimmte Akupunkturpunkte. Es sollten immer beide Hände am Pferd sein. Versuchen Sie sich nur auf Ihr Pferd zu konzentrieren. Jetzt zählen nur Ihr Pferd und Ihr Feingefühl. Beobachten Sie Ihr Pferd bei der Massage genau, denn eine Massage sollte dem Tier nie unangenehm werden. Falls dem so ist, müssen Sie sofort den Druck zurücknehmen.

Streichen Sie möglichst alle Muskeln am Körper Ihres Pferdes sanft aus. Das gilt besonders für die langen Rückenmuskeln, die Sie mehrfach vom Ohrgrund aus bis zur Kruppe und hinunter zur Kniekehle (Punkt Bl 40) hin mit dem Haarstrich ruhig und gleichmäßig ausstreichen. Halten Sie sich dabei zunächst auf einer Höhe von 3 bis 4 sowie 6 bis 7 Querfinger breit rechts und links der Wirbelsäule. Hier verläuft der Blasenmeridian, ein sehr wichtiger Meridian für die Bewegungsfähigkeit des Rückens und der Hinterhand. Er teilt sich am Widerrist auf jeder Seite in jeweils zwei Äste auf, die sich im Punkt Bl 40, in der Kniekehle, wieder vereinigen. Dann ab der Kniekehle bzw. dem Ellbogen streichen Sie sanft knetend an der Außenseite der Hinter- bzw. Vorderbeine hinunter bis zum Kronsaum. So wärmen Sie die Muskeln und lösen Verspannungen.

Bei **Problemen mit dem Verdauungstrakt** halten Sie bei Punkt Ma 36 rund 45 bis 60 Sekunden lang den Druck. Er stärkt die Mitte des Pferdes. An der Innenseite der Hinterhand kneten Sie sanft vom Kronsaum bis zum oberen Bereich des Oberschenkels hinauf. Dann weiter am Unterbauch sowie der Brustseite entlang bis zu den vorderen Rippen. Von der Unterbrust aus massieren Sie zur Innenseite der Vorderbeine hinüber. Streichen Sie knetend mit beiden Händen an der inneren und hinteren Seite des Vorderbeins abwärts bis hinunter zum Kronsaum bzw. dem Ballen. Halten Sie dabei den Punkt Lu 7 oberhalb des Vorderfußwurzelgelenks rund 40 Sekunden lang gedrückt. Er hilft dem Pferd besser atmen zu können. Dann streichen Sie an der vorderen und äußeren Seite des Vorderbeins vom Kronsaum an in sanften Kreisen über das Fesselgelenk und stimulieren Sie den Punkt Dü 3. Dann geht es in sanften Kreisen mit den Meridianen nach oben zur Schulter. Dü 3 öffnet das Konzeptionsgefäß, den langen Meridian, der vom Damm unterhalb des Afters aus entlang der Mittellinie unter dem Kinn bis zur Unterlippe verläuft.

Bei **Problemen mit dem Harn- und Geschlechtsapparat** ist meist der Nierenmedian beteiligt, stärken Sie ihn mit Ni 3 und das Pferd mit dem Ziehen des Kleinen Energiekreises *(s. Seite 124)*. Dies ist bei schwachen älteren Pferden und Blasenentzündungen hilfreich. Streichen Sie mit sanftem Druck und ruhigen Strichen die Punkte dieses Konzeptionsgefäßes vom Euter oder Schlauch aus entlang der Bauchnaht in Richtung Kopf aus. Mit etwas Ruhe und Übung lässt sich Ihr Pferd das sicherlich bald gerne gefallen. Hier sind besonders die ersten Punkte wichtig.

Zur **Beruhigung und zur Stimulation der Lunge** sind die Punkte auf dem vorderen Teil des Meridians wichtig (Kg 14, 17, 20 und 22). Dehnen Sie sehr vorsichtig jede Gliedmaße Ihres aufgewärmten Pferdes.

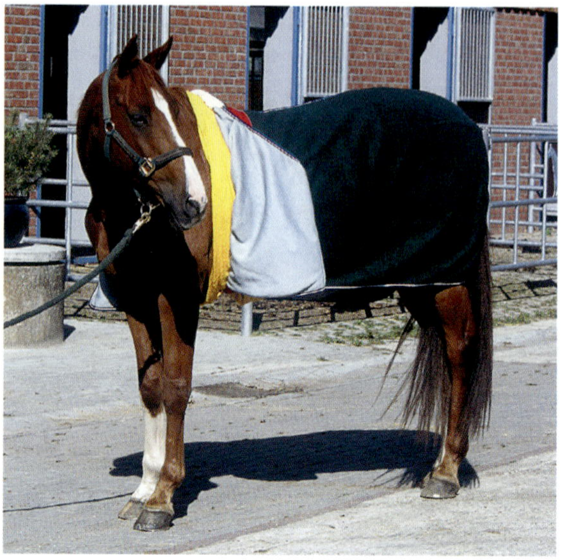

Ein einfach anzulegender Bauchwickel hilft bei Schmerzen im Magen-Darm-Trakt.

Die Muskulatur und die Gelenke werden dadurch beweglicher.

Ein älteres Pferd sollte vor allem gestärkt werden. Dies gilt besonders, wenn es zuvor krank war. Wählen Sie dazu die Punkte MP 6, Ma 36 und Ni 3. Gerade, wenn es schwach ist, können Sie Ihrem älteren Pferd gut Energie zuführen, indem Sie diese Punkte durch Moxen *(s. Seite 89 und 93)* erwärmen. Achten Sie darauf, dass Ihre zweite Hand in der Nähe auf dem Fell liegt, damit Sie kontrollieren können, wie stark die Punkte erwärmt werden.

Hatte Ihr Pferd eine **Atemwegserkrankung**, so sollten Sie dazu den Punkt Lu 7 akupressieren, der das Lungen-Qi stärkt. Auch dieser Punkt kann mit Moxen *(s. Seite 93)* erwärmt werden.

Wollen Sie die **Abwehr Ihres Pferdes stärken**, um es bei Infekten zu unterstützen, akupressieren Sie Di 4, MP 6, Ma 36, Di 11 und Ni 3. Akupressieren Sie bei älteren Pferden zweimal am Tag und dies zwei- bis dreimal in der Woche. Häufig leiden ältere Pferde unter Schmerzen oder Steifigkeit im Genick. Hat Ihr Tierarzt alle möglichen krankhaften Ursachen ausgeschlossen (Wirbelprobleme, Zahnbeschwerden oder Entzündungen im Maul), so können Sie selbst versuchen, Ihrem Pferd zu helfen. Wenden Sie

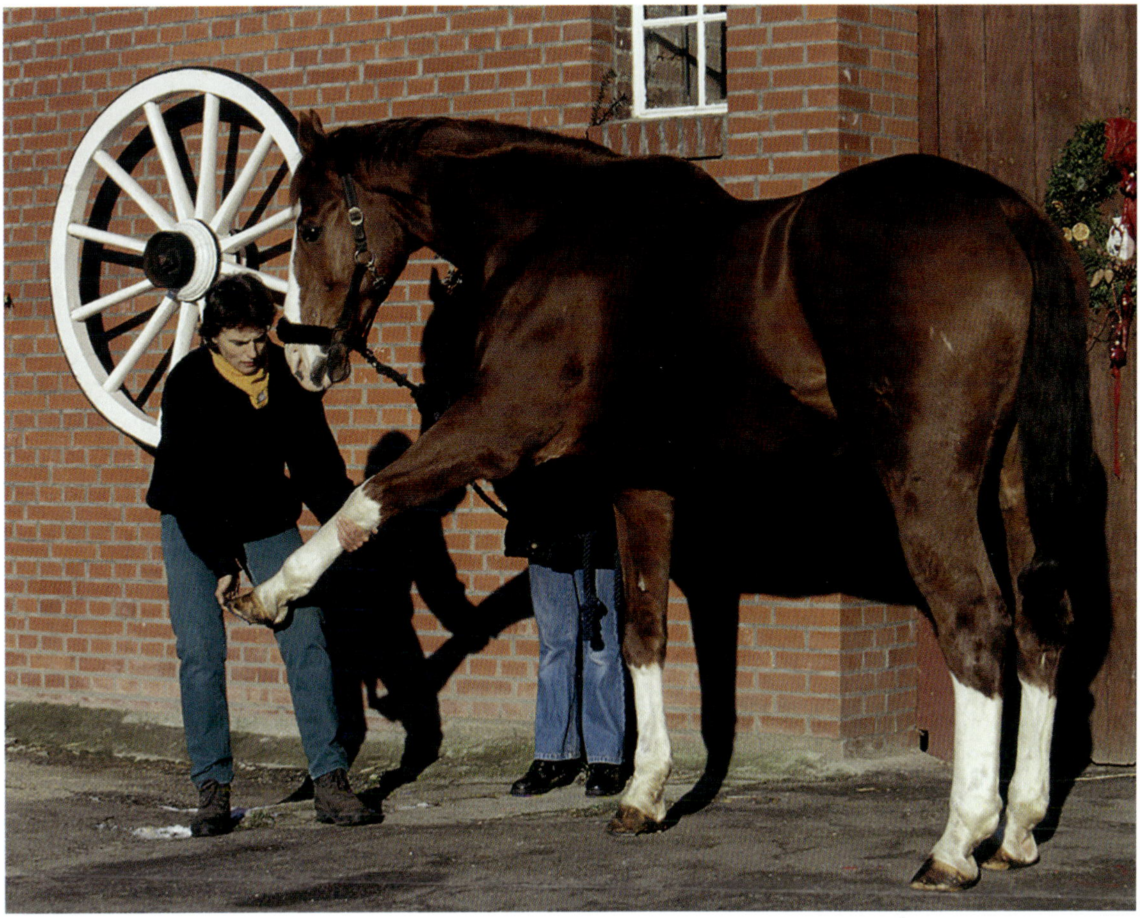

Eine vorsichtige Dehnung lockert Muskeln und Gelenke und fördert die Beweglichkeit.

Sie einige Dehnungsübungen an, die Sie mit einem Leckerbissen unterstützen, damit Ihr Pferd den Hals möglichst lang macht. In der Akupressur helfen die lokalen Punkte Gb 20 und Bl 10, die beide auch Schmerzen lindern. Zusätzlich akupressieren Sie die beiden Fernpunkte Di 4 und Dü 3. Beenden Sie die Behandlung mit einem Yin-Yang-Ausgleich *(s. Seite 118 f.)*. Bei akuten Schmerzen sollten Sie über eine Woche hinweg so oft wie nur möglich am Tag akupressieren, gut wäre viermal. Dazu die Punkte Bl 60 und Bl 40 und 11. Sie helfen gegen Schmerzen.

Die **Bachblüten** Elm und Olive stärken Ihr Pferd, Walnut hilft Ihrem älteren Pferd, Umstellungen und Änderungen zu akzeptieren. Haben Sie den Eindruck, Ihr Pferd trauert Vergangenem (Stallwechsel, Artgenossen u.a.m.) hinterher, so geben Sie ihm Honeysuckle.

Bei Infektgefahr helfen Crab Apple und Larch die Abwehr zu stimulieren. Genaueres zu den Bachblüten finden Sie in Teil B.

3. Das Turnierpferd

Mit einem Pferd zu einem Wettbewerb oder auf ein Turnier zu gehen ist eine aufregende Sache. Vielleicht gehören Sie nicht zu den Profis, die völlig cool und gelassen bleiben. Dabei können Sie durchaus etwas gegen Ihre Nervosität und die Ihres Pferdes tun.

3.1 Vorbereitung

Am Morgen des Wettbewerbs versuchen Sie ganz ruhig zu bleiben. Ihre Sachen, die Sie bereits am Tag

Die Massage des Akupressurpunktes Yintang wirkt beruhigend.

zuvor bereitgelegt haben, sind übersichtlich angeordnet, sodass kein Grund zur Nervosität besteht. Versuchen Sie nun abzuschalten, sich ganz auf Ihr Pferd zu konzentrieren. Lassen Sie alle Alltagssorgen und Gedanken hinter sich und konzentrieren Sie sich nur noch auf Ihr Pferd. Das Putzen und Einflechten können Sie beide, Ihr Pferd und Sie, als Chance für eine intensive Zweisamkeit nutzen.
Füttern Sie Ihrem Pferd bereits einige Tage vor dem Wettbewerb das Heilkraut Borretsch (30 g Blätter täglich ins Futter). Borretsch stärkt das Allgemeinbefinden und das Herz, was bei anstrengenden Ritten oder Turnieren sehr hilfreich ist.[6]

Dehnung und Tuina, die chinesische Massage

Bereits im Stall, vor dem Losfahren, sollten Sie die Muskulatur aufwärmen. *Lesen Sie auf Seite 171 nach, wie Sie dies tun können.* Lockern Sie die Muskulatur und die Gelenke Ihres Pferdes durch Dehnung. Die Dehnung muss immer vorsichtig durchgeführt werden. Wenn die Muskeln noch kalt und steif sind, sollten Sie diese durch eine kurze Schrittphase und/oder Tuina erst etwas aufwärmen. Bei einer solchen Dehnung werden die Fasern der Muskeln länger und das Bewegungsausmaß größer. Wenn Sie genug Zeit haben, können sie die gleiche Dehnübung auf dem Turnier, direkt nach der Aufwärmphase noch einmal durchführen. Die Pferde können sich dann einfach besser bewegen, was ja für ein Turnier besonders wichtig ist.
Während der Putzphase können Sie zusätzlich zur Dehnung die Muskulatur Ihres Pferdes massieren. Je nachdem, in welchem Tempo Sie dies tun, wird die Massage beruhigend (langsamer) oder anregend (schneller) wirken. Sie massieren anregend, indem Sie die gesamte Muskulatur Ihres Pferdes vor dem Turnier in langen, kräftigen Zügen ausstreichen.[7]

Akupressur

Die unterstützende Wirkung der Akupressur kann auch für ein Turnier, einen Distanzritt oder eine andere anstrengende Gelegenheit genutzt werden. Dabei sollte grundsätzlich drei Tage vor der Veranstaltung damit begonnen werden, das Pferd 1- bis 2-mal am Tag zu akupressieren. Die Akupressur führen Sie dann während der Veranstaltung fort. Wenn Sie vor Wettbewerben eher nervös sind, wäre zu überlegen, die Akupressur von einer außenstehenden, ruhigen Hilfsperson durchführen zu lassen. Da Sie über die Akupressurpunkte energetische Wirkung ausüben, besteht die Gefahr, dass Ihre negative Energie sonst auf das Pferd übergeht.[8]

*6/9 **Wichtiger Hinweis!** Die Deutsche Reiterliche Vereinigung e.V. (FN) empfiehlt generell für Turnierpferde Heilkräuter mindestens 48 Stunden vor einem Turnier abzusetzen; Teufelskralle sogar schon 4 Tage vorher.*
7 Siehe auch Kleven, Helle Katrine: Biomechanik und Physiotherapie für Pferde. FNverlag 2017.
8 Vgl. Gösmeier, I.: Akupressur für Pferde. Kosmos Verlag 1999.

Die Punkte, die Sie für Ihr Pferd auswählen, sind abhängig von dem Verhalten Ihres Pferdes. Wenden Sie einen Yin-Yang-Ausgleich oder/und Augenakupressur zur Beruhigung Ihres Pferdes an. Unruhige oder ängstliche Pferde werden durch Ni 3 besänftigt. Dü 3 und Le 3 fördern das Selbstbewusstsein der Pferde. Bl 10 hilft dem Pferd, sich besser zu konzentrieren.

3.2 Nervöses Pferd, nervöser Reiter

Die Nervosität von Pferd und Reiter am Wettbewerbstag selbst kann ebenfalls durch die alternativen Heilmethoden gebessert werden. So führt die zweiminütige Akupressur der Extrapunkte Yintang (Stirnmitte) und Renzhong (zwischen den Nüstern) zur Beruhigung der Pferde. Auch eine Augenakupressur kann bei der Beruhigung des Pferdes hilfreich sein, insbesondere auf der Veranstaltung selbst. Daneben führt Bl 10 zu einer Konzentrationssteigerung. Dazu nehmen Sie je nach Pferdetyp Ni 3 oder Le 3 oder MP 6 *(s. „Akupressur", Seite 88 ff.)*. Da die Nervosität häufig vom Reiter auf das Pferd übertragen wird, sollten Sie sich überlegen, auch bei sich selbst Akupressur anzuwenden, der Punkt Le 3 wirkt bei Menschen genauso gut. Am besten setzen Sie den Punkt schon am Morgen. Sie finden ihn 2 Fingerbreit hinter dem Zehengrundgelenk zwischen der ersten und zweiten Fußzehe. Später drücken Sie KG 14, um sich etwas zu beruhigen. Sie finden ihn direkt unterhalb Ihres Brustbeins in der Mitte.

Wie bereits erwähnt, entspannt eine ausstreichende **Massage** Ihr Pferd. Fahren Sie in langen Strichen ruhig über die Konturen. Eine Massage der Schweifrübe oder des Ohrgrunds in sanften, angedeuteten Kreisen wirkt ebenfalls stark entspannend.

Es gibt einige **Heilkräuter**[9], die Mensch und Pferd helfen, Stress, Unruhe und Ängste abzubauen. Dazu zählen neben Baldrian, der in der ADMR-Liste für verbotene Substanzen aufgeführt ist und deshalb bei Sportveranstaltungen oder Turnieren nicht eingesetzt werden darf, besonders Kamille, Melisse, Rosmarin und Lavendel. Sicherheitshalber sollten Sie die Dosis jedoch zuvor ausprobieren. Der Einsatz dieser Kräuter ist allerdings zweckmäßig bei länger andauerndem Stress oder z.B. bei einem Besitzer- oder Stallwechsel. Für eine kurzfristige Beruhigung, wie sie auf einer besonderen Veranstaltung vonnöten sein können, eignet sich Lavendelöl äußerlich angewandt besser. Dies können sie leicht mitnehmen und es gibt keine Probleme wegen Verstoßes gegen die ADMR-Regeln.

Wenn Sie merken, dass Ihr Pferd sehr nervös wird, so geben Sie 1 bis 2 Tropfen auf Ihre Handinnenfläche und massieren sie sanft rund um die Pferdenase ein. Weitergehend können Sie das ganze Pferdegesicht damit massieren. Sie werden sehen, wie schnell sich Ihr Pferd beruhigt. Auch Sie selbst können sich davon etwas in die Haut über den Schläfen einmassieren.

Heilpflanzen wie Kamille, Melisse, Hopfen, Eisenkraut und Helmkraut beruhigen die Nerven und lösen innere Anspannung. Geben Sie bis 48 Stunden vor dem Turnier die Kräuter, die Ihr Pferd am besten beruhigen. Sie sollten dies vorher einmal ausprobieren.

Eine weitere Möglichkeit zur Beruhigung Ihres Pferdes ist ein Gel, das Sie eine ½ Stunde vor dem beängstigenden Ereignis (Verladen, Tierarztbesuch, Hufschmied oder Ähnliches) sanft in die Nüstern des Pferdes einreiben und welches 2 Stunden lang anhält. Dabei handelt es sich um ein Gel, das die beruhigenden Pheromone der Mutterstuten imitiert.

Bachblüten sind bei ängstlichen, nervösen Tieren gut einzusetzen. Eine schnell wirkende Sofortmaßnahme ist die Gabe der Rescue-/Notfalltropfen. 10 Tropfen direkt auf das Zahnfleisch gegeben oder vermischt in etwas Apfelsaft oder Wasser bzw. ein Leckerli oder Zucker mit Bachblüten beruhigt nervöse Pferde. Wenden Sie dies ca. eine Stunde vor Beginn des Wettbewerbs an. *Informieren Sie sich in Teil A über diese Behandlungsweise, welche Blüte zu Ihrem Pferd passt.* Bei starker innerer Anspannung und nicht nachvollziehbarer Angst hilft die Bachblüte Agrimony. Bei Konzentrationsschwierigkeiten geben Sie Clematis oder Hornbeam. Ängstigt sich Ihr Pferd vor bestimmten Dingen, beispielsweise flatternden Bändern oder Ähnlichem, so kann Mimulus ihm Selbstvertrauen geben. Pferde, die leicht panisch reagieren, haben eigentlich auf Turnieren nichts verloren. Rock Rose kann diesen Pferden helfen. Wirkt Ihr Pferd öfter stark angespannt, sollten Sie die Blüte Cherry Plum probieren.

C

Krankheiten von Haut und Fell

Die Haut ist ein Organ, das den Pferden wertvolle Dienste leistet. Sie schützt die Tiere vor Wind und Wetter, filtert durch ihre Pigmente die schädlichen Strahlen der Sonne. Aber Pferdehaut ist auch empfindlich, trocknet leicht aus und bekommt an den weißen, pigmentierten Stellen schnell Sonnenbrand. Kein Wunder, muss sie sich doch gegen Schmutz, Pilze, Blutsauger und andere Parasiten, Insekten sowie gegen das Wetter wehren. Daneben ist insbesondere das Fell ein Ausdruck der inneren Gesundheit der Pferde. Krankheiten, falsche Ernährung, aber auch psychische Probleme können zu stumpfem, trockenem, schuppigem Fell, schlecht heilender Haut und Haarausfall führen. Hier ist es wichtig, die Ursache zu finden, da das Problem sonst immer wieder auftreten kann. Eine Erkrankung der Haut selbst wird meist in Form von Haarausfall, in bestimmten Arealen oder großflächig, Hautunebenheiten, Schwellungen, nässenden Stellen oder Rötungen offensichtlich.

Um die Hauterkrankung nicht unnötig zu verschleppen, sollten Sie spätestens, wenn diese Anzeichen in Anzahl und/oder Umfang zunehmen, einen Tierarzt hinzuziehen. Es ist wichtig zu unterscheiden, ob es sich um einen Haarausfall handelt, bei dem die Haare ohne Zutun des Pferdes und ohne erkennbare Entzündung der Haut ausfallen (Alopezie). Oder scheuern sich die Pferde das Deck- und meist auch das Langhaar (Mähne, Schweif) selbst ab, weil die Haut juckt und/oder entzündet ist, was für Allergien wie das Sommerekzem, Hautpilz oder Parasiten typisch ist.

1. Aufbau der Haut

Die Haut ist das flächen- und gewichtsmäßig größte Organ mit direkter Beziehung zur Umwelt und deren Einflüssen. So schützt sie vor Wind und Wetter, mechanischen und chemischen Belastungen, filtert die schädlichen Strahlen der Sonne, speichert Energie in Form von Fett und bildet Fell, Sporn, Kastanie und Hufe aus. Die Haut befindet sich in ständiger Erneuerung, benötigt dafür einen großen Teil der Nahrung. Daneben ist sie die erste Immunbarriere des Abwehrsystems.

Die Haut geht in bestimmten Bereichen in die Schleimhaut der anschließenden Hohlorgane und Hohlräume über, so bei der Maulhöhle, Vagina und am After.

1.1 Das Fell

Viele Organe zeigen bei Erkrankungen Anzeichen an der Haut. Meist sind es Struktur- und Funktionsveränderungen von Haut und Fell, deshalb ist dieses Organ so wichtig für den Therapeuten. Das Fell wird zweimal im Jahr gewechselt in Abhängigkeit von der Temperatur und Tageslichtlänge.

Die Haare wachsen in den Haarfollikeln. Am Haar selbst werden der Haarschaft und die Haarwurzel unterschieden, die Haarwurzel steckt im Haarbalg. Unter der Haarwurzel befindet sich die Haarzwiebel, hier erfolgt das Haarwachstum. Durch die Einlagerung von Pigmenten wird das Haar farbig.

1.2 Die Haut

Die Haut selbst gliedert sich in drei verschiedene Schichten: die äußere Haut bzw. Oberhaut, die Lederhaut und die Unterhaut.

Die **Oberhaut** besteht aus mehreren Lagen von Epithelzellen. Diese Epithelzellen heißen Hornzellen. Damit diese Zellen feste, dichte Schichten ergeben, sind sie fest miteinander verbunden und besitzen dazwischen eingelagerte Fette/Lipide. Das schützt die Außenhaut vor Eindringlingen. Je nach Beanspruchung ist die Haut mehr oder weniger stark verhornt. Immer wieder werden Hornzellen abgestoßen und durch neue von unten ersetzt. In den unteren Epithelzellschichten befinden sich auch pigmentbildende Zellen.

Die **Lederhaut** ist die Schicht aus straffem Bindegewebe. Hier sind die Haare verankert, umgeben von ihren Talgdrüsen. An jedem Haarbalg gibt es einen kleinen Muskel zum Aufrichten der Haare bei Kälte. Es ist die Schicht, die die Oberhaut mitversorgt. In der Lederhaut verlaufen Nerven und Blutgefäße. Die Schweißdrüsen finden sich ebenfalls in dieser Hautschicht. Mit der Lederhaut ist die Oberhaut fest auf ihrem Untergrund verbunden. Kollagene und elastische Fasern halten die Haut dehnbar und elastisch.

Die **Unterhaut** ist der unterste Bereich der Haut. Es ist die verschiebbare Unterlage der eigentlichen Haut. Hier verteilen sich die Blutgefäße, die in die Lederhaut reichen. In der Unterhaut sind Nervenzellen eingelagert, die auf Druckreiz reagieren. Die Unterhaut besteht aus lockerem Bindegewebe mit Fettgewebe als eingelagertem Energiespeicher. Sie kann an bestimmten Stellen dicker sein.

Keine Unterhaut gibt es da, wo die Haut fest auf der Körperunterlage liegt wie am Nasenrücken, Augenlidern, Nasenspiegel, Zehenendorgan, Hornbasis, Zitzen oder Vulva.

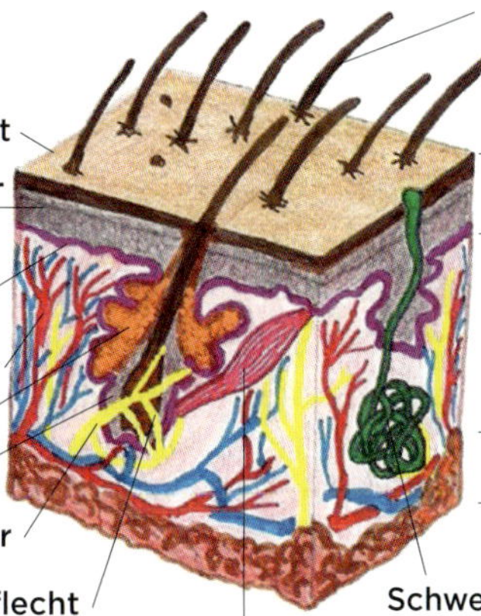

2. Aufgaben der Haut

Die Haut hat **Schutzfunktionen**:

- Sie schützt gegen das Wetter und die Sonnenstrahlen,
- gegen Insekten und Mikroorganismen,
- gegen giftige Substanzen,
- gegen Flüssigkeitsverlust,
- gegen Auskühlung.
  - Wärmeschutz durch das Fell
  - Temperaturregulation über die Blutgefäße
- Die Haut ist wichtig für die Abwehr.
  - Sie ist eine Schutzbarriere zwischen Körper und Umgebung.
  - Sie besitzt unterschiedlich starke Verhornung.
- Die Produktion und Aufrechterhaltung eines intakten Haarkleides gehört ebenso zu ihren Aufgaben wie

C

- die Anpassung des Fells an
  - Alter eines Tieres,
  - Geschlecht,
  - Jahreszeit mit der jeweiligen Tageslänge und Temperatur,
  - Haarzyklus.

Die Haut hat eine **Speicherfunktion** durch Fetteinlagerung.
Eine weitere wichtige Funktion der Haut ist die **Sinnesfunktion**, sie verfügt über Druck- und Temperaturrezeptoren. Daneben besitzt die Haut noch die Tast- oder Sinushaare um das Maul entlang der Lippen und im Bereich hinter den Nüstern und Augenlidern.
Eine sehr wichtige Funktion der Haut ist die **Ausscheidungsfunktion**. Neben der Schweißausscheidung zur Thermoregulation scheidet die Haut Flüssigkeit, Stoffwechselprodukte und Talg aus den Talgdrüsen an den Haaren und am Euter bzw. am Schlauch aus.
Die Haut bildet eine wichtige **Abwehrbarriere** und ist Teil der Immunabwehr. Sie besteht aus der harten äußeren Hornschicht der Oberhaut, dem fettig-wässrigen Hautoberflächenfilm mit Abwehrzellen und einen Lipid-/Fettfilm, der durch die zwischen die Zellen eingelagerten Lipide entsteht. Alles miteinander vermischt sich und schützt die Haut gegen Stoffe oder Mikroorganismen. Eine **Schädigung** der Hautbarriere kann entstehen durch starkes Jucken oder Belecken bzw. Beknabbern der Haut. Auch bei Auflockerung des Zellverbandes durch beispielsweise feuchte Hautbedingungen kann die Schutzfunktion der Barriere stören. Besonders zerstörerisch ist das Fehlen jeglicher Fette im Futter, sie sind immens wichtig für die Abwehrbarriere und den Zusammenhalt der Hornzellen der Oberhaut.

3. Was können Sie zur Vorsorge und zur Behandlung von Hauterkrankungen tun?

Neben der vom Tierarzt empfohlenen medikamentösen Behandlung gibt es noch weitere Möglichkeiten, Ihrem kranken Pferd zu helfen. Diese unterteilen sich in die Vorsorge, die Behandlung und die Nachsorge. Die Vorsorge gliedert sich in Hygiene sowie die Steigerung der körpereigenen Abwehr. Die Behandlung selbst können Sie selbst mit Massagen, Waschungen, Akupressur und Heilkräutern unterstützen.

3.1 Vorsorge

3.1.1 Hygiene

Die Haut ist ein Organ, das sich gegen zahlreiche Angriffe von außen zur Wehr setzen muss. Daher sollte eine gute Hygiene für Sie oberste Prämisse sein. Benutzen Sie Sattel- und Zaumzeug, Putz- und Futterutensilien sowie Geschirre und Decken immer nur für ein Pferd und reinigen Sie es in regelmäßigen Abständen gründlich. Dies ist besonders bei ansteckenden Hauterkrankungen wichtig, um eine Verbreitung zu unterbinden. Das regelmäßige **Putzen** der Pferde ist gut, solange es nicht übertrieben wird. Besonders robust gehaltene Pferde sollten zurückhaltend geputzt werden, um den natürlichen Fettfilm der Haut nicht zu zerstören. Die Zaumzeug- und Sattellage sollte jedoch vor dem Reiten absolut sauber sein.
Die durch das Putzen ausgeführte Massage fördert die Durchblutung der Pferdehaut und regt die Funktion der Lymphgefäße wie auch der Talgdrüsen an. Halten Sie die Sattellage, Beine und Fesselbeuge Ihres Pferdes sauber und trocken. Bandagieren Sie Pferdebeine nie feucht ein. Ein gut gemisteter, trockener und gut belüfteter Stall trägt wesentlich zur Gesundheit Ihres Pferdes bei.

3.1.2 Steigerung der Abwehr

Viele Erkrankungen, wie z.B. Hautpilz, können sich erst dann behaupten, wenn die Abwehr des Pferdes geschwächt ist. Viel **Bewegung in frischer Luft und Sonnenschein** erhalten die Abwehr aktiv und Ihr Pferd gesund. **Regelmäßiger Weidegang mit Artgenossen** und viel freie Bewegung und der Hautkontakt mit Wind und Wetter machen die Pferdehaut widerstandsfähiger. **Heilkräuter** wie Brennnessel, Sonnenhut, Grüner Tee und Hagebutte sowie Obstessig steigern die Abwehr und versorgen den Pferdekörper zusätzlich zum Futter mit allen nötigen Vitaminen und Mineralstoffen. **Akupressur**, über 3 bis 4 Wochen angewandt, kann die Widerstandskraft Ihres Pferdes steigern. Akupressieren Sie 2-mal täglich Di 4 (leitet den Wind aus), Gb 20 (stärkt die

Abwehr und stillt Juckreiz), Ni 3 und Ma 36 (stärken die Abwehrkräfte) und MP 6 (stärkt die Mitte). Dazu geben Sie über einige Wochen hinweg die Bachblüten Crab Apple und Larch.

3.2 Verbesserung des Allgemeinzustands

Bei stumpfem Fell sowie schlechtem Allgemeinzustand helfen **Apfelessig, Klette** und **Brennnessel**. Sie reinigen das Blut und fördern die Ausscheidung der Abfallprodukte im Körper. **Sanfte Massagen**, bei denen Sie mit den Fingerspitzen in kräftigen, kreisenden Bewegungen durch das Fell fahren, regen das Lymphgefäßsystem der Haut an und helfen beim Abtransport der Abfallstoffe. Auch hier unterstützt die **Akupressur**. Wenn Sie nicht bereits die oben genannten Punkte bearbeiten, wählen Sie die Punkte Ma 36 (baut auf, stärkt das Qi), Ni 3 und MP 6. Kombinieren Sie dies mit der Bachblüte Olive (stärkt Körper und Geist) sowie mit Walnut.
Beide Maßnahmen im Vorfeld angewandt, um die Abwehr zu erhöhen wie auch durch blutreinigende Kräuter den Allgemeinzustand zu verbessern, haben sich bestens bei Pferden bewährt, die häufiger unter Ekzemen der verschiedensten Ursachen leiden müssen.

3.3 Fellwechsel und Fütterung im Fellwechsel

Ein Haarwechsel ist für die Pferde immer eine Belastung, insbesondere in einer Jahreszeit (Herbst und Frühjahr), in der die Abwehrkräfte der Pferde ohnehin geschwächt sind und der Vitamin- und Mineralstoffbedarf der Pferde manchmal nur unzureichend gedeckt ist. Oft fällt bereits in der noch kalten Jahreszeit auf, dass das Fell des einen oder anderen Pferdes trotz eifrigen Putzens wie ein zu lange eingelagerter, mottenzerfressener, alter Wintermantel aussieht – insbesondere bei Tieren, die trotz des Wetters viel draußen sind. Andere wirken plötzlich matt, zeigen verminderte Leistungsfähigkeit, sind oft nach dem Arbeiten sehr verschwitzt und matt, haben abgenommen oder ermüden schnell. Der Grund dafür ist vermutlich, dass die Pferde in dem Jahr früher mit dem Frühjahrsfellwechsel dran sind als sonst.
Gerade zum Aufbau des neuen Fells benötigen die Pferde vermehrte Energie, ihr Stoffwechsel läuft auf Hochtouren. Wichtig ist, dass sie dann vor allem aber einen erhöhten Bedarf an **Mineralstoffen, Spurenelementen** und **Vitaminen** haben. Besonders die Vitamine A und B, Zink, Kupfer und Selen sowie ungesättigte Fettsäuren und Aminosäuren (zur Bildung der Proteine/Eiweiße) sind unentbehrlich, um ein gesundes, glänzendes Haarkleid entstehen zu lassen. Länger gelagertes Heu hat kaum noch genügend Nährstoffe, um selbst den normalen Bedarf ausreichend zu decken. Besonders ß-Karotin, die Vorstufe des Vitamins A, Protein und Energie sind in älterem oder qualitativ nicht so gutem Heu kaum enthalten. Hier besteht die Möglichkeit einer hochwertigen Ergänzung mit Heu- oder Luzerne-Cobs.
Bierhefe versorgt Ihr Pferd mit Vitamin B, Lysin, Mineralstoffen und regt den Stoffwechsel an. Nicht nur dadurch wirkt sich Hefe wachstumsfördernd auf die Haare aus, Hefe unterstützt die Bildung neuer Zellen. Daneben eignen sich **Hagebutten** durch ihren Gehalt an Vitamin C und Biotin. Mit viel frischem Obst und Gemüse (Vitamine und Mineralstoffe), über wenige Wochen täglich etwas Apfelessig (Mineralstoffe und Vitamine), Sonnenblumenkernen (Fettsäuren und Zink) und Leinsamenöl (Omega-3-Fettsäuren) können Sie Ihr Pferd beim Fellwechsel unterstützen. Über **Pflanzenöle** können Sie Ihrem Pferd leicht die Energiezugabe erhöhen, denn davon braucht es im Bedarfsfall über die nächsten 4 bis 6 Wochen rund 10% mehr. Sie müssen jedoch den Stoffwechsel Ihres Pferdes erst an das Verarbeiten einer größeren Menge Öl gewöhnen und langsam mit 30 ml Leinöl beginnen. Danach bekommt ein Warmblut täglich 25 ml mehr bis auf eine Gesamtmenge von 150 ml pro Tag, verteilt auf 2 bis 3 Portionen. Insbesondere **Mash**, angereichert mit ausgesuchten Kräutern (Klebkraut, Quecke, Hagebutten, Brennnessel, Blasentang, Klette und Löwenzahn, die den Haarwechsel unterstützen), eignet sich als gutes Ergänzungsfutter in der Zeit des Haarwechsels. Mengenangaben zu den Heilkräutern finden Sie im Teil B dieses Buches.
Ist die Abwehrlage sehr schlecht, so befallen Parasiten wie Läuse und Haarlinge gerne das Fell, besonders während oder direkt nach dem Fellwechsel.
Während eines Fellwechsels ist es sinnvoll, das Pferd mit einer **Tuina-Massage** zu unterstützen. Dafür stellen Sie sich auf die linke Seite Ihres Pferdes und streichen mit beiden Händen

den Hals fest, aber liebevoll in Richtung des Schulterblattes aus. Dann entlang des Rückens bis zur Kruppe, entlang des Blasenmeridians und folgen diesem, bis sich die einzelnen Äste in der Kniekehle wieder vereinen. Streichen Sie mit flachen Händen mit dem Strich aus. Dann die gesamte Seite: Schulter bis zur Brust und vom Rücken hinunter bis zum Bauch. Dies machen Sie auf beiden Seiten mehrmals. An Ober- und Unterarm legen Sie beide Hände mittig nebeneinander auf den Muskel, den Sie nun kräftig auf beiden Seiten hin ausstreichen, das Gleiche am Ober- und Unterschenkel. Das regt die Durchblutung und den Stoffwechsel der Haut an, fördert den Lymphfluss und stimuliert die Abwehr. Dann kneten und streichen Sie von der Vorderbrust am Innenbein abwärts bis zum Huf mit beiden Händen. Und das Gleiche machen Sie am Hinterbein, ebenfalls innen vom Huf an aufwärts bis zum Kniegelenk hinauf. Damit stimulieren Sie den Verlauf des Lungenmeridians sowie den Großteil des Nierenmeridians.

3.4 Wenn die Krankheit ausgebrochen ist

Ob mit oder ohne Erkrankung, den größten Anteil am Futter hat mit 50 bis 70% das Rau- oder Grobfutter. Das kann Heu oder Heulage sein. Sind die Pferde erst einmal erkrankt, so ist naturbelassenes Futter, das möglichst keinen Zucker, Melassezusatz oder künstlichen Zusatz enthalten sollte, besonders wichtig.

Die Haut ist das größte Organ des Pferdes, wenn das erkrankt ist, dann leidet das Organ oft unter Trockenheit und einem Mangel an Fettsäuren. Insbesondere die ungesättigten langkettigen Omega-3- und Omega-6-Fettsäuren tun der Haut gut. Es gibt verschiedene Öle, die Sie mitfüttern können. Sie sind leicht verdaulich und förderlich für die Gesundheit des Pferdes.

Beachten Sie dabei aber, dass Öle gute Energielieferanten sind. Fette liefern bei der Verstoffwechselung doppelt so viel Energie wie Kohlenhydrate und Proteine. Das sollten Sie bei der Futterzusammenstellung bedenken. Sonst könnte es sein, dass Ihr sonst so braves Tier plötzlich zum „Wildpferd" wird, weil es vor Energie übersprudelt. Sie können verschiedene **Pflanzenöle** benutzen, die Sie jedoch abwechselnd einsetzen sollten. Leinöl können Sie in einer Menge von etwa 25 bis 50 ml bedenkenlos längere Zeit zur Anregung des Stoffwechsels mitfüttern. Nach einer gewissen Eingewöhnungsphase *(s. Seite 179 rechts)* kann die Menge des Leinöls zur Energieversorgung auf 150 ml täglich erhöht werden. Es enthält viele wichtige Omega-3-Fettsäuren. Schwarzkümmelöl regt den Stoffwechsel und das Immunsystem an und wirkt zudem entzündungshemmend. Schwarzkümmel hemmt Bakterien und Pilze und hilft damit sowohl dem Atemsystem wie auch der Haut. Es ist reich an langkettigen ungesättigten Omega-6-Fettsäuren. Viele Omega-3-Fettsäuren finden sich leider hauptsächlich in Fischöl, das von Pferden abgelehnt wird. Füttern Sie es in einer Menge von 15 bis 25 ml (max. 30 ml) pro Tag. Besonders gut für Pferde mit Haut- und Fellproblemen sind die Öle von Borretsch und der Nachtkerze, die in kleiner Menge bis zu 30 ml gegeben werden können. Beide haben hohe Anteile an essenziellen und Omega-6-Fettsäuren.

Weitere positive Zusatzstoffe liefern **Bierhefe**, die Lysin, B-Vitamine, Biotin, weitere Vitamine, Mineralstoffe und Enzyme enthält, und so die Hautgesundheit und das Immunsystem stärkt, sowie **Kieselerde**, die der Haut Festigkeit und Elastizität schenkt. Zudem regt sie den Zellaufbau und den Zellstoffwechsel an. Auch **Lebendhefe** ist gut geeignet. Sie gelangt lebend durch den Magen in den Darm und ergänzt hier die Darmflora. Sie regt das Abwehrsystem an und hilft, wichtige Vitamine zu bilden. Dieses stärkt nicht zuletzt auch die Haut! Wichtig sind die Vitamine A, B und E sowie Biotin und die Mineralien Zink, Kupfer sowie ausreichend Energie und Protein zum Aufbau neuer Zellen und Haare. Das ist besonders nach Erkrankungen und Verletzungen wichtig.

Viel frisches Obst und **Gemüse** sorgen für die nötigen Vitamine, dazu erstklassiges Raufutter und frisches, sauberes Wasser. Steigern Sie die Abwehr Ihres Tieres *(s. Seite 178 f.)* und führen Sie die beschriebenen Maßnahmen zur Verbesserung des Allgemeinzustandes durch. Dies hilft Ihrem Pferd von innen heraus. Dazu füttern Sie Ihrem Pferd, je nach Art der Hauterkrankung, verschiedene Heilkräuter.

3.5 Heilmittel – Heilkräuter

Einige Heilkräuter können bei Hauterkrankungen helfen, die Regeneration der Haut zu fördern und das Wachstum der Haare zu unterstützen. Ihre

Wirkstoffe hemmen Entzündungen, wirken gegen Bakterien, kühlen und beruhigen gereizte Hautpartien. Sie können die Heilkräuter entweder trocken im Futter mitfüttern oder kurz mit heißem Wasser überbrühen. Letzteres setzt die Wirkstoffe frei, die Kräuter wirken so schneller und effektiver. Achten Sie aber darauf, das Futter vor der Gabe abkühlen zu lassen. Sie können die Kräuter auch als Tee aufbrühen und statt des Trinkwassers reichen oder über das Fressen geben. Pferde nehmen in der Regel Heilkräuter gerne an. Gegebenenfalls geben Sie noch 1 TL Honig oder etwas Traubenzucker dazu. Einige der Heilkräuter wirken besonders gut, wenn diese äußerlich als Aufguss aufgetragen werden. Sie haben die Möglichkeit, die Kräuter vorher 1 oder 2 Tage in Olivenöl einzulegen und dieses als einfaches Kräuteröl bei geschlossener Hautoberfläche einzureiben oder aufzulegen.

Kühlung entzündeter Hautpartien

Waschungen mit Obstessigwasser kühlen und mindern den Juckreiz. Bitte nur bei geschlossenen Wunden anwenden. Kamillentee hilft bei offenen wie geschlossenen Ekzemen. Frische, zerquetschte Blätter von Melisse, Pfefferminze und Spitzwegerich kühlen und beruhigen entzündete Haut. Ebenso geeignet ist ein abgekühlter Aufguss der Blätter. Auch Quark ist hilfreich, ebenso Grüner und Schwarzer Tee, der mindestens 10 Minuten ziehen sollte und dann gekühlt als Umschlag oder Waschung eingesetzt werden kann. Zudem sollten Sie das Pferd mit einer Akupressur der Punkte Le 2 und 3, Di 4 und Di 11 beruhigen.

Entzündungen hemmen

Äußerlich angewendet lindern Ringelblume, Schafgarben- und Nachtkerzenöl, Grüner Tee, Kamille und Spitzwegerich die Entzündung. Wunderbar helfen Weißkohlblätter, die auf die entzündeten Bereiche gelegt werden und mit einer selbstklebenden Binde befestigt werden. Man kann sie auch mit einem Nudelholz leicht glatt rollen.

Offene Hautpartien heilen

Erst erfolgt eine Spülung mit einer Mischung aus ca. 250 ml Wasser plus einigen (7 bis 8) Tropfen Jodlösung und gegebenenfalls noch 4 Tropfen Crab Apple dazu. Lassen Sie dies einfach langsam über betroffene Hautpartie fließen. Danach und in den nächsten Tagen eignet sich eine Wundspülung aus dem Tee der Heilkräuter Kamille und Salbei, Schafgarbe und Ringelblumen. Alle Kräuter wirken antibakteriell und entzündungshemmend sowie wundheilungsfördernd. Eine Mischung zu gleichen Teilen oder auch nur ein oder zwei der Kräuter, davon 5 bis 6 TL mit 400 ml nicht mehr kochendem Wasser überbrühen, 10 Minuten ziehen lassen, abseihen und dann abkühlen lassen. Täglich frisch ansetzen. Dies eignet sich besonders für den Frühling, Herbst und Winter. Im Sommer ist es besser, tagsüber eine Wundsalbe aufzutragen, die am besten noch vor den Fliegen schützt. Sie legen häufig Eier in die Wunden, deshalb kontrollieren Sie immer nach der Weide die Wunden!

Eine Salbe, die Melisse (wirkt kühlend und desinfizierend), Sonnenhut (keimtötend), Ringelblume (beruhigt die Haut, hemmt Entzündungen und wirkt wundheilend) und Vitamin E enthält, hilft bei wundgescheuerten Hautstellen. Ebenso wirken auch Beinwellsalbe und Spitzwegerichsalbe wie auch Frischsaft wundheilend und entzündungshemmend. Beide Heilkräuter lassen Gewebe schneller nachwachsen.

Juckreiz stillen

Ringelblume, Pfefferminze und Brennnessel, als Sud angewendet, helfen gut bei Juckreiz, ebenso Obstessigwasser. Gut geeignet sind auch Ringelblume und Spitzwegerich, 2 Tage in Olivenöl einlegen und dann dünn auftupfen. Frauenmanteltee (20 g auf 0,5 l heißes Wasser, 8 Minuten ziehen lassen) mit etwas Nachtkerzenöl beruhigen den Juckreiz, ebenso wie kalter Schwarzer Tee (4 Beutel/ 1 l heißes Wasser, 10 Minuten ziehen und danach abkühlen lassen).

Abwehr stärken und Keime töten

Ringelblume, Sonnenhut, Grüner Tee, Löwenzahn, Apfelessig und Honig gefüttert, stärken das Immunsystem.

Wirken blutreinigend und stärkend

Brennnessel, Löwenzahn, Himbeere, Ringelblume, Mädesüß und Klebkraut sollten in keiner Frühjahrskur fehlen. Zudem sorgen sie durch Entschlackung für gesundes Haut und glänzendes Fell.

Gut gegen Hautpilz

Als Tinktur aufgetragen wirken Ringelblume, Sonnenhut, Knoblauch, Apfelessig und Honig gut gegen Pilze.

Stärken und füllen Mineralien und Vitamine auf

Grüner Tee, Hagebutten, Löwenzahn sowie Blasentang und Obstessig füllen wertvolle Vitamine und Mineralstoffe auf, die besonders bei Hautkrankheiten wichtig sind.

Regen die Durchblutung an und/oder bringen das Lymphsystem in Schwung

Grüner Tee, Klebkraut, Löwenzahn und Brennnessel sorgen für bessere Entsorgung der Abfallstoffe und stärken die Haut.

Schutz für haarlose, nicht entzündete Stellen in Sattel- und Gurtlage

Auf den betroffenen Stellen Babypuder dünn auftragen. Das schützt und beruhigt die Haut und fettet zudem. Hier eignet sich auch die Anwendung eines Ringelblumenöls.

TIPP: Ringelblumenöl können Sie leicht selbst herstellen, indem Sie die gefüllten Blüten der orangefarbenen Ringelblumen sammeln oder getrocknet kaufen.
Von den frischen Blüten entfernen Sie bitte den Blütenboden. 25 g getrocknete oder 50 g frische, klein geschnittene Ringelblumenblüten werden mit 250 ml kalt gepresstem Olivenöl zusammen in einen Topf gegeben. Die Mischung zum schwachen Sieden bringen und 15 Minuten ziehen lassen, dabei ständig umrühren.
Danach durch ein Sieb mit einer auseinandergefalteten und doppelt gelegten Kompresse abseihen. Das Öl füllen Sie im lauwarmen bis kühlen Zustand in eine Braunglasflasche. Tragen Sie es ein- bis dreimal täglich auf die veränderte, entzündete Hautstelle auf.
Auf die gleiche Weise können Sie ein Schafgarbenöl herstellen, das Sie bei entzündeten Hautstellen äußerlich, aber ebenso innerlich anwenden können.

Unterstützung des Fellwechsels

Brennnessel, Klebkraut, Löwenzahn, Weißdorn, Buchweizenkraut, Mineralerde (innerlich) und grüner Tee regen die Durchblutung und das Lymphsystem an und reinigen das Blut.

Regen die Haare zum Nachwachsen an

Klebkraut, Quecke und Hagebutten enthalten neben vielen Vitaminen auch Stoffe, die Haar und Horn sprießen lassen. Brennnessel und Löwenzahn helfen durch ihre Vitamine und Mineralstoffe, zudem stärken sie das Haar. Schwefel, den Sie in Knoblauch, Ringelblume, Brennnessel und Blasentang finden, ist gut für gesunde Haut und kräftiges Haar. Dazu Biotin und grüne Mineralerde mitfüttern.

Hilfe bei stumpfem, trockenem, struppigem Fell

Verfüttern Sie Grünen Tee, Brennnessel und Quecke. Dazu geben Sie pro Mahlzeit einen Schuss Apfelessig sowie eine Woche lang täglich zwei EL Leinöl.

Abwehr gegen Insekten

Eine Mischung aus Wasser, Obstessig, Knoblauch sowie Nelken- oder Lavendelöl, äußerlich angewendet, schreckt Insekten ab. Bei Stichen hilft es, einige zerdrückte Blätter Spitzwegerich oder eine frische Zwiebelscheibe aufzulegen.

Wirkung gegen Warzen

Der Saft der Löwenzahnblüte hilft auf Warzen geträufelt hervorragend.

Vorsicht! Tragende Stuten dürfen nicht alle Heilkräuter fressen. *Sehen Sie im Teil B, Seite 60 ff.* nach, welche Ihre Stute bekommen darf.

3.5.1 Bachblüten

Sind die Scheuerstellen auf der Haut aufgeplatzt und nässen, hilft die **Rescue-Salbe**, auch bei großflächigen Stellen. Im Kapitel über Bachblüten *(Teil B, Seite 126 ff.)* finden Sie die richtige Blüte für Ihr Pferd. Dazu gibt es bei den jeweiligen Krankheiten noch weitere Vorschläge.
Die Reinigungsblüte **Crab Apple** eignet sich besonders, um schädliche Stoffwechselprodukte aus dem

Körper zu entfernen und ihn zu entgiften. Auch bei Infektanfälligkeit oder Parasitenbefall sollte sie gewählt werden, zusammen mit Centaury. Leidet das Pferd öfter unter Hautproblemen, helfen **Agrimony, Water Violet** und **Willow**, mit **Crab Apple** kombiniert. Bei starkem Juckreiz nützen **Impatiens** und **Scleranthus**, bei Allergien sollten **Mustard, Star of Bethlehem, Holly** und **Beech** eingesetzt werden. Handelt es sich um eine langwierige, chronische Erkrankung, so tun **Gentian** und **Gorse** wohl.

3.5.2 Akupressur

Sie können die Heilung von offenen Ekzemen mit Akupressur unterstützen. Beginnen Sie mit einer Augenakupressur *(s. Video Seite 119)*. Legen Sie dazu die hohle Hand locker über das Auge und massieren Sie sanft um das Auge herum. So erreichen Sie zahlreiche Punkte und Meridiane. Es beruhigt Ihr Pferd, wirkt ausgleichend und beseitigt zahlreiche Störungen.

Wenden Sie die Akupressur bei akuten Erkrankungen zweimal täglich über mindestens zwei Wochen an. Bei chronischen bzw. langwierigen Erkrankungen ist es angezeigt, Ihr Pferd zunächst von einem Akupunkteur behandeln zu lassen. Die Akupressur ist als Unterstützung der tierärztlichen Behandlung sehr sinnvoll, aber als alleinige Maßnahme in diesen Fällen oft nicht ausreichend. Nach dem Akupunktieren oder als Unterstützung zu einer anderen Therapie sollten Sie die in den Behandlungstabellen genannten Akupressurpunkte mindestens 5 Wochen lang 1- bis 2-mal wöchentlich behandeln.

Nachfolgend nun einige kurze Erklärungen zu den einzelnen Punkten. *Die Technik der Akupressur sowie die Lage der Akupressurpunkte wird in Teil B, Seite 97 ff. beschrieben. Am Ende des Buches finden Sie auf einer Akupressurtafel alle für Sie wichtigen Punkte.*

Handelt es sich um eine akute Infektion, so ist die Harmonisierung des gesamten Pferdekörpers wichtig. Ihr Pferd sollte hierfür keine Energien verschwenden, die der Körper für die Abwehr von Viren und Bakterien besser nutzen könnte. Dafür machen Sie einen Yin-Yang-Ausgleich. Zudem können Sie Ihrem Pferd mit einer Stärkung der Beine zusätzliche Energie geben.

Wichtig für die **Entstehung der Hauterkrankungen** ist das Wei- oder auch Abwehr-Qi. Es schützt den Körper vor Angriffen von außen. Die Abwehr-Energie wird durch den Funktionskreis Lunge gestützt und versorgt. Ist die Lunge schwach, kann sie das Abwehr-Qi nicht richtig versorgen und die Haut ist den Angriffen der äußeren, krankmachenden Faktoren wie Wind, Hitze, Trockenheit und Feuchtigkeit ausgeliefert.

In der Regel sind die Hauterkrankungen meistens **Wind- oder Hitze-Erkrankungen**, die die Haut austrocknen. Der Juckreiz kommt vom Wind. Innere Mangelzustände vermindern die Versorgung der Haut mit Flüssigkeit und wirken ebenfalls austrocknend. Diese Mangelzustände können durch schlechtere Ernährung oder Haltung, Überlastung, Umweltprobleme oder andere Imbalancen verursacht werden. Meist ist die Lunge mit betroffen und auch zu trocken. Sie sollten nun Punkte verwenden, die die Hitze kühlen und ableiten, den Juckreiz lindern, die Lunge stärken und den Körper wieder befeuchten. Zudem muss der Wind ausgeleitet werden, der den Juckreiz auslöst. Die Ursache muss behoben werden, d.h. gutes Futter und möglichst artgemäße Haltung sind hilfreich, eine vorhandene Imbalance auszugleichen.

Yin-Yang-Ausgleich: hat stark beruhigende Wirkung und harmonisiert Geist und Körper. Insbesondere beim Nasenbluten ist dies wichtig!

Gb 20: Der Punkt stärkt das Abwehrsystem und lindert den Juckreiz. Er schützt vor dem Wind.

Bl 40: Dieser Punkt ist ein Antihistaminpunkt, der bei allergischen wie allen anderen Hauterkrankungen gut einzusetzen ist.

Di 4: Ein stark schmerzlindernder Punkt, der starke Wirkung auf das Abwehrsystem hat und harmonisierend wirkt.

Di 11: Er leitet Hitze aus dem oberen Teil des Körpers und stärkt die Abwehr.

Lu 9: Lu 9 tonisiert die Lunge und das Lungen-Qi, befeuchtet bei Trockenheit, kühlt Hitze.

Ma 36: Dieser Punkt stärkt Ihr Pferd. Er stärkt die Abwehr und macht Ihr Pferd widerstandfähiger. Er hilft bei allen chronischen Krankheiten.

Ni 3: Als Zustimmungspunkt des Nieren-Meridians unterstützt Ni 3 die Verteilung des Nieren-Qi. Das stärkt das Immunsystem Ihres Pferdes.

C

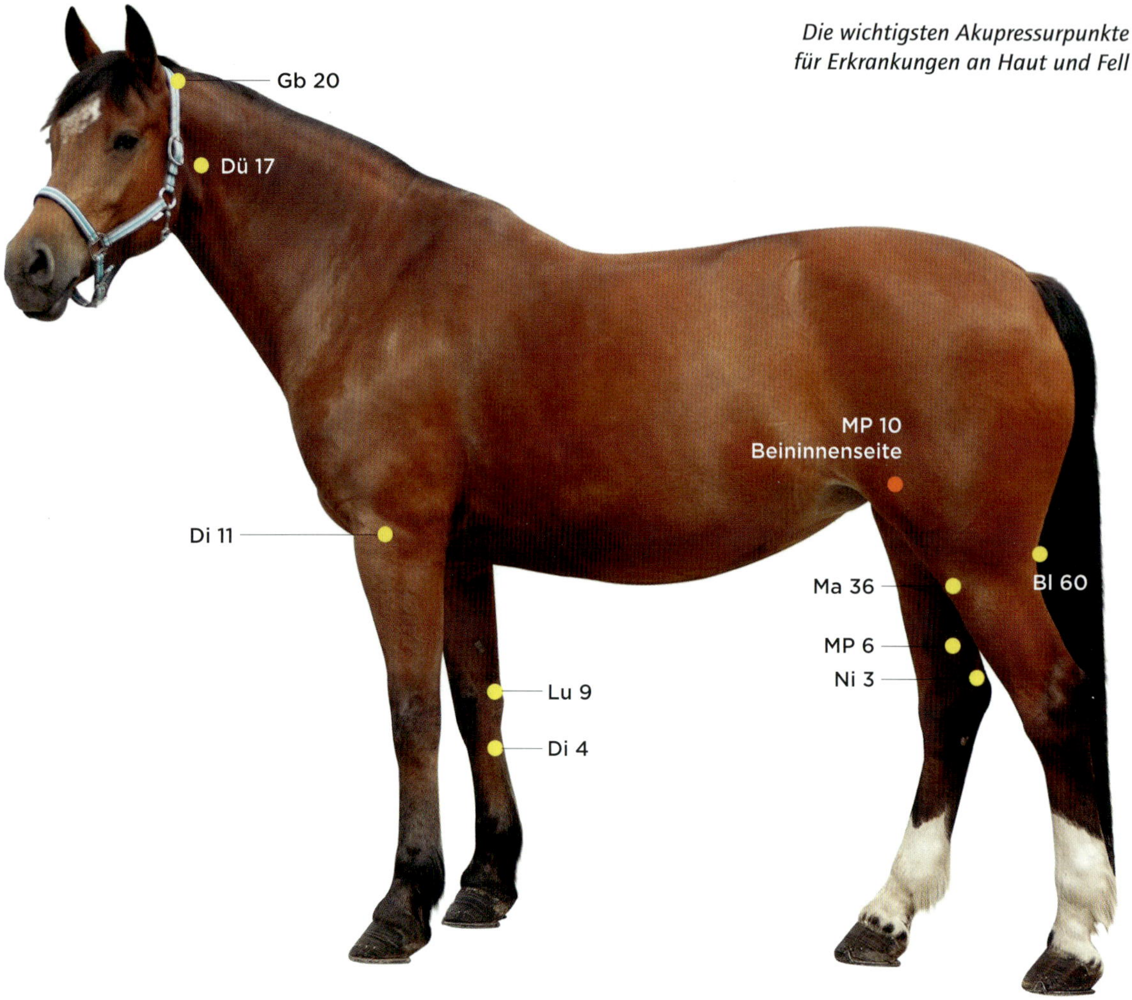

Die wichtigsten Akupressurpunkte für Erkrankungen an Haut und Fell

MP 6: MP 6 stärkt die Mitte Ihres Pferdes und nährt das Blut Xue und die Flüssigkeiten der Leber, Milz und Nieren und befeuchtet den Körper.
MP 10: Bei nässenden Ekzemen und allergischen Hauterkrankungen sollte dieser Punkt akupressiert werden.
Beim Sommerekzem wählen Sie die Punkte Gb 20, Dü 17 und Bl 40.
Dazu Ringelblume, Klette, Lavendel, alle Kräuter klären das Lymphsystem, leiten Gifte aus und befeuchten den Körper. Sie verbessern die Zirkulation. Die Ringelblume kühlt und ernährt die Haut, hilft bei Wind-Hitze-Problemen. Klette leitet Wind und Hitze aus, hilft bei chronischen Hautproblemen. Lavendel kühlt die Oberfläche.

4. Nach überstandener Erkrankung

Ihr Pferd hat es geschafft und ist wieder gesund. Nun müssen nur noch die Haare wieder nachwachsen. Dabei können im Futter verabreicht **Klebkraut, Acker-Schachtelhalm, Quecke, Hagebutten, Löwenzahn** und **Obstessig** hilfreich sein. Aus einer Mischung von je 100 g geben Sie täglich 50 g ins Futter. So bekommt die Haut ausreichend Kieselerde, Biotin, Flavonoide, Vitamine und Mineralien, um wieder neue Haare wachsen zu lassen. Eine sanfte Massage der Haut mit Rosmarinöl oder Klettenwurzelöl unterstützt das Haarwachstum, fördert die Durchblutung und regt das Lymphsystem an.
Ein alter Geheimtipp ist Rizinus-Öl äußerlich angewandt.

5. Typische Anzeichen von Hauterkrankungen

Juckreiz

Der Juckreiz erscheint meist mit ersten Hautveränderungen. Sind diese vom Organ ausgehend wie bei der Nesselsucht, kann es Hinweise auf die Ursache ergeben. Entstehen die Hautveränderungen aber sekundär, also durch die Reaktion des Pferdes auf das begleitende Jucken, benötigt man meist Zusatzuntersuchungen, um die Ursache zu finden. Mögliche Ursachen sind äußere und innere Parasiten, Allergien wie beim Sommerekzem, Infektionen mit Bakterien, Pilze, Einzeller oder Viren, schlechter Pflegezustand des Fells, Verhaltensstörungen und Neubildungen.
Wenig bis kein Juckreiz tritt bei der Nesselsucht oder auch bei Leberproblemen auf und auch Pilzinfektionen jucken nicht so stark.

Veränderungen des Fells: Hier sind die Veränderungen der Haare gemeint. Bildet sich dichteres Haarkleid, verzögert sich der Haarwechsel oder werden Haare verloren?

Pigmentierungsstörungen von Haut und Haaren: Die Störungen in der Pigmentbildung können sowohl die Haut als auch die Haare betreffen. Bei der Haut färben oder entfärben sich Hautstellen und mit der Haut ändert sich meist auch die Farbe des Fells. Oft ändert sich jedoch nur die Fellfarbe an bestimmten Stellen und die Haut darunter bleibt wie sie ist. Entfärbungen sieht man oft nach Druckstellen. Ändert sich die Farbe großflächig, kann sich dahinter ein Mangel verbergen, wie Kupfermangel (z.B. Kupferbrille um die Augen des Pferdes) oder der Mangel einer wichtigen Aminosäure. Eine ehemals schwarze Fellfarbe kann plötzlich ins Rötlich-Schwarze gehen oder ein dunkelsandfarbenes Fell plötzlich deutlich blonder werden. Wenn ein dunkles Fell mit weißen Stichelhaaren durchzogen wird, dann kann es sich um einen Manganmangel handeln.

Akute und chronisch wiederkehrende Nesselsucht: Die Nesselsucht ist so gut wie nie von Juckreiz begleitet.

Klebkraut, Löwenzahn und Quecke werden von den Pferden meist gerne gefressen.

Hautveränderungen, mit geschlossener und eröffneter Oberfläche: Die Hautveränderungen können sehr unterschiedlich sein, von Rötungen wie bei einem Ekzem über Flecken und kleine Knötchen bis hin zur Blasenbildung mit Sekret oder Eiter oder eine größere Knotenbildung. Es können sich Zysten entwickeln oder größere Knoten bis hin zur Geschwulst. Die Ursachen dafür sind sehr verschieden.

Störung der Schweißsekretion: Schweißbildung ist bei Aufregung, Anstrengung oder hohen Außentemperaturen völlig normal und wichtig zur Regelung der Körpertemperatur. Bei übermäßig starker Behaarung kann es zu chronischem Schwitzen kommen. Im Schockzustand wird das Blut im Körper zentral gehalten, die Beine werden nicht mehr gut durchblutet. Dies passiert beispielsweise bei einer Kolik, hier ist diffuses Schwitzen am Körper zu beobachten. Auch die Gabe von bestimmten Medikamenten kann das Schwitzen beeinflussen. Die Schweißproduktion ist neben der Kondition auch vom Pferdetyp abhängig, ruhige ausgeglichene Pferde schwitzen deutlich weniger.

C

6. Haarausfall ohne Juckreiz (Alopezie)

Was ist eine Alopezie?

Anzeichen: Das Pferd zeigt nicht entzündete haarlose Stellen oder die Haarlosigkeit ist über den ganzen Körper ausgebreitet. Im Gegensatz zum Ekzem existieren kein Juckreiz. Es fällt nur das Deck-, nicht aber das Langhaar aus, sprich Schweif und Mähne. Im Extremfall kann das Pferd komplett kahl werden.

Ursachen: Dieser Art des Haarausfalls liegt eine Schwächung oder Schädigung der Haut zugrunde, sodass diese nicht mehr in der Lage ist, die Haare zu versorgen und zu halten. Sie fallen aus. Die Ursachen sind noch nicht bis ins Letzte erforscht. Sicher ist nur, dass die Ursache bei beiden Formen im Inneren des Pferdekörpers zu suchen ist. Fallen die Haare am gesamten Körper aus (generalisierte Alopzie), sind es entweder Erkrankungen der inneren Organe (insbesondere Atem- und Verdauungstrakt), Mangelerscheinungen (Zink, Natrium; Mineralstoffe), Vergiftungen (Chemikalien, Pflanzen, Schwermetalle, Jod, Selen) oder innere Parasiten, die Körper und Haut schwächen. Auch psychische Störungen finden ihren Ausdruck im Haarausfall. Verlieren die Pferde ihre Haare dagegen nur an bestimmten, klar abgegrenzten Stellen, so wird dafür neben Hormonstörungen und Nervenerkrankungen vor allem eine Autoimmunreaktion verantwortlich gemacht. Man geht davon aus, dass der Körper seine eigenen Eiweiße in den Haarfollikeln bekämpft und damit die Verankerung der Haare zerstört. Der Auslöser dafür muss noch genauer erforscht werden.

Was macht der Tierarzt?

Eine Behandlung des Ausfalls selbst ist nicht möglich. Wichtig ist, herauszubekommen, was den Haarausfall auslöst, und diese Ursache dann zu behandeln.

Was können Sie tun?

Ihre Chance liegt darin, durch Heilkräuter und Akupressur die Abwehrlage in Schwung zu bringen und so die Haut von innen her zu heilen. Ist die Ursache für den Haarausfall erst einmal behoben, können Sie durch einige Maßnahmen das Wachstum der Haare beschleunigen.

So hilft beispielsweise Klettenwurzelöl äußerlich aufgetragen, es stimuliert das Haarwachstum. Ein Breiumschlag aus geriebenem Bockshornkleesamen stimuliert den Haarwuchs. Mischen Sie einen Teil geriebenen Bockshornkleesamen mit 5 Teilen heißem Wasser und tragen Sie den lauwarmen Brei fingerdick auf eine Kompresse auf. Den legen Sie auf die haarlose Stelle und befestigen ihn mit einem einfachen Verband. Machen Sie einmal täglich einen Umschlag und belassen Sie ihn für einige Stunden am Pferd. Wenn das Pferd den Brei ableckt, darf es das gerne tun.

Weitere Maßnahmen lesen Sie auf Seite 178 ff. in „Was können Sie zur Vorsorge und zur Behandlung von Hauterkrankungen tun?".

	Abwehr steigern	Nach der Erkrankung
Tuina	Tuina, *s. Fellwechsel Seite 179*	Tuina, *s. Fellwechsel Seite 179*
Heilkräuter	**Täglich ins Futter:** 20 g Brennnessel, 10 bis15 g Sonnenhut, 30 g Hagebutten. **Grüner Tee:** ca. 4 g (2 Beutel) auf ½ l heißes Wasser, 6 Minuten ziehen lassen	**Täglich:** Klebkraut, Quecke, Löwenzahn, wenn möglich je 2 Handvoll frische Blätter und 30 g getrocknete Hagebutten verfüttern **Äußerlich:** Klettenwurzelöl und geriebener Bockshornkleesamen-Brei
Akupressur	**Täglich 2-mal:** Ma 36, GB 20, Di 4 und Di 11 (evtl. mit MP 6 oder Bl 40 abwechseln)	**Täglich nur 1-mal:** MP 6, Ma 36, Ni 3
Bachblüten	Crab Apple, Larch, Centaury	Olive, Hornbeam, ggf. Walnut
Fütterung	• Gutes Weidegras bzw. -heu (1,75 kg/100 kg KGW) versorgt die Pferde mit fast allen Vitaminen und Mineralstoffen, die sie benötigen. Kraftfutter bekommt es in Abhängigkeit von seiner Leistung zusätzlich. Achten Sie auf naturbelassenes Futter. • Obstessig, Bierhefe und viel frischer Löwenzahn, Quecke und Klebkraut • Abwechselnd verschiedene Öle täglich ins Futter, ca. 10 bis 30 ml: Leinöl, Schwarzkümmelöl und Nachtkerzenöl • eine zweiwöchige Kur mit Lebendhefe	

7. Haarausfall mit Juckreiz

7.1 Hautpilz

Was ist Hautpilz?

Anzeichen: Erbsengroße, flache Erhebungen auf der Haut mit kreisrund aufgestellten Haaren sowie Juckreiz sind die ersten Hinweise auf einen Hautpilz. Mit und ohne das Scheuern der Pferde entstehen kleine, von ihrer Umgebung scharf abgegrenzte, kahle, runde Stellen. Weißliche Schuppen oder Schorf bedecken die Haut an diesen Stellen. Darunter stirbt der Hautpilz ab, da er Sauerstoff benötigt. Nun wachsen von innen her wieder Haare nach. Schubbern sich die Pferde stark, so entstehen feucht glänzende, offene und nässende Stellen. Die Hautpilze breiten sich leicht aus, bis sie im Extremfall das gesamte Pferd befallen. Die Erkrankung beginnt meist an Kopf, Hals, Schultern oder an Sattel- und Gurtlage. Hier schwitzt das Pferd besonders, ein optimales Klima für die feucht-warm liebenden Pilze. Durch Kontakt, Putzzeug oder Futtergeschirr kann sich der Hautpilz rasch über den ganzen Bestand ausbreiten.

Ursachen: Diese Pilzarten sind sehr widerstandsfähig und können bis zu einem Jahr außerhalb eines Wirtes in Ritzen von Ställen, Scheunen oder Holzzäunen überleben. Über Gegenstände, wie infiziertes Putz-, Sattelzeug oder Geschirre, durch Kontakt mit befallenen Pferden oder auch durch die Luft können Sporen, die unempfindlichere Entwicklungsform der Pilze, auf die Pferde gelangen. Hier setzen sie sich in abgestorbenen Haaren und Schuppen fest, ehe sie den Organismus befallen. Dies kann manchmal Wochen und Monate dauern. Erst wenn die Abwehr der Pferde nachlässt, haben die Pilze eine Chance. Deshalb wird der Hautpilz oft als Zweitkrankheit gesehen.

Die Inkubationszeit ist die Zeit von der Ansteckung bis zum tatsächlichen Ausbruch der Erkrankungen mit ersten Symptomen. Diese dauert 1 bis 6 Wochen, ganz selten auch mal nur 4 Tage. Die Pilze gelangen durch kleinere Hautschäden in den Körper, die sie entweder vorfinden oder durch ihre Stoffwechselprodukte verursachen. In der Haut lösen sie Entzündungen aus; gelangen in die Haarwurzeln und führen schließlich zum Ausfall der Haare.

Vorsicht! Geheilte Pferde können zwar für einige Zeit selbst nicht mehr erkranken, können aber die Sporen durchaus noch weitergeben.

Komplikationen: Eine langwierige Zweitinfektion entsteht, wenn sich Bakterien in der bereits lädierten Haut festsetzen. Wird der Pilz nicht oder nur unzureichend behandelt, so können sich daraus schwere Hautentzündungen mit chronischen Hautveränderungen entwickeln. Diese Verdickungen oder Borken sind besonders in der Gurt- und Sattellage störend.

TIPP: Pilze lieben feucht-warmes Klima. Ein gut belüfteter, trockener, mit Licht durchfluteter Stall ist die beste Vorsorge gegen Hautpilz und viele andere Erkrankungen.

Was macht der Tierarzt?

Ein einfacher Pilznachweis über Haare bringt Sicherheit. Falls die Pilze an den Haaren nicht zu erkennen sind, muss eine Pilzkultur angelegt werden. Dazu wird mit einer sterilen Pinzette oder Klemme ein kleines Büschel Haare mit Schuppen vom Rand der Veränderung entnommen. Sie werden in ein sauberes Behältnis oder ein spezielles Kulturmedium, wenn die Pilze angezüchtet werden sollen, verbracht, luftdicht verpackt und an ein spezielles Labor gesendet. Da diese Untersuchung aber einige Zeit in Anspruch nimmt und die Pilzerkrankung meist schon an ihrem Aussehen gut zu erkennen ist, wird der Tierarzt bereits mit der Behandlung beginnen und ein Pilzmittel, ein Antimykotikum, verschreiben.

Zur Behandlung der Haut ist meist ein Fungizid, ein Antipilzmittel, ausreichend. Das Pferd muss dreimal im Abstand von 3 bis 5 Tagen damit komplett gewaschen werden.

In großen Pferdebeständen haben die Pferde meist einen „eigenen" Pilz, der auf diesem Gelände bleibt. Die Pferde dort sind gegen ihn immun. Alle neuen Pferde aber erkranken erst einmal an diesem Pilz. Eine Impfung ist möglich.

C

Eine Impfung gegen Hautpilz verspricht, das lästige Übel loszuwerden. Dabei kann sowohl vorbeugend als auch zur Behandlung geimpft werden, da das Mittel das Immunsystem stimulieren soll. Neue Impfstoffe umfassen sowohl Arten von Trichophyton- als auch von Mikrosporum. Geeignet ist die Impfung mit Insol®, die in Deutschland zugelassen ist. Es werden mit dieser Impfung gute Erfahrungen gemacht.
Die infizierten Pferde sind ansteckend, sie sollen deshalb auch nicht mehr an Turnieren teilnehmen.

Was können Sie tun?

Da Hautpilz sich an der Pferdehaut nur bei verminderter Abwehrlage einnisten kann, sollten Sie diese von innen heraus stärken. *Dazu lesen Sie das Unterkapitel „Vorsorge" Seite 178.* Für die Behandlung brauchen Sie ein wenig Geduld, sie kann einige Wochen in Anspruch nehmen. Dabei ist die Hygiene oberstes Gebot, denn Hautpilz ist ansteckend für andere Pferde und Menschen. Sämtliche Sachen, die das erkrankte Pferd benutzt, müssen desinfiziert werden. Es sollte kein gemeinsames Putz- und Futtergeschirr genutzt werden. Es empfiehlt sich, beim Umgang mit dem erkrankten Pferd und den Utensilien Einmalhandschuhe zu tragen oder sich jedes Mal gründlichst die Hände zu waschen. So schützen Sie sich und andere Pferde vor der Ansteckung.
Frühzeitiges Behandeln durch einen Tierarzt erspart oft eine langwierige Erkrankung.
Wenn es möglich ist, sollten Sie das erkrankte Pferd in eine gesonderte Box stellen. Das Pilzmittel benutzen Sie bitte gemäß den Herstellerangaben, aber am gesamten Pferd. Sie können nie wissen, wie weit sich der Pilz bereits verbreitet hat. Zudem hilft es, Ringelblume oder Sonnenhut als Tinktur auf die veränderten Stellen aufzutragen.
Hat sich der Pilz stark ausgebreitet oder haben sich bereits Bakterien auf die geschädigte Haut gesetzt, können Waschungen mit Obstessig, Knoblauch und Ringelblume helfen. Dazu geben Sie 6 Tropfen Crab Apple in einen Liter Waschlösung. Sie sollte mehrmals am Tag aufgetragen werden. Allerdings keinesfalls auf offene Hautstellen, da Essig brennt. Dann helfen Waschungen mit Kamillentee, der die Haut beruhigt und Entzündungen heilt, sowie eine Salbe aus Vitamin E und Ringelblume. Die Reinigungsblüte Crab Apple hilft dem Körper, sich vom Hautpilz zu befreien.

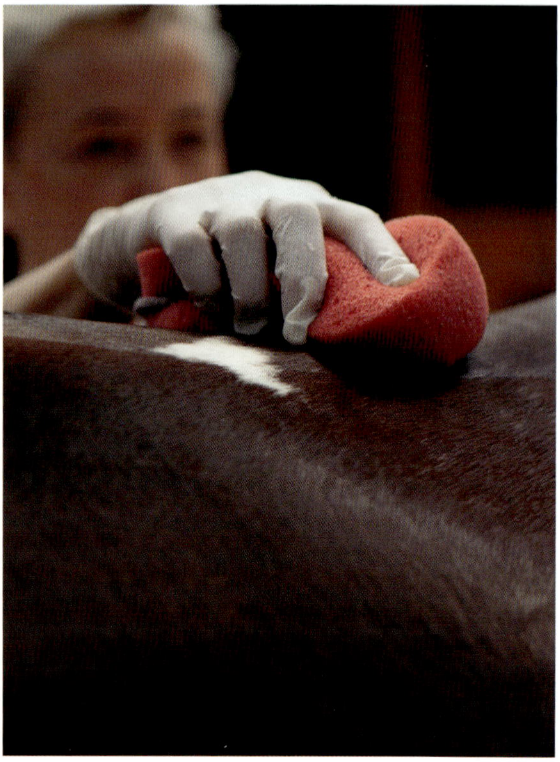

Tragen Sie die Waschlotion gründlich auf. Nicht vergessen: Handschuhe tragen!

7.2 Ekzeme

Ein Ekzem ist eine Entzündung der oberen Hautschicht, die durch verschiedenste Ursachen hervorgerufen wird. In der Regel ist sie mit Juckreiz und Haarausfall verbunden. Neben Schweiß, Schmutz und Nässe können Sattel- oder Geschirrdruck sowie Parasiten, starke Sonnenstrahlung, Stoffwechselstörungen und vieles mehr Ursachen sein. Die am häufigsten auftretenden Ekzeme werden jedoch durch Allergien ausgelöst.

7.2.1 Allergische Ekzeme/ allergische Entzündungen

Allergien scheinen nicht nur beim Menschen häufiger vorzukommen, auch beim Pferd treten sie vermehrt auf. Allergien sind überschießende Reaktionen des Immunsystems meist auf körperfremde Substanzen. Diese Substanzen nennt man Allergene. Meistens sind diese Substanzen harmlos, es

können aber auch Gifte, Pestizide oder Holzschutzmittel sein.
Anzeichen für eine Allergie zeigen sich beim Pferd besonders in Form von Hauterkrankungen, Augenentzündungen, Magen-Darm-Problemen oder Atemwegserkrankungen. Hier befassen wir uns mit den Hautveränderungen. Bei einer Allergie des Typs 1 (Sofortallergie), wie der Nesselsucht oder dem Sommerekzem, kann es als gefährliche Reaktion zum anaphylaktischen Schock kommen. Dabei tritt lebensbedrohliches Kreislaufversagen mit Minderdurchblutung der Organe auf und infolge des fehlenden Sauerstoffs kommt es zur Zellschädigung.

A. Nesselfieber/Nesselsucht (Urtikaria)

Nesselfieber ist eine der am häufigsten auftretenden Hauterkrankungen der Pferde überhaupt. Es erkranken sogar mehr Pferde daran als am Sommerekzem. Meistens verläuft diese Erkrankung harmlos.

Was ist Nesselfieber?

Anzeichen: Plötzlich, von einem Augenblick zum anderen, treten einzelne oder viele unterschiedlich große, mit Flüssigkeit gefüllte Quaddeln auf der Pferdehaut auf. Meistens beginnt dieser Hautausschlag seitlich an Hals, Brust und Schulter. Die Quaddeln können größer als ein Zweieurostück sein, ihre Größe verändern und zusammenfließen. Die Schwellungen jucken oder schmerzen nur selten. Manchmal leidet das Allgemeinbefinden der Pferde, sie werden matt und schwächer. Ansonsten stört sie die Allergie wenig. In der Regel verschwinden die Quaddeln innerhalb weniger Stunden bis Tage von ganz alleine wieder. Bisweilen öffnen sich die Quaddeln nach außen und sondern eine Flüssigkeit ab, die eintrocknet. Die Pferde können erst wieder geritten werden, wenn diese Krusten dann mit einigen Haaren abfallen und die Haut zugeheilt ist.
Ursachen: Beim Nesselfieber handelt es sich um eine allergische Reaktion. Meist ist das Abwehrsystem etwas aus den Fugen geraten und reagiert unnötig stark auf gewisse Substanzen, die sogenannten Allergene. Blutgefäßwände werden durchlässiger und Flüssigkeit tritt ins Gewebe über. Sowohl durch Kontakt als auch durch Aufnahme der Allergene wird die Reaktion ausgelöst. Die Allergene können über das Maul (Fressen) oder die Nase (Atemluft) aufgenommen werden. Beispiele dafür sind Futterbestandteile, Medikamente, Schimmelpilze, Pflanzengifte bzw. Staub, Milben und Blütenpollen. Medikamente oder Insektengifte (von Spinnen, Bienen oder Wespen) gelangen durch die Haut in den Pferdekörper. Allerdings können auch Dünge- oder Insektenvernichtungsmittel oder auch Holzschutzpräparate eine solche Allergie ausbilden. Daneben kann ebenso ein plötzlicher Futterwechsel (anderes Kraft- oder Raufutter, Anweiden im Frühjahr) Nesselfieber auslösen. Weitere Allergene lösen Allergien durch Kontakt aus. Zu den Kontaktstoffen gehören Einstreu, Ausrüstungsgegenstände, Pflegeprodukte, Salben oder Cremes. Dies ist nur ein Teil der möglichen Allergene, was erklärt, wie schwer es ist, im Einzelfall den Urheber der Allergie zu entlarven. Tritt der Nesselausschlag häufiger auf, so muss die Ursache erforscht werden.

Komplikationen: Reagiert das Abwehrsystem übermäßig, können die Pferde Kreislaufstörungen erleiden, die dringender Behandlung bedürfen. Gefährlich wird es, wenn die Pferde so stark reagieren, dass sie einen anaphylaktischen Schock bekommen, in diesem Fall ist ganz dringend tierärztliche Behandlung erforderlich.
Manchmal treten Nesselfieberausschläge in Verbindung mit anderen Erkrankungen auf. Hier könnte der Ausschlag ein Petechialfieber *(s. Seite 39)* ankündigen. In sehr seltenen Fällen bleibt das Nesselfieber bestehen und kann chronisch werden. Dann ist diese Erkrankung nur sehr schwer wieder in den Griff zu bekommen.

> **TIPP: Reiten Sie erst wieder, wenn die Quaddeln in Sattel- und Gurtlage vollständig ausgeheilt sind. Sie riskieren sonst einen Sattel- bzw. Gurtdruck.**

Was macht der Tierarzt?

Bei einem anaphylaktischen Schock muss der Tierarzt sofort eine Infusion anhängen, den Kreislauf stabilisieren und Kortison spritzen, um die übermäßige Reaktion des Immunsystems zu mildern.
Leidet das Pferd wiederholt an Nesselfieber, so kann der Tierarzt eine Blutprobe zum Austesten in ein

Labor schicken. Der Nesselausschlag selbst muss in der Regel nicht behandelt werden. Besteht eine schwere Nesselallergie, so gibt es eine Reihe unterschiedlicher Behandlungsmethoden, die Sie im Anschluss beim Sommerekzem nachlesen können.

Was können Sie tun?

Das Nesselfieber vergeht in der Regel innerhalb kurzer Zeit von ganz alleine wieder. Bleibt allerdings das Allergen erhalten, kann auch das Nesselfieber nicht abheilen. Dies ist der Fall bei einer Blütenpollen-, aber auch bei einer Futtermittelallergie. Letztere können nur Sie selbst austesten, indem Sie radikal sämtliches Futter streichen und mit einem Futtermittel (am besten Heu) erneut beginnen. Tritt keine Allergie auf, nehmen Sie immer ein Futtermittel mehr hinzu, bis der Übeltäter entlarvt ist. Bei Ausbruch der Allergie schützen Sie Ihr Pferd vor der prallen Sonne. Bringen Sie es in den Schatten und kühlen Sie die Quaddeln. Am besten funktioniert das mit kaltem Schwarzem Tee oder Wasser, in das Sie einen Schuss Obstessig und 6 Tropfen Crab Apple pro Liter Wasser geben. Tunken Sie da hinein ein Tuch und legen Sie es Ihrem Pferd um den Hals.

Kühlgele sind mit Vorsicht zu verwenden, sie können ihrerseits Allergene enthalten.

Auch ein Umschlag mit essigsaurer Tonerde tut den Pferden wohl. Gehen die Ödeme (Wasseransammlungen) auf den Kopf über, so muss schnellstens ein Tierarzt gerufen werden, da die Gefahr besteht, dass die Luftröhre abgedrückt wird und Ihr Pferd nicht mehr atmen kann.

B. Sommerekzem

Das Sommerekzem ist eine allergische, häufig auftretende Hauterkrankung, die jedoch meist weit weniger harmlos verläuft als das Nesselfieber. Über einen spezifischen Bluttest kann die Erkrankung nachgewiesen werden. Die Islandpferde, die in ihrer Heimat weder Insekten noch eine eiweißreiche Nahrungsfülle kennen, leiden hier sehr häufig unter dieser Allergie. Ähnlich ergeht es auch den Haflingern und Friesen. Jedoch kann sie auch alle anderen Pferderassen befallen. Oft sind es Tiere, die robust im Offenstall oder auf der Weide gehalten werden.

Was ist das Sommerekzem?

Anzeichen: Die Erkrankung tritt vor allem im Frühjahr und im Sommer auf. Zunächst bilden sich kleine Knoten (Papeln) unter der Haut, anfangs zwischen den Ohren, am Mähnenansatz und der Schweifrübe, die stark jucken und das Pferd unruhig werden lassen.

Betroffene Pferde schubbern und jucken sich immer wieder bis die Mähnen- und Schweifhaare abbrechen und die kahlen Stellen im Deckhaar aufbrechen. Erst schuppig, entstehen dann im weiteren Verlauf offene, nässende oder sogar eiternde Wunden, die sich häufig infizieren. Ist der Sommer vorbei, verschwinden mit ihm auch die Kriebelmücken.

Ursachen: Das Sommerekzem ist eine allergische Reaktion auf den Speichel von Mücken der Gattungen Gnitzen *(Culcoides)*, Stechmücken *(Culex ssp.)*, Bremsen *(Tabanus ssp.)* und Kriebelmücken *(Simuliidae)*, der beim Stich der blutsaugenden Weibchen in den Pferdekörper gelangt. Es handelt sich um eine Typ I-Allergie (Sofortallergie), wobei sich der Körper das Allergen merkt. Beim ersten Kontakt passiert noch nichts, aber das Tier ist damit sensibilisiert. Beim nächsten Kontakt mit dem Allergen (Mückenspeichel) reagiert das Immunsystem mit der Ausschüttung von Histamin und Entzündungsstoffen, die zu dem klinischen Bild der Hautveränderungen führen. Gerade zu Beginn scheint es von Jahr zu Jahr schlimmere Hautveränderungen auszulösen.

Zudem scheint die Erkrankung aber mit mehreren Faktoren zusammenzuhängen. Einige Pferde haben eine genetische Disposition, andere eine Stoffwechselstörung, da die Pferde auf einen hohen Eiweißgehalt des Futters ansprechen. Ein Mangel an Vitamin B und D sowie an Calcium im Futter schwächt die Haut und macht sie anfälliger für das Sommerekzem. Nicht zuletzt kann Juckreiz auch durch Stress entstehen, wie beispielsweise mangelnde Bewegung.

Komplikationen: Dort, wo sich die Pferde häufig und jedes Jahr wieder scheuern, verändert sich die Haut. Sie wird dicker, verhornt und ist weniger elastisch. Dadurch liegt sie in Falten, zwischen denen sich gerne Bakterien und Pilze verstecken. Darüber hinaus ist die bereits vorgeschädigte Haut empfindlicher für Hautpilz und Bakterien.

Diagnosestellung: Wichtige Hinweise sind das jahreszeitliche Auftreten der Hautveränderungen, die typischen Stellen, an denen die Veränderungen zu finden sind, sowie eine eventuelle familiäre Disposition. Es bereitet meist wenige Schwierigkeiten, ein an Sommerekzem erkranktes Pferd zu erkennen. Es gibt zwei Labor-Tests, um das Sommerekzem über eine Blutprobe nachzuweisen. Das ist zum einen der **equine CAST-Test** *(s. Seite 24)* und zum anderen der sogenannte funktionelle Invitrotest - kurz **FIT** *(s. Seite 24)*. Bei beiden Test werden dieselben speziellen Abwehrzellen aus dem Blut geholt. Beim CAST-Test werden sie im Reagenzglas mit den Insekten-Allergenen, die für das Sommerekzem hauptverantwortlich sind, zusammengebracht. Das Ergebnis der Reaktion wird dann gemessen und liefert gute Ergebnisse. Jedoch sind falschpositive wie auch falschnegative Reaktionen möglich.

Mithilfe des FIT lässt sich eine Sensibilisierung für bestimmte Insekten-Allergene nachweisen. Ob es dann aber tatsächlich zu einem Krankheitsausbruch des Sommerekzems kommen wird, ist nicht vorhersehbar. Zusätzlich lässt sich durch den Test ebenso eine Sensibilisierung gegenüber anderen Insekten, Schimmelpilzen oder Pollen nachweisen. Wichtig ist, dass das Tier vor der Blutabnahme 14 Tagen nicht mit Kortison behandelt wurde.[1] Der Test weist dies sogar im Winter oder im Stall nach, wenn keinerlei Anzeichen zu sehen sind. Meistens sind die beiden Tests nicht mehr unbedingt zum Nachweis nötig, ratsam sind sie möglicherweise im Rahmen einer Ankaufsuntersuchung oder um das Sommerekzem als Ursache einer ähnlichen Hauterkrankung auszuschließen.

Was macht der Tierarzt?

Es gibt eine ganze Anzahl verschiedener Behandlungsmöglichkeiten durch den Tierarzt. Die Behandlung des Sommerekzems ist sehr schwierig, eine „Allheilmethode" existiert nicht. Deshalb wird für jedes Pferd eine Behandlungsmethode individuell ausgewählt werden müssen. Ein erster Schritt ist, Maßnahmen zu treffen, um den Kontakt zu Kriebelmücken zu reduzieren, das obliegt dem Tierhalter.

Diese Unebenheiten im Fell und Hautschuppen sind typische Anzeichen eines juckenden Ekzems.

Es gibt Immuntherapien, die versuchen, die Überreaktion zu dämpfen. Die anderen Therapien sollen die Auswirkungen des Ekzems lindern.

Kortison: Als Spritzen, in Salben und Lotionen. Dämpft das Immunsystem, wirkt entzündungshemmend. Gut wirksames Mittel, aber nicht für Langzeitanwendung geeignet, da es viele Nebenwirkungen zeigt. Zur Behandlung eines anaphylaktischen Schocks ist Kortison natürlich sehr wichtig.

Antihistaminikum: Blockiert den Boten der allergischen Reaktion, das Histamin. Gibt es als Spritzen, Tabletten oder Salben, wirkt abschwellend und hat wenig Nebenwirkungen. Jedoch werden hiermit nur die Symptome unterdrückt. Gerade bei Allergien gibt es eine ganze Reihe anderer Behandlungsmethoden, auf die jedes Pferd anders anspricht und deren Wirkungen zumindest länger anhalten.

Homöopathie: Regt den Körper dazu an, sich selbst zu helfen. In dem Fall verstärkt diese Therapie den Hautstoffwechsel. Mittelauswahl und Dosis ist abhängig vom Pferd. Vorteile sind wenige Medikamente, keine Nebenwirkungen und es werden nicht nur die Symptome unterdrückt.

Akupunktur: Auch die Akupunktur und Akupressur regen den Körper an, sich selbst zu helfen. Die Therapie dämpft die übermäßige Reaktion auf die Allergene und reguliert den Körper, sodass er nicht mehr so empfindlich ist und nicht mehr so leicht aus der Balance gerät. Sie fördert die Ausschüttung von körpereigenem Kortison und stärkt die Abwehr, sodass kaum Medikamente nötig sind.

1 Franke, M.: Mehr Sicherheit beim Pferdekauf. Sommerekzem: Nachweis gelingt auch bei Symptomfreiheit. Artikel der VETimpulse, 17. Jahrgang, Ausgabe 15, 1. August 2008, S. 5.

C

Immuntherapien: Dies sind Eigenblutbehandlung, Gegensensibilisierung, Serumbehandlung und Therapie mit Pilzimpfstoff.

Eigenblutbehandlung: Dem Pferd wird Blut entnommen, im Labor aufbereitet und häufig mit Zugabe von Heilkräuterwirkstoffen oder homöopathischen Arzneien kombiniert dem Pferd wieder gespritzt. Der Körper sieht dieses Blut als einen Fremdkörper an und mobilisiert das Immunsystem, die allergische Reaktion soll so blockiert werden. Wissenschaftliche Nachweise der Wirksamkeit dieser Behandlung gibt es nur wenige. Es gibt Doktorarbeiten mit sehr positiven Ergebnissen. Dennoch wird die Wirksamkeit dieser Methode immer wieder kontrovers diskutiert.

Gegensensibilisierung: Weiterentwicklung der Eigenblutbehandlung in stärkerer Verdünnung. Die Antikörper, die für die überschießende Reaktion verantwortlich sind, werden als Allergen verwendet. So bekämpft schließlich der Körper seine eigene allergische Reaktion. Die Gegensensibilisierung ist wirksamer als die Eigenblutbehandlung! Es werden keine zusätzlichen Medikamente verabreicht. Sehr ähnlich funktioniert auch die **Serumtherapie**. Nach einer mehrmaligen 100-fachen Verdünnung des Serums, das aus dem Eigenblut gewonnen wird, zuletzt mit 40%igem Ethanol, werden pro Tag 10 Tropfen der Mischung auf 20 g Zuckerkügelchen gegeben und über zwei Wochen lang dem Tier verabreicht. Dann folgt eine Woche Behandlungspause und nochmals eine Woche Serumbehandlung. Eine Studie mit 343 Pferden über diese Therapie konnte 70% positive Effekte, wie schnelleres Abheilen, feststellen.[2]

Therapie mit dem Pilzimpfstoff: Die Anwendung dieses Impfstoffs gegen das Sommerekzem ist umstritten. Einige Tierärzte stellten bei der Anwendung des Pilzimpfstoffs Insol® fest, dass dieser bei ca. der Hälfte der damit behandelten Pferde eine starke Besserung des Sommerekzems bewirkte. Er soll das Immunsystem stärken, das dann weniger stark oder gar nicht mehr auf das Allergen reagiert. Bei einer umfassenden Studie mit 400 Teilnehmern konnte mit dieser Therapie jedoch kein Erfolg erzielt werden.[3]

Am besten schnitt bei dieser Abfrage die **Ekzemerdecke** ab sowie **Insektenschutzmittel** für die äußere Anwendung am Pferd.

Eine Hypo- oder auch Desensibilisierung (langsame, stufenweise Gewöhnung an das Allergen) wird angewendet, aber ebenfalls sehr kontrovers diskutiert. Man fand heraus, dass es bei einigen Tieren im Anschluss zu einer Verschlimmerung oder gar zu einem anaphylaktischen Schock gekommen war. Aber auch von guten Erfolgen ist die Rede.

Ganz neu ist eine Art „Impfstoff gegen Insektenbissüberempfindlichkeit", der das Immunsystem besonders spezifisch aktiviert, aber dabei die Entzündungszellen, die *Eosinophilen*, hemmt. Die *Eosinophilen* verursachen in der Haut Schwellung und Juckreiz und werden durch das Interleukin 5 aktiviert. Der Impfstoff wirkt spezifisch gegen das Interleukin. Das Mittel wird wohl erst 2021 auf den Markt kommen. Die Empfehlung lautet, das Mittel zwei- bis dreimal im Abstand von einem Monat zu spritzen und dies jährlich zu wiederholen.[4] Eine weitere Studie aus Zürich bestätigt die guten Ergebnisse.[5] Interessant ist auch die Feststellung im Rahmen dieser Studie, dass Pferde mit Insektenbiss-Überempfindlichkeit ein größeres Risiko haben, an wiederkehrenden Atemwegseinengungen zu erkranken.

Kombinationen der Behandlungsmethoden sind häufig und vom jeweiligen Pferd abhängig.

Was können Sie tun?

Zunächst ist es wichtig, die Pferde bereits im Voraus optimal mit allen Vitaminen und Mineralien zu versorgen, sodass die Haut und die Abwehr gestärkt werden. Häufig haben Ekzemerpferde einen Mangel an Mineralstoffen.

Die **Hygiene** ist wichtig! Keine feuchten Paddocks, Schlamm, stehende Pfützen und Kot, denn sie sind ideale Brutstätten. Deshalb die Umgebung sauber und trocken halten.

Fütterung: Achten Sie darauf, dass das Futter Vitamin B, D und H (Biotin) sowie Calcium, Kupfer, Zink und Selen enthält. Daneben haben Kieselerde

2 Red.: Autologes Serum. Therapiemöglichkeit bei Sommerekzem. Artikel der VETimpulse, 20. Jahrgang, Ausgabe 16, 15. August 2011, S. 7

3 Red.: Insekten fernhalten oberstes Gebot. Aktuelle Lage in Deutschland ermittelt. Artikel der VETimpulse, 23. Jahrgang, Ausgabe 12, 15. Juni 2014, S. 6.

4 Reimers, J.: Durchbruch in Allergie-Behandlung. Mit Impfstoff gegen Sommerekzem und Co.. Artikel der VETimpulse, 27. Jahrgang, Ausgabe 8, 15. April 2018, S. 6.

5 Pianka, S., Reimers, J.: Insektenstichüberempfindlichkeits-Impfstoff: Insektenstichallergie bald Geschichte. Artikel der VETimpulse, 27. Jahrgang, Ausgabe 18, 15. September 2018, S. 7.

(Kieselgur), Algen, Bierhefe und Schwarzkümmel einen positiven Einfluss auf Haut und Haarkleid und können den Verlauf des Sommerekzems günstig beeinflussen. Die Zufütterung sollte den Sommer über eher etwas knapper ausfallen, je nach Bedarf, und eiweißarm. Verwenden Sie eiweißarmes Kraftfutter. Getreide nur sehr sparsam verfüttern, in Abhängigkeit vom Arbeitseinsatz. Das Heu sollte möglichst spät geschnitten und wenig gedüngt sein. Frisches eiweißreiches Gras darf nur in Maßen gefressen werden. Eine Eiweißüberversorgung durch große Mengen Kraftfutter oder fette Weiden erhöht die Anfälligkeit für allergische Reaktionen bei Pferden. Damit wird auch nachvollziehbar, weshalb Pferde auf kargen Weiden an der Küste oder in Bergregionen seltener an einem Ekzem leiden. Hinzu kommt noch, dass in den Bergregionen und an der Küste meist ein stetiger Wind weht, sodass die Belastung durch Mücken nicht so hoch ist.

Bei einigen Pferden hat es sich bewährt, zweimal im Jahr vorsorglich eine **Heilkräuterkur** zur Entgiftung zu machen *(Heilkräuter zum Anregen der Durchblutung und des Lymphsystems, Seite 168).* Lassen Sie Ihr Ekzemerpferd nur zu bestimmten Zeiten auf die Weide. Die Zeit von morgens nach der Dämmerung bis etwa vier Uhr am Nachmittag eignet sich am besten. Die Mücken schwärmen in der Dämmerung und nachts. Alternativ das Pferd in dieser Zeit in eine **Ekzemerdecke** einpacken. Bei starker Mückenplage die Decke den ganzen Tag auf der Weide und wenn nötig auch im Stall aufgelegt lassen.

Die Weide sollte trocken und windig sein. Das mögen die Mücken nicht. Kein stehendes oder langsam fließendes Gewässer, da legen die Mücken ihre Eier ab. Gerade die Gnitzen fliegen nicht sehr weit und suchen ihre Opfer in der Nähe des Wassers. Auch in die Ställe geraten sie eher zufällig. Deshalb sollten Sie offene Tränken, Regenwassertonnen oder Wannen möglichst vermeiden. Pferdeäpfel müssen täglich abgesammelt werden, damit sie keine Insekten anlocken.

Insektenschutz: Wenn Ihr Pferd es verträgt und nicht allergisch ist, sind Teebaumöl, Zedernholzöl oder Nelkenöl für Tiere gut wirksam. Einreibungen mit Fetten und Ölen sind wirkungsvoll gegen trockene, schuppige Haut und den Juckreiz. Die fettige Oberfläche erschwert zudem den Mückenangriff. Einige Öle vertreiben die Mücken durch ihren Geruch. Neben Aloe vera-, Avokado-, Nachtkerzen-, Nuss- oder Olivenöl

Eine solche Ekzemerdecke schützt Ihr Pferd weitgehend vor Insekten.

werden Melkfett, Haut- und Babyöle, Schieferöle und viele andere verwendet. *Wirksame Rezepturen für Fliegenschutzmischungen finden Sie in Teil A des Buches unter „Wie halte ich mein Pferd gesund?", Seite 35.* Dazu eignen sich **Waschungen mit Obstessigwasser**, in das man einige zerquetschte Knoblauchzehen gibt. Damit können Sie auch gut Schweif und Mähne waschen. Die Mischung kühlt, wirkt gegen den Juckreiz und ist keimtötend. Dazu mögen die Insekten den Geruch überhaupt nicht. Ist die Haut entzündet, helfen Kamillen- und Grüner Tee, sie beruhigen die Haut und helfen bei Entzündungen.

Es gibt verschiedene **Salben, die die Wundheilung fördern** und den Juckreiz lindern, wie Zink-Lebertran-Salbe oder Ringelblumensalbe mit Vitamin E. Geben Sie in die Ringelblumen-Salbe 2 bis 3 Tropfen Schafgarbenöl, es hilft beim Heilungsprozess der Wunden. Schaffen Sie für Pferde eine Möglichkeit zum **Schubbern** auf der Weide, an der sie sich nicht verletzen können. Neben einem schönen Sandplatz zum Wälzen eignen sich fest installierte breite Bürsten, die senkrecht und waagerecht in Rückenhöhe angebracht werden. Auch im Stall lieben die betroffenen Pferde an die Stallwand geschraubte breite Bürsten, damit sie den Juckreiz bekämpfen können, ohne sich selbst Schmerzen zuzufügen. Manchmal, wenn ein Pferd stark an Sommerekzem leidet und alle Maßnahmen nicht zu helfen scheinen, bleibt nur noch der Weg, das Pferd den Sommer über im Stall zu lassen und nur in der insektenfreien Zeit zu reiten oder das Pferd im Sommer zur **Kur ins Gebirge** oder an die See zu schicken. Hier können sich die Haut, das Fell und nicht zuletzt die Nerven Ihres Pferdes wieder erholen.

C. Kontaktekzem

Anzeichen: Beim Kontaktekzem können Wundsekrete und Ausfluss die Haut am Schenkelspalt bis zur Entzündung reizen.

Bei Ihrem Pferd fallen an wenigen Stellen Haare aus, die Haut schwillt an und entzündet sich. Teils nässt sie und es bilden sich Borken. Bei einer Metall-Allergie finden Sie Bläschen am Maul, im Gesicht schwarze Flecken und dunkle Krusten.

Ursachen: Allergieauslöser sind Stoffe, die mit dem Pferd in Kontakt kommen. Diese könnten neben den Sattel-, Geschirr- und Putzutensilien deren Reinigungsmittel sowie auch nickelhaltige Gebisse sein. Ebenso Imprägnierungsmittel von Koppelzäunen und Ausläufen, die Chrom-, Kobalt-, Zink- oder Nickelverbindungen enthalten. Auch Lederpflegemittel, Insektenschutz-, Pflegemittel und Medikamente können allergen wirken.

Daneben gibt es aber auch reizende Pflanzenstoffe wie Nesseln, Wolfsmilchgewächse oder Bärenklau. Der Kontakt mit den reizenden Stoffen erzeugt Veränderungen der Haut, die von einfachen Rötungen bis hin zu bläschenbildenden, nässenden Hautentzündungen mit Krustenbildung reichen. Juckreiz kann entweder gar nicht oder sehr ausgeprägt vorhanden sein. Die Veränderungen können Schmerzen verursachen. Meistens liegt auch lokaler Haarausfall vor.

Behandlung und Vorbeugung: Wie auch beim Nesselfieber sollten Sie sich auf die manchmal langwierige Suche nach der Ursache machen. Nickel-Gebisse ersetzen Sie durch Gebisse aus anderen Stoffen wie Kunststoff oder Aurigan. Vermeiden Sie chemische Rückstände in der Einstreu und verfüttern Sie nur erstklassiges, naturbelassenes Futter. Benutzen Sie so wenig Pflegemittel wie nötig, Kernseife tut oft ebenso gute Dienste.

Nach dem Ausschalten der Ursache und einer vorsichtigen Reinigung der Haut mit Hlfe von Wasser mit einigen Tropfen Betaisodona-Lösung tragen Sie Heilsalbe mit Ringelblumen und Schafgarbe auf.

Weitere Tipps und Behandlungsmöglichkeiten lesen Sie unter Nesselfieber wie auch unter Sommerekzem nach.

C

D. Behandlung des Hautpilzes und der allergischen Ekzeme

	Hautpilz	Sommerekzem	Nesselfieber
Hausmittel	**Hygiene-Tipps beachten!** Ein Gemisch aus 2 TL Obstessig, 8 gequetschten Knoblauchzehen und 2 EL Ringelblumentinktur, 6 Tropfen Crab Apple und 1 l kaltem Wasser; so oft wie möglich auftragen, um den Hautpilz zu bekämpfen.	**Tipps zur Weide und Nutzungszeiten beachten oder in der Hauptflugzeit einer Ekzemerdecke benutzen.** **Insektenschutz:** Waschung mit einer Mischung aus 2 EL Obstessig, 6 bis 8 gequetschten Knoblauchzehen und 1 TL Honig in 1 l Wasser; dazu einen Schuss Obstessig und 6 Knoblauchzehen täglich ins Futter.	**Pferd in den Schatten bringen!** Die Quaddeln mit einer Waschung aus Wasser und Obstessig kühlen (2 TL in 1 l Wasser). Dazu geben Sie 6 Tropfen Crab Apple in das Wasser. Sie können den Hals mit einem Schwamm bearbeiten oder ein eingetauchtes Tuch um den Hals wickeln.
Waschung/ Umschläge	Bei Sommerekzem im Anfangsstadium wirkt Brennnesseltee gut juckreizstillend. **Bei offenen und nässenden Wunden:** Umschläge oder Waschungen aus Kamille und Ringelblume (je 50 g in 1 l heißem Wasser) und Grünem Tee (8 Beutel auf 1 l Wasser)		**Nur bei anhaltenden oder häufigerem Nesselfieber:** Halswickel mit Heilerde oder essigsaurer Tonerde, Umschläge mit Kamillentee oder Schwarzem Tee zur Stillung des Juckreizes.
Akupressur	Wind-Hitze ist in den Körper eingedrungen und muss ausgeleitet werden. Zur Stärkung der geschwächten Lunge und des Immunsystems **1- bis 2-mal täglich:** Augenakupressur und Gb 20, MP 6, 9 und 10, Bl 40, Di 4 und 11, Lu 7, 9 und 10, (Hautpilz: Di 4, Di 11, MP 13 und 21), Er-jian **Bei nässendem Ekzem:** 3E 5, MP 6, 9, 10 und Bl 40		**2-mal täglich:** Gb 20, Bl 40, MP 6, 8 bis 10
Tuina	Machen Sie eine Fingerspitzenmassage mit Rosmarinöl, aber erst nach Abheilen des Hautpilzes oder Ekzems. Streichen Sie täglich den Blasen-, Lungen- und Nierenmeridian wie in der auf *Seite 180* beschriebenen Form).		

Bachblüten	Sie können Crab Apple in das Waschwasser geben, aber auch innerlich verabreichen. Dazu geben Sie beim Sommerekzem, Nesselfieber und Hautpilz Beech und zur Steigerung der Abwehr Larch. **Zum äußerlichen Auftragen bei Sommerekzemen** eignet sich eine Mischung aus 60 ml Olivenöl, 5 ml Teebaumöl (bei Allergie gegen Teebaumöl weglassen), 10 ml Ringelblumenöl, 25 ml Nachtkerzenöl und 40 ml Aloe-Vera-Öl mit je 10 Tropfen Crab Apple und Beech hervorragend.
Kräuter/ Heilmittel	**Stärken Sie Ihr Pferd bei Ausbruch des Ekzems oder Pilzes:** täglich 2 bis 3 EL einer Mischung zu gleichen Teilen aus Sonnenhut, Ringelblume, Brennnessel, Quecke und Klette ins Futter geben.
	Äußerlich: Pilzstellen mit Tinktur aus Ringelblüten oder Sonnenhut betupfen.
	Dazu ½ l Grünen Tee (2 Beutel auf ½ l heißes Wasser) und 1 Becher Frauenmanteltee (20 g auf ½ l Wasser) ins Trinkwasser geben.
Fütterung	• Gutes naturbelassenes Heu oder Weidegras versorgt die Pferde mit fast allen Nährstoffen, die es benötigt. • Kraftfutter, am besten Getreide wie Hafer, in Abhängigkeit von der Leistung geben sowie Mineralfutter. • Keine Konservierungsstoffe! • Energie kann über Pflanzenöle (Leinöl, Traubenkernöl) ergänzt werden. Für die Gesundheit sind täglich 2 EL Schwarzkümmelöl und Öle mit langkettigen Omega-3-Fettsäuren wie in Leinöl, Bierhefe 50 g/100 kg KGW und viel frischer Löwenzahn gut. • Geben Sie eine 3- bis 4-wöchige Kur mit Lebendhefe, dazu bei Hautpilz täglich einen Schuss Obstessig und 6 bis 8 Knoblauchzehen ins Futter. • **Nach dem Abheilen des Ekzems:** grüne Mineralerde, Hagebutten, Seetang, Brennnessel, Bierhefe und viel Obst unterstützen die Bildung des neuen Haarkleides.

7.2.2 Nicht allergische Ekzeme

A. Schmutzekzem (Dermatophilose)

Was ist ein Schmutzekzem?

Anzeichen: Anfangs sind an den Außenflächen des Pferderumpfes sowie an Kopf, Hals und Beinen kleine, sekretgefüllte Knötchen. Die Haare darüber sind gesträubt und lassen sich leicht abzupfen. Die Knötchen werden größer, gehen auf, nässen und bilden gelbbraune Schorfe. Die Haare darüber verkleben und lösen sich im weiteren Verlauf mit dem Schorf ab. Darunter zeigt sich häufig Eiterbildung. Bei Wetterbesserung trocknen die kahlen, entzündeten Stellen wieder ab und heilen.

Ursachen: Das Schmutzekzem wird durch fadenbildende Bakterien verursacht. Die Bakterien fühlen sich überall dort wohl, wo das Pferd nass wird und es auch längere Zeit bleibt. Zum Beispiel Weidepferde bei anhaltenden Nasswetterperioden ohne trockenen Unterstand, aber auch Pferde in der Sattellage oder mit feuchtem Fell unter einer Decke bzw. unter Bandagen.

Was macht der Tierarzt?

Es ist nötig, die Bakterien mit einem Antibiotikum zu bekämpfen.

Was können Sie tun?

Stärken Sie die Abwehr Ihres Pferdes. *Tipps dazu gibt es auf Seite 178 f.* Ermöglichen Sie Ihrem Pferd einen trockenen Schutz und holen Sie die Tiere bei anhaltender Schlechtwetterperiode stundenweise zum Abtrocknen in den Stall. Halten Sie Sattellage, Beine und besonders die Fesselbeuge stets trocken und bandagieren auch die Beine nie feucht ein. Heilkräuter stärken Ihr Pferd und bekämpfen das Ekzem von innen heraus. Nach der Antibiotikabehandlung sollten Sie Ihrem Pferd viel Gutes für die Darmflora zukommen lassen, denn die hat unter der Behandlung gelitten. Hier eignen sich Probiotika und Prebiotika *(s. Tabelle Seite 196)*.

Sanfte Fingerspitzenmassagen mit Rosmarinöl unterstützen Haut und Haarkleid bei der Heilung.

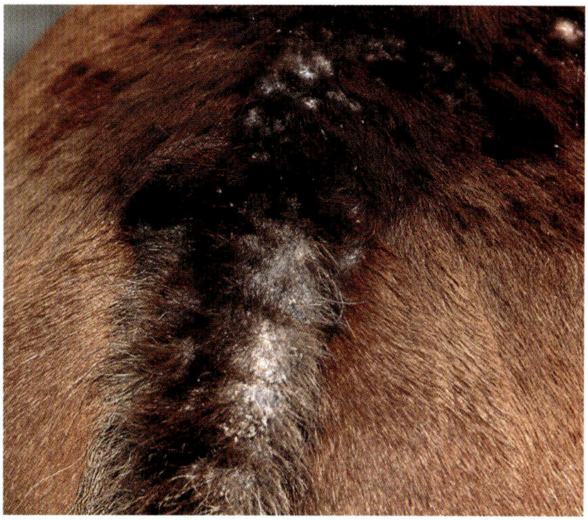

Das typische Bild eines Schweifekzems

C

B. Mähnen- und Schweifekzem

Was ist ein Mähnen- und Schweifekzem?

Anzeichen: Das Pferd scheuert sich an Hinterteil und Schweif. Durch die ständige Reizung kann sich die Haut verdicken. Meist sind die oberen Haare an der Mähne und Schweifrübe kurzgerieben. Die Pferde sind unruhig.

Ursachen: Ekzeme an Mähne und Schweif können die verschiedensten Ursachen haben. Neben einem einfachen Schmutzekzem, bei dem es durch mangelnde Pflege und Scheuern der verschmutzten Stellen zu einer nässenden, schmierigen Entzündung kommt, können auch Parasiten wie Haarlinge und Läuse die Ursache für den starken Juckreiz sein. Daneben ist ein Wurmbefall mit Pfriemenschwänzen *(Oxyuris equi)* eine mögliche Ursache. Dabei legt das Weibchen nachts unzählige, an klebrigen, gelben Schnüren aufgefädelte Eier rund um den After ab.

Behandlung: Die Behandlung richtet sich nach der Ursache des Ekzems. Ein Schmutzekzem müssen Sie so weit wie möglich freilegen, scheren Sie die Haare ab und säubern Sie den Bereich. Halten Sie ihn trocken und bekämpfen Sie die Entzündung mit einem Kamillen-Ringelblumen-Eimerbad. Bei bakterieller Folgeentzündung sollte eine antibiotische Behandlung erfolgen, dazu werden Eimerbäder mit Melisse, Sonnenhut und Ringelblume gemacht. Handelt es sich um einen Parasitenbefall *(s. Seite 199 ff.)*, so wird dieser mit chemischen Mitteln *(s. Seite 203)* bekämpft. Bei einem Wurmbefall waschen Sie mit warmem Seifenwasser die Eischnüre ab und machen eine Wurmkur *(s. Seite 27 f.)*. Die meisten gängigen Wurmmittel sind gegen Pfriemenschwänze wirksam.

C. Behandlung von Schmutz- sowie Mähnen- und Schweifekzem

Waschung	**Waschungen:** Brennnesseltee wirkt juckreizstillend. **Bei offenen und nässenden Wunden:** wenn nötig frei scheren, Umschläge bzw. Eimerbad aus einem Aufguss von Kamille, Sonnenhut, Melisse, Schafgarbe und Ringelblume (je 20 g auf 1 l kochendes Wasser) und/oder von Grünem Tee (8 Beutel auf 1 l Wasser).
Akupressur	**1- bis 2-mal täglich:** Augenakupressur und Gb 20, Di 4, MP 6, Ma 36 und Bl 40 behandeln. Bei nässenden Ekzemen wird zusätzlich MP 10 behandelt.
Bachblüten	Crab Apple in das Waschwasser hineingeben, aber auch innerlich verabreichen. Dazu geben Sie beim allergisch bedingten Ekzemen Beech und zur Steigerung der Abwehr Larch. **Zum äußerlichen Auftragen bei Mähnen- und Schweifekzem** eignet sich eine Mischung aus 60 ml Aloe-Vera-Öl, 8 ml Klettenwurzelöl, 10 ml Ringelblumenöl, 25 ml Nachtkerzenöl und 20 ml Olivenöl mit je 10 Tropfen Crab Apple und Beech hervorragend.
Kräuter	Täglich 2 bis 3 EL einer Mischung zu gleichen Teilen aus getrocknetem Sonnenhut, Ringelblume, Brennnessel, Quecke und Klette ins Futter geben; dazu Grünen Tee (2 Beutel auf ½ l Wasser) und Frauenmanteltee (20 g auf ½ l Wasser) statt Trinkwasser.
Fütterung	**Nach einer Antibiotikagabe:** **Probiotika:** Lebendhefe, weißer Joghurt mit Milchsäurebakterien, fertige Produkte mit Bakterien für den Darm **Prebiotika:** Pektine (Äpfel mit Schale, Karotten, eingeweichte Rübenschitzel), Topinambur, Bierhefe, Flohsamen, Leinsamen

D. Sonnenbrand bzw. Licht- oder Fotodermatitis

Bei weißen Abzeichen und hellen Fellfarben hat der Sonnenbrand große Bedeutung. Insbesondere Besitzer von Schimmeln, Isabellen und Füchsen sollten auf ausreichende Unterstellmöglichkeiten bzw. Schatten durch Bäume auf der Weide denken.

Neben der normalen Reaktion der Haut auf die UV-Strahlung gibt es auch fotodynamische Stoffe in der Haut, die zu einer deutlich höheren Empfindlichkeit der Haut gegen Sonnenlicht führen.

Was ist Sonnenbrand?

Anzeichen: Wenn Sie Ihr Pferd von der Weide holen und es an wenig pigmentierten Stellen wie Maul, Nüstern oder Fesseln/Fesselbeugen rötlich entzündete Hautpartien zeigt, hat es vermutlich einen Sonnenbrand. Meist bilden sich dann Bläschen und Krusten, die aufreißen und nässen können. Manchmal löst sich die verbrannte Haut mit Fell ab.

Ursache: An weißen Abzeichen und hellem Pferdefell ist die Haut nicht durch Pigmente geschützt. Bei intensiver Sonnenstrahlung kann die schädliche UV-Strahlung in tiefere Hautschichten gelangen und zu Verbrennungen führen. Die Fotosensibilisierung wird nur bei Weidetieren beobachtet. Dabei erhöhen bestimmte Stoffe die Empfindlichkeit der Haut für Sonnenstrahlung, sie sensibilisieren die Haut. Diese Stoffe sind in Johanniskraut *(s. Teil A, Seite 49, QR-Code Giftpflanzen!)*, Bärenklau, Buchweizen sowie in Leguminosen wie Luzerne und Schwedenklee enthalten. Auch Medikamente können die Pferdehaut für Sonnenlicht sensibilisieren. Dabei sollten Sie auch an die ansonsten gut wirksamen Johanniskraut-Präparate denken.

Falls Ihr Pferd dazu noch eine Gelbfärbung der Schleimhäute und der weißen Augenhäute zeigt, sehr träge erscheint und/oder Anzeichen von Schädigungen des Zentralen Nervensystems aufweist, so ist vermutlich von einer Schädigung der Leber auszugehen. Dadurch können Stoffe in den Kreislauf gelangen, die sonst normalerweise in der Leber entgiftet und abgebaut werden würden. Diese Stoffe führen dann zu einer Fotosensibilisierung.

Komplikationen: Im Gegensatz zu den leichter behandelbaren Sonnenbränden an Maul und Nüstern treten bei Sonnenbrand an den Beinen leicht Komplikationen auf. Die betroffenen Stellen entzünden und infizieren sich leicht. Manchmal kann es in Folge zu einer Mauke kommen.

Was können Sie tun?

Holen Sie Ihr Pferd sofort aus der Sonne und kühlen Sie die verbrannten Hautpartien mit einem nasskalten Umschlag. Sehr wohltuend und beruhigend wirkt dick aufgetragener, kalter Naturjoghurt. Zur besseren Haltbarkeit mischt man ein wenig kalten, weißen Quark darunter. Nach etwa 2 Stunden kann der Joghurt mit einem nassen Schwamm vorsichtig abgewischt werden. Sehr gut wirken auch frisch zerstampfte Blätter von Pfefferminze und Melisse, sie kühlen und beruhigen die verbrannte Haut. Melisse hat sogar einen leicht antibiotischen Effekt. Auch Spitzwegerich eignet sich hervorragend. Besonders auf Ausritten können Sie einige Blätter abreißen, ineinander verdrehen, bis Saft austritt und auf die Verbrennung legen. Es kühlt, hemmt die Entzündung und heilt.

Danach können Sie je nach Grad der Verbrennung die betroffenen Stellen mit Zink-Lebertran-Salbe behandeln. Sonnenbrände an den Beinen müssen mit Verbänden abgedeckt werden. Handelt es sich um großflächige Verbrennungen, infizieren sich die Hautpartien oder kommt Ihnen Ihr Pferd krank vor, müssen Sie einen Tierarzt kommen lassen.

Vorbeugung! Überprüfen Sie den Weidebewuchs und erreichbare Weideränder auf lichtsensibilisierende Pflanzen (z.B. Johanniskraut, Großer Bärenklau). Sorgen Sie für eine schattige Unterstellmöglichkeit auf der Koppel. Bei starker Sonnenstrahlung oder geplantem Wanderritt an ausreichenden Sonnenschutz denken!

Besonders eignet sich eine Masse aus etwas Wasser und Heilerde (aus der Apotheke), die Sie morgens auf gefährdete Stellen auftragen. Die Erde schützt und pflegt die Haut. Bis zum Abend bröckelt sie von alleine wieder ab.

Weidepferden kann man wunderbar ein Stück festen Stoff (aus einer Jutetasche, einer alten Jeans oder einer alten Schirmmütze) so am (Reit-)Halfter befestigen, dass die Nüstern dauerhaft geschützt sind. Außerdem können Sie empfindlichen Pferden Fliegendecken mit UV-Schutz, mit und ohne Halsteil, auflegen.

C

Spitzwegerichblätter beruhigen und kühlen die verbrannte Haut.

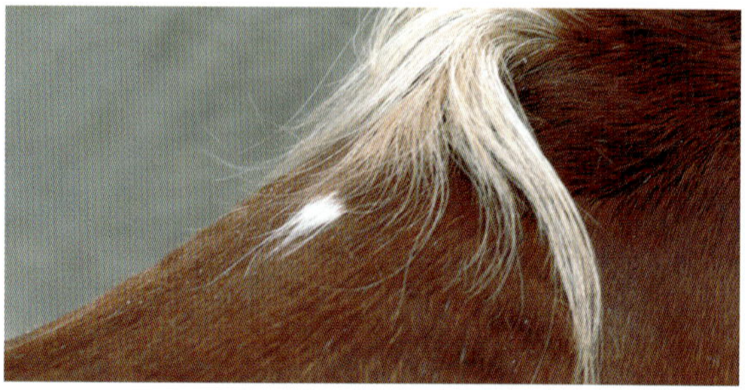

Solche weißen Stellen sind ein Zeichen für einen vorangegangenen Satteldruck.

C

E. Druckstellen

Was ist Sattel-/Gurt- bzw. Geschirrdruck?

Anzeichen: Ihr Pferd reagiert auf Berührungen in der Sattellage empfindlich oder legt dabei die Ohren an. Manche Pferde lassen sich plötzlich nicht mehr gerne satteln. Möglicherweise finden Sie aufgestellte Haare, die auf eine kommende Druckstelle hinweisen oder Sie entdecken an der verschwitzten Sattellage Ihres Pferdes eine oder mehrere kleine Stellen, an denen das Fell trocken geblieben ist. Später werden daraus warme, schmerzhafte Schwellungen, also Scheuerstellen. Wird dies nicht behandelt, wird der Druck chronisch, es bilden sich feste Knötchen, die über zweieurostückgroß werden. Diese können schließlich aufplatzen und Wunden entstehen lassen, deren Gewebe dann teilweise abstirbt. Bei so starken Druckstellen wird die Versorgung der Pigmentzellen in den Haarwurzeln abgequetscht und sie sterben ab. Dann können nur noch weiße Haare nachwachsen. Leichte Pigmentschäden führen nur zu weißen Stichelhaaren und können mit dem nächsten Fellwechsel wieder verschwinden.

Ursachen: Satteldruck hat verschiedenste Ursachen. Neben mangelnder Pflege (unsaubere, verfilzte, von Schweiß verklebte oder faltige Satteldecken oder verschmutztes Fell) bzw. schlecht sitzenden oder schlecht gepolsterten Sätteln, Geschirren, Decken oder Gamaschen etc. gibt es auch körperliche Probleme, die dafür verantwortlich sein könnten. Das könnten verstopfte Talgdrüsen oder Allergien gegen Reinigungs- oder Imprägniermittel oder gegen Insektenstiche sein. Manchmal ist der Rücken auch durch zu lange Ritte überlastet. Durch die Reibung, mit oder ohne Verschmutzung, entsteht eine Entzündung, die als Scheuerstelle oder Schwellung im frischen Zustand zu erkennen ist. Der harte Knoten im älteren Zustand ist eine Schutzmaßnahme der Haut. Sie versucht sich durch Bindegewebseinlagerung zu schützen.

Komplikationen: Die offenen Stellen oder Wunden können sich mit Bakterien oder Hautpilzen infizieren. Wird die Haut tief und wiederholt geschädigt, kann sich ein Abszess bilden.

Was macht der Tierarzt?

Bei Schwellungen gibt der Tierarzt Ihnen eine kortisonhaltige Salbe. Ist der Satteldruck bereits weiter fortgeschritten und sind die offenen Stellen infiziert, so setzt er ein Antibiotikum oder ein Antimykotikum (Pilzmittel) ein – je nachdem, ob es sich um eine mit Bakterien oder Hautpilz infizierte Wunde handelt. Einen Knoten, der durch Reitpause und Sattelwechsel nicht verschwindet, wird der Tierarzt mit Kortisonsalben behandeln. Bleibt diese Behandlung erfolglos, so wird der Tierarzt den Knoten mit Kortison unterspritzen. Ein Abszess muss chirurgisch entfernt werden.

Was können Sie tun?

Wichtig ist, die Ursache zu ermitteln und abzustellen. Untersuchen Sie die Ausrüstung Ihres Pferdes genau. Verwenden Sie z.B. hautschonende Sattelgurte oder einen Gurtschoner. Nach dem

Satteln kann die Haut unter dem Gurt durch ein sanftes Nachvornziehen der Vorderbeine straff gezogen werden, damit sie nicht einklemmt. Eine Bandagierunterlage verteilt den Druck der Bandage am Bein gleichmäßig. Haben Sie Veränderungen in der Sattellage oder an den Beinen Ihres Pferdes festgestellt, sollten Sie der Haut zur Regeneration eine mehrtägige Reitpause bzw. Belastungspause gönnen. Bei leichten Schwellungen die Sattellage kalt abwaschen und kühlen. Sie können an dieser Stelle einen feucht-nassen Schwamm mithilfe eines Deckengurtes befestigen. Vorsorglich für einige Zeit eine mit Betaisodona-Lösung getränkte Kompresse auflegen, falls leichte Hautschäden vorhanden sind, die mit dem Auge nicht erkennbar sind. Danach helfen mit Kamille getränkte Kompressen.

Starke Schwellungen kühlen Sie mit feuchten, kalten Tüchern oder einem Coldpack, das aber immer mit einem Tuch unterlegt werden muss. Waschen Sie die Sattellage mit Obstessigwasser ab. Das kühlt und stillt eventuellen Juckreiz. Auch Waschungen mit Wasser und einigen Spritzern Arnika-Tinktur beschleunigen die Heilung. Offene Stellen mit einer milden Jodlösung (Betaisodona) desinfizieren und mit Kamillen-Ringelblumen-Umschlägen oder -Waschungen behandeln. Diese Maßnahme wirkt gut gegen Entzündungen, beruhigt die Haut und hilft ihr beim Heilen. Wer fertige Salben bevorzugt, nimmt eine Heil-, Rescue- oder Zink-Lebertran-Salbe. Eine Salbe, die Ringelblume und Vitamin E enthält (aus der Apotheke oder einfach selbst hergestellt), tut hier ebenfalls gute Dienste. Heilen die wunden Stellen nicht oder sind sie sehr umfangreich, sollten Sie einen Tierarzt hinzurufen. Eine Polsterung mit Lammfellprodukten wie Lammfellsatteldecken oder Lammfellpolster für Genick- bzw. Nasenriemen oder Bandagen tun hier wertvolle Dienste.

TIPP: Polstern Sie die Sattellage unter dem Sattel mit dickem Schaumstoff ab. Schneiden Sie in Höhe der Satteldruckstellen ein Loch in die Polsterung, dessen Ränder dürfen jedoch nicht drücken. In Abhängigkeit vom Schweregrad des Satteldrucks brechen Sie einen Ausritt am besten ab. Bei beginnendem, leichtem Druck waschen Sie die Sattellage kalt ab (Bach), schützen Sie die Stelle dann mit einem Polster (Verbandswatte) und reiten oder führen Ihr Pferd auf direktem Wege nach Hause.

Vorbeugung! Bei längeren Ritten zwischendurch und während Pausen immer mal wieder absatteln und die Sattellage auf Schwellungen, Scheuerstellen und warme Stellen untersuchen! Verschwitzte Sattellagen nach dem Reiten mit einem nassen Schwamm (kalter Kamillentee oder Wasser mit einigen Spritzern Arnika-Tinktur) reinigen. Immer saubere Satteldecken benutzen und darauf achten, dass der Sattel gut sitzt. Die Polsterung des Sattels sollte regelmäßig überprüft werden.

Hausmittel	**Leichte bis stärkere Schwellungen:** • Sattellage kühlen! • nasser Schwamm (leichte) oder Coldpack (stärkere Schwellung), Tuch unter dem Coldpack nicht vergessen • Obstessig-Wasser mit einem Schwamm auftragen (2 EL Obstessig auf ½ l Wasser)
Waschung/ Salben	**Bei offenen und nässenden Wunden:** • Umschläge aus Kamillen-Ringelblumenaufguss (je 50 g auf 1 l kochendes Wasser) oder Salbe mit Ringelblume und Vitamin E • alternativ Heil- oder Zink-Lebertran-Salbe
Bachblüten	Rescue-Salbe eignet sich zur Druckstellenbehandlung sehr gut.

F. Äußere Parasiten

Es gibt einige Parasiten, die der Pferdehaut und dem -fell zusetzen. Dabei wird zwischen auf und in der Pferdehaut lebenden Parasiten unterschieden sowie solchen, die immer auf dem Pferd als Wirt leben, und anderen, die die Pferdehaut zur Nahrungsaufnahme oder in einer bestimmten Entwicklungsstufe besuchen.

Welche Arten von Parasiten gibt es?

Anzeichen: Befallene Pferde zeigen an parasitentypischen Stellen starken Juckreiz durch die Bewegungen und die Ausscheidungen der Parasiten. Durch das

Jucken bzw. Scheuern kommt es zu Haarbruch und -ausfall. Es entstehen mehr oder weniger kahle Stellen mit Hautentzündungen, Ekzemen und Borken- oder Schuppenbildung. Manche Ausscheidungen, Kot oder Speichel können Allergien auslösen (z.B. Sommerekzem) oder weitere Parasiten (Sommerwunden/Habronematose, Filarose) übertragen. Durch den ständigen Störfaktor kommt es zur Leistungsminderung.

Parasiten, die nach Befall dauerhaft in oder auf der Pferdehaut leben, sind:
Räudemilben: Saugmilben *(Psoroptes)* und Grabmilben *(Sarcoptes)*, Nagemilben *(Chorioptes)*.
Saugmilben setzen sich an Mähnenkamm und Schweifansatz in die Haut, dann folgen die Halsseiten und der Widerrist.
Die **Grabmilben** bohren sich an Kopf, Hals, Vorhand und in der Sattellage ein. Sie verursachen die Krätzräude. Es besteht starker Juckreiz, meist durch eine Allergie. Beide leben von Blut und Gewebeflüssigkeit. Der Befall mit Saug- und Grabmilben ist anzeigepflichtig und kommt beim Pferd deutlich seltener vor.
Nagemilben befallen den Kötenbehang der Fesseln (Fußräude) und ernähren sich von Hautschuppen. Gelegentlich breiten sie sich bis an die Schweifrübe und den Perianalbereich, also den Bereich rund um den After des Pferdes herum aus. Die „Chorioptes-Räude" tritt häufiger im Winter auf und führt zu Juckreiz. Die Pferde fangen an, mehr oder weniger stark zu stampfen, reiben, nagen, beißen oder auch mal zu schlagen. Schüttere Behaarung und haarlose Flecken treten an den befallenen Gliedmaßen auf. Die Haut verändert sich, aus dem anfänglichen Ausschlag mit Bläschen- bzw. Knötchenbildung wird dickere und schuppigere Haut. Die Räude kann sich durch Mauke komplizieren oder Ursache einer Mauke sein. Die Übertragung erfolgt durch direkten und indirekten Kontakt.
Die **Diagnose** über Geschabsel oder Klebestreifenabklatschpräparat. Bei Grabmilben muss das Geschabsel tief gehen oder eine Hautbiopsie gemacht werden.

Haarbalgmilben *(Demodex)*: Die kleinen wurmförmigen Milben leben in den Haarfollikeln der Pferdehaut. Sie zerstören das Haar in den Follikeln, sodass es ausfällt. Dazu kommen reaktionslose Knötchen, Schuppung und Hautverdickungen. Der Juckreiz fehlt! Die Erkrankung ist sehr selten.

Haarlinge: Diese Parasiten leben in großer Anzahl in Schweif und Fell und fressen Hautschuppen, Hautdrüsensekret und Haare. Sie lösen durch ihre Bewegung und das Verkleben der Haare Juckreiz aus. Treten häufig bei alten und geschwächten Pferden gemeinsam mit Läusen im Winter und Frühjahr in feucht-warmem Stallklima auf.

Läuse: Läuse gibt es weltweit. Beim Pferd treten bevorzugt zwei Läusearten auf. Sie sind sehr wirtsspezifisch und treten hauptsächlich an jungen und kranken Tieren auf. Die eine Läuseart bohrt mit ihrem Stechrüssel die Haut am Mähnenkamm, im Nacken, um die Ohren, Fesseln und an der Schweifrübe an und saugt Blut. Die andere Läuseart hält sich am liebsten am Rumpf des Pferdes auf, an Brust und Bauch, ernährt sich von Krusten und Hautzellen. Ihre Eier (Nissen) klebt sie ebenso wie die Haarlinge an die Haare von Schweif, Nacken und Rücken. Die Pferde leiden unter dem Befall. Sie scheuern sich kahl und magern ab. Läuse wie Haarlinge bevorzugen auch langhaarige und/oder vernachlässigte Pferde und Ponys.

Parasiten, die zeitweise auf dem Pferd sind:
Herbstgrasmilben: Aus im Gras abgelegten Eiern schlüpfen von Juli bis Oktober bewegliche, kleine, rötlich-orange Larven, die an Kopf oder an den Beinen der Pferde hoch krabbeln. Sie verursachen nässende, blutige Schrunden mit stark juckenden Quaddeln und Ödemen und lösen beim Pferd ggf. Headshaking aus. Die Herbstgrasmilben können alle Haustiere befallen, bleiben aber nicht lange.

Zecken *(Ixodes ricinus und andere)*: Zecken gehören zu den Spinnentieren und sind gefährliche Krankheitsüberträger. Der Befall der Pferde durch Zecken hat stark zugenommen. Seit wenigen Jahren auch durch die Hyalomma-Zecke. Von Zugvögeln als Larve oder Nymphe aus den Tropen eingeschleppt, jagt sie aktiv. Sie überträgt das Fleckfieber und Krim-Kongo-Fieber (Virus). Gut zu erkennen an ihrer Größe (5 bis 6 mm) und den gestreiften Beinen. Häufiger sind der Gemeine Holzbock *(Ix. ricinus)* und andere Zeckenarten, die alle Pferdepiroplasmose *(Babesiose und Theileriose)* übertragen.
Der Holzbock überträgt zudem noch Anaplasmose (Ehrlichiose) und Borreliose *(s. Seite 383 ff.)*.

C

Beim Menschen wird auch die FSME (Frühsommer-meningoencephalitis) durch Zecken übertragen.
Zecken verletzten durch ihr Blutsaugen die Haut und können lokale Entzündungen hervorrufen. Juckreiz kommt während des Saugvorgangs selten vor, da die Zecke mit dem Speichel einen betäubenden Stoff in die Wunde bringt. Sonst könnte sie sich nicht so unbemerkt festbeißen. Zecken befallen die Pferde in busch- und waldreichen Gegenden mit feuchtem Boden oder auch auf Weiden mit hohem Grasbewuchs. Dabei erklettern sie hohe Grashalme oder auch Büsche und lassen sich einfach mit abstreifen, wenn ein Tier dicht vorbeigeht.
Zecken entwickeln sich aus dem Ei über mehrere Stadien, Larve und Nymphe, die geschlechtsneutral sind. Erst im erwachsenen Stadium differenzieren sie sich zu männlichen und weiblichen Zecken. Jetzt saugen die weiblichen Zecken viel Blut für die Eiablage. Männliche Zecken saugen nur kurze Zeit Blut auf der Suche nach den weiblichen Zecken. Die Larven und Nymphen saugen während ihrer Entwicklung an unterschiedlichen Wirtstieren Blut, um sich dann wieder abfallen zu lassen. Dabei können sie bei kleineren Waldnagern Krankheitserreger, wie beispielsweise Borrelien, aufnehmen, die sich in den Zecken vermehren und sich in den Speicheldrüsen und den Eierstöcken ablagern. Zecken bevorzugen mit zarter Haut überzogene Körperstellen, wie Kopf, Unterbauch, Ellenbogenbeugen und Schenkelinnenflächen. Der Befall ist in Abhängigkeit von den klimatischen Gegebenheiten im April/Mai und September/Oktober am stärksten. Die Zecken gelangen vom Süden aus immer weiter in den Norden. In manchen Gebieten Deutschlands treten sie inzwischen deutlich gehäuft auf. Dort sollte man besonders aufmerksam sein. Untersuchen Sie nach Ausritten, Spaziergängen und Weidegängen Ihr Pferd und auch sich selbst gründlich nach Zeckenbefall. Bis zum Ausscheiden der Borrelien und der anderen Erreger dauert es mehrere Stunden (vermutlich 12 bis 24 Stunden), sodass Sie Zeit genug haben, die Zecken noch vor Übertragung der Erreger zu entfernen. Bei Nymphen kann die Entfernung aufgrund der geringen Größe manchmal etwas schwierig sein. Reißen Sie die Zecken möglichst nicht einfach raus, sonst könnte der Saugrüssel abreißen und in der Haut stecken bleiben. Die Folge ist ein knotenförmig eiternder Entzündungsherd. Verwenden Sie eine Zeckenzange, -pinzette oder Zeckenkarte und ziehen die Zecke geduldig und vorsichtig heraus. Das ist zu Beginn etwas schwierig, weil die Zecken ihre Mundwerkzeuge mit einem Kitt an der Haut befestigt haben. Bitte verwenden Sie keine Hausmittelchen wie Klebstoff oder Öl, da die Zecken dabei ersticken würden und man davon ausgeht, dass die gestresste Zecke dann ihre Speicheldrüsen und Eingeweide entleeren würde. Nach dem Entfernen der Zecke muss die Bissstelle desinfiziert werden.

Eine vollgesogene Zecke hat einen um ein Vielfaches vergrößerten Körper.

Wenn das Pferd ins Gelände oder auf die Weide geht, sollte es vorsorglich einen Zeckenschutz erhalten. Ein sicher funktionierender natürlicher Zeckenschutz ist bislang leider noch nicht gefunden worden. Bereits gute Ergebnisse gab es bei der Verwendung von Schwarzkümmelöl und Kokosöl, und zwar bei innerlicher, aber bevorzugt bei äußerlicher Anwendung. Dafür verteilen Sie einfach einige Tropfen des Öls im Fell, insbesondere an den besonders gefährdeten Stellen. Vereinzelt kann es bei Kokosöl zu allergischen Reaktionen kommen. Auf dem Markt gibt es Fertigpräparate, die in kürzeren Abständen aufgetragen werden müssen. Die Zecken nicht einfach nur wegwerfen, sie überleben fast alles und sollten aus dem Verkehr gezogen werden.[6]

6 Wer möchte, kann die Zecke lebend oder tot in einer Dose o.Ä. auf das Vorhandensein von Borreliose- und Anaplasmose-Erregern untersuchen lassen. Kosten: einzeln etwa 30 Euro, bakteriologisches Screening circa 90 Euro. Hyalomma-Zecken bitte ans RKI (Robert-Koch-Institut) senden.

weitere Pferde anzustecken. *Da die Abwehrlage Ihres Pferdes einen großen Einfluss auf die Erkrankung hat, sollten Sie im Unterkapitel „Vorsorge", Seite 178 f., lesen, wie Sie dieses stärken können.*

Heilmittel	Abwehr stärken: Den Milchsaft einer Löwenzahnblüte in Kombination mit Thuja-Tinktur und/oder mit Thuja in homöopathischer Aufbereitung als Salbe auf die Warzen direkt oder mittels Kompresse aufbringen. **Niemals die Pflanze Thuja (Lebensbaum) direkt verfüttern, hochgiftig!**

B. Hauttumore der Pferde (Equines Sarkoid und Melanom)

Was sind Sarkoide?

Anzeichen: Einzelne oder mehrere kleinere bis faustgroße Wucherungen, die meist an Kopf, Bauch, Vorderbrust oder den Beinen zu finden sind, deuten auf ein Sarkoid hin. Die Sarkoide wachsen infiltrativ. Häufig ist die Oberfläche dieser Veränderungen aufgerissen oder verkrustet. Sie metastasieren aber nicht in andere Organe.

Meist werden jüngere Pferde befallen mit genetisch vorgegebener Anfälligkeit. Auch Esel, Mulis und Zebras können von Sarkoiden betroffen sein.[8]

Sarkoide können einzeln oder in Mehrzahl auftreten. Dabei unterscheidet man verschiedene Arten, die unterschiedlich wachsen.

Info! Erscheinungsmöglichkeiten des Sarkoids[9]

- versteckt – in flacher, haarloser Form
- verhornt – leicht erhaben durch übermäßig verhornte Form
- knotig – in Form eines Knotens unter der Haut
- aktiv, entartet – ist geschwürig offen
- gemischt – meist großflächig

Typ 1: Das **versteckte Sarkoid** ist flach, mehr oder weniger rund, klar abgegrenzt, haarlos und grau. Das Sarkoid bleibt auf Höhe der Oberfläche. Meist bleibt der Tumor jahrelang gleich, er kann aber auch wachsen und besitzt eine pigmentierte Oberfläche. Manchmal ist er von normaler Haut bedeckt und kann langsam in Typ 2 übergehen.

Typ 2: Das **verhornte Sarkoid** hat eine schuppige, verdickte Hornschicht und entsteht an Stellen mit dünner Haut wie z.B. am Kopf. Es wächst langsam, ragt ungleichmäßig wachsend über die Hautoberfläche auf. Nach Reizung können sie übermäßig wachsen.

Typ 3: Das **aktive, entartete Sarkoid** hat eine aufgerissene oder verkrustete Oberfläche, blutet und ist geschwürig verändert. Es ist schnell in seiner Entwicklung, kann seine Größe behalten oder wachsen und entsteht aus den anderen Typen nach Reizung oder Verletzung. Bei dieser Form ist das unter der Haut liegende Gewebe in Mitleidenschaft gezogen.

Typ 4: Das **knotige Sarkoid** wächst unter der Haut und ist verschieblich. Es kann auch fest mit der Haut verbunden sein, lässt sich dann aber auch etwas verschieben. Auch wächst es an Stellen, wo die Haut dünner ist, wie am Kopf oder der Genitalregion bzw. Schenkelinnenseite. Er ist von allen das gutartigste und lässt sich gut operieren. Es kann aber auch durch die Haut brechen und zu Typ 3 werden.

Typ 5: Der **gemischte Typ** ist oft groß und ausgedehnt. Er kann rasant wachsen und ist gut durchblutet. Möglich sind auch verschiedene Sarkoidtypen an einem Tier.

Ursache: Bei dem Equinen Sarkoid ist das Bindegewebes gewuchert und entartet. Meist ist dieser Tumor bösartig. Man geht davon aus, dass die Sarkoide durch das Warzenvirus (Papillomavirus BPV-1 und BPV-2) der Rinder ausgelöst werden. Dieses Virus dringt durch kleine Schäden in die Haut ein und löst das Zellwachstum aus. Manchmal entstehen diese Wucherungen auch auf relativ frischem (bis zu einem ¾ Jahr altem) Narbengewebe. Neben den langsam wachsenden, harmloseren Sarkoiden (s.o.) gibt es auch aggressiv wachsende Formen. Manchmal kommt es ohne erkennbaren äußeren Grund zu Wachstumsschüben oder auch zum Stillstand der einzelnen Formen. Junge Pferde unter 6 Jahren scheinen häufiger befallen zu werden.

8 Vgl. Mueller, R.: Virale Infektionskrankheiten der Haut. Aus Brehm, W. et al. (Hrsg.) Enke Verlag 2017, S. 210-226.
9 Vgl. Gerber, V. et al.: Krankheiten der Haut. Aus Gerber, V., Straub, R. (Hrsg.), Haupt Verlag 2016, S. 27-73.

Komplikationen: Manchmal brechen Sarkoide an weiteren Stellen durch die Haut. Sie neigen zu Rezidiven, d.h. nach der operativen Entfernung wuchern sie erneut und dann oft sogar noch aggressiver als zuvor. Sie müssen auch nicht wieder an derselben Stelle erscheinen, sondern können, wenn sie zuvor an der Vorderbrust saßen, am Hinterbein wieder auftauchen. Bei Sarkoiden ist nichts sicher. Ein harmloser Tumor, der jahrelang nicht gewachsen ist, kann aus unbekannten Gründen plötzlich zu einem fibroblastischen geschwürigen Typ werden. Man weiß jedoch, dass die Sarkoide bei Reizungen deutlich schneller aggressiv werden. Solche Reizungen umfassen halbherzige Behandlungsversuche, Biopsien oder Verletzungen.
Manche Sarkoide können bei ihrer Entartung faustgroß und blumenkohlartig heranwachsen und sind dann entweder breitflächig mit der Haut verbunden oder gestielt.

Manchmal sind Warzen nur sehr schwer von einem Hauttumor zu unterscheiden. Dann kann nur eine histologische Untersuchung Aufschluss geben.

Was macht der Tierarzt?

Bleiben die Wucherungen klein oder in der Haut und stören das Pferd nicht, so werden die Hauttumoren im Normalfall nicht behandelt. Da sie dazu neigen, immer wiederzukommen, reicht eine Behandlung in der Regel nicht aus. Es müssen verschiedene Therapien wiederholt eingesetzt werden, bis sich ein Erfolg einstellt. Sitzen die Wucherungen jedoch an einer ungünstigen Stelle wie Auge, Sattel- oder Geschirrlage oder beeinträchtigen sie das Pferd, so werden auch bereits kleinere Hauttumore entfernt. Stark wachsende Tumoren sind immer behandlungsbedürftig. Die Entfernung der Sarkoide kann operativ wie konservativ erfolgen. Als effektiv haben sich Kombinationen erwiesen. **Operationen** und **physikalische Abtötungen** von Tumorgewebe können mit einem Skalpell, mit einem Laser oder mit flüssigem Stickstoff (Kryochirurgie), mit Hitzeanwendung und Elektrokauterisation[10] durchgeführt werden. Die Kryochirurgie kann wie die Thermotherapie (hier wird das kranke Gewebe für kurze Zeit auf 50 °C erhitzt) einen chirurgischen Eingriff ergänzen. Dies ist aber meist bei den eher kleineren Tumoren erfolgreich. Bei großen oder schlecht zu erreichenden Sarkoiden verspricht die **Radiotherapie** Erfolg, in der radioaktive Stoffe in den Tumor eingeführt werden. Diese zerstören ausschließlich die kranken Zellen, die Tumore zeigen eine sehr geringe Tendenz zurückzukommen. Nachteil ist die schlechte Verfügbarkeit in tierärztlichen Praxen.
Andere Behandlungsmethoden sind die Chemo-, Laser- und Immuntherapie. Bei der **Chemotherapie** werden Substanzen verabreicht, die das Wachstum der Tumorzellen hemmen *(s. Seite 207)*. Auf diesem Gebiet wird intensiv geforscht.
Laserbehandlung durch Oberflächenlaser wird als begleitende Therapie eingesetzt.
Eine **Immunbehandlung** hat das Ziel, das eigene Immunsystem so zu stimulieren, dass es die Tumorzellen vernichtet. Auch auf diesem Gebiet wird ständig weiter geforscht. Neben dem Einsatz von Mitteln gegen das Virus über einen menschlichen Tuberkulose-Impfstoff (BCG) bis zu den Autovakzinen, die aus dem erkrankten Gewebe selbst hergestellt werden.
Vor einigen Jahren fanden Franzosen eine erfolgversprechende Behandlungsmethode. Dabei wurde nach einer Tumorentfernung eine Elektrochemotherapie (ECT) durchgeführt. Unter Narkose spritzt der Tierarzt ein platinbasiertes Mittel in das Tumor- bzw. Narbengewebe, das über die Bindung an das Erbgut zu einer

10 Behandlung mit Elektrokauter, ein Gerät mit feiner, durch Strom erhitzter Drahtschlinge.

Fehlfunktion der Zelle mit nachfolgendem Zelltod führt. Parallel dazu platzierte der Tierarzt zwei spezielle Elektroden an der Haut der Tumoroberfläche, die Pulsstöße abgeben. Die elektrischen Pulsstöße potenzieren die Wirkung des Medikaments, was dessen Menge deutlich herabsetzt. Je nach Tumor, Größe und Lage muss die Anwendung bis zu viermal wiederholt werden.[11] Das heißt, hier wurde also die Operation mit einer anschließenden chemisch-physikalischen Behandlung kombiniert.

Eine Kombination ist das sinnvollste Behandlungsprinzip. Ebenfalls erfolgreich war es, die Operation mit konservativen Behandlungsmethoden wie dem Einsetzen von Mistelpräparaten und einer frühzeitigen immunsteigernden Therapie zu kombinieren. Diese steigern die spezifischen Abwehrkräfte der Pferde, sodass diese den Tumor von innen heraus mitbekämpfen. All diese Methoden verhindern jedoch nicht die Möglichkeit des erneuten Auftretens der Tumore, die Rezidive.

Eine neue Methode, die seit einiger Zeit in Berlin und Thüringen angewandt wird, verspricht Erfolg. Hierbei wird nach dem operativen Entfernen des Sarkoids eine Auto-Immunbehandlung durchgeführt. In einem besonderen Verfahren werden dabei spezielle Zellen des Abwehrsystems aus einem halben Liter Eigenblut gewonnen. Diese Zellen werden als körpereigener Impfstoff einige Tage später an die Operationsstelle bzw. – falls vorhanden – an weitere vorhandene Sarkoide gespritzt. Diese speziellen Zellen sind in der Lage, den Abwehrzellen des Körpers zu signalisieren, dass sie das Tumorgewebe angreifen sollen. Rezidive können jedoch bis zu 10 Jahre nach der Operation wieder auftreten.

Was können Sie tun?

Die Abwehrlage Ihres Pferdes hat großen Einfluss auf die Erkrankung. *Zu Beginn dieses Kapitels ab Seite 178 ff. können Sie einiges über die Vorsorge lesen, darunter auch, wie Sie die Abwehr Ihres Pferdes stärken können.* Bei allen Behandlungen sollten Sie stets Handschuhe tragen. Hat Ihr Pferd kleine Hauttumore, die kein rigoroses Wachstum zeigen, so lohnt sich ein Versuch, diese mit Heilkräutern zu behandeln, bevor Sie zu den drastischen Maßnahmen übergehen. Mit etwas Geduld sollte nach sechs bis acht Wochen eine Veränderung an den Sarkoiden auftreten. *Lesen Sie dazu die Tabelle auf Seite 208.* Es hat sich auch Xxterra bewährt, eine Salbe mit Zinkchlorid sowie einem Pflanzenextrakt von Kanadischer Blutwurz. Aciclovir ist ebenfalls erfolgversprechend. **Aciclovir** wird als tägliche lokale Therapie empfohlen und erreichte in der Anwendung meist eine Stagnation, d.h., das Sarkoid wuchs nicht mehr, und zeigte einen Rückgang der Tumoren bei ⅔ der Fälle. Mistelextrakt hat sich bei den Kleintieren wie auch in der Humanmedizin längst etabliert. Die Lectine der Mistel wirken antitumoral, zytotoxisch und hemmen das Tumorwachstum. Schweizer Wissenschaftler testeten nun den Mistelextrakt an Equinen Sarkoiden. Er wirkte bei allen Altersgruppen unabhängig von der Anzahl der Sarkoide und war gut verträglich. Die Forscher orientierten sich an der Humanbehandlung und gaben pro Woche 3 Injektionen unter die Haut. Der Erfolg war gut, 28% zeigten eine komplette Rückbildung der Sarkoide, 41% eine vollständige oder teilweise Rückbildung.[12]

Brechen, trotz intensiver Therapien die Tumore immer wieder hervor, so kann eine Art Ätzbehandlung mit Höllenstein oder der Xxterra-Salbe helfen. Die Salbe wird dünn 4 Tage lang auf die Sarkoide aufgetragen und dann wird 4 Tage pausiert. Danach wird alle 4 Tage aufgetragen. Reicht das nicht, wird das Ganze wiederholt. Wird der Tumor kleiner, sollte man weitermachen, bis er abstirbt. Übrig bleibt meist eine Wunde, die mit einer Heilsalbe behandelt wird. Geht der Tumor nicht zurück, versucht man es erneut. Bleibt auch dieser Versuch erfolglos, kann man nur noch auf den Ätzstift zurückgreifen. Diese Behandlung sollten Sie jedoch nicht unterschätzen, sie setzt viel Geduld und gegenseitiges Vertrauen voraus. Sie muss mindestens sechs Wochen lang durchgehalten werden und sollte zuvor mit Ihrem Tierarzt abgesprochen werden. Nach dem Lösen der Krusten mithilfe von Heilteeumschlägen aus Kamille, Schafgarbe und/oder Spitzwegerich wird ein **Ätzstift**, der sogenannte Höllenstein aus Silbernitrat, angewendet. Tragen Sie dabei Handschuhe. Im Anschluss beruhigen und desinfizieren Sie die Haut mit einer dünnen Schicht Betaisodona

11 Pichon, S.: Elektrochemotherapie beim Equinen Sarcoid. Langzeiterfolg durch die kombinierte Therapie? Artikel der VETimpulse, 21. Jahrgang, Ausgabe 8, 15. April 2012, S. 7.

12 Red.: Alternative Therapie. Mistelextrakt wirkt auch bei Sarkoiden. VETimpulse, 20. Jahrgang, Ausgabe 9, 1. März 2011, S. 6.

Salbe. Später verwenden Sie eine Heilsalbe mit Ringelblumenöl, Schafgarbenöl und Vitamin E.
Fütterung: siehe dazu nachfolgend bei „Melanome"

Was sind Melanome?

Anzeichen: Die haselnussgroßen, harten, knotigen Melanome haben eine unversehrte Hautoberfläche. In der Regel ist die Haut hier überpigmentiert, dunkel verfärbt und haarlos. Meist sind sie zu mehreren an der Unterseite der Schweifrübe, um den Anal- und Genitalbereich sowie seltener am Kopf im Bereich der Augenlider, Lippen oder Speicheldrüsen zu finden. Manchmal kann es durch größere Mengen an Tumoren um den Anus herum zu Kotabsatzschwierigkeiten kommen. Die Primärtumore finden sich um den Anus.
Ursache: Bei einem Melanom entarten die Pigmentzellen der Haut. Zu Beginn und noch eine Weile lang sind die Tumore gutartig. Im Gegensatz zum Sarkoid brechen sie aber im gutartigen Zustand nicht durch die Haut.
Melanome werden meist bei älteren Schimmeln oder hellfarbenen Pferden gesehen. Statistiken belegen, dass etwa 80% aller Schimmel über 15 Jahren an Melanomen leiden.[13] Auch andere Farbschläge haben Melanome, aber sehr selten und meist auch sehr bösartig. Die Melanome der Schimmel wachsen zunächst langsam oder gar nicht. Sie verändern sich jedoch, je länger sie sich an einem Ort befinden, und beginnen invasiv zu wachsen und in die Lymphknoten der Region bzw. über die Blutbahn Tochtergeschwülste (Metastasen) zu streuen. Damit sind sie als bösartig zu bezeichnen. Es gibt jedoch auch ruhende Melanome.

Komplikationen: Auch die Melanome neigen dazu, nach der operativen Entfernung erneut zu wuchern.

Was macht der Tierarzt?

Bleiben die Wucherungen klein oder in der Haut und stören das Pferd nicht, so hat man sich lange gescheut, die Melanome zu operieren oder auch nur eine Biopsie vorzunehmen. Man fürchtete eine Streuung des Tumors. Mittlerweile ist man jedoch dazu übergegangen,

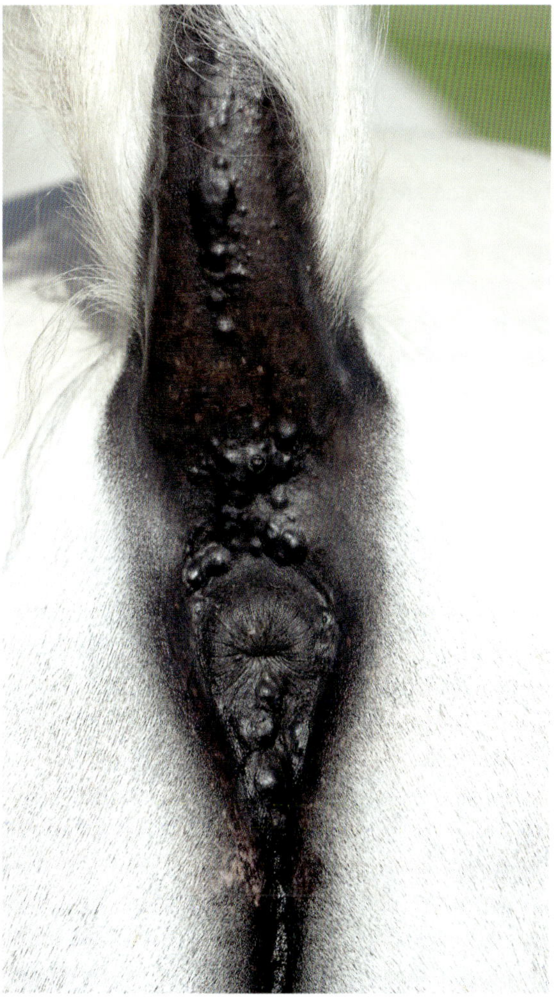

Melanome finden sich sehr häufig an Schweifunterseiten und rund um den Anus. Sie bleiben zunächst längere Zeit gutartig und verändern sich nicht.

die Melanome zu entfernen, solange sie noch gutartig sind und nicht invasiv wachsen.
Befanden sich die Wucherungen jedoch an ungünstigen Stellen wie Auge, Sattel- oder Geschirrlage, so hat man sie auch früher schon entfernt. Die Therapie der Melanome besteht derzeit in einer weiträumigen chirurgischen Ausräumung des Tumors mit oder ohne Kryochirugie (mit flüssigem Stickstoff). Meist schließt sich daran eine lokale **Chemotherapie** an. Bei Melanomen verspricht ein neues Therapiekonzept Hoffnung, das die Tierärztliche Hochschule Hannover mit der Veterinärmedizinischen Universität Wien gemeinsam derzeit testet. Dafür verwenden sie einen nur in den USA zuge-

13 Vgl. Lochbrunner, M.: Melanome beim Pferd. Vielversprechende Immuntherapie. VETimpulse, 27. Jahrgang, Ausgabe 9, 1. Mai 2018, S. 6.

C

lassenen Krebsimpfstoff für Hunde und setzen ihn beim Pferd ein. Sie impfen viermal im Abstand von 2 Wochen. Grob gesagt, machen sie mithilfe des Wirkstoffs die Tumorzellen für das Immunsystem erkennbar, sodass es den Tumor der Melanomzellen bekämpfen kann. Dies passiert nur für kurze Zeit. Deshalb wird mehrmals hintereinander geimpft. Sechs Wochen nach der letzten Injektion konnte man bereits einen Wachstumsstopp des Tumors, bei manchen Pferden sogar eine Rückbildung des Tumors beobachten. Hier empfehlen die Tierärzte eine lebenslange halbjährliche Nachimpfung. Diese positiven Ergebnisse machen Hoffnung, dass der Impfstoff bald in Deutschland zugelassen wird.[14] Ebenfalls gute Ergebnisse verspricht man sich bei der Verwendung von Zytostatika[15] und einem sogenannten Protonen-Rezeptor-Antagonist. Hier bedarf es noch weiterer Studien.

C

Was können Sie tun?

Das Immunsystem eliminiert Zellen, die sich übermäßig stark teilen, mutieren oder zu lange leben, das ist wichtig für die allgemeine Tumorbehandlung. Fördern Sie das Immun- oder Abwehrsystem durch Bachblüten, Akupressur und Phytotherapie. *Auf Seite 178 f. erfahren Sie, wie Sie die Abwehr Ihres Pferdes stärken können.* Hat Ihr Pferd kleine Melanome, lohnt sich ein Behandlungsversuch, bevor Sie zu den drastischen Maßnahmen übergehen.
Fütterung: Bei Pferden, die von Hauttumoren befallen sind, ist eine Grundversorgung mit Weidegras bzw. gutem Heu des 1. Schnitts in einer Menge von 2 kg/100 kg KGW wichtig. Eine bedarfsgerechte Ernährung ist wichtig. Verlieren die Pferde stark an Gewicht, wirkt sich das oft negativ auf ihre Behandlung aus. Falls sie eine Chemotherapie mit Zytostatika machen müssen, braucht Ihr Pferd eine gute Konstitution. Oft haben die Patienten bei der Chemotherapie wenig Appetit. Ihre Energie sollten sie vor allem aus Proteinen und Fetten bekommen, Kohlenhydrate sind weniger geeignet, da sie von den Tumorzellen bevorzugt verarbeitet werden. Die Energie sollte vermehrt durch Fett gegeben werden. Verwenden Sie Pflanzenöl, aber gewöhnen Sie Ihr Pferd erst daran. Auch aufgeweichte, zuckerfreie Trockenschnitzel und Sojaextraktionsschrot sind geeignet.

Behandlung von Sarkoiden und Melanomen

Hausmittel	**Salbenbehandlung mit Xxterra:** Salbe mit dem Extrakt der kanadischen Blutwurz und Zink **Ätzbehandlung beim Sarkoid:** Mit Jodlösung (Betaisodona) oder Umschlägen aus einer Kamillen-Ringelblumen-Lösung (je 50 mg Kamille und Ringelblume auf 1 l heißes Wasser) beginnen, um die Krusten des Sarkoids abzulösen. Danach einen Silbernitratstift oder eine Kupfersulfat-Salbe auftragen. Zuletzt eine Salbe, die Ringelblumenöl, Melissenöl und Schafgarbenöl enthält (in der Apotheke mischen lassen oder selbst herstellen *(s. Seite 182)*). Im Sommer mit einer dick aufgetragenen Betaisodona Salbe abschließen, um so Insekten von der Wunde fernzuhalten.
Kräuter	**Abwehr steigern:** täglich einen Schuss Obstessig, 15 g Sonnenhut, 20 g Brennnessel, 30 bis 40 g Hagebutten ins Futter sowie ½ l Grünen Tee in das Trinkwasser. Gegebenenfalls mit etwas Honig süßen. „Krebshemmend" wirken: Griechisches Heu, Knoblauch, Große Klette, Wermut und Mistel. *Dosierungen und Hinweise hierzu finden Sie im Heilkräuterkapitel Seite 60 ff.!*
Fütterung	Hochwertiges Heu oder Weidegras sowie Energie über Proteine und Fette bereitstellen, deshalb Pflanzenöl bis 60 ml/100 kg KGW*, verteilt auf 3 Fütterungen proTag geben; 265 ml Pflanzenöl (Lein-, Traubenkernöl) ersetzen etwa 1 kg Hafer. Dazu eingeweichte, zuckerfreie Trockenschnitzel (max. 1,5 kg täglich) und eiweißreiches Futter wie Sojaextraktionsschrot (200 g), 2 kg Karotten und mineralische Ergänzung füttern.

** Gewöhnen Sie Ihr Pferd bzw. seinen Stoffwechsel an die Fütterung von Pflanzenölen. Beginnen Sie mit ca. 30 ml Öl und erhöhen Sie täglich 25 ml oder jeden 2. Tag um 50 ml beim Warmblut (10 ml/ 100 kg KGW). Die Gewöhnung kann bis zu 2 Wochen dauern.*

14 Vgl. Lochbrunner, M.: Melanome beim Pferd. Vielversprechende Immuntherapie. VETimpulse, 27. Jahrgang, Ausgabe 9, 1. Mai 2018, S. 6.
15 Erklärung: Zytostatika sind natürliche oder synthetische Substanzen, die das Wachstum und die Teilung der Tumorzellen hemmen. Sie werden vom Tierarzt angewendet.

Krankheiten von Auge und Ohr

Augen und Ohren sind mit die wichtigsten Sinnesorgane der Pferde. Sie verraten dem Fluchttier Pferd die wichtigsten Eindrücke seines Umfeldes und sind ein grundlegendes Hilfsmittel, um mit den anderen Herdenmitgliedern zu kommunizieren. Mit ihrem guten Gehör und den beweglichen Ohrmuscheln sind Pferde in der Lage, Geräusche zu lokalisieren. Die Augen der Pferde nehmen unter den Sinnesorganen eine besondere Stellung ein. Dies wird schon durch ihre im Verhältnis zu anderen Tierarten auffallende Größe und Lage deutlich. Ihre Größe ermöglicht den Pferden eine gute Sicht, selbst bei Nacht, und ein weites Gesichtsfeld. Im Gegensatz zum Menschen, dessen Augen vorn nebeneinander liegen, befinden sich die Pferdeaugen zu beiden Seiten des Kopfes. So können sie einen weiten Raum, beinahe den gesamten Horizont ansehen. Jedoch gibt es nur einen kleinen Bereich, in dem die Pferde wirklich scharf und räumlich sehen können. Dies ist der Bereich, den sie mit beiden Augen gleichzeitig überblicken können. Er liegt einige Meter vor der Pferdenase, je nach Kopfhaltung. Direkt vor der Pferdenase sowie direkt hinter dem Pferd befinden sich tote Winkel, in denen das Pferd nichts sehen kann. Das Sehen des Umfeldes ist dagegen so angelegt, dass es nicht auf die Sehschärfe ankommt, sondern auf ein möglichst weites Blickfeld, um die Mitglieder der Herde sowie mögliche Angreifer früh wahrnehmen zu können. Eine Entfernung kann das Pferd mit einem Auge nicht einschätzen. Dafür wurde es jedoch von der Natur mit einer besonderen Fähigkeit ausgestattet, die die Wahrnehmung schon geringster Bewegungen ermöglicht. Ein weiterer Unterschied zum Menschenauge besteht darin, dass das Auge des Pferdes sich nicht aktiv auf verschiedene Entfernungen einstellen kann. In Ruhe oder während des Grasens hat ein Pferd, als geborenes Fluchttier, immer den Horizont im Auge. Um das Gras vor sich zu sehen, müsste das Pferd die Stellung des Kopfes verändern. Doch dafür besitzt das Pferd ein Tastorgan rund um das Maul, die Tasthaare *(s. Seiten 44 und 210)*. Sie verraten dem Pferd alles, was es über seine Nahrung wissen muss.

C

1. Die Sinnesorgane

Der **Geruchssinn** ist beim Pferd außerordentlich gut entwickelt und den anderen Sinnen überlegen. Er hängt eng mit dem Geschmackssinn zusammen. Der Geruch wird über die Riechschleimhaut der Nase empfangen. Eine Reaktion dieses Sinnes ist das sogenannte Flehmen, das bei überraschenden, intensiven Gerüchen an Pferden zu beobachten ist. Dabei wird die Oberlippe stark angehoben, die Nasenlöcher geschlossen und die Unterlippe gesenkt. Die Maulhöhle ist geschlossen. Auf diese Weise wird die Geruchswahrnehmung verstärkt.

Der **Geschmackssinn** dient der Aufnahme von chemischen Umweltreizen. Er wird über **Geschmacksknospen** in der Schleimhaut, insbesondere der Zunge, aber auch des Rachenraums aufgenommen. Hier haben Pferde die Nase mit etwa 35000 Geschmacksknospen vorn, sie haben deutlich mehr als andere Tierarten. Das brauchen sie auch, um die vielen Grassorten unterscheiden zu können. Hunde haben 1700 und Katzen noch mal deutlich weniger mit etwa 475 Geschmacksknospen. Die Zunge der Pferde nimmt die Geschmacksqualitäten süß, salzig, sauer und bitter an unterschiedlichen Stellen wahr. Dabei bevorzugen Pferde besonders den salzigen und den süßen Geschmack. Sie sind jedoch auch Bitterstoffen gegenüber nicht abgeneigt, die besonders wichtig unter den pflanzlichen Geschmacksstoffen sind, da sie die Verdauung fördern, die Funktion die vom Leber-Galle-System und der Bauchspeicheldrüse anregen, das Immunsystem und den Appetit anregen.[1]

Die **Oberflächensensibilität** nimmt die Empfindungen Berührung, Druck, Temperatur und Schmerz wahr. Nervenenden, die diese verschiedenen Reize empfangen, sind auf der gesamten äußeren Oberfläche (äußere Haut), aber auch auf der gesamten inneren Oberfläche (Schleimhäute, seröse Häute) des Körpers verteilt. Dabei gibt es Stellen mit hoher Empfindlichkeit und Stellen mit weniger Empfindlichkeit am Körper. Besonders hoch entwickelt ist die Oberflächensensibilität am Maul, an der Zunge und den Nasenlöchern sowie an den wenig behaarten Hautstellen.

Besonders im Gesicht der Pferde fallen die langen, etwas derben, bürstenartigen Haare auf, die sogenannten **Sinnes-** oder **Tasthaare**, die am Maul und um die Augen herum zu finden sind. Diese Haare werden mit überaus vielen sensorischen Nervenfasern versorgt und sind daher ausgesprochen empfindsam gegenüber Berührung. Durch sie können die Tiere sogar im Dunkeln feste Hindernisse über eine gewisse Distanz hinweg wahrnehmen. Dem Pferd helfen die Tasthaare am Maul beispielsweise bei der Auswahl seines Futters. Nur höchst selten kommt es zu einer versehentlichen Aufnahme von Fremdkörpern.

Die **Schmerzempfindlichkeit** ist individuell unterschiedlich ausgeprägt, es gibt jedoch durchaus tierartliche Unterschiede, wobei das Pferd zu den empfindlicheren Tierarten zählt. Im Bereich der Haut ist jedoch der Mensch die empfindlichste Spezies. Hierbei sind besonders die Schmerzempfindungen wichtig. Da aber die Nerven im Körper größere Gebiete versorgen, lässt sich der Schmerz meist nicht genau lokalisieren. Hier sind es jedoch vor allem die Dehnungsreize, wie ein überfüllter Magen oder die Dehnung infolge von Gasentwicklung (Blähungen) im Darm, oder auch Spannungen von Organkapseln, die Schmerzen auslösen.

Die **Tiefensensibilität** vermittelt durch Nervenenden in der Gelenkkapsel, der Knochenhaut und den Gelenkbändern dem Pferd ein Gefühl dafür, welche Stellung seine Gelenke haben. Bestimmte Rezeptoren, die Muskel- und Sehnenspindeln, ermöglichen es der Tiefensensibilität, Informationen über die Spannung und Lage von Muskeln und Sehnen weiterzugeben. Zusammen mit den Informationen des Gleichgewichtsorgans ist das Pferd so in der Lage, seinen Körper im Raum zu orientieren und zu bewegen.

Um die Bewegungen mit dem Umfeld zu koordinieren, ist das Pferd auf Reize seiner Umwelt angewiesen. Der Hauptteil dieser Reize wird über die Sinnesorgane Auge und Ohr aufgenommen.

1 Für viele andere Tiere ist der bittere Geschmack ein Zeichen für Giftpflanzen.

2. Aufbau des Auges

Das Auge setzt sich zusammen aus dem eigentlichen Auge, das vom Augapfel gebildet wird, dem Sehnerv, der die Information weiterleitet, und dem Sehzentrum im Gehirn, das die Information verarbeitet. Daneben gibt es Muskeln zur Bewegung des Organs, die schützenden Augenlider und den Tränenapparat. Gegen Druck und stumpfe Gewalteinwirkung ist das Auge durch seine Lage in der knöchernen Augenhöhle sowie ein Fettpolster darin geschützt. Die Augenlider sind auf der Innenseite mit Schleimhaut überzogen, der Bindehaut. Durch den Lidreflex schützen die Lider die durchsichtige Hornhaut vor Einwirkungen von außen. Der Lidschlag verteilt die Tränenflüssigkeit aus den Tränendrüsen auf der Hornhaut und hält sie feucht und sauber. Zu viel Flüssigkeit sammelt sich im inneren Augenwinkel und fließt über den Tränennasengang hinab in den unteren Winkel des Nasenlochs.

Im Inneren des Auges finden sich von vorn nach hinten die vordere und hintere Augenkammer mit dem Kammerwasser, die Linse und schließlich eine klare, wasserreiche, gallertartige Masse, der Glaskörper. Die Linse ist ein glasartiges, kompaktes linsenförmiges Organ, das durch Veränderung seiner Krümmung die durch die Sehöffnung eintretenden Lichtstrahlen unterschiedlich bricht. Dadurch ist es möglich, von einem Gegenstand in unterschiedlicher Entfernung immer ein klares Bild zu erhalten. Jedoch ist das beim Pferd nicht so scharf wie beim Menschen. Nach vorn hin ist die Linse von einer durch Pigment gefärbten Haut, der Iris oder auch Regenbogenhaut, überzogen. Diese bildet in ihrer Mitte eine querovale Öffnung, die Pupille. Wie eine Blende kann sie durch den Ringmuskel der Iris eng oder weit gestellt werden, um die Menge des Lichtes, das hindurchgehen soll, zu bestimmen. In der Dämmerung ist sie weit geöffnet, um so viel Licht wie möglich hineinzulassen.

Am inneren Rand der Iris, in die Sehöffnung hineinragend, befinden sich bei den meisten Pferden pfefferkorngroße Knötchen, die sogenannten Traubenkörner. Sie schützen das Auge vor zu starkem Lichteinfall.

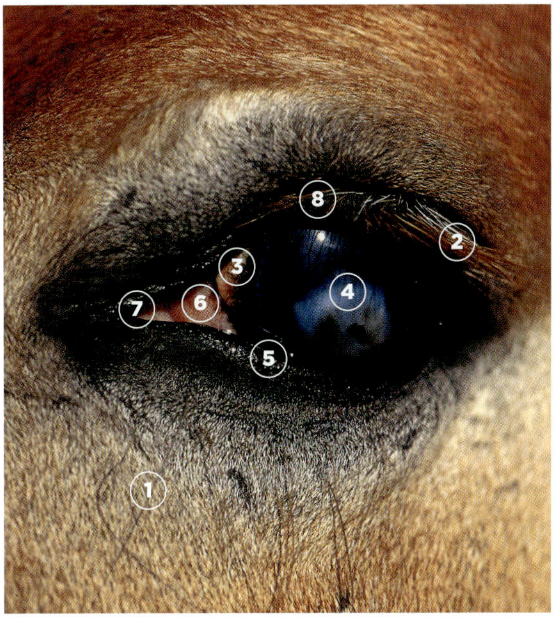

Das Auge von vorn

1 Tasthaare
2 Wimpernhaare
3 Bindehaut
4 Iris/Pupille
5 Unterlid
6 drittes Augenlid
7 innerer Augenwinkel
8 Oberlid

Ein Lichtstrahl wird also durch die Krümmung der Hornhaut erstmals gebrochen, durchquert das klare Kammerwasser und die Pupille, wird durch die Linse erneut gebrochen, um nach der Durchquerung des farblosen Glaskörpers auf die innerste Schicht, die Netzhaut, aufzutreffen. Hier werden Helligkeitsunterschiede, Formen und Farben aufgenommen und in Impulse umgesetzt, die der Sehnerv an das Gehirn weitergibt. Pferde sind in der Lage, auch Farben zu erkennen, jedoch mit einer anderen Intensität als der Mensch. Sie sehen ein tiefes Blau und einen gelblich-grünen Farbton am Übergang von gelb zu grün, wie man anhand von Strukturen (Zapfen) der Netzhaut nachweisen konnte. In verschiedenen praktischen Studien konnte ein Großteil der Pferde auch Rot sehen.[2] Bewegungen werden von Pferden wesentlich besser und früher wahrgenommen als vom Menschen. Für das Flucht- und Beutetier war dies in der Natur überlebenswichtig. Daran sollten Reiter denken, wenn ein Pferd scheut. Ein Pferd kann einen sehr weiten Raum überblicken. Sein Gesichtsfeld umfasst beinahe 360°.

2 Nowak, A.: Das Farbsehen bei Pferden. Bachelorarbeit der Veterinärmedizinischen Uni Wien 2012.

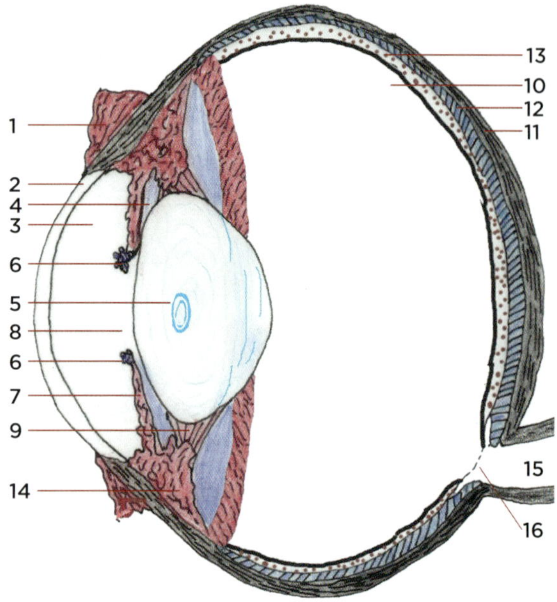

1 Bindehaut
2 Hornhaut (Cornea)
3 vordere Augenkammer
4 hintere Augenkammer
5 Linse
6 Traubenkörner
7 Regenbogenhaut = Iris
8 Pupille
9 ziliarer Halteapparat der Linse
10 Glaskörper
11 äußere Augenhaut, umschließt das Auge (weiße Augenhaut + Hornhaut)
12 mittlere Augenhaut = Uvea (Aderhaut, Ziliarkörper + Iris)
13 innere Augenhaut = Netzhaut/Retina mit Stäbchen und Zäpfchen zum Sehen
14 Ziliarkörper mit Ziliarfalte + 9, umschließt die Linse
15 Sehnerv
16 Blinder Fleck

Die **Augenfarbe** der Pferde ist meistens dunkelbraun, doch es gibt Ausnahmen. Die dunkelbraunen Augen entstehen durch die Einlagerung von Pigmenten in die Iris. Manche Pferde haben helle blaue Augen, umgangssprachlich als Fischaugen bezeichnet. Viele Paso Finos haben hellbraune, bernsteinfarbene Augen, umgangssprachlich Tigerauge genannt. Das Tigerauge hat Farbschläge von hellem Gelb über Bernstein bis hin zu orange. Es gibt dieser Pferderasse ein außergewöhnliches Aussehen.[3] Verschiedene Studien legen nahe, dass diese beiden Farbschläge, das Blau des Fischauges wie auch die Farbschläge des Paso Fino, nicht mit krankhaften Veränderungen im Auge zusammenzuhängen.[4] Sie müssen sich folglich als Besitzer eines blauäugigen Pferdes keine Sorgen über die Anfälligkeit für Augenerkrankungen machen. Es kann sich nicht mehr oder weniger eine Augenerkrankung zuziehen wie jedes andere Pferd auch. Sie sollten nur für ausreichenden Schutz vor UV-Strahlung sorgen.

Andere Augenfarben, die durch einen Mangel an färbenden Pigmenten in der Iris entstehen, sind nicht selten. Dazu gehören das Glasauge, bei dem die Iris komplett pigmentlos ist, oder das Birkauge, bei dem abgegrenzte blaue Pigmentflecken zu sehen sind. Außerdem gibt es noch die Iris bicolor, ein Auge, bei dem zwei Farben in der Iris vorhanden sind, und zwei verschiedenfarbige Augen bei einem Pferd (Iris-Heterochromie). Letzteres sieht man häufiger bei Ponys und dies geht oft mit krankhaften Veränderungen an der Iris einher. Eine farblose Iris ist weißlich oder leicht blau-weiß. Hier schimmert dann meist die Retina blau durch, wie man es beim Glasauge sehen kann. Ein Glasauge kommt vermehrt bei Pferden vor, die am Körper gescheckt sind.

3. Alarmzeichen für Erkrankungen am Auge

Augenerkrankungen werden landläufig meist unterschätzt oder nicht ernst genommen. Zu spät erkannte und damit auch zu spät behandelte Augenerkrankungen lassen sich oft nur noch sehr mühsam oder gar nicht mehr heilen. Darum sollten die folgenden Anzeichen für Sie alarmierend sein:

- häufiges Blinzeln
- Zukneifen des Auges
- vermehrter Tränenfluss, plötzlich tränendes Auge
- mehr oder weniger extreme Lichtempfindlichkeit
- gerötete Bindehaut
- weißlicher oder gelber Augenausfluss
- Augentrübungen (meist handelt es sich dabei um die Hornhaut, wie dies bei Verletzungen oder der Periodischen Augenentzündung der Fall ist, da die hinteren Augenabschnitte nicht gut einsehbar sind)
  - ➤ Wenn Sie mit einer Taschenlampe von verschiedenen Seiten das Auge anleuchten, ist eine Trübung meist recht gut zu sehen.
- plötzliche Schattierung im Auge, Schlierenbildung oder Flocken im Auge erkennbar

3 Lochbrunner, M.: Keine Sehbeeinträchtigung. Bernsteinauge des Paso Fino. VETimpulse, 27. Jahrgang, Ausgabe 7, 01. April 2018, S. 6
4 Red.: Ophthalmologie. Blaue Augen nicht öfter krank. VETimpulse, 23. Jahrgang, Ausgabe 16, 15. August 2014, S. 5

- die Pferde haben starke Schmerzen, wehren sich heftig gegen die Untersuchung (z.B. bei Hornhautverletzung)
- starkes Jucken, die Pferde versuchen sich zu scheuern
- Reiben des Kopfes an der Bezugsperson
- bei Verlegung des Tränennasenkanals ist meist eine Tränenrinne auf dem Gesichtsfell erkennbar
- Pferd scheint verunsichert zu sein, da es weniger sieht
  - ➤ Leuchten Sie mit einer Taschenlampe in das Pferdeauge, dann sollte sich die Pupille zusammenziehen. Tut sie dies nicht, ist die Pupillenreaktion verzögert und dies ist ein Hinweis auf eine Augenerkrankung.
  - ➤ Stimmen die Augenbewegungen oder schielt Ihr Pferd, zeigt es eventuell ruckartige Bewegungen des Augapfels?
  - ➤ Beobachten Sie, ob der Lidschlag gleichmäßig ist, ob die Pupille in Form und Größe passt, Augenausfluss da ist und ob der Abfluss möglich oder der Tränennasenkanal verstopft ist.

Auch wenn nur eines oder wenige dieser Anzeichen auffallen, dürfen Sie diese nicht unterschätzen! Nur ein Tierarzt kann eine Augenerkrankung von einer einfachen Entzündung durch Zugluft unterscheiden.

4. Was können Sie tun? Praktische Behandlungstipps!

4.1 Vorsorge

Halten Sie im Sommer Fliegen und Mücken (und damit auch die Bakterien) vom Auge fern. Natürliche **Insektenmittel** und **Fliegenschutzmasken** tun gute Dienste *(s. Seite 34 f.)*. Qualitativ hochwertiges Futter und Wasser sowie ausreichende Vitamine und Mineralstoffe stärken die Abwehr Ihres Pferdes. Es ist dann für Krankheitserreger weit weniger empfänglich.

Stallhygiene ist auch für die Augen sehr wichtig. In einem sauberen, luftigen Stall gibt es weniger Fliegen. Säubern Sie regelmäßig die Boxen und vermeiden Sie Tiefstreu mit größeren Mengen bzw. unsaubere Einstreu, denn der Ammoniakdunst reizt die Schleimhäute des Auges. Ein sauberer Stall ohne Futterreste und mit unzugänglichem Kraftfutter ist wenig interessant für Ratten und Mäuse, die Sie unbedingt bekämpfen sollten, da sie Leptospiren übertragen können (Periodische Augenentzündung). Gepflegte und bewässerte Reithallen und -plätze beugen Augenentzündungen ebenfalls vor, da auch Staub die Schleimhäute reizt.

4.2 Erste Hilfe bis der Tierarzt kommt

- Bringen Sie Ihr Pferd sofort in eine abgedunkelte Box.
- Stellen Sie sicher, dass Ihr Pferd sich nicht scheuern kann. Sie können es anbinden, sollten es aber möglichst nicht allein lassen.
- Heben Sie das Lid vorsichtig an bzw. spreizen Sie es. Wehrt sich Ihr Pferd, hat es Schmerzen. Dann lassen Sie es in Ruhe. Öffnen Sie niemals das Auge mit Gewalt!

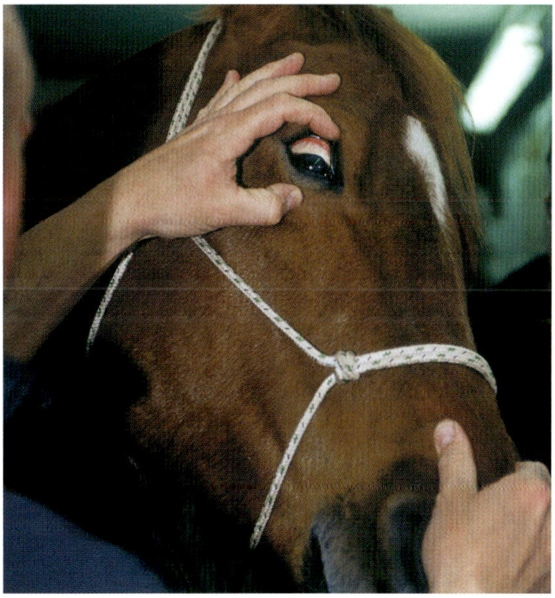

Spreizen Sie die Lider des Auges vorsichtig und nie gewaltsam!

- Decken Sie das Auge mit Kompressen ab, die Sie mit einem Gewebe-Klebeband oder einem Kopfverband befestigen können.
- Lässt Ihr Pferd eine Öffnung des Auges zu, suchen Sie nach Fremdkörpern wie Grassamen, Grannen oder Stroh.
- Ist ein Fremdkörper eingespießt, lassen Sie ihn in Ruhe, decken Sie das Auge wie oben beschrieben ab.

C

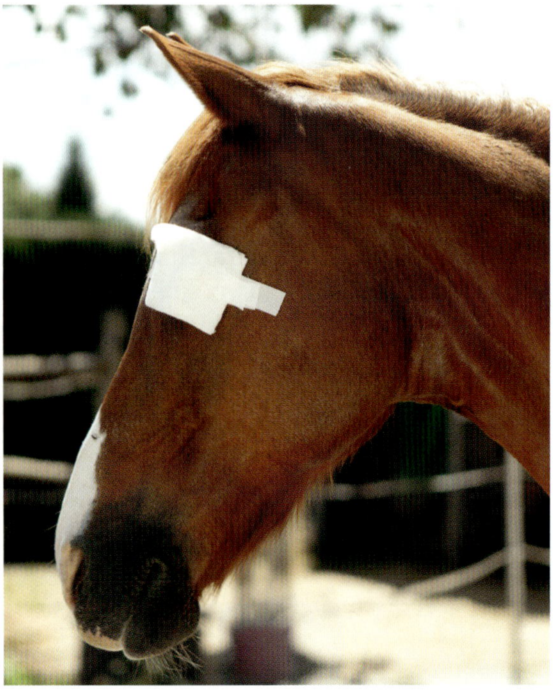

Ein Umschlag mit Augentrost und Ringelblume beruhigt die gereizte Schleimhaut.

- Ist der Fremdkörper locker (Spelzen, Grassamen), können Sie versuchen, diesen vorsichtig mit dem Zipfel eines sauberen Tuches in Richtung des inneren Augenwinkels (Richtung Nasenrücken) herauszutupfen bzw. -zuwischen.
- Falls dies nicht gelingt, können Sie versuchen, bei etwas geneigtem Kopf (dabei sollte ein Helfer den Pferdekopf halten) mit Augentrostlösung oder steriler Kochsalzlösung den Fremdkörper vorsichtig herauszuspülen. Immer körperwarm spülen. Klappt dies nicht oder bessert sich der Zustand nach dem Entfernen nicht, müssen Sie unbedingt sofort den Tierarzt rufen. Bis dahin wie oben beschrieben das Auge abdecken.
- Bei allen Verletzungen am Auge (des Augenlides oder der Hornhaut) müssen Sie ohne Verzögerung den Tierarzt rufen!

Merke: **Bringen Sie keinerlei Salben oder Tropfen ins Auge, bevor der Tierarzt das Auge behandelt hat, diese können unter Umständen zu irreparablen Schäden führen.**

4.3 Unterstützen Sie die tierärztliche Behandlung

Es gibt einige Heilkräuter, die speziell am Auge des Pferdes gute Dienste tun. Sie werden meist in Form von Aufgüssen oder Tinkturen verwendet, die mittels einer Kompresse dem Auge helfen. Organisatorisch lassen sich solche Umschläge gut vor dem Auftragen der von Ihrem Tierarzt verschriebenen Salben durchführen.

Die Umschläge sollten immer körperwarm sein. In welcher Form auch immer Heilkräuter am Auge verwendet werden, die Abkochung muss gründlich abgeseiht und nochmals durch ein Filterpapier gefiltert werden.

- Umschläge mit Ringelblume und Augentrost helfen bei entzündeten Bindehäuten. Beide Kräuter wirken schmerzstillend und beruhigend. Dazu dämpfen sie den Juckreiz. Geben Sie 10 Tropfen der Ringelblumen-Tinktur und/oder 15 bis 20 Tropfen der Augentrost-Tinktur (Euphrasia-Tinktur) in 150 ml warme, isotonische Kochsalzlösung. Beide Tinkturen gibt es in kleinen Fläschchen in der Apotheke. Eine sterile Kompresse darin einweichen und für 20 bis 30 Minuten auf das Auge legen. Sie können auch 30 g des jeweiligen Krautes mit ½ l Wasser aufbrühen und 15 Minuten ziehen lassen.
- Umschläge mit einem Aufguss aus Schafgarbe, Eibisch und Salbei wirken entzündungshemmend. Die Kräuter zu gleichen Teilen mischen und 30 g davon mit ½ l heißem Wasser überbrühen und 15 Minuten ziehen lassen. Auf Körpertemperatur abkühlen lassen und eine Kompresse darin eintauchen und für 15 bis 20 Minuten auf das Auge legen.
- Ein Aufguss aus 15 g Frauenmantelkraut und 15 g Fenchel hilft gegen Bindehautentzündung.
- Bei bestehendem Tränenfluss können Sie das Wundwerden der Haut unter dem inneren Augenwinkel verhindern, indem Sie diese Stelle vorsorglich dünn mit Vaseline bedecken. Dies schützt das Auge auch etwas vor den Fliegen.
- Augenakupressur kann die Heilung gut unterstützen. Führen Sie eine Augenakupressur für die Dauer von etwa 30 Sekunden an beiden Augen durch. Sie beeinflusst die Anfangs- und Endpunkte verschiedener Meridiane und hilft Störungen zu lindern. Zudem entspannt sie das Pferd.

- Zur Beruhigung des Pferdes können Sie auch eine Tuina-Massage des Kopfes durchführen.

Als **Akupressurpunkten** sind hier vor allem die Punkte **Ma 1, Bl 1** und **Gb 1** zu nennen, die die Behandlung von Bindehautentzündungen unterstützen und den Tränenfluss reduzieren. Der Punkt 3E 23 findet sich etwas über dem seitlichen Augenwinkel, während Gb1 sich noch etwas unter dem seitlichen Augenwinkel finden lässt. Der Punkt eignet sich für alle Augenerkrankungen, eliminiert Wind und Hitze. Daneben harmonisiert **Ma 1** den Blasenmeridian. Der Punkt **Le 3** lindert die Bindehautreaktion des Auges. **Ma 36** stärkt die Mitte und leitet den Wind aus. **Gb 20** entfernt äußeren und inneren Wind und klärt die Augen. In Kombination mit anderen Punkten hilft er bei chronisch rezidivierender Bindehautentzündung. Die Punkte **Di 4, 11, Bl 60** und **Ni 3** helfen gegen die Schmerzen einer Augenerkrankung. Ein Teil der Akupunkturpunkte werden in der Tuina verwendet und deshalb hier nicht angezeigt.

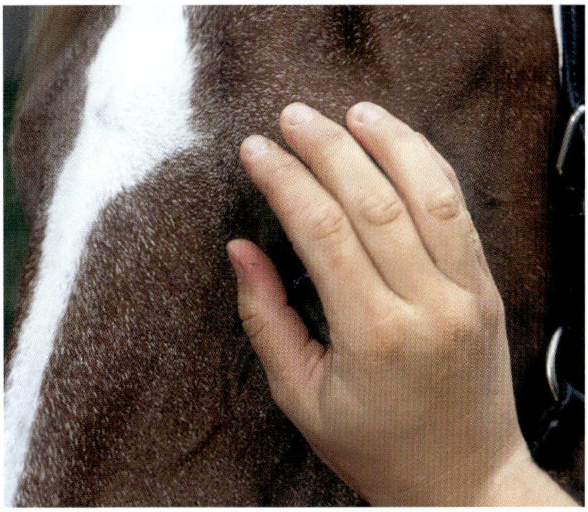

Machen Sie eine Augenakupressur, die ein wenig über die Augenhöhle hinaus reicht. Zusammen mit der Tuina stimulieren Sie so alle wichtigen Punkte für die Augenerkrankung am Kopf.

Die wichtigsten Akupressurpunkte für Erkrankungen am Auge

C

Vorsicht! Verwenden Sie am Auge bitte keine Kamille, da diese das Auge reizt und nicht hilft.

- Auch **Bachblüten** können bei Augenerkrankungen helfen. *Informieren Sie sich in Teil B „Therapie mit Bachblüten-Essenzen" ab Seite 126 ff.* Suchen Sie hier die richtige Blüte für den Typ Ihres Pferdes und kombinieren Sie diese mit **Elm**. Bei einer periodischen Augenentzündung sollten Sie **Gentian** dazugeben, wenn Ihr Pferd starke Schmerzen hat, **Impatiens**. **Crab Apple** hilft, Ihr Pferd zu entgiften und steigert die Abwehr.

5. Erkrankungen des inneren Auges

Zu den Erkrankungen des inneren Auges gehören viele bekannte Augenerkrankungen. So auch die Periodische Augenentzündung, der Grüne und der Graue Star.

5.1 Entzündungen der Uvea

Die Uvea ist die mittlere Augenhaut, die sich zwischen der äußeren Augenhaut und der Netzhaut (inneren Augenhaut) befindet. Sie besteht aus Aderhaut, Iris und Ziliarkörper (Aufhängeapparat der Linse, *s. Zeichnung auf Seite 212).* Dadurch, dass die mittlere Augenhaut durch eine Vielzahl an teils verbundenen Blutgefäßen besonders gut durchblutet ist, reagiert sie immunologisch sensibel. So passiert es häufiger, dass die Uvea im Verlauf einer Allgemeinerkrankung wie einer allgemeinen Infektion, Druse, Fohlenlähme, Petechialfieber, infektiöse Anämie und andere Erkrankungen beteiligt ist. Die Pferde reagieren dann mit oft mit einer Entzündung der Uvea auf die Erreger selbst oder die durch sie erzeugten Antikörper. Auch nach stumpfen oder spitzen Traumen oder bei einem viralen, bakteriellen oder Pilzbefall des Auges kann es zu einer Uveitis, einer Entzündung der Uvea kommen. Eine besondere Form der Uveitis ist die Periodische Augenentzündung, die in Schüben auftritt.

Was ist die Periodische Augenentzündung oder ERU?

Bei der Periodischen Augenentzündung handelt es sich um eine entzündliche Erkrankung der Uvea, die meist in der Aderhaut beginnt und dann auf Iris und Glaskörper übergeht. Es können auch Entzündungen einzelner Anteile der Uvea stattfinden. Je nach Entzündungsort spricht man von der vorderen und hinteren Uvea-Entzündung bzw. Uveitis.[5]

Anzeichen: Von der Erkrankung können eines oder auch beide Augen betroffen sein. Das Auge tränt stark, die Lider sind zusammengekniffen, oft sind Binde- und Hornhaut sowie Oberlid geschwollen, die Bindehaut ist gerötet. Ihr Pferd ist lichtempfindlich. Die Hornhaut ist, vom Rand ausgehend, milchig getrübt. Es ist kein Fremdkörper sichtbar. Im akuten Stadium, das meist etwa 1 bis 2 Wochen anhält, sind Schlieren und Flocken im Kammerwasser zu sehen. Die Pupille verengt sich schlitzförmig. Die akuten Entzündungsstadien treten schubweise in unterschiedlicher Zeitfolge auf (wenige Tage bis Wochen, manchmal Monate bis Jahre) oder sie können chronisch schleichend verlaufen. Dazwischen ist die Pupillenreaktion verzögert und eine milchig gelbe Trübung des Glaskörpers zu sehen. Der Entzündungsverlauf ist aber nicht immer einheitlich. Bei manchen Pferden verlaufen die Entzündungsschübe wie geschildert mit starken Schmerzen, bei anderen wiederum verläuft die Entzündung von außen unbemerkt, sodass sie erst auffällt, wenn das Pferd Sehprobleme zeigt.

Ursache: Als Ursachen kommen Leptospiren (Bakterien), aber auch Parasiten, Infektionserreger oder Giftstoffe infrage. Zum Beispiel könnte von den Backenzähnen eine Infektion auf das Auge übergreifen und schlimmstenfalls eine ERU auslösen. Es wird aber auch ein Autoimmungeschehen vermutet, bei dem das eigene Immunsystem körpereigene Antigene im Auge angreift. In Deutschland wurden jedoch vermehrt Leptospiren im Kammerwasser und der Glaskörperflüssigkeit nachgewiesen.[6] Zudem gibt es noch eine erbliche Komponente, die bei der Erkrankung eine Rolle spielt.

Die Leptospiren werden häufig im Freien an oder in stehendem Gewässer oder über den kontami-

5 Vgl. Eule, C. et al.: Krankheiten des Auges. Aus Brehm, W. et al. (Hrsg.), Enke Verlag 2017, S. 783-821.

nierten Harn von Kleinnagern in Stall oder Koppel aufgenommen. Nach der meist unterschwellig verlaufenden Infektion können Monate bis Jahre vergehen, bis eine Entzündung der Uvea auftritt. Die Erreger gelangen über die Blutbahn ins Auge, wo sie im Glaskörper abgelagert werden. Hier können sie längere Zeit verweilen, bevor der erste Entzündungsschub ausgelöst wird. Das Auge ist eigentlich in der Lage, sich zu schützen und jede Entzündungs- und Immunreaktion zu unterbinden. Verletzungen des Auges von außen sind in der Regel keine Gefahrenquelle, auch wenn sie den Symptomen einer Periodischen Augenentzündung ähnlich sein können. Verschiedene Faktoren tragen dann dazu bei, dass dieser Schutz zusammenbricht und die Entzündung ausgelöst wird. Diese Faktoren können zum Beispiel folgende sein: Eine Vermehrung der Bakterien im Auge oder die Bildung von Immunkomplexen, da die in der Netzhaut vorhandenen, eigentlich versteckten eigenen Antigene eine Immunreaktion (Autoimmunreaktion) auslösen. Andere Faktoren sind Impfungen oder eine ererbte Anfälligkeit für diese Augenerkrankung oder wenn die Leptospiren im Auge beginnen, Augengewebe zu zerstören, oder ganz einfach verschiedene Stresssituationen wie Transporte, Turniere, Stallwechsel und anderes. Meist beginnt die Entzündung auf einem Auge, das andere kann folgen. Im Verlauf unterschiedlich kann die Entzündung entweder den vorderen Anteil der Uvea oder den hinteren Anteil, das sind Ziliarkörper und Aderhaut, oder die gesamte Uvea betreffen. Nach etwa 5 Tagen hat die akute Entzündung ihren Höhepunkt erreicht und klingt nach etwa 2 Wochen konsequenter Behandlung wieder ab. Die Leptospiren werden dabei eingedämmt, aber nicht vollständig vernichtet. Einige nisten sich im Glaskörper ein, wo sie vor dem Zugriff des Körpers geschützt sind. Hier vermehren sie sich, bis sie den nächsten Schub auslösen. Dieser kann nach einigen Wochen oder auch nach Jahren erfolgen, besonders in Zeiten verminderter Körperabwehr. Bei der vorderen Uveitis verwächst im Laufe der Entzündungsschübe die Iris immer mehr mit der Linse. Sie kann dann

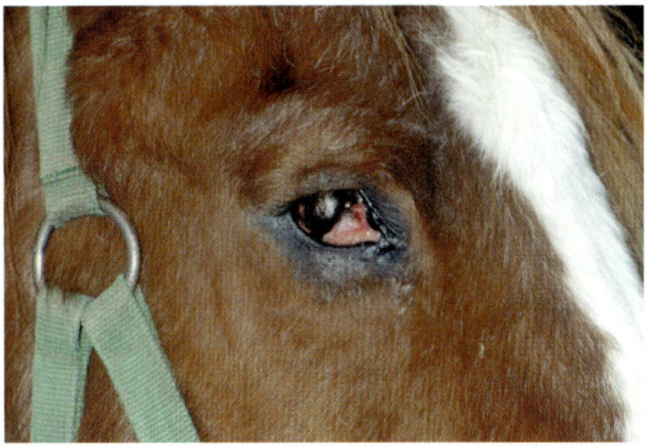

Im Endstadium der periodischen Augenentzündung verkümmert der Glaskörper und das Auge sinkt in die Augenhöhle ein.

ihrer Funktion als Blende nicht mehr nachkommen, d.h., das Auge wird ständig falsch belichtet. Durch die Reaktion der Abwehrzellen mit den Giftstoffen entstehen im Auge milchige Schlieren und Flocken. Es kommt im gesamten Auge zu Verklebungen und nur noch wenige Lichtstrahlen dringen durch die Linse. Anfangs sehen die Pferde nur verschwommen, dann nur noch hell und dunkel, bis sie schließlich erblinden. Je häufiger die Entzündungsschübe, desto schlechter wird das Sehvermögen der Pferde. Bei der hinteren Uveitis sind die betroffenen Augen wenig bis gar nicht schmerzhaft. Dadurch bleibt die Krankheit lange Zeit verborgen und wird oft erst bei Routineuntersuchungen entdeckt. Sie kann ebenfalls schubweise oder auch chronisch schleichend verlaufen. Der Glaskörper trübt durch Proteine und Zellen ein, durch die Entzündung treten spinnenwebartige, später wolkige Einlagerungen auf. Diese werden nach Abklingen der Entzündung nicht wieder abgebaut, sondern bleiben auch in den Entzündungspausen für den Tierarzt gut sichtbar. Solche Fälle treten gehäuft bei Tigerschecken und den Appaloosas auf.[7] In vielen Fällen laufen beide Entzündungsformen der Uveitis nebeneinander ab. Bei anderen Pferden steht auch erst die eine oder die andere Entzündungsform im Vordergrund, um dann erst im weiteren Verlauf in eine Entzündung der kompletten Uvea zu münden.

Folgen: Die Folgen dieser Entzündungsschübe sind vielfältig und bereits früh feststellbar. Die Hornhaut trübt sich weiß-grau, die Iris verfärbt sich und die Linse kann sich trüben (Grauer Star oder Katarakt).

6 Vgl. Eule, C. et al.: Krankheiten des Auges. Aus Brehm, W. et al. (Hrsg.), Enke Verlag 2017, S. 783-821.
7 Vgl. Baumgart, A.: Cyclosporin A und dessen möglicher Einsatz bei der Tigerschecken-Uveitis. Dissertation Uni München 2014.

Die Pupille reagiert nur noch langsam oder bleibt verengt. Auch der Druck im Auge lässt nach. Wenn Entzündungszellen und -produkte den Abfluss des Kammerwassers behindern, kann der Druck im Auge ansteigen, sodass neben der Katarakt ein Glaukom eine häufige Folge der ERU ist. Es wurden Lageveränderungen der Linse und das Einsinken des Augapfels beschrieben *(s. Foto Seite 217)*. Letzteres tritt auch bei der hinteren Uveitis ein. Im fortgeschrittenen Stadium der ERU löst sich schließlich die Netzhaut ab und der Sehnerv wird durch die Entzündung zerstört, sodass das Pferd völlig erblindet.
Die Periodische Augenentzündung (ERU) gehörte vor 2002 zu den Haupt- und Gewährsmängeln.

Was macht der Tierarzt?

Konservative Behandlung: Mithilfe von Medikamenten weitet der Tierarzt die Pupille zur Untersuchung und kann so den hinteren Teil des Auges und die Netzhaut untersuchen, falls er noch bis dahin schauen kann. Eine Weitstellung der Pupille für die Dauer der Therapie ist wichtig, damit sie nicht im verkleinerten Zustand verklebt und dauerhaft so bleibt. Das geschieht meist in Form einer Atropin-Augensalbe. Danach ist das Wichtigste, die Entzündung zu stoppen und die Schmerzen des Pferdes zu lindern. Dafür wird ein entzündungshemmendes Mittel gespritzt und/oder gefüttert. Meist werden warme Umschläge verordnet und eine kortisonhaltige Augensalbe gegeben. Eventuell wird antibiotisch behandelt. All diese Behandlungsmethoden können jedoch nur die Anzeichen, nicht aber die Ursache stoppen. Eine Antibiotikagabe ist nicht so wirksam, scheinbar wirkt sie nicht bis ins Auge, um die Leptospiren dort zu eliminieren. Eine **Impfung** gegen Leptospiren gibt es beim Pferd nicht.

Vitrektomie: Eine Operationsmethode, die sogenannte Vitrektomie, die in den 1980er-Jahren aus der Humanmedizin übernommen wurde, kann helfen. Sie sollte jedoch erst nach zwei Entzündungsschüben eingesetzt werden. Dabei wird mit einem Laserstrahl oder einer speziellen Vitrektomie-Klinge ein Loch in den Glaskörper gebracht und die getrübte Flüssigkeit durch eine künstliche Flüssigkeit ausgetauscht. Diese wird binnen kurzer Zeit vom Körper durch Kammerwasser ersetzt. Bei dieser Methode werden die Schadstoffe und die Trübungen weitgehend entfernt, sodass die Sehfähigkeit entscheidend verbessert wird. Da hierbei auch die Leptospireninfektion beseitigt wird, treten in der Regel keine Entzündungsschübe mehr auf. Durch den Austausch des zähflüssigen Glaskörperinhalts wird eine Flüssigkeitszirkulation ermöglicht, sodass sich dort keine Leptospiren mehr festsetzen können. Bei einer Linsentrübung oder Netzhautablösung kann diese Operation an der Sehfähigkeit nichts verbessern, wohl aber die wiederkehrende, schmerzhafte Entzündungsreaktion verhindern. Die Durchführung einer Vitrektomie erscheint nur bei Warmblutpferden und Ponys, die nicht gescheckt sind, sinnvoll. Bei ihnen ist der Anteil der ERU, die durch Leptospiren ausgelöst werden, enorm groß.

Cyclosporin-A-Implantate

Bei einigen an ERU erkrankten Pferden können keine Leptospiren und auch keine immunologische Reaktion auf Leptospiren nachgewiesen werden. Zu diesen Pferde gehören insbesondere auch die Appaloosas und Knabstrupper und im Speziellen die Tigergeschecken, bei denen die ERU gehäuft, meist als schleichende Form, auftritt.[8] Bei den Tigerschecken tritt diese Erkrankung auf beiden Augen auf und nur in weniger als einem Drittel der Fälle konnten Leptospiren gefunden werden. Bei den Appaloosas konnten genetische Häufigkeit sowie ein Zusammenhang mit dem Farbtyp Tigerschecke festgestellt werden. Hier sind es scheinbar die Immunreaktionen auf die Autoantigene im Auge, die den Entzündungsschub auslösen.
Diese Autoimmunreaktionen können durch den Wirkstoff Cyclosporin A unterdrückt werden. Über äußere Anwendung in Tropfen- oder Salbenform gelangt zu wenig des Wirkstoffs durch die Hornhaut tatsächlich ins Auge. Das Gleiche gilt bei der oralen Einnahme als Medikament, hier kommen sogar noch etliche Nebenwirkungen hinzu. Deshalb ist man darauf gekommen, bei diesen Pferden ein Ciclosporin-A-Implantat ins Auge einzusetzen, das kontinuierlich Wirkstoff abgibt und so die ERU-Schübe für eine bestimmte Zeit unterdrücken oder zumindest deutlich mildern zu können. Da bei dem Versuch, das Implantat in den Glaskörper einzu-

8 Vgl. Baumgart, A.: Cyclosporin A und dessen möglicher Einsatz bei der Tigerschecken-Uveitis. Dissertation Uni München 2014.

setzen, zu viele negative Begleiterscheinungen auftraten, ist man dazu übergegangen, das Implantat auf die Aderhaut zu legen. Obwohl diese Operation zwar technisch deutlich weniger aufwendig ist, weil weder Glaskörper noch Aderhaut geöffnet werden müssen, ist eine Vollnarkose und das Eröffnen des Augapfels in jedem Fall nötig. Eine Studie, die solchermaßen operierte Pferde 2009 untersuchte, konnte zeigen, dass alle Pferde - sie wurden bis 7 Jahre nach der OP kontrolliert - eine deutlich reduzierte Anzahl von Entzündungsschüben hatten. 79% der 186 operierten Augen waren sehfähig. Leider ist das Präparat für diesen Zweck am Pferd noch nicht in Deutschland zugelassen, weshalb es auch noch keine Routine-Operation ist. Ein zweiter Nachteil dieser Operationsmethode ist, dass der Wirkstoff nach 4 Jahren aufgebraucht ist. Sollten danach wieder Entzündungsschübe auftreten, muss erneut ein Implantat eingesetzt werden.

Was können Sie tun?

Beachten Sie bitte die Behandlungshinweise unter 4.3, Seite 214 ff. Bringen Sie Ihr Pferd sofort in den dunklen Stall oder in den Schatten. Schützen Sie die Augen Ihres Pferdes durch Kompressen oder einen Kopfverband. Zum Schutz vor grellem Licht hilft auch eine dunkle Augenmaske. Während eines Anfalls gilt absolute Stallruhe. Danach sollte das Auge gründlich untersucht werden, um einen Vergleich für den nächsten Schub zu haben und mögliche Veränderungen direkt zu dokumentieren. Diese Befunde und eine Kammerwasseruntersuchung helfen bei der Entscheidung, ob in der entzündungsfreien Zeit eine Operation erfolgen oder noch abgewartet werden soll.

Eine wichtige Maßnahme bei dieser Erkrankung ist die Stallhygiene. *Sie finden unter 4.1, Seite 213, Informationen zu diesem Thema.* Wichtig ist insbesondere, Mäuse und Ratten im Stall und auf der Weide bzw. im Unterstand zu bekämpfen, da sie Leptospiren übertragen. Da Leptospiren in feuchter Umgebung lange überleben, dürfen Pferde nur mit fließendem, frischem Wasser versorgt werden. Keine Tränke sollte aus einem Brunnen oder stehenden Gewässer versorgt werden.

Ein ausgebildeter Akupunkteur kann mit Nadeln in Kombination mit einem Laser an speziellen Punkten helfen.

Merke: Bekommen Sie vom Tierarzt Salbe und Tropfen, die Sie ins Auge einbringen sollen, so gilt immer, zuerst die Tropfen, dann erst die Salbe auftragen.

Hausmittel	**Bei länger bestehendem Tränenfluss:** Haut unter dem inneren Augenwinkel dünn mit Vaseline bedecken
Spülungen/ Umschläge	**Vor dem Einbringen der Augensalbe** machen Sie 20 bis 30 Minuten lang einen Umschlag mit Augentrost und Ringelblume. Dazu mischen Sie die fertige Augentrostlösung mit Ringelblumentee (beides aus der Apotheke/Kräuterhäusern/Kräuteranbau/Gewürzhaus), befeuchten damit eine sterile Kompresse und legen sie auf das Auge. Warme Umschläge mit Johanniskrautlösung, mehrmals täglich etwa 20 Minuten lang, fördern den Abbau der Entzündungsstoffe.
Akupressur	**Augenakupressur:** Ma 1, Gb 1, Bl 1, 3E 23, Le 3, Di 4 und 11, Ni 3 und Gb 20 **Bei Zahnprobleme:** Ma 2, 3, 4, 6 **Gut gegen Schmerzen:** Di 4, 11 und Bl 60
Tuina-Massage	**Um das Auge:** Ma 1, Gb 1, Bl 1 und 3E 23 **Tuina-Massage am Kopf:** Ma 2, 3, 4, 5, 6, 7 und 8. **Bei Leberbeschwerden:** Le 13 und 14 **Am Hinterbein unten, innen:** MP 1, 4, 5, 6 **Unterm Knie, seitlich außen:** Ma 36, 37 **Am Bauch:** KG 12, 14, 17
Bachblüten	Elm, Gentian, Crab Apple und bei **starken Schmerzen** Impatiens. Während eines akuten, schmerzhaften Anfalls geben Sie Rescue-/Notfalltropfen dazu.
Kräuter	**Stärken Sie die Abwehr Ihres Pferdes:** täglich 6 bis 8 Zehen Knoblauch pressen und mit einer Handvoll Kapuzinerkresse, 20 g Sonnenhutwurzel, 20 g Brennnessel und 20 g getrockneten Hagebutten ins Futter geben. Dazu geben Sie 10 g Süßholz und 20 g Augentrost sowie ein Schuss Apfelessig ins Futter.
Fütterung	Der Raufutteranteil des Futters ändert sich nicht. Raufutter sollte immer zuerst gefüttert werden und danach das Kraftfutter. Während der Erkrankung sollte jedoch der Kraftfutteranteil deutlich vermindert werden, sonst riskiert man z.B. einen Kreuzverschlag.

C

5.2 Linsentrübung, Grauer Star, Katarakt

Die Hauptprobleme, die die Linse betreffen, sind vor allem ihre mangelnde Durchsichtigkeit sowie Lageveränderungen. Jede sichtbare Störung wird als Trübung beschrieben. Da sie meistens grau bis grauweiß aussieht, wurde die Veränderung dann grauer Star oder Katarakt genannt. Man unterscheidet zwischen angeborenen und erworbenen Trübungen. Ist sie bereits während der Geburt vorhanden oder in den ersten Lebensmonaten aufgetreten, wird sie als angeborene Katarakt bezeichnet. Das ist die häufigste angeborene Augenanomalie bei Pferden. Uns interessiert hier jedoch mehr die erworbene Linsentrübung. Sie ist die häufigste Folgeerkrankung von wiederkehrenden Uvea-Entzündungen, insbesondere der Periodischen Augenentzündung. Alle anderen Krankheiten der Linse, wie zum Beispiel die Lageveränderung der Linse, spielen beim Pferd eher eine untergeordnete Rolle.

Anzeichen: Ihr Pferd zeigt auf einem oder beiden Augen eine grau-weiße Verfärbung der Linse. Die Stärke der Trübung kann unterschiedlich sein, je nachdem, welche Gewebe der Linse betroffen sind. Oft erscheinen sie sehr uneinheitlich. Ist die komplette Linse bereits trüb, ist das Pferd blind. Betrifft die Trübung allerdings nur den Kern der Linse, können die meisten noch einiges sehen.

Ursachen: Eine Linsentrübung kann angeboren sein oder aufgrund von entzündlichen Vorgängen im Auge oder Infektionskrankheiten (Beschälseuche, Influenza u.a.) entstehen. Legen sich der Linse Materialien von außen auf, wie beispielsweise Entzündungsflüssigkeiten oder entzündliche Membranen oder auch Verklebungen zwischen der Linse und den umgebenden Geweben wie Iris, Pupille oder Glaskörper aufgrund der Entzündung, so kommt es leicht zu diffus-milchigen Eintrübungen der Linse.[9]

Eine weitere Ursache für eine Katarakt kann eine Verletzung sein. Bei stumpfer Gewalteinwirkung auf das Auge kann es zu winzigen Rissen im Linsenepithel oder zu Auflockerungen in der Linsenrinde kommen. Eine Trübung folgt mit einiger Zeitverzögerung. Erfolgt die Gewalteinwirkung nicht mit stumpfer, sondern mit spitzer oder scharfer Gewalt, so ist ein Eindringen über die Außenhaut bzw. die Hornhaut wahrscheinlich und es muss mit einer Verletzung der Linse gerechnet werden. Ist das Pferd noch jung, kommt es zur Quellung des Linseninhalts oder sogar zum Austritt von Linsenprotein mit der Folge einer Entzündung der Uvea. Bei einem älteren Tier, dessen Linse meist verhärtet ist, kann diese sich sogar selbst reparieren, wenn die Verletzung nicht so stark war. Meist entsteht eine begrenzte Linsentrübung an der Stelle.

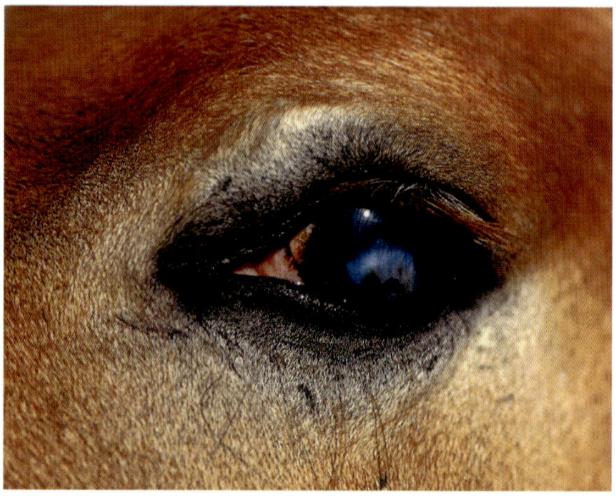

Die getrübte Linse verfärbt sich grau-weiß.

Folge: Wird in der Folge der Linsenaufhängeapparat brüchig, kann die Linse ihre Lage verlieren und meist nach hinten abgleiten. Als Folge erblindet das Pferd.

Was macht der Tierarzt?

Es gibt zwei Möglichkeiten der Behandlung, konservativ und operativ.

Der Tierarzt muss zunächst abklären, wie der Zustand der übrigen Gewebestrukturen im Auge ist, bevor er Ihnen eine Behandlung vorschlagen kann. Insbesondere ist es wichtig zu sehen, ob die Netzhaut und der Sehnerv noch in Ordnung sind.

Konservativ: Eine konservative Behandlung macht Sinn, wenn das Pferd nicht völlig erblindet ist, also bei einer Trübung des Linsenkerns beispielsweise. Hierbei ist es sinnvoll, eine dauerhafte Weitstellung der Pupille zu erreichen, um den Lichteinfall und die Lichtbrechung in den äußeren Bereichen zu erreichen. Dazu muss eine vorhandene Entzündung behandelt werden.

9 Vgl. Eule, C. et al.: Krankheiten des Auges. Aus Brehm, W. et al. (Hrsg.), Enke Verlag 2017, S. 783-821.

Operativ: Es darf nur an einem entzündungsfreien Auge operiert werden. Bei jungen Tieren von 6 Monaten bis zu unter einem Jahr wird der noch weiche (flüssige bis gallertige) Linseninhalt der vorderen Linsenkapsel herausgeholt und durch Flüssigkeit ersetzt. Bei älteren Tieren wird der Linsenkörper von der Linsenrinde gelöst, zerkleinert und herausgeholt. Dies ist eine deutlich kleinere Schädigung am Auge, als die gesamte Linse zu entfernen, und hat deshalb deutlich mehr Chancen auf eine komplikationslose Abheilung. Noch sind diese beiden OP-Methoden keine Routineeingriffe und es bestehen derzeit noch Risiken von nachoperativen Komplikationen.

Was können Sie tun?

Im Grunde können Sie wie bei der Glaukom-Behandlung nur die Maßnahmen des Tierarztes unterstützen. Beruhigen Sie Ihr Pferd, geben Sie ihm Rescue-/Notfalltropfen. Machen Sie kühlende Umschläge am Auge, unterstützen Sie die Entzündungshemmung und stimulieren Sie die körperliche Abwehr. Versorgen Sie Ihr Pferd mit gutem Heu, frischem Gras von der Weide sowie allen nötigen Vitaminen und Mineralstoffen.

5.3 Grüner Star (Glaukom)

Was ist ein Glaukom?

Das Glaukom ist eine seltene Erkrankung des Pferdes. Ähnlich wie der Graue Star, die Katarakt, ist es, besonders bei den Appaloosern und Knappstruppern, eine Folgeerkrankung der Periodischen Augenentzündung. Die Flüssigkeit der Augenkammern wird ständig neu produziert und fließt ebenso ständig über den Kammerwinkel in den Blutkreislauf des Pferdes ab. Durch die wenig elastische Hülle des Auges und die ständige Kammerwasserproduktion entsteht ein Druck im Auge. Dieser innere Augendruck (IOD = Intraokulärer Druck), steigt an, wenn bei kontinuierlichem Zufluss von Kammerwasser dessen Abfluss gestört ist.

Anzeichen: Ihr Pferd ist im **akuten** Stadium lichtscheu, zeigt Schmerzen, die Lider werden zugekniffen und das Auge tränt. Die Gefäße der Sklera (weiße Augenhaut) sind sichtbar, ebenso wie Glaskörpereinlagerungen im hinteren Bereich des Auges. Die Hornhaut ist durch die Einlagerung von Flüssigkeit getrübt, wirkt rauchig grau und es kann zu einer Druckschädigung der Hornhaut kommen. Die vordere Augenkammer verklebt im vorderen oder hinteren Bereich durch die Abflachung und der Pupillenreflex funktioniert nicht mehr. Das **chronische** Stadium der Erkrankung zeigt gerötete Augen durch die gestauten Gefäße der Bindehaut und der weißen Augenhaut infolge des Drucks des vergrößerten Augapfels, zeitweise oder konstante graue, rauchige Färbung der Hornhaut aufgrund der Flüssigkeitseinlagerung, Linsentrübung und -luxation mit nachfolgender Blindheit.

Ursachen: Da die Umhüllung des Auges nur begrenzt dem Druckanstieg nachgibt, entsteht ein erhöhter innerer Druck im Auge, der sehr schmerzhaft ist. Dennoch ist eine begrenzte Vergrößerung des Auges feststellbar. Im Gegensatz dazu ist bei Jungtieren die Hülle des Auges (Hornhaut und Sklera) noch viel elastischer und deshalb gibt sie einem Druckanstieg schneller nach. Daraus resultuiert eine rasche Größenzunahme des Auges, was aber beim Jungtier sehr selten vorkommt. Meist treten Glaukome beim Pferd im Zusammenhang mit einer Entzündung der Uvea auf, entweder im Gefolge einer Periodischen Augenentzündung oder einer durch Verletzung bedingten Uveitis. Seltener aufgrund eines Tumors im Auge, was dann als Sekundärglaukom bezeichnet wird.

Entwicklung: Der erhöhte innere Augendruck führt unbehandelt zur Schädigung der sensiblen Netzhaut, aber auch zur Schädigung anderer innerer Augenstrukturen.

Was macht der Tierarzt?

Eine Behandlung des Glaukoms sollte möglichst schnell erfolgen. Eine frühzeitige Druckentlastung des Augapfels ist wichtig, damit das Pferd nicht erblindet!

Es gibt die Möglichkeit, mithilfe von Medikamenten die Produktion des Kammerwassers zu hemmen und den Druck zu senken. Dann muss die Entzündung behandelt werden, mit einer kortisonhaltigen Salbe und oral mit einem Entzündungshemmer ohne Kortison. Chirurgisch kann die Kammerwasserproduktion gehemmt werden, indem ein Teil des Ziliarkörpers, in dem das Kammerwasser gebildet wird, zerstört wird. Zudem kann eine Fistel gelegt werden, die den Abfluss des Kammerwassers ermöglicht. Falls dies nicht zum Erfolg führt oder es dafür schon zu spät

C

ist, kann operativ der Augapfel ausgeräumt und eine Silikoprothese eingesetzt werden.

Was können Sie tun?

Wichtig ist bei dieser Erkrankung die frühzeitige Erkennung des Glaukoms. Hatte Ihr Pferd eine Entzündung eines Augenanteils, betrachten Sie täglich die Augen, um im Falle einer Erkrankung rechtzeitig den Tierarzt zu konsultieren.

Sie können die Behandlung Ihres Pferdes unterstützen. Im akuten Fall geben Sie Ihrem Pferd Rescue-/Notfalltropfen. Es hat nicht nur starke Schmerzen, es hat auch Angst! Nicht richtig sehen zu können, ist für ein Fluchttier wie das Pferd, das auf seine Sehkraft angewiesen ist, sehr belastend. Deshalb reden Sie Ihrem Pferd beruhigend zu und unterstützen es mit Bachblüten. *Daneben setzen Sie die auf Seite 118 ff. und 141 f. genannten beruhigenden Punkte ein.* Nutzen Sie die Punkte des Yin-Yang-Ausgleichs und die Augenakupressur. Dazu können Sie mit Heilpflanzen und Akupressur die Entzündungshemmung unterstützen und das Immunsystem stimulieren. Achten Sie auch darauf, dass Ihr Pferd angemessen gefüttert wird bzw. mit Vitaminen und Mineralstoffen versorgt ist. So gestärkt kann Ihr Pferd auch die Behandlung besser überstehen.

Hausmittel	**Bei länger bestehendem Tränenfluss:** Haut unter dem inneren Augenwinkel dünn mit Vaseline bedecken
Spülungen/ Umschläge	**Umschlag:** 20 bis 30 Minuten mit Augentrost und Ringelblume bedecken. Dazu eine fertige Augentrostlösung mit Ringelblumentee (beides aus der Apotheke/Kräutermühle/Kräuteranbau/Gewürzhaus) mischen, eine sterile Kompresse befeuchten und auf das Auge legen; gerne auch gekühlt, wenn das Pferd es als angenehm empfindet.
Akupressur	**Im Gesicht:** Ma 1, Gb1, Bl 1 und 3E 23 **Abwehr stärken:** Di 4 und 11, Gb 20, Augenakupressur **Gut gegen Schmerzen:** Di 4, 11 und Bl 60 **Beruhigung:** Yintang, Dü 3 und Lu 7 und die Bauchpunkte über Tuina
Tuina-Massage	**Am Hinterbein unten, innen:** MP 1, 4, 5, 6 **Unterm Knie, seitlich:** Ma 36, 37 **Am Bauch zur Beruhigung:** KG 12, 14, 17
Bachblüten	Elm, Gentian, Crab Apple und **bei starken Schmerzen** Impatiens. Während des akuten und chronischen Geschehens unterstützen Sie Ihr Pferd täglich mit Rescue-/Notfalltropfen.
Kräuter	**Stärken Sie die Abwehr Ihres Pferdes:** täglich 6 bis 8 Zehen Knoblauch pressen und mit einer Handvoll Kapuzinerkresse, 20 g Sonnenhutwurzel, 20 g Brennnessel und 20 g getrockneten Hagebutten ins Futter geben. Dazu geben Sie 10 g Süßholz und 20 g Augentrost sowie einen Schuss Apfelessig ins Futter.

6. Erkrankungen der äußeren Anteile des Auges (Bindehaut, Hornhaut, Augenlider)

Hier kommt die Hauptbedeutung neben der Bindehautentzündung vor allem der Hornhaut mit ihren vielfältigen Verletzungsmustern sowie den Verletzungen des Augenlides zu, da sie bei Weitem am häufigsten vorkommen.

6.1 Entzündungen

Die häufigste Erkrankung ist eine Entzündung der Bindehaut. Da deren Epithel aber in das der Hornhaut übergeht, sind häufig beide Gewebe entzündet, was als Keratokonjunktivitis bezeichnet wird.

6.1.1 Entzündung der Bindehaut (Konjunktivitis)

Die Bindehaut ist eine Schleimhaut, die die Innenseiten der Augenlider auskleidet. Ist sie entzündet, dann schwillt das betroffene Lid an. Da Bindehäute normalerweise gut durchblutet sind, haben sie eine blassrosa Färbung und sind glatt, feucht und glänzend.

Was ist eine Bindehautentzündung?

Die Bindehautenzündung ist eine Entzündung der Schleimhaut der Augenlider, die Sie mittels eines speziellen Griffs ansehen können. Lassen Sie sich diesen Griff vom Tierarzt zeigen.

Anzeichen: Ihr Pferd zeigt die typischen eingangs genannten Anzeichen: Augen zusammenkneifen, Lichtempfindlichkeit, Schmerz und reichlich Tränenfluss, der wässrig-klar bis weißlich-dick, manchmal eitrig sein kann. Die Augen und ihre Umgebung sind vermehrt warm, geschwollen und jucken. Die Bindehaut selbst ist rot, glasig und vorquellend. Bei der eitrigen Form zeigen die Pferde Störungen ihres Allgemeinbefindens, sie haben Fieber und fressen nicht. Ist der Ausfluss wässrig klar, so ist die Entzündung noch akut. Wird der Ausfluss dicker oder

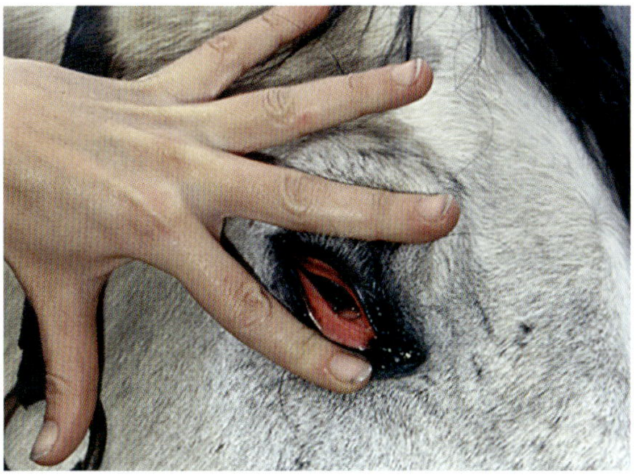

Die Bindehaut zeigt deutliche Entzündungszeichen.

sogar klebrig bzw. eitrig, so ist die Entzündung chronisch.

Ursachen: Eine Bindehautentzündung kann als primäre, eigenständige Erkrankung auftreten, aber auch als Anzeichen einer Erkältung oder anderer Infektionen (Influenza, Rhinopneumonitis, Bronchopneumonie, Druse, Periodische Augenentzündung u.a.). Eine primäre Entzündung kann äußere und innere Ursachen haben, wobei die äußeren deutlich überwiegen. Unterschieden werden hierbei physikalische (Stoß oder Schlag, Zug, starker Wind, Kälte, Fremdkörper wie Staub, Haare, Strohhalme oder Getreidegranne) und chemische Reize (Rauch, Ammoniakdämpfe u.a.), Infektionserreger (Bakterien, Haut- und Schimmelpilze) und Parasiten (Würmer oder Wurmlaven wie Filaria, Habronema; *s. Seite 202*). Trockene Luft sowie lang anhaltende Sonneneinstrahlung trocknen die Schleimhäute aus und machen sie so anfälliger für Entzündungen. Gelangen Bakterien z.B. über Fliegen ins Pferdeauge, so kommt es meist zu eitrigen Entzündungen, unter denen besonders Weidepferde zu leiden haben. Als innere Ursachen für Bindehautentzündungen kommen z.B. Allergien (Pollen) infrage. Ist der Tränen-Nasen-Kanal verstopft, so kann die Tränenflüssigkeit nicht mehr abfließen, was zu einer sekundären Bindehautentzündung führt. Manchmal greifen auch Entzündungen von anderen Teilen des Auges wie Hornhaut, den Kopfhöhlen oder den Oberkieferbackenzähnen auf die Bindehaut über. Besonders gefährdet für Bindehautentzündungen sind Pferde, die Ihr Auge nicht mehr richtig schließen können, etwa durch einen Tumor, durch eine Lid- oder Lidrandwunde sowie deren Narben. Dann können Bakterien und andere Erreger ins ungeschützte Auge eindringen und chronische Entzündungen auslösen. Im chronischen Stadium treten dann Rötung und Tränenfluss weit weniger heftig auf als im akuten Stadium. Der andauernde Reiz führt jedoch zu einer Verdickung der Lider und der Bindehaut.

Komplikationen: Eine sehr häufige Komplikation ist der **Follikelkatarrh**. Dabei wuchern die Follikel (punktförmige Ansammlungen von Lymphzellen) in der Bindehaut. Sie sorgen für die Abwehr, wenn Krankheitserreger ins Auge eindringen, und sitzen meist auf der Innenseite der Nickhaut (drittes Augenlid im inneren Augenwinkel). Bei chronischen Entzündungen werden die Follikel etwa stecknadelkopfgroß, hart und hellrot-glasig. Sie führen zu einer Hornhautreizung. Die andere Folge einer Bindehautentzündung kann auch ein verstopfter Tränen-Nasen-Kanal sein. Durch die vielen Entzündungs- und Abwehrzellen in der Tränenflüssigkeit wird diese klebrig und zäh und kann nicht mehr abfließen. Die Folge ist ein permanent tränendes Auge, bei dem die Haut unter dem inneren Augenwinkel ständig feucht und verkrustet bleibt. Die Haare unter dem Auge können ausfallen und die Haut bekommt einen Ausschlag durch die ständige Reizung. Heilt eine Bindehautentzündung nicht aus, kann sie auf Hornhaut, Iris und sogar die Knochen der Augenhöhle übergreifen.

Was macht der Tierarzt?

Die Vielzahl von möglichen Ursachen zeigt, dass hier meist nicht selbst behandelt werden kann. Grundsätzlich muss der Tierarzt die Ursache der Entzündung finden und diese dann lokal behandeln. Handelt es sich um Zugluft, zu viel Sonne o.Ä., heilt die Entzündung meist von alleine aus, wenn das Problem abgestellt wird. Eine Verletzung muss behandelt, ein Fremdkörper beseitigt werden. Infektionen werden mit antibiotikahaltigen Augensalben unter Kontrolle gebracht und Parasiten mit entsprechenden Mitteln bekämpft. Ist der Tränen-Nasen-Kanal verstopft, so wird dieser gereinigt und gespült.

Was können Sie tun?

In geringgradigen Fällen, bei denen das Allgemeinbefinden ungestört, die Bindehaut nur leicht gerötet ist und das Auge nicht zugekniffen wird, kann zunächst abgewartet werden. Das Pferd sollte sich dann nicht in der Sonne oder im hellen Licht aufhalten. Eine staubarme, dunkle und zugfreie Box schont die Bindehaut. Notfalls, wenn das Pferd sich draußen aufhält, sollten Sie ihm eine dunkle Maske überziehen. Sie können das Auge mit 2%igem Borwasser oder einer verdünnten Augentrostlösung auswaschen sowie einen Umschlag aus Augentrostlösung und Ringelblumentee machen und gut 20 Minuten einwirken lassen. Dabei immer mal wieder frisch befeuchten *(weitere Behandlungstipps s. Kapitel 4.3, Seite 214 ff.)*. Verschlimmert sich das Auge oder tritt binnen 2 Tagen keine Besserung ein, muss sich ein Tierarzt das Auge ansehen. Sie können mithilfe einer Taschenlampe das Auge auf einen Fremdkörper hin untersuchen und im Fall eines Fremdkörpers erste Hilfe leisten, *so wie es auf Seite 213 f. beschrieben wird.* Die Bindehautentzündung wird durch einen Vitamin-A-Mangel begünstigt, daher füttern Sie dieses Vitamin in kleinen Mengen zu.

Vorbeugung! Verwenden Sie Fliegenschutzmittel oder Fliegenmasken oder lassen Sie die Pferde nur zu fliegenfreien Zeiten grasen. Kontrollieren Sie bei Weidepferden regelmäßig die Augen und säubern Sie diese vom Augenausfluss, da er die Fliegen anlockt. Dafür können Sie sterile Kochsalzlösung oder Augentrostlösung *(s. Seite 214)* verwenden. Die Haut um den inneren Augenwinkel dünn mit Vaseline bedecken.

Hausmittel	**Vorbeugend** die Haut um den inneren Augenwinkel dünn mit Vaseline bedecken.
Spülungen/ Umschläge	• Auswaschen und Umschläge mit Augentrostlösungen • Umschläge auch in Kombination mit Ringelblumentee • Umschläge mit Schafgarbe, Eibisch und Salbei; *s. Seite 214 f.*
Akupressur	Ma 1, Gb 1, Bl 1, 3E 23, Le 3 und Ma 36 und 37 sowie Augenakupressur
Bachblüten	Elm, Crab Apple, Holly, Larch
Futter	• Neben Weidegang und ausreichender Heufütterung ist aufgrund der krankheitsbedingten Bedarfssituation die zusätzliche Gabe von Vitaminen und Mineralien empfehlenswert. • Vitamin A in Form von Möhren und Grünfutter/-mehlen, Löwenzahn, Quecke, Brennnessel, Spitzwegerich, Brunnenkresse oder Hagebutten zufüttern.

Vorsicht! Bei Hornhautschäden und eingespießten Fremdkörpern ist das Augenlicht in Gefahr, sofort den Tierarzt rufen. Bis zu dessen Eintreffen das Auge mit steriler Kompresse abdecken und mit Klebeband leicht fixieren.

6.1.2 Hornhautreizung/ Entzündung der Hornhaut

Die Hornhaut ist ein durchsichtiger Anteil der äußeren Augenhaut *(s. Zeichnung Seite 212)* und bildet die Wölbung des vorderen Augapfels. Sie ist aus mehreren Schichten aufgebaut, besitzt weder Lymph- noch Blutgefäße und ernährt sich aus dem Tränenfilm.

Die Trübung der Oberfläche als Folge einer Hornhautreizung ist beim Pferd recht häufig. Eine eigenständige Hornhautentzündung kommt dagegen nicht so oft vor. Es gibt **immunvermittelte Hornhautentzündungen**, die chronischen Verlauf zeigen und in Schüben auftreten. Sie verursachen epitheliale Schäden, die im weiteren Verlauf als kleine Trübungen zu sehen sind.

Größere Schäden im Hornhautephitel lassen sich meist durch den Farbstoff Fluoreszin darstellen. Kleinere Hornhautschäden, die meist nur an einem Auge auftreten, werden mit den Farbstoffen Bengalrosa und Lissamingrün dargestellt, da die bei diesen Entzündungen entstehenden winzigen Hornhautschäden sich nicht mit Fluoreszin anfärben lassen.

Häufiger sind die Entzündungen, die infolge von mechanisch verursachten Schäden wie Verletzungen oder Fremdkörpern entstehen. Diese können oberflächlich oder tiefer gehend sein.

Anzeichen: Die Pferde zeigen die typischen Anzeichen einer Augenerkrankung. Sie sind lichtscheu, kneifen die Lider zu, zeigen gerötete Schleimhaut und Schmerzen. Sie blinzeln, zeigen stärkeren Tränenfluss und schlechteres Allgemeinbefinden. Der Bereich des geschädigten Gewebes und der Rand der Schädigung trüben bläulich ein infolge eines Ödems, also einer Wassereinlagerung ins Gewebe. Ohne weitere Infektion kann die Schädigung binnen weniger Tage bis zu einer Woche abheilen. Kommt es jedoch zu einer Infektion durch Bakterien,

so kann sich der Bereich gelb verfärben und es werden zerstörerische Zellen freigesetzt. Solche Defekte können auch chronisch werden, woran dies liegt, weiß man bislang noch nicht. Es werden gestörte Stoffwechselprozesse, wie sie für EMS oder Cushing typisch sind, vermutet.
Bei tiefer gehenden Hornhautschäden entwickelt sich oft eine Uveitis und die Pferde zeigen einen schlechten bis gar keinen Pupillenreflex, Pupillenverengung und einen Erguss in die vordere Augenkammer. Meistens kommt es in diesem Stadium zu einer massiven bakteriellen Infektion.
Ursachen: Eine Hornhautentzündung kann durch eine physikalische oder chemische Reizung (Verletzung, Schlag oder ein Fremdkörper wie Grannen oder Blütenpollen im Bindehautsack sowie Ammoniak) entstehen. Weiterhin kommen als Ursache Funktionsstörungen des anhängenden Gewebes wie Lidfehlstellungen, Mangel an Tränenflüssigkeit, anatomische Gegebenheiten wie beim großen, prominenten Augapfel des Vollbluts oder bei chemischen Kontakten wie etwa Insektenmitteln, im Auge beispielsweise infrage. Durch die Zerstörung der Oberfläche der Hornhaut kann diese nun auch leicht von Bakterien oder Pilzen infiziert werden. Daraus kann sich eine eitrige Hornhautentzündung entwickeln, je nachdem, ob nur die Oberfläche oder tiefere Strukturen betroffen sind ist. Obwohl bei einer Pilzinfektion das Hornhautgewebe mehr durchwandert wird, entstehen Schäden – begleitet von Ödemen, eitrigem Augenausfluss und Flecken von weißem oder grauem Material auf der Hornhautoberfläche.

Was macht der Tierarzt?

Die nichteitrige Entzündung ohne Hornhautdefekt wird mit Kortison, die eitrigen und bakteriell infizierten mit Antibiotika behandelt. Hier helfen auch Augentrostumschläge sehr gut *(s. Seite 214)*. Oft bleibt ein kleiner blau-weißer Fleck auf der Hornhautoberfläche zurück, der das Sehvermögen nur leicht beeinträchtigt. Bei tiefen Entzündungen, die mit der Verletzung der Oberfläche einhergehen, können auch stärkere Schädigungen zurückbleiben. Hier muss die Pupillenverengung durch Atropingabe weitgestellt werden. Da die Schädigungen zumeist gleichzeitig von Erregern befallen werden, muss hier eine Erregerdiagnose durchgeführt werden, um sinnvoll zu therapieren. Zudem hilft eine Therapie mit Vitamin A und entzündungshemmenden Mitteln. Bei Pilzinfektionen muss ein Antipilzmittel eingesetzt werden.

6.2 Verletzungen des Auges

Bei Ausritten, in Stall und auf der Weide kann es aus den verschiedensten Gründen zu einer Verletzung des Auges kommen. Solche Verletzungen sind nicht zu unterschätzen! Bei Pferden handelt es sich dabei immer um einen Notfall, der sofortige tierärztliche Behandlung erfordert. Wer mit einer Behandlung wartet, riskiert eine dauerhafte Beeinträchtigung der Sehfähigkeit. **Bitte nie Salben oder Tropfen vor der Untersuchung des Tierarztes ins Auge einbringen!**
Alle Verletzungen in der direkten Umgebung des Auges müssen von einem Tierarzt kontrolliert werden, da dabei das Auge selbst oft mitbetroffen ist.

C

6.2.1 Hornhautverletzungen

Beschädigungen der Hornhaut sind im Gegensatz zu Entzündungen recht häufig.

Was ist eine Hornhautverletzung?

Anzeichen: Bei Hornhautverletzungen zeigen die Pferde die eingangs genannten typischen Anzeichen wie starke Lichtscheu, Tränenfluss und Schmerzhaftigkeit. Hinzu kann starker Juckreiz kommen. Tiefe Defekte lassen Kammerwasser auslaufen, manchmal besteht eine Blutung in die vordere Augenkammer.
Ursachen: Solche Verletzungen können auf unterschiedliche Weise entstehen. Die Pferde können an spitze Gegenstände stoßen, sich beim Scheuern oder durch Draht verletzen. Auch Trittverletzungen oder Kratzer durch Ästchen kommen vor sowie Verletzungen durch einen Hieb mit der Gerte oder einen eingedrungenen Fremdkörper. Es werden oberflächliche von tiefen Wunden unterschieden. Bei einer tiefen Wunde wird das tiefere Gewebe der Hornhaut verletzt, die Hornhautschichten quellen auf und trüben sich. Von außen her wachsen zahlreiche kleine Gefäße ein. Werden alle Schichten durchtrennt, so kann die vordere Augenkammer eröffnet sein und Kammerwasser ausfließen. Oberflächliche Wunden sind mitunter schwer zu erkennen, meist ist die Umgebung des

Ein Augenumschlag lässt sich an einem Pferdekopftuch gut befestigen.

Defektes graublau eingetrübt und heilt vom Rand her aus.

Komplikationen: Eine Verletzung der Hornhaut kann immer zur Erblindung führen. Auch oberflächliche, leichte Hornhautwunden können durch den Juckreiz und das Scheuern der Pferde beträchtlich verschlimmert werden. Infiziert sich die Verletzung, können sich eitrige Hornhautentzündungen oder Hornhautgeschwüre entwickeln. Reicht das Geschwür tief ins Gewebe, könnten auch hier die Augenkammer eröffnet werden, die Linse vorfallen oder bleibende starke Trübungen entstehen; beides würde zum Verlust der Sehkraft führen. Meist wird dabei etwas Bindegewebe mit eingebaut, was später kleine, undurchsichtige Flecken in der Hornhaut verursachen kann.

Was macht der Tierarzt

Der Tierarzt kann durch eine spezielle Anfärbung die Tiefe und Ausdehnung des Hornhautdefektes ermitteln. Wenn sie oberflächlich sind, heilen diese Defekte, ohne eine Trübung zu hinterlassen, aus. Eine antibiotische Salbe schützt das Auge vor einer Infektion. Durch Aufquellen einzelner Bestandteile ist die Hornhaut meist schnell getrübt. Im Zuge der Heilung wachsen vom Rand her kleine Blutgefäße zum Defekt hin, die dieses Gebiet optimal versorgen. Dann repariert der Körper den Defekt in der Hornhaut durch die Bildung neuen Hornhautgewebes. Ist dies abgeschlossen, muss der Körper die kleinen Blutgefäße und das Bindegewebe wieder abbauen, damit die Hornhaut wieder klar wird. Der Tierarzt schützt während dieser Zeit das Auge mit einer Antibiotikasalbe vor Infektionen. Bei starken Schmerzen kann ein lokales Betäubungsmittel eingebracht werden, das die Heilung nicht stört. Kortisonsalben haben bei Hornhautdefekten nichts zu suchen, da sie die Heilung der äußeren Hornhautschicht stark behindern. Erst wenn die Hornhaut repariert ist, dürfen sie angewendet werden und helfen dann beim Abbau des überflüssigen Bindegewebes und bei der Rückbildung der Gefäße. Das Pferd sollte einen Augenschutzverband tragen. Bei tiefen Verletzungen muss die durchtrennte Hornhaut genäht werden. Die Wundränder werden mit Einzelheften verschlossen. Bei ausgedehnten Defekten gibt es die Möglichkeit einer Hornhauttransplantation. Selten wird zur schonenden Heilung das Auge mit einer Bindehautschürze operativ zeitweise verschlossen.

Was können Sie tun?

Gönnen Sie Ihrem Pferd Ruhe. Es braucht nun all seine Kräfte zum Heilen der Verletzung. Stärken Sie die Abwehr Ihres Pferdes und versorgen Sie es optimal mit Vitaminen und Mineralstoffen. Zum inneren Schutz vor Keimen füttern Sie ihm täglich Knoblauch und Sonnenhut.

Spülungen und Kräuter-Umschläge	• Umschläge mit Augentrostlösungen • Umschläge mit Schafgarbe, Eibisch und Salbei; *s. Seite 214 f.*
Akupressur	Ma 1, Le 3 und Ma 36 sowie Augenakupressur
Bachblüten	Elm, Impatiens, Rescue-/Notfalltropfen, Crab Apple
Heilkräuter	Geben Sie aus einer Mischung von 120 g Spitzwegerich, 120 g Beinwell, 100 g Augentrost, 100 g Schafgarbe, 100 g Brennnessel und 80 g Hagebutten täglich 50 g in das Futter geben.
Zusatz zum Futter	**Vitamine:** Möhren und Grünfutter/-mehle, Löwenzahn, Quecke, Brunnenkresse, Spitzwegerich oder Hagebutten zufüttern. **Mineralstoffe:** Obstessig und Blasentang 6 bis 8 Knoblauchzehen und 10 g Sonnenhut täglich ins Futter

6.2.2 Augenlidwunden

Wie erkennen Sie Augenlidverletzungen?

Anzeichen: Zu sehen ist eine mehr oder weniger stark blutende Wunde am Augenlid oder in der Umgebung des Auges, eingerissene Haut sowie ein geschwollenes, warmes Lid oder zugekniffenes Auge. Die Wunde blutet in der Regel zunächst stark, da das Lid gut durchblutet ist. Dieses lässt aber nach kurzer Zeit bereits wieder nach.

Ursachen: Risswunden an den Augenlidern können durch vorstehende Nägel, Haken oder Äste sowie durch Drähte (Stachel-, Schafdraht) entstehen.

Komplikationen: Wenn die Wundränder eintrocknen, verschmutzen oder sich infizieren, kann die Heilung trotz Vernähen lange dauern. Scheuert sich das Pferd am verletzten Auge, kann es zu schwerwiegenden Verschlimmerungen kommen. Wird die Behandlung verzögert, können die Wundränder ungleich zusammenwachsen oder stark vernarben. Diese Narben oder unebenen Lidränder kratzen bei jedem Wimpernschlag auf der Hornhaut und führen so zu einer ständigen Reizung.

Was macht der Tierarzt?

Lassen Sie alle, auch die kleineren Lidverletzungen vom Tierarzt kontrollieren. Häufig wird eine mitbetroffene Hornhaut übersehen. Meistens muss eine Lidrandwunde genäht werden.

Was können Sie tun?

Bringen Sie Ihr Pferd in den Schatten oder den dunklen Stall und lassen Sie schnellstmöglich den Tierarzt kommen. Im Stall sollten Sie den Patienten nicht alleine lassen, damit sichergestellt ist, dass er sich nicht scheuert. Um das Auge vor dem Austrocknen und vor Verschmutzung zu schützen, sollte die Wunde mit einer nass-feuchten (sterilen Kochsalzlösung oder Augentrostlösung) Kompresse abgedeckt werden. Zudem verhindert die Abdunkelung des Auges ein vermehrtes Blinzeln des Tieres, was einen zusätzlichen Reiz ausüben würde. Nach außen hin wird die Kompresse leicht mit einem Stückchen Gewebe-Klebeband am Fell befestigt. **Stärken Sie die Abwehr Ihres Pferdes** mit Brennnessel, Sonnenhut, Grünem Tee und Hagebutte sowie Obstessig. Überdies enthalten die Kräuter einige nötige Vitamine und Mineralstoffe. Dazu akupressieren Sie über

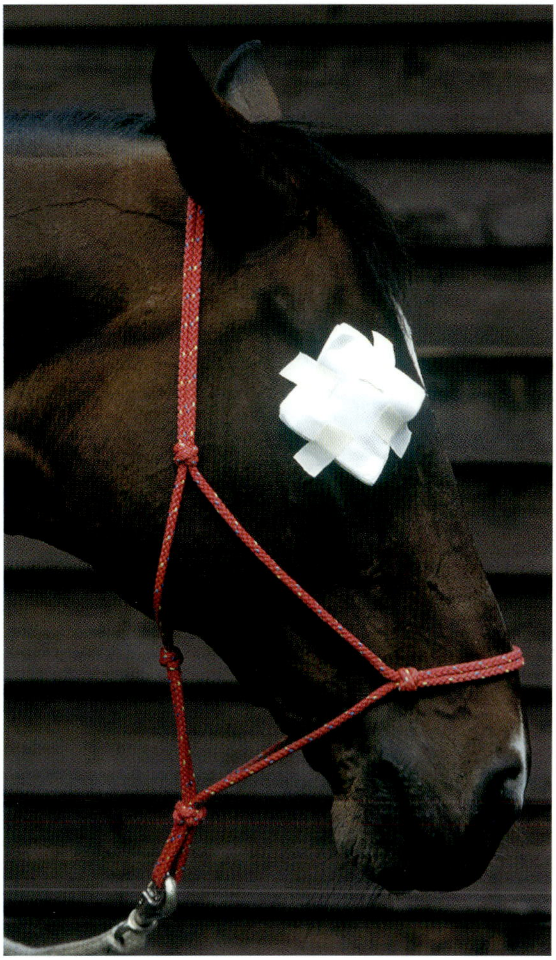

Feuchte Kompressen schützen die Wunde vor dem Austrocknen.

3 Wochen zweimal wochentlich Di 4 und 11 (leitet den Wind aus und stärken das Immunsystem), Gb 20 (stärkt die Abwehr und stillt Juckreiz), Ni 3 (stärkt die Abwehrkräfte) und MP 6 (stärkt die Mitte). So wird die Wunde schneller zuheilen. Ergänzen Sie die Behandlung mit den Bachblüten Crab Apple, Larch und Scleranthus. Heilt die Wunde schlecht, nehmen Sie Wild Oat dazu.

7. Krankheiten des Ohres

Krankheiten an den Ohren des Pferdes sind eher selten. Ab und an gelangt mal ein Fremdkörper in Form von Ästchen oder Getreidegrannen in die Ohren, was zu leichten Entzündungen führen kann. Auch die nur beim Pferd vorkommenden Ohrfisteln werden beobachtet. Nicht selten wachsen Equine Sarkoide (Hauttumore) am Ohr, die bei Behinderung operativ entfernt werden können *(s. Seite 204 f.)*.

7.1 Aufbau des Ohres

Das Ohr setzt sich zusammen aus dem äußeren, dem mittleren und dem inneren Ohr. Hier kommen Hörapparat und Gleichgewichtsorgan zusammen. **Das äußere Ohr** teilt sich auf in die Ohrmuschel, die das Ohr bewegenden Muskeln sowie den äußeren Gehörgang, der beim Trommelfell endet. Die Ohrmuschel fungiert als Auffangtrichter für die Geräusche. Mithilfe der Muskeln können beide Ohrmuscheln unabhängig voneinander bewegt und auch in verschiedene Richtungen gestellt werden. Die Ohrmuscheln sind jedoch nicht nur zum Hören da. Die Stellung der Ohren sagt einiges über die Stimmung des Pferdes aus. **Das mittlere Ohr** besteht aus der Paukenhöhle, den Gehörknöchelchen (Hammer, Amboss, Linsenbein und Steigbügel) und der Hörtrompete mit dem Luftsack. Die Gehörknöchelchen verbinden das Trommelfell mit dem Zugang zum Gehörorgan (Gehörschnecke) im Innenohr. Bei dem **inneren Ohr** unterscheidet man das eigentliche Gehörorgan (Gehörschnecke) und das Gleichgewichtsorgan. Die von der Ohrmuschel aufgenommenen Schallwellen werden über Trommelfell und Gehörknöchelchen weitergegeben, im Innenohr in mechanische Reize übertragen, die ihrerseits schließlich in der Gehörschnecke in Nervenreize umgesetzt werden. Diese leitet der Gehörnerv zum Gehirn weiter, wo die Information verarbeitet wird. **Das Gleichgewichtsorgan** ist ein hochsensibler Sinnesapparat zur Erhaltung des Gleichgewichtes. Die von ihm weitergegebenen Informationen werden im Gehirn verarbeitet und ermöglichen eine normale Kopf- und Körperhaltung. Hierbei sind vor allem die Schwerkraft und Informationen über die aktive und passive Veränderung der Körperlage des Pferdes wichtig.

Um eine Schallquelle zu lokalisieren, ist das Hören mit beiden Ohren wichtig. Da der Schall aufgrund des Abstandes beider Ohren etwas zeitversetzt die Trommelfelle erreicht, ist das Pferd in der Lage, die Richtung zu erkennen, aus der der Schall kommt.

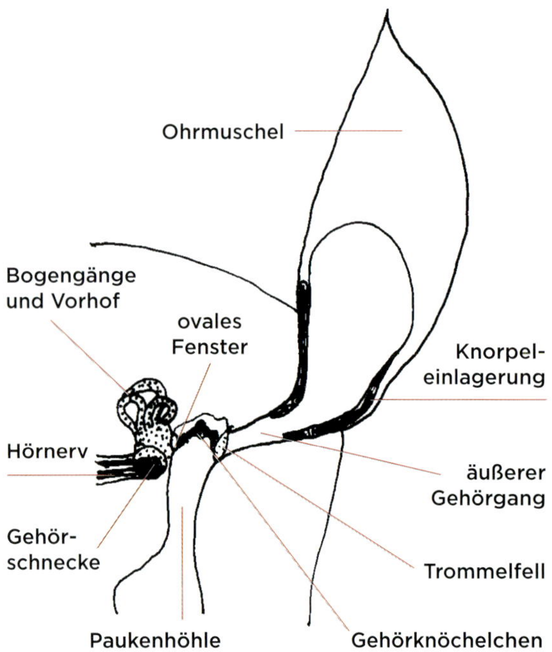

7.2 Juckreiz an den Ohren

Anzeichen: Ihr Pferd scheuert sich die Ohren an den Vorderbeinen, an Bäumen oder Boxwänden. Es schüttelt den Kopf oder stampft mit den Hufen. Manchmal kann dies die Ursache für ein Headshaking sein.

Ursache: Es kann sich dabei um eine Entzündung der Ohren handeln oder um einen starken Befall von Fliegen, was sich leicht anhand von Stichen und/oder den Exkrementen an den Innenseiten der Ohren nachweisen lässt. Manchmal findet sich in den Ohren eine braunschwarze, schmalzige Masse, die stark riecht und Fliegen anlockt. Häufig sind Milben darin enthalten. Darüber hinaus bilden sich oft leichte krustige Beläge. Dies kann ein Zeichen für die geschwächte Immunabwehr des Pferdes sein. Eine genaue Ursache ist bislang noch nicht erforscht.

Was macht der Tierarzt?

Der Tierarzt wird die Ohren säubern und die Entzündung der Ohren behandeln. Liegt nachweislich

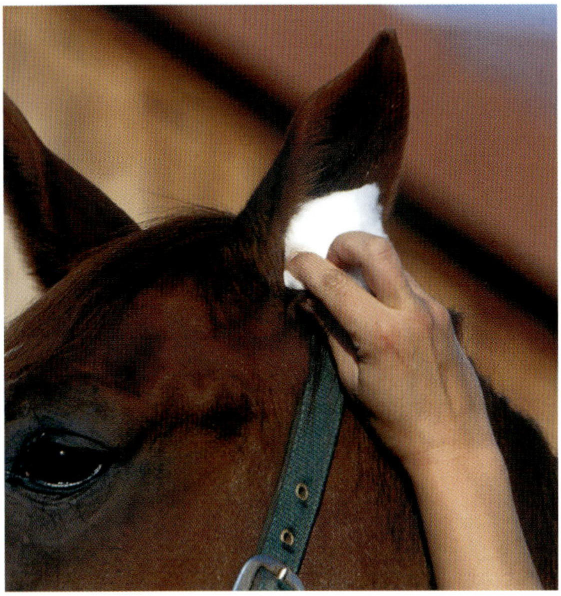

Säubern des Pferdeohres

ein Milbenbefall vor, so wird ein Antiparasitikum eingesetzt.

Was können Sie tun?

Leichte Verschmutzungen können Sie selbst mithilfe eines mit Babyöl benetzten Wattebausches reinigen. Damit können Sie auch den Fliegenkot leicht entfernen. Stiche beruhigen Sie mit einer dünn aufgetragenen Ringelblumensalbe.

7.3 Entzündung des Ohres (Otitis)

Die Entzündungen am Ohr werden eingeteilt in die Entzündungen der drei Ohrabschnitte: äußeres Ohr, mittleres Ohr und das Innenohr. Deshalb nennt man sie Otitis externa, media und interna. Bei der **Entzündung des äußeren Gehörs** ist meistens die Haut betroffen, die den äußeren Gehörgang auskleidet. Bei der **Entzündung des mittleren Ohres** *(Otitis media)* sind die Anteile des Mittelohrs entzündlich verändert. Dies geschieht meist durch bakterielle Infektionen, aber auch Viren und Tumore können die Entzündung auslösen. Zum Mittelohr gehören die Paukenhöhle, die Gehörknöchelchen Hammer, Amboss, Linsenbein und Steigbügel und die Hörtrompete. Die **Entzündung des inneren Ohrbereichs** betreffen das Hörorgan und das Gleichgewichtsorgan. Oft ist eine Entzündung des Mittelohrs von der des Innenohrs klinisch kaum abzugrenzen.

Anzeichen: Die Pferde zeigen starken Juckreiz an den Ohren. Deshalb schütteln die betroffenen Pferde oft heftig den Kopf oder scheuern selbigen an Boxenwänden oder den Vorderbeinen. Manche Pferde halten einfach nur den Kopf schief. Bei Ohrenschmerzen hält das Pferd die Ohren zur Seite. Dabei hängt das schmerzende Ohr tiefer. Das Pferd schüttelt häufig den Kopf und ist berührungsempfindlich. Bei einer Entzündung des Außenohres kann man entzündliche Absonderungen oder auch Krustenbildung erkennen.

Bei einer Mittelohrentzündung im akuten Stadium sind die Anzeichen vergleichbar mit denen der Otitis externa und sie erinnern sehr an das Headshaking. Beim chronischen Verlauf zeigen die Pferde oftmals eine Beeinträchtigung der Futteraufnahme und durch die Entzündung kann das Fressen sehr schmerzhaft werden. Zu den Anzeichen einer Innenohrentzündung gehören Taubheit, Taumeln (Ataxie), schlechteres Gleichgewicht, Kopfschiefhaltung zur erkrankten Seite hin oder sogar ein nervlich bedingtes Zucken der Pupille. Oft möchten die Pferde nichts mehr fressen, sie bekommen Fieber und ihnen geht es einfach schlecht.

Ursachen: Eine Entzündung des äußeren Ohres kann durch in die Ohrmuschel eindringende Fremdkörper wie Getreidegrannen, Strohhalme, Grassamen, Busch- oder Baumzweige verursacht werden. Die Innenfläche der Ohrmuschel trägt eigentlich neben der normalen behaarten Haut zusätzlich längere Schutzhaare, damit kein Staub, keine Parasiten oder Fremdkörper eindringen können. Wenn dieser Schutz aufgrund von Verletzungen oder vielleicht durch das Ausschneiden dieser Schutzhaare nicht mehr gegeben ist, können die oben genannten Fremdkörper leicht eindringen. Dadurch ist meistens auch die Selbstreinigung des Ohres beeinträchtigt, sodass sich an der inneren Ohrfläche und dem äußeren Gehörgang ein nässendes Ekzem bilden kann.

Es ist tierschutzwidrig, die Schutzhaare aus den Ohren zu schneiden oder zu rasieren! Es sollte auch unbedingt darauf verzichtet werden, den Kopf mit einem Wasserstrahl abzuspritzen, speziell in Richtung Ohren und Augen.

C

Eine Entzündung des inneren Ohres kann durch Übergreifen einer Entzündung sowie durch eine Infektion entstehen. Oft greifen Entzündungen von außen her auf das Mittelohr und dann weiter auf das Innenohr über. Aber auch über die Blutbahn kann es zu einer Infektion des inneren und mittleren Ohres kommen. Meist wird das Gleichgewichtsorgan in Mitleidenschaft gezogen und die Entzündung greift auf die knöchernen Anteile des Ohres über.

Komplikationen: Eine äußere Entzündung kann über das Trommelfell auf das Innenohr übergreifen und in Spätfolge den Gesichtsnerv lähmen. Es kann sich zu einem peripheren (in diesem Fall: nicht im Gehirn) Vestibularsyndrom, also zu einer Gleichgewichtsstörung entwickeln. Dabei ist das Pferd nicht mehr in Lage, gerade und ruhig zu gehen oder zu stehen. Es lehnt oder kreist zur betroffenen Seite hin, hält den Kopf schief und kann zu der Seite fallen oder sich schlimmstenfalls überschlagen.

Was macht der Tierarzt?

Eine Otitis externa bildet sich infolge des Eindringens von fremden Stoffen, deshalb ist die wichtigste Maßnahme, zunächst einmal den Auslöser zu finden und zu entfernen. Bei einer Verletzung muss diese unter Umständen chirurgisch korrigiert werden. Zudem wird der Tierarzt die Hautpartien des Ohres vorsichtig, aber gründlich säubern. Je nach Erregernachweis kann zur Behandlung ein Antibiotikum eingesetzt werden. Gut geeignet sind ölige Antibiotikalösungen, die lokal eingeträufelt werden. Mittels einer Endoskopie können das Trommelfell und der Luftsack begutachtet werden. Mit einem Röntgenbild können die krankhaften Veränderungen nur mangelhaft dargestellt werden.[10] Eine Innenohrentzündung kann nur mittels raschen Einsatzes von Antibiotika in den Griff bekommen werden.

Was können Sie tun?

Vorbeugend können Sie Ihrem Pferd, wenn es eine schlechte Behaarung der Ohrtüte aufweist, auf der Weide eine Fliegenschutzmaske mit Ohrenteil oder eine Ohrenkappe aufsetzen. **Dem Pferd dürfen keinesfalls die Haare aus den Ohren geschnitten oder geschoren werden.** Wenn sich Ihr Pferd bei einer *Otitis externa* noch am Ohr anfassen lässt, können sie sanft die Ohrtüte mit verdünnter Jodlösung feucht

Heilkräuter Umschläge	• Auswaschen und Umschläge mit verdünnter Jodlösung, ca. 6 Tropfen auf 250 ml Wasser • Umschläge aus Pfefferminze, Kamille, Spitzwegerich, Schafgarbe, Ringelblume
Akupressur	**Ohren:** Dü 19, Gb 2, 3, 3E 21, 22, Ma 7 **Fernpunkte/Stärkung des Immunsystems:** Di 4 und 11 **Stabilisierung der Mitte/Vorbeugung von Verdauungsproblemen:** Ma 36, 37
Tuina-Massage	Beginnend an der Stirn, dann zum Ohrgrund, um die Ohren und seitlich hinunter bis zum Backenkaumuskel massieren. Die Punkte Dü 19, Gb 2 und 3, 3E 21, 22 und Ma 7 werden dabei stimuliert.
Bachblüten	Rescue-/Notfalltropfen, Crab Apple, Impatiens, Larch
Futter	• Vitamin A und E in Form von geschnittenen Möhren und Grünfutter wie frisches Gras, Löwenzahn, Quecke, Brennnessel, Spitzwegerich, Brunnenkresse oder Kapuzinerkresse zufüttern. • Dazu etwas Öl wie Leinöl, Schwarzkümmelöl oder Nachtkerzenöl, ca. 20 bis 30 ml, immer wechselweise, hilft gegen die Entzündung und enthält viele wichtige Fettsäuren. Zudem geben die Öle auch Energie, wenn das Pferd weniger frisst. Dafür Leinöl in einer Menge von bis zu 40 ml/100 kg KGW geben, aber das Pferd bitte langsam daran gewöhnen. • Hat Ihr Pferd Probleme mit dem Kauen, füttern Sie ihm Mash mit den genannten Kräutern und aufgeweichte Grascobs.

auswischen und/oder eine feucht-kühlende Kompresse ins Ohr einlegen. Dafür machen Sie einem Tee aus Kamille, Pfefferminze, Schafgarbe, Spitzwegerich und Ringelblumen, den Sie gut abkühlen lassen, sogar noch etwas weiter kühlen (Kühlschrank). Das wirkt sehr angenehm, kühlend, entzündungshemmend und schmerzstillend. Sie müssen nicht alle Komponenten verwenden. Auch Augentrostlösung beruhigt die Haut. Traumeel® (innerlich) hilft ebenfalls bei Ohrentzündungen. Beschäftigen Sie sich mit Ihrem Pferd und lenken Sie es dadurch etwas von seinen gesundheitlichen Problemen ab. Bei einer Gleichgewichtsstörung akupressieren Sie beruhigende Punkte wie Yintang und Lenkergefäß 20. Wenn es keine Bewegungsstörungen hat, gehen Sie spazieren oder bewegen es leicht. Die Punkte

10 Mit einer Computertomografie (CT) könnte die Erkrankung gut dargestellt werden, sie ist aber sehr teuer.

Dü 19, Gb 2 und 3, 3E 21, 22 und Ma 7 sollten Sie akupressieren, sie helfen bei Ohrkrankheiten. Wenn Ihr Pferd sehr unruhig ist, beruhigen Sie es zuvor und machen dann eine Tuina-Massage um die Ohren, beginnend an der Stirn, dann zum Ohrgrund und seitlich hinunter bis zum Backenkaumuskel. So stimulieren Sie die genannten Punkte.

7.4 Ohrgrundfistel

Die Ohrgrundfistel ist keine eigenständige Erkrankung, es ist ein Symptom einer Grunderkrankung, die meistens angeboren ist. Klinisch auffällig wird die Fistel bei Pferden im Alter von 6 bis 18 Monaten.

Anzeichen: Aus einer kleinen behaarten Fistelöffnung am vorderen Rand der Ohrmuschel fließt ständig wenig wässrige bis eitrig schleimige Flüssigkeit. Das Fell wirkt von der Ohrbasis bis zum Kiefergelenk feucht und verschmiert, teils verkrustet. Oft besteht im Hautbereich um den Ohrgrund eine Hautentzündung.

Ursache: Diese Ohrfistel beruht auf einer in der Embryonalzeit versprengten Zahnanlage und reicht bis auf den Schädel. Manchmal werden bei einem Pferd auch zu viele Zähne angelegt und eine Zahnanlage gerät dann auf den anatomisch falschen Platz, zu nah am Ohr. Durch einen strohhalmdicken Fistelgang gelangt die im Gewebe des Ganges gebildete Flüssigkeit bis zur Öffnung. Meist sind ein- bis zweijährige Pferde betroffen.

Was macht der Tierarzt?

Hier hilft nur eine Operation.

Was können Sie tun?

Sie können die Operation vorbereitend und im Nachhinein unterstützen. Hier können Sie die unter 4.3 genannten Anwendungen sinngemäß übertragen. An Bachblüten setzen Sie vor der Operation Rescue-/Notfalltropfen und Crab Apple ein, nach der Operation Rescue-/Notfalltropfen, Crab Apple, Impatiens und Olive. Dazu sollten Sie eine Woche vor der Operation Heilkräuter ergänzen, die die Abwehr steigern wie Sonnenhut und Ringelblume. Die Stimulation der Punkte Di 4 und 11, Gb 20 und Lu 7 stärkt das Immunsystem. Nach der Operation eignen sich eher entzündungshemmende Heilkräuter. Die Akupressurpunkte Dü 19, Gb 2 und 3, 3E 21, 22 und Ma 7 helfen bei erkrankten Ohren, und Ma 36 und 37, um die Mitte zu stabilisieren.

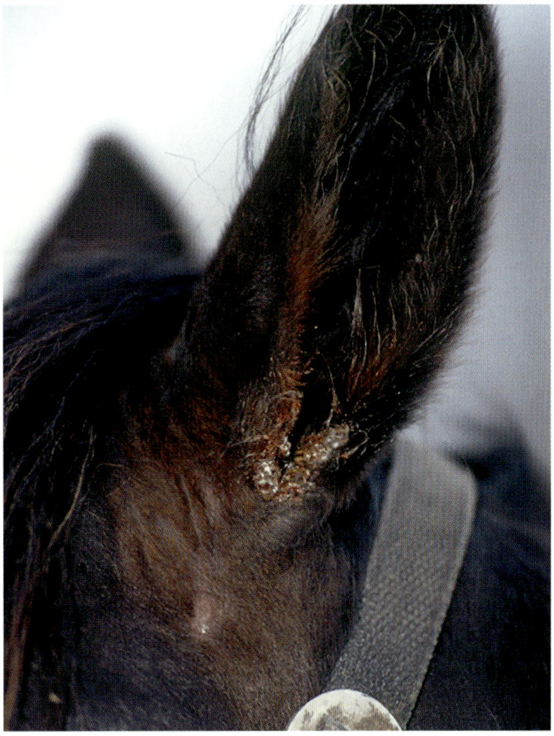

Eine Verletzung des Ohres sollte nicht unterschätzt werden.

7.5 Ohrverletzungen

Bei den Ohrverletzungen handelt es sich zumeist um Biss-, Riss- oder Quetschwunden.

Anzeichen: Blutige oder unblutige Verletzungen, Einrisse oder Ähnliches am Ohrknorpel. Oft fehlt ein Stück der Haut. Es kann sogar so weit gehen, dass ein Stück des Ohres fehlt.

Ursache: Die häufigste Ursache für Verletzungen an den Ohren sind Bisse von Artgenossen. Aber auch Drahtverletzungen bzw. Verletzungen durch Weidelitzen spielen hier eine Rolle. Da an den Ohren lediglich die äußere Haut direkt auf dem Knorpel liegt, wird bei Verletzungen der Knorpel freigelegt.

Was macht der Tierarzt?

Da der Knorpel ohne Versorgung durch die Haut und die Gefäße abstirbt, muss die Haut schnellstens wieder angenäht werden.

Wird ein Riss, beispielsweise durch Draht oder Biss, übersehen, kann er, wenn die Haut nicht großflächig verletzt ist und sich nicht infiziert, problemlos wieder heilen. Bleibt aber das Ohr gespalten, kann dieser Schönheitsfehler auch leicht operiert werden.

C

Von den Nüstern bis zur Lunge: Der Atemapparat

Der Atemapparat ist eines der empfindlichsten Organe des Pferdes. In Zusammenarbeit mit dem Herz-Kreislauf-System versorgt er den Körper kontinuierlich mit Sauerstoff und entsorgt das Kohlendioxyd mit der verbrauchten Luft. Das folgende Kapitel erklärt Ihnen, welchen Weg die Atemluft zurücklegt, welche Organe und anatomische Strukturen sie dabei passiert. Dies ist nötig, um die Hintergründe der einzelnen Erkrankungen besser verstehen zu können.

1. Anatomische Hintergründe

1.1 Der Weg der Atemluft

Auf ihrem Weg in die Lunge wird die Atemluft mehrere Male gereinigt, angefeuchtet und auf Körpertemperatur erwärmt. Dabei atmen die Pferde nur über die Nase, da ihr großes Gaumensegel eine Mundatmung verhindert. Die eingeatmete Luft gelangt über die Nüstern in die Nasenhöhle, die mit der Kiefer- und Stirnhöhle verbunden ist. Hier wird die Luft vorgereinigt und erwärmt. Vom Nasenraum gelangt die Luft durch den Kehlkopf in die Luftröhre. Diese besteht aus vielen aneinandergereihten Knorpelringen und erstreckt sich über die Länge des Pferdehalses bis in die Lunge. Zu Beginn der Lunge teilt sich die Luftröhre und geht in die luftleitenden Wege der Lunge, die Bronchien, über. Wie ein Baum mit Ästen und Trieben, so verzweigen sich die Bronchien immer weiter, ihr Durchmesser wird dabei immer kleiner. Auf diesem Weg gelangt die Atemluft immer tiefer in die Lunge. Schließlich passiert sie die kleinsten Verzweigungen, die Bronchiolen, bis sie schließlich die kleinste Einheit der Lunge, die Lungenbläschen *(Alveolen)* erreicht. Viele Millionen solcher Lungenbläschen befinden sich in der Lunge. Hier erfolgt der Austausch der Gase mit dem Blut. Die Lungenbläschen werden

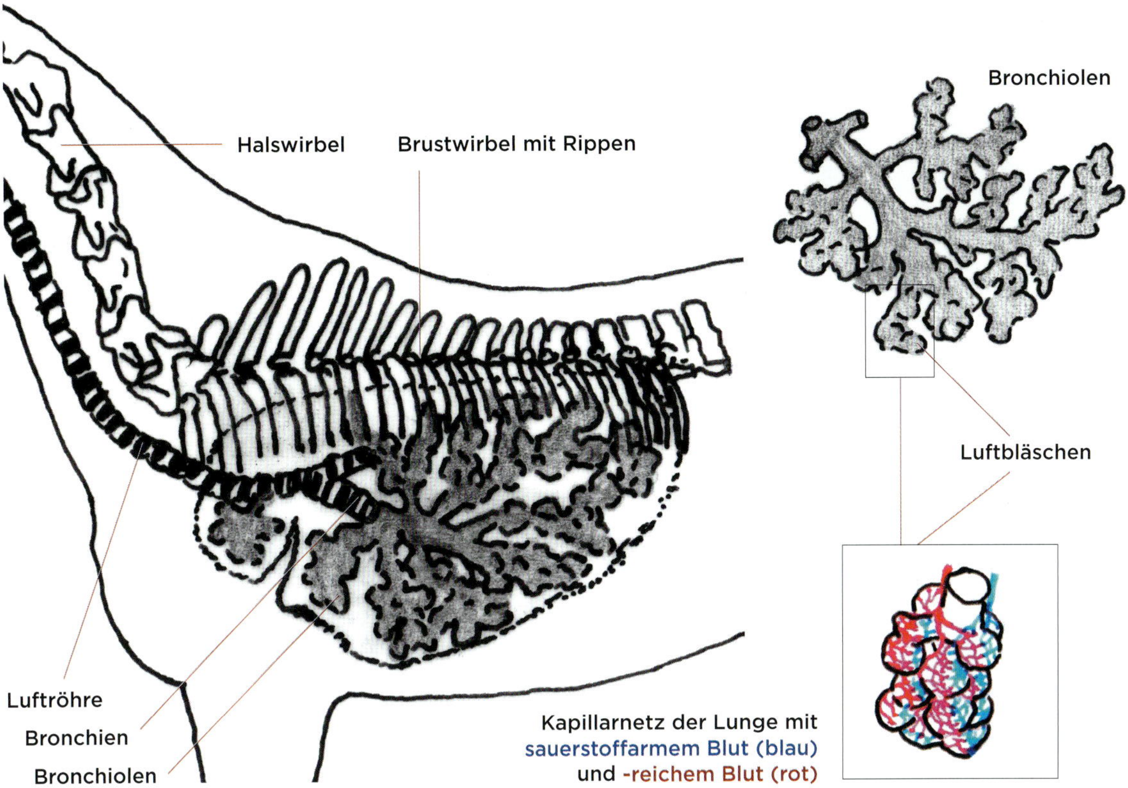

von winzigen Blutgefäßen umspannt, hier tritt der Sauerstoff ins Blut über. Der Sauerstoff wird über das Blut im ganzen Körper verteilt und an die Zellen abgegeben. Diese benötigen den Sauerstoff zur Energiegewinnung, um ihre Aufgaben erfüllen zu können. Abfallprodukt ist das Kohlendioxid, das im Blut aufgenommen, zur Lunge zurücktransportiert und wieder ausgeatmet wird.

Der gesamte Atemtrakt ist mit einer feuchten Schleimhaut ausgekleidet. Zum Schutze der Atemwege wird hier Schleim produziert, der die Verunreinigungen und Fremdkörper aus der Atemluft umhüllt. Auf der Schleimhaut sitzen in Luftröhre und Bronchien mikroskopisch kleine Flimmerhärchen, die sogenannten Zilien, die die Atemluft reinigen und in wellenförmigen Bewegungen für den Abtransport des Schleims sorgen.

1.2 Atmung

Im gesunden Zustand atmet ein Pferd mit Muskelkraft ein, neben den Brustmuskeln wird dafür vor allem das Zwerchfell eingesetzt, ein großer Muskel, der hinter der Lunge die Brust- von der Bauchhöhle trennt. Mit dem Zwerchfell wird die elastische Lunge ausgedehnt, es entsteht ein Unterdruck und die Luft wird eingesogen. Die Ausatmung dagegen geschieht hauptsächlich passiv durch das Erschlaffen der Atemmuskulatur sowie durch das Zusammenziehen des elastischen Lungengewebes. Bei verstärkter Atmung (bei Anstrengung) werden die Ausatmungsmuskeln der Brustwand eingesetzt. Reicht dies nicht, können auch die Bauchmuskeln die Ausatmung unterstützen. Beim erwachsenen Pferd beträgt die Atemfrequenz in Ruhe 8 bis 16 Atemzüge in der Minute, beim Fohlen 24 bis 30 Atemzüge. Nach Anstrengungen kann die Atemfrequenz auf 80 bis 100 Atemzüge ansteigen.

Der Puls schlägt in Ruhe beim erwachsenen Pferd 28- bis 40-mal, beim Fohlen bis zu 80-mal.

Nach Belastung kann dieser Wert auf bis zu 220 Schläge pro Minute steigen.

1.3 Störungen des Ablaufs

Diese physiologischen Vorgänge können leicht gestört werden. Die empfindliche Schleimhaut reagiert auf störende Reize (Staub, reizende Gase oder

Achten Sie auch auf die Staubentwicklung in der Reitbahn!

Fremdkörper) mit vermehrter Schleimproduktion. Dieser Schleim hüllt die Verunreinigungen ein und befördert sie mithilfe des Flimmerepithels nach draußen. Werden dabei die feinen Nervenenden in der Schleimhaut des Atemtraktes gereizt, so werden die Atemschutzreflexe wie Prusten, Husten und Niesen ausgelöst. Durch eine Vorschädigung der Schleimhaut liegen diese Nervenenden bei vielen Pferden ungeschützter, was zu leicht auslösbaren Reflexen führt. Die eigentliche Funktion des Hustens, Prustens und Schnaubens ist es, den Schleim und eventuelle Fremdkörper aus den Atemwegen nach außen zu transportieren. Dabei sind Prusten und Schnauben Reaktionen auf eine Reizung des Nasenraums und Husten eine Reaktion auf eine Reizung des Kehlkopfs, der Luftröhre oder der Bronchien.

Erkältungskrankheiten entstehen bei Pferden ähnlich wie beim Menschen häufig in Zeiten verminderter Körperabwehr. Etwa während der langen Stallperiode mit wenig frischer Luft, nach überstandener Erkrankung, nach Überanstrengung, Unterkühlung oder durch sonstige schädliche Einflüsse. Daneben ist der Atemapparat andauernden Belastungen ausgesetzt. Smog, Umweltverschmutzung und Pilzsporen in Kraft-, Raufutter sowie der Reitbahn führen immer häufiger zu allergischen Reaktionen. Die Atemwege der meisten Boxenpferde werden zudem noch durch ein schlechtes, zu trockenes bzw. schlecht belüftetes Stallklima belastet. Dazu reizen die Ammoniakgase bei Strohmatratze in der Box die Schleimhäute stark und führen, zusammen mit der starken Staubbelastung in Stall und Reitbahn, zu einer Vorschädigung der Schleimhäute.

Im Spätherbst und Winter sind die Schleimhäute des Atemtrakts nahezu ausschließlich der zu trockenen, meist belasteten Luft des Stalls und der Reithalle ausgesetzt. Sie können sich nur sehr wenig an der frischen Luft regenerieren und so kommt es besonders in dieser Jahreszeit schnell zu einer Atemwegserkrankung.

Sowohl für Bakterien als auch für Viren ist es unter diesen Voraussetzungen leicht, sich im Körper festzusetzen. Bei gefährlicheren Viren, wie den Influenzaviren, genügt bereits diese Infektion, um eine Erkrankung auszulösen. Oft kommt aber noch eine Zweit- oder Folgeinfektion durch Bakterien hinzu. Die geschwächte Körperabwehr ist dann nicht mehr in der Lage, die Bakterien zu bekämpfen und so können sich eitrige Entzündungen in den Atemorganen entwickeln.

Eine sichere Unterscheidung zwischen einer einfachen Kehlkopfreizung, akutem, chronischem oder allergischem Husten, Lungenentzündung oder anderen Lungenerkrankungen kann nur Ihr Tierarzt treffen.

2. Was können Sie zur Vorsorge und zur Behandlung von Atemwegserkrankungen tun?

2.1 Vorsorge und Hygiene

Das Stallklima hat einen wesentlichen Einfluss auf die Gesundheit Ihres Pferdes. Eine helle, luftige Box und nicht zu trockene Luft tragen wesentlich zum Wohlbefinden und zur Gesundheit Ihres Pferdes bei. In diesem Zusammenhang spielt auch die Staubentwicklung eine große Rolle, denn **Staub** wie auch **Ammoniak** erschweren das Luftholen und reizen die Atemwege. Ammoniak entsteht durch die mikrobielle Zersetzung des Proteins und Harnstoffs in Pferdeurin und -kot und ist toxisch. Es schädigt die Schleimhäute des Atemtraktes und auf Dauer auch die Hufe. Die Ammoniakbelastung ist von der Art der Einstreu und der Säuberung abhängig. Zudem ist sie bei gleichen Bedingungen in einer Außenbox deutlich geringer als in einer Innenbox. Durch täg-

Das Befeuchten der Stallgasse vor dem Fegen ist eine einfache, aber effektive Maßnahme.

liches Entfernen des Pferdekots und der Nassstellen aus der Pferdebox lässt sie sich mindern. Trotzdem verbleibt noch einiges an Ammoniak in der Luft. Auch die Staubentwicklung lässt sich durch einige einfache Maßnahmen auf ein Minimum reduzieren. Misten und streuen Sie nicht ein, wenn Pferde im Stall stehen, möglichst auch nicht, wenn sich Pferde in der Nachbarbox befinden. Feuchten Sie vor dem Fegen die Stallgasse an.

Einstreu

Je nach Schwere der Belastung und Erkrankung ist in manchen Fällen eine Umstellung auf eine möglichst staub- und ammoniakfreie Einstreu nötig. Hanf, Leinstroh, staubfreie gewaschene Sägespäne oder Weichholzspäne erfüllen diese Vorgaben. Hanf ist eine extrem schnell wachsende Pflanze, die weder Dünger noch Pestizide braucht und deshalb kaum Allergien auslöst. Nach seiner Aufbereitung ist das Endprodukt so trocken, dass keine Schimmelpilze mehr darauf wachsen können. Die auf deutschen Äckern wachsenden Sorten enthalten keinerlei Rauschmittel, wie viele befürchten. Flachs zum Einstreuen ist entstaubtes Leinstroh. Es ist kostengünstiger als Stroh, da weniger Verbrauch, vermindert die Bildung von Ammoniak, ist staubfrei und es kann das 4,5-fache seines Volumens an Feuchtigkeit aufnehmen. Dazu ist es für Pferde sehr bequem zu liegen und ergibt im Gegensatz zu den nur schwer abbaubaren Spänen einen fruchtbaren, ph-neutralen Dünger. Daneben gibt es verschiedenen Sorten Einstreupellets.

Von den benötigten Einstreueigenschaften her gesehen plus leichter Verfügbarkeit und Entsorgbarkeit scheinen sich Hanf oder Leinstroh als Einstreu für empfindliche Pferde am besten zu eignen.
Leidet Ihr Pferd öfter unter Entzündungen der Atemwege, ist über einen Umzug in eine Außenbox nachdenken. Am besten eine Außenbox mit Auslauf davor oder ein Offenstall. Da sich die Lunge an der frischen Luft sehr gut erholt, sollten Sie Ihrem Pferd darüber hinaus den regelmäßigen Aufenthalt auf einer Weide mit anderen Pferden ermöglichen.

Staub und Keime

Natürlich handelt es sich nicht nur um einfachen Staub, also Erd- oder Schmutzpartikel in der Luft, der den Pferden zu schaffen macht. Je nach den Umständen variiert die Partikelzusammensetzung des Staubes in der Stallluft. Besonders in den Fütterungszeiten steigt die Partikelanzahl an. Der Staub enthält dann Infektionserreger wie Bakterien und Pilzsporen und deren Toxine, die mit dem Staub in der Luft verteilt werden. Daneben finden sich noch kleine Bestandteile aus dem Futter wie Samen, Grannen, Blütenteile, aber auch Futterverunreiniger wie Milben.
Das beständige mechanische Reizen der Zellen der Atemschleimhaut durch den Staub sowie das allergene Potenzial der Keime kann bei empfindlichen älteren oder geschwächten Tieren mit schlechter Immunabwehr Allergien auslösen. Bei Pferden, die schon an chronischen oder allergischen Atemwegserkrankungen leiden, kann schon mit geringeren Mengen ein neuer Schub ausgelöst werden. Aber auch bei gesunden Tieren oder Sportpferden, die vermehrt belastet werden, kommt es früher oder später zu Schädigungen im Atemtrakt mit oder ohne Auftreten einer Allergie. Eine Allergie ist eine Überreaktion des Immunsystems auf ein Allergen. Besonders viele Keime und häufig auch Pilzsporen finden sich im Heu, das von schlechter Qualität ist. Viele Besitzer von Pferden mit Atemwegsproblemen bevorzugen deshalb Heulage.

Heulage und Heucobs

Manche Halter gehen dann dazu über, Heulage zu füttern, was jedoch von manchen Pferden nicht so gut vertragen wird. Sie reagieren mit Kotwasser oder Durchfall darauf. Heulage ist geschnittenes Gras,

C

das auf weniger als 50% Wassergehalt angewelkt bzw. getrocknet wurde, einen Rohfasergehalt von 25 bis 30% in der Trockensubstanz und einen hohen Gräseranteil hat. Das Gras wird nach 2 bis 3 Tagen Trocknung gepresst/verdichtet und mit einer Spezialfolie luftdicht mehrmals umwickelt. Nun ist das Heu luftdicht verpackt. Die Konservierungsmethode, die als Silierung bezeichnet wird, ergibt sich durch den Verbrauch des Restsauerstoffs und die Bildung organischer Säuren wie Milchsäure und Essigsäure durch Mikroorganismen. Es kommt hierbei kaum zum Verlust von Nährstoffen. Vorteile der Heulage sind für den Hersteller der geringere Arbeitsaufwand und durch die schnelle Trocknung ist die Heulage etwas weniger stark vom Wetter abhängig. Die Ballen müssen sehr vorsichtig transportiert werden, sie dürfen keinesfalls aufreißen, können aber auf festem Untergrund draußen im Schatten gelagert werden.

Die Qualität der Heulage steht und fällt mit der Qualität des Grases. Bei guter Qualität ist die Heulage dem Heu ebenbürtig. Die Vorteile für den Anwender bzw. das Pferd sind, dass die dem Ballen entnommene Heulage nicht wie Heu staubt und einen geringeren Fruktangehalt (Pflanzenzucker) durch den Gärprozess vorweisen kann. Nachteile der Heulage sind die Gefahr des Schimmelns und die Notwendigkeit, den geöffneten Ballen innerhalb von 2 Tagen zu verbrauchen. Beim Öffnen sollte die Heulage angenehm riechen, säuerlich-aromatisch bis brotartig-fruchtig (muffig-modriger Geruch ist ein Hinweis auf Schimmelbefall), und vor dem Füttern aufgeschüttelt werden. Ein Nachteil ist besonders die Gefahr des Befalls mit bakteriellen Erregern wie Listerien, Clostridien oder dem Toxin von *Clostridium botulinum* *(s. Seite 389)*. Alle drei können durch Erdverunreinigungen oder Letzteres auch durch Tierkadaver in die Heulage gelangen. Letzteres ist bei Heu ebenso möglich. Der pH-Wert der Heulage darf nicht über 4,2 liegen, dann sind fäulniserregende Keime und Krankheitserreger keine Gefahr mehr. Allerdings ist dieser ph-Wert schon recht sauer, was für den Verdauungstrakt problematisch werden kann. Diese Säure muss durch das körpereigene Natriumbikarbonat und andere basische Mineralien ausgeglichen werden. Deshalb ist die ausreichende Versorgung mit Mineralien wichtig. Bei der Silierung, also der Herstellung der Heulage, entstehen biogene Amine[1], die in der Leber abgebaut werden müssen. Viele Pferde reagieren darauf mit Durchfall und Blähungen.

Manche Pferdehalter füttern zur Ergänzung oder als Ersatz bei schlechter Heuqualität Heuhäcksel oder Heucobs. Dabei handelt es sich um später geschnittenes, gehäckseltes und getrocknetes Heu. Cobs werden zusätzlich gepresst und haben den Vorteil, nicht zu stauben. Es gibt sie in recht unterschiedlicher Größe, sie sind jedoch immer recht kurz geschnitten. Die Cobs müssen eingeweicht verfüttert werden, da ansonsten die Gefahr einer Schlundverstopfung droht. Es sollte ein fester, strukturierter Brei entstehen. Der Nachteil ist, dass das Pferd nicht viel kauen muss und auch deshalb nicht so lange damit beschäftigt ist. Durch das ungenügende Kauen kann es zu Problemen beim Übergang in den Blinddarm (Teil des Dickdarms) in Form einer Verstopfungskolik kommen. Zudem werden die Pferde nicht satt und der Zahnabrieb fehlt. Das Sättigungsgefühl erfolgt nicht durch die Füllung des Magens, sondern durch eine ausreichende Kautätigkeit. Dabei wird Speichel durch das Zusammenpressen der Speicheldrüsen freigesetzt. Diese Gründe sprechen dagegen, Cobs als kompletten Ersatz für das Raufutter einzusetzen. Neben Gras bleibt also Heu das beste Pferdefutter und es sollte möglichst nur teilweise durch andere Futtermittel ersetzt bzw. ergänzt werden.

Bewässern/Bedampfen

Bei Pferden mit empfindlichen Atemtrakt wird versucht, die Allergene vor dem Verfüttern aus dem Heu herauszuwaschen und den Staub im Kraftfutter zu binden. Dazu sollten Sie den Heuballen für einige Zeit vor dem Verfüttern in leicht gesalzenes Wasser (1 TL auf einen Eimer) in einer Wanne untertauchen. Es ist genug gewässert, wenn der Ballen innen nass geworden ist. Loses/aufgeschütteltes Heu wird in das Wasser getaucht, bis es richtig durchnässt ist. Bleibt das Heu zu lange im Wasser, kann ein Teil der Nährstoffe aus dem Heu ausgewaschen werden. Es lediglich mit der Gießkanne

1 Erklärung: Biogene Amine sind Stoffwechselprodukte, die natürlicherweise in menschlichen, pflanzlichen und tierischen Zellen vorkommen. Der wichtigste Vertreter der biogenen Amine ist das Histamin.

zu besprengen nutzt nichts! Das gewässerte Heu muss sofort verfüttert werden, damit es nicht wieder zur Brutstätte von Bakterien wird. Inzwischen gibt es die geeignete Methode des Heubedampfens. Hierbei wird das Heu mit heißem Wasserdampft durchzogen, der die Keime minimiert und den Staub entfernt, aber die Nährstoffe des Heus erhält. Das Heu ist nicht so nass, nur feucht und duftet angenehm. Die Pferde fressen dieses saubere, lockere Heu sehr gerne. Wer kein Geld für einen teuren Bedampfer ausgeben möchte, kann im Internet verschiedene Bauanleitungen zum Eigenbau finden. Meist werden dazu neue Mülltonnen verwendet. Es bedarf keiner übermäßigen handwerklichen Geschicklichkeit für einen solchen Bau. Man kann dazu ein professionelles Bedampfungsgerät kaufen oder einfach ein Dampftapetenablösegerät nutzen.

Der Staubgehalt des Heus hängt eng mit seiner Qualität zusammen.

Vor dem Verfüttern sollte das Heu gewaschen werden.

2.2 Verbesserung des Allgemeinzustands

Bei schlechtem Allgemeinzustand ist Ihr Pferd anfälliger für Atemwegserkrankungen. Gutes Futter sowie eine gute Versorgung mit Vitaminen und Mineralstoffen stärken seinen Allgemeinzustand. Ist Ihr Pferd durch die Krankheit geschwächt, so sollten Sie ihm zur allgemeinen Stärkung sowie zum Aufbau der Abwehrkräfte täglich einen Schuss Apfelessig ins Futter geben und viel Obst gönnen. Das versorgt Ihr Pferd mit wertvollen Mineralien und Vitaminen und hebt das Wohlbefinden. Trotz des etwas scharfen Geruchs wird der Apfelessig in der Regel von den Pferden gerne genommen. Sie werden feststellen, dass Ihr Pferd als kleinen Nebeneffekt glänzenderes Fell bekommt.

Darüber hinaus können **schleimlösende Heilkräuter** helfen, die Atemwege zu reinigen *(s. Seite 238)*. **Apfelessig, Klette** und **Brennnessel** reinigen das Blut und fördern die Ausscheidung der Abfallprodukte im Körper.

Weißer Joghurt baut insbesondere nach Antibiotikabehandlungen die Darmflora wieder auf und schmeckt den Pferden am besten, wenn er mit etwas Honig gesüßt wird.

Sanfte Massagen, bei denen Sie mit den Fingerspitzen in kreisenden Bewegungen durch das Fell am Pferdekörper fahren, regen das Lymphgefäßsystem an und helfen beim Abtransport der Abfallstoffe.

Tuina-Behandlung: Zur Stärkung des Lungen- und Abwehr-Qi massieren und kneten Sie den Verlauf des Lungen-Meridians von der Vorderbrust die Innenseite des Vorderbeins bis zum Huf hinunter. Streichen Sie zuerst den Verlauf ruhig und in sanften Streichbewegungen aus, dann erst beginnen Sie mit dem Massieren und Kneten. Bei den Punkten Lu 7 und Lu 9 sollten Sie kreisend-drückend (RouAn) und einige Zeit, 60 bis 90 Sekunden, verweilen. Das Gleiche bei Punkt Di 4. Führen Sie dieses während der Behandlung 5-mal hintereinander ruhig aus.

Mit **Akupressur** können Sie die Abwehr steigern *(s. unten)* und das Allgemeinbefinden verbessern. Dafür wählen Sie die Punkte Di 4 und Di 11 (stärkt die Abwehr), Ma 36 (baut auf, stärkt das Qi), Ni 3 und MP 6 (stärken die Mitte). Die Bachblüte Olive stärkt Körper und Geist und kann nötigenfalls mit Walnut kombiniert werden.

2.3 Steigerung der Abwehr

Zahlreiche Erkrankungen können sich im Körper erst dann festsetzen, wenn die Abwehr des Pferdes geschwächt ist. Viel **Bewegung in frischer Luft und bei Sonnenschein** erhalten die Abwehr aktiv und Ihr Pferd gesund. Zudem werden durch **regelmäßigen Weidegang** und die damit verbundene frische und saubere Luft die Atemwege Ihres Pferdes wi-

C

derstandsfähiger. **Heilkräuter** wie Brennnessel, Sonnenhut, Grüner Tee und Hagebutte sowie Apfelessig steigern die Abwehr und versorgen den Pferdekörper zusätzlich zum Futter mit vielen nötigen Vitaminen und Mineralstoffen. **Akupressur**, über 3 bis 4 Wochen angewandt, kann ebenfalls die Widerstandskraft steigern. Akupressieren Sie zweimal täglich Di 4 und Di 11 (leiten den Wind aus und erhöhen die Abwehr), Gb 20 und Ni 3 (stärken die Abwehr) und MP 6 (stärkt die Mitte). Dazu geben Sie über einige Wochen hinweg die Bachblüte Crab Apple.

Die Zutaten für Mash für Hustenpferde sind von hinten links bis vorn rechts: Apfelessig, Melasse, Honig, Joghurt, Leinsamen und die Kräutermischung – bestehend aus Huflattich, Salbei, Süßholz, Fichtennadeln, Anis, Brennnesseln, Thymian und Hagebuttenschalen.

3. Fütterung von empfindlichen und kranken Pferden

Das Wichtigste bei der Fütterung von atemwegsempfindlichen und -kranken Pferden ist die Qualität des Futters und der Einstreu. Gerade das Raufutter sollte hygienisch einwandfreie hochwertige Qualität haben und staubarm sein. Ist dies nicht zu bekommen, muss das Heu gesäubert werden. Prüfen Sie das Raufutter wie auch das Kraftfutter regelmäßig auf Schimmelpilzbefall. Denken Sie bitte daran, dass Quetschhafer nur maximal 2 Wochen lagerfähig ist. Den Staub des Getreides können Sie mit Futteröl, Apfelessig, Heilkräutertee oder Wasser binden. So gelangen die Keime nicht in den Atemtrakt, sondern in den Magen, wo sie durch die Magensäure zersetzt werden. Empfehlenswert ist auch die pelletierte Form des Kraftfutters. Darüber hinaus empfiehlt es sich, Pferde, die zu Atemwegserkrankungen neigen, aus einem Eimer/Trog oder einer Schüssel vom Boden zu füttern. So können die Sekrete besser ablaufen.

Eine futtertechnische Maßnahme zur Begrenzung des Ammoniakgehalts in der Stallluft aufgrund von zu hohem Proteinanteil im Futter wäre die Senkung des Proteinanteils auf den angemessenen Bedarf (6 g dvRp/einem MJ Energie täglich oder 3 g dvRp/kg metabolisches KGW), um die Ausscheidung des Stickstoffgehalts auf das nötige Minimum zu reduzieren. Wird der Stickstoffgehalt in den Pferdeausscheidungen reduziert, steht weniger Material zur Ammoniakbildung zur Verfügung.

Optimieren Sie die Nährstoffversorgung Ihres Pferdes. Vitamin A wird auch das Epithelschutzvitamin genannt, es ist u.a. wichtig für die Atemwege. In kommerziellem Mischfutter ist genug enthalten Ebenso ist in gutem Heu genug ß-Karotin, die Vorstufe von Vitamin A, verfügbar. Durch längere Lagerung enthält das Heu nicht mehr ausreichend ß-Karotin und muss beispielsweise mit Möhren ergänzt werden. Dazu sollten genügend antioxidativ wirkende Stoffe wie Vitamin C und E und Selen im Futter vorhanden sein, außerdem Leinöl mit einem hohen Anteil an Omega-3-Fettsäuren. Liegen Entzündungen in den Atemwegen vor, eigenen sich die Pflanzenöle von Schwarzkümmel, Borretsch und Nachtkerzen in einer Menge von 15 bis 25 ml pro Tier und Tag.

Wenn Ihr Pferd geschwächt ist oder wenig frisst, empfiehlt es sich, ihm **Mash** zuzufüttern. Auch hier können Sie wohltuende Heilkräuter mit untermischen. Ähnlich wie bei der Zubereitung des Mashs für alte Pferde *(s. Seite 170)* wird auch bei Mash für Hustenpferde der Leinsamen (100 g) gekocht (20 Minuten in 1 bis 2 l Wasser). In den letzten 5 Minuten der Mash-Zubereitung gibt man 1 bis 2 Handvoll einer Mischung aus Süßholz, Fichtennadel, Klette, Salbei, Huflattich, Anis, Brennnessel, Eibisch,

Irisch Moos, Hagebutte, Kamille und Thymian in den Topf. Diese Kräuter wirken schleimlösend, blutreinigend und reparieren mit ihren Schleimstoffen die angegriffene und gereizte Schleimhaut des Atemtrakts. Im Anschluss an das Kochen wird der Leinsamen mit einer Handvoll Quetschhafer und 500 g Weizenkleie sowie etwas Kochsalz vermengt. Dann durchmischen Sie mit etwas Wasser gut die Masse und fügen für den besseren Geschmack 2 EL Honig hinzu.

Leidet Ihr Pferd unter Nasenausfluss, reinigen Sie ihm die Nüstern täglich mit einer Kamillenlösung und tragen Sie danach dünn Heilsalbe auf. Sollte eine antibiotische Behandlung der Atemwegserkrankung nötig sein, sollten Sie die Darmflora danach mithilfe von Pre- und Probiotika *(s. Seite 316 f.)* wieder sanieren.

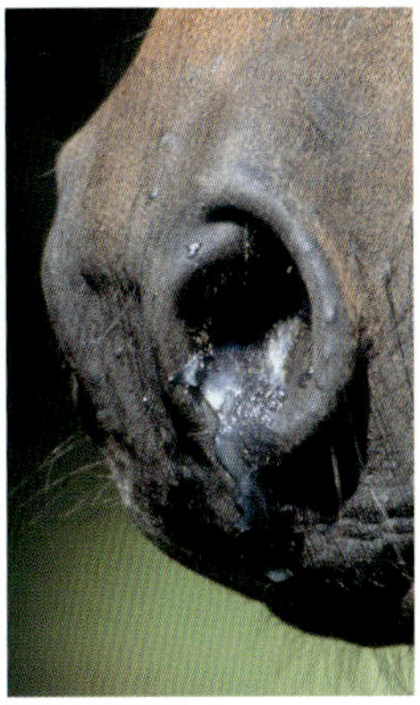

Wässrig-schleimiger Nasenausfluss in Ruhe ist nicht normal!

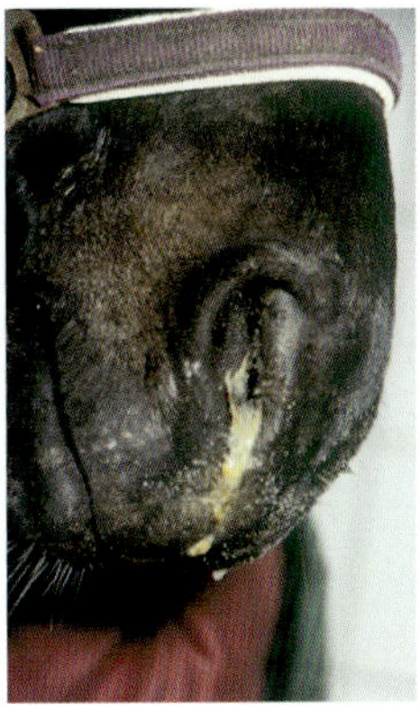

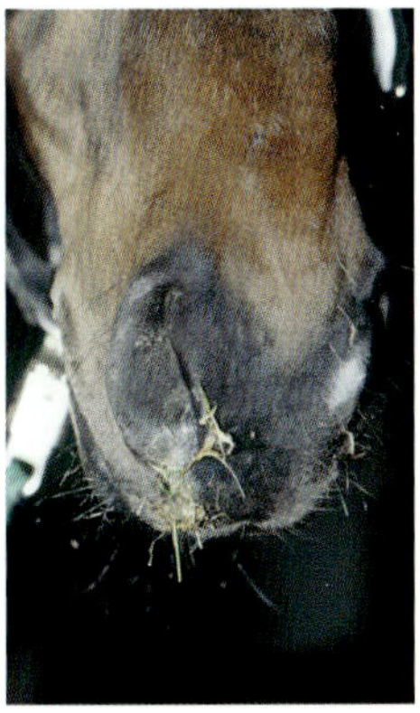

Bei bakterieller Beteiligung wird der Nasenausfluss zähflüssiger und eitrig.

4. Wenn die Krankheit ausgebrochen ist

4.1 Anzeichen für Erkrankungen des Atemtrakts

- erhöhte Körpertemperatur von mehr als 38,5 °C
- erhöhter Ruhepuls bis 50 oder 60
- meist erhöhte Atemfrequenz (>18 Atemzüge pro Minuten), erschwerte und flachere Atmung
- Fressunlust
- Schüttelfrost
- auffällige Müdigkeit und Leistungsabfall
- Nasenausfluss
- blutiger Nasenausfluss
- Arbeitsunlust
- Husten mit oder ohne Nasenausfluss
- Hustenreaktion auf Staubentwicklung
- geschwollene Lymphknoten (zwischen den Unterkieferästen und in der Ganaschengegend)
  - ➤ Lymphknoten nehmen eine wichtige Stellung in der Abwehr des Körpers ein. Sind sie geschwollen und/oder schmerzempfindlich, ist dies ein Zeichen, dass das Abwehrsystem des Körpers eingedrungene Viren oder Bakterien bekämpft.

Bei den Erkrankungen des Atemtrakts kommt dem Nasenausfluss eine besondere Bedeutung zu. Nach Anstrengungen ist ein wässrig-klarer Nasenausfluss absolut normal. Bei einer Virusinfektion des Atemapparats ist oft bereits in Ruhe als deutliches Krankheitszeichen ein schleimig-wässriger Nasenausfluss festzustellen.

Wird der Atemtrakt durch Bakterien infiziert, verändert sich die Konsistenz des Ausflusses, er wird gelblich eitrig oder grünlich eitrig und zäher.

4.2 Behandlungstipps

Wichtig ist in erster Linie, dem erkrankten Pferd Ruhe zu gönnen. Leider fangen viel zu viele Reiter oft zu früh wieder mit der Arbeit an und riskieren damit neben einem Rückfall auch ernst zu nehmende Komplikationen. Nur wenn Sie lange genug mit der Arbeit aussetzen und nicht zu früh wieder beginnen, kann eine Atemwegserkrankung richtig ausheilen!

Des Weiteren sollten Sie schwer erkrankte Pferde Pferde, bei denen eine Infektionskrankheit nachgewiesen ist, isolieren, um nicht noch weitere Pferde anzustecken. Sorgen Sie für viel frische Luft, aber ohne Durchzug. Halten Sie Ihr Pferd warm, eventuell mit einer Decke.

Bewegung an frischer Luft tut Ihrem Pferd immer gut. Gehen Sie viel im Schritt spazieren und legen Sie je nach Wetterlage eine Decke auf.

Hausmittel:

- **Reinigen** Sie die Nüstern Ihres Pferdes täglich mit einer Kamillenlösung (Kamillentee oder Ka-

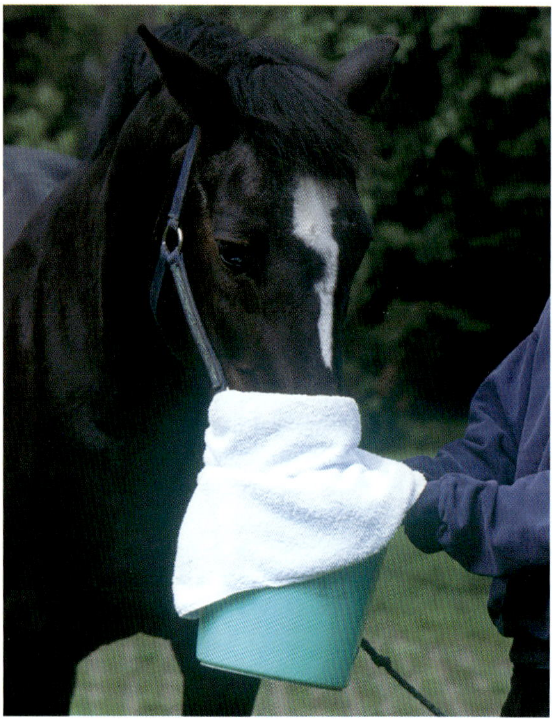

Die meisten Pferde genießen das Inhalieren.

C

millosan – 5 Tropfen auf einen Becher lauwarmes Wasser). Danach tragen Sie Ringelblumensalbe mit Vitamin E oder Rescue-Salbe auf. Eine milde Wund- und Heilsalbe (Panthenolsalbe) tut auch gute Dienste.

- **Inhalieren:** Eines der ältesten und besten Hausmittel ist das Inhalieren mit Kamillenblüten, Pfefferminze, Thymian- oder Eukalyptusöl. Wenn es möglich ist, sollten Sie für diese Anwendung zweimal täglich ca. 15 Minuten einplanen. Es gibt verschiedene Methoden, ein Pferd inhalieren zu lassen:
  1. Stellen Sie einen Eimer in die Futterkrippe und füllen 2 Handvoll getrocknete Kamillenblüten oder einige Tropfen Thymianöl (Eukalyptusöl sollte sehr sparsam verwendet werden, da es sehr intensiv ist) hinein. Dann übergießen Sie das Ganze mit etwas kochendem Wasser und legen ein Haushaltssieb mit der Rundung nach oben darüber, damit Ihr Pferd sich nicht versehentlich verbrennt. Führen Sie ihr aufgehalftertes Pferd mit der Nase vorsichtig über den Eimer. Um das Inhalieren zu intensivieren, befestigen Sie ein altes Handtuch am Halfter und lassen es über den Eimer hängen. Auf diese Weise verfliegt der Dampf nicht so leicht. Die meisten Pferde sind anfangs vorsichtig, nach einer Weile riechen sie den Dampf gerne.
  2. Nehmen Sie eine Jute- oder Baumwolltasche mit einigen Löchern. Da hinein geben Sie etwas Heu mit Kamillenblüten und/oder Thymianöl bzw. Eukalyptusöl. Darauf gießen Sie kochendes Wasser, bis ein starker Dampf aufsteigt. Dann hängen Sie Ihrem Pferd den Sack um.

Inhaliergeräte kann man kaufen oder sich in einigen Apotheken, bei speziellen Firmen oder eventuell beim Tierarzt leihen. Dabei wird nur mit Kochsalzlösung inhaliert, ätherische Öle dürfen nicht zugesetzt werden. Die Geräte sind sehr einfach zu handhaben. Passen Sie die Geräte genau an und achten Sie auf die Hygiene. Die Einzelteile des Inhaliergerätes müssen stets sauber gehalten werden, damit sich dort weder Bakterien noch Schimmelpilze festsetzen.
Eine Alternative bilden Vernebler, die ebenfalls mit Kochsalzlösungen arbeiten. Sie benötigen keinen direkten Kontakt zum Pferd und können vor der Box aufgestellt werden. Der Vorteil: Je nach Modell müssen Sie nicht dabeibleiben und können das Gerät über eine Hilfsperson ein- und ausschalten lassen. Auch diese Geräte können u.U. geliehen werden.

Bitte lassen Sie Ihr Pferd beim Inhalieren niemals unbeaufsichtigt.

Vorgefertigte Salben, ätherische Öle und Tropfen, wie man sie vom Menschen her kennt, dürfen nicht in das Fell verbracht werden, da Pferde recht hautempfindlich sind.

- **Umschläge – feucht-warme Umschläge bei Kehlkopferkrankungen:** Weichen Sie zwei Küchenhandtücher in warmem Wasser ein und umwickeln Sie damit die gereizte Kehlkopfregion Ihres Pferdes. Darüber befestigen Sie ein größeres, trockenes Tuch. Gut eignet sich ein halbiertes Bettlaken aus festem Baumwollstoff, das Sie mit Klettverschlüssen versehen, oder ein Tuch, ein sogenanntes Pferdekopftuch, das Sie über den Kopf ziehen. Dabei dürfen die Löcher für Augen und Ohren nicht vergessen werden *(s. Schnittmuster Seite 160)*.

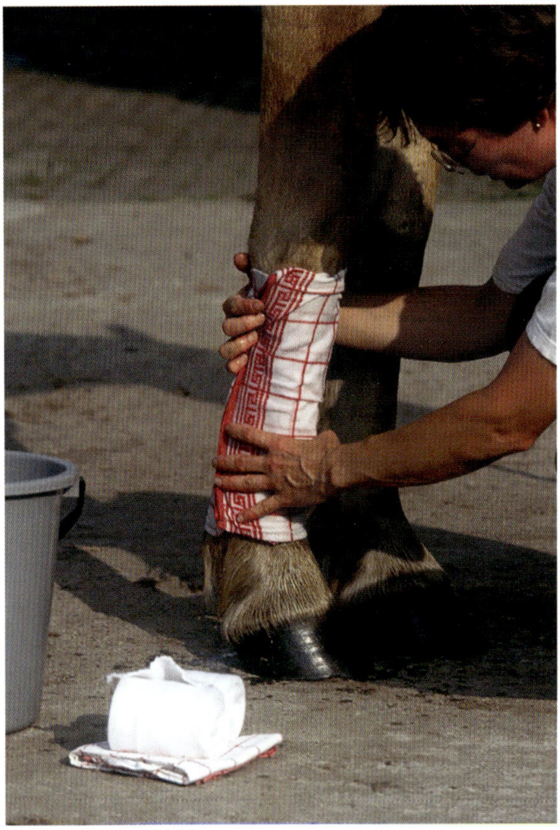

Beinwickel helfen, das Fieber auf sanfte Art zu senken.

- **Feuchte Beinwickel zum Fiebersenken:** Pro Bein nehmen Sie 2 bis 3 mit kaltem Wasser befeuchtete bis nasse Küchenhandtücher, die Sie nicht zu fest um die Beine Ihres Pferdes wickeln. Darauf folgt eine Schicht trockene Handtücher, die mit elastischen, selbstklebenden oder Wollbandagen fixiert werden. Nach etwa 2 Stunden sollten Sie die Umschläge erneuern. Lassen Sie die Umschläge möglichst nicht über Nacht an den Beinen, da die Gefahr zu groß ist, dass sich die Umschläge lösen und sich das Pferd darin verheddert. Zudem besteht die Gefahr eines Lymphstaus, insbesondere, wenn zum Befestigen unelastische Bandagen verwendet werden.

- **Prießnitz-Packung bei akutem Husten und Lungenentzündung:** Die Packung löst festsitzenden Schleim, beruhigt den Husten und hilft den Pferden, besser durchzuatmen. *Wie eine solche Packung gemacht wird, lesen Sie auf Seite 162.*

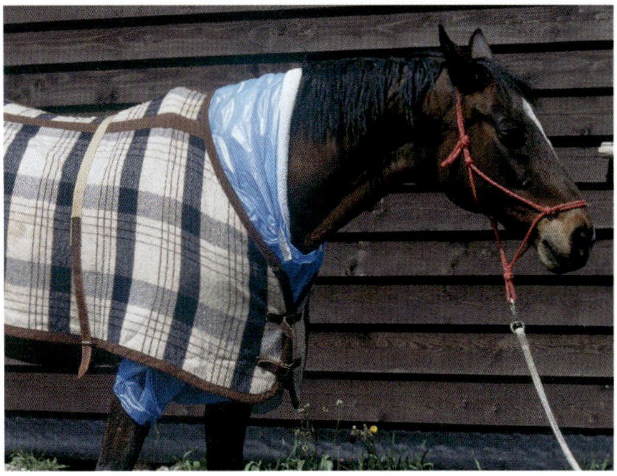

Die nasse Schicht der Prießnitz-Packung erwärmt sich in kürzester Zeit reflektorisch.

4.3 Heilkräuter/Heilmittel

Verschiedene Heilkräuter können speziell bei Atemwegserkrankungen helfen. Ihre Wirkstoffe hemmen Entzündungen, lösen den Schleim, legen sich auf die gereizte Schleimhaut und wirken gegen Bakterien. Die Heilkräuter können entweder trocken im Futter mitgefüttert oder kurz mit heißem Wasser überbrüht werden, um die ätherischen Öle freizusetzen. Die Kräuter wirken so schneller und effektiver. Dies erhöht auch den Geschmack und Ihr Pferd inhaliert beim Fressen noch etwas. Achten Sie aber darauf, das Futter vor dem Verteilen abkühlen zu lassen. Sie können die Kräuter auch als Tee aufbrühen und statt des Trinkwassers reichen oder über das Fressen geben. Pferde nehmen in der Regel Heilkräuter gerne an. Notfalls geben Sie noch 1 TL Honig dazu. Eine gute Hustenteemischung ist Huflattich, Eukalyptus und Thymian zu gleichen Teilen gemischt und 2 TL davon auf ¼ l kochendes Wasser zu geben. Nach 15 Minuten absieben, abkühlen lassen und den Pferden statt Trinkwasser reichen.

- **Viele Vitamine und Mineralstoffe (bei Schwächezustand):** Löwenzahn, Himbeerblätter, Blasentang, Quecke, Hagebutten, Kapuzinerkresse, Brennnessel, Grüner Tee, Honig, Knoblauch und Apfelessig
- **Bei trockenem Reizhusten (bei Kehlkopfentzündung, chronischer Bronchitis und mancher allergischen Reaktion) beruhigen durch Schleimstoffe und dämpfen den Hustenreiz:** Eibisch, Kamille, Isländisch Moos, Malve, Spitzwegerich, Huflattich, Beinwell und Salbei ins Futter

C

- **Keimtötend, schleimlösend und krampflösend (bei akuter und chronischer Bronchitis ohne oder mit wenig Nasenausfluss):** Fenchel, Anis, Eukalyptus, Spitzwegerich, Thymian, Pfefferminze, Sonnenhut, Knoblauch, Honig und Apfelessig
- **Heilpflanzen mit leichter antibiotischer Wirkung (Erkältungen, Bronchitis):** Sonnenhut, Spitzwegerich, Thymian, Kapuzinerkresse, Melisse, Oregano, Pfefferminze, Rosmarin, Honig und Knoblauch
- **Beruhigen gereizte Atemwege und lindern den Hustenreiz und die Entzündung:** Malve, Spitzwegerich, Thymian, Eibisch, Huflattich, Isländisch Moos, Augentrost, Kamille, Süßholz und Beinwell
- **Lösen Schleim und regen Bronchialdrüsen an, mehr Flüssigkeit zu bilden, um den Auswurf zu fördern:** Lungenkraut, Süßholz, Thymian, Salbei, Spitzwegerich, Huflattich, Anis und Knoblauch
- **Enthalten Gerbstoffe, die die Schleimhäute sich zusammenziehen lassen und Entzündungen heilen:** Salbei, Spitzwegerich, Brombeerblätter, Himbeerblätter, Oregano und Eichenrinde, Schwarzkümmelöl
- **Stärken die Abwehr, beruhigen den Hustenreiz:** Sonnenhut, Ringelblume, Quecke, Kapuzinerkresse, Himbeerblätter (blutreinigend und entzündungslindernd), Lindenblüten (schweißtreibend), Hagebutte, Grüner Tee und Brennnessel
- **Wunde Stellen in den Nüstern und deren Umgebung:** Sie heilen mit einer Ringelblumensalbe mit Vitamin E (Apotheke) oder mit Rescue-Salbe problemlos. Auch vorsorglich zum Schutz aufzutragen.
- **Allergischer Husten:** Buchweizen, Anis, Eibisch und Knoblauch. Buchweizen lindern die Allergie. Eibisch wirkt reizlindernd, löst und fördert den Auswurf, ist besonders für Bronchialbeschwerden geeignet. Dazu schützt er die Atemwege vor allergieauslösenden Stoffen. Knoblauch fördert den Auswurf und befreit die Atemwege von Staub, Pollen und Pilzen. Anis löst den Schleim und beruhigt die Entzündung der Schleimhäute. Bei einer Pollenallergie auf Akupressur, Akupunktur, Laserakupunktur und Bachblüten ausweichen.
- **Pferdegrippe:** Hagebutten, Seetang und Brennnessel (enthalten viel Vitamin C und Minerale, die die Abwehrkräfte des Pferdes steigern), Sonnenhut, Ringelblume und Knoblauch (wirken keimtötend und regen die Abwehr an). Eibisch und Eichenrinde wirken reizlindernd in den Atemwegen, lösen und fördern den Auswurf; dazu Apfelessig, der viele Mineralstoffe besitzt und den Körper wieder aufbaut.

Vorsicht! Tragende Stuten dürfen nicht alle Heilkräuter fressen. ***Lesen Sie im Teil B, Seite 60 ff. bei „Therapie mit Heilkräutern" nach, welche Ihre Stute bekommen darf.***

4.4 Bachblüten

Im Teil B „Vorstellung einiger alternativer, natürlicher Heilmethoden" finden Sie Informationen zum Thema Bachblüten (s. Seite 126 ff.). Stellen Sie, wie dort beschrieben, eine Einnahmemischung her. Geben Sie davon Ihrem Pferd 3- bis 4-mal täglich bis zu 10 Tropfen und bewahren Sie das Fläschchen im Kühlschrank auf. Zu viele Tropfen schaden nichts. **Beech** hilft bei Allergien. **Crab Apple** und **Rescue-/Notfalltropfen** reinigen und stärken die Abwehr, daneben stillen sie den Husten. Das Abhusten erleichtern Sie mit **Cherry Plum**, **Holly** und **Rock Water**. **Walnut** und **Olive** wählen Sie zur Stärkung und schnelleren Genesung. Bei fehlender innerer Energie ist **Wild Rose** die Blüte der Wahl. Wenn das Pferd zu Atemwegserkrankungen neigt oder eine akute Entzündung hat (Kehlkopf, Bronchien oder Lunge), verwenden Sie **Centaury**.

4.5 Akupressur

Mit Akupressur können Sie die Behandlung der Atemwegserkrankungen beim Pferd gut unterstützen. Wichtig ist jedoch, sie bei akuten Erkrankungen zweimal täglich über mindestens 2 Wochen anzuwenden. Stellt sich der gewünschte Erfolg nicht ein, so ziehen Sie einen Akupunkteur mit hinzu. Möchten Sie Ihrem Pferd bei schwer zu therapierenden Krankheiten wie dem chronischen oder allergischen Husten oder auch der Dämpfigkeit helfen, so ist es angezeigt, Ihr Pferd zunächst von einem Akupunkteur behandeln zu lassen. Die Akupressur ist als Unterstützung der tierärztlichen Behandlung sehr sinnvoll, aber als alleinige Maßnahme in die-

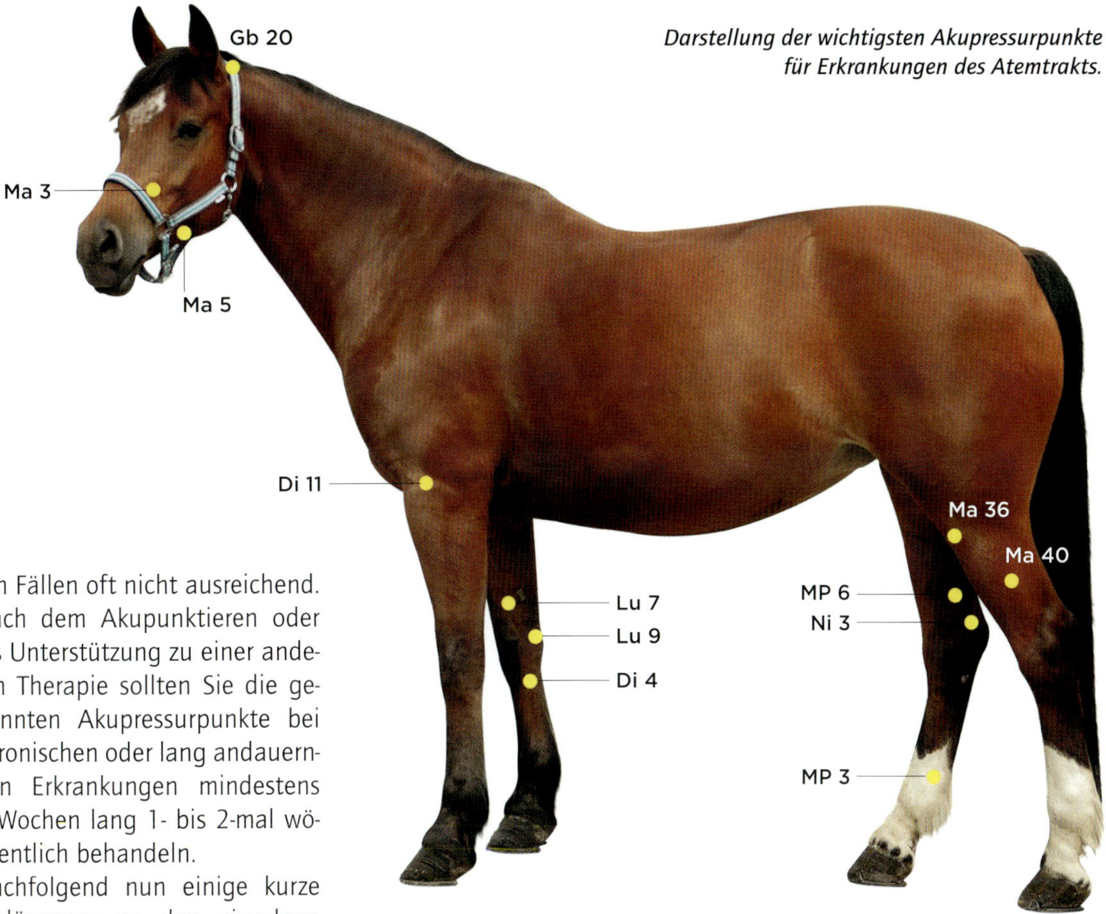

Darstellung der wichtigsten Akupressurpunkte für Erkrankungen des Atemtrakts.

sen Fällen oft nicht ausreichend. Nach dem Akupunktieren oder als Unterstützung zu einer anderen Therapie sollten Sie die genannten Akupressurpunkte bei chronischen oder lang andauernden Erkrankungen mindestens 5 Wochen lang 1- bis 2-mal wöchentlich behandeln.

Nachfolgend nun einige kurze Erklärungen zu den einzelnen Punkten. *Lesen Sie dazu das Kapitel „Therapie mit Akupressur" ab Seite 88 ff. im Teil B dieses Buches.* Dort finden Sie auch Tipps, zu welchem Typ Ihr Pferd gehört. Wählen Sie sich die Akupressurpunkte aus und drücken Sie in der dort beschriebenen Weise. Die im Anhang befindliche Tafel wird Ihnen das Auffinden der Punkte erleichtern.

Aus der Sicht der chinesischen Medizin ist diese Erkrankung eine Kälte- und Winderkrankung, die besonders die Organe Lunge und Dickdarm betrifft. Die Lunge ist auch gegenüber Stress sehr empfindlich. Stress und Atemwegserkrankung sorgen für eine Schwächung des Pferdes. Geben Sie ihm Stärke und Energie mithilfe des Kleinen Energiekreislaufs *(s. Seite 124)*.

Bei einer akuten Infektion ist die Harmonisierung des gesamten Pferdekörpers wichtig. Ihr Pferd sollte hierfür keine Energien verschwenden, die es für die Abwehr von Viren und Bakterien besser nutzen könnte. Dafür machen Sie einen Yin-Yang-Ausgleich.

- **Yin-Yang-Ausgleich:** hat stark beruhigende Wirkung und harmonisiert Geist und Körper. Insbesondere beim Nasenbluten ist dies wichtig!
- **Renzhong:** Extrapunkt und Teil des Yin-Yang-Ausgleichs, wirkt ausgesprochen beruhigend auf Ihr Pferd.
- **Yintang:** ebenfalls Extrapunkt und Teil des Yin-Yang-Ausgleichs. Er ist der Punkt auf der Stirnmitte, der beruhigend wirkt, auch gegen aufkommende Angstgefühle.
- **Er-jian:** Dies ist der Ohrspitzenpunkt. Er wird bei Schock, erschreckenden Erlebnissen und bei plötzlichen, starken Schmerzen eingesetzt. Dabei wird das Ohr nach oben hin fest ausgestrichen. Ist das Pferd zu aufgeregt für eine Ohrmassage, so reicht es, an den Ohrspitzen zu zupfen.
- **Wei-jian:** Ist Ihr Pferd zu unruhig und aufgeregt, um sich an den Ohren anfassen zu lassen, ist dieser Punkt an dem Schweifrübenende ein Schockpunkt, auf den Sie ausweichen können.

C

- **Di 4:** Ein stark schmerzlindernder Punkt, der starke Wirkung auf den Kopf- und Halsbereich hat, z.B. bei Nebenhöhlenentzündungen und Atemwegserkrankungen. Er öffnet die Nase und wirkt gegen krankmachende Faktoren von außen. Der Punkt kann die Abwehr steigern und wirkt harmonisierend. Er unterstützt die Lunge in ihrer Funktion.
- **Di 11:** Ein schleimlösender Punkt, der bei feucht klingendem Husten eingesetzt wird. Auch kann er die Abwehr steigern und wirkt dazu schmerzlindernd.
- **Lu 7:** Der Punkt stärkt die Abwehrkräfte, das Immunsystem des Körpers und reguliert die Lunge und das Lungen-Qi, die Lungenenergie. Er öffnet die Nase und hilft bei Allergien und Husten mit Schleimbildung und Asthma sowie bei Kehlkopfproblemen.
- **Lu 9:** treibt den Schleim aus, kühlt Hitze, befeuchtet die Lunge bei Trockenheit, bei allen Atemwegserkrankungen geeignet, besonders bei chronischen und Leere-Erkrankungen trockenem Husten und COPD (*Chronic Obstructive Pulmonary Disease*, was wörtlich übersetzt chronisch einengende Lungenerkrankung heißt).
- **Ma 40:** Dieser Punkt ist ein sehr guter Schleimlöser! Er sollte auch bei chronischer Bronchitis gewählt werden.
- **Ma 36:** Dieser Punkt wirkt stärkend. Er vertreibt Nässe und Kälte sowie Wind und stärkt das Abwehr-Qi, die Abwehrenergie. Er hilft bei allen chronischen Krankheiten.
- **Ni 3:** Als Zustimmungspunkt des Nieren-Meridians unterstützt Ni 3 die Verteilung des Nieren-Qi. Das Immunsystem des Pferdes wird gestärkt.
- **Ma 3 und 5:** Beide Punkte haben einen belebenden Einfluss auf den Gesichtsnerv. Dies kann insbesondere bei der Nüsternlähmung hilfreich sein.
- **MP 6 oder 3:** Beide Punkte haben schleimlösende Wirkung. Daneben stärkt MP 6 die Mitte Ihres Pferdes. MP 6 ist gut anwendbar bei vollem, feuchtem Husten.
- **Gb 20:** leitet den Wind aus. Er sollte bei Viruserkrankungen gewählt werden, da er das Abwehrsystem stärkt.

Weitere Behandlungsmöglichkeiten entnehmen Sie den jeweiligen Themenkapiteln.

4.6 Tuina-Anmo-Behandlung

Beginnen Sie mit dem Ausstreichen an der linken Seite des Pferdes. Streichen sie in ruhigen langen Strichen die gesamte Muskulatur aus. Vom Hals zur Brust, Brustseiten bis zur Flanke, vom Widerrist bis zum Schweifansatz. Dann die Beine hinunter und das Gleiche auf der anderen Seite. Dann stärken Sie mit einer Massage der Vorder- und Hinterbeine das Yin und Yang jeweils im Meridianverlauf und harmonisieren so den Körper. Behalten Sie immer beide Hände am Pferd. Dann bleiben Sie beim Vorderbein und massieren kreisend etwa ein Querfingerbreit vor der Mitte des Beines von Höhe der Kastanie abwärts bis zum Vorderfußwuzelgelenk, hier diagonal leicht darüberstreichen, sodass Sie hinter der Beinmitte landen. Massieren Sie nun kreisend eine gute Handbreit abwärts und verbleiben Sie etwa 30 Sekunden bei Di 4.
Danach massieren Sie schiebend in kurzen Zügen entlang der Bauchmitte vom Nabel an bis zum Brustbein etwa bis auf Höhe der Vorderbeine. Dies machen Sie 3- bis 4-mal. Anschließend massieren Sie bis hinauf zum Brustbein-Beginn auf der Vorderbrust, dort, wo vorn die zwei großen Muskelbäuche sind. Das Gleiche machen Sie jeweils zwei Fingerbreit rechts und links der Mittellinie, ebenfalls 3- bis 4-mal! Damit stimulieren Sie die Punkte KG 12, 14, 17 und KG 20, 22 und Ni 27. Bis auf den letzten Punkt sind dies alles Punkte des Konzeptionsgefäßes, ein Meridian, der auf der Bauchnaht verläuft. Sie liegen in anatomischer Nähe zur Lunge und sind für diese wichtig. Es sind Punkte, die Ängste nehmen, die Brust öffnen und pathologische Faktoren ausleiten.
Bei feuchtem Husten klopfen Sie anschließend beidseitig mehrere Male den Brustkorb ab, um den Schleim zu lösen.

5. Erkrankungen der Nase und Nasennebenhöhlen

5.1 Nasenbluten

Was ist Nasenbluten?

Anzeichen: Bei Ihrem Pferd läuft aus einer oder beiden Nüstern hell- oder dunkelrotes Blut. Je nach Ursache ist das Nasenbluten bei Pferden unterschiedlich stark ausgeprägt. Es kann tröpfchenweise, in dünnem Rinnsal oder auch in dickem Strahl fließen. Manchmal ist lediglich der Nasenschleim rötlich verfärbt. Die Dauer einer solchen Blutung kann ebenso variieren; manche stoppen nach wenigen Minuten von selbst, andere aber können Stunden bis Tage anhalten. Meist sind mit dem Nasenbluten noch andere Symptome, wie Schnauben, Kopfschütteln oder Husten verbunden, die oft sogar vor Beginn der eigentlichen Blutung auftreten. Teils sind durch das Blut veränderte Atemgeräusche zu hören. Die Nasenatmung kann schnarchend bis röchelnd werden. Beim Senken des Kopfes kann sich die Blutung verstärken, beim Anheben des Kopfes bessern, wobei dabei auch Blut abgeschluckt wird.

Ursachen: Nasenbluten ist keine Krankheit, sondern ein Symptom. Die Ursachen können vielfältig sein. Blutgerinnungsstörungen (durch Infekte, Medikamente oder Gifte) oder das Reißen kleinerer Gefäße der Nasenschleimhaut führen zu schwachen Blutungen, die in der Regel von alleine zum Stillstand kommen. Stärkeren Blutungen liegen meist Verletzungen der größeren Blutgefäße oder ein Siebbeinbluterguss zugrunde. Durch Unfall, Sturz, den Schlag von einem Ast oder durch Rangeleien untereinander sind Knochenbrüche mit inneren Blutungen im Kopfbereich oder Verletzungen im Bereich von Siebbein, Nasennebenhöhlen und Luftsack möglich. So kann es auch trotz größter Sorgfalt bei der Anwendung einer Nasenschlundsonde durch einen Tierarzt zu Verletzungen des Siebbeins mit starken Nasenblutungen kommen. Insbesondere, wenn die Pferde während der Behandlung unruhig sind und sie sich gegen den Schlauch wehren. Auch Fremdkörper wie dornige Zweige, Holzsplitter, Bürstenborsten oder Ähnliches können in der Nasenhöhle, im Rachen oder tiefer stecken bleiben und starke Blutungen verursachen. Daneben gibt es noch die verschiedensten krankheitsbedingten Ursachen für Nasenbluten. Entzündungen, Infekte und Allergien erhöhen die Durchlässigkeit der Blutgefäße. Tumore und Abszesse der Atemorgane sowie Pilzbefall der Luftsäcke führen durch Schädigungen der Blutgefäßwände ebenso zu heftigen Blutungen. Rennpferde zeigen häufig Nasenbluten bei Belastung. Ursache hierfür sind Druckbelastungen, die zum Zerreißen kleinster Blutgefäße in der Lunge führen. Einseitiger, blutiger Nasenausfluss deutet auf eine Ursache in der Nase oder der Nasennebenhöhle hin.

Wann sollte der Tierarzt hinzugezogen werden?

Leichte Blutungen stoppen meist nach kurzer Zeit von alleine. Treten solche Blutungen allerdings häufiger auf, sollte deren Ursache durch einen Tierarzt abgeklärt werden. Es könnte sich hier um ein krankheitsbedingtes Nasenbluten handeln, da hierbei häufig die Blutgefäßwände erst nach und nach geschädigt werden. Eine leichte Sickerblutung kann bei längerer Dauer zu Blutarmut und Schwäche führen. Starke Blutungen setzen meist plötzlich ein, beispielsweise durch eine Verletzung oder einen Fremdkörper. Dies ist selbstverständlich ein Notfall und muss sofort tierärztlich behandelt werden. Bewahren Sie trotzdem Ruhe, denn ein ausgewachsenes, etwa 500 kg schweres Pferd kann bis zu acht Liter Blutverlust verkraften.

Was macht der Tierarzt?

In erster Linie muss der Tierarzt die Ursache erforschen und die Blutungen stoppen. Um die Ursache herauszufinden, sind neben der klinischen Untersuchung vor allem Röntgenbilder und endoskopische Untersuchungen aufschlussreich.
Erst dann kann der Tierarzt gezielt die Ursache behandeln, je nachdem, ob es sich um eine Gerinnungsstörung, Krankheit oder Verletzung handelt. Die Gerinnungsstörungen werden mit Medikamenten lokal behandelt, die die Gefäße verengen. Es werden medikamentenhaltige Tamponaden gelegt, bis die Blutung stoppt. Brüche, manche Verletzungen, extremer Pilzbefall der Luftsäcke, Tumore und Abszesse müssen meist operativ behandelt werden. Bei großem Blutverlust muss der Mangel mit Flüssigkeit oder einer Bluttransfusion ausgeglichen werden.

Was können Sie tun?

Ihr Pferd braucht sofortige Ruhe. Aufregung oder Anstrengung steigern den Blutdruck und verstärken so die Blutung. Halten Sie Stresssituationen fern, reden Sie in ruhigem Ton und halten Sie den Pferdekopf leicht gesenkt, solange das Blut fließt. Das erleichtert den Abfluss und verhindert, dass das Blut in die Lunge läuft oder abgeschluckt wird. Dazu können Sie ein

Baumwolltuch in sauberem, kühlem Wasser (bei Ausritten z.B. im Bach) nass machen und dem Pferd zum Kühlen auf Stirn, Genick und den oberen Nasenrücken legen. Das regt die Blutgerinnung an und fördert das Zusammenziehen der Blutgefäße.
Falls das möglich ist, können Sie bei stärkeren Blutungen mithilfe einer Hilfsperson versuchen, das Blut in einem Eimer aufzufangen. So kann der Tierarzt später den Blutverlust realistisch einschätzen.
Ist die Blutung gestoppt, sollten Sie die Nüstern mit einem feuchten, sauberen Baumwolltuch sanft, aber gründlich reinigen. Daneben können folgende **Heilkräuter** Ihrem Pferd helfen: Mit Buchweizen, Schafgarbe und Spitzwegerich können Sie Ihr Pferd bei der Regeneration der Blutgefäße unterstützen. Schafgarbe und Spitzwegerich wirken blutstillend und stärken die Wände der Blutgefäße. Buchweizenkraut macht Gefäße elastischer und stärkt geschwächte Gefäße. Hat Ihr Pferd aufgrund einer Pilz- oder Atemwegsinfektion Nasenbluten, so hilft Knoblauch gegen Pilze und Bakterien und löst den Schleim. Sonnenhut stärkt die Abwehr.

Umschläge	Feucht-kühle Umschläge auf Stirn und Genick legen, kühlende Umschläge auch auf den Nasenrücken.
Bachblüten	Bei starker Erschöpfung eignen sich Olive und Elm, steht das Pferd unter großem innerem Druck, kann Cherry Plum helfen.
Akupressur	• Yin-Yang-Ausgleich, Di 4, Renzhong und Yintang • **Gegen Schock:** sanfte Massage des Ohrspitzenpunktes Er-jian
Tuina	Tuina-Behandlung des Gesichts mit Mo Fă
Kräuter	Je 25 g getrocknetes Buchweizenkraut, Schafgarbe und Spitzwegerich ins Futter geben. **Bei Infekten:** 6 gepresste Zehen Knoblauch oder -granulat und 10 g Sonnenhutwurzel ins Futter geben.

5.2 Entzündung der Nasenschleimhaut (Rhinitis)

Was ist eine Nasenschleimhautentzündung oder Rhinitis?

Anzeichen: Ihr Pferd zeigt in Ruhe und während der Arbeit starken wässrig-klaren Nasenausfluss, der meist aus beiden Nüstern läuft? Zur Orientierung: Leichter, wässriger Nasenausfluss nach getaner Arbeit ist als normal anzusehen. Bei einer bakteriellen Infektion wandelt sich die Konsistenz des Ausflusses. Er wird gelblich, schleimig bis eitrig. Die Schleimhaut selbst ist gerötet und meist geschwollen. Sie kann so stark anschwellen, dass das Pferd nicht mehr frei atmen kann. Verstopft zudem noch zäher Schleim die Nasengänge, so lässt das Pferd schniefende, schnaubende oder sogar schnarchende Atemgeräusche hören. Manche Pferde schnauben und niesen häufig, um die Nase wieder frei zu bekommen. Häufig sind die Lymphknoten zwischen den Unterkieferästen und in der Ganaschengegend etwas vergrößert und schmerzhaft.
Ursachen: Eine Rhinitis tritt selten allein auf und beeinträchtigt das Allgemeinbefinden eines Pferdes nicht so stark. Meist kommt sie jedoch im Zusammenhang mit Infektionen des Atemapparates (Bronchitis, Lungenentzündung, Influenza, Druse und andere) vor. Sie kann auch infolge des Durchflusses von reizenden oder infizierten Sekreten aus tiefer liegenden, erkrankten Organen entstehen.
Rhinitiden werden aber auch durch physikalische (Hitze, Rauch, Dampf oder Staub) oder chemische (Gase, schädliche Substanzen in der Luft, starke Ammoniakbelastung) Reize sowie Allergien (gegen Medikamente, Keime enthaltenden Staub oder Pollen) hervorgerufen. Genauso ist es möglich, dass eine Allergie nur zum Anschwellen der Nasenschleimhaut ohne Ausfluss führt.

Was macht der Tierarzt?

Die Diagnose bereitet in der Regel keine Schwierigkeiten, jedoch müssen eventuelle ursächliche Erkrankungen festgestellt und behandelt werden. Sind diese behoben, heilen akute Nasenschleimhautentzündungen meist spontan ab. Eine Spülung der Nasenhöhle mit einem milden, nicht reizenden Mittel (Kamillosan oder 0,2% Akridinlösung) unterstützt eine schnelle Abheilung. Bei bakterieller Zweitinfektion muss eine Antibiose durchgeführt werden. Bekommt Ihr Pferd im Anschluss an die antibiotische Behandlung Verdauungsprobleme, müssen Sie die Darmflora wieder sanieren *(s. Seite 316)*.
Bleibt eine Behandlung erfolglos oder kann die Ursache der Entzündung nicht beseitigt werden, so kann eine Rhinitis chronisch werden und auf die Nebenhöhlen, Kehlkopf, Luftsäcke, Bronchien oder sogar die Lunge übergreifen.

Was können Sie tun?

Bekämpfen Sie die Ursachen. Waren physikalische oder chemische Reize für die Entzündung verantwortlich, so müssen diese umgehend abgestellt werden. Versuchen Sie Ihrem Pferd möglichst optimale Bedingungen zu schaffen. Das bedeutet vor allem geringe Belastung der Atemwege durch Ammoniak oder Staub sowie ein gutes Stallklima mit viel frischer, nicht zu trockener Luft und Licht. Bei Fieberfreiheit darf Ihr Pferd leicht geritten oder longiert werden. Frische Luft tut dem kranken Pferd gut, es darf jedoch nicht belastet werden. *Wie Sie die Abwehr Ihres Pferdes stärken, das Allgemeinbefinden verbessern und weitere wichtige Behandlungstipps finden Sie auf Seite 239 ff. sowie unter „Therapieunterstützung bei Rhinitis und Sinusitis" auf Seite 248 f.* Hier finden Sie auch Heilkräuter, die das Nasensekret verdünnen und beim Ausscheiden helfen. Auch Inhalationen wirken unterstützend.
Mit einer fettenden Salbe schützen Sie die empfindliche Haut der Nüstern vor dem Wundwerden. Wunde Stellen in den Nüstern und deren Umgebung heilen mit einer Ringelblumensalbe mit Vitamin E (Apotheke) oder mit Rescue-Salbe. Auch eine milde Wund- und Heilsalbe (Panthenolsalbe) leistet gute Dienste.

Vorbeugung! Vermeiden Sie Staub, Dämpfe und reizende Gase!

5.3 Entzündung der Nasennebenhöhlen (Sinusitis)

Was ist eine Nebenhöhlenentzündung oder Sinusitis?

Zwischen Nase, Auge, Stirn und Maulhöhle liegen die mit Schleimhaut ausgekleideten und belüfteten Nebenhöhlen. Alle drei, die Stirn- und zwei Kiefernhöhlen stehen miteinander und mit der Nasenhöhle in Verbindung. Die Schleimhaut dieser Nebenhöhlen kann sich, ebenso wie beim Menschen, entzünden.

Frische Luft tut der Lunge eines kranken Pferdes sehr gut.

Anzeichen: Bei einer **Stirnhöhlenentzündung** sind die Pferde apathisch, kaum ansprechbar und fressen wenig. Die Körpertemperatur ist leicht erhöht und das Betasten oder Beklopfen der Stirn ist schmerzhaft. Teils ist sogar eine Schwellung zu erkennen. Die Krankheit ist jedoch eher selten.
Die häufiger auftretende **Kieferhöhlenentzündung** verläuft lange Zeit ohne Anzeichen und wird deshalb erst bemerkt, wenn sie chronisch geworden ist. Auffällig dabei ist der einseitige, dickflüssig eitrige oder feste, bröckelige Nasenausfluss. Dieser oft unangenehm riechende Ausfluss läuft vor allem bei tiefer Kopfhaltung in wechselnder Menge aus einer Nüster. Häufig kommt es nachfolgend über den Tränennasenkanal zu einer einseitigen Entzündung der Bindehaut mit eitrigem Augenausfluss. Manchmal fällt äußerlich, oberhalb der Backenzähne am Oberkiefer eine Schwellung auf und das Pferd reagiert auf Betasten oder Beklopfen schmerzhaft. Auch die Lymphknoten sind einseitig geschwollen.
Ursache: Ursächlich kommen neben chronischer Rhinitis, Druse und Infektionen des Atemapparats auch Tumore oder Verletzungen in Betracht. Insbesondere Kieferhöhlenentzündungen können Zahnkrankheiten zugrunde liegen.

Was macht der Tierarzt?

Um den Zustand der Nebenhöhle und das Ausmaß der Vereiterung beurteilen zu können, wird der Tierarzt eine Röntgenaufnahme machen. Dabei müssen Primärerkrankungen (z.B. Zahnerkrankungen) sorgfältig abgeklärt werden.

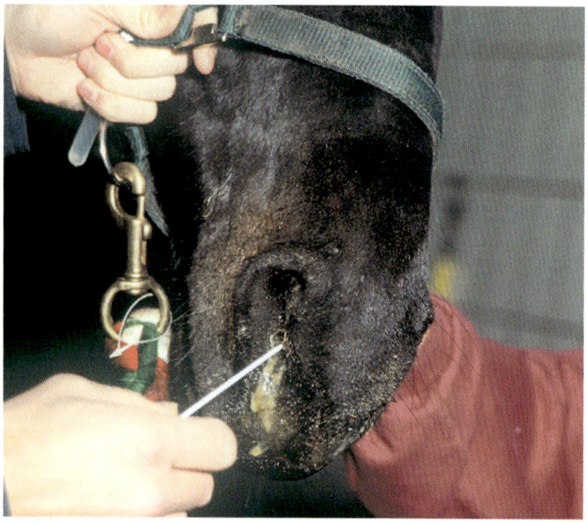

Entnahme eines Abstrichs

Oft ist es sinnvoll, einen Abstrich des Nasenausflusses zu machen, um das wirksamste Antibiotikum zu finden. Je nach Grad der Vereiterung reicht eine ausschließliche Antibiotikabehandlung mit Spülung der Nebenhöhlen nicht aus, um die Entzündung restlos auszuheilen. Der Tierarzt wird zusätzlich die Nebenhöhlen öffnen und mittels Spülung gründlich säubern. Danach folgen tägliche Behandlungen mit einem desinfizierenden Mittel, das alle Nebenhöhlen durchspült. Damit sich die Wunde nicht zu früh schließt, wird sie mit einer festen Tamponade verschlossen. Im Falle eines vereiterten Zahns als Ursache wird dieser operativ entfernt und behandelt.

Was können Sie tun?

Auch hier gilt, frische Luft tut gut. Wenn das Allgemeinbefinden Ihres Pferdes es zulässt, sollten Sie täglich mit ihm spazieren gehen. Am besten machen Sie dies vor dem Füttern. Wenn Sie danach das Heu vom Boden und das Kraftfutter aus dem Eimer füttern, so erleichtern Sie den Abfluss der Sekrete. Achten Sie auf strenge Sauberkeit von Futterkrippe, Tränke und Boden, damit nicht noch weitere Infektionen hinzukommen. Ebenso sollten zusätzliche Reizungen der Schleimhäute durch Staub oder Ammoniak (genügend saubere und trockene Einstreu, aber keine Matratze in der Box lassen) vermieden werden. Putzen und massieren Sie Ihr Pferd täglich, das fördert die Durchblutung und das Wohlbefinden des Patienten und trägt erheblich zu einer guten und raschen Genesung bei.

Streichen Sie zunächst alle Muskeln sanft aus. Dann machen Sie eine **Tuina-Behandlung** des Gesichtes. Dabei drücken Sie die Punkte Ma 3 bis 7 jeweils 60 Sekunden. Häufig tut die Wärme eines Rotlichtes den Pferden wohl. Darüber hinaus lösen Inhalationen mit Kamillenblüten oder Thymianöl zähen Schleim und beruhigen die Schleimhaut.
Füttern Sie ihrem Pferd Apfelessig und Heilkräuter zur Stärkung der Abwehr und um es wieder aufzubauen. Zweimal täglich einen Becher Joghurt sowie andere Probiotika im Futter bauen die Darmflora nach der Antibiotikagabe wieder auf. Wie stärkendes **Mash** für Hustenpferde hergestellt wird, *finden Sie auf Seite 238 f.*, die hinzuzufügenden Kräuter wirken schleimlösend. Weitere Behandlungsmaßnahmen finden Sie nachfolgend.

5.4 Therapieunterstützung bei Rhinitis und Sinusitis

Hausmittel	• Füttern Sie aus Wannen/Eimern vom Boden, damit das Sekret ablaufen kann. • 1- bis 2-mal täglich Inhalieren mit Kamillenblüten oder einigen Tropfen Thymianöl • Rotlichtbestrahlung • Wunde Stellen an den Nüstern mit Vaseline schützen bzw. mit Wund- und Heilsalbe (Panthenolsalbe) behandeln.
Akupressur	• Di 4, Lu 7 und 9, Ni 3, Di 11, Gb 20 sowie ein Yin-Yang-Ausgleich • **Bei starker Verschleimung** statt Ni 3 lieber MP 6 und Ma 40 wählen.
Tuina-Behandlung	• Tuina-Behandlung des Gesichts mit den Punkten Ma 2, 3, 4, Di 19 und 20, reibend, massierend. Dann die Nasennebenhöhlen mit den Fingern leicht beklopfen. • Ist die Ursache ein Zahnproblem, nehmen Sie noch die Punkte Ma 5 und 6 und Ma 7 dazu.
Bachblüten	Crap Apple stärkt die Abwehr und wirkt gegen Keime, Holly ist gut gegen Entzündungen und Schnupfen; Centaury hilft bei Entzündungen und Rescue-/Notfalltropfen sind bei starker Rhinitis hilfreich. Rescue-Salbe lässt wunde Stellen an den Nüstern rasch abheilen.

Kräuter	Täglich ins Futter: 6 bis 8 gepresste Zehen Knoblauch zusammen mit 50 g einer Mischung aus 100 g Sonnenhutwurzeln, 200 g Eibischblätter oder 100 g Eibischwurzeln, 150 g Salbei, 50 g Süßholz und 200 g Hagebutten mischen. Dazu 1 bis 2 EL Spitzwegerichfrischsaft in das Futter geben. Ringelblumensalbe mit Vitamin E (Apotheke) hilft bei wunden Stellen an den Nüstern.
Fütterung	• Am besten eignet sich 24-Stunden-Weidegang. Ist das nicht möglich: rund 70% Raufutter, bedampftes oder gewaschenes Heu, dazu Kraftfutter wie Hafer, dessen Staub durch Kräutertee oder 2 bis 3 EL Pflanzenöl gebunden ist. • Entzündungshemmende Öle sind Schwarzkümmel-, Lein- oder Borretschöl, 2 bis 3 EL täglich. • 1 Schuss Apfelessig und 1 kleinen Becher Joghurt 2-mal täglich ins Futter, Mash (für Hustenpferde) und viel Obst

5.5 Nüsternlähmung

Was ist eine Lähmung der Nüstern?

Anzeichen: Eine Nüster Ihres Pferdes sieht schlaffer, schmaler und länglicher aus, sie hängt mehr als die Gegenseite? Eine Lähmung einer oder beider Nüstern ist keine seltene Nasenerkrankung. Sie tritt jedoch meistens nur einseitig auf. Dabei ist die gelähmte Nüster enger und auch die Oberlippe hängt auf der gelähmten Seite stärker nach unten, während die gesunde reflektorisch leicht nach oben gezogen wird. In Ruhe behindert eine gelähmte Nüster das Pferd wenig, bei schnelleren Gangarten jedoch wird die Nüster durch den vermehrten Luftbedarf nach innen gesaugt. Dabei kann sie sich komplett verschließen, was bei den Pferden Atemnot und Angst auslöst. Sind beide Nüstern gelähmt, herrscht Erstickungsgefahr. Die Atemgeräusche klingen schnaubend und flatternd. Eventuell kann das Fressen Probleme bereiten, da die gelähmte Seite das Futter mit den Lippen nur langsam aufgreifen und schwer kauen kann. Sind beide Seiten gelähmt, ist das Pferd kaum noch in der Lage, zu fressen oder zu trinken.

Ursachen: Die Nüsternlähmung ist meist eine Schädigung der oberen Backenanteile des Gesichtsnervs, der dicht unter der Haut verläuft. Dies kann durch äußere Einwirkungen wie Stöße, Schläge oder Verletzungen oder auch zu eng sitzendes Zaumzeug verursacht werden. Aber auch innere Ursachen wie Infektionen (z.B. durch Herpes u.a.) der Ohrspeicheldrüsen, des Mittelohres oder der Nebenhöhlen können verantwortlich sein. Hinzu kommen Beeinträchtigungen des Gehirns durch Schädelbruch, Tumore, Abszesse, Blutergüsse oder Entzündungen, die zu einer Lähmung der Nüstern führen können.

Was macht der Tierarzt?

Nüsternlähmungen, die durch Verletzungen hervorgerufen werden, heilen meist nach einiger Zeit von selbst vollständig aus, wenn die Verletzung abgeklungen ist. Mithilfe von Kortisonspritzen und Stellatumblockaden kann der Tierarzt die Entzündung des Gesichtsnervs behandeln. Bei einer Stellatumblockade wird eine wichtige Nervenschaltstelle kurzzeitig ausgeschaltet. Das heißt, die sympathischen Impulse für die dazugehörige Kopf-Hals-Hälfte und Vordergliedmaße werden kurzzeitig abgestellt. Der entsprechende Gefäßsystemabschnitt wird für einige Stunden weitgestellt und es kommt zu einer intensiven Durchblutung des Bereichs. Oft erholt sich dabei der Nerv.

Was können Sie tun?

Eine Nüsternlähmung beeinträchtigt Ihr Pferd dann, wenn es angestrengt wird und der Luftbedarf steigt. Daher sollten Sie Ihr Pferd nur im Schritt bewegen. Um den Gesichtsnerv zu schonen, lassen Sie Ihr Pferd nur so kurz wie möglich ein Halfter oder Zaumzeug tragen. Füttern Sie weiches Futter, wie breiiges Mash, eingeweichte Rübenschnitzel und Ähnliches, das erleichtert das Fressen. Vitamin B (Futterhefe bzw. Bierhefe und die in der Tabelle aufgeführten Heilkräuter) ist wichtig für die Regeneration der Nerven. Sorgen Sie mithilfe von Apfelessig, verschiedenen Heilkräutern und frischem Obst für eine gute Vitamin- und Mineralstoffversorgung.

Ist die gelähmte Gesichtshälfte nach außen hin intakt, kann durch Rotlichtbestrahlungen, Einreibungen mit durchblutungsfördernden Salben und Massagen die Durchblutung und damit die Heilung des Nervs gefördert werden.

Tuina-Behandlung und Akupressur: Die Akupressur lokaler Punkte kann dem Gesichtsnerv bei der Regeneration helfen. Machen Sie eine Tuina-Behandlung des Gesichts und akupressieren Sie dabei die Punkte am Kopf, die nachfolgend in der Tabelle aufgeführt sind.

C

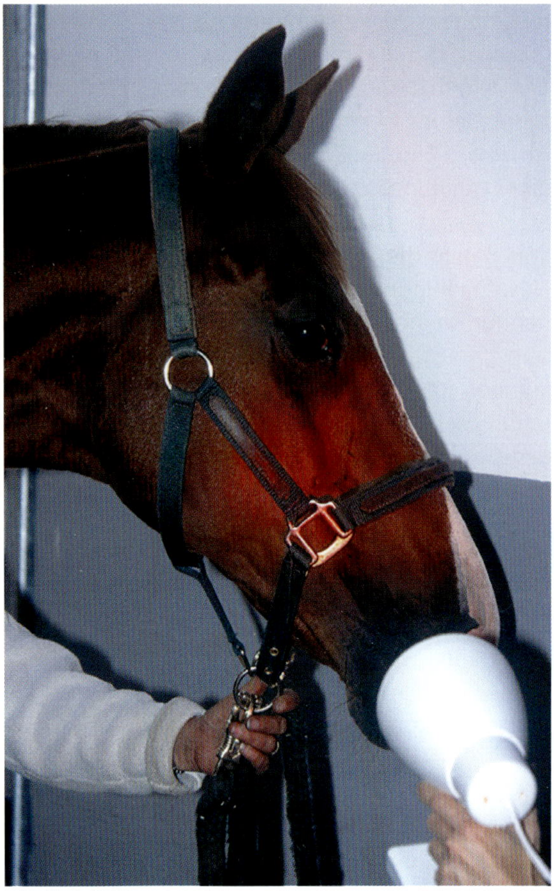

Rotlichtbestrahlungen fördern die Durchblutung der gelähmten Nüster.

Vorbeugung! Achten Sie immer darauf, dass das Zaumzeug wie auch das Halfter die passende Größe haben und nicht zu eng verschnallt sind! Nie gewaltsam am Halfter ziehen! In engen Stallgassen aufpassen, denn hier kann sich das Pferd stoßen und sich so die verschiedensten Nerven verletzen.

Hausmittel	Einreibung und Rotlicht (Rotlicht möglichst ohne Halfter, ggf. einen Strick um den Hals legen)
Akupressur	Kopfpunkte: Ma 2, 3, 4, 5, 6 und Ma 7, dazu an der Nase Di 19 und 20 Körperpunkte: Di 4, Ma 36 und MP 6, danach machen Sie einen Yin-Yang-Ausgleich.
Tuina-Behandlung	• Tuina des Kopfes • Moo Fă • Magenpunkte am Kopf mit An Fă oder Rou An stimulieren • Die meisten Punkte des Magenmeridians am Kopf wirken auch auf die Gesichtsnerven.
Bachblüten	Crab Apple, Centaury, Holly Bei Erschöpfung zur Stärkung: Olive, Hornbeam und Larch
Kräuter	Minerale und Vitamine, insbesondere B-Vitamine: Von einer Mischung aus 100 g getrockneten Hagebutten, 150 g Quecke, 100 g Löwenzahn, 100 g Himbeerblättern, 100 g Brennnesseln und 100 g Blasentang geben Sie täglich 60 bis 70 g ins Futter. Dazu reichen Sie Grünen Tee statt Trinkwasser, eventuell mit etwas Honig gesüßt.
Fütterung	• Versorgen Sie das Pferd ausreichend mit Raufutter in guter Qualität, ca. 2 kg/100 kg sollten reichen, wenn der Patient fressen kann. Notfalls sollten Sie das Heu durch eingeweichte Heucobs ergänzen/ersetzen, bis das Pferd wieder normal fressen kann. • Geben Sie ihm weiches Futter. Gut geeignet ist breiiges Mash. Auch eingeweichte melassefreie Rübenschnitzel oder eingeweichte Heucobs sind geeignet. • Da Ihr Pferd während der Krankheit nicht geritten werden kann, achten Sie darauf, nur noch wenig Energie zu füttern. Also kein energiereiches Kraftfutter mehr füttern, dafür ergänzen Sie das Futter täglich mit Bierhefe und frischem, püriertem Obst.

6. Luftsackerkrankungen

Was ist ein Luftsack?

Anatomie: Beiderseits der Ganaschengegend befinden sich bei Pferden zwei etwa faustgroße Hohlräume, die Luftsäcke genannt werden. Es sind Ausbuchtungen der Ohrtrompete, die das Ohr mit dem Rachenraum verbinden. Die Öffnung der Luftsäcke zum Rachenraum hin ist schmal und schlitzförmig. Durch sie kann es zum Eindringen von Futterteilen oder zu Infektionen kommen.

Neben den häufigen Luftsackentzündungen gibt es noch den Pilzbefall (Luftsackmykose) sowie die weniger häufige Aufblähung (Luftsackmeteorismus) der Luftsäcke.

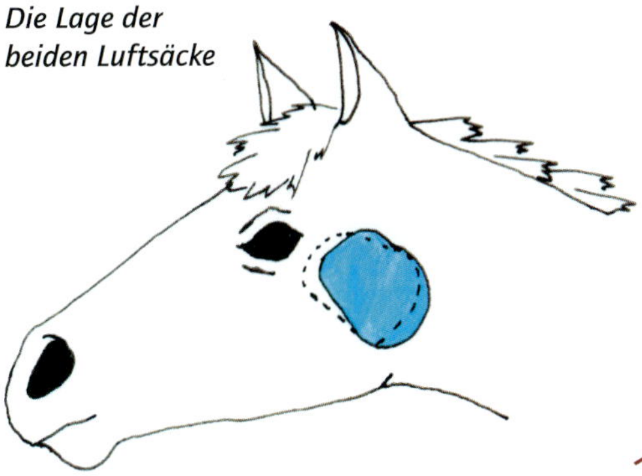

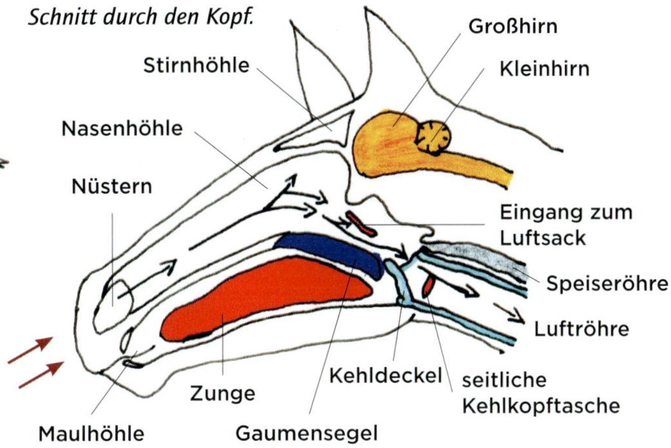

Das linke Bild zeigt die Lage der beiden Luftsäcke im Pferdekopf. Das rechte Bild verdeutlicht den Weg der Atemluft durch die Nüstern und den Nasengang, vorbei an der Riechschleimhaut am Riechgang, durch den Rachen mit der Öffnung zum Luftsack in die Luftröhre.

Welche Luftsackerkrankungen gibt es?

Anzeichen: Das auffälligste Anzeichen einer **Luftsackentzündung** ist der zähflüssige, gelbe Eiter, der sich beim Senken des Pferdekopfes schubweise aus einer oder beiden Nüstern entleert. Die Entleerung kann durch Druck in der Luftsackgegend verstärkt werden. Erkrankte Pferde verschlucken sich leicht und haben Schmerzen beim Schlucken. Beim Tränken fließt häufig das Wasser durch die Nüstern zurück in den Eimer. Dazu kann Husten auftreten. Häufig ist eine Schwellung in der Ganaschengegend festzustellen. Das Abtasten dieser Gegend ist oft schmerzhaft. Verbleibt nach der Behandlung noch Eiter im Luftsack, so kann dieser krümelig werden und zu einer chronischen Luftsackentzündung führen. Dann ist ein- oder beidseitiger Nasenausfluss meist das einzige Anzeichen.

Luftsackmykosen sind Schleimhautentzündungen, die durch Schimmelpilze hervorgerufen werden. Anzeichen sind erst dann zu erkennen, wenn die Pilze sich ausbreiten und in ein oder mehrere Blutgefäße einbrechen. Eines der typischen Anzeichen dieser Erkrankung ist also ein- oder beidseitig auftretendes Nasenbluten, verbunden mit meist schmerzhaften Schluckbeschwerden und Fressunlust.

Ursachen: Luftsackentzündungen entstehen vor allem infolge einer aus dem Rachenraum aufgestiegenen eitrigen Infektion oder im Zusammenhang mit Druse. Daneben werden auch Reizungen und Entzündungen durch eingedrungene Fremdkörper oder Futterbestandteile beobachtet.

Die Pilze der **Luftsackmykosen** treten ebenfalls durch die Rachenraumöffnung ein. Meist stammen sie aus schimmelpilzbefallenem Futter oder pilzhaltiger Stallluft. Winzige Staubpartikel und mit ihnen die Pilzsporen gelangen bis in die kleinen Verästelungen der Bronchien.

Was macht der Tierarzt?

Um eine Diagnose zu stellen, ist meist eine endoskopische Untersuchung nötig. In der Regel wird der Tierarzt dann den Luftsack durch einen speziellen Katheder mit einer desinfizierenden Lösung spülen, bis der Nasenausfluss aufhört. Auf die gleiche Weise wird er lokal wirkende Medikamente einbringen, um die Entzündung oder den Pilzbefall zu bekämpfen. Ein operativer Eingriff ist mit gewissen Risiken verbunden und nur in seltenen Fällen angezeigt.

Was können Sie tun?

Wie bei allen Atemwegserkrankungen, so gilt auch bei den Luftsackerkrankungen: Sorgen Sie für ein gutes, staubfreies, nicht zu trockenes Stallklima. Spaziergänge an der frischen Luft tun Ihrem Pferd gut. Füttern Sie es vom Boden aus bzw. aus dem Eimer, um das Ablaufen der Sekrete zu fördern. Dazu geben Sie schleimlösende Kräuter und Apfelessig. Knoblauch und Sonnenhut helfen bei der Bekämpfung der Infektion. Durchblutungsfördernde

Sanfte Massagen fördern den Sekretabbau.

Einreibungen sowie eine sanfte Fingermassage der betroffenen Kopf- und Ganaschenseite mit einigen Tropfen Lavendel- oder Rosmarinöl sind für die Heilung förderlich.

Alle Tipps sowie noch weitere Hilfemaßnahmen lesen Sie auf Seite 239 ff. nach.

7. Kehlkopferkrankungen

Der Kehlkopf verbindet den Nasen-Rachen-Raum mit der Luftröhre, reguliert die Atmung und ermöglicht die Lautgebung mit den Stimmbändern. Die ihn auskleidende Schleimhaut kann sich entzünden.

7.1 Kehlkopfentzündung (Laryngitis)

Was ist eine Kehlkopfentzündung?

Anzeichen: Bei einer akuten Kehlkopfentzündung fallen kurze, kräftige, meist trockene Hustenanfälle auf. Ist der Rachenraum ebenfalls entzündet, werden die Hustenanfälle feucht. Der Kehlkopf ist schmerzhaft, das Pferd weicht einer Untersuchung

An der Unterseite des Pferdekopfes können Sie zwischen den beiden Unterkieferknochen geschwollene Lymphknoten im Kehlgangsbereich erkennen.

aus. Der Husten tritt gehäuft bei Bewegung in kalter Luft, Temperaturwechsel, beim Fressen oder bei Staubentwicklung auf. Meist ist der Nasen- und Augenausfluss klar bis eitrig. Eine Kehlkopfentzündung ist häufig mit einer Rhinitis oder einer allgemeinen Atemwegsinfektion vergesellschaftet. Ist die Schleimhaut geschwollen, sind schnarchende Atemgeräusche zu hören. Daneben schwillt der Kehlgangslymphknoten an.

Bei der chronischen Kehlkopfentzündung sind die Anzeichen meist nicht so deutlich. Hier fällt oft nur der trockene, raue und nicht schmerzhafte Husten auf, der durch Druck auf den Kehlkopf leicht ausgelöst werden kann.

Ursachen: Neben chemisch-physikalischen Reizen sind besonders oft Infektionen und seltener auch Allergien (gegen Staub) als Auslöser zu nennen. Beispiele für chemisch-physikalische Reize können Fremdkörper, Nasenschlundsonden, Endoskope oder Operationen, aber auch reizende Gase wie Ammoniak, Rauch oder Staub sein. Weitaus häufiger jedoch sind es Viren (meist Herpesviren) und Bakterien (meist Streptokokken), die eine Entzündung auslösen.

Komplikationen: Aus einer chronischen Kehlkopfentzündung kann ein Kehlkopfpfeifen entstehen.

Was macht der Tierarzt?

Tritt die Kehlkopfentzündung im Zuge einer Atemwegsinfektion oder einer Rhinitis auf, so wird der

Tierarzt zunächst diese behandeln. Die akute Laryngitis selbst wird mit einer Kombination aus einem entzündungshemmenden Mittel sowie einem Antibiotikum bekämpft. Auf diese Weise kann bei einer durch Viren verursachten Entzündung einer nachfolgenden bakteriellen Zweit- oder Folgeinfektion vorgebeugt werden. In seltenen Fällen schwillt die Kehlkopfschleimhaut durch die Entzündung so stark an, dass die Pferde in akute, lebensbedrohliche Atemnot geraten. Dann muss ein Luftröhrenschnitt vorgenommen werden, der meist ohne Probleme schnell wieder heilt.
Im Gegensatz zur akuten ist die chronische Laryngitis weit schwieriger zu heilen. Neben entzündungshemmenden Mitteln und Antibiotika können noch Aerosoltherapie oder Kehlkopfduschen mit einer milden Jodlösung helfen.

Was können Sie tun?

Wichtig für die Genesung Ihres Pferdes sind vor allem Ruhe und ein gutes, staubfreies Stallklima. *Wie Sie dies erreichen und weitere Behandlungstipps finden Sie zu Beginn dieses Kapitels unter 2., Seite 234 ff. und unter 3., Seite 238 ff.* Feuchtwarme Umschläge in der Kehlkopfgegend beruhigen den gereizten Kehlkopf. Einreibungen mit durchblutungsfördernden Salben helfen ebenso wie Rotlichtbestrahlungen gegen die Entzündung. Ein Schuss Apfelessig morgens und abends im Futter stärkt die Abwehrkräfte und baut Ihr Pferd auf. Das Gleiche gilt für Blasentang, der einen besonders hohen Gehalt an Mineralstoffen und Vitaminen aufweist.
Alle Tipps sowie weitere Hilfsmaßnahmen lesen Sie auf Seite 239 ff.

7.2 Kehlkopfschwellung (Larynxödem)

Was ist das Larynxödem?

Anzeichen: Pferde mit einer Kehlkopfschwellung leiden unter akuter Atemnot, insbesondere beim Einatmen. Dies zeigt sich oft schon in Ruhe, deutlich aber nach Anstrengungen. Dabei stehen die Pferde unbeweglich da und atmen angestrengt mit weit geöffneten Nüstern und ängstlich geweiteten Augen. Meist hören Sie ein deutliches Einengungsgeräusch, das wie ein Schnorcheln oder Schnarchen klingt. Wird die Schwellung stärker, streckt das Pferd den Hals gerade nach vorn, es hofft so besser Luft zu bekommen. Die Nüstern sind weit geöffnet. Bereits nach kurzer Zeit verfärben sich durch den Sauerstoffmangel alle Schleimhäute blassweiß bis bläulich. Wird nun nicht sofort gehandelt, bricht das Pferd zusammen.
Ursachen: Ein Larynxödem kann langsam oder aber schnell auftreten und zu einer akuten Atemnot führen. Dies ist meist bei plötzlichen entzündlichen Reaktionen der Fall, wie beispielsweise nach allergischen Reaktionen (Insektenstichen) oder bei Nesselfieber-Patienten. Nicht entzündliche Schwellungen entwickeln sich dagegen eher langsam. Ursache können hierbei Tumore, Geschwülste oder auch ein chronisches Herzleiden sein. Seltener liegt die Ursache in äußerer Einwirkung wie zum Beispiel durch Verletzungen oder zu enge Kehlriemen und Halfter. Bei empfindlichen Pferden können starke Kehlkopfschwellungen nach einer Reizung durch Instrumente (Sonde) auftreten, diese entwickeln sich in der Regel jedoch etwas langsamer.

Was macht der Tierarzt?

Bei akuter, lebensbedrohlicher Atemnot muss der Tierarzt einen sofortigen Luftröhrenschnitt machen, um das Leben des Patienten zu retten. Die Pferde erholen sich meist rasch und problemlos davon. Ist die Schwellung nicht lebensbedrohlich, so kann eine medikamentöse Therapie mit entzündungs- und allergiedämpfenden Mitteln eingeleitet werden.

Was können Sie tun?

Nicht mehr richtig atmen zu können, macht Ihrem Pferd große Angst. Versuchen Sie Ihr Pferd durch Zureden und Zuwendung zu beruhigen *(s. auch Seite 141 f.)*. Hier können Sie mit der Akupressur viel erreichen. Neben einem Yin-Yang-Ausgleich hilft eine Augenakupressur. Geben Sie ihm Rescue-/Notfalltropfen zur Beruhigung, um die Zeit zu überstehen, bis der Tierarzt eingetroffen ist. Sorgen Sie für Ruhe und reizarmes Stallklima (kein Staub und nicht zu trockene Stallluft).
Bei langsam zunehmender Schleimhautschwellung können Sie versuchen, die Schwellung durch feuchte, kühle Tücher und Einreibungen mit durchblutungsfördernden Salben (nach Rücksprache mit dem Tierarzt!) zu verbessern. Kontrollieren Sie Zaumzeug und Stallhalfter auf Passgenauigkeit.

Eine sanfte Massage des Yintang beruhigt aufgeregte und ängstliche Pferde.

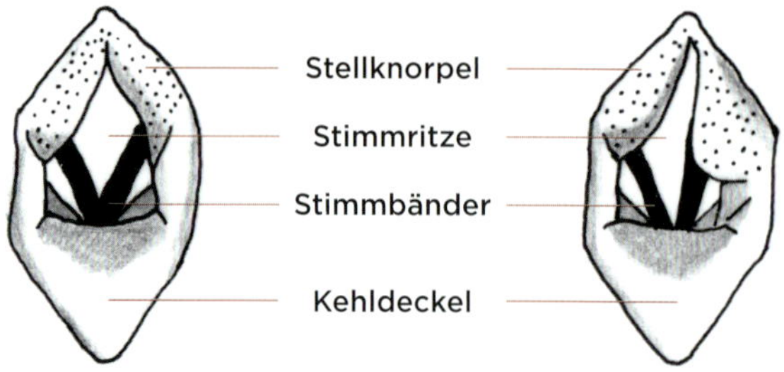

Darstellung des Kehlkopfes von vorn und in Einatmungsstellung: links ein gesundes Pferd, rechts ein Kehlkopfpfeifer. Sie sehen, dass der Stellknorpel der rechten Seite nicht angespannt ist und mit ihm auch das Stimmband. Beides ragt schlaff in die Stimmritze, flattert und das Geräusch entsteht.

Akupressur	• Yin-Yang-Ausgleich, dazu sanfte Massage des Extrapunktes Yintang (mind. 2 Minuten) und L 3 (harmonisiert bei stressbedingten Anspannungen). • Augenakupressur beruhigt zusätzlich
Tuina-Therapie	Eine Tuina-Behandlung des Unterbauchbereichs vom Nabel bis zum Brustbein kann dem Pferd helfen, sie wirkt gegen Ängste und öffnet den Brustkorb.
Bachblüten	Alle 10 Minuten 10 Tropfen Rescue-/Notfalltropfen mithilfe einer kleinen Spritze auf die Zunge geben.

7.3 Kehlkopfpfeifen

Was ist Kehlkopfpfeifen?

Anzeichen: Ihr Pferd gibt im Trab oder Galopp seltsame Geräusche von sich, die etwas lauter klingen als das Pfeifen eines Asthmatikers? Dazu schwitzt es vielleicht schneller und ist nicht mehr so belastbar. Dann ist Ihr Pferd vielleicht ein Kehlkopfpfeifer. Ein Pferd mit Kehlkopfpfeifen ist nicht mehr in der Lage, beide Stimmbänder beim Atmen zu spannen. Meist ragt eines beim Einatmen schlaff in den Kehlkopf hinein und verengt ihn *(siehe Zeichnung oben rechts)*. Es entsteht ein typisches Pfeif- oder Röchelgeräusch, das nur bei Bewegung im Trab oder Galopp zu hören ist. Je schneller das Tempo und je länger die Belastung andauert, desto lauter und durchdringender wird das Pfeifen oder dunkle Rohren. Wenn das Pferd zur Ruhe kommt, verschwindet das Geräusch nach kurzer Zeit meist wieder. In fortgeschrittenen Fällen lässt sich eine Rückbildung der Kehlkopfmuskulatur erfühlen.

Ursache: Der Kehlkopf ist ein Knorpelgerüst, das durch verschiedene Bänder und Muskeln zusammengehalten und beweglich gemacht wird. Er reguliert die Atmung und unterstützt die Lautbildung unter anderem durch Bewegung der Stimmbänder. Hierbei sind besonders die Stellknorpel wichtig, an denen die Stimmbänder hängen. Mithilfe eines Muskels lässt sich auf jeder Seite der Knorpel bewegen, wodurch sich das jeweilige Stimmband spannt. Bei Kehlkopfpfeifern ist diese Funktion gestört. Die Nerven, die die zur Bewegung notwendigen Muskeln steuern, sind ganz oder teilweise gelähmt. Dadurch können die Muskeln des Kehlkopfes nur wenig oder gar nicht bewegt werden und bilden sich zurück. Dann engt das gelähmte Stimmband den Weg der Luft ein, was zu dem bekannten Geräusch führt. Man unterscheidet zwischen der idiopathischen (die Ursache ist nicht bekannt) und der sekundären (erworbenen) Stimmbandlähmung. Weitaus am häufigsten ist das idiopathische Kehlkopfpfeifen, bei dem immer nur die linke Seite betroffen ist. Die Ursache ist noch nicht vollständig geklärt. Die Krankheit zeigt sich meist in den ersten 5 bis 6 Lebensjahren. Eine erbliche Komponente wird vermutet, ist aber noch nicht nachgewiesen.

Der linke Nerv scheint im Endbereich seine schützende Umhüllung, die Myelinscheide, zu verlieren, was mit dem nervlichen Stoffwechsel zusammenhängt. Hier sind im Wesentlichen Großpferde betroffen, kaum Ponys. Zudem erkranken mehr Hengste und Wallache als Stuten. Es ist die häufigste Erkrankung dieser Art bei Warmblütern und die zweithäufigste bei Vollblütern. Das seltenere sekundäre Kehlkopfpfeifen kann sowohl rechts wie links als auch beidseitig auftreten. Es ist die Folge einer Grunderkrankung und kann alle Pferde betreffen. Die Ursachen sind verschiedene pflanzliche oder chemische Gifte, Lebererkrankungen oder chronische Kehlkopfentzündung. Dazu zählen auch chronische Drusepatienten. Die Kehlkopfnerven können daneben auch durch chronische Infektion der oberen Atemwege, Pilzbefall der Luftsäcke oder Verletzungen, Abszesse, Zerrungen der Halsmuskulatur und Tumore geschädigt werden.

Diagnose: Neben den klinischen Anzeichen stützt sich der Tierarzt auf eine endoskopische Untersuchung ohne Sedierung. Erst wird in Ruhe endoskopiert und in Grade zwischen I in Ordnung und IV vollständige Unbeweglichkeit von Stellknorpel und Stimmband eingeteilt. Ist die Lähmung nicht zu sehen, wird in Bewegung endoskopiert. Manchmal zeigt sich die Problematik mit dem Stimmband nur in der Beugehaltung am Zügel. Für die freie Bewegung gibt es ein Arbeitsendoskop. Dabei wird das Laryngoskop gut und sicher am Pferd befestigt. Die Bilder werden dann telemetrisch gesendet und können am Bildschirm betrachtet werden. Oft kann schon an der nicht normalen Haltung des Pferdes in Bewegung die Atemnot erkannt werden, wenn das Pferd Kopf und Hals vorstreckt, um besser atmen zu können.

Man bewertet die Atemgeräusche nach dem Zeitpunkt des Auftretens, d.h., treten sie beim Ein- oder Ausatmen oder bei beidem auf? Treten die Geräusche durchgängig auf oder nur zeitweise oder periodisch? Die Lautstärke der Atemgeräusche wird beurteilt, ebenso wie die Art des Geräusches. Klingt es wie ein Verengungsgeräusch, eher wie ein Pfeifen oder wie ein Schnorcheln? Hier ist die Endoskopie in Bewegung zur Abgrenzung anderer funktioneller Erkrankungen wie die Gaumensegelverlagerung wichtig. Es erfolgt eine weitere Einteilung der Bewegungsbefunde in Grade I bis IV.

Was macht der Tierarzt?

Mit gewöhnlichen Behandlungsmitteln ist das pfeifende, scharchende oder grunzende Einatmungsgeräusch (engl: roaring) nicht vollständig zu heilen, dies ist nur operativ machbar. Es gibt verschiedene Operationsmethoden, die in der Regel untereinander kombiniert werden. Die bekannteste ist die Entfernung der betroffenen Stimmtasche und des Stimmbandes, die sogenannte **Ventrikeltomie** und **Kordektomie**. Dies erfolgt inzwischen mittels Lasertechnik endoskopisch. Eine weitere gängige Methode ist der Ersatz des Stimmbandes, genannt Laryngoplastik. Dabei wird ein dünnes Band aus nicht auflösbaren Fäden zwischen dem Ringknorpel und dem Stellknorpel gespannt. Dieses Band fixiert die gelähmte Seite im geöffneten Zustand. Eine weitere Methode ist die Befestigung des betroffenen Stimmbandes an der inneren Wand des Kehlkopfes, sodass es die Atemluft nicht mehr behindert. Weiterhin werden auch Teile des gelähmten Kehlkopfknorpels entfernt und dadurch eine Erweiterung des eingeengten Kehlkopfinnenraums erreicht. Noch eine mögliche Operation ist die Nervenimplantation. Hierbei setzt der Operateur Nerven in die gelähmte Muskulatur, wodurch diese wieder beweglich wird und ihre Aufgabe ganz oder teilweise wieder übernehmen kann. Das ist sehr aufwendig, braucht lange Erholung und ist momentan noch etwas umstritten, von manchen Kliniken als Operation der Zukunft propagiert, von anderen als wenig Erfolg versprechend eingestuft.[2]

Heute ist die gebräuchlichste Methode neben der reinen Stimmtaschen- und Stimmbandentfernung deren Kombination mit der **Laryngoplastik** oder auch nur Letztere. Die Laryngoplastik macht man vor allem, um die Luftwege für anspruchsvolle Aufgaben wie z.B. Teilnahme an Rennen, an Springen oder am Vielseitigkeitssport zu stabilisieren. All diese Operationen sind jedoch nur angezeigt, wenn der Kehlkopfpfeifer seine gewohnte Leistungsfähigkeit verliert. Beim sekundären Kehlkopfpfeifen ist die Behandlung von der Grunderkrankung abhängig, die zuerst behandelt wird. Das weitere Vorgehen hängt von dem anschließenden Befund ab. Be-

2 *Vgl. Gerber, V. et al.: Krankheiten der Atemwege. Aus Gerber, V. und Straub, R. (Hrsg.), Haupt Verlag 2016, S. 115-175.*

Eine Teemischung aus Salbei, Lorbeer und Thymian beruhigt den Husten, Hagebutten verbessern den Geschmack und sorgen für Vitamin C. Süßen Sie bei Bedarf mit Honig oder Traubenzucker.

steht das Problem weiter, wird wie beim idiopathischen Kehlkopfpfeifen verfahren.

Komplikationen: Eine der gefürchteten Komplikationen infolge einer Laryngoplastik ist die Schluckstörung. Dies liegt daran, dass durch das Implantat der Aryknorpel in abgespreizter Position fixiert ist und damit die Stimmritze immer leicht geöffnet ist. Das führt zu Schluckbeschwerden und zu Husten bei der Futteraufnahme. Es kann sogar zu einer Aspiration, einem „Einatmen" von Futterbestandteilen kommen. Deshalb wird empfohlen, den Aryknorpel nicht auf maximaler Öffnung zu fixieren.

Was können Sie tun?

Das Kehlkopfpfeifen selbst können Sie nicht beeinflussen. Dennoch können Sie Ihrem Pferd etwas Gutes tun. Bereiten Sie es mithilfe von Kräutern und Akupressur auf die Operation vor und helfen Sie ihm danach, rasch wieder auf die Beine zu kommen. Erleichtern Sie Ihrem Pferd das Atmen, indem Sie für optimales Stallklima und Spaziergänge in frischer Luft sorgen. Sorgen Sie dafür, dass Ihr Pferd optimal mit Vitaminen und Mineralstoffen versorgt ist. Geben Sie ihm folgende Kräuter täglich ins Futter: Spitzwegerich, Hagebutten, Brennnessel. Sonnenhut und Apfelessig steigern die Abwehr Ihres Pferdes und mit Knoblauch und Sonnenhut ist es weitgehend gegen Infektionserreger gewappnet. *Genaueres lesen Sie unter 4. „Wenn die Krankheit ausgebrochen ist", Seite 239 ff.*

7.4 Therapie bei Kehlkopf- und Luftsackerkrankungen

Hausmittel	1- bis 2-mal täglich Inhalieren mit Kamillenblüten oder Thymianöl Rotlichtbestrahlungen
Umschläge	• feuchtwarme Umschläge • durchblutungsfördernde Einreibungen
Akupressur	• Lu 7 und 9, Di 4 und 11, Ma 36, MP 6 und Gb 20 • **Bei feucht klingendem Husten:** Ma 40 • **Bei hohem, trockenem Husten:** Ni 3
Tuina-Behandlung	Machen Sie eine sanfte, schiebende und streichende Massage des Pferdegesichts. Dabei berücksichtigen Sie die Punkte Ma 2, 3 bis Ma 8, dazu an der Nase Di 19 und 20 und vor und unter dem Ohr Dü 19, Gb 2 und 3E 20 bis 22, die Sie RouAn, also mit kreisendem Drücken, stimulieren. Verbinden Sie das mit einer Augenakupressur.
Bachblüten	Crab Apple und Rescue-/Notfalltropfen sowie Centaury **Bei stärkerem Krankheitsverlauf:** Rescue-/Notfalltropfen, Crab Apple, Holly und Centaury **Bei Erschöpfung zur Stärkung:** Olive, Hornbeam und Larch **Bei chronischem Verlauf:** Gorse, Crap Apple, Holly, Centaury
Kräuter	Geben Sie Ihrem Pferd aus einer Mischung von 150 g Spitzwegerich, 150 g Sonnenhut, 150 g Himbeere, 200 g Eibischblättern, 80 g Isländisch Moos, 150 g Huflattich, 100 g Kamille und 100 g Süßholz täglich 50 g ins Futter.
Tee	2 EL Lorbeerblätter sowie je 1 EL Thymian und Salbei mit 1 l kochendem Wasser übergießen, 10 Minuten ziehen lassen, dann absieben, abkühlen lassen und über das Kraftfutter geben. Mit 1 EL Honig süßen. Sie können auch frische Blätter verwenden, dann aber die doppelte Menge.
Fütterung und Zusatz	**Wenn das Schlucken schwerfällt:** Geben Sie eingeweichtes Mash mit den oben genannten entzündungshemmenden Kräutern und/oder eingeweichten Rübenschnitzeln und/oder eingeweichten Heucobs. Probieren Sie, ob das Fressen von eingeweichtem Heu ebenfalls Erleichterung bringt. Geben Sie einen Schuss Apfelessig sowie 6 gepresste Zehen Knoblauch täglich.

8. Pferdehusten oder auch Entzündung der unteren Atemwege

Der Pferdehusten ist eine der häufigsten Erkrankungen der Pferde überhaupt. Dabei kann der Husten sehr unterschiedlich sein. Manche Pferde husten sehr wenig, andere werden von starken Anfällen gequält. Häufig steht der Husten im Zusammenhang mit bestimmten Situationen: zu Beginn des Reitens, bei Staubentwicklung im Stall oder in der Reithalle oder beim Fressen. Beim Husten senken die Pferde in der Regel den Kopf etwas ab, manche bis zum Boden, und strecken den Hals nach vorn.

Der Klang des Hustens kann unterschiedlich sein, je nachdem, an welcher Stelle des Atemtraktes die Entzündung hauptsächlich sitzt und welche Ursache der Husten hat. Ein eher hell klingender, oberflächlicher Husten kann auf eine Kehlkopfreizung hinweisen; ein trockener, bellender Husten auf einen Reizhusten oder einen Virushusten (Influenza) hindeuten. Ein allergischer Husten klingt anfangs ähnlich. Klingt der Husten dagegen tief, dumpf und feucht, sind vermutlich die Atemwege verschleimt. Dies weist auf eine bakterielle Beteiligung hin. Manchmal wirkt der Husten auch unterdrückt und kraftlos.

Bei der Einteilung der Erkrankungen der tiefen Atemwege hat sich einiges geändert in den letzten Jahren. Dies hängt nicht zuletzt damit zusammen, dass man eine Vereinheitlichung mit dem englischen Sprachraum wollte. So werden heute infektiöse und nicht infektiöse Bronchialerkrankungen differenziert.

Neben der **akuten** und **chronischen** Bronchitis werden weitere Erkrankungen unterschieden.

1. Nicht infektiöse entzündliche Bronchialerkrankungen

- IAD = Inflammatory Airway Disease oder Entzündliche Atemwegserkrankung
- LAI = Lower Airway Inflammation oder Entzündung der tieferen Atemwege
- COB = Chronisch Obstructive Bronchitis bzw. RAO = Recurrent Airway Obstruction, inkusive Asthma bronchiale.

3 *Vgl. Gerber, V. et al.: Krankheiten der Atemwege. Aus Gerber, V. und Straub, R. (Hrsg.), Haupt Verlag 2016, S. 115-175.*

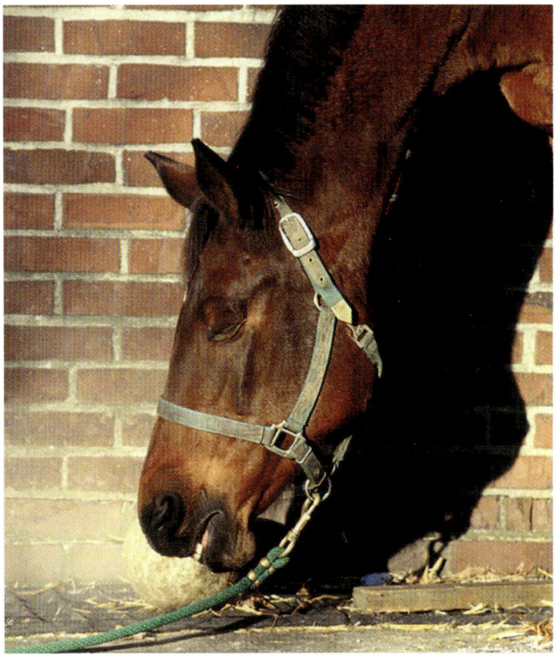

Ein hustendes Pferd darf nicht mehr arbeiten.

2. Infektiös-entzündliche Bronchial- oder Lungenerkrankungen

- Pneumonie
- Druse
- Influenza – Pferdegrippe
- Rhinopneumonitis

Die Bezeichnung der geringgradigen **IAD**, die man mit „Entzündliche Atemwegserkrankung" übersetzen kann, steht für die entzündlich bedingte Veränderung der Bronchien bzw. der kleineren Bronchiolen. Es ist eine geringgradige akut bis chronisch verlaufende Bronchitis bzw. Bronchiolitis. Es zeigen sich hauptsächlich Leistungseinbußen. Bei der endoskopischen Untersuchung fallen kaum Veränderungen auf. Ebenso die **LAI**, die übersetzt die **Entzündung der tieferen Atemwege** bedeutet. Letzteres ist ein Sammelbegriff für die entzündlichen Atemwegserkrankungen, die keinerlei Einengung zeigen. IAD wird oft als leichtgradige COB angesehen und betrifft Pferde jeden Alters.

Die chronische Bronchitis wird oft zur **RAO**, einer nicht infektiösen Erkrankung des Atemtraktes. Hierunter zählt auch das Asthma bronchiale.[3] Sowohl die IAD als auch die RAO können durch Allergien ausgelöst werden.

Schleimig-wässriger Nasenausfluss eines Pferdes mit akuter Bronchitis

8.1 Akuter Pferdehusten (akute Bronchitis)

Was ist eine akute Bronchitis?

Anzeichen: Beim akuten Pferdehusten, einer Entzündung der oberen Luftwege, hat Ihr Pferd Nasenausfluss, es schwitzt schneller als sonst und ist matter. Oft hat es Fieber *(ab 38,2 °C, s. Seite 37)* und geschwollene Lymphknoten. Daneben hustet es in unterschiedlichen Qualitäten. Merken Sie sich, ob Ihr Pferd tief oder oberflächlich, feucht, trocken oder auch unergiebig quälend hustet. Manchmal hustet es erst bei der Arbeit oder bei Staubentwicklung. Der Nasenausfluss kann sehr unterschiedlich aussehen. Liegt eine Infektionskrankheit durch Viren vor, so ist das Sekret meist dünnflüssig, hell und fast wässrig. Kommen jedoch Bakterien zu der Infektion hinzu, so verändert sich der Ausfluss, er wird dicker und gelblich eitrig.

Beides, der Klang des Hustens wie auch das Aussehen des Nasensekrets, sind wichtige Informationen für ihren Tierarzt.

Ursachen: Meist liegt eine Infektion der Atemwege durch Viren, seltener infolge von Bakterien oder Pilzen vor, aber auch Parasiten sowie chemische und physikalische Reize können eine Rolle spielen. Das Risiko, an Pferdehusten zu erkranken, wird durch schlechtes Stallklima, Zugluft, zu wenig Bewegung und unvernünftige Arbeit (Überanstrengung, unregelmäßiges Arbeiten, ausschließlich Reithalle) wesentlich erhöht. Als weitere Auslöser wären hier noch Unterkühlung, zu warme und zu feuchte Ställe, staubige Boxen und Reitbahnen sowie zu viel Zeit in der Box bei zu wenig Bewegung im Freien zu nennen. Wenn das Pferd nicht schon durch diese Lebensumstände erkrankt, so schwächen sie doch sein Immunsystem und machen es empfänglich für die Infektionserreger. Immer öfter wird auch von Allergien, besonders durch pilzbefallene Futtermittel und Einstreu berichtet, die eine akute oder auch chronische Bronchitis auslösen.

Komplikationen: Wird eine akute Bronchitis nicht ausreichend behandelt, so kann sich ein chronischer Zustand verbunden mit dauerhafter Leistungsminderung entwickeln, die dann sogar zu einer chronisch-obstruierenden Bronchitis (COB) führen kann, im Volksmund früher als Dämpfigkeit bezeichnet.

Was macht der Tierarzt?

Entscheidend für die Gesundung Ihres Tieres ist eine sofortige und umfassende Behandlung durch einen Tierarzt. Bei Fieber und eitrigen Formen des Pferdehustens wird der Tierarzt Ihr Pferd mit einem Antibiotikum behandeln. Sollte das nicht ausreichen, wird er dem Pferd ein stark entzündungshemmendes Mittel verabreichen. Zusätzlich händigt er Ihnen ein Hustenpulver aus, das der Diagnose entsprechend den Husten dämpft, das festsitzende Sekret löst, verflüssigt und hilft, es aus dem Atemtrakt hinauszubefördern. Letzteres kann beim fieberfreien Pferd durch leichte Arbeit oder lange Spaziergänge gefördert werden.

Was können Sie tun?

Das Wichtigste vorab: Gönnen Sie Ihrem Pferd Ruhe. Fangen Sie nicht zu früh mit der Arbeit an (Futterreduktion nicht vergessen!). Ein akuter Husten mit Fieber beeinträchtigt das Allgemeinbefinden Ihres Pferdes deutlich. Es fühlt sich krank. Feucht-kalte Beinwickel helfen, das Fieber zu senken. Ein Prießnitz-Umschlag erleichtert Ihrem Pferd das Atmen *(s. Seite 159 und 162)*.

Frische Luft tut gut, gehen Sie viel mit Ihrem Tier spazieren. Weidegang sollte zunächst vermieden werden, wenn sich die Pferde zu heftig bewegen und dabei ins Schwitzen geraten. Sind die Pferde Weidegang gewöhnt und verhalten sich ruhig, spricht nichts gegen einen regelmäßigen Aufenthalt im Freien. Wenn irgend möglich, optimieren Sie die Unterstellbedingungen. Hier ist es vor allem wichtig, die beiden Stressoren Staub und Ammoniak in der Luft zu verbessern. *In Kapitel 3., Seite 238 f., erfahren Sie, wie Sie in diesem Fall füttern sollten, und in Kapitel 4., Seite 239 ff., was Sie tun können, wenn die Krankheit ausgebrochen ist.*

Die vorrangige Maßnahme beim Husten ist, wie beim Menschen auch, den meist festsitzenden Schleim zu lösen und aus dem Körper zu befördern. Dazu stehen Ihnen verschiedene Möglichkeiten zur Verfügung, die Sie noch einmal kurz aufgelistet unter *„Therapie des Pferdehustens und der Lungenentzündung", Seite 266 f.*, finden. Sie können mit Heilkräutern, Bachblüten und Akupressur die Abwehr des Körpers steigern, Sekrete lösen, die Durchblutung erhöhen und die Heilung unterstützen und mit Tuina-Behandlungen zur Lösung von festsitzendem Schleim die Lunge beklopfen.

8.2 Chronischer Pferdehusten (chronische Bronchitis)

Was ist chronischer Husten, chronische Bronchitis?

Anzeichen: Ein Pferd mit chronischer Bronchitis erscheint oft müde und schlapp, selbst bei leichter Arbeit schwitzt es schnell und hustet häufig oder immer mal wieder. Fieber tritt dabei nicht auf. Während und nach der Belastung hat Ihr Pferd weißlich schleimigen Nasenausfluss. Häufig ist die Leistungsfähigkeit des Pferdes insgesamt meist deutlich gemindert und es reagiert auf Staubentwicklung im Stall oder draußen mit einem Hustenanfall. Beim chronischen Husten sind die für den Abtransport des Schleimes zuständigen Flimmerhärchen der Atemwegsschleimhaut geschädigt bzw. von einer zähen, festen Schleimschicht bedeckt, sodass sie ihre Aufgabe nicht mehr erfüllen können. Die Atemwege werden nicht mehr richtig gereinigt. Da ein an chronischem Husten erkranktes Pferd aber permanent Schleim produziert, kann dies zu größeren Atemproblemen führen und infolgedessen zu Leistungseinbußen. Manche Pferde atmen bereits in Ruhe häufiger als die normalen 10 bis 16 Atemzüge pro Minute. Reichlich Nasenausfluss, je nach Ursache anfangs mit unterschiedlichen Anteilen wässrigen (serösen) und schleimigen (mukösen) Ausflusses. Mal ist er mehr wässrig, mal mehr schleimig-wässrig, aber in der weiteren Entwicklung eitrig werdend.

Ursachen: Diese meist fieberfrei verlaufende Krankheit entsteht in der Regel infolge einer nicht ausgeheilten akuten Bronchitis oder Infektion, die auch unterschwellig verlaufen kann. Neben dieser diskreten Bronchitis gibt es auch die (diffuse) chronische Bronchitis, die meistens eitrig, oft als bakterielle Sekundärinfektion nach akuter viraler Bronchitis auftritt.

Auch allergische Reaktionen und deren Entzündungsmediatoren[4] wie z.B. Histamin führen zu chronischen, nicht infektiösen Erkrankungen wie RAO/COB. Wie der Name schon sagt, ist der chronische Husten eine länger andauernde Erkrankung, die Monate oder sogar Jahre bestehen kann. Zu früher Arbeitseinsatz nach akuter Erkrankung, ungünstiges Stallklima oder andere Reize, wie beispielsweise Staub und die darin enthaltenen Keime, können zu ihrer Entstehung beitragen. Häufig geht die chronische Erkrankung mit akuten Schüben der Erkrankung einher. Auslöser können beispielsweise Staub und Pilzsporen in Heu und Einstreu sein. Ein so erkranktes Pferd kann bei Weidehaltung nahezu gesund wirken und bei Stallhaltung im Winter wieder hochgradig erkranken.

Neben all den oben genannten Ursachen gefährden auch Parasiten die Atmungsorgane, insbesondere Lungen- und Spulwürmer. Beispielsweise könnten sich die Pferde auf der Weide von Eseln oder Maultieren mit Lungenwurmlarven anstecken. Die Larven wandern in die Bronchien, wo sie sich entwickeln. Die erwachsenen Lungenwürmer lösen dort dann eine primär chronische Bronchitis aus.

Komplikationen: Auf den durch die Infektionen und Entzündungen geschädigten Schleimhäuten der erkrankten Pferde siedeln sich leicht Bakterien an. Es kommt zu sogenannten Zweit- oder Sekundärinfektionen. Zu den häufigsten Infektionen gehören die Druse sowie die Lungenentzündung. Eine Abgrenzung zur IAD ist schwierig, im schwächeren Bereich ähneln sich beide Erkrankungen.

4 Erklärung: Entzündungsmediatoren sind Stoffe des Körpers, die eine Entzündung einleiten oder aufrechterhalten.

Eine Außenbox, die z.B. mit gewaschenen Sägespänen, Hanf oder Leinstroh eingestreut ist, reduziert die Staub- und Ammoniakbelastung drastisch. Selbst wenn die Außenbox noch mit Stroh eingestreut ist, verringert sich die Belastung.

C

Was macht der Tierarzt?

Ihr Pferd benötigt eine Langzeitbehandlung mit entzündungshemmenden Mitteln und Antibiotika. Daneben wird Ihnen der Tierarzt ein Hustenpulver zum Lösen des Sekretes geben, das je nach Diagnose den Husten dämpft und das festsitzende Sekret löst, verflüssigt und hilft, es aus dem Atemtrakt hinauszubefördern. Krampflösende Medikamente wirken der Verengung und Verkrampfung der Atemwege entgegen. Sollte sich der festsitzende Schleim mit dieser Behandlung nicht lösen lassen, so kann der Tierarzt über eine „Infusionsbehandlung" (Flüssigkeit über eine Infusion) oder eine „Wasserbehandlung" (Isotone (0,9%) Kochsalzlösung über eine Nasenschlundsonde) die Lunge indirekt spülen. *(Eine genaue Beschreibung dieser beiden Methoden finden Sie auf Seite 265).*

Sollte ein Wurmbefall dem Husten zugrunde liegen, wird er mit einem Wurmmittel vom Tierarzt über 14 Tage lang hochdosiert bekämpft.

Was können Sie tun?

Bei der chronischen Bronchitis sind die Verbesserung der Haltungsbedingungen und die absolute Staubvermeidung als die einzig langfristig erfolgreiche „Therapie" anzusehen. Ihr Pferd muss sich in Ruhe auskurieren, fangen Sie nicht zu früh mit der Arbeit an. Reduzieren Sie das Kraftfutter während der Arbeitspause. Gehen Sie viel mit Ihrem Pferd spazieren oder reiten Sie zweimal täglich eine halbe Stunde im Schritt. Bewegen Sie Ihr Pferd vor dem Fressen und füttern Sie dann das normale Kraftfutter in der angepassten Menge mit schleimlösenden Heilkräutern aus einem Eimer vom Boden. So kann der gelöste Schleim am besten ablaufen. *Behandlungstipps und die Auflistung schleimlösender Heilkräuter finden Sie auf Seite 241 f.*

Frische Luft tut Ihrem Pferd gut, deshalb wäre es von Vorteil, es in einer Außenbox unterzustellen, wenn möglich mit einem angegliederten Auslauf. Auch ein längerer Weideaufenthalt unter Vermeidung von Erkältungseinflüssen (z.B. nasskaltes Wetter) kann die Erkrankung deutlich verbessern. Denken Sie daran, es nutzt wenig, wenn Sie Ihr Pferd auf staubfreie Einstreu umstellen und alle anderen Maßnahmen beachten, wenn auf der Stallgasse oder in der Box daneben Stroh und/oder Heu aufgeschüttet wird. Achten Sie darauf, dass die Box in Abwesenheit des Pferdes gut gemistet wird, da Ammoniak die Atemwege Ihres Pferdes reizt. Besonders wichtig ist saugfähige und in ausreichender Menge vorhandene Einstreu. Wird täglich gemistet und zu gering eingestreut, kann die Einstreu den Urin nicht aufnehmen. Die Ammoniakbelastung ist folglich hoch.

8.3 Entzündliche Atemwegserkrankung (Inflammatory Airway Disease = IAD)

Die Erkrankung entspricht weitgehend einer leichteren Form der COB, sie ist bei Pferden jeden Alters und Einsatzes zu finden. Häufig wird die Erkrankungen bei Rennpferden, jungen Vollblütern und Trabern dokumentiert.

Was ist eine entzündliche Atemwegserkrankung?

Anzeichen: Erkrankte Pferde zeigen noch harmlose Anzeichen. Sie husten gelegentlich und zeigen vermehrten Nasenausfluss. In Ruhe merkt man meistens nichts davon. Bei der Arbeit erscheinen sie nicht in ihrer Bestform, sie zeigen weniger Leistungsbereitschaft als üblich. In ihrer Lunge finden sich mehr Entzündungszellen als bei gesunden Tieren.

Ursachen: Die Ursachen sind noch nicht vollständig geklärt, aber es müssen mehrere Faktoren zusammenkommen. Vor allem sind schlechtes Klima und schlechte Belüftung im Stall wie auch auf Transporten schädlich. Hinzu kommen Infektionen und Allergien.

Komplikationen: Ein an IAD erkranktes Pferd, das zwar Leistungsminderung, aber kaum bis keine klinischen Anzeichen wie Husten oder Nasenausfluss zeigt, hat kein höheres Risiko, mal an RAO zu erkranken. Treten bei den Pferden aber zum Leistungsabfall auch Ausfluss und Husten auf, auch wenn der Husten selten ist, ist die Wahrscheinlichkeit größer, später an einer chronischen Erkrankung wie RAO zu leiden.[5]

Diagnose: Bei einer einfachen IAD, bei der das Hauptanzeichen nur die Leistungsminderung ist, müssen detektivisch alle anderen Erkrankungen, die zu verminderter Leistung führen können, ausgeschlossen werden. Das können muskuläre Probleme sein, Erkrankungen der oberen Luftwege oder Probleme im Herz-Kreislauf-Bereich. Mit dem Bronchoskop kann vermehrte Schleimbildung festgestellt und bronchoalveoläre Flüssigkeit gewonnen werden. Können hier vermehrte Entzündungszellen festgestellt werden, ist die Diagnose IAD gesichert. Eine wichtige Abgrenzung zur RAO ist die fehlende angestrengte Atmung in Ruhe!

Was macht der Tierarzt?

Meist reicht die Verbesserung des Stallklimas und der Umgebung aus. Sollte das keinen Erfolg bringen, muss mit Medikamenten behandelt werden. Kortison und Schleimverflüssiger eignen sich hierfür.

Was können Sie tun?

Wichtig sind alle Maßnahmen zur Staubreduzierung und zur Verbesserung des Stallklimas. *Auf den Seiten 234 bis 244 finden Sie Tipps für staubarmes Futter, vom Bedampfen bis zum Binden des Staubs aus dem Futter und dem Befeuchten der Stallgasse vor dem Fegen.* Füttern Sie das Heu vom Boden. So gelangen weniger Pilzsporen und Milben in die Nüstern. *Weitere Informationen lesen Sie nachfolgend beim „Allergischen Pferdehusten" nach.*

5 Vgl. Gerber, V. et al.: Krankheiten der Atemwege. Aus Gerber, V. und Straub, R. (Hrsg.), Haupt Verlag 2016, S. 115-175.

Gönnen Sie Ihrem Pferd viel frische Luft.

8.4 Allergischer Pferdehusten

Allergien spielen auch bei der IAD eine Rolle, bei beiden Erkrankungen kommen mehrere Faktoren zusammen. Dennoch möchte ich den allergischen Husten hier extra aufführen. Die starke allergische Erkrankung ist Teil der COB/RAO.

Was ist ein allergischer Husten?

Anzeichen: Die ersten Anzeichen für einen allergischen Husten sind ebenso wie bei der IAD eher harmlos. Betroffene Pferde schnauben und husten nur einige Male beim ersten Antraben etwas Schleim ab. Später husten sie bei Belastung und Staubentwicklung in der Reitbahn oder im Stall. Die Atmung wirkt angestrengt. Der Nasenausfluss ist wässrig bis eitrig. Durch den Staub, die Pilzsporen oder die Eiweiße kommt es zu kleineren Entzündungsherden. Diese reizen die Atemwege und führen zu Hustenanfällen. Die Entzündungen weiten sich aus, die Atemorgane verkrampfen und die Schleimhäute schwellen an.

Ursachen: Nicht immer sind Viren und Bakterien schuld an einem hartnäckigen Pferdehusten. Neben

Staub und Ammoniakgasen sind es vor allem die Schimmelpilze und andere Pilzsporen sowie Milben, die die Atemwege der Pferde reizen und zu Allergien führen. Daneben entsteht in den Pferdeställen organischer Staub, der oft Keime, Blütenpollen und andere Eiweißkörper enthält. Auf der Weide sind es Pollen und Insekten. Dazu kommen noch zahlreiche weitere Allergieauslöser, sogenannte Allergene, die sich in Holzschutz- und Insektenschutzmitteln, Stallfarbe, im gespritzten Futter oder auch in Shampoos verbergen. Die Liste der Allergene ist beliebig verlängerbar.

Die Abwehr sensibler Pferde reagiert in vielen Fällen dann so stark, dass es zu den verschiedensten Auswirkungen kommt. Neben Husten reagieren manche Pferde mit der Haut oder mit Kopfschütteln *(s. „Headshaking", Seite 368 ff.)* auf solche Allergene.

Besonders Boxenpferde, die den Großteil des Tages dem Stallstaub ausgesetzt sind, haben kaum noch Abwehrkräfte und bilden die Hauptgruppe der Allergiker. Häufig entsteht ein allergischer Husten im Anschluss an einen akuten Pferdehusten, weil das ohnehin bereits sensibilisierte Immunsystem überstark auf Staub und Pilzsporen reagiert.

Was macht der Tierarzt?

Der Tierarzt nimmt 10 bis 20 ml Blut ab und sendet es zur weiteren Untersuchung ins Labor. Dann spritzt er dem Patienten ein entzündungshemmendes und abschwellendes Mittel (Kortison). Zusätzlich unterdrückt Kortison die allergische Reaktion. Dies kann in akuten Fällen helfen, ist jedoch kein Medikament für eine Dauerbehandlung.

Zusätzlich wird der Tierarzt schleimlösende Präparate und ein Mittel zum Entkrampfen der Bronchien verschreiben. Die angegriffenen Schleimhäute bieten einen optimalen Nährboden für eine weitere Bakterienbesiedlung. Meistens ist die lokale Abwehr nicht mehr ausreichend. In diesem Fall wird der Tierarzt die Zweitinfektion mit Antibiotika behandeln.

Ist ein allergischer Prozess nachgewiesen, so kann der behandelnde Tierarzt Antihistaminika spritzen. Diese Medikamente unterdrücken die Freisetzung des Botenstoffes Histamin, der bei der allergischen Reaktion eine tragende Rolle spielt. Darüber hinaus wirken sie abschwellend.

Verschiedene Tierärzte befürworten weitere Behandlungsmaßnahmen, die bei den Menschen sehr erfolgreich, bei den Pferden jedoch nicht unumstritten sind:

Eigenblutbehandlung: Hier wird dem Pferd eine bestimmte Menge Blut entnommen, das im Labor aufbereitet und zusammen mit einem Medikament oder einem homöopathischen Medikament dem Pferd wieder gespritzt wird.

Hyposensibilisierung: Bei dieser Methode wird eine Lösung mit dem verdünnten Allergen in unterschiedlichen Abständen unter die Haut gespritzt. Ziel ist es, das Immunsystem so an das Allergen zu gewöhnen, dass dieses keine Überreaktion mehr auslösen kann. Allerdings reagieren Pferde, im Gegensatz zu Menschen, meist auf eine Reihe von verschiedenen Allergenen. Oft ist es gar nicht möglich, all diese Stoffe in einem „Cocktail" zu spritzen. Auch können diese Spritzen oft, genauso wie Impfungen, die Symptome verschlimmern. Es gibt nur wenige Studien zum Thema Hyposensibilisierung bei Pferden. Beruht die Allergie auf Umwelt-Antigenen wie Futtermilben oder Schimmelpilzen, ist die Hyposensibilisierung durchaus empfehlenswert. Dabei erhält das Pferd etwa alle 3 Wochen eine Injektion.

Sehr zu empfehlen ist die Behandlung des allergischen Hustens durch einen **Akupunkteur**, nachfolgend mit der selbst durchführbaren Akupressur. Dabei stimuliert der Akupunkteur individuelle Punkte und solche mit schleimlösender Wirkung sowie Punkte, die zu einer Ausschüttung von körpereigenem Kortison führen. Diese Behandlungsmethode eignet sich zum Ausheilen der Erkrankung.

Was können Sie tun?

Bei einer Stauballergie beachten Sie die Maßnahmen zur Staubreduzierung *von Seite 234 ff.*, wie die Verbesserung des Stallklimas, das Nassmachen von Kraft- und Raufutter und die Befeuchtung der Stallgasse vor dem Fegen. Füttern Sie das Heu vom Boden und das Kraftfutter aus einem Eimer. So gelangen weniger Pilzsporen und Milben in die Nüstern. Je nach Ursache und Ausprägung des Hustens sollte Ihr Pferd besonders bei einer Staub-, Milben- und Pilzallergie staubfrei aufgestallt werden, am besten in einem Offenstall. Denn es nutzt wenig, wenn Sie Ihr Pferd auf staubfreie Einstreu wie Hanf, Flachs oder Sägespäne umstellen und alle anderen im *Kapitel 2, Seite 234 ff.* genannten Maßnahmen beachten, wenn in seinem Umfeld Stroh aufgeschüttet und aufwendig gefegt wird. *In Unterkapitel 4., Seite 239 ff., finden Sie alles, was Sie Ihrem Pferd Gutes tun können, wenn die Krankheit ausgebrochen ist.*

Fütterung: Bei allergischem Husten haben sich schon oft pelletiertes Futter und Heucobs bewährt, ebenso wie bedampftes, von Staub und Keimen gereinigtes Heu. Achten Sie darauf, dass das Futter allergieempfindlicher Pferde die Vitamine B und E, ungesättigte Fettsäuren sowie Zink, Selen und Kupfer enthält. Auch Nachtkerzen-, Borretsch- oder Schwarzkümmelöl haben einen positiven Einfluss auf den Stoffwechsel und wirken entzündungshemmend. Bei einer Pollenallergie sollten Sie Ihr Pferd zu den Pollenflugzeiten aufstallen. Unter Umständen sollten Sie auch an einen vorübergehenden Ortswechsel denken. Im Gebirge oder am Meer ist die Pollengefahr weitaus geringer. **Bei einer Pollenallergie sollten Sie keine Kräuter füttern!**

Ist Ihr Pferd stark verschleimt, so können Sie es zur besseren Schleimlösung täglich inhalieren lassen. Leidet Ihr Pferd unter einer Staub-, Pilz- oder Milbenallergie, können Sie es mithilfe von Heilkräutern unterstützen. *Dazu finden Sie Tipps in der Tabelle 8.6 auf Seite 266 f.*

8.5 Chronisch-Obstruktive (einschnürende) Bronchitis (COB) bzw. Recurrent Airway Obstruction = RAO und Lungenemphysem

Vor einiger Zeit ist man international dazu übergegangen, die Bezeichnung COB/COPD (Disease), die aus der Humanmedizin stammte, durch die Bezeichnung RAO zu ersetzen. Dies schien insbesondere deshalb richtig, weil die Erkrankung des Pferdes von der humanen COPD wie beispielsweise in der Entstehung und im Verlauf deutlich abweicht.

Was ist die regelmäßig wiederkehrende Verengung der Atemwege (RAO)?

Anzeichen: Die Entwicklung dieser chronischen Erkrankung erfolgt langsam und fieberfrei. Die Chronizität bedeutet, dass die Anzeichen schon über 6 Wochen anhalten. Anfangs wird nur eine leicht erschwerte, gedehnte Ausatmung deutlich. Meist ist der Husten dunkel, kurz und kraftlos. Es zeigt sich Nasenausfluss, jedoch wird er erst in den späteren Stadien stark. Zu Beginn schlucken die Pferde den Hauptteil des Nasensekrets ab. Oft zeigen sich aber Sekretrinnen in den Nüstern – eine helle Sekretspur, bei der die Haut ihr Pigment verlieren kann. Durch den Staub mit Keimen und bakteriellen Toxinen, durch Pilzsporen oder durch andere allergene Eiweiße kommt es zu Entzündungsherden. Diese reizen die Atemwege, führen zu Hustenanfällen und lassen die Schleimhäute anschwellen. Die Entzündungen weiten sich aus und die Atemorgane verkrampfen. Zum Einatmen werden die Zwischenrippenmuskeln und das Zwerchfell genutzt. Es wird anstrengend, die Luft wieder auszuatmen, da sich die Lunge verkleinert und die Luft durch die verengten Atemwege drücken muss. Dafür muss das Pferd vermehrt die Bauchmuskulatur einsetzen. Hinzu kommt eine vermehrte Sekretproduktion in den unteren Atemwegen. Bald ist eine doppelschlägige Atmung zu erkennen. Das heißt, für die Ausatmung sind zwei Ansätze nötig. Da das Pferd bei der normalen Ausatmung nur einen Teil der Atemluft aus der Lunge bekommt, erfolgt ein Zusammenpressen der Bauchmuskeln, sodass die Luft von außen durch die Bauchpresse ruckartig aus der Lunge gedrückt wird. Diese Atemprobleme sind für die RAO typisch. Ebenso typisch ist, dass sich die spiralförmig auf den Bronchien und Bronchioli liegenden Muskelzellen zusammenziehen und verkrampfen. Das führt zum Bronchospasmus, die kleinen und großen Bronchien werden zusammengedrückt, das Atemvolumen wird geringer. Diese chronische Anspannung führt zu einer Vergrößerung und Vermehrung der Muskelzellen. Dadurch wird das Atemvolumen weiter eingeschränkt.

Ursachen: Die Chronisch-Obstruktive Bronchitis hat eine gesicherte genetische Grundlage und tritt bei Pferden ab dem 7. Lebensjahr oder älter auf. Die Erkrankung kann als Komplikation aus einem akuten, allergischen oder chronischen Husten entstehen. Neben Staub, bakteriellen Toxinen und Ammoniakgasen sind es vor allem die Schimmelpilze und andere Pilzsporen sowie Milben, die die Atemwege der Pferde reizen und früher oder später zu Atemwegsproblemen führen. Oft reagiert das Immunsystem übermäßig auf diese Reize, aber auch die Schleimhaut des Atemtrakts reagiert darauf mit der Bildung

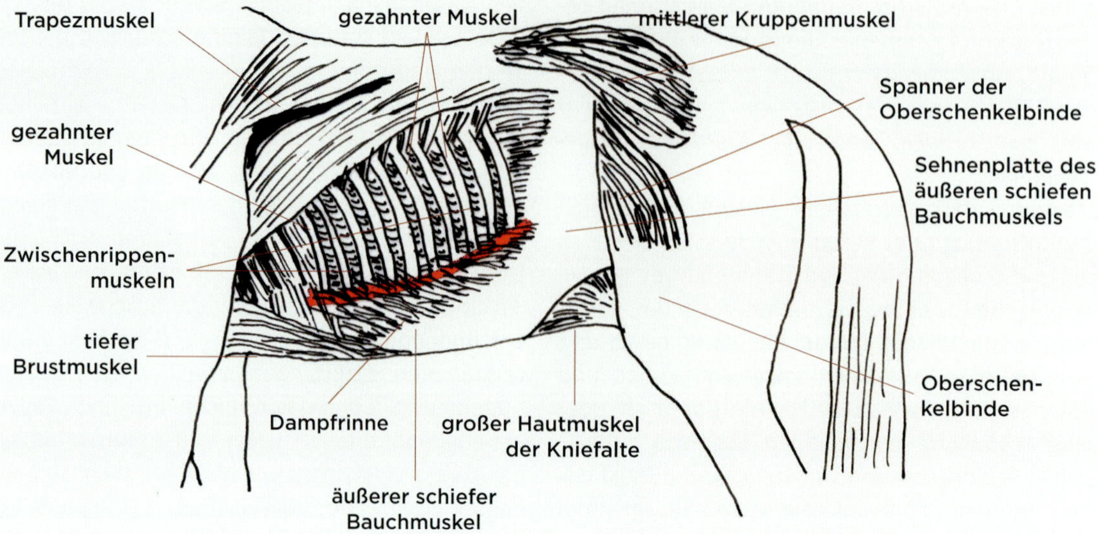

Entlang der roten Linie kommt es durch den vermehrten Einsatz der Bauchmuskulatur zur Bildung der äußerlich sichtbaren Rinne.

C

von Bronchialschleim. Oft ist die Verschleimung der Bronchien so stark, dass die für den Abtransport des Schleimes verantwortlichen Flimmerhärchen der Schleimhaut geschädigt werden und nicht mehr ihre Funktion ausüben können. Je weniger Zilien/Härchen übrig bleiben, desto schlechter werden die Atemwege gereinigt. Hier hilft oft nur noch ein Hustenstoß. Die Luftwege verengen sich durch den festen Schleim, was zu Atemproblemen führt.

Komplikationen: Die Anstrengungen, die Atemluft wieder aus dem Körper zu bringen, führen zum Überdruck und zu einer Überdehnung der Lungenbläschen (Alveolen), die für den Austausch des Sauerstoffs verantwortlich sind. Im gesunden Zustand atmet das Pferd mit Muskelkraft ein, während die Ausatmung passiv durch das Zusammenziehen der elastischen Lungenbläschen geschieht. Der Überdruck führt zu einer Überdehnung, die anfangs noch heilbar ist. Wichtig ist die Unterscheidung zwischen einer reversiblen/heilbaren Lungenüberdehnung und dem Lungenemphysem, bei dem die Lunge irreversibel geschädigt ist. Wenn Sie mit einem Pferd, das eine Lungenüberdehnung hat, arbeiten, kann es zu einem Emphysem kommen. Dabei führt der Überdruck neben der Überdehnung sogar zum Platzen der Lungenbläschen, sodass diese nicht mehr funktionsfähig sind. Es entstehen teilweise große Räume, die die Ausatmungsluft nicht mehr vollständig abgeben können und deshalb dauerhaft mit Luft gefüllt sind. Man nennt dies **Lungenemphysem**. Das Lungenfeld dehnt sich durch die Aufblähung der Lunge aus. Durch die Mehrarbeit der Muskeln kommt es zum Aufbau der Bauchmuskeln. Als Folge entsteht an der seitlichen Bauchwand eine quer verlaufende Rinne, die sich besonders nach Anstrengung hervorhebt. Die Pferde sind in ihrer Leistungsfähigkeit meist so eingeschränkt, dass sie nicht mehr arbeiten können.

Was macht der Tierarzt?

Krampflösende und entzündungshemmende Mittel sorgen dafür, dass die verengten Atemwege geweitet werden und die Schleimhäute abschwellen. Zudem kann der Tierarzt ein Mittel zum Lösen des Bronchospasmus geben. So lindert er die Atemnot. Der Einsatz von Kortison ist umstritten, bei hufrehegefährdeten Patienten kann das Kortison durch Inhalation gegeben werden. Nur bestimmte Glukokortikoide gelangen nicht in den Blutkreislauf. Auch andere Medikamente können als Aerosol verabreicht werden. So kann die nötige Dosis erheblich herabgesetzt werden. Durch die Inhalation kann lokal in den Atemwegen eine ausreichend hohe Wirkstoffkonzentration erreicht werden. Ebenfalls eigenen sich iso- oder leicht hypertone Lösungen zu dieser Art Inhalation.[6] Im Gegensatz dazu sind ätherische Öle oder Kamillenextrakte zu dieser Art von Inhalationen nicht geeignet, sie sind zu konzentriert und führen zu Schleimhautreizungen und Bronchospasmen.[7] Sie dürfen nur über Wasserdampf inhaliert werden!

Bei einer bakteriellen Zweitinfektion wird außerdem eine antibiotische Behandlung durchgeführt. Hinzu kommt der Einsatz von Antihistaminika, die ebenfalls abschwellend wirken und Allergien dämpfen. Krampflösende Medikamente können den Bronchospasmus lösen, aber Vorsicht, er ist ein Schutzreflex, der verhindern soll, dass schädigende Stoffe zu weit eindringen können.

Ist die Lunge stark mit festem Schleim verklebt, funktioniert der Austausch zwischen Sauerstoff und Kohlendioxid schlecht und der Körper bekommt zu wenig Sauerstoff. Dann führen auch schleimlösende Medikamente oder Heilkräuter oft zu keinem befriedigenden Ergebnis. Hier könnte eine **„Lungenspülung“**, korrekt heißt die Methode **Hyperinfusionstherapie**, helfen.[8] Große Mengen Kochsalzlösung (30 bis 40 Liter pro Tag, an 3 aufeinanderfolgenden Tagen) werden in den Pferdekörper geflutet. Die Flüssigkeit gelangt über die Blutgefäße in die Lunge und löst dort den zähen, festen Schleim und schwemmt ihn aus. Die verklebten Zilien (Flimmerhärchen zum Heraustransportieren von Schleim und Schmutz) werden freigespült und können nun ihre Aufgabe wieder übernehmen.

Es gibt zwei verschiedene Spülungsvarianten. Bei der **intravenösen Methode** rinnt die Kochsalzlösung als Infusion über eine Nadel direkt in die Vene. Dies dauert 3 bis 4 Stunden, in denen das Pferd genauestens beobachtet werden muss. Bei der **peroralen Methode** wird die Kochsalzlösung über eine Nasenschlundsonde direkt in den nüchternen Magen eingegeben. Das Pferd sollte etwa 8 Stunden nichts mehr gefressen haben. Das dauert etwa eine Stunde, in der das Pferd ebenfalls unter genauer Beobachtung steht. Bei beiden Methoden muss das Pferd im Anschluss kurz bewegt werden, damit der Kreislauf diese Flüssigkeitsmengen bewältigen kann. Beide Methoden haben ihre Vor- und Nachteile, die im Einzelfall mit dem Tierarzt besprochen werden müssen. Aber die Reinigung der Lunge nutzt Ihrem Pferd nur dann, wenn das Grundproblem beseitigt wird und das Pferd anschließend weitgehend staubfrei leben kann.

Was können Sie tun?

Auch bei der RAO steht, wie bei allen Arten des Pferdehustens, eine Optimierung des Stallklimas im Vordergrund. Dabei zeigt die Anwendung dieser Tipps häufig schon erste Erfolge. Sie können die Atmung Ihres Pferdes anregen, indem Sie Ihr Pferd so bewegen, wie es seine Leistungsfähigkeit erlaubt. Natürlich in staubarmer Umgebung. Körperliche Bewegung stimuliert die Reinigungsfunktion der Lunge und der Atemwege.

Neben staubfreier Aufstallung und Fütterung sollten Sie Ihrem Pferd eine Außenbox und einen Weideplatz besorgen. Manchmal ist sogar für eine bestimmte Zeit ein Klimawechsel z.B. am Meer nötig. Tägliches Inhalieren über Wasserdampf hilft beim Lösen des zähen Schleims. Verwenden Sie dafür Kamillenblüten und Pfefferminze. Dies sollten Sie insbesondere auch nach einer Lungenspülung zunächst noch beibehalten.

Eine Akupunkturbehandlung kann hier ebenfalls gute Erfolge zeigen. Heilkräuter und Apfelessig helfen dabei den Schleim zu lösen und Ihr Pferd wieder aufzubauen. Geeignete weitere Therapien zur Unterstützung der schulmedizinischen Therapie sind neben der Phytotherapie, die Akupressur und Tuina-Therapie sowie die Bachblüten-Therapie. *Weitere Informationen folgen in der Tabelle auf der nächsten Seite.*

Fütterung: Bei allergischem Husten haben sich schon oft pelletiertes Futter und eingeweichte Heucobs bewährt. Beides ist deutlich weniger mit Staub belastet. Jedoch sollte Ihr Pferd trotzdem noch etwas Heu bekommen, damit das Knabber- und Kaubedürfnis befriedigt wird. Geben Sie ihm auch ruhig

6 *Erklärung: Isoton oder leicht hypertone Lösungen sind Lösungen, die ebenso viel (= isoton = 0,9%) oder etwas mehr (= leicht hyperton) Salz enthalten als das Blut.*

7 *Vgl. Ehrmann, C. und Fey, K.: Therapie chronisch entzündlicher Atemwegserkrankungen beim Pferd. Der praktische Tierarzt 92, 2011, S. 16-26.*

8 *Erklärung: Nicht zu verwechseln mit einer Tracheobronchialspülung oder Lavage. Hierbei wird unter endoskopischer Kontrolle eine kleine Menge Isotonischer Kochsalzlösung in die Lunge gegeben und gleich wieder abgesaugt. Diese wird dann auf Entzündungszellen untersucht.*

C

von Zeit zu Zeit einige Äste von Obstbäumen zum Beknabbern. *Auf Seite 238 f. lesen Sie mehr zur Fütterung.* Sorgen Sie für eine optimale Vitamin- und Mineralstoffversorgung durch frische Kräuter und Obst. Achten Sie darauf, dass das Futter allergieempfindlicher Pferde die Vitamine B und E, ungesättigte Fettsäuren sowie Zink, Selen und Kupfer enthält. Auch Nachtkerzen-, Borretsch- oder Schwarzkümmelöl haben einen positiven Einfluss auf den Stoffwechsel. Sie enthalten wichtige Omega-3-Fettsäuren, die auf das Immunsystem und außerdem entzündungshemmend wirken. Das Schwarzkümmelöl wirkt zudem reinigend, sekretlösend und antioxidativ. Es enthält Selen, Provitamin A und Vitamin E, C und viele B-Vitamine.

8.6 Therapie des Pferdehustens und der Lungenentzündung

<table>
<tr><th></th><th>Akuter Husten und Pferdegrippe</th><th>Chronischer Husten</th><th>IAD</th><th>COB bzw. RAO mit allergischem Husten</th><th>Lungenentzündung</th></tr>
<tr><td>Hausmittel</td><td colspan="5">• Inhalieren mit Kamillenblüten, Pfefferminze oder einigen Tropfen Thymianöl
• Geben Sie täglich 1 Schuss Apfelessig ins Futter.
• Machen Sie das Heu nass oder bedampfen Sie es (s. Seite 236 f.).
• Bei chronischem und chronisch-obstruktivem Husten hat sich ein Vernebler bewährt, der Salzlösung (keinesfalls ätherische Öle) vernebelt.
• Füttern Sie vom Boden bzw. aus dem Eimer, damit das Nasensekret gut ablaufen kann.</td></tr>
<tr><td>Akupressur (siehe Teil B)</td><td colspan="4">Lu 7, Di 4, Di 11, KG 22, Ma 36, Gb 20, Bl 10, Yin-Yang-Ausgleich, Augenakupressur
Dazu bei trockenem, quälendem Husten: Ni 3
Dazu bei voll und tief, feucht klingendem Husten: MP 6, Ma 40, Lu 9
Bei allergischem Husten: Bl 40, Ni 3, Lu 7, Di 4, Lu 1 und KG 22
Dazu bei chronischer Bronchitis: Ma 40, Bl 40, Ni 3, Lu 9
Bei viel Schleim auch die Milz stärken: MP 6 und Ma 36
COPD: Lu 1, Lu 5, Lu 9, Ma 36, MP 6, Di 11, Ma 40</td><td>LU 7 und 9, Ni 3, KG 22, 3E 5, Ma 40 und Bl 40, dazu ein Yin-Yang-Ausgleich
Immunsystem stärken: Di 4 und 11, Ma 36, Lu 7</td></tr>
<tr><td>Tuina-Behandlung</td><td colspan="5">Tuina vom Unterbauch, Vorderbrust und Abklopfen der Lunge
Tuina der Beine zur Stärkung
Tuina an den Vorderbeinen inklusive der Punkte Lu 7, 8, 9 und Di 4</td></tr>
<tr><td>Bachblüten</td><td>Schleim lösen und Abhusten unterstützen: Rescue-/Notfalltropfen, Crab Apple, Cherry Plum, Holly, Rock Water
Sehr starke Schleimproduktion: Holly, Crab Apple, Rescue-/Notfalltropfen
Krampfhusten: Rescue-/Notfalltropfen
Bei Erschöpfung, zur Stärkung: Olive, Larch, Hornbeam</td><td colspan="3">Wichtigste Essenzen:
Heather, Gentian, Crab Apple, Larch
Schleim lösen und Abhusten unterstützen:
Rescue-/Notfalltropfen, Crab Apple, Cherry Plum, Holly
Bei Erschöpfung, zur Stärkung: Olive, Hornbeam, Larch
Wenn Ihr Pferd zu Atemwegsinfekten neigt: Centaury
Bei chronischem Husten: Cherry Plum, Centaury, Holly, Rock Water, Heather, Gentian
Bei allergischem Husten mit dazu: Beech, Holly, Scleranthus, Mimulus, Crab Apple, Agrimony
Asthmaähnlicher Anfall: Rescue-/Notfalltropfen, Holly, Scleranthus, Crab Apple, Honeysuckle</td><td>Schleim lösen und Abhusten unterstützen:
Rescue-/Notfalltropfen, Crab Apple, Cherry Plum, Holly
Sehr starke Schleimproduktion:
Holly, Crab Apple
Krampfhusten:
Rescue-/Notfalltropfen
Bei Erschöpfung, zur Stärkung: Olive, Hornbeam, Larch</td></tr>
<tr><td>Kräuter/ Tees</td><td colspan="5">Mischung aus je 100 g Sonnenhut, Süßholz, Fichtennadeln, Salbei, Huflattich, Anis, Fenchel, Brennnessel und Thymian herstellen. Davon geben Sie gut 40 bis 50 g ins Futter. Am besten zuvor kurz mit heißem Wasser überbrühen und etwas abkühlen lassen.
Allergielindernd wirken: Buchweizen, Eibisch, Knoblauch, Anis
Trockener, gereizt klingender Husten: Eibisch, Isländisch Moos, Süßholz, Kamille, Himbeere und Huflattich
Kräutertee aus Huflattichblättern, Eukalyptusblättern und Thymian
Pferdegrippe: Hagebutten, Ringelblume, Seetang und Brennnessel
Bei allergischem Husten aber nur dann Kräuter füttern, wenn es sich nicht um eine Pollenallergie handelt!
Ausreichende Vitamin- und Mineralstoffversorgung durch Klebkraut, Quecke, Löwenzahn, Brennnessel und Hagebutten sichern.</td></tr>
</table>

Fütterung	• Hochwertiges Heu und viel Weidegang ermöglichen; das Raufutter sollte in der Erkrankungsphase gut 85% des Gesamtfutters umfassen. Dazu füttern Sie warmes Mash für Hustenpferde, bei Kehlkopfbeteiligung mit Schluckproblemen bereiten Sie flüssiges Mash zu. • Zusätzlich geben Sie viel frisches Obst (Äpfel, Birnen, Orangen) sowie einen guten Schuss Apfelessig und 6 Zehen Knoblauch täglich. • Täglich 2 Becher Joghurt mit etwas Honig und Lebendhefe als Probiotika sowie Bierhefe, um die Darmflora nach der Antibiotikagabe wieder aufzubauen. Die Hefe können Sie schon während der Antibiose geben. • Vitamine A, B, E und C sind Vitamine und Antioxidantien, die wichtig sind, weil sie Sauerstoffradikale abfangen, bevor diese das Gewebe schädigen können. • Dazu geben Sie Ihrem Pferd wechselweise 250 ml Omega-3-Fettsäuren aus Lein- oder Traubenkernöl bzw. je 20 bis 30 ml von Schwarzkümmel-, Borretsch- oder Nachtkerzenöl. • Pferde mit chronischer Bronchitis verbrauchen durch das Husten viel Energie. Erhöhen Sie die Energiezufuhr um etwa 20%.

Vorbeugung! Regelmäßige, ausreichende Bewegung an frischer Luft stärkt das Immunsystem. Ausreichende Versorgung der Pferde mit Vitaminen und Mineralstoffen sowie ein heller, luftiger Stall ohne Zugluft halten Ihr Pferd gesund. Legen Sie Wert auf qualitativ einwandfreies Kraft- und Raufutter.

Zutaten für Mash (von links): Leinsamen, Weizenkleie, Quetschhafer, Salz, Kräutermischung für Hustenpferde

9. Infektionen

Infektionen lösen immer plötzlich einsetzende Beschwerden aus, die meist mit hohem Fieber verbunden sind. Dann sollten Sie aufmerksam werden. Infektionen können durch Viren, Bakterien, Pilze oder Parasiten ausgelöst werden.

9.1 Lungenentzündung (Pneumonie)

Bei einer Pneumonie sind entweder die Lungenbläschen entzündet oder das Lungengewebe. Sind zusätzlich die Bronchien entzündet, so spricht man von einer Bronchopneumonie.
Dabei unterscheiden wir zwischen primär nicht eitrigen und eitrigen Bronchopneumonien.

Was ist eine Lungenentzündung?

Anzeichen: Hohes Fieber, schneller Puls, Fressunlust und Mattigkeit sind erste auffallende Anzeichen, die zusammen mit beidseitigem schleimig bis eitrigem Nasenausfluss und anfallsweise feuchtem Husten für eine Entzündung der Lunge sprechen. Hierbei handelt es sich um Entzündungen der Lungenbläschen. Die Entzündung sitzt also tiefer als bei der Bronchitis. Gewöhnlich beginnt die Entzündung im unteren Teil eines oder beider Lungenlappen, man spricht dann von ein- oder beidseitiger Lungenentzündung. Von dort breitet sie sich nach oben hin aus. Wie bei allen Entzündungen schwillt zunächst die Schleimhaut an, was den Sauerstoffaustausch erschwert. Dann folgt die Absonderung von entzündlichem Sekret innerhalb der Lungenbläschen, die dadurch ihre Funktion (Sauerstoffaustausch) nur noch mangelhaft erfüllen können. Infolge wird das Atmen für die erkrankten Pferde erschwert und schmerzhaft, was zu dem typischen flachen, schnellen und oberflächlichen Atmen führt. Dehnt sich die Entzündung auf weite Teile beider Lungenhälften aus, kann das Pferd nicht mehr genügend Sauerstoff aufnehmen, um Herz und Gehirn zu versorgen. Schließlich kommt es zum Kollaps.

Ursachen: Meistens handelt es sich um eine Infektion der Lunge durch Bakterien, es können auch Mischinfekte verschiedener Bakterien, Viren, Pilze und Parasiten infrage kommen. Diese gelangen sowohl durch die Atemluft als auch über die Blutbahn in die Lunge. Deutlich häufiger ist aber der Weg über die Atemluft. Auch Pilzsporen von verdor-

Inhalieren löst zähen, festsitzenden Schleim. Danach kann Ihr Pferd besser atmen.

benem Kraft- oder Raufutter können mit kleinsten Staubteilchen bis in die Lungenbläschen gelangen und Entzündungen auslösen. Tiere, die durch starke körperliche Anstrengung, Transporte, Zugluft oder schlechte Ernährung geschwächt sind, erkranken leichter. Als weitere Ursache wird die Druse genannt. Darüber hinaus kann das Fehlschlucken von Futterpartikeln beispielsweise bei einer Schlundverstopfung zu einer fauligen, meist tödlichen Lungenentzündung führen.

Was macht der Tierarzt?

Je nach Ursache der Lungenentzündung ist der schnelle Einsatz eines Antibiotikums lebensnotwendig, um die Bakterien zu bekämpfen. Bei starkem Nasenausfluss wird der Tierarzt ein Hustenpulver zur Lösung des Schleimes verordnen. Geht es dem Pferd aufgrund des hohen Fiebers schlecht, hilft der Tierarzt mit fiebersenkenden Mitteln. Manchmal sind auch schmerzlindernde Medikamente angezeigt. Nach Gesundung sollte der Tierarzt das Pferd vor Beginn der Arbeit auf etwaige Herzschäden hin untersuchen, die bestimmte Bakterien verursachen können.

Was können Sie tun?

Die Lungenentzündung ist eine Erkrankung, bei der das Allgemeinbefinden Ihres Pferdes stark gestört ist. Das hohe Fieber ist unangenehm und das Atmen ist schmerzhaft. Feuchte Beinwickel helfen das Fieber zu senken und eine Prießnitz-Packung sowie Inhalationen erleichtern Ihrem Pferd das Atmen. Außerdem sollten Sie bemüht sein, Ihr Pferd in einer ruhigen Box/Außenbox unterzubringen und alles, was die Atemwege reizt, auszuschalten. Eine Umstellung der Einstreu kann die Bildung des reizenden Ammoniaks vermindern.

Frische Luft tut dem Patienten gut, gehen Sie viel mit Ihrem Pferd spazieren, aber vermeiden Sie Zugluft. Je nach Wetterlage sollten Sie es eindecken.

Wie bei allen Atemwegserkrankungen ist es besonders wichtig, den meist festsitzenden Schleim zu lösen und aus dem Körper zu befördern. Dazu stehen Ihnen verschiedene Möglichkeiten zur Verfügung, die Sie im Anschluss lesen.

Nach dem Abklingen der Krankheitserscheinungen brauchen die Pferde meist mehrwöchige Schonung, um sich zu regenerieren.

Weitere geeignete Therapien zur Unterstützung der schulmedizinischen Therapie sind neben der Phytotherapie die Akupressur und Tuina-Therapie sowie die Bachblüten-Therapie.

Tuina-Behandlung: Massieren Sie Ihr Pferd in ruhigen, gleichmäßigen Strichen vom Genick abwärts bis zum Widerrist und entlang der langen Rückenmuskeln. Folgen Sie dabei dem Verlauf des Blasenmeridians bis zur Kniekehle und verweilen Sie hier drückend 30 Sekunden auf Bl 40. Dann weiter abwärts bis zum Punkt Ma 40, einem sehr guten Schleimlöser. Machen Sie dies mehrere Male. Walken Sie dann mit festen, aber nicht unangenehmen Griffen den Mähnenkamm von einer Seite zur anderen und mit zwei Händen gegeneinander. Dann klopfen sie mit den Fingern über die gesamte seitliche Brust entlang der maximalen Lungenausdehnung zum Lösen des Schleims. Dazu praktizieren Sie die Tuina-Behandlung der unteren und vorderen Brust bis hinauf zum Punkt Ni 27. Stimulieren

Sie auf dem Weg KG 22 und Lu 1 und machen Sie danach die Tuina der Vorderbeine.

Fütterung: Auch bei der Lungenentzündung ist staubfreies Heu von guter Qualität wichtig. Geben Sie Pflanzenöle über das Kraftfutter, um den Staub zu binden, und füttern Sie aus einem Eimer am Boden, damit die Sekrete besser abfließen können. Geeignete Öle sind Nachtkerzen-, Borretsch- oder Schwarzkümmelöl, sie enthalten wichtige Omega-3-Fettsäuren, die positiv auf das Immunsystem und entzündungshemmend wirken.

In der akuten Phase, wenn es den Pferden nicht so gut geht und sie beim Schlucken Beschwerden haben, eignet sich ein wässriges, handwarmes Mash, das die Pferde schon fast trinken können und das keine Schmerzen beim Schlucken bereitet. Sie können eingeweichte Rübenschnitzel und eingeweichte Heucobs hinzufügen.

Im Anschluss an eine Antibiotikabehandlung sollten Sie Bierhefe und probiotische Bakterien füttern, um die Darmflora wieder aufzubauen.

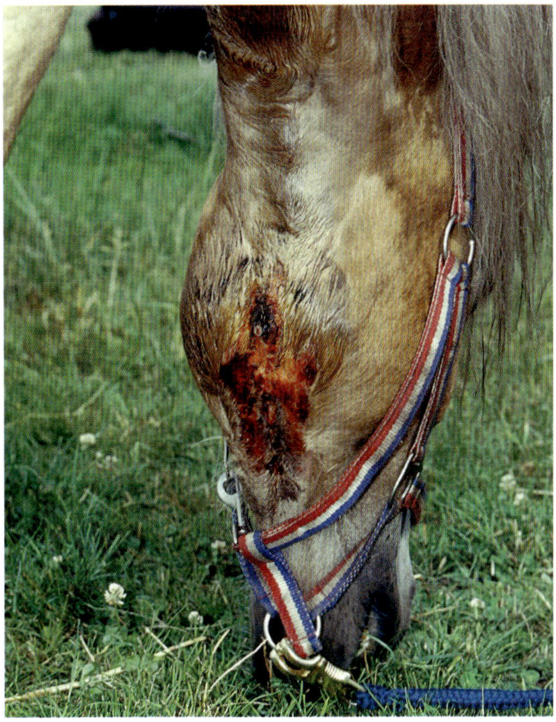

Aufgebrochener Abszess eines an Druse erkrankten Pferdes

9.2 Druse

Die hochgradig ansteckende Erkrankung ist in der ganzen Welt verbreitet und die häufigste Infektion weltweit. Die Erkrankung trifft vor allem Pferde, die häufigen Standortwechseln ausgesetzt sind und oft Kontakt zu fremden Pferden haben, wie Turnierpferde. Jüngere Pferde erkranken häufiger.

Was ist Druse?

Anzeichen: Im Anfangsstadium der Druse zeigt Ihr Pferd allgemeine Anzeichen einer Infektion. Es frisst nicht mehr, erscheint müde und unaufmerksam, hat leicht wässrig trüben, beidseitigen Nasenausfluss und hohes Fieber bis 40 °C (normal sind bis maximal 38,2 °C). Nach wenigen Tagen wird der Ausfluss schleimig eitrig und das Pferd hustet trocken und krampfartig. Spätestens wenn Sie feststellen, dass die Lymphknoten am Kopf, insbesondere im Rachen, an der Ohrspeicheldrüse und unter dem Unterkiefer in der Nähe des Kehlganges anschwellen, warm und schmerzhaft werden, sollten Sie aufmerksam werden. Im Hauptstadium stehen die Pferde mit schmerzhaft nach vorn gestrecktem Hals und mit eitrig oder blutig oder von Speichel oder Futterresten verklebten Nüstern da. Manche Pferde zeigen auch eitrigen Augenausfluss. Nun sind auch die Lymphknoten der Luftsäcke und die im Inneren des Kopfes geschwollen, was zu starken Schluckbeschwerden führt. Das kann sogar so weit gehen, dass den Tieren beim Trinken ein Teil des Wassers wieder aus den Nüstern läuft. Nach einigen Tagen brechen die vereiterten Lymphknoten auf, der Eiter kann abfließen und das Fieber fällt wieder in normale Werte. Da Druse höchst ansteckend ist, ist es wichtig, das infizierte Pferd von seinen Stallgenossen wenn irgend möglich zu trennen. Die Erkrankung selbst dauert etwa 1 bis 2 Wochen und heilt in der Regel gut aus.

Ursachen: Die Druse ist eine Infektionskrankheit durch das Bakterium **Streptococcus equi (Untergruppe equi)**, die den gesamten oberen Atemtrakt von der Nase bis zu den Luftsäcken befällt. Eingangspforte sind Maul und Nase der Pferde, in der Schleimhaut bleiben sie nur sehr kurz. Bereits 3 Stunden nach der Infektion sind die Streptokokken schon in regionalen Lymphknoten nachweisbar. Die Lymphknoten sind eigentlich Teil des Abwehrsystems des Körpers, doch *Streptococcus equi* ist durch

C

termittel, wie Mash, eingeweichte Rübenschnitzel, Heucobs oder Pellets, die Sie stärker als normal mit warmem Wasser vermischen, da die breiige Konsistenz das Schlucken erleichtert. Dazu püriertes oder geriebenes Obst wie Bananen, Orangen, Birnen und Äpfel. Letzteres Obst müsste erst erwärmt werden, um es pürieren zu können. Da die Erkrankung sehr an den Kräften der Pferde zehrt, brauchen die Patienten gutes Futter mit reichlich Vitaminen und Mineralstoffen. Ein Schuss Apfelessig ins tägliche Futter sowie gemahlene Hagebutten, Quecke, Klebkraut und Löwenzahn stärken Ihr Pferd und dessen Abwehr. Knoblauch und Sonnenhut wirken keimtötend und erhöhen ebenfalls die Abwehr.

Wichtig! Bei vielen schweren Erkrankungen sind Vitamin-/Mineralpräparate vom Tierarzt oder aus dem Fachhandel empfehlenswert.

Hausmittel	1- bis 2-mal täglich Inhalieren mit Kamillenblüten und Pfefferminze
Umschläge	• feucht-warme Umschläge • wärmende Kartoffel-Packung an der geschwollenen Halsregion
Akupressur	Lu 7, Lu 9, Di 4 und 11, Ma 36, MP 6 und Gb 20 sowie ein Yin-Yang-Ausgleich
Tuina-Behandlung	Tuina vom Unterbauch, Vorderbrust, dabei die Punkte KG 12, 14, 17 und 22 sowie Ni 27 Tuina der Vorder- und Hinterbeine zur Stärkung und dabei besonders den Verlauf des Lungenmeridians abwärts zum Huf hin massieren Tuina an den Vorderbeinen, dabei intensiv dem Verlauf des Lungen-, Dickdarm- und 3Erwärmer-Meridians folgen. Stimulieren Sie die Punkte Lu 7, Lu 9 und Di 4 sowie Di 11 rund 60 Sekunden lang.
Bachblüten	Schleim lösen und Abhusten unterstützen: Rescue-/Notfalltropfen, Crab Apple, Cherry Plum, Rock Water, Holly Sehr starke Schleimproduktion: Holly, Crab Apple, Rescue-/Notfalltropfen Entzündung dämpfen: Centaury, Crab Apple Krampfhusten: Rescue-/Notfalltropfen, Centaury Bei Erschöpfung, zur Stärkung: Olive, Hornbeam, Larch Rescue-Salbe in den Nüstern auftragen
Kräuter	Aus einer Mischung von 150 g Sonnenhut, 80 g Süßholz, 80 g Fichtennadeln, 100 g Salbei, 100 g Huflattich, 80 g Fenchel, 100 g Thymian, 200 g Eibisch, 100 g Kamille, 80 g Hagebutten und 150 g Himbeerblättern geben Sie 60 g täglich ins Futter. Drusepulver: je 100 g gemahlene Samen oder Früchte von Bockshornklee, Anis und Wacholderbeeren und 200 g Kochsalz mischen. Davon bekommt jedes drusekranke Pferd 3 x 2 EL über sein Futter gestreut.
Fütterung	• Weidegras und befeuchtetes hochwertiges Heu füttern. Notfalls mit eingeweichten Heucobs ergänzen. Der Schwerpunkt liegt mit mindestens 80% Anteil auf dem Raufutter, dazu geben Sie aufgeweichte Trockenschnitzel und Mash für Hustenpferde, beides breiig, wenn das Schlucken schmerzt. Das Ganze ergänzen Sie mit viel frischem Obst, püriert oder gerieben (Äpfel, Birnen, Bananen, Orangen). • 24-Stunden-Weidehaltung ist optimal. • Das Kraftfutter sollte weitgehend begrenzt werden, solange das Pferd nicht arbeiten kann. • Ein Schuss Apfelessig und 4 bis 6 Zehen Knoblauch ins tägliche Futter unterstützen das Immunsystem. Nach der Antibiotikabehandlung: • Probiotika *(s. Seite 316)* wie 2 Becher Joghurt (enthält Lactobacillus) und Lebendhefe füttern. Probiotische Präparate aus dem Handel mit den Lebendkulturen verschiedener Bakterien für die Darmflora des Pferdes: Lactobacillen, Bifidobacterien, Enterococcus faecium und Pediococcus oder zumindest einem Teil davon. • Dazu 2 EL Bierhefe täglich mit etwas Honig, um die Darmflora während der Antibiotikagabe intakt zu halten. • Da die Krankheit sehr zehrt, geben Sie täglich Pflanzenöle zum Futter. Geeignet sind Lein-, Traubenkern- oder Distelöl, mit vielen ungesättigten Fettsäuren. Beginnen Sie mit 2 EL Öl und erhöhen Sie täglich um ca. 25 ml auf eine Menge von ca. 200 ml täglich, auf 2 bis 3 Fütterungen verteilt. Diese Öle können Sie alle 2 Wochen wechseln. Anstelle dieser Öle kann Schwarzkümmel-, Borretsch- oder Nachtkerzenöl treten. Diese wirken entzündungshemmend; geben Sie 20 bis 25 ml täglich.

Vorsicht! Auch ein offensichtlich geheiltes Pferd ist oft noch wochenlang ansteckend. Nach überstandener Erkrankung zeigen die Pferde unterschiedlich lange Immunität.

Umschläge zur Drusebehandlung:
Um die Umschläge zu befestigen, eignet sich ein sogenanntes Pferdekopftuch, das Sie leicht aus einem halbierten Bettlaken aus festem Baumwollstoff machen können. Sie können die Enden mit Gewebeklebeband schließen oder die Enden mit Klett-Verschlüssen versehen. *Beschreibung und Schnittmuster finden Sie auf Seite 160 f.*

Feucht-warme Umschläge: Weichen Sie zwei Küchenhandtücher in warmem Wasser ein und umwickeln Sie damit die geschwollene Kehlkopfregion Ihres Pferdes.

Noch besser wirkt ein Kartoffelumschlag. Wickeln Sie das Pferdekopftuch um die angeschwollene Kopfregion und achten dabei darauf, dass die Augenpartie und die Nüstern frei bleiben. Dann schließen Sie es locker und schieben ein Säckchen (alter Kopfkissenbezug genügt) mit warmen, gekochten und zerdrückten Kartoffeln unter das Tuch. Kartoffeln halten lange genau die richtige Wärme und eignen sich daher besonders gut für warme Umschläge. Falls Ihnen die Zeit dazu fehlt, können Sie auch einen Wärmepack in das Säckchen legen.

Vorbeugung: Vorhandene Impfstoffe sind nicht als prophylaktische Impfung geeignet. Sie sind eigentlich nur im Notfall zum Abschwachen klinischer Symptome bei akut gefährdeten Pferden einzusetzen. Daneben kann in größeren Beständen auch eine bestandsspezifische Impfung eingesetzt werden. Der Tierarzt berät Sie zu Ihrem Druse-Risiko. Besteht keine akute Gefahr, reicht oft eine vollständige Impfung gegen Influenza aus, da die Druse häufig als Folgeinfektion nach Influenza beobachtet wurde.

9.3 Pferdegrippe (Influenza) – EIV Typ A

Influenza-Viren sind wandlungsfähig. Ihr Erbgut ändert sich, sodass es notwendig ist, Impfstoffe von Zeit zu Zeit anzupassen. Ihre zwei Untergruppen sind unglaublich wandelbar. Sie verändern ihre Oberflächenstruktur/ihr Äußeres durch Mutationen so, dass das Abwehrsystem des Pferdes sie nicht mehr erkennen kann. Hinzu kommt, dass die verschiedenen Subtypen genetische Information untereinander austauschen, was sie noch weiter verändert. Das macht es sehr schwierig, einen zuverlässigen Impfstoff zu entwickeln bzw. einen Impfstoff an die mutierten Viren anzupassen und so einen zuverlässigen Schutz zu erhalten. Es lassen sich jedoch nie alle Virusvarianten abdecken. Deshalb muss die Impfung alle 6 bis 12 Monate wiederholt werden.

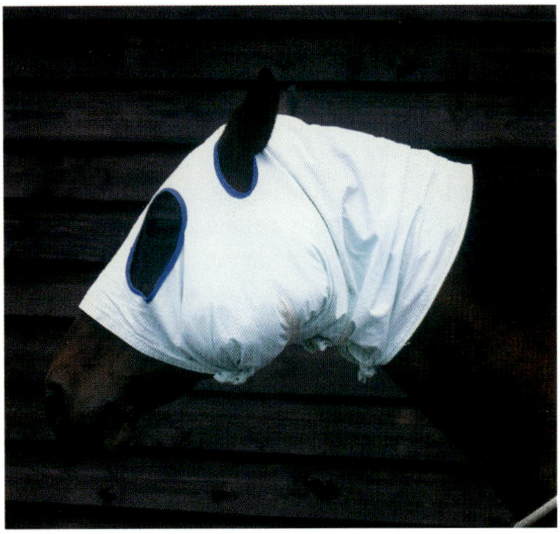

Ein warmer Kartoffelumschlag tut den Pferden meist sehr gut.

Was ist die Influenza?

Anzeichen: Das erste Alarmzeichen der Virusinfektion ist Fieber. Bei gesunden Pferden über der Normaltemperatur von maximal 38,2 °C, bei Fohlen über 38,5 °C. Die Tiere haben keinen Appetit mehr und die Unterkieferlymphknoten sind geschwollen. Dazu kommt ein trockener, bellender Husten, anfangs ohne viel Schleim, sowie klarer, wässriger bis gelblicher Nasenausfluss. Die Pferde sind müde, haben einen steifen Gang und Muskelschwäche. Der Husten ist oft schmerzhaft unangenehm. Meist sind auch die Bindehäute der Augen entzündet. Die Erkrankung dauert in der Regel 2 bis 4 Wochen. Bei der Pferdegrippe ist die Schleimhaut der kleinen Bronchien, genannt Bronchiolen, entzündet. Daher gibt es auch eher wässrigen Ausfluss. Erst, wenn sich eine sekundäre Infektion auf die angegriffenen,

C

geschädigten Schleimhäute setzt, kommt es zu deutlich vermehrtem, eitrigem Nasenausfluss. Wird die akute Pferdegrippe nicht ausreichend auskuriert, so kann leicht ein chronischer Husten entstehen. Dazu werden die Pferde anfälliger für Allergien.

Ursache: Die Pferdegrippe ist sehr ansteckend. Das auslösende Virus ist das Equine Influenzavirus, es gehört zur Familie der Orthomyxoviren. Es gibt noch deutlich mehr Stämme. Die Viren sind weltweit verbreitet und hochinfektiös, also sehr ansteckend. Die Inkubationszeit ist kurz und beträgt 1 bis 3 Tage. Es verbreitet sich schnell über die Luft. Besonders oft tritt sie in heißen Sommern auf. Die Erkrankung ist altersunabhängig, jedoch sind junge Fohlen besonders gefährdet. Die erkrankten Pferde bleiben nicht lange ansteckend, nach 3, spätestens aber 7 Tagen ist die Gefahr der Ansteckung vorüber. Milde Erkrankungen ohne bakterielle Sekundärinfektion heilen meist in 2 Wochen aus.

Komplikationen: Schwere Fälle brauchen oft mehrere Monate Rekonvaleszenz bis sie wieder fit und Herz und Lunge wieder leistungsfähig sind. Meist folgen Sekundärinfekte mit Streptokokken, besonders bei jungen Pferden. Dadurch kommt es zu Bronchopneumonien. Häufiger sind aber Infektionen der oberen Luftwege wie Entzündungen des Kehlkopfes *(Larynx)* und Rachens *(Pharynx)* oder die Druse.

Diagnose: Durch die typischen klinischen Anzeichen, wie die extrem schnelle Ausbreitung der Infektion, den häufig auftretenden Husten und die Lokalisation der Erkrankung besteht schnell der begründete Verdacht. Ein Nachweis sollte dann serologisch oder virologisch erfolgen.

Was macht der Tierarzt?

Es ist wichtig, die Abwehrkräfte des Patienten aufzubauen, denn die Virusinfektion kann nur das Immunsystem bekämpfen. Antibiotikia wirken lediglich gegen Bakterien und sind erst nach bzw. zur Behandlung einer Zweitinfektion sinnvoll. Zum Aufbau der Abwehrkräfte werden Vitamine und Stoffwechsel-Aufbaumedikamente gespritzt. Hält das Fieber über mehrere Tage an, so muss der Tierarzt unter Umständen ein fiebersenkendes Medikament verabreichen. Je nachdem, ob sich Schleim in den Atemwegen angesammelt hat, werden Schleimlöser oder hustendämpfende Mittel verordnet. Häufig wird auch ein entzündungshemmendes Medikament eingesetzt.

Was können Sie tun?

Stellen Sie den Stall unter Quarantäne und isolieren Sie möglichst die kranken Pferde.

Ihr Pferd braucht absolute ausreichend lange Stallruhe und Schonung. Denken Sie daran, das Kraftfutter zu reduzieren! Zweimal täglich muss das Fieber bei Ihrem Pferd kontrolliert werden. Steigt es über 40 °C sollten Sie umgehend den Tierarzt rufen. Kalte Beinwickel helfen dabei, das Fieber zu senken. Um Ihrem Pferd das Atmen zu erleichtern, sollten Sie auf ein staubfreies, gutes Stallklima achten. Inhalieren ist bei der Pferdegrippe außerordentlich wichtig und erleichtert Ihrem Pferd das Atmen. Verwenden Sie dazu Kamillenblüten und Pfefferminze mit kochendem Wasser bei der Eimerinhalation oder einen Vernebler mit isotonischer Kochsalzlösung (bitte erkundigen, kann ausgeliehen werden, teils bei Tierärzten oder auch in Geschäften). Vor dem ersten und nach jedem Gebrauch ist die Atemmaske zu desinfizieren.

Wie bei allen Atemwegserkrankungen sollten Sie auch bei der Pferdegrippe vom Boden bzw. aus einem Eimer vom Boden füttern, damit das Sekret leichter ablaufen kann. Wenn Ihr Pferd kein Fieber hat, sollten Sie viel mit ihm spazieren gehen. Bei schlechtem Wetter die Decke nicht vergessen. Ansonsten gleicht die Therapie weitgehend der des akuten Pferdehustens. *Weitere Tipps und Informationen lesen Sie bitte unter „Therapie des Pferdehustens und der Lungenentzündung" (s. Seite 266 f.) nach.*

Fütterung: Wie bei allen Erkrankungen, so muss auch bei der Pferdegrippe das Futter von einwandfreier Qualität, staubfrei und weich sein. Gut geeignet sind Mash, eingeweichte Trockenschnitzel, eingeweichte Grünmehlpellets bzw. Heucobs. Hat Ihr Pferd Schluckprobleme, was sehr wahrscheinlich ist, können Sie das genannte Futter mit warmem Wasser verdünnen, damit es leichter zu schlucken ist. Falls nötig, können Pferde Mash auch trinken. Dazu viel püriertes bzw. geriebenes Obst wie Bananen, Orangen, Birnen und Äpfel. Da die Erkrankung an den Kräften der Pferde zehrt, brauchen die Patienten reichlich Vitamine und Mineralstoffe. Mäde-

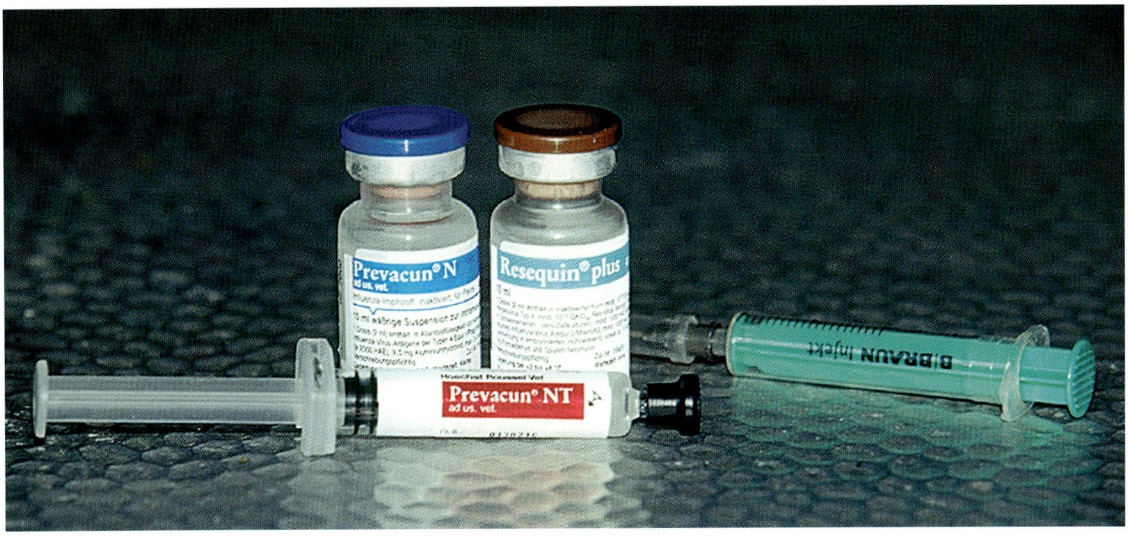

Einige Impfstoffe gegen Influenza

C

süß und Weißweide *(s. Seiten 75 und 84)* helfen beide gegen das Fieber. Außerdem geben Sie täglich wechselnde Pflanzenöle zum Futter. Das gibt den Tieren Energie, die sie jetzt dringend brauchen. Geeignet sind Leinöl, Traubenkern- und Distelöl. Schwarzkümmelöl, Borretschöl oder Nachtkerzenöl. Ein Schuss Apfelessig ins tägliche Futter, dazu Blasentang sowie gemahlene Hagebutten, Fenchel, Quecke, Anis, Löwenzahn, Brennnessel und Sonnenhut stärken Ihr Pferd und dessen Abwehr. Gleiches gilt für Knoblauch.

Vorsicht! Ziehen Sie Ihr Pferd nicht zu früh wieder zur Arbeit heran. Um eine chronische Erkrankung zu vermeiden, sollten Sie Ihrem Pferd nach seiner Gesundung noch ausreichend Erholung mit vielen Spaziergängen gönnen. Ein grober Richtwert könnte pro Fiebertag eine Woche Rekonvaleszenzzeit sein.

Vorbeugung: Eine regelmäßige **Influenza-Impfung** *(s. Seite 21 f.)* bewahrt Ihr Pferd vor der Pferdegrippe. Die Immunität nach einer natürlichen Erkrankung hält ein Jahr. Für Turnierpferde sind zwingend Impfungen gegen Influenza sowohl national (LPO 2018) als auch international (FEI, Veterinär-Reglement) vorgeschrieben. Nebenwirkungen der Impfung können Fieber, Mattigkeit, Schmerz und Schwellung an der Stelle, an der geimpft wurde, sein.

Wichtig: Geimpft werden dürfen nur gesunde Pferde, das Immunsystem muss gut intakt sein. Dazu sollten die Tiere möglichst wurmfrei sein, eine Kotkontrolle gibt Ihnen darüber Aufschluss. Im Anschluss an die Impfung sollten die Pferde einige Tage nur leicht bewegt werden. Ist das Pferd nicht gesund, sollten Sie es auch nicht impfen lassen. Wenn sich der Impfzeitpunkt dadurch etwas nach hinten verschiebt, zum Beispiel um zwei Wochen, muss nicht gleich wieder komplett neu grundimmunisiert werden. Ist das Pferd bislang regelmäßig geimpft worden, besteht in der Regel ein zuverlässiger Impfschutz, der auch einige Tage länger hält. Dann reicht eine einfache Wiederholungsimpfung aus. Die Ständige Impfkommission der Veterinärmedizin (StIKo Vet) rät bei kurzfristiger Überschreitung des Impfintervalls ebenfalls zur Nachimpfung. Erst wenn der Impftermin bei den Impfungen (wie gegen die Equinen Influenza- und Herpesviren) um mehr als 21 Tage überschritten wurde, raten sie zu einer Wiederholung der Grundimmunisierung.[12]

12 Grundimmunisierung ja oder nein? VETimpulse, 27. Jahrgang, Ausgabe 20, 15. Oktober 2018.

Wichtig zur Vorbeugung für die Atmungsorgane und das Abwehrsystem ist die regelmäßige Bewegung, die nicht nur in der Halle, sondern auch in frischer Luft erfolgen sollte. Staubarmes, nicht zu trockenes Stallklima wirkt sich gut auf die Atmungsorgane aus. Nehmen Sie sich nach getaner Arbeit ausreichend Zeit zum Trockenreiten oder Trockenreiben. Vergessen Sie den so wichtigen Weidegang mit anderen Pferden und die Möglichkeit zur freien Bewegung nicht, damit sich Ihr Pferd richtig erholen kann.

9.4 Herpesinfektion – EHV-1 bis EHV-5

Herpesvirus-Infektionen sind unter den Equiden weltweit verbreitet. Die Durchseuchung ist hoch, es gibt viele latent infizierte Tiere.

Was ist eine Herpesinfektion?

Anzeichen: Bei Fohlen und Jungpferden löst das EHV-4-Virus am häufigsten subklinische bis milde, meistens akute fieberhafte Erkrankungen der oberen Atemwege aus, mit Fieber bis knapp über 40 °C. Erste Anzeichen wie Mattigkeit, Husten sowie Nasen- und Augenausfluss zeigen sich 2 bis 10 Tage nach der Infektion. Bei trächtigen Stuten führt das EHV-1-Virus am Ende der Trächtigkeit (7. bis 10. Trächtigkeitsmonat) zum Verfohlen.[13] Die Latenzzeit liegt hier bei bis zu 4 Monaten zwischen Infektion und Abgang des Fohlens. Während Jungpferde meist neu infiziert werden – es ist eine typische Jungpferderkrankung – kommt es bei älteren Pferden eher zu einer Reaktivierung des Virus, seltener zur Neuinfektion. Bei älteren Pferden sind die Krankheitserscheinungen häufig nicht so ausgeprägt wie bei Jungpferden und können übersehen werden. Neben der grippeähnlichen Verlaufsform gibt es bei Infektion mit dem EHV-3-Virus noch den sogenannten Bläschenausschlag (koitales Exanthem). Dabei kommt es zu einem Ausschlag an Penis, Vulva, Maul und Nase, der durch die Herpesviren verursacht wird.

Während der Verbreitungsphase im Körper können die EHV-1- und seltener EHV-4-Viren auch ins zentrale Nervensystem gelangen, wo sie neurologische Erkrankungen auslösen können. Dabei kommt es zu einer Entzündung des Rückenmarks mit Lähmungen der Hintergliedmaße, unkoordinierten Bewegungsabläufen, ataktischem Gangbild und anderen neurologischen Ausfallserscheinungen (= Equine Herpesvirus-assoziierte Myeloencephalopathie (EHM)).

Ursache: Auslöser der oberen Atemwegserkrankungen sind die Herpesviren EHV-1, -4 und EHV-5, während EHV 1 auch das Verfohlen im letzten Trächtigkeitsdrittel auslöst. Eine EHV-2-Infektion ist eher selten. Die Übertragung erfolgt durch Tröpfcheninfektion direkt, also infektiöse Flüssigkeiten wie den Nasen- oder Augenausfluss oder indirekt über Putzsachen, Wassereimer, Schuhe oder Kleidung. Eine Ansteckung des ungeborenen Fohlens durch die tragende Mutterstute ist auch möglich.

Bei der ersten Infektion kommt es nach der ersten Vermehrung zu einer Verbreitung im ganzen Pferdekörper. So gelangen die Erreger zu den Geschlechtsorganen und ins ZNS. Nach der Infektion ziehen sie sich zurück, aber ein einmal infiziertes Pferd wird dieses Virus nie wieder los. Sie bleiben ein Leben lang in einem Wirt und verstecken sich in den Nervenzellen, um sich dem Immunsystem des Pferdes zu entziehen. Zu gewissen Zeiten durch Stress, lange Transporte oder Erkrankung können sie reaktiviert werden. Ein mit EHV infiziertes, ungeimpftes Pferd scheidet bei Reaktivierung des Virus große Mengen der Viren aus, im akuten Krankheitsfall in sehr großen Mengen. Geimpfte Pferde scheiden weniger Viren aus als ungeimpfte – nur etwa 10% – und produzieren damit einen niedrigeren Infektionsdruck.

Bei Krankheitsfällen ist der gesamte Stall unter Quarantäne zu stellen. Betroffene Pferde müssen isoliert werden und unnötiger Kontakt zu Menschen ist zu vermeiden. Wer direkt Kontakt zu den erkrankten Pferden hatte, sollte andere Ställe nicht betreten. Die Krankheit heilt meist in 2 (bis 5) Wochen aus.

Komplikationen: Wenn sekundär Bakterien den geschwächten Organismus angreifen, kann sich eine Lungenentzündung entwickeln, und es können Schäden im Rückenmark und in den Spinalnerven durch Gefäßentzündungen und -schäden entstehen mit anschließenden Blutungen mit Ataxie, Lähmungen an Beinen, Schweif und Blase bis zum Festliegen.

13 EHV-1 kann im Stall unter eiweißhaltigen Schmutzschichten (eingetrockneter Speichel, Schleim, Nasenausfluss) 2 bis 3 Monate infektiös bleiben.

Was macht der Tierarzt?

Gegen die Viren kann der Tierarzt wenig ausrichten. Bei allen Virusinfektionen ist es wichtig, das Immunsystem des Patienten zu stärken, denn nur dieses kann die Eindringlinge bekämpfen. Bei der Herpesvireninfektion ist dies nur während einer akuten Krankheitsphase möglich, später ist das in Körperzellen versteckte Virus für die Abwehr nicht mehr greifbar. Ein Antibiotikum wirkt nur gegen Bakterien und macht hier nur nach bakterieller Zweitinfektion Sinn. Der Tierarzt kann ein Stoffwechsel-Aufbaumedikament (Acyclovir und entzündungshemmende Medikamente) verabreichen. Ansonsten kann er nur symptomatisch behandeln. Er kann das Fieber behandeln, oft reichen hier aber auch kühlende Beinwickel aus. Steigt das Fieber stark, kann der Tierarzt ein fiebersenkendes Mittel und eine Infusion geben, damit das Pferd nicht austrocknet. Je nachdem, ob sich Schleim in den Atemwegen angesammelt hat, werden Schleimlöser oder hustendämpfende Mittel verordnet. Ein am ZNS erkranktes Pferd (EHM), das nicht stehen kann, kann mit Gurten gestützt werden. Ein gutes Hygienemanagement ist sehr wichtig.

Was können Sie tun?

Bei erkrankten Pferden ist die sofortige Trennung von den gesunden Pferden umso wichtiger. Stress ist unbedingt zu vermeiden! Er verstärkt die Erkrankung. Alle Pferde, die Kontakt mit dem Erkrankten hatten, müssen ebenfalls isoliert und unter Quarantäne gestellt werden. Auch bei ihnen sollte auf mehr Ruhe geachtet werden. Geben Sie den Pferden über einen Zeitraum von 3 Wochen täglich Rescue-/Notfalltropfen.

Ihr Pferd braucht absolute und ausreichende Stallruhe und Schonung. Denken Sie daran, das Kraftfutter zu reduzieren! Kontrollieren Sie zweimal täglich das Fieber bei Ihrem Pferd. Steigt es über 40°C sollten Sie den Tierarzt rufen. Kalte Beinwickel helfen ebenfalls dabei, das Fieber zu senken. Außerdem unterstützt die Salicylsäure aus Mädesüß und Weißweide, entweder als Tinktur oder als Heiltee, gegen das Fieber. Um Ihrem Pferd das Atmen zu erleichtern, sollten Sie auf ein staubfreies, gutes Stallklima achten. Inhalieren hilft insbesondere den jungen Pferden und erleichtert das Atmen. Verwenden Sie dazu Kamillenblüten und Pfefferminze mit kochendem Wasser im Eimer oder einfach einen Vernebler. Wie bei allen Atemwegserkrankungen ist es ratsam, aus einem Eimer vom Boden zu füttern, damit das Sekret leichter ablaufen kann. Wenn Ihr Pferd kein Fieber hat, sollten Sie viel mit ihm spazieren gehen. Ansonsten gleicht die Therapie weitgehend der des akuten Pferdehustens.

Nachdem die Erkrankung vorüber ist, sind die Ställe und alle Utensilien gründlich zu reinigen und zu desinfizieren.

Vorbeugung: Achten Sie darauf, dass die Zusammensetzung eines Pferdebestandes stabil bleibt, am besten in kleineren Gruppen. Wichtig ist auch, dass die Jungpferde von den Zuchtpferden streng getrennt werden, sowohl im Stall als auch auf der Weide. Sie sollten keinerlei Kontakt haben, denn während für die Jungpferde eine Herpesinfektion wie eine Art Kinderkrankheit ist, wirkt sich eine Infektion für trächtige Stuten verheerend aus! Oft werden die tragenden Stuten gar nicht krank, aber sie verlieren ihr Fohlen.

Kommen neue Pferde in den Stall, sollten sie eigentlich zunächst von den anderen getrennt in Quarantäne aufgestallt werden und 3 Wochen keinen Kontakt zu den Pferden des Bestandes haben, so wird es allgemein geraten. Praktisch ist das nicht umsetzbar und wäre auch eigentlich Quälerei für das isolierte Pferd. Kontakte von Nase zu Nase sollten jedoch verhindert werden. Einige Meter Abstand zu den übrigen Pferden sind schon besser als nichts.

Da Menschen ebenfalls das Virus übertragen können, müssen sie vorsichtig sein und die Hände desinfizieren und die Hygieneregeln beachten, sich insbesondere unbedingt von den anderen Pferden fernhalten.

Eine Impfung gegen Herpes *(s. Seite 22)* wird zwar dringend angeraten, ist aber keine Vorschrift. Bei der Überlegung, ob Sie Ihr Pferd gegen Herpesviren impfen lassen sollen oder nicht, ist es wichtig zu wissen, dass eine Impfung allein nicht in der Lage ist, eine Infektion mit Herpesviren zu verhindern. Eine nicht zu unterschätzende und entscheidende Bedeutung in der Vorbeugung wie auch Behandlung der Herpesinfektion kommt der Hygiene rund um das Pferd und im Stall zu. Werden alle Tiere eines Bestandes geimpft, so senkt dies die Virenbe-

C

lastung im Bestand stark, was wiederum jedes Pferd des Bestandes vor heftigen Erkrankungen schützen kann.

Fütterung: Freier Zugang zu gutem Heu ist wichtig. Gut geeignet sind Mash, eingeweichte Rübenschnitzel oder Pellets, speziell bei Pferden mit Schluckbeschwerden. Trotzdem sollte es sauberes gewaschenes oder bedampftes Heu bekommen. Hat Ihr Pferd Schluckprobleme, was sehr wahrscheinlich ist, können Sie das genannte Futter mit (lauwarmem) Wasser verdünnen, damit es leichter zu schlucken ist. Dazu viel klein püriertes Obst wie Bananen, Karotten und Äpfel. Da die Erkrankung an den Kräften der Pferde zehrt, brauchen die Patienten reichlich Vitamine und Mineralstoffe. Speziell Eisen, Mangan, Zink und die Vitamine E, C und B sind wichtig sowie in Abhängigkeit vom Elektrolytverlust auch noch Salz. Außerdem geben Sie bitte täglich wechselnde Pflanzenöle zum Futter. Das gibt den Tieren Energie, die sie jetzt dringend brauchen. *Lesen Sie dazu bei der Fütterung von Influenzapatienten auf Seite 274 f. nach.*

Dem Atemsystem helfen Pfefferminze, Thymian, Fenchel, Anis, gemahlene Hagebutten, Isländisches Moos, Süßholz, Malvenblüten und Brennnessel. Hat Ihr Pferd Probleme mit dem Nervensystem, Lähmungen oder Ähnliches, füttern Sie Bierhefe, sie enthält verschiedene B-Vitamine, die jetzt besonders wichtig sind.

Anmerkung zu den neuronalen Problemen bei EHM

Equine Herpesvirus-assoziierte Myeloencephalopathie, kurz EHM, entwickelt sich nicht automatisch. Das Auftreten ist abhängig vom Immunstatus und dem Alter der Pferde. Vor allem für junge, alte oder immunschwache Pferde ist EHM gefährlicher und bei starkem Virusdruck lebensbedrohend. Auch die Art des EHV 1 ist wichtig.

Im Rückenmark kommt es zu kleinen Infarkten und Blutgefäßschäden, wodurch die Nerven nicht mehr ausreichend versorgt werden. Das führt oft irreversibel zur Lähmung von Hinterhand, Schweif, Blase und Darm. Einige Fachleute sprechen dann auch von einem Schlaganfall.

***Herstellung Weißweidentinktur:** Schneiden Sie im Frühjahr geeignete Äste vom Weidenbaum. Erste Blätter entfernen Sie und ziehen die Rinde von den Ästen ab. Grob zerkleinert legen Sie die Rinde in ein Glas, bis es locker gefüllt ist. Das Glas füllen Sie mit Bio-Apfelessig und stellen es in einen dunklen Raum. Täglich schütteln und nach 3 Wochen abseihen in ein dunkles Glasgefäß. Hält im Kühlschrank knapp ein Jahr. Geben Sie davon 3-mal 1 TL am Tag.

Behandlung der Influenza und der Herpesvirusinfektion

<table>
<tr><th></th><th>Influenza, Pferdegrippe</th><th>Herpesvirusinfektion</th></tr>
<tr><td>Hausmittel</td><td colspan="2">• 1- bis 2-mal täglich mit Kamillenblüten und Pfefferminze inhalieren.
• Geben Sie dem Patienten viel Ruhe und ausreichend Zeit zum Regenerieren.</td></tr>
<tr><td>Umschläge</td><td colspan="2">• Kalte Beinwickel gegen das Fieber machen.
• Bei Atemproblemen hilft es, wenn Sie dem Pferd einen kühlen Umschlag um Brustkorb und Sattellage machen und darüber eine warme Decke legen. Nach einer Stunde erneuern oder abnehmen.</td></tr>
<tr><td>Akupressur</td><td>Lu 7, Lu 9, KG 20 und 22, Di 4 und 11, Ma 36, MP 6 und Gb 20 sowie ein Yin-Yang-Ausgleich
Schleim lösen mit Ma 40 und MP 9</td><td>Lu 7, Lu 9, KG 20 und 22, Di 4 und 11, Ma 36, MP 6 und Gb 20 sowie ein Yin-Yang-Ausgleich
Bei Problemen in der Hinterhand:
Bl 40, Bl 10 und Gb 20</td></tr>
<tr><td rowspan="2">Tuina-Behandlung</td><td>Tuina vom Unterbauch, Vorderbrust, dabei die Punkte KG 12, 14, 17 und 22 sowie Ni 27
Schleim lösen durch Abklopfen der seitlichen Brust</td><td>Bei Problemen in der Hinterhand:
Tuina des Hinterbeins
Tuina entlang des Blasenmeridians, dabei Stimulation der Punkte Gb 20, Bl 10 und Bl 40</td></tr>
<tr><td colspan="2">Kleinen Energiekreislauf ziehen
Tuina der Vorder- und Hinterbeine zur Stärkung und dabei besonders den Verlauf des Lungenmeridians abwärts zum Huf hin massieren
Tuina an den Vorderbeinen inklusive der Punkte Lu 7, 8, 9 und Di 4</td></tr>
<tr><td>Bachblüten</td><td colspan="2">Schleim lösen und Abhusten unterstützen: Rescue-/Notfalltropfen, Crab Apple, Cherry Plum, Rock Water, Holly
Sehr starke Schleimproduktion: Holly, Crab Apple, Rescue-/Notfalltropfen
Entzündung dämpfen: Centaury, Crab Apple
Bei Erschöpfung, zur Stärkung: Olive, Hornbeam, Larch
Rescue-Salbe in die Nüstern auftragen</td></tr>
<tr><td>Kräuter</td><td colspan="2">Aus einer Mischung von 80 g Süßholz, 80 g Fichtennadeln, 100 g Salbei, 100 g Huflattich, 80 g Fenchel, 100 g Thymian, 200 g Eibisch, 100 g Kamille, 80 g Hagebutten und 150 g Himbeerblättern geben Sie 60 g täglich ins Futter.
Gegen das Fieber: Weißweidentinktur (kann selbst hergestellt werden*);
1 bis 2 EL täglich bis zur Fieberfreiheit.</td></tr>
<tr><td>Fütterung</td><td colspan="2">• hochwertiges Heu und Gras, aufgeweichte Trockenschnitzel und Mash für Hustenpferde und dazu viel frisches Obst (Äpfel, Birnen, Orangen und Karotten)
• ein Schuss Apfelessig und 4 bis 6 Zehen Knoblauch ins Futter
• Nach einer antibiotischen Behandlung: 2 Becher Joghurt (enthält Lactobacillus), Lebendhefe und möglichst weitere Probiotika mit den Lebendkulturen verschiedener Lactobacillen, Bifidobacterien, Enterococcus faecium und Pediococcus
• Dazu geben Sie 2 EL Bierhefe täglich mit etwas Honig, um die Darmflora während der Antibiotikagabe intakt zu halten und zur Regeneration geschädigter Nerven.
• Da die Influenza sehr zehrt, geben Sie täglich, aber auch mal wechselnd ins Futter: Leinöl, Distelöl, Traubenkernöl oder andere Pflanzenöle. Beginnen Sie langsam und erhöhen täglich um ca. 25 ml. Eine Gesamtmenge von 150 bis 180 ml reicht aus. 150 ml Pflanzenöl entsprechen 10% Erhöhung der Gesamtenergie bei einem 600-kg-Pferd. Oder Sie geben Schwarzkümmelöl, Borretschöl oder Nachtkerzenöl, diese enthalten viele wichtige ungesättigte Fettsäuren. Hier reichen 2 bis 3 EL Öl täglich.</td></tr>
</table>

C

Die Zähne

1. Zahnpflege und Fütterung

Zum Gesundheitsvorsorgeprogramm Ihres Pferdes gehört neben regelmäßigen Besuchen des Hufschmieds, neben Impfungen und Wurmkuren auch die regelmäßige Kontrolle der Zähne. Die Zähne der Pferde mindestens ein-, wenn nicht sogar zweimal im Jahr von einem Spezialisten auf Haken, Kanten und Entzündungen untersucht werden. Das beginnt bereits beim jungen Pferd, das schon früh an eine Zahnuntersuchung gewöhnt werden sollte. Am häufigsten finden sich Zahnprobleme bei jungen (Gebissanomalien und Zahnwechselprobleme) und bei älteren Pferden (Entzündungen, Karies, Fissuren/Risse, abgebrochene Zähne, Zahnverlust). Lassen Sie deshalb alle 6 Monate die Zähne Ihres Pferdes nachsehen.

Im Gegensatz zu den menschlichen Zähnen nutzen sich die Zähne des Pferdes stetig ab. Durch das permanente Kauen – Wildpferde grasen am Tag 16 bis 18 Stunden harte Gräser – reiben sich sowohl die Schneide- als auch die Backenzähne ab. Um diesen Abrieb auszugleichen, werden die Zähne kontinuierlich aus ihrem Wurzelfach im Kiefer nachgeschoben. Die sich leerenden Fächer im Kiefer werden dabei mit Knochenmaterial wieder aufgefüllt. Bei einem 5- bis 5½-jährigen Pferd ist das Gebiss vollständig ausgebildet, und die Zahnhälse mit Wurzeln sind noch komplett im Kiefer. Nur die Zahnkrone ist sichtbar. Die Zähne besitzen ihre maximale Länge und der Abrieb der Kronen beginnt. Mit zunehmendem Alter, abhängig vom tatsächlichen Abrieb, werden die Zähne in ihrer Gesamtheit immer kürzer und die Reserve, der Zahnhals und die Wurzel, kommen aus dem Kiefer zum Vorschein.

Die Zähne des Pferdes

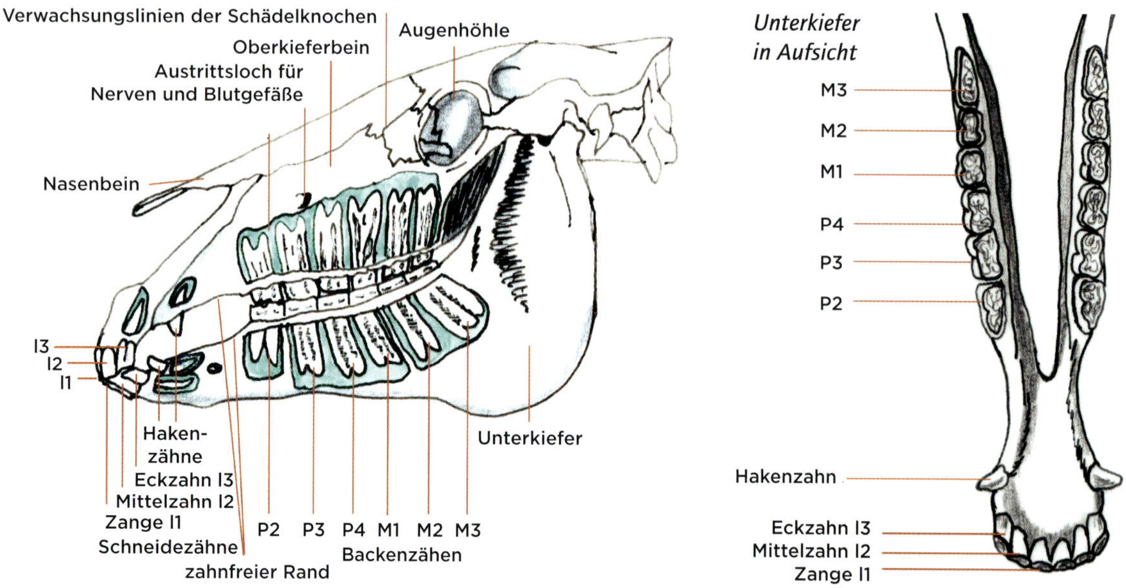

1.1 Zahnaufbau

Der Backenzahn eines Pferdes besitzt einen Zementüberzug, der nach innen hin durch den Schmelzmantel vom Dentin getrennt wird. Die Kaufläche ist gefaltet und besitzt einige Schmelzeinstülpungen. Innen befindet sich die sogenannte Zahnhöhle mit dem Zahnmark (Pulpa), die bis in den Wurzelkanal reicht. Die Backenzähne besitzen 2 oder 3 Wurzeln, im Unterkiefer alle 2, nur der letzte teils 3 Wurzeln. Oben haben alle Zähne 3 Wurzeln. Das Mark ist von Nerven und Blutgefäßen durchzogen und daher sehr schmerzempfindlich. Alle Zähne sitzen im sogenannten Zahnfach, der Alveole. Sie werden durch die Zahnwurzelhaut in der Alveole verankert. Die Zahnwurzelhaut *(Periodontium)* ist also ein wichtiger Teil des Halteapparates eines Zahnes. Hinzu kommt das Zahnfleisch, das den Zahn mit am Zahnhals hält.

1.2 Fütterung

Die Fütterung hat großen Einfluss auf die Zähne. Achten Sie auf einen ausgeglichenen Anteil des Raufutters an der Gesamtfuttermenge, um einen regelrechten Abrieb zu gewährleisten. Der Anteil sollte keinesfalls unter 60 bis 70% liegen und sich aus Gras, Heu (1,75 bis 2 kg/100 kg KGW) und in geringer Menge Stroh zusammensetzen. Für die Pferde ist das regelmäßige Mahlen langfaseriger Futterbestandteile sehr wichtig, da nur dadurch Backen- und Schneidezähne gleichermaßen abgenutzt werden. Es entspricht der eigentlich angedachten Funktion der Zähne. Demgegenüber entspricht das Zermahlen von Getreidekörnern nicht der natürlichen Funktion, da hierbei nur die Backenzähne abgerieben werden – und das auch nur geringgradig. Zudem stehen die Kiefer eines Pferdes nicht komplett aufeinander. Die Zähne im Unterkiefer sind enger als die des Oberkiefers, sodass die Zähne einander nicht exakt gegenüberstehen. Die Kauflächen decken sich nicht einmal zur Hälfte. Aus diesem Grunde zermahlen die Pferde Körner nur in kleinen Kauschlägen, manchmal stampfen sie sie lediglich. So reiben sich die Kauflächen der Backenzähne ungleichmäßig ab und es bilden sich gefährliche Haken an den Zähnen *(s. Seite 289 f.)*. Von den Getreidesorten ist zahntechnisch gesehen Hafer für Pferde am besten zu fressen (auch die Verdaulichkeit ist mit über 80% höher als bei Gerste und Mais, die jedoch energiereicher sind). Frisch gequetschter Hafer eignet sich gut für junge Pferde im Zahnwechsel oder für Pferde mit Zahnproblemen. Die Schale von Gerste ist ebenso wie die von Mais sehr hart und reibt die Zähne unnötig stark ab, weshalb Sie diese Sorten nur gewalzt bzw. thermisch behandelt füttern sollten, also beispielsweise zu Flocken verarbeitet, nicht geschrotet oder ganz verfüttern.

Süßes wie Melasse findet sich oft als Geschmacksverbesserer in Fertigfuttern, Müslis oder Rübenschnitzeln. Es ist nicht gut für die Zähne und fördert das Wachstum von kariesverursachenden Bakterien. Völlig ungeeignet ist Süßes für Pferde, die bereits Zahnprobleme haben. Auch große Mengen von Silage tun den Pferdezähnen nicht gut, da die Säure den Zahnschmelz angreift. Das Gleiche gilt für Luzerneheu *(s. Zahnstein und Zahnkaries, Seite 294)*. Aber gönnen Sie Ihrem Pferd öfter mal frische Zweige mit jungen Trieben bzw. auch dicke Äste oder ein Stück Baumstamm, von dem es die Rinde abziehen und -beißen kann. Sind die Zähne, speziell die Backenzähne, irreparabel geschädigt, wie es auch oft im Alter der Fall ist, muss darauf Rücksicht genommen werden. Statt der härteren Raufuttermittel wie spätes, stängelreiches Heu oder Stroh sollte weicheres Futter gegeben werden. Gras können diese Pferde meistens noch sehr gut fressen, deshalb ist ein mehrstündiger oder ganztägiger Weideaufenthalt bei frischem, noch weichem Gras sehr gut für diese Pferde. Vom Heu her ist das frühe blattreiche, weiche Heu geeignet, gerne in einer Menge von 1 kg/100 kg KGW in Kombination mit knapp derselben Menge eingeweichter Heucobs. Kann das Pferd das Heu gar nicht mehr richtig kauen, sind eingeweichte Heu- oder Luzernecobs oder Grünmehlpellets als Ersatz geeignet.

Bereitet selbst diese Kombination aufgrund schlechter Zähne dem Pferd Probleme, können Sie nur noch auf eingeweichte Grünmehle und breiförmiges Mash zurückgreifen. Eingeweichte Rübenschnitzel ergänzen das Futter, ca. 200 g pro 100 kg Körpergewicht (KGW). Je nachdem, wie Sie Ihr Pferd dann noch arbeiten, benötigt es mehr Energie, die Sie ihm über breiiges Zuchtstutenfutter oder eingeweichte Kraftfutterpellets, ca. 300 g pro 100 kg Gewicht, und Pflanzenöl in einer Menge von 20 bis 30 ml pro 100 kg KGW geben können. Gewöhnen Sie Ihr Pferd langsam an die Gabe von Pflanzen-

C

Glück können Sie so auch Zahnlücken oder überlange Zähne feststellen.

- Umfassen Sie Ober- und Unterkiefer Ihres Pferdes und drücken diese leicht zusammen. Dann versuchen Sie Unter- und Oberkiefer gegeneinander zu verschieben. Dies sollte allerdings nur ein geübter Pferdehalter versuchen, der sich dies von seinem Pferdezahnarzt hat zeigen lassen! Normalerweise lassen sich Ober- und Unterkiefer leicht verschieben, wobei ein typisch knirschendes Mahlgeräusch zu hören ist. Ist diese Verschiebung nicht möglich, verhindern wahrscheinlich Haken die Bewegung. Ist kein Geräusch zu hören, haben die Backenzähne vermutlich keinen Kontakt zueinander, meist sind dann die Schneidezähne zu lang.
- Mit einem kleinen Kniff können geübte Pferdehalter, die ihr Pferd gut kennen, die vorderen Backenzähne, die Prämolaren, selbst befühlen: Greifen Sie dazu rechts und links an den Unterkiefer Ihres Pferdes, am besten von oben bei geschlossenem Maul. Dabei liegen die Daumen beiderseits an den Laden, dem Zwischenraum zwischen Schneide- und Backenzähnen. So können Sie nun vorsichtig die Daumen in die Laden schieben und den ersten Backenzahn abfühlen. Aber Vorsicht, die Kanten können messerscharf sein. Allerdings sagt diese Untersuchung nichts über den Zustand der anderen Backenzähne aus.
- Gewöhnen Sie Ihr Pferd frühzeitig an das Öffnen des Mauls, es wird sich dann, wenn eine Zahnuntersuchung ansteht, ruhig verhalten. Sie selbst werden beim Öffnen des Pferdemauls, auch wenn ein freundlicher Helfer für Sie in das Maul leuchtet, bestenfalls die ersten Prämolaren sehen können. Gehen Sie dabei aber äußerst vorsichtig mit der empfindlichen Zunge um. Eine Pferdezunge kann durch falsche Handhabung leichter, als manch einer annimmt, auf Dauer geschädigt werden.
  - ➤ Zahngeschädigte Pferde haben ein Problem mit der Selbstreinigung des Gebisses, hier sollten die Besitzer das Maul und die Zähne der Tiere regelmäßig ausspülen und von Futterresten befreien.
  - ➤ Ist das Pferd EOTRH-geschädigt oder hat Zahnschmerzen, verwenden Sie dazu warmes Wasser, das Sie in eine große Spritze füllen.
  - ➤ Bei älteren Pferden, die größere Lücken zwischen den Backenzähnen haben, ist diese Maulhygiene besonders wichtig, hier verkeilen sich oft Futterreste in den Zwischenräumen.

3.2 Anzeichen für Zahnprobleme

- Kaut Ihr Pferd sein Futter in auffälliger Weise von oben nach unten, anstatt es zu mahlen, weist dies auf einen fehlerhaften Zahnabrieb hin.
- Werden die Gebissprobleme stärker, so können die Pferde ihre Nahrung kaum noch richtig fressen. Die Pferde beginnen das Futter einzuspeicheln und versuchen es zu kauen, was nicht mehr normal funktioniert. Entweder werden sie durch starke Schmerzen oder durch die Form des Gebisses bzw. einzelner Zähne daran gehindert. Sie rollen dann das Futter hin und her, kauen darauf herum und lassen es schließlich aus dem Maul fallen. Manche schieben es auch zwischen die Backenschleimhaut und die scharfen, schmerzhaften Kanten. Sie als Betreuer können dann halb gekaute Futtermassen im Trog bzw. sogenannte Heu- oder Graswickel an den Futterplätzen finden.
- Häufig speicheln die Pferde mehr als üblich, haben üblen Maulgeruch und beenden bei kaltem Wasser sofort das Saufen, wenn das Wasser die erkrankten Zähne berührt.
- Geschwollene Stellen oder auch Beulen am Kiefer sollten Alarmzeichen sein, denen eine Entzündung oder sogar eine Vereiterung der Zahnwurzel zugrunde liegen kann. Aber Vorsicht! Diese Schwellungen sind leicht zu verwechseln mit den Beulen am Unterkiefer junger Pferde, die durch unter den Milchzähnen liegende, nachschiebende Zähne verursacht werden.
- Wenn Ihr Pferd aus unerfindlichen Gründen abmagert oder unter Verdauungsstörungen, Schlundverstopfungen oder Verstopfungskoliken leidet, sollten Sie aufmerksam werden. Häufig liegen die Ursachen dann im Abschlucken von zu wenig durchgekauter Nahrung.
- Viele Reiter bemerken während der Arbeit einige Auffälligkeiten an ihren Pferden. Dies gilt insbesondere bei jungen, in Ausbildung befindlichen Pferden. Ungehorsam kann manchmal auch eine Reaktion auf Schmerzen sein. Aber auch bei erwachsenen Pferden können Zahnprobleme in

Form von Konzentrationsschwierigkeiten oder schlechterer Kondition auffallen.

- Wenn das Pferd sich gegen Gebiss und Zügel wehrt, auf einer Hand deutlich schlechter geht oder sich schlechter stellen lässt, sollten Sie an die Zähne denken. Häufig sträubt sich ein Pferd mit Zahnschmerzen gegen Wendungen und Bögen oder verweigert sogar komplett die Trense.
- Weitere Hinweise sind eine schiefe Kopfhaltung sowie ein Verwerfen im Genick.
- Starke Schmerzen machen einige Pferde durch Kopfschütteln, Zungenstrecken, Steigen und Bocken deutlich.
- Betrachten Sie den Kot Ihres Pferdes. Bei Zahnstörungen finden Sie hier auffällig viele unverdaute Getreidekörner.

4. Wie können Sie Ihrem Pferd helfen? Praktische Behandlungstipps

4.1 Was können Sie nach einer Zahnbehandlung für Ihr Pferd tun?

Zahnbehandlung: Wurde bei der Zahnbehandlung die Maulschleimhaut in Mitleidenschaft gezogen, so dürfen Sie Ihrem Pferd in den ersten 3 bis 4 Tagen das Fressen erleichtern. Geben Sie ihm eingeweichte Heucobs und dazu eingeweichte Grünmehlpellets oder eingeweichte Rübenschnitzel. Das erleichtert die Aufnahme und ist weniger schmerzhaft. Jedoch dürfen Sie nach einer Zahnbehandlung aus fehlgeleitetem Mitleid keinesfalls Ihrem Pferd zukünftig das Futter zerkleinern. Ganz im Gegenteil - eine Gebissregulierung wie Glätten und/oder Raspeln muss durch intensiv mahlende Kaubewegungen des Pferdes unterstützt werden. **Füttern Sie deshalb viel qualitativ hochwertiges Raufutter.** Gönnen Sie Ihrem Pferd einmal in der Woche frische Zweige zum Kauen. Am liebsten kauen Pferde Zweige mit frischen Trieben. Aber Vorsicht vor Giftpflanzen *(s. Teil A, Seite 46 ff.)*! Am besten eignen sich ungespritzte, frisch geschnittene Obstbaumzweige. Daneben sind Hasel- und Birkenzweige geeignet. Keine Buchen-, Eichen-, Nadel-, Eiben- oder Robinienzweige, die sind ebenso giftig wie viele andere Baumarten. Schneiden Sie kurze, dicke Äste, da sich besonders junge Pferde an dünnen, spitzen Ästchen leicht verletzen könnten. Nagen an Ästen befriedigt das Knabber- und Nagebedürfnis der Pferde, schützt vor Langeweile und sorgt dafür, dass sich auch die Schneidezähne abreiben. Es dient nicht, wie oftmals behauptet, der Zahnhygiene.

Das Knabbern an Ästen sorgt für einen gesunden Abrieb der Schneidezähne und macht den Pferden viel Spaß.

Schleimhautverletzungen: Sind bei Ihrem Pferd bereits Verletzungen und/oder Entzündungen an den Schleimhäuten aufgetreten, so spülen Sie in den ersten 2 Tagen mithilfe einer großen Spritze (aus der Apotheke) das Maul jeweils einmal täglich mit einer verdünnten Jodlösung (3 Tropfen auf 250 ml Wasser) und anschließend mit Salbeitee (eine Handvoll Salbeiblätter auf 1 l kochendes Wasser, 10 Minuten ziehen lassen). Bei der Spülung mit der Jodlösung sollten Sie den Pferdekopf nach unten halten, damit die Lösung wieder aus dem Maul tropft. Der Salbeitee kann praktischerweise gleich getrunken werden. Trauen Sie sich eine Spülung ohne Abschlucken nicht zu, so verwenden Sie nur Salbeitee und Kamillen-

C

Eine Teemischung aus Kamille und Salbei desinfiziert, hemmt die Entzündung und fördert die Heilung.

C

tee zum Spülen. Zusätzlich verfüttern Sie 6 bis 8 Knoblauchzehen oder 10 g Knoblauchpulver, 40 g getrocknete Hagebutten und 10 g Sonnenhut täglich sowie viel frisches Obst. Dies wirkt keimtötend und stärkt die Abwehr Ihres Pferdes, sodass sich die Schleimhaut schnell wieder regenerieren kann. Dazu geben Sie Ihrem Pferd Crab Apple, Holly und Honeysuckle als Spülung.

4.2 Was können Sie nach Verlust oder Ziehen eines Zahnes tun?

Nach dem Entfernen eines oder mehrerer Zähne können Sie Ihrem Pferd bei der Heilung helfen. Die nachstehenden Methoden beruhigen gereizte Schleimhäute und helfen gegen Entzündungen im Maul.

So wird's gemacht

Fütterung: In den ersten vier Tagen, bis die Wunde verheilt ist, sollten Sie beim Füttern Rücksicht auf das Zahnproblem Ihres Pferdes nehmen. Deshalb eignet sich für Ihr Pferd weiches Blattheu, das man eventuell noch etwas befeuchten kann, in einer Menge von rund 1 kg/100 kg Pferdegewicht. Dieses Heu kombinieren Sie mit eingeweichten Heucobs. Täglich bekommt Ihr Pferd rund 0,8 bis 1 kg/100 kg KGW in Wasser eingeweichte Heucobs. Dazu eignen sich Grünmehl- oder Luzernepellets, ebenfalls eingeweicht, jeweils 2 bis 3 kg/Pferd, und zuckerfreie, pektinreiche Rübenschnitzel, etwa 200 g pro 100 kg Gewicht. Mash tut den Pferden ebenfalls sehr wohl. Sie können das Mash, ebenso wie die eingeweichten Cobs, mit blutstillenden und entzündungshemmenden Kräutern wie Schafgarbe, Vogelmiere, Spitzwegerich, Melisse und Pfefferminze anreichern. Wenn Sie das Mash flüssiger zubereiten, kann Ihr Pferd es schlürfen, was ihm deutlich angenehmer sein dürfte. Da die Pferde sowieso nicht arbeiten können, sollten Sie nur im Notfall auf eingeweichte Kraftfutterpellets ausweichen und diese mit eingeweichten Heucobs mischen und verfüttern. Deshalb wäre es auch ungünstig, energiereiches Pflanzenöl zu füttern.

Hausmittel: Füllen Sie den Kamillen- und Salbeitee oder notfalls Kamillosan-Lösung in eine 20- oder 50-ml-Spritze (aus der Apotheke) und spritzen Sie die Lösung vorsichtig bei nach unten gehaltenem Pferdekopf an die Stelle, wo der Zahn entfernt wurde. Das wiederholen Sie zweimal täglich. Ihr Pferd kann die Blüten mitfressen. Kamillosan sollte nicht geschluckt werden. Liegt der Zahnentfernung eine Entzündung zugrunde, empfinden viele Pferde Wärme als angenehm. Dann darf der Tee warm eingesetzt werden und dazu Rotlichtbestrahlungen. Außerdem spülen Sie mit verdünnter Jodlösung das entzündete Zahnloch.

Umschläge: Ein Kartoffelumschlag wird folgendermaßen zubereitet: Sie füllen gestampfte, heiße Kartoffeln in ein Leinen- oder Baumwollsäckchen. Dieses befestigen Sie mit einer Bandage am Kopf. Besser hält es, wenn Sie dazu in ein längliches Betttuch vier Löcher oder Schlitze für Ohren und Augen schneiden und dieses über den Kopf ziehen. *Näheres lesen Sie auf Seite 160.* Prüfen Sie jedoch an Ihrer Wange, ob der Umschlag nicht zu heiß ist. Nach 1 bis 2 Stunden kann der Umschlag entfernt werden. Kartoffeln speichern die Wärme besser als feucht-warme Umschläge.

Akupressur: Yin-Yang-Ausgleich harmonisiert und beruhigt Ihr Pferd. **Di 4, Di 11** und **Bl 60** sind Schmerzfernpunkte, **Di 4** wirkt gut für Gesicht und Hals und beruhigt. **Ma 36** regt den Appetit an, belebt und hilft bei chronischen Erkrankungen. Gegen Zahnschmerzen helfen die Punkte **Ma 3, 5 und 6** sowie **Renzhong**, Teil des Yin-Yang-Ausgleichs –

Hier finden Sie die wichtigsten Akupressurpunkte, die Ihrem Pferd bei Erkrankungen der Zähne helfen können.

Tuina-Behandlung des Gesichts bei Zahnerkrankungen

über 4 bis 5 Tage, so oft wie möglich, am besten 4-mal täglich stimulieren.

Tuina-Behandlung: Eine sanfte Tuina-Massage, Moo Fă, des Gesichts regt den Lymphabfluss an und ist für Ihr Pferd sehr wohltuend. Stimulieren Sie dabei die Magenpunkte Ma 1 bis 8, Gb 1 bis 3, besonders die Punkte, die in der Nähe des Problemzahnes liegen.

Kräuter: Knoblauch und **Sonnenhut** sind in der Lage, Keime abzutöten. Dazu bauen sie die Abwehr Ihres Tieres auf. Kamille und Salbei dämpfen die Entzündung. Haben Sie einen **Himbeerstrauch** im Garten, verfüttern Sie Ihrem Pferd ruhig täglich einige Blätter (100 g frisch oder 50 g getrocknet), ebenso Brombeerblätter, sie wirken entzündungshemmend und enthalten viel Vitamin C. Auch ein Sud, auf das Zahnfleisch getupft, unterstützt die Heilung gut.

Salbei-Kamillentee: Mischen Sie je eine Handvoll getrocknete Salbeiblätter und Kamillenblüten. Davon übergießen Sie eine Handvoll mit einem Liter kochendem Wasser und lassen ihn 10 Minuten lang ziehen. Wenn Ihr Pferd den Tee gerne nimmt, können Sie ihn ins Trinkwasser geben, sonst süßen Sie ihn mit etwas Honig. Sie können den Tee auch in eine 20- oder 50-ml-Spritze füllen und ihn vorsichtig seitlich zwischen den Zähnen in das Maul Ihres Pferdes spritzen. So können die Kräuter direkt vor Ort wirken. Salbei bekämpft Keime und wirkt wundheilend. **Aber Salbei ist nicht für tragende Stuten geeignet, deshalb sollten Sie nur das Maul mit dem Salbeitee ausspülen!** Spitzwegerichtee bereiten Sie nach dem gleichen Prinzip zu. Er wirkt entzündungshemmend und unterstützt die Heilung des Zahnfleisches.

Zusatzfutter: Wird Ihr Pferd mit Antibiotika behandelt, sollten Sie ihm täglich 2 Becher Naturjoghurt füttern. Danach helfen Pre- und Probiotika *(s. Seite 316)* die Darmflora wieder ins Gleichgewicht zu bringen.

Frisches Obst und **Apfelessig** versorgen Ihr Pferd optimal mit Vitaminen und Mineralstoffen, wenn im Maul alles wieder verheilt ist.

Der Tee lässt sich problemlos über eine Flasche oder eine große Spritze verabreichen.

Fütterung	• **Akut:** Heucobs und zuckerfreie Trockenschnitzel in Wasser einweichen und verfüttern. • Wenn das Pferd wieder kauen kann, viel hochwertiges Raufutter geben.
Akupressur	**Fernpunkte gegen Schmerzen:** Di 4, Di 11 und Bl 60 **Nahpunkte und Ma 36:** Ma 3, 5, 6 **Im akuten Zustand:** 4-mal täglich akupressieren; Augenakupressur
Tuina-Behandlung	Eine Tuina-Behandlung des Gesichts mit langen Strichen und kreisender Druckstimulation von Ma 3 bis 7 ausführen.
Hausmittel	Mit Kamillen- und Salbeitee spülen, die überbrühten Kräuter mitfressen lassen.
Bachblüten	**Am ersten Tag:** Crab Apple, Holly und Honeysuckle sowie Rescue-/Notfalltropfen **Bei tiefen Wunden:** Larch **Die Heilung beschleunigen:** Gentian, Wild Rose und Chestnut. Geben Sie je 10 Tropfen auf 200 ml Wasser und spülen Sie damit das Maul Ihres Pferdes. Es ist kein Problem, falls es geschluckt wird.
Umschläge	Ein wärmender Kartoffelumschlag tut vielen Pferden nach dem Zahnziehen gut und fördert die Heilung.
Kräuter	Täglich 40 g Hagebutten und 10 g Sonnenhutwurzel ins Futter geben; dazu 1 EL Honig. Falls vorhanden, ca. 100 g frische Himbeerblätter dazu, sie lindern Entzündungen und Schmerzen im Maul. Spülungen mit Salbei- und Kamillenaufguss helfen gegen die Entzündung und beruhigen die gereizte Haut.
Tee	• täglich 2-mal Salbei-, Kamillen- oder Spitzwegerichtee verabreichen
Zusatzfutter	Frisches Obst und Apfelessig sowie 6 bis 8 Knoblauchzehen ins Futter geben. **Bei einer Antibiotikabehandlung:** 2 Becher Joghurt täglich und Prebiotika wie z.B. Bierhefe

5. Zahnprobleme

5.1 Zahnprobleme im Zahnwechsel

Beim Zahnwechsel der jungen Pferde kommt es häufig zu den verschiedensten Problemen. Manche der jungen Pferde leiden richtig unter ihrem Zahnwechsel. Zeitgleich mit dem schwierigeren Wechsel der Backenzähne (1½ bis 4½ Jahre) sowie der Schneidezähne (2½ bis 4½ Jahre) beginnen die jungen Pferde mit dem Training. Dabei kann das Trensengebiss unter Umständen Schmerzen bereiten. Haben Sie Verständnis, wenn Ihr Pferd mal Schwierigkeiten macht, es könnte an den Zähnen liegen. Hat Ihr Pferd dabei starke Zahnschmerzen, so reiben Sie das Zahnfleisch oder den Zahn mit einigen Tropfen Nelkenöl ein.

Dazu könnte es sein, dass die Milchschneidezähne nicht rechtzeitig ausfallen. Statt die Milchzähne herauszudrücken, schieben sich die bleibenden Zähne einfach davor. Durch das ständige Nachwachsen und den mangelnden Abrieb verursachen sie schmerzhafte Schleimhautverletzungen. Deshalb sollten Sie auch in diesem jungen Alter der Pferde halbjährlich die Zähne nachsehen lassen.

5.1.1 Milchkappen

Was sind Milchkappen?

Anzeichen: Junge Pferde mit Milchkappen fressen langsam und bedächtig, so mancher angekaute Bissen fällt wieder aus dem Maul. Dazu lassen sich häufig harte, anfangs nicht schmerzhafte Beulen am Unterkiefer finden. Diese werden auch als „Bumps" bezeichnet.[1] Im Oberkiefer kann es zu einer Verlegung des Tränen-Nasen-Kanals kommen und damit zu wässrigem Augenausfluss. Dabei sieht das Auge jedoch normal und nicht gerötet wie bei einer Bindehautentzündung aus. In Folge kann sich jedoch das tränende Auge leicht infizieren.

Ursache: Meistens sind es die vorderen Backenzähne, die bei ihrem Wechsel stärkere Probleme bereiten. Schon in seiner Anlage liegt der bleibende Zahn im Kiefer direkt unter dem Milchzahn. Drückt er an die Oberfläche, so drängt er die Wurzel des Milchbackenzahnes zurück, bis dieser ausfällt oder sich durch Rückbildung und Abrieb nur noch als eine Kappe auf der Kaufläche des bleibenden Zahnes findet. Diese sollte früher oder später von alleine abfallen. Geschieht dies nicht, so kann die Milchzahnkappe den bleibenden Zahn nach unten in den Kiefer drücken, es entsteht eine feste Auftreibung oder Beule im Unterkiefer. Dabei behindert die Kappe auch den gegenüberliegenden Zahn in seinem Wachstum. Manchmal verklemmt sich auch ein Milchzahn zwischen den anderen Backenzähnen, sodass der bleibende Zahn ihn nicht wegdrücken kann. Die Zähne im Kiefer sind dann länger als der Unterkiefer, da sie, statt nach oben wachsen zu können, nach unten gedrückt werden. Bleiben diese harten Schwellungen länger bestehen, kommt es zu einer eitrigen Einschmelzung des Knochens, es bildet sich dann ein Gang nach außen, aus dem sich das Sekret und der Eiter entleeren können. Dies ist eine Zahnfistel. Dabei werden die Wurzeln der bleibenden Zähne zerstört. Das kommt auch im Oberkiefer vor, wo jedoch von außen keine Schwellungen sichtbar werden. Erst wenn die Auftreibung den Tränen-Nasen-Kanal abdrückt, kommt es zu äußeren Anzeichen. Führt der Druck zu einer eitrigen Einschmelzung oder zu einer eitrigen Entzündung der Kieferhöhle, kann sich dies durch einseitigen Nasenausfluss äußern *(s. auch unter „Entzündungen der Nebenhöhlen" auf Seite 247 f.)*.

Die Milchkappen (schraffiert) können einen Zahn so stark nach unten drücken, dass eine Schwellung am Unterkiefer entsteht.

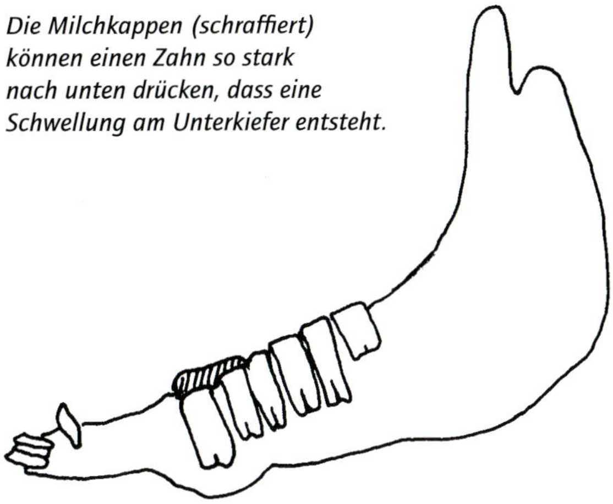

Was macht der Pferdezahnarzt?

Wenn die Milchzahnkappen nicht von allein abfallen, wie sie es oft tun, müssen sie entfernt werden. Manchmal gelingt dies sogar mit der Hand. Die Kappe muss auf Vollständigkeit überprüft werden. Danach kommt es zu leichten Blutungen und der Zahn wird in seine richtige Stellung geschoben. Die Beulen am Kiefer verschwinden dann von ganz allein. Eingeklemmte Milchzähne müssen mit einer Zange gezogen werden. Das Gleiche gilt für eingeklemmte Milchkappensplitter. Ist starke Kraft nötig, um die Milchkappen zu lockern, sollten sie im Kiefer verbleiben. Hat sich bereits ein Bump darunter gebildet, sollte die Kappe so stark heruntergeschliffen werden, dass sie unter dem Höhenniveau der anderen Zähne liegt, um den Zahn vom Druck zu entlasten. Nach einiger Zeit kann der Tierarzt/Dentist erneut versuchen, die Milchkappe zu entfernen.

5.2 Zahnprobleme durch Abrieb und Wolfszähne

Die am häufigsten auftretenden Gebissprobleme entstehen durch unregelmäßigen Abrieb der Zähne sowie durch Wolfszähne.

5.2.1 Haken oder Kanten

Was sind Haken?

Erklärung: Häufig bilden sich an den Backenzähnen messerscharfe Grate, die sogenannten Haken oder Kanten. Die Pferde sind dann meist nicht mehr in der Lage, die Kiefer seitlich gegeneinander zu ver-

1 Bartmann, C. P., Bienert-Zeit, A.: Krankheiten des Verdauungstrakts – Maulhöhle, Zähne, Zunge und Kiefer. Aus Brehm, W. et al. (Hrsg.), Enke Verlag 2017, S. 421-467.

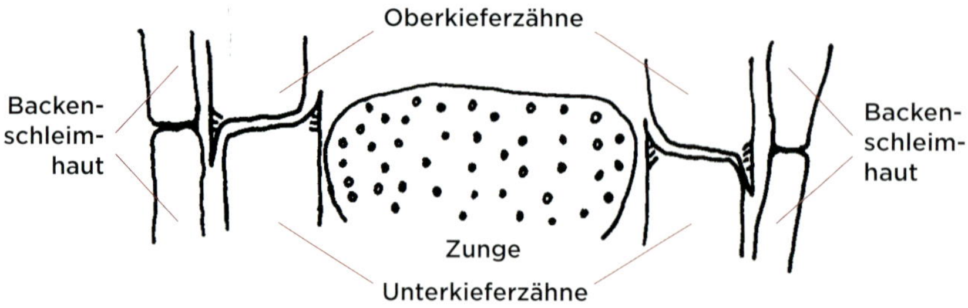

Querschnitt durch die Maulhöhle: Darstellung der Kanten an den Backenzähnen, die häufig zu Verletzungen der Backenschleimhaut und Zunge führen.

schieben, wie dies bei einem normalen Fressvorgang der Fall wäre. Diese scharfen Erhöhungen im Zahnschmelz sitzen außen an den oberen und innen an den unteren Backenzähnen. Wenn Ihr Pferd erst einmal Haken bzw. Kanten hat, kann es irgendwann nicht mehr richtig kauen, es kann zu Verdauungsstörungen kommen. Manchmal finden Sie lange, unverdaute Fasern oder Haferkörner im Kot. Die scharfen Haken und Kanten führen zu Verletzungen an Backenschleimhaut und/oder Zunge.

Ursachen: Da unsere Pferde heute nicht mehr die harten Steppengräser fressen, nutzen sich die Schneidezähne wesentlich weniger ab. Die Backenzähne aber erfahren durch die Zufütterung von Krippenfutter einen ungleichmäßigen Abrieb. Im Gegensatz zu den langfaserigen Bissen erfolgt der Abrieb durch das Krippenfutter nicht über die gesamte Kaufläche. Das Pferd muss sein Kraftfutter in der Mitte der Kaufläche zermahlen, möglichst ohne den Unterkiefer dabei allzu sehr zu bewegen, damit das Krippenfutter nicht seitlich herunterfallen kann. So ist es ganz klar, dass seitlich an den Mahlzähnen scharfe Kanten oder Haken entstehen, die dann auf der äußeren Seite die Backenschleimhaut und auf der inneren die Zunge verletzen können.

Was macht der Tierarzt?

Die Zähne müssen wieder in ihre normale Form geraspelt werden. Besonders viel Mühe geben sich gute Pferdezahnärzte mit der Rundung der ersten Prämolaren wegen der unmittelbaren Nähe zum Trensengebiss. Das Abraspeln der Kanten kann einige Zeit in Anspruch nehmen. Deshalb wird das Pferd in dieser Zeit in der Regel mit einem Medikament ruhig gestellt. Insbesondere die Backenzähne, die auf den zahnfreien Bereich der Lade folgen, werden meist gründlich bearbeitet, da vor ihnen direkt das Trensengebiss liegt.

Die Schleimhaut kann durch scharfe Kanten sehr stark verletzt worden sein. Das Aufbringen einer Salbei- oder Myrrhetinktur lässt die Verletzungen wieder abheilen. Tupfen Sie die Tinktur mit einem Pinselchen oder einigen Gazekompressen über mehrere Tage auf die abgespreizte Backenschleimhaut des Pferdes.

Auch Spülungen tun Ihrem Pferd gut. Bei einer Spülung mit verdünnter Betaisodona Lösung halten Sie den Pferdekopf gesenkt, sodass die Flüssigkeit wieder aus dem Maul läuft.

Ist dies nicht möglich, verwenden Sie einen der in der Tabelle aufgeführten Tees. Besonders geeignet ist der Salbei-Kamillentee, dem Sie im lauwarmen Zustand noch einige Tropfen Crab Apple beifügen können. Füllen Sie den Tee noch lauwarm in eine große Spritze. Ist die Backenschleimhaut verletzt, schieben Sie diese in den Maulwinkel und spritzen den Tee in die Backentasche. Ist das Zahnfleisch oder die Zunge verletzt, so schieben Sie die Spritze seitlich in die Lade und spritzen Ihrem Pferd den Tee ins Maul.

Was können Sie tun?

Das Wichtigste, was Sie hier tun können, lesen Sie auf Seite 285 f. Das Betupfen mit Tinkturen sowie Spülungen mit einem Heiltee ist im oberen Absatz beschrieben.

Nachfolgend finden Sie Hilfe bei Verletzungen der Maulschleimhaut:

Spülung	**1- bis 2-mal täglich das Maul spülen, Maul nach unten halten:** verdünnte Jodlösung (3 Tropfen in 250 ml Wasser) und ca. 300 ml Salbeitee (eine Handvoll Salbeiblätter auf 1 l kochendes Wasser, 10 Minuten ziehen lassen) **oder** ca. 300 ml Kamillentee (eine Handvoll Kamillenblüten auf 1 l kochendes Wasser, auch 10 Minuten ziehen lassen) **oder** eine Mischung aus beiden Kräutern mit 1 EL Spitzwegerichsaft

Bachblüten	• Der oben genannten Spüllösung können 5 Tropfen von Crab Apple beigefügt werden. • Crab Apple und Holly als Tropfen und Spülung (je 10 Tropfen auf einen Becher Wasser) verwenden. **Bei schlecht heilenden Schleimhautverletzungen:** Gorse, Holly, Honeysuckle und Wild Oat
Fütterung	Während der Phase der Schleimhautschädigung eignet sich eher weicheres Futter, z.B. auch mal eingeweichte Trockenschnitzel mit etwas Hafer füttern. 6 bis 8 Knoblauchzehen, 40 g getrocknete Hagebutten und 10 g Sonnenhut täglich ins Futter geben, zusätzlich viel frisches Obst füttern.

5.2.2 Wolfszähne

Nach den Kanten sind die Wolfszähne eines der häufigsten Zahnprobleme.

Was sind die Wolfszähne?

Im ersten Lebensjahr wachsen den Pferden manchmal Wolfszähne. Diese für die Kaufunktion überflüssigen Zähne sind ein Relikt aus der Stammesentwicklung und können sowohl im Oberkiefer als auch im Unterkiefer wachsen, sie können erheblich stören. Meist sind diese Wolfszähne klein, zylinderförmig, besitzen nur eine Wurzel und haben weder Pulpa noch Nerv. Es sind die zurückgebildeten Prämolare 1 (P1) und liegen deshalb direkt vor den vordersten, normalen Backenzähnen, den Prämolaren.

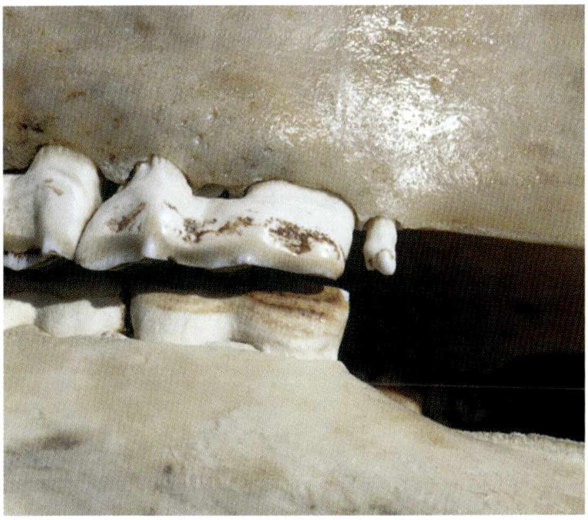

Ein Wolfszahn oder auch rückgebildeter P1 sitzt vor den ersten Backenzähnen.

Sie haben keine Funktion und stoßen im Alter von 5 bis 6 Monaten direkt vor den ersten Backenzähnen *(Prämolaren)* aus dem Zahnfleisch. Fallen sie beim Wechsel der Prämolaren nicht mit aus, sind sie nach einem Jahr groß genug, um gezogen zu werden. Da sie die Laden und damit den Platz für das Trensen- oder Stangengebiss zwischen Eckzähnen und Backenzähnen einengen, können und sollten sie vor dem ersten Anreiten gezogen werden. In der Regel besitzen sie keinen Nerv, sodass diese Maßnahme keine Probleme bereitet. Oft werden sie jedoch übersehen, insbesondere wenn sie nicht durchstoßen, sondern dicht unter der Schleimhaut liegen. Der Druckschmerz löst bei den Pferden starke Abwehr gegen die Zäumung aus.

Was macht der Pferdezahnarzt?

Die Wolfszähne werden in örtlicher Betäubung mit einem speziellen Instrument, dem Elevator entfernt. Mit diesem Instrument umfasst der Tierarzt den gesamten Zahn und stempelt ihn aus. In der Regel werden dabei alle Teile der Wurzel mit entfernt. Verbleiben Anteile der Wurzel im Kiefer, stört dies den Organismus durch das Fehlen von Nerv und Pulpa nicht weiter. Versuchen Sie aber keinesfalls, diese Zähne selbst mit der Zange zu entfernen. Dies geht fast immer schief, da der Zahn leicht splittert. Er muss ausgestempelt werden. Die Zahnsplitter lassen sich, wenn der Laie sie überhaupt alle findet, nicht einfach herausziehen, sie müssen operativ entfernt werden.

Was können Sie tun?

Nach der Entfernung des Zahnes gönnen Sie Ihrem Pferd etwas Ruhe. Frisches Obst mit vielen Vitaminen sowie ein Schuss Apfelessig (ab dem 2. Tag danach) ins tägliche Futter sorgen dafür, dass Ihr Pferd rasch wieder fit und einsatzbereit ist. *Was Sie für das Zahnfleisch und die Maulhöhle Ihres Pferdes tun können, lesen Sie auf Seite 285 ff. nach.* Beruhigen Sie Ihr Pferd vor dem Ziehen mit einem Yin-Yang-Ausgleich und Rescue-/Notfalltropfen.

5.3 Zahnprobleme durch fehlerhafte Gebisse

Eine länger anhaltende ungleiche Nutzung des Gebisses durch schmerzhafte Fehlstellungen oder auch durch psychische Verhaltensstörungen führt zu den folgenden Gebissveränderungen.

C

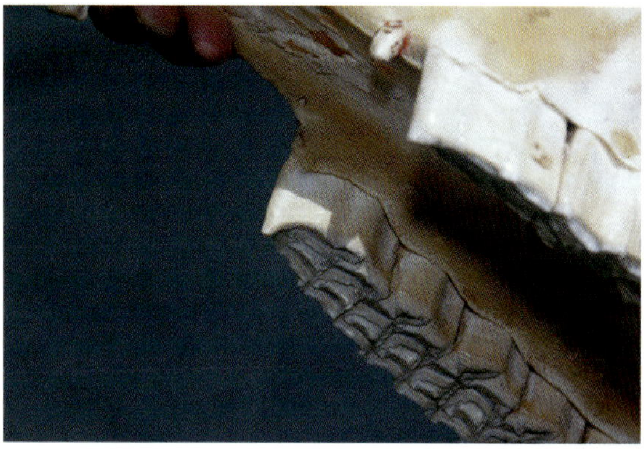

Ein Haken am oberen ersten Backenzahn kann leicht die Schleimhaut verletzen.

5.3.1 Zu lange Schneidezähne, Scheren- oder Treppengebiss

Durch die vielerorts übliche kraftfutterlastige Ernährung sind die Backenzähne oft kürzer als die Schneidezähne, die weniger Abrieb erfahren. Dann muss das Pferd erheblichen Druck aufwenden, um die Kiefer zusammenzubringen und überhaupt noch etwas zermahlen zu können. Manche Pferde behelfen sich damit, dass sie besonders große Futtermengen ins Maul nehmen, um den Abstand zwischen den Backenzähnen auf diese Weise auszugleichen. Andere halten den Kopf zur Seite und kauen nur noch einseitig. Der Druck, den die Pferde aufwenden müssen, um die Kiefer aufeinander zu bekommen, führt zu Schmerzen am Kiefergelenk und an den Schneidezähnen. Zudem besteht die Gefahr, dass die Schneidezähne durch den Druck nach vorn kippen und sich die Wurzeln der Schneidezähne vorwölben. Dies hätte den Rückgang des Zahnfleisches zur Folge. Ohne Korrektur können die Schneidezähne unter dem Druck zerbrechen. Überdies können sich Ober- und Unterkiefer sogar so gegeneinander verschieben, dass eine bleibende Gebissveränderung entsteht (sekundärer Überbiss). Dabei bildet sich jeweils ein dolchartiger Haken am oberen ersten und am unteren letzten Backenzahn.

Das seltene **Scherengebiss** entsteht ein- oder beidseitig, wenn das Pferd infolge chronischer und schmerzhafter Zahnerkrankungen nur noch kurze Kauschläge macht. Dabei reiben sich die Zähne nicht mehr normal ab und die Kauflächen liegen nicht mehr horizontal, sondern abgeschrägt. Auf der einen Seite ist die backenseitige Oberkieferzahnreihe und die Unterkieferzahnreihe zungenwärts besonders lang, auf der gegenüberliegenden Seite umgekehrt. Je größer die Höhenunterschiede zwischen der Außen- und der Innenkante der Zahnkrone sind, desto größer sind die Kaustörungen. Zwischen den Reibeflächen kann nun das Futter nur noch zerquetscht, nicht mehr gemahlen werden. Dazu kommen schmerzhafte Verletzungen der Weichteile, sodass das Pferd die Futteraufnahme irgendwann einstellen wird.

Ein **Treppen- oder auch Wellengebiss** ist ein Gebiss, bei dem benachbarte Zahnkronen unterschiedliche Längen aufweisen. Es entsteht, ebenso wie die Kanten, durch verminderten Abrieb eines oder mehrerer Zähne, die dann immer weiter über das Niveau der Nachbarzähne hinauswachsen. Ursachen hierfür können Zahnlücken sein, die auf die unterschiedlichste Weise entstehen können. In diese Lücke wächst dann der gegenüberliegende Zahn. Liegt die Lücke nicht ganz exakt gegenüber, kann der hineinwachsende Zahn zu einem Keil geschliffen werden.

Was macht der Tierarzt?

Bei der Behandlung des Scherengebisses muss durch Abschleifen der schrägen Kauflächen versucht werden, wieder eine horizontale Kaufläche herzustellen. In hochgradigen Fällen ist dies jedoch ausgesprochen schwierig. Wichtig ist bei der Behandlung insbesondere, die ursprüngliche Ursache für das Scherengebiss herauszufinden und zu beseitigen.

Ein Treppen- oder Wellengebiss kann durch vorsichtiges Kürzen der überlangen Zahnkronen behoben werden.

5.3.2 Kopper- und Wetzergebiss

Krippensetzen, Koppen oder auch das Barrenwetzen sind typische Verhaltensauffälligkeiten, die durch nicht artgerechte Haltung und Fütterung hervorgerufen bzw. gefördert werden. Es sind stereotype, sich immer wiederholende Verhaltensweisen. Dabei kommt es zu einigen typischen Abreibungserscheinungen an den Schneidezähnen. Je nachdem, wie das Pferd die Zähne aufsetzt, werden die entsprechenden Zähne des Ober- und Unterkiefers an ihrer lippenseitigen Kante unterschiedlich stark abgerieben. Jedoch hängt die Stärke der Zahnabnutzung nicht von der

Dauer der Untugend ab, sondern von der Härte und Oberflächenbeschaffenheit des Materials, auf dem das Pferd seine Zähne aufsetzt. Während beim Kopper nur die Schneidezähne des Oberkiefers abgerieben werden, leiden bei einem wetzenden Pferd die Schneidezähne von Ober- und Unterkiefer.

Das **Koppen** ist eine häufig vorkommende Verhaltensauffälligkeit, bei der das Pferd den Kehlkopf und Zungengrund durch Zusammenziehen der vorderen Halsmuskulatur nach unten zieht und so den Schlundkopf öffnet. Es kommt zum Einströmen von Luft in die Speiseröhre sowie zu einem deutlich wahrnehmbaren Kopperton, einem rülpsenden Geräusch. Luft wird meist nur in geringen Mengen wirklich abgeschluckt, meist strömt sie durch den Rachen wieder aus. Neben dem häufigeren Aufsetzkoppen gibt es auch Pferde, die mit freigehaltenem Kopf koppen, das sogenannte Freikoppen. Dabei stehen sie mit aufgerichtetem Hals da und öffnen durch ruckartiges Heranziehen des Kopfes an den Hals den Zugang zur Speiseröhre. Auch hierbei ist ein Kopperton vernehmbar. Oft ist diese Verhaltungsauffälligkeit mit Zungen- oder Leckbewegungen verbunden. Kau- oder Verdauungsstörungen werden durch den schrägen Abrieb der Kaufläche beim Kopper nicht ausgelöst. Es macht sich lediglich bei der Altersbestimmung bemerkbar, da die Pferde dann, je nach Abrieb, ein bis mehrere Jahre älter geschätzt werden. Manchmal kann es jedoch bei sehr starken Koppern zu einer Eröffnung der Pulpahöhle mit nachfolgender Entzündung oder zum Verlust der Zahnkrone kommen.

Koppen kann ebenso wie Weben durch mangelnden Sozialkontakt sowie schlechte Haltungs- und Fütterungsbedingungen wie zu kurze Fütterungszeiten und zu wenig Raufutter, ausgelöst werden. Ursache des Koppens, so nimmt man heute an, ist chronischer Stress. Daneben gibt es auch Hinweise auf eine genetische Veranlagung. Nicht selten haben koppende Pferde Magengeschwüre und -entzündungen. Ob dies jedoch Auslöser für das Koppen oder vielmehr das Koppen und das Magengeschwür eine Folge des Stresses sind, ist noch unklar. Jedoch fallen strukturelle Veränderungen im System der Botenstoffe im Gehirn bei Koppern auf.[2] Deshalb nimmt man heute an, diese Veränderung im Zusammenhang mit einem fehlerhaften Fütterungsmanagement seien die Ursache des Koppens, da sie chronischen Stress der Pferde auslösen.[3] Dabei gelten die oben genannten Auslöser als wichtige Stressoren. Dies scheint auch die Ursache für das Koppen im Fohlenalter zu sein, wobei hier andere Stressoren wahrscheinlich sind *(s. unten)*.

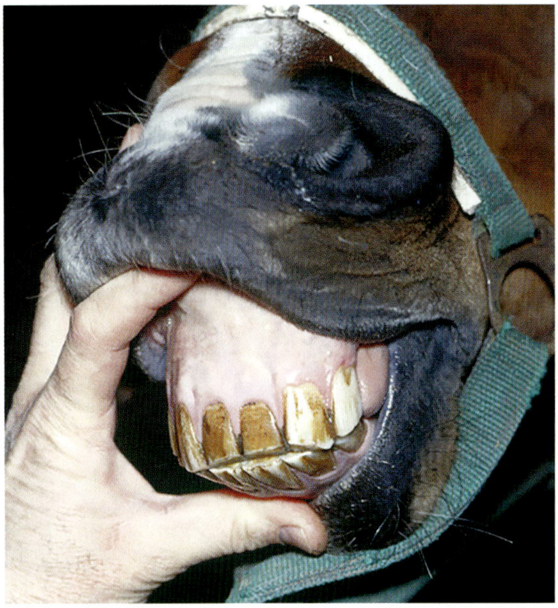

Der typische Abrieb der Schneidezähne durch das Aufsetzen beim Koppen

Beim **Barren- oder Krippenwetzen** setzen die Pferde die Schneidezähne auf einen harten Untergrund (Trog, Metall, Boxentür) auf und schieben den Kopf hin und her, bei Gitterstäben auf und ab. Es entsteht ein lautes Reibegeräusch. Häufig schleifen sich die Pferde durch die ständige Bewegung die Zähne regelrecht ab. Die Schneidezähne können dabei vorn scharfe Kanten entwickeln. Wenn es durch das Schleifen zur Eröffnung der Zahnhöhle kommt, besteht die Möglichkeit, dass Bakterien hineingelangen und eine eitrige Entzündung auslösen. Durch die Schmerzen wird das Pferd dann allerdings starke klinische Anzeichen zeigen. Daneben treten häufig Zahnfleischentzündungen, Probleme des Zahnhalteapparates oder der Verlust eines Zahnes auf.

2/3 Vgl. Bartmann, C. P., Bienert-Zeit, A.: Krankheiten des Verdauungstrakts – Maulhöhle, Zähne, Zunge und Kiefer. Aus Brehm, W. et al. (Hrsg.), Enke Verlag 2017, S. 421-467.

Bei den beiden Verhaltensauffälligkeiten sind meist gravierende negative Erlebnisse der Auslöser dieses Verhaltens. Das können beispielsweise das Absetzen von der Mutter, körperliche oder mentale Überforderung, schlechte Haltungs- und Fütterungsbedingungen, Isolation oder auch Bewegungseinschränkungen bei Krankheit sein. Oft fehlt es den Tieren an Beschäftigung, es ist die Zeit, die sie natürlicherweise mit dem Kauen von Raufutter verbringen würden.

Therapie

Solche Verhaltensstörungen wie Koppen, Weben, Barren- oder Krippenwetzen, aber auch Gegen-die-Box-Treten sind außerordentlich schwer zu behandeln. Hier hat eine frühzeitige Behandlung die größten Chancen. Wichtig ist dabei eine konsequente Optimierung der Haltungs- und Fütterungsbedingungen. Viel Weidegang und freie Bewegung mit anderen Pferden und Verlängerung der Futteraufnahmezeiten. Schwerpunkt der Fütterung sollte ein hoher Raufutteranteil und kleiner Kraftfutteranteil sein. Verteilung des Kraftfutters auf mehrere kleine Portionen ist wichtig. Vermeidung von Stress! Dies gilt insbesondere auch bei Fohlen. Eine optimierte Haltung mit ausgiebigem Weidegang für Mutter und Fohlen ist sehr wichtig. Das Absetzen ist möglichst stressarm zu gestalten, dabei darf das Fohlen beim Absetzen nicht isoliert werden, am besten ist es, es mit anderen Fohlen zusammenbringen.
Orale Gaben von L-Tryptophan, eine wichtige Aminosäure, die im Gehirn zu Serotonin umgebaut wird, können unterstützen. Serotonin ist ein Gegenspieler des Dopamins und hat hemmende Wirkung. Wichtig ist dies insofern, als das Raufutter eine höhere Konzentration an L-Tryptophan hat als Kraftfutter. Zusätzlich ist die Aminosäure in Kombination mit B-Vitaminen und Magnesium als Ergänzungsfutter zu bekommen.[4]
Alternative Therapien: Zur Besserung von Zwangshandlungen hat sich eine Kombination der beiden Bachblüten **Vine** und **White Chestnut** sowie die Akupunkturbehandlung bewährt.

4 Vgl. Bartmann, C. P., Bienert-Zeit, A.: Krankheiten des Verdauungstrakts – Maulhöhle, Zähne, Zunge und Kiefer. Aus Brehm, W. et al. (Hrsg.), Enke Verlag 2017, S. 421-467.

6. Zahnkrankheiten

Die Zahnkrankheiten Zahnstein, Karies und Entzündung der Wurzelhaut sind bei den Pferden weit weniger häufig als beim Menschen. Am ehesten sind diese Zahnprobleme bei älteren Pferden anzutreffen sowie bei Pferden, die nicht alle Zähne gleichmäßig benutzen. Auch die Zahnerkrankung EOTRH trifft eher ältere Tiere.

6.1 Zahnstein und Karies

Was ist das?

Anzeichen: Hat Ihr Pferd **Zahnstein**, so können Sie auf seinen Zähnen einen grau-weißen bis bräunlich-gelben, harten Belag finden. Es sind feste Auflagerungen, die sich nicht wegspülen lassen und einen mehr oder weniger breiten Saum am Zahnhals bis zum Zahnfleisch hin bilden. Die Kaufläche bleibt frei. Meist betrifft es die Schneide- und Hengstzähne. Dabei riechen viele Pferde unangenehm aus Maul oder Nüstern. **Karies** dagegen ist an den eingangs des Kapitels genannten Zeichen für starke Zahnschmerzen zu erkennen. Am Zahn selbst kann der Spezialist beim Ausleuchten eine braun bis schwarz verfärbte Vertiefung erkennen, die meist mit Futterbestandteilen ausgefüllt ist.
Ursachen: Zahnstein besteht aus schwer löslichen Kalksalzen und kommt je nach Speichelzusammensetzung mal mehr und mal weniger häufig vor. Dabei bildet sich ein Biofilm auf den Zähnen durch feinste organische Futterbestandteile sowie abgestoßene Zellen der Maul- und Zungenschleimhaut und Bakterien der Maulhöhle. Es entsteht Plaque. Hier hinein lagert sich im Speichel vorhandenes, gelöstes Kalziumhydrogenkarbonat mit im Futter vorhandenem Calcium. Zusammen mit der Plaque wird daraus eine feste Masse auf den Zähnen, die keine Bakterien mehr enthält. Weitere Unebenheiten führen jedoch zur weiteren Anheftung neuer Plaque mit Bakterien, bis dicker Zahnstein entstanden ist. In Abhängigkeit von der Größe des jeweiligen Anteils zeigt der Belag unterschiedliche Färbung und Härte. Besonders häufig findet sich Zahnstein am Hengstzahn des Unterkiefers sowie an den Schneidezähnen des Oberkiefers, da hier die Ausführungsgänge der Speicheldrüsen liegen. Auch dort, wo der Speichel sich längere Zeit sammeln kann oder der

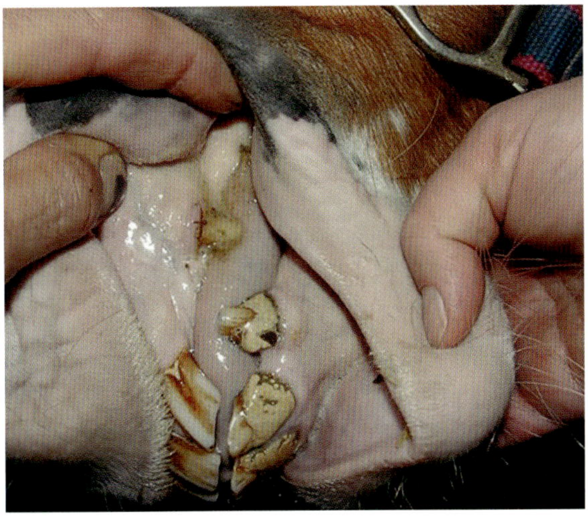

Der Zahnstein ist in Form eines gelb-braunen Belags deutlich zu erkennen.

natürliche Säuberungseffekt durch das Fressen wegfällt, kann es vermehrt zu Belägen kommen. Dies ist bei einseitig kauenden Pferden an den geschonten oder nicht genutzten Zähnen der Fall, aber auch bei zu langen Schneidezähnen.

Eine weitere Ursache für Zahnstein ist chronische Niereninsuffizienz mit Urämie, wenn also die Nieren nicht mehr richtig funktionieren und der Körper zunehmend übersäuert. Dies führt in der Folge zu Zahnfleischentzündung und Problemen der Zahnhalteapparate sowie starkem Maulgeruch.

Unter **Karies** versteht man den fortschreitenden, örtlich begrenzten Zerfall aller Zahnsubstanzen. Dabei handelt es sich um eine chemische Zersetzung durch säurebildende (oder dentin- und eiweißlösende) Bakterien. Reicht der Zerfall bis in die Zahnhöhle, kommt es zu deutlichen Kauproblemen. Da der Zahnschmelz bei Pferden aber besonders hart ist, wird vermutet, dass am Schmelz bereits eine Vorschädigung vorhanden sein muss. Diese kann durch mechanische Einwirkung geschehen, wie etwa Verletzungen oder den Biss auf einen Fremdkörper oder durch Stoffwechselprodukte von Bakterien, die zu einer Schädigung des Zahnschmelzes führen. Die Bakterien finden im Zahnstein wie auch in dem Futter, das in größeren Zahnzwischenräumen eingeklemmt ist, optimalen Nährboden und dauerhaften Halt vor dem Wegspülen. Natürlich hat neben dem Speichel auch die Fütterung einen ganz entscheidenden Einfluss auf die Zahngesundheit: Zu viel Saures wie Silage beispielsweise kann die Zahnoberfläche ebenso angreifen wie zu viel Süßes. Aber auch calziumreiches Futter wie Luzerneheu fördert Karies im Maul der Pferde. Das Calzium reagiert mit einem Speichelbestandteil.

Komplikationen: Manchmal kann Zahnstein auch ohne Karies die Ursache für entzündetes Zahnfleisch sein. Aus einem kariösen Zahn kann bei Einbrechen in die Zahnhöhle eine eitrige Entzündung entstehen, die über die Zahnfächer in die Kieferhöhle (Nebenhöhlenvereiterung) übergreift oder zu einer eitrigen Einschmelzung des Kieferknochens und damit zu einer Zahnfistel führt. Typisch dafür ist eitriger, unangenehm riechender Nasenausfluss aus einer Nüster.

Was macht der Pferdezahnarzt?

Ein wenig **Zahnstein** ist nicht weiter schlimm. Nimmt der Zahnstein jedoch zu, bietet er Bakterien einen günstigen Nährboden. Besser ist es, sich fachlichen Rat einzuholen. Zahnstein lässt sich je nach Zahn unterschiedlich leicht entfernen. Beim Hengstzahn ist es am leichtesten. Hier wird eine Zange aufgesetzt und einfach gedreht. Die Schneide- und Backenzähne dagegen sind wesentlich aufwendiger zu behandeln.

Zähne, bei denen die **Karies** noch oberflächlich ist, können durch vorsichtiges, leichtes Abraspeln entlastet werden. Sind keine tieferen Schichten geschädigt, erledigt der natürliche Abrieb dieses Problem. Ist die Schädigung des Zahnes jedoch bereits weit vorangeschritten und die Zahnhöhle eröffnet, so muss der Zahn gezogen werden. Außer in seltenen Einzelfällen wird in der Regel der Zahn nicht ausgebohrt und gefüllt. Das liegt zum einen an technischen Problemen, da die Maulhöhle der Pferde nur sehr schwer zugänglich ist, zum anderen aber auch an dem meist sehr schnell fortschreitenden Zerfall des Zahnes.

Was können Sie tun?

Wichtig ist die regelmäßige, genaue Beobachtung Ihres Pferdes, um eventuelle Zahnerkrankungen frühzeitig zu erkennen. Ebenso wichtig ist die regelmäßige fachgerchte Kontrolle! Ist die Karies noch nicht stark ausgeprägt, können Sie die zahnärztliche Behandlung durch Spülungen unterstützen. Muss der Zahn gezogen werden, so können Sie Ihrem Pferd durch verschiedene Heilmittel bei seiner Genesung helfen. *Beides lesen Sie auf Seite 285 ff. nach.*

6.2 EOTRH (Equine Odontoclastic Tooth Resorption and Hypercementosis)

Was ist das?

Frei übersetzt bedeutet EOTRH: „Odontoklastischer Zahnabbau und übermäßiges Zahnzementieren der Einhufer". Es ist eine schmerzhafte, progressiv fortschreitende Erkrankung der Zahnhalteapparate der Schneide- und Hengstzähne. Selten können auch die Prämolaren betroffen sein. Diese Erkrankung ist noch nicht so lange bekannt. Meist erkranken Pferde über 15 Jahre, selten auch jüngere. Robustpferderassen scheinen häufiger zu erkranken.

Anzeichen: Typische erste Anzeichen hängen mit den Schmerzen zusammen, die EOTRH verursacht: Speicheln, Zusammenzucken beim Fressen, Aufschreien, Fallen-Lassen von vor allem festem Futter, Bevorzugung von weichem Futter, Zurückweichen bei kaltem Wasser und die Tiere mögen das Trensengebiss nicht mehr aufnehmen. Auffallend sind der Maulgeruch und massiver Zahnstein. Das Zahnfleisch ist oft entzündet, geschwollen und bildet sich zurück. Eitrige Fistelkanäle fallen auf. Bei manchen zeigen sich rote Pünktchen und Eiterbläschen auf dem Zahnfleisch. Die Tiere verlieren an Gewicht und wollen am Maul nicht berührt werden.

Ursache: Die Ursachen sind noch nicht ganz klar, vermutlich kommen mehrere Faktoren zusammen wie genetische Gründe und die Fütterung von viel

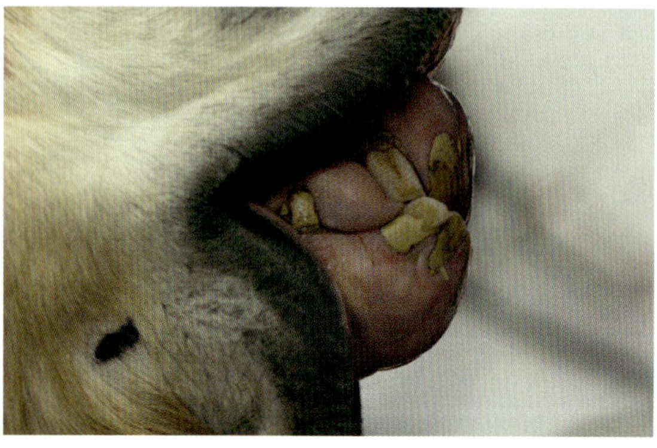

Am Maul sieht man die dicken Zahnwurzeln durch das vorgewölbte, entzündete Zahnfleisch. Gut zu sehen ist der massive Zahnstein.

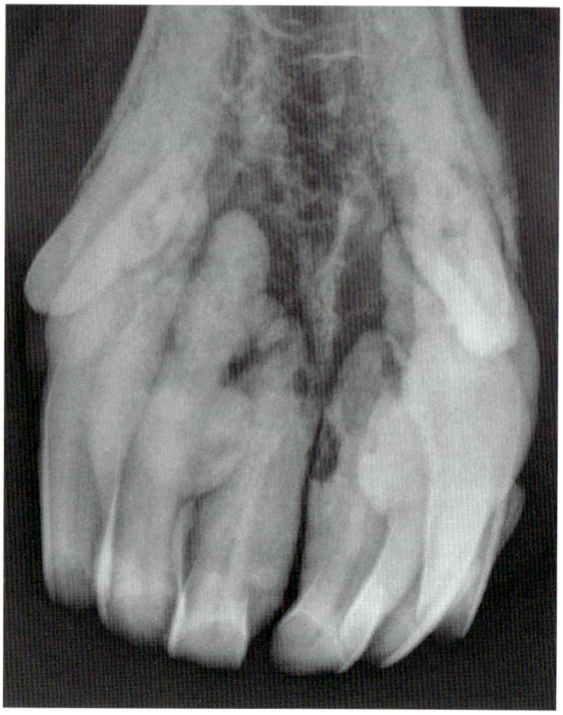

Auf diesem Röntgenbild sehen Sie anhand der dunklen Flecken im eigentlich hellen Bereich der Zahnwurzeln den Knochenabbau und auch die danach entstehenden klobigen Zahnwurzeln sehr gut.

Silage. Ein weiterer Faktor der Erkrankung ist der mechanische Druck, den die Schneidezähne aufeinander ausüben, sie stehen altersuntypisch steil zueinander. Hinzu scheint oft noch eine Infektion des Zahnhalteapparats zu kommen, denn vermehrt können bei EOTRH-Patienten Keime nachgewiesen werden. Eventuell begünstigt das Vorliegen anderer Erkrankungen wie Equines Cushing Syndrom oder PPID (Pituitary Pars Intermedia Dysfunction) die Erkrankung.[5]

Pathologie: Bei dieser Erkrankung laufen zwei krankhafte Prozesse nacheinander, aber auch gleichzeitig ab. Gesunde Zahnhartsubstanz wird von den körpereigenen Fresszellen des Dentins (Odontoklasten) vernichtet. Der Abbau erreicht das knöcherne Zahnwurzelfach (Alveolar-Raum) und betrifft alle drei Hartsubstanzen des Zahnes. Um den Schaden

5 Vgl. Roscher, K., Vervuert, I.: Management des alternden Pferdes. Pferdefokus Nr. 6 aus Der Praktische Tierarzt, 4. Jahrgang 2012.

zu reparieren, bildet der Zahn in der zweiten Phase übermäßig viel zementartiges *(Hypercementosis)* Reparaturgewebe, mit der Folge, dass die ursprünglich schlanke Zahnwurzel zu einer dicken, klobigen, harten Knolle heranwächst und den Kieferknochen zerstört. Die Krankheit verläuft recht schnell. Die Zähne lockern sich bei diesem Prozess nicht unmittelbar. Erst langfristig kann die Erkrankung zum Verlust der Zähne führen.

Was macht der Tierarzt?

Viel kann auch der Zahntierarzt nicht mehr unternehmen, der Prozess ist nicht mehr reversibel. Um sich ein Bild vom Ausmaß der Erkrankung zu verschaffen, muss der Therapeut ein Röntgenbild anfertigen. Oft ist das Einlegen eines Maulgatters nur unter Narkose möglich, da die Zähne so schmerzen. Ist die Zerstörung noch nicht so fortgeschritten, kann es möglicherweise reichen, den Zahnstein zu entfernen und Spülungen (Myrrhetinktur oder Chlorhexidinlösung) vorzunehmen, um die Zahnfleischentzündung zu behandeln. Bei schwereren Schäden hilft nur noch die Zahnextraktion. Manchmal müssen alle Zähne des Oberkiefers gezogen werden, die Tiere kommen anschließend recht gut damit klar.

Die Größe der heißen Rolle ist abhängig von der Handtuchgröße. Sie hält lange die Wärme und kann beim Massieren nach und nach abgerollt werden, wenn sie außen abkühlt.

Was können Sie tun?

Kontrollieren Sie regelmäßig die Zähne Ihres Pferdes! Fallen Ihnen viel Zahnstein, zurückgegangenes Zahnfleisch und/oder Maulgeruch auf, rufen Sie Ihren Tierarzt und berichten von Ihrem Verdacht. Mussten bereits ein oder mehrere Zähne gezogen werden, *finden Sie auf Seite 286 f.* wichtige Informationen, wie Sie Ihrem Pferd helfen können.

Hausmittel: Ist die Entzündung noch im akuten Zustand (mit Wärme oder Hitze verbunden), dann kühlen Sie das Zahnfleisch mit einen nass-kalten Waschlappen.

Wenn die Entzündung weiter fortgeschritten ist (empfindlich, aber weniger warm), empfinden die meisten Pferde Wärme als angenehmer. Dann empfehlen sich eine kleine heiße Rolle oder Rotlichtbestrahlungen. Entzündete Schneidezähne schmerzen stark, insbesondere bei Berührung von kaltem Wasser. Geben Sie Ihren Pferden lauwarmes Wasser aus dem Eimer. Dies gilt besonders im Winter, sonst könnte es sein, dass Ihr Pferd einfach kaum noch etwas trinkt!

Akupressur: Di 4 und 11 sind Schmerzfernpunkte für das Gesicht, sie wirken entzündungshemmend, immunstimulierend und schmerzstillend. Ma 36 regt den Appetit an, belebt und hilft bei chronischen Erkrankungen. Die lokalen Akupressurpunkte im Gesicht des Pferdes wie Ma 3, 4, 5, 6 und 7 helfen gegen Zahnschmerzen und Zahnerkrankungen.

Heilkräuter innerlich: Sonnenhut und Knoblauch wirken gegen die Keime. Salbei, Spitzwegerich, Kamille und Honig wirken der Entzündung entgegen und beschleunigen die Heilung. **Äußerlich:** Machen Sie einen Sud aus 4 bis 5 frischen Salbeiblättern und Kamillenblüten mit ca. 500 ml Wasser; 10 Minuten ziehen lassen und handwarm das Maul spülen.

6.3 Entzündungen von Zahnfleisch (Gingivitis), Zahnhöhle (Pulpitis), des Zahnfachs (Alveolitis) bzw. der Zahnwurzelhaut (Periodontitis)

Was bedeutet das?

All diese einzelnen Komponenten sind Teil des Zahnhalteapparates und bei einer Entzündung mehr oder weniger stark betroffen. Nicht selten wird eine Entzündung des Zahnhalteapparates chronisch, man nennt sie dann Parodontose. Eine Entzündung des

Zahnfleischs beschränkt sich zunächst auf die nicht knöchernen Komponenten.

Anzeichen: Bei einer **Zahnfleischentzündung** kommt es zur Schwellung und Rötung des Zahnfleischs. Der Bereich um den Zahn herum wird nicht mehr so gut gegen Bakterien abgedichtet wie bei gesundem Zahnfleisch. Bakterien können eindringen und bei längerem Bestehen der Entzündung auf den Kieferknochen und den Zahnzement sowie schließlich auch die Zahnhöhle übergreifen. Betroffene Pferde speicheln stark und fressen insbesondere das Raufutter vorsichtiger.

Im akuten Stadium ist eine Entzündung der **Zahnpulpa** so schmerzhaft, dass die Pferde auf der erkrankten Seite nicht mehr kauen können. Auch hier speicheln die Tiere deutlich sichtbar, kauen Wickel und fressen langsamer und deutlich weniger. Nach einiger Zeit verlieren sie an Gewicht. Kaltes Wasser ist schmerzhaft am Zahn. Stirbt der den Zahn versorgende Nerv im Verlauf der Entzündung ab, zeigen die Pferde bald kaum noch Krankheitszeichen. Manchmal schreitet die Infektion dann weiter und greift auf den Kieferknochen über. In Höhe des erkrankten Zahnes verbleibt jedoch meist eine druckempfindliche Schwellung am Kiefer, die zu einer Fistel werden kann.

Entzündungen des Zahnfachs ohne Gingivitis/ Zahnfleischentzündung dagegen können lange Zeit unentdeckt bleiben, da das erkrankte Pferd erst nach längerer Dauer Krankheitssymptome zeigt. Meist besteht dann eine Kaustörung, jedoch bei unverändertem Appetit. Die Pferde fressen auffallend langsam und lassen immer wieder Futterbissen aus dem Maul fallen. Bei längerem Bestehen magern die Pferde jedoch ab. In der Regel löst sich das entzündete Zahnfleisch etwas vom Zahn und bildet eine Tasche, in der sich Futterreste einlagern. Hält die meist eitrige Entzündung längere Zeit an, kann sich der Halteapparat des Zahnes auflösen und der Zahn locker werden.

Ursachen: Zwischen zwei Zähnen festgesetztes Futter oder zwischen Zahn und Zahnfleisch eingeklemmtes Futter ist nicht selten die Ursache verschiedener Entzündungen, in deren Folge Bakterien eindringen können.

Eine Entzündung der **Zahnhöhle** ist in den meisten Fällen durch Bakterien verursacht, die über eine Zahnfleischentzündung, einen Kariesherd oder eine Verletzung in den Zahn eindringen. Weniger häufig geht die bakterielle Infektion vom Zahnfach oder dem Kieferknochen aus. Deutlich häufiger ist **Zahnstein** als Ursache für Gingivitis und Erkrankungen der Zahnhalteapparate zu nennen. Zahnstein begünstigt die Entstehung von Zahnbrüchen und eine Knochenhautentzündung des Zahnfachs (Alveole), also eine Alveolarperiostitis. Eine Besiedlung durch Bakterien über das Blut kommt nur in den seltensten Fällen vor.

Auch **Entzündungen des Zahnfachs** entstehen durch eingedrungene Bakterien. Sie können von der Zahnhöhle, vom Nachbarzahn oder vom Zahnfleisch aus das Zahnfach besiedeln.

Daneben sind Zahnlücken, lockere Zähne, verzögert durchbrechende Backenzähne sowie gerissene oder gebrochene Zähne Ausgangspunkte für Entzündungen an dieser Stelle.

Selten greift eine Entzündung des Zahnfachs auch umgekehrt auf das Innere des Zahnes, die Zahnhöhle, über.

Eine Entzündung des Zahnfachs, wie auch der Zahnhöhle, **ohne bakterielle Beteiligung**, kann entstehen, wenn das Pferd auf etwas besonders Hartes beißt, einen Schlag oder Tritt gegen den Kiefer bekommt.

Ältere Pferde mit abgenutzten Backenzähnen leiden oft unter den dabei entstehenden **verbreiterten Zahnzwischenräumen**. Hier setzt sich leicht Futter fest, das die Pferde nicht mehr rausbekommen. Das Futter verrottet und bietet den Bakterien des Maulraums ein optimales Milieu. Hier entsteht eine Entzündung des Zahnfleischs und eine Zahnfleischtasche, oft gefolgt von einer Entzündung der Alveole oder der Zahnwurzelhaut.

Komplikationen: Starke oder über einen längeren Zeitraum bestehende Entzündungen können über das Zahnfach in die Kieferhöhle (Nebenhöhlenvereiterung) übergreifen oder zu einer eitrigen Einschmelzung des Kieferknochens und damit zu einer Zahnfistel führen. Die schmerzbedingte, ungleiche Abnutzung der Zähne kann auf längere Sicht ein Scheren- oder Treppengebiss verursachen.

Was macht der Tierarzt?

Zahnfachentzündungen durch Zahnfleischtaschen werden sauber ausgeräumt und mit einer desinfizierenden Lösung gespült. Eine örtliche Behandlung mit einer Myrrhetinktur ist meist ausreichend. Ins Zahnfleisch oder zwischen zwei Zähne eingeklemmtes Futter wird gründlich entfernt, die Stelle wird gesäubert und desinfiziert.

Leichte Entzündungen der Zahnhöhle wie auch des Zahnfaches können durch den Einsatz von Antibiotika und Wärme im Normalfall gut unter Kontrolle gebracht werden. Bei stärkeren Entzündungen ist dies nicht ausreichend, der Zahn muss gezogen werden. Dabei ist es für den Tierarzt erforderlich, das Ausmaß des entzündeten Gebietes abzuklären. Ist von außen am Kieferknochen nichts zu sehen und kein Druckschmerz erkennbar, muss er mithilfe einer Sonde (Nadel oder Ähnliches) untersuchen, wie tief die Entzündung bereits fortgeschritten und ob der Kieferknochen mitbeteiligt ist. Nicht immer sucht sich eine Zahnfistel den Weg nach außen. Notfalls muss mit einer Röntgenuntersuchung das Ausmaß der Entzündung festgestellt werden. Je nachdem, wie weit die Entzündung gediehen ist, muss der Herd operativ eröffnet werden. Im Anschluss daran wird der Entzündungsherd mehrmals mit einer desinfizierenden Lösung und/oder einem Antibiotikum gespült und mit einer Tamponade verschlossen. In Abhängigkeit von der Operationsmethode wird diese häufig beibehalten, bis das Zahnfach mit Granulationsgewebe ausgekleidet ist.

Was können Sie tun?

Nehmen Sie Zahnfleischentzündungen nicht auf die leichte Schulter, suchen Sie bzw. der Pferdezahnarzt die Ursache dafür.

Kontrollieren Sie regelmäßig auf zwischen den Zähnen eingeklemmtes Futter bzw. unangenehmen Maulgeruch. Denken Sie daran, dass die Zahnzwischenräume im Alter vergrößert sind und kontrollieren Sie diese möglichst alle 2 Tage auf eingedrungenes Futter.

Wenn Ihr Pferd Zahnprobleme hat, sollten Sie den Kieferknochen nie außer Acht lassen. Schwellungen sind ein Alarmsignal!

Musste der Zahn gezogen werden, *finden Sie auf Seite 286 Tipps*, was Sie Ihrem Pferd Gutes tun können.

Hausmittel: Die meisten Pferde empfinden Wärme als angenehm. Dann wenden Sie Rotlichtbestrahlungen oder eine kleine heiße Rolle an. Prüfen Sie durch Halten an Ihre Wange, ob es nicht zu heiß ist.

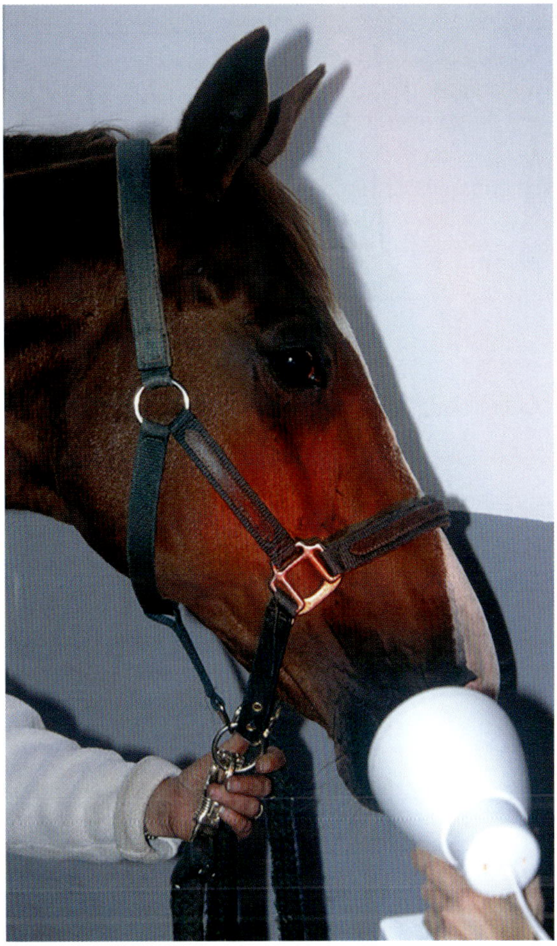

Die Wärme einer Rotlichtlampe lindert die Schmerzen.

Probieren Sie alternativ aus, wie Ihr Pferd auf einen Kartoffelumschlag reagiert, auch diesen finden Pferde meist sehr angenehm. *Wie das funktioniert, lesen Sie auf Seite 286.*

Akupressur: Di 4, Di 11 und Bl 60 sind Schmerzfernpunkte, die beruhigend und schmerzstillend wirken. Ma 36 regt den Appetit an, belebt und hilft bei chronischen Erkrankungen. Die lokalen Akupressurpunkte im Gesicht des Pferdes helfen gegen Zahnschmerzen.

Tuina-Behandlung: Eine sanfte Tuina-Massage des Gesichts regt den Lymphabfluss an und ist für Ihr Pferd sehr wohltuend. Stimmulieren Sie dabei die Magenpunkte Ma 3 bis 7, besonders die Punkte, die in der Nähe des Problemzahns liegen.

Bachblüten: Crab Apple ist die Reinigungsblüte, verabreichen Sie die Blütenessenz über zwei Wo-

chen, Sie können auch immer einige Tropfen der Spülung beifügen.
Heilkräuter: Sonnenhut und Knoblauch wirken gegen die Keime. Salbei, Spitzwegerich, Kamille und Honig wirken der Entzündung entgegen und beschleunigen die Heilung.

Hausmittel	• **Bei Zahnschmerzen** mit dem Finger einen Tropfen Nelkenöl ins Zahnfleisch massieren. • Rotlichtbestrahlung und Kartoffelumschläge
Akupressur	Yin-Yang-Ausgleich (harmonisiert und beruhigt) **Über 4 bis 5 Tage:** 4-mal täglich Di 4, Di 11 und Ma 36; dazu wählen Sie, je nach Lage des Zahns, lokale Punkte.
Tuina-Behandlung	Eine Tuina-Behandlung des Gesichts mit langen Strichen und kreisender Druckstimulation von Ma 3 bis 7 durchführen.
Bachblüten	Bei **Zahnstein** und **Zahnfäule** spülen Sie mit Crab Apple (Reinigungsblüte) und Centaury. Bei **Entzündungen** des **Zahns** und **Zahnfleischs** spülen Sie mit Crab Apple, Holly und Honeysuckle. Dafür geben Sie jeweils 10 Tropfen in 200 ml Wasser und spülen damit die Maulhöhle.
Heilkräuter	**Entzündetes Zahnfleisch** mit Myrrhentinktur bestreichen oder mithilfe einer großen Spritze Kamillen- und Salbeitee ins Maul eingeben. Geben Sie 30 g Sonnenhut, 20 g Salbei, 30 g Kamillenblüten, 30 g Spitzwegerich und 1 EL Honig täglich ins Futter.
Fütterung	• Hat das Pferd **Probleme mit dem Kauen**, so füttern Sie ihm eingeweichte Heucobs und eingeweichte zuckerfreie Rübenschnitzel. Auch Mash mit entzündungshemmenden und adstringierenden/zusammenziehenden Kräutern ist geeignet. Mischen Sie mehr warmes Wasser unter diese Futtermittel, dann kann Ihr Pferd das breiige Futter besser aufnehmen. Dazu füttern Sie hochwertiges, weiches, blattreiches Heu vom frühen 1. Schnitt in einer Menge von 1,8 kg/100 kg Pferd täglich. • Keine Grobfuttermittel füttern, die stängelig sind. • **Gegen die Keime:** Es eignen sich 6 Zehen Knoblauch und 10 g Sonnenhut im täglichen Futter.

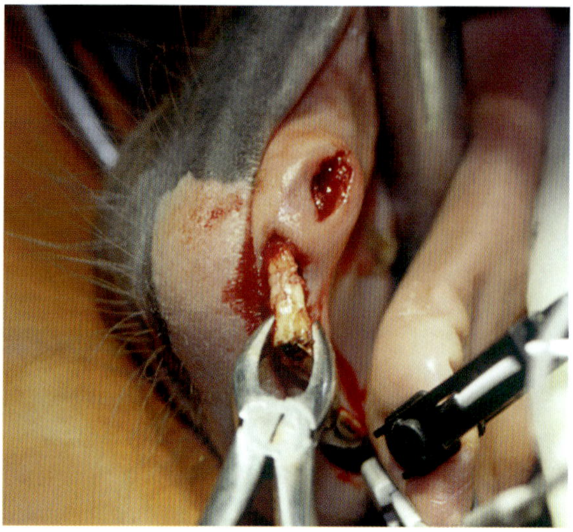

Vom Ziehen des Milchzahnes spürt das Pferd nichts.

6.4 Verlust eines Zahnes

Wie kann ein Pferd einen Zahn verlieren?

Wenn Pferde stürzen, mit den Zähnen hängen bleiben oder versehentlich auf einen Stein beißen, können Zähne anbrechen, absplittern oder brechen, was häufig zum Verlust des Zahnes führt.

Was macht der Tierarzt?

Wenn der Zahn gebrochen ist und Bakterien in die Zahnhöhle dringen, muss der Tierarzt den Zahn entfernen. Dies gilt für Bruchstücke und Absplitterung. Bei Zahnfissuren, wenn der Zahn also nur einen Riss zeigt, ansonsten aber geschlossen ist, muss der Zahn in der Regel nicht gezogen werden. Die Entscheidung, einen Zahn zu ziehen, fällt ein Tierarzt nicht vorschnell, da dies nur bei einem älteren Pferd, wenn die Wurzel kurz ist, leichtfällt. Bei jungen Pferden ist das Zahnziehen oft sehr aufwendig. Liegt dem Zahnproblem eine Entzündung zugrunde, muss eine antibiotische Behandlung vorgenommen werden.

Was können Sie tun?

Achten Sie auf den Zahn der gegenüberliegenden Seite. Oft wächst dieser ungehindert, wenn sein Gegenüber zum Abrieb fehlt, und es kommt zu einem Treppen- oder Wellengebiss. Ein Pferdezahnarzt sollte alle 6 Monate den fehlenden Abrieb durch Abraspeln ersetzen.

6.5 Verletzungen im Maul bzw. im Maulwinkel

Im Folgenden werden Verletzungen im Innenbereich und Außenbereich des Pferdemauls erklärt.

Anzeichen: Verletzungen im Innenbereich des Mauls finden sich an der Backenschleimhaut, aber auch häufig an der Zunge. Kleinere, oberflächliche Verletzungen werden meist ohne äußere Anzeichen toleriert. Sind die Verletzungen aber größer oder durch Bakterien infiziert, so zeigen die Pferde insbesondere beim Fressen wie auch beim Reiten Probleme. Anzeichen für Schmerzen sind auf Seite 284 f. beschrieben. Nicht selten wird das Auftrensen komplett verweigert. **Verletzungen im äußeren Bereich**, insbesondere im Maulwinkel, sind für den Reiter bereits im frühen Stadium gut zu erkennen. Es sind dann Rötungen, Schwellungen oder Hautrisse in diesem Bereich festzustellen. Blut ist eher selten zu sehen, da es meist rasch abgeleckt wird.

Ursachen: Verletzungen im Innenbereich des Mauls können durch äußere Einwirkung, aber auch körperbedingt entstehen. Hier spielen besonders die Zähne eine wichtige Rolle, da scharfe Kanten und Haken (Grate) der Zähne die Schleimhaut von Backen und Zunge nachhaltig verletzen können. Bei einer Metallallergie gegen das Gebiss der Trense können ebenfalls oberflächliche Verletzungen entstehen. Häufig sind jedoch die Verletzungen eine Folge äußerer Einwirkung, hervorgerufen durch Sturz oder Schlag sowie Fremdkörper (scharfes Metall, Holz, Steine oder Nägel), die versehentlich mit aufgenommen werden, oder durch zu scharfe, ausgeleierte oder ausgeschlagene sowie mangelhaft angepasste Gebisse.

Risse im Bereich des Maulwinkels finden sich bei Pferden recht häufig. Sie können mit oder ohne Einwirkung von außen zustande kommen. Bei Pferden, die von Natur aus sehr trockene Haut im Maulwinkelbereich haben, kann der Maulwinkel leicht einreißen. Daneben kann es auch infolge eines Hautpilzbefalls oder einer Metallallergie leicht zu Problemen in diesem Bereich kommen. Häufiger ist die Ursache jedoch in äußerer Einwirkung zu suchen. Dazu zählen Fremdkörper, insbesondere harte, scharfe Gräser, aber auch zu scharfe, ausgeleierte oder ausgeschlagene sowie mangelhaft angepasste Gebisse oder eine harte Reiterhand. Manchmal kann ein ansonsten passendes Gebiss zu hoch geschnallt sein, der ständige Druck auf den Maulwinkeln kann dann zu Schädigungen führen.

Was macht der Tierarzt?

Verletzungen im Innenbereich des Mauls werden desinfiziert und mit einer Myrrhetinktur behandelt. Oberflächliche Zungenverletzungen heilen meist von allein, tiefe Einschnitte müssen genäht werden. Während kleinere Risse des Maulwinkels lediglich desinfiziert werden, müssen stärkere Verletzungen in diesem Bereich unter Umständen genäht werden.

Was können Sie tun?

Schenken Sie der Auswahl des Gebisses besondere Aufmerksamkeit. Ein Gegenstand, der sich im empfindlichen, hochsensiblen Pferdemaul befindet, sollte sorgfältig ausgewählt werden. Die Art des zu verwendenden Gebisses und auch sein Material sind abhängig vom Ausbildungsstand des Pferdes, aber auch des Reiters, dem Reitstil sowie von den individuellen Eigenschaften (Anatomie des Mauls, Allergien, Unverträglichkeiten, Unarten u.a.) des Pferdes. Grundsätzlich gilt: Welches Gebiss auch immer ausgewählt wird, es muss den anatomischen Gegebenheiten des Pferdemauls angepasst sein. Zu schmale Gebisse klemmen die Maulwinkel ein und können leicht Verletzungen verursachen und das Vertrauen zur Reiterhand nachhaltig schädigen. Zu breite Gebisse rutschen im Maul hin und her und liegen unruhig. Dadurch kann ein zu großer Druck auf die Seiten des Unterkiefers entstehen, was Druckstellen verursacht.

Eine **Schleimhautverletzung** behandeln Sie wie auf *Seite 285 f.* beschrieben. Oberflächliche Risse im Maulwinkel werden mittels einer in Jodlösung getränkten Kompresse desinfiziert. Danach können Sie Auflagen mit Spitzwegerich und Ringelblume oder eine Auflage mit Augentrost machen.

Auch sehr geeignet sind Spülungen mit einem Tee aus Kamillenblüten und einigen Salbeiblättern, den Sie 10 Minuten ziehen lassen. Wenn Ihr Pferd möchte, darf der Tee gerne getrunken werden. Danach streichen Sie dünn etwas Ringelblumensalbe und Honig bei kleinen Verletzungen auf.

Stärkere Verletzungen behandeln Sie mit Kamistad-Gel. Verwenden Sie dieses Gel immer nur für ein paar Tage, denn es enthält ein lokal wirkendes

C

Betäubungsmittel, welches mit Kamillenextrakt kombiniert ist. Pferde mit trockener Haut am Maul sollen vor dem Einlegen des Gebisses mit dünn aufgetragener Zink-Lebertran-Salbe oder Vaseline eingerieben werden, damit die Haut nicht so leicht reißt. Das Gleiche gilt, wenn bereits Rötungen oder kleine Defekte an der Haut im Maulwinkel zu finden sind. Die fette Salbe schützt auch vor Fliegen. Bitte beachten Sie bei Turnierpferden immer die ADMR-Listen der Deutschen Reiterlichen Vereinigung oder fragen Sie den Tierarzt vor der Anwendung dieser Mittel.

Hausmittel	Desinfizieren Sie 2 Tage lang je 1-mal mit verdünnter Jodlösung (3 Tropfen auf 250 ml Wasser).
Umschläge Spülungen	• Salbei, Spitzwegerich und Ringelblume werden zu gleichen Teilen gemischt. Davon überbrühen Sie 3 EL mit ¼ l Wasser und lassen es 15 Minuten ziehen. Nach dem Abkühlen mit Kompressen einen Umschlag machen und 20 Minuten einwirken lassen. • Auch ein Umschlag mit verdünnter Augentrostlösung hilft (30 g Kraut mit ½ l Wasser überbrühen, 15 Minuten ziehen lassen).
Bachblüten	• Rescue-Salbe auf die wunden Maulwinkel auftragen. **Ein Umschlag** *(s. Teil B, Seite 128)* mit Crab Apple, Holly, Gorse, Honeysuckle **Bei schlecht heilenden Wunden:** Honeysuckle, Gorse, Wild Oat, Holly und Scleranthus
Kräuter	• Ringelblumensalbe mit Vitamin E sowie etwas Honig dünn auftragen • Einige Blätter Spitzwegerich und Melisse ineinander verdrehen, bis etwas Saft austritt, dann auf den verletzten Maulwinkel legen. Sie lassen die Wunde schnell heilen. • **Bei Infektionen:** aus einer Mischung von 200 g Sonnenhut, 100 g Hagebutten, 100 g Quecke, 140 g Himbeerblättern, 120 g Kapuzinerkresse, 120 g Melisse, 80 g Oregano, 100 g Pfefferminze und 100 g Rosmarin täglich 50 bis 70 g ins Futter mischen.
Fütterung	• Hat das Pferd **Probleme mit dem Kauen**, so füttern Sie ihm eingeweichte Heucobs und eingeweichte zuckerfreie Rübenschnitzel. Auch Mash ist geeignet mit entzündungshemmenden und adstringierenden/zusammenziehenden Kräutern. Mischen Sie mehr warmes Wasser unter diese Futtermittel, dann kann Ihr Pferd das breiige Futter besser aufnehmen. Dazu füttern Sie täglich hochwertiges, weiches, blattreiches Heu vom frühen 1. Schnitt in einer Menge von 1,8 kg/100 kg Pferd. • Keine Grobfuttermittel füttern, die stängelig sind. • **Gegen die Keime:** Es eignen sich 6 Zehen Knoblauch und 10 g Sonnenhut im täglichen Futter.

C

7. Woran erkennen Sie einen guten Pferdezahnarzt oder Pferdedentisten?

Ein Pferdezahnarzt ist ein Tierarzt, der sich schwerpunktmäßig auf Zahnheilkunde beim Pferd spezialisiert hat. Dazu zählen auch Tierärzte, die in diesem Fachgebiet ausreichend Sachkenntnisse und Erfahrungen erworben haben und häufig Pferdezähne behandeln.

Ein seriöser Pferdedentist/Pferdedentalpraktiker hat sich in der Zahnheilkunde durch entsprechende Lehrgänge und Kursbesuche bzw. **Zertifikate** kundig gemacht hat und darf Pferdezähne behandeln. Mit entsprechendem Kenntnisstand und Erfahrung kann er die meisten Zahnbehandlungen am Pferd sicherlich genauso gut wie ein gelernter Tierarzt verrichten.

Es bleibt jedoch das Problem, dass ein Pferd während einer gründlichen Untersuchung und Behandlung mit offenem Maul (Maulgatter) meistens sediert (leicht betäubt) werden muss. Die Sedierung darf jedoch nur ein Tierarzt vornehmen. Wenn also ein Pferde-Dentist mit einem Tierarzt Hand in Hand arbeitet, steht dem nichts im Wege.

Die meisten Reiter bekommen von Freunden oder anderen Pferdebesitzern einen Spezialisten empfohlen. Dann ist bereits bekannt, dass dieser gut ist. Haben Sie keinerlei Empfehlung, so sollten Sie auf einige Dinge achten. An der Art und Weise, wie der Spezialist das Maul Ihres Pferdes öffnet, erkennen Sie seine **Erfahrung**. Macht er dies langsam und nimmt sich **Zeit**, das Pferd an diese ungewohnte

Situation zu gewöhnen, so deutet das auf einige **Sachkenntnis** hin. Ein guter Zahntierarzt/Dentist untersucht alle Zähne gründlich, besonders die im hinteren Bereich. Ein Pferdemaul zu öffnen, indem man die Zunge ergreift und seitlich herauszieht, kann große Schäden an der Zunge verursachen. Es kann zu Verletzungen an den weichen Teilen der Zunge kommen, aber auch zu Verletzungen bis hin zu einem Riss am Zungenbein, besonders bei Gegenwehr des Pferdes. Die mögliche spätere Folge wäre eine Zungenlähmung, wenn der entsprechende Nerv in Mitleidenschaft gezogen würde. Zudem ist es damit nicht möglich, das Maul so weit zu öffnen, dass die Backenzähne sichtbar werden. Besser ist ein gutes Maulgatter, das beide Kieferseiten gleichmäßig öffnet. Keinesfalls sollte ein Maulöffner (nach Schoupe) benutzt werden, der nur eine Seite des Kiefers fixiert. Das ist für das Kiefergelenk und die Backenzähne schädlich, da das Pferd beim Zubeißen nur einseitig belastet. Schlimmstenfalls kann sogar ein Backenzahn brechen. Mit einem Maulgatter, das am Halfter befestigt wird, kann der Tierarzt/Dentist in Ruhe die hinteren Zähne sehen und sie abfühlen.

Solche **Kontrollen** sind auch während und nach der Arbeit wichtig, um den Erfolg des Raspelns zu kontrollieren. Sorgfalt und Gründlichkeit beim Untersuchen wie beim Behandeln sind für einen guten Pferdezahnarzt oberstes Gebot. Benötigt der Pferdezahnarzt zu einer Behandlung weniger als eine halbe Stunde, vielleicht gar nur 10 Minuten, so sollten Sie misstrauisch werden. Für gute Arbeit benötigt man Zeit und gutes Handwerkszeug. Da der Zahnschmelz der Pferde sehr hart ist, braucht der Behandler gute Raspeln und Zangen. Es gibt unterschiedliche Formen und Längen bei den Raspeln und Zangen, um Pferde mit verschiedenen Kieferformen wie auch die verschiedenen Zähne selbst optimal behandeln zu können.

Ein guter Pferdezahnarzt benötigt in der Regel mindestens 4 verschiedene Raspeln und 3 verschiedene Zangen. Hinzu kommen noch Cutter, Zugmeißel und andere Werkzeuge. Manche Pferdezahnärzte führen sogar bis zu 14 unterschiedliche Raspeln mit sich.

Manche Pferdezahnärzte arbeiten auch heute gern nur mit der Hand, andere wiederum sind ganz modern ausgestattet mit wassergekühlten Elektroinstrumenten und diamantbesetzter Fräse. Mit diesen leisen und handlichen Schleifgeräten kann der Pferdezahnarzt sehr präzise und zahnschonend arbeiten.

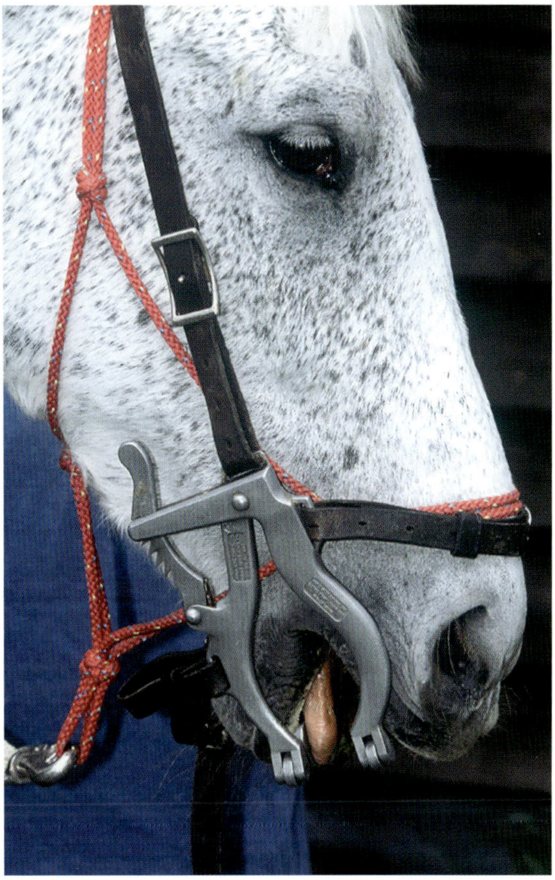

Das Maulgatter nach Weingart korrekt angelegt

TIPP: Beruhigen Sie Ihr Pferd vor Anfang einer Zahnbehandlung mit einem Yin-Yang-Ausgleich. Wenn es sich währenddessen aufregt, reiben oder drücken Sie kräftig den Punkt Renzhong in der Mitte der Oberlippe. Für die eigentliche Behandlung müssen die meisten Pferde sediert werden.

C

C

Vom Maul über Magen und Darm: Der Verdauungsapparat

1. Aufbau und Funktion des Verdauungsapparats

Der **Verdauungsapparat** der Pferde ist darauf eingerichtet, während des gesamten Tages immer wieder kleinere Nahrungsmengen aufzunehmen. Zerkaut und eingespeichelt wird die Nahrung aus der **Maulhöhle** in die **Speiseröhre** geschluckt. Die Speiseröhre ist ein muskulöser, sehr dehnbarer Schlauch, der die Nahrung in den Magen transportiert. Durch seine Länge und die Biegungen am Brusteingang und Mageneingang kann es leicht zu einer Verstopfung in diesen Bereichen kommen. Er endet im spitzen Winkel seitlich an der kleinen Rundung des Magens. Am Mageneingang sorgt ein starker Schließmuskel dafür, dass immer nur kleinere Portionen in den Magen gelangen. Der Magen selbst liegt auch bei großer Füllung innerhalb des Brustkorbes und hauptsächlich auf der linken Seite des Pferdes. Man kann ihn also klinisch nicht untersuchen. Nur mithilfe eines Endoskops, eines beweglichen Schlauchs, der eine Lichtquelle und eine Kamera enthält und vom Pferd geschluckt werden muss, ist es möglich, den Magen anzusehen. Der Muskel am Mageneingang wird Cardia genannt. Er lässt nicht jeden kleinen Brocken gleich durch. Das Futter sammelt sich so lange vor diesem Muskel an, bis ein Dehnungsreiz in der Speiseröhre für die Öffnung des Muskels sorgt. Durch diesen Muskel *(Cardia)* ist es den Pferden nicht möglich, aus dem Magen zu erbrechen. Zudem haben Pferde ein sehr langes Gaumensegel, das verhindert, dass Futterreste aus der Speiseröhre ins Maul gelangen. Bei einer Schlundverstopfung werden Speisereste, Speichel usw. aus der Speiseröhre über den Nasenraum entleert.

Die Wände des Verdauungstrakts sind, einfach gesagt, alle gleich aufgebaut: Innen sind sie mit Schleimhaut ausgekleidet, dann folgt eine Schicht Muskulatur, die meist zweilagig ist, und nach außen hin folgt ein Überzug (mal nur aus Bindegewebe, mal mit Epithelzellen). Der Pferdemagen ist relativ klein, er fasst nur etwa 15 bis 18 Liter und ist wenig dehnbar. Schnell kann er schmerzhaft überladen sein oder sogar reißen. Dies kann bei älteren Pferden auch spontan auftreten.[1] Ein solcher als Ruptur bezeichneter Riss der Magenwand kann tödlich enden, auch wenn oft nur die Muskelschicht und die sie überziehende Haut (Serosa) reißen, während die gefaltete Schleimhaut sehr dehnfähig und noch unverletzt ist. Erst wenn durch eine starke Dehnung der Schleimhaut die Blutgefäße unter Druck geraten und der Blutfluss unterbrochen wird, stirbt die Schleimhaut an dieser Stelle ab und es kommt zur totalen Ruptur (Magendurchbruch).[2]

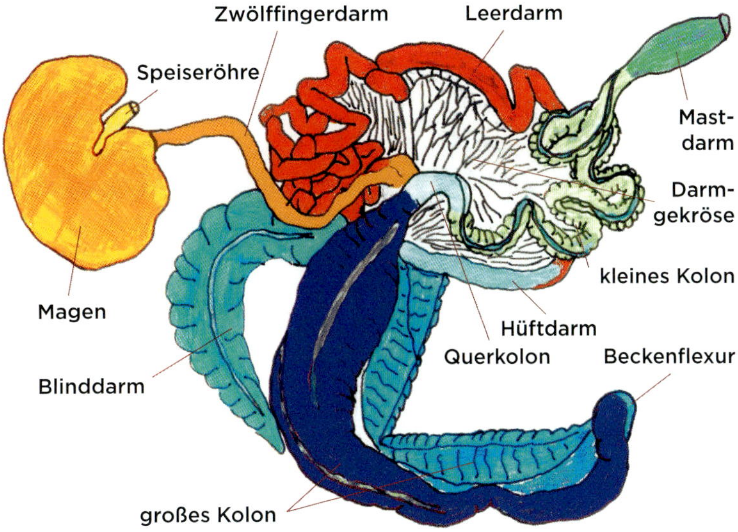

Schematische Zeichnung des Magen-Darm-Kanals

Anatomisch ist der Magen durch den Aufbau seiner Schleimhaut in verschiedene Bereiche geteilt. Ein großer Bereich um den Mageneingang sowie ein davor liegender, sackartig erweiterter Bereich besitzen drüsenlose, glatte Schleimhaut. Ein kräftiger Schleimhautrand grenzt diesen Bereich von der drüsentragenden restlichen Schleimhaut ab. Diese ist nochmals geteilt: in den Hauptbereich des Magens, ein schmales Mischgebiet und den Bereich um den Magenausgang *(den Pylorus)*. In der sackähnlichen Erweiterung ist der Inhalt noch nicht so sauer. Die hier lebenden Keime bauen lösliche Kohlenhydrate zu Laktat und Gas ab. Bei hygienisch nicht einwandfreiem, gärendem Futter oder Keimen im Futter kommt es insbesondere in diesem Bereich zu starker Gasbildung, was zu einem Riss der Magenwand führen kann. Der größere Bereich des Magens besitzt Drüsen in der Schleimhaut. In einem kleinen Bereich des Magens sind es vor allem Mageneingangs- und Ausgangsdrüsen, die Schleimstoffe *(Muzine)* herstellen. Im gesamten Magen werden Schleimstoffe produziert, welche die Schleimhaut des Magens ständig erneuern, um die Magenwand vor dem sauren Magensaft zu bewahren. Im Hauptteil werden in den Drüsen vor allem HCl (Salzsäure), Verdauungsenzyme, ein Cofaktor für die Aufnahme des Vitamins B12 und Schleimstoffe gebildet. Der Magensaft wird beim Pferd rund um die Uhr in den Magen abgegeben. Deshalb ist es wichtig, dass Pferde keine langen Futterpausen haben, sie sollten nicht länger als 4 Stunden ohne Futter sein.

Werden zu wenige Schleimstoffe gebildet, kann der Magensaft mit der Salzsäure und den Verdauungsenzymen die Magenwand angreifen und reizen. Hält dies an, kann eine Schädigung in Form einer Magenentzündung entstehen. Entstehen schließlich richtige Läsionen, also Verletzungen der Magenwand, bildet sich ein Magengeschwür.

Unter bestimmten Bedingungen wird die Magensäure aus dem Magen in den drüsenlosen oberen Bereich hochgedrückt. Da die Schleimhaut dort weniger gut geschützt ist, wird sie von der Magensäure angegriffen. Das kann bei forcierter Arbeit oder in höheren Gangarten passieren. Dann zieht sich der Magen zusammen und drückt den Magensaft nach oben. Ein guter Schutz dagegen ist die ganztägige Fütterung von hochwertigem Raufutter. Wenn sich in der sackähnlichen Erweiterung und dem oberen Bereich des Magens Raufutter befindet, wird dieses die Säure aufsaugen und die Schleimhaut ist geschützt.

Die Magenwand bewegt sich, um den Inhalt zu durchmischen und um dafür zu sorgen, dass der Ma-

1/2 *Vgl. Wissdorf, H. et al.: Praxisorientierte Anatomie und Propädeutik des Pferdes. Verlag M. & H. Schaper 2002.*

C

gensaft sich im Mageninhalt verteilt. Im hinteren Bereich wird die Magenbewegung oder auch Peristaltik stärker und dient bei geschlossenem Magenausgang einer stärkeren Durchmischung. Der zweite Schließmuskel des Magens ist der Magenausgang *(Pylorus)*, er sorgt für eine schubweise Weitergabe der Nahrung an den Darm und wird dabei von der Peristaltik unterstützt. Die im Gebiet des Magenausgangs gebildeten Schleimstoffe sind alkalisch, sie dienen dem Puffern der Magensäure, besonders im beginnenden Dünndarm. Die Vorverdauung im Magen dauert 1 bis 5 Stunden.[3] Wird die Säure des Futterbreis, wenn er aus dem Magen kommt, nicht neutralisiert, können die Verdauungsenzyme im Dünndarm nicht arbeiten.

Der **Pferdedarm** besteht aus Dünn- und Dickdarm. Der **Dünndarm** gliedert sich in den **Zwölffingerdarm** *(Duodenum,* etwa 1 m lang*)*, den **Leerdarm** *(Jejunum,* etwa 25 m*)* und den kurzen **Hüftdarm** *(Ileum,* etwa 0,7 bis 0,8 m*)*. Im Dünndarm findet der Hauptteil der körpereigenen (enzymatischen) Verdauung statt, während im Dickdarm der Hauptteil der mikrobiellen Verdauung geschieht. Zu Beginn des Dünndarms, im Zwölffingerdarm, ist die Schleimhaut maximal vergrößert, um so viele Nährstoffe wie möglich aufzunehmen. Dafür hat die Schleimhaut Zotten (Ausstülpungen) ausgebildet, die ihrerseits wieder übersät sind mit kleinen Zöttchen. Könnte man all diese Ausstülpungen glatt ziehen, so würde man sehen, dass sie die Schleimhaut um ein Vielfaches vergrößern.

In den Zwölffingerdarm münden Leber und Bauchspeicheldrüse, die neben dem Darmsaft mit ihren Sekreten wesentlich zur Aufspaltung der Nahrung beitragen. Die Galle, das Sekret der Leber, spaltet Fett auf und fließt kontinuierlich in den Darm, eine Gallenblase hat das Pferd nicht. Das Sekret der Bauchspeicheldrüse wie auch die Galle enthalten Verdauungsenzyme, Mineralstoffe und Bikarbonat zum Puffern des sauren Futterbreis. Der dünnflüssige Darminhalt wird durch Bewegungen der Darmwand beständig durchmischt und weitertransportiert. Die Passagedauer des Futters im Dünndarm dauert 1,5 Stunden.[4] Der **Dickdarm** besteht aus dem **Blinddarm** *(Caecum)* mit etwa 1 m Länge, jedoch mit mächtigem Fassungsvermögen, dem **Grimmdarm** *(Kolon,* etwa 8 m*)* und dem **Mastdarm** *(Rektum,* etwa 30 cm*)*, der am After endet. Im Dickdarm werden die faserigen Bestandteile der Nahrung, die Zellulose und Pektine der Pflanzen, aufgespalten. Das heißt, hier wird das Raufutter und faserreiches Gras verdaut. Der Übergang vom Dünndarm in den Blinddarmkopf ist so gestaltet, dass außer Gas kein Blinddarminhalt und nichts mehr von dem zurückfließen kann, was der Hüftdarm etwa 3- bis 6-mal in der Stunde unter Druck in den Blinddarm schleudert. Ein zu großer Anteil an schlecht verdaulicher Rohfaser wie bei altem, verholztem Heu oder Stroh, kann am Übergang leicht zu Verstopfungen führen. Kommt es infolge von Blinddarmfunktionsstörungen zum Eindicken des Inhalts, hat dies heftige Bauchschmerzen (Kolik) zur Folge. Verdauungsstörungen mit starker Gasbildung im Blinddarm können dramatisch verlaufen, da sie nicht ins Kolon weitergeleitet werden können. Hier hilft nur sofortige Druckentlastung durch einen Therapeuten.[4]

Der **Blinddarm** nimmt einen Großteil der rechten hinteren Bauchhälfte ein und fasst bis zu 35 Liter. Er besitzt einen Kopf, einen schlauchförmigen Körper, der am Ende in die Blinddarmspitze übergeht. Er ist die Gärkammer des Verdauungskanals. Seine Hauptaufgabe ist die Spaltung von Zellwandbestandteilen der Pflanzen wie Zellulose. Dafür braucht er die Hilfe seiner spezifischen Darmflora, die sich in den zahlreichen Ausbuchtungen des Blinddarms wohlfühlt.

Der **Grimmdarm** unterteilt sich in zwei gleich große Abschnitte, das große und kleine Kolon. Das **große Kolon** (etwa 4 m) liegt in zwei Lagen hufeisenförmig übereinander in der unteren Bauchhöhle und beteiligt sich an der Zelluloseverdauung. In der sackähnlichen Erweiterung im oberen Teil des großen Kolons werden dem Darminhalt große Teile des Wassers entzogen. Die Wechsel von engen und weiten Abschnitten und die teilweise sehr lockere Verankerung der Kolonlagen in der Bauchhöhle führen häufig zu Verlagerungen und Verdrehungen des Kolons, eine geläufige Ursache für Darmkoliken. Über das **Querkolon** geht der Darm dann in das **kleine Kolon**

3 Vgl. Meyer, H. und Coenen, M.: Pferdefütterung. Enke Verlag 2014/ Coenen, M. und Vervuert, I.: Pferdefütterung. Georg Thieme Verlag KG 2019.

4 Vgl. Wissdorf, H. et al.: Praxisorientierte Anatomie und Propädeutik des Pferdes. Verlag M. & H. Schaper 2002.

Durchfallkot: es ist keinerlei Formung des Kotes erkennbar.

Trockener Kot ist ein Hinweis darauf, dass das Pferd zu wenig trinkt oder Probleme im Verdauungstrakt hat.

Der lockere Kothaufen eines gesunden Pferdes: Die Konsistenz ist abhängig von der Futterzusammensetzung, der Wasseraufnahme, der Verweildauer im Darm u.a.m.

(etwa 4 m) über. Dieses liegt in engen Windungen in der linken oberen Bauchhälfte. Durch die Bewegungen der Darmmuskulatur und die starke Rückgewinnung von Wasser aus dem Darminhalt entsteht im kleinen Kolon die Form der Pferdeäpfel. Diese werden durch den gut 30 cm langen **Mastdarm**, der sich am Ende ampullenartig weitet, bis zum After weitergeführt und ausgeschieden. Für dieses letzte Stück der Passage, den Dickdarm, braucht der Darminhalt zwischen 35 und gut 40 Stunden. Neben anatomischen Vorbedingungen, die leicht zu einer Verdrehung oder Verlagerung von Darmanteilen führen können, wird der Magen-Darm-Trakt stark von äußeren Umständen beeinflusst. Da die Magen-Darm-Tätigkeit vom vegetativen Nervensystem gesteuert wird, können äußere Faktoren wie falsche Haltung, Wetterwechsel, anhaltender Stress oder Aufregung leicht zu Problemen im Verdauungstrakt führen. Diese Faktoren beeinflussen den normalen Fluss des Magensaftes negativ.

2. Was können Sie zur Vorsorge gegen Erkrankungen des Verdauungstraktes tun?

Erkrankungen des Verdauungskanals kann man durch verschiedene Maßnahmen vorbeugen. Sie haben häufig etwas mit der Fütterung, der Hygiene oder der Futteraufnahme zu tun.

2.1 Hygiene

Für die Erkrankungen des Verdauungskanals hat die Hygiene des Stalls wie auch der Weide einen großen Stellenwert. Das tägliche Säubern der Pferdebox wie auch das Absammeln der Pferdeäppel von der Weide sind wichtig für die Eindämmung von Krankheitserregern und Parasiten. Nicht weniger wichtig ist das regelmäßige Säubern der Futterkrippe und der Selbsttränke. Es gibt Pferde, die lieber verdursten als eine unsaubere Selbsttränke zu benutzen. Versuchen Sie zumindest einmal im Jahr die Box komplett zu säubern und zu desinfizieren. Bei einer solchen Säuberungsaktion sollten Sie auch die Putzsachen des Pferdes nicht vergessen. Natürlich braucht jedes Pferd seine eigenen Putzutensilien, sonst könnten Infektionserkrankungen zu leicht übertragen werden.

Das Futter muss kühl, trocken und unerreichbar für Nagetiere gelagert werden. Es muss regelmäßig auf Schimmelpilzbefall kontrolliert werden. Das Gleiche gilt für das Raufutter, das den Pferden in qualitativ hochwertigem, frischem und schimmelpilzfreiem Zustand zur Verfügung gestellt werden sollte.

Je nach Neigung zum Strohfressen ist bei Pferden, die zur Verstopfungskolik neigen, manchmal eine Umstellung auf alternative Einstreu wie Hanf, Leinstroh oder Sägespähne nötig. Denken Sie aber dann an vermehrte Raufuttergabe, denn sonst fangen die Pferde womöglich an, die neue Einstreu zu fressen.

2.2 Vorbeugende Fütterung

Wenn Sie Ihr Pferd durchdacht und mit qualitativ hochwertigen Futtermitteln füttern, können Sie die Gefahr von Magen-Darm-Erkrankungen und Schlundverstopfungen verringern:

- Gewöhnen Sie Ihr Pferd langsam an neue Kraftfuttermittel und geben Sie dem Verdauungstrakt Zeit, sich umzustellen. Bei empfindlichen Pferden, die bereits unter Schlundverstopfung gelitten haben, feuchten Sie die neuen Futtermittel an, dann rutschen sie besser und die Gefahr einer erneuten Schlundverstopfung ist geringer.
- An den Koppelgang im Frühjahr muss Ihr Pferd nach dem Winter langsam und schrittweise gewöhnt werden. Im Frühjahr, wenn es noch nicht ausreichend warm und lange hell ist, wächst das Gras langsam, es speichert seine Energie in Form von bestimmten Zuckerstoffen, den Fruktanen, ab, die für Pferde ungesund sind. Warten Sie mit dem Koppelgang, bis das erste Gras etwas höher ist (es sollte über Ihre Füße reichen), dann hat es einen Großteil seiner Energie in das Wachstum investiert und enthält weniger gefährliches Fruktan. Dazu kommt, dass das Gras zeitig im Frühjahr weniger sättigende Rohfaser enthält, welche die Verdauung fördern würde. Das Pferd wird also von dem ersten kurzen Gras nicht wirklich satt und frisst mehr. Ein Teufelskreis, der nicht selten mit Durchfällen, Koliken und Hufrehe endet.
- Um dies zu verhindern, füttern Sie Heu dazu und bittere Kräuter, da den Pferden auch die Bitterstoffe im jungen Gras fehlen.
  - ➤ Beispiele für bittere Kräuter sind Artischocke, Schafgarbe, Löwenzahnwurzel, Wegwarte, Beifuß, Hopfen, Salbei, Rosmarin, Pfefferminze, Baldrian und Wermut. Im Handel gibt es ähnliche Mischungen zu kaufen.
  - ➤ Die Bitterstoffe sorgen für bessere Verdauung, da sie die Verdauungssäfte und die Bewegungen des Magen-Darm-Trakts anregen, die Nährstoffausnutzung und die -aufnahme werden verbessert und Blähungen verhindert.
- Beginnen Sie die Eingewöhnungsphase des Anweidens mit 10 Minuten Grasen am Tag und steigern Sie die Aufenthaltsdauer langsam. Bei empfindlichen Pferden kann eine solche Eingewöhnungsphase gut 2 Wochen dauern, bis das Pferd ganztägig auf die Weide darf.
- Das Sättigungsgefühl des Pferdes richtet sich nicht nach der Fülle des Magens, sondern nach Befriedigung seines Kaubedürfnisses. Deshalb ist ein hoher Anteil an grob strukturiertem Futter sehr wichtig. Fresspausen sollten möglichst nicht länger als 4 Stunden dauern.
- Gönnen Sie Ihrem Pferd über den Tag verteilt immer etwas Heu, so hat der Magen den ganzen Tag über etwas zu verdauen und wird nicht so stark sauer. Die größte Portion Raufutter bekommen die Pferde abends, dann haben sie noch lange zu kauen.
- Nur durch das richtige Kauen, nicht beim Knabbern an Ästen zum Beispiel, werden die Speicheldrüsen zusammengedrückt und schütten Speichel aus. Bei einem Großpferd sind das pro Minute 50 bis 90 ml Speichel, bei einem Kleinpferd 20 bis 60 ml Speichel.
- Für ein Kilogramm Raufutter braucht ein Großpferd rund 40 Minuten zum Fressen, während ein Kilo Kraftfutter schon nach 10 Minuten aufgefressen ist. In dieser Zeit werden beim Raufutter über 3,5 l und beim Kraftfutter weniger als 1 l Speichel freigesetzt.
- Mit dem Heu gelangt Speichel mit Puffersubstanzen in den Magen, die die permanent abgegebene Magensäure etwas neutralisieren können. Zudem wirkt das einer Verstopfungskolik entgegen und die Darmbakterien haben ständig zu tun.
  - ➤ Füttern Sie bei den Mahlzeiten immer zuerst das Raufutter und erst 10 bis 15 Minuten später das Kraftfutter. Das ist wichtig, damit der Verdauungstrakt schon vorbereitet ist, wenn das Kraftfutter in den Magen kommt.
  - ➤ Ein weiterer Vorteil ist, dass Ihr Pferd das Kraftfutter weniger schnell hinunterschlingt (Gefahr der Schlundverstopfung und Verstopfungskolik), da es schon etwas gefressen hat.
  - ➤ Auch der Futterneid bei der Kraftfutterverteilung geht zurück, da jedes Pferd schon Futter hat.
- Verteilen Sie das Kraftfutter auf mehrere Mahlzeiten, zumindest auf 3 Mahlzeiten mit maximal 300 g Futter pro Mahlzeit und pro 100 kg Pferdegewicht.
- Bei mittlerer bis starker Arbeitsbelastung verlieren die Pferde rund 8 bis 10 l Schweiß und Elektrolyte, diese müssen Sie ersetzen. Da reicht der Salzleckstein nicht aus. Ergänzen Sie mit Viehsalz (NaCl).

Als Richtwert gelten 10 g pro verlorenem Liter. Kalium ist ausreichend in Gras und Heu enthalten.

- Füttern Sie kein grobstängeliges und nur hygienisch und qualitativ hochwertiges Raufutter, deutlich mehr Heu als Stroh. Dazu füttern Sie z.B. noch Leinsamen, Äpfel, Karotten und ausreichend lange eingeweichte Rübenschnitzel. So ausgewogen schützen Sie Ihr Pferd vor einer Verstopfungskolik.
- Besonders im Winter eignet sich Luzerne oder Esparsette, entweder gehäckselt oder als Cob (eingeweicht) oder Pellet. Die Luzerne sollte dabei einen Teil des Kraftfutters ersetzen, da sie weniger Zucker und Stärke enthält als das Getreide. Sie enthält viel wertvolles Protein, Calcium und Magnesium. Zudem wirkt sie säurepuffernd und ist gut für den Magen. Wenn die Pferde im Frühjahr auf die Weide gehen, sollte keine Luzerne verfüttert werden, da im frischen Gras bereits viel Protein/Eiweiß enthalten ist.
- Vor dem Füttern müssen die Rübenschnitzel lange genug (s. Herstellerangabe) – gegebenenfalls über mehrere Stunden – in Wasser eingeweicht werden. Nutzen Sie eher die zuckerarmen oder zuckerfreien Rübenschnitzel.
- Äpfel und Karotten können ggf. vor dem Füttern geschnitten werden, aber so groß, dass die Pferde sie noch kauen müssen und die Stücke nicht einfach hinunterschlucken können (Gefahr von Schlundverstopfung). Äpfel können halbiert oder sehr große Äpfel geviertelt werden.
  - ➤ Schlingt Ihr Pferd sein Futter, versucht es also ganze Stücke einfach zu schlucken, halten Sie Äpfel und Möhren fest, sodass Ihr Pferd davon abbeißen muss, oder pürieren Sie sie. Das Einfachste ist, die Größe von Möhren und Äpfeln so zu wählen, dass das Pferd abbeißen muss.
- Nach einer Verdauungserkrankung, insbesondere nach der Anwendung von Antibiotika, können Sie mithilfe von Prebiotika und Probiotika die Darmflora wieder ins Gleichgewicht bringen *(s. Seite 316)*.
- Zweimal im Jahr eine 4- bis 6-wöchige Kur mit nassem Flohsamen stärkt und saniert den Darm und entfernt sandige oder erdige Ablagerungen aus dem Darm. Ein Pferd bekommt 80 bis 100 g nassen Flohsamen am Tag, Ponys die Hälfte. Flohsamenschalen müssen 1 bis 2 Stunden eingeweicht werden.

Prebiotika

Prebiotika sind in Nahrungsmitteln enthaltene Stoffe wie zum Beispiel Kohlenhydrate, die zur Gesunderhaltung der nützlichen Darmflora beitragen. Der Einsatz eines Prebiotikums bezweckt die Stärkung der positiven, erwünschten Mikroorganismen im Dickdarm wie Laktobazillen und Bifidobakterien. Gute Prebiotika sind Inulin (stimuliert Bifidobakterien), sie sind z.B. in Topinambur oder Artischocke, Bierhefe, Mannan-Oligosacchariden, Grünem Tee (fördert Bifidobakterien), Honig, Äpfeln mit Schale oder eingeweichten zuckerfreien Trockenschnitzeln (beide enthalten Pektine für die Bakterien), Joghurt (Laktulose für die Bakterien und Milchsäurebakterien), kaltem Haferbrei und Maniok-Wurzeln (beide enthalten Stärke für den Dickdarm) enthalten.

Probiotika

Probiotika sind lebende Organismen, die dem Wirt einen gesundheitlichen Vorteil bringen, wenn sie in ausreichender Menge aufgenommen werden. Sie unterstützen die „gute" Darmflora. Hierzu gehören insbesondere Milchsäurebakterien (enthalten in Naturjoghurt und Kanne-Fermentprodukten), EM (Effektive Mikroorganismen), Lebendhefen, andere Hefearten sowie weitere Bakterien. Lebendhefe hilft bei der Darmsanierung, bei Durchfallerkrankungen und nach Wurmkuren.

- Lassen Sie Ihrem Pferd immer Ruhe zur Verdauung! Erst 3 bis 4 Stunden nach der Fütterung sollten Sie mit der Arbeit beginnen. Gegebenenfalls ist es besser, erst nach dem Arbeiten zu füttern. Pferde sollten wegen der permanenten Bildung von Magensäure aber auch nicht nüchtern arbeiten. Heu darf Ihr Pferd bis eine halbe Stunde vor der Arbeit fressen oder wenige Handvoll auch vor dem Training.
- Nach hartem Training sollte Ihr Pferd erst ausreichend zur Ruhe kommen und eigentlich erst nach 1 bis 2 Stunden Kraftfutter bekommen. Raufutter darf es fressen, sobald sich Puls und Atmung normalisiert haben.
- Denken Sie an eine Futterreduzierung an Ruhetagen und bei wenig Belastung.
- Lagern Sie Kraft- und Raufutter vorschriftsmäßig, dabei müssen Sie jedoch beachten, dass gewalztes Getreide nicht lange gelagert werden kann!

C

- Sorgen Sie dafür, dass jedes Pferd sein eigenes Futter frisst, auch auf der Weide. Dies können Sie mit eigenen Fressständen oder, falls das toleriert wird, mit einem eigenen Futtersack zum Umbinden erreichen. So kann jedes Pferd in Ruhe fressen.
- Insbesondere ältere Pferde brauchen meistens länger zum Fressen und sollten auch auf der Weide nicht von Ihrem Futter vertrieben werden. Hier sind ausreichend viele Fressplätze wichtig.

2.3 Weitere vorbeugende Maßnahmen

- Denken Sie an regelmäßige Kotuntersuchungen auf Parasiten, mindestens 4-mal im Jahr *(s. Seite 28 f.)*.
- Ihr Pferd muss jederzeit frisches, sauberes Wasser trinken können. Geben Sie niemals Medikamente über das Wasser. Wenn ein Pferd deshalb das Saufen ablehnt, gerät es in Lebensgefahr.
- Lassen Sie Ihr Pferd nie an unbekannten Pflanzen fressen, das Gleiche gilt für das Knabbern an unbekanntem Holz (Holzschutzmittel, Giftpflanzen).
- Pferde dürfen keine Giftpflanzen fressen, auch keine kleinen Mengen davon, und zwar weder auf der Weide, noch im Heu.
- Die Knabberlust befriedigt Ihr Pferd am besten an einem Obstbaumast, der an der Boxenwand befestigt ist, oder durch regelmäßige Fütterung von Zweigen *(s. Seite 285)*. Sie können auch dicke Äste oder Stücke von Baumstämmen bereitstellen, Pferde lieben es, an ihnen stundenlang die Rinde abzuzupfen.
- Lassen Sie regelmäßig, zweimal im Jahr, die Zähne Ihres Pferdes auf Haken und Defekte kontrollieren. Mangelndes Durchkauen der Nahrung ist eine häufige Ursache für Verdauungsprobleme.
- Setzen Sie Ihr Pferd möglichst wenig Stress aus. Vermeiden Sie Stress und Hektik im Umgang mit dem Pferd, im Training, beim Verladen und Transport. Halten Sie Ihr Pferd nicht ohne Artgenossen, aber achten Sie auf sozialverträgliche Partner. Achten Sie auf möglichst optimale Haltungsbedingungen.
- Achten Sie darauf, dass die Grasnarbe der Weide nicht zu tief abgefressen ist, lieber zeitig die Koppel wechseln oder Raufutter zufüttern. Bei Aufnahme von Sand und Erde droht eine Sandkolik.
- Bei Magen- und Darmerkrankungen sollten Sie vorübergehend auf Getreidefütterung verzichten und stattdessen lieber Mash oder eingeweichte, melassefreie Trockenschnitzel füttern. Im Handel gibt es sehr gut geeignete getreidefreie Futtermischungen.
- Nach Weidedüngung die Pferde 4 Wochen nicht auf diese Weide lassen. Am besten erst nach ergiebigem Regen!
- Kein schimmeliges oder sehr staubiges Heu verfüttern, es enthält meist mehr Pilzsporen.
- Kein Weidegras oder Heu von Klärschlammweiden oder ehemaligen Klärschlammfeldern verfüttern!

2.3.1 Steigerung der Abwehr

Die meisten Erkrankungen können erst dann ausbrechen, wenn die Abwehr des Pferdes geschwächt ist. Viel **Bewegung in frischer Luft und bei Sonnenschein** hält die Abwehr und den Darm aktiv und Ihr Pferd gesund. **Regelmäßiger Weidegang** bei ruhiger Schrittbewegung massiert den Darm Ihres Pferdes auf natürliche Weise und macht ihn widerstandsfähiger. Durch **Heilkräuter** wie Brennnessel, Kamille, Fenchel, Pfefferminze, Grünen Tee und Hagebutte sowie Apfelessig steigern Sie die Abwehr und versorgen den Pferdekörper zusätzlich zum Futter mit Vitaminen und Mineralstoffen und helfen beim Verdauen. **Akupressur**, über 3 bis 4 Wochen angewandt, kann die Widerstandskraft Ihres Pferdes steigern. Akupressieren Sie möglichst zweimal täglich Di 4, 11 und Gb 20 (leiten den Wind aus und erhöhen die Abwehr), Ni 3 und Lu 7 (stärken die Abwehrkräfte) und MP 6 (stärkt die Mitte). Dazu geben Sie über einige Wochen hinweg die **Bachblüten** Crab Apple und Larch.

2.3.2 Vorbeugende Heilpflanzen für Koliker

Bei starkem Stress und Aufregung kann vorbeugend **Baldrian** (Vorsicht! Baldrian steht für Turnierpferde auf der Liste der verbotenen Substanzen (ADMR)!), **Oregano, Melisse** und **Kamille** gegeben werden. Jeweils 20 g der Kräuter im Futter täglich beruhigen die Nerven und wirken krampflösend. Dazu wirkt Oregano desinfizierend und regt die Verdauung an. Pferden, die des Öfteren unter Krampfkoliken leiden, helfen vorbeugende Gaben von **Melisse, Fenchel, Malve, Oregano, Eibisch** und **Beinwell** (je 20 g täglich) sowie **Süßholz** und **Baldrian** (je 10 g täglich). All diese Stoffe beruhigen gereizte Darmwände, lindern Krämpfe und schützen mit ihren Schleimstoffen das Innere des Darmes vor Läsionen. Dazu geben Sie Joghurt und Honig, die beide die Darmflora anregen. Zudem binden sie überschüssige Magensäure. Dazu geben Sie immer mal wieder über 1 bis 2 Wochen hinweg die **Bachblüte Vervain**. Sie wirkt bei Krampfkoliken und reguliert die Verdauung.

2.4 Verbesserung des Allgemeinzustands, auch nach Erkrankungen

Ihr Pferd ist in schlechtem Allgemeinzustand anfälliger für Erkrankungen des Verdauungstraktes. Hochwertiges, hygienisch einwandfreies Futter sowie eine gute Versorgung mit Vitaminen und Mineralstoffen bauen Ihr Pferd auf. Wenn es schlecht frisst oder durch eine Erkrankung in einen schlechten Allgemeinzustand geraten ist, füttern Sie 1 bis 2 Handvoll Vogelmiere sowie je 25 g der verdauungsfördernden Kräuter Artischocke, Fenchel und Wermut. Vogelmiere wirkt kräftigend, blutbildend und -reinigend, allgemein und den Verdauungstrakt anregend. Sie hat viele wichtige Mineralstoffe und Vitamine, die das Pferd stärken. Artischocke, Fenchel und Wermut regen den Appetit und die Verdauungsfunktion an. Bestehen bereits erste Verdauungsprobleme, eignet sich ein spezielles **Mash**. Dieses Mash für Pferde mit Verdauungsschwierigkeiten wird folgendermaßen hergestellt: Pro Pferd werden 100 g gelber (blausäurearmer) Leinsamen in heißem Wasser kurz aufgekocht, um die Schleimstoffe freizusetzen. Dunkler Leinsamen muss länger gekocht werden. Geben Sie in den letzten 5 Minuten aus einer Mischung von Oregano, Schafgarbe, Wegwarte, Malve, Kamille, Salbei, Anis, Brennnessel und Fenchel eine Handvoll dazu. Danach wird dies mit 500 g Quetschhafer und einer Handvoll Weizenkleie vermengt. Durchmischen Sie das Ganze mit heißem Wasser und lassen Sie es eine Stunde lang ziehen. Dazu helfen **Apfelessig, Klette** und **Wermut**. Sie reinigen das Blut und fördern die Ausscheidung der Abfallprodukte im Körper. Apfelessig sorgt mit zahlreichen Mineralstoffen für das Wohlbefinden Ihres Pferdes.

Tuina-Behandlung: Sanfte Massagen, bei denen Sie mit den Fingerspitzen in kräftigen, kreisenden Bewegungen durch das Fell am Unterbauch fahren, regen das Lymphgefäßsystem und die Verdauung an und helfen beim Abtransport der Abfallstoffe. In der hinteren Hälfte des Bauches streichen Sie von allen Seiten in Richtung des Genitals, denn um das Genital herum liegen Lymphknoten. Im vorderen Bereich streichen Sie von der Brust in Richtung unterer Halsansatz und umgekehrt, hier befinden sich weitere Lymphknoten.

Auch die Akupressur hilft weiter. Wenn Sie nicht bereits die oben genannten Punkte bearbeiten, wählen Sie die Punkte Ma 36 (baut auf, stärkt das Qi), Ni 3 und MP 6 (stärkt die Mitte).

3. Wenn die Magen-Darm-Erkrankung ausgebrochen ist

Trennen Sie, wenn möglich, die kranken Pferde von den gesunden, um bei infektiösen Durchfällen eine Ausbreitung über den gesamten Bestand zu verhindern. Hat Ihr Pferd bei Magen-Darm-Erkrankungen trotz tierärztlicher Behandlung noch stärkere Bauchschmerzen, so helfen Bauchwickel oder eine warme Packung.

Bauchwickel: Hat Ihr Pferd starke Schmerzen aufgrund von spastisch verkrampfter Magen- und/oder Darmmuskulatur, helfen neben der tierärztlichen Behandlung feucht-warme Bauchwickel. Die Wärme führt bei spastisch verstärkter Peristaltik (Magen-Darm-Bewegungen) zu einer Beruhigung der Muskulatur. Regt sich im Verdauungskanal nichts, so regt die Wärme die Peristaltik leicht an. Auch

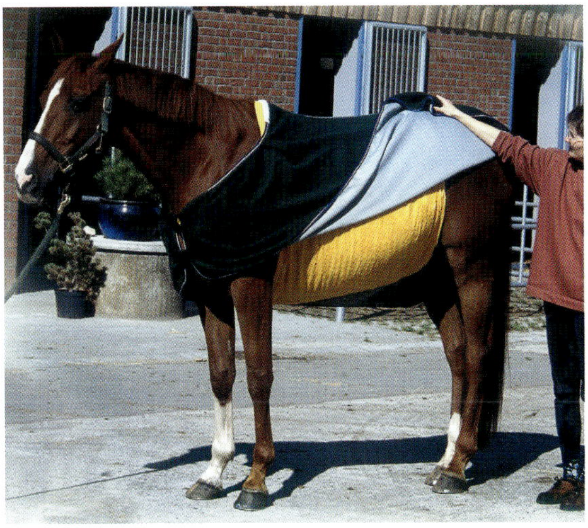

Ein warmer Wickel um den Bauch hilft gegen Bauchschmerzen.

C

Kälte regt in einem solchen Fall die Peristaltik an. Für einen Bauchwickel nehmen Sie am besten ältere Duschhandtücher, die Sie in warmes Wasser tauchen und um den Bauch Ihres Pferdes wickeln. Am besten nähen Sie zwei davon zusammen. Darüber legen Sie eine Wolldecke, die Sie mit 2 Deckengurten befestigen können. Ein halbes Bettlaken, das Sie mithilfe von Mullbinden als Bauchverband anlegen, tut in diesem Fall auch gute Dienste, da es die Handtücher am Bauch sichert.

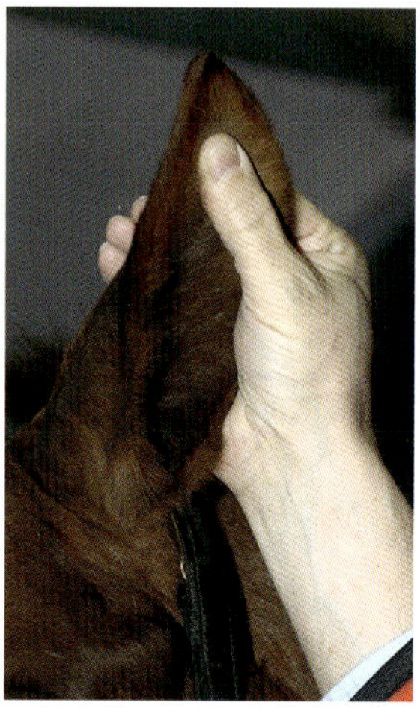

Eine Massage des Schockpunktes beruhigt.

Massage des Ohres: Nehmen Sie das Ohr Ihres Pferdes so in die Hand, dass Ihre Hand die Ohrmuschel außen umfasst und der Daumen in der Ohrmuschel liegt. Dann massieren/streichen Sie beherzt vom Ohrgrund zur Ohrspitze hin aus. Machen Sie dies immer nur in eine Richtung, nicht gegen den Strich. An der Ohrspitze befindet sich ein Akkupressurpunkt (Extrapunkt Er-jian) gegen Schock, den Sie mit der Massage aktivieren. Dies hilft Ihrem Pferd insbesondere bei einer schweren Kolik, die Zeit bis zum Eintreffen des Tierarztes zu überbrücken.

3.1 Futter

Hat Ihr Pferd eine Erkrankung des Verdauungskanals, so beginnen viele Tierärzte die Therapie mit einem Fastentag. Sprechen Sie mit Ihrem Tierarzt, denn häufig ist es besser, statt eines Fastentages über den Tag verteilt viele kleine Portionen warmen, leicht verdaulichen Haferschleim zu füttern. Er hilft der angegriffenen Schleimhaut, sich schnell wieder zu erholen, da er viele Schleimstoffe enthält. Kochen Sie dafür einfach Haferflocken in Wasser auf, bis ein Brei entsteht. Das Gleiche gilt für Mash, da auch Leinsamen Schleimstoffe besitzt. Mash eignet sich hervorragend, um ein Pferd nach einer Erkrankung des Verdauungstraktes wieder aufzupäppeln.

Vermeiden Sie lange Nüchternzeiten, denn es bildet sich ständig neue Magensäure. Hat der Magen zu wenig zu verdauen, sinkt der pH-Wert und die Wahrscheinlichkeit, dass die Magensäure die Schleimhaut und in der Folge die Magenwand angreift, steigt stark an.

Ein zu hoher Kraftfutteranteil bei der Rationierung sollte ebenso vermieden werden. Das Kraftfutter wird im Vergleich zum Raufutter deutlich weniger gekaut, es wird weniger Speichel mit pufferndem Bikarbonat produziert, sodass im Magen ein kaum durchsafteter Kraftfutterbrei ankommt. Dadurch wird er im Innern kaum mit Magensäure vermischt, was dazu führt, dass noch vorhandene Bakterien nicht abgetötet werden und sie deshalb weiterhin Milchsäure bilden können. Im Zusammenhang mit der Magensäure und der fehlenden Pufferung wird der Mageninhalt zu sauer. Am Magenende wird zumindest die äußere Schicht mit Magensaft durchsetzt, da hier die Peristaltik stärker wird. Dennoch gelangt ein sehr saurer Brei in den Darm, der durch die Milchsäure saurer ist als bei der Fütterung von Raufutter. Dies kann zu Fehlgärungen im gesamten Darm führen.

Heu als Raufutter saugt Säure auf und bleibt länger im Magen, sodass dieser arbeiten kann. Während dieses Vorgangs werden vorhandene Bakterien eliminiert und der Futterbrei wird so weit wie möglich vorverdaut. Durch die alkalischen Muzine (Schleimstoffe), die im Pylorusbereich abgegeben werden, kann der Raufutterbrei im Dünndarm gut verdaut werden. Vor allem gut lösliche Stärke und Proteine werden hier verdaut und aufgenommen. Aminosäuren, Bausteine des Proteins, kann ein Pferd nur im Dünndarm aufnehmen. Deshalb sprechen wir beim Pferd von dünndarmverdaulichem Rohprotein (dvRp).[5] Deshalb ist es ratsam, immer zuerst das Raufutter zu verfüttern und den richtig bemessenen Anteil an Kraftfutter erst danach zu geben. Durch diese Vorgehensweise ist der Magen bestens auf das Kraftfutter vorbereitet. *Weitere Ausführungen zur Fütterung lesen Sie bitte bei den einzelnen Erkrankungen des Verdauungstrakts nach.*

5 Erklärung: Auf dem Futtersack wird meist nur von Rp, vRp und einzelnen Aminosäuren wie Lysin gesprochen. Aminosäuren sind die Bausteine der Proteine.

3.2 Heilmittel/Heilkräuter

Für die Behandlung von Magen-Darm-Erkrankungen gibt es Heilpflanzen, die sanft und nachhaltig wirken und dabei den wichtigen Darmbakterien nicht schaden:

- **Bei Futterumstellung vorsorglich mitfüttern:** Fenchel, Kümmel, Pfefferminze und Kamille
- **Förderung der Magensaftproduktion:** Beifuß, Bitterklee, Enzian, Oregano, Anis, Vogelmiere, Wermut und Tausendgüldenkraut
- **Krampflösend, normalisiert die Verdauung:** Oregano, Hopfen, Fenchel, Anis, Baldrian, Salbei, Ringelblume, Isländisch Moos und Pfefferminze, Gänsefingerkraut
- **Für gereizte oder lädierte Schleimhaut:** Hier helfen besonders die Schleimstoffe der Heilkräuter Eibisch, Spitzwegerich, Beinwell, Süßholz, Schafgarbe, Malve, Baldrian, Kamille, Leinsamenaufguss und Haferschleim
- **Verhindert oder hemmt die Gärung im Magen und Darm:** Fenchel, Kümmel, Anis, Hopfen, Salbei, Thymian, Pfefferminze und Baldrian
- **Wirkt beruhigend bei nervösen Magen-Darm-Problemen:** Melisse, Pfefferminze und Baldrian
- **Schmerzstillend, zusammenziehend und entzündungshemmend:** Kamille, Schafgarbe, Süßholz, Malve, Oregano, Beinwell, Mädesüß, Pfefferminze, Vogelmiere und Eichenrinde (nicht schmerzstillend)
- **Für Magengeschwüre geeignet, bindet die Magensäure und beruhigt die Schleimhäute:** Ulmenrinde, Beinwell, Kamille, Süßholz, Schafgarbe, Ringelblume, Mädesüß, Eibisch, Fenchel und Baldrian
- **Vor Magengeschwüren schützend:** Kamille und Süßholz, Kräuter mit Schleimstoffen wie Malve, Eibisch, Haferflockenbrei oder Leinsamenbrei
- **Für Magenentzündung geeignet:** Brombeer- und Himbeerblätter wirken zusammenziehend; Brunnenkresse, Isländisch Moos, Eibisch, Leinsamenaufguss, Haferschleim und Malve helfen mit ihren Schleimstoffen der Magenschleimhaut.
  Kamille, Pfefferminze und Melisse helfen sich gegenseitig gegen Übersäuerung bei Entzündungen des Magens. Kümmel, Anis, Fenchel und Wermut (tonisiert den Magen) wirken blähungstreibend.
  Thymian und Oregano wirken stark antibakteriell und gegen Pilze.
  Ringelblume, Oregano, Schafgarbe, Kamille, Süßholz, Sanddornfruchtfleischöl und Wermut wirken entzündungshemmend.
- **Unterstützen die Wurmkur:** Meerrettich, Knoblauch, Beinwell, Wermut und Thymian
- **Wirken wurmtötend:** Pfefferminze, Eichenrinde, Wermut
- **Bei Durchfällen geeignet:** Eichenrinde, Schwarzer Tee, Blutwurz, Baldrianwurzel wirken durchfallstoppend. Eibisch, Eichenrinde und Malve schützen die Schleimhaut; Kamille, Schafgarbe, Pfefferminze und Salbei wirken entzündungshemmend und antimikrobiell. Kamille, Gänsefingerkraut und Melisse wirken dazu noch krampflösend und beruhigend. Oregano, Beinwell, Gänsefingerkraut, Brombeer- und Himbeerblätter enthalten Gerbstoffe und wirken stopfend. Auch Flohsamenschalen können gegeben werden. Diese circa 2 Stunden vor dem Füttern einweichen.
- **Bei infektiösen Durchfällen dazu noch:** Knoblauch, Sonnenhut, Melisse, Oregano, Pfefferminze und Ringelblume
- **Bei zu weichem Kot oder leichten Durchfällen:** Schafgarbe, Melisse, Salbei, Kamille, Beinwell, Eibisch und Anis, Flohsamenschalen (ca. 2 Stunden vor dem Füttern einweichen; Dosierung 50 g für ein großes Pferd und 25 g für ein Pony)

Tragende Stuten dürfen nicht alle Heilkräuter fressen. Lesen Sie im Bedarfsfall in Teil B, im Kapitel über die Heilkräuter auf *Seite 53 ff.* nach. Die Deutsche Reiterliche Vereinigung empfiehlt generell Heilkräuter mindestens 48 Stunden vor einem Turnier abzusetzen. Teufelskralle hat sogar eine Karenzzeit von 4 Tagen.

3.3 Bachblüten-Therapie

Besorgen Sie sich ein dunkles Tropffläschchen mit Pipette sowie die gewählten Blütenessenzen aus der Apotheke. Dann stellen Sie, *wie unter „Therapie mit Bachblüten-Essenzen" auf Seite 127 f. beschrieben*, eine Einnahmemischung her. Geben Sie dem Pferd 4-mal täglich bis zu 10 Tropfen. Zu viele Tropfen schaden nichts. Bitte im Kühlschrank aufbewahren.
Pferde mit stressbedingtem Magengeschwür und/oder heftigen Schmerzen im Bauchbereich nehmen **Holly**.

C

Magen-Darm-Probleme, ausgelöst durch Dauerstress oder Panik, werden mit **Rock Rose** bekämpft. Diese Blüte wird ebenso bei heftigen Magen-Darm-Erkrankungen angewandt, die auf wenig ansprechen. Gegen die heftigen Schmerzen bei Krampfkoliken geben Sie **Impatiens**. Pferde, die unter Dünndarm-Beschwerden leiden, bekommen **Star of Bethlehem, Sweat Chestnut, Vervain, Agrimory**.

Pferde, die zu Koliken in bestimmten Situationen neigen, bekommen vorbeugend:

- bei Wetterwechsel **Scleranthus**
- bei Aufregung oder Anspannung **Cherry Plum** und bei Stress **Vervain**
- bei Krampfkolik **Vervain**
- bei Parasitenbefall **Crab Apple**

Während einer Kolik geben Sie im Notfall alle 10 Minuten **Rescue-/Notfalltropfen** bis zum Eintreffen des Tierarztes.

C

Pferde mit Durchfall bekommen:

- bei unbekannter Ursache **Aspen, Rock Rose** oder **Impatiens**
- bei psychogenem Durchfall **Aspen, Mimulus, Impatiens**
- bei Durchfall im Wechsel mit Verstopfung **Scleranthus** und **Chestnut Bud**
- bei Durchfall als Überreaktion **Cherry Plum**
- bei Dickdarmenteritis (Entzündung des Dickdarms) **Impatiens**

Nach der Krankheit kann zur schnelleren Genesung **Olive** und **Wild Oat** gegeben werden.

3.4 Akupressur

Mit Akupressur können Sie die Behandlung von Magen-Darm-Erkrankungen beim Pferd gut unterstützen. Dies gilt auch für Notsituationen wie eine Kolik. Wichtig ist, sie bei akuten Erkrankungen zweimal täglich über mindestens 2 Wochen einzusetzen. Sollte sich der gewünschte Erfolg nicht einstellen, ziehen Sie einen Akupunkteur mit hinzu. Im Anschluss an eine Akupunktur sowie als Unterstützung bei chronischem Durchfall oder zur Vorbeugung bei Pferden, die zu Koliken neigen, sollten Sie die genannten Akupressurpunkte in einem Zeitraum von mindestens 5 Wochen 1- bis 2-mal wöchentlich behandeln.

Nachfolgend nun einige kurze Erklärungen zu den einzelnen Punkten. *Informieren Sie sich über Akupressur auch in Teil B, Seite 88 ff.* Dort finden Sie auch Tipps, zu welchem Typ Ihr Pferd gehört. Wählen Sie sich die Akupressurpunkte aus und drücken Sie in der dort beschriebenen Weise. Die Tafel im Anhang wird Ihnen das Auffinden der Punkte erleichtern. Bei einer akuten Infektion ist die Harmonisierung des gesamten Pferdekörpers wichtig. Dafür machen Sie einen Yin-Yang-Ausgleich.

Augenakupressur: Um Ihr Pferd in aufregenden Situationen zu beruhigen, führen Sie eine Augenakupressur durch. In diesem Bereich beginnen und enden viele Meridiane, eine Akupressur beseitigt auf diese Weise zahlreiche Störungen.

MP 4: Dieser Punkt ist ein guter Schmerzpunkt und hilft besonders bei Durchfallerkrankungen.

MP 6: stärkt die Mitte oder auch das innere Gleichgewicht Ihres Pferdes. Dazu stärkt er Milz und Magen und hilft bei Bauchschmerz, beseitigt die Nässe und lindert Schmerz.

Ma 36: Als Meisterpunkt für Magen-/Darm-Erkrankungen sollte er bei allen Problemen dieser Art gewählt werden. Ma 36 normalisiert den Verdauungskanal, dämpft die Bauchschmerzen und regt den Appetit an.

Ma 25: reguliert Milz, Magen und Darm, mindert Schmerzen, bei Verstopfung, Verdauungsproblemen, Durchfall und chronischen Magen-/Darmstörungen.

Ma 41: aktiviert den Magenmeridian und macht ihn wieder durchlässig; bei Bauchschmerzen.

KG 5: öffnet und reguliert die Wasserpassagen, bei Durchfall und Bauchschmerz, Kolik und Blasenproblemen.

KG 8: stärkt das Milz-Yang, reguliert den Darm, bei chronischem und einfachem Durchfall, Magen-Darm-Problemen.

KG 12: Meisterpunkt der Yang-Erkrankungen, senkt rebellierendes Qi, stärkt und harmonisiert den Magenmeridian, unterstützt die Milz-Funktionen, hilft bei Magengeschwüren, Kolik, Durchfall, infektiösen Magen-Darm-Erkrankungen sowie bei allen Verdauungsstörungen.

KG 14: beruhigt Herz und Gemüt, unterstützt den Magenmeridian und senkt rebellierendes Qi, gut bei Magenerkrankungen und Kolik.

Le 3: Der Punkt beruhigt Spasmen und Krämpfe des Verdauungsapparates, insbesonders bei stressbedingtem Durchfall.

Tuina-Behandlung bei Kolik und einfachen Bauchschmerzen

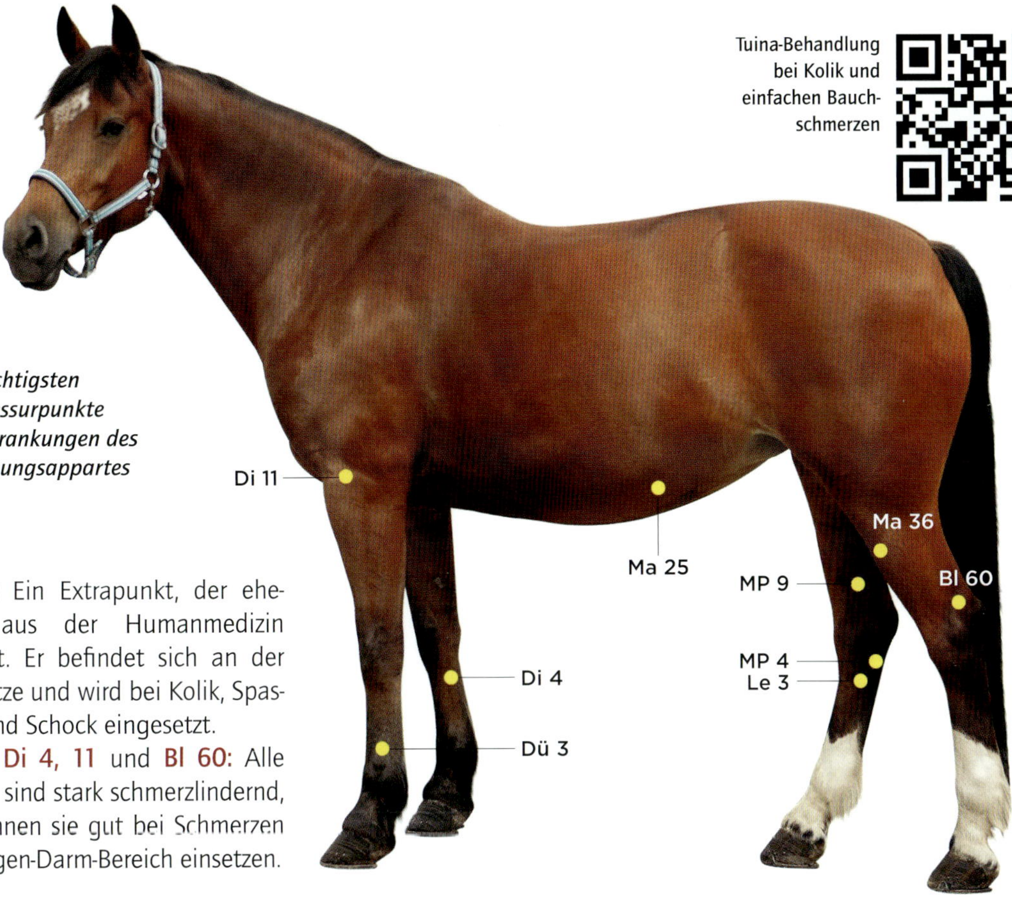

Die wichtigsten Akupressurpunkte bei Erkrankungen des Verdauungsappartes

Er-jian: Ein Extrapunkt, der ehemals aus der Humanmedizin stammt. Er befindet sich an der Ohrspitze und wird bei Kolik, Spasmen und Schock eingesetzt.

Dü 3, Di 4, 11 und **Bl 60:** Alle Punkte sind stark schmerzlindernd, Sie können sie gut bei Schmerzen im Magen-Darm-Bereich einsetzen.

3.5 Tuina-Massage des Unterbauchs bei Kolik und einfachen Bauchschmerzen

Bei einer Kolik hilft es Ihrem Pferd, wenn Sie mit einem Strohwisch den Unterbauch massieren. Sehr angenehm ist es für die Pferde, wenn Sie dies mit einer heißen Rolle *(s. Seite 364)* machen. Sie können auch einfach die Hände einsetzen, vielleicht sogar mit einer Hilfsperson von beiden Seiten her. Dies hilft Ihrem Pferd bei leichten Koliken und kann bei Verschlingungen oder anderen Kolikursachen die tierärztliche Behandlung unterstützen. In der Mitte am Unterbauch befinden sich einige Akupressurpunkte, die Sie bei einer solchen Massage stimulieren. Es sind Akupressurpunkte des Magen- und Nieren-Meridians sowie des Konzeptions-Gefäßes, das genau auf der Mittellinie verläuft, die Ihrem Pferd gegen die Spasmen und Schmerzen der Kolik, aber auch gegen Durchfall helfen können. **Wenden Sie folgende Griffe an:** Rou (kreisend), Tui (schiebend), An (Drücken), Mo (Streichen und Reiben) und Zhen (Vibration). Beginnen Sie mit einem Ausstreichen des Unterbauchs. Falls Sie vorher die auf Seite 311 genannte Tuina-Massage für die Lymphgefäße angewandt haben, ist das nicht nötig. Danach machen Sie eine kreisende Massage entlang des Konzeptionsgefäßes, also entlang der Bauchmitte sowie seitlich davon entlang des Magen- und Nierenmeridians. Diese kreisende Massage führen Sie mit dem Handballen oder mit dem seitlichen Daumenballen aus, etwa 5-mal. Nutzen Sie beide Hände dazu. Dann schieben Sie entlang der Bauchmitte erneut vom Euter/Schlauch bis auf Höhe der Vorderbeine. Sie stimulieren damit die Punkte KG 4, 6, 8, 12, 14 und 17 für 3 Minuten. Anschließend sanft im Uhrzeigersinn ausstreichen. Danach um den Nabel herum in einem größer werdenden Kreis drücken, spiralig von innen nach außen im Uhrzeigersinn. Dabei länger auf Ma 25 verweilen. Das machen Sie 3-mal und streichen dann wieder ruhig aus. Im Anschluss daran mit der Handfläche vibrierend an den Punkten KG 8, 12, 14 und 17 für je 60 Sekunden stimulieren. Im Anschluss bitte eine Akupressur der Punkte Ma 36 und MP 4 bei Durchfall, MP 6 und Bl 20, 21 und 23 machen.

3.6 Nach überstandener Erkrankung

Die meisten Pferde befinden sich nach einer ausgeheilten Magen-Darm-Erkrankung in schlechtem Zustand. Haferschleim, Beinwell, Eibisch und Süßholz unterstützen rasch bei der Heilung der lädierten Schleimhaut. Mash mit Löwenzahn, Quecke, Malve, Rosmarin und Borretsch sowie feines, hochwertiges Heu und Luzerneheu stärken die Pferde und päppeln sie wieder auf. Dazu versorgen Sie Ihr Pferd mit einigen Mineralstoffen und Vitaminen. Zwei Becher Joghurt am Tag oder ein großer Becher Buttermilch helfen beim Wiederaufbau der Darmflora.
Wenden Sie die Akupressur und Tuina-Behandlung noch einige Tage weiter an.

Natürliche Darmsanierung

Nach länger andauernden Magen-Darm-Erkrankungen, einer schweren Durchfallerkrankung, anhaltenden Fütterungsfehlern oder Infektionen mit Anwendung von Antibiotika gerät die schützende Darmflora aus dem Gleichgewicht. Man nennt das Dysbiose. Gute Bakterien sind abgestorben, krankmachende Bakterien gewinnen die Oberhand. Nicht nur ein zu hoher Getreideanteil, sondern auch ein zu hoher Eiweißanteil im Futter durch zu junges Gras, zu viel Hafer oder Weizenkleie stört das Gleichgewicht der Darmflora *(Dysbiose)*. Es drohen Blähungen, Koliken oder Hufrehe. Hier hilft eine Darmsanierung. Sind die grundlegenden Probleme gelöst, die Fütterung optimiert, kann eine Darmsanierung bei der Wiederherstellung der Darmflora helfen. Sie benötigt um die 3 Monate. Zu einer natürlichen Darmsanierung gehört gutes, naturbelassenes Futter und davon zunächst einmal gutes Heu vom 1. Schnitt in einer Menge von mind. 1,7 bis 2 kg pro 100 kg KGW. Koppelgang mit bekannten Artgenossen tut dem Pferd ebenfalls gut. Dazu braucht ein Pferd ausreichend Zeit zum Fressen. Es sollte ihm die Möglichkeit gegeben werden, über den Tag verteilt insgesamt ca. 12 Stunden zu fressen. Zur Verlängerung der Fresszeiten können Heunetze aufgehängt werden. Die Öffnungen der Heunetze sollten für Großpferde von mittlerer Größe sein, also keinesfalls zu klein, aber auch nicht zu groß. Die Maschen sollten so groß sein, dass das Pferd ein Büschel Heu problemlos zupfen kann, aber nicht so groß, dass es mit den Hufen hängen bleiben kann.

Eine regelmäßige und ausreichende Fütterung mit Raufutter ist wichtig für die Darmflora. Mit **Probiotika** können Sie die Keimbevölkerung sinnvoll ergänzen. Das ist vor allem Lebendhefe, Saccharmyces cervisiae, die magensaftresistent ist. Dazu eignen sich ca. 60 bis 80 g Milchsäurebakterien aus naturbelassenem weißem Joghurt mit lebenden Bakterienkulturen, aber auch die Fermentprodukte wie der Brottrunk der Firma Kanne oder auch effektive Mikroorganismen. Weitere Probiotika mit den Lebendkulturen verschiedener Bakterien für die Darmflora sind neben den Milchsäurebakterien die Bifidobakterien, Enterococcus faecium und Pediococcus. Auf dem Markt gibt es verschiedene Präparate.

Prebiotika nützen der Darmflora, sie schaffen eine gute Umgebung und dienen der bestmöglichen Versorgung. Dafür ist zum einen Futter- oder Bierhefe wichtig, sie enthält viele Mineralien, Vitamine, besonders B-Vitamine, und wichtige Aminosäuren. Darüber hinaus gibt es 20 bis 30 g nassen Floh- oder Leinsamen, Honig und Pektin, so haben die physiologischen Bakterien eine gute Versorgung. Floh- und Leinsamen absorbieren Bakterien, Toxine und Karzinogene und unterstützen so die physiologische Bakterienflora. Die Bakterien verstoffwechseln das grobe Heu und das Pektin. Verfüttern Sie Pektin über eingeweichte, zuckerfreie Trockenschnitzel, auch trockene Karottenschnitzel, Äpfel mit Schale und frische Karotten. Über Topinambur oder etwas Chicorée können Sie der Darmflora noch Inulin zukommen lassen. Inulin sorgen dafür, dass sich Lakto- und Bifidobakterien ansiedeln und wachsen, während sich die unerwünschten Bakterien reduzieren. Mit Unterstützung von 2 Bechern Naturjoghurt täglich, Kanne-Ferment-Produkten oder geringen Mengen von Milchzucker (Laktose 0,5 bis 1 g/kg KGW) kann sich die Darmflora des Dickdarms erholen. Dazu gibt es Bio-Apfelessig, den Sie entweder direkt ins Futter oder auf ein trockenes Brötchen geben. Er hilft dabei, die Auflagerung von Pilzfäden an der Magenschleimhaut zu verringern. Obwohl er zunächst sauer ist mit einem pH-Wert von rund 5,5, wird er basisch verdaut. Das liegt an den vielen basisch reagierenden Mineralstoffen, die er enthält. Weitere Heilkräuter helfen bei der Darmsanierung: Fenchel, Dost, Pfefferminze, Kamille, Myrrhe, Ringelblume, Artischocke, Wermut und Ackerkraut. Die Bitterstoffe verbessern die Durchblutung der

Schleimhaut und regulieren die Verdauungsäfte. Sanddornfruchtfleischöl regeneriert die Schleimhaut des Verdauungstrakts. Pfefferminze beruhigt und entkrampft, Myrrhe eliminiert schädliche Darmbakterien. Kamille und Ringelblume wirken entzündungshemmend, Fenchel wirkt blähungstreibend und entkrampft.

Gut gegen schädigende Bakterien ist Knoblauch, er besitzt bakterienhemmende Schwefelverbindungen. Die Pflanze Geranium, genannt Storchschnabel, bekämpft schädigende Bakterien und Pilze, wirkt antioxidativ, krampflindernd, antitumoral, und entzündungshemmend. Er stimuliert die Leber und die Bauchspeicheldrüse!

4. Erkrankungen des oberen Verdauungstrakts

Die Erkrankungen des oberen Verdauungstraktes betreffen die Speiseröhre und den Magen.

4.1 Schlundverstopfung

Was ist eine Schlundverstopfung?

Eine plötzlich auftretende Verstopfung der Speiseröhre durch Futterbestandteile. Meist handelt es sich um zu trockenes oder ungenügend eingeweichtes Futter oder Apfelstücke oder Möhrenstücke, die unzerkaut abgeschluckt werden.

Anzeichen: Hauptsächlich aus den Nüstern fließt – teils schwallartig – Speichel bzw. schaumiger Nasenausfluss mit Futterbestandteilen. Sie stampfen nass geschwitzt und ängstlich hin und her. Dann stehen sie mit gespreizten Beinen, Kopf und Hals nach vorn unten gestreckt, und würgen. Sie versuchen das, was im Schlund oder in der Speiseröhre steckt, hinunterzuschlucken oder herauszuwürgen. Dabei zieht sich der Hals krampfartig zusammen. Im unteren Halsbereich ist eventuell eine Schwellung zu sehen. Manche Pferde versuchen sich, insbesondere, wenn sie schlecht atmen können, durch Husten, Prusten und Schnauben zu befreien.

Ursache: Die Speiseröhre wird im oberen wie auch im unteren Teil zum Magen hin stark gebogen. Dies sind die typischen Engpässe, an denen Futterbisse oder Fremdkörper stecken bleiben können. Meist aber sitzt die Verstopfung unmittelbar vor dem Magen, da die Speiseröhre hier nicht so dehnbar ist und sich deshalb an dieser Stelle das Futter ansammelt, bevor es von dem Mageneingangsmuskel in kleinen Mengen in den Magen gelassen wird. Die meisten Pferde fressen dann trotzdem weiter, bis die ganze Speiseröhre zu ist und Speichel, Futter und Wasser wieder aus Maul und Nase quellen. Sperriges, trockenes oder schlecht zerkautes Futter schafft es manchmal nicht, in den Magen hineinzugelangen. Dies ist zum Beispiel der Fall bei ungenügend eingeweichten Rübenschnitzeln, die dann in der Speiseröhre aufquellen, aber auch bei ungenügend gekauten Möhren- und Apfelstücken oder getrocknetem Brot. Auch Mischfutterpellets werden von vielen Pferden nicht richtig gekaut und einspeichelt. Insbesondere dann, wenn sie einen zu großen Anteil unzureichend zerkleinerter Trockenschnitzel enthalten und die Tiere hastig kauen. Sie rutschen dann schlecht und können in der Speiseröhre Flüssigkeit aufnehmen. Dabei quellen sie auf und verstopfen die Speiseröhre. Weitaus seltenere Ursachen sind Nervenschäden, Infektionen oder Entzündungen, die die Speiseröhre mit ihren Muskeln so lähmen, dass sie die Nahrung schlecht weitertransportiert. Da auch Narkosemittel diese Wirkung haben, dürfen Pferde nach Operationen und anderen Eingriffen (wie z.B. Zahnbehandlungen) nichts fressen oder saufen. Viele Reiter neigen dazu, ihre Pferde direkt nach dem Arbeiten zu füttern. Da sich die Anstrengung auch auf die Muskulatur der Speiseröhre auswirkt und den Pferden zudem meist nach dem Arbeiten Flüssigkeit fehlt, können die Pferde beim Fressen größerer Mengen ebenfalls leicht eine Schlundverstopfung bekommen. Lassen Sie deshalb Ihr Pferd sich erst ein wenig erholen und bieten Sie ihm vor dem Fressen Wasser an. So wird das Futter besser eingespeichelt. Gefährdet sind außerdem Futterneider, hastige Fresser und Pferde mit Zahnproblemen, da sie das Futter nicht richtig durchkauen. Aber auch ranghohe und -niedere Pferde fressen oft sehr hastig, bevor sie verjagt werden bzw. um verjagen zu können.

Folge: Die Pferde verlieren bei einer Schlundverstopfung viel Flüssigkeit und können leicht austrocknen. Auch kommt es durch die Futterbrocken leicht zu Verletzungen der Schleimhaut. Vernarben diese Verletzungen, so ist die Speiseröhre an diesen Stellen nicht mehr so dehnbar und die Gefahr einer erneuten Schlundverstopfung ist hoch.

C

So stark quellen Rübenschnitzel beim Einweichen auf!

Komplikationen: Der Rückstau an Schleim, Futtergemisch und Speichel, der aus Maul und Nase quillt, kann über den Kehlkopf in die Luftröhre gelangen, wodurch Husten und Erstickungsanfälle ausgelöst werden. Gelangt etwas davon in die Lunge, können die Futterpartikel eine meist tödlich endende, schwere Lungenentzündung *(Aspirationspneumonie)* verursachen.

Was macht der Tierarzt?

Eine Schlundverstopfung ist ein **Notfall**, der immer einen Tierarzt erfordert. Manchmal jedoch löst sich die Verstopfung schnell von allein. Ist dies nicht der Fall, so gibt der Tierarzt ein krampflösendes oder beruhigendes Mittel. Das entspannt die Speiseröhrenmuskulatur und der Brocken kann sich lösen. Hat dies keinen Erfolg, so kann der Tierarzt ein Endoskop oder eine Nasenschlundsonde einführen und den Brocken vorsichtig in Richtung Magen schieben. Einen großen Brocken kann der Tierarzt manchmal mit der Hand, einer Schlinge oder einer Zange herausholen, wenn er im oberen Teil der Speiseröhre festsitzt. Schwere Schlundverstopfungen muss der Tierarzt manchmal mit wiederholten Spülungen auflösen. Dabei füllt der Tierarzt von oben Wasser über eine Nasenschlundsonde in die Speiseröhre und lässt das Wasser mit dem aufgeweichtem Futter zusammen durch diese Sonde wieder nach unten ablaufen. Funktioniert dies nicht, so bleibt nur noch eine Operation. Da diese aber nicht ganz einfach ist und nur schlecht und unter Narbenbildung abheilt, wird dieser Schritt nur im Notfall als letzte Maßnahme unternommen.

Ist die Schlundverstopfung beseitigt, spritzt der Tierarzt ein entzündungshemmendes Mittel, da es durch die Verstopfung sowie durch die Manipulation an der Speiseröhre meist zu einer Schleimhautentzündung kommt. Besteht die Gefahr einer Lungenentzündung, werden meist vorbeugend Antibiotika gegeben.

Was können Sie tun?

Bis der Tierarzt kommt, entfernen Sie jegliches Futter und Wasser aus der Box, Ihr Pferd darf nichts mehr zu sich nehmen. Halten Sie ihm den Kopf nach unten, damit nichts in die Luftröhre gelangen kann. Beruhigen Sie Ihr Pferd, die meisten haben große Angst. Dies gelingt Ihnen besonders mit einem Yin-Yang-Ausgleich und einer Augenakupressur in Kombination mit Rescue-/Notfalltropfen. Gegen die Schmerzen akkupressieren Sie die Punkte Di 4, 11 und Bl 60.

Nach der Behandlung oder wenn sich der Brocken von selbst gelöst hat, bekommt Ihr Pferd in den ersten 2 Stunden nur Wasser und Tee. In den folgenden 24 Stunden darf es nur Flüssigfutter, Wasser und weiches Futter in kleinen Portionen bekommen, bis die Speiseröhre ausgeheilt ist. Geeignet sind bei-

	Während des Notfalls	Nach der Erkrankung
Akupressur	Augenakupressur und Yin-Yang-Ausgleich, Renzhong und den Ohrspitzenpunkt drücken; Di 4, Di 11 und Bl 60 gegen die Schmerzen drücken	Ma 36, Di 4 und Le 3
Bachblüten	Geben Sie Rescue-/Notfalltropfen auf die Zunge.	Während der ersten 2 bis 3 Tage geben Sie Mimulus, Olive und Wild Oat. Die letzten beiden Blüten so lange geben, bis sich das Pferd etwas erholt hat.
Heilkräuter		**Zur Heilung der Schleimhaut täglich ins Futter:** 20 g Eibischblätter, 20 g Beinwell, 10 g Süßholz und 10 g Kamille sowie ein Tee aus 2 TL Gänsefingerkraut mit 250 ml kochendem Wasser übergießen, 10 Minuten ziehen lassen
Futter		• Erst Wasser und Tee, dann wässriger Haferschleim, danach breiiger Haferschleim oder Mash und eingeweichtes Heu bzw. eingeweichte Heucobs füttern; erst nur eine Handvoll, dann nach und nach mehr. • Kein pelletiertes Mischfutter oder Kraftfutter geben. • Trockenschnitzel und Obsttrester gründlich einweichen. Das Pektin bildet ein schützendes Gel auf der Schleimhaut.

spielsweise Haferschleim, suppiger Haferbrei und flüssiges Mash. Bevor Sie zur normalen Fütterung übergehen, füttern Sie zunächst übergangsweise breiiges Mash und am besten feinstängeliges, blattreiches Heu bzw. eingeweichte Heucobs und Gras. Es ist ratsam, Ihr Pferd nach überstandener Schlundverstopfung erst vom Boden aus zu füttern, um die Gefahr einer Lungenentzündung zu minimieren, denn die Pferde können sich auch noch wenige Tage nach einer Schlundverstopfung verschlucken. Geben Sie Ihrem Pferd Heilkräuter dazu, die dabei helfen, die entzündete Schleimhaut zu beruhigen und zu regenerieren. Achten Sie darauf, ob Ihr Pferd Fieber oder Nasenausfluss bekommt.

Vorbeugung: Geben Sie Rüben und Möhren ganz, so sind die Pferde zum Abbeißen und Kauen gezwungen. Achten Sie gewissenhaft darauf, Trockenschnitzel und Obst- und Möhrentrester vermischt mit Trockenschnitzeln gut einzuweichen. Das gilt besonders, wenn Ihr Pferd ein hastiger Fresser ist oder Zahnprobleme hat. Sie sollten dann nur unpelletiertes Mischfutter geben und durch Untermischen von Heuhäckseln die Kauaktivität verlangsamen und die Speichelsekretion anregen.[6] Reicht dies nicht, müssen Sie auf trinkbares Futter ausweichen, dem Futter also so viel Wasser beimischen, dass es trinkbar wird und Schlundverstopfungen unmöglich werden.

Merke: Versuchen Sie nie den Brocken herauszumassieren, Sie könnten dabei die Schleimhaut stark verletzen! Außerdem löst es meistens Unruhe und/oder stärkeres Würgen aus.

5. Erkrankungen des Magens

Die wichtigsten Erkrankungen des Magens sind akute oder chronische Gastritis, Magengeschwüre und die primäre und sekundäre Magenüberladung. Diese Erkrankungen sind typisch für Pferde, was an den eingangs des Kapitels geschilderten anatomischen Gegebenheiten liegt. Es wird ständig Magensäure produziert

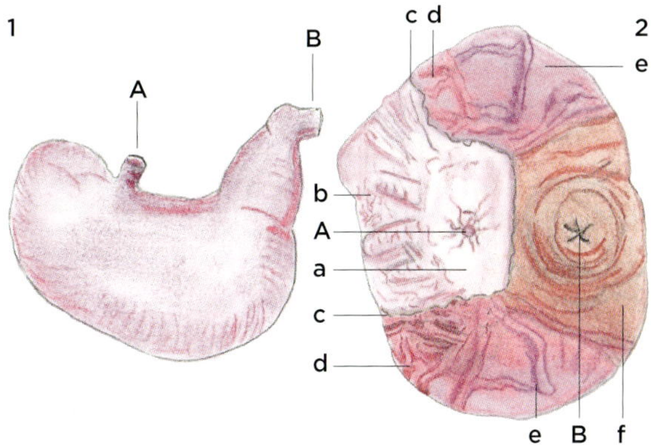

1 Schematische Darstellung des Magens
2 Schematische Darstellung der Magenschleimhaut, Öffnung über die komplette untere Rundung (große Kurvatur) Eingang in den Magen über den Eingangsmuskel (Cardia A), hier befindet sich drüsenlose, kutane Schleimhaut (a) wie auch im vorderen Blindsack (b). Durch einen auffälligen Wulst (c), den Margo plicatus, ist die drüsenreiche Schleimhaut abgetrennt. Hier befindet sich zuerst ein kleiner Bereich mit Cardiadrüsen (d), dann einer mit Fundusdrüsen (e). Im hinteren Bereich befindet sich die Pyloruszone (f) mit Drüsen und dem Pylorus (B).

und ohne ein „Raufutterkissen" im oberen Magenbereich wäre der obere Schleimhautanteil ohne Drüsen schutzlos ausgeliefert. Der Magen hat nur ein kleines Fassungsvermögen und Mageneín- wie auch Magenausgang liegen eng beieinander.

5.1 Magenüberladung, Magenerweiterung

Die Gesundheit des Pferdes kann durch Magenüberladung und Magenerweiterung aufgrund der geringen Größe und Dehnfähigkeit des Organs beim Pferd lebensbedrohlich gefährdet sein.

Anzeichen: Betroffene Pferde sind erschöpft und ausgetrocknet (dehydriert). Sie haben vermehrten Speichelfluss und eventuell Nahrungsbestandteile in den Nüstern. Sie zeigen starke Schmerzen und Kolikanzeichen kurz nach der Fütterung. Sie sitzen manchmal sogar wie Hunde, um dem Magen mehr Platz zu schaffen. Einige stoßen auf oder würgen. Die Pulsfrequenz steigt und die Atmung ist wegen des hochgedrückten Zwerchfells oberflächlich und schneller. Anzeichen eines Schocks sind nicht selten.

Ursache: Eine **Magenüberladung** ist eine übermäßige Füllung des Magens und kommt primär durch Aufnahme von zu großen Futtermengen, häufig bei minderwertigen, fehlgärenden bzw. quellenden Futtermitteln oder durch zu viel Wasser zustande. Sekun-

6 Vgl. Meyer, H. und Coenen, M.: Pferdefütterung. Enke Verlag 2014/Coenen, M. und Vervuert, I.: Pferdefütterung. Georg Thieme Verlag KG 2019.

C

där kann dies auch infolge eines Rückstaus von Darminhalt bei Darmverschlusss *(Ileus)* oder mangelnder Magenentleerung entstehen. Häufige Ursachen sind auch Probleme beim Kauen durch Zahnprobleme.

Komplikationen: Infolge einer zu großen Aufnahme von Krippenfutter kann eine Fütterungsrehe entstehen. Als weitere Komplikation kommt ein Magenriss, mit der Gefahr eines Magendurchbruchs, infrage.
Eine **Magenerweiterung** ist eine Weitung des Magens, die kurzzeitig oder dauerhaft, d.h. chronisch sein kann. Sie entsteht primär aus ähnlichen Gründen wie die Magenüberladung, aber auch durch zu viel geschluckte Luft bei hastigen Fressern, Gasbildung durch gärendes Futter, Fehlgärung durch stark verkeimtes oder verkleisterndes Futter. Weitere Fehlgärungen entstehen durch nicht abgelagerten Hafer und nicht abgelagertes Heu, überlagertes, verdorbenes Futter, frisches aufeinander abgelegtes Grünfutter, in dem sich Mikroorganismen vermehrt haben, gefrorene oder angefaulte Rüben.
Sekundär entsteht eine Erweiterung, wenn der Abfluss des Nahrungsbreis in den Darm durch Verschluss bzw. Verstopfung verhindert wird. Da Pferde nicht erbrechen können, kann eine andauernde zu starke Füllung zum Reißen der Magenwand führen.

Was macht der Tierarzt?

Mittels Nasenschlundsonde (NSS) wird der Magen gespült. Eine Infusion sorgt für schnellen Ausgleich des Flüssigkeitsmangels, dazu wird meist ein schnell wirkendes Schmerzmittel gegeben. Der Tierarzt unterscheidet bei der primären Erweiterung zwischen festem und flüssig-gasigem Inhalt einer Überfüllung. Bei festem Inhalt ist schon das Schieben der Nasenschlundsonde und das Eingeben von kleinen Mengen Flüssigkeit zum Aufweichen schmerzhaft und kann zu Abwehrreaktionen führen. Dabei besteht die Gefahr, dass der Magen reißt. Oft hat sich jedoch auch etwas Gas gebildet, das über die NSS abgehen kann und so Erleichterung verschafft. Das Lösen des festen Inhalts erfordert viel Geduld, es kann Stunden dauern. Flüssig-gasförmige Inhalte können meist problemlos über die NSS abgelassen werden. Bei der sekundären Magenerweiterung mit Flüssigkeit kommt aus der NSS eine übel riechende, gelb-braune Brühe in großer Menge. Allerdings füllt sich der Magen schnell wieder mit zurückfließendem Dünndarminhalt. Meistens muss der Mageninhalt mehrmals über die NSS abgelassen werden. Werden die Zeitabstände größer, je nach Füllungszustand des Darms, ist es besser, die Sonde neu zu schieben.

Was können Sie tun?

Wirken Sie einem Schock durch Massage des Ohrspitzenpunktes und einen Yin-Yang-Ausgleich *(s. Seite 118 f.)* entgegen. Geben Sie Ihrem Pferd 10 Rescue-/Notfalltropfen auf das Zahnfleisch und reden Sie ihm beruhigend zu. Wenn Ihr Pferd dies zulässt, können Sie probieren, den Schmerz durch einen warmen Bauchwickel zu lindern. Akupressur der gegen Schmerzen helfenden Punkte Di 4, Di 11, Ma 25 und Bl 60 unterstützt den Bauchwickel. Wenn die Erweiterung nicht extrem ist und Ihr Pferd diese Maßnahmen als angenehm empfindet, machen Sie eine Tuina-Behandlung des Pferdebauchs. Verwenden Sie dazu einige Tropfen beruhigendes Lavendelöl, das Sie in beiden Händen verteilen. Nach einer Magenüberladung durch Kraftfutter sollten Sie nach der Magenentleerung sehr aufmerksam sein, damit Sie die Entwicklung einer Rehe nicht übersehen. Überprüfen Sie regelmäßig den Puls an den Beinen und am Röhrbein über dem Fesselgelenk.
Fütterung: Nach Abklingen der Koliksymptome und der Magenüberladung sollte zuerst ausschließlich hygienisch einwandfreies, gutes Heu in kleinen Portionen gefüttert werden. Eine Menge von 1,75 bis 2 kg pro 100 kg Pferdegewicht am Tag ist in Ordnung. Dazu können Sie Pflanzenöle geben, verteilen Sie dafür eine Menge von bis zu 60 ml pro 100 kg KGW/Tag auf 2 bis 3 Fütterungen täglich. Bei einem 600 kg schweren Pferd sind das 120 ml (= 360 ml täglich) Öl pro Fütterung 3-mal täglich sowie je 2,5 kg gutes Heu morgens, vormittags, mittags und abends knapp 6 kg gutes Heu. Gewöhnen Sie Ihr Pferd langsam an das Pflanzenöl, beginnen Sie mit 30 ml täglich und geben jeden Tag 25 ml mehr dazu.

Vorsicht! Ein sicheres Anzeichen für eine Ruptur, einen Riss der Magenwand, sind kalter, nasser Schweiß mit plötzlich eintretender Ruhe des Pferdes und allgemeine Schocksymptome. Ein vollständiger Riss ist nicht behandelbar!

5.2 Magenentzündung (Gastritis)

Was ist eine Magenentzündung?

Bei der Gastritis handelt es sich um eine Magenschleimhautentzündung, die akut und chronisch verlaufen kann. Ist die Schleimhaut entzündet, kann die Magensäure tiefere Schichten des Magens schädigen.

Anzeichen: Oft sind die Anzeichen einer Magenschleimhautentzündung zunächst weniger deutlich. Für den Pferdebesitzer erkennbare Symptome sind der geringe oder fehlende Appetit und Mattigkeit seines Pferdes. Weitere Anzeichen: Es gähnt, leckt und flehmt vermehrt und nach der Futteraufnahme fühlt es sich oft unwohl. In der Maulhöhle ist ein übler Geruch wahrnehmbar. Manchmal hat es Fieber und magert ab oder zeigt leichte Koliksymptome. Eine vom Magen ausgehende akute, selbstständige Magenentzündung heilt in der Regel spontan und schnell von allein aus, wenn die Ursache abgestellt wird. Geschieht das nicht, kommt es zu einer fortschreitenden Abmagerung. Entsteht die akute Gastritis aufgrund einer anderen Grunderkrankung, überwiegen meist die Symptome dieser Erkrankung. In chronischen Fällen verläuft die Erkrankung langsamer, das Pferd zeigt ähnliche Anzeichen, ist matt und leistungsschwach. Das Fell wirkt ungepflegt und struppig. Das An- und Nachgurten des Sattels empfindet das Pferd oft als unangenehm.

Ursachen: Fütterungsfehler wie unregelmäßiges Füttern, qualitativ schlechtes, zu wenig oder falsch zusammengesetztes Futter, längeres und wiederholtes Hungern und Magenüberladung sind häufige Ursachen für Magenschleimhautentzündungen. Als weitere Ursachen sind Stress, Kaustörungen mit ungenügendem Durchkauen, hastige Futteraufnahme sowie schimmliges Futter oder reizende Medikamente zu nennen, aber auch Infektionen durch Schimmelpilze oder mechanische Reize wie durch die Aufnahme von Sand oder hartem, verholztem Grobfutter kommen gar nicht so selten vor. Wird die Gastritis durch schlechte Haltung und Fütterung, wie zu lange Hungerzeiten, zu viel Stärke (Getreide) und zu wenig Rohfaser, verursacht, entsteht schnell eine **chronische Gastritis** mit Schleimhautverletzungen und Geschwüren. Im Verlauf von Allgemeinerkrankungen wie Virusinfektionen oder Druse, aber auch nach Darmerkrankungen bzw. überstandenem Schock entstehen oft chronische Magenschleimhautentzündungen mit Schleimhautgeschwüren.

Kopper leiden öfter unter einer Magenschleimhautentzündung, da ihr Magen vermehrt Säure produziert. Oft ist jedoch auch die Magenschleimhautentzündung eine Ursache für das Koppen. Starker Parasitenbefall, insbesondere mit den Larven der Magendasselfliege oder mit Würmern (Strongyliden und Trichostrongyliden), kann ebenfalls zu einer Magenschleimhautentzündung führen.

Aber auch vorangegangene Behandlungen mit bestimmten Medikamenten wie Kortison (Kortikosteroide) oder auch nichtsteroidale Entzündungshemmer und Schmerzmittel wie Phenylbutazon, speziell bei Langzeitgabe, sind weitere Risikofaktoren.

Komplikationen: Magenschleimhautentzündungen und -geschwüre können zu einem schmerzbedingten Abschlucken von Luft (Koppen) führen.

Aus einer Magenschleimhautentzündung können sich Geschwüre entwickeln, die durch die Magenwand brechen. Wenn der Mageninhalt in die Bauchhöhle gelangt, kommt jede Behandlung zu spät. Das Gleiche kann passieren, wenn in seltenen Fällen die Larven der Magendassel Löcher in die Magenwand fressen.

Was macht der Tierarzt?

Durch eine Untersuchung des über eine Nasenschlundsonde (NSS) gewonnenen Magensaftes kann der Tierarzt eine Übersäuerung feststellen. Eine Röntgenuntersuchung gibt Aufschluss darüber, ob der Magen aufgegast oder die Magenschleimhaut verdickt ist. Ganz sicher ist die Diagnose durch eine **endoskopische Untersuchung**. Der Tierarzt kann dann die Magenwand beurteilen und eventuelle Schleimhautwunden feststellen. Im Mageninhalt finden sich Schleimklumpen und Blutbeimengungen. Letzteres hängt mit einem oft gleichzeitig bestehenden Magengeschwür zusammen.

Ein Parasitenbefall des Magens kann mit dem Endoskop, aber auch über eine Kotuntersuchung festgestellt werden. Steht die Diagnose, so muss als Erstes die Ursache der Entzündung beseitigt und dann je nach Ursache behandelt werden. Bei einer leichten Gastritis durch Ernährungsfehler reicht meist schon das Abstellen der Ursache und die Entzündung heilt problemlos von selbst aus. Infektio-

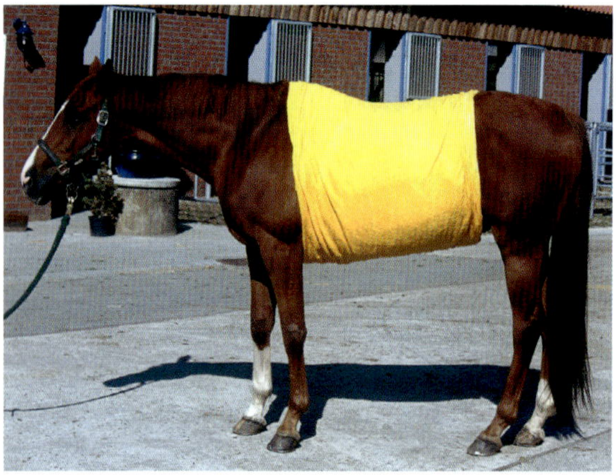

Ein warmer Bauchwickel lindert Bauschmerzen.

nen mit Pilzen oder Parasiten müssen entsprechend mit einem Mittel gegen Pilze *(Antimykotikum)* oder Parasiten *(Antiparasitikum)* bekämpft werden. Von tierärztlicher Seite wurde früher häufig ein Fastentag empfohlen. Heute ist man davon abgekommen, da weiterhin Magensäure produziert wird, die auf die Schleimhaut des Magens einwirkt. Es werden meistens schleimhaltige Medikamente gegeben, teils mit säurehemmender Wirkung. Auch schleimhautschützende, -abdeckende Mittel wie Sucralfat helfen dem Magen. Das Mittel Omeprazol oral (2 bis 4 mg je kg KGW) lindert die Probleme schnell.

Was können Sie tun?

Überdenken Sie die Fütterung Ihres Pferdes und optimieren Sie sie falls nötig. Denken Sie daran, immer zuerst Raufutter, dann Krippenfutter zu geben. Während des akuten Zustands können Sie die Einwirkung des Magensaftes durch die Eingabe von in Wasser gelöster Tierkohle und lauwarmen Leinsamenbrei deutlich mildern. Leidet Ihr Pferd unter starken Schmerzen, tun feucht-warme Wickel um den Bauch gut. Bieten Sie Ihrem Pferd neben Wasser auch lauwarmen Tee an. Welche Kräuter Sie zugeben können, lesen Sie in der Behandlungstabelle *(s. Seite 327)* nach. Akupressur der gegen Schmerzen helfenden Punkte Di 4, Di 11, Ma 25, 36 und Bl 60 unterstützt den Bauchwickel.

Fütterung: Danach füttern Sie Ihrem Pferd über mehrere kleine Portionen verteilt warmen Hafer- oder Leinsamenschleim, dieser kann die Schleimhaut schützen und heilen. Malve, Eibisch, Isländisch Moos und Eichenrinde und breiiges bis flüssiges, handwarmes Mash sind ebenfalls hilfreich. Daneben gibt es weitere Heilkräuter, die dem Magen helfen. *Genaueres dazu lesen Sie auf Seite 313.*

Darüber hinaus füttern Sie Ihrem Pferd weiches Heu oder besser Gras in vielen kleinen Portionen. Das Heu schützt die empfindliche Schleimhaut und saugt Magensäure auf.

5.3 Magengeschwüre (Equine Gastric Ulcer Syndrome = EGUS)

Magengeschwüre sind bei Pferden häufiger als gemeinhin vermutet. Jedoch zeigen Untersuchungen, dass viele Sport- und Rennpferde, aber auch Freizeitpferde und sogar mindestens jedes zweite Fohlen längere Zeit unerkannt unter den Geschwüren leidet.[7] Studien zeigen, dass ca. 93% der Distanzpferde[8], 90% der Galopper, 87% der Traber, 63% der Sportpferde, 53% der Freizeitpferde und 40% der Westernpferde von Magenproblemen bzw. -geschwüren betroffen sind. Sogar Zuchtstuten auf der Weide liegen bei 40 bis 70% Krankheitsanfälligkeit.[9] Jedoch gilt die Erkrankung nicht als Zivilisationskrankheit, auch wild lebende Pferde erkranken daran.[10]

Was ist ein Magengeschwür?

Wenn die Magensäure auf die Magenschleimhaut und tiefer liegende Schichten des Magens einwirkt, entsteht ein Magengeschwür. Bei den Magengeschwüren ist der Ort des Geschwürs wichtig. Das soll künftig schon in der Bezeichnung deutlich werden: EGUS soll je nach Lage durch die Bezeichnungen ESGD und EGGD, ausgesprochen Equine Squamos – bzw. Equine Glandular Gastric Disease – ersetzt

7 Vgl. Red.: Nicht nur „Managerkrankheit"– Magengeschwüre bei Fohlen oft unterschätzt. VETimpulse, 18. Jahrgang Ausgabe 10, 15. Mai 2009, S. 8
und Venner, M.; Bäuerlein, V.: Magengeschwüre und Durchfall bei Fohlen. 9. Leipziger Tierärztekongress 2018
und Becker, M. et al.: Krankheiten des Magen-Darm-Trakts. Aus Brehm, W. et al. (Hrsg.), Enke Verlag 2017, S. 482-600.

8 Vgl. Red.: Equine Gastric Ulcer Syndrome (EGUS): Magengeschwüre bei Distanzpferden häufig. VETimpulse 20. Jahrgang, Ausgabe 9, 1. März 2011, S. 6.

9 Vgl. Gerber, V. et al.: Krankheiten des Verdauungstrakts, des Bauchfells, der Leber und der Bauchspeicheldrüse. Aus Gerber, V., Straub, R. (Hrsg.), Haupt Verlag 2016, S. 177-258.

10 Vgl. Ammler, U.: Keine Zivilisationskrankheit – Magengeschwüre auch bei wild lebenden Pferden verbreitet. VETimpulse 24. Jahrgang Ausgabe 24, 15. Dezember 2015, S. 6.

werden. Frei übersetzt heißt dies: **Magengeschwüre im oberen, drüsenfreien Bereich des Magens (ESGD)** und **Geschwüre im unteren, drüsenreichen Abschnitts des Magens (EGGD)**.

Beim Fohlen wie auch beim erwachsenen Pferd kommt ESGD am häufigsten vor, also an der drüsenlosen Schleimhaut im oberen Teil des Magens. Hier gibt es nur kutane Schleimhaut, also verhorntes Plattenepithel ohne Drüsen. Diese reagiert empfindlich, wenn hier anhaltend die aggressive Magensäure und Pepsin einwirken.

Seltener tritt **EGGD** auf, also Magengeschwüre an der Drüsenschleimhaut. Diese hat zum Schutz mucin- und bikarbonathaltige, alkalische Schleimhaut als starken Säurepuffer, eine hohe Zellteilungsrate zum schnellen Reparieren der geschädigten Schleimhaut und eine hohe Stoffwechselrate.

Am seltensten sind geschwürige Veränderungen am Drüsenepithel im Bereich des Magenausgangs. Letztere sind aber auch am schwersten zu heilen.

Anzeichen: Betroffene Pferde fressen schlecht, kauen oft leer, knirschen aufgrund der Schmerzen mit den Zähnen und speicheln stark. Meist magern sie ab. Einige flehmen häufig. Daneben treten allgemeine Anzeichen der Magenschmerzen wie schlechte Kondition, Mattigkeit, stumpfes Fell sowie Verdauungsstörungen auf. Das Verhalten der Pferde ändert sich, sie sind leistungsschwach und matt. Viele speicheln stark, müssen aufstoßen. Häufig wird durch die Magenschmerzen nach dem Füttern wiederholt eine leichte Kolik beobachtet. Auch stärkere, wiederkehrende Koliken kommen vor. Einige Pferde zeigen Durchfall im Wechsel mit Verstopfung. In seltenen Fällen kann auch Koppen ein Anzeichen für Magenprobleme sein.

Bei Fohlen, die sich schlecht entwickeln, aufstoßen, struppiges Fell haben, viel trinken, Fressunlust, unmotiviertes Kauen von Stroh, vermehrten Speichelfluss, Maulgeruch und milde Koliken zeigen, sollte immer der Magen kontrolliert werden. Typische Zeichen sind Zähneknirschen im Zusammenhang mit Kolik nach dem Fressen oder das Abbrechen des Saugens und „Auf-den-Rücken-Rollen" und so Verharren. Brechen die Geschwüre durch die Magenwand, sind die Fohlen wie erwachsene Pferde zunächst apathisch, dann folgen heftige, nicht zu therapierende Koliken, Schock und Tod. Manchmal können Magengeschwüre auch unterschwellig und ohne Anzeichen bei Fohlen wie auch beim erwachsenen Pferd verlaufen.

Ursachen: Ein Risikofaktor, um an einem Magengeschwür zu erkranken, kann die genetische Disposition sein. Wie oben bereits erwähnt, sind Saugfohlen ebenfalls den Risiken ausgesetzt, an Magengeschwüren zu erkranken. Sie produzieren Magensäure, haben aber noch keine so starke Schleimhaut wie erwachsene Tiere. Besonders Waisenfohlen leiden unter dem Verlust der Mutter, was Stress auslöst. Wird keine Ammenstute gefunden, muss das Fohlen mit der Flasche ernährt werden. Sehr anfällig sind kranke Fohlen (Sepsis, Durchfall u.a.), neben Medikamenten sind Infektionen mit Rotaviren, schlechtere Durchblutung, verminderte Milchaufnahme und vermehrtes Liegen Risikofaktoren für die Entstehung von Magengeschwüren.[11]

Bei erwachsenen Pferden sind insbesondere die Fütterung (zu viel Kraftfutter, zu viel Getreide, zu wenig Raufutter und zu lange Futterpausen) sowie Stress auslösende Faktoren für die Entstehung von Magengeschwüren verantwortlich.

Normalerweise ist die Salzsäure des Magens zuständig für die Verdauung der Nahrung. Da die Pferde naturgemäß den gesamten Tag über Nahrung zu sich nehmen würden, wird auch den ganzen Tag Magensäure produziert. Mit der Nahrung gelangt Speichel in den Magen und neutralisiert die Magensäure. Die den Magen auskleidende Schleimhaut ist durch einen speziellen Schleim vor der Magensäure geschützt. Wird jedoch mehr Säure gebildet als Schleimstoffe, kann die Magensäure die Magenwand angreifen. Dies ist z.B. der Fall bei der Fütterung von einem hohen Anteil an schwer abbaubarer Stärke und starker Melassierung des Futters wie man sie bei verschiedenen Kraftfutterzusammensetzungen findet. Beides erhöht die Magensäure, da es zu einer starken Milchsäurebildung kommt. Wird zu viel Kraftfutter und zu wenig Raufutter gefüttert, hat das Pferd kaum noch etwas zu kauen und zu verdauen. Der Mageninhalt ist dann durch die große Menge Kraftfutter sehr fest und kaum durchmischt. Die Salzsäure des Magens kann kaum in den festen Futterbrei eindringen, da durch das unzurei-

11 Vgl. Gerber, V. et al.: Krankheiten des Verdauungstrakts, des Bauchfells, der Leber und der Bauchspeicheldrüse. Aus Gerber, V., Straub, R. (Hrsg.), Haupt Verlag 2016, S. 177-258.

C

chende Kauen zu wenig Speichel abgegeben wurde. Bakterien im Inneren des Speisebreis können nicht abgetötet werden und fermentieren die Stärke zu flüchtigen Fettsäuren. Sie tragen zur weiteren Säuerung des Magens bei. Zudem führen die flüchtigen Fettsäuren und Gallesäuren zu Zellaufschwemmung und Entzündung sowie zu Schädigungen der tiefen Schleimhautschichten.[12] Die Aufenthaltsdauer des Kraftfutterbreis im Magen verlängert sich. Ohne die regulierende Rückmeldung über die Durchsäuerung des Mageninhalts wird mehr Magensäure abgegeben als nötig.

Eine ähnliche Situation findet sich oft bei Boxenpferden, deren Mägen häufig aufgrund von zu geringer Raufuttergabe über mehrere Stunden hinweg leer bleiben, sodass das Innere des Magens immer saurer wird. Bekommen die Pferde nur zweimal am Tag Futter, hat der Magen zu lange Leerzeiten, d.h. mehr als 5 Stunden. Infolgedessen geht der pH-Wert im Magen unter 4, also weit nach unten in den sauren Bereich und die Magensäure kann die Magenwand angreifen und somit Magengeschwüre verursachen. Diese können in Blutgefäße einbrechen und Magenbluten auslösen. Haben die Pferde freien Zugang zu gutem Heu, bleibt der pH-Wert im Magen bei 6 und drüber.

Ein weiterer, nicht zu unterschätzender Risikofaktor ist Stress der Pferde, denn Stress erhöht ebenfalls die Magensäurebildung. Dazu gehören auch Schmerzen, z.B. durch Stallwechsel, Transporte, durch unpassende Ausrüstung, schlechten Hufbeschlag, chronische Schmerzen u.a.m.

Während Freizeitpferde mehr unter Stress, z.B. durch Rangordnungsstreitigkeiten, unpassende oder ständig wechselnde Herdenzusammensetzung oder Verlust des Sozialpartners leiden, spielt für die Entstehung von Magengeschwüren bei den Sport- und Rennpferden eher die Intensität des Trainings eine Rolle. Hierbei kommt es nicht nur zur vermehrten Magensäurebildung, sondern durch intensive Bewegung/Arbeit der Pferde wird ein erhöhter äußerer Druck auf den Magen ausgeübt. Dabei wird die Magensäure aus dem (unteren) Drüsenbereich, wo sie produziert wird, in den oberen, weniger gut geschützten Bereich des Magens gedrückt und kann hier die Magenwand schädigen.

All diese Faktoren bewirken eine schlechtere Durchblutung der Magenwand. Die Produktion des schützenden Schleims wird gestört, der Magen wird empfindlicher.

Als weitere Risikofaktoren für Magengeschwüre dürfen Medikamente nicht unerwähnt bleiben. Medikamente, die den Magen besonders angreifen, sind nicht steroidale entzündungshemmende und schmerzlindernde Präparate wie Phenylbutazon und Ketoprofen, aber auch steroidale Entzündungshemmer wie Glukokortikoide (Kortison) und einige Antibiotika.

Parasiten wie Magendasseln können ebenfalls der Magenwand großen Schaden zufügen.

Komplikationen: Die Geschwüre bilden Krater und Trichter. Sie können Magen und Dünndarm verengen und so Verstopfungen und Koliken auslösen. Eine weitere Komplikation sind sekundäre Magenentleerungsstörungen, besonders nach Geschwüren im Magenausgangsbereich und am Darmanfang. Wachsende Geschwüre können in die Blutbahn einbrechen und gefährliche Magenblutungen verursachen. Werden die Geschwüre nicht behandelt, kann sich die Magenschleimhaut von der Magenwand lösen und schließlich die Magenwand durchbrechen. Die sich anschließende Bauchfellentzündung kann tödlich verlaufen.

Aussichten: Während die Geschwüre im drüsenlosen oberen Teil des Magens (ESGD) gut therapierbar sind, machen die Geschwüre der Drüsenschleimhaut (EGGD) deutlich mehr Probleme. Die Dauer, die die Magenwand zur Abheilung benötigt, hängt vor allem von dem Schweregrad des Geschwürs ab. Oberflächliche Defekte, auch wenn sie über einen größeren Bereich gehen, können schon nach einigen Tagen abheilen. Tiefer gehende Geschwüre benötigen Wochen, bis das Gewebe langsam wieder zu- und hochgranuliert und vernarbt ist. Veränderungen im Bereich des Magenausgangs (Pylorusbereich) brauchen am längsten zur Ausheilung und neigen meist zur Narbenbildung und daraus folgenden Magenentleerungsstörungen. Diese können funktionell bedingt sein oder durch narbige

12/14 Vgl. Red: Fütterung und Haltung überdenken. Viele Faktoren führen zu EGUS. VETimpulse, 20. Jahrgang, Ausgabe 12, 15. Juni 2011, S. 6 .
und Venner, M., Vervuert, I.: Fütterung zur Prävention von Magengeschwüren beim Sportpferd, ein Update. 9. Leipziger Tierärztekongress 2018.

Verengungen ausgelöst werden.[13] Deshalb ist eine endoskopische Nachkontrolle wichtig.

Was macht der Tierarzt?

Mithilfe eines Endoskops kann sich der Tierarzt die Magenhöhle des Pferdes ansehen (Magenspiegelung/Gastroskopie) und so Veränderungen der Magenschleimhaut bzw. Geschwüre entdecken. Dabei muss er Luft in den Magen füllen und sich den gesamten Magen bis zum Magenausgang *(Pylorus)* und das beginnende Duodenum ansehen. Damit der Magen leer ist, muss das Pferd 12 bis 14 Stunden (Fohlen 6 bis 10 Stunden) hungern und darf die letzten Stunden vor dem Eingriff nichts mehr trinken. Findet der Tierarzt ein Geschwür, so wird es nach Grad 0 bis 4 und seiner Lage, also Magenschleimhaut mit oder ohne Drüsen, eingeteilt. Am Ende der Untersuchung muss die Luft wieder abgesaugt werden, sonst droht eine Kolik.

Hinweis: Nicht immer passen der Endoskopiebefund und die klinischen Symptome zusammen. Das trifft ebenso für Röntgenaufnahmen zu.

Ziel der anschließenden Behandlung des Magengeschwürs ist es, für eine bestimmte Zeit die Säureproduktion im Magen zu drosseln und die Säure im Magen zu binden, damit die Schleimhaut sich erholen und heilen kann. Auch die Symptome werden gebessert. Das geschieht mit **Säureblockern** wie Omeprazol, die die H_2-Pumpe hemmen. Ohne H_2 kann die Drüsenzelle keine Salzsäure, chemisch HCl, herstellen. Omeprazol wird bei erwachsenen Pferden eingesetzt. Ein gutes, wirksames Medikament mit dem Wirkstoff ist Gastrogard, das leider recht teuer ist. Betroffene Tiere sprechen oft nach wenigen Tagen an, die Behandlung sollte dann je nach Schweregrad mindestens 21 Tage fortgeführt werden. In dieser Zeit können die Verletzungen und Geschwüre abheilen. Bei leichten bis mittelgradigen Magengeschwüren reicht die Hälfte (2 mg je kg KGW) der empfohlenen täglichen Dosierung meist schon aus. Bei Fohlen ist die positive Wirkung der H_2-Rezeptor-Antagonisten Cimetidin und Ranitidin auf den Magen-pH beim Fohlen mehrfach nachgewiesen worden.[14] Die Salzsäureausschüttung wird vermindert. Beim erwachsenen Pferd wirken Ranitidin und Cimetidin sehr viel schwächer, etwa halb so gut wie Omeprazol.

Es gibt derzeit für das erwachsene Pferd nur Omeprazol, Cimetidin und Ranitidin zur Behandlung von Magenulzera.

Zur Neutralisierung der bereits in den Magen abgegebenen Magensäure können **Antazida** wie Magnesiumoxid oder Aluminiumhydroxid allein oder in Kombination mit anderen Medikamenten eingesetzt werden. Beim erwachsenen Pferd müssten dabei enorme Mengen der Antacida Anwendung finden, sodass diese Behandlung eher für Fohlen empfohlen wird. Auch beim Fohlen muss das Antacidum mehrfach täglich verabreicht werden. **Zum Schutz der Schleimhaut** können bei erwachsenen wie auch jungen Pferden Protektiva wie Sucralfat oder Wismut-Verbindungen eingesetzt werden. Das gilt auch vorbeugend in Zeiten höherer Belastung bei Sportpferden. Lezithin, Glyzerin und Pektin kräftigen die Magenschleimhaut. Es gibt Ergänzungsfuttermittel für den Magen, welche weitere Stoffe (z.B. Beta-Glucan, Aloe vera, Rotalgen, Magnesiumoxid, Calciumcarbonat) enthalten und erfolgreich überschüssige Säure binden und die Magenschleimhaut schützen.

Wichtig für den Erfolg jeder Behandlung ist jedoch, zunächst die Ursachen für die Erkrankung abzustellen. Sind beispielsweise Magendasseln (oder Würmer) die Ursache für Magengeschwüre, müssen die Parasiten bekämpft werden. Ist Stress die Ursache, müssen die stressverursachenden Faktoren ausgeschlossen oder stark verringert werden.

Was können Sie tun?

In Kombination mit den Medikamenten sollten, falls möglich, täglicher Weidegang, wenig Kraftfutter und viel gutes Heu ermöglicht werden. Dazu sind möglichst viele Stressoren auszuschalten. Geben Sie Ihrem Pferd mindestens 2 Wochen Ruhe und Erholung auf der Weide bzw. mit viel freier Bewegungsmöglichkeit. Pferde mit einem oberflächlichen Magengeschwür im drüsenlosen Schleimhautbereich (PSGD) dürfen danach spazieren geritten werden. Bei tiefer gehenden Geschwüren braucht Ihr Pferd entsprechend längere Zeit zur Erholung. Das kann

C

13 *Vgl. Gerber, V. et al.: Krankheiten des Verdauungstrakts, des Bauchfells, der Leber und der Bauchspeicheldrüse. Aus Gerber, V., Straub, R. (Hrsg.), Haupt Verlag 2016, S. 177-258.*

mehrere Wochen dauern. Viele Pferde lassen sich auch nach der Abheilung des Geschwürs nur ungern satteln und gurten.
Ist kein Weidegang möglich, füttern Sie begleitend oder auch vorbeugend über den Tag verteilt viel Raufutter. Zumindest in den ersten zwei Wochen wenig Stärke, also wenig Kraftfutter und keine Müslis. Danach angepasst an die Bewegung wenig Kraftfutter, das in mehreren kleinen Portionen angeboten wird. Die Therapie entspricht weitgehend der der Magenentzündung. *Lesen Sie auf Seite 321 f. sowie in der Tabelle auf Seite 327 nach.*
Sorgen Sie unbedingt dafür, dass sich die Lebensumstände des Pferdes, wie Fütterung, Haltung oder Trainingsbedingungen, verbessern und die Ursachen der Magengeschwüre beseitigt werden. Gelingt dies nicht, ist die Gefahr, dass die Pferde erneut erkranken, sehr wahrscheinlich.

Fütterung: Warmer, flüssiger Hafer- oder Leinsamenschleim in kleinen Portionen schützt die Magenwände. Zuerst sollte, insbesondere in schweren Fällen, zwei bis 7 Tage flüssiges Futter und in vielen kleinen Portionen eingeweichtes Heu und/oder Gras gegeben werden. Geeignet ist trinkbares Mash. Diese Maßnahmen entlasten den Magen und er kann sich beruhigen.
Lassen die Bauchschmerzen nach, kann wieder Heu angefüttert werden. Gutes Heu gibt es in einer Mindestmenge von 1,7 kg pro 100 kg KGW. Vorbeugend sollte das Pferd ständig Zugang zu gutem Heu und frischem Wasser haben. Auch Weidegang wirkt sich sehr vorteilhaft aus. Zusätzlich können Sie Esparsette oder eingeweichte Esparsettecobs und etwas magenschonendes Kraftfutter geben. Die Pektine aus Obsttrester oder eingeweichten, zuckerfreien Rübenschnitzeln helfen dem Magen, da sie durch die Erzeugung einer Gelschicht den Magenschleim stabilisieren und einer Übersäuerung des Magens entgegenwirken. Nach der Zeit der Schmerzen sind die Pferde jedoch oft besonders magenempfindlich und sensibel. Dies gilt besonders für Geschwüre im Bereich der Drüsenschleimhaut, speziell am Magenausgang. Am Markt gibt es inzwischen entsprechendes Kraftfutter für magenkranke Pferde sowie magenschleimhautschützende Mittel. Achten Sie darauf, dass Ihr Pferd möglichst auch weiterhin möglichst stärkearm gefüttert wird.

Fütterung danach zur Vermeidung eines Rezidivs: Eine entscheidende Voraussetzung zur Vermeidung eines Rezidivs ist gutes Heu in einer Menge von 1,7 kg pro 100 kg KGW täglich. Dazu sollte die Kraftfuttermenge bei arbeitenden Pferden auf maximal 300 g, besser 100 g pro 100 kg KGW pro Fütterung begrenzt werden. Dazu 300 ml Pflanzenöl, am besten Leinöl. Das ersetzt rund 1 kg Kraftfutter. Gewöhnen Sie das Pferd aber langsam an diese Menge Pflanzenöl.
Solange Sie dem Pferd eine größere Menge Krippenfutter oder magenfreundliches Kraftfutter geben, sorgen Sie für Struktur, mischen Sie Luzernepellets oder Heuhäcksel/Trockengrünfasern drunter. So kann Ihr Pferd nicht so hastig fressen und muss mehr kauen. Achten Sie auch darauf, lieber mehrere kleinere Portionen als übergroße Portionen zu füttern. Luzernehäcksel sind nicht unbedingt empfehlenswert, da sie zu Schleimhautverletzungen am Pylorus führen können.[15]
Füttern Sie generell das Raufutter zuerst und etwa 10 bis 15 Minuten später das Kraftfutter. So ist bereits alles gut eingespeichelt und die Magensäure ein wenig neutralisiert. Achten Sie darauf, nur hygienisch einwandfreies, melassearmes Futter zu füttern.
Das Pferd sollte die Möglichkeit zur kontinuierlichen Futteraufnahme über 12 bis 16 Stunden am Tag haben, keine Futterpause länger als ca. 4 Stunden. Zudem sollte das Arbeiten ca. 4 Stunden nach der letzten Kraftfutteraufnahme beginnen. Heu darf das Pferd aber bis kurz vorher fressen.
Vermeiden Sie ansäuernde Futtermittel wie Silage oder Heulage. Die Gabe von Apfelessig, Ingwer, Knoblauch oder Meerrettich ist bei Magenproblemen/-geschwüren nicht geeignet.
Zur Stressreduktion dient ausgiebiger Weidegang.

15 Vgl. Venner, M. und Bäuerlein, V.: Magengeschwüre und Durchfall beim Fohlen. 9. Leipziger Tierärztekongress 2018.

5.4 Therapie der Magenerkrankungen

	Magenentzündung	Magengeschwür
Hausmittel	Tierkohle oder Heilerde saugen die Magensäure gut auf.	
Umschläge	warme Bauchwickel	
Akupressur	Ma 36, 25 und 41, Di 4 und 11, Le 3, B 60, KG 12 und KG 14 sowie ein Yin-Yang-Ausgleich	
Tuina-Behandlung	Eine leichte Massage des Pferdebauchs hilft Ihrem Pferd, ebenso eine Tuina-Behandlung des Unterbauchs; dabei stimulieren Sie die Punkte KG 5, 12 und 14 sowie Ma 25 rechts und links des Nabels. Diese Behandlung sollten Sie während der gesamten Heilungsphase anwenden; anfangs täglich, nach einer Woche alle zwei Tage.	
Bachblüten	Rock Rose, Vervain **Danach zur Erholung:** Olive und Wild Oat	Holly, eventuell Rock Rose **Danach zur Erholung:** Olive und Wild Oat
Kräuter	Je 100 g Brombeer- und Himbeerblätter, 100 g Pfefferminze, 80 g Eibisch, 80 g Oregano, 40 g Süßholz, 100 g Isländisch Moos, 100 g Kamille, 80 g Thymian, je 50 g Kümmel und Fenchel (zerstoßen) mischen und über 4 bis 6 Wochen 50 g täglich ins Futter geben.	100 g Baldrian (steht auf der Dopingliste), 80 g Beinwell, 80 g Mädesüß, 120 g Kamille, 40 g Süßholz, 100 g Scharfgabe, 80 g Eibisch und 50 g Fenchelsamen (zerstoßen) mischen und über 4 bis 6 Wochen 50 g täglich ins Futter mischen.
Tees	Je 1 TL Brombeer- und Himbeerblätter, Melisse, Kamille und Gänsefingerkraut werden mit 1 l kochendem Wasser übergossen, 10 Minuten ziehen lassen, evtl. abseihen (Sie können die Kräuter auch mitfüttern) und lauwarm 2-mal täglich ¼ l dem Pferd eingeben. Eventuell mit etwas Honig oder Traubenzucker süßen!	
Fütterung	**Beide im akuten Stadium täglich:** Warmer, flüssiger Hafer- oder Leinsamenschleim in kleinen Portionen schützt die Magenwände, ebenso flüssiges Mash. Dazu gibt es gutes Heu in einer Mindestmenge von 1,7 kg pro 100 kg KGW oder Gras 7 kg/100 kg KGW; anfangs eingeweicht in vielen kleinen Portionen, bis die Bauchschmerzen weg sind. Wichtig ist eine kontinuierliche Futteraufnahme von 12 bis 16 Stunden am Tag, keine länger dauernden Futterpausen (max. 4 Stunden). **Gastritis:** Dazu sollte die Kraftfuttermenge bei Sportpferden auf 100 bis 300 g pro 100 kg KGW pro Fütterung begrenzt werden. Da Sportpferde viel Energie brauchen erscheint es sinnvoll, Kraftfutter durch Pflanzenöl zu ersetzen. 1 kg Hafer kann durch 300 ml Pflanzenöl ersetzt werden. Gewöhnen Sie das Pferd aber erst langsam daran. Auch ölreiche und stärkearme Sonnenblumenkerne können Sie jetzt füttern in einer Menge von 80-90 g pro Fütterung, 3 x täglich. Das ersetzt 150 bis 170 g Öl. Bei einem empfindlichem Magen geben Sie für einige Tage trinkbares, flüssiges Mash. Nach Abklingen der akuten Beschwerden mischen Sie 2 Becher Joghurt und 2 EL Honig täglich ins Futter. **Magengeschwüre:** Geben Sie flüssige Futter solange die Schmerzen besonders stark sind. Danach stärkearmes Futter in kleinen Portionen, pektinreiches Futter wie gut eingeweichte getrocknete Möhrenchips und zuckerfreie Trockenschnitzel, je 200 g/100 kg KGW; zusätzlich Esparsettecobs, ebenfalls eingeweicht. Gutes Heu sollte nach Belieben zur Verfügung stehen. Hafer ist eher geeignet als Gerste, Dinkel oder Mais. Es gibt inzwischen eine Auswahl an magenschonenden Kraftfuttermischungen im Handel.	

Vorbeugung gegen Magenerkrankungen! Die Ernährung Ihres Pferdes spielt eine große Rolle bei den Erkrankungen des Magen-Darm-Trakts. Überprüfen Sie regelmäßig Zustand und Qualität des Futters. Vermeiden Sie unregelmäßige Fütterungen oder plötzliche Futterwechsel. Ihr Pferd sollte nicht länger als 4 Stunden ohne Futter, insbesondere Raufutter sein. Füttern Sie wenig Kraft- und viel Raufutter. Geben Sie Kraftfutter in mehreren kleinen Portionen und bieten Sie Raufutter den ganzen Tag über an. Füttern Sie das Raufutter vor dem Kraftfutter, da durch das stärkere Kauen des faserreichen Raufutters die Speichelbildung angeregt wird.

C

6. Erkrankungen des Darms

6.1 Kolik

Eine Kolik ist im eigentlichen Sinne keine Krankheit, sondern ein Anzeichen, das sich auf einen stark schmerzhaften Zustand im Bereich von Bauch und Becken bezieht. Dies kann vom Magen-Darm-Trakt, aber auch von den dort liegenden inneren Organen wie Nieren, Blase, Leber oder dem Geschlechtsapparat herrühren. Da jedoch in den meisten Fällen beim Pferd die Schmerzen ihre Ursache im Verdauungsapparat haben, bedeutet das Wort Kolik (echte Kolik) gemeinhin ein akutes, schmerzhaftes Magen-Darm-Problem oder im Aufhängeapparat des Magen-Darm-Trakts. Ein stark schmerzhafter Zustand an den anderen Organen in diesem Bereich wird im Volksmund auch als „falsche" Kolik bezeichnet. Oft sind dies Steine in Niere, Blase oder Galle, Milzvergrößerungen oder schmerzauslösende Ursachen.

Je nach Sitz bzw. Ursache der Schmerzen unterscheidet man verschiedene Formen der echten Kolik. Dabei unterteilt man die Kolikformen je nach Ursache in Verstopfungskolik, Krampfkolik, Gaskolik, Sandkolik und thrombotisch-embolische Kolik. Eine weitere Einteilungsmöglichkeit ist die nach dem betroffenem Darmabschnitt: Magen-, Dünndarm- und Dickdarmkolik sowie die Blinddarmkolik (eigentlich zum Dickdarm gehörig). Diese Einteilung sagt jedoch nur etwas über den betroffenen Bereich des Verdauungstraktes aus.

Die Kolik ist eine der häufigsten Ursachen für eine Notfallbehandlung beim Pferd.

Welche Kolikformen gibt es?

Einteilung nach dem Bereich im Verdauungstrakt:

- **Magenkolik oder auch Magenüberladung:** Der Magen der Pferde ist relativ klein. Wird zu viel Futter auf einmal aufgenommen, das im Magen noch aufquillt, wird der Magen schnell überladen. Aber das Pferd kann sich nicht wie andere Tiere erbrechen. Auch ist er nicht sehr dehnbar, sodass dann schnell kolikartige Schmerzen auftreten. In schweren Fällen kann die Magenwand reißen *(s. Seite 319 f.)*.
- **Dünndarmkolik:** Verstopfungskoliken gibt es im Dünndarm nur sehr selten. Häufiger sind Gaskoliken und Krampfkoliken. Die Dünndarmkolik macht sich durch die starken Schmerzen rasch bemerkbar. Typisches Anzeichen ist dünner, übelriechender Kot.
- **Dickdarmkolik:** Meist handelt es sich um eine Verstopfungskolik. Die weiten Anteile des Grimmdarms können aber auch stark aufgegast oder verlagert sein.
- **Blinddarmkolik:** Hier kommen anatomisch begünstigt sowohl Gaskoliken als auch Verstopfungskoliken vor.

Einteilung nach der Ursache der Kolik:

- **Krampfkolik:** Die häufigste Form der Kolik ist die Krampfkolik. Dabei leiden die Pferde unter heftigen, mehrere Minuten andauernden Schmerzattacken mit spastisch verkrampftem Darm. Dies führt erst zu Durchfall, dann zu einem Kotverhalten und schließlich zu einem Verschluss des Darmes. Dabei sind insbesondere im Dünndarm die Darmschlingen so beweglich, dass sie sich sogar verdrehen können. Die Tiere zeigen einen schmerzhaften Drang zum Kot- und Wasserabsetzen. Dazwischen gibt es häufig immer wieder schmerzfreie Phasen. Diese Kolik wird bevorzugt durch Wettereinflüsse, Arbeits- und Fütterungsfehler ausgelöst.
- **Verstopfungskolik:** Nach der Krampfkolik ist sie die häufigste Form. Durch zu starke Strohfütterung (oder verholztes, hartes Heu) in Verbindung mit Darmträgheit durch mangelnde Bewegung kann der Darm leicht verstopfen. Besonders im Dickdarm gibt es weite und übergangslos enge Darmabschnitte, wo größere Raufutterbissen leicht stecken bleiben können. Eine Verstopfungskolik kann aber ebenso durch Zahnfehler verursacht werden. Betroffene Pferde kauen ihre Nahrung nicht richtig, was schnell eine Verstopfung zur Folge hat.
- **Gaskolik:** Die Aufnahme von großen Mengen gärendem Futter (Obst, eiweißreiches Gras im Frühjahr, welkes Grünfutter, Brot, Klee, zu frischer Getreideschrot) führt zu einer starken Gasbildung. Dann sind die Darmanteile des Dünn- oder Dickdarms prall mit Gas gefüllt und schmerzen stark. Anfangs sind laute Darmgeräusche zu hören. Durch die Aufgasung können sich die Darmschlingen leicht verdrehen und einen Darmverschluss *(Ileus)* hervorrufen. Bei aktiven Koppern

kann es auch durch das Luftschlucken zu einer Gaskolik kommen. Ob Kopper generell ein höheres Kolik-Risiko haben, ist ein ständiges Streitthema. Studien belegen, dass dies so ist.[16]

- **Sandkolik:** Einige Pferde haben die Unart, Graswurzeln mit Sand oder auch nur Sand zu fressen. Auf Koppeln mit besonders kurzer Grasnarbe kann dies auch versehentlich passieren. Besonders dann, wenn die Pferde nicht zugefüttert werden und Hunger haben. Pferde, die sich viel auf einem Sandpaddock aufhalten, neigen ebenfalls dazu, Sand aufzunehmen. Der Sand bleibt meist in den weiten Abschnitten des Grimmdarms/Kolons liegen. Anfangs zeigen die Pferde nur sehr wenig Kolikanzeichen, aber wenn der Sand sich sammelt, kann der Darm sich schließlich kaum noch bewegen und verstopft. In Folge des ständigen Druckgefühls fressen die Pferde nichts und magern ab. Nehmen die Pferde sogar kleine Erdklumpen auf, kann sich der Darm schnell komplett verschließen. Dann muss sofort eine Notoperation durchgeführt werden, will man den Darm und damit das Pferd retten.
- **(Thrombotisch-)Embolische Kolik:** Diese Kolikform wird durch wandernde Wurmlarven hervorgerufen. Bei der Wanderung entstandene Blutgerinnsel *(Thromben)* können noch nach Jahren fortgeschwemmt und in Blutgefäße getragen werden, die den Darm versorgen. Hier können sie zu Verstopfungen *(Embolie)* des Blutgefäßes führen, wodurch die Peristaltik des betroffenen Darmabschnitts zum Erliegen kommt. Dieses führt zu einer heftigen Kolik. Dauert die Verstopfung an, können die betroffenen Darmabschnitte sogar absterben.

Was ist eine Kolik?

Anzeichen: Erste Hinweise auf eine Kolik sind Appetitlosigkeit verbunden mit Unruhe, Schweifschlagen, Schwitzen und tiefer Kopfhaltung. Scharren, Flehmen oder Gähnen sowie Schwitzen, Umsehen und Schlagen nach dem Bauch sind Anzeichen für die Schmerzen, die die Pferde dort verspüren. Anfangs legen sich die Pferde oft ruhig hin und sehen sich nach ihrem Bauch um, später, wenn der Schmerz heftiger wird, wälzen sie sich unruhig. Manche Pferde toben sogar. Kot und Harn werden nicht mehr abgesetzt oder häufiger in kleinen Mengen. Dabei sind Puls mit 80 bis 100 Schlägen/Minuten (normal 28 bis 40) und Atmung mit 30 bis 40 Zügen/ Minuten (normal 8 bis 16) deutlich erhöht. Manche Pferde versuchen sich Erleichterung zu verschaffen, indem sie die Vorder- und Hinterbeine möglichst weit abspreizen, andere setzen sich einfach hin. Fohlen knirschen mit den Zähnen, speicheln vermehrt und legen sich dann oft auf den Rücken und bleiben so liegen. Dieses Symptom zeigen sie ebenfalls gerne bei Magengeschwüren*(s. Seite 322 ff.)*.

Das Wälzen schadet einem Pferd mit Kolik nicht.

Ursache: Neben mangelnder Bewegung, Wetterfühligkeit oder Fehlfunktionen des vegetativen Nervensystems sind es vor allem Fütterungsfehler, die eine Kolik verursachen können. Jeder abrupte Futterwechsel, aber auch ein Ungleichgewicht zwischen Kraft- und Raufutter können eine Kolik verursachen. Oft ist der Kraftfutteranteil zu groß und der Raufutteranteil zu klein. Von der Fütterung der verkleisternden Getreidesorten Roggen und Weizen sollten Sie Abstand nehmen. Getreide ohne ausreichenden Stärkeaufschluss (z.B. Gerste, Dinkel und Mais als ganzes Korn) löst ebenso eine Kolik aus wie zu fein gemahlene Kraftfutterbestandteile oder zu viel Kraftfutter vor dem Weidegang. Schimmelpilze, Bakterien oder Toxine im Futter sind ebenso schädlich wie verdorbenes, fauliges Futter und können zu einer Krampfkolik führen. Daneben begünstigen große Mengen Obst und anderes, leicht gärendes Futter eine Aufgasung der Därme.

Einige Koliken sind anatomisch bedingt. Der Blinddarm als große Gärkammer verursacht oft Probleme.

C

16 *Vgl. Red.: EGUS: Polysaccharide effektiv gegen Geschwüre. VETimpulse, 26. Jahrgang, Ausgabe 1, 1. Januar 2017, S. 4.*

Bei stark gärendem Futter, manchmal auch durch die Darmbakterien, entwickelt sich so viel Gas, dass dieses nicht mehr auf natürliche Weise entsorgt werden kann (Gaskolik). Je umfangreicher der Blinddarm dann wird, desto mehr wird der enge Durchgang zum Grimmdarm in die Länge gezogen und damit weiter verengt. Diese enge Passage ist auch der Grund für eine Verstopfungskolik des Blinddarms. Große Mengen bzw. gröbere Futteranteile bleiben hier leicht hängen, was dann zu einer Verstopfung führt.

Eine weitere anatomische Besonderheit der Pferde ist die mangelnde Befestigung der großen Lagen des Grimmdarmes in der Bauchhöhle. Dadurch kann es an diesen Stellen leicht zu einer Verlagerung, Verdrehung (Abknickung) oder gar Einstülpung von Darmschlingen kommen und damit zu einem Darmverschluss. Es gibt eine Flut von Möglichkeiten, wie der Darm verlagert, eingeklemmt, über das Milz-Nieren-Band verlagert bzw. durch Hernien (Bruchpforten), tatsächlich meint man Öffnungen, in die Gekröseaufhängung rutschen und eingequetscht werden kann, aber dies ist für die Operateure wichtiger als für Sie. Wichtig ist: Ein Darmverschluss endet innerhalb weniger Stunden tödlich, wenn das Pferd nicht rechtzeitig operiert wird.

Auch Parasiten können Koliken verursachen. Manche Würmer beschädigen die Darmschleimhaut, andere zerstören Blutgefäße der Darmwand. Das verursacht Entzündungen und durch die verminderte Sauerstoffversorgung des Darms Krämpfe.

Komplikationen: Durch eine Verlagerung oder das Abknicken von Darmanteilen wird oft auch die Blutversorgung unterbrochen. Die betroffenen Darmabschnitte sterben schnell ab. Ein Pferd mit Kolik kann jederzeit in Schock geraten.

Ein übervoller Darm kann ebenso wie ein übervoller Magen reißen. In diesem Fall hat das Pferd keine Chance mehr zu überleben. Stellt der Darm während einer heftigen Kolik seine Funktion ganz ein, können die im Darm entstehenden giftigen Stoffwechselprodukte in den Körper des Pferdes gelangen. Sie belasten den Kreislauf so stark, das akute Lebensgefahr besteht.

Merke: Ein Pferd mit Kolik darf sich wälzen, wenn es das möchte! Manchmal kann dies sogar die Verlagerung des Darms lösen. Bringen Sie das Pferd sicherheitshalber in die Halle oder auf einen umzäunten Platz. Ein Kolikpferd muss nicht unbedingt geführt werden, obwohl ihm das guttut. Massagen helfen ihm oftmals ebenso.

Was macht der Tierarzt?

Je nach Art der Kolik muss der Tierarzt unterschiedlich behandeln. Eine Behandlung der Schmerzen sowie der Entzündung ist bei nahezu jeder Behandlung angezeigt. Wichtig ist die Entscheidung, konservativ oder operativ zu behandeln. Dabei helfen ihm bestimmte Entscheidungsparameter, auch Kolik-Triage genannt.

Eine **Magenüberladung** muss mittels Magensonde entleert werden. Bei einer **Krampfkolik** wird er krampflösende und kreislaufunterstützende Mittel spritzen. Dazu gibt er Medikamente, die die Peristaltik anregen, das ist bei fast allen Kolikformen sinnvoll. Eine **Gaskolik** löst er mit Medikamenten und abwechselnd kalten und warmen Einläufen in den Darm. So kommt der Darm wieder in Schwung und die Gase werden auf natürlichem Wege abgeleitet. Bei sehr schweren Gaskoliken hilft manchmal nur eine Punktion des betroffenen Darmabschnitts. Dabei kann das Gas direkt durch die Bauchwand nach außen entweichen. Bei einer **Verstopfungskolik** muss der Tierarzt zunächst abklären, dass kein Darmverschluss vorliegt. Dann kann er durch Eingabe von gelöstem Glaubersalz und Rhizinusöl den Darminhalt lösen und gleitfähig machen. Der Darminhalt wird so auf natürliche Weise entsorgt. Da dies manchmal längere Zeit in Anspruch nimmt, sollte durch Infusionen eine Austrocknung verhindert werden. Bei jeglichen Verlagerungen, Abschnürungen, Einstülpungen, Einklemmungen oder Darmverschluss muss schnellstens operiert werden. Hierbei werden die verlagerten Darmanteile wieder richtig gelagert und abgestorbene Darmteile entfernt. Eine solche **Operation** ist nicht zuletzt durch den meist schon geschwächten Kreislauf nicht ganz ungefährlich. Die meisten Pferde brauchen Wochen, um sich von einer Kolikoperation vollständig zu erholen.

Wenn Darmanteile entnommen werden mussten, ist die Zeit Rekonvaleszenz noch länger.

Was können Sie tun?

Wenn Sie den Tierarzt gerufen haben, können Sie einiges tun, was Ihnen und Ihrem Pferd die Wartezeit erleichtert. Decken Sie Ihr Pferd ein, da die Wärme entspannend und krampflösend wirkt. Beruhigen Sie Ihr Pferd durch ruhiges Zureden und Akupressur. Ihr Pferd darf sich wälzen, sorgen Sie dafür, dass es sich dabei nicht wehtut oder festlegt. Führen Sie es in eine große, gut gepolsterte Box, in die Reithalle oder auf einen Reitplatz, wo es sich ungehindert bewegen und wälzen kann. Achten Sie jedoch auch auf ihre eigene Sicherheit und die ihrer Helfer.

Eine Akupressur und eine Tuina-Massage des Bauches helfen, lindern die Schmerzen und können auch eine leichte Kolik beheben. Das Massieren und das Ausstreichen der Ohren haben ebenfalls eine beruhigende Wirkung. *Näheres dazu lesen Sie auf Seite 141.*

Bachblüten-Notfalltropfen helfen Ihrem Pferd gegen die aufkommende Panik. Entfernen Sie das Futter aus der Box, Ihr Pferd darf jetzt nichts mehr fressen. Trinken sollte es nur schluckweise oder gar nicht, sprechen Sie mit dem Tierarzt. Überwachen Sie Puls und Atmung und gegebenenfalls die kapilläre Rückfüllzeit.[17] Zudem sollten Sie prüfen, ob Ihr Pferd noch genug Flüssigkeit hat oder nicht. Ziehen Sie eine Hautfalte und schauen, ob sie wieder verstreicht. Notieren Sie, ob Ihr Pferd schwitzt, etwas zu sich nehmen würde oder mistet. All dies sind Hinweise für die Behandlungsentscheidung des Tierarztes, beispielsweise spricht ein Puls über 50 Schläge/Minute mit einer verzögerten kapillären Rückfüllzeit über 3 Sekunden zusammen mit einem akuten bis extrem schnellen Verlauf und fehlender Peristaltik für eine OP. Ist die Pulsfrequenz unter 50 Schlägen/Minuten und möchte sich ihr Pferd bewegen, können Sie es gerne im Schritt führen.

Lesen Sie auf den Seiten 307 ff. und Seite 311 ff. weitere wichtige Tipps zur Vorbeugung von Koliken sowie deren Behandlung mit verschiedenen Heilmitteln.

Pferde, die schon einmal an Kolik erkrankt waren, haben ein 4,5- bis bis 5,7-fach höheres Risiko, an einer weiteren Kolik zu erkranken.[18] Deshalb sollten Sie Ihr Pferd aufmerksam beobachten und seine Fütterung optimieren.

Fütterung: In den ersten zwei Wochen nach der Kolik sollte Ihr Pferd kein Kraftfutter oder Getreide bekommen, um zu verhindern, dass viel Stärke in den Dickdarm gelangt. Dadurch könnten sich sonst in der Darmflora die Streptokokken im Übermaß vermehren. Stattdessen füttern Sie in den ersten Tagen in kleinen Portionen hochwertiges, gut verdauliches Heu oder Gras – insgesamt aber mindestens 1,5 bis 2 kg pro Tag und 100 kg KGW. Dazu eignen sich Pflanzenöle, die in einer Menge von 50 ml pro 100 kg KGW und Tag die Darmflora normalisieren.[19] Verwenden Sie Pflanzenöle wie Mais-, Sonnenblumen-, Lein-, Traubenkern- oder Weizenkeimöl. Verteilen Sie diese Menge auf mindestens drei Mahlzeiten. Beginnen Sie zu Beginn der Ölfütterung zunächst mit 30 ml täglich und geben dann jeden Tag 25 ml dazu, vorausgesetzt Ihr Pferd verträgt es. Nach etwa 14 Tagen können Sie wieder Getreide füttern, entweder Hafer oder anderes Getreide (z.B. Mais- und Dinkelflocken), das thermisch aufgeschlossen wurde und so nahezu komplett im Dünndarm verdaut werden kann. Die Höchstmenge liegt bei 300 g pro 100 kg KGW pro Mahlzeit. Leistet Ihr Pferd viel Arbeit, können Sie das Öl als gute Energiequelle weiterfüttern, ohne die Stärkemenge erhöhen zu müssen.

Nach einer Operation müssen Sie sich ganz streng nach den Vorgaben des Tierarztes richten! Stellen Sie Ihrem Pferd ganztägig gutes Heu zur freien Verfügung. Anfangs können sie eingeweichtes Heu oder Gras in kleinen Portionen und auch Mash reichen. Da die meisten Pferde durch die Kolik und die Operation stark abgebaut haben, geben Sie noch Pflanzenöl dazu. Geeignet sind aber auch Schwarzkümmel- und Nachtkerzenöl, die entzündungshemmend wirken. Von diesen Ölen geben Sie 2 bis 3 EL täglich ins Futter. Kraftfutter darf Ihr Pferd wie oben beschrieben erhalten. Proteine und seine Bestandteile, die Aminosäuren, sind wichtig zum Reparieren der Schäden im Körper. Viele wichtige Aminosäuren gibt es durch die Zufütterung

17 *Vgl. Vodran, S. et al.: Effects of alfalfa chaff on the gastric mucosa in adult horses. Pferdeheilkunde 33, 2017, S. 66-71.*

18 *Ohne Verfasser: Kurz und fachlich: Kolik-Risiko von Koppern höher. VETimpulse, 24. Jahrgang, Ausgabe 5, 1. März 2015, S. 7.*

19 *Vgl. Pichon, S.: Hohe Rezidivraten Einmal Kolik – immer Kolik? VETimpulse, 20. Jahrgang, Ausgabe 21, 1. November 2011, S. 6.*

C

von Bierhefe und Leinsamen, je 50 g pro 100 kg KGW und Tag, sowie Esparsette. Auch Pektin, wie es in eingeweichten Trockenschnitzeln und Möhren, Äpfeln sowie Apfel- und Zitrustrester zu finden ist, ist sehr hilfreich für die Darmflora. Schließlich gibt es noch Heilkräuter, die den Verdauungstrakt beruhigen und harmonisieren, beispielsweise Anis oder Fenchel, Hopfen, Kamille, Melisse, Salbei und Schafgarbe.

Vorsicht! Jede Kolik ist ein Fall für den Tierarzt. Versuchen Sie nie, eine Kolik alleine oder nur mit Naturheilmitteln zu bekämpfen. Das Pferd kann schnell in eine lebensbedrohende Situation geraten, in der nur der Tierarzt helfen kann.

C

6.2 Darmverschluss (Ileus)

Was ist ein Darmverschluss?

Im Grunde bedeutet das Wort Unterbrechung der Darmpassage. Ein Ileus bedeutet einen kompletten Verschluss des Darms. Ist der Verschluss nicht komplett verschlossen, sondern nur teilweise, wird er als Subileus bezeichnet.

Anzeichen: Erschöpfung, Appetitlosigkeit und langsam, aber stetig zeigt das Tier immer mehr Schmerzen, es gähnt, scharrt, flehmt, knirscht mit den Zähnen und speichelt stärker. Ein deutliches Anzeichen ist das Ausbleiben des Abmistens. Das Pferd setzt keinerlei Kot ab. Es entwickelt sich als Folge eine Magenüberladung mit Unruhe, Schweifschlagen, Schwitzen und tiefer Kopfhaltung und dann eine handfeste Kolik.

Ursachen: Ein *Ileus* kann verschiedene Ursachen haben. Entsteht er durch Strangulation *(s.u.)* oder Verschluss eines Darmanteils, wird er als **mechanischer Ileus** bezeichnet. Ein solcher **Verschluss** kann durch **Obstipation**, also Verstopfung des Darminhalts, durch **Obturation**, d.h. Verlegung des Darminnenraums (z.B. durch Darmsteine, Grasballen, Wurmknäuel), oder durch **Obstruktion**, eine Einengung von außen, beispielsweise durch einen Tumor, einen Bluterguss oder durch Narbenbildung, entstehen. Die **Strangulation** des Darms ist zu sehen, wenn der Darm sich in sich oder einen anderen Darmabschnitt **einstülpt**, wenn er sich **verdreht** oder **eingeklemmt** wird, wenn er **abknickt, verschlingt, verknotet** oder wenn er tatsächlich **abgeschnürt** wird. Beim **funktionellen Ileus** wird der Darm durch seine eigene Muskulatur verengt. Dies kann durch **Paralyse**, also Lähmung der Darmeigenbewegung beispielsweise nach Operationen, Schwergeburten, oder lokal nach Darmgefäßembolien und -thromben geschehen, oder aber **spastisch**, also durch Krämpfe (z.B. infolge von schlecht verträglichem oder schimmeligem Futter) hervorgerufen werden. Letzteres ist die Ursache für eine Krampfkolik.
Die im Vordergrund stehenden **Schmerzen** entstehen durch Druckveränderungen im Darmlumen, Entzündungen der Darmschleimhaut, spastische Kontraktionen der glatten Muskulatur, Lageveränderungen in bestimmten Darmabschnitten, was zu einer Zerrung und zu Druckerhöhungen führen kann.

Komplikationen: Wenn die Darmpassage gestoppt wird, wird der Darm nach und nach immer voller. Einziger Ausweg ist der Rückfluss in den Magen, was zu einer Magenüberladung führt, da ein Pferd weder erbrechen kann noch sein Magen sehr dehnbar ist. Im äußersten Fall fasst er etwa 35 l bei einem Warmblut. Weiterhin kann ein bestehender Ileus zu einer sekundären Aufblähung führen und bei Abschnürung der Blutgefäße einen Schock auslösen. Daneben kommt es meist zu einer Toxämie (Blutvergiftung durch bakterielle Giftstoffe), was oft in einem toxischen Schock oder einer toxischen Hufrehe endet.

Was macht der Tierarzt?

Bei Verdacht auf einen Darmverschluss wird er die Nasenschlundsonde (NSS) einsetzen, um den Magen zu entlaste und den Inhalt herauszuholen. Entzündungshemmer und Schmerzmittel sowie eine Infusion wird der Tierarzt in jedem Fall geben. Dazu noch Medikamente, die die Peristaltik anregen. Wird die Kolik durch den Ileus jedoch sehr stark, muss der Tierarzt sich entscheiden, ob er konservativ oder operativ behandeln wird. *Alles Weitere lesen Sie unter der „Kolik" ab Seite 328 nach.*

Was können Sie tun?

Im Grunde bleibt Ihnen nur das Beruhigen Ihres Pferdes durch gutes Zureden, Akupressur und die Gabe von Rescue-/Notfalltropfen sowie die Schmerztherapie mithilfe der Akupressur bis der Tierarzt da ist. Da sich ein Ileus und damit auch eine ernsthafte Kolik meist recht schnell entwickeln, ist die Überprüfung der Vitalwerte wichtig. Kontrollieren Sie regelmäßig Puls, Atmung, die kapilläre Rückfüllzeit *(s. Seite 38)* und die Austrocknung. Dies sind wichtige Parameter für den Tierarzt. *Weiteres lesen Sie bei „Kolik" auf Seite 328 ff.*

6.3 Verstopfung (Obstipation)

Eine Verstopfung des Darms ist mit die häufigste Ursache für eine Kolik.

Was ist eine Verstopfung des Darms?

Diese Verstopfungen finden sich immer an bestimmten Stellen des Darms wieder.

Anzeichen: Das Pferd hat wenig Appetit und ist matt. Es gähnt, leckt und flehmt vermehrt wie bei einer leichten Kolik. Doch das steigert sich, das Pferd wird unruhig, schaut sich immer öfter nach seinem Bauch um und bekommt immer stärkere Bauchschmerzen. Auch hier ist das Fehlen des Kotabsatzes typisch. Wenn am Anfang Kot abgesetzt wird, ist er sehr trocken, klein und hart.

Ursachen: Meist sind es Fütterungsfehler, die Ruhigstellung von Pferden, die sonst regelmäßig arbeiten, oder eine ungenügende Wasseraufnahme, sei es durch Einfrieren der Wasserleitungen im Winter oder durch Dehydratation, also durch körperliche Austrocknung infolge eines heißen Sommers oder schwerer Arbeit. Eine Verstopfung wird begünstigt durch ungenügend zerkleinertes und verdautes rohfaserreiches Futter, z.B. Stroh, verholzter Klee oder älteres, verholztes Heu oder Gras. Aber auch zu kurz gehäckseltes Getreidestroh oder zu kurz geschnittenes Gras sorgen für Obstipationen, da die Pferde zu viel schlucken und es sich im Ileum, Blinddarm und Kolon zusammenballt. Verstopfungen im Blinddarm entstehen vor allem infolge des sehr kurz geschnittenen Heus aus Heu-, Luzerne- oder Esparsettecobs bzw. Stroh unter 2 bis 3 cm. Auch ungenügendes Durchkauen infolge von Zahnproblemen, Gebissfehlern oder Erschöpfung zählen dazu. Das Futter wird zu wenig eingespeichelt, schlechter durch die eigenen Enzyme und die Darmflora verdaut, es entsteht eine Dysbiose (Ungleichgewicht der Darmflora). Durch die Aufnahme von Sand oder stark verschmutzten Futtermitteln wie Rüben werden die Schleimhautoberfläche und die Darmflora geschädigt, die Eigenbewegung des Darms wird eingestellt. Auch durch zu forciertes Training oder durch zu wenig Bewegung kann der Darm träge werden. Typische Fütterungsfehler sind zu lange Fütterungsintervalle oder Hungerperioden, ein abrupter Futterwechsel, aber auch ganz praktisch zu wenig Energie, Phosphor oder Stickstoff und unhygienisches pilzbefallenes Futter. All diese Faktoren können zur Schädigung der Darmflora beitragen. Darüber hinaus kann Medikamentengabe die Peristaltik beeinträchtigen oder zur Schädigung der Darmflora mit Dysbiose führen.

Zu einer Verstopfung kommt es durch Eintrocknung des Darminhalts, die Weiterleitung verlangsamt sich und die Darmbewegung ebenso. Etwas später bleibt der Darminhalt stecken. Bevorzugte Stellen für eine Verstopfung sind das Ileum im Dünndarm, der Blinddarmkopf, das aufsteigende Kolon (Grimmdarm), die Beckenflexur (lockere Kurve zwischen den beiden Hufeisenformen des Kolons) und die Erweiterung des Kolons sowie das absteigende Kolon.

Komplikationen: Eine Obstipation kann schnell in einen kompletten Verschluss, einen Ileus und damit in eine ausgewachsene schwere Kolik übergehen.

Was macht der Tierarzt?

Nach der Diagnosestellung wird er versuchen, mithilfe der Nasenschlundsonde (NSS) den Magen zu entlasten und den Inhalt herauszuholen, sonst ist es nicht möglich, bis zur Stelle der Obstipation vorzudringen. Mithilfe von isotonisch angerührtem Salzwasser wird versucht, die Obstipation aufzulösen. Entzündungshemmer und Schmerzmittel sowie eine Infusion werden verabreicht, falls der Patient ausgetrocknet ist. Falls infolge der Obstipation eine Kolik auftritt, wird diese ebenfalls behandelt. Ist der Darm nicht komplett verstopft und droht kein Ileus, dann kann zu dem Wasser noch ein Abführmittel wie Glaubersalz dazu gegeben werden. Mithilfe von Paraffinöl wird die Gleitfähigkeit verbessert. Auch Leinsamenschleim kann diesen Zweck erfüllen. Liegt die Verstopfung weit hinten im Darm, wird ein Klistier (Darmspülung) eingesetzt, um sie aufzulösen.

Ist die Verstopfung vollständig, entwickelt sich eher früher als später ein Ileus und eine starke Kolik.

Lesen Sie weiter unter „Darmverschluss" (s. Seite 332 f.) sowie unter „Kolik" (s. Seite 328) nach.

Was können Sie tun?

Überprüfen und optimieren Sie die Fütterung, vor allem gutes Raufutter in ausreichender Menge ist sehr wichtig für Ihr Pferd.

Kontrollieren Sie regelmäßig Puls, Atmung und vor allem die Austrocknung *(s. Seite 38 f.)*. So können Sie abschätzen, ob es eine einfache Obstipation mit leichten Koliksymptomen ist oder ob sich eine schwere Erkrankung entwickelt.

Bis der Tierarzt da ist bleibt Ihnen im Grunde nur das Beruhigen Ihres Pferdes durch gutes Zureden, Akupressur und die Gabe von Rescue-/Notfalltropfen sowie die Schmerztherapie mithilfe der Akupressur.

Lesen Sie auf Seite 331 weiter.

Fütterung: Bei einer **Sandanschoppung** oder drohender Sandkolik eignet sich die Verabreichung von feuchtem ganzem Flohsamen in einer Menge von 80 bis 100 g für ein Großpferd, ein Pony bekommt 50 g, in Kombination mit größeren Heumengen (2,5 kg pro 100 kg KGW) zum Herausschleusen des Sandes. Zur Vorbeugung füttern Sie einem Großpferd 75 g, einem Pony 45 g. Falls Sie Flohsamenschalen bevorzugen, müssen diese unbedingt zuvor eingeweicht werden, und es reicht etwa die Hälfte der genannten Menge.

Nach der Erkrankung sollten Sie sicherstellen, dass Ihr Pferd ständig Zugang zu frischem, sauberem Wasser hat. Das gilt für den Winter ebenso wie für den Sommer auf der Weide. Bei Sportpferden oder Distanzpferden achten Sie darauf, dass die Pferde auch bei Veranstaltungen genug zu trinken bekommen. Prüfen Sie regelmäßig, ob Ihr Pferd genügend Wasser aufgenommen hat *(s. Seite 39)*.

Geben Sie Ihrem Pferd nur saubere Futtermittel und lassen Sie es nicht auf abgefressene Weiden. Mit dem Rasenmäher geschnittenes Gras darf niemals verfüttert werden. Vermeiden Sie hartstängeliges Futter. Falls das Pferd die Stroheinstreu auffrisst, sollten Sie es auf Leinstroh oder Holzspäne umstellen. Jedoch benötigt es in ausreichender Menge gutes Heu, mindestens 1,8 kg pro 100 kg KGW.

Ist die **Obstipation im Dickdarm** beseitigt, kann zeitnah wieder mit dem Füttern begonnen werden. Bieten Sie Wasser und hochverdauliches Raufutter wie Gras und Heu vom 1. Schnitt an, auch Luzerneheu eignet sich gut, es enthält viel Protein und Mineralien, besonders Kalzium und Magnesium. Luzerne kann auch als Cobs, dann aber eingeweicht, angeboten werden. Luzernehäcksel sind weniger empfehlenswert, da sie Verletzungen an der Pylorusschleimhaut (an der Magenschleimhaut im Bereich des Magenausgangs) verursachen können.

Bei Pferden, die unter einem **trägen, sich wenig bewegenden Darm** leiden, wie z.B. bei alten Pferden oder Pferden mit wenig Bewegung, sind folgende Futtermittel hilfreich. Füttern Sie pro Tag und pro 100 kg KGW maximal 300 g eingeweichte Trockenschnitzel oder 2 kg Möhren plus Trockenbierhefe in einer Menge von 50 g. Die Darmflora mag das Pektin der Rübenschnitzel und Möhren ebenso wie die Bierhefe mit ihren zahlreichen guten Inhaltsstoffen. Auch Milchzucker (Laktose) wird von der Darmflora umgesetzt, da er vom Dünndarm nur in geringem Maße genutzt werden kann. Mit diesen Futtermitteln kann sich die Darmflora gut erholen und die Peristaltik des Darms verbessern.

Falls Ihr Pferd zwar noch keine richtige Obstipation hat, sondern nur **trockene, harte Kotballen** ausscheidet, können Sie dem wie folgt begegnen: Füttern Sie deutlich mehr hochverdauliches Raufutter wie nach der Dickdarmverstopfung *(s. oben)* und setzen Sie dazu Ballaststoffe oder noch besser Strukturfutter ein. Als Füll- und Quellmittel sowie Ballaststoffe eignen sich Gaben von Flohsamen (100 g pro Großpferd), Pektin und Haferkleie. Außerdem eignen sich Leinsamen und/oder Mash, jeweils handwarm in einer Menge von 50 g pro 100 kg KGW und Tag.[20]

6.4 Entzündung des Darms (Colitis, Enteritis)

Typisches Symptom: Durchfall

Der **Durchfall** ist eines der häufigsten Gesundheitsprobleme der Pferde. Einige Durchfälle sind nur kurzzeitig, z.B. unter Stresssituationen wie bei Turnieren, Transporten oder unter starker Belastung. Sie können jedoch auch durch Reizungen der Darmschleimhaut hervorgerufen werden, wie etwa durch Fremdkörper (Sand) im Futter, hastiges Schlingen des Futters oder großer Mengen kalten Wassers. Der Durchfall klingt jedoch rasch ab, wenn die Ursache abgestellt ist.

20 Die Mengenangaben sind mehrheitlich dem Buch von Meyer, H. und Coenen, M.: Pferdefütterung. Enke Verlag, 5. Auflage 201 2014/Coenen, M. und Vervuert, I.: Pferdefütterung. Georg Thieme Verlag KG 2019.

Stärkerem Durchfall liegt jedoch in der Regel eine **Enteritis**, also **eine Entzündung der Darmschleimhaut oder der Darmwände** zugrunde. In einem gesunden Darm wird der Darminhalt mithilfe der Peristaltik von einem Abschnitt in den nächsten weitertransportiert. Dabei ziehen sich die Muskeln der Darmwand kontinuierlich ringförmig zusammen und drücken den Inhalt so weiter. Ist der Darm aber entzündet, so werden die peristaltischen Wellen schneller und die Aufenthaltszeit des Darminhaltes in den verschiedenen Abschnitten verkürzt sich. Das hat zur Folge, dass der Nahrung wesentlich weniger Nährstoffe und Flüssigkeit entzogen werden. Vielmehr scheiden durch die starke Peristaltik die Drüsen der Darmwand noch mehr Verdauungsflüssigkeit aus. Der Kot ist nicht mehr fest geformt, sondern breiig bis wässrig. Ihr Pferd hat Durchfall.

Die akute Entzündung des Blind- oder Dickdarms *(Kolons)*, die **Colitis**, ist eine spezielle Form der Darmentzündung. Sie verläuft meist massiv und führt ohne Notfallbehandlung innerhalb von Stunden zum Tod. Die Pferde verlieren enorme Mengen an Flüssigkeit und Elektrolyten. Außerdem werden durch die in diesem Darmabschnitt absterbenden Darmbakterien große Mengen an Endotoxinen frei, die im weiteren Verlauf in die Blutbahn gelangen können. **Ursache** der Entzündung können Infektionen (Salmonellen, Clostridien, Rickettsien, Würmer u.a.m.), verschiedene Medikamente, Sandansammlungen im Darm oder Vergiftungen sein. Zusätzlich stehen die Tiere oft unter Stress. Die **Behandlung** umfasst die Bekämpfung der Infektion und soll den Flüssigkeits-, Elektrolyt- und Proteinverlust ersetzen. Die Toxine sollten ausgeschwemmt werden.

Was ist eine Darmentzündung?

Anzeichen: Die deutlichsten Anzeichen sind der Durchfall und die meist lauten Darmgeräusche. Die Pferde haben keinen Appetit, manchmal Fieber und oft heftige Bauchschmerzen, die kolikartig werden können. Dabei gähnen sie häufig. Unter dem Schweif und an den Innenseiten der Oberschenkel finden sich Verschmutzungen durch den Durchfall. Der Kot selbst ist breiig oder wässrig und übelriechend. Er verändert seine Konsistenz im Laufe der Erkrankung. Bei chronisch anhaltendem Durchfall sehen die Pferde matt, apathisch und dünn aus, ihr Fell ist rau und glanzlos.

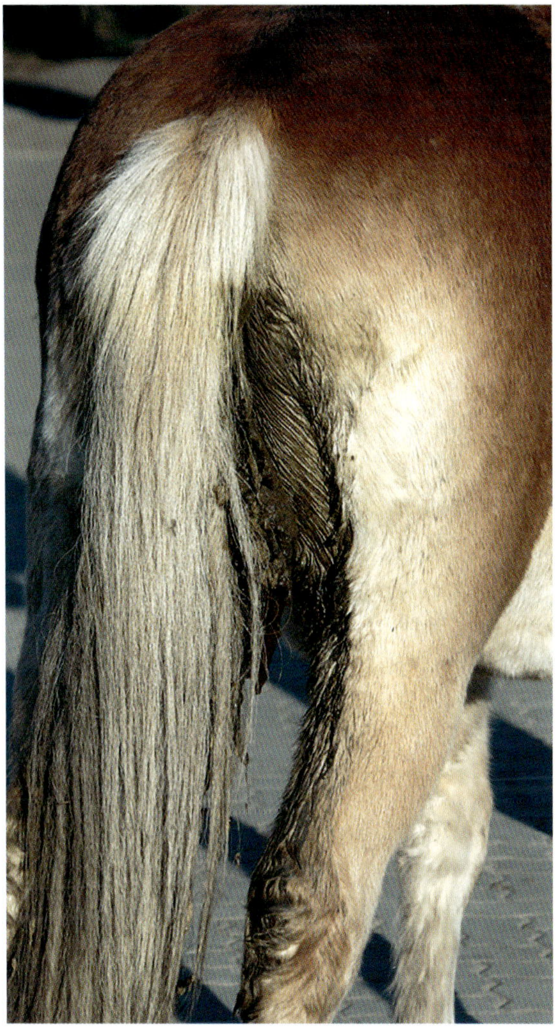

Bei Durchfall sind meist die Innenschenkel und der Schweif verschmutzt.

Ursache: Eine Darmentzündung kann ganz verschiedene Ursachen haben. Sie kann **ernährungsbedingt, psychisch oder gesundheitsbedingt** sein. **Bakterielle** oder **virale Infekte** sind häufige Ursachen. Dabei müssen die schädlichen Bakterien oft nicht erst aufgenommen werden, bei einem Großteil der Pferde befinden sie sich bereits im Darm (z.B. Salmonellen), werden aber von den nützlichen Bakterien der Darmflora in Schach gehalten. Stirbt diese normale Darmflora jedoch ab, sei es durch einen abrupten Futterwechsel, Stress oder eine vorangegangene Antibiotikabehandlung, so vermehren sich die schädlichen Bakterien haltlos und das Pferd wird krank. Ebenso kann eine Vergiftung durch Pflanzen,

Pestizide oder Dünger sowie eine Unterkühlung zu einer Darmentzündung führen. Häufig sind auch Darmparasiten Auslöser wässriger Durchfälle. Eher selten ist eine Infektion mit **Giardien** (Giardia lamblia), die eigentlich vor allem bei Hund, Katze, Rind und Mensch vorkommen und über verunreinigtes Wasser oder kontaminiertes Futter (Fliegen als mechanischer Überträger) aufgenommen werden. In ihrer ruhenden Form (Zyste) sind sie infektiös und können bei Kälte und Feuchtigkeit monatelang überleben, um dann schlecht therapierbare, schleimige, gelbliche, teils blutige Durchfälle auszulösen. Gerade Hunde können unbemerkt Dauerausscheider der Einzeller sein.

Starke körperliche Belastungen oder Stress lösen oft einen **psychogenen Durchfall** aus, wie er auch bei Menschen vorkommt. Zum Beispiel sind es häufig rangniedere Pferde, die dazu neigen. Auch **ernährungsbedingte Ursachen** sind nicht selten. Verdorbene, überdüngte oder gespritzte Futtermittel sowie schlechte oder angefrorene Silage können ebenso eine Entzündung der Darmschleimhaut auslösen wie einseitige Ernährung oder plötzlicher Futterwechsel. Jedes Futter, das zu viele Kohlenhydrate und zu wenig Rohfaser enthält, belastet den Darm. Ungenügend abgelagertes Heu oder nicht richtig getrocknetes Brot gären im Magen und Darm der Pferde. Speziell bei freiem Kotwasser wird ein Zusammenhang mit der Fütterung von Silage und Heulage gesehen, oft lässt der Wechsel zu hochwertigem Heu vom 1. Schnitt die Symptomatik verschwinden.

Auch beim Zahnwechsel oder bei Zahnerkrankungen leiden die Pferde oft unter leichten Darmentzündungen.

Fohlen bekommen häufig leichten Durchfall im Zusammenhang mit der Fohlenrosse der Mutterstute, aber auch infektiöser Durchfall durch Bakterien ist nicht selten. Letzterer kann dem Fohlen sehr gefährlich werden. Viele Fohlen bleiben nach solch einer Erkrankung in ihrer Entwicklung zurück.

Komplikationen: Hält der Durchfall länger an, verlieren die Pferde viel Flüssigkeit und Elektrolyte. Dies belastet den Kreislauf, das Blut wird eingedickt und kann den Körper nicht mehr so gut mit Sauerstoff versorgen. Die Patienten trocknen regelrecht aus und schweben in Lebensgefahr.

Merke: Unterschätzen Sie Durchfall nicht. Es kann sich um eine harmlose Verdauungsstörung handeln, die nach wenigen Tagen von ganz allein wieder verschwindet, es kann sich aber auch um eine lebensbedrohende Erkrankung handeln. Dies kann nur ein Tierarzt feststellen. Nehmen Sie keine selbsttätige Behandlung mit stopfend wirkenden Medikamenten oder Abführmitteln vor!

Was macht der Tierarzt?

Bei stark wässrigem Durchfall oder Fieber müssen Sie den Tierarzt sofort rufen. Dann muss der Flüssigkeits- und Elektrolytverlust durch Infusionen wieder ausgeglichen werden. Eine Kotuntersuchung auf Viren, Bakterien und Parasiten hilft bei der Diagnosestellung. Bei schwer behandelbaren Durchfällen ist auch auf Giardien zu untersuchen. Eine Blutuntersuchung gibt Auskunft über eine eventuelle Schädigung der inneren Organe (Nieren- und Leberwerte) sowie die Elektrolyte und den Flüssigkeits- und Gesamtstatus des Blutes. Röntgen oder Ultraschall kann Sandkoliken ausschließen, wenn die Pferde nicht zu groß sind. Eine endoskopische Untersuchung gestaltet sich aufgrund der Länge des Pferdedarms als sehr schwierig und ist nur teilweise möglich.

Für die Behandlung ist es zunächst wichtig, die Ursache abzustellen sowie die fehlende Flüssigkeit und die Elektrolyte zu ersetzen. **Zur Behandlung** werden Mittel gegeben, die die Verkrampfungen des Darmes lösen und die Schmerzen lindern. Eventuell vorhandene schädliche Bakterien im Darm müssen mit einem Antibiotikum bekämpft werden. **Darmparasiten** werden mit geeigneten Mitteln behandelt (bei Giardien wirkt Fenbendazol, Albendazol und Metronidazol). Aber Vorsicht, viele Antibiotika lösen selbst Durchfall aus, so das Oxytetrazyklin, Makrolide bei oraler Gabe oder Penicillin und wirken sich damit negativ auf die Darmflora aus.[21] Geeignete Antibiotika sind Trimethoprim Sulfonamide, Aminoglykoside, Fluorchinolone, Rifampicin oder

21/22 Vgl. Red.: Flora des Pferdedarms schützen. Antibiotika als Durchfallverursacher? VETimpulse, 20. Jahrgang, Ausgabe 2, 15. Januar 2011, S. 5.

Cephalosporine.[22] Bei freiem Kotwasser sollte eher auf Antibiotika verzichtet werden.

Was können Sie tun?

Hat Ihr Pferd nur leichten, nicht wässrigen Durchfall ohne Fieber können Sie nach der Ursache forschen und maximal zwei Tage abwarten. Bringen Sie Ihr Pferd in die Box und decken Sie es ein. Die meisten Patienten empfinden Wärme als angenehm. Füttern Sie dann eine Diät aus kleinen Mengen hochwertigem Heu, dazu viel sauberes Wasser und/oder Kamillen-Malven-Tee. Ihr Pferd muss viel trinken, um den Flüssigkeitsverlust auszugleichen. Vermeiden Sie dabei Gras sowie jegliches Obst und Gemüse. Bei einer Verschlechterung muss sofort der Tierarzt gerufen werden. Das Mittel Stullmisan dürfen Sie nur nach vorheriger Absprache mit dem Tierarzt geben. Es beruhigt die Darmschleimhäute und bindet die Giftstoffe im Darm.

Fütterung: Bei Darmentzündungen mit schwereren Durchfällen können Sie als Erste-Hilfe-Maßnahme Tonerde und Tierkohle in Wasser gelöst verfüttern. Dies bindet die Flüssigkeit im Darm und nimmt giftige Stoffe auf. Ebenso Leinsamenbrei und Flohsamen. Bieten Sie Wasser und Malven-Kamillen-Tee an, die Pferde sind durch den großen Flüssigkeitsverlust oft sehr ausgetrocknet. Ein dünner Haferschleim oder Mash schützt ebenfalls die angegriffene Darmschleimhaut. Wenn der Tierarzt es erlaubt, darf der Patient leicht gesalzenes Mash mit etwas Oregano erhalten, das Sie in kleinen Portionen auf mindestens drei Mahlzeiten täglich verteilen. Nach ein bis zwei Tagen kann langsam wieder feines Heu zugefüttert werden. In der folgenden Zeit helfen 2 Becher Joghurt am Tag und Lebendhefe, die Darmflora wieder aufzubauen. Füttern Sie hochwertiges Heu vom 1. Schnitt, bei Kotwasser sollte das Heu auf die Mindestmenge von 1,7 kg pro 100 kg KGW begrenzt werden. Füttern Sie aufgrund des Pektingehaltes eingeweichte Rübenschnitzel und Möhrenchips, beides in einer Menge von 200 g pro 100 kg KGW. Alternativ eignet sich Obsttrester in einer Menge von 1 kg/100kg KGW. Dazu dürfen Sie noch Bierhefe (50 g pro 100 kg KGW) und Flohsamen geben. Letzterer ist sehr quellfähig, nimmt deshalb viel Wasser auf und bindet noch dazu Toxine, Bakterien und Giftstoffe. Darüber hinaus ist die Gabe von Lebendhefe, pro Großpferd und Tag etwa 15 bis 20 g, sehr wirkungsvoll. Neben den Elektrolyten haben die Pferde nach Durchfällen oft einen Mangel an Kalium, den sie durch die Fütterung von Heu, gekochten Kartoffeln und Melasse auffüllen können.

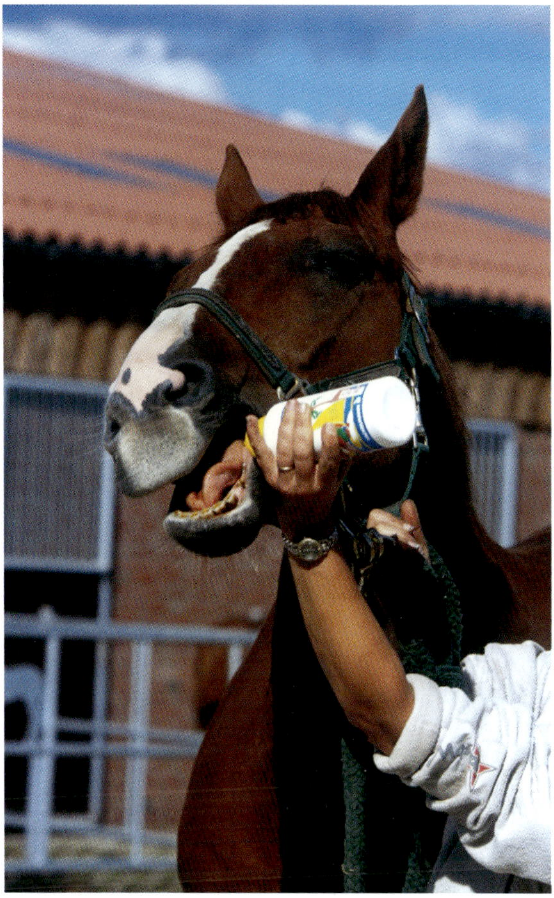

Der Tee kann auch mit der Flasche eingegeben werden. Ihr Pferd braucht nun viel Flüssigkeit.

TIPP: Prüfen Sie, ob Ihr Pferd schon unter Austrocknung leidet, indem Sie die Haut seitlich des Halses zu einer Falte abziehen. Sie sollte sofort nach dem Loslassen verstreichen. Bleibt diese Falte bestehen oder verstreicht nur langsam, besteht akute Gefahr! Verabreichen Sie Ihrem Pferd mithilfe einer großen Spritze leicht gesalzenes Wasser oder einen Tee aus Malve und Kamille mit etwas Traubenzucker und Salz.

6.4.1 Freies Kotwasser (Fecal Water Syndrome = FWS)

Das FWS gilt als eigenständige Erkrankung, die sich durch das Absetzen des Darminhalts in zwei Phasen, eine feste und eine flüssige, auszeichnet.

Was ist Freies Kotwasser?

Nach oder vor dem Absatz von normal geballtem Pferdekot läuft oder spritzt Wasser aus dem After und läuft an den Beinen herunter. Freies Kotwasser sieht man meistens bei Einzeltieren, es kommt häufig vor, jedoch sind die multiplen Ursachen dieser Erkrankung oft nicht leicht zu finden.

Anzeichen: Die Pferde setzen normal geformte Kothaufen ab und lassen vorher oder hinterher flüssiges Kotwasser in unterschiedlichem Ausmaß ablaufen. Es rinnt aus dem After und an den Hinterbeinen hinunter. Die mit Flüssigkot verschmierten Innenschenkel sind ein typisches Zeichen. Bei stärkerer Ausprägung und/oder längerer Dauer entsteht an diesen Stellen eine Hautentzündung. Ansonsten scheint es den Tieren aber gut zu gehen, das Allgemeinbefinden ist wenig gestört.

Ursachen: Sozialer Stress und Fütterung scheinen von großer Bedeutung für diese Erkrankung zu sein. In einer Studie der Veterinäruniversität München von 2017 wird vermutet, dass das FWS eine psychosomatische Stressreaktion ist.[23] Es sind besonders rangniedere Pferde, die zu Kotwasser neigen. Zudem kommt Kotwasser im Winter häufiger vor als im Sommer, was darauf zurückzuführen ist, dass das Platzangebot im Winter für eine Herde oft deutlich begrenzter ist als im Sommer auf der Weide, auf der sich die Tiere aus dem Weg gehen können.

Im Darm liegt das Wasser normalerweise frei oder an Futterpartikel gebunden vor. Gemeinsam bilden sie eine Art Gel. Das freie Wasser wird dann im Blinddarm und Kolon aufgenommen und der Darminhalt eingedickt. Bei dem FWS wirken starke Kräfte durch die Darmperistaltik auf die Masse aus Futterpartikel und Wasser, das Wasser wird abgepresst. Löst sich der Druck, wird die Flüssigkeit wieder aufgenommen. Ist der Druck nun aber besonders stark und hält lange an, geht die Gelstruktur verloren. Man vermutet, dass der Stress bei den Pferden zu Motilitätsstörungen in der Darmmuskulatur führt, d.h. es kommt plötzlich phasenweise zu starken Kontraktionen im Darm, wodurch das Wasser frei neben dem Darminhalt bleibt und mit den Kotballen ausgeschieden wird. Eine vergleichende Studie konnte feststellen, dass bei FWS die Zusammensetzung der Futterration wichtig ist. Zu wenig hochwertiges Raufutter oder zu lange Pausen zwischen den Gaben wirken sich negativ auf die Darmflora aus. Heu mit hohem Zelluloseanteil kann Wasser besser binden als Heu mit hohem Ligninanteil. Oft war zu viel Stärke und Zucker im Futter enthalten. Nährstoffmängel, Giftpflanzen oder Bewegungsmangel können sich ebenfalls negativ auswirken. Es ist durchaus möglich, dass bei einigen Pferden für das freie Kotwasser andere Erkrankungen vorliegen können.

Was macht der Tierarzt?

Wenn Ihr Pferd mehrmals hintereinander viel Kotwasser hatte, sollten Sie seine Vitalwerte prüfen, Puls, Atmung und Temperatur sowie seine Austrocknung testen. Vermutlich fehlen ihm nur Flüssigkeit, Elektrolyte und Mineralien. Dies sollte über Infusionen ergänzt werden. Bei Freiem Kotwasser sollte eher auf Antibiotika verzichtet werden, da so gut wie nie eine Infektion vorliegt. Im akuten Fall kann der Tierarzt ein Mittel zur Entkrampfung geben.

Was können Sie tun?

Sie sollten ihrem Pferd das Leben so stressfrei wie möglich gestalten.

Füttern Sie eine Diät aus kleinen Mengen hochwertigen Heus, dazu viel sauberes Wasser und/oder Kamillen-Malven-Tee. Ihr Pferd muss viel trinken, um den Flüssigkeitsverlust auszugleichen. Das Heu sollte hochwertig und vom 1. Schnitt sein, bei Kotwasser sollte das Heu auf die Mindestmenge von 1,7 kg pro 100 kg KGW begrenzt werden. Dazu füttern Sie eingeweichte Möhrenchips, eingeweichte Rübenschnitzel und Luzernecobs, jeweils in einer Menge von 80 g pro 100 kg KGW am Tag. Falls Sie eines der drei Futtermittel weglassen, erhöhen Sie die Menge auf 200 g pro 100 kg KGW. Darüber hinaus dürfen Sie noch Bierhefe (50 g pro 100 kg KGW) und Flohsamen geben. Lebendhefe in einer Menge von 15 bis 20 g pro Großpferd und Tag ist förderlich. Natürlich ist vor allem das Heu wichtig, aber die Ergänzungsfuttermittel helfen der an-

23 Vgl. Tölle, M.: Psychosomatisch bedingte Motilitätsstörung Kotwasser: Oft ein Rangordnungsproblem? VETimpulse, 26. Jahrgang, Ausgabe 2, 15. Januar 2017, S. 6 .

geschlagenen Darmflora, sich wieder zu regenerieren. Vermeiden Sie die Aufnahme von Sand. Bachblüten können die psychische Situation Ihres Pferdes verbessern. Geeignet sind Hornbeam, Walnut und Larch; letztere um sein Selbstbewusstsein zu stärken. Rock Rose ist hilfreich bei panischer Angst, die das Kotwasser hervorrufen kann. *Informationen zur Anwendung von Akupressur und Tuina lesen Sie in nachfolgender Tabelle.*

6.5 Behandlung der Darmerkrankungen

	Kolik	Enteritis
Hausmittel	• warm eindecken • **Sandkolik vorbeugen:** Frisst Ihr Pferd Sand/Erde, füttern Sie ihm 1 bis 4 Wochen nassen Flohsamen. Er bindet den Sand und befördert ihn aus dem Darm. Großpferde erhalten täglich 80 bis 100 g, Ponys 50 g. Flohsamenschalen immer ca. 1 bis 2 Stunden vor dem Füttern einweichen.	• Tierkohle, Heilerde oder Flohsamen saugen die überschüssige Flüssigkeit auf und binden Gifte/Toxine, Gärungsprodukte und Bakterienabbauteile aus dem Darm.
Umschläge	• feucht-warme Bauchwickel	
Akupressur	**Schmerzstillend und krampflösend für den Magen-Darm-Trakt:** Dü 3, Ma 36, Di 4, MP 4, MP 6, Le 3 und Ma 25 **Beruhigend und gegen den Schock:** Ohrspitzenmassage (Er-jian), Renzhong (Mitte Oberlippe) und ein Yin-Yang-Ausgleich	**Schmerzstillend und gut für den Magen-Darm-Trakt:** Ma 36, Di 4, Di 11, Bl 60, dazu MP 4, Ma 25, Bl 21 und Le 3 **Bei chronischer Enteritis:** Le 3, MP 9, MP 4
Tuina-Behandlung	**Tuina des Bauches *(siehe Seite 315)*:** Stimulieren Sie die Punkte KG 5, 12 und 14 sowie Ma 25 rechts und links des Nabels. • Anwendung während der gesamten Heilungsphase; anfangs täglich, nach einer Woche alle 2 Tage	**Tuina des Bauches mit Rou-An der folgenden Punkte:** KG 4, 5, 8, 12 und 14 • Die Anwendung erfolgt während der gesamten Heilungsphase.
Bachblüten	Rescue-/Notfalltropfen, *vorbeugend s. Seite 313 f.*	Aspen, Rock Rose, Impatiens *(weitere Möglichkeiten s. Seite 313 f.)*
Kräuter/ Tees	**Krampflösend und normalisiert die Verdauung (erst nach der Kolik):** täglich 50 g aus der Mischung von je 100 g Hopfen, Salbei und Melisse, 150 g Isländisch Moos, 150 g Kamille, 40 g Fenchel-Samen (zerstoßen) und 80 g Oregano in das Futter geben. *Alternativen auf Seite 313* **Tee:** schon in den ersten Stunden Tee aus Kamille, Malve und Hopfen (je 1 EL auf ½ l kochendes Wasser, 10 Minuten ziehen lassen) verabreichen.	**Kräuter:** 80 g Eibisch, 100 g Kamille, 100 g Pfefferminze, 100 g Schafgarbe, 80 g Oregano, 80 g Beinwell mischen und täglich 50 g davon ins Futter geben. **Bei starkem Durchfall** eignen sich Gerbstoffkräuter wie Brombeer- und Himbeerblätter, Eichenrinde, Frauenmantel und Oregano (pro ½ l heißes Wasser, 10 Minuten ziehen lassen). Auch Schwarzer (und Grüner) Tee hilft gegen Durchfall, die Entzündung und die Bakterien.
Fütterung	• **In den ersten Stunden und Tagen:** wässriger Hafer- oder Leinsamenschleim bzw. trinkbares Mash; dazu können Sie eingeweichtes Heu oder Gras in kleinen Portionen füttern. • Später gutes Heu oder Gras ganztägig zur freien Verfügung ermöglichen. • Kraftfutter nicht in den ersten 14 Tagen geben, dann thermisch aufgeschlossenes Getreide wie Gerste-, Mais- oder Dinkelflocken. • **Vorbeugend:** regelmäßig zweimal pro Jahr eine 4-wöchige Kur mit nassen Flohsamen oder eingeweichten Flohsamenschalen.	• Haferschleim und dazu Pektine (geriebener Apfel oder Mohrrüben, beide mit Schale, eingeweichte Zuckerrübenschnitzel und Möhrenchips) oder lauwarmes breiiges Mash sind geeignet. • Lebendhefe und Joghurt helfen bei der Wiederherstellung der physiologischen Darmflora, ebenso wie die Prebiotika Inulin (Topinambur), getrocknete Bierhefe und Laktose. • Hochwertiges Heu, Gras und Luzerneheu füttern. • Flohsamen bindet Wasser und Giftstoffe. • Vorsicht bei Kalium-Verlusten

7. Endoparasiten

Endoparasiten sind Parasiten, die ganz oder zeitweise im Inneren des Pferdes leben. Dies sind entweder Würmer oder ihre Entwicklungsstufen sowie Larven vor allem von Insekten. Jedes Pferd beherbergt einige dieser Mitbewohner. Es kommt jedoch darauf an, dass diese nicht überhandnehmen und das Pferd schwächen.

Anzeichen: Pferde mit starkem Parasitenbefall magern extrem ab und haben stumpfes, glanzloses Fell. Sie sind weniger leistungsfähig und empfind-

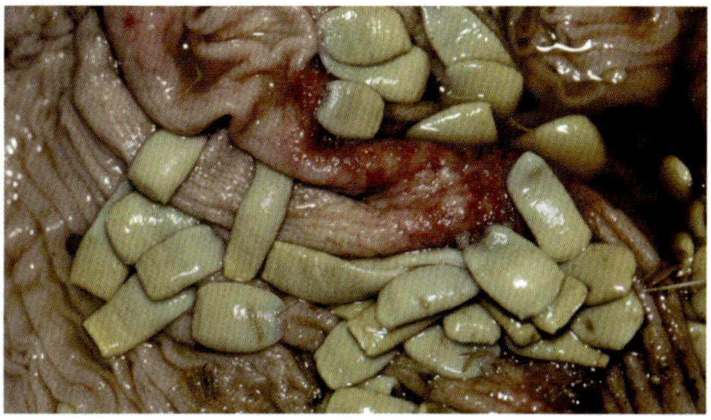

Die erwachsenen Bandwürmer heften sich an der Darmschleimhaut an.

licher gegenüber Krankheitserregern. Oft zeigen sie Blutarmut und manchmal auch Fieber. Betroffene Jungpferde zeigen bei gleicher Fütterung einen weit schlechteren Entwicklungsstand als gesunde Pferde. Durch die Wanderung der Larven in den Blutgefäßen kann es zu heftigen Koliken kommen (thrombotisch-embolische Kolik). Gelangt ein Thrombus in die Oberschenkelarterie, so kann bei Belastung die Durchblutung des Hinterbeines unzureichend sein und ein zeitweise auftretendes Hinken auslösen.
Ursachen: Es gibt verschiedene Endoparasiten. Neben den Würmern, die den Pferden das ganze Jahr über Probleme bereiten, sind es vor allem die Larven der Gattung Gasterophilus, umgangssprachlich als Dasselfliege oder Magendasselfliege bezeichnet, deren Larven sich in großen Mengen über Monate im Magendarmtrakt der Pferde aufhalten und ihnen schaden können.

Komplikationen: Je nach Stärke und Dauer des Wurmbefalls werden innere Organe geschädigt oder Koliken ausgelöst. Es kann sogar zu einem Darmverschluss kommen. Als besonders schwere Folge eines Wurmbefalls ist das Reißen einer Arterie zu nennen, was nur äußerst selten vorkommt. Betroffene Pferde verbluten dann in kürzester Zeit.
Eine weitere Gefahr stellt die (thrombotisch-)embolische Kolik dar *(s. Seite 329)*, die tödlich enden kann.

7.1 Würmer

Wir unterscheiden zwei Hauptarten von Würmern:
1. Bandwürmer, die sich über einen Zwischenwirt entwickeln, und
2. Rundwürmer, deren Larven die Pferde direkt wieder befallen.

Die **Bandwürmer** der am häufigsten vorkommenden Bandwurmarten werden im Darm der Pferde (außen schrumpfen sie zusammen) etwa 25 bis 80 cm lang und 1 bis 1,5 bzw. 2,5 cm breit. Am Vorderende tragen sie 4 Saugnäpfe, mit denen sie sich an der Schleimhaut des Dünndarms festheften. Sie bestehen aus vielen einzelnen Bandwurmgliedern, die kurz und sehr breit sind. Die Eier befinden sich in den Endgliedern und werden durch Abstoßung einzelner Glieder mit dem Kot ins Freie transportiert. Auf den Weiden zerfällt die Hülle der Bandwurmglieder und die Eier werden frei. Die sich entwickelnden Larven werden von kleinen Moosmilben, den Zwischenwirten, gefressen. In ihnen entwickeln sich in 4 Monaten aus den Larven die ansteckungsfähigen Zysten. Die Pferde nehmen die Milben mit dem Gras auf und die Zysten werden frei. Im Darm der Pferde platzen die Hüllen auf und reifen zu ausgewachsenen Bandwürmern heran. Diese schaden den Pferden eher weniger. Sie fressen den Pferden einen Teil ihrer verdauten Nahrung weg, schaden ihnen aber gesundheitlich nicht so massiv, wie es die Rundwürmer tun. Die Pferde werden durch den leichten Nahrungsentzug etwas weniger leistungsfähig. Bei starkem Befall können die Würmer chronische Verdauungsstörungen und Abmagerung hervorrufen.
Die **Rundwürmer** kommen wesentlich häufiger vor als die Bandwürmer. Es gibt verschiedene Arten von Rundwürmern. Die häufigsten sind die **Blutwürmer** *(kleine und große Strongyliden)*, die **Spulwürmer** *(Askariden)* und die **Zwergfadenwürmer** *(Strongyloides)*. Ihnen allen ist gemeinsam, dass die erwachsenen Würmer im Darm befallener Pferde leben und ihre Eier mit dem Kot ausgeschieden werden. Im Gras entwickeln sich die Eier zu Larven und befallen ohne Zwischenwirt erneut ihren Endwirt. Insbesondere die Eier der Spulwürmer sind dabei ausgesprochen haltbar. Die Pferde infizieren sich, indem sie die Larven mit dem Gras aufnehmen. All diesen Wurmarten ist gemeinsam, dass die wandernden Larvenstadien im Pferdekörper meist größeren gesundheitlichen Schaden anrichten als die erwachsenen Würmer, die sich im Darm ansiedeln. Nahezu jedes Pferd ist Strongylidenträger und hatte schon eine Strongylideninfektion in seinem Leben. Es wird vermutet, dass die Veranlagung eines Pferdes, häufig Koliken zu entwickeln, in enger

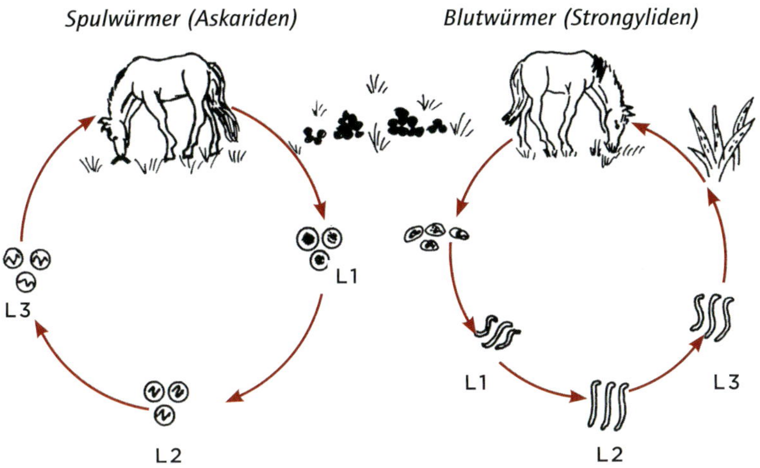

Der Wurmzyklus: Aus den Eiern entwickeln sich über verschiedene Stadien die ansteckungsfähigen Larven 3 (L3).

Beziehung zu seinem Befall an Strongylidenlarven steht.[25]

Die Larven der Blutwürmer bohren sich durch die Darmwand und durchwandern den ganzen Körper. Der *Strongylus vulgaris* wandert in verschiedenen Baucharterien gegen den Blutstrom umher. Dabei entstehen Gerinnsel, die mitunter erst Jahre später fortgespült werden können. Zum Teil verursachen sie Ausbuchtungen im Blutgefäß, die unter bestimmten Bedingungen reißen können, sogenannte Aneurismen. Gelangen sie in kleinere Blutgefäße, insbesondere die des Darms, so kann es zu einer Verstopfung der Gefäße kommen. Dadurch werden ganze Darmabschnitte nicht mehr richtig versorgt, die Peristaltik kommt zum Erliegen. Die Pferde magern ab und haben teils heftige Koliken. Bleibt dieser Thrombus (diese Verstopfung der Arterie) bestehen, so stirbt der Darmabschnitt irgendwann ab. Die anderen Strongyliden verursachen Schäden an Leber, Bauchspeicheldrüse, Bauchfell oder Darm. Die Schäden entstehen also vor der Entwicklung der erwachsenen Würmer und demzufolge auch bevor sich Eier im Kot nachweisen lassen. Die Vorsorge und das Monitoring sind also die entscheidenden Faktoren!

Auch die Larve der **Spulwürmer *(Parascaris univalens und equorum)*** bohrt sich schon am ersten Infektionstag durch die Darmwand und gelangt über die Pfortader in die Leber. Hier wandert sie eine Woche durch das Parenchym, das Lebergewebe. Über das Blut erreicht sie die Lunge. Hier entstehen viele punktförmige Blutungen. Die Larven werden hochgehustet, wieder abgeschluckt und entwickeln sich im Darm zu erwachsenen, geschlechtsreifen Würmern. Das dauert etwa 3 Monate. Die Eier sind recht widerstandfähig und klebrig. Sie können im Stall oder in den oberen Bodenschichten bis zu 12 Monate infektiös bleiben. Eine klinisch wirksame Infektion entwickelt sich meist nur bei den Fohlen und Jungpferden bis 2 Jahre.

Klinische Anzeichen im Darmbereich umfassen vor allem Durchfall, weniger Appetit, Entwicklungsstörungen, Anämie, Abmagerung und chronisch immer wieder auftretende Koliken. Bei jungen Pferden kann ein starker Befall der Spulwürmer zu einem Darmverschluss oder selten sogar zu Löchern in der Darmwand mit austretenden Würmern führen, was tödlich ist. Größere Probleme werden auch durch die Larven verursacht: die kleinen Schäden in der Lunge, durch die Bakterien leicht in tiefe Lungengewebe gelangen können, die Schäden an der Leber, die zu einer Entzündung führen, sowie die ZNS-Störungen durch toxisch wirkende Stoffwechselproduk-

Spulwürmer als Ursache für starken Durchfall

25 Vgl. Von Himmelstjerna, G., Hiepe, T.: Darmparasitosen. Aus Brehm, W. et al. (Hrsg.), Enke Verlag 2017, S. 507-522.

te und wandernde Larven. Fohlen sind anfälliger für Spulwürmer als ältere Tiere, bei denen eine gewisse Immunität besteht, deshalb sollten Mutterstuten vor dem Abfohlen gut entwurmt werden. Erwachsene Pferde sind meist nur befallen, wenn sie sehr geschwächt sind und/oder das Immunsystem angeschlagen ist. Regelmäßige Kontrolle und wenn nötig Entwurmung sind die beste Vorbeugung. Je nach Ausprägung einer Resistenz können verschiedene Stoffgruppen wie die Benzimidazole wie auch Pyrantel oder die makrozyklischen Lactone (maLac wie Ivermectin oder Moxidectin) zum Einsatz kommen.

Von einer Infektion durch **Zwergfadenwürmer** *(Strongyloides westeri)* sind in der Regel die Fohlen betroffen, bei erwachsenen Pferden spielt diese Wurmart kaum noch eine Rolle. Die Larven der Zwergfadenwürmer, nur die Weibchen leben parasitisch, haben verschiedene Wege, um in den Fohlenkörper zu gelangen. Die meisten Fohlen infizieren sich über das Kolostrum oder die Milch in den ersten 6 Lebenswochen. Bei massiver Infektion können sie bereits am 10. Lebenstag Eier ausscheiden. Fohlen können aber auch durch aktives Einbohren der Larven in die Haut oder durch Belecken bzw. Ablecken des Fohlens infiziert werden. Auch sie machen eine Wanderung durch den Körper, wobei sie leichte Blutungen in der Lunge verursachen, die später zu einer Leistungsschwäche führen können. Bei massivem Befall erkranken Fohlen zwischen dem 9. und 16. Lebenstag an Durchfall, Müdigkeit, wechselhaftem Appetit und Entwicklungsstörungen. Deshalb ist es empfehlenswert, unbedingt die Mutterstute direkt vor oder kurz nach dem Abfohlen mit maLacs zu entwurmen *(s. Seite 28)*.

Die Larven der **Pfriemenschwänze** *(Oxyuris equi)* werden von den Pferden jeden Alters über kontaminierte Wände, Einstreu, Futter oder Wasserbehälter aufgenommen. Die Larven wandern durch den Verdauungstrakt der Pferde in den Blinddarm und den Dickdarm, wo sie sich innerhalb von 4 bis 5 Monaten zu erwachsenen Würmern entwickeln. Die weiblichen Würmer, bis zu 15 cm groß, kriechen zur Haut um den After und kleben hier ihre Eipakete an Haut und Haare. Das verursacht starken Juckreiz und Schweifschubbern. Durch das Schubbern werden die Eier überall verteilt und fallen in Einstreu und Futter. Pferde können sich auch direkt über das Beknabbern der juckenden Haut infizieren. Die Larven führen zu Schleimhautschäden im Darm. Die adulten Würmer ernähren sich vom Darminhalt. Sauberkeit und Hygiene sind die wichtigsten Komponenten beim Befall durch Oxyuren. Säubern Sie den Stall regelmäßig und kontrollieren Sie beim Putzen den Bereich des Afters auf Eier. Bei dem Nachweis eines Befalls sollten sämtliche Pferde des Hofes gründlichst gesäubert und einshampooniert werden. Speziell der Bereich um den After sowie unter dem Schweifansatz muss mit warmem Seifenwasser gereinigt werden. Danach mit etwas Öl einstreichen. Dann bleiben keine Eischnüre haften.

Eine wichtige Hygienemaßnahme ist einmal im Jahr die Stallungen zu säubern und zu desinfizieren. Die Eier sind sehr widerstandfähig. Gängige Wurmmittel gegen Strongyliden sind auch gegen Oxyuren wirksam. Ihre wiederholte Gabe verhindert die Weiterwanderung der Larven im Pferd.

7.2 Larven der Dasselfliege, Gasterophiluslarvenbefall

Anzeichen: Die ständige Eiablage der erwachsenen Dasselfliegen stört und beunruhigt die Pferde auf der Weide. Bei massivem Befall können Entzündungen der Maulschleimhaut, der Zunge und des Zahnfleisches sowie Schlundentzündungen oder Schlunderweiterungen auftreten. Auch die Magenschleimhaut kann durch den Larvenbefall stark geschädigt werden. Entzündungen, aber auch Schäden in der Magenwand sind meist die Folge. Daneben werden allgemeine Anzeichen wie Anämien (Blutarmut), Ödeme durch auftretenden Eiweißmangel, Abmagerungen und Verdauungsstörungen beobachtet.

Ursache: Die Pferdedassel, oder auch Magendassel bzw. -bremse genannt, ist eine Fliegengattung (nicht zu verwechseln mit der Dasselfliege der Rinder aus derselben Familie wie die Pferdedassel, aber der Gattung Hypoderma, die manchmal auch Pferde befällt und dort im Rückenbereich oder in der Sattellage typische Dasselbeulen ausbildet). Die Dasselfliege legt von Juni bis September ihre je nach Art weißlichen, gelblichen oder schwarzen Eier im Flug an den Haarspitzen der Pferde ab. Die Fliegen selbst sind hummelähnlich, 8 bis 18 mm groß und dicht behaart. Sie leben nur 2 bis 3 Wochen und nehmen dabei nichts zu sich. Sie legen nur ihre Eier ab, je

Die Larven der Dasselfliege saugen sich an der Magenschleimhaut fest.

nach Art ca. 200 bis 2500. Dabei bevorzugen die häufigsten Dasselfliegenarten, die **Gasterophilus interstinalis** und **nasalis**, das Fell an Vorderbeinen, Schultern und Mähne bzw. den Kehlgang. Die Pferde lecken die Eier sowie bereits geschlüpfte Larven der **G. interstinalis** ab. Die Feuchtigkeit und Bewegung beim Lecken regen die Larven zum Schlüpfen an. Die Larve der **G. nasalis** kriecht auf der Haut, andere Arten unter der Haut zum Pferdemaul. Alle Larven bohren sich sofort in die Zunge bzw. in die Maulschleimhaut, wo sie für einige Wochen bleiben und sich zu einem zweiten Larvenstadium entwickeln. Diese werden später abgeschluckt. Im Magen, am Übergang der drüsenhaltigen zur drüsenlosen Schleimhaut *(G. interstinalis)* oder im ersten Darmabschnitt *(G. nasalis)* bohren sie sich an der Schleimhaut fest und leben vom Magen-/Darminhalt der Pferde. Nach einer weiteren Entwicklungsstufe gelangen sie einige Monate später im Frühjahr mit dem Kot wieder ins Freie. Sie verpuppen sich im Weideboden und einige Wochen später schlüpfen die geschlechtsreifen Dasselfliegen aus. Eine schützende Immunität entwickeln die befallenen Pferde nicht.

7.3 Behandlung des Parasitenbefalls

Die erwachsenen Würmer wie auch die Larven der Dasselfliege werden mit bestimmten Wurmmitteln abgetötet. Dabei ist es nicht mit einer einfachen Gabe des Wurmmittels nach Feststellen der Würmer oder Eier im Kot getan. Meist richten die Larvenstadien die größeren gesundheitlichen Schäden an und viele Wurmmittel wirken nur auf die erwachsenen Würmer im Magen-Darm-Kanal. Deshalb muss der Besitzer sein Pferd durch eine gezielte Bekämpfung des Wurmbefalls schützen. Dazu gehört zunächst einmal eine umfassende **Vorsorge und Hygiene**.

- Der Pferdmist sollte möglichst täglich aus den Ställen und regelmäßig 2 Mal pro Woche von der Weide entsorgt werden. So können die Strongyliden nicht schlüpfen und sich auf der Weide verteilen.
- Besonders gründlich muss dies nach einer Wurmkur erfolgen.
- Mähen Sie die Gailstellen auf der Weide.
- Halten Sie die Wände und den Boden des Stalls trocken (Lüftung, Isolierung, trockene Einstreu). Die Wurmlarven benötigen eine gewisse Feuchtigkeit für ihre Entwicklung.
- Verwenden Sie keine Tiefstreu!
- Wenn möglich, die Boxen 1- bis 2-mal im Jahr gründlich mit einem Dampfstrahlgerät reinigen.
- Zusätzlich mindestens einmal den leeren Stall im Anschluss gründlich desinfizieren.
- Düngen Sie Ihre Weide nicht mit Pferdemist.
- Stellen Sie nicht zu viele Pferde auf die Weide und vermeiden Sie es, Pferde mit Eseln zusammenzustellen. Sie könnten sich sonst mit Lungenwürmern anstecken.
- Ist das Gras sehr hoch, sollten Sie es besser abmähen und als Heu verwenden.
- Wechseln Sie ihre Weiden im 2-jährigen Turnus. Am besten tauschen Sie, wenn dies möglich ist, mit jemandem jährlich die Pferde- und Rinderweiden.
- Besser noch ist das regelmäßige Wechseln der Weide innerhalb einer Weidesaison, entweder auf verschiedene Weiden oder Sie teilen eine Weide in verschiedene, ausreichend große Bereiche ein, die abwechselnd beweidet werden.
- Die Entwurmung erfordert inzwischen mehr Aufwand als früher, als man viermal im Jahr ein Wurmmedikament gab. In den letzten Jahren wird vermehrt die selektive Entwurmung praktiziert. Es wird also immer dann entwurmt, wenn die Kotuntersuchung anzeigt, dass Ihr Pferd bzw. die Pferde einer Herde zu viele Wurmeier in seinen/ihren Ausscheidungen hat/haben.
- Regelmäßig entwurmt werden heute nur noch die Fohlen oder Pferdebetriebe mit großer Fluktuation im Herdenverband.

C

- Kontrollieren Sie mindestens 3-mal im Jahr den Kot auf Parasiteneier:
  - ➤ einmal im Frühjahr vor dem Anweiden,
  - ➤ einmal im August,
  - ➤ einmal im Herbst. Sie müssen abklären, ob Sie auch ein Mittel gegen Bandwürmer benötigen!
- Warum ist dieses „Kotuntersuchungs-" oder auch Parasiten-Monitoring so wichtig?
  - ➤ Es ist in nächster Zeit nicht mit der Entdeckung eines neuen Wirkstoffs zur Bekämpfung der Würmer zu rechnen. Wir müssen mit den Wirkstoffen auskommen, die sich gegenwärtig auf dem Markt befinden, das bedeutet, wir müssen vermeiden, dass sich noch mehr Resistenzen bei den Parasiten entwickeln.
  - ➤ Deshalb sollte auch alles dafür getan werden, dass der Infektionsdruck kleiner wird, also die Verteilung der Parasiteneier geringer wird: Bei den großen Strongyliden ist dies schon gelungen.
- Wechseln Sie jährlich das Wurmmittel.
- Die selektive Entwurmung können Sie mit wurmtreibenden Heilkräutern unterstützen. *Lesen Sie dazu Seite 31.*
- Die Gabe von wurmtreibenden Heilkräutern plus stärkenden und immunstimulierenden Heilkräutern kann bei niedrigem Infektionsdruck ein Wurmmittel unnötig machen.
- Wann und wie Sie entwurmen, *lesen Sie auf Seite 26 ff.*
- Achten Sie darauf, dass möglichst allen Pferden im Stall gemeinsam eine Wurmkur verabreicht wird.
- Bei starkem Wurmbefall oder wenn bekannt ist, dass in dieser Region die Parasiten Resistenzen gegen die Wurmmittel entwickelt haben, sollten Sie nach einer Wurmkur mittels einer Kotprobe nochmals nachprüfen, ob das Mittel wirksam war oder eine weitere Wurmkur erfolgen muss.
- Dies gilt besonders bei der Verwendung der Wirkstoffgruppe der Benzimidazole (Febantel, Fenbendazol, Mebendazol) oder Pyrantel.
- Die Gruppe der makrozyklischen Lactone wie Ivermectin und Moxidectin ist noch recht wirksam, besonders bei den Rundwürmern und Dasselfliegen.
- Gegen Bandwürmer wirkt der Wirkstoff Praziquantel.

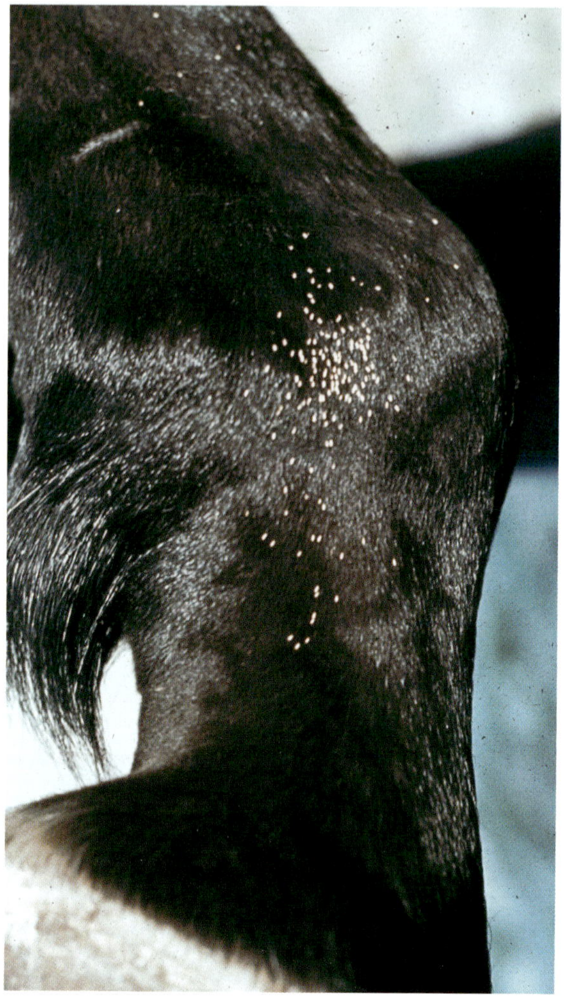

Die Eier der Dasselfliege kleben am Pferdefell und sollten jeden Tag entfernt werden.

- Entfernen Sie in der Flugzeit die Eier der Dasselfliegen täglich aus dem Fell Ihres Pferdes. Dies können Sie durch das Abschaben erreichen sowie durch Waschungen mit Wasser und Obstessig.
- Es gibt auch Insektizid-Waschmittel, mit denen Sie das Fell waschen können. Diese töten die schlüpfenden Larven ab.

Ernährungsbedingte Erkrankungen ohne den Verdauungstrakt

In diesem Kapitel finden Sie verschiedene Erkrankungen, die alle mehr oder weniger direkt mit der Futteraufnahme oder der Fütterung zu tun haben.

Es ist wichtig, das Gewicht seines Pferdes zu wissen.

1. Der Ernährungszustand des Pferdes

Die Beurteilung des Ernährungszustands ist beim Pferd besonders wichtig. Davon hängt zum einen das Futtermanagement ab, zum anderen die Diät, die im Rahmen einer Erkrankung gefüttert werden muss. Nicht zuletzt ist das Gewicht für die Berechnung einer Medikamentendosis ausschlaggebend.

Bei der Rationsberechnung des Futters ist von besonderer Bedeutung, ob ein Pferd leicht- oder schwerfuttrig ist, aber auch der **Ernährungszustand** des jeweiligen Pferdes.

Leichtfuttrige Pferde können das gefressene Futter extrem gut ausnutzen und die enthaltenen Nährstoffe optimal verstoffwechseln. Ein reichliches Raufutterangebot bei geringer Arbeit kann bei diesen Pferden zur Gewichtszunahme bis hin zum Übergewicht führen. Das heißt, das Raufutter muss sinnvoll eingeteilt werden, damit die Pferde einerseits keine zu langen Futterpausen haben, andererseits aber auch kein EMS *(s. Seite 353 ff.)* bekommen. Zu dieser Gruppe gehören beispielsweise die Kaltblüter, einige Warmblüter und verschiedene Ponys.

Schwerfuttrige Pferde neigen oft trotz umfangreichen Futterangebots und guter -aufnahme zum Untergewicht. Zudem sind sie häufig nicht in der Lage, das aufgenommene Futter mit allen Nährstoffen voll auszunutzen.

Wie kann das Gewicht eines Pferdes bestimmt werden?

Das Einfachste wäre, das Pferd auf eine Pferdewaage zu stellen, um so sein Gewicht zu bestimmen. Pferde kann man auf verschiedene Weise wiegen, zum einen gibt es mobile Pferdewaagen, die man mieten kann, zum anderen kann man Fahrzeugwaagen nutzen. Bei Letzteren werden Auto und Hänger einmal mit und einmal ohne Pferd gewogen und dann verglichen. Solche Waagen gibt es auch bei Baustoffhändlern oder auf großen Schuttabladeplätzen. Landwirtschaftliche Genossenschaften haben Getreidewaagen, aber auch in kleinen Dörfern gibt es oft noch Vieh- oder Getreidewaagen, die in die Straße eingelassen sind.

Eine weitere Möglichkeit ist die Gewichtsbestimmung durch Messung verschiedener Körpermaße und die Errechnung mithilfe einer speziellen Formel. Es gibt sie für leichte und neu auch für schwere Pferde und Kaltblüter, jedoch weichen diese Formeln bei Berechnung desselben Pferdes stark voneinander ab und können nur zu einer groben Einschätzung des Gewichts dienen. Kienzle und Schramme entwickelten eine Formel zur Abschätzung des Körpergewichts, die viele Maße des Körpers beinhaltet.[1] Allerdings konnten sie eine gute Schätzung bereits mit den Maßen von Körper- und Halsumfang sowie der Widerristhöhe abgeben.

KG = -1078 + 1,960 x KU + 2,282 x HU + 3,258 x WHBM

WHBM = Widerristhöhe mit Bandmaß

HU = Halsumfang; KU = Körperumfang

1 *Kienzle, E.; Schramme, S. C.: Beurteilung des Ernährungszustandes mittels Body Condition Score und Gewichtseinschätzung beim adulten Warmblutpferd. Pferdeheilkunde 20, 6: 2004, S. 517-524.*

für jedes Pferd individuell berechnet werden. Hat es gesundheitliche Probleme, muss das Futter daran angepasst werden.

Nicht jedes Pferd benötigt Kraftfutter, auch bei leichter bis mittlerer Arbeit nicht. Die Belastung der Tiere wird oft überschätzt. Überlegen Sie, wie viel das Pferd tatsächlich jeden Tag bewegt wird.

Ein Pferd muss beschäftigt und der Verdauungstrakt gefüllt sein, deshalb muss genug Futter mit ausreichendem Volumen und Struktur zur Verfügung gestellt werden, um Probleme zu vermeiden. Ein Pferd darf in der Zeit des Abnehmens jedoch nie solchen Hunger haben, dass es exzessiv Stroh aufnimmt, denn dann besteht die Gefahr einer Verstopfungskolik. Gegebenenfalls muss es auf eine andere Einstreu umgestellt werden. Um auszuschließen, dass das Pferd die Einstreu frisst, müssen deshalb die Raufuttergaben erhöht werden.

Erwachsene Pferde bekommen zum Abnehmen Rationen, die 60 bis 70% des Erhaltungsbedarfs beinhalten, ausgehend vom Normalgewicht.[7] Wenn ein Pferd pro Woche 1% des KGW abnimmt, ist das ausreichend. Dazu ein Beispiel: Wiegt ein Pferd 657 kg und sollte eigentlich maximal 620 kg wiegen, so sollte es rund 6,6 kg in der Woche abnehmen. Dann kann es in knapp 6 Wochen sein Normalgewicht erreichen.

Der **Erhaltungsbedarf** an Energie liegt beim Großpferd bei 0,52 MJ x $KGW^{0,75}$ (metabolisches KGW), ein 600-kg-Pferd braucht 63 MJ täglich. Der Erhaltungsbedarf an Protein liegt bei 6 g dvRp MJ Energie täglich, also 378 g dvRp oder bei 3 g/pro kg $KGW^{0,75}$ (364 g dvRp).

Praxis: Zur Versorgung adipöser Pferde eignet sich älteres, energiearmes Heu. Alternativ eignet sich Heu aus dem Grassamenanbau in einer Menge von 1,2 bis 1,5 kg/100 kg KGW.[8] Damit wird der Energiebedarf im Erhaltungsstoffwechsel zu etwa 70% gedeckt.

Das Heu sollte in engmaschigeren oder doppelten Heunetzen verfüttert werden. So haben die Pferde länger zu tun. Gern dürfen sie dazu auch an Ästen von Obstbäumen oder einem Stück Baumstamm knabbern.

Alternativ wird oft empfohlen, das normale Heu eine halbe Stunde zu wässern, um leicht verdauliche Kohlenhydrate auszuwaschen. Verfüttern Sie 1,5% des Körpergewichts an Heu. Bei einem 620 kg schweren Pferd sind dies 9,3 kg Heu. Auch damit liegt die Ration energiemäßig unter dem Erhaltungsbedarf. Das heißt, zum Energieausgleich muss Ihr Pferd nun Fettgewebe mobilisieren und abbauen. Zum Heu braucht das Pferd einen Eiweißträger wie Grünmehlpellets oder Luzerne- oder Esparsettecobs, Leinsaat oder Leinextraktionsschrot in einer Menge von 100 bis 200 g pro 100 kg KGW. Auch Bierhefe enthält viel Rohprotein und wird in einer Menge von 50 g/100 kg KGW gefüttert. Zuckerfreie Trockenschnitzel enthalten Pektine, die die Verdauung und die Darmflora unterstützen. Dazu ist ausreichend vitaminisiertes Mineralfutter und je nach Arbeitseinsatz etwas Salz nötig. Ein angepasstes, regelmäßiges Bewegungsprogramm für Ihr Pferd ist ebenfalls außerordentlich wichtig. Ist Ihr Pferd abgesehen vom Körpergewicht gesund, können Sie mit Ihrem Pferd gut arbeiten! Dann wird ihr Tier weiteres Fettgewebe abbauen, während es Muskulatur aufbaut.

Vorsicht! Die Fütterungsempfehlungen gelten natürlich nicht für tragende Stuten. Zuchtstuten müssen vor der Bedeckung ihr normales Gewicht haben. Tragende Stuten sollten nicht abnehmen, ebenso wenig wie Pferde mit akuten Reheschüben. Es besteht die Gefahr einer Hyperlipidämie. Das bedeutet, dass beim Abnehmen zu viele freie Fettsäuren im Blut schwimmen, sodass die Gefahr besteht, dass die Leber diese Fettsäuren aus dem Blut filtert und einlagert. Daraus kann sich leicht eine Fettleber entwickeln. Zudem könnte das mikrobielle Gleichgewicht im Dickdarm kippen. Passiert dies, werden viele Toxine in die Hufe geschwemmt und es besteht die Gefahr einen erneuten Reheschubs.

7 Vgl. Meyer, H. und Coenen, M.: Pferdefütterung. Enke Verlag 2014/ Coenen, M. und Vervuert, I.: Pferdefütterung. Georg Thieme Verlag KG 2019

8 Erklärung: Im Grassamenanbau werden, ähnlich wie bei Getreide, die Samen von Gräsern für den Verkauf angebaut. Der Rest des Grases wird nach der Ernte zu Heu gepresst. Es sind sehr spät geerntete Pflanzen, die sehr wenig Protein und Energie, aber viel Rohfaser enthalten.

9 Vgl. Meyer, H. und Coenen, M.: Pferdefütterung. Enke Verlag 2014/ Coenen, M. und Vervuert, I.: Pferdefütterung. Georg Thieme Verlag KG 2019.

4. Equines Metabolisches Syndrom (EMS)

Was ist das?

Das EMS, Equines Metabolisches Syndrom, ist eine endokrine, also eine stoffwechselbedingte Störung, die eng mit der Adipositas, der Hufrehe und einer Fehlregulation des Insulins zusammenhängt. Die Erkrankung wird in den letzten Jahren immer häufiger festgestellt, meist geht ihr eine übermäßige Ansammlung von Fettgewebe voraus. Dabei muss die Ansammlung von Fettgewebe nicht unbedingt den ganzen Körper erfassen, es kann sich auch auf eine Körperregion wie den Mähnenkamm konzentrieren. Betroffen sind besonders oft Pferde- und Ponyrassen, die zu einer genetisch bedingten besonders guten Futterverwertung neigen, was als Leichtfuttrigkeit beschrieben wird. Meist haben sie noch eine Veranlagung zum Fettansatz und zur Insulinresistenz. EMS kann jedoch fütterungsbedingt bei fast allen anderen Rassen vorkommen, nur die Vollblüter scheinen davon ausgenommen zu sein.

Anzeichen: Leistungsminderung, Übergewicht an bestimmten Stellen oder generell ist typisch. Abnorme Fettansammlungen im Bereich des Mähnenkamms, der Schulter- und Lendenregion, der Kruppe, des Schweifansatzes, des Euters oder Präputiums sind meist deutlich zu erkennen. Weitere typische Symptome sind die Insulinresistenz und die Hufrehe, subklinisch oder klinisch. Die Tiere haben Heißhunger, zeigen aber lethargisches Verhalten. Oft treten auch vermehrter Durst *(Polydipsie)* und vermehrtes Wasserlassen *(Polyurie)* auf. Die Erkrankung tritt immer wieder auf und verändert die Fruchtbarkeit. Zyklusstörungen treten auf, die ihrerseits für eine Unfruchtbarkeit sorgen. Weitere Auffälligkeiten zeigen sich bei Laboruntersuchungen – wie die Insulinresistenz, zu viele Triglyzeride im Blut und andere Fettstoffwechselstörungen, eine hohe Konzentration an Entzündungsmarkern u.a.m.[9]

Insulinresistenz bedeutet, dass das Insulin an den Rezeptoren kaum Wirkung zeigt. Die Aufgabe des Insulins ist die Aufnahme der Glukose (Blutzucker) in die Zellen, was nicht funktioniert, wenn die Gewebe nicht mehr auf Insulin ansprechen. Das Insulin ist also nicht mehr in der Lage, die Glukose zu regulieren. Außerdem hat Insulin eine anabole (aufbauende) Wirkung auf Fettgewebe, wenn der Insulinspiegel hoch ist, wird die Fettspaltung (Lipolyse) gehemmt. Durch das Auftreten der Insulinresistenz wird vermehrt Insulin ausgeschüttet, um die geringere Insulin-Empfindlichkeit der Rezeptoren zu kompensieren.

Pathologie und Ursachen: Die genaue Ursache lässt meist nicht mehr festmachen. Grundsätzlich liegt eine chronische, den Bedarf übersteigende Energieversorgung vor. Besonders eine fett- und stärkereiche Fütterung ist eine Ursache. Das gilt insbesondere für robuste Ponyrassen. Werden die Tiere gleichzeitig mit mangelnder Bewegung in Boxen gehalten, setzen sie Fett an. Genauso kann bei diesem Typ eine energiereiche Weide- und Heufütterung Auslöser der Erkrankung sein, ebenso wie Stress.

Früher sah man das Fett einfach als Energiespeicherdepot an, seit vielen Jahren weiß man, dass das Fettgewebe eine erhebliche Stoffwechselaktivität hat. Das Eingeweidefett, also das Fett um die Organe herum, ist besonders aktiv. Wenn die Pferde durch zu viel energiereiches Futter kombiniert mit zu wenig Bewegung zunehmen, wird das Fett zuerst in die vorhandenen Fettzellen eingelagert, wobei diese deutlich größer werden. Sind die Fettzellen maximal groß, müssen mehr Fettzellen angelegt werden, was zu Stress im Gewebe führt. Die Fettzellen, die unter normalen Umständen eher entzündungshemmende Eigenschaften haben, senden nun Signalstoffe aus, die der Anlockung von Entzündungszellen dienen. Die Fettzellen produzieren verschiedene Hormone. Sie beeinflussen Appetit und Sättigung, den Zucker- und Fettstoffwechsel, beeinträchtigen das Immunsystem und noch einiges andere. Vermutlich beeinträchtigt das auch die Rezeptoren des Insulins, was zu einer Insulinresistenz führt. Wenn das Insulin durch die Resistenz nicht mehr so wirksam ist, wird der Körper versuchen, dies zu kompensieren, indem er mehr Insulin ausschüttet. Außerdem wird ein Enzym ausgeschüttet, das vermutlich für die Korti-

C

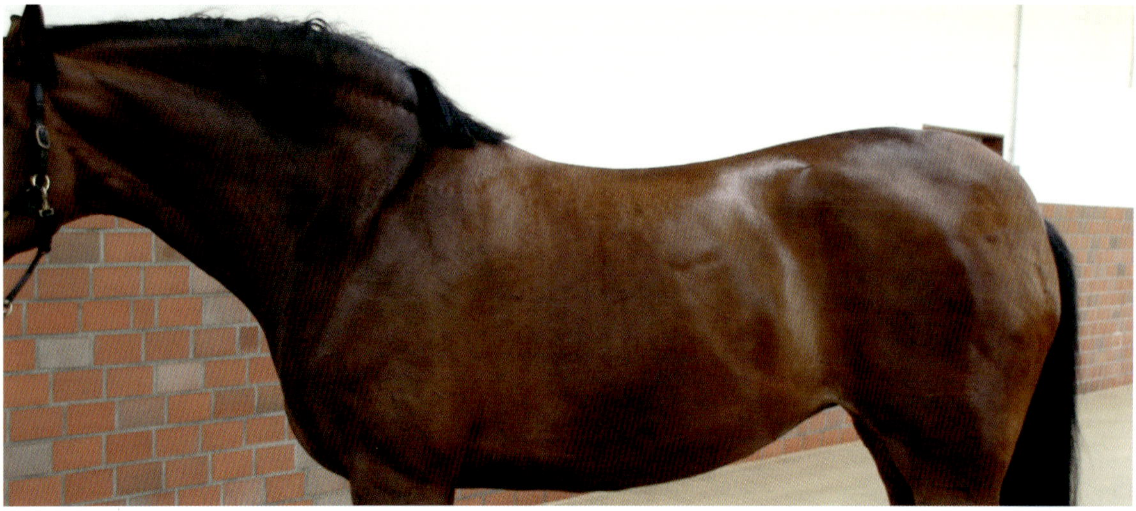

Die Fetteinlagerungen können am ganzen Körper verteilt sein oder auch nur an bestimmten Stellen wie dem Mähnenkamm.

C

solaktivierung aus der Nebenniere verantwortlich ist. Ein erhöhter Kortisolspiegel sowie die entzündungstreibenden Stoffe des Fettgewebes oder das vermehrt ausgeschüttete Insulin aufgrund der Insulinresistenz werden als Auslöser für die Hufrehe diskutiert.[10] Weitere Studien zeigen einen engen Zusammenhang zwischen der Insulinfehlregulation und den krankmachenden Mechanismen am Huf, beispielsweise einer Mangeldurchblutung im Huf durch das übermäßig ausgeschüttete Insulin.[11] Was genau zur Hufrehe führt, ist nach wie vor unklar.

Labor: Folgende Abweichungen können im blutchemischen Profil festgestellt werden:

Zu hohe Blutfettwerte, Fettstoffwechselstörung, zu viel Leptin (Hormon, das die Sättigung beeinflusst), arterieller Bluthochdruck, erhöhte Konzentration an Entzündungsmarkern und eventuell ein erhöhter Blutzuckerwert, was aber eher selten ist. Bei Stress, Schmerzen, fütterungsbedingt und bei Insulinresistenz ist die Insulinkonzentration zu hoch. Bei einem akuten Reheschub hat der Wert keine Aussagekraft.

Die Blutentnahme sollte früh zwischen 8.00 und 10.00 Uhr nach 6-stündiger Fastenzeit erfolgen, es sind nur Heu, Stroh und Wasser erlaubt.

Was macht der Tierarzt?

Für den Tierarzt ist zunächst einmal wichtig, die Erkrankung nachzuweisen. Die ersten Anzeichen sind mit Leistungsabfall und Gewichtszunahme sehr unspezifisch. Dies gilt insbesondere, wenn es sich um subklinische Fälle handelt, nur die Laborparameter reichen meist nicht aus. Wichtig ist hier die Einteilung durch den BCS. Allerdings gibt es auch normalgewichtige Pferde mit gestörtem Zuckerhaushalt. Deshalb ist der erste Test zum Nachweis der EMS wichtig, die Nüchternbestimmung von Glukose und Insulin. Ein erhöhter Insulinwert ist ein brauchbarer Hinweis auf eine bestehende Insulinresistenz. Bei einer EMS schüttet die Bauchspeicheldrüse mehr Insulin aus, um die fehlende Reaktion der Insulinrezeptoren auszugleichen, dadurch ist der Glukose-Nüchtern-Wert nicht erhöht. Reicht der Test nicht aus, weil der Krankheitsverlauf zu milde ist, sind dynamischere Testverfahren wichtig. Dies sind der Glukose-Toleranz-Test (GTT) und der Glukose-Insulin-Toleranz-Test, auch Kombinierter Glukose-Insulin-Test (KGIT) genannt. Diese Tests sind wichtig zur Diagnosestellung, um Spätfolgen wie die Hufrehe für die Patienten zu vermeiden.

Bei unauffällig verlaufenden Fällen ist die Abgrenzung zum **Equinen Cushing Syndrom (ECS)** wichtig. Nur die Laborparameter reichen meist nicht aus.

10 Vgl Meyer, H. und Coenen, M.: Pferdefütterung. Enke Verlag 2014/ Coenen, M. und Vervuert, I.: Pferdefütterung. Georg Thieme Verlag KG 2019.

11 Vgl. Lochbrunner, M.: Teufelskreis Insulindysregulation: Früherkennung vorteilhaft, aber nicht einfach. VETimpulse, 27. Jahrgang, Ausgabe 10, 15. Mai 2018, S. 7.

In fraglichen Fällen kann der Thyrotropin Releasing Hormon (TRH = Thyroidea-stimulierendes Hormon)-Stimulationstest die Abgrenzung zum Cushing gewährleisten. Er führt zu einer Ausschüttung des ACTH-Hormons. Der ACTH-Spiegel liegt beim metabolischen Syndrom in der Regel im Normbereich, während er beim Cushing erhöht ist.

Ist das Vorliegen einer EMS mit einer Insulinresistenz erwiesen, so muss behandelt werden. Wichtigstes **Ziel der Therapie** ist die Gewichtsreduktion und die Wiederherstellung der Insulinsensitivität. Durch eine entsprechende Gewichtsreduktion und moderate Bewegung ist dies möglich.[12] Die Bewegung ist natürlich vom Zustand der Hufe bei Hufrehepatienten abhängig.

Was können Sie tun?

Um die Erkrankung möglichst früh zu erkennen, sollten Sie das Gewicht Ihres Pferdes regelmäßig und zusätzlich immer mal wieder mit dem BCS bestimmen.

Erhöhen Sie den Energieverbrauch Ihres Ponys oder Pferdes. Das geht natürlich nur, wenn die Hufgesundheit das zulässt. Dazu sollten Sie ein vielseitiges Bewegungsprogramm entwerfen. Es gibt viele Möglichkeiten, um den Energieverbrauch des Pferdes zu erhöhen.

Fütterung: Wichtig ist, das Gewicht Ihres Pferdes zu reduzieren, deshalb sollte Ihr Pferd voluminöse, energiearme Rationen bekommen. Die Energie sollte etwa bei 7% des Erhaltungsbedarfs liegen. Füttern Sie es mit älterem, energiearmem Heu oder mit Heu aus dem Grassamenanbau in einer Menge von 1,2 bis 1,5 kg pro 100 kg KGW. Alternativ können Sie auch gutes Heu 30 Minuten in Wasser einweichen. Dazu geben Sie Grünmehlpellets oder Esparsettecobs (alles eingeweicht) in einer Menge von 100 bis 200 g pro 100 kg KGW als Proteinträger. Zuckerfreie Trockenschnitzel enthalten viel Pektin für die Darmflora. Dazu gehört noch vitaminisiertes Mineralfutter und ein Salzleckstein. Geben Sie in Absprache mit dem Tierarzt eine Zink- und Chromergänzung, das soll die Insulinsensitivität fördern. Chrom bindet an den Insulinrezeptor und soll ihn für Insulin empfänglicher machen. Dazu sollten Magnesium und Vitamin E und A als Radikalfänger[13] gegeben werden.

Unbedingt vermeiden: eine Eisenüberversorgung sowie Futtermittel, die eine Blutzucker steigernde Wirkung haben wie zum Beispiel bei mit Melasse versetzen Kraftfuttermitteln, bei Futtermitteln, die Glucosamine oder Yuccaextrakt enthalten, ebenso vorerst keine Karotten und Äpfel.

Fütterungsmaßnahmen bei Ponys und leichtfuttrigen Pferden zur Vorsorge und Behandlung:

Es besteht bei diesen Tieren immer die Gefahr der energetischen Überversorgung auf ertragreichen Weiden und bei Verwendung von hochverdaulichem Raufutter in Kombination mit zu wenig Bewegung. Deshalb ist entweder mehr Bewegung oder eine Verringerung des Raufutters und Kraftfutters nötig oder die Verwendung von Futterstroh oder Heu aus der Grassamenproduktion bzw. Heu vom späten Schnitt.

Zur Verminderung der Aufnahme von übermäßigem Futter, Energie bzw. Nährstoffen und zur Verbesserung der Beschäftigung stehen Ihnen mehrere Möglichkeiten zur Verfügung.

- Nutzen Sie Möglichkeiten, die Fressgeschwindigkeit herunterzusetzen.
- Geben Sie Ihrem Pferd Äste und Baumstammstücke von Obstbäumen zum Knabbern und zur Beschäftigung.
- Verwenden Sie engmaschigere Heunetze, Heusäcke mit wenigen Öffnungen, einen Heuspielball oder Heutoy. Beobachten Sie, ob Ihr Pferd trotzdem noch genügend fressen kann. Gegebenenfalls müssen Sie Abhilfe schaffen, schließlich soll es ja nicht hungern.
- Machen Sie eine Heuwaschung zum Auswaschen der löslichen Kohlenhydrate. Dafür weichen Sie vorübergehend das Heu 30 Minuten in Wasser ein und lassen es ablaufen.
- Bevorzugen Sie Weideflächen mit geringerem Ertrag oder überständigen Gräsern mit mehr als 35 cm Wuchshöhe.
- Auf den Weiden mit viel Grasbewuchs ist vorübergehend das Tragen einer Fressbremse hilfreich.

12 Vgl. Pichon, S.: EMS vorbeugen: Warum FDH doch Sinn macht. VETimpulse, 22. Jahrgang, Ausgabe 15, 1. August 2013, S. 6.

13 Erklärung: Sauerstoffradikale schädigen das Körpergewebe. Deshalb sollten immer ausreichend Antioxidantien gefüttert werden. Gute Antioxidantien sind Vitamin E, Vitamin C, Vitamin A, Selen, sekundäre Pflanzenstoffe wie Carotinoide und Flavinoide und andere.

- Füttern Sie energiearmes Kraftfutter, weichen Sie dafür z.B. zuckerfreie Trockenschnitzel ein.
- Aber Vorsicht, achten Sie darauf, keine Unterversorgung zu erzeugen, stellen Sie Ihrem Pferd ausreichend Nährstoffe, Mineralstoffe, Spurenelemente und Vitamine zur Verfügung.
- Übergewichtige Tiere sollten nicht zu schnell abnehmen, es reichen 1 bis 1,5% des KGW pro Woche, ansonsten könnte die Leber in Mitleidenschaft gezogen werden. Es werden viele Fette frei (Hyperlipidämie – zu viele Fette im Blut), die die Leber wieder aus dem Blut filtert, was zu einer Fettleber führen kann.

4.1 Behandlung von Untergewicht, Übergewicht und EMS

	Untergewicht	Übergewicht und EMS
Hausmittel	Warm eindecken, manche untergewichtigen Pferde frieren leicht.	Entwerfen Sie für Ihr Pferd ein individuelles, an seine gesundheitliche Situation angepasstes, sinnvolles Bewegungsprogramm. Es sollte abwechslungsreich sein und interessant für das Pferd, Arbeit mit Reiter und ohne (Bodenarbeit). Lassen Sie das Pferd auch mit dem Kopf arbeiten.
Akupressur	**Appetitanregend:** Ma 36, MP 6 **Übelkeit:** Pc 6	MP 3, 5, MP 9, MP 16, MP 21 und Ma 36
Tuina-Behandlung		**Tuina-Behandlung:** Kräftige, anregende Fingermassage der gesamten Felldecke regt den Lymphfluss und den Stoffwechsel an. **Kleinen Energie-Kreislauf** ziehen **Tuina-Behandlung** des Gesichts
Bachblüten	Olive und Hornbeam helfen dabei, sich zu erholen und zu stärken.	Cerato und Agrimony helfen gegen Übergewicht.
Kräuter/ Tees	**Bitterstoffhaltige Kräuter** regen den Appetit und die Verdauungssäfte an: Wermut, Enzian, Salbei, Vogelmiere, Isländisch Moos, Andorn, Artischocke, Orangenschalen, Schafgarbenkraut, Wegwartenwurzel. Bockshornkleesamen verbessern den Allgemeinzustand und lässt Pferde zunehmen. **Gut fürs Immunsystem:** Grüner Tee, Brennnessel, Hagebutte, Klebkraut, Ringelblumen, Sonnenhut. Rosmarin und Bockshornkleesamen **Tee:** aus Kamille, Malve und Pfefferminze (je 1 EL auf ½ l kochendes Wasser, 10 Minuten ziehen)	**Bringt die Verdauung in Schwung.** Hopfen, Salbei, Wermut und Melisse jeweils 100 g, 150 g Isländisch Moos, 150 g Kamille, 40 g Fenchelsamen (zerstoßen) und 80 g Oregano mischen und 50 g davon täglich ins Futter geben **Regt den Stoffwechsel an:** Birkenblätter, Brennnessel, Klebkraut, Löwenzahn und Apfelessig **Ballststoffe füttern,** sie helfen bei der Verdauung und tun der Darmflora gut: Pektine aus Trockenschnitzeln oder Möhrenschnitzeln bzw. Obsttrester. Dazu geben Sie feuchten Flohsamen, er bindet Giftstoffe und lässt den Kot leichter gleiten.
Fütterung	• Gutes Heu vom 1. Schnitt, mindestens 1,7 bis 2% des KGW, oder Gras und Heu ganztägig zur freien Verfügung ermöglichen. • Kraftfutter je nach Belastung • Lauwarmes Mash mit appetitanregenden Heilkräutern, dazu melassierte Trockenschnitzel und Energie spendende Öle füttern. • Wenn Ihr Pferd schlecht frisst, helfen geriebene Äpfel oder pürierte Bananen im bzw. über dem Futter. Füttern Sie zuerst das Raufutter und erst 10 bis 15 Minuten später das Kraftfutter. • Dazu geben Sie vitaminisiertes Mineralfutter und stellen einen Salzleckstein zur Verfügung.	• **Grundsatz:** Energieärmer füttern bei mehr Bewegung! Es sollte nur noch 70% des Erhaltungsbedarfs gefüttert werden. Also entweder Heu aus dem Grassamenanbau oder sehr spät geschnittenes Heu oder gutes Stroh. Sie können aber auch das Heu eine halbe Stunde einweichen, um die löslichen Kohlenhydrate auszuwaschen. Da die Heumenge geringer ist – 1,2 bis 1,5 % des KGW (= kg pro 100 kg KGW) –, bieten Sie es am besten im Heunetz oder Heusack an, das verlängert die Fressdauer. • Dazu füttern Sie eingeweichte zuckerfreie Trockenschnitzel, ca. 0,2 % des KGW. • Gönnen Sie Ihrem Pferd Äste von Obstbäumen bzw. ein Stück Baumstamm zum Nagen und zur Beschäftigung! Trotz des Abnehmens sollten die Tiere nicht unterversorgt werden und ausreichend Nährstoffe, Mineralstoffe, Spurenelemente und Vitamine bekommen.

5. Equine Grass Sickness (EGS)

Was ist die Graskrankheit?

Es ist eine nicht ansteckende Erkrankung, an der jedes Jahr viele Pferde in Europa sterben, besonders viele in England, aber auch hier, weil ihre Weiden scheinbar mit einem Bakteriengift kontaminiert sind. Sie tritt zwischen April und Juli, besonders oft im Mai, und zwischen Oktober und Dezember auf. Der Krankheitsverlauf kann perakut, akut, subakut und chronisch sein.

Anzeichen: Ein erkranktes Pferd zeigt Fehlfunktionen im Magen-Darm-Bereich. Magen und Darm zeigen keine Eigenbewegungen mehr und sind gelähmt, es kommt zum Reflux[14] und zu einer milden Kolik mit typischen Schmerzanzeichen wie Flehmen, Scharren und Wälzen. Das Pferd hat Probleme, Kot abzusetzen oder scheidet mühselig harte, kleine, von gelbem Schleim überzogene Kotballen aus. Zusätzlich hat es Probleme mit dem Schlucken, Speichel und Futter fließen aus den Nüstern, wenn es versucht, etwas zu fressen. Ist die **Krankheit akut,** schwitzt das Pferd am ganzen Körper und seine Augenlider hängen. Es trocknet aus, wirkt lethargisch, lässt den Kopf hängen und reagiert kaum auf Ansprache. Es kann schwanken, seine Muskeln zittern, der Bauch ist hochgezogen, es liegt sehr viel in der Box und kommt kaum hoch. Die Schleimhäute erscheinen verwaschen und gelb-rötlich verfärbt. Dazu ist die Nase verkrustet mit gelblichem, eingetrocknetem Schleim. Die Herzfrequenz ist deutlich erhöht mit etwa 60 und kann weiter auf 80 bis 120 steigen. Im akuten Fall stirbt der Patient innerhalb von 3 Tagen. Verläuft die **Erkrankung subakut**, so ist der Patient sehr schläfrig, Kau- und Schluckbeschwerden treten seltener auf. Die Anzeichen sind ähnlich wie im akuten Verlauf, aber nicht so drastisch. Oft besteht zunächst noch verringerter Kotabsatz.

14 Erklärung: Als Reflux wird das Zurückfließen bezeichnet, zum Beispiel der Rückfluss von Darminhalt in den Magen.

15 Vgl. Szabo, A.: Equine Grass Sickness: Ätiologie noch immer nicht ganz geklärt. VETimpulse, 23. Jahrgang, Ausgabe 21, 1. November 2014, S. 8.

16 Vgl. Gerber et al.: Krankheiten des Verdauungstrakts, des Bauchfells, der Leber und der Bauchspeicheldrüse. Aus Gerber, V., Straub, R. (Hrsg.), Haupt Verlag, 2016, S. 177-258 und Szabo, A.: Equine Grass Sickness: Ätiologie noch immer nicht ganz geklärt. VETimpulse, 23. Jahrgang, Ausgabe 21, 1. November 2014, S. 8.

17 Erklärung: Ganglien sind Ansammlungen von Nervenzellkörpern; da sie etwas dicker sind, werden sie auch als Nervenknoten bezeichnet.

Kennzeichnend für die EGS ist die trockene Nasenentzündung mit Krustenbildung auf der Schleimhaut, aber nur im subakuten und chronischen Verlauf. Hengste und Wallache zeigen oft einen Penisvorfall. Der Bauch ist bei allen EGS-Erkrankungen hochgezogen, aber nicht tastempfindlich. Die Erkrankung endet nach 1 bis 3 Wochen tödlich. Sie kann aber auch in einen chronischen Verlauf übergehen, dann kommen die Anzeichen langsamer und weniger stark. Das Pferd magert ab, hat die Hinterbeine meist untergestellt und den Rücken gekrümmt. Es schwitzt lokal an bestimmten Stellen. Nicht jeder Patient mit einer chronischen Erkrankung stirbt, viele sind jedoch nach drei Wochen sehr erschöpft und verenden.

Ursache: Die Ursache ist noch immer unklar. Verschiedene Faktoren scheinen eine Rolle zu spielen. Ein Faktor ist das Klima, denn EGS tritt vornehmlich im Frühjahr und Herbst auf. Relativ sicher handelt es sich um eine Intoxikation, also eine Vergiftung. Im Fokus der Forschung stehen noch immer die Toxine von Clostridium botulinum Typ C. Man konnte bei EGS-Patienten im Vergleich zu gesunden Pferden eine größere Menge an Botulinum-Toxin C in Darm und Kot finden. Zudem hatten die Erkrankten einen auffallend niedrigeren Antikörperspiegel und damit wenig Schutz gegen dieses Toxin. Bei nicht erkrankten Pferden derselben Weide und bei überlebenden chronisch erkrankten Pferden zeigten sich höhere Antikörperspiegel. Dennoch fehlt der Beweis, dass das Clostridium botulinum Neurotoxin genau die Schäden verursacht, die die EGS- Patienten vorweisen.[15] Aber auch Giftpflanzen wie Weißklee mit einem hohen Anteil von Cyanoglycosiden sowie Hahnenfuß oder Pilzgifte werden als weitere Ursache verdächtigt.[16] Stresssituationen können ebenfalls auslösende Faktoren sein. Die Erkrankung trifft Pferde aller Rassen, auch Esel und Lamas, am häufigsten Jungtiere zwischen 2 und 7 Jahren. Sie tritt jedoch nur bei Pferden auf, die Zeit auf Weiden verbringen. Die Dauer der Weidezeit scheint egal zu sein, oft trifft es Pferde, die halb- oder ganztags auf der Weide sind, aber auch Pferde, die nur kurze Zeit täglich auf der Weide verbringen. Saugfohlen bzw. Fohlen unter 6 Monate scheinen geschützt zu sein. Während der Erkrankung degenerieren Anteile des Zentralen Nervensystems, Nervenzellen in den Nervenknoten (Ganglien)[17] des vegetativen Nervensys-

Nicht immer ist das Weiden so gefahrlos wie auf diesem Foto.

tems im Verdauungstrakt und in den autonomen Nervenknoten (Ganglien) sowie Nervenzellen des Rückenmarks und des Stammhirns werden zerstört. So können die Nerven keine Impulse mehr auf die Muskeln übertragen und nach und nach funktionieren weder der Darm, noch der Magen, Speiseröhre oder Schlund.

Folgen: Wenn weder Magen noch Darm arbeiten, sammelt sich im Magen nach und nach faulender, stinkender Futterbrei. Da ein Pferd sich nicht erbrechen kann, wird der Magen überdehnt, platzt und der faulige Inhalt gelangt in die Bauchhöhle, wo sich schnell eine tödliche Bauchfellentzündung entwickelt. Das Futter, das bis in den Darm gelangt ist, verstopft diesen nun, da nichts mehr weitertransportiert wird. Sammeln sich hier Stoffwechselprodukte, können diese das Pferd vergiften. Sammelt sich hier noch mehr Futterbrei, kann der Darm reißen und der Inhalt gelangt in die Bauchhöhle und kann hier ebenfalls eine tödliche Bauchfellentzündung auslösen.

Was macht der Tierarzt?

Der Tierarzt muss schnellstens den Magen über eine Nasenschlundsonde (NSS) leeren. Dazu werden Infusionen gegen die Austrocknung gegeben. Bei verstopftem Darm wird der Inhalt aufgeweicht und mit Glaubersalz und Paraffinöl wird die Gleitfähigkeit des Darminhalts verbessert. Medikamente zur Förderung der Magen-Darm-Tätigkeit werden eingesetzt. Britische Studien belegen, dass z.B. das Medikament Cisaprid auch bei Pferden einen teilweise gelähmten Darm aktivieren kann. Das Medikament kann ins Maul getropft werden. Muss der Tierarzt feststellen, dass die Krankheit akut oder subakut ist, kann er das Pferd nur noch erlösen. Auch beim chronischen Verlauf sterben noch sehr viele Pferde, besonders schlecht ist die Prognose, wenn sie trotz Infusionen rapide abmagern, unter wiederholten Koliken leiden und noch dazu ein kompletter Darmstillstand vorliegt. Sind die Auswirkungen weniger drastisch und werden die Pferde intensiv gepflegt und therapiert, haben sie auch eine Überlebenschance. Ihr Tierarzt wird Sie dazu beraten. Vermutlich benötigt Ihr Patient am Anfang viele Infusionen und flüssige Ernährung oder auch Sondenernährung. Wichtig ist, ihm etwas gegen die Schmerzen, gegen Entzündungen und zum Schleimhautschutz zu geben, damit sich keine Schleimhautverletzung und kein Magen- oder Darmgeschwür entwickelt.

Was können Sie tun?

Beschäftigen Sie sich viel mit Ihrem Patienten, sorgen Sie liebevoll für ihn. Sprechen Sie viel mit ihm und beruhigen Sie ihn. Dafür können Sie Akupressur mit Yin-Yang-Ausgleich oder Augenakupressur einsetzen, eventuell zusammen mit Rescue-/Notfalltropfen. Auch eine beruhigende Tuina-Massage des Gesichts mit etwas Lavendelöl hilft. Lösen Sie mit etwas in lauwarmem Wasser verdünnter Jodlösung die Krusten um die Nüstern ab und tupfen Sie Heilsalbe darauf. Polstern Sie die Box aus, damit sich Ihr Pferd sich nicht verletzt! Kann sich Ihr Pferd noch oder wieder bewegen, können Sie es etwas führen.

Fütterung: Für Ihr krankes Pferd ist schmackhaftes, energiereiches Futter geeignet, das der Patient trotz seiner Probleme gut schlucken kann. Am Anfang verwenden Sie dazu am besten Mash mit appetitanregenden und stärkenden Heilkräutern sowie klein geriebene Äpfel und Karotten. Geben Sie dies Ihrem Pferd lauwarm und flüssig, da es durch die Schluckprobleme sonst vielleicht Schwierigkeiten haben könnte. Anschließend können Sie Gras und eingeweichtes Heu in vielen kleinen Portionen reichen, dazu melassierte Trockenschnitzel, ebenfalls etwas breiig. Nach einiger Zeit kann Ihr Pferd von eingeweichtem Zuchtstutenfutter sehr profitieren. Dazu geben Sie ihm vitamininisiertes Mineralfutter.

Vorbeugung: In betroffenen Gebieten sollten nach trockenem, kaltem Wetter mit Bodenfrost die Pferde nur stundenweise auf die Koppel. Ist es länger kalt, d.h. unter 10 °C, sollten Pferde besser im Stall bleiben. Erst, wenn es mindestens 3 bis 4 Tage lang wärmer und sonnig ist, dürfen sie wieder raus auf die Weide. Die Hauptauftrittssaison im Frühjahr und Herbst sollte vermieden werden. Ebenso sollten Sie Weiden meiden, auf denen die Erkrankung bereits aufgetreten ist.

	Equine Grass sickness
Hausmittel	Beruhigen, gut zureden, mit dem Pferd sprechen, spazieren führen, falls möglich
Akupressur	Ma 36, MP 6, MP 3, MP 4, Bl 21
Tuina-Behandlung	**Eine Tuina-Behandlung des Gesichts**, besonders mit einigen Tropfen Lavendelöl, sorgt für Ruhe und Ausgeglichenheit. Machen Sie eine **Tuina-Behandlung der Hinterbeine** entlang des Milzmeridians hinauf und entlang des Magenmeridians hinunter. Stimulieren Sie dabei besonders Ma 36 bis Ma 40 im Bereich unterhalb des Knies bis zum Sprunggelenk, im vorderen Bereich außen und hinteren Bereich innen die Punkte MP 6 bis MP 9, zusätzlich MP 3 (am inneren Griffelbein unten) und MP 4 (oben am Griffelbein zu finden). Dazu noch die Meridiane von Dickdarm und Dünndarm an den Vorderbeinen, innen und außen mit Ca Fă und Mo Fă stimulieren und eine **Tuina-Behandlung des Unterbauchs** machen.
Bachblüten	Olive, Elm und Hornbeam helfen dabei, sich zu erholen und zu stärken; mit Rescue-/Notfalltropfen beruhigen.
Kräuter/ Tees	**Stärkung und Appetitanregen:** Mischung aus je 100 g Wermut, Salbei, Melisse, Eichenrinde, Malve, Pfefferminze, Schafgarbenkraut, Brennnessel, Klebkraut und Apfelessig (nicht bei Schleimhautverletzungen) geben. Dazu geben Sie 1 gute Handvoll Vogelmiere ins Futter geben. Bockshornkleesamen verbessert den Allgemeinzustand und lässt die Pferde zunehmen. **Gut fürs Immunsystem:** Mix aus Grünem Tee, Brennnessel, Hagebutte, Klebkraut, Ringelblumen, Sonnenhut, Rosmarin und Bockshornkleesamen **Am besten zuerst als Tee:** 3 EL auf ½ l kochendes Wasser, 10 Minuten ziehen lassen
Fütterung	• Erst wird eine parenterale Fütterung über Infusion, dann über NSS vorgenommen. Wenn es sich bessert, darf Ihr Pferd flüssiges Mash mit Salbei, Wermut, Artischocke und Schafgarbe und geriebenen Bockshornkleesamen sowie geriebenen Karotten und Äpfeln zu sich nehmen. Letztere enthalten Pektin für die Darmflora. Dazu eingeweichten Flohsamen, damit das Abmisten erleichtert wird. • Wenn das Fressen wieder möglich ist, werden eingeweichte melassierte Trockenschnitzel oder Zuchtstutenfutter und Energie spendende Öle gefüttert. • Gutes Heu vom 1. Schnitt, mindestens 1,7 bis 2 % des KGW, oder Gras ganztägig zur freien Verfügung stellen. Füttern Sie zuerst das Raufutter und erst 10 bis 15 Minuten später das Krippenfutter. • Dazu vitaminisiertes Mineralfutter und einen Salzleckstein bereitstellen. Darüber hinaus gibt es getrocknete Bierhefe zur Vitamin B-Versorgung (wichtig für die Nerven).

6. Muskelschädigungen (Myopathien)

Muskuläre Erkrankungen werden als Myopathien bezeichnet und können viele verschiedene Ursachen haben, manche sind auch durch mehrere Ursachen gleichzeitig bedingt. Hier werden die Muskelerkrankungen besprochen, die durch den Stoffwechsel verursacht und meist durch Belastung ausgelöst sind. Oft hängen sie parallel noch mit der Fütterung zusammen, sind genetisch verursacht oder toxisch wie die atypische Weidemyopathie *(s. Seite 366 ff.)*. Im Grunde könnten das Tying up, die Sporadische Myopathie und die Polysaccharid-Speicher-Krankheit (PSSM) auch in die Kategorie der ernährungsbedingten Myopathien hineingehören, wenn man bedenkt, welche wichtige Rolle die Fütterung für die Entstehung bzw. für die Behandlung dieser Krankheiten spielt.

Neben den hier genannten gibt es noch einige weitere Myopathien, auf die in diesem Buch nicht eingegangen wird, wie z.B. die Muskelerkrankungen nach einer Anästhesie, mängelbedingte oder infektiöse Myopathien sowie Muskelentzündungen oder -verletzungen.

6.1 Belastungsbedingte Myopathie (Kreuzverschlag)

Es gibt verschiedene Formen der Muskelkrankheit, dabei ist die belastungsbedingte Myopathie die häufigste Muskelerkrankung beim Pferd.

Kreuzverschlag ist eine Stoffwechselerkrankung, die unter vielen Namen bekannt ist. Früher wurde sie zum Beispiel Lumbago, Feiertagskrankheit oder Nierenverschlag genannt. Der Kreuzverschlag ist der Vorgang der Zellauflösung in der Muskulatur. Dieser Vorgang wird als Rhabdomyolyse bezeichnet. Die Krankheit wird gern als Equines Rhabdomyolyse Syndrom (ERS) bezeichnet.

Grundsätzlich unterscheidet man zwei verschiedene Arten von Kreuzverschlag:

1. Die akut sporadische auftretende Myopathie
   - ➤ Dazu zählt der Sporadische Kreuzverschlag.
2. Die chronische, wiederholt auftretende (rezidivierende) Myopathie, im Englischen Recurrent Exertional Rhabdomyolysis (RER), also wiederholter Kreuzverschlag unter Belastung.
   - ➤ Dazu gehört das Tying-up-Syndrom. Es ist die mildeste Form.
   - ➤ PSSM 1 ist die erbliche Form.
   - ➤ PSSM 2 bzw. MIM ist der Sammelbegriff für mehrere Myopathien.

6.1.1 Sporadischer Kreuzverschlag

Im Gegensatz zu der anderen Form des Kreuzverschlags tritt der sporadische zwar akut überraschend auf, aber eben nur selten oder einmalig. Es ist eine Erkrankung, die rasche Hilfemaßnahmen benötigt.

Was ist akuter Kreuz(ver)schlag?

Noch immer versteht man unter dieser Erkrankung die Muskelprobleme und den Kraftverlust, die während körperlicher Anstrengung, eventuell mit vorangehenden Ruhetagen und zu energiereicher Diät auftreten können, also den klassischen Kreuzverschlag. Früher betraf dieser Kreuzverschlag vermehrt die Zug- und Arbeitspferde.

Anzeichen: Typisch für diese Erkrankung ist, dass sie ohne Vorwarnung sehr plötzlich einsetzt. Schon kurz nach Beginn der Arbeit oder auch erst 20 Minuten später geht Ihr Pferd nur noch unwillig. Das Pferd läuft überraschend klamm und steif in der Hinterhand und knickt ein. Starkes Schwitzen und heftiges Muskelzittern sind auffällig, es verliert viele Elektrolyte und atmet schneller. Das Pferd hat starke Schmerzen und einen ängstlichen Gesichtsausdruck. In schweren Fällen kann das Pferd keinen Schritt mehr laufen und es entsteht eine lebensbedrohliche Situation. Manche Pferde versuchen sogar, sich an Ort und Stelle hinzulegen. Die Körpertemperatur steigt, Puls und Atmung erhöhen sich. Die Muskeln an Rücken und Kruppe, manchmal auch die der Oberschenkel, sind bretthart und schmerzhaft. Nach kurzer Zeit schwellen sie an und sind sehr berührungsempfindlich. Der Harn verfärbt sich durch frei gewordenen Muskelfarbstoff rotbraun bis schwarzbraun. Im Blutbild zeigt sich ein deutlicher Anstieg der Serummuskelenzyme.

Ursache: Bei der **akuten sporadischen Myopathie** steht die Unregelmäßigkeit der Arbeit klar im Fokus. Im Speziellen bei Arbeit nach Ruhetagen mit zu energie- bzw. kohlehydratreichem Futter. Dazu gehört auch die Überlastung nach größeren Elektrolytverlusten bei heißem Wetter. Risikofaktoren sind dabei mangelnde Antioxidantien, zu starkes Schwitzen oder eventuelle Atemwegsinfekte mit Herpes oder Influenza. Bei den **chronisch rezidivierenden Myopathien** wie **PSSM** oder **Tying up** dagegen reicht schon eine kleinere Belastung aus, um einen erneuten Schub auszulösen.

Der **klassische Kreuzverschlag**, wie man ihn von früher kannte, betraf vor allem die Zug- und Arbeitspferde, weniger die leichten Reitpferde. Die hart arbeitenden Tiere erkrankten typischerweise nach mehr als einem Tag Ruhe, wenn sie während dieser Tage dann besonders kohlenhydratreich gefüttert worden sind. Anstrengende Arbeit ohne ausreichende Aufwärmzeit kann alleine schon einen Kreuzverschlag auslösen.

Im Normalfall lagern sich bei Pferden die Energiereserven in Form von energiereichem Kohlehydrat, dem Glykogen, in den Muskeln und der Leber ein. So können große Mengen Zucker gespeichert werden, der sich schnell in Energie umsetzen lässt, sodass sich die Muskulatur schneller regenerieren kann. Bekommt jedoch ein Pferd an Ruhetagen normale Futterrationen, so wird Glykogen vermehrt gespeichert, auch das Glykogen, das normalerweise bei der Arbeit verbraucht würde. Wird das Pferd danach dann unvorbereitet und ohne ausreichende Aufwärmphase gearbeitet, so müssen die Energiereserven, vor allem in Rücken-, Kruppen- und Oberschenkelmuskulatur, vorschnell abgebaut werden. Wenn der Muskel zu wenig aufgewärmt wird, ist er schlecht durchblutet, es fehlt Sauerstoff und so wird das Glykogen nur unvollständig abgebaut. Es entstehen schädliche Stoffwechselprodukte, die Milchsäure und deren Abbauprodukte. Sie werden in der Leber wieder umgebaut und erneut genutzt. Infolge der schlechten Durchblutung können diese Schadstoffe kaum abtransportiert werden und übersäuern die Muskulatur. Die Folgen sind schwere Entzündungen und Muskelzellabbau. Nach Belastung zu schnell ausgekühlte Muskulatur führt zum selben Problem.

Während der Muskelarbeit wird Calcium in den Muskelzellen freigesetzt. Diese starke Calciumerhöhung erzeugt eine Muskelspannung. Danach wird normalerweise das Calcium wieder in das Zellorgan zurückgeführt, jedoch nicht bei einem Pferd mit Kreuzverschlag. Hier bleibt der Mineralstoff in den Muskelzellen. Zum Ausgleich sammelt sich Flüssigkeit in der Muskelzelle an (Ödem) und zerstört die Zellen. Es besteht hochgradiger Krampfschmerz mit verhärteter Muskulatur sowie Ödembildung mit Anschwellen der Muskulatur. In der Folge kommt es zur Membran- und Muskelzellschädigung, die quergestreifte Muskelfaser löst sich auf und das Muskel-Eiweiß Myoglobin wird freigesetzt. Der rote Muskelfarbstoff wird über das Blut in die Nieren gebracht, wo er in den Harn gelangt und dort die typische braune Verfärbung des Urins auslöst. Oft wird der verfärbte Harn aber erst nach einer schmerzlindernden Behandlung abgesetzt. Das wird Myoglobinurie genannt und kommt nicht bei allen Formen des Kreuzverschlags vor. Es zeigt sich beim akuten sporadischen Kreuzverschlag, wo es ein wichtiges Symptom ist, sowie beim PSSM, aber nicht bei der leichten Form, dem Tying up.

Komplikationen: Ignoriert der Reiter die deutlichen Warnzeichen des Kreuzverschlags, so kann der Kreislauf des Pferdes so stark belastet sein, dass das Pferd einen Kollaps erleiden oder an Herz-Kreislauf-Versagen sterben kann. Manchmal interpretieren Reitneulinge die Erkrankung als Widersetzlichkeit und treiben das Pferd fälschlicherweise an. Wird Kreuzverschlag nicht oder nur mangelhaft behandelt, so schädigt das verstoffwechselte Myoglobin die Nieren und das Pferd setzt kaum noch Harn ab. Schlimmstenfalls kommt es zum akuten Nierenversagen. Manchmal greift der Kreuzverschlag auch auf andere Muskelgruppen über. Dann haben die Pferde ausgedehnte Probleme mit der Rückenmuskulatur. In seltenen Fällen ist auch der Herzmuskel betroffen, was zu Herzschäden führen kann.

Wie der Tierarzt behandelt und was Sie machen können, lesen Sie für alle metabolischen Myopathien ab *Seite 363.*

6.2 Chronischer, rezidivierender Kreuzverschlag

Im Gegensatz zum akuten, sporadischen Kreuzverschlag tritt beim Tying-up-Syndrom und PSSM die Erkrankung regelmäßig wiederkehrend auf.

6.2.1 Was ist das Tying-up-Syndrom?

In der Literatur wird es oft als RER bezeichnet. Betroffen sind besonders gut trainierte Sport- und Rennpferde. Die Erkrankung wird dominant vererbt, deshalb sollte mit betroffenen Pferden nicht gezüchtet werden.

Anzeichen: Die Tiere erkranken während oder unmittelbar nach der Arbeit mit den gleichen Anzeichen wie beim Sporadischen Kreuzverschlag, aber wesentlich schwächeren Auswirkungen. Häufig sind es nervöse Tiere, oft junge Vollblutstuten. Bis zu 10 Minuten nach Beginn des Trainings werden die betroffenen Pferde steif und unwillig. Sie zeigen leichte Koliksymptome, Muskelanspannung und einen aufgekrümmten Rücken. Ignoriert der Reiter die nur leichten Symptome und versucht er dennoch in einer höheren Gangart zu reiten, werden bei dem Pferd erheblich stärkere Symptome auftreten, es schlägt auch mit dem Schweif und trägt den Kopf hoch. Es kommt selten bis nie zu einer vermehrten Ausscheidung von Myoglobin über den Urin, da die tatsächlichen Muskelschäden gering sind. In der Regel wird also heller Urin abgesetzt. Die muskelspezifischen Enzyme im Blut sind nur geringgradig erhöht. Bei den Trabern zeigen sich deutliche Verspannungen, die sich auf die Kruppe und die Hinterbeinmuskulatur ausdehnen können. Nur manchmal kommt es zu einer leichten Verfärbung des Urins.

Ursache: Der große Unterschied zu den anderen Myopathien ist, dass das Tying-up-Syndrom keinen direkten Auslöser hat. Hier liegt keine starke Überanstrengung zugrunde, kein Glukoseüberschuss und auch keine Ruhetage oder unregelmäßige Arbeit. Die Hauptursache betrifft die Pferde selbst, sie sind ner-

C

vös und stressempfindlich. Kein Wunder bei Vollblütern, die leicht erregbar sind und in Stresssituationen dann Nerven zeigen und eben auch plötzliche Muskelverspannungen. Bis zu einem Alter von 3 Jahren scheint es Stuten eher als Hengste oder Wallache zu treffen. Bei älteren Pferden spielt das Geschlecht keine Rolle mehr. Die Pferde sind im Rennen nicht mehr zuverlässig. Es wird vermutet, dass eine Genmutation zu einer Muskelkontraktionsstörung geführt hat. Vermutlich ist auch hier die Calcium-Regulation in der Muskelzelle gestört. Einen Gentest gibt es noch nicht. Dennoch haben sicherlich auch das Fütterungsmanagement und das Training Einfluss auf die Erkrankung. Die Patienten erholen sich meistens in wenigen Stunden, die Traber nach etwa einem Tag Ruhe. Sollte die Erkrankung mal stärker auftreten, hilft die symptomatische Therapie. *Wie der Tierarzt behandelt und was Sie machen können, lesen Sie für alle metabolischen Myopathien ab Seite 363.*

C

6.2.2 Polysaccharid Speicherkrankheit (PSSM) PSSM 1 und PSSM 2 (jetzt MIM)

Was ist PSSM?

Die Erkrankung ist eine Erbkrankheit, die eine Polysaccharidspeicherung im Muskel hervorruft. Dabei werden Polysaccharide, das sind Mehrfachzucker, nicht richtig verstoffwechselt und stattdessen in der Muskulatur abgelagert. Alle Pferderassen können daran erkranken. Sie verursacht starke Schmerzen bei Belastung der Muskeln.

Anzeichen: Die Anzeichen können unterschiedlich sein. Die Pferde zeigen Muskelkrämpfe, steifen Gang, besonders in den Hinterbeinen bei leichten Anfällen. Bei stärkeren Anfällen kommen Stolpern, Ängstlichkeit, starkes Schwitzen mit der Weigerung zum Laufen, aufgekrümmter Rücken und harte Muskulatur vor. In Extremfällen kann das mit Muskelabbau bis hin zum Festliegen und sogar Verenden einhergehen.[18] Rezidivierende Myopathien zeigen aber normalerweise deutlich schwächere Anzeichen. Meistens haben die Pferde gelernt, sich zu schonen. Sie zeigen ähnliche Anzeichen zusammen mit Gangunregelmäßigkeiten und Muskelschwäche. Meist haben sie schon viele Jahre Probleme mit der Muskulatur, Muskelverspannungen und Leistungsschwäche, aber die Therapeuten konnten erst jetzt die Diagnose PSSM stellen. Leichtere Symptome wie inaktive Hinterhand, schlechtes Rückwärtstreten, harter Rücken oder Gangunregelmäßigkeiten werden gerne anderen Ursachen oder Reit- oder Fahrfehlern zugeschrieben.[19]

Ursache: Gemeinsam ist den unterschiedlichen Verläufen der Erkrankung, dass die Muskelprobleme immer wiederkehren. Oft reichen schon kleine Anstrengungen aus, um eine erneute Krise auszulösen. Deshalb sollte das Training dieser Pferde nur sehr langsam intensiviert und die Pferde gut aufgewärmt werden. Die Ursache dieser Myopathie ist eine extreme Einlagerung von Energiereserven in den Muskel, besonders in die weißen Muskelfasern. Bei PSSM 1 werden aufgrund einer Mutation größere Mengen eines atypischen Mehrfachzuckers (Polysaccharid) gebildet und im Muskel eingelagert. Hier schadet er den Muskelzellen, weil der Körper diesen Zucker nicht verstoffwechseln kann.[20] Es ist also eine Kohlenhydratspeicherkrankheit.

Bei frühzeitiger Diagnose ermöglichen eine angepasste Ernährung (unter 10 % Stärke und Zucker) und spezielle Bewegungstherapie eine verbesserte Lebensqualität des betroffenen Pferdes. PSSM 2/MIM/MFA sind Oberbegriffe für verschiedene Myopathien, die aber keine Speichermyopathien sind, wie anfangs gedacht. Deshalb werden diese jetzt teils als MIM bezeichnet (Muskel-Integritäts-Myopathie), weil meist die Integrität des Sarkolemms gestört ist, was die Muskelzelle instabil macht und zu Muskelschwund führt. Über die verschiedenen P-Untergruppen wird noch geforscht. Aber meist scheint es sich um Myofibrilläre Myopathie (MFM) zu handeln, denn auch hier ist die Struktur der Muskelfaser (Myofibrille) verändert.

Diagnose: Aufgrund der Krankengeschichte des Pferdes in Verbindung mit den Symptomen und dem Nachweis der Muskelenzyme kann ein Verdacht auf PSSM entstehen. In der Blutuntersuchung sind die Muskelenzyme im Ruhezustand an der oberen Grenze oder leicht erhöht. Etwa 4 bis 6 Stunden nach leichter Arbeit (20 Minuten Trab) steigen die Werte an, danach fallen sie wieder in den Normbereich. Für PSSM 1 und 2 gibt es Gentests, PSSM 2 kann auch über eine Muskelbiopsie erkannt werden. PSSM 2 betrifft eher Warmblutpferde und Vollblüter, während PSSM 1 eher bei Quarter Horses, Haflingern und Kaltblütern auftritt.

Therapie: Lesen Sie über die Therapie im folgenden Kapitel.

18/19/20 Vgl. Gerber et al.: Krankheiten der Skelettmuskulatur. Aus Gerber, V., Straub, R. (Hrsg.), Haupt Verlag 2016, S. 335-356.

6.3 Behandlung der metabolischen Myopathien (Muskelstoffwechselerkrankungen)

Was macht der Tierarzt?

Wichtig ist, dass das Pferd keinesfalls mehr bewegt werden darf. Es soll an Ort und Stelle warm eingedeckt auf den Tierarzt warten. Nur wenn das Pferd noch laufen kann, wie häufig beim Tying up der Fall ist *(s. Seite 361 f.)*, darf man es in die Box führen.

Diagnose: Der Tierarzt wird zur Diagnose zunächst die klinischen Symptome heranziehen. Die Stärke der Symptome ist charakteristisch für die verschiedenen Formen des Kreuzverschlags. Ist das typischste Anzeichen, der braun verfärbte Harn, noch nicht erkennbar, so kann der Tierarzt die muskelspezifischen Enzyme in einer Blutuntersuchung bestimmen. Bei den verschiedenen Formen des PSSM 2 hilft nur eine Muskelbiopsie aus dem hinteren Flankenmuskel, um das Ausmaß der Erkrankung zu sehen. Der Gentest testet die DNA und stellt den Genotyp fest, auch bei nicht erkrankten Pferden. Hier sind Stoffwechsel- und Strukturstörungen in der Muskelzelle zu sehen (Kalzium, Proteine).

Therapie: Zunächst einmal wird dem Pferd ein Schmerzmittel gegeben werden. Durch das extrem starke Schwitzen haben die Pferde viele Elektrolyte und viel Flüssigkeit verloren, sie trocknen aus. Folglich benötigen sie eine Infusion, über den Tag verteilt sind das 2,7 l für ein 500 bis 600 kg schweres Pferd, die pro Stunde verabreicht werden müssen. So wird die Konzentration der Stoffwechselgifte im Blut deutlich vermindert. Zudem senkt sich der Blutdruck. Die Infusionen werden gegeben, bis Ihr Pferd wieder hellen Urin absetzt. Weiterhin helfen entzündungshemmende und muskelentspannende Medikamente sowie Mittel, die die Durchblutung anregen. Je nach Schwere der Erkrankung muss der Tierarzt die Funktion der Nieren unterstützen.
Auch ein Akupunkteur kann Ihr Pferd in diesem akuten Fall unterstützen. Beim Kreuzverschlag sollten alle Möglichkeiten gemeinsam genutzt werden, um Ihrem Pferd so schnell wie möglich zu helfen.

Was können Sie tun?

Nehmen Sie die Probleme Ihres Pferdes ernst. Lassen Sie das Pferd stehen, bis der Tierarzt vor Ort ist. Jegliche Bewegung verschlimmert die Krankheit.

Ein im Ofen oder in einer Mikrowelle gewärmtes Dinkelkornkissen dämpft den Schmerz.

Nur der Tierarzt kann entscheiden, ob und wann sich das Pferd so weit erholt hat, dass es warm in eine Decke gehüllt, langsam in den Stall geführt oder ggf. gefahren werden kann. Oder es geht dem Pferd so schlecht, dass es sofort in eine Tierklinik gebracht werden muss.

Wärme tut gut, sie entspannt die Muskulatur und lindert so den Schmerz. Daneben fördert sie die Durchblutung und damit den Abtransport der schädlichen Stoffe. Sie können Ihrem Pferd mit einer warmen Packung etwas Gutes tun. Für diese Packung eignen sich z.B. gekochte Kartoffeln, die besonders angenehme und lang anhaltende Wärme spenden. Eine Wolldecke darüber hält die Wärme ein wenig länger. Weiterhin eignen sich auch große Kissen mit einem Inlett aus Kirschkernen oder Dinkelkörnern. Diese können Sie im Ofen oder in der Mikrowelle kurz anwärmen. Prüfen Sie in jedem Fall zunächst an Ihrer Wange die Temperatur der Wärmepackung. Sie sollte angenehm warm sein, sonst hilft eine Decke zwischen Packung und Pferderücken. Sind Sie unterwegs oder weiter vom Stall entfernt, so decken Sie das Pferd mit Tüchern, Jacken, Pullovern und Ähnlichem warm ein. Wenn Ihr Pferd möchte, darf es gerne Wasser trinken. Bis der Tierarzt kommt, können Sie die betroffene Mus-

C

Für die heiße Rolle werden zwei Handtücher der Länge nach gefaltet und dann eng eingerollt. Erst ein Handtuch, dann ein Stück versetzt das zweite Handtuch, so entsteht ein kleiner Trichter zum Einschütten des heißen Wassers. Immer an der Wange prüfen, ob es nicht zu heiß ist!

C

kulatur mit einer durchblutungsfördernden Salbe (oder Franzbrandwein bzw. Kampferspiritus) sanft einreiben. Ist Ihr Pferd sehr berührungsempfindlich, sollten Sie darauf verzichten. Eine Rotlichtlampe tut auch gute Dienste. Bei dieser Erkrankung hilft Ihrem Pferd auch eine heiße Rolle. Sanfte Tuina-Massagen fördern die Durchblutung und regen das Lymphgefäßsystem an, die Abfallstoffe schneller abzutransportieren. Zwischen den Wärmeeinheiten ist es sehr hilfreich, die Muskeln entlang des Blasen-Meridians zu massieren, verwenden Sie dafür den Gun Fă-Griff *(Abrollen der Hand über die Handkante auf den -rücken, s. Seite 123)*. Empfindet Ihr Pferd Wärme als unangenehm, versuchen Sie es mit Kühle. Dazu legen Sie ihm feucht-kalte Tücher auf die Kruppe, die Sie halbstündlich erneuern müssen.

Liegt Ihr Pferd fest, lassen Sie es liegen und treiben es nicht auf. Streuen Sie reichlich ein, damit es weich liegt und drehen Sie es alle 4 bis 6 Stunden, wenn dies möglich ist, ohne dass Sie sich jedoch selbst in Gefahr bringen. Zusätzlich geben Sie ihm Bachblüten, in den ersten 2 Tagen jede Stunde 10 Tropfen Rescue-/Notfalltropfen, ein. Die Wärmebehandlung sollte auch während der Behandlung durch den Tierarzt fortgeführt werden. Nach ein paar Tagen Ruhe kann das Pferd meist wieder im Schritt bewegt, muss jedoch weiterbehandelt werden. Auch Heilkräuter helfen Ihrem Pferd, manche reinigen das Blut und fördern den Abtransport der Stoffwechselprodukte, manche unterstützen die Nieren und andere fördern die Durchblutung. Welche Sie für Ihr Pferd verwenden können, lesen Sie in der Behandlungstabelle.

Stellen Sie ein verschwitztes Pferd niemals einfach in die Box. Es muss geführt und trocken gerieben werden. Bei heißem Wetter ist es allgemein üblich, die Pferde mit kaltem Wasser abzuspritzen, insbesondere verschwitzte Pferde, und sie danach trocken zu reiben. Seien Sie damit sehr vorsichtig! Sparen Sie beim Abspritzen Rücken, Nierengegend und Kruppe aus. Bei kaltem Wasser kann es sonst schnell zu schmerzhaften Muskelverspannungen kommen, zudem wird der Kreislauf sehr stark belastet. Spritzen Sie grundsätzlich von unten nach oben zunächst gründlich die Hufe, dann die Beine, die Genitale, die Sattellage und den Hals ab. Den hinteren Bereich mit Kruppe und Nierengegend lassen Sie besser aus.

Fütterung: Eine gute, bedarfsgerechte, individuelle Fütterung kann das Vorkommen, das Ausmaß und die Häufigkeit der Myopathien, gleich welcher Ursache, verbessern. Diese an den Bedarf und die Belastung angepasste Energie-, Nährstoff- und Wasserzufuhr ist die wesentliche Maßnahme bei Pferden mit **sporadischen und chronischen Belastungsmyopathien**. Die Hauptgrundlage des Futters sollte hochwertiges Raufutter und Gras mit reduziertem Kohlenhydratgehalt sein. Sie sollten das Raufutter also kurz auswaschen. Besser Heu aus Grassamenanbau als Heulage oder Silage. Luzerne ist bei diesem Krankheitsbild nicht geeignet. Zusätzlich füttern Sie wenig stärkehaltige Futtermittel und eine Mineralergänzung.

Bei Pferden mit **PSSM 1** sollten Sie ganz auf stärke- oder zuckerreiche Futtermittel verzichten, d.h. kein Getreide und keine melassehaltigen Ergänzungsfuttermittel füttern. Etwas Hafer ist erlaubt! Stattdessen sollten Sie auch bei an **PSSM 2/MIM** erkrankten Pferden einen großen Teil des Futters über das Heu abdecken. Geben Sie mindestens 1,7 kg pro

21 Vgl. Meyer, H. und Coenen, M.: Pferdefütterung. Enke Verlag, 2014/ Coenen, M. und Vervuert, I.: Pferdefütterung. Georg Thieme Verlag KG 2019.

22 Vgl. Warner, K.: Equines Rhabdomyolyse-Syndrom: Täglich bewegen, kontrolliert füttern. VETimpulse, 26. Jahrgang, Ausgabe 20, 15. Oktober 2017, S. 9.

23 Erklärung: Ein ausgewachsenes Pferd sollte 0,01 mg Selen pro kg metabolisches KGW ($KGW^{0,75}$). Das bedeutet, ein Pferd mit 500 kg KGW braucht 1,1 mg Selen täglich, ein Pferd mit 600 kg KGW bekommt 1,2 mg Selen täglich.

Die wichtigsten Akupressurpunkte bei Erkrankungen der Muskeln

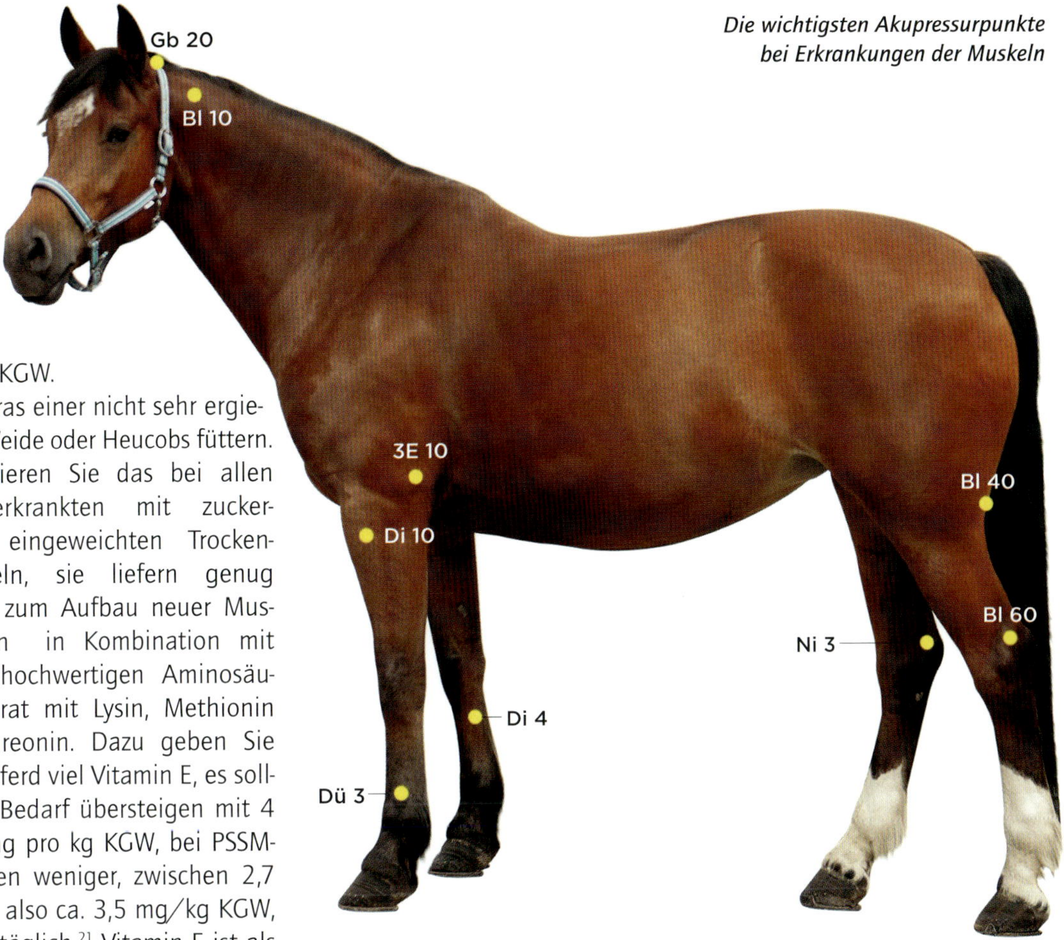

Akupressurpunkte zur Linderung des Kreuzverschlags

100 kg KGW.
Dazu Gras einer nicht sehr ergiebigen Weide oder Heucobs füttern. Kombinieren Sie das bei allen Muskelerkrankten mit zuckerfreien, eingeweichten Trockenschnitzeln, sie liefern genug Protein zum Aufbau neuer Muskelzellen in Kombination mit einem hochwertigen Aminosäurepräparat mit Lysin, Methionin und Threonin. Dazu geben Sie Ihrem Pferd viel Vitamin E, es sollte den Bedarf übersteigen mit 4 bis 6 mg pro kg KGW, bei PSSM-Patienten weniger, zwischen 2,7 bis 4,5, also ca. 3,5 mg/kg KGW, jeweils täglich.[21] Vitamin E ist als Antioxidans wichtig, ebenso Selen in einer Menge von 0,003 bis 0,006 mg pro kg KGW.[22] Bei der Berechnung bzw. Gabe muss der Selenwert der anderen Futtermittel mitberücksichtigt werden, denn zu hohe Selengaben wirken giftig.[23]

Muss das Pferd jedoch unter mittlerer bis hoher Belastung arbeiten, reicht diese Fütterung nicht aus. Es braucht mehr Energie. Die kann es statt über die Stärke auch über Fett bekommen. Durch die Fettverbrennung bekommt ein Tier doppelt so viel Energie wie bei der Verstoffwechslung von Kohlehydraten. Entweder werden fettreiche (>7%) Ergänzungsfuttermittel eingesetzt oder Sie verfüttern Pflanzenöle in einer Menge von 50 ml Pflanzenöl pro 100 kg KGW am Tag.

Bitte beachten Sie bei allen Myopathiepatienten, dass die Pferde regelmäßig gearbeitet werden sollen, wenn sie fit sind. Bei einem Ruhetag muss das Futter am Abend zuvor bis zum Abend desselben Tages reduziert werden. Wird das Training gesteigert, so füttern Sie erst energiereicher, wenn Sie merken, Ihrem Pferd fehlt Energie. Füttern Sie keinesfalls schon vorher mehr energiereiches Futter oder mehr Pflanzenöl in Erwartung eines Energiedefizits.

Vorbeugung! Achten Sie an Ruhetagen auf Futterreduktion, ersetzen Sie einen Großteil des Hafers durch gut eingeweichte zuckerfreie Rüben-/Trockenschnitzel oder etwas Obst und vermehrt Raufutter. Vor und nach jeder Arbeit muss die Muskulatur Ihres Pferdes gut aufgewärmt bzw. wieder entspannt werden. Während einer länger andauernden Belastung decken Sie in den Pausen die Lendenmuskulatur ein oder führen das Pferd herum. Dies gilt auch für feuchtes oder kühles Wetter.

Behandlung der Myopathien

Hausmittel	• Wärme in Form von Rotlicht oder warmen Decken, Jacken oder Pullovern (wenn es draußen passiert) **Vorsorge:** Muskulatur warm halten, bei kalter Witterung eindecken. Statt eines Ruhetags, stellen Sie Ihr Pferd aufs Paddock oder auf die Weide. Vor der Arbeit immer gut aufwärmen!
Umschläge/ Packungen	• Eine **Wärmepackung** aus gekochten Kartoffeln oder ein gewärmtes Dinkel- oder Kirschkernkissen für die Muskelanspannung oder -verspannung und Muskelschwäche zur besseren Durchblutung und Schmerzbekämpfung. • **Eine heiße Rolle über die Muskulatur rollen:** Handtuch einmal falten und eng zusammenrollen, dann heißes Wasser hineingießen. Nicht zu heiß anwenden!
Tuina-Massagen	**Zur Vorsorge:** Sanfte Tuina-Massagen mit Oliven-Rosmarinöl (2:1 gemischt) fördern die Durchblutung an der Hinterhand und am Rücken. Dabei den Punkt Bl 40 für 60 Sekunden mit An Fă stimulieren und sanft mit Mo Fă das Gesicht ausstreichen. **Bis der Tierarzt kommt:** eine Tuina des Unterbauches und einen Yin-Yang-Ausgleich gegen die Angst **Im nicht ganz akuten Zustand, 2 Tage möglichst 2-mal täglich:** Tuina-Behandlung des gesamten Rückens durch Ausstreichen sowie der erkrankten Muskeln mit Gun Fă, also Abrollen der Hand über den Handrücken, von der Kante zum Zeigefinger. Die Stärke richtet sich nach den Schmerzen des Pferdes, sanft, aber energisch. Wird der Muskel etwas lockerer, so behandeln Sie ihn mit Yi Zhi Chan – vibrierendem Pressen; bleiben Sie immer sanft, fügen Sie Ihrem Pferd keine Schmerzen zu! **Danach 3 Wochen 2-mal täglich:** Gun Fă des Rückens, dann Yi Zhi Chan. Diese Massagen immer erst nach der Wärmebehandlung anwenden. Nicht bei geschwollener, empfindlicher Muskulatur massieren!
Akupressur	**Bis der Tierarzt kommt:** Yintang (auf der Stirn), Dü 3, Di 4, Di 11, Bl 40 und Bl 60 **Im akuten Zustand 2 Tage möglichst 4-mal täglich:** Di 4, Bl 60, Ni 3, (Bl 10), Bl 23 und Gb 20 **Danach 3 Wochen 2-mal täglich:** Bl 60, Ni 3, Dü 3, Bl 10 und Gb 20 Punkte, die gut wirken, sollten beibehalten werden!
Bachblüten	**Im Akutzustand:** Rescue-/Notfalltropfen, alle 10 Minuten, bis der Tierarzt kommt; dazu 4-mal täglich Crab Apple, Acrimony und Impatiens. Alternativ können Sie noch Chestnut Bud dazu geben.
Heilkräuter	**Durchblutungsfördernd:** Rosmarin, Beinwell, Brennnessel, Buchweizen **Für die Niere:** Löwenzahnblätter, Brennnessel, Schafgarbe, Birkenblätter und Sellerie **Blutreinigend:** Klebkraut, Klette, Brennnessel, Mädesüß, Quecke und Knoblauch **Gegen die Entzündung:** Mädesüß, Kamille, Teufelskralle oder Ringelblume Die Dosierung der Heilkräuter entnehmen Sie dem Heilkräuterkapitel in Teil B!
Fütterung	• Die Hauptgrundlage des Futters sollte kohlenhydratarmes Raufutter und Gras sein, stärkehaltige Futtermittel nur in geringer Menge, stattdessen zuckerarme, eingeweichte Trockenschnitzel plus hochwertige Aminosäuren (Lysin, Methionin, Threonin) füttern. • Das Kraftfutter muss reduziert werden, im Bedarfsfall Hafer füttern und Energie über Pflanzenöl, ca. 50 ml/100 kg Pferd. Das Pferd ist langsam an diese Ölmenge zu gewöhnen *(s. Seite 208)*. • Bei Sportpferden besteht oft ein Mangel an Salz, deshalb 10 bis 20 g NaCl/100 kg KGW nach intensiver Belastung* geben. Elektrolyte prüfen und gezielt Minerale ergänzen. • **Antioxidantien:** Vitamin E und Selen (0,003 bis 0,006 mg/kg KGW) • **PSSM 1 und PSSM 2:** etwa 3,5 mg Vitamin E/kg KGW; andere: 4 bis 6 mg pro kg KGW; achten Sie auf eine gute Mineralstoff-, Spurenelemente-, Aminosäuren- und Vitaminversorgung, zusätzlich Obstessig; an Salze denken (NaCl und KCl) • **Tying up:** ausreichend Heu, dafür weniger Kraftfutter geben, besser durch Pflanzenöle ergänzen, ausreichende Vitamin E- und Selen-Versorgung sicherstellen, Elektrolyte prüfen, auf Magnesium achten.

* *Meyer, V.; Coenen, M.: Pferdefütterung. Enke Verlag 2014/Coenen, M. und Vervuert, I.: Pferdefütterung. Georg Thieme Verlag KG 2019.*

6.4 Toxische Myopathie

Bei den toxischen Muskelerkrankungen hat das Pferd giftige Stoffe aufgenommen, die sich schädlich auf die Muskulatur auswirken und schlimmstenfalls bis zum Tode führen können.

1. Atypische Weidemyopathie

Schon seit Mitte des letzten Jahrhunderts wird von plötzlichen Todesfällen bei Weidepferden berichtet und über dessen Ursache spekuliert. Immer starben nur wenige Pferde aus einer Weidegruppe, manche waren also anfälliger als andere. Hierbei handelt es sich um eine Vergiftung, ausgelöst durch *Hypoglycin A* über die Samen oder Keimblätter des Ahorns, insbesondere des Bergahorns. Die Sterblichkeitsrate dieser Erkrankung ist hoch, sie liegt über 90%.[24]

Was ist die atypische Weidemyopathie?

Anzeichen: Es gibt den akuten, schnellen Verlauf, bei dem kaum Hilfe möglich ist. Innerhalb von 2 Stunden oder weniger stirbt das betroffene Pferd noch auf der Weide. Ansonsten zeigen sich die ersten Symptome etwas später. Steifer Gang mit Muskelzittern, zu niedrige Körpertemperatur und häufig Kolikanzeichen. Die Muskeln zeigen weder Schwellung noch Druckschmerz. Das vergiftete Tier ist geschwächt, lässt den Kopf hängen, schwitzt und hat erhöhte Puls- und Atemwerte. Oft kommen sie nach dem Hinlegen nicht wieder hoch, liegen fest, oftmals macht es dabei Ruderbewegungen. Viele Pferde wollen sogar im Liegen noch fressen, obwohl sie weder kauen noch schlucken können. Typischerweise ist der Harn durch die starke Ausscheidung des Myoglobins dunkelbraun bis schwarz, dies nennt man Myoglobinurie. Die Muskelenzymwerte im Blut sind sehr stark erhöht.

Ursache: Gemeinsam ist den Todesfällen, dass sie etwas mit der Jahreszeit zu tun haben und sich die Ausbrüche in bestimmten Regionen häufen. Sie treten hauptsächlich im Herbst, selten im Frühjahr, wenn der Samen keimt, auf. Hinzu kommt, dass es kurz vorher eine regnerische, windige und kalte Wetterperiode gab mit Temperaturen unter 10° Celsius.[25] Betroffen sind oft jüngere Pferde. Vermutlich waren sie in einer Hungersituation, sonst hätten sie die Samen sicherlich nicht gefressen. Ähnlich erging es auch einigen älteren Tieren, die auf heruntergefressenen, ungepflegten Weiden standen. Die Ursache dieser Erkrankung ist ein Enzymdefekt und zwar ein Mangel an bestimmten Enzymen, die bei der Energiegewinnung eine wichtige Rolle spielen. Das Enzym ist nötig, um den Abbau von Fettsäuren anzuschieben und damit den Fettabbau zur Energiegewinnung zu ermöglichen. Die Energiegewinnung über Fette bricht zusammen. Wichtige Muskeln wie Atem-, Skelett- und Herzmuskulatur werden nicht mehr ausreichend versorgt. Das führt zu einem hochgradigen Kreuzverschlag *(s. Seite 360)*, einer Auflösung der Muskelzellen und Myoglobinurie. Es sind die Samen und Keimblätter des Bergahorns, die diesen Enzymmangel auslösen, genauer gesagt, ein Abbauprodukt des darin enthaltenen Giftes. Er ist bei den erkrankten Tieren in bestimmter Form im Blutserum und im Urin nachzuweisen. Dennoch scheint es auch bei manchen Pferden Abwehrmaßnahmen zu geben. Trotz des Nachweises des Giftabbauproduktes im Körper zeigten sie keine klinischen Anzeichen der Erkrankung.[26]

Was macht der Tierarzt?

Zunächst einmal ist es wichtig, die richtige Diagnose zu stellen. Dafür ist der Anstieg der Muskelenzyme im Blut nicht ausreichend! Für eine exakte Diagnose ist der toxikologische Nachweis des Toxin-Abbauproduktes im Urin oder im Blutserum des erkrankten Tieres notwendig, was jedoch recht aufwendig ist. In einer Veröffentlichung berichten Forscher über die Möglichkeit eines schnelleren Nachweises nach dem Prinzip der Tandem-Massenspektronomie, wie er bei Neugeborenen in der Humanmedizin eingesetzt wird.[27] Der Test ist dazu in der Lage, bei Pferden eine Vergiftung mit dem Toxin nachzuweisen. Die Therapie besteht in Infusionen und der Gabe von Schmerzmitteln. Ein eventuell vorliegender Schock muss behandelt werden. Der Tierarzt wird dem Patienten Antioxidantien geben, und ein Mittel, um die Muskelkrämpfe zu lösen. Mit dieser Behandlung kann er schon frühzeitig beginnen, denn sie richtet sich nach den vorhandenen Problemen.

Was können Sie tun?

Holen Sie Ihr Pferd von der Weide und stellen Sie es in seine Box, in den nächsten 2 Tagen sollte es gut beobachtet werden. Je schneller die Diagnose erfolgt, desto schneller kann man mit der Behandlung beginnen. Wissenschaftlern gelang der Nachweis, dass Aktivkohle das Gift der Ahorn-Bäume, das *Hypoglycin*, binden kann.[28] Detaillierte Behandlungsempfehlungen wurden zwar nicht gegeben, aber sprechen Sie mit Ihrem Tierarzt darüber. Es wäre durchaus sinnvoll, mit dieser Behandlung so früh wie möglich zu starten. Da die Kohle, aufgeweicht oder nicht, sehr schlecht aufgenommen wird, kann

24/25 Gerber, V. et al.: Krankheiten der Skelettmuskulatur. Aus Gerber, V., Straub, R. (Hrsg.), Haupt Verlag 2016, S. 335-356.

26 Lochbrunner, M.: Routinetest bei Atypischer Weidemyopathie: Diagnostik zukünftig leicht gemacht? VETimpulse, 27. Jahrgang, Ausgabe 12, 15. Juni 2018, S. 8.

27 Sander, J. et al.: Rapid diagnosis of hypoglycin A intoxication in atypical myopathy of horses. Journal of Veterinary Investigation vom 10. März 2016, S. 98-104.

28 Tölle, M.: Atypische Weidemyopathie – Prozess ausbremsen mit Aktivkohle. VETimpulse, 27. Jahrgang, Ausgabe 7, 1. April 2018, S.6.

C

man sie gut über die Nasenschlundsonde geben. Falls keine Sonde liegt, geben sie Ihrem Pferd die in Wasser gelöste Kohle *(s. Seite 151)* in kleineren Portionen mit einer Plastiktrinkflasche ein. Sie sollten Ihrem Pferd zur geschmacklichen Abwechslung einen Kräutertee mit Honig geben.

Fütterung: Da die Fettverdauung blockiert ist, müssen Sie jegliches Fett aus dem Futter der Pferde verbannen. Füttern Sie kohlenhydratreich mit hochwertigem Heu und eventuell etwas Hafer. Die meisten Pferde, die die Samen des Bergahorns gefressen haben, haben dies getan, weil es das einzige zur Verfügung stehende kohlenhydratreiche Futtermittel war. Hätte auf der Weide gutes Gras gestanden, hätten sie die Samen des Bergahorns verschmäht. Befindet sich Ihr Pferd auf dem Weg der Besserung, füttern Sie es wieder entsprechend auf, bis es seinen normalen Ernährungszustand erreicht hat.

Vorbeugen: Nutzen Sie keine Weiden, auf denen die Erkrankung schon einmal aufgetreten ist oder wo in einem Abstand von bis zu 100 m ein Ahornbaum oder sogar ein Bergahornbaum wächst. Seine Samen und Keimblätter werden vom Wind bis zu 100 m weit getragen. Die Weiden sollten gepflegt, der Pferdekot abgesammelt sein. Ist das Gras der Weide abgefressen, füttern Sie zusätzlich Heu. Achten Sie auf saubere Tränken! Wenn der Boden sumpfig wird, stellen Sie die Tränken für eine Weile ab und tränken Sie mit dem Eimer. Meiden Sie möglichst, Pferde in der Risikozeit im Herbst und Frühjahr auf diese Weiden zu stellen. Halten Sie die Pferde auf den Weiden unter Beobachtung. Lassen Sie die Pferde nicht über Nacht draußen, sondern nur halbe Tage. Halten Sie die Weide sauber und füttern sie Ihr Pferd wieder normal, wenn das Gras knapp wird.

C

Weitere innere Erkrankungen

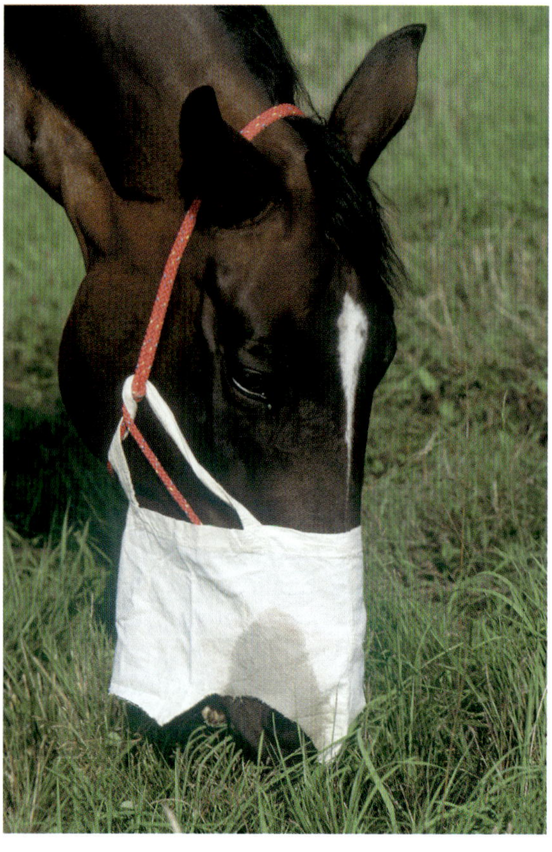

In diesem Kapitel werden verschiedene innere Erkrankungen zusammengefasst, die bei den Pferden in den letzten Jahren vermehrt auftreten. Dazu zählen Lebererkrankungen, Hormonerkrankungen (wie das Cushing Syndrom) sowie andere innere Erkrankungen mit sehr unterschiedlichen Ursachen (wie z.B. Headshaking). Darüber hinaus wird über wichtige infektiöse Erkrankungen wie Borna, Borreliose, Botulismus, West-Nil-Fieber, Tollwut oder Herpes, Ansteckende Blutarmut (Infektiöse Anämie) und Pferdestaupe (Equine Virusarteritis) berichtet, die in einigen Gebieten Deutschland häufiger aufgetreten sind.

1. Weitere nicht infektiöse innere Erkrankungen

In diesem Kapitel sind innere Erkrankungen zusammengefasst, die sehr unterschiedliche Ursachen haben. Gemeinsam ist ihnen, dass Erreger dabei keine Rolle spielen.

1.1 Headshaking (Kopfschütteln)

Headshaking ist eine Erkrankung, die meistens ältere Pferde betrifft. Bei einer kürzlich durchgeführten

Studie waren die Pferde im Durchschnitt 12 Jahre alt.[1] Die betroffenen Pferde zeigen ein zwanghaftes Schütteln oder Reiben des Kopfes. Oft lässt sich dies durch nichts unterbrechen, bringt Pferd und Reiter zur Verzweiflung und früher oder später auch in Gefahr. Die Erkrankung kann verschiedenste Ursachen haben, ist jedoch klar von Untugenden, Rittigkeitsproblemen oder Reiter- und Ausbildungsfehlern zu unterscheiden.

Was ist Headshaking?

Anzeichen: Das Pferd schlägt ganz plötzlich und unwillkürlich immer wieder heftig mit dem Kopf auf und ab. Andere schütteln unaufhörlich den Kopf oder reiben ihn an den Vorderbeinen oder an Gegenständen. Manchmal schlagen die Pferde dazu mit den Vorderbeinen in Richtung des Kopfes. Es wirkt, als jucke oder schmerze das Pferd etwas ganz heftig am Kopf, besonders an der Nase. Die Pferde sind unkonzentriert, geraten in schwereren Fällen aus dem Gleichgewicht und sogar in Sturzgefahr. Oft schnauben und prusten die Pferde stark. Die Nüstern sind weit und gerötet, manchmal sind auch die Augen gerötet und tränen. Bei vielen Pferden, auch wenn das Licht nicht der eigentliche Auslöser ist, verstärken helles Licht, Sonne und/oder Wärme das Verhalten. Sie suchen dann den Schatten oder verstecken den Kopf. Das Headshaking tritt in den Frühlings- und Sommermonaten wesentlich häufiger und auch heftiger als in den Herbst- und Wintermonaten auf, einige Pferde shaken sogar das ganze Jahr hindurch. Dieses Verhalten hat mit Verhaltensauffälligkeiten wie Weben oder Barrenwetzen gar nichts zu tun, es ist Ausdruck eines starken Störfaktors oder/und eines Nervenschmerzes am Kopf.

Ursachen: Headshaking ist eine Folge von Überreizungen, Entzündungen oder Schädigungen von Nerven. Es entsteht aufgrund der verschiedensten Ursachen, denen Sie durch ein Ausschlussverfahren auf die Spur kommen müssen. Häufig sind es mehrere Dinge, die dabei zusammenkommen. Die Ursachen, die Sie am einfachsten ausschließen können, sind **nicht richtig passendes Sattelzeug**, kneifende oder unsaubere Trensen, unpassende Trensengebisse, ein zu eng geschnallter Nasenriemen oder einfach zu **lange Schopf- und Mähnenhaare**. Daneben können das **Wetter**, aber auch die **Unterbringung** des Pferdes (Überbelegung, Ammoniakentwicklung, zu wenig Frischluft, Staub, Asbestverarbeitung im Stall, Elektrosmog u.v.m.) Probleme bereiten. Manchmal reicht schon ein Boxen- oder Stallwechsel, um das störende Leiden zu beenden. Häufig sind die Ursachen jedoch schwerwiegender. Es können **gesundheitliche Störungen** vorliegen. Immer wieder werden **Erkrankungen** des Außen-, Mittel- und Innenohrs, der Augen, der Zähne, des Atemtraktes, des Halses, des Kehlkopfes, der Wirbelsäule, des Nackenbandes, der Muskulatur oder des Zentralen Nervensystems festgestellt, die ein Schütteln des Kopfes auslösen. Einen besonderen Stellenwert nimmt hierbei die **Reizung des Gesichtsnervs** *(Trigeminus)* ein, der in den meisten Fällen den eigentlichen Auslöser darstellt. Der Trigeminus (wörtlich Drilling) ist der 5. Gehirnnerv, er nimmt die Reize der Ohren sowie des gesamten Gesichts auf und gibt diese ans Gehirn weiter. Dabei teilt er sich in 3 Abschnitte. Der 1. Abschnitt zieht zum Auge und leitet die Reize von Auge, Tränendrüse, Stirn, Siebbein und Nasenrücken ans Gehirn. Der 2. Abschnitt umspannt den Oberkiefer bis zu den Nüstern, er leitet die Reize von Oberlippe, Zähnen des Oberkiefers, Nase, Gaumen und Augenlid zum Gehirn weiter. Der 3. Abschnitt schließlich umgibt den Unterkiefer bis zur Unterlippe, er vermittelt die Reize von Unterlippe, Kinn und den Zähnen des Unterkiefers. Die Äste der Nerven können bei empfindlichen Pferden durch äußere Einflüsse wie Wind, Regen, Staub, Pollen oder Licht gereizt werden.

Bei gut der Hälfte aller Headshaker verstärkt sich das Leiden durch Sonnenstrahlen (photic sneeze). Dieses Problem ist aus der Humanmedizin bekannt. Ein Anteil des Gesichtsnervs verläuft beim Menschen wie beim Pferd auch an einer Stelle ganz dicht am Sehnerv vorbei. Jeglicher Lichteinfall wird im Normalfall in Form eines elektrischen Reizes über den Sehnerv ins Gehirn transportiert. Bei starker Lichteinstrahlung kann es nun passieren, dass bei manchen Menschen oder Pferden dieser elektrische Reiz vom Sehnerv auf den Trigeminus überspringt. Beim Menschen wird nun ein heftiger Niesreflex ausgelöst. Da aber Pferde nicht niesen können, versuchen sie diesen heftigen Reiz durch Schütteln des Kopfes loszuwerden.

1 Vgl. Warner, K.: Headshaking oft unbehandelt: Nur selten dem Tierarzt vorgestellt. VETimpulse, 27. Jahrgang, Ausgabe 1, 1. Januar 2018, S. 5.

Eine weitere häufige Ursache für das Kopfschütteln bei Pferden sind **allergische Reaktionen**. Diese können sich teilweise direkt oder ebenfalls über den Trigeminus auswirken. Einige Pferde reagieren, wie Menschen mit Heuschnupfen auch, auf bestimmte Allergene. Dabei haben sie oft Nasenausfluss und gerötete, tränende Augen. Häufige Allergene sind Pflanzen (Blütenpollen, Heublüte u.a.), Staub, Schimmelpilze (in Futter, Einstreu oder Luft), Insekten sowie bestimmte Reinigungs- oder Insektenmittel. Viele Pferde reagieren auf **starke Umweltbelastungen** mit dem Kopfschütteln. Dabei kann es sich um zu starke Ozonbelastung, UV-Strahlung oder auch Elektrosmog handeln. Die Nähe von Hochspannungsleitungen, Sendemasten, elektrischen Anlagen, manchmal auch Elektrozäunen oder auch Handys lassen einen störenden Elektrosmog entstehen, der bei Pferden Headshaking auslösen kann. Teilweise wird Headshaking mit einer Herpes-Virus-Infektion in Zusammenhang gebracht, ein Grund, warum einige Reiter ihre Pferde nicht mehr gegen Herpes impfen lassen *(s. Seiten 276 ff. und 395 f.)*. Insbesondere sensible Pferde scheinen eher an Headshaking zu leiden als Pferde, die sich durch nichts aus der Ruhe bringen lassen.

C

Was macht der Tierarzt?

Das größte Problem für alle Beteiligten ist die Ursache des Headshakens zu eruieren. Oft ist es ein Desaster für die Pferdebesitzer, dass ihre Pferde ausgerechnet vor dem Tierarzt nicht shaken. Davon sollten diese sich aber nicht beirren lassen, es gibt ja heute Smartphones, mit denen man das Verhalten der Tiere filmen kann. Außerdem sollten Tierbesitzer und Tierarzt gemeinsam versuchen, die Ursachen zu ermitteln. Durch Vorreiten und -longieren im Hellen wie im Dunklen sowie das Testen verschiedener Sättel und Trensen oder der gebisslosen Zäumung (oder ein Wechsel auf ein Gummigebiss) lassen sich bereits einige häufige Ursachen ausschließen bzw. beheben. Durch eine ausführliche Befragung des Patientenbesitzers erfährt der Tierarzt viele Fakten, die für sein weiteres Vorgehen wichtig sein könnten. Danach kann der Tierarzt durch verschiedenste Untersuchungen (Allergietest, Bluttest, Röntgen, Ultraschall, Kontrastmitteldarstellung, Endoskopie, Thermografie) nach und nach organisch bedingte Ursachen abklären und diese gegebenenfalls behandeln. Daneben kann er versuchsweise Schmerzmittel, Beruhigungsmittel oder Antihistamine (verhindern die Histaminfreisetzung bei Allergien) spritzen, um mit der Diagnosestellung weiterzukommen. Besteht der Verdacht, dass eine Überreaktion des Trigeminus der Auslöser des Kopfschüttelns ist, so kann der Tierarzt versuchen, Teile des Nervs (2. Abschnitt) zu betäuben. Bessert sich das Schütteln dann, so kann sich ein Behandlungsversuch mit dem humanmedizinischen Medikament Carbamazepin (dämpft die Aktivität des Trigeminus) lohnen. Wird das Headshaken durch Lichteinwirkung verstärkt, so könnte Cyproheptadin, ebenfalls ein Mittel aus der Humanmedizin, helfen. Es ist ein Mittel gegen Allergien, juckende Hauterkrankungen und allergischen Schnupfen. Aber Vorsicht, beide Medikamente sind noch nicht für Pferde zugelassen und zeigen starke Nebenwirkungen. Sie sind nicht zur Langzeitbehandlung geeignet. Es gibt die Möglichkeit der operativen Maßnahme, bei der ein infraorbitaler Nervenschnitt durchgeführt wird. Insbesondere, wenn der Nachweis durch positive Lokalanästhesie erbracht wurde, kann die Operation Erfolg haben. Dennoch ist diese Therapiemethode nur bedingt zu empfehlen, da ein Teil der Fälle nur vorübergehende Besserung der Symptomatik zeigt.

Dagegen gibt es homöopathische Mittel sowie Akupunktur, beides ohne Nebenwirkungen, die bei der Behandlung des Trigeminus, der Lichtempfindlichkeit und sonstiger Symptome Erfolg versprechen. Lassen Sie sich dazu von einer/m Fachfrau/-mann für Akupunktur beraten. Besonders erwähnenswert ist das homöopathische Kombinationspräparat Alleosal, das eigentlich zur Allergiebehandlung von Tieren entwickelt wurde. Es wurde eher zufällig für die Behandlung von Headshakern eingesetzt und kann dabei gute Erfolge vorweisen.

Ist eine Allergie Ursache für das Headshaking, so kann eine Desensibilisierung oder eine Hyposensibilisierung Linderung bringen. Eine dauerhafte Therapie mit Antihistamin ist teuer und mit zu starken Nebenwirkungen behaftet. Außerdem scheint sie wenig erfolgreich zu sein.[2] Hier versprechen die Akupunktur wie auch die Homöopathie mehr Erfolg.

2 Vgl. Gerber, V. et al.: Krankheiten des Nervensystems. Aus Gerber, V., Straub, R. (Hrsg.), Haupt Verlag 2016, S. 279-333.

Was können Sie tun?

Zuerst sollten Sie wissen, dass die Therapie eines Headshakers nicht einfach ist. Es gleicht einer umfangreichen Detektivarbeit, die Ursache des Shakens herauszufinden. Aber haben Sie Geduld und verwenden Sie bitte keine strafenden Mittel wie kurze Ausbinder, straffe Nasenriemen, scharfe Gebisse oder härtere Arbeit. Ihr Pferd will Sie nicht ärgern! Es kann nicht anders. Es gibt eine Vielzahl an Möglichkeiten, mit denen Sie eventuelle Auslöser des Kopfschüttelns eliminieren können. Neben der Behandlung Ihres Tierarztes, können auch Sie einiges für Ihr Pferd tun. Es beginnt schon beim täglichen Umgang, der vorsorglichen Hygiene bei der Unterbringung und Fütterung des Headshakers. Optimieren Sie die Unterstellbedingungen Ihres Pferdes, stellen Sie es in eine helle, luftige Box mit gutem, **staub- und ammoniakarmem Stallklima**. Leidet Ihr Pferd unter dem lichtinduzierten Headshaking, so achten Sie darauf, dass die Box keiner direkten Sonneneinstrahlung ausgesetzt ist. Um die Staubentwicklung gering zu halten, schütteln Sie Heu und Stroh niemals in Anwesenheit von Pferden auf. Sie sollten das **Heu** vor dem Füttern etwa eine Stunde lang in Wasser **einweichen**, abtropfen lassen oder besser noch bedampfen, dabei verliert es den Staub, aber kaum Nährstoffe. Aus dem gleichen Grund sollte die Stallgasse vor dem Kehren befeuchtet werden. Denken Sie auch an die Staubentwicklung in der Reitbahn. Reagiert Ihr Pferd stark auf Staub, lohnt sich die Überlegung, es auf Hanf, staubfreie Sägespäne oder Leinstroh umzustellen. Ebenso wichtig ist es, die Umgebung eines Headshakers frei von Pilzsporen zu halten. Dies erfordert regelmäßiges Reinigen der Box, des Futtertrogs, der Tränke, der Boxenwände, des Putzzeugs und des Halfters mit verdünnter Essigessenz, da Pilzsporen kein saures Milieu vertragen. Aus demselben Grund geben Sie immer einen Schuss Apfelessig ins Kraftfutter. Das versorgt Ihr Pferd zudem noch mit Vitaminen und Mineralstoffen. Außerdem baut es die Abwehrkräfte Ihres Pferdes auf, hilft dem Verdauungssystem und schützt es vor lästigen Insekten. Knoblauch und Bierhefe enthalten viele B-Vitamine und eignen sich zur Stärkung des Nervensystems. Machen Sie Ihr Pferd mithilfe von **Akupressur und Heilkräutern** widerstandsfähiger. *Wie, das lesen Sie in der Tabelle auf Seite 373.* Gegen Atemwegsprobleme als Ursache des Headshakings helfen viele Heilkräuter, die Sie auf den Einführungsseiten zum Atemtrakt nachlesen. Probieren Sie einige der vielen Hilfsmittel aus, die der Reizung des Gesichtsnervs entgegenwirken. Die verschiedenen Möglichkeiten, Nase, Maul und Augen abzudecken, helfen unterstützend. Es gibt verschiedene Netze, Fransen und Masken, die Maul und Nase, teils sogar den ganzen Kopf abdecken und schützen. Am Nasen- statt am Stirnriemen befestigte Bommel- und Fransenbänder helfen häufig den überempfindlichen Gesichtsnerven. Es gibt eine entsprechende Auswahl an Artikeln für Headshaker. All diese Hilfsmittel schirmen gegen äußere Reize (Licht, Wind, Staub und Insekten) ab, verändern den Luftstrom durch die Nase oder lindern äußere Reize (Bommeln), indem sie bei Bewegung gegen die Nüstern klopfen. Sie zeigen oft alleine gute Erfolge bei den weniger stark ausgeprägten Fällen.

Die aus einem Fliegenschutz geflochtenen Bommeln überdecken äußere Reize.

Auch ein aus Nylonstrümpfen oder Jutetaschen gebastelter **Nasenschutz** kann helfen *(s. Foto Seite 368)*. Lassen Sie Ihrer Fantasie freien Lauf und probieren es einfach aus.

C

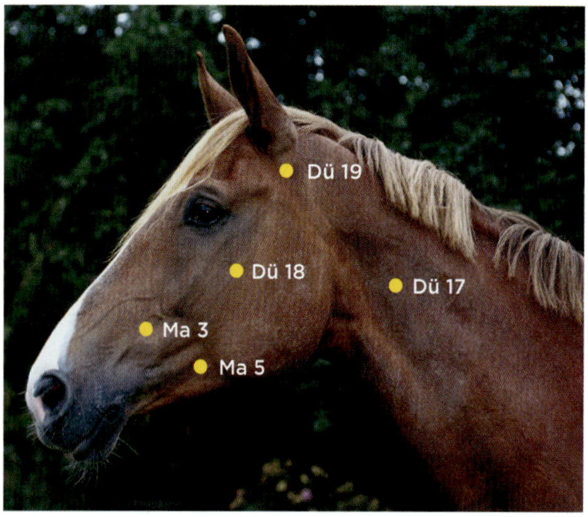

Das sind die Akupressurpunkte am Kopf, die Sie bei Headshakern ausprobieren sollten.

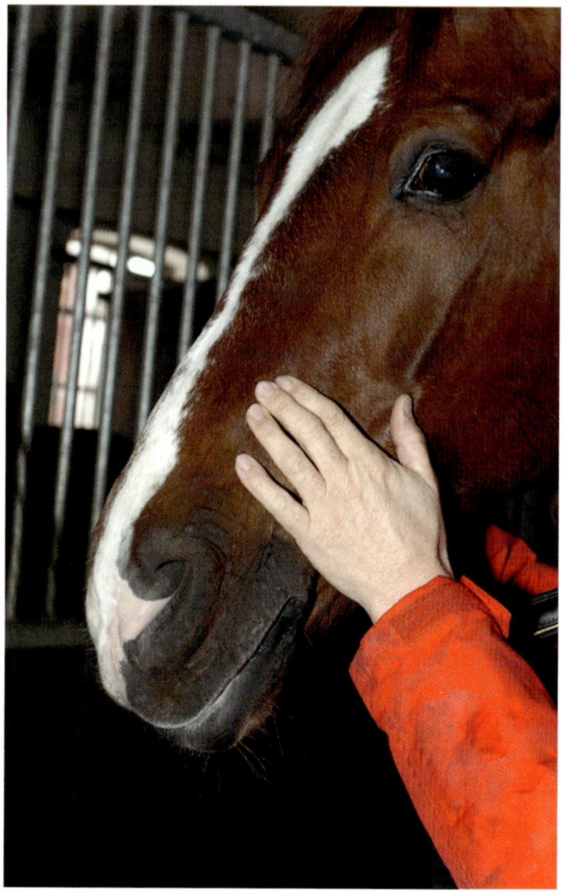

Tuina: Regelmäßige, sanfte Streich-Massagen im Gesicht können den Trigeminus-Nerv positiv beeinflussen.

C

Auf Turnieren ist ein Nasennetz (Nosecover) zugelassen in Prüfungen gemäß § 70 LPO. „Die Maulspalte muss frei bleiben; jegliche Formen eines Netzes, die die Atmung des Pferdes beeinträchtigen können, sind nicht zugelassen. Zu befestigen ist es an Reithalftern gemäß „Erlaubte Reithalfter" (Abb. 18 bis 21 und Abb. 25 LPO).[3]

Auch das **Einreiben der Pferdenase** mit Olivenöl, etwas Melkfett oder Apfelessig verändert die äußeren Reize und hilft gegen zu trockene Nüstern. Schutz vor UV-Licht bieten starke Sonnenschutzcremes auf der Nase, Pferdesonnenbrillen, Augenmasken sowie eine komplette UV-Schutzdecke. Im Anschluss an eine Akupunkturbehandlung sollten Sie mit **Akupressur** die Behandlung fortführen. Dies kann in Kombination zu den Hilfsmitteln oder anderen Behandlungsmethoden Erfolg bringen. Lassen Sie sich von Ihrem Akupunkteur die Punkte zeigen, die bei Ihrem Pferd Erfolg hatten. Bei starker Trigeminusnervenreizung liegt oft eine Blockade im Dünndarm-Meridian vor. Diese können Sie mit den Punkten Dü 18 und Dü 19 beseitigen. Dazu eignen sich die lokalen Punkte Ma 2, 3 bis Ma 7 sowie Gb 2 und 3, 3E 20 bis 23.

Reiten Sie lieber frühmorgens oder spätabends. In der Halle können Sie auslösenden Faktoren wie Sonne, Wind, Regen und umherfliegenden Allergenen ausweichen. Bei allergischen Headshakern beachten Sie die **Pollenflugvorhersage**. Damit sind für Ihr Pferd die schlimmsten Tage per Pollenflugkalender vorhersehbar und Sie können es dann an den schlimmsten Tagen aufstallen. Stören die Insekten Ihr Pferd, so lassen Sie es nur nachts und in den frühen Morgenstunden auf der Weide grasen.

Hat das Headshaking etwas mit Stress oder psychischen Problemen zu tun, halten Sie Ihr Pferd fern von stressigen Situationen. Unter Umständen kann Ihnen beiden ein Trainer helfen. Manchmal schüttelt ein Pferd, weil ihm einfach nur langweilig ist. Dann beschäftigen Sie es vielseitig und mit neuen Aufgaben, sowohl bei der Arbeit als auch im Stall. *Lesen Sie mehr dazu im Teil A, Kapitel 5.4 auf Seite 41 f., damit dem Patienten nicht langweilig wird.*

3 Entnommen aus: Deutsche Reiterliche Vereinigung e.V. (FN): Leistungs-Prüfungs-Ordnung (LPO), Ausgabe 2018, Seite 86; siehe immer aktuelle Fassung.

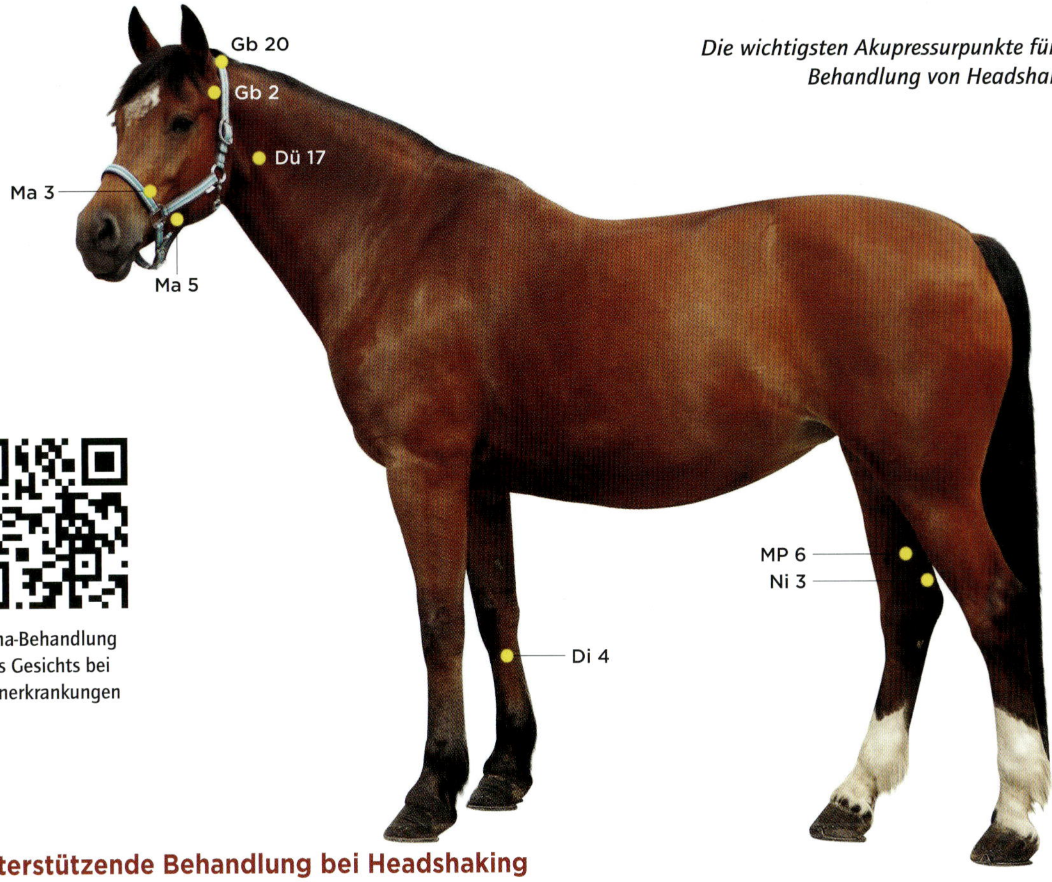

Die wichtigsten Akupressurpunkte für die Behandlung von Headshaking

Tuina-Behandlung des Gesichts bei Zahnerkrankungen

Unterstützende Behandlung bei Headshaking

	Abwehr steigern	Headshaking
Hausmittel	• regelmäßige Bewegung und viel frische Luft	• selbst gebastelte oder gekaufte Hilfsmittel (Bommelband am Nasenriemen, Strumpfhose oder Jutetasche, Nasennetz)
Akupressur	**3 bis 4 Wochen, 1-mal täglich:** Di 4, Di 11, Gb 20, Lu 7, Ni 3 und MP 6	**Trigeminusreizung:** Ma 2, 3, 4 bis Ma 7 sowie LG 14 und 16, Dü 18 und Dü 19, Bl 10. Weitere Punkte entsprechend den Symptomen *(s. Seite 97 ff.)*; dazu eine Augenakupressur.
Tuina-Behandlung	In kräftigen, kreisenden Bewegungen mit den Fingerspitzen durch das Fell fahren. Dies regt das Lymphgefäßsystem an und hilft beim Abtransport der Abfallstoffe. **Daneben hilft bei Headshaking häufig, die Pferde zu beruhigen:** Geben Sie dafür 2 bis 3 Tropfen Lavendelöl auf die Handfläche, verreiben diese zwischen beiden Händen und massieren es in sanften Kreisen das Gesicht Ihres Pferdes. Machen Sie eine **Tuina-Behandlung des Kopfes**, stimulieren Sie dabei die Punkte des Magenmeridians am Kopf sowie die Punkte zwischen den Augen und dem Ohrgrund bzw. der Stirn, also Gb 2 und 3, Dü 19, 3E 21, 3E 22, 3E 23 (Headshaking mit Lichtempfindlichkeit); Yintang.	
Bachblüten	Crab Apple und Larch **Zur Stärkung:** Walnut und Olive	**Sensible Pferde, wenig Selbstvertrauen:** Larch **Lässt sich zu viel gefallen, kann sich nicht durchsetzen:** Centaury **Nervöse Pferde mit schwachen Nerven:** Rock Rose, Cherry Plum **Nervosität nach viel Stress:** Elm **Bei Dauerstress:** White Chestnut, Rock Rose **Bei allgemeiner Ängstlichkeit:** Aspen, Cherry Plum **Unausgeglichene Pferde:** Scleranthus **Bei Entzündung der Nerven:** Crab Apple, Holly, Centaury

	Abwehr steigern	Headshaking
Heilkräuter	Aus einer Mischung von 80 g Hagebutten, 100 g Seetang und 100 g Brennnesseln (enthalten viele Vitamine und Mineralien), 100 g Klette (reinigt das Blut), 80 g Ringelblumen und 100 g Sonnenhut (keimtötend) täglich 50 g ins Futter geben. Tees: Grüner Tee und Hagebutte	Baldrian beruhigt nervöse und psychisch angestrengte Pferde (Denken Sie jedoch daran, dass Baldrian auf der Dopingliste steht und bei Wettbewerben verboten ist!).
Fütterung	• Gute normale Fütterung auf der Basis von viel Raufutter, mind. 1,7 kg/100 kg KGW, und Kraftfutter nach Leistung, eventuell zusätzlich eine Gabe Pflanzenöl zur Energieversorgung. Erst das Raufutter, dann das Kraftfutter geben. • Ersetzen Sie ab und zu mal eine Kraftfuttermahlzeit durch eingeweichte Trockenschnitzel. • Geben Sie 2 bis 3 EL Schwarzkümmelöl täglich ins Futter, es wirkt anregend und harmonisierend auf das Immunsystem. • Dazu geben Sie 4 gepresste Knoblauchzehen und Apfelessig über das Krippenfutter. Das Krippenfutter auf 3 Portionen am Tag verteilen. • Dazu vitaminisiertes Mineralfutter und einen Salzleckstein bereitstellen.	• Gutes Heu vom 1. Schnitt, mind. 1,7% des KGW, oder Gras ganztägig zur freien Verfügung ermöglichen. Das Heu sollte möglichst staubfrei sein oder bedampft werden. • Kraftfutter je nach Belastung; lauwarmes Mash mit appetitanregenden Heilkräutern, dazu eingeweichte, melassefreie Trockenschnitzel füttern. • Pflanzenöle geben Energie und binden den Staub des Heus. Schwarkümmel- und Nachtkerzenöl wirken entzündungehemmend. • Wenn Ihr Pferd schlecht frisst, helfen geriebene Äpfel oder pürierte Bananen im Futter. • Füttern Sie zuerst das Raufutter und erst 10 bis 15 Minuten später das Getreide; dazu vitaminisiertes Mineralfutter und ein Salzleckstein. • Achten Sie auf gute Haltung, am besten in einer Außenbox mit viel Frischluft. Einstreuen möglichst nur, wenn sich keine Pferde im Stall aufhalten. • Ein Schuss Apfelessig ins Kraftfutter gegeben, bindet den Staub und beugt der Pilzbildung vor.

1.2 Lebererkrankungen

Obwohl Lebererkrankungen bei Pferden recht selten sind, werden bei Routineuntersuchungen oft erhöhte Leberenzymwerte festgestellt. Die Pferde zeigen dabei keine deutlichen klinischen Veränderungen, sie sind nicht abgemagert und zeigen auch keine Leistungsminderungen. Die zum Teil sehr hohen Leberenzymwerte lassen sich kaum mit dem klinischen Bild der Leber in Einklang bringen. Sind die Gallensäurenwerte nicht erhöht, handelt es sich meistens um subklinische[4] Schäden, die sich nur in den hohen Leberenzymwerten zeigen. Da die Leber ein großes Regenerationspozential hat, kann sie die Probleme sicherlich frühzeitig abfangen. Trotzdem sollten alle ernährungsbedingten und anderen Ursachen, die zu einer Leberstörung führen könnten, geprüft und ausgeschlossen werden.

Was ist die Leber?

Die Leber ist ein ganz besonderes Organ, es hat eine enorme Regenerationsfähigkeit. Auch wenn sie stark geschädigt ist, kann sie sich wieder erholen und regenerieren. Ihre Zellen behalten die Fähigkeit zur Teilung. Die Leber ist ein großes, in einzelne Lappen geteiltes Organ, das sich aus vielen kleinen Funktionseinheiten zusammensetzt. Die Leber bekommt Blut über zwei große Blutgefäße. Das eine ist die Leberarterie, sie bringt Blut zur Ernährung der Leber. Das andere ist die untere Pfortader, sie bringt das Blut aus den Verdauungsorganen zum Reinigen und Entgiften der Leber. Wenn es von Schadstoffen befreit ist, wird das Blut über die obere Pfortader zum Herzen geleitet. In den Leberzellen wird der Gallensaft produziert, der beim Pferd direkt in den Darm zur Verdauung des aus dem Magen kommenden Futters abgegeben wird.

4 Erklärung: Subklinisch bedeutet, dass die Probleme so leicht sind, dass sich keine sichtbaren Symptome zeigen. Es verläuft unbemerkt.

Aufgaben der Leber:

- **Eiweiß-/Proteinstoffwechsel**
  - Herstellung von Albumin, Harnstoff und Gerinnungsfaktoren
  - Entgiftung von Ammoniak
- **Kohlenhydratstoffwechsel**
  - Glykogenstoffwechsel und -speicherung (Glukosespeichermolekül)
  - Aufbau von Glukose für den Blutzucker aus anderen Stoffen

- **Vitaminstoffwechsel**
  - Speicherung und Aktivierung von Vitamin B und K
  - Aktivierung von Vitamin D und Speicherung von Vitamin A und E
  - Herstellung von Vitamin C
- **Hormonstoffwechsel**
  - Abbau und Ausscheidung von bestimmten Hormonen wie Kortison
- **Speicherfunktion**
  - Fette, Glukose – Glykogen, Mineralien: Kupfer, Eisen, Zink, Mangan
  - Blut
- **Abwehrfunktion**
  - besitzt viele Makrophagen oder Fresszellen (diese fressen Viren, Bakterien, Endotoxine)
- **Verdauungsfunktion**
  - Aufgrund ihrer Lage zwischen den Verdauungsorganen und den anderen Organen ist die Leber meist der Ort der ersten Verwertung der aufgenommenen Nährstoffe.
  - Die Leberzellen stellen Gallenflüssigkeit her für die Fettverdauung und -aufnahme.
  - Darin sind Gallensäuren, Wasser, Schleim und Puffer (Bikarbonat) zur Neutralisation der Säure im Darm.
  - Umbau und Ausscheidung von Gallenfarbstoffen
- **Entgiftung durch Umbau und Ausscheidung**
  - von Toxinen, Stoffwechselprodukten, Medikamenten und Ammoniak

Was ist eine Lebererkrankung?

Bei den Lebererkrankungen unterscheiden wir akute und chronische Erkrankungen.

Akute Erkrankungen sind die akute toxische Lebererkrankung nach der Aufnahme von Pflanzengiften, die akute Leberentzündung, die hauptsächlich beim Fohlen vorkommt und eine infektiöse Ursache hat, oder ein Leberriss, der meist traumatisch, aber auch als Folge der Leberverfettung oder -degeneration entstehen kann. Chronische Lebererkrankungen finden sich beispielsweise selten nach der Ausbildung von Gallensteinen, nach Parasitenbefall, bei einer Leberverfettung sowie bei chronischer Leberdegeneration wie der Leberzirrhose auf. Eine tumoröse Veränderung der Leber gibt es nur sehr selten.

Anzeichen einer Lebererkrankung sind erst zu bemerken, wenn die Erkrankung ernst wird. Vorher ist es bei der Leber ähnlich wie bei der Erkrankung vieler innerer Organe, das Organ kompensiert zunächst die Probleme und man merkt klinisch gar nichts. Zu Beginn sind die Anzeichen eher unspezifisch wie Abmagerung, Leistungsminderung, Gähnen und Apathie. Daneben können noch Verdauungsstörungen, milde Koliken und Durchfälle auftreten. Später kommen aufgrund leberbedingter Hirnstörung *(Encephalopathien, s. Seite 375 f.)* spezielle lebertypische, neurologische Anzeichen dazu. Phasen der Lethargie und Trägheit wechseln mit Phasen der Übererregbarkeit ab. Letzteres kann bis zur Raserei gehen. Die Symptome des Zentralen Nervensystems (ZNS) bestehen hauptsächlich in ziellosem Gehen und Vorandrängen, den Kopf gegen die Wand pressen. Das geht meist über ins Kreis- oder Manegen-Wandern bis zu Gangunsicherheiten, Taumeln und Koma. Ein typisches Anzeichen für Lebererkrankungen ist das Vorhandensein eines Ikterus. So nennt man die Gelbfärbung der Schleimhäute, der weißen Augenhaut und der unpigmentierten Haut durch den Gallenfarbstoff Bilirubin.[5] Beim Pferd ist das kein so zuverlässig vorhandenes Anzeichen für einen Leberschaden wie bei vielen anderen Tieren. Bei akuten Lebererkrankungen ist der Ikterus oft zu sehen, bei chronischen Erkrankungen fast nie.[6] Zudem muss genau unterschieden werden, wie der Ikterus entstanden ist.[7] Ein relativ typisches Anzeichen für eine chronische Lebererkrankung ist das Auftreten einer Lichtempfindlichkeit bis hin zur lichtinduzierten Hautentzündung *(s. Fotodermatitis Seite 376)*.

1.2.1 Leberbedingte Hirnschädigung (Hepathische Encephalopathie)

Störungen des ZNS, wie sie oben beschrieben werden, sind meistens Anzeichen einer chronischen Lebererkrankung.

Ursache: Wenn die Leber sehr stark gestört oder sogar am Versagen ist und ihren normalen Aufgaben

5 Erklärung: Das Bilirubin ist der gelbe Abbaufarbstoff des roten Hämoglobin-Anteils des roten Blutfarbstoffs.

6 Vgl. Gehlen, H., Grabner, A.: Krankheiten der Leber. Aus Brehm, W. et al. (Hrsg.) Enke Verlag 2017, S. 601-615.

7 Erklärung: Prähepatisch heißt vor der Leber, also im Blut, und hepatisch heißt in der Leber oder posthepatisch heißt nach der Leber. Nachzulesen in Gerber et al.: Krankheiten des Verdauungstrakts, des Bauchfells, der Leber und der Bauchspeicheldrüse. Aus Gerber, V., Straub, R. (Hrsg.), Haupt Verlag 2016, S. 177-258.

nicht mehr nachkommen kann, ist sie auch nicht mehr in der Lage, die mit dem Blut zufließenden, giftigen Stoffe wie Ammoniak, Schwefelwasserstoff oder Medikamente ausreichend auszuscheiden. Gelangen diese Stoffe dann im weiteren Blutkreislauf ins Gehirn, so kann es hier zu Problemen kommen. Nicht alle Stoffe aus dem Blut werden zum Gehirn gelassen, aber Ammoniak ist gehirngängig und löst hier neurologische Symptome aus. Die eigentlich teilnahmslosen, müden Patienten drängen plötzlich voran, wollen laufen, allerdings meist im Kreis, werden unsicher beim Laufen, taumeln und pressen den Kopf an die Wand.

1.2.2 Akute toxische Lebererkrankung

Anzeichen: Typisch sind die oben genannten Anzeichen der Lebererkrankung, besonders der Ikterus und die Leberdegeneration, also die zunehmende Verschlechterung der Leberfunktion. Das kann bis zum leberinduzierten Gehirnschaden gehen. Bei weniger starken Vergiftungen kann es auch schon zur Ausbildung einer Fotodermatitis kommen, obwohl diese bei chronischer Vergiftung häufiger vorkommt.

Ursachen: Die Ursachen dieser Leberveränderungen sind unterschiedlich, aber meistens entstehen sie aufgrund der Aufnahme von Pflanzen- und Schimmelpilzgiften. Eines der häufigsten Pflanzengifte, die die Leber angreifen, sind die **Gifte/Toxine** durch das Fressen von Pflanzen der Kreuzkrautfamilie. Akute Vergiftungen führen dabei innerhalb weniger Tage zum Tod.

Das Toxin des Schwedenklees kann eine leichte bis mittlere Leberdegeneration mit Fotodermatitis verursachen. Gifte wie Phosphor, Arsen oder Tetrachlorkohlenstoff schädigen die Leber akut! Das Einwirken eines Giftes auf die Leber führt zu einer Stoffwechselstörung mit nachfolgender Zellschädigung. Das kann eine extreme Flüssigkeitsvermehrung in der Zelle sein, eine Verfettung oder ein Absterben der Leberzellen.

Solche starken Vergiftungen der Pferde sind nicht so häufig, meistens sind es eher Fütterungsfehler wie eine energetische Überversorgung der Hobbypferde, die zu akuten Leberproblemen wie Stoffwechselstörungen und begrenztes Leberzellsterben führen können.[8] Dabei sind dann ebenfalls in einer Blutuntersuchung die Leberwerte erhöht, jedoch die Gallensäurenwerte nicht.

Was macht der Tierarzt?

Um den Umfang der Leberschädigung festzustellen, ist eine Blutuntersuchung nötig. Hier kann der Tierarzt die Leberenzymwerte und die Gallensäurewerte im Blut feststellen.

Die Behandlung der Lebererkrankungen finden Sie auf Seite 374.

1.2.3 Chronische Lebererkrankungen

Infolge einer chronischen Schädigung kann die Leber sich irgendwann nicht mehr ausreichend selbst regenerieren und es entsteht eine Leberzirrhose oder eine Leberverfettung bzw. chronische Fettleber.

1.2.3.1 Chronische Leberzirrhose (chronische Leberdegeneration)

Als Leberzirrhose wird eine Erkrankung bezeichnet, bei der sich das Lebergewebe irreversibel verändert.

Anzeichen: Müdigkeit, Antriebslosigkeit, Abmagerung, Fotodermatitis, schlechte Futteraufnahme und Absetzen von kleinem, geformtem Kot. Die Leberdegeneration schreitet fort und wenn es zum Leberversagen kommt, dann mit den Anzeichen der hepatischen (leberbedingten) Gehirnstörung *(s. Seite 375 f.)*.

Ursachen: Durch die chronische Einwirkung von Giften und anderen schädlichen Stoffen verändert die Leber ihr eigenes Gewebe. Anfangs kann sie sich noch gut reparieren, besonders wenn der schädliche Einfluss einmalig oder nur kurz ist. Aber durch die ständige Einwirkung der Gifte bzw. schädigenden Einflüsse gehen immer mehr Leberzellen zugrunde. Das Organ versucht mit Kollagenfasern die Struktur der Leberzellen zu festigen. Es bilden sich knotige Regenerationsbereiche. Mögliche Ursachen der Erkrankung sind neben Pflanzentoxinen selten Parasiten wie Wurmlarven oder eine Verstopfung des Gallengangs durch Steinbildung (Gallenstein) oder Tumore. Die wahrscheinlichste Ursache ist die wiederholte Aufnahme toxischer Substanzen vom **Jakobskreuzkraut** *(Senecio jacobea)* und seinen Verwandten (Gewöhnliches Greiskraut/Kreuzkraut und Alpenkreuzkraut) sowie der **Gemeinen Hundszunge** *(Cynoglossum officinale)*. Die Pflanzen werden

8 *Vgl. Gehlen, H., Grabner, A.: Krankheiten der Leber. Aus Brehm, W. et al. (Hrsg.) Enke Verlag 2017, S. 601-615.*

über Wochen bis Monate immer wieder gefressen. Meistens erfolgt die Aufnahme über das Heu, viele Giftpflanzen sind im getrockneten Zustand sogar geschmacklos. Sie verlieren ihre potenziell toxischen Stoffe weder durch Trocknung noch durch Silierung. Die Giftstoffe werden ebenfalls über die Milch weitergegeben. Sie sammeln sich in der Leber an und werden von ihr verstoffwechselt. Die dabei gebildeten Stoffe verbinden sich unwiderruflich mit Molekülen der Leberzellen, die dadurch nicht mehr normal arbeiten oder sich regenerieren können. Schon zu Beginn entsteht dadurch die **lichtinduzierte Hautentzündung *(Fotodermatitis)***, ein Problem, das sehr häufig vorkommt und oft mit einem Sonnenbrand verwechselt wird. Es zeigt sich aber nicht nur im Gesicht des Pferdes, sondern oft auch maukeähnlich an den Beinen rund um die Fesselbeuge. Die degenerierte Leber kann die aufgenommenen schädlichen Stoffe nicht mehr ordentlich entgiften. Die Giftstoffe gelangen über den Blutkreislauf bis zur Haut, wo sie sich verstärkt einlagern und die Energie des Sonnenlichts aufnehmen. Die dabei entstehenden Radikale greifen die Haut an, sie entzündet sich, was Fotodermatitis genannt wird. *Zu den Giftpflanzen und ihren Toxinen scannen Sie in den rechten QR-Code auf Seite 49 und lesen unter Jakobskreuzkraut nach.*

1.2.4 Therapie der Lebererkrankungen

Wichtig ist zu Beginn der Behandlung, die leberschädigenden Stoffe auszumachen und deren Aufnahme in den Pferdekörper abzustellen. Sie sollten hier eng mit dem Tierarzt zusammenarbeiten, um festzustellen, welche fütterungsbedingte oder nicht fütterungsbedingte Ursache zu einer Leberschädigung geführt hat. Anschließend sollte die Leber entlastet werden, damit sie sich erholen kann. Eine Leberzirrhose oder eine Fettleber ist zumindest im Endzustand nicht mehr rückgängig zu machen.

Aber man kann die Folgen der unzureichenden Entgiftungsleistung und Stoffwechselleistung der Leber abschwächen. Sprechen Sie mit Ihrem Tierarzt darüber. Ansonsten wird weitgehend symptomatisch behandelt. Zuerst braucht das leberkranke Pferd dringend Glukose, vermutlich als Infusion oder über Nasenschlundsonde, je nachdem, wie stark es abgemagert ist. Damit bekommt es leicht verwertbare Energie, da die meisten leberkranken Pferde kaum noch fressen. Der Tierarzt wird dann die Flüssigkeits-, Säure-Basen- und Elektrolyt-Haushalte ausgleichen.

Was kann ich tun?

Suchen Sie die Umgebung des Pferdes nach möglichen toxischen Einwirkungen ab. Das gilt besonders für die Weide und deren nähere Umgebung. Lassen Sie herausgegrabene **Giftpflanzen** nicht einfach außerhalb der Weide liegen. Unter Umständen bekommen Sie so einen ganzen Schwung Samen wieder auf die Weide zurück. Lassen Sie die Pferde nicht ohne Futter auf abgefressenen Weiden stehen. Sie neigen dazu, dann auch Pflanzen oder Pflanzenteile zu fressen, die sie sonst liegen ließen. Deshalb sollten Sie immer, wenn die Pferde nicht genug Gras auf der Weide stehen haben, genug Raufutter auf die Weide bringen. Denken Sie bei lebererkrankten Pferden immer an die **Fotodermatitis**. Schützen Sie ihr Pferd vor direkter Sonneneinstrahlung durch Aufstallen oder Eindecken. Ihr Pferd braucht Schatten auf der Weide. Decken Sie unpigmentierte Stellen wie Blessen am Kopf oder weiße Fesseln und Röhrbeine gut ab. Meistens reicht Sonnencreme nicht aus. Decken Sie diese Stellen lieber ab durch Masken und UV-undurchlässigen Stoff. An den Beinen behelfen Sie sich mit Gamaschen, Transportgamaschen oder umwickeln Sie die Beine mit UV-undurchlässigen Stoffstreifen, die Sie mit selbsthaftenden Binden befestigen können. Vergessen Sie dabei aber nicht, auch die Fesselbeuge zu schützen und abzupolstern.

Fütterung: Bei den meisten Lebererkrankungen ist das naheliegende Problem, dass die Pferde kaum noch Lust zum Fressen haben und abmagern. Hier sollten Sie frühzeitig reagieren und dem Pferd einwandfreies Heu oder Gras geben oder, falls das nicht möglich sein sollte, auf eingeweichte Heucobs ausweichen. Dazu bieten Sie ihm schmackhaftes Futter wie Mash oder melassierte (mit Rübensirup versetzte) eingeweichte Trockenschnitzel an. Geben Sie Futter in vielen kleinen Portionen, so ist das Fressen einfacher für das Pferd und die Anflutungen von Protein zur Leber sind kleiner und damit besser zu bewältigen. Ist das bereits zu spät oder frisst der Patient trotzdem nicht mit Appetit, so braucht er zuerst Glukose über Infusionen oder die Nasenschlundsonde.

Bei einer leichten Vergiftung kann eine konsequente, mehrwöchige Fütterung von proteinreichem Heu vom 1. Schnitt als Alleinfutter helfen. Zur Unterstützung der gestörten Leber und zur Förderung der Gallensekretabgabe sollte die Leber mit Heilkräutern unterstützt werden. Geeignet dafür sind Präparate mit Mariendistel und Artischocke und außerdem stoffwechselanregende Heilkräuter. Bei den Lebererkrankungen ohne Vorliegen einer Hirnschädigung sollten ausreichend proteinhaltige Futtermittel gegeben werden, unter Umständen sogar bis zur eineinhalbfachen Menge des Erhaltungsbedarfs, damit die Leber ausreichend Proteine hat, um neue Leberzellen zu regenerieren.

Bei Vorliegen einer **hepatischen Hirnschädigung** muss die Leber dringend entlastet und das Ammoniak reduziert werden. Bekommt ein Pferd viel Protein über das Futter, das nicht im Dünndarm verdaut wird, so wird das Protein von der Darmflora verarbeitet. Dabei entsteht Ammoniak, das zum Entgiften zur Leber gebracht wird. Das gilt es zu verhindern. Das Pferd selbst hat nichts davon, wenn Protein in den Dickdarm kommt, da es im Dickdarm keine Aminosäuren mehr aufnehmen kann. Das Pferd sollte zum einen nur so viel Protein wie unbedingt nötig bekommen, etwa 80% des Erhaltungsbedarfs. Dafür sollte Ihr Pferd proteinarmes Heu bekommen. Das ist Heu vom späten Schnitt, bei dem das Gras bereits geblüht hat. Das Krippenfutter sollte genug Energie bereitstellen, damit der Körper kein Gewebe abbaut. Die Trockenhefe versorgt mit Vitamin B und wichtige Aminosäuren. Die wasserlöslichen Vitamine sollten in höherer Dosis gegeben werden wie auch Vitamin C, da die erkrankte Leber vermutlich nicht mehr genug Vitamin C produzieren kann.

Durch die Fütterung von Milchzucker (Laktose) in einer Menge von 20 g Pulver pro 100 kg KGW 3-mal am Tag wird noch weniger Ammoniak aus dem Darm aufgenommen.[9]

C

Unterstützende Behandlung der Lebererkrankungen

	Leberbedingte Hirnschädigung – Hepathische Encephalopathie	Lebererkrankungen
Hausmittel	Sprechen Sie ruhig mit Ihrem Pferd.	Sorgen Sie für regelmäßige Bewegung und viel frische Luft.
Akupressur	**Akute Leberprobleme:** 3E 6, Le 3, Le 2, Le 5, Le 13 und MP 21 in den ersten 6 Tagen, dann Wechsel auf Le 3, 5, Le 14, Bl 18, MP 6 und MP 21 über ca. 10 bis 14 Tage. In den erste Tagen so oft wie möglich, 4-mal täglich, dann 2- bis 3-mal täglich. **Chronische Leberschäden:** Le 3, Le 6, Le 8, Bl 18, MP 6, Le 13, Le 14, 3E 6, und MP 21, über 3 bis 4 Wochen, 1-mal täglich. Sie können die Punkte nach 2 Wochen wechseln, zuerst die ersten 6, dann die letzten 6 Punkte und Le 3	
Tuina-Behandlung	**Nur wenn Sie sich nicht selbst in Gefahr bringen:** Augenakupressur beidseits zur Beruhigung **Tuina-Behandlung des Unterbauchs** ab dem Nabel bis zu den Vorderbeinen, auch zur Beruhigung machen. Mit sanften Strichen das Fell am Körper und Hals ausstreichen und dabei einige Tropfen Lavendelöl im Fell verteilen. Danach mit Mo und Rou Fă mit dem Handballen kreisend streichen, bis das Fell sich anwärmt.	In kräftigen, kreisenden Bewegungen mit leichtem bis mittlerem Druck mit den Fingerspitzen durch das Fell fahren. Das regt das Lymphgefäßsystem an und hilft beim Abtransport der Abfallstoffe. Danach einige Tropfen Lavendelöl im Fell verteilen. Das beruhigt Ihr Tier. Falls Sie mehr Öl benötigen, kann das Lavendelöl mit Olivenöl gestreckt werden.
Bachblüten	**Zur Stärkung:** Impatiens, Hornbeam und Olive **Zur Beruhigung:** Rescue-/Notfalltropfen	**Zur Stärkung:** Impatiens und Olive
Heilkräuter	**Zur Unterstützung von Leber und Galle:** Artischockenextrakt, Wermut und Mariendistel **Zur Anregung des Stoffwechsels und Appetits:** Mischen Sie 60 g gemahlene Aniskörner, je 70 g gemahlene Kümmelfrüchte und Wacholderbeeren, 80 g Wermutkraut, je 100 g Löwenzahn- und Brennnesselpulver miteinander. Davon nehmen Sie 3-mal täglich 2 EL und mischen sie mit 1 EL Honig und füttern es Ihrem Pferd. Achten Sie auf guten Honig! **Tees:** Grüner Tee und Hagebutte	

9 Vgl. Meyer, H. und Coenen, M.: Pferdefütterung. Enke Verlag, 2014/ Coenen, M. und Vervuert, I.: Pferdefütterung. Georg Thieme Verlag KG 2019.

Fütterung	Jetzt sollte Ihr Pferd weniger Protein bekommen, ca. 80% des Erhaltungsbedarfs (4,8 g pro MJ umsetzbarer Energie). Dafür geben Sie Heu vom späten Schnitt, möglichst nach dem Blühen, und dazu Getreide wie Hafer und Maisflocken zur Energieversorgung, 0,3 kg/100 kg KGW/Tag.	Ihr Pferd darf gutes, proteinreiches Futter, etwa 150% des Erhaltungsbedarfs bekommen, um die Leber beim Zellaufbau zu unterstützen. Es eignet sich Grünfutter und proteinreiches Heu vom 1. Schnitt (1,7 bis 2 kg/100 kg KGW) und schmackhaftes Futter wie Mash oder melassierte eingeweichte Trockenschnitzel (0,15 kg/100 kg KGW), dazu geben Sie Getreide. **Einschränkung:** nur bei Lebererkrankungen ohne hepatische Gehirnschäden.
	• Bei beiden Erkrankungen sollte das Futter in vielen kleinen Portionen gegeben werden, um die Leber nicht zu überlasten, und durch Artischocke und Mariendistel ergänzt werden. • Dazu geben Sie Trockenhefe (20g/100 kg KGW täglich) und die Vitamine A, E, C, D und K.	

1.3 Equines Cushing Syndrom (ECS), Pituitary Pars Intermedia Dysfunction (PPID)

Das Cushing-Syndrom wird als heute gerne als Pituitary Pars Intermedia Dysfunction (PPID), also Fehlfunktion des Hypophysen-Zwischenlappens bezeichnet. Es galt lange Zeit als eine seltene, nur bei älteren Pferden auftretende Hormonerkrankung. Mittlerweile ist aber bekannt, dass bis zu 30% aller Pferde über 15 Jahre und auch jüngere Pferde unter 10 Jahren davon betroffen sind.[10] Meistens sind es Pferde, die klinisch durch eine Hufrehe auffällig wurden. Oft sind die Anzeichen bei älteren Pferden einfach deutlicher.

Was ist das Equine Cushing-Syndrom (ECS)?

Anzeichen: Das auffälligste, aber nicht immer vorhandene äußere Anzeichen dieser Erkrankung ist der Hirsutismus, der zu dickem, übermäßig langem und lockigem Haar führt. Ein Wechsel des Fells findet meist nicht mehr statt, ausgefallenes Fell wächst immer gleich lang nach, auch im Frühling und Sommer. Es werden Fettdepots an Kruppe, Kamm und unter den Augen aufgefüllt. Nicht selten fallen aber auch nur Leistungseinbußen, starker Durst, verbunden mit häufigem Urinieren, starkes Schwitzen und leichte bis schwere Anfälle von Hufrehe auf. Durch die Muskelschwäche und den Muskelschwund haben viele Patienten einen Senkrücken und Hängebauch. Wunden heilen schlechter und Hautinfektionen treten auf, ebenso wie Fruchtbarkeitsstörungen. Viele Pferde mit Cushing wirken abwesend und müde. Manche haben Herz-Kreislauf-Probleme und brechen sogar zusammen, stehen aber kurze Zeit später wieder problemlos auf. Auch Abmagern trotz gutem Appetit, Zyklusstörungen und häufige Infekte sind nicht selten. Mangelnde Mineralisierung führt zu Osteoporose und Problemen an den Hufen, Knochen und Zähnen.

Ursache: Der Grund für diese vielfältigen Symptome liegt in der Hypophyse, genauer der Hirnanhangdrüse (Pars Intermedia der Hypophyse). Unter normalen Umständen produziert diese Drüse ein Hormon (ACTH), das an der Nebennierenrinde die Bildung eines weiteren Hormons (Kortisol) steuert. Kortisol wird beispielsweise bei Stress oder psychischem Druck vermehrt ausgeschüttet, um Energiereserven zu mobilisieren. Bei Cushing-Patienten sind die Zellen der Hypophyse entartet, meist durch einen Tumor. Die entarteten Zellen bilden entweder zu viel ACTH oder sie schütten es abnormal aus. Diese übermäßige Hormonproduktion führt ihrerseits wieder zu einer übermäßigen Bildung von Kortisol, das vielerlei Auswirkungen hat. Es schwächt ebenso wie Kortison die körpereigene Abwehr. Daneben stört das Kortisol den Proteinstoffwechsel und damit den Muskelstoffwechsel. Es kommt zum Muskelschwund. Auch die Insulin-Produktion wird gedrosselt, Kortisol ist der Gegenspieler des Insulins. Das führt zum Anstieg des Blutzuckerspiegels, wodurch der Patient den gesteigerten Durst hat. Hier wäre die Bewegung wichtig, die dann über die Muskulatur Glukose verbraucht. Ein Anstieg des Blutzuckerspiegels kann bei Pferden die Ausbildung einer Insulinresistenz auslösen. Dies bedeutet, dass das Körpergewebe nicht mehr so empfindlich auf das Insulin reagiert. Normalerweise sorgt das Insulin durch Kontakt mit Rezeptoren dafür, dass Glukose von den Zellen aufgenommen wird und der Blutzuckerspiegel fällt. Bei einer Insulinresistenz

10 Vgl. Warner, K.: Equines Cushing-Syndrom: Lockiges Haar gleich höhere ACTH-Werte? VETimpulse, 26. Jahrgang Ausgabe 16, 15. August 2018, S. 7.

C

Ein Pferd mit Cushing-Syndrom

herrscht im Gewebe Unterzuckerung und im Blut ein zu hoher Blutzuckerspiegel.

Oft wird durch das Kortisol ein *Diabetes mellitus* (Blutzuckerkrankheit) erzeugt. Über die Entstehung der Haarveränderung wird derzeit noch geforscht. Es wird ein Zusammenhang mit dem der Hypophyse benachbarten Hypothalamus vermutet, da dieser im Normalfall neben anderem die Länge und Dicke der Haare beeinflusst. Ein Cushing-Syndrom kann auch durch extrem hohe Gaben von Kortison ausgelöst werden.

Komplikationen: Der starke Kortisol-Gehalt im Blut verschlechtert die Immunabwehr, daher sind Cushing-Patienten sehr anfällig für Infektionen und Parasiten. Meist heilen auch Wunden langsamer. Einige der übergewichtigen Pferde sind sowohl an EMS *(s. Seite 353 ff.)* als auch an ECS erkrankt.

Was macht der Tierarzt?

Ihr Tierarzt wird seine Diagnose über einen Bluttest sichern. Ein sicherer Beweis ist der Nachweis eines ACTH-Anstiegs. Bei jungen Pferden, die kein ausgeprägtes Cushing-Syndrom oder bei Pferden, die sogar nur ein subklinisches ECS haben, hilft das allerdings nichts. Da ein schleichender Verlauf bei dem ECS bekannt ist, lohnt sich dann eine spätere Wiederholungsuntersuchung. Über eine Routine-Blutuntersuchung lässt sich der Nachweis nicht erbringen. Eine Untersuchung des Blutes mit biochemischen Parametern sowie des Urins und Kotes auf Parasiten ist aber dennoch wichtig, um Begleiterkrankungen zu entdecken. Auch für die Einordnung des ECS sind diese Untersuchungen wichtig. Viele Patienten zeigen einen sehr hohen Blutzuckerspiegel und, auch ohne übergewichtig zu sein, erhöhte Insulinwerte. Deshalb ist eine Überprüfung und Kontrolle des Nüchtern-Insulinwertes wichtig. Die tiermedizinischen Labore bieten verschiedene Testverfahren an. Bei den Testungen sollten einige Bedingungen beachtet werden. Es sollte immer die Jahreszeit bedacht werden[11] und eine zuverlässige Diagnostik ist nur möglich, wenn das Pferd nicht unter starken Schmerzen leidet, Fieber hat oder stark gestresst ist. Es sollte also nicht gerade einen Hufreheschub haben oder unter einer schweren Begleiterkrankung leiden. Man sollte warten, bis der Transportstress abgeklungen ist und auch nach tierärztlichen Eingriffen etwas Zeit zum Beruhigen geben. Der ACTH-Wert ist sehr störanfällig, er steigt nach Stress und Schmerzen deutlich an, unabhängig von jeglicher Erkrankung. Auch körperliche Anstrengung, Kälte, starke Gefühle, Sedierung oder Anästhesie lösen die Stresshormone Adrenalin und Noradrenalin aus, die ihrerseits die Freisetzung von dem Hormon ACTH bewirken. Einige Anzeichen, wie das lockige Fell und die aufgefüllten Fettdepots an bestimmten Stellen wie über dem Auge und an der Kruppe und am Kamm bei abnehmender Muskulatur, sind so typisch, dass sie eigentlich schon fast zur Vorhersage der Erkrankung dienen könnten. Tatsächlich wird Ihr Tierarzt vermutlich zur Anwendung des Basalen ACTH-Werts raten, der grundsätzlich gut, aber nicht in allen Fällen zuverlässig ist. Bei vorhandenen klinischen Anzeichen und normalem oder nur geringgradig erhöhtem ACTH-Wert kann ein Funktionstest mit Thyrotropin-Releasing Hormon-Stimulationstest, kurz TRH, gemacht werden. Es gibt noch weitere Funktionstests, wie den Dexamethason-Hemmtest (DST), der aber gefährlicher ist, da durch Kortisongabe Hufrehe ausgelöst werden kann. Außerdem könnte überlegt werden, eine diagnostische Therapie zu versuchen.

Grundsätzlich ist ein Cushing-Syndrom nicht heilbar, aber therapierbar. Das heißt, mithilfe von Medikamenten lassen sich die Probleme der Pferde sehr

11 Erklärung: Auch für den Insulinwert scheint eine Erhöhung im Herbst normal zu sein.

12 Vgl. Franke, M.: Equines Cushing Syndrom: Pergolid positiv bewertet. VETimpulse 19. Jahrgang, Ausgabe 16, August 2010, S. 6.

13 Vgl. ohne Verfasser: Cushing-Forschung beim Hengst: Beeinflusst Pergolid die Fruchtbarkeit? VETmpulse 27. Jahrgang, Ausgabe 4, Februar 2018, S. 7.

Hausmittel	• Sorgen Sie für regelmäßige Bewegung und viel frische Luft. • Vor dem Arbeiten die Muskulatur der Pferde ein wenig unter Rotlicht aufwärmen.
Akupressur	**Zur Stimulierung des Immunsystems und Stoffwechsels:** LG 16, Di 4, Di 11, Gb 20, Ni 3, Ma 36, MP 6; 2 Wochen, 1-mal täglich. Dann auf Ni 7, MP 9, MP 21, 3E 4, 3E 5, Di 4 und 11 übergehen und weitere 2 Wochen stimulieren
Tuina-Massagen	In kräftigen, kreisenden Bewegungen mit den Fingerspitzen durch das Fell fahren. Das regt das Lymphgefäßsystem an! Dann mit Gun Fă, einer abrollenden Handkante, die zurückgebildete Muskulatur stimulieren und mit Tui Fă und Ca Fă schieben und reiben entlang des Blasenmeridians über Rücken und Kruppe bis zu einer Vertiefung in Höhe der Kniekehlen (Rückseite der Knie). Hier durch Drücken den Punkt Bl 40 stimulieren
Bachblüten	**Zur Stärkung:** Olive, Hornbeam und Walnut, dazu mit Larch und Beech das Immunsystem anregen
Heilkräuter	**Optimale Vitamin- und Mineralstoffversorgung:** Aus einer Mischung von 80 g Bockshornkleesamen, 100 g Hagebutten und 100 g Brennnesseln (enthalten viele Vitamine und Minerale), 100 g Klette (reinigt das Blut), 80 g Ringelblumen und 100 g Sonnenhut (keimtötend) täglich 50 g ins Futter geben. Zur **Herzstärkung** Weißdorn, Rosmarin und Melisse sowie Artischockenextrakt, Wermut und Mariendistel für die Leber geben. **Tee:** Grüner Tee
Fütterung	• Ein Cushing-Syndrom-Patient bekommt gutes Heu als Grundlage, aber nicht so viel er möchte, sondern etwa 1,5 kg/100 kg KGW. Gras kann viel Zucker enthalten, deshalb Weidegang nur mit Fressbremse oder gar nicht. Wenig Zucker und Stärke füttern, folglich wenig Getreide, höchstens etwas Hafer geben, sowie hochwertiges Protein aus Esparsettecobs oder Sojaextraktionsschrot, viele Mineralstoffe und Vitamine aus Heilkräutern, Blätter und Rinden plus Obst (an dicken Obstbaumästen knabbern lassen). • Für das Immunsystem sind Omega-3-Fettsäuren wie Leinöl, 20 ml/100 kg KGW, Vitamin E und Zink, jeweils 2 mg/kg KGW, wichtig. Dazu 4 gepresste Zehen Knoblauch und einen Schuss Apfelessig.

gut beherrschen. Im Besonderen ist da Pergolid zu nennen, dessen Wirksamkeit und positive Langzeitwirkung durch verschiedene Studien schon vor Jahren nachgewiesen wurde.[12] Das Medikament kann sogar die Fruchtbarkeit der Stuten wiederherstellen.[13] Zusätzlich hat sich auch Mönchspfeffer als gutes Mittel erwiesen. Die Folgeerkrankungen müssen den klinischen Problemen entsprechend behandelt werden.

Was können Sie tun?

Stärken Sie die schwachen Abwehrkräfte Ihres Pferdes. So können Sie es am besten schützen. **Mönchspfeffer** wirkt regulierend auf den Hormonhaushalt und ist ein gutes Heilkraut, um das Leben mit Cushing zu erleichtern. In vielen Fällen ist sogar Mönchspfeffer als alleinige Behandlung ausreichend, da er die ACTH-Ausschüttung bremst. Er sollte nicht länger als 6 bis 8 Wochen angewandt werden. Optimieren Sie die Unterstellbedingungen und bewegen Sie Ihr Pferd regelmäßig. Um es vor den häufigen Atemwegserkrankungen zu schützen, vermeiden Sie starke Ammoniak- und Staubentwicklung im Stall. *Die im Kapitel „Der Atemapparat", Seite 232 ff. aufgeführten Vorsorgemaßnahmen werden Ihnen dabei helfen.* Da betroffene Pferde mit ihrem langen, übermäßig dicken Fell stark schwitzen, bietet sich je nach Haltung eine regelmäßige Schur an. Leider hängt das Schwitzen der Pferde nicht nur mit dem langen Fell zusammen, sondern ist ein Krankheitssymptom. Auch Ihr geschorenes Pferd wird schwitzen. Es kann aber durch das kurze Fell wesentlich besser abtrocknen. Der Abbau der Muskelmasse macht Ihr Pferd schnell müde, es braucht auf seine Möglichkeiten abgestimmte Bewegung. Dazu gehört ausreichender Auslauf, und das Pferd darf auch angepasst an seine gesundheitliche Situation geritten oder gefahren werden.

Fütterung: Achten Sie auf gutes, qualitativ einwandfreies Futter – frei von Giftstoffen jeglicher Art. In der Hauptsache ist gutes Heu in einer Menge von 1,5 kg/100 kg KGW wichtig. Ihr Pferd braucht außerdem ausreichende Mengen an Vitaminen und Mineralstoffen. Gerade in diesem Bereich scheinen Cushing-Pferde oft einen Mangel zu haben. Dann helfen grüne Mineralerde, 30 g täglich, und vermahlene Luzerne. Luzerne enthält neben den Mineralien, besonders Magnesium und Calcium, noch viel Protein, das beim Aufbau neuer Muskeln hilft. Auch Sojaextraktionsschrot weist viel wertvolles Eiweiß auf. Beides wird mit Kräutertee und etwas Weizenkleie oder noch besser Haferflocken vermischt.

Bleiben Sie mit der Ernährung eng am Bedarf des Pferdes. Insbesondere, wenn Blutzucker- und Insulinspiegel hoch sind, sollte die Ration nur wenig bis mäßig viel Stärke und kaum Zucker enthalten. Das bedeutet kein melassiertes Kraftfutter oder Müsli und auch beim Getreide ist Zurückhaltung geboten, keine Gerste, kein Mais, keinesfalls Weizen oder Roggen, am ehesten eignet sich der gut verdauliche Hafer. Der Bedarf an Fetten/Ölen orientiert sich an der Belastung des Pferdes. Zur Unterstützung des Herzens eignen sich Weißdorn, Rosmarin und Melisse gut, zur Stärkung der Darmflora Pektine in eingeweichten, unmelassierten Trockenschnitzeln bis zu 200 g oder 2 kg Karotten und 50 g Trockenbierhefe, jeweils pro 100 kg KGW. Milchzucker (Laktose) in einer Menge von 1 g/kg KGW wird von der Darmflora gerne genutzt, da er vom Dünndarm nur in geringem Maße verwertet werden kann. Die Bierhefe stellt Vitamine und viele gute Aminosäuren zu Verfügung. Falls Ihr Pferd in kurzer Zeit viel abnimmt, könnte die Gefahr einer Fettleber bestehen, unterstützen Sie deshalb die Leber mit Mariendistel, Wermut und Artischocke. Zur Behandlung der Hufrehe sind besonders die korrekte Hufpflege und ein korrekter Beschlag wichtig. *Weiteres zur Behandlung der Hufrehe lesen Sie auf Seite 487 ff.*

C

2. Infektiöse innere Erkrankungen

Bei all diesen Infektionen ist es entscheidend, dass eine tierärztliche Behandlung so früh wie möglich erfolgt. Rufen Sie also bei dem kleinsten Verdacht auf eine dieser Erkrankungen sofort den Tierarzt!

2.1 Bornasche Krankheit (Borna Disease)

Borna ist eine Hirn-Rückenmarks-Entzündung, die sich früher seuchenartig über ganze Pferdebestände ausgebreitet hat. Jetzt treten eher Einzelfälle auf. Antikörper gegen den Erreger gibt es bei Tieren auf der ganzen Welt, obwohl kranke Pferde nur in Deutschland der Schweiz, Lichtenstein und seit Kurzem auch in Österreich mit neuem Genotypgemeldet werden.[14] Geschätzt gibt es etwa 100 Erkrankungsfälle pro Jahr.[15] Die Hauptwirte sind Pferde und Schafe, es können aber viele verschiedene Tiere erkranken.

Was ist Borna?

Anzeichen: Anfangs sind die Veränderungen nicht so auffällig. Erkrankte Pferde haben Verdauungsprobleme, sie zeigen leichte Koliksymptome, Durchfall oder Verstopfung. Andere erscheinen müde und haben Fieber, sie wollen nichts mehr fressen. Erkrankte Pferde sondern sich von den anderen ab. Ihre Bewegungen erscheinen verlangsamt. Manche hören während des Fressens plötzlich auf zu kauen. Das eigentliche Krankheitsbild beginnt mit Verhaltensänderungen. Lebhafte Tiere werden plötzlich ängstlich und zurückhaltend. Andere fallen durch ihre Benommenheit und abnorme Schläfrigkeit auf. Sie stehen speichelnd und leerkauend in der Box, erscheinen depressiv und zeigen Bewegungsstörungen. Sie haben Probleme mit der Koordination ihrer Beine, taumeln und zeigen gestörte Stellreflexe, d.h. sie stehen überkreuz oder breitbeinig. Es ist aber auch das völlige Gegenteil zu sehen, die Tiere sind übererregt und haben einen starken Bewegungsdrang. Neurologische Störungen werden deutlich, die Pferde laufen zwanghaft im Kreis und stoßen mit dem Kopf gegen die Boxenwand. Sie werden schreckhaft und berührungsempfindlich und zeigen zentralnervöse Störungen wie ruckartige Augenbewegungen, Schielen, Lichtscheue und andere Sehstörungen. Sie können sogar erblinden. Es kommen Krämpfe vor, Kaukrämpfe und Zähneknirschen, abhängig davon, welcher Gehirnnerv gerade befallen wird. Setzt sich die Erkrankung in Richtung Rückenmark fort, so bekommen die Pferde zunehmend Probleme mit ihrem Bewegungsapparat. Ihre Muskeln zittern und sie stehen in sägebockartiger Stellung mit gesenktem Kopf da. Es kommt zu Krämpfen und zunehmenden Lähmungserscheinungen sowie Koordinationsstörungen. Sie brechen zusammen und können festliegen. Die Sterberate dieser Krankheit beträgt 80 bis 90%.

Ursache: Das Virus ist bislang meist auf bestimmte Gegenden beschränkt gewesen und kann im Boden über Jahre infektiös bleiben. Es wird eingeatmet, über die Nasenschleimhaut aufgenommen und

14/16 Vgl. Marcegaglia, E.: Borna-Virus in Oberösterreich: Verschiedene Stämme identifiziert. VETimpulse, 26. Jahrgang, Ausgabe 14, 15. Juli 2017, S. 7.

15 Vgl. Gerber et al.: Virusinfektionen. Aus Gerber, V., Straub, R. (Hrsg.), Haupt Verlag 2016, S. 479-525.

gelangt entlang der Nerven ins Zentrale Nervensystem (ZNS), wo es Gehirn und Rückenmark sowie die Augen befällt. Stressfaktoren begünstigen die Infektion. Die Viren nisten sich besonders gern in dem Teil des Gehirns ein, der Gefühle und Verhaltensweisen steuert. Die Zeit zwischen Infektion und Ausbruch der Krankheit ist sehr unterschiedlich, sie kann Wochen oder Monate bis zu einem Jahr betragen. Allerdings erkranken nicht alle Pferde, die sich infiziert haben. Manche tragen das Virus in sich, ohne dass die Krankheit ausbricht. Das Virus wird über Speichel, Nasensekret und Augensekret ausgeschieden. Die Übertragung auf das ungeborene Fohlen oder später über die Milch scheint möglich zu sein. Als Überträger und Reservoir gelten Feldspitzmäuse, die selbst keine Krankheitsanzeichen zeigen und vermutlich lebenslang Viren ausscheiden. Als weitere Überträger sind Waldspitzmäuse neu festgestellt worden. Ihr Virusstamm konnte ebenfalls in Pferden nachgewiesen werden.[16] Die Antikörper, die der Körper nach der Infektion gegen die Viren bildet, sind leider nicht in der Lage, den Erreger wirkungsvoll zu bekämpfen. Das Virus verursacht starke Schäden am ZNS. In der Folge kommt es zu einer Entzündung des Gehirns und/oder des Rückenmarks. Es können auch Schafe, Ziegen und Kaninchen infiziert werden.

Komplikationen: Überleben die Pferde eine solche Borna-Erkrankung, so leiden sie je nach Ausmaß der durchgemachten Erkrankung oft dauerhaft unter Bewegungs- und Koordinationsproblemen. Manche sind blind.

Was macht der Tierarzt?

Der Nachweis einer Borna-Infektion erfolgt über Antikörperbestimmung im Blutserum und im Gehirnwasser. Allerdings gibt der Nachweis der Antikörper keine Auskunft über den Zustand der Erkrankung. Bei manchen Pferden ist das Virus aktiv, ohne dass viele Antikörper nachweisbar sind und andere Pferde haben einen hohen Antikörpertiter (sie tragen viele spezifische Antikörper in sich, was im Normalfall auf das Vorhandensein von Viren im Körper deuten würde), ohne dass sie irgendwelche klinischen Anzeichen aufweisen. Wenn die Körperabwehr das Virus erfolgreich bekämpft, sind oft noch lange Antikörper nachweisbar.

Früher wurde bei der meldepflichtigen Erkrankung keine Behandlung durchgeführt und erkrankte Tiere wurden meist getötet. Heute werden die Pferde isoliert und sehr genau beobachtet. Der Tierarzt verabreicht entzündungshemmende und immunstärkende Medikamente, die den erkrankten Pferden helfen, aber sie vermutlich nicht heilen können. An neuen Behandlungsmethoden wird derzeit noch geforscht. Positive Ansätze sind bereits erkennbar.

Was können Sie tun?

Sie selbst können für Ihr Pferd nur wenig tun. Eine wichtige vorbeugende Maßnahme ist, dass Sie es unter guten Bedingungen in einem hellen, sauberen Stall halten, regelmäßig bewegen, viel an die frische Luft lassen und gut ernähren. Dies stärkt die Abwehr Ihres Pferdes und ist somit die beste Vorsorge, die Sie Ihrem Pferd angedeihen lassen können. Dazu können Sie mithilfe von Heilkräutern und Akupressur das Wohlbefinden und die Abwehr Ihres Pferdes steigern und so Infektionen jeder Art vorbeugen. Tipps dazu finden Sie in der Tabelle am Ende der infektiösen Erkrankungen. Vermeiden Sie besonders im Frühjahr krasse oder abrupte Futterumstellungen, die Ihr Pferd schwächen können. Ist die Erkrankung ausgebrochen, können Sie nicht viel für Ihr Pferd tun. Stellen Sie es in einer gut gepolsterte Box, in der auch die Wände entsprechend abgepolstert sind. So können Sie die Verletzungsgefahr bei Stürzen gering halten. Reden Sie ihm gut zu und beruhigen Sie es, wenn die Erkrankung ausgebrochen ist. Unterstützen Sie Ihr Pferd mit regelmäßigen Gaben der Rescue-/Notfalltropfen. Ansonsten können Sie nur die symptomatische Behandlung unterstützen. Beachten Sie dazu die allgemeinen Behandlungshinweise der Akupressur und Bachblüten-Therapie.

Vorbeugend wird empfohlen, Pferde nicht gemeinsam mit Schafen oder Ziegen in den Stall oder auf die Weide zu lassen. Gegen Schafe oder Ziegen als Gesellschafter für Pferde spricht nichts, wenn diese dauerhaft bei den Pferden bleiben und keinen Kontakt zu fremdem Schafen und Ziegen haben, die eventuell infiziert sein könnten.

2.2 Borreliose

Die Borreliose ist eine Erkrankung, die sehr oft unerkannt verläuft. Wenn Ihr Pferd trotz optimaler Hal-

C

tung, bester Fütterung und regelmäßiger Bewegung immer wieder erkrankt, nie richtig gesund wird, sollten Sie aufmerksam werden und Ihren Tierarzt ansprechen. Insbesondere, wenn die Symptome nicht erklärbar, nicht klar zuzuordnen sind oder häufig wechseln oder Lahmheiten „umspringen".

Was ist eine Borreliose?

Die Borreliose ist eine durch Zecken übertragene bakterielle Erkrankung, deren Verlauf meist chronisch ist.

Anzeichen: Beim akuten Verlauf zeigen sich zunächst geringgradiges Fieber, zeitweise fehlender Appetit, Abgeschlagenheit. Da die typische kreisförmige Wanderröte aufgrund des Fells bei Pferden nicht gesehen wird, sind Muskelverspannungen, Fieber, Lethargie, Hautentzündungen und Abmagerung die Symptome, die auf eine erfolgte Infektion hinweisen. Ist die Abwehr nicht in der Lage, die Bakterien zu vernichten, breiten sie sich im ganzen Körper aus und die Krankheit geht - bei vielen Pferden beinahe unmerklich - in den chronischen Zustand über.

Die Anzeichen einer chronischen Borreliose sind nicht sehr auffallend. Meist wirken die Pferde einfach nicht richtig gesund, haben leichtes Fieber. Trotz optimalen äußeren Bedingungen zeigt Ihr Pferd immer wieder unspezifische gesundheitliche Störungen wie Fieber, Leistungsrückgang, Müdigkeit und Gewichtsabnahme. Auch einfache Muskelverspannungen mit Taktfehlern oder Fehlstellungen der Gliedmaßen infolge Schonhaltung treten auf. Das Pferd geht steif und unwillig. Typisch ist die sogenannte intermittierende Lahmheit, bei der das Pferd phasenweise immer wieder völlig klar geht. Dabei wechselt immer wieder der Ort der Lahmheit. Oft sind die Beine ödematös geschwollen und die Gelenke entzündet. Auch hier gibt es überraschende Wechsel. Gelenke sind an einem Tag stark geschwollen, am nächsten wieder in Ordnung und/oder auf ein anderes Gelenk „umgesprungen". Viele Pferde zeigen häufig Erkrankungen an den Hufen (Huflederhautentzündung, Hufrehe). Gerade bei der Hufrehe kommt es immer wieder zum erneuten Aufflammen der Entzündung. Neben dem Bewegungsapparat ist auch die Haut oft betroffen. Die Hautveränderungen reichen von Haarausfall bis zu ausgedehnten Ekzemen. Die Erkrankung kann auch auf die Augen schlagen und zu Problemen mit Lidödem, Hornhautentzündung und -trübung führen. Daneben können auch Verdauungsstörungen bis hin zu Koliken auftreten. Häufig sind allgemeine Infektanfälligkeit (Atemwegsinfekte, infizierte Wunden und Phlegmonen), schlechte Futterverwertung, verstärkte Allergiebereitschaft und Verhaltensauffälligkeiten wie Aggressivität, Nervosität, Überreaktionen, aber auch Trägheit und Schläfrigkeit bzw. Apathie zu beobachten. Manche Pferde werden berührungsempfindlich. Aber auch Headshaking kann auftreten. Da sich der Erreger gerne im Zentralen Nervensystem niederlässt, sind auch äußere Anzeichen dafür feststellbar. Manche Tiere halten den Kopf schief, haben Schluckbeschwerden, andere taumeln und zeigen Lähmungen. Die Erkrankung wird aufgrund der vielen verschiedenen Anzeichen oft erst sehr spät diagnostiziert.

Ursache: Die Erkrankung entsteht durch ein spiralförmiges, sehr bewegliches Bakterium, **Borrelia burgdorferi**, das durch Zeckenbisse auf Pferde wie auch auf Menschen, Hunde, Katzen etc. übertragen wird. Es hat viele mögliche Zwischenwirte und ist in der Umwelt nicht überlebensfähig. In Westeuropa ist der **Gemeine Holzbock** *(Ixodes rizinus)* Überträger der Erreger. Der Hauptwirt für die Erhaltung der Bakterien in der Natur sind frei lebende Nagetiere, weitere Säugetiere, Vögel und Eidechsen. Derzeit sollen etwa 70% der Zecken mit dem Bakterium infiziert sein. Die Zecken entwickeln sich über Larve und Nymphe zur erwachsenen Zecke. In jedem Entwicklungsstadium saugen sie Blut bei unterschiedlichen Wirtstieren. Dabei nehmen die Zecken mit dem Blutsaugen an den bakterientragenden Nagern oder Vögeln die Bakterien in sich auf, wo sie sich im Darm festsetzen und wenig aktiv sind. Die infizierten Zecken oder deren Entwicklungsstadien werden im Vorbeistreifen vom Unterholz, hohen Gräsern oder Sträuchern von den Pferden mitgenommen, klettern hoch und beißen sich an zarten Hautstellen fest. Sobald die Zecke Blut saugt und sich ihr Darm mit dem Blut füllt, werden die Bakterien aktiv. Sie vermehren sich und verändern dabei, teilweise auch erst nach der Übertragung, die Struktur ihrer Oberfläche.[17] Dann machen sie sich auf den Weg in die Speicheldrüse der Zecke. Hier gelangen sie in den Speichel und damit zum Schluss des Saugvorgangs ins Pferd. Der ganze Vorgang nimmt einige Stunden in Anspruch, die Zecke muss also etwa 24 Stunden

Stunden nach dem Biss der Zecke werden die Bakterien übertragen

am Pferd sitzen, bis die Bakterien übertragen werden.[18] Haben die Zecken sich mit Blut vollgesogen, so lassen sie sich von ihrem Wirt abfallen. Viele der Erreger werden direkt durch das Immunsystem eleminiert. Einige überleben und verursachen Entzündungen an den unterschiedlichsten Stellen im Körper.

Kann die körpereigene Abwehr der Pferde den Erreger bekämpfen, finden sich im Blut nachweisbare Antikörper und zeigen die Tiere keine Symptome der Erkrankung, werden sie als eingeschränkt gesund bezeichnet. In manchen Gegenden Deutschland kann die Durchseuchung unter den Pferden sehr hoch sein und trotzdem zeigt keines der Pferde irgendwelche Anzeichen einer Borreliose-Erkrankung. Ist die Abwehr nicht fähig, die Eindringlinge zu besiegen, gelangen die Bakterien über die Blut- oder die Nervenbahnen ins Gehirn, Rückenmark und verschiedene andere Organe und nisten sich hier ein. Die Gewebe reagieren mit Entzündungen darauf. Durch ihren spiraligen Körperbau können sich die Bakterien gut durch verschiedenes Gewebe hindurchbohren. Gelingt es dem Abwehrsystem nicht, sich erfolgreich gegen die Erreger zu wehren, treten frühestens nach etwa 3 Tagen die ersten Anzeichen auf. Meist vergehen jedoch einige Wochen. Die Bakterien breiten sich schubweise über den ganzen Körper aus.

Komplikationen: Wird die Borreliose zu spät behandelt oder bleibt sie lange unerkannt, kann sie chronisch werden.

17/18 *Vgl. Feige, K., Cavalleri, J.-M.: Infektionskrankheiten des Nervensystems, Virusinfektionen. Aus Brehm, W. et al. (Hrsg.) Enke Verlag 2017, S. 763-770 und StIKo Vet: Leitlinie zur Impfung von Pferden. Stand: 01.02.2019.*

19 *Vgl. Warner, K.: Hohe Seroprävalenz - fragliche Erkrankung: Borreliose: Labor und Klinik korrelieren nicht. VETimpulse, 24. Jahrgang, Ausgabe 15, 1. August 2015, S. 5.*

Was macht der Tierarzt?

Da die Anzeichen sehr unspezifisch sind, wird Ihr Tierarzt nach dem Ausschlussverfahren vorgehen. Sind andere Erkrankungen nicht nachweisbar, verstärkt sich der Verdacht auf Borreliose. Antikörper im Blut sind ein Hinweis auf die Erkrankung, kein Beweis. Viele Patienten mit Antikörpern haben keinerlei Krankheitssymptome. Es könnte sich also auch um eine frühere Infektion gehandelt haben. Andere wiederum leiden und haben trotzdem nachweislich nur wenige Antikörper (niedriger Antikörpertiter). Antikörper im Blut beweisen also nur einen Kontakt mit dem Erreger. Ist jedoch nach erneuter Blutuntersuchung einige Wochen später ein Anstieg der Antikörperkonzentration im Blut festzustellen, ist dies ein deutliches Zeichen. Besser ist ein Zwei-Stufen-Test. Zuerst werden die Borrelien-Antikörper im Blut (ELISA-Test) nachgewiesen, dann im Western-Blot oder im Line Immunoessay. Ein positiver Western-Blot (Nachweis von borreliosetypischen Proteinen) bestätigt den Verdacht. Ebenso kann dies auch ein C 6-Nachweis, ein ELISA-Test - in Labors auch als Borrelien-Screening bezeichnet. Es ist ein künstliches Antigen, das nur mit Antikörpern nach einer echten Borrelieninfektion reagiert. Mit den Antikörpern, die infolge einer Impfung gebildet werden, reagiert das Antigen nicht. Ein Nachweis durch C6 ist meist schon ab der 3. Woche nach der Infektion möglich und dient neben dem Nachweis auch der Kontrolle des Therapieverlaufs. Als Beweis für die Erkrankung gilt jedoch nur, wenn die lebenden Erreger nachgewiesen bzw. angezüchtet werden können, was sehr schwierig ist. Dafür wird eine Hautbiopsie (Ausstanzen einer kleinen Hautprobe) oder eine Probe aus der Gelenkflüssigkeit benötigt. Trotz der vielen Pferde mit Antikörpern im Blut ist das Auftreten der Erkrankung weit weniger häufig als vermutet wird. Bei nachgewiesenem Zeckenbefall und unspezifischen Symptomen handelt es sich nicht selten um eine Infektion mit **Anaplasmen** *(s. „Anaplasmose" Seite 387 f.)*. Man hat festgestellt, dass klinisch an Borreliose erkrankte Pferde oft eine Mischinfektion mit Borrelien und Anaplasmen zeigen.[19] Da eine Infektion mit Anaplasmen oft das Immunsystem in Mitleidenschaft zieht und die Borrelien sich dann besser ausbreiten können, ist dies durchaus denkbar.

Leider stehen die Heilungschancen nur dann gut, wenn die Behandlung frühzeitig erfolgt. Im Anfangsstadium können die Bakterien gut mit Antibiotika bekämpft werden. Dazu muss die Abwehr und die Konstitution der Pferde verbessert werden, was sowohl mit schulmedizinischen als auch mit naturmedizinischen bzw. alternativen Präparaten möglich ist. Wegen der großen Gefahr von Hufrehe-Erkrankungen bei der Borreliose ist beim Einsatz von Kortisonpräparaten (z.B. gleichzeitig eingesetzt zur Behandlung von Lahmheiten) Vorsicht geboten. Gerade bei Borreliose lohnt sich der Versuch mit naturmedizinischen Behandlungsmethoden wie z.B. mit der Akupunktur oder der Phytotherapie oder der Homöopathie. Des Weiteren werden die jeweiligen Organprobleme entsprechend der Symptome behandelt. Bei Verhaltensänderungen hat sich der Einsatz von Bachblüten-Essenzen bewährt. Leider gibt es derzeit noch keine zuverlässigen Impfstoffe für Menschen oder Pferde. Eine Impfung des Pferdes ist dennoch möglich. Die Antikörper der Impfung wirken jedoch erst im Körper der Zecke und binden sich an die Borrelien, sodass die Übertragung der Borrelien auf das Pferd verhindert wird. Das benötigt einen hohen Antikörperspiegel. Bereits infizierte Pferde sollen nicht geimpft werden.[20]

Was können Sie tun?

Sorgen Sie für eine artgerechte Haltung mit ausgewogenem Futter und ausreichenden Vitaminen (besonders Vitamin B und E) und Mineralstoffen, um mögliche Stressfaktoren niedrig zu halten.

Vorbeugung: Das Wichtigste ist die Vorbeugung, suchen Sie Ihr Pferd nach jedem Ausritt und Weidegang gründlich nach Zecken ab. Sie befallen besonders gerne wenig behaarte Stellen an Brust, Beinen (Innenschenkel der Hinterbeine!), in den Ellenbogenbeugen und am Unterbauch und sind manchmal schwer zu entdecken. Aber auch am gesamten Kopf und Hals sollten Sie gründlich nachsehen. Da die Erreger erst nach einigen Stunden des Blutsaugens abgegeben werden, nehmen Sie sich Zeit für eine gründliche Untersuchung. Benutzen Sie zum Entfernen Zeckenzangen, -haken oder Zeckenkarten. Haben Sie kein Hilfsmittel zur Hand, greifen Sie die Zecke möglichst weit vorn am Körper und ziehen Sie sie unter konstantem leichtem Zug heraus. Einige Fachleute empfehlen dabei eine leichte Drehbewegung. Dabei löst sich der Kitt, mit dem die Zecken ihre Stechwerkzeuge in die Hautwunde kleben, besser. Die Zecken mit Öl, Sekundenkleber o.Ä. zu ersticken, ist keine gute Lösung, meist sondern sie im Todeskampf besonders viele Bakterien in die Bisswunde ab. Neben dem regelmäßigen Absuchen Ihrer Pferde ist es wichtig, Ihr Pferd vor Zeckenbissen zu schützen. Vermeiden Sie Waldgebiete, hohe Gräser, Unterholz und Wiesen mit Büschen.

Repellent – abschreckend für Zecken

Wenn Sie nicht eines der vielen chemischen Zeckenschutzmittel kaufen und sie einsetzen möchten, lesen Sie im Folgenden, welche natürlichen Abwehrmaßnahmen es gegen Zecken gibt. Eine Zecke ist ab +10 °C aktiv, also oft auch während der Herbst- und Wintertage. Umso wichtiger ist ein gutes Zeckenschutzmittel. Bei vielen Pferden hat sich die Gabe von Schwarzkümmelöl über das Futter und zusätzlich die Verteilung einiger Tropfen des Öls im Fell, speziell an den unter Zecken beliebten Körperstellen, als sehr effektvoll erwiesen. Achten Sie darauf, dass das Öl nicht raffiniert ist, denn dadurch verliert es seine Wirkung. Andere halten davon wenig und schwören auf Kokosöl im Fell und/oder im Futter. Jedoch gibt es einige Pferde, die das Kokosöl nicht so gut zu vertragen scheinen. Nachteil ist hier der Aufwand, Sie müssen Ihr Pferd vor dem Weidegang oder Ausritt einölen. Für was auch immer Sie sich entscheiden, testen Sie es vorher an einer unauffälligen Stelle auf Verträglichkeit. Neben den Ölen, die Sie direkt auf das Pferd auftragen, gibt es noch das Fichtenöl sowie die ätherischen Öle von Grapefruit, Myrrhe, Oregano, Thymian und Wacholder. Diese ätherischen Öle sollten nicht direkt auf den Pferdekörper aufgetragen werden; das Fichtenöl nur auf die Satteldecke oder die Fliegendecke geben. Außerdem können Sie zwei kleine Läppchen verwenden, die Sie vom hinteren Bereich der Satteldecke an einer Schnur herunterhängen lassen oder ans Zaumzeug binden können. Die anderen ätherischen Öle können Sie im Verhältnis 1:3 Teilen mit Pflanzenöl verdünnt auf das Fell auftragen. Wieder erst einmal testen! Die Verfütterung von Bierhefe kann Zecken und Flöhe vom Befall abhalten. Dies ist sicherlich einen Versuch wert. Ein weiteres

20 Ständige Impfkommission der Tierärzte (StIKo Vet): Leitlinie zur Impfung von Pferden. Stand: 01.02.2019.

Heilkraut hilft beim Schutz vor Zecken, die Zistrose *(Cistus incanus)*. Der Zistrosenextrakt soll über das Maul während der Zeckenzeit eingenommen werden. Es wirkt nicht nur gegen Zecken, sondern schmerzlindernd, antibakteriell, antioxidativ und stärkt das Immunsystem. Es gibt den Extrakt als Kapsel und Tee. Leider gibt es nicht das Zeckenmittel, das immer wirkt. Es kann sein, dass bei Ihrem Pferd das eine Mittel in diesem Jahr gut, im nächsten kaum wirkt. Sie müssen es einfach ausprobieren.

Darüber hinaus gibt es verschiedene Clips, die man in der Mähne oder am Halfter befestigen kann, wie den Tic-Clip und den Bioresonanz-Clip. Beide müssen am Körper während der ganzen Zeckenzeit verbleiben. Letztgenannten sollten Sie nicht im Internet bestellen, sondern bei einem Fachmann „bespielen" lassen, er muss nach ca. vier Wochen wieder „aufgeladen" werden.

Die beste Vorsorge gegen infektiöse Erkrankungen ist jedoch, die Abwehrlage Ihres Pferdes zu verbessern. *Tipps dazu finden Sie in der Tabelle am Ende der infektiösen Erkrankungen auf Seite 401.*

Dazu bietet sich an, 1- bis 2-mal im Jahr mit ihrem Pferd eine Entgiftung durch Heilkräuter durchzuführen. Einige Fachleute empfehlen, Pferde, die an Borreliose erkrankt sind, nur noch gegen lebensbedrohende Erkrankungen impfen zu lassen. Andere Fachleute empfehlen trotzdem die wichtigen Impfungen. Lassen Sie sich von einem Tierarzt Ihres Vertrauens beraten. Leidet Ihr Pferd im Zusammenhang mit der Borreliose-Erkrankung zunehmend an Bewegungsstörungen, so bringen Sie es sofort in eine ruhige, gut gepolsterte Box, bei der auch die Wände mit Decken und/oder Heu oder Stroh abgepolstert sind. So können Sie bei Stürzen mögliche Verletzungen vermeiden.

2.3 Anaplasmose (früher Ehrlichiose)

Die Anaplasmose ist ebenso wie die Borreliose eine Zoonose, das bedeutet, dass auch Menschen daran erkranken können. Pferde sind jedoch kein Reservoir für diese Erkrankung und sie können den Menschen auch nicht anstecken.

Was ist eine Anaplasmose?

Die Anaplasmose ist eine durch Zecken übertragene bakterielle Erkrankung. Früher hat man den Erreger als **Ehrlichia equi** bezeichnet, heute als **Anaplasma phagozytophilum**. Der Erreger gehört zu den Rickettsien und befällt auch verschiedene andere Spezies. Erst seit einiger Zeit weiß man, dass all den verschiedenen Erkrankungen der Tiere mit Anaplasma oder Ehrlichia derselbe Erreger zugrunde liegt.

Anzeichen: Die Anzeichen treten rund eine Woche nach der Infektion auf und ähneln einer Borreliose in der Anfangsphase. Erstes Symptom ist meistens das hohe Fieber über mehrere Tage. Am 2. Tag ist das Fieber am höchsten, mit einem Spitzenwert von über 41 °C. Im Krankheitsverlauf können weitere Fieberschübe mit stärkeren Symptomen mit Durchfall kommen. Die betroffenen Patienten haben keinen Hunger mehr, sie sind apathisch, leicht getrübt und haben Wassereinlagerungen in den Beinen. Manchmal tritt ein Ikterus auf, das ist eine Gelbfärbung der Haut und Schleimhäute sowie der weißen Augenhaut. Möglich sind auch Gangunsicherheiten bis Taumeln und Herzrhythmusstörungen. Die Symptome der Krankheit sind altersabhängig. Während Jungpferde bis zu 4 Jahren leichtere Anzeichen der Erkrankung zeigen als erwachsene Pferde, sind Fohlen fast frei von Anzeichen. Im Blut der Patienten zeigen sich ein zu niedriger Spiegel an Blutplättchen, zu wenig weiße Blutkörperchen, aufgelöste rote Blutkörperchen und zu viel Bilirubin im Blut.

Ursache: Die Ursache ist ein unbewegliches, sich immer in den Zellen aufhaltendes Bakterium, das sich in den Wirtszellen vermehrt. Die Bakterien werden über Schildzecken übertragen. Der Hauptwirt für die Erhaltung der Bakterien in der Natur oder besser das Naturreservoir sind frei lebende kleine Nagetiere. An ihnen kann sich auch der Mensch direkt infizieren. Was die Bakterien im Körper der Pferde anstellen, ist nur teilweise bekannt. Ein Ausschwärmen der Bakterien erfolgt etwa 4 bis 7 Tage später. Die Zielzellen gehören der Immunabwehr an, es sind die Granulozyten (neutrophile und eosinophile) und Monozyten, die als unspezifische Abwehr, genauer als Fresszellen, arbeiten. Die Granulozyten (Granulum-Körnchen) gehören zu den Leukozyten, also zu den weißen Blutkörperchen, und dienen der Abwehr, wobei die eosinophilen Granulozyten insbesondere bei Allergien zum Einsatz kommen. Folglich ist das Immunsystem während der Erkrankung geschwächt.

C

Was macht der Tierarzt?

Die Behandlung erfolgt durch eine Antibiose. Die Erkrankung lässt sich gut behandeln.

Was können Sie tun?

Sorgen Sie für eine artgerechte Haltung mit ausgewogenem Futter und ausreichenden Vitaminen, besonders wichtig sind Vitamin B und E. Wenn das Pferd Durchfall hat, sollten Sie Vitamin C ersetzen. Bei guter Versorgung mit frischem Gras und hochwertigem Heu ist die Vitamin A-Versorgung durch Carotin gesichert. Auch die Mineralstoffe sind sehr wichtig für den Stoffwechsel und um mögliche Stressfaktoren niedrig zu halten und für den Stoffwechsel. Alles Weitere sowie die Vorbeugung können Sie in der Behandlungstabelle und bei der Borreliose nachlesen.

2.4 Behandlung der Borreliose und Anaplasmo

Hausmittel	Haltung und Stallklima optimieren, Clips zum **Schutz vor Zecken** in die Mähne oder ans Halfter klemmen
Akupressur	**Abwehr stärken:** Yin-Yang-Ausgleich, Kleiner Kreislauf, Di 4, Di 11, Lu 7, Gb 20, Ni 3, MP 6 und Le 3
Tuina-Massagen	In kräftigen, kreisenden Bewegungen mit den Fingerspitzen durch das Fell fahren. Das regt das Lymphgefäßsystem an! **Bei Muskelproblemen:** dann mit Gun Fă, der abrollenden Handkante, die Muskulatur stimulieren und den Blasenmeridian stimulieren. Mit Tui Fă und Ca Fă entlang des Blasenmeridians über Hals und Rücken bis zur Kruppe schieben und reiben, sowie eine Tuina-Behandlung zur Stärkung der Beine machen.
Bachblüten	**Steigerung des Immunsystems:** Crab Apple und Larch Mit Bachblüten kann man verschiedene Verhaltensauffälligkeiten der Erkrankung behandeln *(s. Seite 126 ff.)*. **Wegen der Stoffwechselstörung:** Chicory und Impatiens und zudem Centaury (hilfreich bei zehrenden, langen Erkrankungen)
Heilkräuter	**Stärkung der Abwehr und zur Stärkung:** Aus einer Mischung von 100 g Brennnessel, 80 g Bockshornkleesamen, 100 g Petersilie, 80 g Hagebutten, 100 g Kletten, 80 g Borretsch, 60 g Sonnenhut, 80 g Ringelblume geben Sie Ihrem Pferd täglich 50 g ins Futter. Zusätzlich geben Sie eine halbe Tasse frisch gebrühten und abgekühlten Grünen Tee über das Futter. **Zur Entgiftung und Blutreinigung:** Brennnessel, Himbeere, Brombeere, Klebkraut, Klette, Buchweizenkraut, Vogelmiere und Ringelblume **Bei Infekten zusätzlich:** frischer Knoblauch, frische Blätter Löwenzahn, je 50 g Kapuzinerkresse und Brunnenkresse **Schutz vor Zecken:** Schwarzkümmel oder Kokosöl; Zistrose und Bierhefe; Grapefruit-, Myrrhe-, Oregano-, Thymian- und Wacholder-Öl, verdünnt mit Speiseöl und etwas Apfelessig
Fütterung	• Gutes Heu aus dem 1. Schnitt füttern, dazu Kraftfutter der Arbeit angemessen, aber nicht zu viel Stärke (leicht verdauliche Stärke wie die des Hafers, max. 300 g/100 kg KGW pro Fütterung). • Dazu eine gute Versorgung mit Mineralien und Vitaminen ermöglichen (viele Mineralstoffe und Vitamine aus Heilkräutern, Blättern und Rinden plus Obst; an dicken Obstbaumästen knabbern lassen). • Gut für das Immunsystem sind Omega-3-Fettsäuren wie Leinöl, 20 ml/100 kg KGW, Vitamin E und Zink, jeweils 2 mg/kg KGW. • **Nach der Antibiotikagabe den Darm sanieren** mit frischem weißem Joghurt, Lebendhefe, Bierhefe, Ballaststoffen wie Pektinen oder feuchten, ganzen Flohsamen (80 bis 100 g pro Großpferd), dazu viel frischen Löwenzahn, je eine Handvoll frische Vogelmiere und Gänsefingerkraut sowie Apfelessig

2.5 Botulismus

Botulismus tritt seit Jahren immer wieder in landwirtschaftlichen Betrieben auf, meist bei Rindern, aber auch Pferde sind immer wieder betroffen. Pferde sind besonders empfindlich für diese Erkrankung. Ein Risiko der Silage- und Heulagefütterung bei Pferden ist das Auftreten der Erkrankung Botulismus, obwohl der Botulismus auch auf anderen Wegen zum Pferd gelangen kann, beispielsweise durch Kadaver in Futter- oder Wassernähe. Im Zusammenhang mit der Verfütterung von qualitativ minderwertiger, schlecht gesäuerter Silage ist jedoch die Zahl der Vorfälle deutlich angestiegen. Das Botulismus-Gift ist eines der stärksten Gifte der Natur. Eigentlich ist Botulismus ebenso wie Tetanus eine toxinbedingte Erkrankung.

Was ist Botulismus?

Anzeichen: Anfangs sind die Pferde matt und haben Schluckbeschwerden, sie können nichts mehr fressen und das Maul ist sehr trocken. Dabei quillt den Pferden das Futter aus Maul und Nüstern. Der Tonus der Zunge ist herabgesetzt oft mit nachfolgender Lähmung und Heraushängen aus dem Maul, der Darm arbeitet nicht mehr richtig. Die Pferde haben Muskelzittern, die Ohren hängen herunter, die Pupillen sind geweitet und es kommt zu mehr und mehr Lähmungen. Die Pferde taumeln, bekommen Koordinationsstörungen und liegen schließlich fest. Im Endstadium wird die Atemmuskulatur gelähmt und die Tiere verenden. Fieber tritt nicht auf. Häufig kommen auch mildere, eher subakute Verlaufsformen der Erkrankung vor, insbesondere dann, wenn die Pferde nur wenig Gift aufgenommen haben. Dabei sind sie anfangs sehr matt und haben leichte Koliksymptome. Bei diesem Verlauf treten zudem Probleme mit dem Fressen und Schlucken auf, weil der Zungentonus herabgesetzt ist. Sie können ihr Heu nur sehr langsam fressen und speicheln vermehrt. Die Darmtätigkeit ist meist stark herabgesetzt und das Futter quillt aus der Nase. Der Tonus der Muskeln der Augenlider, des Anus und des Schweifes ist reduziert. Es treten Ganganomalien wie ein schleppender, steifer, Gang auf. Später kommen Lähmungserscheinungen hinzu. Meistens sind mehrere Pferde betroffen, da das Heu oder die Silage meistens an alle Pferde verfüttert wird. Deshalb muss auch bei jedem Ausbruch von Botulismus für die noch nicht erkrankten Pferde das Futter gewechselt werden.

Die erkrankten Pferde können ganz unterschiedliche Krankheitsverläufe und Anzeichen zeigen, je nachdem, wie weit ihr Futter vom Bakterienherd entfernt war. Je näher, desto mehr Toxin haben sie mit dem Futter aufgenommen.

Ursache: Auslöser dieser Probleme sind Toxine, Giftstoffe, die von Bakterien **(Clostridium botulinum)** produziert werden. Diese Bakterien sind mit dem Tetanusbakterium verwandt und leben im Boden. Sie vermehren sich unter Ausschluss von Sauerstoff und ihre Toxine werden meist über das Futter aufgenommen. Unter schlechten Bedingungen bilden die Bakterien Dauerformen, die sogenannten Sporen, die sehr unempfindlich gegen äußere Einflüsse sind und lange Zeit überdauern können. In einer sauerstoffarmen und eiweißreichen Umgebung (bei 15 bis 35 °C) keimen sie aus und werden wieder zu Bakterien. Diese bilden ein Nervengift, das sogenannte Botulinustoxin. Optimale Bedingungen finden die Bakterien in toten Tieren, aber auch in Silage. Dabei gelangen sie nicht nur über Kadaver in die Silage, eine Verschmutzung durch Erde oder Sand reicht meist schon aus. Die Silage bietet den idealen Nährboden – Sauerstoffarmut, Wärme und Eiweiß –, optimale Bedingungen für die Vermehrung der Bakterien. Die Pferde nehmen in der Regel nicht die Bakterien, sondern nur die Giftstoffe über kontaminiertes Futter wie Heulage oder Silage auf. Es genügen bereits sehr kleine Mengen des Giftstoffes für eine Vergiftung. Er wird im Dünndarm aufgenommen, verteilt sich über die Blutbahnen in den gesamten Körper und lagert sich an den Nerven an. Infolgedessen kommt es überall im Körper zu schlaffen Lähmungen. Neben der Aufnahme mit kontaminiertem Futter oder Wasser kann sich ein Pferd auch über eine Wunde mit den Bakterien infizieren. Ähnlich wie bei Tetanus breitet sich nur das Toxin im Körper aus, nicht das Bakterium.

In der Silage können sich die Bakterien und somit auch Toxine vermehren.

Was macht der Tierarzt?

Eine vielversprechende spezifische Therapie ist die Gabe von Antitoxin. Das Problem dabei ist, es zu bekommen. Trotz Antitoxin sterben immer noch viele Pferde an der Erkrankung, die Sterberate liegt bei etwa 30%. Deshalb ist die Zulassung eines entsprechenden, neutralisierenden Serums in Deutschland wichtig! Es hilft zumindest im Anfangsstadium. Symptomatisch werden Tierkohle und Glaubersalz verabreicht, um das Gift zu neutralisieren. Die Pa-

C

tienten bekommen Infusionen und Vitamin B für die Nerven, dazu leberstärkende Mittel. Ernährt werden die Pferde über Nasenschlundsonde. Sollten Bakterien im Körper der Pferde nachgewiesen werden, werden sie durch Antibiotika bekämpft. Ein Antidot (Gegengift) kann das Gift bekämpfen, Es dauert dann einige Zeit, bis eine klinische Besserung eintritt.

Das Toxin schädigt nur die Muskelfunktionen. Die Sensorik, das Gefühl, bleibt erhalten und auch das zentrale Nervensystem (ZNS) wird nicht angegriffen. Trotz Serumgabe kann die Heilung bzw. Besserung bis zu 10 Tage lang dauern. Eine Impfung steht in Deutschland derzeit nicht zur Verfügung. In der Schweiz und den USA gibt es Impfstoffe. Der in der Schweiz verwendete inaktive Impfstoff gegen das *Clostridium botulinium* Toxin C und D muss jährlich aufgefrischt werden. In den USA gibt es einen Typ B-Botulinum-Toxoid-Impfstoff und das Antiserum. In Deutschland gibt es ein Antiserum nur für Menschen. In begründeten Einzelfällen kann der Tierarzt beim Veterinäramt eine Ausnahmegenehmigung für die Impfung aus einem anderen Land beantragen.

Was können Sie tun?

Bringen Sie Ihr Pferd sofort in eine ruhige, gut gepolsterte Box, bei der auch die Wände mit Decken und/oder Heu bzw. Stroh abgepolstert sind. So können Sie bei Stürzen mögliche Verletzungen vermeiden. Beruhigen Sie Ihr Pferd durch gutes Zureden und Augenakupressur sowie einen Yin-Yang-Ausgleich, bis der Tierarzt kommt. Gut wirken auch Rescue-Notfalltropfen, alle 10 Minuten auf die Maulschleimhaut getropft. Für die Behandlung ist entscheidend, so früh wie möglich das Gift zu neutralisieren. Daher flößen Sie Ihrem Pferd möglichst schnell, aber vorsichtig, größere Mengen von in Wasser gelöster Futterhefe und Tierkohle ein. Eine Therapie mit einem Antidot ist nur dann erfolgreich, wenn die Giftstoffe noch nicht fest gebunden sind.

Entscheidend ist bei dem Botulismus die Vorsorge. Eine ganz bekannte Infektionsquelle sind tote Tiere im Heu wie tote Mäuse, Vögel, Hasen oder auch Katzen. Untersuchen Sie also Heu, Silage und Kraftfutter sowie Wasser regelmäßig auf solche Objekte und verfüttern Sie verunreinigtes Futter nicht mehr. **Werfen Sie das kontaminierte Futter aber auch nicht auf den Misthaufen, dort können sich die Bakterien weiterentwickeln und landen wieder auf dem Feld! Verbrennen Sie es bitte!**

Eine weitere häufige Ursache ist kontaminierte Silage. Oft geraten bei der Herstellung etwas mit Bakteriensporen versetzte Erde oder auch tote Kleintiere mit in die Ballen. Da normalerweise jedoch der Säuregrad der Silage auf unter pH 4,2 absinkt, können die Bakterien sich nicht entwickeln. Wird dieser Prozess jedoch durch irgendeinen Umstand verhindert, so entsteht ein optimales Milieu für die Bakterien, sie können sich gut entwickeln und vermehren und dadurch wird viel Toxin gebildet. Achten Sie deshalb auf qualitativ hochwertige Silageherstellung. Die Schnittführung sollte nicht zu tief angesetzt werden, um das Risiko, kontaminiertes Bodenmaterial mit aufzunehmen, gering zu halten. Achten Sie auf den Geruch, den pH-Wert und das Aussehen des Ballens! Ist die Folie des Ballens beschädigt, durch Vögel, Hunde etc.? Es besteht jedoch immer die Gefahr, dass auch ein völlig korrekt aussehender Ballen mit Clostridien befallen ist. Man kann es nicht immer sehen. Im Zweifelsfall weichen Sie lieber auf gutes Heu aus.

2.6 West-Nil-Fieber

Das West-Nil-Virus ist weltweit verbreitet, vor allem in Amerika und im Süden Europas und in Südosteuropa. In den letzten Jahren hat sich die Krankheit mit großer Geschwindigkeit immer weiter verbreitet. In Deutschland trat die bislang unbekannte Krankheit zum ersten Mal im Oktober 2018 auf. Der eigentliche Hauptwirt dieses Virus sind Wildvögel. Pferde und Menschen werden als sogenannte Fehlwirte ebenfalls infiziert.

Was ist das West-Nil-Fieber?

Es ist eine Viruserkrankung, die oft subklinisch, also ohne viele Symptome verläuft. Das Virus befällt hauptsächlich das Zentrale Nervensystem (ZNS).

Anzeichen: Futterverweigerung, Schluckprobleme, Zähneknirschen, Mattigkeit, Bewegungsunlust und Apathie. Die Pferde haben eine schwache Hinterhand, stolpern, taumeln, zeigen Muskelzittern und Lähmungen und das Verhalten verändert sich später. Die Tiere sind dann sehr leicht zu erregen und aggressiv, unruhig und schwitzen. Danach kann es zum Festliegen und Koma kommen.

Ursache: Das Virus gehört eigentlich zu den Wildvögeln, die es auch nach Deutschland gebracht haben. Es sind etwa 320 Vogelarten, bei denen das Virus bisher nachgewiesen werden konnte. Als Überträger der Krankheit gelten die Stechmücke sowie viele weitere Mückenarten. Pferd und Mensch sind zufällige Opfer der virustragenden Stechmücke, sie sind nicht die eigentlichen Wirte. Eine direkte Übertragung vom Pferd zum Mensch oder umgekehrt ist nicht möglich. Das Virus ist jedoch nicht immer gleich gefährlich, mal verläuft die Infektion ohne Anzeichen, während sie andermal hoch gefährlich ist. Schlimmstenfalls kann die Infektion mit Gehirnentzündungen bis hin zu Todesfällen verbunden sein.
Nach der Aufnahme des Erregers gelangt das Virus in die Lymphknoten. Seine Vermehrung findet in Zellen der Abwehr statt. Die Inkubationzeit beträgt etwa bis zu 2 Wochen. Danach schwärmen die Viren aus und befallen andere Organe und das ZNS.

Komplikationen: Bei Tieren, die sich von der Erkrankung erholen, sind neurologische Dauerschädigungen möglich.

Was macht der Tierarzt?

Infektionen mit dieser Erkrankung muss der Tierarzt anzeigen. Dies ist für die Behörden sehr wichtig, um die Ausbreitung der Erkrankung im Auge zu behalten. Eine spezifische Behandlung ist nicht möglich. Eine Behandlung muss also nach den Symptomen erfolgen. Der Tierarzt wird eine Infusion mit Ringer-Lösung und Entzündungshemmern geben.

Was können Sie tun?

Stärken Sie Ihr Pferd und versorgen Sie es optimal. Es sollte optimal gefüttert werden und alle nötigen Mineralstoffe, Spurenelemente und Vitamine bekommen. So hat es die besten Chancen, gegen das Virus zu kämpfen. Stärken Sie die Immunabwehr, *wie auf Seite 411 beschrieben.*

Vorbeugung: Wichtig ist die Vermeidung der Stechmücken. Weideaufenthalte in der Hauptflugzeit der Mücken sollten vermieden werden. Das Tragen von Insektenschutzdecken ist in betroffenen Gebieten anzuraten, ebenso wie die Impfung. Die Ständige Impfkommission (StIKo Vet.) empfiehlt in diesen Gebieten eine frühzeitige Impfung *(s. Seite 25).* Gebrauchen Sie möglichst wenig Licht im Stall, um die Mücken nicht anzulocken. Trocknen Sie stehendes Wasser auf der Weide und am Stall aus. Bringen Sie eventuell Fliegengitter an den Fenstern an.

2.7 Wundstarrkrampf (Tetanus)

Tetanus ist eine Wundinfektion, die Menschen wie Tiere befallen kann. Hunde und Katzen werden von dieser Erkrankung nur ausgesprochen selten bis nie betroffen, Pferde wie auch Menschen reagieren sehr empfindlich auf eine Infektion. Deshalb ist eine Impfung unerlässlich. Eine Tetanusinfektion ist im Grunde ebenso wie Botulismus eine toxinbedingte Erkrankung, jedoch im Gegensatz zur schlaffen Lähmung bei Botulismus krampft hier die Muskulatur.

Wie erkennen Sie Tetanus?

Anzeichen: Betroffene Pferde werden zunehmend steifer und schwerfälliger. Sie sind schreckhaft und reagieren übermäßig. Anfangs betreffen die Krämpfe hauptsächlich die Gesichtsmuskulatur, die Augen sind ängstlich weit aufgerissen, die Nüstern sind aufgebläht, die Ohren und Maulwinkel bleiben steif in derselben, leicht nach hinten gezogenen Stellung, das Pferd schwitzt stark. Bald sind die Muskeln so verkrampft, dass die Pferde das Maul nicht mehr bewegen und nicht mehr schlucken können, der Speichel tropft aus dem Maul. Sie leiden unter großen Schmerzen. Die Krämpfe weiten sich nun auf den Körper aus, die Pferde werden so steif, dass sie kaum noch gehen und Kopf und Hals nicht mehr senken können. Sie stehen in unnatürlich starrer, sägebockartiger Haltung da, die Muskeln verkrampft. Die Beine sind steif, Hals und Schweif weggestreckt. Bei lauten Geräuschen und hellem Licht oder Berührungen krampfen die Tiere stark. Oft ist die Nickhaut (drittes Augenlid) vorgefallen oder fällt vor, wenn man in Kopfnähe laut in die Hände klatscht oder den Kopf berührt. Im fortgeschrittenen Stadium sind die Ohren starr nach vorn gerichtet. Der Stress und Schmerz, manchmal auch die Toxinwirkung führen zu einem erhöhten Herzschlag, es können Herzunregelmäßigkeiten, Arrhythmien, auftreten. Das starke Schwitzen und das Krampfen sorgen für Flüssigkeitsverluste, die Patienten können kein Wasser aufnehmen und trocknen regelrecht aus. Diese Erkrankung endet in den meisten Fällen tödlich. In seltenen Fällen ist der Wundstarrkrampf

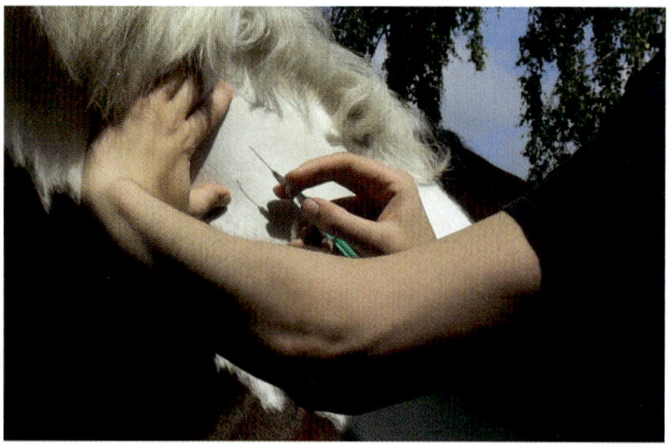

Nur eine Impfung kann Ihr Pferd vor einer Tetanus-Erkrankung schützen.

auch nur auf ein Körperteil begrenzt, dann sind nur die Muskelgruppen um die Verletzung herum betroffen. Man nennt dieses einen lokalen Tetanus. Der generalisierte Tetanus kommt jedoch deutlich häufiger vor.

C

Ursache: Schuld an dieser Erkrankung ist ein in Kot und Erde enthaltenes stäbchenförmiges **Tetanusbakterium, Clostridium tetani**. Es ist mit dem Erreger des Botulismus verwandt und kann ebenfalls nur in Bereichen leben, die von der Luft abgeschlossen sind, man nennt das anaerob. Bei schlechten äußeren Bedingungen bildet es eine unempfindliche, unglaublich haltbare Dauerform, die sogenannten Sporen. So kann ein Bakterium über Jahre existieren, unempfindlich gegen Hitze, Trockenheit oder Nässe. Die Sporen dringen über verschmutzte Wunden in den Körper ein und vermehren sich in Wunden ohne Luftzutritt. Besonders Stichwunden, Bisse, Kronen- und Nageltritte, Nabelwunden, Kastrationswunden, Nachgeburtsverhalten, Injektions- und tiefe Wunden sind prädestiniert, da über den tiefen Wunden die Haut schnell wieder zuwächst und so die Luft ausschließt. In der sauerstofflosen Atmosphäre entwickeln sich die Sporen zu Bakterien und setzen ein lokal wirkendes Toxin frei, um in ihrem Umfeld durch ein begrenztes Absterben von Gewebezellen das Milieu für sich selbst weiter zu optimieren. So können sie sich besser vermehren. Sie produzieren, ähnlich wie das ihnen verwandte Botulinusbakterium, ein Nervengift: das Tetanospasmin. Diese Toxine können aus der Wunde zu nahegelegenen Nerven gelangen oder sie werden über das Blut oder die Lymphe zu nahe liegenden peripheren Nerven transportiert. An den Nerven angekommen, lässt sich das Toxin über die Nervenstränge rückwärts ins zentrale Nervensystem leiten. Dort besetz das Toxin wichtige Stellen. Als Ergebnis werden heftige, andauernde Krämpfe der gesamten Muskulatur hervorgerufen. Sobald das Toxin im Nerv ist, ist es nicht für Antikörper mehr angreifbar. Manchmal sind die Verletzungen so klein oder schon verheilt, dass sie nicht bemerkt werden, besonders weil die Bakterien keine Entzündung auslösen. Die Sporen können auch latent in einer Wunde verbleiben, ohne gleich Infektionen auszulösen.

Komplikationen: Mehr als die Hälfte alle erkrankten Pferde sterben. Schlägt jedoch die Behandlung an, so haben die Pferde gute Chancen, wieder vollständig gesund zu werden. Geraten jedoch durch die Schluckprobleme Futterteile oder Wasser in die Lunge, so kann sich eine lebensgefährliche Lungenentzündung entwickeln.

Was macht der Tierarzt?

Haben die Giftstoffe erst einmal ihren Platz in den Nerven besetzt, lassen sie sich dort durch kein Medikament mehr entfernen. Kommt der Tierarzt jedoch frühzeitig, befinden sich die Giftstoffe noch im Blut- und Lymphsystem, so kann er ein Antitoxin spritzen, das die Giftstoffe neutralisiert, bevor sie sich fest binden. Um die Bakterien selbst zu bekämpfen, verabreicht der Tierarzt eine hohe Dosis Antibiotikum. Ansonsten kann er nur versuchen, den betroffenen Patient zu stabilisieren, bis diese Giftstoffe durch den Körper selbst wieder abgebaut werden. Er braucht Infusionen, um den Flüssigkeits-, Elektrolyt- und Säure-Basen-Haushalt auszugleichen. Oft wird das Pferd medikamentös ruhig gestellt und ein Schmerzmittel wird verabreicht. Die weitere Behandlung ist abhängig von den Problemen, die der Patient haben wird. Wenn es sein Maul nicht mehr bewegen kann, muss das Pferd künstlich ernährt werden. Anfangs muss Ihr Pferd leider über eine Infusion ernährt werden, später über eine NSS. Je nach Ausprägung der Erkrankung ist zu überlegen, eventuell einen Dauerkatheder zu verwenden, um Ihrem Pferd die Aufregung des Sondeschiebens zu ersparen. Gegen die Muskelkrämpfe bekommt es ein Beruhigungsmittel und die Wunde wird desinfiziert und lokal mit Penicillin versorgt.

Was können Sie tun?

Ist Ihr Pferd erkrankt, so ist das Allerwichtigste, dass es Ruhe bekommt. Jegliche Manipulation führt zu schmerzhaften Spasmen der Muskulatur. Es muss von jeder Aufregung ferngehalten werden. Bringen Sie den Patienten in eine ruhige, abgedunkelte, gut gepolsterte Box, um eventuelle Stürze abzufangen. Dies machen Sie in aller Ruhe und mit vielen Pausen. Achten Sie darauf, das Pferd möglichst wenig zu berühren. Wattebäusche in den Pferdeohren vermindern die Geräuschbelastung. Dann beruhigen Sie Ihr Pferd durch gutes Zureden. Wenn sich die Krämpfe Ihres Pferdes bei Berührung nicht verschlimmern, können Sie versuchen, es mit Augenakupressur zu beruhigen. Dazu legen Sie ihm das Pferdekopftuch mit geschlossenen Augenöffnungen an. So ist es auch vor dem Licht geschützt. Im Stall verwenden Sie zum Verschließen der Augenöffnungen dunkles Fliegengitter, so kann das Pferd noch sehen, wo es hinläuft, ohne vom Licht geblendet zu werden. Ansonsten lassen Sie es weitgehend in Ruhe und vermeiden laute Geräusche und helles Licht. Falls Sie die Möglichkeit haben, Ihr Pferd mithilfe eines Geschirrs beim Stehen zu unterstützen, wäre das eine Erleichterung für Ihr Pferd. Eine Behandlung kann Wochen dauern, da sich neue Synapsen und Nervenendigungen bilden müssen.

Fütterung: Kann Ihr Pferd selbst wieder etwas zu sich nehmen, sollten Sie mit einem einfachen Haferschleim beginnen, den Sie ihm in kleinen Portionen einflößen. Der Haferschleim ist in viel Wasser zu kochen, damit Ihr Pferd ihn mehr schlürfen als essen kann. Dazu geben Sie ihm eingeweichte Heucobs. Ebenso verfahren Sie mit dem Mash, das Sie mit Kräutern für eine bessere Verdauung unterstützen. Dazu geben Sie auch 1 EL angefeuchteten Flohsamen mit hinein, da Ihrem Pferd in der Situation das Abführen sicherlich schwerfällt. Vermischen Sie mehr warmes Wasser und geben Sie ihrem Pferd das lauwarme, flüssige Mash zu trinken. Geben Sie dann viele kleine Portionen von angefeuchtetem Heu des 1. Schnitts zu fressen.

Vorbeugung: Eine Impfung ist gut verträglich und bereits ab dem vierten Lebensmonat anwendbar, was jedoch eigentlich zu früh ist. Bis zum 7. Lebensmonat sind Fohlen von korrekt geimpften Mutterstuten durch die mütterlichen Antikörper, die sie mit dem Kolostrum, der ersten Muttermilch, aufgenommen haben, geschützt. Die Stute sollte jedoch eine Auffrischungsimpfung 4 bis 8 Wochen vor der Geburt erhalten, um diesen Schutz wirklich sicher zu gewährleisten. Wenn die Immunisierung zu früh erfolgt, wird sie von den mütterlichen Antikörpern abgefangen und nicht richtig wirksam. Deshalb wird empfohlen, die erste Impfung der Grundimmunisierung mit 7 Monaten durchzuführen. Sie besteht aus drei Impfungen: zweimal im Abstand von 4 bis 6 Wochen sowie 1 Jahr später. Die Auffrischungsimpfungen sind je nach Herstellerangabe meist alle 2 Jahre ausreichend. Eine Studie hat schon vor Jahren festgestellt, dass die Impfungen gegen Tetanus oft deutlich länger wirken, teils bis zu elf Jahren.[21] Einen verträglichen Mittelweg bietet eine Wiederholungsimpfung nach 5 Jahren oder Sie prüfen alternativ den aktuellen Schutz des Pferdes.[22] Mithilfe eines Tests, können Sie in 5 Minuten feststellen, ob das Pferd noch geschützt ist oder bald geimpft werden sollte.[23] *Lesen Sie weitere Informationen über das Impfen auf Seite 20 ff.*

Sie sollten nicht mit Stallmist düngen, dies erhöht die Konzentration an Bakterien im Boden.

Vorbeugung! Achten Sie auf einen regelmäßigen Impfschutz gegen Tetanus. Hat sich Ihr Pferd verletzt, so reinigen Sie die Wunde und decken sie steril ab. Unterschätzen Sie Stichverletzungen in Bein- und Hufgegend nicht. Hier vermehren sich die Tetanusbakterien besonders gut. Prüfen Sie bei Verletzungen den Impfschutz (Test!), um gegebenenfalls Ihr Pferd mit Tetanusserum vorsorglich zu schützen.

21 Vgl. Pichon, S.: Lange anhaltender Tetanusschutz: Impfintervalle kritisch prüfen. VETimpulse, 22. Jahrgang, Ausgabe 23, 1. Dezember 2013, S. 6.

22 Vgl. Gerber, V. et al.: Bakterielle Infektionen. Aus Gerber, V., Straub, R. (Hrsg.), Haupt Verlag 2016, S. 527-574.

23 Erklärung: Fassisi TetaCheck®, ein Test mit goldmarkiertem Tetanustoxoid. Ihr Tierarzt wird Ihnen den Test sicher besorgen und durchführen.

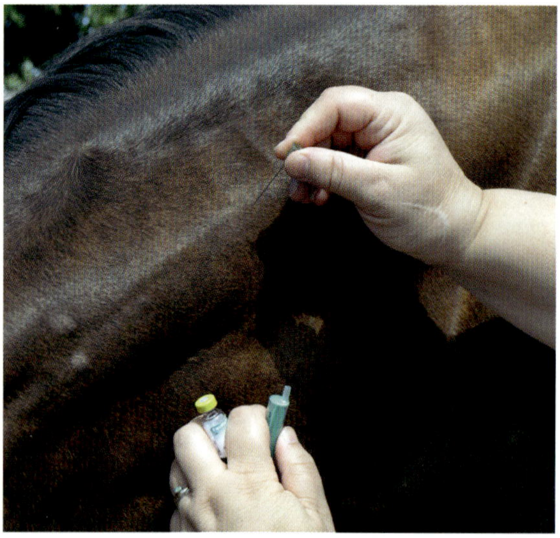

Die Impfung gegen Tollwut ist nicht unbedingt erforderlich.

C

2.8 Tollwut

Die westlichen Länder der EU sind praktisch frei von der Tollwut. In Deutschland trat die Tollwut in den letzten Jahren nur als Wildtiererkrankung auf. Deutschland gilt derzeit als tollwutfrei. In den östlichen Ländern stellen die freilaufenden Hunde oft noch ein Reservoir da. Pferde sind mäßig empfänglich für das Virus, das neben allen Haustieren auch die Menschen befallen kann. Es ist eine in der EU anzeigepflichtige Erkrankung, die schon bei Verdacht gemeldet werden muss. Das Hauptreservoir war der Fuchs, daneben noch Waschbären und Marder.[24]

Wie erkennen Sie Tollwut?

Anzeichen: Bevor irgendwelche Krankheitszeichen ausbrechen, können Sie an bevorzugten Stellen wie den Beinen, am Pferdemaul oder den Nüstern Spuren eines Fuchs- oder Hundebisses feststellen. Meist juckt die Bissstelle und ist gerötet, manche Pferde haben Fieber. Infizierte Pferde sind auffallend schreckhaft und leicht erregbar. Auffallendes Anzeichen ist die typische Abneigung gegen Wasser. Betroffene Pferde zeigen deutliche Krämpfe der Gesichts- und Atemmuskulatur. Sie speicheln stark und haben Probleme beim Schlucken, manchmal neigen sie dazu, untypische Dinge zu verschlucken. Die Gesichts- und Rachenmuskulatur zeigt Lähmungen, Blindheit tritt auf und Inkontinenz. Das bedeutet, dass das Pferd seine Ausscheidungen nicht mehr unter Kontrolle hat. Im Gegensatz zu dem bekannten Anzeichen bei Hunden und Füchsen werden Pferde nicht aggressiv, ihr Verhalten ist abgestumpft mit abwesendem Gesichtsausdruck. Man nennt dies die „Stille Wut". Aufgrund der Stimmbandlähmung klingt ihr Wiehern sehr heiser. Im Verlauf der Erkrankung werden die Lähmungen stärker und das Pferd liegt schließlich fest. Die Erkrankung ist absolut tödlich, zwei, spätestens sieben Tage nach Ausbruch der Erkrankung.

Ursache: Die Ursache all diesen Übels ist ein Virus, das Lyssavirus, das mit dem Speichel übertragen wird. Es vermehrt sich an der Eintrittspforte und steigt dann entlang den Nerven zum Rückenmark und zum Gehirn auf. Hier verursacht es Funktionsstörungen der Nerven. Einige Tage vor oder gleichzeitig mit dem Auftreten der Symptome gelangt das Virus in die Zellen der Speicheldrüsen, wo es sich massiv vermehrt, um dann mit dem Speichel wieder ausgeschieden zu werden.

Komplikationen: Diese Erkrankung ist hoch infektiös, auch für Menschen!

Was macht der Tierarzt?

Da die Tollwuterkrankung immer tödlich endet und höchst infektiös ist, kann der Tierarzt es nur noch erlösen. Die Veterinärbehörde wird alle nicht geimpften Tiere in der Umgebung des infizierten Pferdes beschlagnahmen und in einer Isolierbox beobachten oder gleich töten. Eine Therapie ist verboten aufgrund der großen Ansteckungsgefahr. Es handelt sich bei der Tollwut um eine anzeigepflichtige Tierseuche, die Sie oder Ihr Tierarzt dem Veterinäramt melden müssen. Dies gilt auch für die Tiere, die mit dem infizierten Pferd Kontakt hatten.

Was können Sie tun?

Nach der neuen Impfleitlinie zur Impfung von Pferden Stand 01.02.2019, 3. Auflage (Ständige Impfkomission Veterinär – StIKo Vet.) ist eine Tollwutimpfung nicht mehr nötig. Sie brauchen also keine Impfung mehr.

Es kann jedoch sein, dass bei Auslandsreisen eine Impfung vorgeschrieben ist. Bitte informieren Sie sich darüber. Grundsätzlich ist die Impfung pro-

24 *Vgl. Haas, L., Osterrieder, K.: Infektionskrankheiten – Virusinfektionen. Aus Brehm, W. et al. (Hrsg.) Enke Verlag 2017, S. 1108-1129.*

blemlos und gut verträglich. *Lesen Sie dazu die Informationen zur Impfung auf Seite 20 ff.*
Wenn Sie Ihr Pferd nach dem Weidegang stets auf Verletzungen und Zecken untersuchen, achten Sie dabei auch auf eventuelle Bissspuren. Ein tollwütiger Hund oder Fuchs kann durchaus mal einwandern. Erscheint Ihnen ein Pferd verdächtig, so handeln Sie sofort und rufen Sie Ihren Tierarzt, er wird sich das Pferd ansehen und gegebenenfalls die Meldung weiterleiten. Da das Virus auch auf Menschen übertragbar ist, fassen Sie das verdächtige Pferd nicht mehr an.

2.9 Herpes

Eine Infektion mit Herpes-Viren ist ausgesprochen häufig. Meist beherbergt jedes Pferd einige Herpes-Viren, die sich lebenslang einnisten. Verschiedene Gründe können zum Ausbruch einer Erkrankung führen, die sich je nach Untergruppe des Virus entweder im Atemtrakt *(Rhinopneumonitis)*, den Augen (Entzündungen, Pünktchen auf der Hornhaut) oder den Geschlechtsorganen bzw. der Gebärmutter (Verfohlen, Ausschläge an den Genitalen) niederschlägt. Auch Angriffe auf das Zentrale Nervensystem (ZNS), z.B. Lähmungen der Hinterhand und Schlaganfall, werden beobachtet.

Was ist eine Herpesinfektion?

Anzeichen: Die für eine Rhinopneumonitis-Virus-Infektion typischen Anzeichen sind anfangs wässrig-klarer, später eitriger Nasenausfluss, geschwollene Kehlgangslymphknoten, leichtes Fieber bei erwachsenen Pferden, hohes Fieber (über 40 °C) bei Fohlen und jungen Pferden. Die erkrankten Pferde husten besonders bei Belastung. Wird das Herpes-Virus in einer trächtigen Stute aktiv, so ist dies meist sehr überraschend, da die Stuten keine oder nur schwache Anzeichen einer Atemwegsinfektion zeigen. Der Abort (das Verfohlen) tritt dann zwischen dem siebten und zehnten Trächtigkeitsmonat ein. In seltenen Fällen wird das Fohlen ausgetragen, ist dann aber kaum lebensfähig. Selten kann sich eine Herpes-Infektion auch als Ausschlag an den Genitalien manifestieren. Dabei fallen an Scheide, Euter oder Penis kleine, runde Bläschen auf. Die Bläschen wandeln sich in gelbe Knötchen, die aufreißen und weiße Flecken auf der Schleimhaut hinterlassen können. Weniger häufig kann es zu Entzündungen des Auges kommen, mit geröteter Bindehaut, tränendem Auge und weißen Punkten auf der Hornhaut. All diese Erkrankungen können einzeln, gleichzeitig oder nacheinander auftreten.

Ursachen: Herpes-Viren sind auf der ganzen Welt verbreitet. Es gibt verschiedene Untergruppen, Equines Herpesvirus EHV 1 bis 5. EHV 1 verursacht die Virus-Aborte, selten Rhinopneumonitis; EHV 2 befällt meist die Augen; EHV 3 ruft den Ausschlag an den Genitalien hervor. EHV 4 ist verantwortlich für die Rhinopneumonitis, selten auch für das virusbedingte Verfohlen. EHV 5 ist noch wenig erforscht. Wichtig sind also insbesondere EHV 1, 2 und 4. Die Rhinopneumonitis ist besonders gefährlich bei Fohlen ab dem 3. bis 4. Lebensmonat (vorher sind sie durch die mütterlichen Antikörper geschützt) und jungen Pferden bis 3 Jahre. Ältere Pferde sind meist wesentlich weniger empfindlich. Voraussetzung für den Ausbruch einer Erkrankung ist meist eine verminderte Abwehrlage durch übermäßige Belastung, Fütterungs-, Haltungsfehler oder andere Stressfaktoren. Auch hormonelle Schwankungen, starker Parasitenbefall oder Medikamente können die Körperabwehr beeinträchtigen und so für den Ausbruch der Herpes-Erkrankung verantwortlich sein. Fohlen und Jungpferde dagegen haben meist noch keine ausreichend gute Abwehrlage entwickelt und erkranken deshalb besonders leicht. Die Ansteckung erfolgt über die Nasenschleimhaut beim Einatmen als sogenannte Tröpfcheninfektion. Dabei schnauben oder husten infizierte Pferde die Viren aus, die in kleinen Tröpfchen zu den anderen Pferden getragen werden. In vielen Fällen schädigen die Viren die Schleimhäute, sodass es oft sehr schnell zu einer bakteriellen Folgeinfektion kommt. Dadurch befällt eine Herpes-Infektion, die sonst in den oberen Regionen des Atemtraktes verbleibt, auch die Bronchien und die Lunge, der Nasenausfluss wird eitrig.

Komplikationen: Eine der häufigsten Komplikationen einer Herpes-Infektion ist eine bakterielle Zweitinfektion. Dann kann es zu schwerwiegenden Entzündungen der Atemorgane kommen und/oder sogar zur Dämpfigkeit. Wird eine Infektion mit EHV 1 nicht behandelt, so kann diese sich auf das ZNS ausweiten und Bewegungsstörungen mit nachfolgenden Lähmungen verursachen. *(s. Seiten 276 ff.)*

C

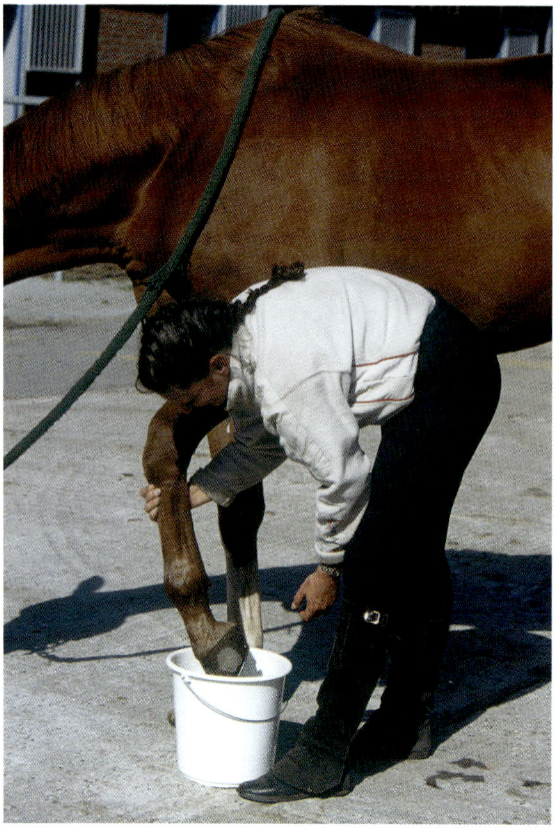

Kühlen Sie die Beine Ihres Pferdes im Wassereimer oder mit feucht-kalten Umschlägen.

Was macht der Tierarzt?

Der Tierarzt wird eine Rhinopneumonitis, *wie auf den Seiten 246 und 268 beschrieben*, behandeln. Eine direkte Bekämpfung des Herpes-Virus ist nicht möglich. Bei Ausbruch der Krankheit werden vorbeugend Antibiotika gegen eine Folgeinfektion verabreicht, dazu eventuell schleim- und krampflösende Medikamente verordnet und Aufbauspritzen verabreicht. Der Herpes-Ausschlag an den Genitalen heilt meist problemlos von alleine wieder ab. Gegen die Entzündung der Augen gibt es spezielle Augensalben. Eine Behandlung gegen das Verfohlen ist nicht möglich.

Was können Sie tun?

Optimieren Sie die Unterstell- und Fütterungsbedingungen Ihres Pferdes, um einem eventuellen Ausbruch vorzubeugen. *Wie Sie die Abwehrlage Ihres Pferdes verbessern können, lesen Sie auf Seite 400 f.* Ein weiterer Bestandteil der Prophylaxe ist die Impfung gegen Herpes-Viren. Es gibt einen guten Kombinationsimpfstoff, der die wichtigsten Herpesstämme umfasst. *Weitere Informationen zum Thema Impfung finden Sie auf Seite 20 ff.*
Erkrankte Pferde sollten Sie unbedingt isolieren, um nicht den ganzen Bestand zu durchseuchen. Hohes Fieber können Sie mit Wasser therapieren. Machen Sie Ihrem Pferd dazu feucht-kalte Umschläge an den Beinen. Wickeln Sie dafür mehrere nasse Geschirrhandtücher um die Pferdebeine, die Sie mit Bandagen befestigen. Sie können also nur entsprechend den Symptomen reagieren. *Weitere Tipps finden Sie auf Seite 400 f.*

2.10 Ansteckende Blutarmut der Pferde (Equine Infektiöse Anämie = EIA)

Verbreitung: Die Infektiöse Anämie galt in Deutschland als ausgerottet, bis 1998 einige Fälle in Bayern und 2002 einige Fälle in Kassel auftraten. 2010 gab es einen größeren Ausbruch der Erkrankung mit 27 Pferden in mehreren Bundesländern, in dem es letztlich um illegal eingeführte rumänische Pferde und Kontakttiere ging.[25] In Rumänien ist die Erkrankung noch weit verbreitet. In NRW wurde seit 2008 bis 2011 jedes Jahr mindestens eine EIA entdeckt, 2012 gab es 12 infizierte Pferde, als ein Blutspendepferd erkrankte. So tritt die EIA immer wieder mal auf, zuletzt gab es einen Ausbruch 2017.[26]

Was ist die Infektiöse Anämie?

Die EIA ist eine Virus-Erkrankung, die Fieberschübe und winzige Blutungen auslöst und letztlich auch zur Blutarmut (Anämie) führt.
Anzeichen: Die Anzeichen einer Infektiösen Anämie sind leider nicht immer eindeutig und leicht zu verwechseln. Dazu treten sie meist nicht alle in der gleichen Intensität auf, einige Symptome fehlen häufig. Der Verlauf kann recht unterschiedlich sein, entweder asymptomatisch, akut oder chronisch. Beim **asymptomatischen** Verlauf bleiben die Tiere unerkannt und stellen ihr Leben lang ein Virusreservoir dar. Im **akuten** Stadium zeigen erkrankte

25 *Vgl. Held, J.: Equine Infektiöse Anämie: Risikostellen: Pferdemärkte für Niedrigpreistiere. VETimpulse, 19. Jahrgang, Ausgabe 22, September und November 2010, S. 9.*
26 *Vgl. Marcegaglia, E.: Polopferde von Equiner Infektiöser Amämie (EIA) betroffen: Aktuelle Fälle von Hamburg bis Bayern. VETimpulse, 26. Jahrgang, Ausgabe 14, 15. Juni 2017, S. 6.*

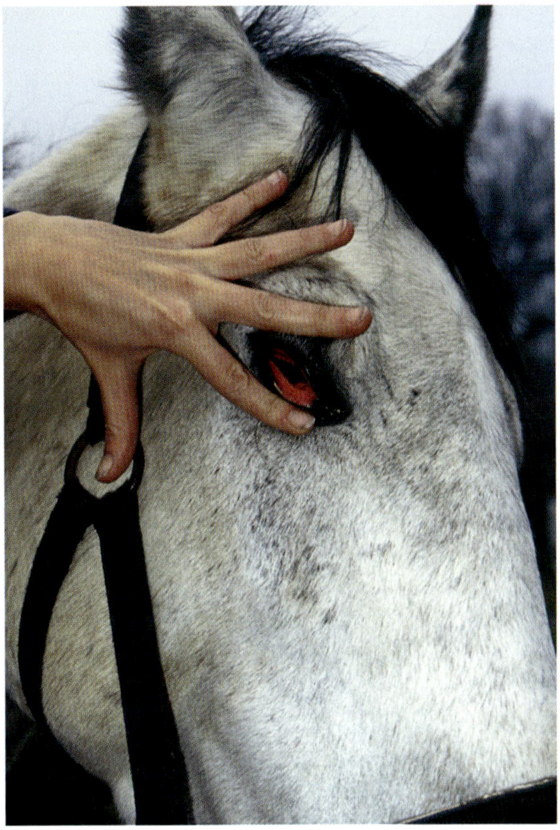

In der Bindehaut sind die punktförmigen Blutungen (Petechien) besonders gut zu sehen.

Pferde in unregelmäßigen Abständen Fieberschübe mit hohem Fieber von über 40 °C. Die meisten Pferde haben deutlich sichtbare Muskelschwäche. Sie zittern, zeigen einen unsicheren Gang und wirken benommen. Viele Pferde fressen jedoch trotz allem mit gutem Appetit weiter. Oft verfärben sich die Schleimhäute gelblich oder rötlich, was man besonders gut an den meist geschwollenen Bindehäuten der Augen sehen kann. Typisch für diese Erkrankung ist das Petechialfieber mit meist an mehreren Stellen im Körper auftretenden Blutungen in Form von kleinen bis winzigen Punkten, den sogenannten Petechien. Gut erkennbar sind sie an den Schleimhäuten, an der Unterseite der Zunge, in der vorderen Augenkammer und im Darm durch die blutigen Durchfälle. Bei vielen Pferden bilden sich an Bauch oder Beinen durch den Flüssigkeitsaustritt aus den Gefäßen Schwellungen und Ödeme (Flüssigkeitsansammlungen im Gewebe). Meist geht die Erkrankung nach 2 bis 5 Tagen in den **chronischen** Zustand über, der monate- oder sogar jahrelang anhalten kann. Die Pferde magern trotz gutem Appetit stark ab und nun erst tritt das namensgebende Anzeichen der Erkrankung auf, die Blutarmut oder Anämie. Diese Blutarmut führt zu einer schnellen Ermüdung der Pferde, sie haben Atemnot, die Pulsfrequenz steigt rasch an. Die Fieberschübe halten länger an. Es besteht jedoch nur leichtes Fieber. Durch die Muskelschwäche kann es zu einer Lähmung der Hinterhand kommen. Die Pferde können beim akuten Verlauf verenden oder in den chronischen Zustand eintreten. Beim chronischen Verlauf gleichen die Anzeichen dem akuten Verlauf, die Tiere magern trotz Futteraufnahme zwischen den Schüben ab. Nach etwa einem Jahr enden die Krankheitsschübe und die Pferde werden asymptomatische Träger.

Ursache: Auslöser dieser Krankheit ist ein Virus, das mit dem Aids-Virus der Menschen verwandt ist. Beide Erkrankungen verlaufen meist langsam und beide Erreger neigen dazu, sich im Körper zu verändern, sodass sie mit Medikamenten nur sehr schwer bekämpft werden können. Das Virus der Infektiösen Anämie ist in den meisten Fällen, je nach Virusstamm, hochgradig ansteckend. Die gängigste Übertragungsweise ist die durch große stechende Insekten wie Bremsen und Wadenstecher, die infiziertes Blut mit den Stechwerkzeugen übertragen. In den Insekten vermehren sich die Viren nicht und bleiben auch nicht lange infektiös. Eine Häufung der Erkrankung ist deshalb besonders im Spätsommer und frühen Herbst zu beobachten, es ist die Schwarmzeit der Insekten. Auch über nicht fachgerecht gesäuberte und desinfizierte tierärztliche Instrumente wie Thermometer, Maulgatter oder Nasenschlundsonden kann das Virus übertragen werden. Vor der Einführung der Einwegspritzen und -kanülen waren infizierte Kanülen ebenfalls wichtige Überträger. Daneben findet auch über biologische Produkte wie Blutplasma (EIA-Ausbruch 2012), Sperma oder Speichel eine Virusübertragung statt. Wenn es über die Muttermilch oder über die Gebärmutter übertragen wird, ist das Fohlen meist nicht lebensfähig. Eine direkte Übertragung von Tier zu Tier ist allerdings eher selten. Ein einmal infiziertes Tier bleibt sein Leben lang Virusträger und dient als Reservoir. Die Zeit bis zum Ausbruch der Erkrankung ist in der Regel recht lang, etwa

C

2 bis 6 Wochen. Manche Pferde tragen den Erreger lebenslang in sich, ohne daran zu erkranken. Bleibt die chronische Phase aus, so kann das Pferd nahezu vollständig wieder gesund werden. Meist verläuft die chronische Phase jedoch eher ungünstig, die Körpertemperatur geht nie wieder auf die Normwerte zurück und die Pferde werden durch die Anämie zunehmend geschwächt. Daneben gibt es auch einen **intermittierenden**, das heißt in unregelmäßigen Abständen immer wieder auftretenden Verlauf, bei dem trügerische Ruhepausen auftreten, in denen das Pferd fast wieder gesund wirkt. Jedoch können verschiedene Anlässe (Stress, Stallwechsel, Besitzerwechsel) erneut dazu führen, dass ein akuter Krankheitsschub eintritt. Im Laufe der Zeit werden die akuten Schübe immer seltener und schwächer, bis sie schließlich aufhören.

Komplikationen: Das Virus schwächt das Immunsystem des Pferdes so stark, dass es anfällig für bakterielle oder parasitäre Infektionen wird.

Was macht der Tierarzt?

Im Moment gibt es keine Möglichkeit, erkrankte Tiere zu behandeln oder vorbeugend zu impfen. Pferde mit positivem Testergebnis müssen eingeschläfert werden, um die Verbreitung zu verhindern. Heilversuche und Impfungen sind untersagt. Die Infektiöse Anämie zählt zu den anzeigepflichtigen Tierseuchen. Bei Verdacht müssen sofort der Tierarzt und das Veterinäramt verständigt werden. Die Einrichtung von Bestandssperrungen oder Sperrgebieten und die Anordnung serologischer Untersuchungen obliegt dem Veterinäramt. Meistens wird um den Betrieb, bei dem ein Fall bekannt wurde, eine Sperrzone von 1 km Radius eingerichtet, in dem alle Pferde getestet werden. Tragen sie das Virus, werden sie getötet, ansonsten beobachtet. Nach 90 Tagen erfolgt eine Test-Wiederholung. Ein Nachweis der Erkrankung lässt sich über den Coggins-Test erbringen.

In Bayern ist ein regelmäßiger Test für Sport- und Turnierpferde Pflicht, das gilt auch für Polo-Pferde. Dieser Test gilt auch im gesamten Bundesgebiet für alle Pferde, die aus Staaten importiert werden, die nicht der EU angehören. Neue Pferde im Stall sollten serologisch kontrolliert werden.

2.11 Pferdestaupe (Equine Virale Arteritis = EVA)

Die Verbreitung des Virus ist weitaus stärker als bislang angenommen. Wissenschaftliche Studien vermuten, dass jedes vierte Reitpferd und drei Viertel aller Zuchtpferde latente Virusträger sind.

Was ist die Equine Virusarteritis, EVA?

Die Erkrankung ist eine entzündliche Veränderung der Blutgefäße aufgrund einer Infektion. Der Verlauf der Erkrankung ist abhängig von der Virulenz (der krankmachenden Potenz) des Virus und vom Gesundheitszustand und dem Abwehrsystem der betreffenden Pferde.

Anzeichen: Das klinische Bild, also die Symptome, die ein infiziertes Pferd zeigt, sind sehr variabel. Sie reichen von symptomlos über mild bis hin zu ungünstigen schweren Fällen. Milde Verläufe zeigen eine erhöhte Körpertemperatur, Appetitlosigkeit, gerötete Schleimhäute und das Auftreten von Ödemen. Dazu aber ein sich seuchenhaft ausbreitendes Verfohlen bzw. Aborte. Die Zeit zwischen der Ansteckung und dem Auftreten der Anzeichen dauert etwa 2 bis 14 Tage.

Das klassische Krankheitsbild, das heute jedoch eher selten ist, sieht folgendermaßen aus. Die Erkrankung beginnt meist mit einem raschen Temperaturanstieg auf bis zu 42 °C. Die Pferde fressen nichts mehr und sind schwach, teilweise apathisch. Das Fieber kann andauern, kommt aber häufiger in Form von Fieberschüben vor, die etwa 3 bis 5 Tage anhalten. Dazwischen gibt es fieberfreie Phasen, in denen die Pferde wieder fressen. Warme, schmerzhafte Ödeme, das sind Flüssigkeitsansammlungen im Gewebe, sind bei der EVA ein typisches Anzeichen. Meist findet man sie an den Beinen, aber auch an den Augenlidern, am Hodensack, am Euter, Unterbauch oder -brust der erkrankten Pferde. Oft ist das ganze Auge krankhaft verändert. Die Augenlider sind geschwollen, die Bindehaut wirkt quallig und entzündet („pink-eye"). Die Hornhaut ist oft bläulich getrübt und die Pupille verengt. Die Pferde sind häufig lichtscheu. Selten kommt es zu Ergüssen oder Blutungen in die vordere Augenkammer. Selten können die Pferde Atemwegsprobleme zeigen mit wässrigem Nasenausfluss und leichtem Husten. Oft ist die Zunge gerötet, geschwollen und die Unterseite ist übersät mit kleinen Blutungspunkten.

Oft sind bei EVA besonders die Augen in Mitleidenschaft gezogen. Kühlende Umschläge tun den Pferden dann besonders gut.

Stuten zeigen eine Scheidenentzündung (Vaginitis). Häufiger sind jedoch die Auswirkungen der Infektion auf den Magen-Darm-Trakt mit anfänglicher Verstopfung und leichten Koliken. Der Kot ist meist schleimig. Später bekommen die Pferde Durchfall. Durch Leberschädigung kommt es zu einer Gelbfärbung der Schleimhäute. Haben die Viren Zugang zum Zentralen Nervensystem gefunden, so können die Hinterhand oder der Gesichtsnerv gelähmt werden. Infiziert sich eine tragende Stute zwischen dem dritten und zehnten Trächtigkeitsmonat mit EVA, kann sie ohne Vorwarnung verfohlen. Meist sind es Frühaborte, sie verursachen große wirtschaftliche Schäden. Manchmal werden auch lebensschwache, kränkliche Fohlen geboren. Jedoch verläuft die Mehrheit der Infektionen nicht so heftig. Meistens zeigen die betroffenen Patienten milde Symptome oder sind sogar symptomfrei.

Folgen: Häufig nutzen Bakterien die momentane Schwäche des Abwehrsystems aus und es kommt zu einer Folgeinfektion.

Ursache: Auslöser all dieser Probleme ist ein Virus (Equines Arteritisvirus) aus der Familie der Togaviren, das neben Pferden auch Zebras, Esel und Maultiere befällt. Das Virus hält sich in Lymph- und Blutbahnen auf und macht die Gefäßwände durchlässig. Dadurch kann die Flüssigkeit ins Gewebe oder unter die Haut gelangen und es entstehen die oben beschriebenen Ödeme. Dieses Virus wird auf verschiedene Weise übertragen. Bricht bei einem Pferd die EVA aus, so scheidet es die Viren während eines akuten Fieberschubs über alle Körpersekrete und -ausscheidungen (Kot, Urin, Speichel, Sperma, Nasensekret, Tränen) aus. Die Ansteckung erfolgt dann via Tröpfchen durch die Luft oder durch direkten Kontakt. Da die Viren folglich überall in der Umgebung sind, sind auch Einstreu, Mist, stehendes Trinkwasser sowie die Box und alles darin ansteckend. Die Ausbreitungsgeschwindigkeit ist allerdings nicht so hoch wie beim Influenza-Virus. Bei latent infizierten, nicht erkrankten Pferden ist die häufigste Übertragungsform der Deckakt oder die künstliche Besamung. Eine gefürchtete Gefahr besteht darin, dass eine seronegative[27] Stute von einem Virusträger infiziert wird und die Infektion unbemerkt mit in den heimatlichen Stall nimmt. Dort könnte sie bereits tragende Stuten infizieren, die dann, ebenso wie sie selbst, verfohlen. Im Gegensatz zu einem Herpes-Abort zeigen sie dabei oft die oben beschriebenen klinischen Symptome.

Bei einem Gros der infizierten Hengste nistet sich das Virus in Hoden und Samenleiter ein, sodass das Sperma voller Viren ist. Im Sperma sind die Viren monate-, manchmal jahrelang überlebensfähig. In EU-Besamungstationen dürfen diese Hengste nicht decken. Viele Infektionen verlaufen latent oder weitgehend symptomfrei. Manchmal sind die Anzeichen auch so unauffällig, dass sie leicht übersehen werden. Da von der Körperabwehr jedoch Antikörper gegen die Viren gebildet werden, lassen sich Infektionen durch eine Blutuntersuchung sicher nachweisen. Die meisten EVA-Infektionen verlaufen subklinisch ohne Anzeichen und sind nur über den steigenden Antikörpertiter nachweisbar. Deshalb sind auch die Aussichten in aller Regel gut!

27 Erklärung: Seronegativ bedeutet, dass das Blutbild unverändert ist und im aktuellen Fall keine Infektion stattgefunden hat.

C

Komplikationen: Durch die starke Ödembildung kommt es leicht zu einer Austrocknung der Pferde, die den Kreislauf stark belastet.

Was macht der Tierarzt?

Die EVA-Viren können nicht direkt bekämpft werden. Der Tierarzt wird also die Probleme, die die EVA verursacht, bekämpfen. Herzmittel stabilisieren den Kreislauf, der durch die Ödeme eventuell stark belastet wird. Augensalben helfen gegen die Ödeme und Entzündungen der Augen, Tierkohle gegen den Durchfall. Leiden die Pferde unter starken Ödemen, können diese durch harntreibende Mittel ausgeschwemmt werden. Je nach Grad der Austrocknung müssen jedoch die Flüssigkeit und die Elektrolyte wieder ersetzt werden. Leiden die Pferde unter Atemwegsproblemen, spritzt der Tierarzt meist vorsichtshalber ein Antibiotikum. Die Impfung mit Totimpfstoffen gegen EVA (Artervac®) ist in Deutschland zugelassen. Die Grundimmunisierung umfasst drei Impfungen und wird alle 6 bis 9 Monate wiederholt. Empfohlen werden diese Impfungen für nicht infizierte, seronegative Junghengste und trächtige Stuten.

Da die EVA eine meldepflichtige Erkrankung ist, wird Ihr Tierarzt sie beim Veterinäramt melden. Bei seropositiven[28] Hengsten wird untersucht, ob sie im Sperma Viren mit ausscheiden. Falls ja, werden sie von der Zucht ausgeschlossen.

Was können Sie tun?

Sollte Ihr Pferd einen starken Verlauf der Erkrankung zeigen, so ist die Isolierung wichtig. Insbesondere in den ersten Tagen, wenn es Fieber hat, scheidet das Pferd vermehrt Viren aus. Dann braucht es viel Ruhe. Haben Sie einen Patienten mit mildem Verlauf, ist es vermutlich für eine Isolation schon zu spät. Dann sollten alle Pferde des befallenen Bestands sofort ruhiggestellt werden. Nur so kann das Immunsystem effektiv arbeiten. Achten Sie während der gesamten Erkrankungs- und Rekonvaleszenzzeit auf ausreichende Erholung. Nach Abklingen des Fiebers und der Symptome sollte Ihr Pferd mindestens noch zwei Wochen nicht arbeiten. Es darf in dieser Zeit aber mit Ihnen spazieren gehen. Da es in dieser Zeit sehr anfällig für Folgeinfektionen ist, stärken Sie die Abwehr Ihres Tieres. Lesen Sie dazu alles Nötige im Anschlusskapitel. Leidet Ihr Pferd unter Atemwegsproblemen, so finden Sie auf *Seite 266 f.* wichtige Tipps, wie Sie Ihrem Pferd helfen können. Bei Augenentzündungen und Augenödemen helfen Umschläge mit Ringelblume und Augentrost. Beide Kräuter wirken schmerzstillend und beruhigend. Dazu dämpfen sie den Juckreiz. Geben Sie 10 Tropfen der Ringelblumen-Tinktur und/oder 15 bis 20 Tropfen der Augentrost-Tinktur (Euphrasia-Tinktur) in 150 ml im Wasserbad gewärmte, isotonische Kochsalzlösung. Beide Tinkturen gibt es in kleinen Fläschchen in der Apotheke. Weichen Sie eine sterile Kompresse darin ein und legen Sie diese für 20 bis 30 Minuten auf das Auge. Sie können auch einen Heiltee zubereiten: 30 g des jeweiligen Krautes mit ½ Liter Wasser aufbrühen und 15 Minuten ziehen lassen. Dann zweimal gründlich absieben und durch einen Filter laufen lassen. Den Tee verwenden Sie für die Umschläge am Auge.

Vorbeugung! Dauerausscheider sollten nicht in der Pferdezucht verwendet werden. Beim Pferdekauf ist ein EVA-Test unter Umständen ratsam. Auch die EVA ist meldepflichtig!

3. Vorbeugender Schutz sowie allgemeine Verhaltenstipps bei infektiösen Erkrankungen

3.1 Körperabwehr steigern

Ein gesundes, gut gefüttertes und optimal untergebrachtes Pferd besitzt einen wesentlich besseren Schutz gegen krankmachende Keime als ein Pferd, das unter weniger guten Umweltbedingungen lebt oder nicht ausreichend mit Vitaminen oder Mineralstoffen versorgt ist. Bei einer Infektion müssen die Erreger verschiedene Abwehr- und Schutzmechanismen durchbrechen, um ins Innere des Pferdekörpers zu gelangen. Deshalb ist es ausgesprochen wichtig,

28 Erklärung: Seropositiv = Die Tiere zeigen Antikörper gegen den Erreger der Erkrankung in ihrem Blut.

nicht nur die Unterbringung Ihres Pferdes optimal zu gestalten, sondern auch tatkräftig die Abwehr Ihres Pferdes zu stärken. Dies können Sie mit den folgenden Maßnahmen erreichen:

Hausmittel	Bieten Sie regelmäßige Bewegung und freie Bewegung mit Artgenossen sowie viel frische Luft und gute, artgerechte Haltung.
Akupressur	**3 bis 4 Wochen, 1-mal täglich:** Di 4, Di 11, Gb 20, Ni 3 und MP 6
Tuina-Massagen	In kräftigen, kreisenden Bewegungen mit den Fingerspitzen durch das gesamte Körperfell streichen. Das regt das Lymphgefäßsystem an und hilft beim Abtransport der Abfallstoffe. Dazu den Kleinen Energiekreislauf ziehen und eine Tuina-Behandlung der Beine zur Stärkung machen.
Bachblüten	Crab Apple, Clematis und Larch stärken die Körperabwehr, Elm hilft gegen Infektionskrankheiten. **Zur Stärkung:** Walnut, Hornbeam und Olive
Heilkräuter	**Optimale Vitamin- und Mineralstoffversorgung:** aus einer Mischung von 80 g Hagebutten, 100 g Bockshornkleesamen (gerieben) und 100 g Brennnesseln (enthalten viele Vitamine und Minerale), 100 g Klette (reinigt das Blut), 80 g Ringelblume und 100 g Sonnenhut (keimtötend) täglich 50 g ins Futter geben. **Tees:** Grüner Tee und Hagebutte
Fütterung	• Versorgen Sie Ihr Pferd ausreichend mit hochwertigem Heu aus dem frühen 1. Schnitt, mindestens 1,5 kg/100 kg KGW oder teilweise Heulage und Gras. • Füttern Sie ausschließlich Raufutter (Heu), dann benötigt es mindestens 2 kg/100 kg KGW. Füttern Sie immer zuerst das Raufutter, dann das Kraftfutter. Ergänzen Sie dann noch mit den nötigen Vitaminen und Mineralstoffen. Die Proteine des Futters sollten im Dünndarm gut verdaulich sein, ein Beispiel dafür ist Leinsamen oder auch Sojaextraktionsschrot. Auch Futterhefe enthält viele essenzielle Aminosäuren. Diese werden zum Aufbau der Antikörper gebraucht. Außerdem enthält sie noch viele wichtige B-Vitamine. Neben den anderen wichtigen Vitaminen wie Vitamin A und E ist auch Vitamin C (4 g/100 kg KGW) wichtig. Hier können Sie Abhilfe schaffen durch die Gabe von roter Paprika, falls Ihr Pferd das mag. Dazu helfen Knoblauch, 4 gepresste Zehen, und Apfelessig (enthält viele Minerale) zur Stimulierung des Abwehrsystems. • Sie sollten jedoch auch daran denken, dass 70% der Abwehr im Darm stationiert ist und zu einem gesunden Pferd eine gesunde Darmflora gehört. Sorgen Sie mit Lebendhefe nach Antibiotika-Gaben, nach Impfungen und Wurmkuren oder nach Fütterungsfehlern für eine Verbesserung der Darmflora. Dazu helfen Trockenhefe (enthält viele Vitamine, essenzielle Aminosäuren u.a.m.), Pektine in Karotten, Apfeln, Trockenschnitzeln und Obsttrester, Laktose (wird erst im Dickdarm gespalten), Inulin (ist die beste Nahrung für unsere Darmbakterien, z.B. in Topinambur) sowie regelmäßige Raufuttergaben. Dies alles wird von der Darmflora aufgenommen und verstoffwechselt.

3.2 Allgemeine Verhaltenstipps bei infektiösen Erkrankungen

Die ersten Anzeichen einer ansteckenden Erkrankung sind meist Fieber und zurückgehender Appetit. Bei den in diesem Kapitel aufgezählten inneren Infektionskrankheiten ist meist das ZNS betroffen. Hier zeigen sich die ersten Anzeichen in Mattigkeit und beginnenden Bewegungsstörungen.

Haben Sie den Verdacht, dass Ihr Pferd an einer ansteckenden Krankheit leidet, so isolieren Sie dieses Pferd von den anderen, bis der Tierarzt kommt und Ihren Verdacht bestätigt oder widerlegt. In den meisten größeren Reitställen gibt es eine Isolationsbox, die Sie nutzen können. Benutzen Sie für das erkrankte Pferd eigenes Putz- und Futterzeug. Die meisten erkrankten Tiere brauchen Ruhe. Haben Sie den Verdacht, Ihr Pferd könnte an einer der in diesem Kapitel aufgeführten ansteckenden Erkrankungen leiden, so polstern Sie die Pferdebox besonders gut, um bei Bewegungsstörungen oder Stürzen schwerwiegende Verletzungen zu vermeiden.

Vorsicht! Stellen Sie nie ein erkranktes oder verdächtiges Pferd zu gesunden Pferden in einen Stall. Auch mit einem neu dazugekommenen Pferd sollten Sie vorsichtig sein. Wenn möglich, stellen Sie es nicht direkt zu den anderen Pferden.

C

Krankheiten der Beine

Die Beine der Pferde sind so gebaut, dass sie lange Strecken mit möglichst geringem Kraftaufwand schnell zurücklegen können. Muskeln, Sehnen und Bänder sind dazu ausgelegt, Belastungen zu vermindern und abzufedern. Um dies leisten zu können, müssen sie jedoch geschmeidig und gut durchblutet sein. Bei Wildpferden ist dies kein Problem, da sie sich auf der Nahrungssuche stetig in ruhigem Tempo bewegen.

Im Gegensatz dazu bewegen sich die meisten Pferde heutzutage nur noch stundenweise und dies häufig unter großer Belastung. Hinzu kommt das mangelnde Aufwärmen der Muskeln, Sehnen, Bänder und Gelenke. Dies alles zählt zu den Hauptursachen für Verletzungen und Erkrankungen der Beine. Vor Beginn der Arbeit sollten die Beine der Pferde mindestens 15 Minuten, besser noch eine halbe Stunde im Schritt auf die Arbeit vorbereitet werden. Für ältere Pferde ist die ausreichende tägliche Bewegung besonders wichtig, um die Durchblutung und Geschmeidigkeit der Beine zu erhalten. Der altbekannte Spruch „Wer rastet, der rostet!" ist sinngemäß gut übertragbar. Um die Krankheiten der Pferdebeine besser verstehen zu können, sollen Sie im Anschluss einiges über den Aufbau und die Funktionen der einzelnen Anteile der Beine erfahren.

1. Aufbau und Funktion der Pferdebeine

Die Beine der Pferde gliedern sich in den **passiven Teil** des Stützapparates, das ist der Anteil, der die Lasten trägt, sowie einen **aktiven Teil**, der die Last vorwärts bewegt.

Die Knochen und Gelenke bilden den passiven Anteil des Stützapparates, die Muskeln, Sehnen und Bänder hingegen führen die eigentliche Bewegung aus. Dabei sind die Beine der Pferde bei Weitem nicht so beweglich wie die Beine der Menschen. Da die Gelenke der Beine durch die Bänder, Sehnen und Muskeln meist sehr straff gehalten werden, lassen sie hauptsächlich die Beugung und Streckung zu. Schulterblatt, Schultergelenk sowie Becken und Hüftgelenk können in geringem Maße auch seitliche Bewegungen ausführen, die beim Reiten für die Seitengänge genutzt werden. Die Vorderbeine tragen die größere Last des Körpergewichtes, sie haben eine überwiegende Stütz- und Auffangfunktion für die von hinten kommende Schubkraft. Diese müssen sie in eine Bewegungsrichtung umsetzen. Die Hinterbeine entwickeln die Schubkraft bzw. Antriebskraft für die Vorwärtsbewegung. Der Huf mit seinem Knorpel, dem Ballenpolster und den Gelenken erfüllt die Aufgabe eines Puffersystems für die Stöße von unten.

1.1 Knochen und Gelenke

1.1.1 Knochen

Die Knochen stabilisieren den Körper des Pferdes und ermöglichen seine Fortbewegung. Sie sind jedoch keineswegs nur eine starre Masse, sie sind in sich anpassungsfähig für Druck und Zug und widerstandsfähig. Trotzdem sind sie sehr widerstandfähig. Sie sind eine Lagerstätte für Calcium, Magnesium und Phosphor, die sie benötigen, um ihre Stabilität zu erhalten. Herrscht im Körper jedoch ein Mangel, so gibt der Knochen diese Mineralien aber auch weiter.

Das Knochenmark im Inneren der Knochen hat eine wichtige Aufgabe in der Körperabwehr. Es produziert hauptsächlich weiße, aber auch rote Blutkörperchen. Nach außen hin umgibt das Mark eine feste Schicht und schließlich die Knochenhaut.

Überall an der Oberfläche der Knochen setzen Bänder und Sehnen an, die die Knochen bewegen. Die Knochen und Gelenke der Vorder- und Hinterhand haben sich im Laufe der Evolution auf die Spezialisierung des Pferdes zum Lauftier eingestellt. Um besser laufen zu können, haben sich in Tausenden von Jahren die Zehenstrahlen des Pferdes auf die mittlere Zehe reduziert. Zudem richtete sich die gesamte Zehe auf, sodass das Pferd schließlich auf der Spitze der Zehe auffußt. Die Verbindung der Vorder- und Hinterbeine mit dem Körper ist so eingerichtet, dass sie das Pferd bei der Bewegung optimal abfängt.

1.1.2 Gelenke und Bänder

Die Knochen selbst sind weitgehend unbeweglich. Nur da, wo sie durch Gelenke verbunden werden, ist Bewegung möglich. Immer dort, wo mindestens zwei Knochen aufeinandertreffen, liegt ein Gelenk. Dabei sind die beiden Knochenenden perfekt aufeinander abgestimmt. Im Körper gibt es gut bewegliche und wenig bewegliche Gelenke. Dies hängt von ihrer Funktion und Lage ab. In einem echten oder synovialen Gelenk sind die Knochenenden mit schützendem Knorpel überzogen. Seine Oberfläche ist fest, elastisch und glatt, um eine reibungslose Bewegung des Gelenkes zu gewährleisten. Zudem dient er als Stoßdämpfer. Die Gelenke sind von einer Gelenkkapsel umhüllt. Die Innenseite der Kapsel ist mit einer Gelenkhaut ausgekleidet, die die Gelenkflüssigkeit *(Synovia)* produziert. Diese Flüssigkeit versorgt den Knorpel mit Nährstoffen, die er während der Druckentlastung aufsaugt. Er besitzt selbst keinerlei Blutgefäße. Bei Druckbelastung auf den Knorpel gibt er die Abfallstoffe ab, die über die Gelenkhaut aus dem Gelenk transportiert werden.

Außen am Gelenk laufen Bänder entlang, die das Gelenk führen und stabilisieren. Sie bestimmen das Ausmaß der Bewegung entscheidend mit. Besonders ausgeprägt sind sie im Kniegelenksbereich. Die meisten Gelenke sind synoviale Gelenke, aber es gibt noch bindegewebige Gelenke wie die Knochennähte zwischen den Knochen des Schädels und die Knorpelgelenke, die Sie von den Wirbeln her kennen mit den Bandscheiben dazwischen oder dem Brustbein mit den knorpeligen Verbindungen oben und unten.

1.1.3 Aufbau der Vorder- und Hinterbeine

Die **Vorderbeine** haben keinerlei gelenkige Verbindung zum Rumpf. Der Rumpf hängt gut gefedert in Bändern und Muskeln wie in einer Gurtaufhängung zwischen beiden Schultern. So können die Vorderbeine das Gewicht nach einem Sprung optimal auffangen und wie ein Stoßdämpfer abfedern. Die erste gelenkige Verbindung des Vorderbeins liegt zwischen Schulterblatt und Oberarmbein. Sie stehen in einem gebeugten Winkel zueinander. Durch eine straffe Muskulatur wird dieses Gelenk weitgehend in dieser Stellung gehalten, wodurch es Stöße gut abfangen kann. Es ist eines der wenigen Gelenke, die auch eine seitliche Bewegung zulassen. Im Unterarm sind Speiche und die stark zurückgebildete Elle miteinander verwachsen. Das nächste, das Ellbogengelenk, dagegen erlaubt nur reine Streck- und Beugebewegungen, wobei der Ellbogenhöcker die Streckung relativ eng begrenzt. Eine Überstreckung ist nicht möglich. Der Unterarm steht in Normalstellung nahezu senkrecht. Darunter liegt das Vorderfußwurzelgelenk. Es wird aus sieben kleinen Knochen gebildet, die in zwei Reihen versetzt übereinanderliegen. Starke Seitenbänder steuern die Hauptfunktionsrichtungen Strecken und Beugen. Das sich anschließende Röhrbein hat beiderseits die Rudimente des 2. und 4. Mittelhandknochens in Form der Griffelbeine anliegen.

C

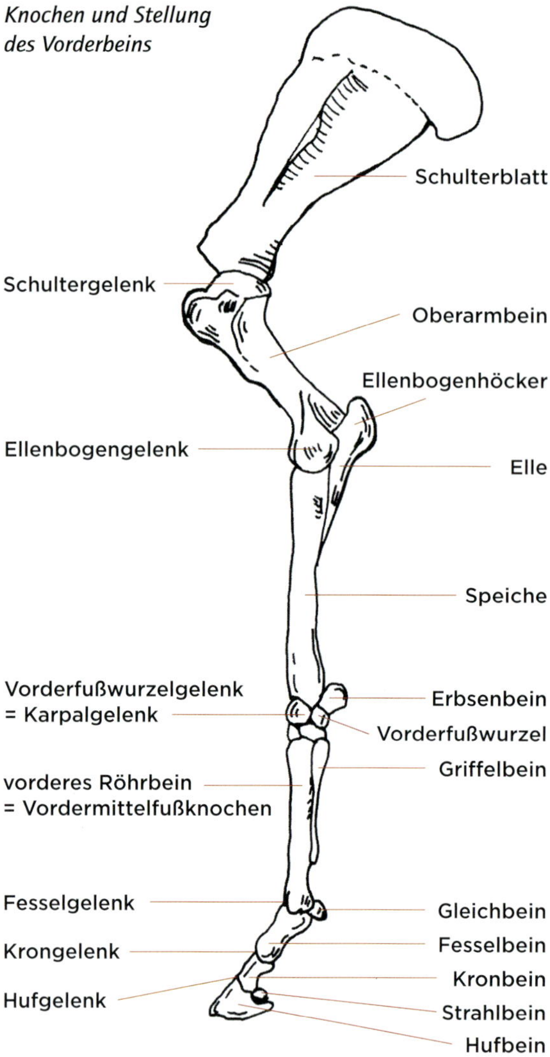

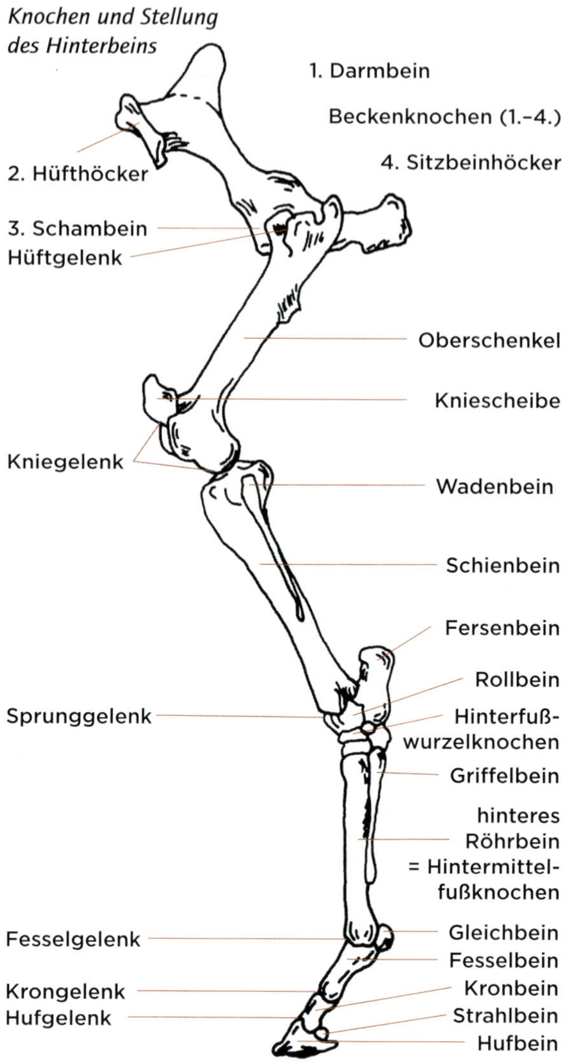

Die **Hinterbeine** dagegen haben durch den Beckengürtel eine weitgehend starre Verbindung zum Rumpf. Diese ist nötig, um den Körper mit Schwung vorwärtsschieben zu können. Ein weniger starres Gelenk ließe viel von der Schubkraft verloren gehen. So kann die Kraft direkt ohne Verluste weitergegeben werden. Die drei großen Hinterhandgelenke, Hüftgelenk, Kniegelenk und Sprunggelenk, sind so konstruiert, dass sie von oben nach unten immer wechselseitige Beugewinkel aufweisen. Das erste, das Hüftgelenk ist so gebeugt, dass es nach vorn geöffnet ist. Das nächste, das Kniegelenk, ist genau entgegengesetzt gewinkelt, es öffnet sich also nach hinten, und das dritte, das Sprunggelenk, öffnet sich wieder nach vorn. Diese Konstruktion hat zwei Vorteile. Es stellt eine ideale Federung dar und kann zudem durch die Streckung dieser Gelenke eine große Schrittlänge (gestreckt ist das Hinterbein wesentlich länger als das Vorderbein) und eine enorme Schubkraft entwickeln.

Das erste bewegliche Gelenk der Hintergliedmaße ist das Hüftgelenk, das das Becken mit dem Oberschenkel verbindet. Durch starke Hüftmuskeln gehalten, ermöglicht es jedoch auch geringe Seitenbewegungen. Der Oberschenkelknochen ist der größte des ganzen Pferdeskeletts. An seinem unteren Ende sitzt ihm die bis handtellergroße Kniescheibe als Sehnenbein auf. Die Gelenkflächen des Kniegelenks greifen im passiven Zustand nicht ineinander. Es erfährt seine Festigung durch zahlreiche stabile Bänder. Knorpelige Menisken sorgen im Übergangsbereich zum Unterschenkel für die nötige Stoßdämpfung. Es folgen Schienbein und Wadenbein, wobei das Wadenbein durch Rückbildung verkürzt ist.

Über das Sprunggelenk wird das Schienbein mit dem Mittelfuß, dem hinteren Röhrbein verbunden. Es ist ein kompliziert aufgebautes Gelenk, bei dem sieben bis acht Knochen über drei Etagen ungleichmäßig verteilt sind. Der Fersenhöcker begrenzt die Streckung des Gelenkes in erheblichem Maße, wodurch keine Überstreckung möglich ist. Der Mittelfuß, das Röhrbein, steht dadurch weitgehend senkrecht zum Boden. Verglichen mit dem vorderen Röhrbein ist das hintere etwa ein Viertel länger. Auch dies trägt zur Verlängerung des Schrittes bei.

Die dreigliedrige **Zehe** ist vorn wie hinten gleich gebaut. Der Aufbau der Pferdezehe fängt Stöße von unten gut ab. Das Fesselgelenk ist als Wechselgelenk, das ausgesprochen weite Streck- und Beugebewegungen ermöglicht, gut geeignet für ein rasches und sicheres Fortkommen. Es befindet sich in Ruhe in einer permanenten Überstreckstellung, um so das Gewicht des Körpers zu puffern und beim Laufen die Stöße abzufangen. Kron- und Hufbein führen diesen Zehenwinkel zum Boden als gerade Zehenachse weiter. Um die Stabilität zu gewährleisten, muss ein kräftiger Bandapparat diese Überstreckung der Zehe stabilisieren. Diese Aufgabe übernimmt, unter Mithilfe der Gleichbeine, der Fesselträger. Um Bodenunebenheiten auszugleichen, können Kron- und Hufgelenk neben Beuge- und Streckbewegungen auch leichte Seitenbewegungen ausführen. *Eine Zeichnung der Pferdezehe finden Sie im anschließenden Kapitel über die Hufe, s. Seite 453.*

1.1.4 Die Wirbelsäule

Die Wirbelsäule unserer Pferde ist sehr wichtig für die ungestörte Funktion der Beine. Sie ist für die Stabilität des Rumpfes zuständig und verbindet den Kopf mit den Vorder- und Hinterbeinen sowie dem Schwanz. Sie leitet die Kraft und den Schub der Hinterhand zu den Vorderbeinen und bis nach vorn zum Kopf.

Die Wirbelsäule bildet aus einer langen Reihe von eng zusammenhängenden Wirbeln ein langes, bewegliches Rohr, in dem das Rückenmark geschützt verlaufen kann. Zwischen den Wirbelkörpern, ausgenommen der ersten beiden Halswirbel, liegen Bandscheiben, die wie kleine Wasserkissen Stöße abfangen und den Druck verteilen. Das Rückenmark entlässt von Kopf bis zur Lende zwischen den Wirbeln Nerven, die die Muskulatur des Körpers versorgen. Die Wirbel sind durch die kleinen Wirbelgelenke sowie durch stabilisierende kurze und lange Bänder miteinander verbunden. Die Halswirbelsäule besitzt 7 Halswirbel, wobei die ersten beiden, Atlas und Axis, für das Kopfheben und -senken (Atlas) und das Kopfdrehen (Axis) verantwortlich sind. Sie bilden mit dem Hinterkopf das Genick. Daran schließt sich die Brustwirbelsäule mit 18 Brustwirbeln an, es folgen 6 Lendenwirbel, die die Lendenwirbelsäule bilden, 5 Kreuzwirbel, zusammengewachsen zum Kreuzbein, und 15 bis 21 Schwanzwirbel. Allgemein besitzen die Wirbel zwei seitliche (die Querfortsätze) und einen geraden Fortsatz nach oben (den Dornfortsatz). Die Halswirbel haben keine größeren Quer- oder Dornfortsatze, die langen Dornfortsätze der Brustwirbel bilden den Widerrist, zeigen aber nur ansatzweise Querfortsätze. An den Lendenwirbeln fallen mittellange Dornfortsätze und lange Querfortsätze auf.

Die Brust- und die Lendenwirbelsäule sind relativ steif und bilden mit dem Brustkorb und dem Brustbein den stabilen Rumpf, der die großen Organe tragen und schützen kann und zudem, trotz Reitergewicht, mühelos lange Strecken bewältigt. Die Halswirbelsäule dagegen ist sehr beweglich. Durch die kleinen Wirbelgelenke und Bänder sind aber auch am Rücken durchaus noch Bewegungen möglich, da das Pferd den Rücken aufwölben und auch wegdrücken kann. Sind diese Bewegungen durch Blockaden der Wirbel oder Berührungen der Dornfortsätze (Kissing spines) eingeschränkt, kann das Pferd nicht mehr taktrein gehen oder lahmt sogar. Für einen Großteil der Lahmheiten und sogenannten „Widersetzlichkeiten" des Pferdes sind Rückenprobleme verantwortlich. Auch die Halswirbelsäule und das sehr bewegliche Genick sind häufig Ursachen für Gangunsicherheiten, Bewegungsprobleme und Ataxien. Die Wirbelsäule ist bei Unfällen oder Traumata häufig betroffen. Bei solchen Problemen können neben ärztlicher Unterstützung Osteopathen, Physiotherapeuten und Akupunkteure helfen.

C

Hier sehen Sie eine vereinfachte schematische Darstellung der vorderen Wirbelsäule HWS und BWS mit eingezeichnetem Spinalkanal bwz. Rückenmark, zum besseren Verständnis auf die Halswirbel- und Brustwirbelkörper projeziert.

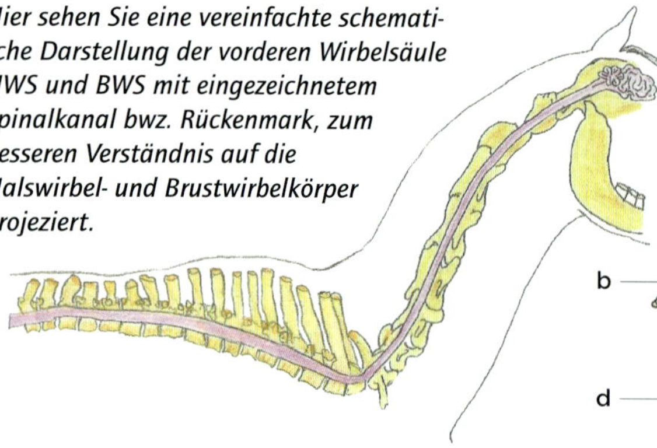

Daneben sehen Sie ein vereinfachtes schematisches Beispiel eines HWS-Wirbels. Unten grenzt der Wirbelkörper (a) ans Wirbelloch (b), darüber wölbt sich der Wirbelbogen (c) mit seinen Fortsätzen. Die aneinander gereihten Wirbellöcher bilden den Spinalkanal, in welchem das Rückenmark verläuft. Zwischen benachbarten Wirbelkörpern befinden sich die Bandscheiben (d).

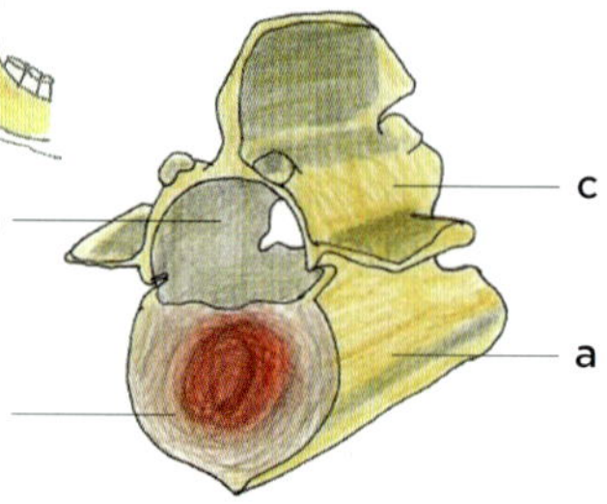

1.2 Muskeln und Sehnen

1.2.1 Muskeln

Die quer gestreiften Skelettmuskeln bewegen aktiv und willkürlich das Pferd. An ihrem Ursprung wie an ihrem Ansatz gehen sie in Sehnen über, die sie am Knochen fixieren. Es gibt flache Muskeln (z.B. an der Bauchdecke oder am Kopf), gefiederte Muskeln (in Einzelstränge geteilte wie an der Brust) und bauchige spindelförmige Muskeln. Letztere befinden sich insbesondere an den Gliedmaßen, auf die wir uns hier beschränken wollen. Entsprechend ihrer Funktion werden Beuger, Strecker und Rotatoren (Muskeln, die das Bein ein- bzw. ausdrehen) unterschieden. Diese Muskeln bzw. deren Sehnen setzen alle rund um die Gelenke der Beine an. Bei der Beugung eines Gelenkes zieht sich der beugende Muskel zusammen, während sich der gegenüberliegende Streckmuskel entspannt. Diese Bewegungen werden über Impulse des Nervensystems gesteuert. Die Muskeln bestehen aus Faserbündeln, die sich aus vielen Millionen von Muskelfasern und noch mehr Muskelfibrillen zusammensetzen. Bei Überlastung können sie leicht reißen. Für seine einwandfreie Funktion benötigt der Muskel Calcium und Magnesium sowie Energie und Sauerstoff.

Damit die Muskulatur oder die Gelenke nicht unter dem Körpergewicht leiden und einknicken, bedient sich der Körper einiger Fixationsmechanismen. Viele der Muskeln der Vorhand sind deshalb sehnig durchsetzt oder sogar vollständig zu sehnigem Gewebe umgebildet. Bei Belastung durch das Körpergewicht werden sie straff gespannt und stabilisieren die Gelenke, ohne dass dabei Muskeln angespannt werden müssen, deshalb können Pferde stehen, ohne dabei zu ermüden. Ein Beispiel dafür ist der rein sehnige Fesselträger. Zusätzlich werden Huf-, Kron- und Fesselgelenk von den beiden Beugesehnen gestützt, die bei belastetem Bein straff gespannt sind. Die Hinterhand ist so gebaut, dass sie die Kraft für den Anschub liefert, für den Anschub in eine raumgreifende Vorwärtsbewegung. Sie besitzt dafür im oberen Bereich kräftige Muskeln, die bis auf wenige Ausnahmen nur wenig sehnig durchsetzt sind.

1.2.2 Sehnen

Die Sehnen sind die Ausläufer der Muskeln, die die Muskeln mit den Knochen verbinden. Auch sie bestehen aus Faserbündeln, die jeweils eine Vielzahl an leicht elastischen Fasern enthalten. Die Sehnen der Beine erfüllen die Funktion einer festen Federung und haben die Aufgabe, die Muskelkraft, die im oberen Abschnitt erzeugt wird, auf die unteren Abschnitte zu übertragen. Zudem stabilisieren sie das Bein, da Vorderbein wie auch Hinterbein unterhalb der Fußwurzel bzw. des Sprunggelenks keine aktiven Muskeln mehr besitzen. Beim Fußen und Tragen des Körpergewichtes sind die oberflächliche Beugesehne und der Fesselträger am stärksten belastet. Beim Abfußen dagegen muss die tiefe Beugesehne am meisten Last tragen.

Im Gegensatz zu den Muskeln sind die Sehnen nur minimal dehnbar. Sie sind nicht so gut durchblutet wie ein Muskel. Ändern sich also die Anforderungen durch vermehrtes Training oder eine veränderte Belastung, benötigen sie für die Anpassung wesentlich länger. Im Gegensatz dazu sind Muskeln schneller aufzubauen. Dies sollten die Reiter beim Trainieren ihrer Pferde berücksichtigen.

Einige Sehnen werden von Sehnenscheiden als schützende Hülle umgeben. Sehnenscheiden sind schlauchförmige, mit Flüssigkeit gefüllte Hüllen, die meist mehrere Sehnen umgeben, um sie vor Druck und Reibung zu sichern. Die Beugesehnen mit ihrem langen Verlauf über die Fußwurzeln und die Zehengelenke sind ein typisches Beispiel dafür. Ein weiterer Schutz für die Sehnen sind untergelagerte Schleimbeutel. Damit die Sehnen in der Sehnenscheide bzw. über Schleimbeutel gut und reibungsfrei gleiten können, bilden diese Synovia (Gelenkflüssigkeit) aus, die wie eine Art Gleitmittel wirkt.

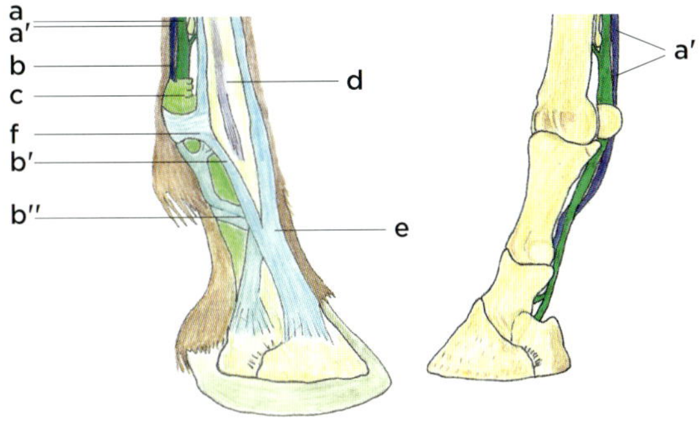

Schematische Darstellung der Sehnen, einiger Bänder und der Sehnenscheide an der Pferdezehe: Die langen Beugesehnen (a, a') entlang der Pferdebeine bis zur Zehe hinunter, müssen besonders im unteren Bereich geschützt werden. Sie würden sonst leicht eingeschnürt werden, da das Fesselringband (c) und die Fesselplatte (f) stramm sitzen. Hinzu kommt, dass die tiefe Beugesehne (a) um das Strahlbein herum die Richtung ändert und am Hufbein ansetzt. Mit der Fesselbeugesehnenscheide (b, b', b'') sind die Sehnen gut geschützt. Im vorderen Bereich ist die gemeinsame Strecksehne (e) und die seitliche Strecksehne (d) zu sehen.

1.2.3 Sehnenbeine, Gleichbeine, Sesambeine

In einigen Sehnen und einigen Gelenkkapseln haben sich im Laufe der Entwicklungsgeschichte die Sehnenbeine ausgebildet. Diese auch als Sesambeine oder Gleichbeine bezeichneten kurzen Knochen haben wichtige Aufgaben. Sie sollen die Gelenkfläche vergrößern und die Reibung der Sehnen herabsetzen. Sie dienen dazu, die Richtung der Sehnen zu ändern oder die Hebelwirkung der Muskeln oder Sehnen zu vergrößern. Beim Pferd gibt es, im Gegensatz zu den anderen Haussäugetieren, nur noch jeweils zwei Gleichbeine am Fesselgelenk und eines am Hufbein bzw. Hufgelenk, welches als Strahlbein bezeichnet wird. Das größte Gleichbein überhaupt ist die Kniescheibe. Die Gleichbeine, die mit zum Fesselgelenk gehören, sind aber auch Teil des Fesselträgers.

1.2.4 Fesseltrageapparat und -mechanismus

Die normale Stellung des Fessel-, Kron- und Hufbeins in der Überstreckung benötigt einen starken Halteapparat. Dieser wird gebildet aus einem zu einer Sehne umgebauten Muskel **(Interosseus medius)**, den Gleichbeinen, die durch eine verknorpelte Sehnenplatte miteinander verbunden sind, und dem Bandapparat der Gleichbeine. Die breite Sehnenplatte, Teil des Fesselträgers *(s. Zeichnung links)* entspringt am Röhrbein zwischen den Griffelbeinen und zieht zwischen dem Röhrbein und der tiefen Beugesehne abwärts. In Höhe der Gleichbeine teilt sich die Sehne in zwei Anteile und umfasst das Fesselgelenk bis zum Kronbein. Zwei abzweigende Schenkel verbinden die Sehnenanteile mit der gemeinsamen Strecksehne. All diese Sehnen, die Gleichbeine und Bänder stellen einen gemeinsamen Tragegurt dar, der das Fesselgelenk in Ruhe fixiert sowie in Bewegung vor Überstreckung schützt. Die Sehne des Fesselträgers ist eine der drei großen Sehnen (neben der oberflächlichen und tiefen Beugesehne) hinter dem Röhrbein und von der Seite als fingerdicker Strang zu erkennen.

1.2.5 Spannsägenkonstruktion

Im Bereich des Knie- und Sprunggelenks sorgt ein Verbindungssystem von Sehnen in Ruhe und in Bewegung für die Stabilisation und Gleichschaltung dieser beiden Gelenke, die sogenannte Spannsägenkonstruktion. Dabei handelt es sich um ein interessantes System aus zwei sehnigen Strängen, vorn und hinten, die beide Gelenke miteinander verkoppeln. Beugt das Pferd das Kniegelenk, so wird durch die Verbindung automatisch auch das Sprunggelenk mitgebeugt. Das Gleiche gilt für die Streckung. Es ist also im gesunden Zustand nicht möglich, das Knie zu beugen und gleichzeitig das Sprunggelenk zu strecken.

Kann Ihr Pferd sein Bein dennoch in dieser Weise bewegen, so ist eine der beiden Sehnen gerissen.

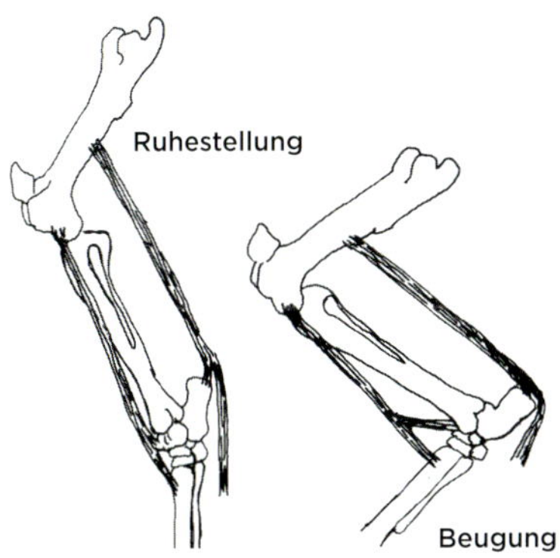

C

2. Anzeichen für Probleme an den Beinen

2.1 Lahmheiten der Pferde

Geht ein Pferd lahm, so ist dies ein deutliches Anzeichen dafür, dass das Pferd Schmerzen hat. Meist ist die Gesundheit und/oder Funktion eines oder mehrerer Beine gestört. Es könnte jedoch auch eine andere Ursache vorliegen, die lediglich in den Beinen ihren Ausdruck findet. Eine der häufigsten Ursachen für Lahmheiten, die nicht von den Beinen herrühren, sind Wirbelsäulen- oder Muskelprobleme (z.B. Kreuzverschlag). Seltener führen auch Bauchschmerzen zu Lahmheiten. Daneben gibt es immer wieder Haltungs- oder Verspannungsprobleme, Vergiftungen sowie Infektionen wie Borreliose oder Borna, deren Begleitanzeichen Lahmheiten oder ein unsicherer Gang sind. Die Lahmheit kann also auch ein allgemeines Anzeichen einer Erkrankung sein. Dieses Kapitel behandelt die Lahmheiten, deren Ursachen im Bereich der Beine zu finden sind.

Pferde, die starke Schmerzen in einem Bein haben, versuchen es auch in Ruhe zu entlasten. In den meisten Fällen jedoch wird eine Lahmheit erst in Bewegung erkennbar. Eine Lahmheit kann plötzlich und ohne Vorzeichen entstehen oder sich lange vorher dadurch ankündigen, dass das Pferd bei schnelleren Gangarten nicht mehr gleichmäßig antritt. Auch ein steifer und klammer Gang kann Vorbote einer Lahmheit sein. Nach ihrer Intensität wird die Lahmheit in gering-, mittel- und hochgradig eingeteilt. Dabei werden verschiedene Arten von Lahmheiten unterschieden, die Stützbeinlahmheit, die Hangbeinlahmheit sowie die gemischte Lahmheit. Seltener tritt die intermittierende Lahmheit auf.

Eine **Stützbeinlahmheit** zeigt sich, wenn das Belasten der Gliedmaße schmerzt. Während des Vorführens kann ein aufmerksamer Beobachter erkennen, auf welchem Bein ein Pferd lahm geht. Das Pferd belastet das gesunde Bein stärker als das kranke. Es versucht so kurz wie nur irgend möglich Gewicht auf das kranke Bein zu legen und fällt quasi auf das gesunde Bein. Deshalb klingt der Hufschlag des gesunden Beines lauter. Zudem wird es länger belastet. Betrifft die Lahmheit ein Vorderbein, senkt das Pferd den Kopf beim Auffußen des gesunden Beines und hebt ihn, wenn das kranke Bein auffußt. Dies soll den Schwung geben, das kranke Bein nur kurz und mit wenig Gewicht zu belasten und das Gewicht auf die gesunde Gliedmaße zu verlagern. Das Pferd nickt quasi mehr oder weniger deutlich beim Gehen. Betrifft die Lahmheit die Hintergliedmaße, senkt es die Kruppe beim Auftreten des gesunden Beines stärker, da es das kranke Bein entlasten will. Diese Lahmheit ist auf hartem Boden besser zu sehen. Die häufigsten Ursachen einer solchen Lahmheit sind im Bereich der Knochen, Gelenke, Hufe oder Beugesehnen zu finden. Dabei ist oft der untere Beinbereich betroffen.

Eine **Hangbeinlahmheit** tritt auf, wenn das Vorführen der Gliedmaße schmerzt. Bei einer solchen Lahmheit kann der Beobachter erkennen, dass das Pferd die kranke Gliedmaße so kurz wie möglich vorsetzt. Das Bein selbst wird nicht in der gleichen schwungvollen Weise wie auf der gesunden Seite nach vorn geführt. Das oben beschriebene Nicken von Kopf und Hals und das Absenken der Kruppe ist auch bei dieser Art der Lahmheit zu beobachten. Eine Hangbeinlahmheit wird meist durch Probleme der Strecksehne, des Schleimbeutels oder der Muskeln, die das Bein vorführen, ausgelöst. Meist ist der obere Bereich des Beines betroffen. Im Gegensatz zur Stützbeinlahmheit ist diese auf weichem Boden leichter zu erkennen. In vielen Fällen ist es für den Laien jedoch nicht möglich, Lahmheiten so genau zuzuordnen.

Sind Komponenten beider Arten enthalten, so spricht man von einer **gemischten Lahmheit**. Manchmal wird durch die Erkrankung eines Beines die andere Seite übermäßig belastet. So kann auf dieser vormals gesunden Seite ebenfalls eine Lahmheit, eine Überlastungslahmheit entstehen. Eine Lahmheit, die immer wieder in unregelmäßigen Abständen auftaucht, aber auch symptomlose Phasen aufweist, nennt man **intermittierende Lahmheit**. Sie ist z.B. als Folge des Blutwurmbefalls *(s. Seite 340 f.)* bekannt.

2.2 Diagnose der Lahmheit

Eine Lahmheit und deren Ursache zu erkennen, ist meistens sehr schwierig. Insbesondere, wenn der Tierarzt das Pferd im lahmenden Zustand zum ersten Mal sieht und/oder die Ursache nicht im Bereich der Gliedmaßen liegt. Folgende Möglichkeiten können ihm bei der Diagnosestellung helfen.

Allgemeine Untersuchung und Beugeproben: Um eine Lahmheit genau zu diagnostizieren, wird sich der Tierarzt das Pferd genauestens ansehen. Er wird es im Stall ansehen, seine ersten Schritte beobachten und sich das Pferd im Schritt und Trab vorführen lassen. Er wird begutachten, wie sich die Lahmheit darstellt, ob das Pferd einer engen Wendung ausweicht oder nicht. Die praktische Untersuchung beginnt am Huf. Dieser wird durch Betasten, Beklopfen sowie Beugen und Strecken untersucht. Ist am Huf nichts festzustellen, so folgt eine genaue Untersuchung der Krone, der Fessel und des gesamten Beines aufwärts. Ebenso wie der Huf wird auch das Bein angesehen, betastet und in alle Richtungen bewegt. Wichtig sind dabei alle Schwellungen, Verletzungen, Schmerzreaktionen sowie Unterschiede in Puls und Temperatur. Es folgen Beuge- und Streckproben zur weiteren Diagnosestellung. Anschließend werden die Gelenke auf Schwellungen, Füllungszustand und Auftreibungen hin abgetastet. Ist an den Beinen nichts Krankhaftes zu finden, das eine Lahmheit erklären könnte, so wird Ihr Tierarzt den Körper des Pferdes von vorn nach hinten hin untersuchen. Die Ursache einer Lahmheit muss, wie Sie ja nun wissen, nicht zwangsläufig im Bereich der Beine liegen.

Vorbericht: Parallel zu den Untersuchungen wird der Tierarzt von Ihnen einen detaillierten Vorbericht erfragen. Neben allen Informationen über und rund um das Pferd, wie Beschlag, bisherige Krankheitsgeschichte, Lebensbedingungen des Pferdes, Fütterung, Harn- und Kotabsatz wird er wissen wollen, wann und wie die Lahmheit das erste Mal aufgetreten ist, unter welchen Bedingungen und was Sie bisher unternommen haben.

Spezielle Untersuchungen: Kommt der Tierarzt durch die körperliche Untersuchung zu keinem eindeutigen Ergebnis oder möchte er ein bestimmtes Ergebnis bestätigen, so muss er weitere Untersuchungsmethoden anwenden. Durch eine diagnostische Anästhesie, bei der bestimmte Bereiche des Beins nacheinander von unten nach oben betäubt werden, kann der schmerzende Bereich am Bein eingegrenzt werden.

Durch eine **Blutuntersuchung** kann eine Infektion ausgeschlossen werden. Eine **klinisch-chemische Untersuchung des Blutes** gibt Einblick in das innere Milieu des Körpers, hier werden unter anderem Enzyme wie die Muskelenzyme, Elektrolyte und Spurenelemente bestimmt. In weiteren **Laboruntersuchungen** wie beispielsweide durch die Untersuchung des Nervenwassers *(Liquors)* oder der Gelenkflüssigkeit *(Synovia)* können Grunderkrankungen identifiziert werden, die zu Lahmheiten führen können. Hat der Tierarzt bereits einen Verdacht, so kann er diesen durch **Ultraschall** (Muskeln und Sehnen) oder **Röntgenaufnahmen** (Knochen) verifizieren. Eine **Computertomografie** (CT) ist eine schichtweise Röntgenuntersuchung (besonders der Knochen, aber auch Weichteile), über die inzwischen viele Tierkliniken in Deutschland verfügen.

Einige Tierkliniken haben sogar die Möglichkeit der **Kernspintomografie bzw. Magnetresonanztomografie (MRT)**, einer Aufnahmetechnik mit Schnittbildern, die ohne Röntgenstrahlung arbeitet und die im Gegensatz zur CT die Weichteile gut, die knöchernen Anteile etwas schlechter dargestellt. Leider können bei einem erwachsenen Pferd jedoch nur die Beine (im Stehen) oder der Kopf-Hals-Bereich darstellt werden. Eine **Kontrastmittelgabe** verbessert die Darstellung bestimmter Details bei CT und MRT. Das wird nicht in dem Maße genutzt wie bei den Kleintieren, da ja die Organe oder die Wirbelsäule beim Pferd leider nicht so gut darstellbar sind. Allerdings gibt es neuere Untersuchungen über die Anwendung von Kontrastmitteln in der CT bei Sehnen- und Banderkrankungen.

Eine **Angiografie** ist die Kontrastmitteldarstellung von Blutgefäßen. Dies ist eine sehr wertvolle Hilfe bei allen Erkrankungen, die mit Durchblutungsveränderungen einhergehen. Interessant sind sie speziell bei akuter und chronischer Hufrehe, Podotrochlose oder Sehnenerkrankungen.

Eine **Thermografie** gibt genaue Auskunft über entzündete Bereiche im Körper des Pferdes. Diese Untersuchungsmethode stellt bereits kleine Temperaturunterschiede im Gewebe fest, die elektronisch verstärkt und aufgezeichnet werden.

Eine weitere Methode zur Erkennung von erkranktem Körpergewebe ist die **Szintigrafie**. Dabei wird dem Körper eine bestimmte Menge Radionuklide verabreicht. Dieser Stoff sendet Strahlen aus, die mit einer Apparatur, dem Szintigrafen, aufgezeichnet und in ein Bild umgewandelt werden. Ein krankhaftes Gebiet zeichnet sich dadurch aus, dass es entweder unfähig ist, diesen Stoff zu speichern

C

oder dass sich besonders viel des Stoffes anreichert. Betrifft das Problem ein Gelenk, so kann die **Untersuchung von Gelenkflüssigkeit** sowie eine **Arthroskopie**, bei der der Tierarzt in das Gelenk sehen kann, Aufschluss geben.

2.3 Geschwollene Beine

Pferdebeine können aus den verschiedensten Gründen anschwellen. Bei vielen Pferden, die nicht ausreichend bewegt werden, sackt der Kreislauf leicht ab und das Blut fließt etwas langsamer durch den Körper. So kann die Gewebsflüssigkeit leichter durch die Wände der Blutgefäße dringen und sich im Unterhautgewebe ansammeln, die Beine schwellen an. Auch eine sehr eiweißreiche Ernährung oder ein abrupter Futterwechsel kann zu solchen Ödemen führen. Hinterbeine schwellen häufiger an als Vorderbeine, da sie weiter vom Herzen entfernt sind und die Durchblutung hier eher stagniert. Diese Schwellungen sind jedoch nicht schmerzhaft. Um ein Ödem von einer Entzündung zu unterscheiden, drücken Sie mit einem Finger fest auf eine solche Schwellung. Besteht die Schwellung aus im Gewebe eingelagerter Flüssigkeit, so bleibt auch nach Wegnahme des Fingers der Eindruck noch eine Weile bestehen. Eine entzündliche Schwellung oder eine Phlegmone ist schmerzhaft, vermehrt warm und nicht eindrückbar. Werden die Pferde bewegt, kommt die Durchblutung wieder in Gang und die Flüssigkeit wird wieder abgebaut. Schwellen Pferdebeine nicht spätestens nach drei Tagen regelmäßiger Bewegung ab, ist das Pferd einem Tierarzt vorzustellen. Auf das Einbandagieren der Beine in der Box sollten die Reiter verzichten, denn die Bandage schwächt das Bindegewebe noch mehr, da sie ihm die Stützfunktion abnimmt. Besser ist es, die Durchblutung mittels Kühlung, regelmäßigem Abspritzen, Kühlgel, Heilkräutern, Akupunktur oder homöopathischen Präparaten wieder in Gang zu bringen. Wenn von tierärztlicher Seite abgeklärt werden konnte, dass keine Erkrankung die Ursache für die angeschwollenen Beine Ihres Pferdes ist, so können Sie mit Ihrem Pferd eine Kräuterkur mit harntreibenden Heilkräutern machen. Dazu stellen Sie sich eine Mischung aus 100 g Brennnesseln, 80 g Birkenblättern, 100 g Löwenzahnwurzeln, 100 g Löwenzahnblättern, 100 g Klettenwurzeln, und 60 g Hauhechel her. Davon geben Sie Ihrem Pferd über einen Zeitraum von etwa 4 Wochen täglich 50 g mit dem Futter. Die anderen Maßnahmen, wie regelmäßige Bewegung, Abspritzen und Kühlen sowie Akupressur und Tuina-Bahandlung sollten parallel zur Kräuterkur erfolgen. Weitere Ursachen für Schwellungen an den Beinen sind Entzündungen. Typische Anzeichen dafür sind neben der Schwellung Wärme und Schmerzhaftigkeit. Entzündungen können mit und ohne bakterielle Beteiligung ablaufen. Sterile Entzündungen, so nennt man Entzündungen ohne Erregerbeteiligung, können sich jedoch auch nachträglich noch infizieren. Dann breitet sich eine solche Infektion meist großflächig aus, wie es bei der Phlegmone der Fall ist. Schwellungen an den oberen Bereichen der Beine können durch Erkrankungen der Muskulatur entstehen.

3. Vorbeugende Maßnahmen und Behandlungstipps

3.1 Allgemeine Vorbeugung

Die Beine der Pferde sind sehr verletzungsanfällig. Dies gilt insbesondere nach längeren Ruhepausen, weil weder die Muskulatur noch die Bänder oder Sehnen auf plötzliche stärkere Belastung eingestellt sind. Dies gilt im besonderen Maße auch für die Gelenkflüssigkeit *(Synovia)*. Sie ist eigentlich darauf ausgerichtet, dass das Pferd den ganzen Tag in Bewegung ist. Wenn die Pferde jedoch länger stehen, und seien es die 21 Stunden, die sie in der Box auf den Reiter warten, dann wird das Gelenk schlechter durchblutet und die Gelenkflüssigkeit wird zäher. Wenn das Pferd kaum Gelegenheit hatte, sich vor der Arbeit bzw. Belastung warm zu laufen, ist die Synovia noch nicht richtig geschmeidig. Der Knorpel hatte dann kaum Gelegenheit, sich richtig zu ernähren und alle Abfallstoffe loszuwerden, und die Gelenkflächen reiben aufeinander. Das kann zu Schäden am Knorpel führen. Ähnliche Probleme haben auch die Sehnen und Bänder. Auch sie müssen vorab durch eine längere Schrittphase zu Beginn (Minimum 15 Minuten) aufgewärmt werden, andernfalls kommt es schnell zu Überanstrengungen. Im Anschluss an die Schrittphase muss das Pferd dann gründlich gelöst und gymnastiziert werden. Passen Sie die tägliche Arbeit dem Ausbildungsstand und der Konstitution des Pferdes an. Trainieren Sie die Pferdebeine langsam und regelmäßig, so werden die Knochen und Sehnen belastbarer und sind weniger anfällig für Verletzungen. Regelmäßige, vernünftige und vielseitige Bewegung ohne sogenannte Stehtage sind wichtig für Ihr Pferd. Ermöglichen Sie ihm wenigstens stundenweise Koppelgang mit Pferden, mit denen es sich gut versteht. Dazu ist eine ausgewogene Fütterung mit ausreichend Vitaminen, Mineralstoffen und Spurenelementen unerlässlich. Großen Einfluss auf die Gesundheit der Beine haben ebenfalls die Hufpflege, das regelmäßige Zurichten der Hufe bzw. der Beschlag.

3.2 Steigerung der Abwehr, Verbesserung des Allgemeinzustands und der Durchblutung

Heilkräuter wie Brennnessel, Sonnenhut, Ringelblumen, Grüner Tee und Hagebutte sowie Apfelessig stärken die Abwehr und versorgen den Pferdekörper zusätzlich mit wichtigen Vitaminen und Mineralstoffen. **Akupressur**, über 3 bis 4 Wochen angewandt, kann die Widerstandskraft Ihres Pferdes steigern. Akupressieren Sie zweimal täglich Di 4 und Di 11 (leiten den Wind aus, stärken die Abwehr), Gb 20 (stärkt die Abwehr, leitet den Wind aus und stillt Juckreiz), Ni 3 (stärkt die Abwehrkräfte) und MP 6 (stärkt die Mitte). Die **Bachblüten-Essenzen** sind Larch und Crap Apple in Kombination mit Clematis und Chestnut Bud.

Bei schlechtem Allgemeinzustand sowie häufig angelaufenen Beinen helfen Apfelessig, Klette und Brennnessel sowie Birkenblätter. Sie reinigen das Blut und fördern die Ausscheidung der wässrigen Abfallprodukte im Körper. **Streichelmassagen**, bei denen Sie mit den Fingerspitzen und leichtem Druck in kreisenden Bewegungen durch das Fell der Beine fahren und es nach oben hin ausstreichen, regen das Lymphgefäßsystem der Haut an und helfen beim Abtransport der Abfallstoffe. Daneben fördern sie auch die Durchblutung. Auch hier hilft die Akupressur weiter. Wenn Sie nicht bereits die zuvor genannten Punkte bearbeiten, wählen Sie die Punkte Ma 36 (baut auf, stärkt das Qi), Ni 3 und MP 6.

3.3 Nach Auftreten der Erkrankung

Lassen Sie dem Beinschaden Zeit zum Ausheilen. Nichts ist schlimmer, als ein Pferd z.B. mit Knochenbruch, -fissur, Sehnenschaden, Knochenwucherungen oder Ähnlichem wieder zu früh zu belasten. Das soll keinesfalls bedeuten, dass Ihr Pferd absolute Boxenruhe einzuhalten hat. Je nach Erkrankung, abgesehen vom Knochenbruch, können Sie es nach wenigen Tagen problemlos spazieren führen, manchmal sogar im Schritt spazieren reiten. Aber haben Sie Geduld. Während dieser Zeit sollten Sie noch einmal die gesamten Haltungs- und Fütterungs-, aber auch die Trainingsbedingungen überdenken. Könnte hier die Ursache für den Schaden zu finden sein?

Eine Therapieform, die Beinschäden und -erkrankungen vorbeugen und die Heilung unterstützen kann, ist die **Physiotherapie**. Sie kann sehr gut mit den Heilpflanzen und der Akupressur kombiniert werden. Neben verschiedenen Dehnungs- und Massagetechniken, die Sie selbst anwenden können, gibt es noch weitere Therapiemethoden, die nur von einem entsprechend ausgebildeten Fachmann durchgeführt werden dürfen.[1] Die **Magnetfeldtherapie** als weitere Therapieform eignet sich bei Knochenbrüchen und -fissuren, Arthrosen, Überbeinen und Muskelverspannungen. **Ultraschall** wird zur Behandlung von Sehnen- und Bänderverletzungen, Schleimbeutelentzündungen und Arthrosen eingesetzt. Die **Laserbehandlung** wird in Form eines Punktlasers häufig in der Akupunktur zur Stimulation bestimmter Punkte verwendet, beispielsweise zur Durchblutungssteigerung oder auch zur Schmerzlinderung. Als Laserdusche oder Flächenlaser kann ein Laser jedoch wirkungsvoll zur lokalen Wundheilung eingesetzt werden.

Die **Stoßwellentherapie** (Verabreichung von gebündelten Ultraschalldruckwellen) wird eingesetzt bei Arthrosen, Spat, verschiedenen Bandansatzproblemen, Überbeinen, Stressfrakturen, subchondralen Knochenzysten[2] und speziellen Strahlbeinproblemen. Da die Therapie jedoch auch Einfluss auf die Schmerzen nimmt, verbietet die FEI international bzw. die FN national ihren Einsatz bis zu 5 Tage vor einem Turnier.

1 Literaturempfehlung: Kleven, Helle Katrine: Biomechanik und Physiotherapie für Pferde. FNverlag 2017 .

2 Erklärung: Subchondrale Knochenzyste – dies ist eine flüssigkeitsgefüllte Blase, die vom Knochen unterhalb des Knorpels ausgeht. Oft ist es ein Anzeichen der frühen Phase einer Arthrose.

C

3.3.1 Fütterung vorsorglich und nach Ausbruch der Erkrankung

Vorsorgliche Fütterung

Die Vorsorge für Erkrankungen im Bewegungsapparat, speziell für Erkrankungen der Beine, beginnt schon im Fohlenalter! Eigentlich sogar schon bei der Mutterstute, denn nur wenn sie richtig versorgt wurde, konnte sie ihrem Nachwuchs alles geben, was dieser zur gesunden Anlage aller Organe sowie einem gesunden aktiven und passiven Bewegungsapparat braucht. Nach der Geburt ist die erste Milch (Kolostrum) besonders wichtig. Sie versorgt das Fohlen neben den Abwehrstoffen vor allem mit Mineralien, Spurenelementen und Vitaminen, darunter auch Vitamin D, die das Fohlen zu einer gesunden Knochenentwicklung braucht. Störungen an den Knochen, Sehnen und Bändern kommen häufiger bei den schnell wachsenden Fohlen großer Rassen vor. Eine zu intensive Fütterung und in deren Folge zu schnelles Wachstum gelten als Hauptursachen für Entwicklungsstörungen an den Knochen. Klinisch zeigen sich die Störungen später als Stellungsfehler, die zu degenerativen Veränderungen führen können, oder als Umfangsvermehrungen an den Gelenken, speziell am Vorderfußwurzelgelenk. Nicht selten zeigen sich entzündliche oder nicht entzündliche Veränderungen am Knochen- und Knorpelgewebe, die im erwachsenen Alter Grundlage für degenerative Veränderungen sind. Spezielle ernährungsbedingte Gelenkprobleme entstehen neben der übermäßigen Fütterung durch Kupfermangel im Futter (Osteochondrosen) und Fehler bei der Ca-Phosphor-Fütterung (Knochenmineralisierung).

Vermeiden Sie auch bei erwachsenen Pferden eine Überfütterung, da das Übergewicht die Gelenke zu stark belastet. Füllen Sie eventuell vorhandene Lücken im Vitamin- und Mineralstoffhaushalt wieder auf. Achten Sie auf ein gutes Ca-P-Verhältnis, es sollte zwischen 1:1 und 3:1 liegen. Ihr Pferd sollte immer etwas mehr Calcium als Phosphor erhalten. Im normalen Futter ist meistens ausreichend viel Phosphor enthalten, jedoch zu wenig Calcium (s. u.). Eine Fütterung von 2 kg Leguminosenheu (Klee, Luzerne, Esparsette) täglich stellt eine ausreichende Ca-Versorgung sicher. Viele Pferdehalter füttern schon vorsorglich knorpelschützende Substanzen wie z.B. Kollagen, Gelatine, Glucosaminoglykane (GAG), Chondroitin etc. Über die Wirksamkeit, Dosierung und Nebenwirkungen dieser Substanzen gibt es bislang wenige Studien.[3]

Fütterungstipps bei einer Erkrankung

Erkrankungen des Bewegungsapparats, genauer der Beine, werden meistens durch Verletzungen, Überlastung oder Abnutzungen ausgelöst. Die Fütterung ist dabei insbesondere vorsorglich, aber auch begleitend von Bedeutung.

Wenn im Futter zu viele Anionen wie Phosphor (P), Chlor (Cl) und Schwefel (S) und zu wenige Kationen wie Calcium (Ca), Magnesium (Mg), Kalium (K) und Natrium (Na) sind, wird der Körper versuchen, dies auszugleichen. Das kann er aber nur, wenn er Calcium aus dem Knochen freisetzt. Die Versorgung mit Ca ist bei konventioneller Heu- und Getreide-Fütterung oft nicht ausreichend. Dies liegt daran, dass sich im Getreide und Heu wenig Ca befindet, besonders wenn das Gras früh geschnitten ist und nicht viel Klee oder Kräuter enthält. Werden dann noch zusätzlich Futtermittel wie Weizenkleie oder Ölsaaten (Sesam, Leinsaat, Kürbiskerne, Sonnenblumenkerne, usw.) gegeben, die Phytinphosphor[4] enthalten, wird das schlechte Ca-P-Verhältnis durch den Phosphorüberschuss noch enger. Wenn der Körper Ca aus dem Knochen freisetzt, dann direkt unter der Knochenhaut, so füllt es sich mit Bindegewebe. Durch Zug an den Ansatzstellen der Sehnen entstehen Schmerzen, die sich in Lahmheiten zeigen. An belasteten Stellen entwickeln sich Knochenauftreibungen und Entzündungen.[5] Zu den ersten Anzeichen eines akuten Calciummangels oder Phosphor-Überschusses zählen Lahmheiten und Gangunsicherheiten. Prüfen Sie das Futter auf ausreichende Calciumgaben. Falls zu wenig enthalten ist, kann Leguminosenheu (Klee-, Luzerne-, Esparsetteheu/-cobs) Abhilfe schaffen. Treten solche Lahmheiten auf trotz guter Ca- und P-Werte und gutem Ca-P-Verhältnis, prüfen Sie das Mangan. Bei einem in einer Blutuntersuchung nachgewiesenen Mangel an diesem Spurenelement können ähnliche Probleme auftreten. Während oder nach einer

3/5 Vgl. Meyer, H. und Coenen, M.: Pferdefütterung. Enke Verlag 2014.

4 Erklärung: Phytinphosphor findet sich in Getreide und Getreidenachprodukten und kann im Gegensatz zu anderen Tierarten von Pferden aufgenommen werden, wenn er durch die Darmflora aufgespalten wird.

Beinerkrankung sollten Sie Ihrem Pferd einen etwas höheren Proteinanteil im Futter gönnen, damit es die Schäden gut reparieren kann. Mehr Protein in die Fütterung bekommen Sie durch die Gabe von Leguminosenheu, Leinsamenextraktionsschrot oder Sojaextraktionsschrot. Die Proteine dieser beiden Futtermittel enthalten wertvolle essenzielle Aminosäuren. Dazu eignet sich die Fütterung von Mash, das mit Kräutern aus dem nachfolgenden Unterkapitel ergänzt werden sollte. Bei der Fütterung von Leinsamen-, Sojaextraktionsschrot oder Mash muss allerdings das Ca:P-Verhältnis beachtet werden. Achten Sie auf eine angepasste Energiezufuhr bei der Erkrankung. Je weniger Ihr Pferd arbeiten kann, desto weniger Energie sollte es bekommen. Ersetzen Sie einen großen Teil des Kraftfutters durch eingeweichte, zuckerfreie Rübenschnitzel. Zur Entzündungshemmung eignet sich die Gabe von Omega-3-Fettsäuren (Leinöl, bis zu 20 bis 30 ml/100kg KGW). Bei der Gabe von Pflanzenöl bedenken Sie bitte, dass diese Menge an Öl der Energie von etwa 420 bis 630 g Hafer entspricht[6], die Sie dann weniger füttern müssen.
Neuseeländischer Grünlippmuschelextrakt und Teufelskralle können bei Erkrankungen der Gelenke beispielsweise bei akuter und chronischer Arthritis bzw. Arthrose hilfreich sein. Neben der Entzündungshemmung wirken sie stark schmerzlindernd. Über die Gabe von 2 bis 3 EL Schwarzkümmelöl oder Nachtkerzenöl erzielen Sie ebenfalls eine Entzündungshemmung.

3.3.2 Heilmittel/Heilkräuter

Heilkräuter lassen sich hervorragend mit anderen Behandlungsmethoden kombinieren. Bei der Behandlung von Knochen-, Gelenk- und Sehnenschäden können sie sehr hilfreich sein. Dabei werden meist zuerst Kräuter gefüttert, die die akute Entzündung bekämpfen. Dann folgen Kräuter, die den Kreislauf anregen, die Durchblutung fördern und so eine bessere Versorgung des lädierten Gebietes erreichen. Zudem werden die Abfallstoffe schneller entsorgt. Zusätzlich können Kräuter ergänzt werden, die das Blut reinigen und den Lymphfluss anregen.

Bei tragenden Stuten seien Sie bitte vorsichtig mit Heilkräutern, damit gibt es wenig bis keine Erfahrung. Sprechen Sie immer erst mit dem behandelnden Tierarzt oder Heilpraktiker.

- **Entzündungshemmende Pflanzen:**
  Mädesüß, Teufelskralle, Weißweide, Kamille, Arnika, Beinwell, Brennnessel und Sonnenhut Äußerlich: Bockshornkleesamen (auch innerlich), Beinwell, Johanniskrautöl, Arnika
- **Erhöhen die Durchblutung:**
  Brennnessel, Grüner Tee, Weißdorn und Buchweizen. Äußerlich: Beinwell, Lorbeeröl, Rosmarinöl, Meerrettich (frisch gerieben als Auflage, zunächst nur kurz beginnen, ca. 3 bis 5 Minuten)
- **Unterstützen Kreislauf und Lymphsystem, besserer Abtransport der Giftstoffe, abschwellend (Arthrose, Arthritis):**
  Beinwell, Buchweizen, Brennnessel, Klette, Klebkraut, Rosmarin und Weißdorn
- **Lindern Schmerzen bei Arthrose:**
  Teufelskralle, Extrakt der Grünlippmuschel, Weißkohlumschlag
- **Arthrosen und rheumatische Probleme:**
  Weide, Birke, Brennnessel, Löwenzahn, Wacholder, Hauhechel, Mädesüß und Hagebutte, Weidenrindentee: 1 TL Weidenrinde mit ¼ l kaltem Wasser übergießen und aufkochen, 5 Minuten ziehen lassen, abseihen. Äußerlich: Weißkohlumschlag, Bockshornkleesamenpulver
  Chronische Sehnen-, Gelenksentzündungen:
  Innerlich: Mädesüß, Hagebutten, Brennnessel, Grüner Tee
  Äußerlich: Lorbeeröl, Beinwell, Bockshornkleesamen, Weißkohl und Arnika
- **Kräftigen den Gelenkknorpel und verbessern die Beschaffenheit der Gelenkschmiere:**
  Ackerschachtelhalm, Beinwell, Goldrute und Schlüsselblume. Die tägliche Fütterung von Gelatine (30 g täglich) über wenigstens 3 Monate hilft beim Regenerieren des Gelenkknorpels.
- **Auffüllen von Vitaminen und Mineralstoffen nach Verletzungen der Knochen oder Muskeln:**
  Klebkraut, Blasentang, Löwenzahn, Beinwell, Quecke, Brennnessel, Brunnenkresse, Kapuzinerkresse, Knoblauch, Möhren, Bananen, Schafgarbe, Mädesüß, Bockshornkleesamen, Hagebutten, Petersilie und Obstessig

6 Erklärung: Wenn 20 bis 30 ml/100 kg KGW gefüttert werden, sind dies bei einem 600-kg-Pferd 120 bis 180 ml täglich. Ein kg Pflanzenöl hat 38,4 MJ umsetzbare Energie (uE), 120 ml haben 4,6 MJ uE und 180 ml entsprechen 6,9 MJ uE. Ein kg Hafer enthält 11 MJ uE.

C

- **Enthalten sowohl Calcium als auch Phosphor:** Mohrrüben, Futterrüben, Lupinen, Apfeltrester, Brunnenkresse, Mädesüß und Obstessig
- **Enthalten viel Calcium:** Esparsette und Luzerne als Cobs oder Pellets, Klee, Kleeheu und kräuterreiches Heu, Klebkraut, Löwenzahn, Kamille, Sesam, unmelassierte Trockenschnitzel und Melasseschnitzel
- **Enthalten viel Phosphor:** Getreide, Leinsaat, Nachprodukte der Ölsamenverarbeitung wie Extraktionsschrot von Sonnenblumen und Sojabohnen, Weizenkleie, getrockneter Biertreber und Bierhefe, Malzkeime oder Haferfutterflocken
- **Äußerlich gegen Blutergüsse und Entzündungen, auch bei Muskelschäden:** (Arnika und Beinwell als Umschlag oder Angussverband), mit Olivenöl verdünntes Lavendel-, Kamillen- oder Rosmarinöl für sanfte Massagen, essigsaure Tonerde oder Beinwellwurzel als Umschlag, Lorbeeröl und Leinsamenumschläge bei chronischen Entzündungen (dafür Leinsamen 20 Minuten kochen, 2 cm dicke Breiauflage, handwarm anwenden)
- **Gegen Prellungen helfen:** warme Kompressen mit Arnika oder Rosmarin (1 TL Tinktur bzw. 30 gr in 500 ml heißem Wasser, vorher an der Wange testen, ob die Temperatur stimmt), Lorbeeröl als Umschlag

C

3.3.3 Bachblüten

Bei Problemen an den Pferdebeinen helfen neben den oben genannten Heilmitteln auch Bachblüten. Lesen Sie auf *Seite 127 f.*, wie eine Einnahmemischung hergestellt wird und alles über Art und Dauer der Anwendung. Von der Einnahmemischung geben Sie Ihrem Pferd 3- bis 4-mal täglich 10 Tropfen. Die Tropfen sind problemlos im Kühlschrank aufzubewahren.

Bei spontanen, mit Schmerzen einhergehenden Problemen an den Beinen sollten Sie Ihrem Pferd am ersten Tag jede Stunde 10 **Rescue-/Notfalltropfen** in die Maulschleimhaut träufeln. Danach helfen **Elm, Hornbeam** und **Olive** gegen die körperliche Erschöpfung und zur Stärkung von Muskeln und Knochen. Crab Apple reinigt den Körper von Abfallstoffen. Die Blüte steigert die Abwehrlage und hilft gegen Entzündungen.

Bei tiefen Entzündungsgeschehen wie Arthritiden oder Sehnenentzündungen unterstützen **Crab Apple, Holly, Hornbeam, Olive** und **Elm** den Körper.

Bei oberflächlichen Entzündungen wie der Mauke ist **Crab Apple** eine hilfreiche Blütenessenz. Dazu kombinieren Sie zusätzlich **Holly** und **Scleranthus**. In schweren Fällen von Mauke und bei schlechter Heilung geben Sie **Gorse, Holly, Honeysuckle** und **Wild Oat**.

Schwache Gelenke stärken Sie mit **Hornbeam**, steife Gelenke machen Sie mit **Rock Water, Chicory** und **Pine** wieder beweglich.

Bachblüten können auch bei störender Narbenbildung an den Beinen hilfreich sein. Wollen Sie nach einer Beinverletzung die Bildung von Narben vermeiden, so träufeln Sie in eine **Rescue-Salbe** noch etwas **Walnut** und **Honeysuckle** hinein und tragen Sie eine dünne Schicht auf die abgeheilte Haut auf.

3.3.4 Akupressur

Mit Akupressur können Sie bei der Behandlung der Beinerkrankungen die Schmerzen lindern, die Heilung unterstützen, die Durchblutung verbessern und die Abwehrlage Ihres Pferdes stärken. Wichtig ist jedoch, sie bei akuten Erkrankungen sooft es Ihnen möglich ist, mindestens 2-mal täglich, über 10 Tage und bei länger andauernden Erkrankungen mindestens 5 Wochen lang 1- bis 2-mal wöchentlich anzuwenden. Sollte sich der gewünschte Erfolg nicht einstellen, gehen Sie die Punkte nochmals durch und stellen sie anders zusammen. Bei akuten Erkrankungen sollten Sie einen Akupunkteur mit hinzuziehen, um mit ihm die zu behandelnden Punkte zu besprechen. Er kann eine ordentliche chinesische Diagnostik machen und die Behandlung durch das Nadeln anstoßen. Nachfolgend nun einige kurze Erklärungen zu den einzelnen Punkten. *Lesen Sie zunächst noch einmal das Kapitel „Therapie mit Akupressur" auf Seite 88 ff.* Wählen Sie sich entsprechende Akupressurpunkte aus und stimulieren Sie diese in der dort beschriebenen Weise. Die im Anhang befindliche Tafel wird Ihnen das Auffinden der Punkte erleichtern.

Bei einer akuten Infektion wie einer Phlegmone oder einer schweren Entzündung ist die Harmonisierung des gesamten Pferdekörpers wichtig. Ihr Pferd sollte dafür keine Energien verschwenden, die es für seinen Körper in diesem Moment besser nutzen könnte. Dafür machen Sie einen Yin-Yang-Ausgleich.

Während einer Schocksituation wie einem Knochenbruch müssen Sie Ihr Pferd schnell beruhigen. Auch das erreicht der **Yin-Yang-Ausgleich**, aber auch die **Augenakupressur**. Lässt sich Ihr Pferd nicht gerne am Kopf anfassen, stimulieren Sie die Punkte KG 12, 14 und 17, ziehen Sie den **Kleinen Energiekreislauf** oder machen Sie eine **Tuina-Behandlung** des Unterbauchs. Wählen Sie aus den nachfolgend aufgeführten Punkten die für Ihr Pferd passenden aus.

Yin-Yang-Ausgleich: hat stark beruhigende Wirkung und harmonisiert Geist und Körper. Insbesondere in Notfall- oder akut schmerzhaften Situationen ist dies wichtig.

Renzhong *(s. Seite 188 f.)*: Er ist ein Extrapunkt und Teil des Yin-Yang-Ausgleichs und wirkt ausgesprochen beruhigend auf Ihr Pferd.

Yintang *(s. Seite 188 f.)*: ein Extrapunkt, der in Schocksituationen beruhigt und die Ängstlichkeit nimmt.

Di 4: ein stark schmerzlindernder und harmonisierender Punkt, der dazu noch entzündungshemmend wirkt und die Abwehr stärkt.

Di 11: Dieser Punkt steigert die Abwehr und wirkt schmerzlindernd.

Bl 60: ein besonders wirksamer Schmerzpunkt, der bei schmerzhaften Prozessen am Bein gut anwendbar ist. Er beseitigt die Hitze und belebt das Blut.

Di 16: Dieser Punkt hat einen positiven Einfluss auf Schmerzen in den Gelenken.

Le 3: Der Punkt hilft bei Krämpfen, Schmerzen und Bewegungsstörungen der unteren Beinpartie.

Le 4: Dieser Punkt ist gut einsetzbar bei lokalen Schmerzen, Spat und Sprunggelenkserkrankungen.

Ni 3: Als Zustimmungspunkt des Nieren-Meridians unterstützt Ni 3 die Verteilung des Nieren-Qi. Das stärkt das Immunsystem Ihres Pferdes und ist wichtig bei der Entgiftung Ihres Pferdes. Er ist gebräuchlich bei Schwäche und Schmerzen im Knie, Sprunggelenk und hinteren Rückenbereich.

Ma 36: Er ist der wichtigste Punkt des Magenmeridians und kann darüber lokal auf Knieschmerzen Einfluss nehmen.

Bl 40: Dieser Punkt erhöht die Antihistamin-Ausschüttung. Antihistamin hat eine wichtige Aufgabe bei der Bekämpfung von Allergien, wirkt jedoch auch stark entzündungshemmend. Bl 40 hilft gegen Schmerzen in der Rückenregion sowie der Hinterhand.

MP 3: ein Punkt, der bei Sprunggelenkserkrankungen, Sehnenentzündung, Gelenkschmerzen und Kronsaumschale hilft.

MP 4: ein Punkt, der gegen Sehnenentzündung, Arthrose und Schmerzen im Sprunggelenk eingesetzt wird und mit MP 6 zusammen stark schmerzlindernd wirkt.

MP 6: Er stärkt die Mitte, festigt die Muskulatur und ist der Meisterpunkt bei Fortpflanzungsproblemen, aber auch gegen Immunschwäche, Ödeme, Bewegungsprobleme und angelaufene Beine einsetzbar.

MP 9: ein wirksamer Punkt bei Lahmheiten im Beckenbereich, Kniegelenkentzündung und -schmerzen.

MP 21: ein Fernpunkt, der bei Hufrehe, Schmerzen am ganzen Körper und insbesondere Gelenkschmerzen, Flanken- und Rückenschmerzen hilft.

Dü 3: Der Punkt wirkt beruhigend, vertreibt Hitze, Wind und Feuchte und unterstützt die Sehnen. Er hilft bei Erkrankungen der Wirbelsäule, Lumbalgie, Arthritis und Arthrosen der Zehen- und des Vorderfußwurzelgelenks. Außerdem findet er bei Sehnenentzündungen und Schmerzen der Muskulatur Verwendung.

Dü 5: Er befreit die Oberfläche, entstaut die Leitbahn, entfernt Hitze und Nässe/Feuchte, ein Punkt gegen Fieber, Blasenprobleme, Sehnenentzündungen, Hufrollenerkrankung und Hufrehe sowie Erkrankungen und Schmerzen im Vorderfußwurzel- bzw. Karpalgelenk.

Dü 8: Bei Schmerzen entlang des Meridians, Schmerzen im gesamten Vorderbein, Schulter oder Ellenbogen wirkt dieser Punkt.

Dü 9: einzusetzen bei Schmerzen im gesamten Vorderbein und in der Schulter, überlastetem und verstauchtem Ellenbogen, Nervenproblemen im Bereich der Schulter und zur Schmerzlinderung einzusetzen.

3E 5: Dieser Punkt ist zur Linderung schmerzhafter Bewegungsstörungen im Vorderbein geeignet.

3E 14: Stimulieren Sie diesen Punkt bei Schulter- und Vorhandproblemen.

Gb 30 und 31: Diese Punkte sind gut wirksam gegen Meridianblockaden, leiten Wind und Feuchte aus, bei Ischialgien, ISG[7]- und Hüftgelenksblockaden sowie Schultergelenksproblemen der Gegenseite.

7 *Erklärung: ISG = Iliosakralgelenk, das Gelenk zwischen Kreuzbein und Becken.*

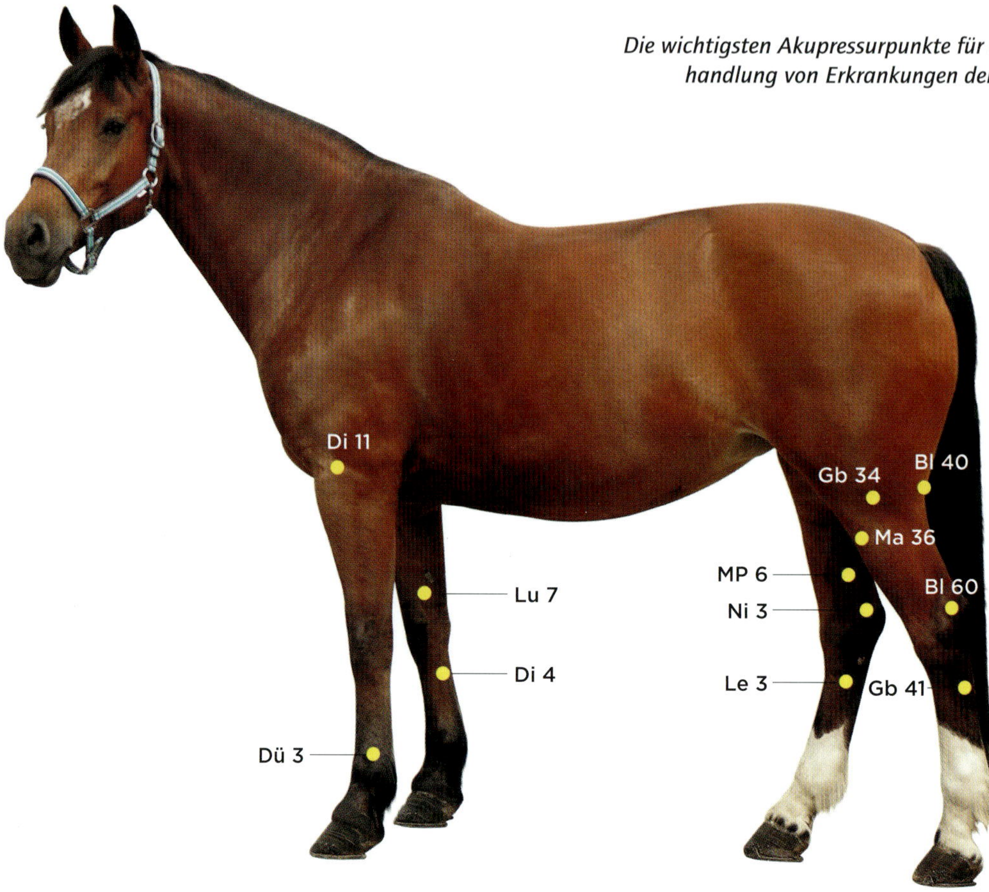

Die wichtigsten Akupressurpunkte für die Behandlung von Erkrankungen der Beine

Gb 34: Dieser Punkt macht die Sehnen und Bänder geschmeidig, unterstützt den Qi-Fluss, ist gut einsetzbar gegen Entzündungen, Schmerzen, Spasmen und Lähmungen im Bereich der Hüfte, des Kniegelenks und des unteren Hinterbeins.
KG 12: ein guter Punkt zur Beruhigung des Pferdes.
KG 14: Dieser Punkt beruhigt das Herz und das Gemüt, hilft bei rebellierendem Qi und gegen Ödeme der Beine.

3.3.5 Tuina-Behandlung der Beine

Zur **Beruhigung** der Pferde bei einer Erkrankung der Beine können Sie eine Tuina-Behandlung des Unterbauches machen und dabei mit Ca Fă und Tui Fă, dem geraden Reiben und Schieben arbeiten. Machen Sie dies mehrmals hintereinander, bis das Fell warm bzw. wärmer wird. Reiben Sie im Verlauf des Konzeptionsgefäßes, das genau auf der Mittellinie verläuft. Dabei stimulieren Sie die Punkte KG 12 und KG 14.

Vorbeugend machen Sie eine Tuina-Behandlung zur **Yin- und Yang-Stärkung der Beine**. Mit dieser Massage werden die Yin- und Yang-Energien der Beine aktiviert. Dies unterstützt die Behandlung von Bewegungsproblemen und bei Überlastung. Auch hilft es nach langen Ritten sowie nach Bissen und Tritten, Schlägen oder stumpfen Verletzungen.
Hinterbeine: Für die **Yin-Stärkung** werden die Innenseiten hinauf und für die **Yang-Stärkung** die Außenseiten der Beine hinunter massiert. Auch hier gilt, immer beide Hände ans Pferd und wiederholen Sie dies einige Male an beiden Beinen.
Vorderbeine: Massieren Sie die Rückseite der Vorderbeine mehrmals hinunter bis zum Fesselkopf. Danach wird die Vorderseite der Beine nach oben gestrichen und geknetet. Dies machen Sie mehrmals hintereinander an beiden Beinen.
Bei einer **weiteren Tuina-Behandlung der Beine** wenden Sie folgende Griffe an: Na Fă (greifen), Rou Fă (kreisend), Tui Fă (schiebend), An Fă (drücken),

Mo Fă (streichen und reiben) und Zhen Dong Fă (rüttelnde Vibration der Extremitäten). Beginnen Sie mit einem sanften Ausstreichen der Beine vorn am besten vom Widerrist bzw. hinten von der Hüfte und streichen Sie in halbwegs gerader Linie abwärts bis zum Huf das gesamte Vorder- und Hinterbein aus. Dann streichen Sie innen am Übergang der Vorderbrust zum Innenbein entlang und von dort abwärts bis zum Huf hinunter. Dabei folgen Sie den Meridianen vom Herzen, der Lunge und dem Herzbeutel (Perikard). Anschließend streichen Sie an der Vorderseite und Außenseite des Beins wieder hoch bis zum Ellenbogen. Dabei folgen Sie mit der einen Hand dem Dreifach-Erwärmer-Meridian und mit der anderen dem Verlauf von Dünndarm- und Dickdarm-Meridian. Beim Hinterbein streichen Sie vom Becken an abwärts, dabei folgen Sie dem Verlauf des Gallenblasen- und Blasen-Meridians außen am Bein bis zum Huf hinunter. Danach streichen Sie innen vom Huf aus wieder entlang der Leber- und des Nieren-Meridians nach oben bis zum Unterbauch. Dies machen Sie mehrere Male. Dann greifen Sie zunächst vorsichtig im Sinne von Na Fă die Muskelbäuche im oberen Beinbereich und kneten sie nacheinander sanft durch, besonders die mächtigen Muskeln des Knies möglichst beidhändig. Führen Sie dies an allen vier Beinen je viermal durch. Danach machen Sie eine rüttelnde, vibrierende Massage an verspannten Muskeln. Zum Schluss streichen Sie noch einmal wie zuvor beschrieben die Beine aus. Dabei stimulieren Sie kreisend und drückend die Punkte Ma 36, Gb 41, MP 6, Ni 3 und Le 3 hinten und Dü 3, Di 4, 3E 5, Lu 7, Di 11 und 3E 10 vorn. Dies sind Punkte, die psychisch ausgleichen und das Immunsystem anregen. Falls Schmerzen bestehen, so helfen Di 4, Di 11, Bl 60 und Dü 3.

4. Erkrankungen der Knochen, Knorpel und Gelenke der Pferdebeine

Es gibt verschiedene Erkrankungen der Knochen und Gelenke. An den Beinen sind sie neben Problemen der Sehnen und Bänder die Hauptursache für Lahmheiten. Eine erste wichtige Voraussetzung für gesunde Beine ist das korrekte Exterieur und Fundament des Pferdes. Abweichungen sind meist im Karpal-, Sprung- und Fesselgelenk zu finden. Eine solche Abweichung kann zur ungleichmäßigen Belastung oder sogar zur Überlastung der Gelenke, Bänder und Sehnen und damit zu einer Lahmheit führen.

Zum Beispiel können die Knochen infolge von Gewalteinwirkung brechen **(Fraktur)** oder reißen **(Fissur)**. Brüche und Fissuren im Bereich des Sprunggelenks können im Zusammenhang mit äußerer Gewalteinwirkung wie einem Unfall oder aber bereits im Fohlenalter wie etwa durch eine übermäßige Beugung des Gelenkes entstehen. Ein typisches Beispiel dafür ist die Absprengungsfraktur im Rollgelenk, bei der sich ein kleines Stück des Knochens löst. In den meisten Fällen machen sich diese Schäden erst sehr viel später bemerkbar, wenn das Gelenk beim Anreiten belastet wird. Daneben kann es zu **Entzündungen der Knochen** oder der **Knochenhaut** *(Periostitis)* kommen, was häufig **Knochenwucherungen** auslöst. **Entzündungen der Gelenke** *(Arthritis/Arthritiden)* sind eine der häufigsten Ursachen für Probleme an den Gliedmaßen. Wandelt sich die akute in eine chronisch degenerative Entzündung, so spricht man von einer **Arthrose**. Diese kann durch verschiedene Ursachen entstehen. Kleine Knorpel- oder Knochenstücke können durch Absplitterung des Knorpels oder Knochens oder auch bei einem gebrochenen Knochen oder einer Knorpelerkrankung wie Osteochondrose Dissecans *(OCD, s. Seite 421 ff.)* entstehen und in der Gelenkflüssigkeit schwimmen. Man nennt sie umgangssprachlich **Chips** oder **Gelenkmäuse**. Meistens stören sie die Funktion des Gelenks gar nicht und werden nur zufällig entdeckt. Sie können aber auch die Gelenkschleimhaut reizen und zu einer vermehrten Bildung von Synovia sowie einer Entzündung führen.

Eine **Galle** entsteht durch übermäßige Bildung von Gelenkflüssigkeit.

Die Gleichbeine sind als Sehnenlager großen Zug- und Druckbelastungen ausgesetzt. Bei Reit- und Springpferden betrifft dies insbesondere die Vorderbeine. Das kann zu Umbauprozessen im Knochen führen, die als **Gleichbeinschäden** oder **Gleichbeinlahmheit** bezeichnet werden. Die Konturen des Gleichbeins verändern sich und im Röntgenbild sind Auflösungsprozesse zu sehen. Diese Schäden sind chronisch und kaum zu behandeln. Einzig eine Änderung durch einen orthopädischen Beschlag, eine Änderung des Trainings und der Belastung können erreichen, dass die Auflösungsprozesse in den Gleichbeinen nicht weiter fortschreiten. Eine Arthrosebehandlung, *wie ab Seite 425 f. dargestellt*, könnte hier eine Besserung ermöglichen.

4.1 Knochenbruch (Fraktur)

Wie erkennt man einen Knochenbruch?

Anzeichen: Eine plötzlich auftretende, meist hochgradige Lahmheit. Manchmal ist ein knirschendes Geräusch zu hören. Das Pferd belastet das betroffene Bein so gut wie gar nicht mehr. Manchmal sind Bruchenden oder eine Stufe im Knochen sowie starke Pulsation fühlbar. Eine Berührung dieses Gebietes ist hochgradig schmerzhaft. Der Bereich schwillt an. Bei offenen Brüchen ragen Bruchenden oder Knochensplitter durch die Haut.

Ursache: In der Regel ist es eine Gewalteinwirkung von außen, Überbeanspruchung oder Ermüdung, die einen Knochen brechen lässt. Das können Unfälle, starke Tritte, Stürze, Ausrutschen, in ein Loch bzw. gegen ein Hindernis treten oder Stolpern sein. Am häufigsten sind Knochenbrüche an den Beinen, speziell im unteren Bereich. Dieser ist nicht, wie der obere Bereich, durch Muskeln und Fettschichten geschützt. Insbesondere Röhr- und Fesselbein brechen am häufigsten. Überlastungsbrüche betreffen meist die Vorderbeine, da sie in Bewegung und vor allem beim Springen die Hauptlast tragen bzw. abfangen müssen. Hufbeinbrüche werden häufig bei Pferden diagnostiziert, die gegen die Boxenwand oder auf harten Boden treten. Schlecht mineralisierte Knochen sind spröde und brechen deshalb leichter. So kann hier beispielsweise auch ein Fütterungsfehler mit hineinspielen. Wenn die Pferde nicht ausreichend mit Mineralstoffen, besonders Calcium, versorgt werden, ist dies ein Risikofaktor. Manchmal bricht der Knochen nicht vollständig, sondern zeigt nur einen Riss in der Knochenstruktur (Fissur). Da dies ähnliche Schmerzen wie ein Bruch hervorruft, lahmen auch diese Pferde stark. Wird diese Fissur übersehen, so kann sich durch Belastung ausweiten. Meist wird das umliegende Knochengewebe mit geschädigt und abgebaut, der Spalt wird breiter.

Komplikationen: Offene Brüche bergen immer die Gefahr einer Infektion in sich, was zu schweren Komplikationen führen kann. Auch Brüche, die in der Nähe eines Gelenkes liegen oder ein Gelenk erfassen, sind nicht einfach zu behandeln. Häufig ist eine Versteifung des Gelenkes unumgänglich. Weitere Risiken sind, insbesondere am Huf- bzw. Zehengelenk, die Entwicklung einer Schale oder eine Überlastung des gesunden Beines auf der anderen Seite.

Was macht der Tierarzt?

Brüche im unteren Beinbereich haben gute Heilungschancen, besonders wenn die Bruchenden dicht beieinanderliegen und die Gelenke nicht mit betroffen sind. Ungünstig sind offene Brüche und Brüche im oberen Beinbereich. Eine Fissur kann der Körper selbst mit neuem Knochengewebe anfüllen und verschließen, wenn der Knochen ruhiggestellt wird.

In der Klinik wird der Bruch zunächst geröntgt werden, um die Lage des Bruchs und der Knochenenden festzustellen. Meist reicht das aus, aber je nach Höhe und Stärke des verletzten Knochens bzw. der Art des Bruchs müssen auch andere bildgebende Verfahren hinzugezogen werden. Zum Beispiel kann Ultraschall im Beckenbereich, Szintigrafie bei unvollständigen Frakturen starker Knochen, CT bei kleinen Frakturen in anatomisch komplexen Bereichen wie dem Vorderfußwurzel- oder Sprunggelenk helfen. Ein MRT ist in der Lage, die Umbauvorgänge des Knochens darzustellen.

Fissuren benötigen meist nur Boxenruhe zum Ausheilen. Eventuell ist es angebracht, das Pferd in ein Geschirr zu verbringen, damit es sich nicht ablegen, aber dennoch schlafen kann.

Ein glatter, unkomplizierter Bruch kann durch einen Castverband (ruhigstellender Verband), meist aus einem Glasfaserträger mit Polyurethanharz, ruhiggestellt werden. Es ist ein sehr leichter, stabiler Stoff, der wasserfest und luftdurchlässig ist. Die Behandlung wird dann mindestens zwei Monate dauern. Üblicherweise wird der Heilungsfortschritt röntgenologisch begleitet. Komplizierte oder in Gelenknähe befindliche Brüche müssen meist operiert werden. Während der Operation fügt der Tierarzt mittels Schrauben, Platten oder eines Fixateurs den Bruch wieder zusammen und befestigt ihn stabil. Falls ein Knochenstückchen zu klein ist, um befestigt zu wer-

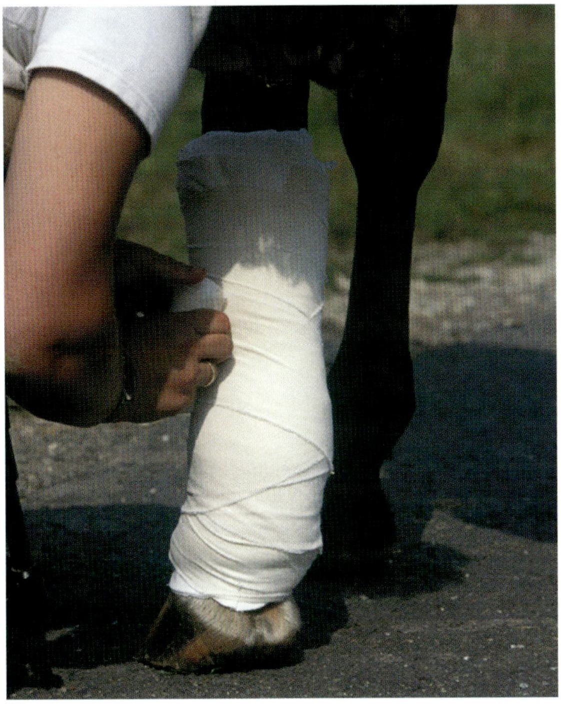

Ein Verband schützt den offenen Bruch vor weiterer Verschmutzung. Der Tierarzt wird Ihr Pferd transportfähig machen. Zusätzliche Schienen benötigen Sie nur, wenn dies nicht möglich sein sollte! Die Schienenenden müssen gut abgepolstert werden.

den, muss es entfernt werden. Das Bein ist danach sofort wieder belastbar. Zum Zusammenheilen des Bruches muss das Pferd eine strikte Boxenruhe einhalten. Anfangs erhält das Pferd sicherheitshalber ein Antibiotikum sowie Calcium, Vitamin D, C und K, damit die Knochen sich schnell wieder regenerieren können. Eine Magnetfeldtherapie oder auch eine Stoßwellentherapie beschleunigt die Heilung. Unterstützend können auch homöopathische Präparate gegeben werden. Ihr Tierarzt oder Therapeut wird Sie diesbezüglich beraten.

Was können Sie tun?

Haben Sie den Verdacht oder die Gewissheit, dass sich Ihr Pferd ein Bein gebrochen hat, dürfen Sie es nicht mehr bewegen. Rufen Sie den Tierarzt an den Ort des Geschehens. Beruhigen Sie Ihr Pferd durch gutes Zureden und akupressieren Sie dabei den Extrapunkt Yintang auf der Stirnmitte Ihres Pferdes. Er beruhigt und wirkt gegen Ängstlichkeit und Schmerzen. Nutzen Sie auch die Schockpunkte an der Ohrspitze und am Schweifrübenende. Einen offenen Bruch schützen Sie durch die Abdeckung mit sterilen Kompressen und einem Verband vor weiterer Verschmutzung.

Der Tierarzt wird das Pferd transportfähig machen, um es in die nächste Klinik bringen zu lassen. Sollte dies aus irgendwelchen Gründen nicht möglich sein oder der Tierarzt auf sich warten lassen, können Sie den Bruch schienen, denn jede Bewegung kann den Bruch verschlimmern. Achten Sie darauf, die beiden angrenzenden Gelenke, das darunter und das darüber, mit ruhig zu stellen und den gesamten Verband sehr gut zu polstern. Falls Sie nicht genügend Verbandswatte oder Zellstoff haben, eignet sich notfalls auch ein weiches (Daunen-)Kissen, dicker Schaumstoff oder der Ärmel einer alten Daunenjacke als Polster. *Wie Sie den Verband genau anlegen, finden Sie auf Seite 155 ff.* Zusätzliche Schienen benötigen Sie nur, wenn der Verband die Bruchstelle nicht ausreichend ruhigstellen sollte! Dann müssen die Schienenenden ebenfalls gut abgepolstert werden. Das Pferd darf in diesem Zustand keinerlei Schmerzmittel bekommen, damit es das kranke Bein nicht belastet und so den Bruch verschlimmert.

Für eine gute Rehabilitation des Pferdekörpers ist eine gute, ausgewogene Ernährung sehr wichtig, nur wenn der Körper mit ausreichend Vitaminen und Mineralstoffen versorgt ist, kann der Bruch auch gut heilen.

Für kalte Umschläge eignen sich Arnika- und Beinwelltinktur oder ein Beinwellbrei-Umschlag. Das dazu nötige Beinwellwurzelpulver bekommen Sie in der Apotheke oder im Handel in Kräuter- oder Gewürzhäusern. Fügen Sie einige Blätter Spitzwegerich oder -frischsaft hinzu. Zudem ist es wichtig, dass Ihr Pferd eine gute Abwehrlage hat. *Lesen Sie auf Seite 411, wie Sie dies erreichen und was Sie noch für Ihr Pferd tun können.* Anfangs sollten Sie insbesondere entzündungshemmende und schmerzlindernde Kräuter geben wie Sonnenhut, Ringelblume, Teufelskralle, Mädesüß, Weißweide und Beinwell. Danach sind Kräuter geeignet, die eine gute Durchblutung des Bruchgebietes erreichen. Dies sind Brennnessel, Weißdorn, Beinwell und Buchweizen. Beinwell sollten Sie während der gesamten Heilungsphase einsetzen, erst kurz innerlich, dann äußerlich, da er für eine gute Durchblutung sorgt und die Heilung des Knochens sowie das Zellwachstum fördert. Ist

C

Ihr Pferd während der langen Boxenruhe unruhig, so füttern Sie ihm beruhigende Kräuter wie Kamille, Melisse, Hopfen und Baldrian (steht auf der Dopingliste!). Weiterhin eignen sich auch magnesium-, Vitamin-B- und tryptophanhaltige Ergänzungsmittel. Sie können Ihr Pferd zusätzlich durch Akupressur beruhigen.

Außerdem sollten Sie Ihr Pferd beschäftigen. Dies können Sie durch ein in der Box aufgehängtes Knabberholz, einige Obst- oder Birkenäste zum Knabbern sowie Spielzeug erreichen, auch ein Stück eines Baumstamms ist geeignet. Pferde zupfen dann gerne an der Rinde herum. *Mehr dazu lesen Sie in Teil A unter 5.4 „Tipps und Tricks gegen Langeweile" auf Seite 41 f.*

Ist ein Schwund der Muskulatur zu befürchten, so massieren Sie sanft die Muskulatur des kranken Beines mit Rosmarinöl. Dazu stellen Sie Ihrem Pferd einige Bachblüten-Essenzen zusammen. Welche dies sind, lesen Sie in der folgenden Tabelle nach.

Hausmittel	• Polstern Sie den Bruch gut (Verbandswatte, -mull, Daunenjacke, Daunenkissen) und schienen Sie nur, wenn nötig (auch dann gut abpolstern). • Beruhigen Sie Ihr Pferd durch Zureden mit tiefer Stimme, Rescue-/Notfalltropfen und Akupressur.
Umschläge/ Packungen	Wenn möglich, machen Sie eine kühlende Packung mit Arnika und Beinwell im Wasser, als Angussverband oder Beinwickel.
Akupressur	**Während des akuten Notfalls** massieren Sie **Er-jian**, den Ohrspitzpunkt, durch sanftes Ausstreichen der Ohren. Er hilft gegen den Schock, ebenso der Schwanzspitzenpunkt **Wei-Jian**. Dazu beruhigen Sie Ihr Pferd mit dem Extrapunkt **Yintang** auf der Stirnmitte. Probieren Sie einen Yin-Yang-Ausgleich und eine Augenmassage. Bei langer Boxenruhe können Sie diese Punkte alle drei Tage einsetzen. **Gegen die Schmerzen:** Di 4, Di 11, Dü 3, Bl 60, Gb 20; dabei sparen Sie das verletzte Bein aus. Kombinieren Sie dazu lokale Punkte, je nach Lage des Bruchs.
Tuina-Massagen	**Im Schockzustand** massieren Sie Ihrem Pferd sanft in kreisenden Bewegungen die Seiten des Kopfes, streichen sanft (Mo Fă) die Stirn und den Ohrgrund. Setzen Sie dafür Ihre Finger ein und verwenden sanften Druck, am Ohrgrund kreisendes Kneten Rou Fă. Wenn Sie im Stall sind, verwenden Sie Lavendelöl, das beruhigt zusätzlich. **Tuina des Unterbauchs:** mit Stimulation der Punkte KG 10, KG 12 und KG 14 **Tuina gegen Muskelschwund:** Die Muskulatur des verletzten Beines mit Rosmarinöl oder Lavendelöl in Olivenöl vermischt (1:3) sanft massieren. Dabei den Muskel sanft greifen und kneten.
Bachblüten	Während des **akuten Notfalls** alle 10 Minuten 10 Tropfen Rescue-/Notfalltropfen auf das Zahnfleisch geben, bis der Tierarzt eintrifft. Danach geben Sie eine **Mischung** aus Rescue-/Notfalltropfen, Crab Apple, Holly, Larch, Gentian, Gorse und Sweet Chestnut, sie unterstützen den Heilungsprozess; **Honeysuckle** verbessert die Narbenbildung und Scleranthus unterstützt den Wundverschluss. **Cherry Plum** verhindert übermäßige Aggressionen durch die Schmerzen des Unfalls bzw. der Verletzung. Außerdem kann es dabei helfen, dass das Pferd sich nicht den Verband abreißt. **Olive** stärkt den Körper, die Muskulatur und Knochen. **Bei schlechter Heilung:** Walnut, Wild Oat und Wild Rose
Heilkräuter	**Abwehr erhöhen** durch ausreichende Vitamine und Mineralstoffe *(s. Seite 411)* **Entzündung hemmen:** Aus einer Mischung aus 100 g Sonnenhut, 100 g Ringelblume, 150 g Teufelskralle, 200 g Mädesüß, 100 g Weißweide und 200 g Beinwell geben Sie täglich 60 bis 70 g ins Futter. **Durchblutung steigern:** Aus einer Mischung von Brennnessel, Weißdorn, Beinwell und Buchweizen zu je 150 g geben Sie täglich 60 g in das Futter.
Fütterung	• Füttern Sie gutes Heu vom 1. Schnitt, wenn möglich eher später 1. Schnitt. Ihr Pferd hat besonders nach einer Operation, aber auch so einen höheren Proteinbedarf. Er liegt etwa 20 bis 50 % über dem Erhaltungsbedarf. Hier sind die Gabe von Luzerne oder Esparsette und ausreichende Mengen an Mineralien und Spurenelementen wichtig, insbesondere Zink und Vitamin E. Luzerne ist reich an Ca und Mg sowie Proteinen. Proteine können über die Gabe von Sojaextraktionsschrot (enthält viel Protein und die Aminosäuren Lysin und Methionin) ergänzt werden. Eingeweichte, zuckerarme Trockenschnitzel werden von Pferden meistens gerne genommen. • Als Kraftfutter sollte nur ein wenig Hafer verfüttert werden, denn zu viel Energie kann das Pferd jetzt nicht gebrauchen. Es ist vom Ernährungszustand des Pferdes abhängig, wird es dünner, braucht es mehr Energie. Diese können Sie auch über Pflanzenöle geben. Ca. 300 ml Pflanzenöl ersetzen ein kg Hafer. Dazu Obstessig und Knoblauch (fördert die Durchblutung, stabilisiert die Blutgefäße, keimtötend) füttern. Hat Ihr Pferd ein Antibiotikum bekommen, sollten Sie eine natürliche Darmsanierung *(s. Seite 316 f.)* in Betracht ziehen.

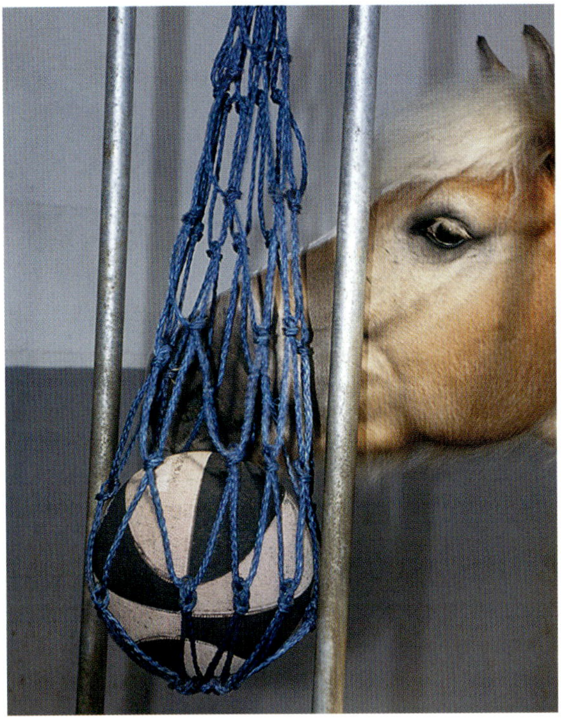

Beschäftigen Sie Ihr Pferd während der langen Stehphase.

4.2 Knorpelerkrankungen: Osteochondrose (OC) und OC Dissecans (OCD)

Die Osteochondrose ist eine der wichtigsten orthopädischen Erkrankungen beim Pferd. Sie kommt bei erwachsenen Pferden und bei Fohlen vor, wo sie eine entwicklungsbedingte Erkrankung darstellt. Sie kommt auch bei vielen anderen Tieren vor.

Was ist die Osteochondrose?

Hierbei handelt es sich um eine nichtentzündliche Knorpelerkrankung, bei der der Knorpel nicht in ordentlichen Knochen umgesetzt wird.

Anzeichen: Das erste Anzeichen einer Erkrankung ist ein geschwollenes Gelenk. Die betroffenen Pferde zeigen dann bald Gelenkschmerzen beim Laufen und lahmen. Manchmal geht dem ein Trauma voraus. Das Lahmen kann auch sehr plötzlich ohne äußere Einwirkung auftreten, das ist meist bei Jungpferden der Fall. Grundsätzlich kann die Erkrankung an jedem Gelenk mit Gelenkknorpel vorkommen. Meistens sind jedoch entweder das Fesselgelenk, das Sprunggelenk oder das Knie verändert. Eine Studie der FN konnte zeigen, dass bei jungen Fohlen die Stutfohlen eher OC am Fesselgelenk zeigten und die Hengstfohlen mehrheitlich unter OC am Sprunggelenk litten.[8] Hier war das Kniegelenk eher selten betroffen, bei einer anderen Studie dagegen war das von der OC bevorzugte Gelenk das Kniegelenk.[9]

Pathologie: Die **Osteochondrose (OC)** umfasst verschiedene Veränderungen des Wachstumsknorpels beim Jungtier, bei denen der Knochen an verschiedenen Stellen nicht ordentlich gebildet wird. Zum einen ist dies an der Wachstumsfuge des Röhrenknochens und zum anderen im Bereich des Gelenkknorpels und des darunter liegenden Knochenendes, der Epiphyse der Fall. OC kann an den Röhrenknochen sowie an einem oder mehreren Gelenken auftreten.

Physiologischerweise wird das knorpelige Skelett der Fohlen während des Wachstums im Mutterbauch in Knochen umgewandelt. Während dieser Knochenentwicklung wird der Knorpel eines Röhrenknochens zunehmend in Knochen umgewandelt, sodass in der Mitte ein fester Knochenschaft entsteht, der von Knochenabbauzellen bereits ausgehöhlt wird, um Platz für das Knochenmark zu schaffen. An beiden Enden des Schaftes gibt es Verknöcherungszonen gefolgt von schmalen, scheibenförmigen Bereichen aus Knorpel, die als Wachstumsfugen bezeichnet werden. An die Wachstumsfugen schließen sich knöcherne Verdickungen mit Knorpelüberzug an, die Gelenkknorpel. Es sind die Enden, genannt Epiphysen, die ein Gelenk bilden. Während der Entwicklung des Knochens werden die Knorpel von den Blutgefäßen des Knochens versorgt. Wenn der Gelenkknorpel seine normale Ausdehnung angenommen hat, wird er von außen durch die Gelenkflüssigkeit *(Synovia)* ernährt. So kann das Fohlen, kaum geboren, schon auf seinen stabilen Beinen stehen und laufen. Die knorpeligen Wachstumsfugen an den Röhrenknochen sind dazu da, dass die Knochen noch wachsen können. Der Knorpel darin wächst in beide Richtungen, verknöchert und mineralisiert dann nach und nach. Die bereits minerali-

8 Vgl. OCD-Forschungsprojekt: Eine Gemeinschaftsarbeit der Dres. Distl, Coenen, Bruns und Hertsch gemeinsam mit der FN, vorgestellt bei den Göttinger Pferdetagen 2004.

9 Vgl. Russel, J. et al.: Heritability and prevalence of selected osteochondrosis lesions in yearling Thoroughbred horses. Equine Vet. Journal 49, 2017, S. 282-287.

C

sierten Anteile der Wachstumsfugen dienen dabei als Stütze und Leitstruktur für die Knochenbildung. Das Breitenwachstum des Knochens geht von der Knochenhaut aus. Erst wenn das Fohlen ausgewachsen ist, werden die Wachstumsfugen „geschlossen", also komplett in Knochen umgewandelt sein. Damit ist der Knochen ausgewachsen.

Bei der OC ist die Umwandlung der Knorpelzellen zu Knochenzellen jedoch gestört, was damit zu tun hat, dass die Blutversorgung gestört ist. Ohne diese Versorgung können die Knochenzellen, die nötigen Spurenelemente und Mineralien nicht dahin gelangen, wo sie gebraucht werden. Das führt dazu, dass der Knorpel an bestimmten Stellen, wie den Wachstumsfugen oder/und den Gelenkflächen der Knorpel nicht ordentlich transformiert wird und dadurch dicker ist. Die Verteilung der Nährstoffe durch den verdickten Knorpel ist natürlich noch schlechter möglich. Deshalb werden die tieferen Anteile des Knorpels nicht ausreichend versorgt, werden spröde oder können sogar absterben. Die Mineralisierung der Bereiche ist nicht möglich. Der Knorpel ist damit nicht mehr so belastbar, es können sich Risse bilden. Das geschieht häufig an der Epiphyse unter dem Gelenkknorpel, wodurch es zu einer mangelhaften Ausbildung des Knochens unter dem Knorpel kommt. Das kann einen Riss des Gelenkknorpels zur Folge haben, mit und ohne Ablösung eines Bruchstücks, oder zur Bildung von Knochenzysten führen. Löst sich ein knorpliges, teils knöchernes scheibenförmiges Bruchstück, genannt **Chip**, so kann dieser entweder noch am restlichen Gelenkknorpel hängen bleiben oder ganz frei als **Gelenkmaus** im Gelenk schwimmen. Ist der Gelenkknorpel selbst von der OC betroffen und verdickt, kann es auch in seinen tieferen Schichten zum Absterben von Knorpelgewebe kommen und einen Chip entstehen lassen *(s. rechts unter „Osteochondrosis Dissecans")*.

Die OC ist eine dynamische Erkrankung, bei der sich in den ersten Lebensmonaten Schäden in den Knorpeln entwickeln und auch wieder abheilen können. Wenn die Fohlen aber erst mal 12 Monate alt sind und die Schäden noch immer bestehen, sind sie in der Regel bleibend.

Ursachen: Die Erkrankung entsteht aufgrund verschiedener Faktoren. Ein wichtiger Faktor ist die genetische Veranlagung, weitere Faktoren sind biochemischer Stress (Ernährungsfehler), biomechanischer Stress (Blockaden, Fehlstellung oder Abweichungen von der Beinachse) und Über- oder Fehlbelastung. Beim Fohlen kommt zur genetischen Veranlagung häufig eine Unterversorgung mit Kupfer hinzu, meistens durch eine übermäßige Zinkversorgung ausgelöst. Häufig waren auch die Mutterstuten schon nicht optimal mit Mineralien und Spurenelementen versorgt.

Komplikationen: Eine solche gestörte Knochenbildung kann zur Entstehung von Knochenzysten im Bereich der Wachstumfugen und subchondralen Knochenzysten[10] führen. Des Weiteren kann ein Knorpelstück (Chip) abgelöst werden, das dann im Gelenk schwimmt und dessen Funktion beeinträchtigen kann.

Osteochondrosis Dissecans (OCD): Eine OC mit Chipbildung nennt man OCD. Ein typisches Merkmal dieser Erkrankung sind Spalten im Bereich der Gelenkknorpel und Epiphysen. Diese Spaltenbildung im Knorpel zeigt eine deutlich geringere Belastbarkeit an und kann leicht zur Ablösung des darüber liegenden Gelenkknorpels führen. Wenn es bei einem erwachsenen Pferd mit einem solch vorgeschädigten Knorpel zu einer äußeren Gewalteinwirkung kommt, sei es durch einen Unfall, einen Tritt oder ein Vertreten des Pferdes, kann sich dadurch ebenfalls leicht ein Knorpelstück (Chip) absprengen, das in der Synovia schwimmt. Manchmal bleiben die Knorpelstücke auch haften. In seltenen Fällen werden die Chips vom Körper resorbiert oder durch die Einlagerung von Mineralsalzen in Knochen umgewandelt. Bei der Entstehung von Chips spielen die Belastung der geschädigten Knorpel in den Gelenken und Traumata (äußere Gewalteinwirkung) eine wichtige Rolle. Freie Chips lösen in den meisten Fällen zuerst eine Reizung im Gelenk aus, die häufig eine Vermehrung der Synovia zur Folge hat. Löst das Knorpelstück dann einen weiteren Abrieb des Gelenkknorpels aus, kommt es zu einer Entzündung erst der Synovia, dann des Gelenks, was zu einer Lahmheit führt. Wenn das Knorpelstück zwi-

10 Erklärung: Die subchondrale Knochenzyste ist eine flüssigkeitsgefüllte Blase, die vom Knochen unterhalb des Knorpels ausgeht. Oft ist es ein Anzeichen der frühen Phase einer Arthrose. Eine Knochenzyste infolge OC der Wachstumsfuge kann sich direkt unter der Knochenhaut bilden.

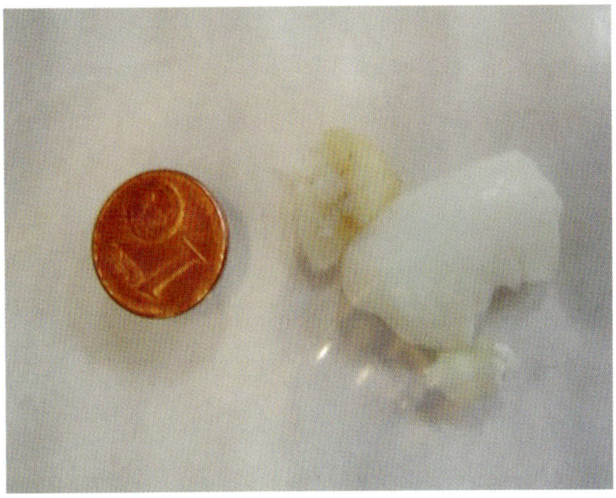

Der Chip eines Fohlens mit Kniearthrose (Gonarthrose)

schen die Gelenkknorpel gerät, löst es auch direkte Lahmheit aus. In manchen Fällen wandert der Chip in den Außenbereich des Gelenks, wo er nicht weiter stört, dann ist er ein Zufallsbefund beim Röntgen.

Was macht der Tierarzt?

Junge Pferde mit bleibenden Gelenksschwellungen, die nicht auf Überlastung zurückzuführen sind, sollten umgehend einer Röntgenuntersuchung unterzogen werden, damit die Erkrankung OC rechtzeitig diagnostiziert und behandelt werden kann. Hat ein erwachsenes Pferden einen störenden Chip im Gelenk, so muss dieser operiert werden. Das geht am einfachsten mit einer Arthroskopie in Vollnarkose. Bei einem jungen Pferd sollten Sie mit Ihrem Tierarzt absprechen, wann eine Operation angebracht ist und wann nicht. Bei einem Fohlen ist es sinnvoll, eher noch zu warten, da der Chip häufig vom Körper wieder abgebaut wird. Kontrollierte Bewegung und physikalische Therapie sind hier angebracht. Störende Knochenzysten in Gelenken können auf verschiedene Weise in einer Operation ausgeräumt werden.

Was können Sie tun?

Eine Forschungsstudie der FN ergab, dass die Bewegung im Fohlenalter einen großen Einfluss bei den Fohlenerkrankungen hatte.[11] Durch häufige und ausgiebige Bewegung der Fohlen konnte das Auftreten der OC insgesamt, besonders der OC des Fesselgelenks, deutlich gesenkt werden. Das heißt, hier ist das Zuchtmanagement gefragt. Die Fohlen sollten nicht zu früh geboren werden, damit sie gleich auf die Weide und sich dort frei bewegen können. Sie dürfen jedoch nicht zu spät geboren werden, denn dann bekommen sie in den folgenden Wintermonaten zu wenig Bewegung. Daneben ist auch die Fütterung ein wichtiger Faktor der Erkrankung. Es macht keinen Sinn, das Fohlen möglichst schnell „hochzufüttern", wie man es früher gerne gemacht hat, darunter leidet der Bewegungsapparat sehr. Zudem wird meistens nur das Kraftfutter erhöht, nicht aber die Mineralien und Spurenelemente. Ein Fohlen soll so viel bekommen, wie es braucht, nicht mehr und nicht weniger, seinen ganz normalen Erhaltungsbedarf an Energie und Nährstoffen inklusive Mineralstoffen, Spurenelementen und Vitaminen.

Eine OC bzw. OCD kann durch eine Unterversorgung mit Spurenelementen gefördert werden. Insbesondere die Kupfer- und Manganversorgung sowie die Vitamin-E-Versorgung scheinen bei Pferden in diesem Zusammenhang eine wichtige Rolle zu spielen. Eine Überversorgung mit Calcium in der Nahrung vermindert die Aufnahme von Phosphor, Eisen, Zink und Kupfer. Schnell wachsende Fohlen großer Eltern sollten regelmäßig, etwa alle 2 bis 4 Wochen, über das Wiegen und den Body-Condition-Score *(BCS, s. Seite 346 ff.)* kontrolliert werden. Das Geburtsgewicht hat sich nach 6 Monaten bei Fohlen großer Rassen um das 5-fache vergrößert, bei Ponyfohlen um das 3,5-fache. Es ist für die Fohlen nicht gesund, zu schnell zu wachsen. Das Futter muss entsprechend dem physiologischen Wachstum angepasst werden. Scheinbar ist es oft so, dass entweder zu viel oder gar nichts ergänzt wird. Bei der genannten Studie stellte sich heraus, dass die Stuten schlecht oder gar nicht mit Mineralstoffen und Spurenelementen versorgt wurden.[12] Bei tragenden Stuten fehlten die Spurenelemente, bei den säugenden, im Stall gehaltenen Stuten fehlten insbesondere die Nährstoffe Protein, Calcium, Kupfer und Zink. Bei säugenden Stuten auf der Weide waren ebenfalls die Spurenelemente Kupfer, Zink und Calcium im Mangel, da oft die Inhaltsstoffe des Grases überschätzt wurden. Von der Gewichtsentwicklung her

11/12 Vgl. OCD-Forschungsprojekt: Eine Gemeinschaftsarbeit der Dres. Distl, Coenen, Bruns und Hertsch gemeinsam mit der FN, vorgestellt bei den Göttinger Pferdetagen 2004.

waren die Fohlen in Ordnung, nur gab es auch bei ihnen keine entsprechende mineralische Ergänzung. Inwieweit der Kupfermangel für die Entstehung von OC eine Rolle gespielt haben mag, kann leider nicht mehr nachvollzogen werden. Wichtig ist jedoch besonders bei Fohlen und Jungpferden, aber auch erwachsenen Pferden, den Bedarf an Mineralstoffen, Spurenelementen und Vitaminen zu decken. Gerade die Mineralien, zu denen die Spurenelemente gehören, sind wichtige Cofaktoren im Stoffwechsel des aktiven und passiven Bewegungsapparates.

Was Sie sonst noch für Ihr Pferd tun können, lesen Sie auf Seite 434 ff.

4.3 Arthritis und Arthrose

In diesem Abschnitt geht es um Begriffe wie **Arthritis (Gelenkentzündung)** und **Synovitis (Gelenkschleimhautentzündung)**. Bei der Synovitis oder Synovialitis handelt es sich um eine Entzündung der inneren Schleimhaut der Gelenkkapsel, die die Gelenkflüssigkeit produziert.

Während eine Arthritis immer auch eine Synovitis beinhaltet, ist es umgekehrt nicht immer so.

Arthrose ist eine degenerative Gelenkerkrankung, auch als Gelenkverschleiß bezeichnet, die normalerweise im Alter entsteht, aber auch sehr oft deutlich jüngere Pferde betrifft.

Was ist eine Arthritis und was eine Arthrose?

Eine **Arthritis** ist eine akute Entzündung eines Gelenkes aufgrund äußerer, innerer, infektiöser und stoffwechselbedingter Ursachen. Eine Arthrose ist eine degenerative Veränderung des Gelenks, zunächst einmal des Gelenkknorpels. Die Veränderung kann alle Teile des Gelenks und alle Gelenke betreffen. Die Veränderungen sind nicht mehr rückgängig zu machen und entstehen meistens aus einer nicht richtig ausgeheilten Arthritis. Die beiden Erkrankungen gehen meistens Hand in Hand und sind oft nur schwer voneinander zu unterscheiden.

Anzeichen: Das Pferd lahmt bei einer **Arthritis** gering- bis mittelgradig beim Aufstützen (Stützbeinlahmheit), das entzündete Gelenk ist angeschwollen, häufig vermehrt warm und schmerzhaft. Dazu ist es in seiner Funktion eingeschränkt. Meist ist schon die Berührung des Gelenks schmerzhaft. Bei einer infektiösen, eitrigen Gelenkentzündung gehen die Pferde hochgradig lahm und haben oft Fieber. Ihr Allgemeinbefinden ist deutlich verschlechtert. Meist ist die Beweglichkeit des Gelenks eingeschränkt. Werden sie trotzdem bewegt, wird die Bewegung bei einer Arthritis kontinuierlich schlimmer.

Eine **Arthrose** zeigt sich in Bewegungsstörungen, anfänglich mit Steifheit und Wendeschmerz. Später werden die Bewegungsstörungen deutlicher, das Pferd geht klamm und unfrei. Das Gelenk ist nicht mehr so stark geschwollen und auch nicht mehr warm. Dennoch bleibt die Lahmheit. Viele an Arthrose erkrankte Pferde zeigen zu Beginn der Arbeitsphase stärkere Probleme, laufen sich dann aber ein und lahmen nicht mehr. Wird die Belastung zu groß, lahmen sie auch wieder.

Verschleißerscheinungen, Gelenkschwellung und Arthritis sind meist an einer Synovialitis zu erkennen. Durch den starken Knorpelverlust kann es zu Gelenkversteifungen (wie z.B. bei der Spaterkrankung) kommen, die das Bewegungsbild verändern. Da das Pferd den Schmerzen ausweicht, entstehen Verspannungen der Rückenmuskulatur. Die Probleme werden bei nass-kaltem Wetter schlechter.

Ursache: Eine Entzündung des Gelenks kann infolge äußerer Gewalteinwirkung **(Traumatische Arthritis)** entstehen. Beispiele dafür sind eine Prellung, Verrenkung, Verstauchung, Verletzung oder Ähnliches. Überbeanspruchung ist eine häufige Ursache, aber auch Überlastung und Überstreckung, wie sie bei heftigen Bucklern, rasanten Wendungen oder Stürzen entstehen können. Wenn dabei das Gelenk nicht eröffnet wird, kann man die entstehende Arthritis als steril bezeichnen.

Daneben kann auch eine Allgemeininfektion zu einer Gelenkentzündung führen, wenn die Keime, Viren, Bakterien oder Pilze in das Gelenk eingeschleppt werden (Gelenkinfektion).

Weiterhin gibt es autoimmune Entzündungen am Gelenk. Offene Verletzungen können durch Keimbesiedelung ebenfalls eitrig werden.

Ist es nicht möglich, die Ursache einer Arthritis zu beseitigen, so kann sie auch chronisch werden. Während des akuten Zustands bleibt der Gelenkknorpel weitgehend unversehrt. Die mechanischen Ursachen führen zu einer Veränderung der knöchernen Belastung oder einem Stabilitätsverlust, wie der Verletzung eines der Seitenbänder, mit dem das Gelenk gehalten wird, was über längere Dauer dann aber zu einer Degeneration des Gelenkknorpels führt. Wiederholte mechanische Überlastungen können Veränderungen[13] des Knochens unter dem Gelenkknorpel (subchondral) auslösen (z.B. Mikrorisse, Bindegewebseinlagerung oder eine Druckerhöhung im Knochen), wodurch der Knochen an Elastizität verliert. Dies wiederum erhöht den mechanischen Druck auf den Gelenkknorpel. Der so unter Druck stehende Knorpel wird in seiner Kollagenmatrix geschädigt, was ihn noch weniger belastbar macht. So entsteht aus einer Arthritis eine Arthrose.

Die Verletzung kann außerdem eine Entzündung der weichen Anteile des Gelenks, der Kapsel und der Synovia auslösen. Die Entzündungen der Gelenke lassen sich nach ihrer Art und Entstehung in verschiedene Arthritiden mit akuten bis chronischen Verlaufsformen unterscheiden. Anfänglich noch reversible entzündliche Veränderungen werden durch die verschiedenen schädigenden Einflüsse teils recht schnell zu irreversiblen, degenerativen Gewebeveränderungen, die von außen nicht gleich erkennbar sind. Während der Entzündung kommt es zu einer Vermehrung der Synovia, der Gelenkflüssigkeit, und das Gelenk schwillt an. Als Folge kommt es oft zu einer Synovialitis. Spätestens bei der Schädigung des Gelenkknorpels durch degenerative Prozesse sprechen wir von einer **Arthrose**.

Weitere Ursachen für eine Arthrose sind neben dem Alter und der Gelenkentzündung Überlastungen, Fehlstellungen und Fehlbelastungen, insbesondere auch in der Jungtierzeit. Oftmals müssen die jungen Pferde schon zu früh zu viel leisten. Daneben spielt die Hufpflege, also das regelmäßige Ausschneiden und/oder der Beschlag, eine ganz wichtige Rolle, da hiermit Fehlstellungen und Fehlbelastungen korrigiert werden können. Ein überfälliger Beschlag gefährdet die Gelenke ebenso wie ein zu hartes Trainingsprogramm bzw. das Reiten auf zu hartem Boden. Hierbei treten Mikroverletzungen, Überlastungen und Knorpelschäden auf.

Haben Fohlen zu wenig freie Bewegung, so entwickeln sich die Knochen und Gelenke nicht normal. Fohlen bzw. Jungpferde dürfen aber auch nicht überlastet werden. Beides kann in Arthrosen enden. Die Fütterung der Pferde, und zwar Fohlen wie auch Mutterstute, ist hier ebenfalls ein wichtiger Faktor, insbesondere in der Zeit der Skelettentwicklung. Oft werden nicht die richtigen Mineralstoffe

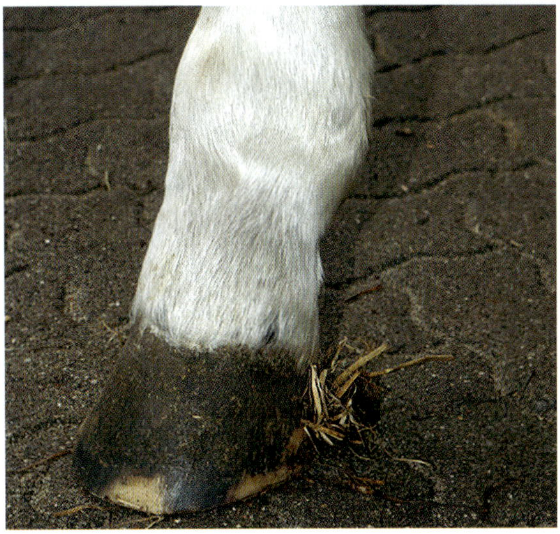

Eine Arthritis zeigt sich meist in Form einer Schwellung des betroffenen Gelenks.

und Spurenelemente ausreichend ergänzt oder das Calcium-Phosphor-Verhältnis stimmt nicht. Ohne ausreichende Mineralstoffversorgung entwickeln und mineralisieren sich die Knochen nicht normal. Die übermäßige Fütterung von Fohlen fordert die Anfälligkeit für arthrotische Gelenkveränderungen heraus. Übergewicht stellt in jedem Alter eine Belastung für den Bewegungsapparat dar.

Im weiteren Verlauf der Arthrose wird durch die fehlende Pufferung des Gelenkknorpels auch der darunter liegende Knochen geschädigt und beginnt zu wuchern. Dadurch kommt es zu einer Gelenksschleimhautentzündung *(Synovitis)*. Durch die Reaktion des Körpers kann der Gelenkspalt nach und nach zuwachsen, bis zur völligen Versteifung des Gelenks. Arthrosen kommen beim Pferd häufig an den Zehengelenken als **Artikuläre Schale** (vor allem am Fessel-/Kronbein), **Leist** (an den Hufbein-/Fesselbeinbändern) und **Hufrollenerkrankung** sowie am Sprung- und Kniegelenk als **Spat** vor.

Was macht der Tierarzt?

Eine **traumatische Arthritis** wird vom Tierarzt mit entzündungshemmenden Mitteln bekämpft. Standardmäßig wird Kortison, Hyaluronsäure oder Glykosaminoglykan injiziert, alle Medikamente entweder lokal in das betroffene Gelenk oder allgemein intravenös oder intramuskulär. Kortison sollte wegen der möglichen Nebenwirkungen nur lokal inji-

C

ziert werden. Wichtig ist, dass die Tiere erst einmal für eine Weile Ruhe halten. Diese Ruhe ist jedoch abhängig vom individuellen Fall und kann von geringer Einschränkung auf einem Paddock bis zur völligen Ruhigstellung reichen. In manchen Fällen, wie bei schweren Verletzungen, wird das Bein mittels eines Kunststoffverbandes (Castverband) maximal 4 Wochen ruhig gestellt.

Eine **infizierte Arthritis** ist nicht einfach zu behandeln. Hier wird Ihr Tierarzt entzündungshemmende Mittel und Antibiotika ins Gelenk applizieren. Gegebenenfalls wird er eine Gelenkspülung in Vollnarkose durchführen. Da sich eine solche Infektion auch allgemein ausbreiten kann, werden überdies Antibiotika oral verabreicht.

Bei einer Arthrose (wie auch einer Arthritis) wird die IRAP-Therapie eingesetzt. Sie nutzt körpereigene Substanzen, um das verletzte Gelenk zu heilen. Dabei wird aus dem Blut des Pferdes ein Serum gewonnen, das dem Gelenk injiziert wird.

Zur Beurteilung des Gelenks ist ein MRT bestens geeignet. Hier können die Bandstrukturen sowie die tiefen Gelenkabschnitte beurteilt werden. Über eine Arthroskopie kann sich der Tierarzt die inneren Bereiche des Gelenks ansehen sowie eventuell im Gelenk befindliche abgesprengte Knorpelstücke (Chips) entfernen. Dazu kann er das Gelenk gründlich spülen, was dem Gelenk sehr guttut. Hiernach bietet sich eine IRAP-Therapie an, um die Regeneration der Knorpelschäden zu unterstützen. Daneben hat sich auch eine Drainage des Gelenks bewährt.

In schweren Fällen kann in einer OP das Gelenk versteift werden.[14] Oft versteift der Körper jedoch auch selbst das Gelenk. In den letzten Jahren werden vermehrt regenerative Therapien mit teils guten Erfolgen eingesetzt. Dabei wird zum Beispiel autologes konditioniertes Serum oder Plasma (ACS/ACP) verabreicht, plättchenreiches Plasma (PRP) oder mesenchymale Stromazellen (MSC) eingesetzt. Fragen Sie Ihren Tierarzt nach diesen Heilmethoden und lassen Sie sich beraten.

Was können Sie tun?

Die Behandlungstipps und Vorbeugung finden Sie auf Seite 434 f.

Denken Sie daran, dass eine antibiotische Behandlung bei einer Arthritis auch die nützlichen Keime der Darmflora abtötet. Deshalb ist es empfehlenswert, im Anschluss an die Antibiose die Darmflora etwas zu unterstützen. Füttern Sie Lebendhefe und lebende Joghurtkulturen sowie Prebiotika. *Weitere Tipps finden Sie auf Seite 316 f.*

Wird eine Arthritis früh genug und ausreichend behandelt, verbessert sich die Entzündung und verschwindet binnen weniger Wochen. Wichtig ist nun, dass der Patient nicht zu früh wieder belastet oder sogar überlastet wird. Zunächst darf er nur sehr vorsichtig wieder antrainiert werden. Lassen Sie Ihrem Pferd Zeit sich auszukurieren, damit es wieder ganz gesund wird!

Ist erst eine **Arthrose** mit den entsprechenden Veränderungen an den anatomischen Strukturen entstanden, ist sie nicht mehr zu heilen. Dennoch kann man sie bessern. Der degenerative Prozess der Arthrose wird durch Überlastung, aber auch durch Bewegungsmangel verstärkt. Deshalb ist hier regelmäßige und gleichmäßige Bewegung, die auf den Zustand des Gelenks abgestimmt ist, wichtig. Wird das Gelenk nicht bewegt, versteift es. Wird es zu viel bewegt, versteift es auch. Vermeiden Sie auf jeden Fall enge Wendungen und abrupte Übergänge. Ihr Pferd sollte auch viele Möglichkeiten zur freien Bewegung bekommen. Lassen Sie Ihr Pferd auf weichem, nicht aber tiefem Boden laufen, viel Schritt ist gut. Fehlstellungen der Hufe sowie ein fehlerhafter Beschlag müssen von einem guten Hufschmied korrigiert werden.

4.4 Gallen (Hydrops): Kreuz-, Fesselgelenks-, Sehnenscheidengalle, Piephacke, Stollbeule

Was sind Gallen?

Anzeichen: Gallen sind zunächst beulenförmige Verdickungen an den Gelenken. Im Unterschied zu Knochenauftreibungen sind die Gallen jedoch meist weich und verschieblich. Gallen können sich an einem oder mehreren Gelenken bilden. In der Regel findet man Gallen an den Fessel-, Sprung- und Kniegelenken. Die Gallen sind anfangs meist kleine

14 Erklärung: Eine solche Versteifung nennt sich Arthrodese. Eine Versteifung, die der Körper selbst herstellt, wird Ankylose genannt.

Schwellungen, die oft längere Zeit unverändert bleiben. Sie können jedoch auch größer werden. Manchmal werden sie dabei durch die Bänder des Gelenks eingeengt. Sind die Gallen entzündet, so sind sie vermehrt warm und schmerzhaft.

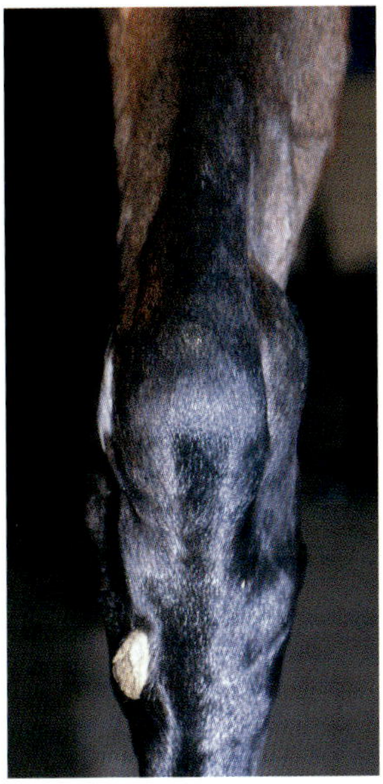

Die Kreuzgalle am Sprunggelenk kann durch Überlastung entstehen.

Ursache: Eine Galle entsteht, wenn im Gelenk durch eine Reizung zu viel Gelenkflüssigkeit *(Synovia)* gebildet wird. Dort, wo das Gelenk nicht durch straffe Bänder eng gehalten wird, wölbt sich dann eine Schwellung nach außen. Gallen enthalten klare Gelenkflüssigkeit. Bestehen sie jedoch für längere Zeit, so können sie durch bindegewebige Einlagerungen hart werden. Diese schränken die Beweglichkeit des Gelenks ein und können durch eine ständige Reizung Entzündungen hervorrufen. Da nicht nur in Gelenken, sondern auch in Sehnenscheiden und Schleimbeuteln Gelenkflüssigkeit gebildet wird, können sich auch hier Gallen bilden. Gallen entstehen durch verschiedene Ursachen. Neben Vitamin- und Mineralstoffmangel sind es vor allem äußere Einwirkungen, die zu einer vermehrten Bildung der Synovia führen. Dies können Druck- bzw. Reibestellen von Verbänden, Gamaschen oder Bandagen, aber auch Anschlagen, Ausrutschen oder ein Tritt sein. Oft bilden sich als Folge der Entzündung vermehrte Gelenkflüssigkeit, eine Synovialitis oder ein Gelenkhydrops (Galle) Daneben können sie auch durch Überanstrengung, Überforderung, Stellungsfehler, fehlerhaften Beschlag oder schwere Infektionskrankheiten entstehen. Je nach Lage der Gallen werden sie unterschieden in Sprunggelenksgalle, Kreuzgalle, Piephacke, Stollbeule, weicher Spat, Fesselgelenksgalle und Sehnenscheidengalle. **Kreuzgallen** entstehen innen und außen oberhalb des Sprunggelenks, zwischen den Sehnenscheiden. Sie machen meist keine Probleme.

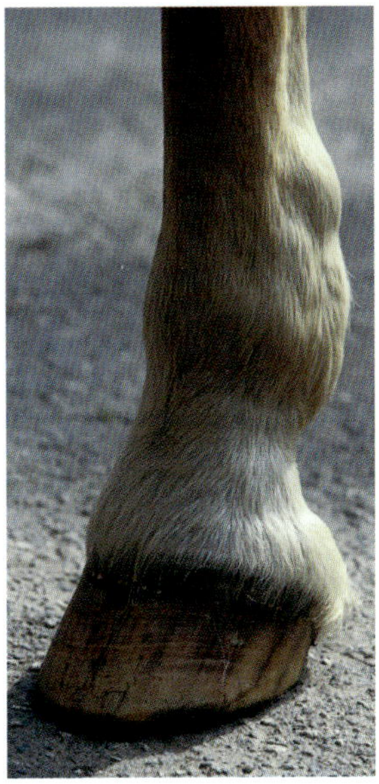

Ursachen einer Fesselgelenksgalle sind meist Überlastung oder Stellungsfehler.

Der **weiche Spat** ist eine Schwellung an der vorderen Innenseite des Sprunggelenks. Demgegenüber betreffen die **Sprunggelenksgallen** die gesamte Gelenkkapsel. Sie treten durch all die oben genannten Ursachen, aber auch infolge von Wurmbefall auf. Wenn die Larven der Blutwürmer ihre Wanderung durch die Blutgefäße machen, schädigen sie häufig die Gefäße der Beine. Auch Vitamin- oder Mineralstoffmangel können eine Ursache sein. Diese Gallen sind im Gegensatz zu den meisten anderen oft bindegewebig verdickt und störend. Gallen im Vorderfußwurzelgelenk entstehen, wenn ein Pferd z.B. beim Springen ans Hindernis anschlägt. Die **Piephacke** ist eine beulenförmige Schwellung des Schleimbeutels auf dem Fersenhöcker. Sie entsteht meist durch Anschlagen oder Ausrutschen, auch durch das Liegen auf zu hartem Boden oder das Schlagen gegen die Boxenwand. Nach einer anfänglichen Empfindlichkeit und Entzündung ist die Piephacke meist harmlos. Als **Stollbeule** bezeichnet man eine Schwellung des Schleimbeutels am Ellbogenhöcker. Auch hier ist eine ständige Reizung die Ursache der Galle. Meist entsteht sie im Liegen, wenn der Hinterhuf oder der harte Untergrund am Ellbogen reibt. Besonders Eisen mit langen Schenkeln oder Stollen sind gefährlich. Stöße beim Hinlegen bzw. Aufstehen können ebenfalls eine Ursache sein. **Fesselgelenksgallen** können sich in der Sehnenscheide des Fesselträgers oder im Fesselgelenk selbst bilden. Dann werden sie durch das Fesselringband nach oben gedrückt. Alle weichen Gallen sind nicht schmerzhaft, sondern eher ein Schönheitsfehler. Suchen Sie jedoch nach der Ursache und stellen Sie diese möglichst ab.

C

Was macht der Tierarzt?

Schleimbeutelgallen wie die Piephacke oder die Stollbeule sind meist unansehnlich, liegt ihnen eine Entzündung zugrunde, muss diese erst behandelt werden. Ansonsten bereiten sie aber weiter keine Probleme. Stören sie das Pferd, so können sie operativ entfernt werden. Spritzen in den Schleimbeutel mit Kortison helfen hier eher wenig.

Gelenksgallen wie die Sprunggelenksgallen können oft ganz erfolgreich mit Injektionen ins Gelenk behandelt werden. Dafür wird der Tierarzt sie mit 1- bis 2-maliger Injektion von Hyaluronsäure, Glykosaminoglykanen und Glukokortikoid (Kortison) in das Gelenk oder parenteral behandeln.

Weiche Gallen kann der Tierarzt mit einer Spritze abziehen, aber der Körper füllt dieses Volumen meistens rasch wieder auf. Zudem stören sie das Pferd eigentlich nicht. Anders ist dies bei den **harten Gallen**, die eine Entzündung und Lahmheiten auslösen können. Hier wird der Tierarzt die Gallen mit durchblutungsfördernden Salben und Abziehen der Flüssigkeit behandeln. Nach dem Abziehen wird er mit einer fest um das Gelenk gewickelten Bandage versuchen, die erneute Gallenbildung zu verhindern.

Nutzen diese Maßnahmen nichts, so kann der Tierarzt mithilfe einer Arthroskopie das Gelenk genau untersuchen und prüfen, ob kleine Teile vom Knorpel oder Knochen (Chips) für die Bildung der Galle verantwortlich sind und diese direkt entfernen. Denn das Wichtigste ist, die Ursache der Gallenbildung abzustellen. Ansonsten wird an dieser Stelle oder in der Umgebung immer wieder eine neue Galle erscheinen.

Was können Sie tun?

Behandeln Sie eine entstehende Galle im Anfangsstadium mit kühlen Umschlägen, um die Entzündung zu beruhigen. Geben Sie dem Wasser etwas Beinwelltinktur zu und massieren Sie die Beine anschließend mit einem Handtuch trocken. Danach massieren Sie den Bereich mit etwas Rosmarinöl 1:1 in Olivenöl. Eine Behandlung mit weißer Ichthyolsalbe und einer Bandage darüber kann Erfolg bringen. Dazu füttern Sie Klebkraut, Beinwell, Mädesüß und Brennnessel, je 15 g täglich ins Futter. Klebkraut belebt das Lymphsystem und wirkt leicht harntreibend, es hilft also bei der Beseitigung der Gallen. Die anderen Kräuter wirken entzündungshemmend und blutreinigend. Bestehen die Gallen bereits über eine längere Zeit, bleiben Behandlungsversuche oft erfolglos. Beugen Sie besser der Entstehung von Gallen vor, indem Sie Stellungsfehler im Fohlenalter korrigieren und die Hufe Ihres Pferdes in regelmäßigen Abständen ausschneiden bzw. beschlagen lassen. Daneben bewegen Sie Ihr Pferd regelmäßig, vermeiden aber Überlastung. Eine qualitativ hochwertige Ernährung und ausreichende Vitamin- und Mineralstoffzufuhr sowie regelmäßige Wurmkontrollen helfen, die Bildung von Gallen zu vermeiden.

Vorbeugung! Spritzen Sie nach jeder Anstrengung die Beine Ihres Pferdes mit kaltem Wasser ab. Führen Sie dabei den Wasserstrahl im Kreise sowie auf und ab. Lassen Sie sich Zeit, damit das Wasser wirken kann.

4.5 Knochenentzündung und Knochenwucherung

Allgemein kann ein Knochen unterschiedlich auf Schädigungen reagieren. Er passt seine Form an unphysiologische Nutzung und Schädigung an. Er kann seine Masse verändern als Reaktion auf systemische[15] Erkrankungen und veränderte Belastungen. Geschädigtes Periost (Knochenhaut) reagiert oft mit Knochenzubildung auf Reize und Schädigungen.[16] Eine Knochenhautentzündung und -zubildung kann durch körperbedingte innere Ursachen oder durch äußere Einwirkung entstehen. Der Mechanismus ist ähnlich. Diese innere oder äußere Einwirkung sorgt für eine Reizung. Im Falle einer äußeren Einwirkung kann dies ein Anstoßen, ein Tritt oder Ähnliches sein. Im Falle einer inneren Ursache ist es meist eine Überlastung durch Überbeanspruchung bestimmter Anteile des Beins oder durch Fehlstellungen des Beins. Diese Reizung kann auf die Knochenhaut direkt einwirken (Scha-

15 Erklärung: Systemisch – das ganze System, den ganzen Körper betreffend, eine allgemeine Erkrankung.

16 Vgl. McGavin, M.D. und Zacharym, J. S.: Pathologie der Haustiere, allgemeine, spezielle und funktionelle Veterinärpathologie. Urban und Fischer, 1. Auflage 2009.

le, Überbein) oder indirekt über die Sehne bzw. ein Band betreffen (Überbein). Die Sehne entzündet sich an ihrer schwächsten Stelle, der Ansatzstelle der Sehne am Knochen und der Knochenhaut. Da der Zug bzw. Druck nicht abnimmt (Fehlstellungen, Überlastungen), entsteht eine chronische Entzündung, die vom Körper selbst durch Einlagerung von Kalk bekämpft wird. Dies führt zu einer Verknöcherung der Übergangsstellen zwischen Sehne oder Band und Knochenhaut. Es wird ein unterschiedlich großer Knochenwulst gebildet, das Überbein. Entsteht eine solche Knochenwucherung an einem Knochen der Pferdezehe (Kron-, Fessel- oder Hufbein), nennt man sie Schale. Befindet sich die Wucherung in Gelenknähe, so kann sie die Gelenkflächen in Mitleidenschaft ziehen, es entsteht eine artikuläre Schale, meist zusammen mit einer Arthrose. Im weiteren Verlauf der chronischen Entzündung kann das gesamte Gelenk verknöchern und bewegungsunfähig werden. Dann stört sie das Pferd meist nur noch wenig.
Eine andere, häufig überlastete Stelle der Beine sind die Gelenke. Eine im Sprunggelenk nach dem gleichen Mechanismus hervorgerufene Entzündung mit anschließender Verknöcherung wird **Spat** genannt.

4.5.1 Überbeine

Überbeine sind bei fast allen Pferden zu finden. Dabei werden die Knochenauftreibungen an den Beinen Überbeine oder je nach Größe Exostosen oder Hyperostosen genannt. Diese Auftreibungen können an allen Knochen entstehen, bei entsprechender Reizung können sie z.B. ebenfalls am Unterkieferknochen entstehen. Aber nicht immer sind die Knochenauftreibungen nur reine Schönheitsfehler. Manchmal können sie durch ihren Sitz auch Probleme bereiten.

Was sind Überbeine?

Anzeichen: Überbeine finden sich häufig als bohnen- bis walnussgroße Knochenauftreibungen an den Pferdebeinen. Manchmal können sie hühnereigroß werden oder so klein bleiben, dass sie zwischen den Muskeln verschwinden und nur auf einem Röntgenbild zu sehen sind. Meist sitzen sie zwischen Karpal- und Fesselgelenk, also am Röhrbein (Metakarpus), eines oder mehrerer Beine. Bei jungen und erwachsenen Reitpferden findet man die knöcherne Zubildung am Vorderbein, bei Dressurpferden und Trabern auch am Hinterbein. Sie sitzen bevorzugt an den Hinterseiten der Vorderbeine. Bei einem Großteil der Pferde sind sie problemlose Nebenbefunde. Einige Pferde aber haben, je nachdem, wo sich das Überbein befindet, ganz beträchtliche Schwierigkeiten. Wir unterscheiden je nach Entstehung traumatische und spontane Überbeine. Je nach Sitz oder Lage der Überbeine werden sie in seitliche, hintere und tiefe Überbeine unterteilt und bereiten mehr oder weniger starke Probleme. **Seitliche Überbeine** sind am häufigsten, sie sitzen zwischen dem Röhrbein und dem inneren Griffelbein an der Ansatzstelle des Verbindungsbandes der beiden Knochen. Meist sind sie länglich und bohnen- bis walnussgroß und nicht zu übersehen. Sie bedingen, wenn überhaupt, nur eine schwache Stützbeinlahmheit. Entwickeln sich die Überbeine schnell, so führen sie zu einer anfänglichen Lahmheit, die meist nicht von Dauer ist. Gravierende Probleme entstehen, wenn die Überbeine am oberen Rand des Griffelbeins entstehen und der Entzündungsprozess auf das Karpalgelenk übergreift.

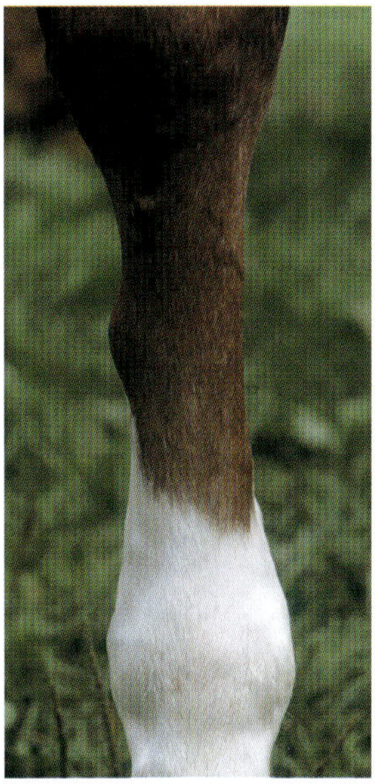

Ein seitliches Überbein ist meist von vorn wie von der Seite gut zu sehen.

Die **hinteren Überbeine** sitzen in der Regel auf der hinteren Kante des Griffelbeines, wo die Sehnen und Bänder ansetzen, die durch den Zug des Fesselträgers beeinflusst werden. Die hier entstandene Entzündung breitet sich meist auf das gesamte Griffelbein aus. Insbesondere bei großen Überbeinen kann es durch die Nähe des Fesselträgers zu starken Einengungen oder sogar zu Verwachsungen mit ihm kommen. Meist sind diese Überbeine groß und führen zu einer schweren, chronischen Lahmheit. Größere Verknöcherungen sind oft auf der Rücksei-

C

te des aufgehobenen, im Karpalgelenk gebeugten Beins zu ertasten. Die tiefen Überbeine liegen an der Rückseite des Röhrbeins zwischen den Griffelbeinen nahe der Anheftungsstelle des Fesselträgers und des Unterstützungsbandes der tiefen Beugesehne. Der Verknöcherungsprozess beginnt hierbei durch eine Entzündung an der Ansatzstelle des Fesselträgers, die sich nach unten und zur Seite hin ausbreitet. Die Verknöcherung löst eine hochgradige chronische Lahmheit aus. Die tiefen Überbeine sind aufgrund ihrer Lage nur schwer zu erfühlen. Manchmal lassen sie sich neben dem Griffelbeinköpfchen am aufgehobenen und gebeugten Pferdebein ertasten.

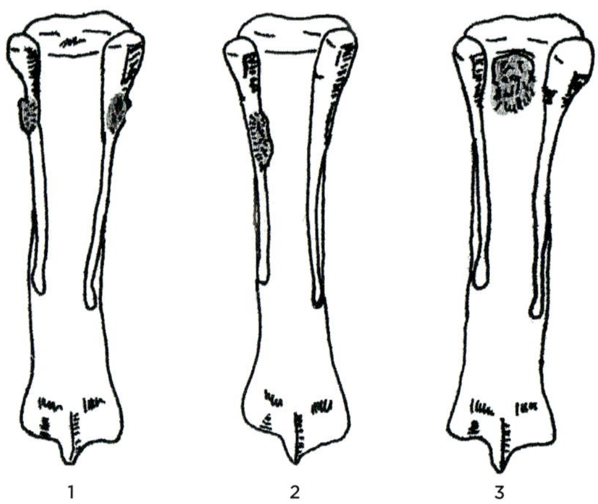

Hinterseite des Röhrbeins mit Griffelbeinen: Seitliches Überbein, hier an beiden Griffelbeinen (medial und lateral) dargestellt (1), hinteres (2) und tiefes (metakarpales) (3) Überbein.

Ursachen: Wie bereits oben erläutert, können Überbeine durch innere und äußere Ursachen entstehen. Oft reicht bereits eine kleine Verletzung aus, das Pferd stößt sich an Gegenständen oder tritt sich selbst versehentlich gegen das Bein. Man nennt es Streichen, Greifen oder Gegenschlagen. Solche Auftreibungen verursachen meist nur anfänglich Lahmheiten. Ist die Entzündung wieder abgeklungen, sind sie meist nur Schönheitsfehler. Sie können überall am Bein sitzen. Die seitlichen, hinteren und tiefen Überbeine entstehen jedoch in der Regel nicht durch äußere Gewalteinwirkung. Es sind die spontanen Überbeine. Überlastung, Fehlstellungen der Gliedmaßen oder falscher Beschlag verursachen an den am Röhrbein ansetzenden Bändern eine unnatürliche Zerrung bzw. Druck. Gleichzeitig können hormonelle Fehlregulationen oder Ernährungsfehler, die sich auf den Knochenstoffwechsel auswirken, auftreten. Auch Hufschmiede, die Fehlstellungen überhastet korrigieren, ohne dem Bein Zeit für eine Umstellung zu lassen, können ebenso die Bildung eines Überbeins auslösen. Daneben spielt auch die Fütterung eine wichtige Rolle. Bekommen die Pferde Calcium und Phosphor nicht im richtigen Verhältnis, so kann dies die Knochen schwächen und das Pferd anfälliger machen. Oft leiden junge Pferde von zwei bis fünf Jahren unter Überbeinen, wenn sie mit der Arbeit beginnen. Der stete Zug und Druck bewirkt einen ständigen Reizzustand, der zu den meist **seitlichen (intermetakarpalen)** Überbeinen führt. Im Zusammenhang mit einer Überlastung der Wirbelsäule und der Bauchmuskeln spricht man dann von der Remonte-Krankheit. Oft wird beim Anreiten der Pferde zu wenig Rücksicht auf die noch nicht voll belastbaren Knochen genommen. Auch bei scharfen und engen Wendungen werden Sehnen, Bänder und Griffelbeine einer starken Belastungsprobe ausgesetzt.
Die **hinteren Überbeine** beginnen an der Ansatzstelle der Karpalfaszie. Zusammen mit dem Zug des Fesselträgers entsteht eine chronische Entzündung der Knochenhaut. Diese Zubildung lässt sich röntgenologisch nachweisen, später auch bei aufgehobenem Fuß tasten. Das **tiefe Überbein** wächst genau am Ursprung des Fesselträgers und des Unterstützungsbandes der tiefen Beugesehne und ist mit weiteren diagnostischen Geräten, wie Ultraschall, zu finden.

Komplikationen: Überbeine können auf das umliegende weiche Gewebe drücken, Muskeln einengen und die Gewebe so schädigen. Werden Blutgefäße oder Nerven abgeklemmt, kann dies zu ernsten Problemen führen.

Was macht der Tierarzt?

Natürlich müssen nur die Überbeine behandelt werden, die Lahmheiten verursachen. Im Stadium der Entzündung bringen kühlende Umschläge und Salben diese zum Abklingen. Ihr Tierarzt wird nichtsteroidale Medikamente zur Entzündungshemmung einsetzen. Auch kortisonhaltige Injektionen können helfen. Später unterstützt Wärme die Behandlung. Bei einem konservativen Behandlungsversuch müssen die Patienten 30 bis 45 Tage Stallruhe halten. Danach wird 2-mal täglich ein etwa 20-minütiger Spaziergang empfohlen.[17]

Sobald die seitlichen Überbeine verknöchert sind, gibt es keine Schmerzen und damit keine Lahmheit mehr. Eine konservative Behandlung der hinteren und tiefen Überbeine ist selten erfolgreich.

Helfen die konservativen Behandlungsversuche nicht, so kann das Überbein durch eine Operation entfernt und die Verwachsungen zwischen Griffel- und Röhrbein können gelöst werden. Leider bilden sich die *Exostosen* dann oft erneut. Während dieser Operation kann auch der dieses Gebiet versorgende Nerv durchtrennt werden. Das Pferd ist dadurch nicht eingeschränkt. 2 bis 3 Tage nach der Operation dürfen die Pferde wieder spazieren geführt werden.

Was können Sie tun?

Vorbeugend können Sie dem Pferd Gamaschen bei der Arbeit, gegebenenfalls auch während des Weideaufenthalts anlegen.

Im Krankheitsfall ist es wichtig, dem Patienten besonders während der Behandlungsphase Ruhe zu können. Er sollte nicht geritten werden. Zu frühe Belastung führt meist zu einer erneuten Bildung von Knochenauftreibungen. Dies bedeutet jedoch nicht absolute Boxenruhe, die Pferde können gerne spazieren geführt werden. Wichtig ist, die Stelle zunächst zu kühlen und erst später zu wärmen. *Was Sie zur Behandlung der Überbeine tun können, lesen Sie auf Seite 434 ff.*

4.5.2 Schale

Was ist Schale?

Schale ist eine verbreitete Erkrankung, eine Arthrose, die Pferde jeden Alters treffen kann. Insbesondere Polopferde, Westernpferde und Springpferde sind gefährdet. Da im Alter die Stabilität der Bänder und Sehnen nachlässt, sind ältere Pferde prädestiniert dafür.

Anzeichen: Am Anfang der Erkrankung ist die Schale nicht leicht zu erkennen. Die Entzündungsphase lässt manche Pferde deutlich lahmen, andere wiederum kaum. Manche lahmen zu Beginn der Belastung und laufen sich ein. Im weiteren Verlauf haben die Pferde manchmal so starke Schmerzen, dass sie in Ruhe die Beine stark entlasten wollen und dann sägebockartig dastehen. Je nach Lage der Schale belasten manche Pferde nur noch die Trachten. Eine Beugeprobe der Zehengelenke verstärkt die Lahmheit. Häufig ist an Fessel oder Krone eine Schwellung zu sehen, die beim Betasten sehr schmerzhaft ist. Der Zehenbereich ist während der akuten Entzündung vermehrt warm. Befindet sich die Schale nicht in der Nähe eines Gelenks **(nichtartikuläre Schale)**, so nimmt die Lahmheit wieder ab, wenn die Entzündung zurückgeht. Eine **artikuläre** Wucherung im Gelenk dagegen stört bei jeder Bewegung, die Entzündung kommt nicht zur Ruhe. Die Pferde leiden unter starken Schmerzen, sodass sie weiterhin hochgradig lahmen. Dazu kommt, dass die Wucherung meist den Gelenkspalt verengt und die Bewegung immer mehr einschränkt. Verknöchert das Gelenk später komplett, so klingt die Entzündung ab und das Pferd geht wieder klar. Das Gelenk ist dann zwar bewegungsunfähig, aber das Pferd ist weitgehend schmerzfrei.

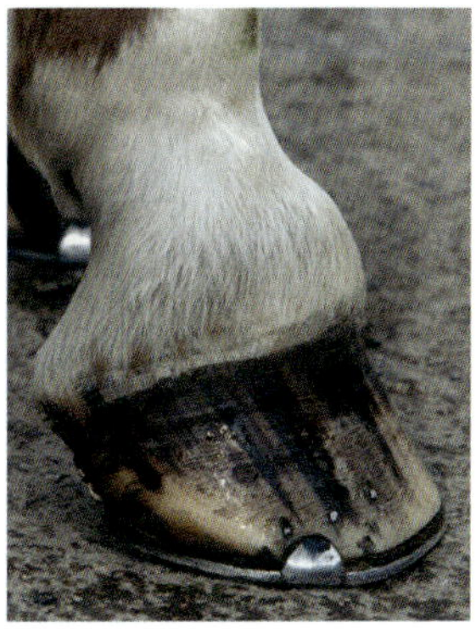

Bei dieser Krongelenksschale ist die Knochenauftreibung bereits von außen erkennbar.

Ursache: Wie eingangs erläutert, wird eine Knochenwucherung an den Knochen der Pferdezehe (Kron-, Fessel- oder Hufbein) Schale genannt. Je nachdem, welche Zehenknochen von der Wucherung betroffen sind, wird von einer oberen oder unteren Schale gesprochen. Die obere Schale betrifft Knochenwucherungen rund um das Fesselbein, die tiefe Schale rund um das Kronbein. Eine Schale findet sich immer im Gelenk **(artikuläre Schale)** oder nahe dem Gelenk **(periartikuläre Schale)**.

Eine Schale, die die Gelenkflächen in Mitleidenschaft zieht, behindert das Pferdegelenk bei jeder Bewegung und verursacht zunächst starke Schmerzen. Es handelt sich hierbei um eine Arthrose, die den Gelenkknorpel langsam zerstört. Die gelenknahe Schale verursacht

17 *Vgl. Brehm, W. et al.: Krankheiten der distalen Gliedmaßen. Aus Brehm, W. et al. (Hrsg.) Enke Verlag 2017, S. 1002-1099.*

nur anfänglich stärkere Schmerzen. Ist die Entzündung abgeklungen und die Wucherung verknöchert, so stört sie das Pferd meist wenig.
Die Ursachen beider Formen von Schale sind denen eines Überbeins sehr ähnlich. Durch übermäßige Zug- und Druckbelastung aller Sehnen, Bänder und Kapseln, die in den entsprechenden Gebieten ansetzen, können sich die Ansatzstellen am Übergang zur Knochenhaut entzünden. Eine chronische Überbelastung entsteht bei Stellungsfehlern der Pferdezehe sowie infolge falscher Bearbeitung des Hufes durch den Schmied. Insbesondere junge Pferde sind gefährdet, wenn der gesamte Knochen- und Bandapparat noch nicht so gefestigt ist. Schnelle Starts und Stopps sowie enge Wendungen auf kleinem Raum belasten die Bänder und Sehnen der Pferdezehen besonders. Neben den inneren Ursachen können aber auch Einwirkungen von außen zu der Bildung einer Schale führen. Kleinere und größere Verletzungen, Ballen- oder Kronentritte, eitrige Entzündungen oder häufige Tritte gegen die Boxenwände können eine starke Reizung der Knochenhaut verursachen. Grundsätzlich kann sich eine Schale an jedem Bein entwickeln, jedoch sind meist beide Vorderbeine betroffen. Sind alle vier Gliedmaßen betroffen, sprechen die Tierärzte vom **Ringbein**.
Eine Knochenauftreibung am Fesselbein (Seiten- und Hinterfläche) bezeichnet man als Leist. Die Wucherung entsteht infolge einer chronischen Knochenhautentzündung an den Ansatzstellen der Bänder wie Fesselbein- und Hufbeinbänder. Kontinuierliche Zerrungen an den Bandansatzstellen führen schließlich zu der Leistbildung. Begünstigend wirken unregelmäßige Gliedmaßenstellung, ein steil stehendes Fesselbein und die Brechung der Zehenachse. Man unterscheidet verschiedene Leistformen, je nachdem, welche Ansatzstelle betroffen ist. Leist führt meist nicht zur Lahmheit. Häufig ist sie ein Zufallsbefund beim Röntgen.

Komplikationen: Bei längerem Bestehen der Schale kommt es oft zu einem Schwund der Schultermuskulatur.

Was macht der Tierarzt?

Mit einem Röntgenbild kann der Tierarzt das genaue Ausmaß und die Lage der Knochenwucherung feststellen. Die Knochenwucherung selbst kann nicht mehr beseitigt werden, aber der Tierarzt kann die Schmerzprobleme so behandeln, dass das Pferd nicht mehr lahmt. Zunächst muss der Auslöser der Entzündung gefunden und eliminiert werden. Ein Schmied kann den Huf durch Korrektur so stellen, dass der Zug an den Bändern wegfällt und das Gelenk wieder gleichmäßig belastet wird. Ein spezieller orthopädischer Beschlag sorgt dafür, dass das Gelenk nicht mehr bewegt wird. Das Gelenk braucht Ruhe, damit die Entzündung abklingen kann. Ein stoßdämpfender Beschlag mit Hufpolster aus elastischen, selbsthärtenden Kunststoffen, Filz- oder Ledersohle mit Wergpolsterung oder ein Gummipuffereisen bzw. ein gepolsterter Hufschuh schützen die Zehe vor Erschütterung.
Ist die Schale noch im Anfangsstadium, also noch nicht verknöchert, so kann das Ruhigstellen durch einen Verband, der die jeweils folgenden Gelenke mit einbezieht, entscheidend zur Heilung beitragen. Das setzt allerdings eine vorherige Korrektur durch den Schmied voraus. Viele Tierärzte setzen entzündungshemmende Mittel sowie Hyaluronsäure zur Reparatur des Gelenkknorpels ein. Häufig kann mit durchblutungsfördernden Einreibungen der Wucherung, in Kombination mit feuchter Wärme noch eine Verbesserung erreicht werden. Gute Ergebnisse werden ebenfalls mit der Stoßwellentherapie erzielt. Daneben kann sowohl ein Homöopath als auch ein Akupunkteur die Heilung unterstützen.

Was können Sie tun?

Es gelten bei der Schale die gleichen Behandlungsmöglichkeiten wie bei Spat. Zunächst braucht das Bein Ruhe, damit die Entzündung zurückgehen kann. Es sollte nicht mehr geritten werden, aber es besteht keine Notwendigkeit für absolute Boxenruhe. Leichte Bewegung und Spaziergänge tun dem Pferd gut. Daneben sollten Sie das Bein kühlen, um den Schmerz zu mildern und die Entzündung abklingen zu lassen. Ist die Entzündung beseitigt, so kann versucht werden, die Knochenwucherung mit durchblutungsfördernden Salben und Heilkräutern zu beeinflussen. Vorbeugend sollte bereits beim Fohlen auf Stellungsfehler geachtet und alle Verletzungen konsequent behandelt werden. *Spezielle Behandlungstipps finden Sie auf S. 434 ff.*

4.5.3 Osteoarthrose am Sprunggelenk (Spat)

Spat ist eine sehr oft diagnostizierte Lahmheitsursache bei Pferden. Wurde sie früher, neben den älteren Pferden, hauptsächlich bei Sportpferden (Dressur, Trabrennen, Springen) festgestellt, so tritt sie inzwischen bei Pferden jeden Alters auf. Das Sprunggelenk ist eine Konstruktion von 3 bis 4 kleinen Knochen, die in mehreren Etagen angeordnet sind. Oben schließen sie an den Unterschenkel an, unten ans Röhrbein und die zwei Griffelbeine.

Was ist Spat?

Spat ist eine lokale chronisch-degenerative Arthrose des Sprunggelenks, bei der sich meist typische Knochenwucherungen entwickeln.

Anzeichen: Typisch für diese Erkrankung ist eine sich langsam entwickelnde Lahmheit. Meist tritt nur zu Beginn der Arbeit eine gering- bis mittelgradige Lahmheit auf, die bei Bewegung rasch wieder verschwindet (Einlaufen). Die als Spatprobe bezeichnete Beugeprobe (1 Minute halten und dann sofort antraben) ist meist positiv. Das Pferd lahmt stark, läuft sich aber rasch ein. In einem späteren Stadium bleibt die Lahmheit bestehen. Meist tritt es mit dem kranken Bein hinten kürzer und flacher. Ein Pferd mit Spat kann die Hinterbeine nicht mehr richtig anwinkeln, daher sind die Schritte, Tritte und Sprünge verkürzt. Infolge der Schmerzen versuchen manche Pferde das Bein zu entlasten und fußen auf den Zehen. Oft sind am Hufhorn bereits erste Abreibungserscheinungen zu erkennen. In schweren Fällen lassen die Pferde die Zehen ganz schleifen. Einige Pferde zeigen jedoch trotz schwerer Erkrankung keinerlei Lahmheitsanzeichen. Häufig finden sich im fortgeschrittenen Stadium harte Schwellungen als äußeres Anzeichen der Knochenwucherungen an der Innenseite des Sprunggelenks. Fehlen sie, so spricht man vom unsichtbaren Spat.

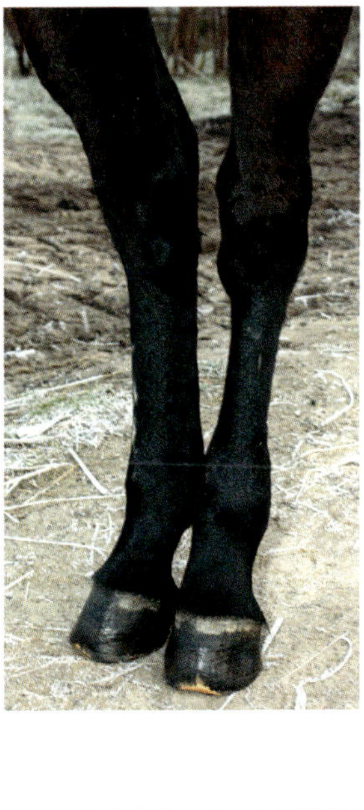

Hochgradige Spaterkrankung auf beiden Seiten: Durch die mangelnde Beweglichkeit ist das Zehenhorn abgeschliffen.

Ursache: Das Sprunggelenk der Pferde besteht aus vielen einzelnen Gelenken, von denen sich jedoch insgesamt eher wenige bewegen (straffe Gelenke). Das obere, größere Gelenk an Fersen- und Rollbein bewegt sich hauptsächlich, die kleineren darunter wenig. Bei Beanspruchung werden diese kleinen Gelenke beständig unter Druck und Zug gesetzt oder gedreht. Besonders die Innenseite des Sprunggelenks wird dabei belastet. Die Knochen dieser kleinen Gelenke und deren Knochenhaut entzünden sich beim Spat. Häufig sind auch die Spatsehne und der dazugehörige Schleimbeutel mit erkrankt. In der Regel sind beide Hinterbeine betroffen. Nach einiger Zeit geht die Entzündung ins chronisch-degenerative Stadium über und greift den Gelenkknorpel an. Die Oberfläche der Gelenke wird zunehmend zerstört. Es bilden sich Kalkeinlagerungen im Knorpel und anschließend Knochenwucherungen. Im Laufe der Zeit kommt es zu Verwachsungen mit dem Röhrbein und regelrechten Verschmelzungen zwischen den einzelnen Sprunggelenksknochen, die Spalten zwischen den Gelenken werden immer enger. Im weiteren Verlauf der Erkrankung verschließt sich der Gelenkspalt komplett. Nach Abschluss des Umbauprozesses sind die Gelenke „versteift" und die Entzündung greift auf das umliegende Gewebe über, die Lahmheit bleibt bestehen.

Es können sowohl innere wie äußere **Ursachen** zum Spat führen.

Innere Ursachen sind Stellungsanomalien wie bodenenge, bodenweite, sprunggelenksenge (x-beinige) und -weite (o-beinige), säbelbeinige, unterständige und rückständige Stellung, die zur übermäßigen Belastung des Sprunggelenks führen. Auch ein abnormer Bau der Sprunggelenke (flach, schmal oder geschnürt) und eine Ungenauigkeit im Feinbau der Sprunggelenksknochen zählen in diese Kategorie. Ein schwacher Knochenbau, erbliche Vorbelastung sowie Störungen des Calcium-Stoffwechsels begünstigen eine Spat-Erkrankung. Ungenügende mineralische Ergänzungen sowie eine Störung des Calcium-Phosphor-Verhältnisses können zu einer generalisierten Osteopathie und auch zu Spat führen. Ältere Pferde, deren Knochen durch die Entmineralisierung wieder schwächer werden, und junge Pfer-

de, deren Körperbau noch nicht genug gefestigt ist, sind besonders gefährdet.
Äußere Ursachen sind viele kleine Traumata, denen das Sprunggelenk an seiner inneren Seite vermehrt ausgesetzt ist. Ständige Überlastungen des Sprunggelenks verursachen in den kleinen Gelenken minimale oder auch stärkere Quetschungen und Verletzungen, die quasi einen ständigen Reiz ausüben und zu Spat führen. Manchmal reicht eine einfache, einmalige Gewalteinwirkung wie ein Tritt bereits aus, um die Erkrankung auszulösen. Weitaus häufiger sind als Ursache jedoch die Dreh-, Reiß- und Zugkräfte, die beim Dressur-, Western- und Springreiten vorkommen. Aber auch die Sprunggelenke von Kutsch- und Trabrennpferden sind starken Zugbelastungen ausgesetzt. Speziell das Zusammenspiel der die Krankheit begünstigenden Faktoren wie Stellungsfehler, Passungenauigkeiten der kleinen Gelenke und wiederkehrende Überlastungen scheinen die häufigsten Ursachen zu sein. Besonders bei Rennpferden kann der Spat schon im jugendlichen Alter aufgrund der oben genannten Einflüsse und infolge zu energiereicher Fütterung entstehen, wodurch die kleinen Sprunggelenksknochen in ihrer Form und Größe sowie in ihrer inneren Statik im Zuge der Skelettreifung beeinträchtigt werden können.

Komplikationen: Durch das Schleifen der Zehe reibt sich die Zehenwand des Hufes übermäßig stark ab, infolgedessen verändert sich die Stellung der Hufe. Häufig macht sich bei länger bestehender Krankheit ein Muskelschwund der Kruppen- bzw. Oberschenkelmuskulatur bemerkbar.

Was macht der Tierarzt?

Durch Betrachtung, Betastung und die Spatbeugeprobe wird die Diagnose gestellt und durch Röntgenbilder gefestigt. Die Veränderung am Knochen ist, wenn sie vollständig verknöchert ist, nicht mehr umkehrbar. Wichtig ist, die Entzündung und die Schmerzen zu behandeln und das Fortschreiten der Degeneration zu stoppen. Der Tierarzt wird dem Pferd entzündungshemmende Mittel ins Gelenk spritzen. Damit versucht er die Versteifung des Gelenkes zu beschleunigen. Dies kann durch durchblutungsfördernde Maßnahmen geschehen. Alternativ kann das Gelenk auch operativ versteift werden, wobei es verschiedene Operationsmöglichkeiten gibt. Entweder wird medikamentös durch Einspritzen eines entzündungshemmenden Medikamentes oder durch Zerstörung eines Großteils des Gelenkknorpels oder aber durch drei gefächerte Schnitte durch die innere Endsehne des Tibialis-cranialis-Muskels eine Versteifung herbeigeführt.[18] Die Durchtrennung des inneren Sehnenschenkels des Tibialis-cranialis-Muskels ist ein probates Mittel zusätzlich zur Spat-Operation, um den Druck auf das Gelenk zu reduzieren und so den postoperativen Schmerz zu mindern. Seltener wird eine Versteifung durch Verschraubung oder den Einsatz einer T-Platte erreicht. Lassen Sie sich von Ihrem Tierarzt beraten. Nach einer der Versteifungs-Operationen braucht das betroffene Pferd 5 bis 6 Monate Ruhe. Parallel zu der Behandlung muss der Hufschmied durch einen speziellen orthopädischen Hufbeschlag die Innenseite des Sprunggelenkes entlasten.
Sowohl die Stoßwellen- als auch die Magnetfeldtherapie können die Behandlung des Spats unterstützen. Bei einer leichten Spat-Erkrankung ohne knöcherne Veränderungen kann eine konservative Therapie durch einen Hufschmied in Kombination mit einer medikamentösen Behandlung schon ausreichen. Dabei wird durch eine Kombination von Hyaluronsäure oder Glykosaminoglykan mit Kortison die Entzündung im Gelenk therapiert. Die knochenauflösende (osteolytische) Verlaufsform kann zusätzlich ein Medikament zur Hemmung des Knochenab- und -umbaus erfordern.[19]

4.5.4 Behandlung von Arthrosen (Spat, Schale) und Überbeinen

Was können Sie tun?

Die Therapie der Arthritis und Arthrose sollte in jedem Falle umfassend und ganzheitlich erfolgen. Neben der Ausschaltung der Ursache ist es wichtig, die Haltung, Bewegung und die Fütterung mit der richtigen Energiemenge, Nähr- und Mineralstoffen, Spurenelementen und Vitaminen sowie der Hufbe-

18 Erklärung: Bei der Spat-Operation nach Peters und Schmidt werden drei Schnitte durch die Sehne, Faszien, Bänder, Bursa bis hinunter auf den Knochen gesetzt. Diese künstliche Reizung führt zu einer schnelleren Versteifung des Gelenks.
19 Vgl. Brehm, W. et al.: Krankheiten der proximalen Beckengliedmaße. Aus Brehm, W. et al. (Hrsg.) Enke Verlag 2017, S. 957-1001.

arbeitung ganz speziell auf das kranke Pferd abzustimmen und zu optimieren. Bei dieser Erkrankung ist die Bewegung von besonderer Bedeutung, denn es geht hierbei auch darum, dem Pferd freie Bewegung zu verschaffen – z.B. in einer großen Box mit ausgiebigem Weidegang, einer Außenbox mit angeschlossenem Paddock, einem Offenstall oder in einer Gruppenhaltung. Der an Arthrose erkrankte Patient braucht die Möglichkeit, sich ständig langsam bewegen zu können. Wenn er in einer kleinen Herde oder Gruppe lebt, muss diese passend zusammengesetzt sein. Ihr Pferd soll sich mit den anderen Pferden gut verstehen. Es darf nicht von anderen Pferden gemobbt, gejagt oder vom Futter vertrieben werden, denn es ist in der Herde mit der Erkrankung unter Umständen das schwächste Glied.

Allgemeine Maßnahmen: Zunächst einmal muss das erkrankte Gelenk zur Ruhe kommen, das Pferd darf nicht mehr geritten werden. Bei einer schweren **Arthritis** kann die Ruhigstellung sogar so weit gehen, dass das Pferd angebunden oder in ein Geschirr gestellt wird, welches verhindert, dass sich die Tiere hinlegen. Eventuell kann der Bereich auch durch Castverbände *(s. Seite 418)* ruhig gestellt werden. Boxenruhe ist eine effektive Maßnahme zur Entlastung der Gelenke. Zu dieser Maßnahme oder stattdessen werden Medikamente verabreicht.

4 Wochen nach einer Operation ist eine stabile Narbe entstanden, aber erst nach 8 Wochen ist das Weichteilgewebe vollständig repariert. Reduziertes, angemessenes Futter, gute Pflege und Physiotherapie mit passivem Durchbewegen der Beine sollte eine solche Therapie begleiten. Lassen Sie sich von einer Physiotherapeutin beraten und entsprechende Bewegungen zeigen. Nach 4 Wochen Boxenruhe kann sich der Gelenkknorpel abbauen, deshalb kann das Pferd nach weniger als 4 Wochen auf einen kleineren Auslauf oder ein Paddock. Alternativ dürfen Sie mit Ihrem Pferd spazieren gehen, zu Beginn 15 Minuten, dann bis zu 30 Minuten am Tag steigern. Notfalls darf es 10 Minuten in eine Führmaschine. Letztere ist durch die Drehbewegungen in den Gelenken schlecht geeignet.

Ein an **Arthrose** erkranktes Pferd braucht ebenfalls Ruhe, es sollte jedoch nicht ganz stehen, da durch die Bewegung die Ernährung der Gelenkknorpel aufrechterhalten wird. Wird das Pferd absolut ruhig gehalten, wird der Knorpel meist nicht mehr richtig mit Nährstoffen versorgt und weiter abgebaut. Ihr Pferd sollte optimal mit Nährstoffen versorgt und zucker- bzw. kleberhaltige Fertigfutter sollten vermieden werden. Auf diese Weise kann die Produktion ungesunder Abbaustoffe reduziert werden, die sich dann überall, auch in den Gelenken ablagern würden.

Obst wie Äpfel, ab und an eine Orange und dazu viel frisches Gemüse wie Möhren, Stangensellerie, Steckrüben und Pastinaken enthalten viele wichtige Vitamine und Mineralstoffe. Dazu reinigen und unterstützen sie die Verdauung der Pferde. Daneben sollten Sie Ihrem Pferd regelmäßig etwa 4 bis 5 EL Apfelessig über das tägliche Futter geben. Mineralstoffe sind sehr wichtig für die Knochen und Gelenke. Selen und Vitamin E fördern den Stoffwechsel, Vitamin C und E sind wichtig für die Bildung von Kollagen und wichtige Antioxidantien. Eingeweichter Flohsamen oder Leinsamen im Futter hilft den Pferden beim Abführen. Durch die mangelnde Bewegung könnte der Verdauungstrakt etwas Probleme haben.

Akute Entzündungsphase: Während des entzündlichen Stadiums tut Ihrem Pferd ein kühlender Angussverband gut, der regelmäßig mit kaltem Wasser getränkt wird. In dieses Wasser geben Sie

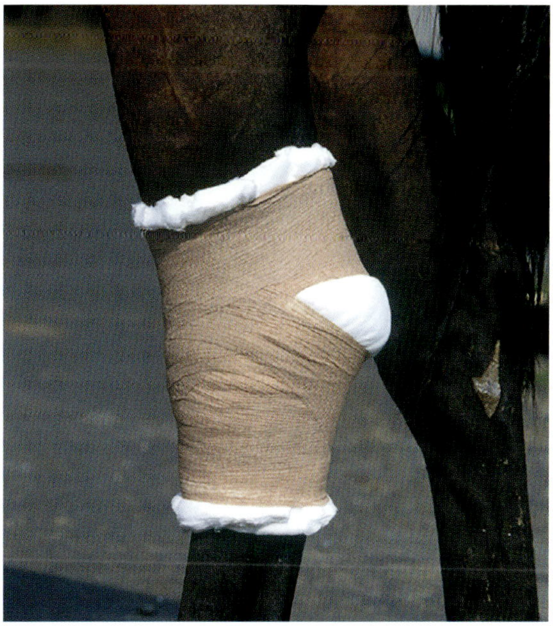

Ein Angussverband gleicht einem einfachen Verband, es wird nur mehr Verbandswatte benutzt, die die Flüssigkeit aufsaugt.

C

10 Tropfen Crab Apple auf einen Liter Wasser sowie einige Tropfen Beinwell- und Arnika-Tinktur.
Weiterhin eignet sich auch eine Essigsaure-Tonerde-Packung oder ein Beinwellwurzel-Breiumschlag (aus der Apotheke), der mit Beinwellblättertee aufgerührt wird. Beides sollte 2-mal täglich jeweils 4 Stunden am Pferd bleiben. Ein Quarkumschlag kühlt angenehm und wirkt der Entzündung entgegen. Teufelskralle-Extrakt hilft gegen die Schmerzen und wirkt entzündungshemmend. Oft kann es ein Schmerzmittel komplett ersetzen. Beginnen Sie mit 20 g täglich und vermindern Sie diese Menge nach etwa 6 Wochen auf 15 g täglich. Dazu füttern Sie täglich 2 bis 3 EL (ca. 30 g) Gelatine. Der Aufbau des Eiweißes der Gelatine oder des Kollagens entspricht weitgehend dem des Gelenkknorpels, so kann der Körper den Knorpel besser regenerieren. Auch die Gelatine muss über mindestens 2, besser 3 Monate gefüttert werden, bevor sich wirkliche Erfolge einstellen. Gegen die Entzündung helfen Weißweide, Mädesüß, Beinwell und Sonnenhut. Auch die Gabe von Ingwer gegen die Schmerzen hat sich bewährt. Jedoch muss man diesen dafür sehr hoch dosieren, um einen Erfolg zu erzielen. Ingwer ist für magenempfindliche Pferde nicht geeignet. Viele Pferde lehnen den Ingwer ab, dann erzwingen Sie die Aufnahme nicht, es gibt Alternativen.

Arthrose: Ist die Entzündung abgeklungen, helfen Sie die Durchblutung zu erhöhen, um einen Abtransport der Abfallprodukte zu erreichen. Dafür gibt es verschiedene Möglichkeiten. Beginnen Sie mit wechselwarmen Beinumschlägen. Die Temperaturwechsel, die entstehen, regen die Durchblutung am stärksten an. Wickeln Sie abwechselnd in kaltem oder warmem Wasser getränkte Handtücher um das Bein, die Sie mit einer Wollbandage fixieren können. Auch reine Wärme führt zu einer besseren Durchblutung des Gebietes. Verwenden Sie dafür neben einfachen warmen Beinwickeln fertige Beinwellwurzel-Breiumschläge, die Sie zuvor erwärmen. Dabei wirkt nicht nur die Wärme, sondern ebenso der Beinwell. Der Breiumschlag eignet sich auch nach den wechselwarmen Wickeln. Zur Erhöhung der Durchblutung eignet sich ein warmer Leinsamenbrei-Umschlag, bei dem der Leinsamen zu Brei verkocht wurde. Packen Sie ihn fingerdick auf Kompressen, decken Sie ihn ab und legen Sie ihn auf. Ein Meerrettichumschlag muss vorsichtig gehandhabt werden. Er sollte frisch gerieben, ebenfalls fingerdick auf eine Kompresse aufgebracht und mit einer Binde am Bein befestigt werden. Da der Meerrettich sehr scharf ist, reichen zunächst 4 Minuten am Tag zur Durchblutungssteigerung.

Ein Weißkohlumschlag wirkt entzündungshemmend und durchblutungsfördernd.

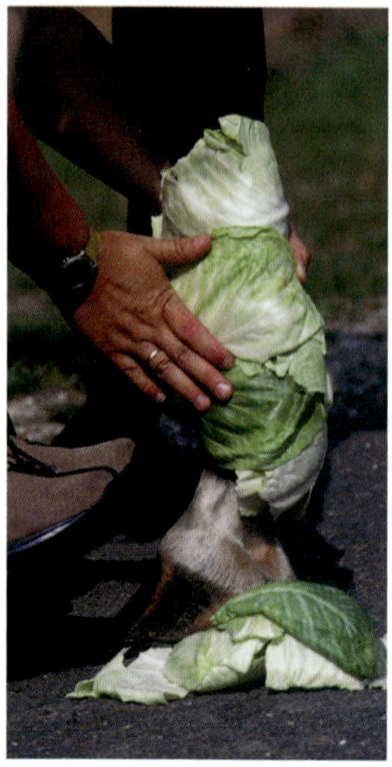

Alternativ können Sie auch einen Umschlag mit Weißkohlblättern machen. Legen Sie die sauberen Kohlblätter z.B. bei einer Spaterkrankung um das Sprunggelenk und befestigen Sie diese mit einer elastischen Bandage. Halten die Blätter schlecht, können sie zuvor mit einem Nudelholz platt gewalzt werden. Verwenden Sie hauptsächlich dunkelgrüne Blätter, sie enthalten am meisten entzündungshemmenden Wirkstoff. Die Blätter kühlen zunächst, erwärmen sich reflektorisch und halten diese Wärme dann über längere Zeit. Belassen Sie einen Weißkohlumschlag nur maximal 6 bis 8 Stunden an dem Bein. Danach nehmen Sie ihn ab und machen einige Stunden Pause. Danach können Sie einen weiteren Kohlumschlag anlegen. Eine preisgünstige und effektive Methode, gegen eine Entzündung vorzugehen.
Gut geeignet ist auch weiße Ichthyol-Salbe, die man sich auf Rezeptur des Tierarztes in der Apotheke anfertigen lassen kann. Füttern Sie dazu einige **Heilkräuter**. Buchweizen, Beinwell, Weißdorn und Brennnessel regen Durchblutung und Kreislauf an, reinigen das Blut und erweitern die Blutgefäße. Apfelessig, Klette, Löwenzahn und Brennnessel reinigen ebenfalls das Blut und fördern die Ausscheidung der Abfallprodukte im Körper. Ein Mangel bzw. eine Minderversorgung an Calcium oder Phosphor kann die Entstehung dieser Erkrankungen begünstigen. Klären Sie mit Ihrem Tierarzt ab, ob ein derartiger Mangel vorliegt und ob Sie ihn mit Heilkräutern beheben können. Eventuell müssen diese durch die Gabe eines Mineralfutters ergänzt

werden. *Informieren Sie sich auf Seite 413,* welche Heilkräuter mehr Calcium bzw. Phosphor enthalten. Ist der Mangel eher unspezifisch, so versorgen Klebkraut und Blasentang zusammen mit den zuvor genannten Kräutern den Körper zusätzlich zum Futter mit vielen wichtigen Vitaminen und Mineralstoffen. Fehlt Calcium, können Sie dies mit der Gabe von Luzerneheu oder Esparsetteheu, etwa 2 kg täglich, beheben. Luzerne kann auch gut vermahlen als Pellet verfüttert werden, oder eingeweicht als Cob. Dazu geben Sie Ihrem Pferd täglich etwas Sesam oder/und eingeweichte, zuckerfreie Trockenschnitzel; beide sind gesund, enthalten neben Calcium noch viele andere Mineralien und Spurenelemente.

Hausmittel	• Kalte und warme Bäder oder Wickel im Wechsel erhöhen die Durchblutung. **Bei einer Sprunggelenks- oder einer Fesselgelenksarthrose** hilft ein Kohlumschlag. Weißkohlblätter kurz abspülen und um das Gelenk legen. Mit einer Bandage gut befestigen und maximal 8 Stunden am Bein belassen. Dann die schlaffen Kohlblätter wieder abnehmen und nach einigen Stunden Pause einen neuen Umschlag machen.
Umschläge/ Packungen	**Arthritis:** Eine Essigsaure-Tonerde- oder auch Schlamm-Packung bzw. ein Angussverband sorgen für Kühlung der Entzündung. Auch ein Quarkumschlag eignet sich dafür bestens. Mischen Sie in die jeweilige Packung einige Tropfen Crab Apple. **Arthrose:** zur äußerlichen Durchblutungsförderung einen Meerrettich- oder Leinsamenumschlag*
Akupressur	**2-mal wöchentlich über einen Zeitraum von etwa 5 Wochen akupressieren:** Ma 43, Dü 3, Dü 4, Dü 8, Di 4 und 11, Bl 40, Bl 60, Gb 20, LG 14, 3E 5 und 3E 6 (in 2 Gruppen teilen und nach 2 Wochen wechseln) **Bei einer Arthrose des Kniegelenks oder bei Spat stimulieren Sie:** Bl 40, Ni 3 und Ma 36; **bei Arthrosen allgemein:** Gb 31, 3E 6, 3E 5, Di 4 und 11, LG 14
Tuina-Massagen	• Sanfte Fingermassagen des Röhrbeins sorgen für eine bessere Durchblutung und regen den Lymphfluss an. Lassen Sie schmerzempfindliche Gebiete dabei aus. • Streichen, massieren und greifen Sie im Verlauf des Bl- und Gb-Meridians von der Kruppe seitlich abwärts bis zum Huf hinunter. An den großen Muskeln des Oberschenkels leichtes Rou-Fă und Yi Zhi Chan** anwenden. Greifen und kneten Sie am Innenbein entlang des Milz-Meridians wieder hoch.
Bachblüten	Heilerdepackung mit 3 Tropfen Crab Apple um das Pferdebein wickeln, höchstens für 3 Stunden am Bein lassen und dann abwaschen; dazu **Crab Apple, Holly, Elm und Hornbeam** geben. Bei Gelenkschale oder Spat kombinieren Sie mit Rock Water.
Heilkräuter	Gegen die Entzündung wirkt ein mit Beinwellblättertee aufgerührter Beinwellwurzel-Breiumschlag, der 2-mal täglich für 4 Stunden am Bein wirken sollte. **Mischung für den Zustand der akuten Entzündung:** Geben Sie Ihrem Pferd je 10 g Weißweide, Mädesüß, Beinwell, Klebkraut und Sonnenhut. Dazu füttern Sie in den ersten 6 Wochen täglich 20 g Teufelskrallenextrakt, danach 15 g und 30 g Hagebutten (Beinwell innerlich ausschließlich in den ersten 5 Tagen). **Mischung für die Arthrose:** Geben Sie aus einer Mischung von 150 g Brennnessel, je 100 g Weißweide, Klette, Birkenblätter und Borretsch, je 80 g Buchweizenkraut und Wacholder, 100 g Mädesüß und 150 g Klebkraut täglich 50 g ins Futter. Zusätzlich füttern Sie 15 g Teufelskrallenextrakt und darüber hinaus frische Blätter von Löwenzahn, Quecke und Klebkraut.
Fütterung	• Füttern Sie gutes Heu vom 1. Schnitt, mindestens 1,5 bis 2% des KGW, oder ersetzen Sie einen Anteil durch gutes Futterstroh. Das Kraftfutter ist abhängig von der Bewegung des Pferdes, bei Stallruhe kein Kraftfutter geben. Dazu ausreichenden Weidegang ermöglichen. Falls trotz des Weidegangs noch etwas gefüttert werden soll, können eingeweichte Heucobs oder zuckerfreie, eingeweichte Trockenschnitzel gegeben werden. Verwenden Sie Protein nach Bedarf, es sollte nicht zu wenig sein, da Ihr Pferd Protein zum Reparieren des Schadens benötigt, aber auch nicht zu viel, da sich dies negativ auf die Knochen und damit die Erkrankung auswirkt. • Ausreichende Mengen an Mineralien, Spurenelementen und Vitaminen sind bei Knochenerkrankungen besonders wichtig. Denken Sie an ein ausgewogenes Ca-P-Verhältnis. Das heißt, Ihr Pferd soll etwa doppelt so viel Calcium wie Phosphor bekommen, aber nie weniger Ca als P geben! (1,4:1 bis 3:1). • Die Knochen brauchen ausreichende Calcium-Mengen, eventuell mit Luzerne oder Esparsette ergänzen. Dazu geben Sie Omega-3-Fettsäuren gegen die Entzündung, z.B. Leinöl in einer Menge von 50 ml täglich oder je 2 bis 3 EL Schwarzkümmel- oder Nachtkerzenöl; dazu noch Sesam, etwa 50 g/100 kg KGW, 4 bis 5 EL Obstessig, Obst und Gemüse. • Bei Schale, Spat und Arthrose geben Sie noch 2 bis 3 EL Gelatine oder Kollagen täglich.

* *Meerrettich wird gerieben, fingerdick auf eine Kompresse aufgetragen und mit einer Bandage befestigt. Er darf nur kurz aufgelegt werden, da er scharf ist. Beginnen Sie mit 4 Minuten oder kürzer, wenn es dem Pferd unangenehm wird. Leinsamen wird erst zu einem Brei gekocht, auf ein Tuch aufgelegt und dann ans Bein gelegt.*

** *Rou-Fă und Yi Zhi Chan: Rou ist rotierendes Kneten mit dem Handballen, Yi Zhi Chan ist ein vibrierendes Pressen.*

C

5. Schäden der Sehnen und Bänder

Sehnen, Sehnenscheiden oder Bänder passen sich nur sehr langsam veränderten Anforderungen (z.B. Trainingsbelastung, Bodenverhältnisse) an, deshalb können sie leicht überbeansprucht und dadurch verletzt werden. Prädestiniert für Sehnenschäden sind Sportpferde, deren Sehnen stark beansprucht werden. Aber auch Freizeitpferde können betroffen sein (z.B. Unfälle).

5.1 Entzündung der Sehne (Tendinitis), Fesselträgerentzündung

Was ist eine Sehnenentzündung?

Grundsätzlich können alle Sehnen und Bänder im Körper erkranken, meist durch eine Überbeanspruchung, Fehltritte oder ein stumpfes Trauma. Meist tritt die Sehnenentzündung einseitig auf.

Anzeichen: Das Pferd zeigt eine deutliche Stützbeinlahmheit, es versucht die Fessel zu entlasten. Die Beugesehnen im hinteren Bereich bzw. die Sehne des Fesselträgers seitlich des Beines sind geschwollen und vermehrt warm. Meist reagiert das Pferd bei Druck schmerzempfindlich. Sind die Schmerzen anfangs nur schwach, lahmt das Pferd häufig nur wenig. Es besteht die Gefahr, dass die Sehnenentzündung dann unentdeckt bleibt und das Pferd weiter belastet wird. Die Folge sind dann chronische Entzündungen, dauerhafte Sehnenschäden oder gar Sehnenzerreißungen.

Ursache: Entzündungen der Sehne entstehen keimfrei durch übermäßige Dehnung und Anspannung bei den schnelleren Gangarten sowie beim Springen, einem Sturz oder auch beim Greifen. Aber auch Schläge oder Tritte können die Sehne angreifen. Meist sind falsche Belastung, unangemessenes Training oder andere Überbelastungen daran schuld. Bei mangelndem Aufwärmtraining oder Ermüdung des Pferdes ist die Muskulatur noch nicht geschmeidig genug, um die Sehne vor zu großer Zugbelastung zu schützen. Plötzliche, scharfe Wendungen, unebenes Gelände oder tiefer Sand- oder Matschboden stellen eine erhöhte Belastung für die Sehnen dar. Nach Überlastung schwellen Sehnen leicht an, wenn dabei einige der Sehnenfasern reißen, entzündet sich die Sehne. Wird die akute Sehnenentzündung nicht behandelt oder das Pferd weiterhin oder zu früh belastet, so wird die Entzündung chronisch. Dabei können immer mehr Sehnenfasern reißen. Am häufigsten erkranken die Beugesehnen und der Fesselträger. Die Strecksehnen trifft es eher selten. Meist tritt die Lahmheit erst mit einiger Verzögerung auf, das kann Stunden oder auch Tage dauern.

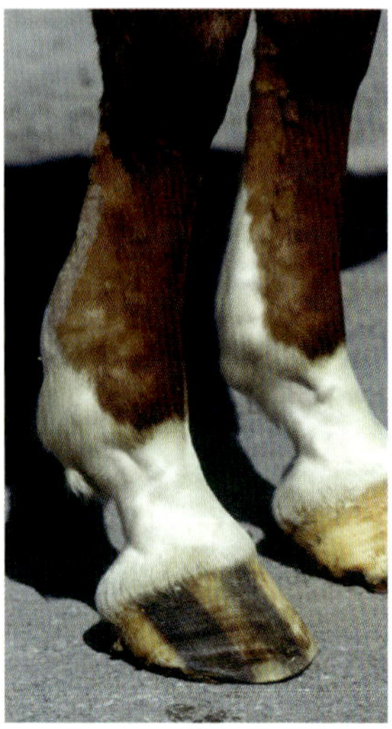

Entzündung und Schwellung der oberflächlichen Beugesehne

5.2 Sehnenscheidenentzündung (Tendovaginitis)

Im Bereich der Vorhand- wie auch der Hinterhandzehe gibt es einige Sehnenscheiden, sowohl auf der Vorder- wie auch auf der Rückseite der Beine.

Anzeichen: Oftmals fehlt die Lahmheit bei einer Sehnenscheidenentzündung, aber meistens löst sie im akuten Zustand eine Stützbeinlahmheit aus. Dann ist sie gering- bis mittelgradig feststellbar. Die betroffenen Pferde entlasten im Stand ihr betroffenes Bein. Die Untersuchung zeigt eine mittel- bis hochgradig vermehrte Füllung. Im chronischen Stadium ist den Pferden in der Regel nichts mehr anzumerken. Sind die Sehnenscheiden im Bereich des Fesselgelenks betroffen, so entstehen an der Rückseite des Gelenkes kastanienförmige Ausbuchtungen, die Gallen (Sehnenscheidengallen). Bei einer akuten Entzündung sind die Gallen prall gefüllt, warm und schmerzhaft. Eine Lahmheit infolge der Gallen tritt eher selten auf. Aber auch die Sehnenscheiden, die über der Vorderfläche des Karpalgelenks verlaufen, können sich z.B. bei einem Sturz leicht entzünden, sie sind dann als weiche bis pralle, längliche Schwellungen zu sehen. Nur in der akuten Phase der Entzündung schränken sie die Beweglichkeit des Gelenks ein.

Ursache: Bei einer Entzündung produziert die Sehnenscheide vermehrt Synovia. Ursache einer solchen Sehnenscheidenentzündung könnte ein übergreifender Prozess sein, wenn eine Sehnenentzündung auf die Sehnenscheide übergreift. Wesentlich häufigere Gründe sind jedoch mechanische Einwirkungen wie Quetschung, Dehnung, Stürze, Gegenschlagen, Überanstrengung oder Überbelastung. Durch Verletzungen oder sich ausbreitende infektiöse Allgemeinerkrankungen können eitrige Entzündungen entstehen.

5.3 Sehnenzerrung und -zerreißung

Was passiert bei der Sehnenzerrung und Sehnenzerreißung?

Eine Sehne besteht aus feinen längs liegenden Kollagenfasern, den sogenannten Fibrillen. Ein Bündel Fibrillen wird zusammen von lockerem Bindegewebe wie ein Mantel umschlossen und bildet so ein Sehnenfaserbündel. Viele Sehnenfaserbündel ergeben zusammen die Sehne und sind ebenfalls umhüllt. Die Sehnen sind leicht gewellt, damit sie bei Zug in geringem Umfang elastisch nachgeben können. Sie sind rein auf Zugbelastung ausgelegt. Wenn nun die Beanspruchung so hoch ist, dass einige Sehnenfasern über ihre Belastungsgrenze hinaus gedehnt werden, so reißen sie. Oft wird dieses Anfangsstadium übersehen, da die Pferde diese ersten Schmerzen nicht zeigen und weiter gearbeitet werden. Die Überlastung der Sehne schreitet fort, jetzt reißen ganze Sehnenfaserbündel. Der Körper wehrt sich erst mal durch eine Entzündung, so kann er das Gebiet besser durchbluten und die Entzündungszellen gelangen vor Ort. Hierbei spielt das Interleukin 1 eine tragende Rolle und Flüssigkeit schwemmt die Sehnen auf. Der Körper versucht mit der Bildung von Narbengewebe die Sehnenbündel selbst zu heilen. Aber das Narbengewebe hat oft verkalkte Anteile oder Anteile mit übermäßigem Granulationsgewebe an den sehnenartigen Kollagenfasern. Es ist aus Fasern eines anderen Kollagentyps als das Ursprungsgewebe, weniger elastisch, nicht gewellt und belastbar.

Anzeichen: Von diesem Krankheitsbild sind meist die oberflächliche, die tiefe Beugesehne oder der Fesselträger betroffen. Bei einer Zerrung lahmt das Pferd schon wenige Stunden nach der Verletzung, obwohl rein äußerlich wenig zu sehen ist. Meist wird die Fessel besonders steil oder das ganze Bein gebeugt gehalten.

Reißen eine oder die Beugesehnen komplett durch, so ist dies meist sofort zu erkennen. Der Pferdezehe fehlt der stabilisierende Halt, die Fessel drückt sich bis zum Boden durch. Dabei schwillt das Bein schnell an und das Pferd leidet an sehr starken Schmerzen.

Ursache: Zerreißungen der Sehne kommen komplett oder teilweise vor. Bei einer Sehnenzerrung reißen nur einige wenige Sehnenfasern. Der Körper versucht dann mit einer Entzündung den Schaden wieder in Ordnung zu bringen. Leider gelingt dies nur sehr selten vollständig. Wird das Pferd weiter belastet, ist der Zug an den verbleibenden Fasern umso größer und es reißen immer mehr Sehnenfasern. Bei einer kompletten Zerreißung sind alle Sehnenfasern durchgerissen und die Fessel verliert ihren Halt. Zwischen einer Zerrung und einer Zerreißung sind einige Zwischenstadien möglich, die unter Umständen ineinander übergehen können. Die Ursache einer solchen Erkrankung ist meist eine Überbelastung durch schnelle Gangarten, Springen oder durch schwere Zugbelastung bei Kutschpferden. Auch plötzliche, scharfe Wendungen oder unebene bzw. tiefe Bodenverhältnisse stellen die Sehnen auf eine Zerreißprobe. Verletzungen durch eine Glasscherbe, Stacheldraht oder Ähnliches können zu einer vollständigen Durchtrennung oberflächlicher Sehnen führen.

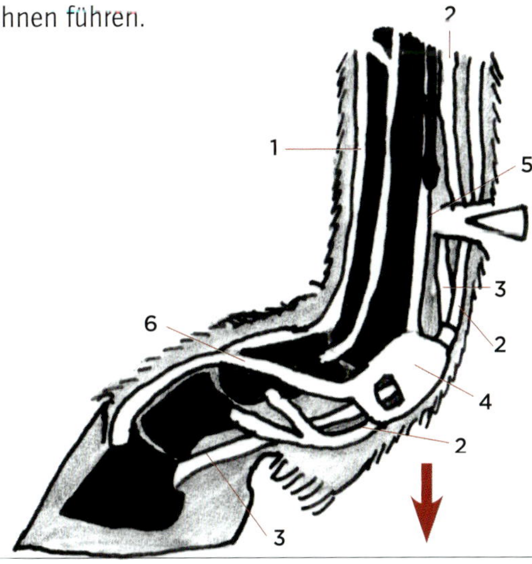

Sehnenriss: Bei einem kompletten Riss der oberflächlichen (2) und tiefen (3) Beugesehne, können der Fesselträger (4, 5) und die gemeinsame Strecksehne (1) trotz Unterstützungsband (6) die Pferdezehe nicht mehr halten. Die Fessel drückt sich bis auf den Boden durch (↓).

C

Folgen von Sehnenschäden

Hat die Sehne genug Zeit und Ruhe, sich wieder zu regenerieren, kann sie durchaus wieder belastbar werden. Die Festigkeit und Elastizität der ursprünglichen Sehne wird jedoch nicht wieder erreicht. Es dauert eine ganze Weile, bis das Narbengewebe stabil ist. Oft bleibt eine dauerhafte Schwellung zurück (Sehnenbogen). Ein Sehnenschaden muss komplett ausheilen, bevor das Pferd wieder voll belastet werden darf, was von gut einem bis zu 6 Monaten dauern kann.

5.4 Behandlung von Sehnenschäden

Was macht der Tierarzt?

Untersuchungsmethoden zur Diagnosestellung werden auf Seite 408 ff. dargestellt. Insbesondere mithilfe einer Ultraschalluntersuchung lassen sich Sehnen gut darstellen. Liegen die Sehnen in Knochennähe, sollten Röntgenbilder oder eine Computertomografie gemacht werden. Mit einem Szintigramm können Entzündungsgeschehen dargestellt werden.

Bei einem Sehnenschaden gibt es verschiedene Behandlungsmöglichkeiten. Wichtig ist jedoch vor allem, dass der Sehne durch Schonung die Möglichkeit gegeben wird, sich selbst wieder zu regenerieren. Die Behandlung eines Sehnenschadens kann konservativ oder chirurgisch durchgeführt werden. Die konservative Behandlung setzt jedoch voraus, dass die Sehne nicht komplett durchtrennt ist. Oft helfen neben anfänglicher Kühlung bereits durchblutungsfördernde Injektionen in die Sehne sowie die Gabe von entzündungshemmenden Mitteln. Um der Sehne eine wirkliche Schonung zu ermöglichen, kann eine stützende Bandage angelegt werden. Auf eine gute Polsterung wird ein fester Verband aufgebracht, der das Bein ruhigstellt. Dazu gibt es eine Hyaluronsäureinjektion und/oder Hyaluron oral oder eine Müller-Wohlfahrt-Cocktail-Injektion.[20]

Versagen die regulären Maßnahmen bei einem Sehnenschaden, gibt es die Möglichkeit, **regenerative** oder **biotechnologische Therapiemethoden** einzusetzen. Sie zeigen bei den Sehnenschäden gute Ergebnisse, wie zahlreiche Studien der letzten 10 Jahre beweisen. Bei diesen Therapien werden aus körpereigenen Substanzen die Abwehr- und Regenerationsstoffe isoliert, vermehrt und über technische Schritte optimiert und aktiviert. Diese Stoffe werden dem Körper in konzentrierter Form an den Stellen zurückgegeben, an denen die Entzündung gehemmt und der Defekt geheilt werden soll. Dabei werden körpereigene Regenerationskräfte genutzt und eine schnelle und zumindest weitgehend narbenfreie Heilung gefördert. Diese Therapiemethoden eignen sich für orthopädische Probleme wie Gelenksentzündungen, Knorpelschäden oder Band- und Sehnenschäden.

Regenerative bzw. biotechnologische Therapiemethoden: Bei all diesen biotechnologischen Methoden wird steril gearbeitet, sowohl bei der Abnahme des Blutes, Knochenmarks oder Fetts als auch bei der Rückgabe an den Ort des Sehnenschadens.

- **ACP** = Autologes Conditioniertes Plasma. Einfache Isolierung von Plasma, welches dann zentrifugiert, aufbereitet und wieder in die geschädigten Strukturen gespritzt wird. Dafür gibt es eine spezielle Doppelspritze mit Gerinnungshemmer. Hier wirken die Wachstumsfaktoren, regulierende Proteine und Botenstoffe (Zytokine), sie leiten Selbstheilung und Regerationsprozesse ein. Die Therapie kann ein- oder mehrmals angewendet werden und Plasma wird dann immer wieder neu gewonnen und aufbereitet.
- **ACS** = Autologes Conditioniertes Serum. Bei Pferden wird IRAP von Orthokin seit etwa 2003 verwendet. Es gelang Forschern, den verantwortlichen Stoff für die Vermittlung der Entzündung herauszufinden: das Interleukin (Il-)1. Bald gelang es auch ein körpereigenes Protein zu finden, das eine ausgeprägte Entzündungshemmung bewirkt und so die Regeneration des geschädigten Gewebes fördert. Das Protein wurde Il-1- Rezeptorantagonist (IL-1RA) bezeichnet, weil es die Wirkung des Il-1 hemmt. Von einer Entnahme werden mehrere Portionen hergestellt, die eingefroren werden können.
- **PRP** = Platelet Rich Plasma, blutplättchenreiches Plasma. Das entnommene Blut wird in speziellen

20 Erklärung: Die Müller-Wohlfahrt-Cocktail-Injektion besteht aus Traumeel (homöopathisch), Mepivacain (Lokalanästhetikum), Heparin, verschiedenen B-Vitaminen und Folsäure, Actovegin (Mittel zur Anregung der Zellteilung und Wundheilung; umstritten wegen Doping und weil aus Kälberblut hergestellt), Zeel (hömöopatisch), Coenzym.

Sets unter sterilen Bedingungen aufbereitet. Teils mit Zentrifuge, teils werden die Blutplättchen abgefiltert. Nach kurzer Zeit ist das Präparat fertig und wird unter Ultraschallkontrolle in die defekte Sehne gespritzt.

Merke! Serum ist der flüssige Anteil des Blutes ohne Blutzellen und Gerinnungsfaktoren. Plasma ist der flüssige Anteil des Blutes, in dem die Blutzellen, Nährstoffe, Hormone und Enzyme schwimmen.
Beim Plasma wird zur Verwendung die Gerinnung verhindert, während das Serum erst vollständig gerinnen muss, um es zu gewinnen. Dann werden beide zentrifugiert (mit einem Gerät werden in schneller Rotation die Blutbestandteile von der Flüssigkeit getrennt).

- **Stammzellen** werden gewonnen aus dem eigenen Knochenmark, eigenem Fettgewebe oder aus von der Klinik entnommenem Nabelschnurblut und eingefroren. Die unreifen mesenchymalen Stammzellen sind noch undifferenzierte Vorläuferzellen und können zu allen Zellen werden. Das heißt, sie können zu Sehnenzellen, Bänderzellen, Muskelzellen oder auch Knorpel- oder Knochen- oder Nervenzellen werden. Man kann mit ihnen einen Sehnenschaden auffüllen und dann wachsen dort neue spezifische Sehnenzellen, die den Defekt wieder beheben können. Mit einer Spezialnadel wird Knochenmarkssubstanz aus dem Brustbein oder dem Hüfthöcker abgezogen. Es ist ein Gemisch aus Blut-, Fett- und Knochenzellen sowie mesenchymalen Stammzellen. Das Pferd ist dabei tief sediert, kann stehen und wird noch mal lokal betäubt. Die Gewinnung und Anzüchtung der Stammzellen ist aufwendig und erfolgt in speziellen Labors. Ihre Aufbereitung dauert etwa 10 bis 20 Tage, je nach Entnahmestelle. Das fertige Substrat wird unter Ultraschallkontrolle am sedierten Pferd in die Sehne gespritzt, danach darf das Pferd nach Hause. Dort erhält es zunächst Boxenruhe, später darf der Besitzer sein Pferd zunächst im Schritt führen. Es werden regelmäßige Kontrolluntersuchungen durchgeführt. Da die Herstellung der Stammzellen sehr zeitaufwendig ist, bildet sich unterdessen beim verletzten Pferd schon das erste Narbengewebe, das wenig stabil und belastbar ist und meist innerhalb kurzer Zeit wieder zu einem erneuten Sehnenschaden an dieser Stelle führen würde. Deshalb kann alternativ auch das Substrat aus der Nabelschnur von neugeborenen Fohlen gewonnen werden. Hier finden sich mesenchymale Stammzellen und das Blut ist für alle anderen Pferde gut verträglich. Dieses Blut wird direkt nach der Gewinnung angezüchtet, aufbereitet und kann bei -196 °C in Stickstoff beliebig lange gelagert werden, sodass direkt bei Feststellung des Sehnenschadens schon eine Gabe der Stammzellen erfolgen kann.

Es gibt Präparate aus der Familie der zugelassenen Hyaluronsäuren, die bereits am ersten Tag der Verletzung bzw. des Sehnenschadens eingesetzt werden können, ebenfalls bei älteren Verletzungen. Das gewählte Mittel bindet das Entzündungssekret und unterbricht die Entzündungskaskade und regt die Bildung eigener Hyaluronsäure an. Die Bildung neuer Gefäße wird angeregt und so die Schadstoffe entsorgt. Der Tierarzt umspritzt den Sehnenschaden fächerförmig, das Mittel verbindet sich mit dem Fibrin und bildet quasi einen inneren Verband. Das Mittel wird mehrmals gespritzt und kann gut mit einer der regenerativen Therapien kombiniert werden.
Ist die Sehne komplett durchtrennt, so hilft nur eine Operation. Deren Heilungsaussichten sind unterschiedlich. Ist die Sehne glatt durchtrennt, kann sie problemlos zusammengenäht werden. Ist sie faserig zerrissen, so ist dies schon schwieriger. Alternativ könnte eine Sehnentransplantation oder auch das Verwenden einer künstlichen Sehne Erfolg bringen. Eine Operation wird aber nicht nur bei einer kompletten Zerreißung, sondern ggf. auch bei einer Teilzerreißung angewendet.
Gerade nach Operationen und nicht komplett erfolgreichen regenerativen Therapien kann eine Stoßwellentherapie den letzten Anstoß zur Heilung der Sehne bringen. Man kann sie auch gut parallel zu einer regenerativen Therapie anwenden.
Eine Akupunkturbehandlung unterstützt sowohl eine konservative als auch eine operative Behand-

C

lung, sie sollte mit einer Akupressurbehandlung weitergeführt werden.

Extrem wichtig ist ein frühzeitiges, konsequentes Bewegungs- und Aufbauprogramm, das vom behandelnden Tierarzt und Besitzer gemeinsam für das Pferd zusammengestellt werden sollte. Es muss ganz individuell auf die jeweilige gesundheitliche Situation des Pferdes zugeschnitten werden. Nach Anwendung der regenerativen Therapien sollten die Pferde so schnell wie möglich wieder in Bewegung kommen, denn die neuen Zellen bilden sich nach einer Woche. Normalerweise wachsen sie in Längsrichtung, nur dann werden sie stark genug für eine spätere Belastung. Wird das Pferd nicht bewegt, fällt der Reiz weg und sie wachsen kreuz und quer. Es folgt ein konsequentes Aufbauprogramm.

Was können Sie tun?

Bei einem akuten Sehnenschaden ist zuerst die Kühlung des Beines erforderlich, die der Entzündung entgegenwirkt. Pferde mit Sehnenschäden dürfen keinesfalls geritten werden. Wenn die erste Entzündung unter tierärztlicher Behandlung abgeklungen ist und Ihr Pferd nicht mehr lahmt, dürfen Sie mit ihm nach tierärztlicher Absprache spazieren gehen, wenn die erste Entzündung abgeklungen ist und es im Schritt nicht lahmt. Zusätzlich zu allen Therapiemöglichkeiten lohnt sich der Einsatz von Magnetfeld-Gamaschen zur Durchblutungsförderung. Die Gamaschen können bei vielen Tierärzten geliehen bzw. gemietet werden. Ebenfalls lohnt sich der Einsatz einer Laserdusche.

Bei leichter bis mittlerer Sehnenschwellung kühlen Sie die Beine ausgiebig mit kaltem Wasser. Geben Sie dem Wasser einige Tropfen Arnika- und Beinwelltinktur hinzu. Eine begleitende, erfolgreiche Methode besteht darin, die Pferde täglich zwecks Kühlung in fließendes Gewässer zu führen. Danach legen Sie einen einfachen Druckverband an.

Ebenfalls sehr effektiv hilft ein Bockshornkleesamen-Breiumschlag gegen Entzündungen. Dafür mischen Sie ein Teil grob gemahlenen Bockshornkleesamen mit 5 Teilen heißem Wasser. Gut abkühlen lassen und auf den Sehnenschaden legen. Mit einer elastischen oder selbstklebenden Binde befestigen.

Alternativ können Sie einige Tage mit feuchten, kühlen Verbänden, z.B. mit einem kühlenden Quarkumschlag oder essigsaurer Tonerde und eventuell mit einigen Tropfen Crab Apple die Schwellung zum Abklingen bringen. Quark ist gut gegen die Entzündung und mindert die Schmerzen. Zudem ist er auch für die Pferdehaut wohltuend. Einfach 500 g Magerquark aus dem Kühlschrank (ggf. mit 10 Tropfen Crab Apple) durchmischen und mit einem Spatel direkt auf das Pferdebein auftragen und eintrocknen lassen. Den eingetrockneten Quark können Sie sanft mit einem nassen Schwamm entfernen.

Eine Quarkpackung kühlt angenehm und wirkt entzündungshemmend.

Stärkere Schwellungen sollten Sie intensiv mittels Angussverbänden zum Abschwellen bringen. Geben Sie dem kalten oder warmen Wasser einige Tropfen Arnika- und Beinwelltinktur hinzu. Auch ein Anguss mit der entzündungshemmenden Burowschen Mischung hat sich bewährt. Nach mehrtägiger Behandlung empfiehlt sich ein Weißkohlumschlag um die geschädigte Sehne. Lösen Sie die einzelnen Blätter, waschen Sie sie ab und walken Sie diese mit einem Nudelholz platt. Die glatten Blätter legen Sie um das betroffene Bein. Befestigen Sie die Kohlblätter mit einer elastischen Binde. Ein Kohlblätterumschlag kühlt zunächst angenehm und wärmt dann reflektorisch. Neben der Durchblutung fördert er die Reparatur der Sehne. Zudem wirken seine Blätter, besonders die dunkelgrünen, entzündungshemmend.

Wenn die Entzündung abgeklungen ist, sollten Sie die Durchblutung des Beines weiterhin fördern. Dies können Sie durch Wärme (warme Beinwickel, Angussverbände und Rotlicht) oder durch heparinhaltige Salben erreichen. Auch kalt-warme Wechselbäder fördern die Durchblutung hervorragend. Dies sorgt für den Abtransport der Entzündungs- und Abfallstoffe und führt zu einer besseren Versorgung der Sehne. So wird der Körper angeregt, die Sehne

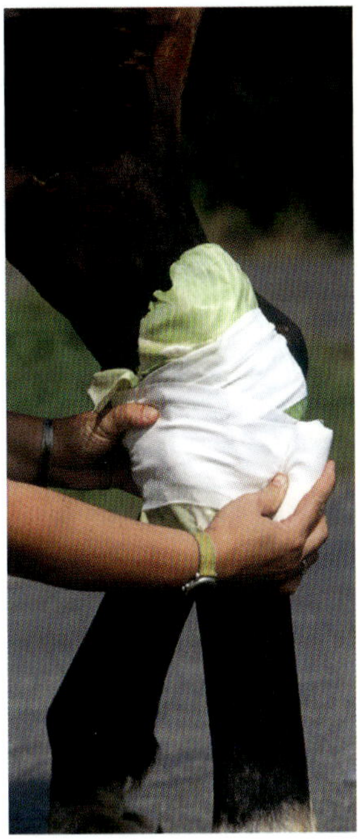

Benutzen Sie für einen Weißkohlumschlag bevorzugt die dunkelgrünen Blätter. Sie enthalten am meisten Wirkstoffe.

wieder zu reparieren. Geben Sie je 1 TL Beinwell- und Arnikatinktur sowie 10 Tropfen Crab Apple pro Liter Wasser mit in die Wechselbäder. Das unterstützt die oben genannten Vorgänge und fördert die Heilung. Zudem wirkt auch hier ein Bockshornkleesamen-Breiumschlag gut, diesmal jedoch warm aufgelegt. Heilkräuter und Bachblüten unterstützen den Heilungsvorgang von innen und wirken gegen die Schmerzen. Zudem können sie Ihrem Pferd helfen, die Immunabwehr zu stärken.

Da Sehnen weniger gut durchblutet sind als Muskeln, kann ein Sehnenschaden Wochen oder gar Monate brauchen, bis er ausheilt, haben Sie deshalb Geduld. Danach muss das Pferd sehr schonend und behutsam wieder antrainiert werden, denken Sie an eine Aufwärmphase von 30 Minuten Schritt und das Aufwärmtraining. Erst dann sind auch die Sehnen bereit zur Arbeit! Auch später, vor dem Freilaufenlassen in der Halle oder auf dem Platz, ist das Pferd aufzuwärmen, um erneute Sehnenverletzungen zu verhindern. Besteht die Möglichkeit, einen Aquatrainer zu nutzen, ist dies ein hervorragender, schonender Weg, Ihr Pferd anzutrainieren.

Vorbeugung! Wärmen Sie Ihr Pferd vor dem Arbeiten ausreichend lange auf.
Es sollte mindestens 20 (bis 30) Minuten im Schritt geritten werden. Wird Ihr Pferd müde und unaufmerksam oder stolpert es sogar, sollten Sie die Arbeit schnellstens beenden. Nach längeren oder anstrengenden Ritten kontrollieren Sie die Sehnen Ihres Pferdes. Alle drei Sehnen (Beugesehnen und Fesselträger) sollten beim Aufheben des Beins mit den Fingern sanft tastbar und schmerzfrei sein. Bei Pferden, die häufig in sehnenbelastenden Disziplinen wie Springen, Vielseitigkeit, Trabrennen, Distanzreiten, Cutting oder Reining (Westernreiten) oder Polo eingesetzt werden, sollten vorsorglich nach jedem Ritt die Beine gekühlt werden. Zudem vermindern Massagen und Dehnungsübungen vor dem Ritt das Verletzungsrisiko! Vorbeugend wirkt ebenfalls vielseitiges Training auf unterschiedlichen Böden.

Hausmittel	Während der akuten Entzündung kühlen Sie mit Wasser, später erhöhen kalte und warme Bäder im Wechsel die Durchblutung. Da hinein geben Sie je 1 TL Beinwell- und Arnikatinktur.
Umschläge/ Packungen	Essigsaurer Tonerde-Umschlag, Bockshornkleesamen-Breiumschlag, Quark- und Weißkohlumschlag
Akupressur	Erst Di 4, Di 16, Dü 3, Dü 4, MP 6, 3E 5; eventuell nach 2 Wochen wechseln auf Di 11, 3E 10, Dü 5, Dü 3, Bl 10, MP 6; zusätzlich Laserdusche
Tuina-Massagen	Mit sanften Fingerspitzenmassagen (mit Rosmarinöl) oberhalb und unterhalb der Sehne fördern Sie die Durchblutung am Pferdebein. Stärken Sie die Beine durch eine schiebende und pressende Massage entlang der drei inneren Meridiane am betroffenen Bein aufwärts und entlang der drei seitlichen/äußeren Meridiane nach unten. Machen Sie dies auf beiden Seiten jeweils 8 bis 10 Minuten lang. Dann massieren Sie kreisend-drückend die Ting-Punkte am Kronrand des Hufes je 2 bis 3 Minuten lang. Alles ganz in Ruhe! Heben Sie nun das erkrankte Bein auf und rollen Sie die erkrankte Sehne zwischen Daumen und Zeigefinger. Dabei bewegen Sie sich auf und ab. Versuchen Sie sanft die Sehnen voneinander zu trennen. Wenn Ihr Pferd zuckt, nehmen Sie den Druck etwas zurück, also wieder nur leicht rollen.
Bachblüten	Mischen Sie einen essigsauren Tonerdeumschlag bzw. einen Quarkumschlag mit einigen Tropfen der Reinigungsblüte Crab Apple. Geben Sie Rescue-/Notfalltropfen, Crab Apple, Gorse und Holly sowie zur Stärkung Hornbeam, Elm und Olive.

Heilkräuter	**Mischung für den Zustand der akuten Entzündung:** Geben Sie Ihrem Pferd je 10 g Weißweide, Mädesüß, Beinwellblätter (die ersten 5 Tage innerlich, später äußerlich), Klebkraut und Sonnenhut. Dazu füttern Sie in den ersten 6 Wochen täglich 20 g Teufelskrallenextrakt, danach 15 g und 30 g Hagebutten. Zusätzlich 2 bis 3 EL Schwarzkümmelöl. **Später fördern Sie die Durchblutung:** Geben Sie aus einer Mischung von 150 g Brennnessel, 100 g Weißweide, 100 g Klette, 80 g Buchweizenkraut, 100 g Mädesüß, 150 g Klebkraut und 120 g Bockshornkleesamen gemahlen täglich 50 g ins Futter. Dazu füttern Sie 15 g Teufelskrallenextrakt. **Immer dazu:** frische Blätter von Löwenzahn, Quecke, Vogelmiere und Klebkraut
Fütterung	• Versorgen Sie Ihr Pferd mit genügend Raufutter. Ausreichend gutes Heu des späten 1. oder 2. Schnitts, mind. 1,5 bis 2 kg/100 kg KGW. Kraftfutter sollte auf das unbedingt notwendige Maß reduziert werden, da Sie Ihr Pferd nicht bewegen können. • Der Bedarf an Mineralstoffen, Spurenelementen und Vitaminen richtet sich nach dem Erhaltungsbedarf des Pferdes, ebenso der Bedarf an Energie. Proteine sollten rund 10% über dem Erhaltungsbedarf* liegen, um den Körper wieder zu regenerieren und zu erholen. • Zur Regeneration der Sehnen sollten die Vitamine A, C und E sowie Zink, Cu, Mg und Mn in bedarfsdeckender Menge vorhanden sein. Auch als Antioxidans, also um Sauerstoff-Radikale zu vermeiden, sollte ausreichend viel Vitamin A, E und C im Futter sein. • Besonders wichtig bei solchen Entzündungen sind die Omega-3-Fettsäuren aus dem Leinöl, auch die langkettigen, die leider nur in Fischöl und Grünlippmuschelextrakt enthalten sind. Auch Obstessig und Knoblauch helfen bei der mineralischen Versorgung und der Anregung der Immunabwehr.

**s. unter Tabelle Seite 448*

C

5.5 Fesselringbandsyndrom

Probleme mit dem Fesselringband sind häufiger als gemeinhin angenommen wird. Eine Verengung des Bandes führt zum Fesselringbandsyndrom, das meistens einseitig auftritt. Häufig trifft es Pferde mittleren Alters. Pferde mit Stellungsfehlern (steile oder schmale Fesseln), übergewichtige oder überlastete Pferde sind prädestiniert für das Fesselringbandsyndrom.

Anzeichen: Angelaufene Fesseln, manchmal ist eine vermehrte Anfüllung der Fesselbeugesehnenscheide mit einer Einschnürung durch das Fesselringband bei der seitlichen Betrachtung der Fessel zu sehen, andauernde Lahmheit, die sich bei Bewegung verstärkt, Schmerzen bei starker Beugung des Fesselkopfes, manchmal Auftreten von Sehnenscheidengallen. Im Stand nimmt das Pferd die typische Entlastungsstellung ein mit plan aufgesetztem Huf, senkrecht stehender Fessel und nach vorn durchgedrücktem Fesselgelenk. Die Beugeprobe ist positiv und es zeigt sich eine deutliche Stützbeinlahmheit.

Ursache: Das Fesselringband *(Ligamentum anulare palmare)* ist Teil der Zehenbinde des Fesselträgers und liegt dicht unter der Haut und der oberflächlichen Zehenfaszie. Das Band endet jeweils seitlich am Sesambeinband und hat zehenwärts Verbindung mit der vierzipfligen Fesselplatte. Das Fesselringband umfasst die Beugesehnen und hält sie in ihrer Lage. Teils liegen Anteile der Sehnenscheide zwischen Sehne und Fesselringband. Die Verengung des unelastischen Bandes kann die Folge einer Verletzung im Bereich des Fesselkopfes oder einer von der Sehne auf das Ringband übergreifenden Entzündung sein. Nach Ausheilung des Bandes bildet sich meist eine narbige Verengung, die dann Druck auf die Beugesehne ausübt. Manchmal führt das zu Schäden an der oberflächlichen Beugesehne. Manchmal entsteht auch nur eine Verdickung des Ringbandes, die aber ohne negative Folgen bleibt. Auch wenn das Ringband selbst in Ordnung ist, kann eine Erkrankung (Entzündung, Schwellung)

Wasser kühlt die Beine nachhaltiger als ein Coldpack. Jedoch muss es dafür über mehrere Minuten lang einwirken können. Gönnen Sie den Beinen Ihres Pferdes öfter mal einige Minuten im Bach oder Teich nach der Arbeit, wenn die Möglichkeit gegeben ist!

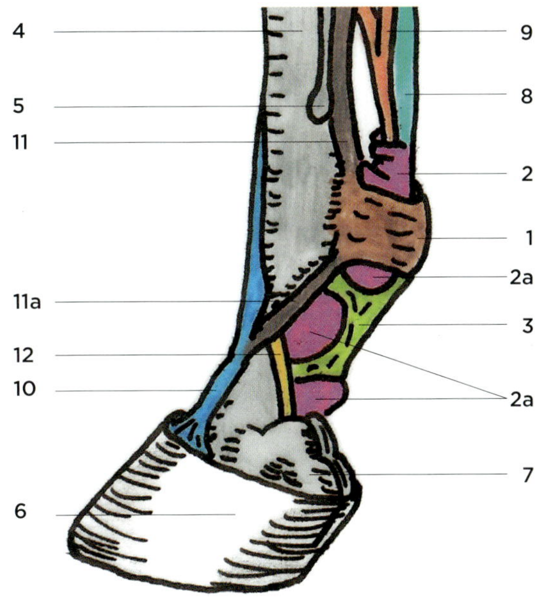

Abbildung der rechten vorderen Fessel mit dem Fesselringband (1), der Fesselbeugesehnenscheide (2) mit Aussackungen (2a) und der vierzipfligen Fesselplatte (3). Auch die Knochen und Knorpel (Röhrbein (4) und Griffelbein (5), Huf (6) und Hufknorpel (7) sowie die oberflächliche (8) und tiefe Beugesehne (9), die gemeinsame Strecksehne (10) mit Unterstützungsast (11a) von der Sehne der M. interosseus medius (11) und dem Hufknorpelfesselbeinband (12) sind zu sehen.

der oberflächlichen oder tiefen Beugesehne bzw. der Sehnenscheide dazu führen, dass das unnachgiebige Fesselringband die Sehnen einschnürt. Diese Verengung hält den Entzündungsprozess immer weiter in Gang und kann ihn chronisch werden lassen. Die in der Sehnenscheide vorhandene entzündliche Flüssigkeit kann nicht abfließen und staut sich entweder über dem Ringband oder im Gelenk. Der Stau verstärkt den Druck auf die Sehnen.

Komplikationen: Bei längerem Bestehen einer Entzündung können innerhalb der Sehnenscheide die Sehnen und das Fesselringband verkleben und so in ihrer Funktion beeinträchtigt werden.

Was macht der Tierarzt?

Die Behandlung des Fesselringbandsyndroms ist langwierig und nicht einfach. Es kann konservativ oder operativ behandelt werden. Beide Male wird eine Behandlung mit einem nichtsteroidalen Entzündungshemmer wie Phenylbutazon über einen Zeitraum von 5 bis 15 (20) Tagen durchgeführt. Bei der konservativen Behandlung wird das Pferd ruhiggestellt und die Entzündung mit Angussverbänden gelindert. Daneben bekommt das Pferd Injektionen mit Hyaluronsäurepräparaten und Mittel zur Anregung des Gelenkstoffwechsels wie Adequan zur Regeneration. Zur Schmerzlinderung und Durchblutungssteigerung der tieferen Gewebe kann therapeutischer Ultraschall (1 bis 3 Mhz) eingesetzt werden. Als sehr effektiv bei Fesselträgerschäden hat sich die Behandlung mit Thrombozytenreichem Plasma (PRP) erwiesen. Bereits nach 3 Monaten war auf dem Ultraschallbild kein Schaden mehr zu sehen. Gut die Hälfte der Pferde kam wieder auf ihr altes Leistungsniveau zurück. Ein Teil konnte auf niedrigerem Level gearbeitet und mit einigen konnte gar nicht mehr gearbeitet werden. In einer englischen Studie wurde der Heilungsverlauf bis zu 3 Jahre nach der Therapie verfolgt.[21] Mithilfe eines Bewegungsprogramms wird die Belastbarkeit des Beines wiederhergestellt.

Führt die konservative Behandlung nicht zum Erfolg, wird meistens zur Operation geraten. Die Operation wird in Vollnarkose durchgeführt. Dabei wird seitlich das Ringband freigelegt und dann durchtrennt. Die Beugesehnen werden von eventuellen Verklebungen befreit. Es ist sinnvoll, diese Operation mit regenerativen Therapien *(s. unter „Behandlung von Sehnenschäden" Seite 440 ff.)* zu kombinieren wie der Stammzelltherapie oder einer PRP-Behandlung. Nach der Operation muss ein Verband angelegt und Boxenruhe eingehalten werden. Erst am 10. Tag wird das Pferd bei gutem Heilungsverlauf im Schritt geführt. Ab der 8. Woche darf der Reiter mit dem langsamen Aufbau beginnen. Insgesamt müssen Sie mit einer Erholungs- und Aufbauphase von mindestens 4 bis 5 Monaten rechnen. Ab dem 5. Monat nach der Operation soll das Pferd wieder normal arbeiten können. Häufig dauert die Rekonvaleszenz sogar noch länger. Die Operation hat schon vielen Pferden geholfen, ist aber umstritten. Sie ist kostenintensiv, benötigt eine lange Periode der Rekonvaleszenz und hat oft nicht den erhofften Erfolg. Als wirkungsvoll hat sich die Kombination

21 Vgl. Pichon, S.: Fesselträgerschaden: Wie wirksam ist mit Thrombozyten angereichertes Plasma wirklich? VETimpulse, 21. Jahrgang, Ausgabe 8, 15. April 2012, S. 6.

von Operation und regenerativen Therapien wie die Behandlung mit Thrombozytenreichem Plasma (PRP) gezeigt. Sprechen Sie mit Ihrem Tierarzt alle Möglichkeiten durch.

Was können Sie tun?

Das Pferd benötigt eine längere Ruhephase zur Erholung und der Körper zur Regeneration. Während der akuten Entzündungsphase wird das Bein gekühlt, um die Entzündung zu beruhigen. Am besten stellen Sie die betroffene Fessel in einen Eimer mit kaltem Wasser, dem Sie etwas Arnikatinktur und Beinwell beifügen. Danach legen Sie einen Angussverband an, den Sie konsequent immer wieder angießen. Ein Umschlag mit essigsaurer Tonerde, der Sie etwas Crab Apple oder Arnika beifügen, hilft beim Bekämpfen der Entzündung ebenso wie 15 bis 20 ml Schwarzkümmelöl im Futter.[22] Hier kann ein Breiumschlag aus Bockshornkleesamen gute Dienste als Entzündungshemmer leisten. Auch ein Quarkumschlag, gemischt mit etwas Joghurt, hilft. Alternativ ist auch ein Weißkohlumschlag effektiv gegen Entzündungen. Sanfte Massagen des Beines sollen den Abfluss der Flüssigkeit erleichtern, danach das Bein einbandagieren.

Ist die Phase der akuten Entzündung vorbei, können Sie mit Ihrem Pferd spazieren gehen, um die Durchblutung des Beines wieder anzuregen. Daneben sollten Sie die Durchblutung und den Abtransport der entzündlichen Stoffe unterstützen. Dies können Sie mittels warm-kalter Wechselbäder, Rotlichtbestrahlung und Einreibungen erreichen.

Die Gabe von Hyaluron und/oder Gelatine/Kollagen sowie Schwarzkümmelöl (10 bis 20 ml täglich) zum Futter ist sinnvoll, muss jedoch über einen längeren Zeitraum von mindestens 1 bis 2 Monaten (Hyaluron) bzw. 3 Monaten (Gelatine) durchgeführt werden. Die Gabe von Ingwer nach dem Abklingen der akuten Entzündung erscheint sinnvoll, da bereits eine geringere Menge von ca. 8 g am Tag zu einer Verbesserung der Durchblutung führt. *Die Tabelle Seite 443 f. zur Behandlung von Sehnenschäden zeigt Ihnen unterstützende Maßnahmen.*

22 Erklärung: Beginnen Sie beim ägyptischen Schwarzkümmelöl mit 5 ml zur Gewöhnung. Akzeptiert Ihr Pferd den Geschmack, können Sie am folgenden Tag 10, dann 15 bis 20 ml beim Großpferd geben. Ein Pony oder Kleinpferd bekommt 5 bis 10 ml täglich. Schauen Sie auf die Herstellerangaben.

Vorbeugung:

- Bewegen Sie Ihr Pferd regelmäßig, damit die Durchblutung erhalten bleibt und es nicht zu Stauungen kommt. Vermeiden Sie Überlastungen. Harter Boden ist ungünstig. Durch das Reiten auf federnd weichem Boden wird die natürliche Geschmeidigkeit erhalten, das Band sanft gedehnt und die Durchblutung in diesem Bereich gefördert. Auch Bergauf-Reiten hat diesen positiven Effekt. Ist der Boden jedoch zu tief oder der Hang zu steil, kann es zu einer Überlastung der Bänder kommen. Achtung, es ist eine Gratwanderung zwischen sanfter Dehnung des Bandes und Überlastung.
- Lassen Sie Ihr Pferd nicht unkontrolliert rennen.
- Vor und nach dem Reiten fördern kalte Duschen, besser noch wechselwarme Duschen (Gießkanne) die Durchblutung.
- Sanfte Massagen mit Rosmarinöl und Lymphdrainage fördern den Abfluss der Lymphe und Gewebsflüssigkeit aus diesem Bereich.
- Wärmen Sie Ihr Pferd vor dem Reiten durch lange Schrittphasen vor der Arbeit gut auf.
- Achten Sie auf ausgewogenes Futter mit ausreichend Vitaminen und Mineralstoffen (Vorsicht aber vor Überversorgung!). Das Pferd sollte nicht an Gewicht zunehmen.

6. Erkrankungen des Weichteilgewebes und der Haut am Pferdebein

Muskulatur ist an den Gliedmaßen nur im oberen Bereich vorhanden. Im mittleren und unteren Beinabschnitt ist neben den Knochen und Sehnen vor allem die Haut und Unterhaut der Gefahr von Verletzungen und Erkrankungen ausgesetzt.

6.1 Einschuss (Phlegmone)

Was ist eine Phlegmone?

Eine akute Phlegmone ist eine entzündliche, meist infizierte, ödematöse[23] Schwellung der Unterhaut.

23 Erklärung: Ödematös kommt vom Wort Ödem und das ist eine Flüssigkeitseinlagerung im Gewebe.

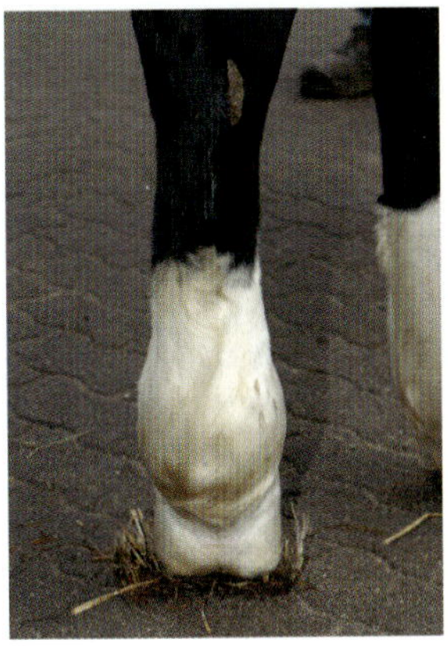

Eine Phlegmone beginnt mit einer leichten Schwellung, die rasch an Umfang zunimmt.

Häufig ist das betroffene Bein übermäßig stark geschwollen (sog. Elefantenbein).

Anzeichen: Das deutlichste Anzeichen einer Phlegmone oder auch Unterhautvereiterung ist eine innerhalb weniger Stunden entstandene starke, nicht begrenzte Schwellung. Meist befindet sich die Schwellung an den Beinen. Sie ist vermehrt warm und druckempfindlich. Im Gegensatz dazu sind nicht infizierte Ödeme nicht warm und man kann sie schmerzlos eindrücken. Der Druck bleibt einige Zeit bestehen. Bei einer Phlegmone bleiben keine Eindrücke erhalten. Durch die schnelle Schwellung ist das Gewebe sehr gespannt. Die betroffenen Pferde haben meist allgemeine Symptome des Unwohlseins wie Mattigkeit, Appetitmangel und häufig noch Fieber. Schmerzen führen dazu, dass die Patienten schwitzen und Atmung und Puls sich beschleunigen. Großflächige Phlegmonen schmerzen so stark, dass die Pferde das Bein entlasten und sogar lahm gehen können.

Ursache: Durch eine manchmal auch kleine, unscheinbare Wunde oder offene Entzündung (Mauke und andere Hautentzündungen) gelangen Keime ins Unterhautgewebe, Bindegewebe oder in die Lymphgefäße. Dort vermehren sie sich und rufen eine sich ausbreitende, eitrige Entzündung hervor. Insbesondere entlang der Lymphgefäße breiten sich die Bakterien gerne aus. In der Regel handelt es sich dabei um Streptokokken. Diese Entzündungen können überall entstehen, an den Beinen, an den Lippen oder sogar am Kopf oder im Rachen. Vor allem Stichverletzungen und kleinere Verletzungen sind sehr gefährlich, da sie meist zwischen den Haaren verborgen liegen und nicht entdeckt werden. Meist schließt sich die Oberfläche rasch wieder und es entsteht ein optimales, luftarmes Milieu für die Bakterienvermehrung. An den Beinen sind solche Stichverletzungen gefährlich, da sie häufig zu Infektionen von Gelenken und Sehnenscheiden führen. Häufige Ursache sind Stiche mit der Mistgabel, Scherben, Tritte oder Stacheldrahtverletzungen. Meistens trifft es die Hinterbeine. Unsterile oder unsachgemäße Injektionen können ebenfalls Phlegmonen auslösen.

Komplikationen: Bei fehlender Behandlung besteht die Gefahr der Abszessbildung. Diese haben die Tendenz, nach außen hin aufzubrechen, sie können jedoch auch in Gelenke, Blutgefäße oder Sehnenscheiden einbrechen. Dann verbreitet sich die Infektion über das Blut und kann lebensgefährlich werden. Chronische Phlegmonen schädigen nach und nach das umliegende Gewebe. Meist kommt es zu bindegewebigen Einlagerungen, die eine dauerhafte, harte Schwellung auslösen. Ein Pferd, das einmal eine Phlegmone hatte, neigt zu Rezidiven.

Was macht der Tierarzt?

Hochdosiertes Antibiotikum, meist Penicillin, bekämpft die Bakterien. Daneben erhalten die Patienten noch Medikamente zum Abschwellen, zur Entzündungshemmung und zur Schmerzstillung. Manchmal ist eine Kortisonbehandlung unumgänglich, jedoch nur kurzzeitig.

Was können Sie tun?

Desinfizieren Sie jede Wunde gründlich, sei sie auch noch so klein. Bei Krankheitsanzeichen stellen Sie Ihr Pferd ruhig, bis der Tierarzt eintrifft. Kühlen Sie die Entzündung mit kaltem Wasser, dem Sie einige Tropfen Beinwell- und Spitzwegerichtinktur sowie einige Tropfen Betaisodona-Lösung zum Desinfizieren zufügen. Machen Sie dies über einen Angussverband oder einen Beinwickel, der stündlich angegossen wird. Sie können dazu 10 Tropfen Crab Apple pro Liter Wasser mit hineingeben. Dies hilft auch gegen das Fieber. Füttern Sie dazu entzündungshemmende Kräuter, die Sie nach einigen Tagen mit durchblutungsfördernden Kräutern mischen können *(s. Behandlungstabelle Seite 448)*. Danach sollte die Durchblutung im Bein angeregt werden, um die Bakterien zu bekämpfen und die Giftstoffe so schnell wie möglich wegzutransportieren. Auch die überschüssige Flüssigkeit wird so besser entsorgt. Ein Prießnitzverband am Bein ist gut geeignet, die Durchblutung zu fördern. Dafür umwickeln Sie das Bein mit einem kühlen, nassen Tuch, legen eine Plastikfolie darüber und befestigen das Ganze mit einer Wollbandage. Die Tuchschicht erwärmt sich reflektorisch sehr schnell und erhöht so die Durchblutung. Kontrollieren Sie dabei von Zeit zu Zeit die Temperatur. Wird es unter dem Verband zu warm, lockern Sie diesen ein wenig. Nach gut zwei Stunden nehmen Sie den Verband wieder ab und trocknen das Bein ab. Wie bei allen Wunden, so ist auch bei der Phlegmone ein ausreichender Tetanusschutz enorm wichtig. Kontrollieren Sie die Pferdebeine vor und nach jedem Ausritt gründlich auf Verletzungen.

Vorsicht! Unterschätzen Sie kleinere Verletzungen nicht, daraus kann sich schnell ein Einschuss entwickeln! Eine kleine Wunde kann leicht zur Eintrittspforte für Bakterien werden. Deshalb auch kleinere Verletzungen gründlich desinfizieren und die Körpertemperatur kontrollieren. Denken Sie an den Tetanusschutz und die Auffrischungsimpfungen.

Hausmittel	Nach dem Kühlen wird für 2 bis 4 Stunden ein Prießnitzverband angelegt.
Umschläge/ Packungen	Es eignet sich ein kühlender Angussverband mit Wasser und einigen Tropfen Betaisodona-Lösung, Beinwell- und Spitzwegerichtinktur sowie Beinwickel und Wickel mit abgekühltem Bockshornkleesamenbrei.
Akupressur	**Gegen die Schmerzen helfen** Di 4, Ni 3, Bl 60 und Gb 20.
Tuina-Massagen	Sanfte Fingerspitzenmassagen, bei denen Sie das entzündete Gewebe umgehen, können den Lymphfluss anregen und beim Abbau des Gewebswassers helfen. Stimulieren Sie bei der Massage lokale Punkte rund um den erkrankten Bereich. Den erkrankten Bereich lassen Sie aus, Sie möchten keine Verschleppung der Keime riskieren. Reiben und drücken Sie rund um den Kronrand bzw. etwas darüber die Ting-Punkte des betroffenen Beins wie auch des gegenüberliegenden Beins. Am nicht betroffenen Bein stimulieren Sie durch Schieben und Drücken die Meridiane der Blase und Gallenblase sowie auf der Innenseite des Beins die Meridiane von Milz und Leber bis hinauf in den Genitalbereich.
Bachblüten	Geben Sie 10 Tropfen Crab Apple pro Liter kaltem Wasser hinein. Dazu geben Sie Crab Apple und Rescue-/Notfalltropfen ins Maul. Zusammen mit Larch stärkt Crab Apple die Abwehr. **Gegen Entzündungen helfen:** Crab Apple, Holly, Scleranthus, Honeysuckle und Agrimony bei Abszessen **Gegen Infektionen und schlechte Wundheilung:** Gentian, Clematis, Elm **Stärken Sie Ihr Pferd mit:** Olive, Hornbeam, Elm und Walnut
Heilkräuter	**Gegen die Entzündung:** Füttern Sie täglich je 10 g Weißweide, Mädesüß, Kamille und je 20 g Bockshornkleesamen und Sonnenhut. **Keimtötend wirken:** Sonnenhut und Knoblauch **Durchblutung anregen und das Blut reinigen:** Geben Sie aus einer Mischung von 150 g Brennnessel, 150 g Weißdorn, je 100 g Klette, Hagebutten und Birkenblätter, 80 g Buchweizenkraut, 150 g Klebkraut und 150 g Ringelblume täglich 50 g ins Futter.
Fütterung	• Versorgen Sie Ihr Pferd gut mit Grundfutter. Ausreichend gutes Heu des späten 1. oder 2. Schnitts, mindestens 1,5 bis 2 kg/100 kg KGW. Kraftfutter sollte auf das unbedingt notwendige Maß reduziert werden, da Sie Ihr Pferd nicht bewegen können. • Der Bedarf an Mineralstoffen, Spurenelementen und Vitaminen richtet sich nach dem Erhaltungsbedarf des Pferdes, ebenso der Bedarf an Energie. Proteine sollten rund 10% über dem Erhaltungsbedarf* (378 g + 10% = 416 g) liegen, um den Körper wieder zu regenerieren und zu erholen. Zur Regeneration der großen Haut- und Unterhautbereiche sollten die Vitamine A, C und E sowie Zink, Cu, Mg und Mn in bedarfsdeckender Menge vorhanden sein. Auch als Antioxidans, also um Sauerstoff-Radikale zu vermeiden, sollte ausreichend viel Vitamin A, E und C im Futter sein. • Besonders wichtig bei solchen Entzündungen sind die Omega-3-Fettsäuren aus dem Leinöl, aber auch die langkettigen, die leider nur in Fischöl und Grünlippmuschelextrakt enthalten sind. Auch Obstessig und Knoblauch helfen bei der mineralischen Versorgung und der Anregung der Immunabwehr.

* *Der Erhaltungsbedarf an Energie liegt beim Großpferd bei 0,52 MJ x KGW^{0,75} (metabolisches KGW), ein 600-kg-Pferd braucht 63 MJ täglich. Der Erhaltungsbedarf an Protein liegt bei 6 g dvRp MJ Energie täglich, also 378 g dvRp oder bei 3 g/pro kg KGW^{0,75} (364 g dvRp).*

6.2 Nasse Mauke, trockene Mauke und Raspe

Was ist eine Mauke?

Anzeichen: Eine Mauke betrifft normalerweise die Fesselbeuge. Im Anfangsstadium ist die Haut dort gerötet und schwillt leicht an. Oft bildet sich ein schmieriger, fettiger Belag auf der Haut. Bei der **nassen Mauke** entstehen kleine Bläschen und Knötchen. Wenn diese aufgehen, wird eine gelblich klare, übel riechende Flüssigkeit abgesondert, die bei zusätzlicher Infektion schnell eitrig wird. Schreitet die Entzündung weiter fort, bildet sich aus der Flüssigkeit ein fester Schorf, der schmerzhaft ist und die Pferde beim Gehen stört. Bei der **trockenen Mauke** hingegen bilden sich Schuppen auf der Haut. Fällt der schuppige Belag ab, hinterlässt er schmerzhafte wunde Stellen, die sich leicht infizieren können.

Eine Mauke beginnt meist in der Fesselbeuge und kann, speziell bei langem Kötenbehang leicht bis zum Röhrbein und Vorderfußwurzelgelenk bzw. Sprunggelenk aufsteigen. Eine **Raspe** entspricht einer trockenen Mauke in der Sprunggelenksbeuge. Wird Mauke nicht behandelt, kann sie chronisch werden. Es zeigen sich Hautverdickungen und kleinere Wucherungen, die sich ausbreiten können.

Ursachen: Die Mauke wie auch die Raspe sind multifaktoriell. Verschiedenste Bakterien lösen Hautentzündungen aus. Die Krustenbildung trägt in diesem Fall jedoch nicht zur Heilung bei, sondern verschlimmert die Erkrankung meist. Unter den Krusten vermehren sich die Bakterien ungehindert weiter. Da dabei am Rand immer wieder gesunde Bereiche mit den Krusten verkleben, kann sich der Prozess auf diese Weise weiter ausdehnen. Meist sind die Hinterbeine betroffen. Stress, Fütterungsfehler, übertriebene und mangelnde Pflege schwächen die Haut genauso wie zu viel Feuchtigkeit. Deshalb sollte nach dem Abspritzen mit Wasser immer die Fesselbeuge getrocknet werden. Die Haut kann sonst ihre normale Funktion als Schutzbarriere nicht mehr ausüben. Eine derartig geschwächte Haut nutzen die Bakterien ebenso wie eine feuchte Schicht auf der Haut durch Matschkoppeln oder durch das Stehen in tiefem Mist (Urin). So können sie sich gut in der Fesselbeuge festsetzen. Auch das Scheren der Fesselhaare (Kötenzöpfe) kann nachteilige Folgen haben, denn nun ist die Fesselbeuge nicht mehr so gut vor hochspritzendem Harn oder ablaufendem Wasser geschützt. Daneben schwächt auch ein gestörter Stoffwechsel die Haut. Dies kann durch Magen-Darm-Parasiten, einseitige Ernährung, unzureichende Mineralstoffzufuhr, Futtermittelunverträglichkeiten oder auch Überfütterung der Fall sein. Verschiedene Pflanzen auf der Weide wie Johanniskraut können eine Lichtempfindlichkeit auslösen, wobei sich die Fesselbeuge ebenfalls stark entzünden kann.

Kaltblüter und Friesen leiden sehr häufig unter dieser Krankheit, da sie üppige, leicht verschmutzende Kötenbehänge haben. Oft liegt hier ein Milbenbefall *(Chorioptes)* vor, unter dem aber auch andere

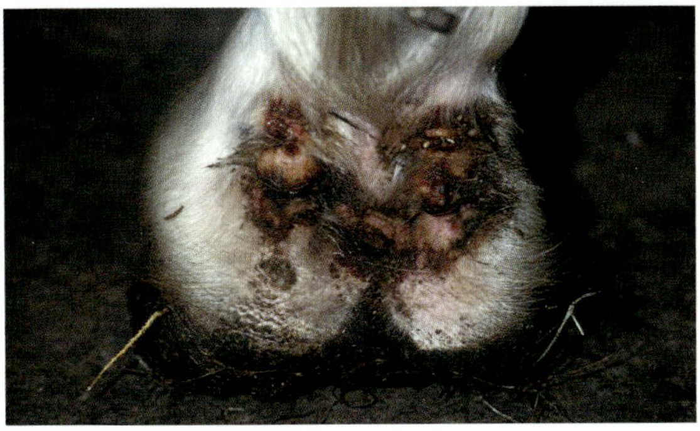

Unter den Krusten wächst keine gesunde Haut nach, sondern die Bakterien vermehren sich. Deshalb müssen die Krusten vorsichtig abgelöst werden.

Rassen leiden können. Auch Pferde, deren Abwehrlage insgesamt (z.B. durch Stress oder Krankheit) nicht sehr gut ist, oder Pferde mit weißen Fesseln sind stärker gefährdet. Kaltblüter wie Percheron oder Shire und Friesen haben ein erhöhtes Risiko, an chronischen Formen der Mauke zu erkranken.

Vorschädigungen der Haut, die die Mauke begünstigen, können durch kleinere Verletzungen oder im Winter durch Streusalz oder andere Chemikalien (z.B. Antifrost-Mittel) entstehen.

Komplikationen: Wenn sich zu der normalen Entzündung noch Eiterbakterien festsetzen, kann sich eine Phlegmone entwickeln, die sich über das gesamte untere Bein ausbreitet. Sitzt die Mauke sehr tief, kann sie auch auf innere Hufanteile übergreifen.

Was macht der Tierarzt?

Eine chronische Mauke ist nur sehr schwer in den Griff zu bekommen. Deshalb sollten schon erste Entzündungsanzeichen ernst genommen werden. In einem Bestand, in dem mehrere Pferde von Mauke befallen sind, lohnt sich eine bakteriologische Untersuchung, um den Erregertyp zu bestimmen. Der Tierarzt kann Ihnen in schwereren Fällen eine antibiotische oder entzündungshemmende Salbe oder Antiparasitika verordnen. In sehr schweren Fällen wird Ihr Tierarzt eine bakteriologische Untersuchung durchführen, um das wirksame Antibiotikum zu ermitteln. Wenn gar nichts mehr anschlägt, könnte aus den Bakterien ein Auto-Impfstoff hergestellt werden. Eine einfache Mauke spricht im Normalfall gut auf eine Behandlung mit Heilkräutern oder Homöopathie an.

C

Was können Sie tun?

Zunächst sollte die betroffene Stelle gründlich gesäubert werden. Dazu nehmen Sie warmes Wasser, einen Spritzer Neutralseife und etwa 20 Tropfen Betaisodona-Lösung pro Liter Wasser. Bei einem Milbenbefall sollten Sie nach dem Reinigen lokale Antiparasitika anwenden. Meist erhalten Sie ein Mittel für Waschungen. Dafür sollten Sie jedoch die langen Kötenhaare vorsichtig abscheren.

Sind bereits Knötchen aufgegangen, so können eine Wasserstoffperoxydlösung und Jodsalbe gute Dienste leisten. Vorhandene Krusten lösen Sie mit viel Gefühl mit feuchten Kompressen ab. Legen Sie dazu zwei Kompressen in desinfizierende Lösung (20 Tropfen Betaisodona-Lösung auf einen Liter warmes Wasser) und dann auf die Fesselbeuge und befestigen Sie diese für etwa 15 Minuten mit einer Bandage. Dann entfernen Sie die Kompressen mitsamt den abgelösten Krusten und trocknen den Bereich mit weiteren Kompressen gut ab. Lösen sich die Krusten nicht, wiederholen Sie die Behandlung. Bleibt auch diese erfolglos, kann ein Angussverband mit dieser Lösung gemacht werden. Nach jeder Behandlung muss der Bereich gut getrocknet werden. Weitere desinfizierende und entzündungshemmende Behandlungen (Breiumschläge) finden Sie in der nachfolgenden Tabelle.

Zum Herstellen eines schützenden **Schlauchverbands** schneiden Sie ein Stück Verbandsschlauch (doppelte Länge) ab und ziehen ihn zur Hälfte über die Fesselbeuge. Anschließend drehen Sie den unter dem Huf frei hängenden Teil 1- bis 2-mal um die eigene Achse und ziehen das untere Ende

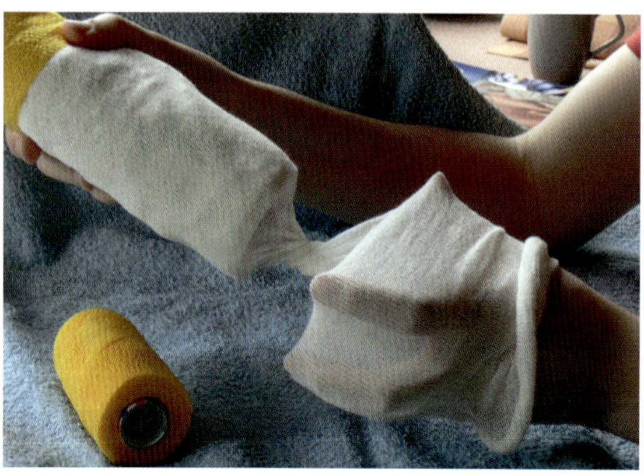

Eine Lehmpackung trocknet den Fesselbereich aus.

ebenfalls umgestülpt über den Huf und die Fesselbeuge. So entsteht ein geschlossener „Strumpf", der über der Fesselbeuge locker mit Gewebeklebeband befestigt wird. Alternativ können Sie auch einen alten Wollstrumpf verwenden. Damit er nicht an der Wunde festklebt, decken Sie diese vorher mit einer Kompresse ab.

Im Anfangsstadium einer nässenden Mauke können Sie bei Ihrem Pferd auch eine Lehmpackung anlegen. Tragen Sie den gut feuchten Lehm auf Huf und Fessel auf und lassen Sie diesen am besten draußen gründlich austrocknen. In der Box wird der Lehm oft nicht richtig trocken und bewirkt dann das Gegenteil. Ist der Lehm richtig eingetrocknet, bürsten Sie ihn mittels einer weichen Bürste ab. Im nassen Stadium kühlt der Lehm hervorragend und lindert so die Entzündung, beim Trocknen entzieht der Lehm seiner Umgebung Feuchtigkeit und trocknet so den Fesselbeugebereich nachhaltiger, als es von außen möglich ist.

Bei einer **Mauke** hilft neben der typspezifischen Blüte, *die Sie auf Seite 130 ff.* nachlesen können, vor allem die Reinigungsblüte **Crab Apple**. Zusammen mit zwei weiteren Essenzen stärkt sie die Abwehr und wirkt gegen Entzündungen. Bei der Behandlung von Mauke hat sich eine Mischung aus den in der Tabelle stehenden Kräutern bewährt. Die Heilkräuter bekämpfen Bakterien, wirken entzündungshemmend und stimulieren die körpereigene Abwehr.

Bei dem Problem der Mauke handelt es sich aus der Sicht der chinesischen Medizin entweder um ein Wind-Hitze-Problem oder ein Wind-Problem mit feuchter Hitze. Wir sollten also hier die pathogenen

Faktoren Hitze, Wind und feuchte Hitze ausleiten. Das ist möglich mit den Pflanzen Spitzwegerich, Kamille, Gänseblümchen, Eisenkraut, Klette, Klebkraut und dem Kleinen Immergrün sowie bei feuchter Hitze mit Wacholderbeeren. Geben Sie von jeder Pflanze je 6 bis 10 g ins Futter.

Parallel zu diesen Behandlungen sollten Sie die Haltungs- und Fütterungsbedingungen Ihres Pferdes einer genauen Prüfung unterziehen, damit eine neuerliche Mauke-Erkrankung weitgehend ausgeschlossen wird. Lesen Sie weitere Tipps zur Behandlung in der Tabelle nach.

Vorbeugung! Neben guter Ernährung und Pflege sowie der Stärkung der Abwehrlage helfen Sie Ihrem Pferd durch die Früherkennung einer Mauke am besten. Suchen Sie bei anhaltendem Regenwetter Ihr Pferd täglich nach Krusten, Pusteln, hochstehenden Haarbüscheln oder Entzündungsanzeichen ab. Ist Ihr Pferd anfällig für Mauke, so geben Sie ihm bereits vor Beginn der Herbst-Winter-Saison die geeigneten Heilkräuter.

Hausmittel	**Säubern, Krusten lösen und desinfizieren** mit Betaisodona-Lösung: 20 Tropfen auf 1 Liter warmes Wasser geben. Auch Wasserstoffperoxydlösung kann helfen. Bei Milben ein Antiparasitikum anwenden. Auch eine Lehmpackung kann helfen.
Umschläge/ Packungen	**Breiumschlag** mit abgekühltem Bockshornkleesamenpulver 5 EL mit Kamillentee oder Wasser zu Brei verrühren. Auf Kompressen auftragen und fixieren (selbstklebende Binden) für 1 bis 2 Stunden, dann säubern und abtrocknen. Falls länger gewünscht (4 bis 6 Stunden) den Breiumschlag mit Schlauchverband überziehen. Danach abtrocknen und ohne Salbe einpacken. **Breiumschlag** mit gemahlener Eibischwurzel (Apotheke), mit einigen Tropfen Ringelblumentinktur und Beinwell gemischt und mit etwas warmem Wasser angerührt. **Umschlag mit Salbei:** 2 Handvoll Frischpflanzen oder 50 g getrockneten Salbei in 1 l kochendem Wasser mind. 10 Minuten ziehen lassen. Hier wirken die Gerbstoffe. Kompressen in den Sud und nass auf die Fesselbeuge legen, darüber eine Lage wasserfester Watteverband und mit selbstklebenden Binden und Gewebeklebeband fixieren. Alle 20 Minuten wechseln und gut 1 bis 1,5 Stunden wirken lassen. Dann die Fesselbeuge abtrocknen und den wunden Bereich dünn mit einer Zinkoxid und/oder einer salizylhaltigen Salbe bestreichen. Gegebenenfalls schützt ein Schlauchverband *(s. Seite 450)* die wunden Stellen vor den stechenden Strohhalmen der Einstreu.
Akupressur	**Zur Immunstimulation:** Di 4, Di 11, Gb 20, Lu 7, MP 10; **Zur Behandlung vorn:** 3E 5, Di 4, Lu 9, Dü 3, MP 6, KG 12 und MP 10; **Zur Behandlung hinten:** KG 12, Ma 36, MP 3, MP 6, MP 9
Tuina-Massagen	**Eine Tuina-Behandlung für die Beine:** Massieren Sie in schiebender und drückender Weise die drei Meridiane am erkrankten Bein innen hoch und die drei Meridiane außen hinunter. Versuchen Sie sich jeweils am Verlauf der Meridiane zu orientieren, das löst die Energiestagnation im unteren Beinbereich. Machen Sie das täglich 8 Minuten am einen und ebenso lange am anderen Bein. Danach massieren Sie die Ting-Punkte rund um die Krone 2 bis 3 Minuten lang.
Bachblüten	**Abwehr stärken:** Larch und Crab Apple sowie Centaury **Gegen Entzündungen hilft:** Crab Apple, Holly, Scleranthus **Gegen Infektionen und schlechte Wundheilung:** Wild Oat, Gorse, Honeysuckle, Gentian **Stärken Sie Ihr Pferd mit:** Olive, Hornbeam, Elm und Walnut
Heilkräuter	**Gegen die Entzündung:** Aus einer Mischung von 150 Klebkraut, 150 Ringelblume, 150 Bockshornkleesamen, 100 g Klette, 100 g Thymian, 150 g Mädesüß geben Sie täglich 50 g ins Futter. **Keimtötend wirken** Sonnenhut (als Extrakt) und Knoblauch (4 bis 5 Zehen täglich ins Futter) sowie ein Breiumschlag mit Bockshornkleesamen oder ein langgezogener Salbeisud. **Leber anregen und das Blut reinigen:** Artischockenextrakt, Mädesüß (in der Mischung oben enthalten) viel frischer Löwenzahn, 20 g Wermut täglich
Fütterung	• Reduzieren Sie stärke- oder eiweißhaltige Futtermittel, erhöhen Sie den Raufutteranteil im Futter. Das heißt, versorgen Sie Ihr Pferd mit Heu des 2. oder späten 1. Schnitts, 1,5 bis 2 kg/100 kg KGW. • Die Kraftfuttermenge orientieren Sie eng am Erhaltungsbedarf des Tieres. Verzichten Sie eine Zeit lang auf Mischfutter wie Müsli und Pellets und füttern Sie stattdessen eingeweichte Trockenschnitzel sowie etwas Hafer. Er hat die Stärke, die gut im Dünndarm verdaut wird. • Dazu versorgen Sie Ihr Pferd ausreichend und möglichst natürlich mit Mineralien und Vitaminen. Dabei helfen folgende Futtermittel: Bierhefe, Kieselgur, Sesamsaat, Bockshornkleesamen. Heilkräuter, die Vitamine und Mineralien enthalten, finden Sie unter 3. aufgelistet. Stärken Sie neben der Behandlung die Abwehrlage Ihres Pferdes.

Krankheiten der Hufe

Die Hufe unserer Sport- und Freizeitpferde sind ganz anderen Belastungen ausgesetzt als die der Wildpferde. Entweder werden große Strecken auf gepflasterten oder geteerten Wegen zurückgelegt oder aber Pferde gehen bevorzugt auf meist weichen Böden von Halle und Platz. Je nach Gegebenheit nutzt sich das Horn schneller ab, als es nachwachsen kann, oder es wächst, ohne den notwendigen Abrieb zu erfahren. Deshalb kommt der Hufpflege der Sport- und Freizeitpferde eine sehr große Bedeutung zu.

Eine Vielzahl von Lahmheiten unserer Pferde ist auf die gestörte Balance des Hufes zurückzuführen. Schuld daran können u.a. unregelmäßiger Hufbeschlag, zu lange Wachstumsperioden des Hornes oder übertriebene oder mangelnde Pflege sein. So führt zu lang gewachsenes Horn zu einer Fehlstellung des Hufes, was wiederum die Gelenke und Bänder belastet und zu Sehnenschäden führen kann. Zudem bricht das Horn aus, reißt leicht oder es kann zu gefährlichen Trennungen innerhalb des Horns kommen.

Aber auch die Haltungsbedingungen haben einen großen Einfluss auf die Gesundheit der Hufe. Sowohl zu viel als auch zu wenig Feuchtigkeit schadet dem Horn. Im Normalfall ist das äußere Horn der Hufe hart und dicht, sein Wasseranteil liegt bei etwa 20%. Die inneren Hornanteile und der Hufknorpel enthalten in der Regel sogar mindestens doppelt so viel Wasseranteil. Die Hufe der Pferde sind für halbtrockene Steppengebiete, in denen die Wildpferde früher lebten, bestens geeignet. Bei unseren heutigen Stallpferden jedoch erfahren sie Extreme. Entweder stehen sie den größten Teil des Tages in feucht-nassem Milieu und werden dazu noch mit allen möglichen Pflegemitteln „vollgekleistert" oder das Gegenteil ist der Fall. Werden die Pferde zu trocken gehalten, so geht ein Teil des Wasseranteils von innen nach außen verloren. Eine gute Versorgung durch den Blut- bzw. Lymphkreislauf füllt diese Lücke im Normalfall jedoch wieder auf. Ist dies aus verschiedenen Gründen nicht möglich, kann es zu erheblichen Problemen kommen. Die Verminderung des Wasseranteils führt zu einer Verformung des Horns und zu einer Verminderung der Dehnbarkeit der inneren Hufanteile und damit zu einer Störung des Hufmechanismus. Bei zu hoher Huffeuchtigkeit verliert das Horn seine Festigkeit und seine Elastizität. Es wird weich und dehnt sich nach außen, der Hufmechanismus greift nicht mehr. Zudem ist der Huf in seiner Funktion als Abwehrbarriere eingeschränkt.

1. Der Huf

Der Huf wird von der Haut gebildet und besitzt den gleichen dreiteiligen Aufbau. Von außen umgibt der aus Horn bestehende Hufschuh bzw. die Hornkapsel den Huf der Pferde. Er wird von der **Oberhaut** oder **Epidermis** gebildet. Darunter liegt die **Lederhaut**, Corium oder **Dermis**, und schließlich die **Unterhaut, die Subcutis**.

Normal geformter Vorderhuf

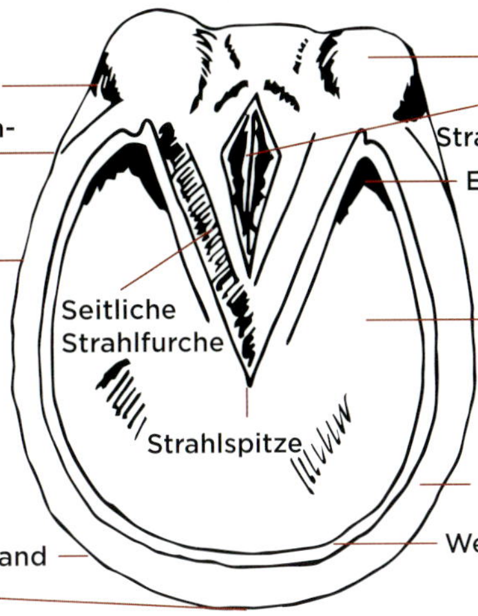

1.1 Aufbau des Hufes

Die äußere Ansicht des Hufes ist die Hornkapsel. Ihre Anteile werden nach Hufsaum, Hufkrone, Hufwand, Hufsohle, Hufstrahl und Hufballen unterschieden. Dabei teilt sich die Hufwand in Vorderwand (Zehenteil), Seitenwand und Trachtenwand.

Unter der Hornkapsel liegt die Huflederhaut, die die Hornkapsel von innen her versorgt. Die Lederhaut besteht aus straffem Bindegewebe, dessen Faserbündel dreidimensional verflochten eine hohe Stabilität bieten. An den Hufen ist die Lederhaut dicht mit Blutgefäßen und Nerven vollgepackt und stellt eine mechanisch stark belastbare Verbindung zwischen dem Hornschuh und den knöchernen Anteilen des Hufs her. Gleichzeitig dient sie der Ernährung der mit ihr fest verbundenen, lebenden Epidermiszellen. Diese bilden ständig neue sich verhornende Zellen als Ersatz für die durch Abnutzung verloren gegangenen Zellen. Das ist im Prinzip überall in der Haut so, nur der Verhornungsgrad, die Form und die Stärke der Verhornung ist an den Hufen völlig anders als an der übrigen Haut.

Das neu gebildete Horn wächst vom Kronsaum aus nach unten. Die Lederhaut des Hufes unterteilt sich ihrer Lage entsprechend in Saum-, Kron-, Sohlen-, Strahl- und Ballenlederhaut. Sie besteht aus vielen unterschiedlich langen Zotten und Blättchen. So wird die Oberfläche der versorgenden Lederhaut enorm vergrößert und die Lederhaut selbst fest mit der Hornkapsel und ihren Hornplättchen verankert. Dabei passen die gut versorgte Lederhaut und die Hornkapsel zusammen wie eine Statue und ihre Gussform.

Längsschnitt durch die Pferdezehe

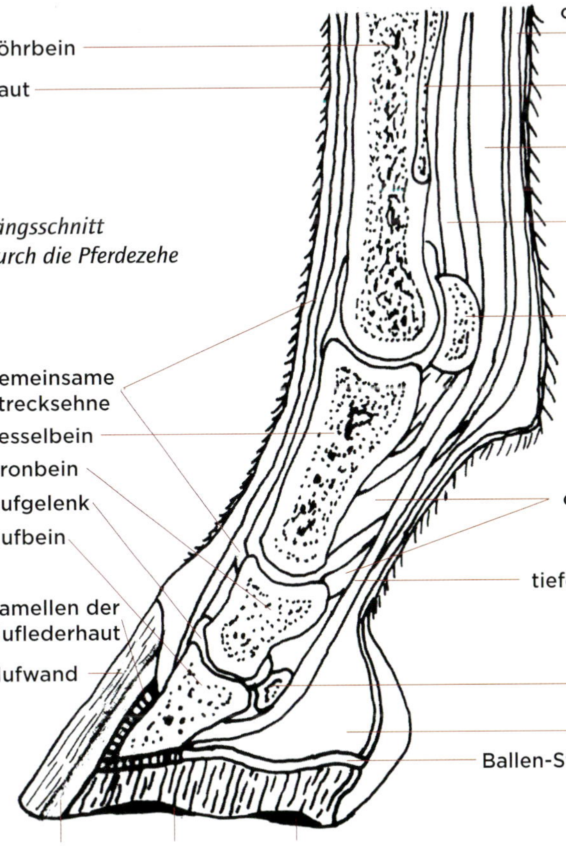

C

Die knöchernen Anteile des Hufes sind das Hufbein, das Strahlbein, über das die Sehnen zum Hufbein geführt werden, sowie der untere, von der Hornkapsel umschlossene Anteil des Kronbeins. Schließlich gehören noch der Hufknorpel, die Bänder und Sehnen sowie der Hufrollenschleimbeutel zum Huf. Die Knochen- oder Knorpelhaut bildet mit der Unterhaut im Bereich des Saumes, der Krone, des Strahles und des Ballens durch die Einlagerung von Fett und Bindegewebe Polster und Kissen, die Stöße abfangen oder brechen.

Das monatliche **Hornwachstum** beträgt unter günstigen Voraussetzungen und guter Nährstoffversorgung etwa 8 bis 10 mm. Es hängt vom Alter ab. Bei einem Saugfohlen wachsen die Hufe etwa 1,5 cm, bei Jährlingen 1 cm und bei ausgewachsenen Pferden etwa 0,9 (0,8 bis 1,0)[1] cm im Monat.[2]

1.2 Hufmechanismus

Die Hufkapsel ist trotz ihrer Festigkeit elastisch. Das Hufbein hängt in der Lederhaut und dem damit verzahnten Hornschuh wie in einem Aufhängeapparat (= Hufbeinträger, *s. Abb. unten rechts*). Dadurch wird das Gewicht des Pferdes vom Knochen auf die Hufwand und damit auf Sohle, Trachten und Eckstreben bzw. auf den Tragrand und das Hufeisen übertragen.

Bei jeder Be- und Entlastung ändert die elastische Hufkapsel die Form, was als Hufmechanismus bezeichnet wird. Bei Belastung weitet sich der Huf im Trachtenbereich, die Wölbung der Sohle flacht sich ab und die Krone sinkt durch den Zug an der Blättchenschicht in die Wandlederhaut ein. Die vordere, untere Hälfte der Hufwand (Vorderwand) bewegt sich dagegen kaum. Der Strahl fungiert als Stoßdämpfer und Platzhalter. Bei Entlastung schnellt die Hornkapsel wieder zurück in ihre ursprüngliche Form. Der Hufmechanismus sorgt für eine optimale Verteilung des Körpergewichtes sowie das Abfangen der Stöße vom Boden her. Durch die Bewegung, die durch diesen Mechanismus im gesamten Huf erfolgt, werden alle lebenden Anteile des Hufes optimal mit Blut und Lymphflüssigkeit versorgt. Eine Behinderung des Hufmechanismus führt in der Regel zu einer Mangeldurchblutung und damit zu einer Minderversorgung bestimmter Bereiche des Hufes. Dies hat in der Regel eine Lahmheit zur Folge.

1.3 Röhrchen- und Blättchenhorn

Während die Epidermis den Hornschuh bildet, sind die beiden bindegewebigen Schichten, die Leder- und Unterhaut, für die Polstereinrichtungen verantwortlich. Im Bereich der Hufe hat die Huflederhaut einen besonders gut entwickelten Papillarkörper zur Oberflächenvergrößerung ausbildet. Teils besteht er aus Zapfen oder Zotten *(Papillae)*, teils aus Blättchen *(Laminae)*, über denen die Epidermisschicht

Bau der Hufwand und schematische Darstellung der einzelnen Schichten

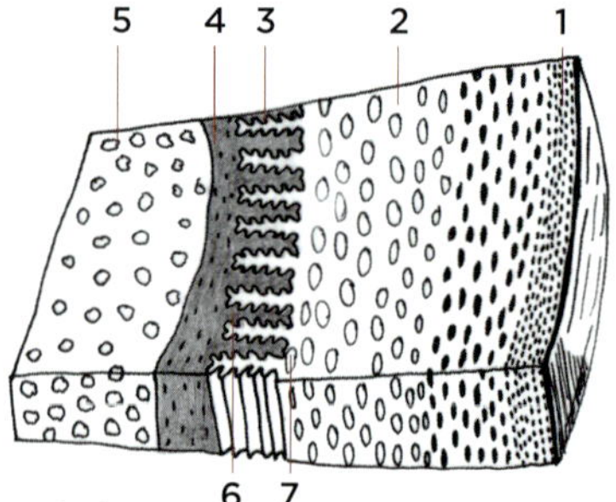

Hornkapsel:
1 Glasurschicht (Außenschicht)
2 Schutzschicht
3 Verbindungsschicht Weiße Linie im Sohlenbereich

Lederhaut und Hufbein:
4 Wandlederhaut
5 Hufbein

Verbindungsschicht:
6 Blättchen der Lederhaut, unverhornt
7 Blättchen der Hornkapsel, verhornt

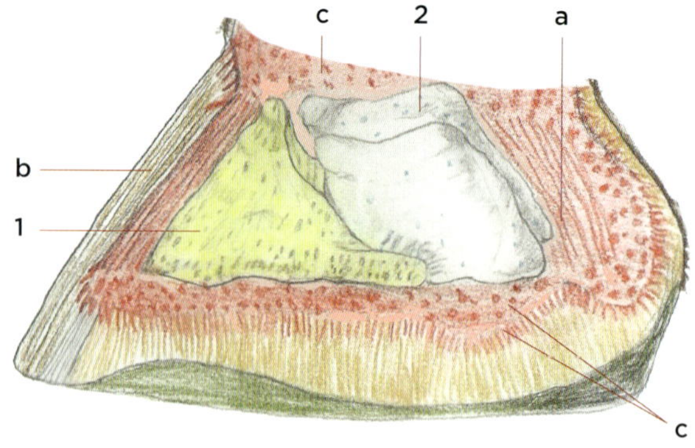

Schematische Darstellung des Hufbeinträgers bzw. Hufbeinaufhängeapparates: Zum besseren Verständnis wurde das Hufbein (1) und die Hufknorpel (2) hier nicht angeschnitten gezeichnet, sondern so, wie der Knochen und Knorpel normlerweise aussehen würden. Sie liegen im roten Bett der Lederhaut (a), die fest mit dem Periost des Knochens und mit den Blättchen- (Wandhorn, b) sowie Röhrchenhorn (Sohlen- und Kronhorn, c) des Hornschuhs verbunden ist.

1 Vgl. Lukas, Uwe: Gesunde Hufe – kein Zufall! FNverlag, Warendorf 2007.

2 Vgl. Meyer, H. und Coenen, M.: Pferdefütterung. Enke Verlag, 2014/ Coenen, M. und Vervuert, I.: Pferdefütterung. Georg Thieme Verlag KG 2019.

ein speziell geformtes Horn herstellt. Um die Lederhautzotten herum entsteht Röhrchenhorn, zwischen den Lederhautblättchen wird Blättchenhorn gebildet. Die Wandlederhaut trägt Blättchen, die ihrerseits weitere Blättchen (Sekundärblättchen) ausbilden.

Die Lederhaut ist der Trage- oder **Aufhängeapparat** des Hufbeins plus der damit verankerte Anteil des Hornschuhs. Nach innen ist die Lederhaut über Fasern mit der Knochenhaut des Hufbeins fest verbunden. Nach außen bilden die Blättchen und Sekundärblättchen der Wandlederhaut eine feste Verbindung zu den Blättchen des Wandhorns. Die beiden äußeren Elemente des Trageapparates schieben sich also aus gegenüberliegenden Richtungen zusammen und verzahnen ihre primären und sekundären Blättchen miteinander, die Lederhaut von innen, der Hornschuh von außen. So entsteht eine mechanisch stark belastbare Verbindung zwischen den Knochen des Hufs (Hufbein, Strahlbein, Kronbein) und dem Hornschuh, diese Verbindung ist gleichzeitig flexibel. Man könnte sie sich wie eine Art Hängematte vorstellen *(s. Abb. Seite 454 re.)*. Der Aufhängeapparat des Hufbeins kann bei Erkrankungen des Hufs in Mitleidenschaft gezogen werden.

1.4 Hufform

Die Form des regelmäßigen Vorderhufs ist anders als die des regelmäßigen Hinterhufs.

Beim Vorderhuf bildet die Vorderwand mit dem Erdboden einen Winkel von 45° bis 50°, am Hinterhuf einen Winkel von 50° bis 55°. Der Hinterhuf steht somit steiler als der Vorderhuf. Auch seine innere Wand ist etwas steiler. Die Form der Sohlenfläche von Vorder- und Hinterhuf ist oval bis rund, die weiteste Stelle liegt am Übergang vom mittleren zum hinteren Drittel. Der Strahl ist kräftiger und die Trachten stehen beim Hinterhuf weiter auseinander als beim Vorderhuf. Von der regelmäßigen Form des Vorder- oder Hinterhufes abweichend sind der enge und weite Huf (von vorn betrachtet), der spitze und stumpfe Huf (von der Seite) sowie der halbeng-halbweite und der diagonale Huf (von der Sohlenfläche her zu beurteilen) zu bewerten. Die Form des Hufes ist rassetypisch unterschiedlich und wird von der Bodenbeschaffenheit, der Umwelt und der Nutzungsart beeinflusst. Auch die angeborene

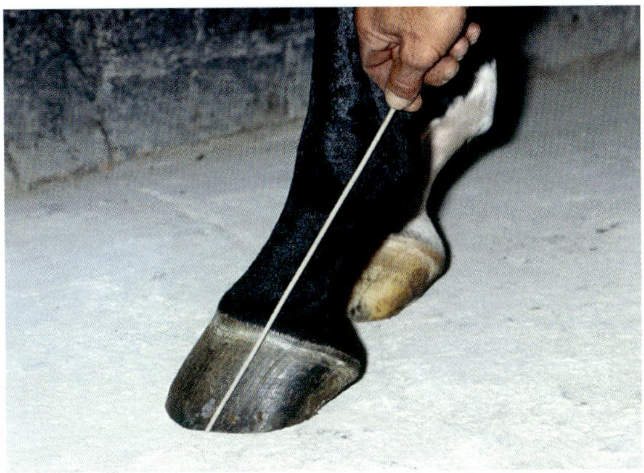

Die Zehenachse sollte gerade durchgehen und keinerlei Brechung aufweisen.

Stellung der Gliedmaßen und damit die unterschiedliche Belastung der Hufe wirken sich auf deren Form aus. Weitere Informationen dazu finden Sie in den einschlägigen Fachbüchern sowie in der im Anhang empfohlenen Literatur. Wichtig ist, dass der Huf zum Fesselstand passen muss. Auskunft darüber gibt die Zehenachse. Sie ist eine gerade gedachte Linie im Verlauf der Zehenknochen bis zur Hufsohle. Bei der Betrachtung von vorn, von der Seite und von hinten sollte in der Zehenachse kein Knick vorhanden sein. Knicke und Abweichungen von der Zehenachse können durch Fehlstellungen, vernachlässigte oder mangelhafte Hufkorrektur, fehlerhaften Beschlag oder Ähnliches entstehen. Die Folge sind dann meist Lahmheiten. Auch zu diesem Thema finden Sie weiterführende Informationen in der im Anhang empfohlenen Literatur.

2. Was können Sie für die Pflege der Hufe und zur Vorsorge tun?

2.1 Pflege und Hygiene

Bei den natürlich lebenden Wildpferden wird das Horn der Hufe im gleichen Maß abgenutzt, wie es gebildet wird. Die Hornbeschaffenheit und die Hufform sind den Bodenverhältnissen angepasst. Bei den von Menschen gehaltenen und genutzten Pferden ist dies jedoch in der Regel nicht der Fall. Deshalb muss der Mensch hier durch Hufpflege, -korrektur und -beschlag eingreifen. Ziel ist es, eine

C

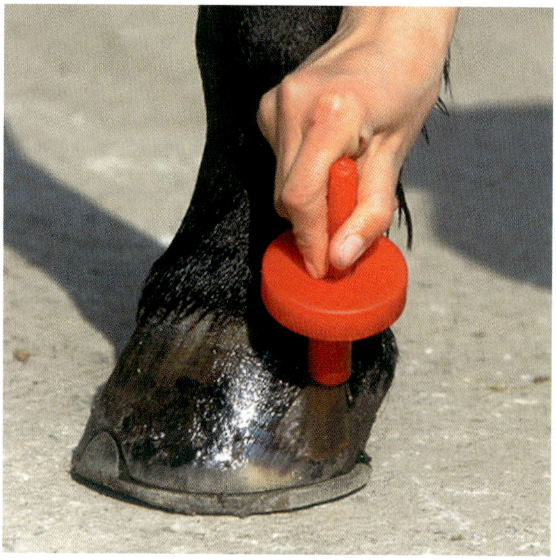

Regelmäßige Pflege der Hufe ist wichtig.

C

regelmäßige Hufform mit kräftigem, elastischem und widerstandsfähigem Horn zu erreichen. Die Hufpflege beginnt mit der regelmäßigen Kontrolle und Korrektur im Fohlenalter alle 2 bis 4 Wochen.
Hufe sollten insbesondere im Bereich von Strahl und Sohle täglich vor und nach der Arbeit **gesäubert** und auf eingetretene Fremdkörper hin untersucht werden. Auch wenn das Pferd nur kurz rausgeholt, auf die Weide gebracht oder gearbeitet wird, müssen Mist und Schmutz immer aus dem Huf gekratzt werden. Mitentscheidend für die Hufgesundheit ist die Boxenhygiene. Das Pferd ist in einer Box unterzubringen, die großzügig eingestreut ist, aber keine Matratze enthält und regelmäßig gesäubert wird. Keinesfalls sollte ein Pferd ganz ohne Einstreu stehen.
Der **Wasseranteil** des Horns sollte optimal gehalten werden. **Zu feuchte Hufe** werden weich und bröckelig. Ein feuchter Huf ist zwar elastisch und gibt dem Hornschuh Feuchtigkeit, aber der Strahl kann faulen und das Horn reibt sich schneller ab. Was die Pflege betrifft, so ist es ratsam, den Huf regelmäßig zum Schutz vor der Feuchtigkeit dünn mit Hufbalsam/Huföl zu behandeln. Natürlich macht es nur Sinn, wenn der Strahl und die Sohle gesund und frei von Fäulnis sind.
Zu trockene Hufe werden hart, spröde und brechen leicht aus. Das Horn ist nicht mehr elastisch genug und kann seine Aufgaben nicht mehr ordentlich erfüllen. Die Hufe sollten möglichst jeden Tag mit Wasser befeuchtet und/oder gesäubert werden. Am besten eignet sich warmes Wasser, da es die Hufe schonend säubert. Harte Bürsten und spitze Gegenstände zerstören die Glasurschicht des Hufes. Eine feste Wurzelbürste wird nur für das Säubern der Sohle gebraucht, um fest sitzenden Schmutz zu entfernen. Durch die Reinigung mit warmem Wasser kann der Wasserhaushalt wieder aufgefüllt werden und das Horn bleibt elastisch. Eine anschließende Trocknung gewährleistet, dass die oberste Schicht nicht aufquellen kann. Zum Schutz einer stark strapazierten Hornoberfläche ist es ratsam, den Huf anschließend zu fetten/ölen. Dafür eignet sich **Lorbeer- oder Rosmarinöl** besonders gut. Es wirkt durchblutungsfördernd und sollte sparsam 2-mal wöchentlich, insbesondere auf den Kronsaum aufgetragen werden. Allerdings wird durch das Fett/Öl weder Wasser verdunsten noch aufgenommen. Deshalb sind die Hufe vor dem Fetten/Ölen ausgiebig zu wässern und leicht zu trocknen.
Ist der Huf vollkommen gesund mit gut erhaltener Glasurschicht, muss kaum Fett/Öl/Balsam aufgetragen werden. Denken Sie auch daran, dass Pferde mit zu trockenen Hufen oft auch zu viel gepflegt werden, dass also zu viel mit Huffett gearbeitet wird. Das versiegelt das Hufhorn und es kann keine Feuchtigkeit mehr aufnehmen.

2.2 Ursachen für Huferkrankungen

Die Ursachen für Huferkrankungen sind zahlreich. Die Qualität und Quantität des gebildeten Hufhorns hängt eng mit der **Nährstoffversorgung** zusammen. Fehlen Proteine im Futter, im Speziellen schwefelhaltige Aminosäuren, ist das Hornwachstum langsamer. Man muss sich verdeutlichen, dass Hornbildung bzw. Hornwachstum ebenso eine Aufgabe von der Haut ist wie das Haarwachstum.
Für die Qualität des Hufhorns ist allerdings nicht nur die Fütterung zuständig. Sie hat einen großen Einfluss, aber schlechte Hornqualität wie bröckelige, weiche oder brüchige Hufe kann durchaus auch durch **schlechte Haltungsbedingungen** und/oder mangelnde Pflege verursacht sein. Eine durch **mangelnde Pflege** entstehende Hufkrankheit ist die Strahlfäule. Beim Pflegemanagement geht es nicht nur um die praktische Pflege des Hufs durch den Reiter, sondern auch die regelmäßige Hufpflege

durch den Schmied, der regelmäßig das zu lang gewordene Horn abtragen muss. Neben diesen wichtigen Ursachen der Haltung, Fütterung und Pflege sind Verletzungen, Krankheiten und Medikamente die weiteren Ursachen für Huferkrankungen. Beispiele für die **Krankheiten** können Zellveränderungen sein, die ein fehlerhaftes Horn immer weiter wachsen lassen wie beim Hufkrebs.
Weiterführende Informationen erhalten Sie ab Seite 472 ff.

Der korrekt ausgeschnittene Huf

2.3 Hufschmied

Unbeschlagene Hufe müssen etwa alle 6 Wochen mit dem Rinnhufmesser und der Raspel so korrigiert werden, dass sie wieder regelmäßig geformt sind und zum Fesselstand passen. Vom Strahl und der Sohle werden nur tote und lose Hornteile entfernt und die Eckstreben werden geschont. Der Strahl soll möglichst kräftig bleiben, es dürfen sich in seinen Furchen aber keine Fäulnisprozesse verstecken. Die scharfe Kante des Tragrandes wird mit der Raspel geglättet und leicht gerundet, damit das Horn nicht ausbricht.

Wenn der Abrieb des Horns schneller ist als das Wachstum, braucht das Pferd einen Hufschutz. Das kann ein **nagelbarer, anklebbarer** oder ein **anschnallbarer Hufschutz** sein, je nach Bedarf des Pferdes. Der Beschlag kann offen oder geschlossen sein, aus Metall (Stahl, Guss, Aluminium oder Titan) oder verschiedenen Kunststoffarten. Inzwischen werden auch verschiedene Arten von Hufschuhen angeboten. Daneben stehen Sohlen und Einlagen und Polster aus verschiedenen Materialien zur Verfügung. Außerdem gibt es verschiedene Kunststoffe zur Ergänzung fehlenden/ausgebrochenen Huf-

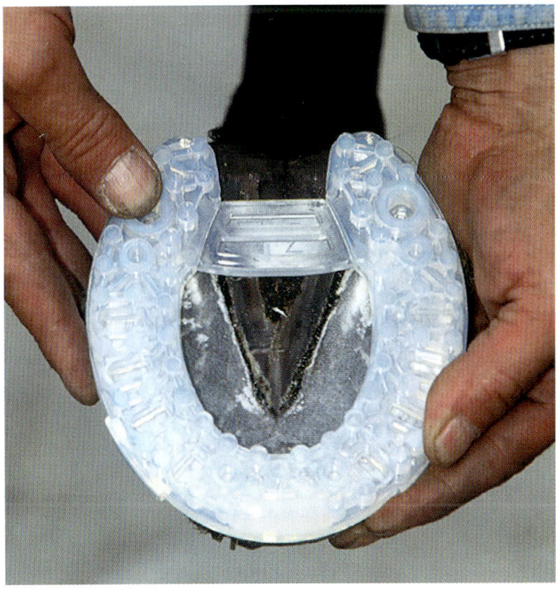

Ein Kunststoffbeschlag steht dem Metallhufeisen in nichts nach.

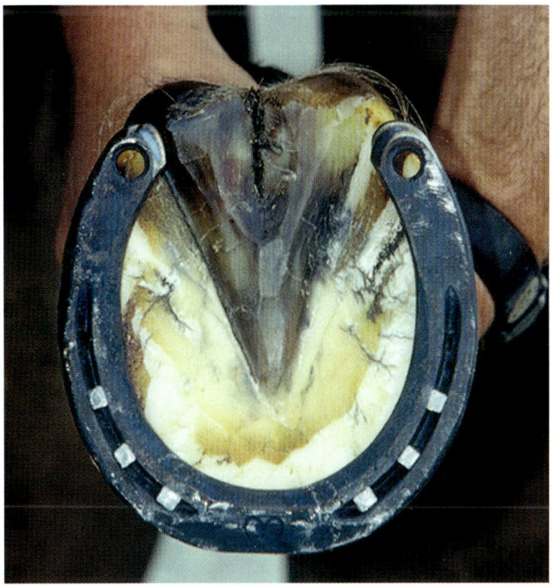

Der korrekt beschlagene Huf (Hufeisen mit Stollenlöchern)

C

horns. Die Palette an Möglichkeiten, die den Hufschmieden inzwischen zur Verfügung steht, ist sehr umfangreich. Lassen Sie sich von einem Fachmann beraten. Der am häufigsten verwendete Hufschutz ist nach wie vor der Hufbeschlag mit Hufeisen.

Dabei wird zunächst der Huf passend zum Fesselstand geformt. Die Hufeisen müssen etwa alle 6 bis 8 Wochen erneuert werden. Daneben müssen Sie vor und nach jedem Training die Hufeisen auf ihren festen Sitz hin und auf verlorene oder abstehende Hufnägel überprüfen. Abstehende Nägel können zu erheblichen Verletzungen bei Mensch und Tier führen. Wurden Pferde über längere Zeit beschlagen und sollen dann wieder barhufig laufen, müssen sie zunächst viel auf weichem Boden bewegt werden, um den Hufmechanismus und damit auch das Hornwachstum anzuregen. Es sollten in regelmäßigen Abständen die alten Nagellöcher kontrolliert werden, da die Hornwand in diesem Bereich vorübergehend zum Ausbrechen neigt. Notfalls muss entsprechend geraspelt werden.

2.4 Vorsorgetipps

Ausreichende tägliche **Bewegung** fördert über den Hufmechanismus die Durchblutung der Lederhaut und damit eine gute Versorgung des Hufes.

Hat Ihr Pferd trockene Hufe, tut es ihm gut, wenn Sie es öfter mal durch feuchtes Gras gehen lassen. Die Feuchtigkeit zieht in die Hufe ein und macht sie elastischer. Das **Hornwachstum** der Hufe können Sie über die **Fütterung** gut beeinflussen. Wichtig ist eine nicht übermäßige, aber ausreichende Eiweißversorgung. Achten Sie auch auf das Vorhandensein von Vitamin A, C, E, Biotin, Zink, Selen, Kobalt und Eisen sowie von essenziellen Fettsäuren im Futtermittel. Alle Heilkräuter, die die Durchblutung fördern oder die genannten Bestandteile enthalten, wirken sich positiv auf das Hornwachstum aus. **Buchweizenkraut, Beinwell, Weißdorn** und **Brennnessel** regen die Durchblutung an, reinigen das Blut und fördern das Zellwachstum. **Klebkraut, Quecke** und **Hagebutten** enthalten neben vielen Vitaminen auch Stoffe, die ebenfalls das Horn wachsen lassen. Über **Blasentang** und **Obstessig** werden dem Pferd viele Vitamine und Mineralstoffe zugeführt. Darüber hinaus enthalten sie eine ausgewogene Mischung an Spurenelementen, die das Horn ebenfalls für sein Wachstum benötigt.

2.5 Steigerung der Abwehr

Viele Erkrankungen können erst dann auftreten, wenn die Abwehr des Pferdes geschwächt ist. **Bewegung in frischer Luft und bei Sonnenschein** erhält die Abwehr aktiv und Ihr Pferd gesund. Daneben sorgt die regelmäßige Bewegung auch für eine gute Durchblutung der Hufe, was insbesondere den Erkrankungen Hufrehe und Hufrollenentzündung vorbeugt. Durch Heilkräuter wie **Brennnessel, Sonnenhut, Grüner Tee** und **Hagebutte** sowie Obstessig steigern Sie die Abwehr und versorgen den Pferdekörper zusätzlich zum Futter mit allen nötigen Vitaminen und Mineralstoffen. **Akupressur**, über 3 bis 4 Wochen angewandt, kann die Widerstandskraft Ihres Pferdes steigern. Akupressieren Sie 2-mal täglich Di 4 und 11 (leiten den Wind aus, stärken die Abwehr), Gb 20 (leitet Wind aus, stärkt die Abwehr und stillt Juckreiz), Ni 3 (stärkt die Abwehrkräfte) und MP 6 (stärkt die Mitte).

2.6 Verbesserung des Allgemeinzustands

Bei stumpfem Fell, schlechtem Hornwachstum sowie schlechtem Allgemeinzustand helfen **Apfelessig, Klette** und **Brennnessel**. Sie reinigen das Blut und fördern die Ausscheidung der Abfallprodukte im Körper. **Sanfte Massagen**, bei denen Sie mit den Fingerspitzen in kräftigen, ausstreichenden Bewegungen die Beine in Richtung Pferdekörper massieren, regen das Lymphgefäßsystem der Haut an und helfen beim Abtransport der Abfallstoffe. Auch hier kann die **Akupressur** unterstützen. Wenn Sie nicht bereits die oben genannten Punkte bearbeiten, wählen Sie die Punkte Ma 36 (baut auf, stärkt das Qi), Lu 7 (stärkt das Immunsystem). Le 3 (wirkt ausgleichend und aufbauend), Ni 3 und MP 6.

Leidet Ihr Pferd unter kleinen, engen Hufen, so wirkt in vielen Fällen eine Feuchtigkeitsbehandlung Wunder. Wenn Sie die Möglichkeiten haben, machen Sie regelmäßig ausgedehnte Hufbäder in fließenden Gewässern oder reiten durch eine taufeuchte Wiese. Manchmal hilft auch ein barhufiger (Ferien-)Weideaufenthalt auf einer feuchten, nicht schlammigen Wiese. Kontrollieren Sie jedoch regelmäßig die Hufe und Beine auf eventuelle Entstehung von Fäulnis oder Mauke. Eine **Massage der Ting-Punkte** auf dem Kronrand fördert die Durchblutung der Hufe und regt den Durchfluss des Qi und Xue an.

3. Was können Sie bei Huferkrankungen tun?

Lassen Sie den Hufen Zeit zum Ausheilen. Fangen Sie nicht zu früh an, wieder zu belasten. Das bedeutet aber nicht, dass Ihr Pferd sich nicht bewegen darf, es muss den Hufmechanismus und damit die Durchblutung aufrechterhalten. In den meisten Fällen können Sie Ihr Pferd spazieren führen, manchmal sogar im Schritt spazieren reiten. Aber haben Sie Geduld. Durch sanftes Bürsten des Kronrandes und massieren der Akupressurpunkte (Ting-Punkte) auf dem Kronrand können Sie die Durchblutung der Hufe anregen und das Qi in Schwung bringen. Zudem werden die Zellen des Kronrandes zur Teilung angeregt, sodass das Hufhorn schneller wächst. Letzteres kann nach Uwe Lukas auch durch leicht reizende, durchblutungsfördernde Salben wie Lorbeeröl, Pedicine und andere erreicht werden.[3] Bei Anwendung der Salben kontrollieren Sie die Haut bitte regelmäßig, damit Sie Veränderungen wie eine Entzündung nicht übersehen.

3.1 Fütterung vorsorglich und nach Ausbruch der Huferkrankung

Vorsorgliche Fütterung

Der Hauptteil des Futters sollte aus hygienisch und qualitativ hochwertigem Raufutter bestehen. Dabei aber in der Hauptsache Heu, frisches Gras oder Heulage, weniger Stroh. Insgesamt sollten es mindestens 1,5 bis 1,7 kg Heu pro 100 kg KGW bzw. 2 bis 2,3 kg Heulage/100 kg KGW sein. Das Raufutter sollte über den Tag verteilt, mit einem Schwerpunkt am Abend, gegeben werden. So haben die Pferde auch in der Nacht genug zu tun und keinen leeren Magen. *Warum dies wichtig ist, lesen Sie auf Seite 305.*

Haben Sie ein von Hufrehe geplagtes oder diesbezüglich empfindliches Pferd, sollten Sie bei der Fütterung besonders auf die Darmflora achten. Wenn zu viel fruktan- oder stärkereiches Futter ausgeteilt wird, kann es sein, dass eine Bakterienart so stark überwiegt, dass sich die Zusammensetzung der Darmflora verschiebt, der Darminhalt übersäuert und eine ganze Menge Bakterien absterben. Dadurch werden viele Toxine frei, die dann über das Blut in die Hufe gelangen, wo es dann, meist aufgrund von Durchblutungsproblemen, zu einer akuten Hufrehe kommen kann.

Die Darmbakterien sind darauf angewiesen, über den Tag verteilt immer wieder Rohfaser zu verarbeiten, um sich wohlzufühlen. Mit Pektinen, wie man sie in Obsttrester oder Trockenschnitzeln von Möhren und Zuckerrüben findet, und Kohlenhydratfasern wie Cellulose und Hemicellulose tun Sie der Darmflora etwas Gutes. Auch etwas Milchzucker (Laktose), der erst im Dickdarm abgebaut wird, wird gerne genommen. In die Reihe dieser Prebiotika, die der Darmflora gut tun, gehört auch die Futterhefe. Sie spendet Vitamine, besonders Vitamin B, essenzielle Aminosäuren und wichtige Mineralstoffe.

Alles, was der Haut an **Nährstoffen** guttut, ist auch für das Hufhorn wichtig. Neben dem Vitamin B ist auch Vitamin A sehr wichtig. Bekommen die Pferde zu wenig, wird das Hufhorn lose, brüchig. Daran sollten Sie unbedingt denken, wenn der Winter sich langsam dem Ende zuneigt und das Raufutter nicht mehr ausreichend Karotin enthält. Ergänzen Sie dann mit mindestens 2 kg Karotten täglich und mindestens 2 EL Pflanzenöl, da Vitamin A bzw. Carotin ein fettlösliches Vitamin ist, das nur in Kombination mit Fett aufgenommen werden kann. Eine ähnlich schlechte Hufqualität findet sich auch bei einem Zinkmangel. Enthält das Futter zu wenig Zink, leidet auch die Hufqualität der Pferde. Man kann versuchen, mit einer Zulage von 100 bis 150 mg Zink/100 kg KGW täglich den Mangel aufzufangen. Selen ist eines der Spurenelemente, bei denen man sehr aufpassen muss, ist zu viel Selen im Futter enthalten, wird das Hufhorn brüchig. Weiche, ödematöse[4] Schwellungen am Kronsaum und später horizontale Ringe im Horn oder sogar das Ausschuhen[5] können die Folgen von einer Selen-Überversorgung sein. Für die Hufe und Haare ist Biotin, auch Vitamin B7 genannt, sehr wichtig. Besonders Pferde mit einer Disposition für sprödes Hufhorn, Hornspalten oder Hornrisse brauchen Biotin in einer Menge von 3 mg/100 kg KGW täglich. Etwa 2- bis 3-mal im Jahr sollten Sie je eine Kur von rund 6 bis 8 Wochen

3 Vgl. Lukas, Uwe: Gesunde Hufe – kein Zufall! FNverlag 2007.

4 Erklärung: Ödematöse Schwellungen kommen von Ödemen; dies sind angeschwollene Bezirke bzw. Gewebe, in denen Flüssigkeit eingelagert wurde.

5 Erklärung: Ausschuhen bedeutet, dass sich das Hufhorn komplett von der Lederhaut löst.

C

anwenden. Biotin finden Sie in Hagebutten und Haferflocken. Hagebutten können Sie trocknen und klein mahlen oder auch frisch verfüttern.

Fütterungstipps bei einer Erkrankung

Wenn Krankheiten, Bewegungs- oder Nährstoffmangel auf die Hufe wirken oder durch schlechte Pflege oder Haltung Schäden entstehen, so ist dies direkt am schlechtem Hufhorn zu sehen. Um gesundes Hufhorn bilden zu können, braucht das Pferd Proteine, besonders die essenziellen Aminosäuren und davon wieder speziell die schwefelhaltigen Aminosäuren Methionin und Cystein. Umgekehrt scheint auch durch Proteinüberschuss das Hornwachstum beschleunigt zu werden. Dies allerdings in Grenzen. Länger einen zu hohen Proteinanteil zu füttern als benötigt, schadet mehr als dass es nutzt. Weiterhin braucht es an Nährstoffen Kohlehydrate, essenzielle Fettsäuren und eine besonders gute Versorgung mit **Mineralstoffen, Spurenelementen** und **Vitaminen**. Sie sind für den Stoffwechsel extrem wichtig. Besonders die Vitamine A und B, die Mineralien Zink, Kupfer und Selen sowie ungesättigte Fettsäuren und Aminosäuren (zur Bildung der Proteine/Eiweiße) sind unentbehrlich, um Horndefizite auszugleichen und wieder stabiles, gesundes Hufhorn entstehen zu lassen. Auch Kieselerde kann hilfreich sein.
Eine **Mischung** aus 18 mg Biotin (3 mg/100 kg KGW tgl.) und 600 mg Zink (100 mg/100 kg KGW/Tag bei Hufrehe) täglich in Kombination mit den schwefelhaltigen Aminosäuren Cystein, Methionin und Lysin scheinen sich nachweislich positiv auf das Hufwachstum auszuwirken. Der Hauptanteil des Schwefels, den ein Pferd für sein Hufhorn braucht, stammt aus diesen Aminosäuren. Verfüttern Sie die Mischung über einen Zeitraum von 4 bis 6 Wochen. Dabei ist die verwendete Zinkverbindung wichtig, organische Zinkverbindungen (z.B. Zinkpropionat, Zink-Chelat) wie auch Zinksulfat können gut vom Pferd aufgenommen werden.[6] **Bierhefe** versorgt Ihr Pferd mit B-Vitaminen, Lysin, Mineralstoffen und regt den Stoffwechsel an. Nicht nur dadurch wirkt sich Hefe wachstumsfördernd auf Hufe und Haare aus, Hefe unterstützt die Bildung neuer Zellen. Daneben eignen sich **Hagebutten** durch ihren Gehalt an Mineralien und Vitaminen, besonders Vitamin C und Biotin. Mit viel frischem Obst und Gemüse (Vitamine und Mineralstoffe), Kräutern, über wenige Wochen täglich etwas Apfelessig (Mineralstoffe und Vitamine) und Sonnenblumenkernen (Fettsäuren und Zink) können Sie Ihr Pferd auf dem Weg zu besserem Hufhorn unterstützen. Über **Pflanzenöle** lässt sich leicht die Energiezugabe erhöhen, denn davon braucht es ausreichend, wenn es neues Hufhorn aufbauen muss. Wichtiger sind aber auch die entzündungshemmenden langkettigen, ungesättigten Fettsäuren der Omega-3-Familie, wie sie im Leinöl (essenzielle Fettsäuren) zu finden sind, oder die besonders langkettigen aus den Grünlippmuscheln. Die speziellen Fettsäuren des Fischöls sind ebenfalls vorzüglich gegen Entzündungen geeignet, aber Pferde lehnen den Geruch des Fischöls meistens ab. Ebenfalls geeignet sind die Öle vom Borretsch und der Nachtkerze, je 30 ml täglich, und Schwarzkümmelöl, ca. 15 bis 25 ml täglich. Sie können die Öle in abwechselnd füttern. Geben Sie täglich 2 bis 3 EL des ausgewählten Pflanzenöls.
Mash, angereichert mit den nachfolgenden ausgesuchten Kräutern, eignet sich als gutes Ergänzungsfutter. *Mengenangaben dazu finden Sie im Teil B dieses Buches, unter „Phytotherapie" auf Seite 53 ff.*

6 Vgl. Meyer, H. und Coenen, M.: Pferdefütterung. Enke Verlag 2014/Coenen, M. und Vervuert, I.: Pferdefütterung. Georg Thieme Verlag KG 2019

3.2 Heilmittel/Heilkräuter

Mit einigen Heilkräutern können Sie die Hufe sowie das Hornwachstum auf verschiedenste Weise beeinflussen.

- **Verbesserung der Durchblutung, Unterstützung des Lymphsystems:**
  Klebkraut, Löwenzahn, Beinwell, Brennnessel und Knoblauch
- **Kräftigen die kleinen Blutgefäße:**
  Weißdorn und Buchweizenkrautkraut
- **Reinigen das Blut und regen den Kreislauf an:**
  Beinwell, Buchweizenkrautkraut, Weißdorn, Brennnessel und Ingwer
- **Versorgung mit Mineralstoffen und Vitaminen:**
  Obstessig, Blasentang, Klebkraut, Löwenzahn, Hagebutten, Brennnessel und grüne Mineralerde sorgen für Mineralstoffe, Vitamine und Spurenelemente
- **Schützen und unterstützen die Leber:**
  Mariendistel, Wermut und Artischocke und Lö-

wenzahnblätter und Löwenzahnwurzeln (Frühjahr und Sommer frisch, Herbst/Winter getrocknet)

- **Beruhigen Entzündungen und lindern Schmerzen bei Huflederhautentzündung, Hufrehe:** Teufelskralle, Weißweide, Mädesüß und das Extrakt der Grünlippmuschel
- **Erhöhen die Festigkeit des Hufhorns und/oder verbessern die Hufqualität und Wachstum**: Klette, Klebkraut, Hagebutten, Hefe, Biotin, Kieselerde, grüne Mineralerde, Gelatine und Sonnenblumenkerne
- **Wachstumsfördernd für das Horn, durchblutungsfördernd:** Bestreichen Sie die Krone mit Klettenwurzelöl, Lorbeeröl oder -salbe. Besser wirkt ein leichter, gepolsterter Verband über der Salbe oder eine Filzmanschette über der Krone, die innen mit dem Öl bestrichen ist.
- **Gegen Prellungen der Hufe helfen:** Warme Kompressenumschläge mit Arnika, Lorbeeröl oder Rosmarin (1 TL Tinktur bzw. 30 gr in 500 ml heißem Wasser). Vorher an der Wange testen, ob die Temperatur stimmt.

Über Art und Anwendung dieser und weiterer Heilkräuter können Sie sich in Teil B dieses Buches informieren.

3.3 Bachblüten

Neben Heilkräutern und Akupressur ist die Verabreichung von Bachblüten eine hilfreiche Behandlungsmethode bei Huferkrankungen. Auf *Seite 127 f.* lesen Sie, wie eine Einnahmemischung hergestellt wird, sowie alles über Art und Dauer der Anwendung. Von der Einnahmemischung verabreichen Sie Ihrem Pferd 3- bis 4-mal täglich 10 Tropfen. Die Tropfen sind problemlos im Kühlschrank aufzubewahren.

Bei spontanen, mit Schmerzen einhergehenden Problemen an den Hufen, insbesondere in einer Notfallsituation wie z.B. der Hufrehe oder der akuten Hufrollenentzündung, sollten Sie Ihrem Pferd am ersten Tag jede Stunde 10 Tropfen **Rescue-/Notfalltropfen** in die Maulschleimhaut träufeln. Danach helfen **Hornbeam, Elm** und **Olive** gegen die körperliche Erschöpfung und zur Stärkung von Muskeln und Knochen. Zur Stärkung bei Knochen-, Gelenkproblemen oder Arthrose können **Rock Water, Pine, Olive, Wild Oat** eingesetzt werden. **Crab Apple** reinigt den Körper und unterstützt beim Ausscheiden der Giftstoffe (Hufrehe). Daneben steigert **Crab Apple** die Abwehrlage und hilft gegen Entzündungen. Diese Blüte lässt sich auch hervorragend in Waschungen und Angussverbänden verwenden.

Gegen Entzündungen eignen sich ebenfalls **Holly, Hornbeam, Olive** und **Elm**. Bei Huffäule sollten Sie **Crab Apple, Centaury** und **Walnut** innerlich, aber auch in Angussverbänden verabreichen. Zur Rekonvaleszens nach Erkrankungen können Sie **Walnut, Gorse, Honeysuckle, Gentian, Sweet Chestnut, Chestnut Bud** und **Wild Rose** einsetzen. Tipps für weitere Blüten finden Sie in Teil B dieses Buches.

3.4 Akupressur

Mit Akupressur können Sie die Behandlung der Huferkrankungen beim Pferd gut unterstützen. Wichtig ist jedoch, sie bei akuten Erkrankungen möglichst 2-mal täglich über mindestens 2 Wochen und bei chronischen Erkrankungen mindestens 5 Wochen lang 1- bis 2-mal wöchentlich anzuwenden. Stellt sich der gewünschte Erfolg nicht ein, sollten Sie zusätzlich einen Akupunkteur hinzuziehen oder Laserakupunktur versuchen. Nachfolgend nun einige kurze Erklärungen zu den einzelnen Punkten. *Lesen Sie zur „Akupressur" in Teil B, Seite 88 ff.* Wählen Sie die geeigneten Akupressurpunkte aus und drücken bzw. stimulieren Sie diese in der dort beschriebenen Weise. Die im Anhang befindliche Tafel wird Ihnen das Auffinden der Punkte erleichtern.

Zum Harmonisieren machen Sie einen **Yin-Yang-Ausgleich** oder ziehen den **Kleinen Kreislauf.** Die meisten Erkrankungen am Huf wie zum Beispiel die **Hufrehe** zeigen Hitze, toxische Hitze und Bluthitze mit Blut-Stagnation. Ist der Stoffwechsel beteiligt, ist meistens auch der Dreifach-Erwärmer und mit ihm das Wei-Qi, also das Abwehr-Qi, sowie der Milz-Pankreas-Meridian beeinträchtigt. Bei Cushing-Patienten, die häufig an Hufreheschüben leiden, zeigt sich oft eine Leere, Leere des Milz-Qi und Leere der Niere, die sich auf die Leber auswirkt (5 Elemente).

Yin-Yang-Ausgleich hat stark beruhigende Wirkung und harmonisiert Geist und Körper.

Renzhong *(s. Seite 188 f.)*, Extrapunkt und Teil des Yin-Yang-Ausgleichs, wirkt ausgesprochen beruhigend auf Ihr Pferd. Dies ist bei akut schmerzhaften Erkrankungen wie der Hufrehe besonders wichtig.

C

Di 4: ein stark schmerzlindernder Punkt, der dazu noch Wind und Hitze ausleitet. Außerdem wirkt dieser Punkt harmonisierend.
Di 11: Dieser Punkt steigert die Abwehr und wirkt schmerzlindernd, klärt Hitze, kühlt Blut.
Bl 60: ein besonders wirksamer Schmerzpunkt, der bei schmerzhaften Prozessen am Huf gut einzusetzen ist. Er beseitigt die Hitze und belebt das Blut.
Di 18: Dieser Punkt hat einen positiven Einfluss auf Schmerzen im Hufbereich.
Ni 3: Als Zustimmungspunkt des Nieren-Meridians unterstützt Ni 3 die Verteilung des Nieren-Qi. Das stärkt das Immunsystem und ist wichtig bei der Entgiftung Ihres Pferdes (Hufrehe). Daneben hilft der Punkt bei Schwäche und Schmerzen des Sprunggelenks und Hinterbeins.
MP 9: Dieser Punkt vertreibt Feuchte, kühlt Hitze und hilft bei Vergiftungen (Hufrehe).
MP 21: Dies ist ein Fernpunkt für Hufrehe, Leberstörung und allgemeine Schwäche, Schmerzen am ganzen Körper, insbesondere Gelenkschmerzen, Flanken- und Rückenschmerzen.
Bl 40: Dieser Punkt erhöht die Antihistaminausschüttung und hilft gegen Schmerzen in den unteren Extremitäten sowie bei Haut- und Hornproblemen, beseitigt Blutstagnation, kühlt Blut.
Ma 44: kühlt Hitze, beseitigt Stagnation, ist gut bei Hufrehe am Hinterhuf, Kronsaumschale, Sprunggelenksschmerzen, Hufknorpelschale, Knochenzubildungen.
Dü 3: unterstützt bei Hufrehe, vertreibt Hitze, Feuchtigkeit und Wind, und wird genutzt bei krankhaften Gelenksveränderungen.
Dü 5: Er befreit die Oberfläche, entstaut die Leitbahn und entfernt Hitze und Nässe/Feuchte, hilft gegen Fieber, Blasenprobleme, Sehnenentzündungen, Hufrollenerkrankung und Hufrehe sowie Erkrankungen und Schmerzen im Vorderfußwurzel/Karpalgelenk.

Ting-Punkte:
3E 1: Dieser Punkt hilft bei Krongelenksschale, Hufrehe, Hufknorpelverknöcherung, Verletzung des Hufs oder Entzündung am Hufballen und Fieber.
Dü 1: Er leitet Wind und Hitze aus, beseitigt Leitbahn-Blockade und hilft bei Hufrehe, Fieber, Hufknorpelverknöcherung.
MP 1: Er reguliert die Blut- und Qi-Zirkulation und wird bei Hufrehe und Gelenksentzündungen genutzt.
Di 1: hilft bei Krongelenksschale, Hufrehe, Hufrollenveränderungen, alle Formen von Hufproblemen.
Ni 1: klärt Hitze, unterdrückt Wind, hilft bei hohem Fieber, stellt das Bewusstsein wieder her und hilft bei Schmerzen im Hufballenbereich.
Le 1: leitet Feuchtigkeit und Hitze aus, unterstützt bei Hufrehe, Hufknorpelverknöcherung, Hufrolle und anderen Huferkrankungen.
Pc 9: klärt die Hitze und kräftigt das Blut, stellt das Bewusstsein wieder her, ist ein Schockpunkt, hilft bei Schmerzen im Vorderhuf und regt das Hufhornwachstum an.
He 9: beseitigt Hitze, leitet Wind aus, bändigt Wind, hilft bei Entzündungen im Trachtenbereich sowie bei Hufrehe und Hufknorpelschale.
Lu 11: stärkt geschwächtes Yang, leitet Wind aus, klärt Feuer, Hitze und Sommerhitze und ist bei Hufrehe einzusetzen.
Bl 67: Der Punkt vertreibt Wind und klärt Hitze und ist gut einzusetzen gegen Hufschale, Kronsaumschale, Hufrehe, Hufrollenpathologien und allen Hufproblemen.
Ma 45: beruhigt den Geist, kühlt Hitze und klärt die Augen, ist bei allen Hufproblemen wichtig, auch bei Hufrehe, Kronsaumschale, Hufknorpelschale, Hufrollenerkrankung.
Gb 44: klärt Hitze und Wind, unterdrückt das Leber-Yang und beruhigt den Geist, bei Erregungszuständen durch Leber-Feuer.

3.5 Tuina-Behandlung

Stellen Sie sich auf die linke Seite Ihres Pferdes und streichen Sie mit beiden Händen den Hals fest, aber liebevoll in Richtung des Schulterblattes aus. Dann entlang des Rückens bis zur Kruppe, entlang des Blasenmeridians folgen Sie diesem, bis sich die einzelnen Äste in der Kniekehle wieder vereinen. Hier stimulieren Sie **Bl 40** für 45 Sekunden durch kreisendes Drücken.

Streichen Sie mit flachen Händen in Fellrichtung aus. Dann die gesamte Seite: Schulter bis zur Brust und vom Rücken hinunter bis zum Bauch. Dies machen Sie auf beiden Seiten mehrmals. Am Oberarm streichen und massieren Sie entlang der Meridiane

Die wichtigsten Akupressurpunkte für die Behandlung von Erkrankungen der Hufe

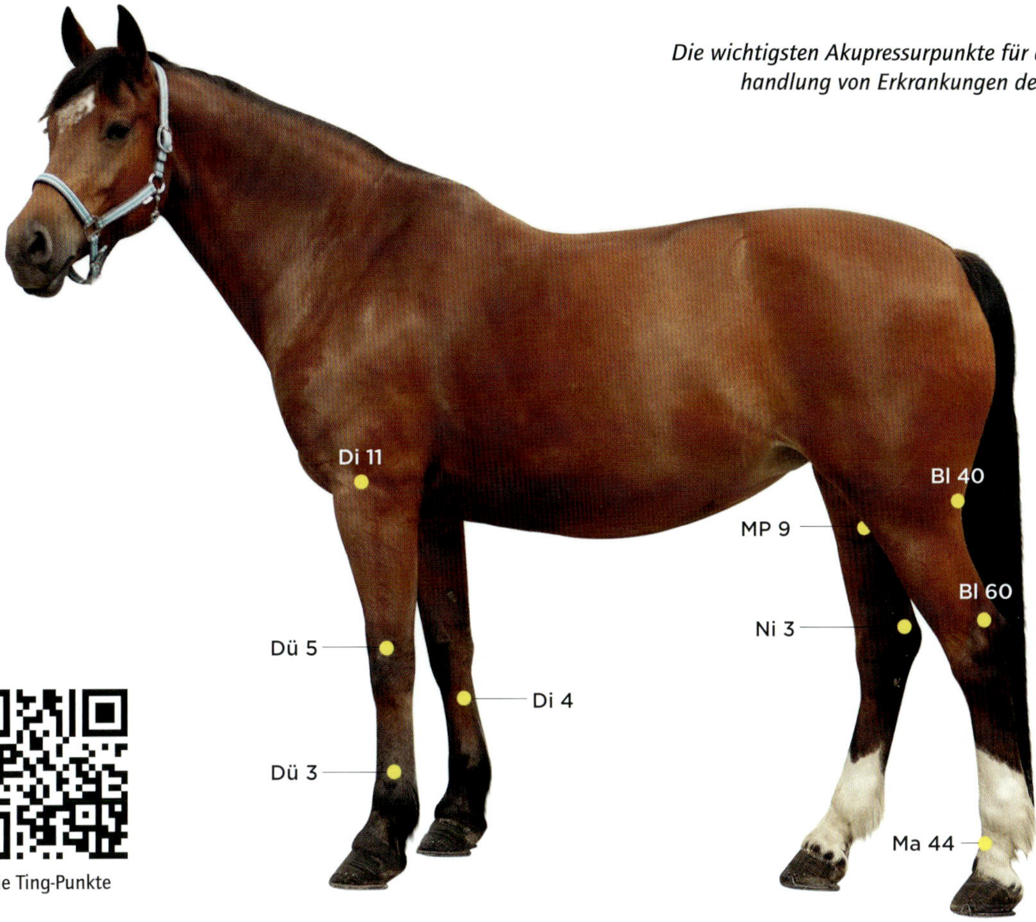

Die Ting-Punkte

Lunge und Perikard bis zum Huf abwärts. Von der Vorderseite des Hufs an wieder aufwärts, entlang des Dreifach-Erwärmer-Meridians nach oben. Im Anschluss kneten und kneifen Sie alle Ting-Punkte eines Vorderhufs für etwa 2 bis 3 Minuten, machen Sie dies auf beiden Seiten. Zeigt Ihr Pferd Schmerzen, führen Sie die Behandlung sanfter fort.

Bei heißen Hufen stellen Sie sich einen Eimer mit Eiswasser daneben und kühlen immer wieder Ihre Hände darin. So wird es sehr angenehm für Ihr Pferd.

Das regt den Stoffwechsel der Hufe an, fördert den Lymphfluss und stimuliert die Abwehr. Bei den Hinterbeinen stimulieren Sie den Magenmeridian sowie den Blasenmeridian abwärts und den Milz- sowie den Lebermeridian aufwärts. Auch an den Hinterbeinen stimulieren Sie durch Drücken und Kneifen die Ting-Punkte rund um den Kronsaum ebenfalls für ca. 3 Minuten auf jeder Seite mit kühlen Händen. Nach der Tuina-Behandlung wickeln Sie ein feuchtkaltes Küchentuch um jeden Huf, der erwärmt ist.

4. Krankhafte Veränderungen des Hornschuhs

4.1 Probleme durch Bewegungsstörungen (Streichen und Greifen)

Zwei der häufigsten Bewegungsstörungen bei Pferden sind das Streichen und das Greifen. **Streichen** bedeutet, dass das Pferd beim Vorschwingen des Hufes gegen das eigene, stützende Bein schlägt. Dies kann passieren, wenn das Pferd abgelenkt, unruhig, müde, krank oder geschwächt ist. Kommt dies jedoch häufiger vor, so spricht man von einer Bewegungsstörung. Dann muss die Ursache dafür ermittelt werden. Diese kann durch den Körperbau, die Gliedmaßenstellung oder eine mangelhafte Bearbeitung der Hufe oder des Beschlags bedingt sein. Ein guter Schmied sollte sich das Pferd vor und nach seiner Arbeit im Stand wie auch in der Bewegung ansehen. Es gibt spezielle Streichhufeisen, die durch ihre Form das Streichen verhindern, und einen

Hufglocken schützen die Vorderhufe vor dem Greifen.

Streichschutz, den man über betroffene Gliedmaßen legen kann.

Das **Greifen** ist eine weitere Bewegungsstörung, bei der sich das Pferd selbst verletzt. Dabei schlägt der nach vorn schwingende Hinterhuf gegen die Vorderbeine. Meist ist das beim starken Trab, im Galopp oder beim Springen der Fall. Die Ursache des Greifens liegt in der Regel im Körperbau des betreffenden Pferdes begründet. Zu lange oder zu schwere Vordereisen, das Fehlen einer Zehenrichtung an den Vordereisen sowie ein zu weit herausragender Zehenteil an den Hintereisen begünstigen diese Bewegungsstörung. Wie beim Streichen kommen für ein kurzzeitiges Greifen neben einem tiefen Boden, Müdigkeit und Schwäche auch psychische Ursachen wie Nervosität und Ablenkung infrage. Ein spezieller Beschlag kann bei dieser Bewegungsstörung hilfreich sein. Gummiglocken oder Gamaschen schützen die Vorderbeine zusätzlich.

4.2 Zwanghuf, Flachhuf, Vollhuf

All diese Abweichungen vom regulären Huf haben zur Folge, dass der Hufmechanismus nur eingeschränkt funktioniert und der Huf dadurch schlechter durchblutet wird. Dies macht das Pferd anfälliger für Huferkrankungen. In diesem Fall ist die gute Hygiene, sorgfältige Hufpflege und eine häufigere Kontrolle durch den Hufschmied besonders wichtig. Wird die Hornkapsel in bestimmten Abschnitten eingeengt, so spricht man von einem **Zwanghuf**. Er kann Ursache, aber auch Folge von Strahlfäule sein. Je nach betroffenem Abschnitt des Hufes unterscheidet man den Trachtenzwanghuf, den Sohlenzwanghuf, den Tragrandzwanghuf und den Kronenzwanghuf.

Als **Flachhuf** bezeichnet man demgegenüber einen übermäßig weiten Huf. Dabei stehen die Seitenwände in einem kleinen Winkel zum Boden. Das Sohlenhorn ist sehr dünn und kaum gewölbt. Die Sohle ist gegenüber Quetschungen sehr empfindlich und die Wand bricht leicht aus. Der Hufstrahl ist nur wenig ausgebildet. Entwickelt sich der Flachhuf weiter, kann aus dem Flachhuf ein **Vollhuf** entstehen.

Bei einem **Vollhuf** ist die Sohle sogar nach außen gewölbt und reicht über den Tragrand hinaus. Das Pferd würde ohne Hufschutz auf der Sohle laufen und geht ohne Beschlag je nach Empfindlichkeit der Sohle und Härte des Bodens lahm oder klamm. Voll- und Flachhufe treten ausschließlich vorn auf.

Anzeichen: Barhufige Pferde mit Flach- oder Vollhufen gehen auf weichem Boden normal. Sie haben meist dünne Wände, die leicht ausbrechen. Wenn sie dann allerdings auf einen Stein oder eine Baumwurzel treten, kommt es zu einer Lederhautblutung. Es entsteht eine Druckstelle. Meist entwickelt sich daraus eine Huflederhautentzündung ohne Keimbeteiligung mit verstärkter Pulsation der Mittelfußarterie mit geringer bis mittelgradiger Stützbeinlahmheit.

Ursache: Flach- und Vollhufe können bei schweren Kaltblutpferden angeboren sein. Das Fohlen hat zunächst Flachhufe, aber mit zunehmendem Gewicht werden die Hufe immer mehr zu Vollhufen. In seltenen Fällen entstehen sie nach längerem Aufenthalt auf weichem Boden, falls die Tiere eine Veranlagung mitbringen. Bei Pferden mit Flach- und Vollhufen sind schmale Hufeisen absolut ungeeignet. Der äußere Rand der Sohle muss mit zum Tragen herangezogen werden. Die Qualität der Hufhorns entspricht der von Narbenhorn. Die Lederhautzotten nehmen ab und es wird eine Art Zwischenhorn produziert, das eher weich ist.

Komplikationen: Pferde mit Flach- oder Vollhufen leiden oft an hohler oder loser Wand. Bei der Hufkorrektur sollte das Sohlenhorn nicht ausgeschnitten werden, da es dadurch weiter geschwächt wird. Die Pferde neigen zudem zur Bildung des Trachtenzwanghufs.

Gut zu sehen: der Bereich der Vorderwand ist in der Schwebe und wird nicht belastet.

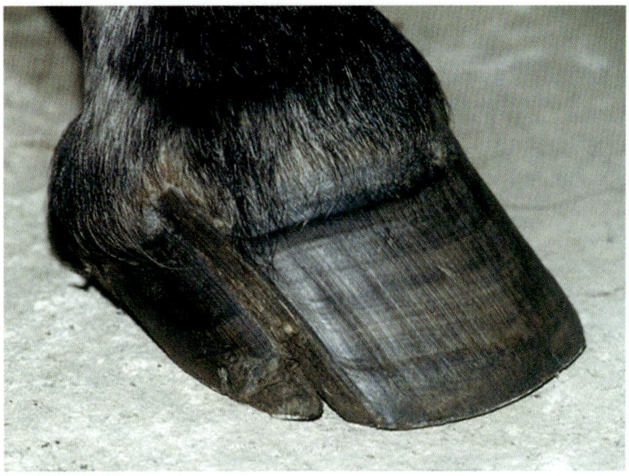

Eine durchgehende Seitenwandspalte

Therapie: Die Lederhautentzündung muss entsprechend behandelt werden. Bei einem guten orthopädischen Beschlag kann das Pferd reit- bzw. arbeitsfähig bleiben. Dabei wird die Sohle nicht verändert, sodass sie tragfähig bleibt. Das Hufeisen für den Flachhuf ist sehr breit, es belastet die Wand, die weiße Linie und einen großen Teil der Sohle. Der Strahl wird dabei ausgespart. Wenn er jedoch durch die Abflachung der Sohle als zu stark erscheint, können am Hufeisen z.B. mit Leder- bzw Kunststoffkeilen erhöhte Schenkel angebracht werden. So wird der Abstand zum Boden wieder größer. Eine Kunststoffsohle zwischen Huf und Eisen schützt die Sohle und dämpft gleichzeitig die Stöße beim Auffußen ab.

Was können Sie tun?

Sie sollten bei einem Pferd mit Flach- oder Vollhufen sehr auf die regelmäßigen Besuche vom Hufschmied achten. Die Hufpflege darf bei diesen Pferden nicht vernachlässigt werden, denn wenn die Hufe zudem noch austrocknen, werden die dünnen Wände und der Tragrand noch brüchiger. Sie sollte weder zu feucht noch zu trocken sein. *Wie Sie Ihr Pferd durch korrekte Fütterung und die Anwendung von Heilkräutern und Bachblüten unterstützen können, finden Sie auf Seite 455 f. „Pflege und Hygiene" und ab Seite 459 ff. (Fütterung, Heilkräutertherapie, Bachblüten sowie Akupressur).*

4.3 Hornspalt und Hornkluft

Hornspalten sind tiefe Risse der Hornkapsel, die in Längsrichtung der Hornröhrchen verlaufen. Risse in Querrichtung nennt man **Hornkluft**. Je nach Lage unterscheidet man Vorder-, Seiten- oder Trachtenwandspalten. Daneben unterscheidet man nach Ursprung der Spalten. Gehen sie vom Tragrand aus in Richtung Krone, spricht man von **Tragrandspalten**. Sie sind häufiger und weniger gefährlich als **Kronrandspalten**. Diese haben ihren Ursprung in der Krone und ziehen nach unten. Reicht die Spalte über die gesamte Wandlänge, wird sie als durchgehend bezeichnet. Risse im Bereich der Sohle, des Strahls oder der Eckstreben nennt man Sohlen-, Strahl- oder Eckstrebenbrüche. Wichtig ist die Ausdehnung dieser Spalten in die Tiefe. Oberflächliche **Risse der Glasurschicht** (Windrisse) sind wenig problematisch. Tiefe (bis zur Röhrchenschicht) oder durchdringende (bis zur Blättchenschicht) Hornspalten sind jedoch behandlungsbedürftig. Ist das Wandhorn komplett durchtrennt und damit die Huflederhaut freigelegt, so können kleine Bewegungen der Spaltränder bereits zu Blutungen führen und leicht infiziert werden. Hornklüfte sind dagegen eher selten.

Anzeichen: Bis auf die Lederhaut reichende Hornspalten oder -klüfte verursachen mittel- bis hochgradige Lahmheiten, da dabei die Lederhaut gereizt, entzündet bzw. gequetscht wird. Die Stützbeinlahmheit wechselt in ihrer Stärke je nach Bodenbeschaffenheit. Es zeigt sich rund um die Spalte eine stärkere Schmerzhaftigkeit. Im Stehen wird der Huf entlastet. Wird das Pferd weiter bewegt, weiten oder verengen sich die Hornspalten dabei je nach Belastung und Sitz der Spalten. Geraten dabei Anteile der

Lederhaut zwischen die Spaltränder, werden sie gequetscht, es kommt zu Blutungen und die Lahmheit nimmt deutlich zu.

Ursachen: Alles, was zu ungleichen Belastungen des Hufes führt, kann als Auslöser für Hornspalten angesehen werden. Diese können durch Fehlstellungen der Gliedmaßen, schlechte Hornqualität, fehlerhafte Hufbearbeitung oder fehlerhaften Beschlag ausgelöst werden. Schlechte Hufpflege kann bei starker Austrocknung der Hufe ebenso Hornspalten verursachen wie ein dauerhaft zu harter Untergrund durch einen unzureichend eingestreuten Stall. Dies alles verursacht aber meist Hornspalten, die nicht durchgehend sind.

Verletzungen und Wunden des Saumbandes, der Krone oder an Stellen der stärksten Belastung führen oft zu Hornspalten, die durchgehend sind. Solche Wunden der Kron- und Saumlederhaut führen infolge ungünstiger Vernarbung manchmal dazu, dass zeitweise oder dauerhaft kein komplettes Horn mehr gebildet werden kann. Deshalb sollten diese Verletzungen immer ausreichend behandelt werden. Manche Hornspalten zeigen auch nach Abheilen der ursprünglichen Verletzung die Tendenz, sich in Richtung Krone wieder zu verlängern. Sie tun dies, obwohl eigentlich schon wieder gutes Horn im Zusammenhang vom Kronrand her hinunterwächst. In manchen Hornspalten konnten Keime *(Dermatophyten)* mit teils hornauflösenden Eigenschaften als Ursache für Hornspalten nachgewiesen werden.[7] Dennoch sind die meisten Hornspalten die Folge übermäßiger Belastung einzelner Wandabschnitte des Hufs.

Zuletzt sind noch die **Hornklüfte** zu nennen, die meist durch Krontritte verursacht werden. Es handelt sich hierbei um horizontale Risse mit Ablösung des Horns oder Störung der Hornproduktion. Sie entstehen durch Verletzungen oder durch ein am Kronrand ausgetretenes Hufgeschwür oder den Durchbruch eines Abszesses. Auch eine massive Streichverletzung mit Hornschädigung durch die Schenkelenden, Stifte oder Stollen kann zu solchen Hornklüften führen. Meist wächst die Kluft nach unten hin aus, ohne Probleme zu bereiten. Tiefe Hornklüfte werden gesäubert und regelmäßig auf eine eventuelle bakterielle Besiedlung des Gebietes kontrolliert werden. Eine Behandlung ist nur nötig, wenn die Lederhaut unter der Kluft erkrankt ist.

Komplikationen: Wenn bei einer durchgehenden Hufspalte Erreger eindringen, kommt es zu einer Vereiterung der Huflederhaut. Es kann sich sogar eine Phlegmone entwickeln.

Was machen Tierarzt und Hufschmied?

Gespaltenes Horn wächst nicht mehr zusammen, das heißt, es kann nur abgewartet werden, bis wieder gesundes Horn von der Krone aus nachwächst. Wichtig ist also, die Ursache abzustellen, damit das Horn nicht weiter oder tiefer einreißt. Das Raspeln einer Querfurche am oberen bzw. unteren Ende kann ein weiteres Einreißen verhindern. Dabei muss die Furche etwas tiefer als der Riss sein. Infektions- und Fäulnisherde müssen behandelt werden, bevor sie größeren Schaden anrichten. Dazu ist eine gründliche Reinigung und Desinfektion der Hufe angebracht. Bei Nachweis von Dermatophyten kann eine Behandlung mit InsolDermatophyton® helfen. Alle mechanischen Verfahren, um einen dauerhaften und stabilen Verschluss der Hornspalten zu erreichen, setzen gesundes und trockenes Gewebe voraus. Dann muss der Huf in eine korrekte Stellung und Form gebracht werden. Mit einem Spezialbeschlag wird der Hufmechanismus außer Kraft gesetzt, damit zunächst gutes, zusammenhängendes Horn nachwachsen kann. Es gibt viele verschiedene Methoden, um die Hornspalten zu verschließen. Freischneiden und in Schwebe (ohne Belastung) halten, ist nur eine davon. Vernieten oder andere invasive Fixationsverfahren sind sehr umstritten. Genauere Informationen über die Behandlungsmöglichkeiten erhalten Sie von einem Fachmann (Hufschmied, Tierarzt). Zur Förderung des Hornwachstums sollten durchblutungsfördernde Einreibungen mit Lorbeeröl und Massagen an der Krone vorgenommen werden. Versorgen Sie Ihr Pferd ausreichend mit Vitamin A, Biotin und Zink. *Weitere Tipps zur Fütterung finden Sie auf Seite 459 ff.*

4.4 Hornsäule

Hornsäulen treten an der Vorhand wie auch der Hinterhand auf.

Was ist eine Hornsäule?

Bei der Hornsäule handelt es sich um eine klar abgegrenzte, säulenförmige Hornbildung, die sich an

7 Vgl. Brehm, W. et al.: Krankheiten im Bereich des Hufs. Aus Brehm, W. et al. (Hrsg.) Enke Verlag 2017, S. 1040-1099.

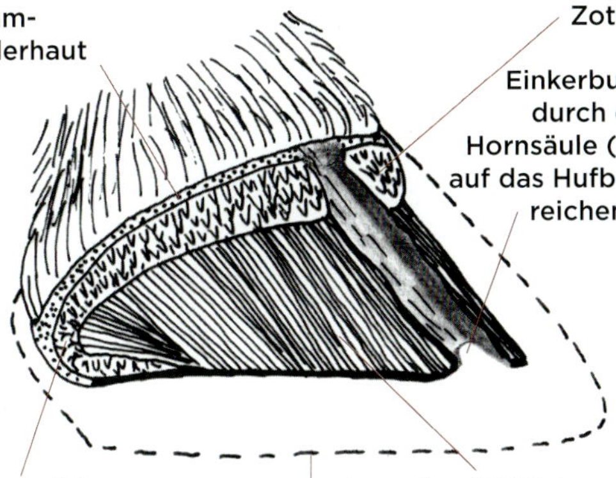

Die Huflederhaut

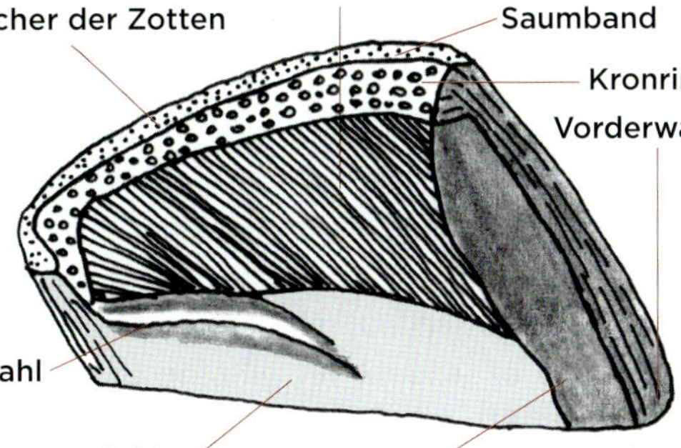

Der Hornschuh im Schnitt

der inneren Wand der Hornkapsel befindet. Sie kann auch kegel- oder spindelförmig sein und sitzt meist an der Vorderwand. Die Hornsäule reicht von der Krone bis hinunter zum Tragrand (siehe Zeichnung).

Anzeichen: Meistens löst eine Hornsäule keine weiteren Probleme aus, sie wird eher zufällig beim Ausschneiden der Hufe oder auf einem Röntgenbild entdeckt. Wird die ursächliche Entzündung jedoch eitrig oder stirbt das Gewebe ab, führt sie unweigerlich zu einer Lahmheit. Ebenso bei Bildung einer Rinne im Hufbein. Die Pferde gehen mit eigenartig schleuderndem, schlurfendem Gang und treten nur auf den Trachten auf. Manchmal heben sie das Bein hahnentrittähnlich in die Höhe. Von der Sohle her fällt eine umschriebene, halbkreisförmige Verbreiterung der weißen Linie ins Auge. Infolge der Entzündung pulsiert die Mittelfußarterie (Pulsation an der Fessel fühlbar). Bei Öffnung entleert sich schwarzgrauer Eiter. Der Huf ist sehr schmerzhaft. Manchmal ist an der Vorderwand eine leichte Vorwölbung zu sehen.

Ursache: Sie entsteht infolge eines Kronentritts, einer Vernagelung oder eines Horndefekts wie einer Hornspalte. Es ist auch möglich, dass sich die Hornsäule aufgrund eines durchbrechenden Abszesses entwickelt hat. Dabei entsteht eine abgegrenzte, chronische Entzündung der Kron- oder Wandlederhaut, die eine verstärkte Durchblutung zur Folge hat. Dadurch wird an dieser Stelle besonders viel Horn produziert. Eine Hornsäule besteht hauptsächlich aus Röhrchenhorn und nur manchmal zu einem sehr geringen Teil aus Blättchenhorn *(s. Seite 454 f.)*. Eine Hornsäule im unteren Wandbereich, die nicht bis zur Krone hinaufreicht, wird als **Hornschwiele** bezeichnet. Dicke Hornsäulen drücken auf die Lederhaut und das Hufbein und führen zu einer Atrophie, also einer Gewebsrückbildung oder auch zu Substanzverlust in Form einer Rinne (Usur) am Hufbein, die röntgenologisch feststellbar ist.

Komplikationen: Die Hornsäule kann durch den andauernden Druck zu einer chronischen Huflederhautentzündung führen. Hat sich eine Rinne im Hufbein gebildet, so kann schon eine kleinere Gewalteinwirkung die Ursache für eine Hufbeinfraktur sein. Hornsäulen werden nach Entfernung oft erneut wieder gebildet, insbesondere, wenn sie die Ursache für eine Hufbeinrinne waren.

Was machen Tierarzt und Hufschmied?

Ist die Hornsäule nur als Zufallsbefund beim Beschlagswechsel entdeckt worden, so wird dieser Bereich aus der Belastung genommen und der Wandabschnitt darüber dünn geraspelt. Die Aufzüge liegen immer neben der Hornsäule. Nach vier Wochen kann die Nachbehandlung durch den Schmied erfolgen, meist werden breite Eisen mit guter Zehenrichtung eingesetzt. Weiteres besprechen Sie bitte mit Ihrem Hufschmied. Ist die Hornsäule Ursache für eine Lahmheit oder Gangveränderung, so wird sie operativ entfernt. Eine Rinne im Hufbein kann nicht wieder rückgängig gemacht werden. Das Pferd bekommt den oben beschriebenen Beschlag mit Entlastung des Wandbereichs und einen Druckverband. Treten keine Pro-

C

bleme auf und bessert sich die Lahmheit, dürfen die Pferde nach 14 Tagen wieder leicht bewegt werden und nach 21 Tagen ist Verbandwechsel. Ist alles wieder verheilt, kann das Pferd mit passendem Hufbeschlag wieder antrainiert und dann normal geritten werden. Allerdings bleibt es bei vielen Pferden eine Schwachstelle, an der sich gelegentlich eine neue Hornsäule bilden kann.

4.5 Lose Wand

Die lose Wand, wie auch schon die Hornspalten, gehören zu den Zusammenhangstrennungen am Hufhorn.

Was ist eine lose Wand?

Trennt sich die Hornwand von der Hornsohle durch Verlust des Horns im Bereich der weißen Linie, so wird dies als lose Wand bezeichnet. Dies kommt bei weiten und flachen Hufen meist an den Vorderbeinen vor. Es beginnt an der weitesten Stelle des Hufes und breitet sich weiter aus. Die lose Wand ist häufig am chronischen Rehehuf zu sehen.

Anzeichen: Meist ist die lose Wand ein Zufallsbefund bei Abnahme des Eisens. Die weiße Linie fehlt, stattdessen ist eine dunkle Rille zu sehen, die sich mit Sand und Steinchen vollsetzt. Das übrige Horn der weißen Linie ist porös und bröckelig und schließt nicht dicht ab. Feuchtigkeit, Pilzinfektionen und Fäulnisbakterien dringen ein und führen zu einer Zerstörung des weichen Blättchenhorns. Häufig kommt es zu Entzündungen der Lederhaut.

Ursache: Sie entsteht meist durch schlechte Hornqualität, mangelnde Hufpflege oder/und schlechten Beschlag. Beim Beschlag können viele Faktoren eine lose Wand bedingen, wie zu starkes Aufbrennen, schlechtes Aufliegen des Hufeisens, zu dicke oder zu eng gesetzte Hufnägel. Verliert ein Pferd durch den schlechten Beschlag häufig das Eisen, muss es immer wieder befestigt werden. Dadurch besteht die Gefahr, dass die weiße Linie stärker geschädigt und die Entstehung einer losen Wand gefördert wird. Besonders gefährdet sind weite, weiche Hufe, Hufe mit weiten Abschnitten (z.B. diagonaler Huf), Flach- und Vollhufe *(s. Seite 464)* sowie Rehehufe *(s. Seite 484 ff.)*. Beim Rehehuf und beim Wandkrebs *(s. Seite 472 ff.)* entsteht eine lose Wand erst sekundär. Die Festigkeit der losen Wand selbst ist schlecht, sie bricht leicht aus. Bei barhufig

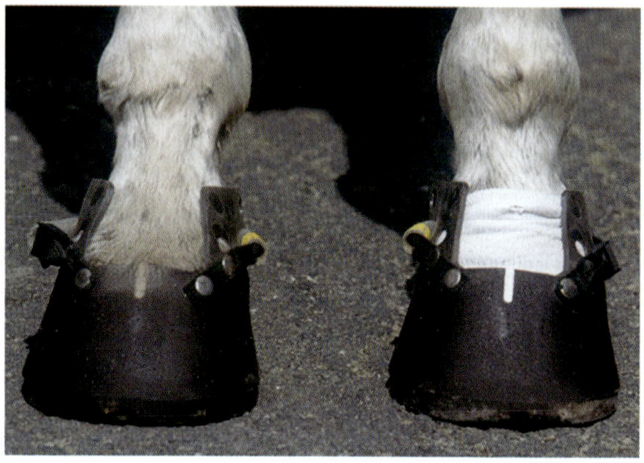

Wenn das Einschlagen von Hufnägeln durch das Ausmaß des Hornschadens nicht möglich ist, müssen Hufschuhe angelegt werden.

gehenden Pferden tritt eine lose Wand auf, wenn die Tragrandkante nicht ordentlich runtergeraspelt wird. Dann gelangen in das weichere Horn der weißen Linie Steinchen, Schmutz- und Sandpartikel und führen zum Ausfall des weichen Horns. Feuchtigkeit und Fäulnisprozesse treten hinzu und es kommt zur Entwicklung einer losen Wand.

Was machen Tierarzt und Hufschmied?

Bei einem barhufig gehenden Pferd wird die Tragrandkante durch Beraspeln stark gebrochen und die Rinne mit Hufbalsam ausgestrichen. Der Schmied wählt ein gut passendes, breites Hufeisen. Im Bereich der losen Wand wird nicht genagelt, sie soll frei schweben. Dies ist die Vorgehensweise bei weniger dramatischen Fällen. Sind größere Bereiche von der losen Wand betroffen, muss der gesamte Huf an allen veränderten Stellen gründlich saniert werden. Alle Vertiefungen müssen freigeschnitten, gründlich gesäubert und desinfiziert werden. Sie werden danach mit einer mit Jodoformäther getränkten Gazekompresse austamponiert und verbunden. Ein Spezialbeschlag sorgt dafür, dass der betroffene Wandabschnitt vollends entlastet wird. Hier wären eventuell Hufschuhe anzuraten, damit die weiße Linie nicht durch Hufnägel weiter geschädigt wird. Zur Förderung des Hornwachstums sollten durchblutungsfördernde Einreibungen mit Lorbeeröl und Massagen an der Krone vorgenommen werden. Versorgen Sie Ihr Pferd ausreichend mit Vitamin A, Biotin und Zink. *Weitere Tipps zur Fütterung finden Sie auf Seite 459 ff.*

C

4.6 Hohle Wand

Auch die hohle Wand gehört zur Gruppe der Zusammenhangstrennungen am Hufhorn. Hier ist die Ablösung nur an einer anderen Stelle als bei der losen Wand.

Was ist die hohle Wand?

Eine hohle Wand ist ein flächenförmiger Hohlraum innerhalb des Wandhorns. Meist bildet sie sich zwischen der Röhrchen- und der Blättchenschicht *(s. Seite 454 f.)*, nicht in der weißen Linie. In manchen Fällen reicht die hohle Wand nicht bis zum Tragrand hinunter. Deshalb ist sie von der Sohle her oft nicht zu sehen.

Anzeichen: Anzeichen einer hohlen Wand können eine Wölbung der Hornwand, ein hohler Klang beim Beklopfen sowie ein genau zu lokalisierender Schmerz sein. Der gebildete Hohlraum enthält lose, bröckelige oder schmierige Hornmassen, die leicht faulen können. Dehnt sich der hohle Raum bis zur Krone nach oben aus, lahmen die Pferde meist geringradig. Ist die Lederhaut mitbeteiligt, so geht das Pferd mittel- bis hochgradig lahm. Löst sich die Wand richtig ab, leidet der Aufhängeapparat des Hufbeins, es kann zu einer Absenkung oder Rotation des Hufbeins kommen.

Ursache: Der Hohlraum im Huf hat sich meist aufgrund von Gewalteinwirkung oder starken Erschütterungen gebildet. Das können z.B. schon Prellungen auf einer Pflasterstraße sein. Das Wandhorn wird geprellt oder gestaucht, was dann zu einer Lockerung der sonst festen Verbindung zwischen Röhrchen- und Blättchenhorn führt. Daneben können auch Huferkrankungen oder Entzündungen der Lederhaut, die mit einer Störung der Hornproduktion einhergehen, zu einer hohlen Wand führen.

Was machen Tierarzt und Hufschmied?

Voneinander getrenntes Horn wächst nicht wieder zusammen. Die hohle Wand kann also nur durch das Nachwachsen von gesundem, neuem Horn verschwinden. Handelt es sich um einen kleinen Hohlraum, wird dieser nach gründlicher Reinigung und Desinfektion sauber austamponiert und es wird ein Hufschutz angebracht. Auch hier muss die geschädigte Wand frei schweben und darf nicht belastet werden. Die Hufnägel dürfen also nur in gesundes Horn geschlagen werden. Bei ausgedehnten Hohlräumen muss das Horn sorgfältig abgetragen werden. Nach der Reinigung und Desinfektion muss ein spezieller ankleb- bzw. anziehbarer Hufschutz angebracht werden. Je nach Ausmaß der Erkrankung können Hornersatzmaterialien zum Einsatz kommen. Eine hohle Wand kann zu dauerhafter oder vorübergehender Arbeitsunfähigkeit führen. Zur Förderung des Hornwachstums sollten durchblutungsfördernde Einreibungen mit Lorbeeröl und Massagen an der Krone vorgenommen werden. Achten Sie auf eine ausreichende Versorgung mit Vitamin A, Biotin und Zink bei Ihrem Pferd. Hat Ihr Pferd Weidegang und/oder bekommt gutes Heu, ist das ausreichend Carotin zur Vitamin-A-Bildung. *Für die Versorgung mit Zink und Biotin sowie zur Fütterung finden Sie weitere Tipps auf Seite 459 ff.*

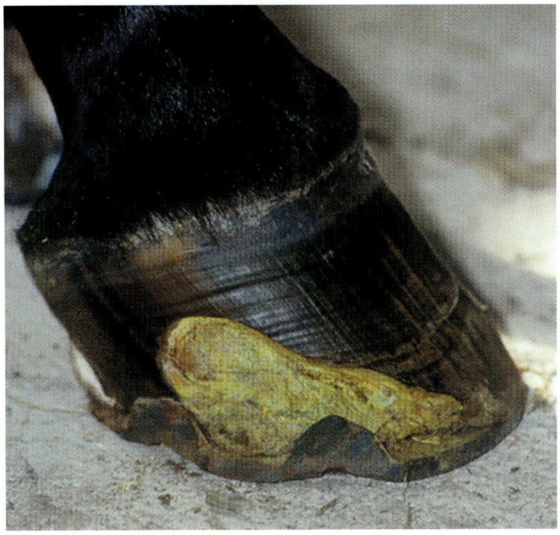

Der Huf ist bereits gereinigt, desinfiziert, ausgeschnitten und hat einen Entlastungsbeschlag erhalten. Nun wird die Hornwand künstlich aufgebaut.

Vorsicht! Denken Sie bei allen Horndefekten daran, dass zu einer effektiven Behandlung auch die Anregung des Hornwachstums durch konsequente Hufpflege, eine dem Ausmaß des Defektes entsprechende Bewegung, durchblutungsfördernde Maßnahmen an der Krone und eine ausreichende Versorgung mit Vitaminen, speziell Vitamin A (Weide, Karotten, Grünmehl), Mineralstoffen und Biotin gehören.

C

5. Erkrankungen der Hufe

Die Erkrankungen der Hufe betreffen eher die inneren Strukturen als die äußeren. Trotzdem ist in der Regel auch das Hufhorn mit verändert.

5.1 Strahlfäule

Verschiedene Anteile des Hufhorns können zersetzt werden. Dies gilt insbesondere für die weichen Hornsubstanzen des Strahlhorns, Ballenhorns, Sohlenhorns und der weißen Linie. Mit dem Fehlen des Strahls infolge der Strahlfäule fehlt ein wichtiger Bestandteil des Hufmechanismus, was von vielen unterschätzt wird. Der Huf wird damit schlechter durchblutet und ist anfälliger für Hufkrankheiten.

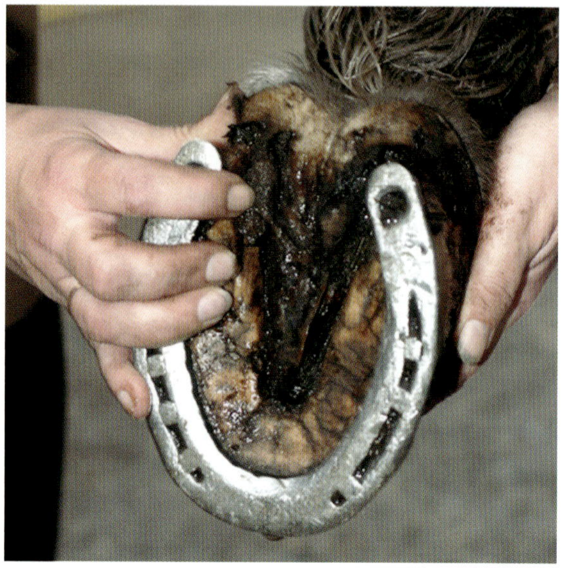

Die Strahlfäule lässt das Horn wegfaulen.

Was ist eine Strahlfäule?

Die Zersetzung des Strahlhorns durch Einwirkung von Fäulniserregern und Bakterien nennt man Strahlfäule.

Anzeichen: Das Horn des Strahls ist als schmierig-bröckelige, dunkelgraue oder schwarze Masse mit fauligem Geruch zu erkennen. Es bilden sich unterschiedlich tiefe Spalten und Aushöhlungen. Das Horn des Strahls wird regelrecht aufgelöst. Geschieht dies schneller, als neues Horn gebildet werden kann, so kann der Strahl sogar vollständig verschwinden. Ohne den Strahl ist der Hufmechanismus gestört. Zwar tritt zunächst meist keine Lahmheit auf, aber wenn die empfindliche Lederhaut in Mitleidenschaft gezogen wird, haben die Pferde Schmerzen. Oft zucken sie schmerzhaft bei Berührung mit dem Hufkratzer. Im fortgeschrittenen Stadium der Strahlfäule kann sich der Strahl in großen Stücken ablösen, bis die Lederhaut freiliegt. Die Strahlfäule tritt häufiger an den Hinterhufen auf.

Ursache: Die Fäulnisprozesse entstehen aufgrund eines Fäulnisbakteriums *(Fusobacterium necrophorus)*, das als nützliches Bakterium in der normalen Darmflora der Pferde vorkommt. In feuchtwarmem Milieu, wie die Bakterien es in matschigen, mit Kot und Urin versetzten Ausläufen oder durchnässten, schlecht gemisteten Boxen vorfinden, können sich die Keime (Bakterien) unter Luftabschluss gut vermehren und die Hufe der Pferde befallen. Gelangen die Bakterien über Risse im Horn in die Tiefe und damit unter sauerstoffarme Umgebung, vermehren sie sich massenhaft. Den gleichen negativen Effekt können ein Hufschutz (z.B. Hufschuh) oder Hufeinlagen haben. Auch sie schaffen ein optimales Klima für die Keime. Hohe Trachten, schwacher Strahl, Eisen mit hohen Stollen, schlechte Hufpflege, jauchige Stallverhältnisse und zu wenig Bewegung sind typische begünstigende Faktoren der Strahlfäule. Wird der Strahl durch zu starkes Ausschneiden oder unsachgemäßen Beschlag geschwächt, wird er noch anfälliger für die Bakterien. Die Fäulnis kann bis zum Ballen hoch reichen. Leichte Opfer der Strahlfäule werden auch Pferde mit Bockhufen, zu engen Hufen oder Zwanghufen. Dabei drücken die Trachten oft so stark nach innen, dass der Strahl verkümmert.

Komplikationen: Zu enge Hufe oder Zwanghufe sind eine häufige Folge von Strahlfäule, da die Trachtenwände nach innen drücken, wenn der stabilisierende Strahl wegfällt. Löst sich der Strahl so weit auf, dass sich die Lederhaut schmerzhaft entzündet, gehen die Pferde lahm.

Was macht der Tierarzt?

Verfaulte Hornteile müssen gründlich entfernt werden. Der Strahl muss ausgeschnitten und geglättet werden, um keine weiteren Einnistungsmöglichkeiten zu liefern. Jedoch sollte nur so wenig Horn wie

irgend möglich entfernt werden, damit der angegriffene Strahl geschont wird. Dann wird lokal ein Desinfektionsmittel eingebracht, um die Bakterien abzutöten. Es gibt verschiedene wirksame Desinfektionsmittel wie Jodtinktur, Jodoformäther-Lösung, verdünnte Wasserstoffperoxid-, Kaliumpermanganat-, Rivanol-, 10%ige Zinksulfat-Lösungen und andere. Auch pflanzliche Desinfektionsmittel wie Myrrhentinktur oder Aloetinktur sowie Gerbstoffdrogen bzw. Gerbstoffextrakte und Schwarzer Tee sind wirkungsvoll. Wenn sich tiefere Strahlfurchen gebildet haben, kann die Furche mit einem Zungenspatel ein wenig gespreizt und Medikamente eingeträufelt werden. Möglich ist auch die Anwendung einer zusammengelegten Kompresse, die mit dem Medikament bzw. Desinfektionsmittel benetzt ist. Diese sollte am nächsten Abend oder spätestens am 2. Tag wieder entfernt oder ausgetauscht werden. Lassen Sie zwischendurch immer Luft an den Huf, damit die Mittel auch wirklich austrocknen können. 2 bis 3 Anwendungen hintereinander reichen, da es sonst das Strahlhorn aufweichen könnte.
Eine Mulltamponade schützt vor Verschmutzung, bis neues Horn nachgewachsen ist. Darüber kann zum Schutz über Nacht ein Hufschuh gezogen werden.

Was können Sie tun?

Am wichtigsten ist bei der Strahlfäule die vorbeugende Hygiene. Halten Sie den Stall sauber und weitgehend trocken. Die Hufe bedürfen der regelmäßigen Pflege *(s. Seite 455 f.)*. Dazu gehören auch regelmäßige Besuche des Hufschmieds, der den Strahl dann gründlich ausschneidet.
Zusätzlich zu der oben genannten Behandlung sollte der Huf zweimal täglich mit warmem Wasser mit antiseptischen Lösungen ausgewaschen und gebürstet werden. Danach muss er gründlich getrocknet (evtl. mit einem Föhn) und mit einem Desinfektionsmittel behandelt werden. Regelmäßige Bewegung auf nicht zu hartem Boden hält den Hufmechanismus in Gang und verhilft so zu einer besseren Durchblutung der Lederhaut und damit zur Produktion von neuem Horn. Lassen Sie Ihr Pferd regelmäßig auf die Weide oder auf einen Sandpaddock. Es tut den Hufen gut, wenn sie nicht fast den ganzen Tag im Stall den Ausscheidungen der Pferde ausgesetzt sind. Bei Weidepferden, die immer draußen sind, gibt es so gut wie keine Strahlfäule

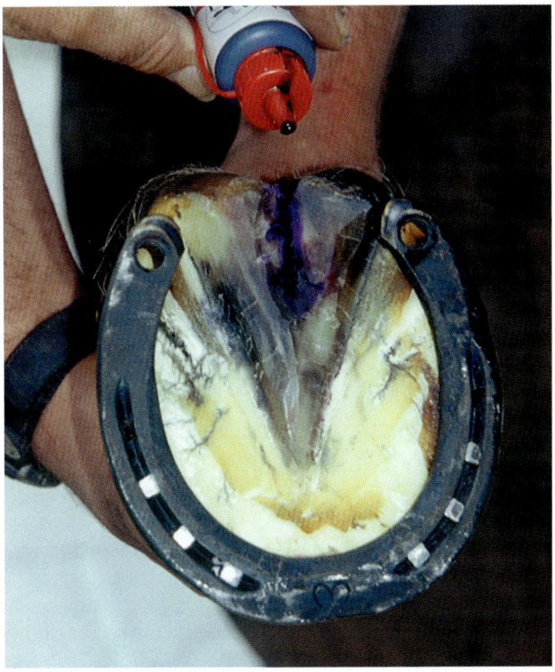

Der frisch ausgeschnittene Strahl muss gründlich desinfiziert werden.

Fütterung: Eine ausgewogene Ernährung mit viel Raufutter ist empfehlenswert. Dazu bekommt das Pferd, wenn es wieder gearbeitet wird und es nötig ist, ein Kraftfutter mit maximal 5 g Stärke am Tag, verteilt auf mehrere Portionen. Gut geeignet ist hier Hafer, der bei leichter bis mittlerer Arbeit in einer Menge von 500 g pro 100 kg KGW gefüttert werden kann, er ist hoch verdaulich und enthält gute Mengen an dünndarmverdaulichem Rohprotein. Die Proteinmengen sollten den Bedarf des Pferdes nur knapp übersteigen, da ihre Ausscheidung immer mit Ammoniak verbunden ist, welches dem Hufhorn schadet. Kombinieren Sie dazu zuckerarme eingeweichte Trockenschnitzel, hierüber bekommt Ihr Pferd wichtige Pektine, die seine Verdauung und die Darmflora unterstützen. Klebkraut, Quecke, Hagebutten, Futterhefe, Löwenzahn und Apfelessig versorgen Ihr Pferd mit Biotin, Vitamin B, Mineralien, Kieselerde, Flavonoiden, Vitamin A und Zink. Das kräftigt die Hufe und begünstigt das Hornwachstum. Zusätzlich sind lebende Hefekulturen empfehlenswert, die die Darmflora unterstützen. Denn gerade jetzt sollte die Darmflora so stabil wie möglich sein. *Wie Sie zusätzlich das Allgemeinbefinden Ihres Pferdes stärken, lesen Sie auf Seite 459 ff. nach.*

C

Tuina-Behandlung: Machen Sie eine Ting-Behandlung: Stimulieren Sie die Ting-Punkte rund um die Krone an allen vier Beinen, jeweils etwa 1 bis 2 Minuten lang pro Punkt. Dazu kneten und drücken Sie den Kronsaum 3- bis 4-mal rund um den Huf, um das Hornwachstum anzuregen. Gerne können Sie dazu kleine Bürstchen verwenden, hierbei nicht zu fest drücken, denn die Oberfläche soll nicht verletzt werden. Danach schieben und massieren Sie entlang der Vorderbeine den Verlauf der Yin-Meridiane Herz, Perikard und Lunge abwärts und außen die Yang-Meridiane Dickdarm, Dünndarm und 3-Erwärmer aufwärts. So entstauen Sie die Meridiane und vermeiden ein Stagnieren des Qi und Xue im Hufbereich. Machen Sie dies 7-mal während einer Behandlung.

5.2 Hufkrebs

Eigentlich sollte diese Erkrankung einen anderen Namen tragen, denn mit dem, was man gemeinhin als Krebs bezeichnet, hat sie nichts zu tun. Es gibt keine sich unendlich oft teilenden Zellen, keine Tumore und auch keine Streuung von Geschwülsten. Wer allerdings je einen so wuchernden Papillarkörper gesehen hat, der fast nie glatt wächst, sondern durch die Zotten ein wenig an Fellbüschel erinnert, der kann den Namen nachvollziehen.

Was ist Hufkrebs?

Ein Hufkrebs ist eine chronisch verlaufende Pododermatose, also eine chronische HufIederhauterkrankung, deren Kennzeichen ein wuchernder Papillarkörper sowie die fehlende Epithelisierung und Verhornungsstörungen sind. Es können einzelne Abschnitte des Hufs betroffen sein wie Strahl, Wand, Eckstrebe oder Sohle, die aber auch leicht ineinander übergreifen und sich bis in die Ballen ausbreiten können. Genauso kann auch der komplette Huf betroffen sein. Oft beginnt der Hufkrebs mit einem Strahlkrebs. Der Hufkrebs befällt deutlich häufiger die Hufe der Hinterhand als die der Vorhand.

Anzeichen: Zu Beginn der Erkrankung lahmen die betroffenen Pferde meistens nicht. Insbesondere, wenn nur der Strahl betroffen ist, kann die Erkrankung gut und schnell geheilt werden. Treten die Pferde jedoch auf eine Unebenheit oder auf einen Stein, kann die Sohle doch empfindlich reagieren und bluten.

Pferde mit stark ausgebildetem Hufkrebs laufen mittel- bis hochgradig lahm. Hier ist meistens die Sohle oder ein Teil der Sohle mit einem Wandabschnitt betroffen. Da das Wandhorn dann nicht mehr stabil ist, haben die Pferde Schmerzen bei Belastung. Ist die Trachtenwand stark betroffen, kann es zu einer Ablösung der Lederhaut vom Tragrand kommen und der Huf deformiert. In der Regel kommt der Hufkrebs an einem der hinteren Hufe vor, in Extremfällen können aber auch alle vier Hufe erkrankt sein.

Hebt man den Huf auf, so kann man an der Sohle eine meist schwarze, unregelmäßige Wucherung erkennen, die den Teil der Sohle, des Strahls oder der Hufwand, in dem sie sich befindet, aufgelöst hat. Berührt man diese schwammartige, zottige Wucherung, ist sie anfangs nicht berührungsempfindlich, die Pferde reagieren meist erst bei etwas mehr Druck. Teilweise kann man einige Zotten sehen. Im späteren Stadium kann das Gewebe hoch empfindlich werden und bei der kleinsten Berührung bluten. Das Horn erscheint weich, mit käsigschmierigem grau-weißem Belag, weitgehend aufgelöst. Die Lederhautzöttchen sind langfaserig und scheinen keine Verbindung zueinander zu haben. Wird der erkrankte Huf ausgeschnitten, riecht der Bereich höchst unangenehm. Manchmal kommt einem der Geruch schon beim Aufnehmen der Hufe entgegen.

Ursache: Hufkrebs ist eine komplexe Erkrankung, bei der verschiedene Faktoren zusammenkommen. Der Hauptauslöser konnte bislang nicht festgestellt werden, da spezielle Bakterien oder Viren nur vereinzelt nachgewiesen wurden. Derzeit wird ein Zusammenhang mit dem Erreger des Equinen Sarkoids vermutet.[8] Beide Erkrankungen ähneln sich, bei beiden treten Wucherungen auf, die leicht bluten. Andere halten es für wahrscheinlicher, dass die Fäulniserreger, die bei der Strahlfäule auftreten, auch hier beteiligt sind. Viele Patientenbesitzer geben an, dass ihr Pferd zuvor an Strahlfäule gelitten habe. So ist es nicht unwahrscheinlich, dass die Strahlfäule den Huf vorgeschädigt hat. Dennoch muss deutlich gesagt werden, dass Hufkrebs und Strahlfäule zwei völlig verschiedene Erkrankungen sind. Während bei der Strahlfäule das Horn durch Bakterien zersetzt und

8 Vgl. Brehm, W. et al.: Krankheiten im Bereich des Hufs. Aus Brehm, W. et al. (Hrsg.), Enke Verlag 2017, S. 1040-1099.

abgetragen wird, handelt es sich beim Hufkrebs um eine wachsende Wucherung. Das gewucherte, degenerierte Gewebe bietet Mikroorganismen wie Fäulnisbakterien die besten Bedingungen. Allerdings kommen sie erst im Verlauf der Erkrankung hinzu und sind nicht die Verursacher! Eine überaus wichtige Rolle bei der Entstehung des Hufkrebses spielen neben der Haltung und vernachlässigter Hufpflege die inneren Faktoren. Bei einer solchen Erkrankung, wo der Huf kein normales Horn mehr bilden kann und es zu Wucherungen kommt, ist ganz klar der Stoffwechsel gestört und zudem das Immunsystem nicht in Ordnung. Das Immunsystem sorgt normalerweise dafür, dass jede Zelle, die nicht in den Körper gehört oder nicht zum vorbestimmten Zeitpunkt abstirbt, zerstört wird. Nun sollte man natürlich die Hufgesundheit nicht vom Rest des Körpers abkoppeln. Wenn die Hufe diese Probleme haben, dann ist selbstverständlich in der Regel auch der ganze Körper betroffen. Häufig zeigt sich das in der Infekt- und Stressanfälligkeit der Pferde.

Viele Pferde haben Stoffwechselprobleme, waren in der Rekonvaleszens nach anderen Erkrankungen, wurden falsch oder übermäßig gefüttert oder hatten Nährstoffdefizite. Bei Blutuntersuchungen weisen viele der betroffenen Pferde einen Zink-, teilweise auch Selenmangel auf.

Wenn man die Vorgänge genauer betrachtet, kann man unter dem Mikroskop sehen, dass nicht die ganze Epidermis fehlt. Die Epithelzellen sind vergrößert und mit Vakuolen (gefüllten Bläschen) durchsetzt. In den Zellen wird Flüssigkeit eingelagert (Ödeme in den Zellen), eine nässende Entzündung mit stark wachsenden Bindegewebszellen zeigt sich. Man erkennt größere sich bildende Hohlräume in der Epidermis sowie Verhornungsstörungen. Dazu sieht man eine verbreiterte zweite Epidermisschicht mit degenerierten Zellen und Vakuolenbildung, während die Verhornungsschicht völlig fehlt.[9] Die neu gebildeten Epithelzellen verhornen aber nicht, sie haben kaum noch direkten Kontakt zueinander. Sie degenerieren, zerfallen und bilden dann den schmierigen, grau-weißen Belag auf der Lederhautoberfläche. In der gut durchbluteten Lederhaut staut sich das Blut und Flüssigkeit wird aus den Blutgefäßen gedrückt. Die Lederhautzöttchen und -lamellen quellen auf.[10/11] Nicht selten sind die Hufballen ebenfalls befallen.

Komplikationen: Wenn sich die Lederhaut von der Hornwand löst, dann lockert sich damit gleichzeitig auch der Aufhängeapparat des Hufbeins und es kann sich wie bei der Hufrehe senken. Besteht der Hufkrebs über einen längeren Zeitraum, kann die Saumbandentzündung, die oft nebenher existiert, chronisch werden. Wenn an der Ursache nichts geändert wird, entwickelt sich der Hufkrebs erneut.

Was machen Tierarzt und Hufschmied?

Das veränderte Gewebe muss vollständig entfernt und die Huflederhaut muss dahingehend beeinflusst werden, dass sie wieder normales Horn bildet. Hierfür sollten Ihr Tierarzt und Ihr Hufschmied Hand in Hand arbeiten. Das gewucherte Gewebe kann, wenn der Hufkrebs nicht hochgradig ist, im Stehen mit Sedierung und örtlicher Betäubung entfernt werden. Hochgradiger Hufkrebs und Hufkrebs an allen vier Hufen sollten besser in Vollnarkose liegend ausgeräumt werden. Sprechen Sie mit dem behandelnden Arzt darüber. Dabei wird der Blutkreislauf mittels einer Gummimanschette/Stauschlauch direkt hinter dem Huf für kurze Zeit unterbrochen. Dann wird alles, was möglich, was im Geringsten verändert ist, gründlich abgetragen bzw. herausgelöst. Dazu können salicylsäurehaltige Salben eingesetzt werden. Man nennt sie auch Schälsalben, sie werden häufig für Hornhaut und Hühneraugen eingesetzt. Da die hornbildenden Zellen erhalten bleiben sollen, darf kein ätzendes Mittel angewendet werden. Daneben sollte Blut abgenommen werden für eine Blutuntersuchung, inklusive Mineralstoffe und Vitamine, um etwaige Mängel oder Überdosierungen festzustellen. Eine mögliche Infektion muss lokal und systemisch behandelt werden. Daneben werden sowohl Mittel gegen die Schmerzen als auch gegen die Entzündung gegeben. Damit das nachwachsende Horn nicht wieder entartet und auch langsam wächst, braucht der Huf Druck. Das

9 Erklärung: Bitte sehen Sie sich den Aufbau der Haut auf Seite 177 f. an.

10 Vgl. Warner, K.: Kühlen zur Rehe-Prophylaxe. Verschiedene Verfahren – verschiedene Wirkungen. VETimpulse, 25. Jahrgang, Ausgabe 4, 15. Februar 2016, S. 7.

11 Vgl. Reimers, J.: Therapiemöglichkeiten des Hufrolle-Syndroms – Frühes Beschlagen mit gutem Erfolg. VETimpulse, 27. Jahrgang, Ausgabe 12, 15. Juni 2018, S. 7.

kann mit einem starken Druckverband erreicht werden. Regelmäßige Verbandswechsel sind wichtig, der Bereich muss trocken gehalten werden. Dazu sollte er mit desinfizierenden, adstringierenden, also zusammenziehenden und austrocknenden Mitteln behandelt werden, geeignet sind Alaun-Pulver oder Giessener Mischung, bestehend aus Jodoform 20 g, Zinkoxid 20 g und Tanninsäure 20 g. Die Mischung wirkt desinfizierend, adstringierend und abtrocknend. Ob die Hufeisen bleiben können oder nicht und welche orthopädischen Eisen eingesetzt werden, besprechen Sie bitte mit Ihrem Hufschmied. Gut sitzende Hufschuhe sind ebenfalls einsetzbar. Wächst wieder halbwegs gutes und stabiles Horn nach, kann ein Deckelhufeisen eingesetzt werden. Die Folgebehandlung nach der Ausräumung des Hufkrebses ist so wichtig, dass die Pferde oft noch Wochen in der Klinik bleiben oder zu einem qualifizierten Hufschmied gehen. So kann ein qualifizierter Fachmann regelmäßig kontrollieren und nachbehandeln.

Meistens bleiben nur die leichteren Fälle, die konservativ behandelt werden, zur Weiterbehandlung bei ihren Besitzern. Oft reicht es, zweimal täglich die Schälsalbe aufzutragen und mit desinfizierenden und austrocknenden Mitteln wie den oben genannten zu arbeiten. Daneben eignen sich auch pflanzliche Mittel mit vielen Gerbstoffen wie Myrrhetinktur oder Mastix (ein Terpenharz der immergrünen Mastixpistazie). Beides wirkt desinfizierend und austrocknend. Auch 30%ige Wasserstoffperoxidlösung und Jodlösung in Kombination eignen sich zur Behandlung. Ein gutes Desinfektions- und Oxidationsmittel, das nur in starker Verdünnung angewendet werden sollte, ist Kaliumpermanganat, das Kalisalz der Permanganatsäure.

Was können Sie tun?

Sie sollten nicht nur die Symptome bekämpfen, sondern auch nach Ursachen suchen. Kontrollieren Sie die äußeren Bedingungen. Ihr Pferd darf nicht im Feuchten stehen. Machen Sie sich einen Plan für die regelmäßige Hufpflege, wenn Ihr Pferd wieder gesund ist. Halten Sie die Hufe trocken und sauber. Sollten Sie die Folgebehandlung zu Hause durchführen, müssen Sie sehr konsequent den Druckverband wechseln und den Huf desinfizieren und behandeln. Geeignete Mittel sind oben bereits genannt worden. Überlegen Sie, ob Ihr Pferd öfter unter Stress stand, das könnte den Nährstoffverbrauch ändern. Könnte Ihr Pferd ein Stoffwechselproblem haben oder war es vor einiger Zeit krank? Oft merkt man das ja lediglich an den erhöhten Leberwerten. Ist die Darmflora in Ordnung? Bei einer starken Stoffwechselbelastung und einem Immundefizit hat die Leber viel zu tun, sie sollte auf alle Fälle entlastet werden. Kontrollieren Sie die Fütterung und die Nährstoffzusammensetzung.

Fütterung: Schlagen Sie hier neue Wege ein und beginnen Sie damit, vorerst sämtliche Leckerli, Karotten, Müslis und fertig zusammengestelltes Kraftfutter sowie Silage und Heulage wegzulassen. Füttern Sie keinen Weizen, auch keine Weizenkleie oder Ähnliches. Zum einen ist Weizen nicht wirklich gut geeignet für Pferde, zudem verursacht Weizen Allergien und zum anderen enthält Weizenkleie Phytin. Phytin bindet an wichtige Mineralien wie z.B. Zink und macht sie so unzugänglich für die Säugetiere.[12] Legen Sie das Hauptaugenmerk auf eine gute Raufutterversorgung, insbesondere während der Erkrankung benötigt Ihr Pferd eine Versorgung im Erhaltungsbedarf. Mit gutem Heu oder Grünfutter bekommt es schon ausreichende Mengen an Provitamin A, da benötigt es keine Karotten zusätzlich. Mit der nötigen Menge (siehe Tabelle) bekommt Ihr Pferd alle Energie und alles dünndarmverdauliches Protein, das es an einem Tag benötigt. Überlegen Sie, ob eine Darmsanierung hilfreich wäre, oder ist die Darmflora in Ordnung? Hat Ihr Pferd in letzter Zeit viele Medikamente oder sogar ein Antibiotikum bekommen? Dann ist eine natürliche Darmsanierung mit Lactobazillen und Lebendhefe sehr zu empfehlen. Wichtige Nährstoffe für die Hufgesundheit sind Zink, Mangan, Kupfer, Selen, Biotin, Vitamin C, Vitamin A und E. Vitamin A sollte dem Pferd nicht gefüttert werden, da es genug ß-Karotin im Gras und Heu bekommt. ß-Karotin wird im Körper der Pferde zu Vitamin A umgewandelt. Weiterhin gehören noch Kieselsäure und ausreichend Omega-3-Fette dazu. Schwarzkümmelöl kann mit Leinöl zusammen gefüttert werden. Die Mineralien sollten organisch gebunden sein, da sie dann vom Pferd

12 *Vgl. Wissdorf, H. et al.: Praxisorientierte Anatomie und Propädeutik des Pferdes. Verlag M. & H. Schaper 2002.*

besser genutzt werden können. Zink sollte deshalb als Zinksulfat, Zinkchelat oder Zinkpropionat gefüttert werden. Falls Sie mit Ihrem Pferd schon wieder arbeiten möchten, sollten die Hufe wirklich in Ordnung sein. Ihr Tierarzt sollte seine Zustimmung geben. Statt einer fertigen Kraftfuttermischung verwenden Sie bitte naturbelassenes Getreide wie Hafer, er ist gut verdaulich und wird im Dünndarm bereits verdaut. Er hat hohe Mengen an ungesättigten Fettsäuren und Schleimstoffen. Je größer und runder die Haferkörner, desto höher ist sein Energie- und geringer sein Proteingehalt. Sein Rohfaseranteil liegt bei 10%.

	Strahlfäule	Hufkrebs
Hausmittel	Den Huf gründlich ausschneiden lassen und desinfizieren. Dazu 2-mal täglich den Huf in einer antiseptischen Lösung versetzt mit Crab Apple und einer Bürste gründlich reinigen. Stärken Sie die Abwehr.	**Akute Entzündung:** Führen Sie Ihr Pferd in einen Bach oder stellen Sie es mit den Hufen in Eimer mit kaltem Wasser zum Kühlen bzw. machen Sie kalte Umschläge. Nach der Operation erfolgt die spätere Weiterbehandlung mit zusammenziehenden, desinfizierenden und trocknenden Mitteln.
Akupressur	**Danach 3-mal in der Woche über 6 bis 8 Wochen lang:** Di 4, Di 11, Bl 60, Dü 3 und Dü 5, MP 6, Ni 3, 3E 1, 3E 5 und 3 E10 sowie lokale Punkte	
Tuina-Massagen	Mit sanften Fingerspitzenmassagen (mit Rosmarinöl) oberhalb und unterhalb der Sehne fördern Sie die Durchblutung am Pferdebein. Stärken Sie die Beine durch eine schiebende und pressende Massage entlang der drei inneren Meridiane am betroffenen Bein aufwärts und entlang der drei seitlichen/äußeren Meridiane nach unten, machen Sie dies auf beiden Seiten jeweils 8 bis 10 Minuten lang. Dann massieren Sie kreisend-drückend die Ting-Punkte am Kronrand des Hufes, je 2 bis 3 Minuten lang. Alles ganz in Ruhe!	
Bachblüten	**Steigerung der Körperabwehr:** Crab Apple, Centaury und Larch **Bei akuter Entzündung:** Crab Apple, Holly, Rescue-/Notfalltropfen, Scleranthus, Olive, Hornbeam	**Innerlich und als Bad oder Angussverband:** Crab Apple, Holly, Centaury **Für das Hufgelenk und Hufbein:** Rock Water, Pine, Wild Oat **Steigerung der Körperabwehr:** Crab Apple und Larch, Centaury **Nach der Erkrankung, zur Rekonvaleszens:** Walnut, Gorse, Wild Rose, Honeysuckle, Centaury, Chestnut Bud **Hilft der Leber:** Olive und Impatiens
Heilkräuter	Aus einer Mischung aus 80 g Artischockenextrakt, 100 g Brennnessel, 100 g Klebkraut, 100 g getrocknete Bockshornkleesamen, 80 g Klette und 80 g Weißdornblättern füttern Sie täglich 50 g.	**Hilft bei akuter Entzündung:** aus einer Mischung von 50 g Beinwellwurzel, 100 g Brennnessel, 100 g Weißweide, 100 g Klette, 80 g Buchweizenkraut, 100 g Mädesüß, 150 g Klebkraut und 100 g Bockshornkleesamen täglich 50 g ins Futter geben. Frische Löwenzahnblätter und Quecke enthalten zudem viele Vitamine und schonen die Leber. 4 bis 6 Zehen Knoblauch am Tag regen die Durchblutung an und stabilisieren die Blutgefäße.
Fütterung	• Füttern Sie Ihr Pferd mit gutem Heu des 1. oder 2. Schnitts in einer Menge von 1,7 kg pro 100 kg KGW. Gut geeignet ist hier Hafer, der bei leichter bis mittlerer Arbeit in einer Menge von 500 g pro 100 kg KGW gefüttert werden kann. • Frische Joghurtkulturen und Lebendhefe tun der Darmflora gut. Zur Unterstützung der Leber gibt es frischen Löwenzahn und -wurzel, im Winter getrocknet, Mädesüß und Artischocke. • Klebkraut, Quecke, Hagebutten, Futterhefe, Löwenzahn und Apfelessig versorgen Ihr Pferd mit wichtigen Nährstoffen. Für die Hufgesundheit geben Sie Biotin (18 mg pro Großpferd), Vitamin B und C, Mineralien, Kieselerde, Flavonoide, Vitamin A und Zink (600 mg für ein 600-kg-Pferd) sowie wichtige Aminosäuren wie die Schwefel enthaltenden Aminosäuren Methionin und Cystein. • Schwarzkümmelöl, 25 ml/Tag zusammen mit Leinöl, ca. 200 ml/Tag und ca. 30 ml Apfelessig **Nur Hufkrebs:** Füttern Sie keine Karotten, Leckerli, Müsli, Weizen, -produkte oder Silagen. Im Mash kann Leinsamen mit Hafer und Hagebutten, Futterhefe, Löwenzahn und Äpfeln gemischt werden. Damit ist eine Vielzahl der Nährstoffe für die Hufgesundheit abgedeckt. Grünlippmuschelpulver enthält wertvolle entzündungshemmende Fettsäuren! *Die „Natürliche Darmsanierung" finden Sie auf Seite 316 f.*	

C

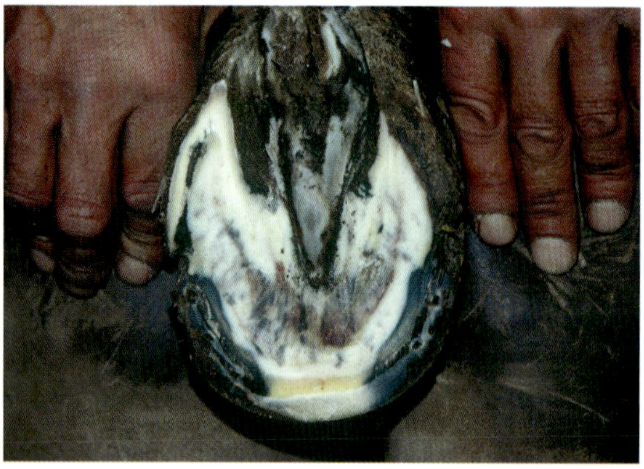

Die Druckstellen sind am frisch ausgeschnittenen Huf als gelblich oder dunkel gefärbte Flecken im Horn zu erkennen.

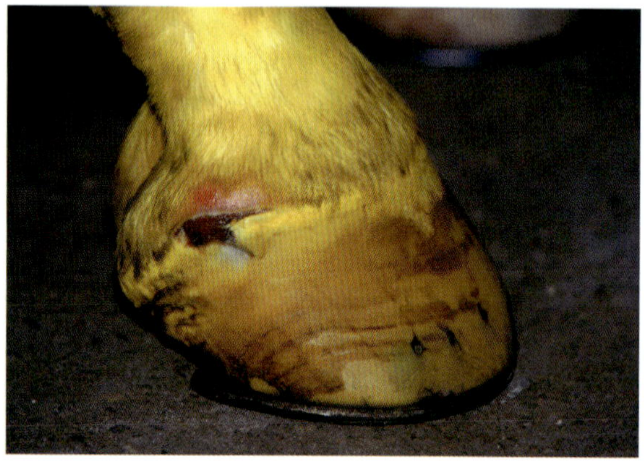

Kronsaumverletzung nach Behandlung durch einen Angussverband mit Rivanol

C

5.3 Quetschung der Sohle, Hufprellung

Was ist eine Hufprellung?

Eine Hufprellung ist das kurzzeitige Einwirken einer Kraft, die zu einer kurzen Quetschung am Huf führt.

Anzeichen: Bei einer Hufprellung tritt ein Pferd nicht mehr richtig auf, schont oder geht klamm. Der betroffene Huf ist warm und eine Pulsation an der Fessel ist spürbar.

Ursache: Eine Quetschung der Hufsohle oder -wand kann durch einen Schlag auf das Horn, durch permanentes Aufstampfen auf hartem Boden, durch Drauf- oder auch Eintreten eines Steins ausgelöst werden. Dabei wird meist nicht nur das Horn, sondern auch die darunterliegende Lederhaut gequetscht. Einige der kleinen Blutgefäße reißen und es kommt zu kleinen Blutungen, die als gelbe, rötliche oder dunkle Hornflecken zu erkennen sind. Diese Verfärbungen werden Steingallen genannt.

Komplikationen: Ist das Hufhorn feucht, können sich die Steingallen infizieren und eitern. Es entstehen Hufabszesse.

Was macht der Tierarzt?

Ihr Tierarzt oder ein guter Hufschmied wird die betreffenden Stellen ausschneiden und desinfizieren. Wenn nötig, legt er einen Hufverband an und deckt Ihr Pferd antibiotisch ab, damit kein Hufabszess entsteht. Letzteres kann natürlich nur der Tierarzt durchführen.

Was können Sie tun?

Eingetretene Steinchen können Sie mit einem geeigneten Werkzeug entfernen, wie z.B. mit einer Pinzette oder einem Hufkratzer. Auf einem Ausritt benutzen Sie einen geeigneten Ast oder den Dorn einer Gürtelschnalle. Sind die Fremdkörper aus der Sohle oder dem Strahl entfernt, sollten Sie den Huf gut säubern und die möglicherweise vorhandene Wunde mit einer Jodlösung desinfizieren. Legen Sie danach einen Hufverband an und lassen Sie den Huf von einem Tierarzt untersuchen, da sich die Wunden leicht infizieren können.

Sorgen Sie für eine gute körperliche Abwehrlage Ihres Pferdes und stärken Sie sein Allgemeinbefinden. So kann es eine aufkommende Infektion selbst bekämpfen. *Lesen Sie dazu auf Seite 458.* Daneben können Sie ihm zur Stärkung der Hornqualität verschiedene Nahrungsergänzungen füttern *(s. Seite 459 f.)*.

5.4 Ballen- und Kronentritt

Was ist ein Kronentritt?

Anzeichen: Im Bereich der Hufkrone und des Ballens sind oberflächliche bis tiefe Wunden zu sehen. Es besteht die Gefahr, dass Hornspalten oder Huffisteln entstehen und dass die hornbildende Schicht oder das Gelenk verletzt wird.

Ursache: Beispielsweise beim Springen, bei scharfen Wendungen, in unebenem Gelände, bei Tempoverstärkungen, bei Ermüdung, beim Stolpern, Erschrecken oder mit fehlerhaftem Hufbeschlag kann es passieren, dass sich ein Pferd selbst in Ballen oder auf die Krone tritt.

Komplikationen: Die Verletzung kann sich entzünden. Über die Verletzung können Bakterien ins Innere gelangen und es kann ein Hufabszess entstehen.

Was macht der Tierarzt?

Bei leichten, oberflächlichen Verletzungen wird Ihr Tierarzt die Wunde versorgen und den Tetanusschutz überprüfen. Tief gehende Wunden müssen sondiert werden, um deren Verlauf einschätzen zu können. Eventuell muss die Wunde genäht werden oder eventuell hat sie sogar Kontakt zum Gelenk. Wenn nötig, wird der Tierarzt eine Antibiose verabreichen.

Was können Sie tun?

Säubern Sie die Umgebung der Wunde vorsichtig mit einem sauberen Tuch oder Kompressen und steriler Kochsalzlösung.[13] Erdklümpchen oder Steinchen entfernen Sie durch Spülung mit einer milden, desinfizierenden Jodlösung. Danach die Verletzung mit sterilen Kompressen abdecken und diese mit einer Binde befestigen, bei starken Blutungen einen Druckverband anlegen. Das Pferd sollte dann nicht mehr bewegt werden. Falls das Pferd nicht auf der heimatlichen Anlage ist, organisieren Sie einen Heimtransport. Damit Ihr Pferd schnell wieder gesund wird und um eine aufkeimende Infektion besser zu bekämpfen, sollten Sie das Abwehrsystem sowie das Allgemeinbefinden Ihres Pferdes stärken. *Wichtige Tipps dazu lesen Sie in der Behandlungstabelle auf Seite 483.*

5.5 Nageltritt

Bei einem Ausritt hat ein Pferd viele Möglichkeiten, sich einen Nagel, ein scharfes Stück Metall, Holz oder einen anderen Fremdkörper einzutreten. Das Eindringen dieser Fremdkörper von der Sohle, vom Strahl oder der Strahlfurche her führt zu verschiedenartigen Verletzungen und Wundinfektionen der inneren Anteile des Hufes. Auf der Abbildung „Formen des Nageltritts" können Sie die verschiedenen

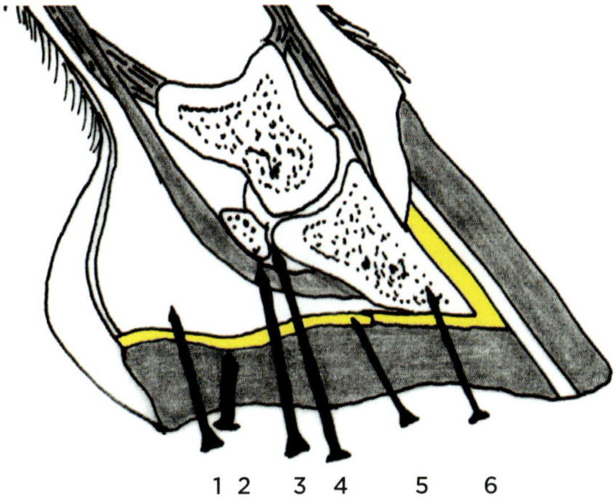

Formen des Nageltritts
1 Strahlpolster
2 Hornstrahl, Hufknorpel
3 Hufbeinbeugesehne, Schleimbeutel, Strahlbein
4 Hufgelenk
5 Lederhaut
6 Hufbein

Verletzungsmöglichkeiten sehen. Man spricht von einem Nageltritt.

Was ist ein „Nageltritt"?

Anzeichen: Ein spitzer oder scharfer Gegenstand verursacht eine Verletzung der Hufsohle. Je nach der Tiefe des Vordringens kommt es beim Verletzen der Lederhaut sofort oder erst nach einigen Tagen zu einer deutlichen Lahmheit. Oft ist der Fremdkörper bereits wieder abgefallen und aus einem Loch im Huf sickert Blut oder Eiter. Infolge des Schmerzes schwitzt und scharrt das Pferd vermehrt, der verletzte Huf ist wärmer und bei Beklopfen schmerzempfindlich. Oft ist am Fesselkopf eine starke Pulsation fühlbar. Nicht selten ist eine Schwellung im Bereich der Fesselbeuge oder der Krone zu beobachten. Bei einer Infektion können die Pferde Fieber bekommen und ein gestörtes Allgemeinbefinden zeigen.

Ursache: Ein spitzer Fremdkörper dringt durch die Sohle bis zu dem darunter liegenden empfindlicheren Gewebe, der Huflederhaut, und es kommt fast immer zu einer Entzündung mit nachfolgender Lahmheit. Dabei handelt es sich meistens um einen Nagel, einen Eggenzinken, eine Schraube, einen Holz- oder Glassplitter oder auch einen spitzen Stein. Da die in den Huf eingedrungenen Fremdkörper meist verschmutzt und voller Keime sind, sind eitrige Infektionen keine Seltenheit. Meist ist der eingetretene Nagel in der Spitze oder der Nähe der Spitze des Strahls zu

13 Vgl. Wissdorf, H. et al.: Praxisorientierte Anatomie und Propädeutik des Pferdes. Verlag M. & H. Schaper 2002.

finden, aber auch im Ballen. Der Nagel wird bei dem Auffußen von der Zehe regelrecht aufgestellt und gleitet an der harten Sohle entlang, wo er kaum Zugang findet. Erreicht er jedoch das weichere Strahl- oder Ballenhorn, so kann er sich hier tief einbohren. Je nach Tiefe und Richtung des Nagels können hierbei die Lederhaut von Sohle und Strahl, das Hufbein oder Hufgelenk, das Strahlpolster, die tiefe Beugesehne, der Hufrollenschleimbeutel oder das Strahlbein verletzt werden.

Verletzung der Lederhaut: Es entwickelt sich eine eitrige *Pododermatitis*, also eine eitrige Lederhautentzündung.

Verletzung des Strahlpolsters: In dem festen Bindegewebe breiten sich die Erreger schnell aus. Es entsteht eine Phlegmone im Strahlpolster, die zu einer mittelgradigen Stützbeinlahmheit führt. Das Pferd versucht nur die Zehenwand zu belasten, der Strahl ist schmerzhaft. Die Erkrankung kann auf den Hufknorpel oder die gemeinschaftliche Beugesehnenscheide übergreifen.

Verletzung des Hufbeins: Es entsteht eine mittel- bis hochgradige Lahmheit. Der Stichkanal kann sich im Sohlenkörper Richtung Hufbein oder aber im vorderen Sohlenbereich direkt in Richtung Hufbein befinden. Durch die Form des eindringenden Gegenstands kommt es bei entsprechender Länge leicht zu einer Fraktur des Hufbeins, es kann auch leicht ein Knochenstück abgesprengt werden. Auch hier ist eine Infektion möglich. Genaueres lässt sich nur mithilfe eines Röntgenbildes feststellen.

Verletzung der tiefen Beugesehne und des Schleimbeutels: Eine Wunde in diesem Bereich der Hufrolle löst eine hochgradige Lahmheit aus. Zudem gelangen die Erreger oft ins Blutgefäßsystem und führen zu einer Allgemeininfektion. Die Pferde fühlen sich krank, sie bekommen Fieber. Die Verletzung geht meistens von der Strahlfurche aus, durchstößt die tiefe Beugesehne und eröffnet und infiziert den Schleimbeutel. Aus dem Stichkanal läuft erst normale Synovia, später getrübte Synovia infolge des vereiterten Schleimbeutels. Wird sie nicht behandelt, kann die Infektion auf das Hufgelenk übergreifen.

Verletzungen des Strahlbeins: Verletzt werden können der Knorpelüberzug oder der Knochen selbst. Auch hier kann es zu einem Knochenbruch kommen. Klinisch sehen die Anzeichen aus wie bei der Verletzung der Beugesehne und des Schleimbeutels.

Verletzung des Hufgelenks: Handelt es sich bei dem Fremdkörper um einen besonders langen Zinken oder Nagel, so könnte dieser nach dem oben genannten Durchstoßen der tiefen Beugesehne und der Eröffnung des Schleimbeutels weiter vordringen und das Hufbein-Strahlbein-Band perforieren. Damit durchdringt der Fremdkörper die Gelenkkapsel des Hufgelenks, eröffnet und infiziert diese.

Komplikationen: Die mit dem Fremdkörper eindringenden Bakterien können eine eitrige Entzündung und einen Abszess verursachen. Der eitrige Prozess kann auf die anderen Anteile des Hufes übergreifen und dort zu Gewebeauflösungen bis hin zum Ausschuhen führen.

Was macht der Tierarzt?

Zeigt das Pferd eine hochgradige Lahmheit, so ist meist eine genaue Untersuchung des Hufes anzuraten. Nur ein Röntgenbild kann das Ausmaß der Verletzung oder im Huf verbliebene Fremdkörper darstellen. Der Tierarzt wird den Fremdkörper vorsichtig entfernen und ausschneiden. Eine größere Wunde wird Ihr Tierarzt fachgerecht säubern, versorgen und Ihrem Pferd ein Antibiotikum verabreichen. Sind tiefere, knöcherne Anteile des Hufes verletzt, so ist vermutlich eine Hufoperation erforderlich, bei der das gesamte geschädigte Gewebe entfernt werden muss.

Eine Beteiligung des Hufgelenks kann mit einer Synovia-Punktion von der Krone aus und einer Synovia-Untersuchung ermittelt werden. Bei der Gelenkspülung sieht man dann etwas von der Lösung aus der Hufsohle tropfen. Das Hufgelenk wird mit einem Antibiotikum versorgt. Ist der Schleimbeutel eröffnet worden, so muss dieser ebenfalls sorgsam gespült und mit einer antibiotischen Lösung gefüllt werden.

Bei einer Strahlbeinverletzung wird die Knorpel- oder Knochenwunde sorgsam geglättet. Danach ist eine weitergehende Behandlung mit Tamponade, Hufverband und eine allgemeine antibiotischer Abdeckung erforderlich. Im Laufe der Behandlung wird meist von einem Hufverband oder einem Deckelhufeisen auf einen Hufschuh umgestellt. Dieser ist bequem zu handhaben, da hier der Verband durch eine Gazetamponade ersetzt werden kann, die durch eine Platte fest fixiert wird.

Vorsicht! **Bei jeder noch so kleinen Verletzung sollte immer überprüft werden, ob der Tetanusschutz noch wirksam ist.**

Was können Sie tun?

Bei einem frischen Nageltritt mit kleinerem und oder kurzem Fremdkörper wie einem kurzen Splitter oder einem spitzen Stein oder einem kurzen Nagel säubern Sie die Sohle sorgfältig mit Wasser und etwas Jodlösung. Dann ziehen Sie den Splitter vorsichtig in Einstichrichtung heraus, merken sich die Lage oder zeichnen sie am Huf ein und schneiden mit dem Hufmesser den Stichkanal oberflächlich ganz vorsichtig und gefühlvoll aus. In das Loch tropfen Sie Jodlösung und decken es mit sterilen Kompressen ab. Danach machen Sie aus einem Stück Sackleinen und Gewebeklebeband einen festen Hufverband und rufen den Tierarzt. Sicherheitshalber sollte er die Wunde kontrollieren.

Bei größeren und auch bei scharfen Fremdkörperverletzungen bleibt der Fremdkörper, wo er ist, es könnte sonst zu nicht stillbaren Blutungen kommen. Der Fremdkörper wird lediglich steril abgedeckt und provisorisch verbunden, damit er sich nicht noch weiter hineindrückt, alles Weitere macht der Tierarzt. Gerade bei den tiefen Wunden ist es extrem wichtig, dass die Wunde noch am selben Tag operiert wird. Das verbessert die Heilungschancen nachhaltig.

Kupfervitriol sollte bei Nageltritten nicht verwendet werden, da es die Lederhaut verätzt.

Befinden Sie sich auf einem Ausritt, halten Sie sich an die oben beschriebenen Maßnahmen und führen das Pferd umgehend nach Hause. Bei längeren Strecken lassen Sie sich bitte mit einem Pferdetransporter abholen. Nehmen Sie auch einen kleineren Splitter oder Nagel mit, um dem Tierarzt den Verursacher der Verletzung zu zeigen und seine Lage im Huf zu beschreiben. Lassen Sie die Wunde zu Hause vom Tierarzt weiterbehandeln.

Stärken Sie das Allgemeinbefinden und das Abwehrsystem Ihres Pferdes, so kann es gegen die Infektion besser ankämpfen. *Welche Heilkräuter Sie dazu füttern und was Sie sonst noch dafür tun können, lesen Sie am Anfang dieses Kapitels auf Seite 459 ff. und in der Behandlungstabelle auf Seite 483.*

Schematische Darstellung der seitlichen Hufwand mit einem gut platzierten Hufnagel (a), Nageldruck (b) und Nagelstich (c)

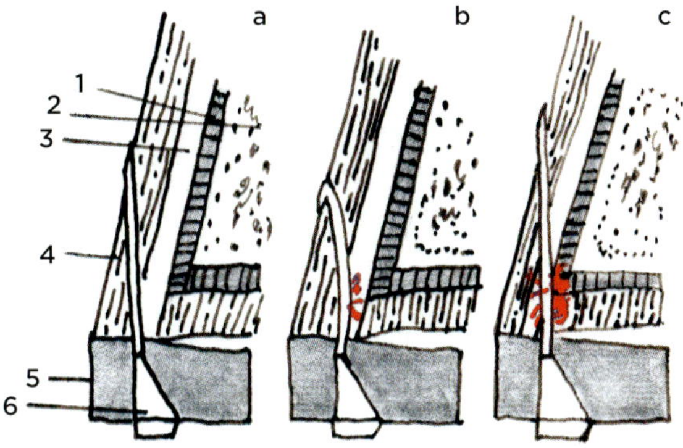

1 Lederhaut
2 Hufbein
3 Weiße Linie
4 Hufwand
5 Hufeisen
6 Hufnagel

5.6 Vernagelung oder Nageldruck

Es kann jedem Schmied einmal passieren, dass er durch die Unruhe des Pferdes oder brüchiges Horn einmal einen oder mehrere Nägel verschlägt und diese dabei versehentlich im sensiblen Anteil der weißen Linie, also in der Huflederhaut, enden.

Was ist eine Vernagelung?

Jede Verletzung der Lederhaut oder des Hufbeins beim Beschlag durch einen Nagel wird als Vernagelung bezeichnet. Dabei wird die direkte und indirekte Vernagelung unterschieden. Bei einer direkten Vernagelung werden die Lederhaut oder andere Anteile der Fußzehe tatsächlich verletzt. Bei einer indirekten Vernagelung wird die Lederhaut durch die Nähe des Nagels nur gequetscht. Das wird als **Nageldruck** bezeichnet.

Anzeichen: Wenn Ihr Pferd beim Aufnageln des Hufeisens plötzlich stark zuckt oder den Huf wegzieht, so hat meist der Nagel die empfindliche Lederhaut des Hufes getroffen. Wird der Nagel sofort wieder gezogen, entstehen meist keine weiteren Probleme. Man sieht oft dann etwas Blut am Nagel. Dieses bezeichnet man als **Nagelstich**.

Wird der Nagel aber weiter eingeschlagen, so ist sofort nach dem Beschlagen eine leichte bis starke Lahmheit festzustellen. Das Pferd hat eine Vernagelung. Dabei ist eine vermehrte Pulsation am Bein festzustellen und das Beklopfen des jeweiligen Nagels ist für das Pferd schmerzhaft. Beim Ziehen des Nagels blutet die Wunde. Geschieht das erst nach einigen Tagen, so kann sich bereits grau-schwarzer Eiter gebildet haben. Entsteht eine Lahmheit jedoch erst nach 2 bis 3 Tagen, so bezeichnet man dies als **indirekte Vernagelung**. Das Pferd zeigt je nach Lage der Nägel unterschiedlich starke Schmerzen beim Zangendruck und Beklopfen der Nägel bzw. der Wand. Der Huf ist warm und auch hier ist eine verstärkte Pulsation am Pferdebein festzustellen. Werden der oder die entsprechenden Nägel gezogen, entleert sich meist grau-schwarzer Eiter aus dem Nagelloch. Der Druck lässt oft umgehend nach.

Ursache: Bei den durch die Hufnägel verursachten Verletzungen kommt es darauf an, in welche Regionen der Nagel gerät. Beim Nagelstich verletzt der Nagel die Lederhaut, wird aber sofort wieder entfernt, es entsteht meist eine leichte Entzündung.

Bei der Vernagelung trifft der Nagel ebenso auf die Lederhaut, wird jedoch belassen und löst so eine eitrige Huflederhautentzündung aus. So kann die eitrige Entzündung die ganze Sohle und das Wandhorn unterlaufen und ein Abszess entstehen, der schließlich in der Krone durchbricht. Die schwerwiegende Folge ist das Ausschuhen.

Bei der indirekten Vernagelung gerät der Nagel in die Blättchenschicht und übt starken Druck auf die Lederhaut aus. Es entsteht zunächst eine nicht infektiöse Entzündung. Da der Nagel aber Bakterien ins Hufinnere gebracht hat, entsteht vom Nagelkanal aus eine Infektion, die sich zu einer eitrigen Huflederhautentzündung entwickeln kann.

Die **Gründe für eine Vernagelung** sind verschieden: fehlerhafte Nägel oder Hufeisen, Unruhe des Pferdes, falsches Zurichten des Hufes oder der Hufnagel wurde falsch angesetzt. Auch Hufform und -qualität können einen Einfluss haben. So ist ein sehr enger bzw. ein spröder oder dünnwandiger Huf schwieriger zu beschlagen als ein regelmäßiger. Liegen die Gründe am Material oder Können des Schmieds, so hat er das zu verantworten bzw. ist dafür haftbar. Liegen die Gründe aber am Pferd, das vielleicht unruhig ist oder sich nur unter Sedierung beschlagen lässt, so kann der Schmied dafür nicht haftbar gemacht werden. Das gilt auch für unvorhersehbare Ereignisse, bei denen das Pferd erschrickt und das Bein wegzieht oder wenn ein nicht erkennbarer Fehler im Material vorliegt.

Was macht der Tierarzt?

Beim **Nagelstich** wird untersucht, wie tief der Nagel eingedrungen war, und der Stichkanal wird behandelt. Je nach Lage und Auswirkung wird der Huf für 2 Tage durch einen Angussverband geschützt. Meist wird vorsorglich ein Antibiotikum gegeben. Bei der **direkten** wie auch der **indirekten Vernagelung** muss das Hufeisen sofort entfernt werden. Dabei sollte jeder einzelne Nagel überprüft werden, denn manchmal betrifft es mehr als nur einen Nagel. Handelt es sich bei der Huflederhautentzündung um eine früh bemerkte frische Entzündung, so wird Ihr Tierarzt wie folgt verfahren: Die Öffnung des betreffenden Nagellochs wird trichterförmig ausgeschnitten und ebenfalls mit einer Jodtinktur gründlich desinfiziert und verbunden. Das Loch wird dabei mit einer mit Desinfektionsmittel getränkten Tamponade verschlossen. Die zusätzliche Gabe von Antibiotika ist erforderlich. Wird die indirekte Vernagelung so frühzeitig entdeckt, dass es noch nicht zu einer eitrigen Entzündung gekommen ist, wird lediglich der Stichkanal desinfiziert. Besteht jedoch eine eitrige Entzündung, muss der Eiter abfließen können. Das unterlaufene Horn wird abgetragen und ein gleichmäßiger Druckverband angelegt. Bei einen Hufabszess *(s. Seite 481 f.)* wird entsprechend behandelt.

Was können Sie tun?

Stellen Sie einen Nagelstich oder eine Vernagelung fest, so lassen Sie das Hufeisen vom Schmied sofort entfernen. Säubern Sie den Huf mit warmem Wasser, desinfizieren Sie das Loch mit etwas Jodtinktur und decken Sie es mit einer sterilen Kompresse ab. Danach machen Sie aus einer Binde, einem Stück Sackleinen und Gewebeklebeband einen festen Hufverband und rufen den Tierarzt. Sicherheitshalber sollte er die Wunde kontrollieren. Meist heilt der Nagelstich aber problemlos aus. Bei einer Vernagelung können Sie selbst wenig tun. Ihr Tierarzt wird wie oben beschrieben verfahren.

Wechseln Sie den Hufverband und die Tamponade täglich. In den ersten Tagen sollte der Huf weiterhin einmal täglich desinfiziert werden, auch ein Angussverband mit Rivanol oder einem anderen entzündungshemmenden Mittel ist geeignet. Dabei sind neben den gängigen Desinfektionsmitteln auch Myrrhentinktur oder Aloetinktur wirkungsvoll. Stärken Sie das Allgemeinbefinden und das Abwehrsystem Ihres Pferdes, so kann es die Infektion besser bekämpfen. *Welche Heilkräuter Sie dazu füttern und was Sie sonst noch tun können, lesen Sie am Anfang dieses Kapitels auf Seite 459 ff. und in der Behandlungstabelle auf Seite 483.*

Vorsicht! Gerade beim Nageltritt, der Vernagelung oder dem Hufabszess zeigt sich, wie wichtig ein aktiver Tetanusschutz ist. Halten Sie die vorgeschriebenen Impfabstände ein.

5.7 Hufgeschwür (Hufabszess)

Ein Hufgeschwür, auch als Hufabszess bezeichnet, kann sowohl aus einem Nageltritt als auch aus einer Vernagelung, einer Sohlen- bzw. Hufprellung o.Ä. entstehen. Alle traumatischen Einwirkungen von außen oder auch Entzündungen können zu einem Hufabszess führen.

Was ist ein Hufabszess?

Anzeichen: Das Pferd lahmt stark auf einem Bein. Um die Schmerzen zu umgehen, schont das Pferd den entsprechenden Bereich des Hufes. Je nach Lage fußt es mehr auf der Zehe oder dem Ballen auf. Im Stehen wird der kranke Huf entlastet. Manche Pferde haben aufgrund der Schmerzen keinen Appetit mehr oder liegen viel. Die Hufkrone bzw. das Bein können stark anschwellen. Durch Untersuchung mit der Hufzange kann man anhand der Schmerzreaktion die Lage eingrenzen. Durch die Entzündung ist der Huf warm und an der Fessel ist eine deutliche Pulsation fühlbar. Weitet sich der Abszess aus, so ist das Allgemeinbefinden deutlich herabgesetzt. Die Körpertemperatur sowie Puls und Atmung steigen.

Ursache: Ein Hufabszess ist eine Eiteransammlung, die an den verschiedensten Stellen unter Wand-, Sohlen- oder Strahlhorn sitzen und auf die Lederhaut drücken kann. Da die Lederhaut meistens ebenfalls beteiligt ist, handelt es sich um eine eitrige Huflederhautentzündung. Ein oberflächlicher Abszess ist an der grau-schwarzen Farbe des wässrigen Eiters zu erkennen. Da der Eiter nicht zügig abfließen kann, hat er die Tendenz, sich auszubreiten. Reicht der Abszess tiefer in die Lederhaut hinein, ist der Eiter dickflüssig

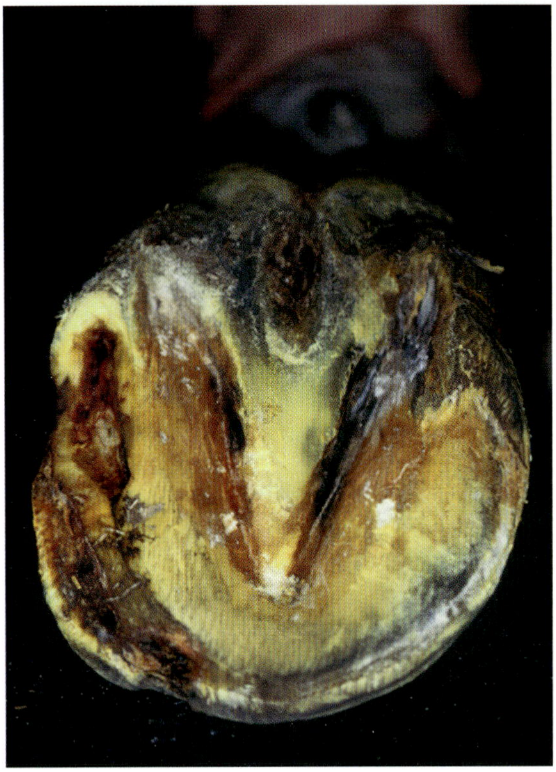

Ein Hufabszess nach Ausschneiden des Horns und Behandlung

gelb. Häufig sind hierbei alle Schichten der Huflederhaut eingeschmolzen. Die Bakterien können über das weiche Horn der weißen Linie und des Strahls sowie über Risse und Spalten in den Huf eindringen, insbesondere wenn dieser aufgequollen und bröckelig ist. Oft sind es Verletzungen, die einen Abszess auslösen, wie Ballen- und Kronentritte, Nageltritte oder in die weiße Linie eingetretene Steinchen, Vernagelung oder Verletzungen der Krone. Manchmal genügt auch eine Quetschung der Hufsohle oder eine Quetschung durch zu enge Hufeisen.

Komplikationen: Ein Abszess kann sich ausweiten oder nach innen hin fortsetzen, sodass sich Huflederhaut und Hufhorn allmählich voneinander trennen. Er unterwandert schließlich das gesamte Sohlenhorn und ermöglicht so ein Ausschuhen. Die meisten Abszesse drängen jedoch nach außen. Der Abszess sucht sich den leichtesten Weg und bricht schließlich am Ballen oder an der Krone nach außen durch. Dabei kann das Wandhorn so geschädigt werden, dass eine hohle Hufwand entsteht. Die entzündliche Reaktion

C

gelangt in die Unterhaut und weitet sich hier zu einer Phlegmone aus. In sehr seltenen Fällen greift möglicherweise eine eitrige Entzündung auch auf die Knochen des Hufes über und schmilzt diese ein. Die Infektion des Hufes erweitert sich unter Umständen über die Blutbahn zu einer allgemeinen Infektion oder befällt bestimmte Organe. Bricht der Abszess in ein Blutgefäß ein, kann es zu einer lebensgefährlichen Blutvergiftung kommen.

Was macht der Tierarzt?

Mithilfe einer Hufzange werden Tierarzt und/oder Hufschmied den Hufabszess lokalisieren und Fremdkörper entfernen. Das Hufeisen wird abgenommen und der Abszess freigeschnitten. Oberflächliche Abszesse werden meist mit Jodoformäther behandelt, der die Oberfläche gut austrocknet. **Kupfervitriol sollte bei Hufabszessen nicht verwendet werden, da es die Lederhaut verätzt!**

Bei tief sitzenden Abszessen oder sehr hartem Horn zeigt sich mit der Hufzange manchmal keine Reaktion. Dann sollten Sie den Abszess mit Unterstützung eines Schwitzverbandes reifen lassen. Das kann ein Prießnitz- oder ein warmer Kartoffelumschlag sein. Dafür kochen Sie Kartoffeln, zerdrücken diese und stecken Sie in eine Tasche aus festem Jutestoff. Alternativ eignen sich auch gekochtes Sauerkraut, Polenta oder gekochter Leinsamen. Dann schlagen Sie die Jutetasche um und wickeln sie fest um den Huf. Die feuchte Wärme lässt den Abszess reifen. Den gleichen Effekt erreichen Sie, wenn Sie Kleie mit warmem Wasser zu einem festen Brei verrühren und um den Huf legen. Eine Plastiktüte, durch ein Gewebeklebeband befestigt, hält den Brei an Ort und Stelle. Ein Prießnitzverband funktioniert ganz ähnlich. Dabei wird ein Angussverband nach außen luftdicht mit einer Plastikfolie überzogen und immer wieder mit einer warmen Desinfektionslösung angegossen. Für diese Maßnahme muss eine Hufrehe-Erkrankung vom Tierarzt absolut ausgeschlossen worden sein.

Ist der Abszess reif, so kann er geöffnet werden und der Eiter abfließen. Dies bedeutet eine schlagartige Erleichterung für das Pferd, da der Druck wegfällt. Wichtig ist, alle Abszessherde im Huf aufzufinden und vollständig auszuräumen und zu säubern, sonst kommt es immer wieder zu einer erneuten Abszessbildung.

In schweren Fällen werden große Teile der Huflederhaut freigelegt. Diese wird mit Jodsalbe, Socatylpaste oder einer antibiotikahaltigen Salbe bestrichen und mit steriler Gaze abgedeckt. Darüber wird ein gepolsterter, trockener Hufverband angelegt. Zusätzlich gibt der Tierarzt ein Antibiotikum.

Die Patienten benötigen einen Spezialbeschlag, den man mit Gazetupfern auspolstern kann. Die Sohle muss vor erneuter Verschmutzung und vor Feuchtigkeit geschützt werden. Dazu eignet sich ein Deckelhufeisen ebenso wie ein Hufschuh mit Parallelplatte. Durch Austamponieren oder Auffüllen mit Heilerde lässt sich ein leichter Druck auf die Sohle erreichen, um einem Lederhautvorfall vorzubeugen.

In leichten Fällen reicht es oft schon, den Huf nach der Eröffnung (Herausschwitzen) und dem Ausräumen konsequent über mehrere Tage hinweg mehrmals täglich zu baden. Das Badewasser sollte anfänglich mit Desinfektionsmittel versetzt sein, später reicht Kernseifenlauge. Wie häufig und wie lange diese Maßnahme durchgeführt werden muss, kann nur Ihr Tierarzt, der den Abszess vor Ort gesehen hat, beurteilen.

Was können Sie tun?

Wer Hufproblemen vorbeugen will, sollte die tägliche Hufpflege *(s. Seite 455 f.)* sorgfältig betreiben. Insbesondere Pferde, die schon einmal unter Hufrehe litten, sind aufgrund ihres weicheren Horns für Hufabszesse gefährdet. Sie sollten nicht ohne Hufeisen laufen.

Ist der Hufabszess behandelt, so sorgen Sie dafür, dass der Hufverband täglich gewechselt und der Huf desinfiziert wird. Dazu füttern Sie Ihrem Pferd Heilkräuter, die sein Abwehrsystem in Schwung bringen. *Lesen Sie weitere Informationen dazu am Anfang dieses Kapitels auf Seite 459 ff.*

Wenn Ihr Pferd dann einen Spezialbeschlag trägt, müssen Sie täglich kontrollieren, dass die Sohle trocken und sauber ist.

5.8 Behandlungstipps für Kronentritt, Nageltritt, Vernagelung und Hufabszess

	Kronentritt	Nageltritt/Vernagelung	Hufabszess
Hausmittel	• Wunde desinfizieren • Abwehr stärken	**Akute Entzündung:** Führen Sie Ihr Pferd in einen Bach/Teich oder stellen Sie es mit dem Huf in einen Eimer mit kaltem Wasser zum Kühlen. **Danach Durchblutung fördern, Abbau der Abfall- und Entzündungsstoffe:** Ist der stärkste Schmerz abgeklungen, so stellen Sie das Pferd in Wechselbäder (warm-kalt). Sobald Ihr Pferd kann, gehen Sie viel mit ihm auf feuchtem Untergrund spazieren.	**Mittels Schwitzverbänden den Abszess reifen lassen:** warmer Kartoffelumschlag, Prießnitzumschlag, warmer Kleie-Umschlag **Nach Ausräumen und Desinfektion:** Seifenlaugenbäder oder Bäder mit Kamille und einigen Tropfen Beinwell- und Spitzwegerichtinktur
Akupressur	**Danach 3-mal in der Woche über 6 bis 8 Wochen:** Di 4, Di 11, Bl 60, Dü 3 und Dü 5, MP 6, Ni 3, 3E 1 sowie lokale Punkte		
Tuina-Massagen	Mit sanften Fingerspitzenmassagen (mit Rosmarinöl) oberhalb und unterhalb der Sehne fördern Sie die Durchblutung am Pferdebein. Stärken Sie die Beine durch eine schiebende und pressende Massage entlang der drei inneren Meridiane am betroffenen Bein aufwärts und entlang der drei seitlichen/äußeren Meridiane nach unten. Machen Sie dies auf beiden Seiten jeweils 8 bis 10 Minuten lang. Dann massieren Sie kreisend-drückend die Ting-Punkte am Kronrand des Hufes, je 2 bis 3 Minuten lang. Alles ganz in Ruhe!		
Bachblüten	**Steigerung der Körperabwehr:** Crab Apple und Larch Heilen Sie die Wunde mit Rescue-Salbe aus. **Bei akuter Entzündung:** Crab Apple, Holly, Rescue-/Notfalltropfen, Scleranthus, Olive, Hornbeam	**Innerlich und als Bad oder Angussverband:** Crab Apple, Holly, Centaury **Reicht der Abszess oder Nageltritt tief:** Larch **Steigerung der Körperabwehr:** Crab Apple, Centaury und Larch	
Heilkräuter	Aus einer Mischung von 100 g Beinwellwurzel, 100 g Brennnessel, 100 g Klebkraut, 100 g getrockneten Bockshornkleesamen, 80 g Klette und 80 g Weißdornblättern füttern Sie täglich 50 g.	**Hilft bei akuter Entzündung:** Aus einer Mischung von 100 g Beinwellwurzel, 100 g Brennnessel, 100 g Weißweide, 100 g Klette, 80 g Buchweizenkraut, 100 g Mädesüß, 150 g Klebkraut und 100 g Bockshornkleesamen täglich 50 g ins Futter geben. Frische Löwenzahnblätter und Quecke enthalten zudem viele Vitamine. 4 bis 6 Zehen Knoblauch am Tag regen die Durchblutung an und stabilisieren die Blutgefäße.	
Fütterung	• Die Pferde bekommen Heu in einer Menge von mindestens 1,5 kg/100 kg KGW. Kein Müsli, keine Kleie oder kein Kraftfutter während der akuten Erkrankungsphase geben. • Infolge der Schmerzen fressen die Tiere nicht mehr so gut, deshalb sollen sie über den Erhaltungsbedarf Zink und Vitamin E bekommen. Geben Sie 3 Wochen lang Zink 100 mg/100 kg KGW/Tag und Vitamin E 200 bis 400 mg/100 kg KGW/Tag. • Omega-3-Fettsäuren helfen gegen die Entzündungen, Grünlippmuschelextrakt beinhaltet einige davon, aber auch Lein-, Nachtkerzen- oder Borretschöl bis 30 ml täglich. Schwarzkümmelöl 2 bis 3 EL. Dazu sind Hagebutten und Futterhefe sehr geeignet, sie enthalten Vitamin C und Biotin sowie viele B-Vitamine und wichtige Aminosäuren.		

Tuina-Behandlung: Machen Sie eine Ting-Behandlung: Stimulieren Sie die Ting-Punkte rund um die Krone an allen vier Beinen jeweils etwa 1 bis 2 Minuten lang pro Punkt. Dazu kneten und drücken Sie den Kronsaum 3- bis 4-mal rund um den Huf, um das Hornwachstum anzuregen. Gerne können Sie dazu ein kleines Bürstchen verwenden, hierbei bitte nicht zu fest drücken, denn die Oberfläche soll nicht verletzt werden. Danach schieben und massieren Sie die Vorderbeine den Verlauf der Yin-Meridiane Herz, Perikard und Lunge abwärts und außen die Yang-Meridiane Dickdarm, Dünndarm und 3-Erwärmer aufwärts. So entstauen Sie die Meridiane und vermeiden ein Stagnieren des Qi und Xue im Hufbereich. Machen Sie dies 7-mal während einer Behandlung hintereinander.

5.9 Hufrehe

Die Hufrehe ist Symptom vieler verschiedener Erkrankungen wie dem Equinen Metabolischen Syndrom, dem Cushing-Syndrom, Infektionskrankheiten wie Borreliose, Nachgeburtsverhalten und anderen. Daneben kann eine Hufrehe durch viele Ursachen entstehen, die von Fütterungsfehlern über die Aufnahme von Pflanzenzuckern (Fruktan) und Medikamentengabe bis hin zur Überlastung der Hufe reichen.

Was ist eine Hufrehe?

Die Hufrehe ist eine Entzündung der Huflederhaut, im Speziellen des Hufbeintrageapparats aufgrund verschiedener Faktoren ohne Beteiligung von Erregern.

Anzeichen: Bei einer Hufrehe beginnen die Krankheitsprozesse schon einige Zeit, bevor erste Anzeichen zu sehen sind. Diese Zeit kann mit knapp einem Tag recht kurz andauern wie bei der toxischen Hufrehe oder bis zu 8 Tage bei der Belastungsrehe. Trotz ganz unterschiedlicher Ursachen ist der Verlauf einer **akuten Hufrehe** doch recht ähnlich. Die Pferde leiden unter großen Schmerzen. Stress und Schmerz lassen den Puls und die Atmung steigen. Deshalb schwitzen sie unter Umständen stark, haben Muskelzittern und oft auch Fieber. Ist die **Rehe nur leicht**, gehen die Pferde noch problemlos Schritt, aber keine schnelleren Gangarten. Dabei setzen sie die Hufe zuerst mit den Ballen und Trachten auf. Um den Schmerz nicht zu verstärken, gehen die Pferde mit kurzen, flachen Schritten. Die erkrankten Hufe sind wärmer als die gesunden und Sie können eine starke, pochende Pulsation der Mittelfußarterie am Röhrbein direkt über dem Fesselkopf spüren. In den meisten Fällen sind beide Vorderhufe betroffen, seltener die Hinterhufe oder ein einzelner Huf (z.B. Überlastungsrehe). Bei einem **akuten Reheschub** versuchen die Pferde auf den Trachten oder den Ballen zu stehen, um die Sohle zu entlasten. Dabei strecken sie die Vorderbeine weit nach vorn und verlagern ihr Gewicht auf die Hinterhand, die sie so weit wie möglich nach vorn unterstellen. Manchmal fällt nur auf, dass die Pferde lange Zeit liegen und kaum wieder hochkommen. Verlagert ein Pferd ständig sein Gewicht von einem Bein auf das andere oder hebt einen Huf längere Zeit an, sollten Sie aufmerksam werden. In **schweren Fällen** ist der Schmerz so groß, dass die Pferde mit krummem Rücken und gesenktem Kopf apathisch dastehen. Sie weigern sich zu gehen und stehen seltsam zurückgelehnt, weil sie versuchen, ihre schmerzenden Vorderhufe zu entlasten. Sind beide Vorderbeine betroffen, liegen sie viel. Meist reicht schon ein leichter Druck oder ein leichtes Klopfen auf die Hornwand, um eine Abwehrreaktion beim Pferd hervorzurufen. Reagiert das Pferd nicht, so kann man das Gleiche an der Sohle probieren. Manchmal kann man am Huf eine Schwellung oder etwas später ein Einsinken an der Krone beobachten (bei Hufbeinsenkung, chronischer Rehe). Ab dem Zeitpunkt, an dem das Hufbein seine Lage verändert, tritt die Hufrehe ins **chronische Stadium** ein. Die Hufrehe hat Auswirkungen auf das Hornwachstum, es wächst im Druckbereich langsamer als an den Trachten. Darüber hinaus entstehen bei der chronischen Rehe durch die Hufbeinsenkung und -rotation die Hornfaltungen an der Krone. So bilden sich nach und nach Ringe im Horn, und da das Horn der Hinterwand weiterwächst, wächst die Vorderwand in konkavem Bogen und die Zehe wird vorn länger. Von der Sohle her gesehen verbreitert sich dadurch die Weiße Linie. Wird der Huf trotz Reheschüben vom Hufschmied nicht behandelt, entsteht ein **Knollenhuf**.

Solche Reheschübe werden oft von der Grunderkrankung wie EMS oder Morbus Cushing gefördert. Die verbreiterte weiße Linie mit dem lockeren Horn und die herauswachsenden Blutgerinnsel bieten einen idealen Nährboden für Infektionen und Fäulnis. Gerne bilden sich hier als späte Komplikationen eine lose oder auch eine hohle Wand.

Einteilung der Lahmheit nach Obel[14]

Grad 1: leichte Fälle, die Vorderhufe werden abwechselnd belastet, die Tiere trippeln, geringgradige Lahmheit.

14 *Vgl. Brehm, W. et al.: Krankheiten im Bereich des Hufs. Aus Brehm, W. et al. (Hrsg,), Enke Verlag 2017, S. 1040-1099.*

Grad 2: mittlere Fälle mit deutlicher Lahmheit, Pferde bewegen sich noch freiwillig und tolerieren das Fußaufnehmen.
Grad 3: stärkere Lahmheit, Pferde bewegen sich nicht mehr freiwillig, nur noch unter Zwang. Das Aufnehmen tolerieren sie nicht mehr.
Grad 4: heftige Lahmheit, das Pferd rührt sich nicht mehr von der Stelle.

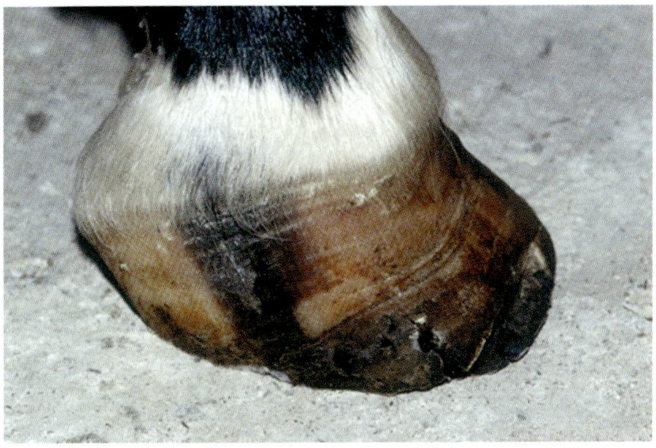

Typischer Rehehuf mit Hornringen

Ursache: Die Hufrehe ist eine ausgedehnte, nicht eitrige Entzündung der Huflederhaut, die meist als Folge von Durchblutungsstörungen verschiedener Ursachen entsteht. Die Huflederhautentzündung betrifft vor allem die Vorderwand des Hufes und dehnt sich danach erst auf die Seitenwände und die Sohle aus. Es ist im Besonderen eine Entzündung des Trage- oder Aufhängeapparats des Hufbeins *(s. Abb. auf Seite 454 und Seite 455)*. Das Hufbein ist in der Hornkapsel des Hufes mittels eines Trageapparats sicher aufgehängt. Dieser besteht aus der Lederhaut und den mit ihr verzahnten Hornanteilen. In den Blättchen und Zottenbereichen der Lederhaut sind die Blutgefäße so fein, dass sie leicht geschädigt werden können.
Über den Blutkreislauf gelangen verschiedene Giftstoffe je nach Art der Hufrehe, abgestorbene Zellen, Endotoxine von Bakterien oder kleinere Blutgerinnsel in die Huflederhaut, wo sie die kleinen Blutgefäße verstopfen oder ihnen schaden können. Dadurch kommt es zu Durchblutungsstörungen im Bereich der Lederhaut. Sie entzündet sich im Bereich der Zehenwand und schwillt an. Aus den Gefäßen tritt Flüssigkeit aus, die Schwellung wird stärker. Wird die Hufrehe nicht rechtzeitig genug erkannt und behandelt, wird der entstehende Druck immer stärker. Er führt zu einer Lösung der Lederhautblättchen von den Hornblättchen im Übergangsbereich, der an der Sohle als weiße Linie zu erkennen ist. Das heißt, der normalerweise fest verankerte Aufhängeapparat des Hufbeins lockert sich zwischen der Hornwand und der Wandlederhaut. Darauf laufen letzten Endes alle Theorien der Forscher hinaus bezüglich dessen, was bei den verschiedenen Hufreheformen passiert. Einer der beiden Anteile der festen Verbindung zwischen Hornwand und Lederhaut, die sie mit den knöchernen Anteilen verankert, verändert sich. Entweder ist es die Lederhaut, die durch Entzündung und Flüssigkeitsaustritt stark anschwillt, oder die Blutversorgung wird sehr viel schlechter und das Gewebe stirbt teilweise ab. Versiegt die Blutversorgung, können auch keine Hornzellen mehr gebildet werden und die Blättchen sterben ab. So oder so, der feste Aufhängeapparat des Hufbeins löst sich und kann das Hufbein nicht mehr halten. Deshalb ist es so wichtig, diese Erkrankung so früh wie möglich zu behandeln. Durch die Beeinträchtigung des Hufbeinträgers sinkt das Hufbein ab, was als **Hufbeinsenkung** bezeichnet wird. Da das hintere Ende des Knochens aber durch die tiefe Beugesehne gehalten wird *(s. Abb. Seite 453 unten)* und auch das Strahlpolster den hinteren Teil des Hufbeins hochdrückt, kippt das Hufbein nach vorn unten. Es dreht sich um seine Achse **(= Hufbeinrotation)**, die empfindliche Spitze des Hufbeins liegt nun der Sohle von innen auf und drückt bei jedem Schritt. Zudem drückt sich die lockere Hornkapsel nach oben, sodass am Kronsaum das Horn zusammengefaltet wird. Auch diese verursacht starke Schmerzen. Je nach Ursache unterscheidet man die traumatische, die belastungsbedingte, die toxische Rehe, die Fütterungs- und die Geburtsrehe.
Die **traumatische Hufrehe** entsteht aufgrund einer mechanischen Überlastung des Aufhängeapparates in den Hufen. Diese Überlastung kann lange oder kurz sein und infolge einer außergewöhnlichen Ausdauerleistung eintreten, wie sie bei Distanzritten, langem Galoppieren oder durch übermäßig langes Stehen auf hartem Boden (Stallrehe) vorkommt.

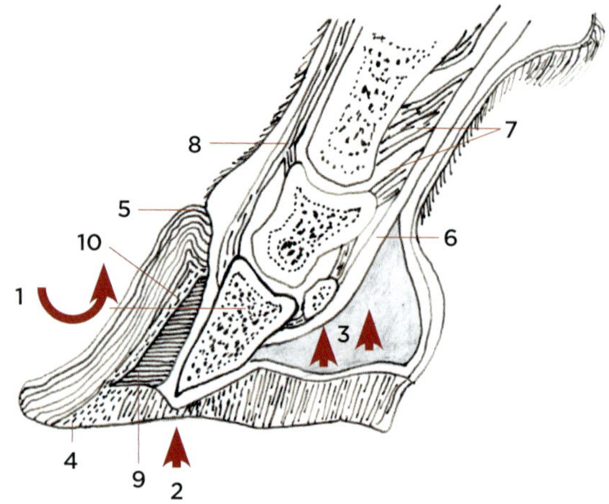

Schematischer Schnitt durch einen Rehehuf mit Hufbeinsenkung

Hufrehe mit Hufbeinsenkung
1 *Drehung und Absenkung des Hufbeins*
2 *Druck der Hufbeinspitze, kann durchbrechen*
3 *Druck auf das Ballenpolster erzeugt Gegendruck*
4 *Verbreiterung der weißen Linie*
5 *Aufwölbung des neugebildeten Horns*
6 *tiefe Beugesehne (Zug)*
7 *oberflächliche Beugesehne*
8 *gemeinsame Strecksehne*
9 *Narbenhorn*
10 *Lösung des Wandhorns*

Eine **belastungsbedingte Hufrehe** wird durch andauernde Überlastung ausgelöst. Kann ein Pferd aufgrund hochgradiger Lahmheit ein Bein nicht belasten, so ist die gegenüberliegende Seite, die das gesamte Gewicht tragen muss, einer solchen Gefahr ausgesetzt (Überlastungsrehe). Gleiches gilt für Pferde, die nach einer längeren Pause (Krankheit) wieder geritten werden dürfen und überlastet werden.
Eine **toxische Rehe** kann aufgrund von Giftstoffen aus Giftpflanzen (Eibe, Akazienrinde, Wiesenschaumkraut, Hahnenfuß u.a.) oder durch hoch dosierte Langzeit-Kortisone entstehen. Eine **endotoxische Hufrehe** kann sich durch schwere Allgemeininfektionen wie Borreliose und Influenza oder Koliken bzw. das Metabolische Syndrom (Stoffwechselerkrankung) bilden. Die Erkrankungen können zur Bildung von Giftstoffen (Toxine, Endotoxine) führen. Sie entstehen durch das massive Absterben von intensiv vermehrten Bakterien. Dabei werden Endotoxine frei, die über das Blut in die Hufe geschwemmt werden und hier Hufrehe auslösen. Das gleiche Problem ergibt sich bei der Fütterungsrehe (s.u.), wenn durch zu viel Kohlenhydrate, darunter auch das sogenannte Fruktan, ein spezielles Kohlenhydrat von Pflanzen, oder zu viel Proteine (Eiweiße) die Darmflora geschädigt wird. Eine weitere häufige Form der Hufrehe ist die Geburtsrehe. Geht nach dem Abfohlen eine Nachgeburt nicht oder unvollständig ab, so wird der Körper der Stuten bei dieser Form von innen her mit bakteriellen Giftstoffen verseucht.
Hormonelle Hufrehe kann sich infolge einer Überfunktion der Nebennierenrinde oder einer Verbreiterung des Zwischenbereichs des Hypophysenlappens wie beim Cushing Syndrom entwickeln. An das Equine Metabolische Syndrom ist zu denken, wenn bei leichtfuttrigen und übergewichtigen Pferden chronische, ständig wiederkehrende Reheschübe ohne erkennbaren Grund vorkommen. Das gilt insbesondere bei Pferden im Alter von über 15 Jahren. Diese Stoffwechselerkrankung kann, ebenso wie das Cushing Syndrom, über Blutuntersuchungen nachgewiesen werden. Beim Cushing Syndrom und Equinen Metabolischen Syndrom kommt es meist gleichzeitig zu einer Insulinresistenz. Das Gewebe ist nicht mehr so empfindlich gegenüber dem Insulin und es herrscht ein Mangel an Glukose in den Zellen und ein Übermaß an Glukose im extrazellulären Bereich, da sie nicht mehr verstoffwechselt werden kann. Der dadurch herrschende Energiemangel soll zum Zusammenbruch der Zellen der Basalmembran[15] führen und somit zur Lockerung des Hufbeinträgers beitragen. Die hormonelle Hufrehe scheint mit Abstand die häufigste Form der Hufrehe zu sein, so die derzeit vorherrschende Meinung der Forscher.
Eine ebenfalls häufige Form der Hufrehe ist die **durch Fütterung verursachte Hufrehe**. Grund hierfür ist eine massive Zufuhr von Kohlehydraten wie Zucker, Stärke und Fruktan, die im Dickdarm (Blinddarm) für ein Ungleichgewicht der Darmflora sorgen. Diese können von unkontrolliertem Verfüttern von Getreide, welches im Dünndarm nicht zu verdauen ist, wie auch von Mais, Gerste oder Melasse, aber auch von der Weide herrühren. Letzteres vor allem bei besonders dafür empfänglichen/emp-

15 Erklärung: Die Basalmembran ist die unterste Schicht der hornbildenden Epidermis. Durch sie erfolgt die Versorgung der hornbildenden Zellen.

findlichen Pferden, Ponys und Kleinpferden. Neben einer Stoffwechselstörung im langen Dickdarm der Pferde sind es insbesondere die Zuckerstoffe vieler Gräser, die ein Ungleichgewicht der Darmflora verursachen. Diese Gräser speichern ihre überschüssige Energie dauerhaft in Form eines bestimmten Zuckers, des Fruktans. Im Gegensatz zu den anderen Zuckersorten wie Glukose, Fruktose und Saccharose, wird Fruktan nicht im Dünndarm aufgespalten, sondern erst im Dickdarm durch bestimmte Bakterien und Pilze, die sich dadurch extrem vermehren. Die Folge davon ist, dass andere nützliche Bakterien verdrängt werden und in großen Mengen sterben. Die Darmflora gerät ins Ungleichgewicht. Die absterbenden Bakterien setzen massenhaft Endotoxine (innere Gifte) frei, die über den Darm ins Blut ausgeschwemmt die Hufe erreichen, wo sie in den kleinen Kapillaren hängen bleiben und Hufrehe auslösen.

Nicht zuletzt kann Hufrehe natürlich auch durch **Beschlagsfehler** entstehen. Jeder Eingriff in die Mechanik bzw. die Belastungsverteilung am Huf kann die Hufrehe auslösen. Das passiert immer dann, wenn der Beschlag oder die Bearbeitung der Hufe nicht dazu beiträgt, die Belastung zu verteilen. Werden durch die Arbeit des Hufschmieds einzelne Anteile des Hufes mehr belastet als andere oder werden Stellungsfehler nicht ordentlich ausgeglichen, kann Hufrehe entstehen. Stellungsfehler und ungünstige Hufformen sollten schon im Fohlenalter beim Ausschneiden korrigiert werden, damit sich die Beine gesund weiterentwickeln können.

Eine **akute** Hufrehe kann bereits eine Überdehnung oder eine beginnende Ablösung des Trageapparats sowie eine leichte Senkung des Hufbeins bewirken. Bei einer chronischen Hufrehe ist der Verlauf vom Ausmaß der Lageveränderung des Hufbeins abhängig. Beim **milden** Verlauf ist der Trageapparat des Hufbeins nur stark überdehnt und das Hufbein ist nur geringgradig rotiert. Bei **schwerem** Verlauf senkt sich und rotiert das Hufbein stark, da der Trageapparat abstirbt. Aus Narbengewebe entsteht dann ein neuer Trageapparat.

Komplikationen: In Extremfällen kann die Spitze des Hufbeins die Sohle durchstoßen, was als **Hufbeindurchbruch** bezeichnet wird. Neben stärksten Schmerzen können aber nun auch Bakterien in die Wunde eindringen und eine eitrige Entzündung auslösen. Wird diese spät oder nicht behandelt, kann sie auf den Knochen übergreifen. Mitunter löst sich die Hornkapsel komplett vom Huf, man nennt dies **Ausschuhen**. Streuen die Bakterien über das Blut, kann die allgemeine Infektion mit Lungenentzündung lebensbedrohlich sein. Aber auch ohne Infektion ist dann so viel zerstört, dass oft nur noch die Nottötung bleibt.

Was machen Tierarzt und Hufschmied?

Die akute Hufrehe ist ein absoluter Notfall, bei dem schnellstmöglich eine Behandlung erfolgen muss. Nur so lässt sich eine Senkung oder Drehung des Hufbeins vermeiden. Sie heilt in der Regel nach knapp zwei Wochen ab. Wird allerdings die Ursache nicht beseitigt, kann die Hufrehe wieder auftreten oder ins chronische Stadium eintreten. Die Symptome unterscheiden sich dabei nicht. Eine Zuordnung zum akuten oder chronischen Verlauf kann durch bildgebende Verfahren erfolgen. Mithilfe von Röntgenbildern lassen sich die Veränderungen im Huf genau darstellen. Ein Muss, damit der Schmied den richtigen Hufschutz, Beschlag oder die Hufbearbeitungstechnik auswählen bzw. anwenden kann.

Die Entzündung muss zunächst **gekühlt** werden. Das alte Mittel des **Aderlasses** wird heute wieder vermehrt angewendet, ein beliebtes Mittel, um die Blutbildung anzuregen und damit die Konzentration der Giftstoffe im Blut zu verringern und die Durchblutung zu verbessern. Bis zu 8, gegebenenfalls 10 Liter Blutverlust kann ein erwachsenes Pferd mit gesundem Kreislauf vertragen. Hat das kranke Pferd Kreislaufprobleme, muss der Flüssigkeitsverlust sofort durch Infusionen ersetzt werden. Viele Tierärzte warten Kreislaufprobleme nicht ab und legen parallel zum Aderlass bereits die Infusion an, da dies schnell zu einer verbesserten Durchblutung der Huflederhaut und zum raschen Abtransport der Giftstoffe führt. Zeit ist in der Hufrehe-Behandlung ein wesentlicher Faktor.

Es stehen verschiedene **Medikamente** zur Behandlung einer Hufrehe zur Verfügung. Zunächst empfiehlt es sich, entzündungshemmende und schmerzlindernde Mittel einzusetzen. Dazu werden in der akuten Phase gefäßerweiternde Medikamente gegeben, um die Durchblutung in den Hufen zu verbessern. Da aber der Blutfluss in den Hufen oft recht

C

langsam ist, insbesondere bei Hufrehe-Patienten, hilft Heparin, das Blut zu verdünnen.
Weiterhin sollten die Nieren medikamentös angeregt werden, die Giftstoffe schneller auszuscheiden. Dies kann gut mit Heilkräutern unterstützt werden.
Ihr Tierarzt wird eng mit dem **Hufschmied** zusammenarbeiten, sie werden Ihrem Pferd gemeinsam helfen. Während des akuten Hufreheanfalls werden die Zehennägel gezogen und der Aufzug des Eisens entfernt. Danach wird das vordere Drittel der Hornwand, von der Sohle her gesehen, entfernt. Jedoch nur der untere Tragebereich, damit die Zehe über dem Eisen frei schweben kann. Der mittlere Sohlenbereich muss entlastet werden, damit kein Druck auf das gesenkte, eventuell rotierte Hufbein erfolgt. Das heißt, zur Belastung bleiben nun noch die Trachten und der Strahl. Dies kann z.B. durch einen Rehegips im hinteren Bereich des Hufs mit keilförmiger Erhöhung der Trachten um 3 bis 4 cm erreicht werden. Die Sohle selbst wird durch eine Kunststoffhartbinde abgedeckt, sodass sie den Boden nicht berühren kann. Ein unbeschlagener Huf kann sowohl mit Gips als auch mit einem handelsüblichen Reheschuh behandelt werden. Beides kann auch prophylaktisch bei Risikopatienten nach einer endotoxinbedingten Erkrankung mit Reherisiko eingesetzt werden.
Hat sich ein Hufbein so stark gesenkt, dass ein Durchbruch der Hufbeinspitze droht, sollte die Sohle so dünn wie möglich geschnitten werden, damit der Druck auf die Sohlenlederhaut nachlässt. Nur dann wird die Sohle neues Horn produzieren können. Viele Tierärzte empfehlen in diesen Fällen die Euthanasie.
Besteht eine Öffnung der Hufsohle, kann noch unter großem Vorbehalt eine Behandlung probiert werden. Hier sollte das Sohlenhorn bis zur gesunden Sohlenlederhaut freigelegt werden. Ihr Pferd benötigt dann eine Antibiotikabehandlung gegen die Infektion. Die Hufbeinspitze mit der Sohle muss dann natürlich frei schweben, um sich regenerieren zu können *(s. Foto Seite 465 li.)*. Die weitere Behandlung wie auch die Behandlung des chronischen Rehehufs erfolgt wie oben beschrieben. Nach gut 6 Wochen Regenerationszeit für Sohlenschäden kann mit einem hinten geschlossenen Eisen und vorderer Zehenplatte beschlagen werden. Ist die Hufrehe so gravierend, dass sich der Hornschuh komplett löst, sollten Sie überlegen, ob Sie Ihrem Pferd noch eine langwierige und schmerzhafte Behandlung zumuten wollen. Besprechen Sie sich auch hier mit Ihrem Tierarzt.
Droht eine Belastungsrehe, sollten Sie umgehend den Hufschmied rufen. Er kann dafür sorgen, dass die Lastaufnahme besser verteilt wird und keine Hufrehe entsteht.
Bei einer Hufrehe können darüber hinaus sowohl ein Homöopath als auch ein Akupunkteur wertvolle Hilfe leisten. Insbesondere die Akupunktur eignet sich hervorragend, um mit der Schulmedizin kombiniert zu werden. Die Akupunktur kann die Durchblutung im kranken Huf verbessern, die Hitze ausleiten und Antihistamin freisetzen. Wichtig ist, falls Ihr Pferd nicht mehr zu den Jungspunden gehört, vom Tierarzt sicherheitshalber den ACTH-Wert und das Insulin bestimmen zu lassen. Eventuell leidet Ihr Pferd unter einem Cushing-Syndrom oder einem Equinen Metabolischen Syndrom.
In leichten Fällen der Hufrehe können Ihr Hufschmied und Tierarzt gemeinsam entscheiden, ob es besser ist, die Trachten hochzustellen oder zu kürzen. Eine Kürzung der Trachten entlastet die Hufsohle. Eine Hochstellung verringert den Zug der tiefen Beugesehne am Hufbein, um letztlich eine Hufbeinrotation zu vermeiden. Der Schmied hat verschiedene Möglichkeiten, einen Hufschutz anzubringen. Neben dem Rehegips gibt es einen speziellen Gummibeschlag, der bei Hufrehe die Sohle und die Zehe gut entlastet. Daneben gibt es verschiedene klebbare Kunststoffbeschläge oder Hufschuhe, bei denen nicht schmerzhaft genagelt werden muss. Die Hufschuhe können vom Schmied noch weiter modifiziert werden, um die Stellung des Hufes zu verändern (Keile oder Platten darunter oder Einlagen hinein). Ist die Hufrehe abgeheilt, kann der Schmied durch die Formung der Hufe das Hufbein und die Hufrolle wieder in ihre richtige Position bringen.

Was können Sie tun?

Die Behandlung konzentriert sich zunächst auf die starke schmerzhafte Huflederhautentzündung. Diese Entzündung muss gelindert werden. Also sollten Sie als erste Maßnahme die Hufe kühlen! In den ersten 72 Stunden können Sie mit kalten Wasser und Wasser mit Eisstückchen darin die Hufe kühlen.

Ihr Pferd leidet unter starken Schmerzen. Bewegen Sie es nicht unnötig und lassen den Tierarzt an Ort und Stelle kommen. Lassen Sie Ihr Pferd auf sehr weichem Boden ruhig stehen und kühlen Sie die betroffenen Hufe. Falls Sie kein natürliches Gewässer wie einen Bach oder Teich oder eine mit Wasser gefüllte Grube haben, können Sie im einfachsten Fall die Hufe in Eimer/Schüsseln mit kaltem Wasser stellen. Sie können auch Angussverbände machen, die Sie ständig mit Wasser begießen. Die Eimer sind jedoch wirkungsvoller. Falls Ihr Pferd die Beine nicht im Eimer stehen lassen möchte, gibt es als sinnvolle Alternative Wassergräben für den Springparcours aus weichem Kunststoff, die mit Wasser gefüllt werden können. Ebenfalls gut geeignet sind große Hufschuhe, die mit Wasser und Eis gefüllt werden. Sind Sie unterwegs, so suchen Sie sich, wenn möglich, nassen Schlamm und tragen diesen auf die erkrankten Hufe bis über die Fessel auf. Halten Sie den Schlamm stetig nass, so kühlt er angenehm. Die Kühle besänftigt den Schmerz und tut wohl.

Die Hufwand-Oberflächentemperatur hat eine Höhe von rund 32,3 °C und sollte auf unter 10 °C über 72 Stunden gekühlt werden. So weit das Optimum, denn zu erreichen ist das kaum. Es konnte nachgewiesen werden, dass der Effekt einer solchen Kühlung sehr nachhaltig ist. Sie unterbricht und beruhigt entstehende Entzündungen und steigert die Anwesenheit eines entzündungshemmenden Körperstoffs (Interleukin 10) in den Lamellen des Hufes. Es gibt scheinbar noch weitere Wirkungen auf die Blutgefäße und den Stoffwechsel, die bislang jedoch nur vermutet werden. Aber jede Kühlung um wenigstens 5 bis 10 °C bringt deutliche Vorteile.[16] Der Kühlkontakt kann nass oder trocken sein. Sie können Kühlgel-Wickel verwenden oder einfach dicke Stulpen, mit denen Sie Kühlgelpacks rund um den Huf befestigen. Diese sind die trockenen Varianten. Die nassen Varianten kühlen jedoch nachhaltiger und diese Methoden sind noch wirkungsvoller, wenn Sie den ganzen Zehenbereich, also mindestens die Krone und Fessel, noch mit kühlen. Durchführbar ist dies mit einem kommerziell zu beziehendem Krankenhufschuh, der ein wenig an einen Angler-Stiefel für Pferde erinnert. Hier können Sie Eiswasser einfüllen, das Sie immer wieder erneuern. Kontrollieren Sie aber regelmäßig die Haut und das Fell am kranken Bein. Gegebenenfalls verwenden Sie nur gekühltes Wasser ohne Eis. Solche Hufschuhe lassen sich auch recht umkompliziert aus einem größeren Kreis Teichfolie plus festem Gewebeklebeband selbst basteln.

Einen Hufschuh zum Kühlen basteln: Die Teichfolie muss im inneren Kreis dem Umfang des Hufes entsprechen, dazu rechnen Sie die Höhe, die die Hufschuhe haben sollen, also bis zur Fessel oder darüber. Schnüren Sie dann die Folie mit dem Geweband so fest, dass Sie noch 2 Finger dazwischen bekommen und den Schuh befüllen können.

Ist der erste Schmerz überwunden und damit auch die akute Entzündung überstanden, so bereiten Sie Ihrem Pferd Wechselbäder. Stellen Sie die kranken Hufe abwechselnd etwa je 20 bis 30 Minuten in kaltes und warmes Wasser. Das fördert die Durchblutung und regt so den Abtransport der Giftstoffe an. Beachten Sie dabei die Reaktion Ihres Pferdes. Beginnen Sie mit geringen Temperaturunterschieden, und wenn Ihr Pferd dies toleriert, können Sie bei den Wechselbädern auch wärmeres Wasser benutzen.

Fütterung: Bei einer Futterrehe setzen Sie sofort das Kraftfutter ab. Ihr Pferd sollte sich nun für mindestens 2 Wochen mit viel Heu und wenig Stroh begnügen. Dazu füttern Sie Blasentang und Klebkraut, um die Mineralstoffe und Spurenelemente zuzuführen. Brennnessel, Klette, Beinwellwurzel und Knoblauch fördern die Durchblutung und unterstützen das Lymphsystem. Die Patienten sollten auf weichem Boden wie Sand oder Spänen aufgestallt werden. Gehen Sie mit Ihrem Pferd viel auf feuchtem, weichem Boden spazieren. Die kühle Feuchtigkeit tut den Pferdehufen wohl und die Bewegung hält den Hufmechanismus in Gang. Dadurch wird die Durchblutung des Hufes erhöht und das Hornwachstum gefördert. Eine Hufrehe braucht je nach Schwere und Komplikationen unterschiedlich lange Zeit zum Ausheilen. Manche Pferde sind schon nach 2 Wochen wieder ganz gesund, andere brauchen Monate, bis sie wieder sicher und gut laufen können. Achten Sie beim Antrainieren auf die Reaktionen Ihres Pferdes. Wenn ihm Bewegungen unangenehm sind, nehmen Sie

16 Vgl. Brehm, W. et al.: Krankheiten im Bereich des Hufs. Aus Brehm, W. et al. (Hrsg,) Enke Verlag 2017, S. 1040-1099.

darauf Rücksicht und geben ihm noch etwas Zeit. Eventuell sollten Sie nochmals Rücksprache mit Ihrem Tierarzt halten.

Vorbeugung: Da die Hufrehe am häufigsten durch ein Ungleichgewicht der Darmflora zustande kommt, sorgen Sie mit einem ausgewogenen Futterplan dafür, die Darmflora gesund zu erhalten. Das heißt in erster Linie, einen gesunden Anteil an qualitativ hochwertigem Raufutter zur Verfügung zu stellen. Dies befriedigt auch das Kaubedürfnis Ihres Pferdes.

Es bedeutet jedoch nicht, dass ein Pferd gar nicht auf die Weide darf! Der Weidegang ist extrem wichtig für jedes Pferd. Dabei geht es nicht nur um die Futteraufnahme. Vielmehr sind auch soziale Kontakte sowie die freie Bewegung, die Pferde auf der Weide genießen, für jedes Tier sehr wichtig. Suchen Sie deshalb eine gute Weide für Ihr Pferd, möglichst frei von zuckerreichen, schnell wachsenden Gräsern, die man allgemein auf Viehweiden findet. Vielleicht haben Sie die Möglichkeit, selbst pferdegeeignete Gräser (gibt es im Handel) zu säen. Ist dieses Optimum nicht möglich, müssen Sie mit den Gegebenheiten umgehen. Stellen Sie anfällige Pferde auf bereits leicht abgefressene oder gemähte Weiden, wenn das Gras schon etwas nachgewachsen ist. Geben Sie dazu Heu, damit Ihr Pferd genügend Rohfaser bekommt. Auch portioniertes Weiden hat sich bewährt oder das zeitweise/stundenweise Tragen eines Weidemaulkorbes. Füttern Sie das Pferd vor dem Weideaufenthalt bereits mit Heu, damit die Gier auf das Gras nicht zu groß ist. Dies gilt insbesondere auch für dicke Pferde und Ponys. Vermeiden Sie beim Weidegang kaltes, sonniges Wetter und lassen Sie Ihr Pferd lieber ab dem späten Vormittag weiden.

War Ihr Pferd schon einmal an Hufrehe erkrankt, so kühlen Sie nach längeren Ritten ausgiebig die Hufe Ihres Pferdes, um eventuell erneut auftretende Lederhautreizungen wieder zu beruhigen. Das können Sie am einfachsten, wenn Sie mit ihm für einige Zeit in einem stehenden oder fließenden Gewässer waten. Ist dies nicht möglich, spritzen Sie die Hufe längere Zeit mit kaltem Wasser ab oder machen Sie einen Angussverband. Reheanfällige Pferde können vorbeugend Heilkräuter bekommen, die die Durchblutung der Hufe verbessern. *Mehr Informationen finden Sie auf Seite 460 f.*

Beobachten Sie Ihr Pferd genau, dann werden Sie frühzeitig die für Hufrehe charakteristischen Veränderungen wahrnehmen *(s. Seite 484)*, sodass es erst gar nicht erst zu einer (erneuten) Hufreheerkrankung kommt. Werden Sie aufmerksam, wenn Sie bei Berührung der Hufe Wärme spüren oder Pulsation der Mittelfußarterie am Röhrbein kurz über dem Fesselgelenk. Zeigt das Pferd möglicherweise Empfindlichkeiten beim Auskratzen der Hufe, sollten Sie aufmerksam werden. Extrem wichtig ist bei reheanfälligen Pferden die Pflege der Hufe. Holen Sie in regelmäßigen Abständen einen guten Hufschmied dazu und pflegen Sie die Hufe Ihres Pferdes, damit es nicht zu Komplikationen wie zur losen oder hohlen Wand kommt. *Lesen Sie dazu auf Seite 469.*

Hat Ihr Pferd eine Beinverletzung, bei der es schmerzbedingt das Hauptgewicht auf das gegenüberliegende gesunde Bein verlagert, sollten Sie darauf achten, dass sich auf diesem Bein keine Belastungsrehe entwickelt. Ihr Schmied unterstützt Sie dabei.

Vorbeugung! Achten Sie auf die richtige Ernährung Ihres Pferdes. Sie sollten die Futterrationen dem jeweiligen Einsatz des Pferdes anpassen und Futterumstellungen sehr behutsam vornehmen, damit sich die Darmflora darauf einstellen kann. Pflanzen Sie, wenn möglich, zuckerarme Futtergräser (z.B. Esparsette) und Kräuter auf den Weiden an. Achten Sie auf regelmäßige, fachgerechte Hufpflege und -bearbeitung.

Kühlen Sie bei reheanfälligen Pferden die Beine nach der Arbeit.

Vermeiden Sie Überlastung bei Lahmheiten, indem Sie die Box weich einstreuen und das gesunde Bein vom Schmied entsprechend entlastend ausschneiden lassen. Sprechen Sie Ihren Hufschmied darauf an.

Hausmittel	**Akute Entzündung:** Führen Sie Ihr Pferd, falls möglich, in einen Bach oder Teich, wenn Sie unterwegs sind oder stellen Sie es mit den Hufen in Eimer mit kaltem Wasser zum Kühlen (am besten im gesunden Zustand üben). Deutlich besser ist jedoch eine dauerhafte Kühlung an den Hufen und der darüber liegenden Fessel, mindestens über die ersten 48 bis 72 Stunden. Das kann mit Kühlgelwickeln/-auflagen oder speziellen Krankenhufschuhen erreicht werden. Hier kann zerstoßenes Eis eingefüllt werden, das alle 2 Stunden erneuert werden muss. **Danach Durchblutung und Abbau der Giftstoffe fördern:** Ist der stärkste Schmerz abgeklungen, stellen Sie das Pferd in Wechselbäder (warm-kalt). Sobald Ihr Pferd kann, gehen Sie, wenn möglich, viel mit ihm auf feuchtem Untergrund spazieren.
Umschläge/ Packungen	Schlammpackungen und Angussverbände helfen beim Kühlen der Entzündung.
Akupressur	**Bis der Tierarzt kommt:** Yintang (auf der Stirn), Dü 3, Di 4, Dü 5, Le 3, Bl 40 und Bl 60 **Danach 3-mal in der Woche über 4 bis 5 Wochen lang:** Dü 3, Di 4, Dü 5, Le 3, Bl 60, Bl 40, Ni 3, 3E 1 oder in Absprache mit Ihrem Akupunkteur
Tuina-Massagen	Sobald Ihr Pferd dies zulässt, massieren Sie sanft mit den Fingerspitzen Fessel und Krone des kranken Beins, dabei stimulieren Sie jeden Ting-Punkt 45 Sekunden lang. Dies regt die Durchblutung, den Qi-Fluss ins nächste Meridian und den Lymphabfluss an. Streichen Sie nacheinander beide Vorderbeine aus, jeweils 10-mal. Dann schieben und massieren Sie entlang der Vorderbeine den Verlauf der Yin-Meridiane Herz, Perikard und Lunge abwärts und außen die Yang-Meridiane Dickdarm, Dünndarm und 3-Erwärmer aufwärts, bis Sie erwärmte Haut spüren. So entstauen Sie die Meridiane und vermeiden ein Stagnieren des Qi und Xue im Hufbereich. Machen Sie dies jeweils 8- bis 10-mal.
Bachblüten	Bis der Tierarzt kommt, geben Sie Ihrem Pferd alle zehn Minuten 10 Tropfen der Rescue-/Notfalltropfen ins Maul. Danach geben Sie weiter Crab Apple und Rescue-/Notfalltropfen. **Bei akuter Entzündung:** Crab Apple, Holly, Scleranthus, Olive, Hornbeam, Elm **Bei chronischer Entzündung:** Crab Apple, Holly, Gentian, Gorse, Wild Oat
Heilkräuter	**Aus einer Mischung** aus 100 g Beinwellwurzel, 100 g Brennnessel, 100 g Klebkraut, 100 g Blasentang, je 80 g Klette, Buchweizenkrautkraut und Weißdornblättern füttern Sie täglich 50 g. Dazu geben Sie bei starken Schmerzen in den ersten 6 Wochen täglich 20 g Teufelskrallenextrakt, danach 15 g.
Fütterung	• Während eines akuten Hufreheschubs bekommen die Pferde Heu in einer Menge von 1,5 kg/100 kg KGW. • Oft fressen die Tiere nicht mehr so gut, deshalb sollen sie über dem Erhaltungsbedarf Zink und Vitamin E bekommen: Geben Sie 4 bis 6 Wochen lang Zink 100 mg/100 kg KGW/Tag und Vitamin E 200 bis 400 mg/100 kg KGW/Tag. Omega-3-Fettsäuren helfen gegen die Entzündungen, Grünlippmuschelextrakt beinhaltet einige davon, aber auch Lein- oder Borretschöl bis 30 ml täglich. Auch 2 bis 3 EL Schwarzkümmelöl täglich ins Futter ist entzündungshemmend. • Frische Löwenzahnblätter und -wurzeln, Mariendistel und Artischocke unterstützen Leber und Nieren der erkrankten Pferde und enthalten zudem viele Vitamine. • 4 bis 6 Zehen Knoblauch am Tag regen die Durchblutung an und stabilisieren die Blutgefäße.

5.10 Strahlbeinlahmheit/Hufrollenentzündung (Podotrochlose)

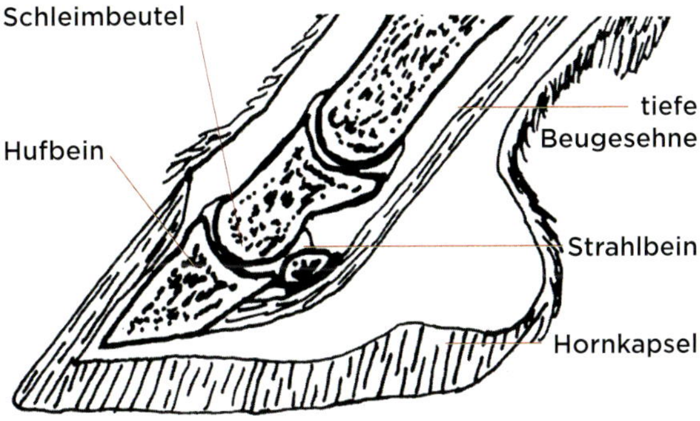

Hufrolle

Die **Hufrolle** besteht insgesamt aus drei Komponenten, dem Strahlbein, dem darüber gleitenden Anteil der tiefen Beugesehne, die um das Strahlbein herum an das Hufbein zieht und einem Schleimbeutel. Letzterer dient als Polster zwischen Sehne und Strahlbein. Schleimbeutel und Strahlbein bilden gemeinsam das Gleitlager. Das Hufbein ist zudem die Vergrößerung der Auflagefläche am Kronbein-Hufbein-Gelenk. Wir unterscheiden die Hufrollenentzündung **(Podotrochlitis)**, meistens infektiös, und die **Podotrochlose**, eine degenerative, ohne Erreger ablaufende Hufrollenerkrankung. Es ist eine häufige Lahmheitsursache, zumindest aber die häufigste Ursache für intermittierende (immer wieder auftretende) Stützbeinlahmheiten.

sert den Stoffwechsel und hat einen schmerzlindernden Effekt.
Homöopathen und Akupunkteure können einem Podotrochlose-Patienten helfen, wobei insbesondere die Akupunktur auch mit der schulmedizinischen Therapie kombiniert werden kann. Wie bereits beschrieben liegt die Erfolgsquote der Behandlung mit einem orthopädischen Hufbeschlag sehr hoch. Reicht dies nicht, so sollte über operative Hilfe nachgedacht werden. Es gibt verschiedene operative Therapiemethoden: die perivaskuläre Sympathektomie (PVS), die Durchtrennung der Fesselbein-Strahlbein-Bänder sowie die Durchtrennung des Unterstützungsbandes der tiefen Beugesehne. Die PVS scheint sehr erfolgsversprechend, dabei wird der gefäßbegleitende und gefäßversorgende Nerv durchtrennt, was eine Weitstellung der Blutgefäße zur Folge hat. Dies führt nachweislich zu einer stärkeren Durchblutung und zu gesteigertem Hornwachstum. Es wachsen mehr kleinere Blutgefäße und durch die verbesserte Durchblutung kommt es zu einer deutlichen Schmerzlinderung, Außerdem wird der Druck im Hufgelenk gesenkt. Die Chirurgen konnten bei einer Röntgenuntersuchung nach 1 bis 4 Jahren eine deutliche Verbesserung des Strahlbeins sowohl von der Form als auch von der Struktur her feststellen. Zu einem Rückfall kam es auch nach 1000 operierten Fällen nicht.
Die chirurgische Durchtrennung der Fesselbein-Strahlbein-Bänder sollen zur Entlastung des Strahlbeins im Bewegungsablauf führen und eine deutliche Schmerzlinderung schaffen, die jedoch scheinbar nicht von langer Dauer zu sein scheint. Es fehlen Nachweise über den Langzeiterfolg, deshalb wird diese Methode kaum mehr durchgeführt. Die Durchtrennung des Unterstützungsbandes der tiefen Beugesehne wird insbesondere bei erhöhter Fesselstellung durchgeführt und dient der Entlastung und Schmerzlinderung. Die Methode wird besonders bei einem Sehnenschaden der tiefen Beugesehne eingesetzt, da sie den Zug an der tiefen Beugesehne verringert. Das Band vernarbt in der Ausheilungsphase wieder, sodass ein Wiedereinsatz im Sport nicht ausgeschlossen ist. Es ist die Operationsmethode, die auch beim Bockhuf des Fohlens angewendet wird.
Eine Durchtrennung der schmerzweiterleitenden Nerven (sogenannter Nervenschnitt, der früher oft durchgeführt wurde) ist als Behandlungsmethode sehr umstritten und sollte höchstens als allerletzte Möglichkeit in Betracht gezogen werden. Zwar macht sie das Pferd schmerzfrei, aber sie hat keinen Einfluss auf die Erkrankung. Dabei darf jedoch nicht vergessen werden, dass Schmerz ein Schutzreflex des Körpers ist. Ein Fortschreiten der Erkrankung sowie anderer Erkrankungen in diesem Bereich wie ein Strahlbeinbruch, ein Nageltritt oder ein Sehnenriss können dann nicht mehr bemerkt werden. Zudem darf das Pferd dann im Turniersport und Springen nicht mehr eingesetzt werden. Allerdings kann diese Methode helfen, wenn alle anderen Methoden versagt haben. Kein Pferd sollte dauerhaft mit Schmerzen leben müssen. Lassen Sie sich hierzu eingehend von Ihrem Tierarzt oder einer Tierklinik beraten.

Was können Sie tun?

Stärken Sie die Abwehrkräfte Ihres Pferdes und bieten Sie Ihrem Pferd eine optimale Vitamin- und Mineralstoffversorgung. Daneben sorgen Heilkräuter wie Brennnessel, Klette, Beinwell und Knoblauch für eine verbesserte Durchblutung und einen schnelleren Abtransport der Abfallstoffe, da sie das Lymphsystem unterstützen. *Mehr können Sie ab Seite 459 ff. nachlesen.* Ist die nötige Ruhephase vorbei (bei akuten Verletzungen kürzer, bei Sehnenschäden länger), so sollte ein Pferd mit Hufrollenproblemen schnellstmöglich wieder bewegt werden. In der anfänglichen Heilungsphase ist oft eine Box mit kleinem Auslauf und weichem Untergrund ideal, später eine Weide oder ein Paddock. Zusätzlich beginnt man über einen Zeitraum von einigen Wochen mit kontrollierter Bewegung auf weichem, aber nicht zu tiefem Boden. Natürlich darf der Patient nicht überlastet werden. Ohne Bewegung gibt es keinen Hufmechanismus und damit auch keine Aussicht auf Heilung. Schon 15 Minuten Schritt und Trab am Tag erhöhen die Zirkulation in der Gliedmaße beträchtlich. Bewegung sollte jedoch zunächst nur auf geraden Linien stattfinden, harter unebener Boden sollte vermieden werden, sonst wird die Hufrolle erneut in Mitleidenschaft gezogen.
Gute Erfahrungen hat man mit der Anwendung von Magnetfeldtherapie in Form von Gamaschen oder Manschetten direkt um Huf und Bein insbesondere bei Springpferden gemacht, ein Versuch lohnt sich also. Man kann sich solche Manschetten oder auch Gamaschen zur lokalen Anwendung leihen.

Vorbeugend sollten Sie daran denken, dass jeder Arbeit eine ausreichende Aufwärmphase vorausgehen sollte, um Ihr Pferd nicht zu überlasten. Vermeiden Sie scharfe Wendungen auf der Vorhand und zu hohe Sprünge. Bei an Podotrochlose erkrankten Pferden sollten Sie zudem noch harte Böden und starke Belastung der Vorhand meiden. Gymnastizieren Sie Ihr Pferd und aktivieren Sie die Hinterhand Ihres Pferdes, damit die Vorhand entlastet wird.

Vorbeugung! Passen Sie die Leistung, die Sie von Ihrem Pferd verlangen, seiner körperlichen Entwicklung an und fordern Sie keine Leistungen, die Ihr Pferd (noch) nicht imstande ist zu erbringen.

Hausmittel	**In der akuten Entzündungsphase** sollten Sie, ebenso wie bei der Hufrehe, die Hufe Ihres Pferdes kühlen. Am besten eignen sich dazu etwas weitere Krankenhufschuhe, die Sie mit Eiswasser füllen. Die Anwendung von Magnetfeld-Gamaschen/-Manschetten kann zur Heilung beitragen.
Umschläge/ Packungen	**Bei der akuten Entzündung** hilft ein Breiumschlag mit Beinwellwurzelpulver mit Beinwellblättertee angerührt und/oder ein Umschlag mit Bockshornkleesamenpulver.
Akupressur	**Akupressieren Sie 3- bis 4-mal in der Woche im akuten Fall oder 2-mal in der Woche beim chronischen Fall die folgenden Punkte:** Di 4, Dü 3, Dü 5, Bl 60, Bl 40, Ni 3, 3E 1 oder andere in Absprache mit Ihrem Akupunkteur.
Tuina-Massagen	Sobald Ihr Pferd dies zulässt, massieren Sie sanft mit den Fingerspitzen Fessel und Krone des kranken Beins. Dies regt die Durchblutung und den Lymphabfluss an. **Machen Sie eine Ting-Behandlung:** Stimulieren Sie die Ting-Punkte rund um die Krone an allen vier Beinen, jeweils 4- bis 5-mal. Dazu kneten und massiereren Sie entlang der Vorderbeine den Verlauf der Yin-Meridiane Herz, Perikard und Lunge abwärts und außen die Yang-Meridiane Dickdarm, Dünndarm und 3-Erwärmer aufwärts. So entstauen Sie die Meridiane und vermeiden ein Stagnieren des Qi und Xue im Hufbereich. Machen Sie dies 8- bis 10-mal. Zu guter Letzt kneten und drücken Sie den Kronsaum 3- bis 4-mal rund um den Huf, um das Hornwachstum anzuregen. Dazu dürfen Sie auch ein kleines Schuhputzbürstchen verwenden.
Bachblüten	**Im akuten Zustand geben Sie Ihrem Pferd:** Crab Apple und Rescue-/Notfalltropfen **Während der akuten Entzündung – Podotrochlitis:** Crab Apple, Holly, Scleranthus, Olive, Hornbeam, Elm **Bei chronischer Entzündung – Podotrochlose:** Crab Apple, Holly, Gentian, Gorse, Wild Oat, Rock Water, Pine, Wild Oat
Heilkräuter	Aus einer Mischung aus 100 g Beinwellwurzel, 100 g Brennnessel, 100 g Klebkraut, 100 g Bockshornkleesamen, 80 g Klette und 80 g Weißdornblättern füttern Sie täglich 50 g.
Fütterung	• Die Pferde bekommen Heu in einer Menge von mind. 1,7 kg/100 kg KGW. Geben Sie kein Müsli oder Kraftfutter während der akuten Erkrankungsphase. • Infolge der Schmerzen fressen die Tiere nicht mehr so gut, deshalb sollen sie über dem Erhaltungsbedarf Zink und Vitamin E bekommen: Geben Sie 3 Wochen lang Zink 100 mg/100 kg KGW/Tag und von Vitamin E 200 bis 400 mg/100 kg KGW/Tag. • Omega-3-Fettsäuren helfen gegen die Entzündungen, Grünlippmuschelextrakt beinhaltet einige davon, aber auch Lein- oder Borretschöl bis 30 ml täglich. Schwarzkümmelöl 20 ml/Tag (ca. 2 EL). Dazu geben Sie, falls möglich, frische Löwenzahnblätter und -wurzel, im Winter getrocknet, sowie frische Karotten. • Mariendistel und Artischocke unterstützen die Leber des erkrankten Pferdes. Achten Sie auf eine gute Mineralstoffversorgung. Apfelessig sowie 4 bis 6 Zehen Knoblauch regen die Durchblutung an und stabilisieren die Blutgefäße.

5.11 Hufknorpelverknöcherung

Der Hufknorpel ist ein ganz normaler Faserknorpel und ist innerhalb des Hufs auf beiden Seiten mit den Hufbeinästen verwachsen. Er überragt das Hufbein nach oben und reicht mit einem Drittel über den Kronrand hinaus. Sie können ihn von der Mitte des Kronbeins aus abwärts in Richtung des Ballens unter der Haut tasten.[18]

Was ist die Hufknorpelverknöcherung?

Eine langsame Umwandlung des Hufknorpels in Knochen infolge einer chronischen nichtseptischen Entzündung des Hufbeinastes und des dazugehörigen Knorpels nennt man Hufknorpelverknöcherung.

Anzeichen: Während einer langen Zeit treten keine Symptome auf. Erst, wenn ein bestimmter Anteil des elastischen Knorpels in Knochen umgebaut wor-

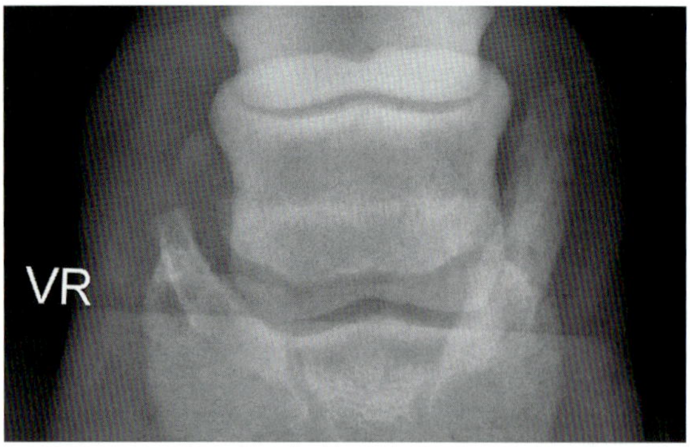

Hier sehen Sie das Röntgenbild eines 19-jährigen Vollbluts mit gut sichtbarer Hufknorpelverknöcherung und Hufgelenksentzündung vorn rechts.

den ist, tritt eine Lahmheit auf. Die Verknöcherung nimmt mehr Raum ein als der ursprüngliche Knorpel, sodass die Hornkapsel zu eng wird, was dann zu Schmerzen und Lahmheit beim Pferd führt.

Ursache: Eine Verknöcherung des Hufknorpels tritt bei Reitpferden besonders an der Innenseite beider Vorderbeine auf. Das Gleiche passiert bei Pferden mit zehen- oder bodenweiter Beinstellung, da in dieser Stellung der Huf nicht gleichmäßig belastet wird. Die Innenseite, also der innere Hufknorpel, wird überlastet und es kommt zu einem permanenten Zug an den Bändern, die den Hufknorpel mit den knöchernen Strukturen des Hufs verbinden. Pferde mit zehenenger oder bodenenger Beinstellung weisen Verknöcherungen am äußeren Hufknorpel auf, da sie infolge der Fehlstellung den äußeren Hufknorpel überlasten. Kaltblüter und Fahrpferde des schweren Typs erkranken meistens auch am äußeren Hufknorpel.[19] Die häufige Bewegung auf hartem Grund (Asphalt) führt ebenfalls zu einer Überlastung des Hufknorpels und seiner Bänder. Das ständige Ziehen an den Bändern wie auch die Überlastung des Knorpels versucht der Körper durch Verknöcherung auszugleichen. Zuerst werden nur die Ansatzstellen der Bänder verknöchert und es entstehen verschiedene Knocheninseln im Knorpel. Dieser Prozess kann so weit fortschreiten, dass der komplette Hufknorpel vollständig zu Knochen umgebaut wird. Hierdurch geht dem Huf die Elastizität verloren und der Hufmechanismus kann dementsprechend nicht mehr arbeiten.

Weitere Ursachen dieser Erkrankung sind fehlerhafte Hufbearbeitung oder eine Entzündung eines Hufbeinastes und der Knochenhaut, die auf die Hufknorpel übergreifen.

Was machen Tierarzt und Hufschmied?

Ein Hinweis auf die Erkrankung ist die fehlende Elastizität des Hufknorpels. Im Röntgenbild ist die Verknöcherung dann gut zu erkennen. Nun muss der Tierarzt nur noch nachweisen, dass die Verknöcherung tatsächlich der Grund für die Lahmheit ist. Dafür sind diagnostische Anästhesien das Mittel der Wahl, verschiedene Nerven werden schrittweise ausgeschaltet. Ein großes Problem ist, dass eine Verknöcherung nicht mehr rückgängig zu machen ist. In der akuten Lahmheitsphase kann der Tierarzt mit Schmerzmitteln und Entzündungshemmern helfen. Im Anschluss daran kann nur ein fachkundiger Schmied eine Besserung durch die entsprechende Hufbearbeitung erreichen. Sein Ziel ist es, eine gleichmäßige Belastung des Hufes zu schaffen. Ist die Hornkapsel zu eng, kann er sie durch einen speziellen Beschlag weiten. Zudem kann der Schmied die fehlende Stoßdämpfung durch einen Polsterbeschlag ersetzen.

Was können Sie tun?

Je nach Grad der Verknöcherung kann die Entdeckung einer leichten Hufknorpelverknöcherung auch ein Zufallsbefund sein. Gerade in den frühen Stadien ist die Erkrankung schmerzfrei. Dann ist es insbesondere wichtig, die Ursachen abzustellen, damit sich die Verknöcherung nicht weiter fortsetzt.

Ist die Erkrankung schon so weit fortgeschritten, dass Ihr Pferd lahmt, beschränkt sich die Hilfe insbesondere auf die Bekämpfung der Entzündung und die Hilfe durch den Schmied. Mit den genannten Maßnahmen können die erkrankten Pferde sehr gut zurechtkommen und sie verhindern, dass sich die Hufknorpelverknöcherung weiter verschlimmert.

Bekämpfen Sie die akuten Schmerzen des Pferdes durch kühlende Umschläge mit Arnika in kühlendem Wasser. Sie können einen Breiumschlag mit Bockshornkleesamen machen. Orientieren Sie sich bei der Behandlung an der Therapie der Podotrochlitis *(s. Seite 491 ff.)*. In vielen Fällen können die Pferde dann noch einige Jahre schmerzfrei geritten werden.

18/19 Wissdorf et al.: Anatomie und Propädeutik des Pferdes. Verlag M. & H. Schaper, 2. Auflage 2002.

Ein Abschied in Würde, aber wie?

1. Die Entscheidung

Während es früher so war, dass Sie sich erst zum Lebensende Ihres Pferdes entscheiden mussten, wie der Tod Ihres Pferdes aussehen wird, so besteht nun die Notwendigkeit, dies mit Antrag des Pferdepasses tun zu müssen. Diese Entscheidung ist nun unabhängig davon, ob Ihr Pferd alt und krank oder noch jung und fit ist.
Seit der Einführung des Equidenpasses sind alle Pferdebesitzer aufgefordert, ihr Pferd als „zur Schlachtung für den menschlichen Verzehr bestimmt" oder „nicht zur Schlachtung bestimmt" zu deklarieren.
Letztere Eintragung ist zunächst einmal eine Entscheidung in eine bestimmte Richtung. Denn die Eintragung als „Nichtschlachttier" ist wirklich endgültig, sie muss von allen Nachbesitzern des Pferdes mitgetragen werden. Entscheiden Sie sich für den Status des „Schlachttieres", so darf Ihr Pferd bestimmte Substanzen von Ihrem Tierarzt nicht mehr verabreicht bekommen. Sie können jedoch den Status jederzeit, beispielsweise wenn Ihr Pferd doch eine bestimmte Medikation für seine Gesundheit benötigt, in den Status „Nichtschlachttier" umwandeln lassen.
Vielleicht sollten Sie diese Gelegenheit nutzen, um sich einige grundsätzliche Gedanken über den letzten Gang Ihres Pferdes zu machen. Denn irgendwann wird der Zeitpunkt der Entscheidung für jeden Pferdebesitzer kommen. Wenn sein Pferd zu alt und/oder krank ist, unter großen Schmerzen leidet oder nach dem Hinlegen kaum noch aufstehen kann. Wenn Sie sehen, dass sich das alte Pferd immer öfter von der Herde absetzt, an den Aktivitäten nicht mehr teilnimmt und immer öfter vor sich hindöst. Wenn Ihr Tierarzt Ihnen rät, aus Krankheits- oder Altersgründen das Leiden Ihres Pferdes zu beenden, dann müssen Sie sich der Entscheidung stellen und sie nicht länger hinausschieben, denn das hat Ihr Pferd nicht verdient.
Übertragen Sie bei Ihren Überlegungen nicht Ihre eigenen Ängste vor dem Tod auf Ihr Pferd. Ein Pferd hat keine Vorstellung vom Tod und deshalb auch keine Angst davor. Sie müssen eine klare Entscheidung treffen, zu der Sie nachher auch stehen können.

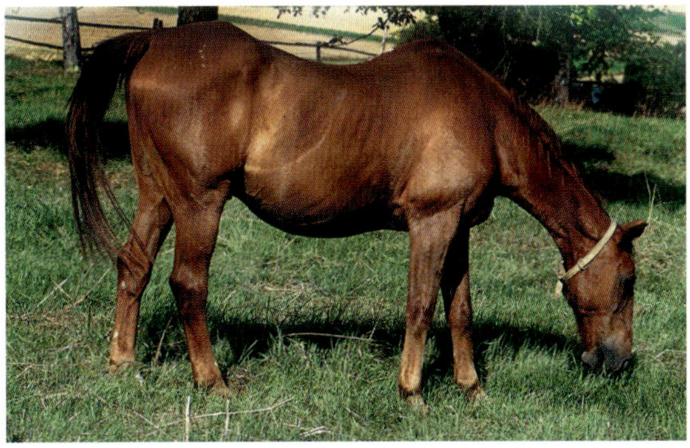

Machen Sie es sich keinesfalls zu einfach und geben Sie Ihr Pferd nicht einfach an einen Dritten ab, der diese Entscheidung – töten oder nicht töten und wenn ja, wie – für Sie treffen soll. Zu oft wird aus dieser leichten Entscheidung Tierquälerei. Die Pferde enden auf qualvollen Schlachttiertransporten oder werden einfach weiterverkauft und landen schließlich in nicht sachkundigen Händen, wo das Pferd trotz großer Schmerzen einfach weitergeritten wird. Sie selbst müssen dafür Sorge tragen, dass die Entscheidung, die Sie getroffen haben, auch durchgeführt wird. Entweder von Ihnen oder einem Menschen Ihres Vertrauens, der mit Ihrem Pferd den letzten Gang geht. Es ist keine Schande, wenn Sie es nicht selbst durchstehen können.
Für den Fall Ihrer Nichterreichbarkeit oder Ihrer Abwesenheit machen Sie eine schriftliche Verfügung, was im Falle eines Falles mit Ihrem Pferd passieren soll. Dies ist insbesondere auch deshalb wichtig, weil der Tierarzt wissen muss, welche Medikamente er anwenden darf.

Eintragung im Equidenpass

Im Equidenpass muss im Kapitel Arzneimittelbehandlung der eine oder andere oben genannte Status eingetragen werden. Wichtige Bestimmungen zum Status des **Schlachttieres** sind:

- Bei Ihrem Pferd dürfen nur bestimmte Medikamente angewendet werden.
- Dies sind Medikamente der Tabelle 1 VO (EU) Nr. 137/2010 und die „Positivliste", Anhang der VO (EU) Nr. 122/2013.
- Die Verwendung von Substanzen aus der Positivliste muss in den Pass eingetragen werden.

- Sie als Tierhalter oder Betriebsleiter werden verpflichtet, ein sogenanntes Bestandsbuch *(s. Seite 17)* zu führen, in das alle Behandlungen der Pferde mit verschreibungs- und apothekenpflichtigen Medikamenten eingetragen bzw. die Abgabe- und Anwendungsbelege des Tierarztes gesammelt werden. Aufgenommen werden auch homöopathische Medikamente in einer Potenzierung unter D 6.
- Sie können den Status jederzeit vom Schlachttier zum Nichtschlachttier ändern.

Wichtige Bestimmungen zum Status des **Nichtschlachttieres** sind:

- Diese Festlegung ist endgültig.
- Für die Tötung Ihres Pferdes muss ein vernünftiger Grund vorliegen, mit dem der Tierarzt einverstanden ist, z.B. unheilbare Schmerzen und Leiden.
- Es fallen zusätzliche Kosten für die Entsorgung an.
- Das Pferd darf mit allen Medikamenten behandelt werden.
- Der Tierarzt und Sie haben deutlich weniger bürokratischen Aufwand.
- Sie müssen kein Bestands- oder Stallbuch führen.
- Sie können Ihr Pferd auch durch eine Schlachtung töten lassen, es darf jedoch nicht als Lebensmittel verwendet werden.

C

2. Einschläfern oder schlachten?

Sie haben die Möglichkeit, Ihr Pferd vom Tierarzt einschläfern oder von einem Schlachter Ihres Vertrauens schlachten zu lassen. In beiden Fällen verspürt Ihr Pferd keinen Schmerz. Keine Methode ist besser als die andere, jede hat ihre Vorteile und Nachteile. Sie sollten diese sorgfältig abwägen und dabei alles, was Sie über den körperlichen und seelischen Zustand Ihres Pferdes wissen, sowie Ihre eigenen Vorbehalte in die Waagschalen werfen.

2.1 Was passiert beim Einschläfern?

Handelt es sich um keine Notsituation, so wird Ihr Tierarzt an einem geeigneten Tag zu Ihnen auf den Hof kommen. Ein geeigneter Tag ist ein Tag, an dem

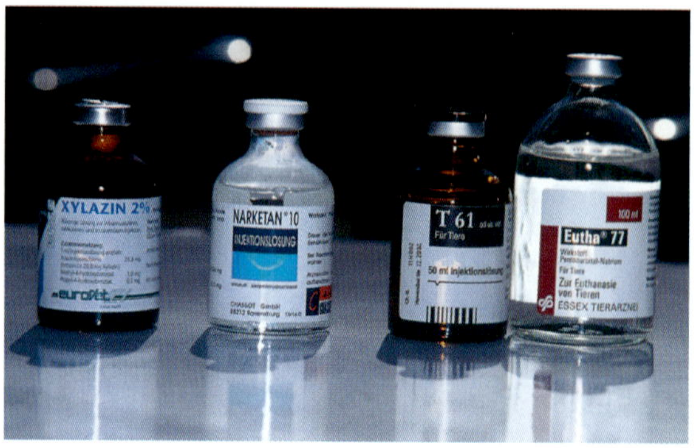

Dies sind Medikamente, die beim Einschläfern verwendet werden können.

möglichst wenig Zuschauer anwesend sind und es nicht gerade regnet oder schneit. Das Wetter hat insofern eine Bedeutung, als dass das Einschläfern draußen an einem gut zugänglichen Ort mit festem Untergrund durchgeführt werden muss. Nehmen Sie sich zuvor Zeit, um sich in Ruhe von Ihrem Pferd zu verabschieden. Bleiben Sie ruhig. Denken Sie daran, dass Ihr Pferd Ihre Angst und Ihr Unbehagen spürt. Die Rescue-/Notfalltropfen können Ihnen dabei helfen, ruhig zu bleiben.

Der Tierarzt wird Ihrem Pferd zunächst ein Beruhigungsmittel spritzen. Das ist nichts anderes als die Spritzen, die es gewohnt ist. Es dauert etwa 5 Minuten, dann wird Ihr Pferd ruhig und schläfrig. Es senkt entspannt den Kopf. Der Tierarzt wird nun einen dauerhaften Zugang in die Halsvene legen, Venenkatheter oder auch Braunüle genannt. Das ist sicherer als eine direkt angesetzte Nadel und gewährleistet, dass die gesamte Menge des Mittels in die Vene gelangt. Dies ist insbesondere bei Pentobarbital (Narcoren®, Eutha® 77, Esconarkon®) wichtig. Bei Anwendung dieses Medikaments muss eine große Menge gespritzt werden, deshalb sollte es ein sicherer Zugang sein. Dann nehmen Sie Ihr Pferd und führen es möglichst ruhig nach draußen. Wenn Sie sich diesen Gang nicht zutrauen, bitten Sie eine Vertrauensperson um diesen Gefallen. Ihr Pferd sollte die Person jedoch gut kennen und ihr vertrauen. Dann können Sie sich im Hintergrund halten.

Der Tierarzt hat nun verschiedene Möglichkeiten des Einschläferns, wenn das Pferd in Vollnarkose liegt. Entweder spritzt er ein Tötungsmittel oder das Narkosemittel allein in einer Überdosierung.

Das Pferd wird grundsätzlich vorher in einen Tiefschlaf versetzt, in dem dann der Wirkstoff des anschließenden Tötungsmittels die quergestreifte Muskulatur und damit das Herz lähmt. Die Gabe einer Überdosierung des Narkosemittels führt zum Atemstillstand. Das Herz hört etwa eine Minute später auf zu schlagen. Sie sollten jedoch wissen, dass nicht alle Pferde still in sich zusammensacken. Einige Pferde liegen nicht so ruhig, andere zucken mit den Beinen oder schnappen nach Luft. Das sind Muskelzuckungen, Ihr Pferd ist nicht bei Bewusstsein, es merkt nichts davon! Bei der Anwendung von Pentobarbital kommt dies jedoch deutlich seltener vor.

Haben Sie keine Scheu und besprechen Sie mit Ihrem Tierarzt zuvor genau, welche Methode er bevorzugt. Ich empfehle Ihnen, beim Einschläfern nicht an Medikamentenkosten zu sparen.

Der Pferdekörper wird später von der Tierkörperbeseitigung abgeholt. Dies kann Ihr Tierarzt für Sie regeln oder Ihnen den richtigen Kontakt nennen. Stellen Sie sicher, dass dies noch am selben Tag geschieht. Bis dahin sollte der Körper mit einer Decke oder Decken abgedeckt werden. Eine Plane ist nicht geeignet, da sich der Körper darunter in der Sonne sehr stark erhitzt. Sie müssen bei der Abholung nicht dabei sein, bitten Sie den Stallbesitzer darum. Die Tierkörperbeseitigung verarbeitet den Körper zu Tierfett für die chemische Industrie und zu Tiermehl.

Seit Februar des Jahres 2017 erlaubt es der Gesetzgeber, den Pferdekörper würdevoller zu behandeln und ihn verbrennen zu lassen. Seit dem haben mehrere Krematorien geöffnet, die das verstorbene Pferd abholen und einzeln einäschern. Das Pferdekrematorium in Schwäbisch Hall hat bundesweit als erstes Pferdekrematorium im Oktober 2017 eröffnet, ein weiteres kam in Gummersbach sowie im Norden Deutschlands dazu.

In den Krematorien gibt es die Möglichkeit, noch eine individuelle Trauerfeier zu veranstalten und sich noch einmal in Ruhe von seinem langjährigen treuen Wegbegleiter zu verabschieden. Wer möchte, darf eine Urne mit einem Teil der Asche mit nach Hause nehmen.

Das Einschläfern wird Ihnen in Rechnung gestellt. Zusammen mit der Abholung und Kremierung können Kosten in vierstelliger Höhe auf Sie zukommen. Noch ist das Kremieren sehr teuer. Wenn Sie Ihr Pferd nicht einäschern lassen möchten, verbleiben die Kosten für das Einschläfern plus Abholung durch die Tierverwertung. Die Kosten für die Abholung und Verwertung sind von Bundesland zu Bundesland verschieden sind.

2.2 Was passiert beim Schlachten?

Entscheiden Sie sich für das Schlachten, so suchen Sie einen Schlachter Ihres Vertrauens. Industrielle Schlachthöfe sind eher nicht geeignet. Der Schlachter sollte im Umgang mit Pferden und deren menschlichen Betreuern sehr erfahren sein! Oft eignen sich da die ländlichen, kleineren Betriebe besser, es sollte hier individuell gearbeitet werden.

Da das Fleisch später als Nahrungsmittel dienen soll, darf es nicht mit Medikamenten belastet sein. Bei Verwendung von Medikamenten aus der Positivliste ergibt sich automatisch eine Wartezeit von 6 Monaten. Andere für Lebensmittel-liefernde Pferde zugelassene Medikamente geben deutlich kürzere Wartezeiten an. Besprechen Sie dies zuvor mit Ihrem Tierarzt.

Das Schlachten bei einem erfahrenen Schlachter ist nicht weniger pferdefreundlich als das Einschläfern. Die Pferde werden rasch, ohne Angst und Stress für das Pferd, getötet. Wichtig ist, lassen Sie das Pferd nicht einfach abholen, sondern gehen Sie selbst oder eine Person Ihres Vertrauens mit und überzeugen Sie sich davon, dass das Pferd auch wirklich getötet wird. Vereinbaren Sie dazu einen festen Termin, damit Ihr Pferd nicht warten muss. Nehmen Sie sich auch hier zunächst die Zeit, sich in Ruhe von Ihrem Pferd zu verabschieden.

Dann fahren Sie mit dem Hänger zum Schlachter. Dort wird es ruhig ausgeladen und in einen gekachelten, sauberen Raum oder zum Schlachtplatz geführt.[1] Überlassen Sie das Halten des Pferdes lieber einem Angestellten, der ruhiger ist. Der Bolzenschussapparat wird an die Pferdestirn angesetzt und abgedrückt. Der Bolzen, ein 5 Millimeter dicker Metallstift, gelangt mit der Wucht einer Pistole in das Gehirn des Pferdes und das Tier sackt zu Boden. Der Bolzen löst starke Druckschwankungen und eine Zerstörung des Ge-

1 Erklärung: Suchen Sie das Gespräch mit dem Schlachter. Es gibt Schlachter, die bereit sind, das Pferd vor Ort zu töten. Anschließend nehmen Sie das tote Pferd mit zum Schlachtbetrieb. Ausbluten muss es aber am Tötungsort. Das ist natürlich oft ein Problem in den Reitbetrieben.

C

Beim Schlachter wird das Pferd durch das Bolzenschussgerät betäubt.

hirns an der Stelle, wo Groß-, Kleinhirn und Rückenmark zusammentreffen, aus. Das Pferd ist augenblicklich bewusstlos.
Der Bereich, an dem das Bolzenschussgerät angesetzt wird, stimmt übrigens mit dem Akupunkturpunkt Yintang überein. In der Akupressur wirkt der Punkt Yintang beruhigend, schmerzstillend und dämpft Ängstlichkeit.
Danach wird es durch einen Schnitt durch die Halsschlagader getötet.
Bei einem Metzger wird der Pferdekörper nahezu vollständig verarbeitet. Das Fleisch wird vom Metzger zum Verkauf zurechtgemacht, die Haut wird zu Leder, die Schweif- und Mähnenhaare werden als Füllung und für Besen verarbeitet. Der Rest landet als Schlachtabfall in der Tierkörperbeseitigung. In einer Metzgerei müssen Sie für die Schlachtung nichts bezahlen, Sie erhalten einen Schlachtpreis, der sich nach dem Gewicht des Pferdes und dem Marktpreis richtet.

3. Pro und Contra

Neben Ihren persönlichen Vorlieben und Abneigungen können Ihnen bei Ihrer Entscheidung auch die persönlichen Eigenarten Ihres Pferdes helfen.

Für das Einschläfern spricht:

- Ihr Pferd hat Medikamente bekommen.
- Ihr Pferd hat keine Angst vor Tierärzten oder Spritzen.
- Ihr Pferd hat Angst vor fremden Menschen oder es ist kopfscheu.
- Sie haben unbedingtes Vertrauen zu Ihrem Tierarzt.
- Ihr Pferd fährt nicht gerne Hänger oder geht ungern in den Hänger.
- Ihr Pferd ist keine fremde Umgebung gewohnt und wird leicht ängstlich, darum ist Ihnen eine vertraute Umgebung und Person lieber.
- Ihrem Pferd ist aus gesundheitlichen Gründen ein Transport nicht mehr zuzumuten.
- Sie finden niemanden, der mit Ihnen oder für Sie zum Schlachter fährt.
- Sie können nicht damit leben, dass Ihr Pferd als Nahrungsmittel dienen soll.
- Sie möchten Ihr Pferd gerne einäschern lassen. Es steht Ihnen frei, ob Sie die Asche mitnehmen möchten oder dem Krematorium überlassen.

All dies sind gute Gründe, sich für das Einschläfern durch einen Tierarzt zu entscheiden.

Für das Schlachten spricht:

- Ihr Pferd hat vor dem Tierarzt oder besonders vor Spritzen Angst.
- Sie haben einen Schlachter gefunden, dem Sie vertrauen können.
- Ihr Pferd hat keine Medikamente bekommen.
- Ihr Pferd ist das Verladen und Hängerfahren gewohnt. Es hat keine Probleme im Umgang mit fremden Menschen.
- Gesundheitlich spricht nichts gegen den Transport.
- Ihr Pferd ist es gewohnt, auch an neuen Orten zu sein.
- Ein guter, zuverlässiger Freund begleitet Sie und/oder Ihr Pferd bei diesem Gang.
- Sie können nicht damit leben, dass Ihr Pferd nach der Tötung zu Klebstoff und Tiermehl verarbeitet wird.
- Sie möchten Ihr Tier nicht einäschern lassen.
- Sie akzeptieren das Schlachten als humane Tötungsart.

Auch diese Gründe sind gut und ausreichend, um sich für diese Tötungsart zu entscheiden.
Entscheiden können und sollen letztlich nur Sie, und wie auch immer Sie entschieden haben, zweifeln Sie diese Entscheidung nicht mehr an, stehen Sie dazu.

Ein Dankeschön

Mein Dank gilt allen Pferden, die mich von Kindheit an begeistert und fasziniert haben, besonders aber meiner Stute Kijana, die mich über 20 Jahre meines Lebens begleitet hat, sowie meinem Wallach Darius. Sie waren der Grund dafür, altbewährte Hausmittel zu sammeln und alternative Heilmethoden und Heilkräuterzusammenstellungen auszuprobieren.

Ich möchte all jenen Pferden und ihren Besitzern danken, die mich zu einer Zeit Akupunktur, Akupressur, Tuina und Heilkräuter anwenden ließen, als alternative Heilmethoden noch wenigen „Spinnern" vorbehalten waren.

Dazu danke ich meinen geliebten Eltern, die mich in meiner Idee, ein Pferdegesundheitsbuch zu schreiben, unterstützt haben.

Ich danke meinen Kindern Jonas, Malin und Magnus, die trotz mancher Widrigkeiten immer Verständnis für ihre schreibwütige Mutter hatten. Bei meinem Sohn Jonas möchte ich mich außerordentlich bedanken, er hat mir sehr viel Arbeit im Haushalt abgenommen, damit ich in Ruhe an der 5. Auflage arbeiten konnte. Zudem hatte er immer ein offenes Ohr und einen Rat für mich.

Mein besonderer Dank gilt meiner unermüdlichen Lektorin Dr. Carla Mattis, die immer für mich da war, teils sogar in ihrer Freizeit, und mit reiterlichem Fachwissen dafür gesorgt hat, dass ich nicht zu sehr in den „Fachjargon" abglitt. Herrn Friedrich, dem ehemaligen Verlagsleiter, danke ich herzlich für das in mich gesetzte Vertrauen und seine große Geduld. Ich bedanke mich ebenfalls bei der Verlagsleiterin, Frau Lena Rindermann, für ihr Verständnis und ihre Unterstützung.

Herrn Dr. med. vet. Michael Düe, ehemaliger Leiter der Veterinärabteilung der FN, danke ich herzlich für sein fachliches Engagement beim Durchsehen des ersten Manuskripts sowie der neuen überarbeiteten und erweiterten Auflage.

Frau Schmoll, der Grafikerin, danke ich für ihr persönliches Bemühen und ihre Geduld auch beim Erstellen der Fotos und Videos.

Mein herzlicher Dank für ihre tatkräftige Unterstützung bei den Fotoaufnahmen und den Videodreharbeiten geht an Frau Isabell Braxmaier.

Darüber hinaus gilt mein tief empfundener Dank meiner Freundin Ulli Jansen-Hieronymie sowie ihrer Tochter Tessa, meinem Patenkind.

C

A

B

C

D

E

F

G

L

O

P

Q

R

S

T

U

V

W

X

Y

Z

Naturheilverfahren

Baumgardt, Liesel/Hand, Marlies: Bachblüten für Tiere. Reutlingen: Verlagshaus Oertel und Spörer 2000.

Brendieck-Worm, Cäcilia/Klarer, Franziska/Stöger, Elisabeth: Heilende Kräuter für Tiere. Bern: Haupt Verlag 2015.

Chancellor, Phillip: Das große Handbuch der Bachblüten. Rastatt: Moewig Verlag 1996.

Consilium, Cedip: Veterinaricum Naturheilweisen am Tier. München: CEDIP Medizinisch-technische Verlags- und Handelsgesellschaft 2014, 5. Aufl.

Denoix, Jean-Marien/Pailloux, Jean-Pierre: Physiotherapie und Massage bei Pferden. Stuttgart: Eugen Ulmer Verlag 2000.

Guray, Jean-Yves/van den Bosch, Emiel: Praxis der Pferdeakupunktur. Stuttgart: Sonntag Verlag 2012, 2. Aufl.

Gösmeier, Ina: Akupressur für Pferde. Stuttgart: Kosmos Verlag 1999.

Gösmeier, Ina: Akupressur für Pferde. Stuttgart: Kosmos Verlag 2016, 4. Aufl.

Heerde, Michael: Pferdebehandlung mit Traditioneller Chinesischer Veterinärmedizin (TCVM). Stuttgart: Sonntag Verlag 1999.

Holena, Hilke: Kräuterheilkunde für Pferde. München: BLV Verlagsgesellschaft 1997.

Kleven, Helle Katrine: Biomechanik und Physiotherapie für Pferde. Warendorf: FN*verlag* 2024, 6., überarbeitete und erweiterte Aufl.

Krokowski, Carola: Akupunktur und Phytotherapie beim Pferd. Stuttgart: Sonntag Verlag 2010.

Kübler, Heidi: Bach-Blütentherapie in der Tiermedizin. Stuttgart: Sonntag Verlag 2012, 4. Aufl.

Mahlstedt, Dieter: Akupunkt Massage am Pferd. Stuttgart: Kosmos Verlag 1997.

Meyerdirks-Wüthrich, Ute: Bachblütentherapie für Pferde. Stuttgart: Kosmos Verlag 1998.

Müller, Marion: Checkliste Akupunktur Kleintiere. Stuttgart: Sonntag Verlag 2011.

Pahlow, Mannfried: Das große Buch der Heilpflanzen. München: Gräfe und Unzer Verlag 2001.

Reichling, Jürgen et al.: Heilpflanzenkunde für die Veterinärpraxis. Berlin: Springer Verlag 2008, 2., überarbeitete Aufl.

Salomon, Walter: Die energetische Behandlung des Pferdes. Stuttgart: Sonntag Verlag 1998.

Scheffer, Mechthild: Die praktische Anwendung der Original Bachblütentherapie in Fragen und Antworten. München: Goldmann Verlag 1993.

Schoen, Allen M. (Hrsg.): Akupunktur in der Tiermedizin. Lehrbuch und Atlas für die Klein- und Großtierbehandlung. München: Elsevier GmbH, Urban & Fischer 2009, 2. Aufl.

Self, Hilary Page: Die besten Heilkräuter für Pferde. Stuttgart: Kosmos Verlag 1998.

Steinmetz, Martina: Taschenatlas Akupunktur beim Pferd. Stuttgart: Sonntag Verlag 2014.

Wühr, Erich: Quintessenz der Chinesischen Akupunktur und Moxibustion. Kötzting: Verlagsgesellschaft für Traditionelle Chinesische Medizin 1988.

Weitere Literatur zum Thema

Baumgart, Alessandra: Cyclosporin A und dessen möglicher Einsatz bei der Tigerschecken-Uveitis. Dissertation, LMU München 2014.

Bartmann, Claus P./Bienert-Zeit, Astrid.: Krankheiten des Verdauungstrakts – Maulhöhle, Zähne, Zunge und Kiefer. In: Brehm, Walter et al. (Hrsg.): Handbuch Pferdepraxis. Stuttgart: Enke Verlag 2017, 4., vollständig überarbeitete und erweiterte Aufl., S. 421- 467.

Brehm, Walter/Delling, Uta/Rijkenhuizen, Astrid: Krankheiten der proximalen Beckengliedmaße. In: Brehm, Walter et al. (Hrsg.): Handbuch Pferdepraxis. Stuttgart: Enke Verlag 2017, 4., vollständig überarbeitete und erweiterte Aufl., S. 957-1001.

Brehm, Walter et al. (Hrsg.): Handbuch Pferdepraxis. Begründet von Dietz, Olof und Huskamp, Bernhard. Stuttgart: Enke Verlag 2017, 4., vollständig überarbeitete und erweiterte Aufl.

Brehm, Walter/Hagen, Jenny/Litzke, Lutz-Ferdinand: Krankheiten der distalen Gliedmaßen. In: Brehm, Walter et al. (Hrsg.): Handbuch Pferdepraxis. Stuttgart: Enke Verlag 2017, 4., vollständig überarbeitete und erweiterte Aufl. S. 1002-1099.

Brehm, Walter/Hagen, Jenny/Litzke, Lutz-Ferdinand: Krankheiten im Bereich des Hufs. In: Brehm, Walter et al. (Hrsg.): Handbuch Pferdepraxis. Stuttgart: Enke Verlag 2017, 4., vollständig überarbeitete und erweiterte Aufl., S. 1040-1099.

Coenen, Manfred und Vervuert, Ingrid: Pferdefütterung. Stuttgart/New York: Georg Thieme Verlag KG 2019, 6. Aufl.

Deutsche Reiterliche Vereinigung e.V. (FN) (Hrsg.): Grundwissen zur Haltung, Fütterung, Gesundheit und Zucht. Richtlinien für Reiten und Fahren Band 4. Warendorf: FN*verlag* 2024, 21. Aufl.

Distl, Ottmar/Coenen, Manfred/Bruns, Erich/Hertsch, Bodo: OCD-Forschungsprojekt mit der FN gemeinsam durchgeführt. Göttingen: Göttinger Pferdetage 2004.

Dülffer-Schneitzer, Beatrice: Notfall-Ratgeber Giftpflanzen für Pferde. Warendorf: FN*verlag* 2018, E-book.

Ehrmann, Carolin/Fey, Kerstin: Therapie chronisch entzündlicher Atemwegserkrankungen beim Pferd. In: Der praktische Tierarzt 92, 2011, S 16-26.

Eikmeier, Hans/Nolte, Ingo: Therapie innerer Krankheiten der Haustiere. Stuttgart: Enke Verlag 1995.

Eule, Corinna et al.: Krankheiten des Auges. In: Brehm, Walter et al. (Hrsg.): Handbuch Pferdepraxis. Stuttgart: Enke Verlag 2017, 4., vollständig überarbeitete und erweiterte Aufl., S. 781-821.

Feige, Karsten/Cavalleri, Jessika-Maximiliane: Infektionskrankheiten des Nervensystems. Virusinfektionen. In: Brehm, Walter et al. (Hrsg.): Handbuch Pferdepraxis. Stuttgart: Enke Verlag 2017, 4., vollständig überarbeitete und erweiterte Aufl. S. 763-770.

Fey, Kerstin/Ohnesorge, Bernhard/Venner, Monica: Krankheiten der Atmungsorgane. In: Brehm, Walter et al. (Hrsg.): Handbuch Pferdepraxis. Stuttgart: Enke Verlag 2017, 4., vollständig überarbeitete und erweiterte Aufl., S. 321-420.

Frey, Hans-Hasso/Löscher, Wolfgang (Hrsg.): Lehrbuch der Pharmakologie und Toxikologie für die Veterinärmedizin. Stuttgart: Enke Verlag 2002.

Gehlen, Heidrun/Grabner, Arthur: Krankheiten der Leber. In: Brehm, Walter et al. (Hrsg.): Handbuch Pferdepraxis. Stuttgart: Enke Verlag 2017, 4., vollständig überarbeitete und erweiterte Aufl., S. 601-615.

Gerber, Vinzenz/Frey, Joachim/Unger, Lucia/Straub, Reto: Bakterielle Infektionen. In: Gerber, Vinzenz / Straub, Reto (Hrsg.): Pferdekrankheiten Innere Medizin. Bern: Haupt Verlag (UTB-Reihe) 2016, 2., vollständig überarbeitete Aufl., S. 527-574.

Gerber, Vinzenz/Graubner, Claudia/Straub, Reto: Krankheiten des Nervensystems. In: Gerber, Vinzenz/Straub, Reto (Hrsg.): Pferdekrankheiten Innere Medizin. Bern: Haupt Verlag (UTB-Reihe) 2016, 2., vollständig überarbeitete Aufl., S. 279-333.

Gerber, Vinzenz/Griot, Christian/Zanoni, Reto/Straub, Reto: Virusinfektionen. In: Gerber, Vinzenz/Straub, Reto (Hrsg.): Pferdekrankheiten Innere Medizin. Bern: Haupt Verlag (UTB-Reihe) 2016, 2., vollständig überarbeitete Aufl., S. 479-525.

Gerber, Vinzenz/Roosje, Petra/Straub, Reto: Krankheiten der Haut. In Gerber, Vinzenz/Straub, Reto (Hrsg.): Pferdekrankheiten Innere Medizin. Bern: Haupt Verlag (UTB-Reihe) 2016, 2., vollständig überarbeitete Aufl., S. 27-72.

Gerber, Vinzenz/Unger, Lucia/Straub, Reto: Krankheiten der Skelettmuskulatur. In: Gerber, Vinzenz/Straub, Reto (Hrsg.): Pferdekrankheiten Innere Medizin. Bern: Haupt Verlag (UTB-Reihe) 2016, 2., vollständig überarbeitete Aufl., S. 335-356.

Gerber, Vinzenz/Venner, Monica/Straub, Reto: Krankheiten des Verdauungstrakts, des Bauchfells, der Leber und der Bauchspeicheldrüse. In: Gerber, Vinzenz/Straub, Reto (Hrsg.): Pferdekrankheiten Innere Medizin. Bern: Haupt Verlag (UTB-Reihe) 2016, 2., vollständig überarbeitete Aufl., S. 177-258.

Gerber, Vinzenz/Venner, Monica/Straub, Reto: Krankheiten der Atemwege. In: Gerber, Vinzenz/Straub, Reto (Hrsg.): Pferdekrankheiten Innere Medizin. CH, Bern: Haupt Verlag (UTB-Reihe) 2016, 2., vollständig überarbeitete Aufl., S. 115-175.

Guthöhrlein, Kirsten: Pferdemuskeln managen. Muskulatur und Wohlbefinden optimieren. Warendorf: FN*verlag* 2024, 2. Aufl.

Haas, Ludwig/Osterrieder, Klaus: Infektionskrankheiten - Virusinfektionen. In: Brehm, Walter et al. (Hrsg.): Handbuch Pferdepraxis. Stuttgart: Enke Verlag 2017, 4., vollständig überarbeitete und erweiterte Aufl., S. 1108-1129.

Habermehl, Gerhard/Ziemer, Petra: Mitteleuropäische Giftpflanzen und ihre Wirkstoffe. Berlin: Springer Verlag 1999, 2. Aufl.

Habermehl, Gerhard/Ziemer, Petra: Giftpflanzen und Intoxikationen in der tierärztlichen Praxis. Hannover: M. & H. Schaper 2009.

Hertsch, Bodo/Höppner, Stefanie/Dallmer, Helmuth: Der Huf und sein nagelloser Hufschutz. Warendorf: FN*verlag* 2005.

Hertsch, Bodo: Anatomie des Pferdes - Zum besseren Verständnis des Körperbaus und der Lebensfunktionen. Warendorf: FN*verlag* 2012, 5. Aufl. (Nachdruck 2017)

Hörügel, Uwe: Druse - eine (fast) unendliche Geschichte. In: Tagungsband 2 des 9. Tierärztekongress Leipzig 2018, 144-145

Kamphues, Josef et al. (Hrsg.): Supplemente zur Tierernährung für Studium und Praxis. Hannover: M. & H. Schaper GmbH 2014, 12. überarbeitete Aufl.

Kaupp, Silke: Pferdetraining trifft Physio. Optimiere das Wohlbefinden deines Pferdes. Warendorf: FN*verlag* 2023, 2. Aufl.

Kienzle, Ellen/Schramme, Stephanie C.: Beurteilung des Ernährungszustandes mittels Body Condition Score und Gewichtseinschätzung beim adulten Warmblutpferd. In: Pferdeheilkunde 20. Jahrg, Heft Nr. 6 (2004), S. 517-524.

Kiley-Worthington, Marthe: Pferdepsyche-Pferdeverhalten. Cham: Müller Rüschlikon Verlags AG 1993.

Kleemann, Susanne: Lahmheit beim Pferd - das muss nicht sein. Warendorf: FN*verlag* 2022.

Lebelt, Dirk: Problemverhalten beim Pferd. Stuttgart: Enke Verlag 1998.

Lindner, Arno (Hrsg.): Das alternde Pferd. Essen: Arbeitsgruppe Pferd 2000.

C

Link, Karin: Pferde putzen - Gesundheitlicher Nutzen. Massieren - Mobilisieren - Verbinden. Warendorf: FN*verlag* 2024.

Loeffler, Klaus/Gäbel, Gotthold: Anatomie und Physiologie der Haustiere. Stuttgart: Verlag Eugen Ulmer (UTB) 2009, 12. Aufl.

Lukas, Uwe: Gesunde Hufe - kein Zufall! Warendorf: FN*verlag* 2007.

McGavin, M.Donald/Zachary, James F.: Pathologie der Haustiere. Allgemeine, spezielle und funktionelle Veterinärpathologie. München: Urban & Fischer 2009.

Meyer, Helmut/Coenen, Manfred (Hrsg.): Pferdefütterung. Stuttgart: Enke Verlag 2014, 5. Aufl.

Mueller, Ralf S.: Virale Infektionskrankheiten der Haut. In: Brehm, Walter et al. Hrsg.): Handbuch Pferdepraxis. Stuttgart: Enke Verlag 2017, 4., vollständig überarbeitete und erweiterte Aufl., S. 210-215.

Nowak, Alexandra: Das Farbsehen bei Pferden. Bachelorarbeit der Veterinärmedizinischen Universität Wien: Department Pferde und Kleintiere 2012.

Roscher, Katja/Vervuert, Ingrid: Management des alternden Pferdes. In: Pferdefokus 4. Jahrgang, Heft Nr. 6 (2012).

Roth, Lutz/Daunderer, Max/Kormann, Kurt: Giftpflanzen Pflanzengifte. Hamburg: Nikol Verlagsgesellschaft mbH 1994.

Russel et al.: Heritability and prevalence of selected osteochondrosis lesions in yearling Thoroughbred horses. In: Equine Veterinary Journal 49, 3 2017, 282-287.

Samson-Himmelstjerna v., Georg: Parasitosen. In: Brehm, Walter et al. (Hrsg.): Handbuch Pferdepraxis. Stuttgart: Enke Verlag 2017, 4., vollständig überarbeitete und erweiterte Aufl., S. 1129-1135.

Samson-Himmelstjerna v., Georg/Hiepe, Theodor: Darmparasitosen. In: Brehm, Walter et al. (Hrsg.): Handbuch Pferdepraxis. Stuttgart: Enke Verlag 2017, 4., vollständig überarbeitete und erweiterte Aufl., S. 507-522.

Sander, Johannes/Cavalleri, Jessika-M. V./Terhardt, Michael/Bochnia, Mandy/Zeyner, Anette/Zuraw, Aleksandra/Sander, Stefanie/Peter, Michael/Janzen, Nils: Rapid diagnosis of hypoglycin A intoxication in atypical myopathy of horses. In: Journal of Veterinary Diagnostic Investigation from 10. März 2016, S. 98-104. URL: https://journals.sagepub.com/toc/vdi/28/2

Ständige Impfkommission der Tierärzte (StIKo Vet): Leitlinie zur Impfung von Pferden. Stand: 01.02.2019. URL: https://stiko-vet.fli.de

Venner, Monica/Bäuerlein, Viola: Magengeschwüre und Durchfall beim Fohlen. In: Tagungsband 2 des 9. Leipziger Tierärztekongress 2018, S.72-73.

Venner, Monica/Vervuert, Ingrid: Fütterung zur Prävention von Magengeschwüren beim Sportpferd, ein Update. In: Tagungsband 2 des 9. Leipziger Tierärztekongress 2018, S. 88-90.

Vodran, Sarah et al.: Effects of alfalfa chaff on the gastric mucosa in adult horses. In: Pferdeheilkunde 33. Jahrgang, Heft Nr.1, Januar (2017), S. 66-71.

Wissdorf, Horst et al. (Hrsg.): Anatomie und Propädeutik des Pferdes. Hannover: Verlag M. & H. Schaper 2002, 2., ergänzte und völlig überarbeitete Aufl.

Verschiedene Artikel der Zeitung VETimpulse der Veterinär Verlags GmbH

Claudia Bergmann-Scholvien

Natürlich gesund Pferd, Reiter und Hund

Homöopathie · Bachblüten · Schüßlersalze · Kräuter

1. Auflage 2019
400 Seiten, farbige Fotos, E-Book
ISBN: 978-3-88542-934-0
19,99 Euro

Dr. med. vet. Beatrice Dülffer-Schneitzer

Notfall-Ratgeber Giftpflanzen für Pferde

Erkennen · Bestimmen · Vorbeugen · Helfen

1. Auflage 2018
198 Seiten, E-Book
ISBN: 978-3-88542-929-6
12,99 Euro

FN-Praxishandbuch für Pferdehalter

Vom Privatstall bis zum Ausbildungs- und Zuchtbetrieb

1. Auflage 2018
368 Seiten, viele Grafiken, Fotos, Strukturelemente, Tabellen und Übersichten
190 x 250 mm, gb. Hardcover
ISBN: 978-3-88542-795-7
38,00 Euro

Pferdemuskeln managen

Muskulatur und Wohlbefinden optimieren

2. Auflage 2024
336 Seiten mit vielen farbigen Fotos und Abbildungen
190 x 250 mm, gb.
ISBN 978-3-88542-862-6
39,00 Euro

„Durch die Zusammenarbeit mit Experten unterschiedlicher Fachrichtungen hat die Autorin einen sehr guten Ratgeber sowohl für den interessierten Laien als auch für den aufgeschlossenen Tierarzt geschrieben. Es ist ihr gelungen, ein multiprofessionelles Kompetenz-Netzwerk aus Tierärzten, Pferdewissenschaftlern, Pferdewirten und Therapeuten zusammenzubringen, um deren Wissen und Erfahrungen zu bündeln. Im Austausch sind wichtige Erkenntnisse entstanden, die in diese 2. Auflage einfließen konnten", so Tierärztin Christina Wessling (...)

Grundwissen zur Haltung, Fütterung, Gesundheit und Zucht

Richtlinien für Reiten und Fahren, Band 4

18. Auflage 2017
320 Seiten, mit zahlreichen Abbildungen
168 x 240 mm, kt. Broschurausgabe
ISBN: 978-3-88542-724-7
20,00 Euro

FNverlag
der Deutschen Reiterlichen Vereinigung
Fachkompetenz rund ums Pferd

Erhältlich über den Buch- und Reitsportfachhandel oder direkt beim

FN*verlag*
Freiherr-von-Langen-Straße 8a
48231 Warendorf
Telefon:
02581 6362-154/-254
Fax: 02581 6362-212
E-Mail:
vertrieb-fnverlag@fn-dokr.de

www.fnverlag.de